CHEMISCHES ZENTRALBLATT

1830 gegründet
1897–1945 von der Deutschen Chemischen Gesellschaft fortgeführt

Herausgegeben im Auftrage
der Deutschen Akademie der Wissenschaften zu Berlin,
der Chemischen Gesellschaft in der DDR,
der Akademie der Wissenschaften zu Göttingen
und der Gesellschaft Deutscher Chemiker
von Prof. Dr. HEINRICH BERTSCH und Prof. Dr. Dr. h. c. WILHELM KLEMM

Chefredakteure
Dr. HELGA VÖLZ und Dr.-Ing. CHRISTIAN WEISKE

REFERAT 0001–2072
SEITE 1–216
140. JAHRGANG

14/1969

2. APRIL 1969

AKADEMIE-VERLAG GMBH · BERLIN · VERLAG CHEMIE GMBH · WEINHEIM/BERGSTRASSE

Inhalt

Namenregister Nr. 14

Ein vollständiger oder gekürzter Abdruck der Referate ist ohne Genehmigung der Redaktion und des Verlages verboten!

Patentregister

Australische Patente (Aust. P.)

Nr.	Ref. Nr.	Bezugspatent
257 296	2057	(Oe.P. 232 982)
264 366	2032	(Brit.P. 966 074)
271 711	1860	(Brit.P. 966 536)
927	1952	
272 049	2068	
470	1979	
273 205	1983	
224	1944	
717	1876	(Brit.P. 941 755)
274 507	2018	(U.S.P. 3 001 878)
708	2024	(Can.P. 680 568)
726	2060	(D.A.S. 1 227 904)
731	2061	(D.A.S. 1 214 231)
790	2028	(D.P.[DDR] 44 402)
816	1874	(D.A.S. 1 203 746)
821	2027	(Oe.P. 236 360)
826	1871	(Belg.A.S. 629 765)
861	2056	(Brit.P. 940 371)
928	1870	(F.P. 1 309 300)
275 006	2025	(F.P. 1 342 412)
150	2021	(D.A.S. 1 214 214)
154	1863	(Brit.P. 971 989)
188	1861	(F.P. 1 385 447)
190	1872	(Brit.P. 995 209)
200	2043	(U.S.P. 3 221 061)
211	1867	(Brit.P. 1 012 918)
241	2014	(Port.P. 40 688)
323	2031	(Oe.P. 232 991)
382	2035	(F.P. 1 323 317)
645	2005	(Brit.P. 1 002 429)
675	2062	(U.S.P. 3 147 294)
721	2042	(D.A.S. 1 229 531)
741	1864	(D.A.S. 1 237 547)

Belgische Auslegeschriften (Belg. A. S.)

Nr.	Ref. Nr.	Bezugspatent
620 712	1468	(D.A.S. 1 139 846)
629 261	1464	(Brit.P. 982 707)
670 759	2063	

Britische Patente (Brit. P.)

Nr.	Ref. Nr.	Bezugspatent
904 405	2003	(D.A.S. 1 197 875)
948 004	2049	(D.A.S. 1 191 378)
956 854	2051	(D.P.[DDR] 42 836)
979 252	2054	(U.S.P. 3 118 885)
1 021 189	1942	
1 023 713	2064	
1 026 631	1385	
1 029 092	2020	(D.A.S. 1 205 076)
225	1973	
1 040 519	1908	
1 043 502	1980	
671	1911	
1 045 944	1928	
1 046 248	1384	
1 049 199	1917	
1 051 734	1988	
1 053 082	1984	
374	1419	
618	1840	
844	1362	
1 054 092	1366	
128	1825	
261	1427	
275	1369	
1 056 579	1395	
1 057 280	1418	
403	1970	
491	1947	
678	1875	(D.A.S. 1 189 535)
1 058 242	1939	
446	1901	
845	2034	(U.S.P 3 277 217)
1 059 256	1977	
660	1404	
814	1964	
815	1965	
816	1966	
817	1967	
818	1968	
1 060 777	1905	
848	1972	
1 061 831	1868	(F.P. 1 386 157)
1 062 299	1345	
1 063 163	1906	
183	1934	
501	2065	
1 064 126	1924	
495	1433	
1 065 126	1428	
444	1941	
938	1417	
1 066 005	1368	
300	1358	
669	1403	
1 067 097	1388	
345	1422	
346	1422	
786	1978	
1 068 099	1421	
451	1361	
497	1347	
1 069 040	1398	
343	1370	
473	1412	
775	1381	
802	1511	(U.S.P. 3 250 793)
1 070 116	1377	
205	1373	
363	1969	
404	1382	
1 071 035	1397	
239	1416	
393	1438	
757	1407	
815	1405	
1 072 710	1378	
1 073 657	1399	
916	1346	
961	1392	
1 074 480	1354	
491	1424	
493	1425	
495	1424	
1 075 494	1357	
562	1344	
564	1344	
1 076 446	1936	
531	1414	
612	1360	
910	1420	
981	1935	
1 077 151	1365	
850	1394	
1 078 077	1432	
078	1430	
557	1355	
1 079 210	2004	(D.A.S. 1 199 758)
368	1396	
467	1383	
523	1926	
592	1367	
726	1393	
741	1431	
756	1389	
1 080 167	1352	
218	1922	
335	1909	
400	1413	
503	1351	
796	1439	
889	1937	
1 082 013	1929	
571	1376	
1 083 487	1987	
535	1927	
1 084 375	1946	
1 085 106	1387	
397	1993	
423	2069	
489	1897	
672	1400	
876	1375	
957	1953	
1 086 101	1390	
131	1342	
502	1343	
838	1353	
952	1359	
1 087 015	1401	
696	1356	
768	1847	
1 090 259	2071	
1 091 182	2055	(Port.P. 43 502)
1 092 286	1477	(Port.P. 43 765)
1 093 441	1873	(D.A.S. 1 261 490) (Schwz.P. 437 234)
1 094 579	1850	
1 106 422	1823	

Auslegeschriften der Patentanmeldungen des Deutschen Patentamtes München (D. A. S.)

Nr.	Ref. Nr.	Bezugspatent
1 198 810	1996	(Can.P 696 867)
1 203 279	2046	(Brit.P. 969 544)
1 207 369	2002	(Can.P. 698 270)
1 211 181	2044	(F.P 1 286 137)
1 218 424	2007	(Brit.P. 963 269)
1 246 719	2037	(Brit.P. 977 812)
1 248 633	1896	
1 251 294	1868	(F.P. 1 386 157)
310	2010	(U.S.P. 3 203 996)
1 259 315	1840	
1 261 499	2006	(Brit.P. 1 033 919)
849	1514	(Can.P. 699 686)
1 262 245	1826	
1 263 661	1494	(Brit.P. 1 014 669)
764	1510	(Oe.P. 232 655)
1 265 146	1837	
1 267 218	1503	(U.S.P. 3 145 202)
672	1846	
1 268 121	1824	
145	1472	(Brit.P. 872 190)
624	1523	(U.S.P. 3 035 919)
1 269 117	1443	(Brit.P. 949 405)
135	2030	(Brit.P. 961 275)
1 270 033	1998	(Brit.P. 992 901)
566	1471	(Brit.P. 951 523)
570	2023	(F.P. 1302 365)
737	1526	(Brit.P. 969 772)
1 271 105	1999	(U.S.P. 3 227 766)
682	2029	(U.S.P. 3 213 037)
691	1827	
692	1836	
717	1464	(Brit.P. 982 707)
1 272 298	1913	
303	1536	(U.S.P. 3 122 535)
907	1828	
909	1845	
1 273 500	1865	(Brit.P. 977 767)
508	1842	
747	1540	(Brit.P. 1 002 344)
1 274 103	2045	(F.P. 1 377 854)
104	2039	(Brit.P. 993 480)
263	1830	
583	1450	(Brit.P. 956 339)
585	1482	(U.S.P. 3 164 596)
1 275 040	1995	(U.S.P. 2 857 438)
522	1866	(F.P. 1 336 587)
534	1531	(F.P. 1 322 911)
539	1445	(Brit.P. 976 353)
1 276 042	1465	(F.P. 1 305 389)
649	1970	
650	1525	(Brit.P. 1 013 577)
1 278 440	1495	(Brit.P. 974 284)
443	1449	(Brit.P 1 031 916)
1 279 003	1832	
021	1520	(Port.P. 42 571)

Deutsche Bundespatente (D. B. P.)

Nr.	Ref. Nr.	Bezugspatent
977 672	1839	

Deutsche Patente (D. P. [DDR])

Nr.	Ref. Nr.	Bezugspatent
51 642	1986	
53 701	1955	
58 296	1835	

Französische Patente (F. P.)

Nr.	Ref. Nr.	Bezugspatent
2 188	1468	(D.A.S. [Med.] 1 139 846)
744	1464	(Brit.P. [Med.] 982 707)
745	1464	(Brit.P. [Med.] 982 707)
88 478	1915	
884	1951	
89 312	1380	
910	1855	
1 330 401	1468	(D.A.S. 1 139 846)
1 352 350	1464	(Brit.P. 982 707)
1 425 278	1907	
1 430 787	1910	
1 450 586	1434	
587	1435	
1 459 139	1834	
1 466 881	1437	
913	1436	
1 470 899	1843	
1 477 434	2071	
1 478 217	1509	(Brit.P. 1 069 779)
1 480 563	1854	
1 481 716	1848	
1 484 392	1853	
1 487 808	1850	
1 489 078	1851	
1 498 543	1852	
998	1975	
1 504 341	1841	
1 508 640	1849	

Indische Patente (Ind. P.)

Nr.	Ref. Nr.	Bezugspatent
82 138	2051	(D.P.[DDR] 42 836)
89 715	1898	

Japanische Auslegeschriften (Jap. A. S.)

Nr.	Ref. Nr.	Bezugspatent
6 250/1967	1985	
501/1967	1440	
502/1967	1440	
7 380/1967	1962	

Niederländische Patente (Niederl. P.)

Nr.	Ref. Nr.	Bezugspatent
122 967	1954	
971	1976	
123 179	1857	(U.S.P. 3 243 261)
296	1426	
606	1501	(D.A.S. 1 210 827)
620	1516	(U.S.P. 3 032 470)
653	1527	(D.A.S. 1 203 912)
736	1487	(F.P.[Med.] 585)
751	1502	(D.A.S. 1 212 080)
816	1518	(Brit.P. 985 747)
921	1528	(D.A.S. 1 212 103)
926	1463	(Brit.P. 997 653)
928	1484	(D.A.S. 1 154 806)
929	1486	(D.A.S. 1 159 464) (D.A.S. 1 166 206)
932	1522	(Oe.P. 212 308)
933	1496	(U.S.P. 3 168 535)
934	1500	(F.P. 1 337 807)
935	1499	(F.P. 1 353 691)
937	1498	(F.P. 1 413 049)
940	1455	(Brit.P. 899 218)

Oesterreichische Patente (Oe. P.)

Nr.	Ref. Nr.	Bezugspatent
236 368	1464	(Brit.P. 982 707)
252 472	1505	(D.A.S. 1 246 728)

Portugiesische Patente (Port. P.)

Nr.	Ref. Nr.	Bezugspatent
45 902	1990	
930	1353	
46 496	1991	

Schweizer Patente (Schwz. P.)

Nr.	Ref. Nr.	Bezugspatent
398 555	2012	(Brit.P. 958 855)
404 670	2057	(Oe.P. 232 982)
407 127	1415	
411 876	2049	(D.A.S. 1 191 378)
412 834	1896	
414 582	1900	
418 350	1923	
419 142	1408	
421 975	1386	
986	1921	
422 793	1411	
426 783	1371	
789	1372	
846	1466	(Brit.P. 1 049 079)
427 780	1429	
836	1402	
429 731	1409	
430 692	1906	
431 497	1905	
498	1943	
433 225	1972	
313	1410	
325	1406	
346	1391	
546	2072	
435 262	1423	
280	1379	
281	1379	
503	2067	
436 528	2064	
437 332	1532	(U.S.P. 3 271 450) (U.S.P. 3 268 576)
584	2066	
438 239	1859	(F.P. 1 375 140)
286	1363	
287	1364	
363	1349	
369	1348	
439 299	1973	
305	2047	(D.A.S. 1 216 879)
440 234	1862	(D.A.S. 1 106 736)
240	1895	
247	1950	
254	2001	(F.P. 1 363 389)
309	1350	
319	1374	
441 248	1831	
255	1992	
308	1473	(U.S.P. 3 158 609)
309	1442	(D.A.S. 1 231 702)
364	1481	(Brit.P. 1 021 395)
620	1515	(D.A.S. 1 193 200)
442 272	1940	
298	1475	(Brit.P. 1 016 240)
314	1538	(Ind.P. 76 647)
443 214	1530	(D.A.S. 1 201 952)
238	1846	
284	1506	(F.P. 1 360 436)
296	2050	(D.A.S. 1 206 435)
304	1485	(D.A.S. 1 173 475)
328	1491	(D.A.S. 1 185 193)
564	1517	(U.S.P. 3 239 501)
444 151	1508	(U.S.P. 3 123 599)
157	1474	(Brit.P. 1 014 668)
164	1521	(Brit.P. 978 178)
165	1479	(D.A.S. 1 239 310)
835	1971	
849	1458	(Brit.P. 1 005 026)
852	2041	(Brit.P. 1 038 264)
864	1470	(Port.P. 44 700)
877	1457	(D.A.S. 1 181 232)
884	1478	(Brit.P. 981 478)
445 462	1833	
480	1459	(Brit.P. 1 023 214)
490	1461	(Brit.P. 997 638)
491	1461	(Brit.P. 997 638)
492	1461	(Brit.P. 997 638)
493	1461	(Brit.P. 997 638)
501	1489	(Brit.P. 948 888)
502	1489	(Brit.P. 948 888)
507	1493	(Brit.P. 969 147)
446 318	1507	(U.S.P. 3 190 896)
353	1467	(D.A.S. 1 121 054)
354	1535	(D.A.S. 1 218 455)
355	1488	(U.S.P. 3 122 537) (U.S.P. 3 119 821)
384	1537	(D.A.S. 1 219 037)
580	2048	(Brit.P. 991 146)
447 144	1448	(Brit.P. 1 006 887)
159	1441	(D.A.S. 1 187 617)
189	1468	(D.A.S. 1 139 846)
448 052	1451	(D.A.S. 1 198 354)
053	1451	(D.A.S. 1 198 354)
082	2059	(D.A.S. 1 223 383)
084	2053	(F.P. 1 343 270)
093	1519	(Brit.P. 1 057 654)
122	1534	(D.P.[DDR] 41 484)
325	2063	
449 001	2011	(D.A.S. 1 187 606)
006	1513	(Brit.P. 992 276)
018	1462	(Brit.P. 997 638)
037	1453	(D.A.S. 1 181 233)
038	1453	(D.A.S. 1 181 233)
046	1454	(Brit.P. 1 017 439)
050	1452	(D.A.S. 1 206 914)
610	1511	(U.S.P. 3 250 793)
645	1454	(Brit.P. 1 017 499)
646	1454	(Brit.P. 1 017 439)
450 405	1503	(U.S.P. 3 145 202)
409	1504	(Brit.P. 1 002 247)
419	1462	(Brit.P. 997 638)
420	1462	(Brit.P. 997 638)
451 117	1529	(Port.P. 42 814)
146	1460	(Brit.P. 1 004 974)
151	1483	(Brit.P. 1 021 386)
160	1492	(Port.P. 42 584)
177	1469	(D.A.S. 1 139 846)
194	1490	(Brit.P. 1 023 796)
926	1512	(D.A.S. 1 215 700)
944	1539	(Aust.P. 233 799) (D.A.S. 1 148 554) (Ind.P. 67 334)
961	1446	(D.A.S. 1 222 507)
452 502	2038	(D.A.S. 1 228 248)
526	1476	(Brit.P. 1 021 522)
453 325	2019	(D.A.S. 1 230 009)
340	2036	(D.A.S. 1 203 254)
342	1497	(U.S.P. 3 168 535)
344	2058	(D.A.S. 1 235 306)
382	2040	(D.A.S. 1 242 236)
454 112	1948	
118	1908	
121	2033	(Brit.P. 1 007 087)
129	1456	(U.S.P. 3 234 279)
456 574	1447	(D.A.S. 1 231 690)
575	1533	(D.A.S. 1 221 629)
601	1477	(Port.P. 43 765)
457 408	1524	(D.A.S. 1 248 045)
485	1444	(D.A.S. 1 190 463)
486	1444	(D.A.S. 1 190 463)
487	1444	(D.A.S. 1 190 463)
488	1444	(D.A.S. 1 190 463)

U.S.A.-Patente (U. S. P.)

Nr.	Ref. Nr.	Bezugspatent
3 210 360	2051	(D.P.[DDR] 42 836)
3 227 723	2052	(Brit.P. 963 441)
3 228 981	1899	
3 236 835	1916	
3 240 798	1958	
3 245 981	2064	
3 246 002	1981	
3 255 195	1994	
3 257 449	1918	
3 258 487	1925	
3 259 657	1920	
3 268 512	1989	
3 271 465	1933	
3 274 174	1913	
3 275 672	1903	
3 277 140	1914	
3 287 389	1945	
424	1932	
3 288 786	1982	
819	1930	
859	1902	
3 294 685	1959	
3 297 409	1825	
414	1856	
718	1974	
3 300 279	1858	(F.P. 1 356 982)
3 301 400	1912	
3 309 405	1960	
3 317 607	1919	
3 333 941	1829	
3 337 631	2022	(Brit.P. 967 601)
3 341 609	2009	(Brit.P. 988 040) (Brit.P. 990 349)
3 342 823	2070	
856	1938	
903	1931	
3 344 196	2008	(Brit.P. 921 477)
3 346 628	1904	
3 347 860	1480	(Brit.P. 1 058 623)
930	2016	(D.A.S. 1 169 438)
3 349 074	2065	
3 350 443	1949	
474	2000	(F.P. 1 247 778)
3 351 645	1963	
3 352 913	1961	
949	1957	
3 354 224	2015	(Brit.P. 1 016 946)
3 356 692	1449	(Brit.P. 1 031 916)
771	2026	(F.P. 1 379 964)
3 358 019	1956	
033	2017	(D.A.S. 1 244 149)
050	1997	(Brit.P. 978 346)
3 359 211	1869	(D.A.S. 1 227 177)
314	2013	(D.A.S. 1 193 035)
3 375 101	1838	
3 376 105	1844	

CHEMISCHES ZENTRALBLATT

Nr. 14 · 2. April 1969
Referat 0001—2072
Seite 1—216

A. Allgemeine, physikalisch-anorganische und anorganische Chemie

A–2. Physik der Atome und Moleküle

0001 **Einfache analytische Eigenfunktionen von Elektronen in Thomas-Fermi-Atomen.** T. Tietz. (Z. Naturforsch. **23a** (1968) 1, 191—92; Dep. of Theor. Phys., Univ. of Łódź, Łódź, Polen; engl.) — Für seine Näherung des Thomas-Fermi-Potentials (1956) gibt Vf. jetzt prakt. brauchbare analyt. Lösungen der entsprechenden Schrödinger-Gleichung an. Die Ergebnisse werden mit denen anderer Eigenfunktionen für Z = 8, 10, 13, 19, 26, 29, 37, 47, 57, 65, 74, 82 u. 92 verglichen. R. Blank 22

0002 **Theorie des Tunneleffekts eines Teilchens im Doppelminimumpotential.** Jürgen Brickmann und Herbert Zimmermann. (Z. Naturforsch. **23a** (1968) 1, 11—18; Inst. für Org. Chem., Univ., München; dt.) — Es wurde die Bewegung eines Teilchens untersucht, das sich in einem Doppelminimumpotential bewegt u. durch Tunneleffekt von einer zu anderen Mulde gelangen kann. Die Verweilzeiten des Teilchens in den Potentialmulden (a) u. (b) wurden für symm. u. unsymm. Doppelminimumpotentiale berechnet. G. Malow 22

0003 **Symmetrieeigenschaften natürlicher Ein- und Zweielektronenfunktionen. 1. Mitt. Konstruktion von spin- und symmetrieangepaßten Funktionen.** R. Mc Weeny und W. Kutzelnigg. (Int. J. Quantum Chem. **2** (1968) 2, 187-203; Dep. of Chem., Univ. of Sheffield, England; engl.) H. Liepack 22

0004 **Eine Erweiterung der Lokalenergie-Methode nach dem Verfahren kleinster Quadrate auf gestörte Systeme.** D. W. Davies. (Theoret. chim. Acta [Berlin] **9** (1968) 4, 330—32; Dep. of Chem., Univ. of Birmingham; engl.) — Erweiterung der Meth. auf Energien höherer Ordnung als 0. oder 1. Ordnung. Angabe eines Verf. zur Best. der Wellenfunktion u. der Energie. D. Hoene 22

0005 **Verbesserte untere Schranken für den Konvergenzradius der RS-Störungstheorie.** W. A. Bingel. (Int. J. Quantum Chem. **2** (1968) 1, 101—07; Theoret. Chem. Group, Univ. of Göttingen, Göttingen, Germany; engl.) — Rellich u. Kato haben untere Schranken für den Konvergenzradius in der Rayleigh-Schrödingerschen Störungstheorie angegeben, wenn der Störungsoperator bez. des ungestörten Hamilton-Operators beschränkt ist. Es wird gezeigt, daß die unteren Schranken im allg. verbessert werden können. H. Liepack 22

0006 **Anwendung der Variationsstörungstheorie auf einige Einzentrumsprobleme der Quantenchemie.** Karl Heinz Hansen. (Theoret. chim. Acta [Berlin] **9** (1968) 4, 296—302; Inst. für Phys. Chem., Univ., Frankfurt/M.; engl.) — Pseudo-Ne-Mol. (tetraedr. BH_4^-, CH_4, NH_4^+) u. Pseudo-Kr-Komplexe {$[Fe(NH_3)_6]^{2+}$, $[Co(NH_3)_6]^{3+}$, $[Ni \cdot (NH_3)_6]^{4+}$} werden diskutiert. Die Gesamtenergie erreicht dann ein Minimum, wenn die Abschirmung der Kernladung des Zentralatoms am kleinsten ist. Die Modelle führen zu vernünftigen Werten für den Zentralatom—Liganden-Abstand. D. Hoene 22

0007 **Bemerkung zum Kaufman-Kriterum der Überlappungsbesetzung für Molekülstabilität.** Rolf Manne. (Int. J. Quantum Chem. **2** (1968) 1, 69—71; Quantum Theory Project, Univ. of Fla., Gainesville, Fla.; engl.) H. Liepack 22

0008 **Berechnung der Korrelationsenergie in der LCAO-Methode.** M. G. Veselov und L. N. Labzovskij. (Teoret. ėksper. Chim. 4 (1968) 1, 107—09; Leningradskij gosuniv.; russ.) H. Roschkowski 22

0009 **Berechnung von unsymmetrischen Austauschintegralen.** N. P. Borisova. (Teoret. ėksper. Chim. 4 (1968) 2, 253—54; Leningradskij gosuniv.; russ.) — Ableitung einer Näherungsgleichung zur Berechnung früher (ibid. 2 [1966] 724) abgeleiteter asymm. Zweizentrenintegrale. H. Roschkowski 22

0010 **Näherungsmethoden zur Berechnung von Integralen, die eine Zweizentrenverteilung/$\varphi'_a\varphi_b$ > enthalten.** A. P. Kljagina, N. M. Klimenko und M. E. Djatkina. (Ž. strukturnoj Chim. **9** (1968) 1, 105—10; Inst. obščej i neorg. chim. im. Kurnakova AN SSSR; russ.) — Angabe von Lösungsmöglichkeiten für bei MO LCAO-Berechnungen auftretende Integrale. H. Roschkowski 22

0011 **Berechnung von Molekülen in der Einelektron-Einzentrum-Näherung.** E. S. Birger und N. B. Konjuchova. (Teoret. ėksper. Chim. 4 (1968) 1, 29—36; Vyčislitel'nyj centr AN SSSR, Moskva; russ.) — Beschreibung eines Verf. zur Berechnung der Energieniveaus von Einelektronenmol. des Typs H_2^+, H_3^{2+} usw. mit Hilfe elektron. Rechenmaschinen. Der Grundzustand von H_2^+ wird bestimmt. H. Roschkowski 22

0012 **Zweite Näherung der verallgemeinerten WKB-Methode.** 1. Mitt. N. I. Žirnov. (Izvest. vysšich učebnych Zavedenij [Tomsk], Fiz. **11** (1968) 3, 58—66; Mosk. gospedinst. im. Lenina; russ.) — Vf. beschreibt eine Lsg. der eindimensionalen Schrödinger-Gleichung, die eine 2. Näherung der verallgemeinerten WKB-Meth. darstellt. Anwendung der erhaltenen Beziehungen zur Berechnung der Energieniveaus des Morse-Oszillators für den $A'\Sigma$-Zustand des *BaO*-Moleküls. H. Roschkowski 22

0013 **Einfache genaue Zweizentren-Wellenfunktionen für homonukleare zweiatomige Moleküle.** M. Cohen, Brenda H. Dorrell und R. P. McEachran. (Theoret. chim. Acta [Berlin] **9** (1968) 4, 324—29; Centre for Res. in Experimental Space Sci., Toronto, Canada; engl.) — Auf der Grundlage einer einfachen Näherung (vereinigte Atome) unter Einschluß eines Variationsladungsparameters werden Zweizentren-MO's für die niedrigsten geraden u. ungeraden σ-, π- u. δ-Zustände für Ionen zweiatomiger homonuklearer Mol. beliebiger Kernladungszahl berechnet. Ihre Genauigkeit wird diskutiert. D. Hoene 22

0014 **Spinfreie Quantenchemie.** 5. Mitt. **Spindichte.** F. A. Matsen und A. A. Cantu. (J. physic. Chem. **72** (1968) 1, 21—32; Mol. Phys. Group, Univ. of Tex., Austin, Tex.; engl.) — 4. vgl. C. **1967**, 37-0063. — Vf. führen die „ungepaarte Elektronendichte" als ein spinfreies Konzept bez. der chem. Valenz ein. Sie zeigen, daß diese ungepaarte Elektronendichte ident. mit der in der Diskussion der Hyperfeinwechselwrkg. verwendeten Spindichte ist, d. h., daß man Spindichten auch durch spinfreie Formalismen erhalten kann. Daraus folgt, daß der Spin keine dynam. Rolle bei der Best. der Hyperfeinwechselwrkg.-Konst. u. bei der Singulett–Triplett-Aufspaltung hat. Für *He* (^3S, 1s2s), *Li* ($^2S_{1/2}$, $1s^22s$), *Methyl*- u. *Allyl*-Radikale liefern Vf. eine Diskussion der Hyperfeinwechselwrkg. im Vgl. zum schon bekannten konventionellen Spin-Formalismus. Es zeigt sich, daß gewisse Effekte, die bisher der Spindynamik zugeschrieben wurden, nur aus der Permutationssymmetrie der Syst.-Wellenfunktion resultieren. R. Blank 22

0015 **Variationsfunktion für H_2^+ (erster angeregter Zustand).** P. C. Hariharan und P. G. Khubchandani. (J. Physics, B [Proc. physic. Soc.] [2] **1** (1968) 1, 134—36; Chem. Div., Bhabha Atomic Res. Centre, Trombay, India; engl.) — Berechnung der potentiellen Energie Y des Elektrons im Feld der beiden Kerne, der Elektronenenergie E u. der Integrale $\langle X^2 \rangle$ u. $\langle Z^2 \rangle$ (für Quadrupolmomentberechnungen) im Bereich $0{,}4 \leq R \leq 4{,}0$ (Hartree-Einheiten) für den $2p\sigma$-Zustand von H_2^+ mit einer in ellipt. Koordinaten separierbaren Funktion. R. Blank 22

0016 **Elektronenstruktur des Kohlenmonoxids: Erweiterte LCAO-Methode.** André Julg und Alain Pellégatti. (J. Chim. physique Physico-Chim. biol. **65** (1968) 2, 242—46; Marseille, Fac. des Sci., Labor. de Chim. Théor.; franz.) — Berechnungen des CO-Mol. mit Hilfe der erweiterten LCAO-Meth. gestatten eine befriedigende Wiedergabe der Elektronenspektren, ergeben aber zu große Werte für das Dipolmoment. Eine Anpassung an das experimentelle Dipolmoment ist nur unter Verw. deformierter Grund-Atomorbitale möglich. Hans Bürger 22

0017 **d^2- und d^8-Konfigurationen in einem axialen Modellfeld.** Donald R. Scott und F. A. Matsen. (J. physic. Chem. **72** (1968) 1, 16—20; Dep. of Chem., Tex. Technol., Coll., Lubbock, Tex.; engl.) — Unters. der Aufspaltung der Elektronenenergieterme von freien d^2- u. d^8-Ionen in einem axialen (C_n, $n > 4$) Modellfeld. Die Matrixelemente u. die resultierenden Eigenwerte sind tabelliert u. die Spektren u. Elektronengrundzustände von allg. d^2- u. d^8-Verb. diskutiert. Speziell werden $Ti(C_5H_5)_2$, $V(C_5H_5)_2^+$ u. $Ni(C_5H_5)_2$ behandelt. R. Blank 22

0018 **Theorie der Kern-Hyperfeinwechselwirkungen in Kugelkreisel-Molekülen.** Pon-nyong Yi, Irving Ozier und C. H. Anderson. (Physic. Rev. [2] **165** (1967) 1, 92—109; Lyman Labor. of Phys., Harvard Univ., Cambridge, Mass.; engl.) — Gruppentheoret. Unters. mit CH_4 u. CD_4 als spezif. Beispiele. H. Liepack 22

0019 **Berechnung elektrostatischer Matrixelemente für tetragonale Symmetrie.** Veronica Brezuleanu und A. Ivanov. (Rev. roum. Chim. **13** (1968) 2, 163—73; Inst. for Phys. Chem., Acad. of the Socialist Republik of Romania, Bucharest, Romania; engl.) — Berechnung der $\sum_{i,j}(1/r_{ij})$-Operatormatrixelemente für *trans*-MX_4Y_2-Komplexe mit tetragonaler Symmetrie. R. Blank 22

0020 **Kovalente Bindungen und Quantenzahlen.** Albert Gosselin. (C. R. hebd. Séances Acad. Sci., Sér. C **266** (1968) 16, 1216—19; Saint-Peray, Ardèche; franz.) — Ausgehend von der Feststellung, daß für Element—Wasserstoff-Bindungen das Prod. aus dem kovalenten Radius des Elementes u. der Quadratwurzel der Ordnungszahl konst. ist, wenn die Hybridisierung unverändert ist, entwickelt Vf. eine Beziehung zur Berechnung von Bindungsenergien, die allein die Ordnungszahl der beteiligten Atome u. deren Hybridisierung berücksichtigt. Hans Bürger 22

0021 **Bestimmung von Bindungsenergien bei einfachen Molekülorbital-Berechnungen.** M. A. Landau und S. S. Dubov. (Ž. fiz. Chim. **42** (1968) 2, 497—99; russ.) — Eine Gleichung zur Berechnung chem. Bindungsenergien mit Hilfe von Parametern, die bei einfachen MO-Berechnungen erhalten werden, wird vorgeschlagen. Am Beispiel von Äthylen u. Fluoräthylen wird die gute Übereinstimmung der ber. mit experimentell bestimmten Bindungsenergien gezeigt. H. Roschkowski 22

0022 **Modellrechnungen zur symmetrischen Vierzentrenbindung.** 2. Mitt. P. Kadura. (Theoret. chim. Acta [Berlin] **9** (1968) 4, 344; dt.) — 1. vgl. C. **1968,** 9-0100. — Erratum zu C. **1968,** 25-0068. D. Hoene 22

0023 **Störungsnäherung für die chemische Bindung.** 3. Mitt. **f-Orbital-Wechselwirkungen.** S. F. A. Kettle und A. J. P. Pioli. (J. chem. Soc. [London], Sect. A **1968,** 1, 122—25; Dep. of Chem., Univ., Sheffield; engl.) — 2. vgl. C. **1967,** 41-0133. — Erweiterung der Unters. mit einer Störungstheorie zweiter Ordnung, wonach bei schwachen Wechselwrkg. der s-, p- u. d-Orbitale die chem. Bindung nicht gerichtet zu sein braucht, auf Wechselwrkg. der f-Orbitale am Zentralatom mit den Orbitalen von n ($n = 2$, 3 u. 4) symm. angeordneten Ligandenatomen. Danach sind die chem. Bindungen ebenfalls richtungsunabhängig, vorausgesetzt, die f-Orbitale sind entweder leer oder symm. besetzt; der richtungsunabhängige Charakter scheint aber auch bei unsymm. besetzten f-Orbitalen erhalten zu bleiben. R. Blank 22

0024 **Modelle für die Theorie der Wasserstoffbindung: Lineares H_3^-.** T. E. Haas und M. J. Feinberg. (Theoret. chim. Acta [Berlin] **10** (1968) 2, 189—92; Dep. of Chem., Tufts Univ., Medford, Mass.; engl.) — Eine Analogie wird zwischen der H-Bindung u. der Wechselwrkg. von H_2 mit H^- gezogen. Die Energiefläche von linearem H_3^- wird unter Verw. eines minimalen Basissatzes von 1s-Orbitalen u. voller CI berechnet. Das Auftreten von einzelnen u. doppelten Potentialminima wird diskutiert. D. Hoene 22

0025 **Bindungsverhältnisse am Silicium-Atom.** H. Bürger. (Fortschr. chem. Forsch. **9** (1967) 1, 1—59; Inst. für Anorg. Chem., TH, Braunschweig; dt.) — Übersicht (Bindungstypen, Strukturanalysen, Dipolmomente, Kernquadrupolkopplungskonst., Kraftkonst., Bindungsenergien). — 16 Tabellen, 390 Literaturangaben. D. Hoene 22

0026 **Kriterien für Bindungsorbitale und optimale Hybride.** R. McWeeny und G. Del Re. (Theoret. chim. Acta [Berlin] **10** (1968) 1, 13—22; Dep. of Chem., Univ., Sheffield; engl.) — Eine Vorschrift zur Best. „optimaler Hybride" wird angegeben. Eine einfache Wellenfunktion mit lokalisierten Elektronenzuständen, die sich aus diesen Hybriden aufbaut, kommt den Ergebnissen einer SCF-Rechnung am nächsten. Der Fehler hängt nur von den Nebenbedingungen, die die Form der Hybride bestimmen, ab u. verschwindet, wenn keine derartigen Einschränkungen vorliegen. Die Hybride, die in den Mol. CH_4, H_2O u. $HCHO$ vorliegen, werden diskutiert. D. Hoene 22

0027 **Siebenerkoordination und Ligandenabstoßungsmodelle zur Bindungsgeometrie.** H. Bradford Thompson und L. S. Bartell. (Inorg. Chem. [Washington] **7** (1968) 3, 488—91; Inst. of Sci. and Technol. and Dep. of Chem., Univ. of Mich., Ann Arbor, Mich.; engl.) — Vf. untersuchen das Modell zur Geometriebest. kleiner Mol., bei dem die Verteilung von Punkten auf einer Kugel betrachtet wird. Bei sieben Liganden hängt die bevorzugte Geometrie von n im Energieausdruck $E = \Sigma r_{ij}^{-n}$ ab. Bei $n < 2,5$ ist D_{5h}-Symmetrie u. bei großem n C_{3v}-Symmetrie stabil. Bei mittleren Werten treten C_2-, C_s- u. C_{2v}-Symmetrie auf. Ein Vgl. mit den bekannten Strukturen von JF_7 u. XeF_6 zeigt, daß das Punkt–Kugel-Modell bei mehr als sechs Liganden unzuverlässig wird. R. Blank 22

0028 **Ligandenfeld-Stabilisierungsenergie und Stereochemie der Elemente der zweiten und dritten Übergangsmetallreihe.** R. Colton und J. H. Canterford. (Austral. J. Chem. **21** (1968) 1, 9—13; Dep. of Inorg. Chem., Univ. of Melbourne, Parkville, Vic.; engl.) — Unter Verw. von Literaturdaten wird die Stereochemie von Verb. der Elemente *Zr, Hf, Nb, Ta, Mo, W* u. *Re* mit d^0-, d^1- u. d^2-Konfig. betrachtet. Während für d^0-Konfig., für die die Ligandenfeld-Stabilisierungsenergie Null beträgt, eine Vielzahl stereochem. Koordinationen mit Koordinationszahlen (KZ) 4, 5, 6, 7 u. 8 existiert, überwiegt bei Verb., in denen die Elemente d^1-Konfig. besitzen, die oktaedr. Koordination. Während für KZ 8 bei d^1-Konfig. des Übergangsmetalls vorwiegend dodekaedr. Strukturen auftreten, liegen für d^0-Konfig. hauptsächlich quadrat.-prismat. Strukturen vor. Dieser Trend des stereochem. Verh. bei Übergang von der d^0- zur d^1-Konfig. läßt sich auch beim Übergang von der d^1- zur d^2-Konfig. beobachten; er wird auf die unterschiedlichen Ligandenfeld-Stabilisierungsenergien der einzelnen Konfig. zurückgeführt. — 40 Literaturangaben. W. Laqua 22

0029 **Theorie großer Moleküle.** 1. Mitt. **Revision der Grundlagen der Quantenchemie.** H. Primas. (Helv. chim. Acta **51** (1968) 5, 1037—51; Labor. für physik. Chemie, ETH, Zürich; dt.) — Krit. Betrachtungen der traditionellen Quantenchemie u. Diskussion der prinzipiellen Grundlagen einer quantenmechan. Theorie großer mol. Syst. (biolog. Syst.), die die traditionelle Quantenchemie als Spezialfall enthält. Diese Theorie basiert auf der modernen Formulierung der Quantenmechanik u. Quantenfeldtheorie auf Grund der Algebra der mikroskop. Messungen u. ist durch einen verallgemeinerten Zustandsbegriff u. einen erweiterten Darst.-Raum charakterisiert. Diese Erweiterung erlaubt die sinnvolle Beschreibung unsymm. Grundzustände, kohärenter Zustände u. biolog. relevanter Observablen. R. Blank 22

0030 **Eine allgemeine Näherung für Absorption in Gasen.** Alexander S. Zachor. (J. quantitative Spectroscopy radiative Transfer 8 (1968) 2, 771—81; Block Engng., Inc., Cambridge, Mass.; engl.) — Es wird eine allg. Formel gebracht, welche die Durchlässigkeit eines Gases in Form dreier Größen wiedergibt: 1. dem mittleren Absorptionskoeff. (Beersches Gesetz), 2. einem Einzelparameter, der mit dem Bereich zwischen schwachen u. starken Linien verknüpft ist u. 3. einer entsprechenden theoret. oder empir. Funktion für die Durchlässigkeit im starken Linienbereich. G. Buttgereit 26

0031 **Anwendung des Fabry-Perot-Interferometers bei der Messung kleiner Absorptionskoeffizienten in Gasen.** V. K. Konjuchov und I. V. Matrosov. (Ž. prikl. Spektroskopii 8 (1968) 5, 764—67; russ.) — Die Best. der Absorption wurde durchgeführt durch Messung der gesamten Durchlässigkeit. Gemessen wurde der Absorptionskoeff. der Schwingungs-Rotationsbande ($10^0 0$) → ($00^0 1$) von CO_2 im Bereich 10,6 μm. Für 273° $\alpha = 0{,}94 \cdot 10^{-3}$ cm^{-1} gefunden. M. Wiedemann 26

0032 **Berechnung der Durchlässigkeitsfunktion für Kohlendioxidgas im Bereich 1—7 μ.** O. K. Vojcechovskaja und L. I. Nesmelova. (Izvest. vysšich učebnych Zavedenij [Tomsk], Fiz. 11 (1968) 5 (72) 143—45; Sibir. fiz.-techn. inst. im. Kuznecova; russ.) H. Roschkowski 26

0033 **Statistisches Gewicht bei Spektraluntersuchungen vielatomiger Moleküle.** V. P. Kločkov. (Optika i Spektroskopija 24 (1968) 6, 1002—03; russ.) — Am Beispiel des Anthracens u. anderer Mol. wird die Frage des bei Berechnungen des Absorptionskoeff. auftretenden statist. Gew. diskutiert u. gezeigt, wann es gleich eins gesetzt werden kann. M. Wiedemann 26

0034 **Anregung von molekularem Sauerstoff durch Elektronen geringer Energie.** V. V. Skubenič. (Optika i Spektroskopija 25 (1968) 1, 169—70; russ.) — Die abs. Anregungsquerschnitte der zum ersten negativen ($b^4\Sigma_g^- \rightarrow a^4\Pi_u$)- u. zum zweiten negativen ($A^2\Pi_u \rightarrow X^2\Pi_g$)-Syst. des Mol. O_2^+ gehörenden Spektralbanden wurden gemessen. Die Energieabhängigkeit der Anregungsquerschnitte der Elektronenzustände des Mol. $O_2^{\ +}$ zeigt Maxima bei 80—100 eV. M. Wiedemann 26

0035 **Bestimmung des Moments des Elektronenübergangs des ersten positiven Systems der Stickstoff-Banden $N_2(1+)$.** V. N. Egorov, L. N. Tunickij und E. M. Čerkasov. (Ž. prikl. Spektroskopii 8 (1968) 3, 479—88; russ.) — Aus spektroskop. Daten wurde das Quadrat des Matrixelements des Elektronenübergangs $|R_{e'}^{nm}|^2$ ber., ferner seine Abhängigkeit von der Größe des $r_{v'v''}$-Zentroids. M. Wiedemann 26

0036 **Abhängigkeit des Moments des Elektronenübergangs R_e vom Abstand zwischen den Kernen r für das Bandensystem des Ions N_2^+.** V. T. Koppe, A. G. Koval', V. V. Gricyna und Ja. M. Fogel'. (Optika i Spektroskopija 24 (1968) 5, 821—23; russ.) — Die Abhängigkeit $R_e(r)$ wurde auf Grund der Intensitäten der Banden des Syst. mit v′—v″ von 0—0 bis 5—2 (6850—11134 Å) im Stickstoffspektrum bestimmt, das mit Elektronenbündeln von 13 keV u. 150 eV bei Drücken von 0,02—5 · 10^{-4} Torr angeregt wurde. Es ergab sich $R_e(r) = \text{const}\,(-1 + 1{,}820\,r - 0{,}814\,r^2)$. Ferner wurde die relative Besetzung der ersten 6 Schwingungszustände $A^2\Pi$ ermittelt. M. Wiedemann 26

0037 **Mechanismus des Prozesses der Strahlung von Stickstoff im Nichtgleichgewichtsbereich hinter der Front einer Stoßwelle.** G. D. Smechov und S. A. Losev. (Teplofiz. vysokich Temperatur 6 (1968) 3, 381—89; Inst. mechan. Mosk. gos. univ.; russ.) — Die Intensitätsverteilung der Strahlung des ersten positiven Syst. des Stickstoffmol. N_2 (1+) u. des ersten negativen Syst. des Stickstoffions $N_2^+(1-)$ hinter der Front der Stoßwelle, deren Geschw. bei 2,8—3,6 km/s lag, wurde in 0,1 N_2 + 0,9 Ar untersucht. Die Prozesse, welche zur Besetzung der Elektronenzustände $B^3\Pi_g(N_2)$ u. $B^2\Sigma_u^+(N_2^+)$ führen, wurden diskutiert. Der erstgenannte kann durch Elektronen angeregt werden. Erörtert wurden Dissoziation von N_2, assoziative Ionisation $N + N \rightleftharpoons N_2^+ + e$, deren Geschw.-Konst. im Bereich 8000—10500 °K abgeschätzt wurde, Anregung des Ions N_2^+, Anregung des N_2-Mol., Umladungen u. Ionisation von Ar. M. Wiedemann 26

0038 **Stoßrohr-Untersuchungen der Form und Breite Stark-verbreiterter Rotationslinien von N_2^+.** D. E. Buttrey, H. R. McChesney und L. A. Hooker. (J. quantitative Spectroscopy radiative Transfer 8 (1968) 2, 717 bis 728; Lockheed Palo Alto Res. Labor., Palo Alto, Calif.; engl.) — Die Breiten der Stark-verbreiterten Rotationslinien der 3914-Å-(0,0)-Bande (Rotationsquantenzahl J_p = 26—33) des 1. negativen Syst. von N_2^+ [$N_2^+(1-)$] im Stoßrohr-Emissionsspektrum wurden bestimmt. Unter der Voraussetzung Lorentzscher Linienform u. variabel eingegebener Linienbreiten wurde die Bandenenveloppe durch Computer simuliert u. der experimentellen Form angepaßt. Die Linienbreiten sind proportional zu $J^{0{,}5-0{,}67}$ (J: Ionendichte) u. betragen 2 cm^{-1} bei $J = 2 \cdot 10^{17}$ cm^{-3}. B. Stender 26

0039 **Über ein Bandensystem in dem Entladungsspektrum von Lanthantrifluorid-Dämpfen.** E. A. Šenjavskaja, L. V. Gurvič und A. A. Malcev. (Optika i Spektroskopija 24 (1968) 6, 1025—26; russ.) — Es wurden die Banden des Triplettsyst. D in Entladungsspektren von LaF_3-Dämpfen untersucht. Das Syst. besteht aus 3 Kanten, einem intensiven Paar P_1 u. P_2 u. einer unscharfen Kante Q. In schwachen Banden ist die Best. von Q nicht möglich. Diese Banden wurden den Sequenzen $\Delta v = 0, -1, +1$ zugeschrieben. Den P_1-Kanten wurden folgende Konst. zugeschrieben (in cm^{-1}): ν_e = 30188,9 ± 0,7; ω_e' = 674,7 ± 0,6; ω_e'' = 603,8 ± 0,7; $\omega_e' x_e'$ = 2,35 ± 0,06 u. $\omega_e'' x_e''$ = 1,96 ± 0,08. Die Kante Q ist mit dem Übergang $^1\Pi \rightleftharpoons {}^1\Sigma (\Delta\Lambda = 1)$ u. die P-Kanten mit den Übergängen $^1\Pi \rightleftharpoons {}^1\Delta$ (Verdopplung von Λ) verbunden. Die Interpretation des D-Syst. als Dublettübergang wird als wenig wahrscheinlich angesehen. W. Müller-Litz 26

0040 **Beobachtung und Schwingungsanalyse eines neuen Bandensystems von Germaniummonochlorid: $A^2\Sigma^+$–$X^2\Pi$.** Pascal Deschamps, Anne-Françoise Robert und Guy Pannetier. (J. Chim. physique Physico-Chim. biol. 65 (1968) 6, 1084—89; Paris, Fac. des Sci., Labor. de Cinét. Chim.; franz.) — Vf. beobachten ein neues Bandensyst. des GeCl bei 3800—5200 Å u. ordnen es dem Übergang $A^2\Sigma^+$–$X^2\Pi$ zu. Die Schwingungsanalyse ergibt folgende Parameter des A-Elektronenzustands des GeCl: T_e = 22700 cm^{-1}; ω_e = 249,3$_5$ cm^{-1}, $\omega_e x_e$ = 0,75 cm^{-1}. Es werden die verschiedenen Elektronenzustände folgender Spezies miteinander verglichen: *CF, SiF, GeF, SnF, PbF, CCl, SiCl, GeCl, SnCl, PbCl.* Hans Bürger 26

0041 **Zuordnung des sichtbaren Bandensystems von SnCl zum Übergang $A^2\Sigma^+$–$X^2\Pi_{1/2}$.** Guy Pannetier und Pascal Deschamps. (J. Chim. physique Physico-Chim. biol. 65 (1968) 6, 1164—70; franz.) — Vgl. vorst. Referat. — Vf. untersuchen das Bandensyst. von SnCl bei 5100 bis 6700 cm^{-1} u. finden aus der Analyse für den unteren Zustand Größen (ω_e = 350,7 u. $\omega_e x_e$ = 1,03 cm^{-1}), die nahe derjenigen des Grundzustands $\Pi_{1/2}$ liegen. Auf Grund dieser u. anderer Argumente ordnen sie den beobachteten Übergang $A^2\Sigma^+$–$X^2\Pi_{1/2}$ zu. Hans Bürger 26

0042 **Elektronenspektrum von festem Distickstoffmonoxid im Reinzustand und in einer Matrix bei tiefer Temperatur.** Maurice Sibleyras, Jean-Yves Roncin und Nicole Damany. (C. R. hebd. Séances Acad. Sci., Sér. A et B 266 (1968) 3, B 175—B 177; Bellevue, Hauts-de-Seine, CNRS, Labor. des Hautes Pressions; franz.) — N_2O zeigt im Festzustand bei 63 °K sowie in einer Ar- u. einer Kr-Matrix bei 14 °K im Elektronenspektrum des Überganges $B \leftarrow X^1\Sigma^+$ ein unterschiedliches Verhalten. Während oberhalb ca. 30 °K Feinstruktur zu beobachten ist, tritt in der Matrix unter Blauverschiebung eine Verwaschung der Konturen auf, die auf einen Charakter dieses Überganges zwischen Valenz- u. Rydberg-Typ deutet. Hans Bürger 26

0043 **Temperaturabhängigkeit der Lumineszenz von Hexaharnstoff- und Hexaantipyrinchrom(III).** David M. Klassen und Hans L. Schläfer. (Ber. Bunsenges.

physik. Chem. **72** (1968) 6, 663–69; Inst. für Physik. Chem., Univ., Frankfurt/M.; engl.) — Ergebnisse von Messungen der Temp.-Abhängigkeit der Fluoreszenz $^4T_{2g} \rightarrow {}^4A_{2g}$ u. der Phosphoreszenz $^2E_g \rightarrow {}^4A_{2g}$ von $[CrA_6](ClO_4)_3$ (A: *Harnstoff, Antipyrin*) in krist. Form u. in verschiedenen Lsgm. bei — 186 bis — 20° werden mitgeteilt. Die beobachtete Temp.-Abhängigkeit der Lumineszenz wird qual. bez. der möglichen strahlenden u. strahlungslosen Prozesse diskutiert. D. Hoene 26

0044 **Spektrochemische Untersuchungen an einem Kobalt-Komplex mit einem Mercapto-Liganden mittlerer Stärke.** M. B. Mishra, H. L. Nigam und A. Mehra. (J. inorg. nuclear Chem. **30** (1968) 3, 881–83; Chem. Labor., Univ. of Allahabad; engl.) — Durch Umsetzung von HS · CH_2 · CH_2 · COOH (TPA) mit Co(II) wird der Komplex $[Co(TPA)_2(H_2O)_2]$ erhalten. Der Komplex hat oktaedr. Symmetrie. Sein Elektronenspektrum wird zugeordnet. Magnet. Suszeptibilität u. Moment werden angegeben. EPR-, IR- u. Leitfähigkeitsdaten werden diskutiert. D. Hoene 26

0045 **Sichtbares und Ultraviolettspektrum eines verzerrt trigonal bipyramidalen Kobalt(II)-Komplexes.** M. J. Norgett und L. M. Venanzi. (Inorg. chim. Acta [Padova] **3** (1968) 1, 107–110; Dep. of Theoret. Phys. and Inorg. Chem. Labor., Univ. of Oxford; engl.) — Neuere Röntgen-Strukturunters. von $[CoClL][B(C_6H_5)_4]$ mit L = *Tris-[o-diphenylphosphinophenyl]-phosphin* von Blundell et al. (Chem. Commun. **1967**, 763) zeigten, daß das trigonal bipyramidale Kation durch den Jahn-Teller-Effekt verzerrt ist. Mit dem „Winkelüberlappungsmodell" werden deshalb erneut LF-Berechnungen durchgeführt u. die Interpretation der Vf. (J. chem. Soc. (A) **1967**, 540) bez. der sichtbaren u. UV-Spektren revidiert. Die drei Banden bei 9600, 16500 u. 19600 cm^{-1} werden erneut zugeordnet. Das Verhältnis der äquatorialen u. axialen Parameter $e_{äq}/e_{ax}$ = 0,8 wird bez. der unterschiedlichen Co-P-Abstände diskutiert. R. Blank 26

0046 **Experimentelle Untersuchung über Besetzungs- und Richtungsübertragung durch spontane Emission.** Martial Ducloy und Bernard Decomps. (C. R. hebd. Séances Acad. Sci., Sér A et B **266** (1968) 7, B 412–B 415; Labor. de Spektroscopie hertzienne, CNRS, Paris; franz.) — Experimentelle Best. der Form der magnet. Depolarisationskurven (Hanle-Effekt) u. der Übertragungsgleichung für *Ne*. Es wird daraufhingewiesen, daß sich mit der Analyse des Hanle-Effekts ein Mittel bieten könnte, Relaxation u. Lebensdauer der $2p_n$-Niveaus zu untersuchen, für die eine direkte Anregung durch einen Laserstrahl nicht möglich ist. I. Zoll 28

0047 **Level-Crossing-Untersuchung der Hfs im $3^2P_{3/2}$-Zustand von Na.** M. Baumann. (Z. Naturforsch. **23a** (1968) 4, 620–22; Phys. Inst. der Univ. Tübingen; engl.) — Die Anregung der Na-Atome von $3^2S_{1/2}$ auf $3^2P_{3/2}$ wurde durch Absorption der D_2-Linie (5890 Å) bewirkt. Die Ausspaltung des $3^2P_{3/2}$-Hfs-Niveaus in Magnetfeldern wurde untersucht. Das nucleare elektr. Quadrupolmoment von ^{23}Na wird zu $Q(^{23}Na) = (0{,}124 \pm 0{,}02) \cdot 10^{-24}\,cm^2$ (ohne Sternheimer-Korrektur) bestimmt. Herbert Weber 28

0048 **Messung des Verhältnisses der magnetischen Kernmomente der Isotope 111 und 109 von Cadmium.** Michèle Leduc und Jean Brossel. (C. R. hebd. Séances Acad. Sci., Sér. A et B **266** (1968) 1, B 12–B 14; Fac. des Sci., Labor.-Spectroscopie hertzienne de l'E.N.S., 24 rue Lhomoud, Paris; franz.) — Die Isotope ^{109}Cd u. ^{111}Cd wurden durch opt. Pumpen mit 3261-Å-Strahlung ausgerichtet, so daß es möglich war, das Verhältnis ihrer Kernresonanzfrequenzen in einem gleichen Magnetfeld mit hoher Genauigkeit zu bestimmen: $\nu_{111}/\nu_{109} = 3{,}5929795 \pm 20 \cdot 10^{-7}$. G. Richard 28

0049 **Polarisationsfilter für das optische Pumpen von Alkalimetallen.** E. Aleksandrov, K. Kifer und M. Čajka. (Optika i Spektroskopija **24** (1968) 3, 433–36; russ.) — Zum opt. Pumpen der Dämpfe von Na, Rb u. Cs wurden zwei Arten von Filtern benutzt; das erste bestand aus einem Polarisator, der linear polarisiertes Licht lieferte, u. aus einem parallel der optischen Achse geschnittenen Blättchen aus Quarz oder Spat, das zweite aus einem Polarisator u. einem Krist.-Blättchen der Dicke 2 l. Die Wrkg. dieser Filter in Abhängigkeit von Wellenlänge u. anderen Parametern wurde untersucht. M. Wiedemann 28

0050 **Ausrichtung des H_2^+-Molekülions durch selektive Photodissoziation.** 2. Mitt. **Versuche zum Hochfrequenzspektrum.** C. B. Richardson, K. B. Jefferts und H. G. Dehmelt. (Physic. Rev. [2] **165** (1968) 1, 80–87; Dep. of Phys., Univ. of Wash., Seattle, Wash.; engl.) — 1. vgl. C. **1968**, 9565. — Beobachtung magnet. Resonanzübergänge zwischen verschiedenen Zeeman-Unterniveaus der Hyperfeinzustände von H_2^+ in Magnetfeldern von 50–115 mG. Es wurden folgende $g(KF_2F)/g(K'F_2'F')$-Werte bestimmt: $g(1^1/_2\ ^3/_2)/g(1^3/_2\ ^5/_2) = 0{,}584(3)$, $g(1^3/_2\ ^3/_2)/g(1^3/_2\ ^5/_2) = 1{,}241(6)$, $g(1^1/_2\ ^3/_2)/g(3^3/_2\ ^9/_2) = 1{,}051(5)$. Die Hyperfeinwechselwrkg.-Konst. d beträgt 32,2 ± 5,1 MHz. Mit diesem Wert wird das H_2^+-Hyperfeinstrukturspektrum im 20-cm-Bereich mit einem geschätzten Fehler von wenigen MHz ermittelt. In einer HF-Quadrupolfalle wurde die Ausrichtung durch selektive opt. Anregung mit linear polarisiertem Licht des zur Dissoziation führenden Übergangs 1sσ–2pσ untersucht. H. Liepack 28

0051 **Magnetooptische Untersuchung sechsgliedriger Ringverbindungen des Bors.** 3. Mitt. **Chlorderivate des Borazols.** Maurice Pasdeloup und Jean-Pierre Laurent. (Bull. Soc. chim. France **1968**, 3, 862–65; Dép. de Chim. Inorg., Toulouse; franz.) — 2. vgl. C. **1968**, 23-0124. — Die magnetoopt. Eig. nachst. Verb. wurden bestimmt: $(ClBNR)_3$ mit $R = H$ (F. 83°), CH_3 (F. 150°), C_2H_5 (F. 55°, $Kp._{0,5}$ 80°, n_D^{55} 1,4725, $D._4^{60}$ 1,1578), $n\text{-}C_4H_9$ [F. 30°, $Kp._{0,6}$ 145°, n_D^{20} 1,4802 (unterkühlte Fl.), n_D^{35} 1,4735, n_D^{50} 1,4675, $D._4^{20}$ 1,0841 (unterkühlte Fl.), $D._4^{35}$ 1,0725, $D._4^{50}$ 1,0614]; $(ClBN\text{-}tert.\text{-}C_4H_9)_4$ (F. 235°). Die spezif. Rotation dieser Verb. zeigt gegenüber den aus Inkrementen ber. Werten eine Exaltation, die als Hinweis auf den aromat. Charakter gewertet wird. Dieser soll jedoch weniger ausgeprägt sein als im Fall der homologen Verb. vom Typ $(RBNR')_3$. Die Darst. der untersuchten Alkylverb. aus BCl_3 u. RNH_3Cl wird beschrieben. A. Blaschette 28

0052 **Neue Emissionen von atomarem Stickstoff im Spektralbereich von 10000–11000 Å.** J. W. McConkey, D. J. Burns und J. A. Kernahan. (J. quantitative Spectroscopy radiative Transfer **8** (1968) 2, 823–28; Queens Univ., Belfast, Northern Ireland; engl.) — Es wird eine Entladung von 10 kV u. 250 mA in einer Mischung von N_2 u. *He* bei 10 Torr Gesamtdruck bei 5% N_2-Anteil erzeugt u. das resultierende Emissionsspektrum im Spektralbereich von 10412–10761 Å bei 17,8 Å/mm reziproker Dispersion (bei 10500 Å) mittels eines Gitterspektrographen mit $\mathfrak{h}$ = 6,3 Lichtstärke photograph. aufgenommen. Die Belichtungszeit beträgt bis zu 40 Std. auf vorbelichtetem u. hochempfindlichem Filmmaterial. Die experimentelle Anordnung wird aufgeführt. Es lassen sich 15 neue *N*-Emissionslinien erkennen, welche den Übergängen $2s^22p^2(^3P)3d\text{–}2s^22p^2(^3P)6f$ zugeordnet wurden. Die relativen Intensitäten werden angegeben u. diskutiert. G. Buttgereit 30

0053 **Vergleich zwischen Berechnungen nach dem statistischen Modell und Linien-nach-Linien-Berechnung mit Anwendung auf die 9,6-μ-Ozon- und 2,7-μ-Wasserdampfbande.** Aharon Goldman und Thomas G. Kyle. (Appl. Optics **7** (1968) 6, 1167–77; Phys. Dep., Univ. of Denver, Colo.; engl.) — Vf. zeigen, daß beide Meth. zur quant. Berechnung der IR-Absorptionsbanden geeignet sind. R. Blank 30

0054 **Berechnung der Kraft- und Coriolis-Konstanten und der Absolutintensitäten der Infrarotbanden von Digerman und Digerman-D_6.** V. N. Jarandina und L. M. Sverdlov. (Optika i Spektroskopija **24** (1968) 1, 89–92; russ.) — Für die Mol. Ge_2H_6 u. Ge_2D_6 wurden aus den experimentellen Frequenzen u. Coriolískonst. die Kraftkonst. u. die Absolutintensitäten der Infrarotbanden berechnet. M. Wiedemann 30

0055 **Infrarot-Absorptionsspektren der Komplexe $ZnCl_2 \cdot 2\,NH_2OH$ und $ZnCl_2 \cdot 2\,ND_2OD$ und die Normalschwingungen des Hydroxylamins, das in der Form H_3NO koordiniert ist.** Ju. Ja. Charitonov und M. A. Saruchanov. (Ž. neorg. Chim. **13** (1968) 2, 359–66; Inst. obšč. i neorg. chim. im. Kurnakova AN SSSR; russ.) — Die IR-Spektren von $ZnCl_2 \cdot 2\,NH_2OH$ u. $ZnCl_2 \cdot 2\,ND_2OD$ im Bereich 400–4000 cm^{-1} werden diskutiert. Die Spektren können mit der Annahme interpretiert werden, daß die Mol. die Struktur $ZnONX_3$, X = H oder D, haben. Die Analyse der Normalschwingungen des Modells $ZnONX_3$ wird durch Berechnung der Schwingungsform, der Verschiebung der Atome u. Zuordnung der Banden durchgeführt. J. J. Pohl 30

0056 **Normalschwingungen des $[NH_3OH]^+$-Ions.** Ju. Ja. Charitonov und M. A. Saruchanov. (Ž. neorg. Chim. **13** (1968) 6, 1500–05; Inst. obšč. i neorg. chim. im. Kurnakova AN SSSR; russ.) — Die Normalschwingungen von verschiedenen Modellen des Hydroxylammoniumions cis- u. trans-$[NH_3OH]^+$ u. $[ND_3OD]^+$ werden analysiert. J. J. Pohl 30

0057 **Infrarotabsorptionsspektren der Anionen $^{14}NClO_3^{2-}$ und $^{15}NClO_3^{2-}$.** A. I. Karelin, Ju. Ja. Charitonov und V. Ja. Rosolovskij. (Ž. prikl. Spektroskopii **8** (1968) 2, 256–59; russ.) — $NClO_3^{2-}$ entsteht bei der Ammonolyse von $FClO_3$ in fl. NH_3. Im Bereich 400–4000 cm^{-1} wurden die Spektren von $K_2{}^{14}NClO_3$ u. $K_2{}^{15}NClO_3$ vermessen, es wurden für die Ionen 6 Banden gefunden, deren Frequenzen bestimmt u. zugeordnet wurden. M. Wiedemann 30

0058 **Infrarot-Absorptionsspektren und Struktur des Anions $HNClO_3^-$.** A. I. Karelin, Ju. Ja. Charitonov und V. Ja. Rosolovskij. (Ž. prikl. Spektroskopii **8** (1968) 3, 458–62; russ.) — Die IR-Spektren von $KH \cdot {}^{14}NClO_3$, $KH^{15}NClO_3$, $KD^{14}NClO_3$ u. $KD^{15}NClO_3$ wurden im Bereich 400–4000 cm^{-1} aufgenommen, um die Grundschwingungsfrequenzen von $HNClO_3^-$ zu identifizieren. Die Ergebnisse einer Näherungsanalyse werden angegeben. J. J. Pohl 30

0059 **IR-Absorptionsspektren von Natriumhydrogenperchlorylamid, $NaHNClO_3$.** A. I. Karelin, Ju. Ja. Charitonov, V. Ja. Rosolovskij und I. V. Kolesnikov. (Izvest. Akad. Nauk SSSR, Neorg. Mater **4** (1968) 2, 213–17; Inst. obšč. i neorg. chim. im. Kurnakova, AN SSSR; russ.) — Zur Unters. des Einfl. des Alkalimetalls auf die Frequenz der IR-Absorptionsschwingungen u. auf die Bindung im $HNClO_3^-$-Ion wurden die IR-Schwingungsspektren der Verb. $NaH^{14}NClO_3$, $NaH^{15}NClO_3$, $NaD^{14}NClO_3$ u. $NaD^{15}NClO_3$ aufgenommen u. ausgewertet. Aus den Spektren folgt, daß das Proton in $HN \cdot ClO_3^-$-Ion direkt mit dem N-Atom verbunden ist. Die Bindung Cl–N im $HNClO_3^-$ ist im Vgl. zu der im $NClO_3^{2-}$ stark abgeschwächt. W. Müller-Litz 30

0060 **IR-Absorptionsspektren von Strontium- und Bariumperchlorylamiden.** A. I. Karelin, Ju. Ja. Charitonov und V. Ja. Rosolovskij. (Izvest. Akad. Nauk SSSR, Neorg. Mater **4** (1968) 2, 218–22; russ.) — Vgl. vorst. Referat. — Zur Unters. des Einfl. der Natur von Kationen 2wertiger Metalle auf die IR-Schwingungsfrequenzen u. die Bindung in der Perchlorylamidgruppe wurden die IR-Schwingungsspektren der Verb. $Sr^{14}N \cdot ClO_3$, $Ba^{14}NClO_3$ u. $Ba^{15}NClO_3$ aufgenommen u. ausgewertet. Vf. diskutieren die Verschiebungen u. Aufspaltungen der Banden. Die Übereinstimmung der Spektren der Perchlorylamidogruppe mit denen des Perchlorylamidions deuten darauf hin, daß die untersuchten Verb. ion. aufgebaut sind. W. Müller-Litz 30

0061 **Zuordnung der Schwingungsfrequenzen in den Spektren einiger Zr(IV)-Verbindungen.** Ju. Ja. Charitonov und L. M. Zajcev. (Ž. neorg. Chim. **13** (1968) 3, 902–03; Inst. obšč. i neorg. chim. im. Kurnakova AN SSSR; russ.) — Die IR-Spektren von $ZrOCl_2 \cdot 2\,H_2O$ u. $ZrOCl_2 \cdot 2\,D_2O$ bei 400–4000 cm^{-1} werden diskutiert. Die Verb. $ZrOCl_2 \cdot 2\,H_2O$ enthält keine Zirkonylgruppe. Analog dürften Hydroxo- u. keine Zirkonyl- bzw. Hafnylgruppen auch folgende Verb. enthalten: $Zr_2O(OH)_2Cl_4 \cdot 5\,H_2O$, $Hf_2O(OH)_2Cl_4 \cdot 6\,H_2O$, $Zr_2O(C_2O_4)Cl_4 \cdot 10\,H_2O$, $Hf_2O(C_2O_4)Cl_4 \cdot 11{,}5\,H_2O$. J. J. Pohl 30

0062 **FIR-spektroskopische Charakterisierung komplexer Metallsäuren, HMX_n.** M. J. Taylor. (Inorg. nuclear Chem. Letters **4** (1968) 1, 33–38; Dep. of Chem., Univ. of Auckland, New Zealand; engl.) — Wss. HBr- oder HCl-Lsg., die das betreffende Metallion in einer Konz. von 0,2–0,5 m enthielten, wurden mit Diisopropyläther extrahiert u. an den Extrakten die IR-akt. Schwingungen der Halogenosäuren im Bereich 20–50 μm bestimmt. $H^+FeCl_4^-$ bzw. $H^+FeBr_4^-$ zeigen als einzige Bande ν_{as} (Fe–Cl) bei 379 bzw. ν_{as}(Fe–Br) bei 292 cm^{-1}; aus dem Fehlen von ν_s(Fe–X) im IR-Spektrum wird gefolgert, daß die Tetraedersymmetrie von FeX_4^- durch die Ionenpaarbldg. nicht gestört wird. Extrakte aus salzsauren $SbCl_5$-Lsg. enthalten $H^+SbCl_6^-$. Entsprechend der Oktaedersymmetrie des Anions tritt im IR-Spektrum ν_{as}(Sb–Cl) als starke Bande bei 344 cm^{-1} auf, während das Raman-Spektrum drei Linien bei 170 (m), 281 (w) u. 329 (s) cm^{-1} aufweist. Eine schwache Schulter im IR-Spektrum bei ca. 370 cm^{-1} wird der Kombination $\nu_4 + \nu_5 = 352$ cm^{-1} in Fermi-Resonanz mit ν_3 zugeordnet. $H^+AuCl_4^-$ bzw. $H^+AuBr_4^-$ in Diisopropyläther liefern eine einzelne IR-Bande bei 357 bzw. bei 250 cm^{-1} u. enthalten demnach quadrat.-planares AuX_4^-. A. Blaschette 30

0063 **Schwingungsspektrum von Rheniumsäure.** K. I. Petrov, V. A. Bardin und V. G. Kaljužnaja. (Doklady Akad. Nauk SSSR **178** (1968) 5, 1097–98; Mosk. inst. tonkoj chim. technol. im. Lomonosova; russ.) — Die IR-Spektren von $HReO_4$ u. $DReO_4$ wurden im Bereich 600–1200 cm^{-1} aufgenommen, die Zuordnung der Schwingungsbanden wird diskutiert. J. J. Pohl 30

0064 **Struktur von Tartratoboraten.** E. M. Švarc, A. F. Ievin'š und A. A. Bernane. (Ž. neorg. Chim. **13** (1968) 4, 1027–31; Inst. neorg. chim. Latv. SSR; russ.) — Die IR-Spektren von $3\,Na_2O \cdot B_2O_3 \cdot C_4H_4O_5 \cdot 10\,H_2O$ (**I**); $2\,Na_2O \cdot MnO \cdot B_2O_3 \cdot 2\,C_4H_4O_5 \cdot 10\,H_2O$; $2\,Li_2O \cdot MnO \cdot B_2O_3 \cdot 2\,C_4H_4O_5 \cdot 6\,H_2O$; $K_2O \cdot 2\,SrO \cdot B_2O_3 \cdot 2\,C_4H_4O_5 \cdot 10\,H_2O$; $(NH_4)_2O \cdot 2\,SrO \cdot B_2O_3 \cdot 2\,C_4H_4O_5 \cdot 10\,H_2O$; $2 \cdot (NH_4)_2O \cdot CdO \cdot B_2O_3 \cdot 2\,C_4H_4O_5 \cdot 5\,H_2O$; $3\,ZnO \cdot B_2O_3 \cdot 2\,C_4H_4O_5 \cdot 3\,H_2O$ (**II**); $K_2O \cdot CdO \cdot B_2O_3 \cdot 2\,C_4H_4O_5 \cdot 4\,H_2O$; $2\,K_2O \cdot CdO \cdot B_2O_3 \cdot 2\,C_4H_4O_5 \cdot 2\,H_2O$; $K_2O \cdot 2\,CdO \cdot B_2O_3 \cdot 2\,C_4H_4O_5 \cdot 6\,H_2O$; $3\,ZnO \cdot 4\,NH_3 \cdot B_2O_3 \cdot 2\,C_4H_4O_5 \cdot 3\,H_2O$; $5\,Li_2O \cdot B_2O_3 \cdot 4\,C_4H_4O_5 \cdot 6\,H_2O$ (**III**); $5\,Na_2O \cdot B_2O_3 \cdot 4\,C_4H_4O_5 \cdot 12\,H_2O$; $3\,K_2O \cdot 2\,MnO \cdot B_2O_3 \cdot 4\,C_4H_4O_5 \cdot 10\,H_2O$; $3\,(NH_4)_2O \cdot 2\,MnO \cdot B_2O_3 \cdot 4\,C_4H_4O_5 \cdot 10\,H_2O$; $5\,MgO \cdot B_2O_3 \cdot 4\,C_4H_4O_5 \cdot 20\,H_2O$ (**IV**); $5\,CaO \cdot Ba_2O_3 \cdot 4\,C_4H_4O_5 \cdot 16\,H_2O$; $5\,BaO \cdot B_2O_3 \cdot 4\,C_4H_4O_5 \cdot 10\,H_2O$; $2\,(NH_4)_2O \cdot 3\,CaO \cdot B_2O_3 \cdot 4\,C_4H_4O_5 \cdot 10\,H_2O$; $2\,(NH_4)_2O \cdot 3\,SrO \cdot B_2O_3 \cdot 4\,C_4H_4O_5 \cdot 10\,H_2O$; $4\,ZnO \cdot 2\,(NH_4)_2O \cdot B_2O_3 \cdot 4\,C_4H_4O_5 \cdot 2\,H_2O$ bei 900–4000 cm^{-1} werden diskutiert. Die Tartratoborate gehören zur Verb. vom Spirantyp, in denen zwei Weinsäureanionen durch Sauerstoffatome ihrer Hydroxylgruppen mit dem tetrakoordinierten sp^3-Boratom verbunden sind. In Erdalkalimetalltartratoboraten sind zwei Mol. Kristallisationswasser mit dem Komplexanion fest verbunden. Das therm. Verhalten von **I**–**IV** wurde derivatograph. untersucht. J. J. Pohl 30

0065 **Schwingungsspektren und Struktur der Anionen kristalliner Metaphosphate.** 1. Mitt. **Cyclische Metaphosphate.** È. V. Poletaev. (Izvest. Akad. Nauk Kaz. SSR, Ser. chim. **18** (1968) 1, 42–49; russ.) — Die Größe der Aufspaltung der Valenzschwingungsbande P–O im IR-Spektrum von $Al_4(P_4O_{12})_3$ im Bereich 400–1400 cm^{-1} wird diskutiert. In $Zn_2P_4O_{12}$-, $Mg_2P_4O_{12}$-, $Co_2P_4O_{12}$- u. $Ni_2P_4O_{12}$-Krist. dürfte ein zentrosymm. P_4O_{12}-Anion vorliegen (Symmetrie C_{2h}). Nach spektroskop. u. röntgenograph. Daten sind die Verb. isostrukturell. $Cu_2P_4O_{12}$ hat eine Ringsymmetrie D_{2d}, $Cd_2P_4O_{12}$ die Symmetrie S_4. J. J. Pohl 30

0066 **Infrarotspektren und Molekülstruktur einiger Seltenerdmetalluranate.** N. V. Zubova, V. M. Makarov, V. D. Nikol'skij, P. N. Petrov, E. G. Teterin und N. T. Čebotarev. (Ž. neorg. Chim. **13** (1968) 4, 940–47; russ.) — Verb., die in den Syst. R_2O_3–UO_3–H_2O (R = La, Pr, Nd, Sm, Y u. Sc) bei 270° entstehen, enthalten nach IR-Daten W. in mol. Form u. Koordinationsbindungen zum Seltenerdmetallatom. Eine Ausnahme bildet die Verb. $La(OH)(OH_2)_{0,8}[(UO_2)O_2]$, die W. sowohl im mol. als auch in Form von Hydroxylgruppen enthält. Neben

$La_2O_3 \cdot 2\,UO_3 \cdot 2{,}6\,H_2O$ (I) u. den isostrukturellen Verb. $Pr_2O_3 \cdot 2\,UO_3 \cdot 1{,}9\,H_2O$, $Nd_2O_3 \cdot 2\,UO_3 \cdot 1{,}65\,H_2O$ u. $Sm_2O_3 \cdot 2\,UO_3 \cdot 1{,}5\,H_2O$ (II) wurden die hexagonalen Verb. vom Pseudo-AlB_2-Typ $Sm_2O_3 \cdot 4\,UO_3 \cdot 0{,}92\,H_2O$ (III), $Y_2O_3 \cdot 4\,UO_3 \cdot 0{,}77\,H_2O$ u. $Sc_2O_3 \cdot 4\,UO_3 \cdot 0{,}1\,H_2O$ sowie die hexagonalen Verb. $La_2O_3 \cdot 4\,UO_3 \cdot 4\,H_2O$ (IV), $Pr_2O_3 \cdot 4\,UO_3 \cdot 3{,}6\,H_2O$ u. $Nd_2O_3 \cdot 4\,UO_3 \cdot 3{,}4\,H_2O$ erhalten. Die Struktur der genannten Verb. wird diskutiert. J. J. Pohl 30

0067 **IR-Absorptions- und Raman-Spektren von Seltenerdmetall-, Lanthan- und Yttriumperrhenattetrahydraten.** K. I. Petrov, V. G. Pervych, M. B. Varfolomeev und V. E. Pljuščev. (Ž. prikl. Spektroskopii **8** (1968) 4, 660—66; russ.) — Die IR-Spektren von $Ce(ReO_4)_3 \cdot 4\,H_2O$, $Pr(ReO_4)_3 \cdot 4\,H_2O$, $Pr(ReO_4)_3 \cdot 4\,D_2O$, $La(ReO_4)_3 \cdot 4\,D_2O$, $La(ReO_4)_3 \cdot 4\,H_2O$, $Er(ReO_4)_3 \cdot 4\,H_2O$, $Er(ReO_4)_3 \cdot 4\,D_2O$, $Ho(ReO_4)_3 \cdot 4\,D_2O$, $Lu(ReO_4)_3 \cdot 4\,H_2O$, $Yb(ReO_4)_3 \cdot 4\,H_2O$, $Tm(ReO_4)_3 \cdot 4\,H_2O$, $Y(ReO_4)_3 \cdot 4\,H_2O$, $Eu(ReO_4)_3 \cdot 4\,H_2O$, $Tb(ReO_4)_3 \cdot 4\,H_2O$, $Dy(ReO_4)_3 \cdot 4\,H_2O$, $Sm(ReO_4)_3 \cdot 4\,H_2O$, $Sm(ReO_4)_3 \cdot 4\,D_2O$, $Pr(ReO_4)_3 \cdot 4\,H_2O$, $Nd(ReO_4)_3 \cdot 4\,H_2O$ u. $Gd(ReO_4)_3 \cdot 4\,H_2O$ wurden im Bereich 400 bis 3700 cm^{-1}, die Raman-Spektren von $La(ReO_4)_3 \cdot 4\,H_2O$, $Y(ReO_4)_3 \cdot 4\,H_2O$, $Gd(ReO_4)_3 \cdot 4\,H_2O$ bei 300—1050 cm^{-1} aufgenommen. Die Schwingungsspektren von Perrhenaten, deren Krist. verschiedene Symmetrie haben, zeigen große Unterschiede. Die Spektren werden ausgehend von der tetraedr. Struktur der ReO_4^--Ionen u. der Lokalsymmetrie der ReO_4^--Ionen in der Elementarzelle interpretiert. Die Banden bzw. Linien der Valenzschwingung der Re—O-Bindung haben in den Spektren der monoklinen u. triklinen Perrhenate Dublettstruktur. Im Falle von rhomb. Perrhenaten hat die Raman-Linie $\nu_1(A_1)$ Dublettstruktur. J. J. Pohl 30

0068 **IR-Spektren der Silber- und Thalliumhexacyanoferrate(III).** P. Tribunescu und E. Merca. (Rev. roum. Chim. **13** (1968) 1, 49—55; Labor. für Phys. Chem., Fak. für Chem., TH, Timişoara; dt.) — Die IR-Spektren nachst. Verb. wurden im Bereich 4000—400 cm^{-1} untersucht: $Ag_3[Fe(CN)_6]$, $Ag_2Tl[Fe(CN)_6]$, $AgTl_2[Fe(CN)_6]$, $Tl_3[Fe(CN)_6]$. Die Frequenzen der C≡N-Bindung nehmen in dieser Reihenfolge ab. Dies zeigt, daß die C≡N-Bindung, parallel mit der Verstärkung der Fe—C-Bindung, in dieser Reihe schwächer wird. Diese Tatsache äußert sich auch im Anwachsen der Aktivierungsenergie zur Spaltung der Fe—C-Bindung in der gleichen Reihenfolge (Literaturdaten). A. Blaschette 30

0069 **Infrarot-Absorptionsspektren von Molybdän- und Wolframverbindungen mit isolierten und Brücken–Metall–Sauerstoff-Bindungen.** Ju. A. Buslaev und R. L. Davidovič. (Ž. neorg. Chim. **13** (1968) 5, 1254—60; Inst. obšč. i neorg. chim. im. Kurnakova AN SSSR; russ.) — Die IR-Spektren von $K_2[MoO_2F_4] \cdot H_2O$, $Rb_2 \cdot [MoO_2F_4]$, $Cs_2[MoO_2F_4]$, $K[MoO_2F_3]$, $Rb[MoO_2F_3]$, $Cs \cdot [MoO_2F_3]$, $K_3[Mo_2O_4F_7]$, $Rb_3[Mo_2O_4F_7]$, $Cs_3[Mo_2O_4F_7]$, $K_{10}[Mo_6O_{11}F_{24}]$, $K_2[WO_2F_4]$, $K_2[WO_2F_4] \cdot H_2O$, $Rb_2[WO_2 \cdot F_4]$, $Cs_2[WO_2F_4]$, $Rb_3[W_2O_4F_7]$, $Cs_2[W_2O_4F_7]$, $Rb_{10}[W_6 \cdot O_{11}F_{24}]$, $Cs_{10}[W_6O_{11}F_{24}]$, $K[WO_3F] \cdot 0{,}8\,H_2O$, $Rb_2[W_3 \cdot O_9F_2] \cdot H_2O$, $Cs[W_3O_9F] \cdot H_2O$ wurden bei 400—2000 cm^{-1} aufgenommen. Die IR-Daten komplexer Mo- u. W-Fluoride, die in der äußeren Sphäre K-, Rb- u. Cs-Ionen enthalten, bestätigen die Annahme der Nichtlinearität von MoO_2^{2+} u. WO_2^{2+}. Im Krist.-Gitter der sauren Fluoride $K_2[MoO_2F_4] \cdot KHF_2$ u. $K_2[WO_2F_4] \cdot KHF_2$ liegen HF_2^--Ionen vor. Die Hydrolysenprod. von Tetrafluorooxowolframaten in W. enthalten ⇀ W ↽ O ⇀ W ↽ O ⇀ W ↽-Ketten mit bes. kurzen W—O-Bindungen. J. J. Pohl 30

0070 **Störungsrechnung von Infrarot-Bandenverschiebungen von NH_3 in Ammin-Komplexen.** M. Maltese. (J. inorg. nuclear Chem. **30** (1968) 1, 175—78; Ist. di Chim. generale e inorg., Univ. Roma, Italy; engl.) — Theoret. Unters. auf Grund eines einfachen elektrostat. Modells u. Vgl. mit experimentellen Werten für $[Ni(NH_3)_6] \cdot (ClO_4)_2$, $[Co(NH_3)_6](ClO_4)_3$ u. $[Cr(NH_3)_6](ClO_4)_3$. Die ber. Verschiebungen sind verglichen mit den experimentellen klein; die Schwierigkeiten eines Vgl. mit experimentellen Werten werden diskutiert. E. Otto 30

0071 **Absorptionsspektren komplexer Scandiumoxalate.** R. K. Gridasova, B. E. Zajcev und B. N. Ivanov-Emin. (Ž. neorg. Chim. **13** (1968) 1, 132—37; Univ. Družby narodov im. Lumumby; russ.) — Die IR-Spektren im Bereich 400—4000 cm^{-1} u. die Absorptionsspektren bei 200—1000 nm folgender komplexer Sc-Oxalate wurden aufgenommen: $Sc_2(C_2O_4)_3 \cdot 3\,H_2O$, $Na[Sc(C_2O_4)_2] \cdot 2\,H_2O$, $K[Sc(C_2O_4)_2] \cdot 2\,H_2O$, $NH_4[Sc(C_2O_4)_2] \cdot 2\,H_2O$, $Rb[Sc(C_2O_4)_2] \cdot 2\,H_2O$, $Cs[Sc(C_2O_4)_2] \cdot 2\,H_2O$, $Na_3[Sc \cdot (C_2O_4)_3] \cdot 4\,H_2O$, $K_3[Sc(C_2O_4)_3] \cdot 4\,H_2O$. Die komplexen Sc-Oxalate stellen Koordinationsverb. mit einem bedeutenden ion. Anteil der Koordinationsbindung dar. J. J. Pohl 30

0072 **Schwingungsspektrum des Methylphosphortetrachlorids.** I. R. Beattie, K. Livingston und T. Gilson. (J. chem. Soc. [London], Sect. A **1968**, 1, 1—3; London, King's Coll., Dep. of Chem.; engl.) — Die IR- u. Raman-Spektren (< 800 cm^{-1}) von PCl_4CH_3 u. $PCl_4CH_3 \cdot SbCl_5$ als Nujol-Verreibungen, in CH_3CN, Bzl., CS_2 u. CH_2Cl_2 werden tabellar. mitgeteilt u. zugeordnet. Für krist. PCl_4CH_3 wird das Spektrum auf $PCl_3CH_3^+Cl^-$ zurückgeführt, in nicht ionisierenden Lsgm. liegt dagegen monomeres PCl_4CH_3 mit C_{2v}-Symmetrie der Schweratome vor. Für diese Spezies wird eine Normalkoordinatenanalyse durchgeführt. *tert.-Butylphosphortetrachlorid*, $C_4H_9Cl_4P$, wurde aus Cl_2 u. tert.-Butylphosphin dargestellt; es zersetzt sich in nichtionisierenden Lösungsmitteln. PCl_4CH_3 wurde durch Rk. von CH_3PCl_2 mit Cl_2 in CH_2Cl_2 erhalten. Hans Bürger 30

0073 **Schwingungsspektren von Liganden und Komplexen. 1. Mitt. Triäthylphosphin und einige verwandte Verbindungen.** J. H. S. Green. (Spectrochim. Acta [Oxford], Part A **24** (1968) 2, 137—43; Teddington, Middlesex, Nat. Phys. Labor., Chem. Stand Div.; engl.) — Vf. vergleicht u. kommentiert Raman- u. IR-Spektren aus der Literatur von folgenden Verb. mit C_2H_5P-Bausteinen: $(C_2H_5)_3P$, $(C_2H_5)_2PH$, $[(C_2H_5)_3P]PtCl_2$, $[(C_2H_5)_3As]_2Pt \cdot Br_2$, $(C_2H_5)_3Sb$, $[(C_2H_5)_3Sb]_2PtBr_2$, $C_2H_5PCl_2$, $(C_2H_5)_4P^+$ u. $(C_2H_5)_2PH_2^+$. — 27 Literaturangaben. Hans Bürger 30

0074 **Infrarot-Spektren und Strukturen von Komplexen aus Galliumtrihalogeniden mit Phosphin und substituiertem Phosphin.** A. Balls, N. N. Greenwood, und B. P. Straughan. (J. chem. Soc. [London], Sect. A **1968**, **3**, 753—56; Dep. of Inorg. Chem., Univ. of Newcastle upon Tyne; engl.) — Acht 1 : 1-Addukte von Ga-Trihalogeniden ($GaCl_3$, $GaBr_3$ u. GaJ_3) mit Phosphin, *Trimethylphosphin* u. *Triphenylphosphin* wurden hergestellt u. ihre FIR-Spektren (20—450 cm^{-1}) mitgeteilt. Die Ga-Halogenid-Banden zeigen in diesem Bereich charakterist. Gruppenfrequenzen; die Ergebnisse werden mit einer monomeren Struktur $R_3P \rightarrow GX_3$ (X = Cl, Br, J) mit C_{3v}-Symmetrie um das Ga-Atom erklärt. Die Lagen der P–Ga-Valenzschwingungen wurden in einigen Fällen lokalisiert, es besteht aber keine direkte Korrelation zwischen diesen Lagen u. den Stärken der Metall–Ligand-Bindungen. E. Otto 30

0075 **IR-Spektren (1200—200 cm^{-1}) von Trimethylphosphinoxid- und Trimethylaminoxid-Metall-Komplexen.** S. H. Hunter, V. M. Langford, G. A. Rodley und C. J. Wilkins. (J. chem. Soc. [London], Sect. A **1968**, **2**, 305—08; Dep. of Chem., Univ. of Canterbury, Christchurch, New Zealand; engl.) — IR-Spektren im Bereich 1200—200 cm^{-1} wurden von Nujol-Anreibungen komplexer Verb. der beiden Formen $[MX_2L_2]$ u. $[SnX_4L_2]$ aufgenommen, im einzelnen von *Trimethylphosphinoxid* (L) u. den Komplexen $[SnF_4L_2]$, $[SnCl_4L_2]$, $[SnBr_4L_2]$, $[SnJ_4L_2]$, $[GeCl_4L_2]$, $[ZrCl_4L_2]$, $[CoCl_2L_2]$, $[CoBr_2L_2]$, $[Co \cdot J_2L_2]$, $[ZnCl_2L_2]$ u. $[ZnBr_2L_2]$; von Trimethylaminoxid (L′) u. den Komplexen $[SnF_4L_2']$, $[SnCl_4L_2']$, $[SnBr_4L_2']$, $[ZrCl_4L_2']$, $[CoCl_2L_2']$, $[CoBr_2L_2']$, $[CoJL_3']J$, $[ZnCl_2L_2']$, $[ZnBr_2L_2']$, $[Co(SCN)_2L_2']$, $[Co(ClO_4)_2L_4']$ u. $[Mn(ClO_4)_2 \cdot L_4']$ u. den Triäthylaminoxid (L″)-Komplexen $[CoCl_2 \cdot L_2'']$ u. $[CoBr_2L_2'']$. Zuordnungen der Valenzfrequenzen wurden für ν(N–O), ν(P–O), ν(Metall–O) u. ν(Metall–Halogen) durchgeführt. Die Werte wurden in bezug auf die Stereochemie der Komplexe u. die relativen Bindungseig. der Aminoxid-, Phosphinoxid- u. anderer Oxoliganden diskutiert. Die relativ hohen Werte von

575–520 cm^{-1} der Aminoxid-Komplexe zeigen, daß dieser Ligand ein stärkerer Donator ist als Trimethylphosphinoxid [mit ν(Metall–O) bei 470–400 cm^{-1}] u. Pyridin-N-oxid [mit ν(Metall–O) bei 450–300 cm^{-1}]. Die mol. Leitfähigkeiten von 10^{-3} m Lsg. der Verb. $SnCl_4 \cdot 2\,(CH_3)_3NO$ u. $SnCl_4 \cdot 2\,(CH_3)_3PO$ in Nitrobenzol betragen 2,7 u. 1,9 Ω^{-1} cm^2. E. Otto 30

0076 **IR-Absorptionsspektren von Produkten der Umsetzung von $TiCl_4$ mit Pyridin und Wasser in Chloroform.** Ju. Ja. Charitonov, E. A. Ionova und Ju. A. Buslaev. (Izvest. Akad. Nauk SSSR, Neorg. Mater. **4** (1968) 5, 720–27; Inst. obšč. i neorg. chim. im. Kurnakova AN SSSR; russ.) — Bei der Umsetzung von $TiCl_4$ mit W. u. Py. in $CHCl_3$ entstehen Verb. der Zus. $(pyH)_2Ti_2OCl_8 \cdot H_2O$, $(pyH)_2TiOCl_4 \cdot H_2O$, $(pyH)_4Ti_4O_3Cl_{14} \cdot 2\,py \cdot 3\,H_2O$, $(pyH)_2Ti_2O_3Cl_4 \cdot 3\,H_2O$ u. $(pyH)_2Ti_4O_7Cl_4 \cdot 5\,H_2O$, die röntgenograph. u. IR-spektroskop. im Verb. 400 bis 4000 cm^{-1} untersucht wurden. J. J. Pohl 30

0077 **Langwellige IR-Absorptionsspektren von Tl(III)-Komplexen mit 1.10-Phenanthrolin, Pyridin und 2.2'-Dipyridyl.** F. Ja. Kul'ba, N. G. Jaroslavskij, L. V. Konovalov, A. V. Barsukov und V. E. Mironov. (Ž. neorg. Chim. **13** (1968) 1, 153–56; Leningradskij technol. inst.; russ.) — Die IR-Spektren der Tl(I)- u. Tl(III)-Verb. $TlCl_3 \cdot py$, $TlCl_3 \cdot 2\,py$, $TlCl_3 \cdot 3\,py$, $TlBr_3 \cdot 2\,py$, $TlJ_3 \cdot 2\,py$, $[Tl(phen)_2]NO_3$, $[Tl(phen)_2]Cl$, $[Tl \cdot (phen)_2]ClO_4$, $Tl(NO_3)_3 \cdot phen$, $TlCl_3 \cdot phen$, $TlBr_3 \cdot phen$, $TlJ_3 \cdot phen$, $[Tl(phen)_2(NO_3)_2]NO_3$, $[Tl(phen)_2Cl_2]Cl$, $[Tl \cdot (phen)_2Br_2]Br$, $[Tl(phen)_2J_2]J$, $[Tl(phen)_2Cl_2]NO_3$, $[Tl \cdot (phen)_2Br_2]NO_3$, $[Tl(phen)_2(ClO_4)_2]ClO_4$, $[Tl(phen)_2C_2O_4]_2 \cdot C_2O_4$, $[Tl(phen)_3](NO_3)_3$, $[Tl(phen)_3](ClO_4)_3$, *trans*-$[Co \cdot (dipy)_2Cl_2]Cl$, *cis*-$[Co(dipy)_2Cl_2]Cl$ u. $[Tl(dipy)_2Cl_2]Cl$ sowie von $TlCl_3 \cdot 4\,H_2O$ u. $TlBr_3$ wurden im Bereich 100 bis 400 cm^{-1} aufgenommen, die Banden der Valenzschwingungen Tl–Anion u. Tl–N werden zugeordnet. $[Ti(diyp)_2Cl_2]Cl$ hat nach dem Vgl. mit den Co-Verb. trans-Konfiguration. J. J. Pohl 30

0078 **IR-Spektren der Schwingung ν(CH) von Komplexen aus Pyridin mit Metallhalogeniden.** Franco Pratesi und René Freymann. (C. R. hebd. Séances Acad. Sci., Sér. A et B **266** (1968) 6, B 327–B 329; Labor. de Phys. expérimentale mol., Fac. des Sci., Paris; franz.) — Um den Einfl. des freien Stickstofforbitals auf ν(CH) u. ν(CD) zu präzisieren, wurden die IR-Spektren (ca. 3000–2200 cm^{-1}) von reinem C_5H_5N u. C_5D_5N u. Komplexen vom Typ Pyridin + MeX_2 (Me = Mn, Fe, Co, Ni, Cu, Zn; X = Cl, Br, J) aufgenommen u. der Einfl. der Temp. (80–300 °K), von Me u. von X untersucht. E. Otto 30

0079 **IR- und Raman-Spektren von Tellur(II)–Thioharnstoff-Komplexen.** 2. Mitt. P. J. Hendra und Z. Jovic. (J. chem. Soc. [London], Sect. A **1968**, 4, 911–13; Southhampton, Univ., Dep. of Chem.; engl.) — 1. vgl. ibid. **1967**, 5, 735. — Die (Laser-) Raman-Spektren von *trans*-$[Te(etu)_2J_2]$ u. *trans*-$[Te(tmtu)_2X_2]$ (*etu* = *Äthylenthioharnstoff*, *tmtu* = *Tetramethylthioharnstoff*, *X* = *Cl*, *Br*, *J*) wurden in Lsg. aufgenommen. Die l.c. angenommenen Zuordnungen konnten bestätigt werden, u. a. ν_s Te–S mit ca. 230 cm^{-1}. Ferner wurden Festkörperspektren (IR u. Raman) von *cis*-$[Te(tu)_2J_2]$, $[Te(etu)_4]Cl_2$, *trans*-$[Te \cdot (etu)_2Br_2]$, *trans*-$[Te(etu)_2J_2]$, *trans*-$[Te(tmtu)_2X_2]$ (*tu* = *Thioharnstoff*, *X* = *Cl*, *Br*, *J*) registriert u. z. T. zugeordnet: ClTeClν_s = 245, ν_{as} = 205, BrTeBrν_s = 150, ν_{as} = 160, JTeJν_s = 110, ν_{as} = 130 cm^{-1}. U. Goetze 30

0080 **IR-Spektren und thermische Zersetzung von Metallacetaten und -dicarboxylaten.** K. C. Patil, G. V. Chandrashekhar, M. V. George und C. N. R. Rao. (Canad. J. Chem. **46** (1968) 2, 257–65; Dep. of Chem., Indian Inst. of Technol., Kanpur; engl.) — Vf. diskutieren die IR-Spektren der *wasserfreien Acetate* von *Na*, *La*, *Pr*, *Nd*, *Sm*, *Gd*, *Lu*, *Dy*, der Oxidcarbonate $Ln_2O_3 \cdot CO_2$ (*Ln* = *La*, *Pr*, *Nd*, *Sm*, *Dy*, *Gd*) u. einiger *Ca-Dicarboxylate*. Durch thermogravimetr. Analysen u. DTA werden die Bldg.-Temp. der Seltenerdmetalloxidcarbonate u. der Seltenerdmetalloxide bei der therm. Zers. ihrer Acetate, die Zers.-Temp. von $Ln_2(CO_3)_3$ zu $Ln_2O_3 \cdot CO_2$ (*Ln* = *La*, *Pr*, *Nd*, *Sm*, *Gd*) u. das therm. Verh. der hydratisierten Ca-Salze der *Oxal-*, *Malon-*, *Bernstein-*, *Glutar-*, *Adipin-*, *Pimelin-* u. *Sebacinsäure* untersucht (Tabellen u. Abb.). K. J. Zwietasch 30

0081 **Spektren im Fernen Infrarot und Elektronenstruktur von Tetracyanochindimethan-Komplexen.** Tamotsu Kondow, Kiiti Siratori und Hiroo Inokuchi. (J. physic. Soc. Japan **23** (1967) 1, 98–102; Inst. for Solid State Phys., Univ., Azabu, Tokyo; engl.) — Die IR-Spektren von Tetracyanochindimethan (TCNQ) u. verschiedenen TCNQ-Salzen (*Li-*, *Chinolinium-*, *Bipyridylium-*, *Triäthylammonium*, *4-Amino-2.3.5.6-tetramethylanilinium-*, *Cobalticiniumsalz*) wurden bei Raumtemp. aufgenommen. Die Salze zeigen ein Absorptionsmax. bei 296 cm^{-1}, während TCNQ selbst bei 219, 143 u. 114 cm^{-1} absorbiert. Bei ca. 40 cm^{-1} haben sämtliche Salze (mit Ausnahme von Li) eine Absorptionskante, deren Intensitätszunahme mit der elektr. Leitfähigkeit parallel läuft. Die Kanten beruhen auf einem direkten u. erlaubten Übergang zwischen Grundzustand u. einem angeregten Band. Ein Modell, in dem dies ein Leitfähigkeitsband darstellt, vermag die Temp.-Abhängigkeit der Leitfähigkeit befriedigend wiederzugeben. Der Temp.-Verlauf der magnet. Suszeptibilität wird ebenfalls diskutiert. F. Langenbucher 30

0082 **Beziehung zwischen rotationsähnlichen Absorptionen und Schwingungsbandenkonturen von Molekülen in Flüssigkeiten.** Gordon M. Barrow und Pabitra Datta. (J. physic. Chem. **72** (1968) 6, 2259–60; Advisory Council on Coll. Chem., Dep. of Chem., Stanford Univ., Stanford, Calif.; engl.) — Die in den IR-Spektren von *HCl* in CS_2, CCl_4 bzw. C_6F_{12} zwischen 2500 u. 3100 cm^{-1} u. *DCl* in CCl_4 bzw. *Cyclohexan* zwischen 1900 u. 2200 cm^{-1} auftretenden Schultern rechts u. links von den Hauptbanden können durch rechner. Vgl. der Gasphasenrotationen im fernen IR als die jeweiligen P- u. Q-Zweige der Schwingungsrotationsübergänge identifiziert werden. R. Blank 30

0083 **Wechselwirkung von Säuren mit halogenierten aromatischen Verbindungen.** 1. Mitt. **IR-Spektrum von Chlorwasserstoff in Fluorbenzol und verwandten Lösungsmitteln.** M. P. Henry und A. N. Hambly. (Austral. J. Chem. **20** (1967) 9, 1887–97; Canberra, Austral. Nat. Univ., School of Gen. Studies, Chem. Dep.; engl.) — Vf. untersuchen das IR-Spektrum von *HCl* u. *DCl* in einer Reihe von halogenierten aromat. Lsgm. bei 24 ± 2° im Bereich von 2800 cm^{-1} u. finden allg. drei, auf verschiedene Spezies zurückgehende Bandengruppen: 1. freie Moleküle, die für die Banden mit Rotationsstruktur verantwortlich sind; 2. über H-Brücken an F-Atome des Lsgm. gebundene u. 3. an das aromat. π-Syst. gebundene Mol. mit langwelliger Verschiebung des Absorptionsmaximums. Die Ergebnisse werden mit der Bellamyschen Theorie interpretiert. Im einzelnen wurden nachst. Lsgm. untersucht: *Bzl.*, *Fluor-*, *Chlor-*, *Brom-*, *Jod-*, *1-Methyl-2-fluor-*, *1-Methyl-3-fluor-*, *1-Methyl-4-fluor-*, *1.2-Dimethyl-3-fluor-*, *1-Methyl-4-chlor-*, *1.4-Dimethyl-2-chlor-*, *1-Methyl-3-brom-*, *1.3-Dimethyl-4-brom-*, *1.3.5-Trimethyl-4-brom-*, *1-Methyl-3-jod-*, *1.4-Difluor-*, *1.2-Dichlor-*, *1.3-Dichlor-*, *1.3-Dibrom-*, *Pentafluor-*, *Hexafluor-*, *1.2.4-Trichlor-*, *1-Fluor-4-chlor-*, *1-Fluor-4-brom-*, *1-Fluor-2-brom-*, *Jodpentafluor-*, *1-Fluor-2-brom-4-methyl-*, *[Trifluormethyl]-*, *1-[Trifluormethyl]-2-chlor-*, *-3-chlor-*, *-4-chlor-*, *-3-brom-*, *-3-jod-*, *[Trichlormethyl]-*, *1-[Trichlormethyl]-3-chlor-*, *-4-chlor-*, *1-Chlor-3-brombenzol*, *1-Fluornaphthalin*, CCl_4, *tert.*-C_4H_9Cl, *n*-C_4H_9Br, *n*-C_4H_9J. Hans Bürger 30

0084 **IR-Untersuchung der Eigenassoziation von Wasser in 1.2-Dichloräthan.** C. Jolicoeur und A. Cabana. (Canad. J. Chem. **46** (1968) 4, 567–70; Dép. de Chim., Univ., Sherbrooke, Québec; engl.) — Die IR-Spektren im 3-μm-Bereich von in 1.2-Dichloräthan gelöstem H_2O u. *HDO* werden mitgeteilt. Eine Schulter an der niederfrequenten Flanke der ν(OH)-Bande von monomerem H_2O bzw. HDO beweist die Eigenassoziation der gelösten Mol. in diesem System. Aus der linearen Zunahme der Intensität dieser Schulter mit der dritten Potenz der W.-Konz. wird geschlossen, daß die Assoziate vorwiegend trimerer Natur sind. Die nur geringe Frequenzverschiebung der ν(OH) des Trimeren im Vgl. zum Monomeren macht wahrscheinlich, daß es sich eher um cycl. als offenkettige Trimere handelt. A. Blaschette 30

0085 **Linienverbreiterung von Sauerstoff im Mikrowellenbereich bei tiefen Drücken.** A. Battaglia und M. Cattani. (Nuovo Cimento, B [10] **54** (1968) 2, 293–303; Ist. di Fis. dell'Univ., Pisa; engl.) – Messung der Linienbreiten im 5-mm-Bereich bei Zimmertemp. u. ca. 50 bis 500 μm Hg. Die Ergebnisse lassen sich nicht durch die Theorien von Anderson sowie Mizushima u. Artman erklären. H. Liepack 32

0086 **Hyperfeinstruktur des Rotationsspektrums von HJ im Submillimeterbereich.** F. A. Van Dijk und A. Dymanus. (Chem. Physics Letters [Amsterdam] **2** (1968) 4, 235–36; Fys. Labor., Katholicke Univ., Nijmegen, The Netherlands; engl.) – Unters. des Hyperfeinspektrums des $J = 0 \rightarrow 1$-Rotationsübergangs von $H^{127}J$ u. Berechnung der Hyperfeinkopplungskonstanten. H. Liepack 32

0087 **Mikrowellenrotationsspektrum des SnTe.** J. Hoeft und E. Tiemann. (Z. Naturforsch. **23a** (1968) 7, 1034 bis 1039; II. Phys. Inst. der FU Berlin; dt.) – Messung von Rotationsübergängen von 27 isotopen Mol. des SnTe im Bereich 12–19 GHz bei 650°. Rotationskonst., Kernabstände, Koeff. der Potentialfunktionen nach Dunham u. Morse sowie Massenverhältnisse von Sn- zu Te-Isotopen werden mitgeteilt. Der Mittelwert für den Gleichgew.-Kernabstand beträgt $r_e = (2{,}522804 \pm 0{,}000029)$ Å. H. Liepack 32

0088 **Laser auf der Grundlage von Bortrichlorid.** N. V. Karlov, Ju. B. Konev, Ju. N. Petrov, A. M. Prochorov und O. M. Stel'mach. (Ž. ėksper. teoret. Fiz. – Pis'ma v. Redakciju **8** (1968) 1, 22–25; Moskva, Fiz. inst. im. Lebedeva AN SSSR; russ.) – Die Laserwrkg. von gasf. BCl_3 wird beschrieben. Sieben Wellenlängen von 18,3–23,0 μ wurden erzeugt, die Übergänge in BCl_3 wurden angegeben. Riesenimpulse konnten in einem BCl_3–CO_2-Laser erreicht werden. V. Burjan 34△

0089 **Kernquadrupolresonanz und ihre Verwendung in der anorganischen Chemie.** Edgar Wendling. (Bull. Soc. chim. France **1968**, 1, 181–90; Labor. de Chim. Min., Strasbourg; franz.) – Diskussion der theoret. Grundlagen der Meth., ihrer Verw.-Möglichkeiten, sowie ihrer Vor- u. Nachteile. J. J. Pohl 36

0090 **Verhältnis der Larmorfrequenzen von ^{41}K und ^2H.** O. Lutz und A. Schwenk. (Physics Letters [Amsterdam] **24A** (1967) 2, 122; Phys. Inst., Univ., Tübingen; engl.) – Das Verhältnis der Larmor-Frequenzen von ^{41}K u. ^2H wurde zu $\nu_{41K}/\nu_{2H} = 0{,}1668530 \pm 0{,}0000008$ bestimmt. Das magnet. Moment von ^{41}K wurde zu $\mu_K = 0{,}21487 \pm 0{,}00002$ gefunden. G. Richard 36

0091 **Verschiebung des Signals der Doppelresonanz in Alkalimetallen bei Änderung der Hochfrequenzfeldstärke.** É. L. Al'tman und M. P. Čajka. (Optika i Spektroskopija **24** (1968)5, 820; russ.) – Bei der Resonanz des Niveaus $5^2P_{3/2}$ von K verschob sich mit Erhöhung der Feldstärke das Max. nach der Seite der höheren Magnetfelder (1 MHz). Zwischen Lage u. Größe des Signals ergab sich eine lineare Beziehung. M. Wiedemann 36

0092 **NMR von HF in der Gasphase.** E. L. Mackor, C. Maclean und C. W. Hilbers. (Recueil Trav. chim. Pays-Bas **87** (1968) 7, 655–72; Koninklijke/Shell-Labor., Amsterdam; engl.) – NMR-Experimente in gasf. HF zeigen, daß beide Kerne im Mol. einzelne Linien an Stelle von Dubletts liefern, das bedeutet, daß schnelle Austauschrk. in der Gasphase stattfinden. Linienbreiten für H sind schmaler als 30 Hz; für F steigt die Linienbreite beträchtlich bei niedrigeren Drücken. Es wird ge folgert, daß der Relaxationsmechanismus für die F-Spins Spinrotationswechselwrkg. ist. Die chem. Verschiebungen von H u. F sind stark vom Druck abhängig. Dieses Verh. wird in Termen der Assoziation von HF-Dampf zu vorherrschend zykl. Hexameren diskutiert. Die chem. Verschiebungen des HF-Monomeren u. -Hexameren im Dampf sind $+4{,}35 \pm 0{,}15$ u. $-1{,}20 \pm 0{,}15$ für H u. $+14{,}0 \pm 1{,}1$ u. $-2{,}45 \pm 1{,}1$ ppm für F. Herbert Weber 36

0093 **^{19}F-NMR-Spektrum von ClF_5.** D. V. Bantov, B. É. Dzevickij, Ju. S. Konstantinov und V. F. Suchoverchov. (Izvest. sibirskogo Otd. Akad. Nauk SSSR, Ser. chim. Nauk **1968**, 1, 81–83; russ.) – Das ^{19}F-NMR-Spektrum von ClF_5 wurde bei -90 bis $+20°$ untersucht, es bestätigt die tetragonal-pyramidale Struktur von ClF_5. Im untersuchten Temp.-Bereich wurden keine nichtäquivalenten F-Atome beobachtet. Die Spin-Paarbldg.-Konst. der F-Atome an der Spitze u. in der Basis der Konfig. beträgt 133 ± 3 Hz. J. J. Pohl 36

0094 **NMR-Untersuchung der Wasserstoffbindung in Alkali- und Erdalkalimetallhydrogenfluoriden.** A. A. Opalovskij, T. D. Fedotova und S. P. Gabuda. (Izvest. sibirskogo Otd. Akad. Nauk SSSR, Ser. chim. Nauk **1968**, 1, 95–98; Inst. neorg. chim. SO AN SSSR, Novosibirsk; russ.) – Die ^{19}F- u. ^1H-NMR-Spektren von $NaF \cdot HF$, $KF \cdot HF$, $NH_4F \cdot HF$, $RbF \cdot HF$, $CsF \cdot HF$, $BaF_2 \cdot HF$, $SrF_2 \cdot HF$, $KF \cdot 2\,HF$, $RbF \cdot 2\,HF$, $CaF_2 \cdot 2\,HF$, $SrF_2 \cdot 2{,}5\,HF$, $RbF \cdot 3\,HF$, $CsF \cdot 3\,HF$ u. $BaF_2 \cdot 3\,HF$ wurden bei $+15$ bis $-130°$ aufgenommen. Die Form der Absorptionslinien wurde analysiert, die zweiten Momente wurden berechnet. Das Ion HF_2^- hat eine lineare Konfiguration. Die H-Bindung in $LiF \cdot HF$ ist geschwächt. Die Charakteristiken der Metallionen, von F^-, HF_2^-, $H_2F_3^-$ u. $H_3F_4^-$ sind angegeben. J. J. Pohl 36

0095 **Verwendung der magnetischen Heterokern-Doppelresonanz ^{11}B–^1H für analytische und Strukturuntersuchungen.** A. V. Kessenich und V. V. Negrebeckij. (Doklady Akad. Nauk SSSR **177** (1967) 6, 1375–78; Inst. organ. chim. im. Zelinskogo AN SSSR; russ.) – Die magnet. Kern-Doppelresonanzspektren ^{11}B–^1H wur-

I

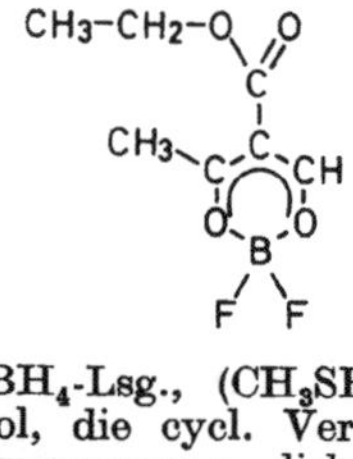

den für wss. $NaBH_4$-Lsg., $(CH_3SBH_3)_3$-Lsg. in CCl_4, Tri-N-Methylborazol, die cycl. Verb. **I** (Abb.) u. für $(n\text{-}C_4H_9SBH_2)_3$ aufgenommen u. diskutiert. J. J. Pohl 36

0096 **NMR-Untersuchung der Elektroneneffekte der Gruppen HgCl und CH_2HgCl.** V. S. Petrosjan und O. A. Reutov. (Doklady Akad. Nauk SSSR **180** (1968) 4, 876–78; Mosk. gos. univ. im. Lomonosova; russ.) – Zur Best. der Donator–Akzeptor-Eig. der Substituenten HgCl u. CH_2HgCl werden die ^{19}F-NMR-Spektren von *p-* u. *m-Fluorphenylmercurichlorid* sowie *p-* u. *m-Fluorbenzylmercurichlorid* in Dioxanlsg. bei 94 MHz aufgenommen. Aus den chem. Verschiebungen der ^{19}F-Resonanz werden die Induktions- u. Konjugationskonst. der Substituenten berechnet. J. J. Pohl 36

0097 **NMR- und IR-Untersuchungen von Dialkylzinnhalogenidhydriden.** Katsuhiko Kawakami, Takayuki Saito und Rokuro Okawara. (J. organometallic Chem. [Amsterdam] **8** (1967) 2, 377–81; Dep. of Appl. Chem., Osaka Univ., Higashinoda, Miyakojima, Osaka, Japan; engl.) – ^1H-NMR- u. IR-Daten von Dialkylzinnhalogenidhydriden in Cyclohexanlsg. werden angegeben, u. der Einfl. der Halogensubstituenten auf die Spektralparameter wird unter Bezug auf Dialkylzinnhydride diskutiert. Die $\nu_0(Sn{-}H)$ steigen in den Verb. R_2SnHX ($R = CH_3$, C_2H_5, $n\text{-}C_3H_7$, $n\text{-}C_4H_9$, $iso\text{-}C_3H_7$) in der Folge $X = H$, J, Br, Cl. Die Kopplungskonst. $J(^{117}Sn{-}H)$ u. $J(^{119}Sn{-}H)$ wachsen ebenfalls in dieser Reihenfolge. Die Variation der Alkylgruppen bei gleichem Halogen bewirkt eine Vergrößerung der Kopplungskonstanten. Daraus wird geschlossen, daß Hyperkonjugation zwischen Methylgruppen u. dem Sn-Atom eine bedeutende Rolle für die $\tau(Sn{-}H)$-Werte spielt. Für Bis-[n-butyl]-zinnhydridchlorid (I) wurden in polaren Lsgm. wie THF, Dioxan, Ae. u. Tetrahydrothiophen Abweichungen der Kopplungskonst. $J(^{119}Sn{-}H)$ bis zu 10% ermittelt, die auf Wechselwrkg. zwischen den Donoratomen des Lsgm. u. dem Sn-Atom in I zurückgeführt werden. Alle untersuchten Dialkylzinnhalogenidhydride wurden durch Vermischen von Dialkylzinndihydriden u. Dialkylzinndihalogeniden dargestellt. G. Stolze 36

0098 **Spektren der magnetischen Protonenresonanz von Methyl- und Äthylderivaten von Silicium und Germanium und die d_π–p_π-Wechselwirkung.** A. N. Egoročkin, A. I. Burov, V. F. Mironov, T. K. Gar und N. S. Vjazankin. (Doklady Akad. Nauk SSSR **180** (1968) 4, 861–64; Labor. stabilizacii polimerov AN SSSR, Gor'kij; russ.) — Die chem. Verschiebung der Methylprotonen wurde im Falle von $CH_3Ge(C_2H_5)_3$, $(CH_3)_2Ge(C_3H_7)_2$, $(CH_3)_2 \cdot Ge(C_2H_5)_2$, $(CH_3)_4Ge$, $(CH_3)_3Ge(CH_2)_3OH$, $(CH_3)_3GeCH \cdot (CH_3)OH$, $(CH_3)_3Ge(CH_2)_3Cl$, $(CH_3)_3GeCH_2N(C_2H_5)_2$, $(CH_3)_3Ge(CH_2)_2COCH_3$, $(CH_3)_2(C_2H_5)GeH$, $(CH_3)_3GeH$, $(CH_3)_3GeCH_2J$, $(CH_3)_2GeH_2$, $(CH_3)_3GeCH_2Cl$, $(CH_3)_3 \cdot GeCH(CH_3)SCN$, $(CH_3)_2Ge(CH_2Cl)_2$, $(CH_3)_3GeCl$, $(CH_3)_2 \cdot (ClCH_2)GeCl$, $(CH_3)_2GeCl_2$, CH_3GeHCl_2, CH_3GeCl_3, $(C_2 \cdot H_5)_4Si$, $(C_2H_5)_3Si(CH_2)_3OH$, $(C_2H_5)_2(CH_3)Si(CH_2)_3OH$, $(C_2H_5)_2(CH_3)Si(CH_2)_3SCN$, die der Methylenprotonen bei $(C_2H_5)_2(CH_3)Si(CH_2)_2SH$, $(C_2H_5)_2(CH_3)SiCH_2CH \cdot (CH_3)CH_2SCN$, $(C_2H_5)_3SiH$, $(C_2H_5)_2(CH_3)SiH$, $(C_2H_5)_2 \cdot (CH_3)SiCH_2SH$, $(C_2H_5)_2(CH_3)SiCH_2Cl$, $(C_2H_5)(CH_3)_2Si \cdot CH_2Cl$, $(C_2H_5)_3SiCl$, $C_2H_5(CH_3)(Cl)Si(CH_2)_3Cl$, $C_2H_5 \cdot (CH_3)SiHCl$, $(C_2H_5)_2SiCl_2$, $C_2H_5SiHCl_2$, $C_2H_5SiCl_3$, $(C_2 \cdot H_5)_4Ge$, $(C_2H_5)_3Ge(CH_2)_3NH_2$, $(C_2H_5)_3Ge(CH_2)_3OH$, $(C_2 \cdot H_5)_3Ge(CH_2)_3OCOCH_3$, $(C_2H_5)_3Ge(CH_2)_3Cl$, $(C_2H_5)_2Ge \cdot (CH_3)_2$, $(C_2H_5)_3GeH$, $(C_2H_5)_2GeH_2$, $(C_2H_5)_3GeCl$, $C_2H_5Ge \cdot HCl_2$ u. $C_2H_5GeCl_3$ bestimmt. Auf Grund der erhaltenen Daten gilt für $(CH_3)_nSiX_{4-n}$, wenn X an der d_π–p_π-Wechselwrkg. teilnimmt $\tau_{CH_3} = 10{,}00 - 0{,}140\ \Sigma\sigma^*_X$, (Korrelationskoeff.) 0,94, wenn X an der d_π–p_π-Wechselwrkg. nicht teilnimmt, $\tau_{CH_3} = 9{,}92 - 0{,}127\ \Sigma\sigma^*_X$, (Kk) 0,96; $(CH_3)_nGeX_{4-n}$, $\tau_{CH_3} = 9{,}90 - 0{,}146\ \Sigma\sigma^*_X$, 0,97, $\tau_{CH_3} = 9{,}86 - 0{,}171\ \Sigma\sigma^*_X$, 0,99; $(CH_3CH_2)_nSiX_{4-n}$, $\tau_{CH_2} = 9{,}47 - 0{,}145\ \Sigma\sigma^*_X$, 0,95, $\tau_{CH_3} = 9{,}38 - 0{,}085\ \Sigma\sigma^*_X$, 0,98; $(CH_3CH_2)_nGeX_{4-n}$ $\tau_{CH_2} = 9{,}25 - 0{,}120\ \Sigma\sigma^*_X$, 0,88, $\tau_{CH_3} = 9{,}36 - 0{,}139\ \Sigma\sigma^*_X$, 0,99. Die d_π–p_π-Wechselwrkg. bewirkt einen umgekehrten Induktionseffekt der Cl-Atome u. führt zu einem positiven Beitrag zur chem. Verschiebung von Chlorsilanen u. -germanen. J. J. Pohl 36

0099 **Breitband-NMR-Untersuchungen von Silicium–Stickstoff-Verbindungen.** H. Levy II. (J. inorg. nuclear Chem. **29** (1967) 8, 1859–72; Cambridge, Mass., Harvard Univ., Dep. of Chem.; engl.) — Folgende SiN-Verb. wurden mit Hilfe kernmagnet. Breitband-Resonanzspektren im Bereich von 77–300 °K untersucht u. die Spektren für verschiedene Mol.-Bewegungen simuliert: $[(CH_3)_3Si]_3N$, $[(CH_3)_3Si]_2NSi(CH_3)_2Cl$, $[(CH_3)_3Si]_2 \cdot NSiCH_3Cl_2$, $[(CH_3)_3Si]_2NSiCl_3$, $[(CH_3)_3SiNSi(CH_3)_2]_2$, $[Cl(CH_3)_2SiNSi(CH_3)_2]_2$, $[(CH_3)_3Si]_2NH$, $[Cl(CH_3)_2Si]_2NH$. Zusammenhänge zwischen $(p \rightarrow d)\pi$–NSi-Bindungen u. Rotationsbarrieren um die SiN-Bindung konnten nicht gefunden werden; unterschiedliche Barrieren lassen sich auf unterschiedliche intermol. Kräfte zurückführen. Hans Bürger 36

0100 **Kernmagnetische Resonanzuntersuchungen an Niob- und Tantalpentaalkanolaten.** D. C. Braydley und C. E. Holloway. (J. chem. Soc. [London], Sect. A **1968**, 2, 219–23; London, Queen Mary Coll., Dep. of Chem.; engl.) — Dimeres $M_2(OR)_{10}$ mit M = *Nb*, *Ta* u. R = CH_3, C_2H_5 u. *iso*-C_3H_7 besitzt nach der Temp.-Abhängigkeit der NMR-Spektren eine bioktaedr. Struktur mit Alkanolatbrücken. Schneller intramol. Doppelaustausch der Alkanolatgruppen findet zwischen den beiden Typen endständiger Gruppen sowie End- u. Brückengruppen statt. Bei den Pentaisopropanolaten wird ein Monomer–Dimer-Gleichgew. festgestellt u. aus den Gleichgew.-Konst. bei verschiedenen Temp. die Dissoziationsenthalpie des Dimeren bestimmt. B. I. 36△

0101 **NMR-Spektren von Amminkobalt-Komplexen mit isomeren Liganden.** M. Lacy und L. Pratt. (Inorg. Chem. [Washington] **7** (1968) 1, 167–68; Dep. of Chem., Imp. Coll. of Sci. and Technol., London; engl.) — Die NMR-Daten einiger *Carboxylatopentamminkobalt(III)-Komplexe* (*Carboxylato* = *trans-Crotonato, Methacrylato-, β.β-Dimethylacrylato, Itaconato, Citraconato, Mesaconato, Fumarato, Maleato*) in D_2O werden bestimmt. In den Komplexen der einbasigen Säuren ist die Linienlage vom pH-Wert der Lsg. unabhängig. In den Komplexen der zweibasigen Säuren ist der Ligand nur über eine Carboxylgruppe an das Zentralatom gebunden. Für die Citraconato- u. Mesaconato-Komplexe werden je zwei Isomere unterschieden. Im Gegensatz dazu wird für den Itaconato-Komplex nur ein Isomeres gefunden. Bei den Fumarato- u. Maleato-Komplexen besteht die Möglichkeit einer Unterscheidung zwischen den Protonensignalen der =CH-Gruppen. M. Steidinger 36

0102 **Protonenmagnetische Resonanz- und Ramanspektroskopische Untersuchung der Komplexe Tetrakis-[dimethylformamid]-beryllium(II) und Acetylacetonato-bis-[dimethylformamid]-beryllium(II) in N.N-Dimethylformamid als Lösungsmittel. Direkte Bestimmung von Solvatationszahlen und der Kinetik des Lösungsmittelaustausches.** N. A. Matwiyoff und W. G. Movius. (J. Amer. chem. Soc. **89** (1967) 24, 6077–81; Chem. Dep., Pa. State Univ., University Park, Pa.; engl.) — Bei Temp. unterhalb 0° können die ^1H-NMR-Signale von DMF in der ersten Koordinationssphäre des Be(II)-Ions in DMF-Lsg. beobachtet werden. Aus den realtiven Intensitäten dieser Signale wird eine prim. Solvatationszahl von vier für das Be(II) berechnet. Das Komplexion $Be(DMF)_4^{2+}$ reagiert mit $Be(acac)_2$ in DMF zum gemischten Komplex $[Be(acac)(DMF)_2]^+$, der unterhalb + 5° gut aufgelöste NMR-Signale liefert. Aus der Temp.-Abhängigkeit der Protonenrelaxationsgeschw. wurden für den Lsgm. (DMF)-Austausch die kinet. Parameter k_1 (in s^{-1} bei 25°), ΔH^* (in kcal) u. ΔS^* (in Entropieeinheiten) wie folgt bestimmt: 310 bzw. 14,6 bzw. 2,6 für $Be(DMF)_4^{2+}$ u. 22 bzw. 13,9 bzw. – 6 für $[Be(acac) \cdot (DMF)_2]^+$. In den Raman-Spektren von $Be(acac)_2$ u. $[Be(acac)(DMF)_2]^+$ tritt eine intensive, stark polarisierte Linie bei 478 cm^{-1} auf, die als symm. Be–O-Valenzschwingung angesehen wird. Die Ergebnisse werden im Hinblick auf Ligand–Ligand-Wechselwrkg. innerhalb der prim. Koordinationssphäre von Be(II) diskutiert. — Nachst. Verb. wurden erstmalig dargestellt: $Be(ClO_4)_2 \cdot 4\,DMF$, $Be(NO_3)_2 \cdot 4\,DMF$, $Be(NO_3)_2 \cdot 2\,DMF$. A. Blaschette 36

0103 **Einfluß des konvertierten Isomerieübergangs von ^{125m}Te auf die Mössbauer-Emissionsspektren in einigen Te-Verbindungen.** V. A. Lebedev, R. A. Lebedev, A. M. Babeškin und A. N. Nesmejanov. (Vestnik Moskovskogo Univ., Ser. II **23** (1968) 4, 16–19; russ., Auszug: engl.) — Unters. neuer Quellen für Kern-γ-Resonanzexperimente mit ^{125}Te. Bei β-$^{125m}TeO_3$ ist der rückstoßfreie Anteil der γ-Strahlen doppelt so groß wie bei $Pb^{125m}Te$ oder ^{125}Sb in einer Cu-Matrix. $H_6{}^{125m}TeO_6$- u. $Na_2H_4{}^{125m}TeO_6$-Quellen geben anomale Emissionsspektren, die auf strahlenchem. Umwandlungen heißer Atome zurückgeführt werden. I. Zoll 37

0104 **Form der Mössbauer-Resonanzlinie von Zinnoxid.** V. N. Panjuškin und L. V. Rumjanceva. (Kristallografija **13** (1968) 4, 706–09; Inst. fiz. vysokich davlenij AN SSSR; russ.) Vf. zeigen, daß eine Asymmetrie der Mössbauer-Resonanzlinie von ^{119}Sn in SnO dann beobachtet werden kann, wenn der Mössbauer-Absorber sich anisotrop verhält (z. B. durch nicht hinreichend sorgfältige Zerkleinerung des Absorbermaterials.) H. Roschkowski 37

0105 **Streuung langsamer Neutronen an Molekülen der Punktgruppe C_{3v}.** C. Buzano und M. Rasetti. (Nuovo Cimento, B [10] **57/114** (1968) 1, 1–18; Istituto di Fisica del Politecnico, Torino, Italy; engl.) — Ableitung expliziter Formeln für den partiellen, differentiellen Wrkg.-Querschnitt bei der Streuung langsamer Neutronen an C_{3v}-Molekülen. Dabei werden die Wahrscheinlichkeiten, das Mol. vor u. nach dem Stoß in vom Grundzustand verschiedenen Schwingungszuständen anzutreffen, sowie die Mitt. über die Schwingungsorientierungen berücksichtigt u. für die Übergänge des Mol. Auswahlregeln erhalten. R. Blank 40

0106 **Elektronographische Untersuchung der Moleküle von Niob-, Tantal- und Wolframpentachlorid.** V. P. Spiridonov und G. V. Romanov. (Vestnik Moskovskogo Univ., Ser. II **23** (1968) 3, 10–14; Kaf. fiz. chim.; russ., Auszug: engl.) — Nach Elektronenbeugungsdaten besitzen die Mol. von $NbCl_5$, $TaCl_5$ u. WCl_5 in der Dampfphase regulär trigonalbipyramidale Struktur mit den Abständen Nb—Cl 2,28; Ta—Cl 2,27 u. W—Cl 2,26 Å (alle ± 0,02 Å). H. Roschkowski 40

0107 **Massenspektrometrischer Nachweis des gasförmigen Si_2N-Moleküls.** K. F. Zmbov und J. L. Margrave. (J. Amer. chem. Soc. **89** (1967) 10, 2492—93; Houston, Tex., Rice Univ., Dep. of Chem.; engl.) — Beim Verdampfen von Si aus einer Bornitrid-Knudsen-Zelle entsteht Si_2N, das sich massenspektrometr. nachweisen läßt. Gleichgew.-Konz. werden für Temp. zwischen 1742 u. 1846 °K bestimmt u. hieraus ΔH^0_{298} zu 123,5 ± 1 kcal/Mol ermittelt. Das Appearance-Potential beträgt 9,4 ± 0,3 eV. Hans Bürger 42

0108 **Dissoziationsenergie der Metall—Metall-Bindung in Dikobaltoktacarbonyl.** D. R. Bidinosti und N. S. McIntyre. (Chem. Commun. **1967**, 1, 1—2; Dep. of Chem., Univ. of Western Ontario, London, Canada; engl.) — Die Prod. der therm. Zers. von $Co_2(CO)_8$ wurden im Druckbereich von 10^{-2} bis 10^{-8} Torr bei 35—85° untersucht. Aus der Temp.-Abhängigkeit der Ionenverhältnisse wird auf die Bldg. des $Co(CO)_4$-Radikals geschlossen. Für $Co(CO)_4 + e \rightarrow Co(CO)_4^+ + 2e$ ist IP = 8,30 ± 0,1 eV, für $Co_2(CO)_8 + e \rightarrow Co(CO)_4^+ + Co(CO)_4 + 2e$ ist AP = 8,80 ± 0,1 eV. Daraus ergibt sich für die Dissoziationsenergie D $[(CO)_4Co-Co(CO)_4]$ = AP— IP = 11,5 ± 4,6 kcal (IP = Ionisationspotential; AP = Auftrittspotential). Voraussetzung dabei ist, daß die nach beiden Prozessen gebildeten Ionen energet. gleich sind. R. Tümmler 42

0109 **Relaxationsprozesse in Gasen.** Peter Borrell. (Advances molecular Relaxat. Processes [Amsterdam] **1** (1967) 1, 69—108; Dep. of Chem., Keele Univ., Keele, Staffs.; engl.) — Fortschrittsbericht über Unters. der Anregung von Translations-, Rotations-, Schwingungs- u. elektron. Freiheitsgraden in Gasen. — 234 Literaturzitate. H. Liepack 44

0110 **Einfluß von angeregten Niveaus auf die Coulomb-Streuung.** Saburo Amai, Osamu Miyatake und Yasukazu Yoshizawa. (Progr. theoret. Physics [Kyoto] **38** (1967) 6, 1270—84; Coll. of Engng., Univ. of Osaka Prefecture, Sakai; engl.) — Die Korrekturen zum differentiellen Wrkg.-Querschnitt bei der Rutherford-Streuung auf Grund einer Beteiligung angeregter Niveaus der Stoßpartner an der Rk. werden störungstheoret. untersucht. Als numer. Beispiel wird die Streuung eines 6,05 MeV-Protons an einem ^{152}Sm-Kern ber., der Spin des Protons wird vernachlässigt. Für schwere stoßende Kerne muß außerdem eine höhere Näherung für den differentiellen Wrkg.-Querschnitt der Coulomb-Anregung benutzt werden; als Beispiel wird die Streuung von ^{16}O-Kernen (50 MeV) an ^{152}Sm behandelt. P. Weiland 44

0111 **Halbklassische Theorie der unelastischen Streuung.** R. J. Cross jun. (J. chem. Physics **47** (1967) 10, 3724 bis 3735; Dep. of Chem. Yale Univ., New Haven, Conn.; engl.) — Anwendung der Schiffschen Näherung auf die Stöße zweier asymm. Moleküle. H. Liepack 44

0112 **Molekülwellenfunktionen und unelastische Atomstöße.** William Lichten. (Physic. Rev. [2] **164** (1967) 1, 131—42; Yale Univ., New Haven, Conn.; engl.) — Verfeinerte Theorie der Energieverluste u. Ionisation bei unelast. Atomstößen mit Anwendungen auf Anregungen innerer Schalen, Termkreuzungen u. Auger-Effekt der Stoßsyst. H-H^+, He-He^+, Ne-Ne^+ u. Ar-Ar^+. R. Blank 44

0113 **Anregung von Atomen durch schwere Teilchen.** A. V. Vinogradov. (Optika i Spektroskopija **22** (1967) 4, 663—64; russ.) — In Gleichungen wird gezeigt, daß die in Bornscher Näherung erhaltene Gleichheit des vollständigen quantenmechan. u. quasiklass. Querschnitts auch bei Anwendnng der Störungstheorie in allen Größenordnungen erhalten bleibt. R. K. Müller 44

0114 **Relativistische Effekte bei der Anregung der Helium-Triplettzustände durch Elektronen.** Marvin H. Mittleman. (Physic. Rev. [2] **164** (1967) 1, 48—50; Space Sci. Labor., Univ. of Calif., Berkeley, Calif.; engl.) — Unters. nach der Theorie der Umordnungsstöße. H. Liepack 44

0115 **Messungen der Stoßanregungskoeffizienten von Sauerstoff VII.** R. C. Elton und W. W. Köppendörfer. (Physic. Rev. [2] **160** (1967) 1, 194—201; Naval Res. Labor., Washington, D.C.; engl.) — Best. der Stoßanregungskoeff. für die n = 2 Singulett- u. Triplett-Terme des $1s^2$ $^1S_0$-Grundzustands in He-ähnlichem O^{VII} in einem Plasma der Elektronentemp. kT = 250 ± 60 eV u. D. 6,2 ± 1,5 · 10^{16} cm^{-3}. R. Blank 44

0116 **Scheinbare Wirkungsquerschnitte von N_2 für Elektronenanregung des zweiten positiven Systems.** John D. Jobe, Francis A. Sharpton und Robert M. St. John. (J. opt. Soc. America **57** (1967) 1, 106—07; Dep. of Phys., Univ. of Okla., Norman, Okla.; engl.) — Bei Elektronenenergien von 0—100 eV wurden die Anregungsfunktionen für 10 Übergänge ermittelt (v' = 0, v'' = 0, 1, 2, 3; v' = 1, v'' = 0, 2, 3, 4, v' = 2, v'' = 0, 1) u. die Max.-Werte der scheinbaren Wrkg.-Querschnitte von 23 Übergängen des zweiten positiven Syst. von N_2 bestimmt. H. Liepack 44

0117 **Strahlungslebensdauern angeregter Elektronenzustände in Stickstoffionen.** Myron R. Lewis, Theodore Marshall, Edmund H. Carnevale, Frederick S. Zimnoch und Gordon W. Wares. (Physic. Rev. [2] **164** (1967) 1, 94—103; Panametrics, Inc., Waltham, Mass.; engl.) — Nach der Folienanregungsmeth., bei der ein 2-MeV-Ionenstrahl durch eine ca. 1000 Å dicke C-Folie geht, wurden die Lebensdauern der angeregten Elektronenzustände von N II bis N V gemessen. Die Lebensdauern ergaben sich aus dem Abklingen der opt. Strahlung in Abhängigkeit vom Abstand von der Folie. Die angeregten Zustände lagen wesentlich über dem Grundzustand des jeweiligen Ions, so daß eine nichtlineare Besetzung durch Kaskadenprozesse minimal war. Wegen des kleinen Öffnungsverhältnisses des opt. Syst. (f/8,8) wurden nur die intensivsten Multipletts u. Komponenten der Multipletts beobachtet. Der Wellenlängenbereich der beobachteten Übergänge war 2000 bis 5000 Å. Die Lebensdauern lagen zwischen 0,4 u. 10 ns. H. Liepack 44

0118 **Untersuchung der Löschung von $Hg^*(^3P_1)$-Atomen durch Wasserstoffmoleküle mit der Phasenraumtheorie.** Kang Yang, J. D. Paden und C. L. Hassell. (J. chem. Physics **47** (1967) 10, 3824—27; Central Res. Div., Res. and Dev. Dep., Continental Oil Comp., Ponca City, Okla.; engl.) — Anwendung der Phasenraumtheorie auf die Löschung von $Hg^*(^3P_1)$ durch H_2-Mol. als Modellfall. Die gute Übereinstimmung der ber. Quantenausb. der H-Atome zeigt die Anwendbarkeit dieser Theorie auf die Berechnnng der inneren Energieverteilung zwischen den Rk.-Produkten. R. Blank 44

0119 **Messung der Lebensdauern und der Löschquerschnitte des B-Zustandes von J_2.** Ara Chutjian, John K. Link und Leo Brewer. (J. chem. Physics **46** (1967) 7, 2666—75; Inorg. Mater. Res. Div., Lawrence Radiat. Labor. and Dep. of Chem., Univ. of Calif., Berkeley, Calif.; engl.) — In Fortsetzung früherer Beobachtungen für v' = 25 [vgl. ibid. **38** (1963) 1381] wurden die Lebensdauern einiger ausgewählter Schwingungsgebiete von v' = 10—100 des $B^3\Pi_{0+u}$-Zustandes von J_2 durch Beobachtung des Abfalls der Fluoreszenzintensität mit der Phasenverschiebungsmeth. gemessen. Infolge der J_2^*–J_2-Stoßlöschung ändern sich die Lebensdauern mit dem Joddruck. Durch Messung der totalen Abfallgeschw. als Funktion des Joddruckes wurde die unimol. Lebensdauer τ_0 des angeregten Zustandes sowie der effektive Stoßquerschnitt für die J_2^*-J_2-Löschung erhalten. Zur Kontrolle der Reproduzierbarkeit der Meth. wurde die Lebensdauer des $^3P_1$-Zustandes von Hg bestimmt. Es wurde eine grundsätzliche Übereinstimmung zwischen den Lebensdauermessungen u. existierenden Absorptionsdaten gefunden, jedoch variieren die Selbstlöschquerschnitte mit der Schwingungsanregung nur um den Faktor 1,3, während die Lebensdauern sich um den Faktor 8 ändern. Die starke Variation der Lebensdauer mit v' zeigt, daß entweder das Übergangsmoment mit der Schwingungsanregung des B-Zustandes variiert oder die spontane Vordissozation des B-Zustandes ein wichtiger

Prozeß ist, dessen Geschw. mindestens so groß ist wie die für den Strahlungszerfall u. die mit ν' beträchtlich ändert. K.-H. Bielicki 44

0120 **Totale und Photoionisationskoeffizienten und Dissoziationskontinua von O_2 im Bereich 580—1070 Å.** F. M. Matsunaga und K. Watanabe. (Sci. Light [Tokyo] **16** (1967) 1, 31—42; Dep. of Phys. and Astronomy, Univ. of Hawaii, Honolulu, Hawaii; engl.) — Absorptionskoeff. u. Photoionisationsausb. von O_2 wurden im Bereich 580—1070 Å unter Verw. des Hopfield-He-Kontinuums als Untergrund mit 0,3 Å Auflsg. u. der H_2-Emissionsquelle im Bereich 900—1070 Å mit 0,2 Å Bandbreite gemessen. Es wurden vier Dissoziationskontinua gefunden. H. Liepack 44

0121 **Atomarer K-, L- und M-Schalen-Photoeffekt für Modelle mit abgeschirmtem Potential.** R. D. Schmickley und R. H. Pratt. (Physic. Rev. [2] **164** (1967) 1, 104 bis 116; Lockheed Palo Alto Res. Labor., Palo Alto, Calif.; engl.) — Numer. Berechnung für *Fe*, *Sn* u. *U* für Röntgenstrahlen von 412—1332 keV. H. Liepack 44

0122 **Energie von beim Stoß von J^--, Br^-- und Cl^--Ionen mit inerten Gasen sich abspaltenden Elektronen.** Ju. F. Bydin. (Ž. èksper. teoret. Fiz.—Pis'ma v Redakciju **6** (1967) 9, 857—61; Fiz.-techn. inst. im. Ioffe AN SSSR; russ.) — Mittels eines elektrostat. Analysators wurde das Elektronenenergiespektrum beim Stoß von J^- (500—2000 eV), Br^- (400—1500 eV) u. Cl^- (500 bis 2700 eV) mit *He*, *Ne*, *Ar* u. *Kr* untersucht. Neben der Gruppe langsamer Elektronen mit der Energie um 2—3 eV besteht eine Gruppe mit 6—7 eV. Die erste Gruppe kann nach Demkov durch den Prozeß des Quantenübergangs des „überschüssigen" Elektrons, die zweite durch die Existenz eines hochangeregten Zustandes erklärt werden, dessen Lebenszeit größer als die Stoßzeit ist. J. Tůmová 44△

0123 **Messung des Wirkungsquerschnitts für die Protonenerzeugung bei Stößen zwischen Elektronen und H_2^+-Ionen.** D. F. Dance, M. F. A. Harrison, R. D. Rundel und A. C. H. Smith. (Proc. physic. Soc. **92** (1967) 577, 577—88; UK AEAR Group, Culham Labor., Abingdon, Berks.; engl.) — Die Unters. wurden für einfache Stöße zwischen H_2^+-Ionen u. Elektronen mit Einfallsenergien zwischen 5 u. 1000 eV durchgeführt. Der gemessene Wrkg.-Querschnitt stimmt gut mit anderen experimentellen Ergebnissen u. der Theorie überein, nur die Abnahme des Wrkg.-Querschnitts bei höheren Energien deckt sich nicht mit den vorliegenden Resultaten. Der Wrkg.-Querschnitt war in einem großen Druckbereich vom Druck in der Ionenquelle unabhängig. Die daraus möglichen Schlußfolgerungen bez. der Besetzung der Schwingungszustände der H_2^+-Ionen werden diskutiert. P. Weiland 44

0124 **Differentielle Einfangwahrscheinlichkeit von Elektronen in Proton—Wasserstoff-Stößen bei niedrigen Energien.** Gurudas Chatterjee und N. C. Sil. (Indian J. Physics Proc. Indian Assoc. Cultivat. Sci. **41/50** (1967) 4, 246—50; Dep. of Theoret. Phys., Indian Assoc. for the Cultivat. of Sci., Jadavpur, Calcutta, India; engl.) — Theoret. Unters. für einen Streuwinkel von 3° (Labor.-Syst.), wobei nur die niedrigsten symm. u. antisymm. Zustände des H_2^+ berücksichtigt werden, die Protonen mit ihren Elektronenwolken werden in diesen beiden Fällen unterschiedlich gestreut. Die numer. Berechnung der Einfangwahrscheinlichkeit ist in sehr guter Übereinstimmung mit dem Experiment hinsichtlich der Lage der Max. u. Minima im Energiebereich 1,1—0,45keV. Unterhalb 0,45 keV werden schnellere Schwankungen in der Einfangwahrscheinlichkeit gefunden, die bisher in Experimenten nicht beobachtet wurden. H. Liepack 44

0125 **Elektroneneinfang und Anregung bei He^+–He-Stößen.** D. P. Sural, S. C. Mukherjee und N. C. Sil. (Physic. Rev. [2] **164** (1967) 1, 156—65; Dep. of Phys., Jadavpur Univ., Calcutta, India; engl.) — Theoret. Untersuchung. Es wird eine Entw. nach Prod. von Atomwellenfunktionen benutzt, die die Wahrscheinlichkeiten der Anregung des He-Atoms in die 2^1S- u. 2^3S-Zustände sowie des Einfangs eines Elektrons in die Grund-, 2^1S- u. 2^3S-Zustände berücksichtigt. Die Wahrscheinlichkeiten der verschiedenen Prozesse wurden für verschiedene Stoßparameter im Energiebereich 0,6 bis 40 keV berechnet. H. Liepack 44

0126 **Klassische Berechnungen des Elektroneneinfangs aus atomarem Stickstoff und Sauerstoff.** Robert A. Mapleton. (Physic. Rev. [2] **164** (1967) 1, 51—55; Air Force Cambridge Res. Labor., Office of Aerospace Res., Bedford, Mass.; engl.) — Berechnung der totalen Wrkg.-Querschnitte für $H^+ + A \rightarrow H + A^+$ mit A = N, O u. $He^{2+} + N \rightarrow He^+ + N^+$ nach der klass. Theorie von Bates u. Mapleton. Für den Einfang durch H^+ für Stoßenergien von 30 keV—4 MeV stimmen die ber. Wrkg.-Querschnitte ziemlich gut mit den gemessenen Werten pro Gasatom für Einfang aus N_2 u. O_2 überein. Entsprechend diesem klass. Modell trägt der Einfang aus den 2s-Unterschalen von O u. N wesentlich für die meisten Stoßenergien bei, wobei oberhalb 2 MeV der 2s-Einfang den 2p-Einfang überwiegt. H. Liepack 44

0127 **Einfluß von Rückkopplung und Verzerrung in einer Ladungsaustauschreaktion.** H. K. Macomber und T. G. Webb. (Proc. physic. Soc. **92** (1967) 577, 839—40; GCA Technol. Div., Bedford, Mass.; engl.) — Die Ladungsaustauschrk. $He^{2+} + H(1s) \rightarrow He^+ (1s) + H^+$ wurde untersucht. Es wurde gezeigt, daß Rückkopplung bei α-Teilchenenergien > 100 keV keine Rolle spielt u. daß die Approximationen von McCarroll et al. [Proc. Roy. Soc. A **266** (1962) 422] zu falschen Wrkg.-Querschnitten geführt haben. H.-D. Schwartz 44

0128 **Stöße von Aluminium- und Eisenionen und -atomen mit Gasen im Energiebereich 5 keV—2,5 MeV.** J. K. Layton, R. F. Stebbings, R. T. Brackmann, W. L. Fite, W. R. Ott, C. E. Carlston, A. R. Comeaux, G. D. Magnuson und P. Mahadevan. (Physic. Rev. [2] **161** (1967) 1, 73—84; Gen. Atomic Div. of Gen. Dynamics Corp., John Jay Hopkins Labor. for Pure and Appl. Sci., San Diego, Calif.; engl.) — Es wurden Elektroneneinfang, Elektronenverlust u. Ionisation von Al- u. Fe-Ionen u. -Atomen beim Durchgang durch N_2, O_2 u. *Ar* untersucht. Bei diesen Experimenten haben die stoßenden Teilchen niedrige erste u. zweite Ionisierungspotentiale, verglichen mit denen der Target-Gase, während bei den bisherigen Unters. die Stoßpartner meist vergleichbare Ionisierungspotentiale hatten. Von bes. Interesse ist der Vgl. der Wahrscheinlichkeiten für Ladungsübertragung u. Ionen-Stripping. Die Ergebnisse werden mit einigen der derzeitigen theoret. Näherungen verglichen. P. Weiland 44

0129 **Theorie des Ladungsaustauschs bei energiereichen Stößen.** R. McCarroll und A. Salin. (Proc. Roy. Soc. [London], Ser. A **300** (1967) 1461, 202—09; Observ. de Paris, Meudon, Hauts-de-Seine, France; engl.) — Theoret. Unters. des Ladungsaustauschs auf Grund der Faddeev-Lovelace-Gleichungen für Dreikörperstreuung. Der Elektroneneinfang durch Protonen in atomarem *H* wird eingehend behandelt u. ein strenger Ausdruck 1. Ordnung für die Streuamplitude abgeleitet. Für hohe Energie ist der totale Wrkg.-Querschnitt durch die 2. Bornsche Näherung gegeben. H. Liepack 44

0130 **Einfangstöße zwischen Ionen und polaren Molekülen.** John V. Dugan jun. und John L. Magee. (J. chem. Physics **47** (1967) 9, 3103—12; Nat. Aeronaut. and Space Administrat., Lewis Res. Center, Cleveland, O.; engl.) — Unters. des Einfl. eines permanenten Dipols in einem Mol. auf Einfangstöße des Mol. mit Ionen. Mit einem Computer werden numer. Wrkg.-Querschnitte ber., die klass. Bewegungsgleichungen werden gelöst. Als Beispiel werden *HCl* sowie ein hypothet. Mol. mit demselben Dipolmoment u. derselben Polarisierbarkeit wie HCl aber mit einem 100mal größeren Trägheitsmoment untersucht. H. Liepack 44

0131 **Untersuchungen von Ion—Molekül-Reaktionen durch eine massenspektrometrische Photoionisationsmethode. 4. Mitt. Reaktionen von He^+ mit N_2 und O_2.** Peter Warneck. (J. chem. Physics **47** (1967) 10, 4279 bis 4280; GCA Corp., Bedford, Mass.; engl.) — 2. vgl.

C. **1968,** 18-0160. — He^+-Ionen reagieren mit N_2 u. O_2 unterschiedlich, d. h. mit N_2 werden 52 % N^+ u. 48 % N_2^+, aber mit O_2 nur O^+ u. keine O_2^+ gebildet. Desgleichen wurden auch keine HeO^+-Ionen gefunden. Aus dem Ausbleiben von O_2^+ im Gegensatz zu N_2^+ schließt Vf., daß Ladungsübertragung nicht der bestimmende Mechanismus für die Rk. von He^+ mit O_2 ist.
E. Blank 44

0132 **Dichteeffekt für den Ionisationsverlust geladener Teilchen.** 2. Mitt. R. M. Sternheimer. (Physic. Rev. [2] **164** (1967) 2, 349—51; Brookhaven Nat. Labor., Upton, N.Y.; engl.) — **1.** vgl. C. **1967,** 11-0320. — Die Erniedrigung des Ionisationsverlustes geladener Teilchen infolge Polarisation des Medium wurde für $Li_2B_4O_7$, Al_2O_3, CaF_2, *NaJ*, *CsJ*, *Li-Alumosilicatglas* u. eine H_2–*Ne*-Mischung für Blasenkammern berechnet.
H. Liepack 44

0133 **Kinetische Theorie eines teilweise isonisierten Gases.** James T. Yen. (Physics of Fluids **11** (1968) 2, 309—15; Res. Dep., Grumman Aircraft Engng. Corp., Bethpage, N.Y.; engl.) — Es wird eine Näherungsmeth. zur Berechnung der 13 Momente des Boltzmannschen Stoßintegrals für Stöße zwischen Elektronen u. Ionen u. Elektronen u. neutralen Mol. in einem ionisierten Gas entwickelt, die sich von der Näherung von Enskog, Chapman u. Cowling, Grad, Burgers u. a. unterscheidet.
W. Pusch 46△

0134 **Struktur einer normal einfallenden ionisierenden Stoßwelle in Argon.** G. E. Perona und W. I. Axford. (Physics of Fluids **11** (1968) 2, 294—302; Cornell Sydney Univ. Astronomy Center, Cornell Univ., Ithaca, N.Y.; engl.) — Die magnetohydrodynam. Gleichungen für die Ausbreitung einer Stoßwelle in einem ionisationsfähigen Gas werden für ein einfaches Modell integriert. Als Beispiel werden die Gleichungen, die die Struktur einer Stoßwelle in *Ar* bestimmen, integriert.
W. Pusch 46△

0135 **Vorläuferionisation von explodierenden Drähten.** Donald L. Jones. (Physics of Fluids **11** (1968) **1**, 247 bis 249; Inst. for Telecommun. Sci. and Aeronomy, Environmental Sci., Serv. Administration, Boulder, Colo.; engl.) — Aus der Faraday-Drehung einer linearpolarisierten HF-Welle wird die Elektronendichte in der Ionisationszone des Vorläufers bei einer Entladung mit explodierendem Draht ermittelt. Die Vorläuferionisation liegt bei ca. 10^{12} Elektronen/cm^3. Die Größe der erzeugten Ionisation ist eine empfindliche Funktion der Gasart, des Abstandes von der Drahtachse, des Druckes u. der Kondensatorspannung, wie Messungen an *He*, *Ar* u. *Luft* zeigen.
W. Pusch 46△

0136 **Bestimmung der elektrischen und thermischen Leitfähigkeit und der effektiven Volumenstrahldichte für ein Sauerstoffplasma.** W. Neumann und U. Sacklowski. (Beitr. Plasmaphysik 8 (1968) 1, 57—72; Phys.-Techn. Inst. der DAW zu Berlin, Bereich Gaselektronik, Berlin; dt.) — Für ein Sauerstoffplasma, das in einer scheibenstabilisierten Bogenanordnung mit 7 mm Bohrungsdurchmesser bei Atmosphärendruck im Stromstärkebereich 5—200 A erzeugt wird, werden radiale Temp.-Verteilung, elektr. Längsfeldstärke u. Strahlungsleistung pro cm Bogenlänge gemessen. Aus diesen Größen werden für den Temp.-Bereich 8400—12700 °K die elektr. u. therm. Leitfähigkeit u. die effektive Vol.-Strahldichte ermittelt. Die experimentell bestimmten Leitfähigkeitswerte werden mit ber. verglichen.
H. Liepack 46

0137 **Messung des Stoßgeschwindigkeitskoeffizienten für He-ähnliche C-Ionen in einem Plasma.** H.-J. Kunze, A. H. Gabriel und Hans R. Griem. (Physic. Rev. [2] **165** (1968) 1, 267—76; Univ. of Md., College Park, Md.; engl.) — Die Intensitäten von Emissionslinien aus einer *Θ*-Pinch-Entladung werden nach einem modifizierten Koronamodell für He-ähnliche Ionen gedeutet. Die relativen Intensitäten der Resonanz- u. Kombinationslinien für *C* V u. *O* VII sowie die abs. Intensität des 2^3S–2^3P-Multipletts von C V wurde in Abhängigkeit von der Zeit gemessen. Übergangs- u. Austauschraten wurden bestimmt.
H. Liepack 46

0138 **Linienverbreiterung von ionisiertem Stickstoff, Kohlenstoff und Sauerstoff.** P. Subrahmaniam. (Monthly Notices Roy. astronom. Soc. **140** (1968) **1**, 1—8; Defence Metallurg. Res. Labor., Phisalbanda, Yakutpura, Hyderabad, India; engl.) — Unters. der Linienverbreiterung von hoch ionisierten N-, C- u. O-Atomen bei Hochspannungsentladungen in Kapillarentladungsröhren. Diese selektiven Linienverbreiterungen werden mit dem Spektrallinienverh. in Wolf-Rayet- u. anderen Hochtemp.-Sternen verglichen. Danach spielt der Stark-Effekt noch anderer ionisierter Atome außer H u. He eine große Rolle.
R. Blank 46

0139 **Untersuchungen zum dynamischen Verhalten von Glimmentladungen.** H. Deutsch. (Beitr. Plasmaphysik 8 (1968) 1, 31—41; Phys. Inst. der Ernst-Moritz-Arndt-Univ., Greifswald; dt.) — Bei 0,6—2,5 mA u. 1,35 bis 2,6 Torr wurden in *Ne* Impedanzmessungen an Glimmentladungen mit ausgeprägter positiver Säule durchgeführt. Durch Bestrahlungsvers. wurde der Einfl. der Stufenionisation auf das Impedanzverh. ermittelt. Es wird vermutet, daß das Impedanzverh. der positiven Säule bei niedrigen Frequenzen auf eine Phasenverschiebung von 180° zwischen den Störgrößen der Feldstärke u. der Elektronenkonz. zurückzuführen ist.
H. Liepack 46

0140 **Optische und elektrische Charakteristiken der positiven Säule der Entladung in Mischungen von Hg mit Edelgasen.** Ju. M. Kagan und B. Kasmaliev. (Optika i Spektroskopija **24** (1968) 5, 663—70; russ.) — In der positiven Säule in der Mischung von Hg mit Ne oder Ar wurden Energieverteilung der Elektronen, Konz. der angeregten Hg-Atome auf 6^3P_{012} u. Intensität der Linien des Tripletts des Hg 6^3P_{012}–7^3S_1 gemessen u. gute Übereinstimmung mit den theoret. Daten gefunden.
M. Wiedemann 46

0141 **Mechanismus des Einflusses von Alkalimetallen und Halogenen auf den Eintritt von Materie aus Metallen und Legierungen in das Plasma der Bogenentladung.** M. L. Petuch und A. A. Jankovskij. (Ž. prikl. Spektroskopii 8 (1968) 5, 768—72; russ.) — Benutzt wurden vor allem Kathoden auf Cu- oder Fe-Basis u. Kohle-Gegenelektroden. Die Kathoden wurden mit Alkalimetallsalzen oder Ammoniumhalogeniden behandelt u. die Intensität der Spektrallinien verglichen. Demnach senkt Alkalimetall den Eintritt von Kathodenmaterial in das Plasma, u. zwar Rb stärker als K, Na u. Li. Halogene wirken umgekehrt, sie erhöhen den Eintritt, Jod stärker als Fluor. Zur Deutung werden Adsorptionsschichten diskutiert.
M. Wiedemann 46

0142 **Gewinnung mehrfach geladener Argon-, Krypton-, Xenon- und Wolframionen aus einer Bogenquelle.** A. S. Pasjuk, Ju. P. Tret'jakov und S. K. Gorbačev. (Atom. Energ. **24** (1968) 1, 21—25; russ.) — Es wurde eine Cyclotronquelle mit heißer Kathode u. oszillierender Bogenentladung benutzt. Die Ausb. nahm mit steigender Gasmenge ab, ferner wurde die Abhängigkeit von Spannung u. Strom untersucht. Für die einzelnen Ionen (erhalten wurden Ladungszustände bis zu Xe^{12+}) wurden die Ausb. bestimmt. Im Falle von W wurde WF_6-Gas verwendet.
M. Wiedemann 46

A–3. Physik der Festkörper und Flüssigkeiten

Struktur

0143 **Photographische Abbildung der Dispersionsfläche mittels Elektronenbeugung am gedrehten Kristall.** G. Lehmpfuhl und A. Reissland. (Z. Naturforsch. **23a** (1968) 4, 544—49; Fritz-Haber-Inst. der MPG, Berlin-Dahlem; engl.) — Die starken Elektronenwellenfelder in einem keilförmigen Krist. werden beim Verlassen des Krist. in verschiedene ebene Wellen aufgespalten u. ergeben Punkte der Dispersionsfläche. Wird während der Aufnahme der Krist. gedreht u. gleichzeitig die photograph. Platte bewegt, so erhält man Schnitte durch die Dispersionsfläche, die mit der Theorie verglichen werden können. Es wird über Experimente mit makroskop. *MgO*-Krist.-Keilen berichtet. Dabei wurde

die 002-Interferenz mit einem Anregungsfehler nahe Null nahe der [$\bar{1}$10]-Zonenachse bei Drehung des Krist. um die [001]-Achse registriert. Die Ergebnisse werden mit einer 17-Strahl-Näherung verglichen. Diese Näherung führt für die Vers.-Bedingungen zu korrekten Ergebnissen.
P. Meischner 51

0144 **Einfache Näherungsmatrix in der Bestimmung von Positionsparametern mit der Methode der kleinsten Quadrate.** C. Scheringer. (Acta crystallogr. [Copenhagen], Sect. B **24** (1968) 5, 662–66; Inst. für Kristallogr., TH, Aachen; engl.) H. Roschkowski 51

0145 **Einfluß des Reihenabbruchs auf die scheinbare Atomgestalt bei Kristallstrukturbestimmungen.** David Harker. (C. R. hebd. Séances Acad. Sci., Sér. A et B **266** (1968) 4, B 251–B 254; Roswell Park Memorial Inst., Buffalo, N.Y.; franz.) — Die Elektronendichte ϱ kann dargestellt werden als $\varrho(r) = Z(4\pi/B)^{3/2} \cdot \exp[-4\pi^2 \cdot r^2/B]$, mit $B = B_0 + B_T + B_C$, wobei B_T den Temp.-Einfl. (therm. Bewegung) u. B_C Reihenabbruchseffekte beschreiben. (B_0 folgt aus der Beziehung $f_0(s) = Z \exp \cdot (-B_0 s^2/4)$ mit $s = 2 \sin \Theta/\lambda$.) — Der Einfl. von B_C wird diskutiert; es wird gezeigt, daß für Elemente mit $Z > 10$ Mo- oder Ag-Strahlung verwendet werden muß, damit die Peakform nicht durch Reihenabbruchseffekte (B_C) stark verfälscht wird. J. Pickardt 51

0146 **Einfluß einer bei der Ausscheidung fester Lösungen von Sauerstoff in Silicium auftretenden Periodizitätsstörung auf die integrale Charakteristik der anomalen Röntgentransmission.** V. M. Al'tšuller und S. V. Ryčkova. (Fiz. tverdogo Tela **10** (1968) 1, 322–24; russ.) — Gemessen wurde an mit O dotierten ($5{,}3 \cdot 10^{17}$ cm^{-3}) n-Si-Proben der Einfl. der O-Ausscheidung bei 1200° auf die effektiven Strukturfaktoren μ_i u. y_i. Der Mechanismus der Abnahme der integralen Intensität der anomalen Röntgentransmission wird diskutiert. K. Jaeger 51

0147 **Analyse der Abschlußeffekte auf radiale Atomdichteverteilungskurven.** John R. Townsend und Sabri Ergun. (Carbon [Oxford] **6** (1968) 1, 19–26; Dep. of Phys. Univ., Pittsburgh, Pa.; engl.) — Ruß könnte aus gestörten größeren graphitähnlichen Schichten oder aus kleinen turbostrat. Krist. bestehen. Die Meth. der radialen D.-Verteilung ermöglicht eine direkte Analyse der Größe kohärent streuender Bereiche u. erscheint daher geeignet, diese Frage zu lösen. Die Hauptschwierigkeit des Verf. besteht in seiner begrenzten Auflsg. u. falschen Strukturangaben, die hauptsächlich auf den endlichen Winkelbereich der zu verwendenden Streudaten zurückzuführen ist, während die Theorie einen unendlichen Winkelbereich voraussetzt. Die durch dieses „Abschneiden" verursachten Fehlangaben können durch einen künstlichen Konvergenzfaktor unterdrückt werden, was aber die Auflsg. der D.-Verteilungskurve weiter herabsetzt. Es werden eine krit. Analyse dieser Abschlußeffekte durchgeführt u. eine Meth. beschrieben, mit der eine direkte Korrektur der Abschneideffekte der radialen D.-Kurve ohne Verschlechterung der Auflsg. vorgenommen werden kann. Für Ruß ergab sich eine Schichtgröße von ca. 75 Å ∅ im Gegensatz zu 18 Å bei Anwendung der konventionellen Methode. Manfred Schenk 51

0148 **Statistische Verteilung und Isomorphie.** 1. Mitt. Marie-Thérèse Youinou, François Petillon und Jacques Émile Guerchais. (Bull. Soc. chim. France **1968**, 2, 503–07; Labor. de Chim. Min., Fac. des Sci., Brest; franz.) — Es wird das Problem der statist. Verteilung im Fall kub. Symmetrie in einem allg. Rahmen behandelt. Eine zufällige Verteilung schließt das bevorzugte Auftreten von cis- oder trans-Formen nicht aus. Es wurden Mischkrist. von $Cs_2MoOCl_{5-x}Br_x$, ausgehend von Cs_2MoOBr_x u. $CsMoOCl_5$, sowie feste Lsg. der Formel $CsMoO_{1-x}Br_{5-x}$ hergestellt. In letzteren besteht das Komplexion aus einem Gemisch der Ionen $MoOBr_5^{2-}$ u. $MoO_2Br_4^{2-}$, d. h. das Mo liegt fünf- u. sechswertig vor. Dadurch wird Valenzisomorphie für diese Komplexe gezeigt. Aus Schwingungsspektren wird auf eine bevorzugte Existenz der cis-Form in den Komplexen $MoO_2X_4^{2-}$ (X = F, Cl, Br) geschlossen. Zur Best. der Konfig. können auch NMR- u. Raman-Spektren herangezogen werden. W. Gauster 51

0149 **Dilatometrische und kristallographische Untersuchung der Phasenumwandlungen von Cäsiumsulfat.** René Auby, Maurice J. Bernard und Michel Massaux. (C. R. hebd. Séances Acad. Sci., Sér. C **266** (1968) 7, 425–27; Labor. de Thermodynam., Fac. des Sci., Clermont-Ferrand; franz.) — Die Unters. von festem Cs_2SO_4 durch DTA, Dilatometrie u. Röntgendiffraktometrie zeigt zwei neue Phasenumwandlungen bei 320 u. 460°. Die Umwandlung bei 320° ist wahrscheinlich 1. Ordnung, die bei 460° ist 2. Ordnung.
Waldemar Köhler 52

0150 **Röntgenographische Verfolgung der Umwandlung von nichtkristallinem Al_2O_3 in Korund.** G. Fink. (J. inorg. nuclear Chem. **30** (1968) 1, 59–61; Baldiagasse 12/26, Wien, Austria; dt.) — Nichtkrist. Al_2O_3 wandelt sich beim Erhitzen auf 700–1000° über die Zwischenstufe lediglich einer Übergangstonerde zu Korund um.
D. Ertel 52

0151 **Röntgenographische Untersuchung der Phasenumwandlungen in Nb_3Sn.** S. A. Medvedev, K. V. Kiseleva und V. V. Michajlov. (Fiz. tverdogo Tela **10** (1968) 3, 746–49; Fiz. inst. im. Lebedeva AN SSSR, Moskva; russ.) — Vermessung der (520)- u. (440)-Reflexe bei 300; 15,5 u. 10,5 °K. Die bei 300 °K rein kub. Elementarzelle (5,3000 ± 0,0017 Å) ist im Supraleitungsbereich tetragonal verzerrt: a/c 1,0042 ± 0,0007 (Kontraktion in Richtung der 4zähligen Achse.)
K. Jaeger 52

0152 **Polymorphie von Wismuttellurid bei hohen Drücken und Temperaturen.** É. Ja. Atabaeva, E. S. Ickevič, S. A. Maškov, S. V. Popova und L. F. Vereščagin. (Fiz. tverdogo Tela **10** (1968) 1, 62–65; Inst. fiz. vysokich davlenij AN SSSR, Moskva; russ.) — Eine neue, metastabile Bi_2Te_3II-Phase wurde oberhalb 40 kbar u. 400° beobachtet. Die neue Phase hat die rhomboedr. Raumgruppe R$\bar{3}$m mit den hexagonalen Gitterkonst. a_H 4,417 u. c_H 29,84 Å (Z = 3). Angabe der Atomparameter. K. Jaeger 52

0153 **Umkristallisation durch Stoß und ihr Einfluß auf die Sorption.** I. V. Melichov und G. Ewald. (Radiochimija **10** (1968) 2, 129–37; russ.) — Vf. untersuchten den Einfl. einer mechan. Wechselwrkg. zwischen den Krist. einer gerührten Suspension auf die Geschw. eines Isotopenaustausches des Nd. mit der Lsg. u. auf die Kinetik der Sorption einer Mikrokomponente durch die feste Phase. Ausgewählt wurde das Syst. „Stabilisierter Nd.-gesätt. Lsg. von NaCl". Verwendet wurden die Nuclide ^{22}Na u. ^{36}Cl als Markierungen u. ^{110}Ag (AgCl-Konz. in der NaCl-Lsg.: $2{,}75 \cdot 10^{-4}$ g/gLsg.) als Beimengung. Aufgenommen wurde die Abhängigkeit der Geschw. des Isotopenaustausches, der Geschw. der Sorption von Ag durch die feste Phase, die Abhängigkeit der granulometr. Zus. des Nd. sowie des Aggregationsgrades von der Intensität der Vermischung u. von der Konz. der Suspension. Die Konz. der Suspension wurde zwischen y/P = 0,03 u. y/P = 1,00 variiert (y u. P = Masse des Nd. u. der Lsg.), die Rührgeschw. zwischen 100 u. 1500 U/min; Vers.-Dauer: bis 10^5 s. Es wurde eine erhöhte Beweglichkeit der Eigenionen bzw. -mol. bzw. der Fremdionen bzw. -mol. unter Einfl. der intensiven Vermischung festgestellt. Dabei ändert sich die granulometr. Zus. des NaCl-Nd. wenig. Bis $t \approx 10^4$ s (bei Selbstdiffusion) bzw. bis $t \approx 10^3$ s (bei Fremddiffusion) wird die Einwanderung der Ionen bzw. Mol. durch eine Diffusionsgleichung (Diffusion in ein isotropes Medium) beschrieben, wobei der effektive Diffusionskoeff. $q \approx 10^{-13}$ cm²/s beträgt. Der Koeff. q hängt im angegebenen Intervall linear von der Rührgeschw. ab. Eine gleichartige Erscheinung wurde beim „Beschuß" eines NaCl-Einkrist.-Plättchens mit NaCl-Krist. (mittlere Abmessung $r \approx 10^{-2}$ cm) in einer gesätt. NaCl-Lsg. beobachtet. Vf. bestimmten außerdem den Verteilungskoeff. für die Verteilung von Ag im Syst. NaCl–AgCl–H_2O nach der Meth. der spontanen Umkristallisation bei Einstellung des Gleichgew. von „oben" u. von „unten" (nach Chlopin) zu D = 17 ± 1. G. Ewald 54

0154 **Ursachen der Entstehung von Nichtgleichgewichtsphasen in dünnen Schichten.** Ju. F. Komnik. (Fiz. tverdogo Tela **10** (1968) 1, 312—14; Fiz.-techn. inst. nizkich temp. AN USSR, Char'kov; russ.) — Thermodynam. Diskussion der Bldg.- u. Wachstumsbedingungen der Fremdphase. K. Jaeger 54

0155 **Theorie der Keimbildung bei Festkörperreaktionen.** A. R. Allnatt und P. W. M. Jacobs. (Canad. J. Chem. **46** (1968) 2, 111—16; Dep. of Chem., Univ. of Western Ontario, London, Ontario; engl.) — In allg. Form wird die Theorie der Keimbldg. bei Festkörperrk. entwickelt u. auf das Problem der Mehrstufenkeimbldg. angewandt. Die Ergebnisse werden mit dem Näherungsmodell von Bagdassarian verglichen, das teilweise korrigiert wird. Für eine Mehrstufenkeimbldg. mit folgender konst. u. isotroper Wachstumsgeschw. wird eine neue Gleichung zur Beschreibung der Kinetik von Festkörperrk. abgeleitet. Diese Beziehung stellt eine Verallgemeinerung der Avrami-Gleichung dar. W. Laqua 54

0156 **Mechanismus der Verzweigung und Knickbildung während des Kristallwachstums nach der Dampf–flüssig–fest-Methode.** R. S. Wagner und C. J. Doberty. (J. electrochem. Soc. **115** (1968) 1, 93—99; Bell Telephone Labor., Murray Hill, N.J.; engl.) — Der Wachstumsmechanismus von *Si*-Whiskern aus einer $SiCl_4/H_2$-Dampfphase über eine fl. Zwischenphase mit Au als flüssigkeitsbildender Verunreinigung (VLS-Wachstum) wurde unter isothermen u. nichtisothermen Bedingungen bei einer mittleren Temp. von 1000° untersucht. Die Wachstumsrichtung der Krist. wird durch die Morphologie der Grenzfläche fest–fl. u. die Konfig. der Kontaktwinkel des fl. Leg.-Tropfens bestimmt. Wachstumsknicke u. Verzweigungen des Wachstums werden durch vier unterschiedliche Prozesse hervorgerufen. Eine Änderung der Form der Grenzfläche fest–fl. durch einen seitlichen Temp.-Gradienten führt zur Bldg. von Wachstumsknicken. Verzweigungen treten auf, wenn der fl. Leg.-Tropfen während der Knickbldg. auseinandergerissen wird. Durch plötzliche Temp.-Erhöhung kann sich eine instabile Konfig. der Kontaktwinkel ausbilden, wodurch die fl. Phase an den Seiten des Krist. herabfließen kann, was zur Bldg. von Knicken u. Verzweigungen führt. Bei plötzlicher Temp.-Abnahme können kleinste Leg.-Tröpfchen aus dem größeren Tropfen herausgedrückt werden, wodurch Zweigbldg. auftritt. Versetzungen u. andere Krist.-Defekte spielen bei der Knickbldg. u. Verzweigung während des VLS-Wachstums von Si-Whiskern keine wesentliche Rolle. W. Laqua 54

0157 **Profile des Gelösten vor wandernden Korngrenzen.** C. J. Beingessner und W. C. Winegard. (Trans. metallurg. Soc. AIME **239** (1967) 6, 924; Univ. of Waterloo, Waterloo, Canada; engl.) — Vgl. ibid. **233** (1965) 2036. — Um die Ursache für die Anreicherung von Gelöstem an Schnittlinien von Korngrenzen beim Kornwachstum von Sn–0,3-Atom-%-Sb-Leg. zu klären, wurden neue Unters. mit der Elektronensonde durchgeführt. Danach werden beim Ätzen hauptsächlich Korngrenzen angegriffen u. bes. an Schnittpunkten 3er Korngrenzen Gelöstes abgelagert. A. Jaeschke 54

0158 **Axiale Temperaturgradienten bei der Züchtung von Siliciumeinkristallen nach Czochralski.** Ju. M. Šaškov und V. P. Grišin. (Doklady Akad. Nauk SSSR **179** (1968) 2, 404—06; Gos. naučno-issl. i proekt. inst. redkometall prom.; russ.) — Der Einfl. der Krist.-Ziehgeschw., des Durchmessers des gezüchteten Krist. u. der Lage der Kristallisationsfront auf den Temp.-Gradienten im Barren u. in der Schmelze nahe der Kristallisationsfront wird experimentell untersucht. Es wird gezeigt, daß die Temp.-Gradienten stark von den jeweiligen Züchtungsbedingungen abhängen. H. Roschkowski 54

0159 **Makroausscheidung.** 2. Mitt. M. C. Flemings, R. Mehrabian und G. E. Nereo. (Trans. metallurg. Soc. AIME **242** (1968) 1, 41—49; MIT, Cambridge, Mass.; engl.) — 1. vgl. C. **1968,** 45-0156. — Die l. c. abgeleiteten analyt. Ausdrücke zur Beschreibung der Makroausscheidung während des Erstarrens fl. Leg. werden zur quant. Berechnung des Erstarrungsprozesses einer *Al*–4,5 %-*Cu*-Leg. unter verschiedenen Bedingungen benutzt. W. Laqua 54

0160 **Makroausscheidung.** 3. Mitt. M. C. Flemings und G. E. Nereo. (Trans. metallurg. Soc. AIME **242** (1968) 1, 50—55; engl.) — 2. vgl. vorst. Referat. — Die l. c. entwickelte Theorie der Makroausscheidung wurde am Beispiel einer *Al*–4,5 %-*Cu*-Leg. einer experimentellen Prüfung unterzogen, wobei teils quant., teils qual. Übereinstimmung mit der Theorie erhalten werden konnte. W. Laqua 54

0161 **Ursprung der gleichachsigen Zone in kleinen Barren.** H. Biloni und B. Chalmers. (J. Mater. Sci. **3** (1968) 2, 139—49; Comision Nacional de Energia Atomica, Buenos Aires, Argentina; engl.) — Für die Vers. wurden 99,993 % reines *Al*, *Al-Leg.* mit 0,5—10,0 Gew.-% 99,999 % reinem *Cu* u. *Sn-Leg.* mit 1,0—10,0 Gew.-% *Pb*, beide Metalle 99,999 % rein, verwendet. Al/Cu-Leg. wurden nach der Lacombe-Biloni-Filmmeth. u. im Disa-Elektropol-Gerät untersucht. Zur Best. der Zeit–Temp.-Abhängigkeit an verschiedenen Stellen unter verschiedenen Kühlbedingungen wurden therm. Messungen gemacht. Die Keimbldg. begann, wenn die Unterkühlung 1—2,5° betrug, ein für die Vers.-Bedingungen charakterist. Wert. Daraus wurden Schlüsse über den Ursprungsmechanismus der gleichachsigen Zone in Barren, die unter verschiedenen geometr. Bedingungen gewachsen waren, gezogen. Sie kann in einem einheitlich gerichteten Syst. durch eine unterkühlte Lsg. an der Grenzfläche durch heterogene Keimbldg. entstehen. Mit geringer Überhitzung gegossene Barren enthalten eine feine gleichachsige Struktur. Bei größerer Überhitzung scheint der Ursprung der gleichachsigen Zone hauptsächlich in einem Multiplikationsprozeß des lokalen Wiederschmelzens zu liegen. Der Mechanismus zur Verfeinerung der gleichachsigen Zone als Funktion von Störungen ist ebenfalls ein Multiplikationsmechanismus wie z. B. das Umschmelzen von Dendritenarmen. R. Zimmer 54

0162 **Bildung von kristallinen Filmen durch Laserverdampfung.** P. D. Zavitsanos und W. E. Sauer. (J. electrochem. Soc. **115** (1968) 1, 109—11; Space Sci. Labor., Gen. Electric Comp., King of Prussia, Pa.; engl.) — Mit Hilfe der Verdampfung durch Laserstrahlen wurden krist. *Ge*- u. *GaAs*-Filme auf verschiedenen Substraten (Glas, CaF, NaCl) abgeschieden u. mkr. im Durchlicht u. Auflicht untersucht. Die Dicke der abgeschiedenen Schicht wird auf 500—1000 Å pro Laserimpuls geschätzt. Elektronenbeugungsaufnahmen zeigen, daß Ge-Filme einen Kristallinitätsgrad besitzen, der den konventionell auf Substraten, die auf 300° oder mehr erhitzt waren, abgeschiedenen Filmen entspricht. Bei den GaAs-Filmen entsprechen die Elektronenbeugungsdiagramme denen von GaAs-Filmen auf CaF- u. NaCl-Substraten. Im Falle der Laserverdampfung sind für GaAs auf 220—400° erhitzte Substrate zur Abscheidung von krist. Filmen erforderlich. E. Schulte 54△

0163 **Einfluß der Wachstumsbedingungen auf die Orientierung, die Reinheit und die Vollkommenheit von durch tiegelfreies Zonenschmelzen gezüchteten Tantaleinkristallen.** A. A. Kralina, T. V. Žoltikova, V. O. Esin und V. A. Sazonova. (Fiz. Metallov Metallovedenie **25** (1968) 2, 333—40; Inst. fiz. metallov AN SSSR; russ.) — Untersucht werden Ta-Einkrist., die durch tiegelfreies Zonenschmelzen im Elektronenstrahlofen bei Zonengeschw. von 0,1—1,2 mm/min erhalten wurden. Die Abhängigkeit der Orientierung von der Zonengeschw. u. der Beimengungsverteilung sowie die der Krist.-Vollkommenheit von den Parametern des Züchtungsprozesses werden besprochen. I. Roschkowski 54

0164 **Dynamische Keimbildung in unterkühlten Metallschmelzen.** J. J. Frawley und W. J. Childs. (Trans. metallurg. Soc. AIME **242** (1968) 2, 256—63; Dev. Labor., Foundry Dep., Gen. Electric Co., Schenectady, N.Y.; engl.) — Es wird die durch Vibration in der Schmelze ausgelöste Kristallisation von unterkühltem *Bi* u. *Bi-Sn-Leg.* untersucht. Es kommen Frequenzbereiche von 16—34,5, 2000 u. 20000 Hz zur Anwendung. Die Unterkühlung wird erst oberhalb einer Mindestvibrationsenergie aufgehoben

u. strebt mit steigender Energie einem Minimum zu. Vf. nehmen an, daß die Keimbldg. durch Kavitation in der Schmelze erfolgt. H. Tulhoff 54

0165 **Heteroepitaktisches Wachstum dünner Molybdänfilme auf Isolatorsubstraten.** H. M. Manasevit, F. L. Morritz und D. H. Forbes. (Trans. metallurg. Soc. AIME **242** (1968) 1, 75—78; North Amer. Rockwell Corp., Anaheim, Calif.; engl.) — Dünne, einkrist. Mo-Filme wurden durch pyrolyt. Zers. von MoF_6 in H_2-Atmosphäre auf α-Al_2O_3-, $MgAl_2O_4$-, MgO- u. BeO-Substraten zwischen 650 u. 900° erzeugt. Folgende Orientierungsbeziehungen wurden beobachtet: Mo/α-Al_2O_3, (100) ‖ (1$\bar{1}$02), (111) ‖ (0001), (221) ‖ (10$\bar{1}$2), [1$\bar{1}$0] ‖ [11$\bar{2}$0]; Mo/BeO, (110) ‖ (10$\bar{1}$1), (211) ‖ (10$\bar{1}$0), [1$\bar{1}$1] ‖ [11$\bar{2}$0]; Mo/MgO, (001) ‖ (001), (211) ‖ (110), [100] ‖ [110], [1$\bar{1}$0] ‖ [001]; Mo/$MgAl_2O_4$, (110) ‖ (111), [001] ‖ [1$\bar{1}$0]. Für die Zwischenfläche Mo/Substrat werden zweidimensionale Modelle angegeben. W. Laqua 54

0166 **Wachstumskinetik von Ammoniumdihydrogenorthophosphat-Einkristallen. 2. Mitt. Einfluß von oberflächenaktiven Substanzen und des pH-Werts auf Wachstumsgeschwindigkeit und Kristallform.** Edward Józefowicz und Krystyna Sobierajska. (Roczniki Chem. [Ann. Soc. chim. Polonorum] **42** (1968) 5, 761—66; Kat. Chem. Nieorg. Politechn., Łódź; pol.) — 1. vgl. C. **1966**, 36-0145. — Durch einen Zusatz oberflächenakt. Substanzen wie Zephyrol u. Ultravon zu übersätt. Lsg. von $NH_4H_2PO_4$ wird die Krist.-Form nicht beeinflußt. Die Krist.-Wachstumsgeschw. wird in Lsg. geringerer Übersättigung (0,15 Mol/kg H_2O) etwas erhöht; in konzentrierteren Lsg. wird sie schwach erniedrigt. In Lsg. mit kleinem pH-Wert wird die Wachstumsgeschw. der (100)-Ebenen merklich verringert; es bilden sich entlang der c-Achse gestreckte Kristalle. Eine Erhöhung des pH-Werts besitzt einen entgegengesetzten Einfluß. Die Rk.-Kinetik des Krist.-Wachstums wird durch den Übersättigungsgrad nicht verändert. W. Laqua 54

0167 **Hydrothermale Züchtung von Berylliumoxid-Einkristallen.** V. G. Hill und R. I. Harker. (J. electrochem. Soc. **115** (1968) 3, 294—98; State College, Pa., Tem-Pres Res. Inc.; engl.) — BeO-Krist. mit Gew. bis zu 1,3 g wurden hydrothermal dargestellt. Die Wachstumstemp. betrug 500 ± 5°, die des Transportmittels 530 ± 5°. Das hydrothermale Lsgm. bestand aus 4 n NaOH u. 0,06 n LiOH. Das Wachstum der Krist. erfolgte in der Dampfphase oberhalb der Lösung. Die Qualität der benutzten Keime ist von großem Einfl. auf die Qualität der Kristalle. Die mittlere Wachstumsgeschw. parallel zur c-Achse betrug 0,0026 in./Tag. Die relativen Wachstumsgeschw. in verschiedenen kristallograph. Richtungen sind [11.0] > [00.1] ≈ [00.$\bar{1}$] > [11.1] > [10.1] > [10.0]. E. Schulte 54△

0168 **Einfluß eines äußeren Magnetfeldes auf die Bildungsgeschwindigkeit von Bariumsulfat aus Na_2SO_4- und $Ba(NO_3)_2$-Lösungen.** A. D. Ermolaev und I. E. Zimakov. (Teoret. èksper. Chim. **4** (1968) 2, 283—86; Inst. fiz. chim. AN SSSR, Moskva; russ.) — Die Kristallisationskinetik von $BaSO_4$ aus wss. Lsg. unter dem Einfl. von Magnetfeldern von 0—5000 Gauß wird untersucht. Eine bestimmte Änderung der Kristallisationskinetik wird durch Messung der Lichtabsorption der vermischten Lsg. nach vorheriger Einw. des Magnetfeldes auf die Na_2SO_4- oder $Ba(NO_3)_2$-Lsg. nachgewiesen. Untersucht wurden auch mit ^{35}S markierte Na_2SO_4-Lösungen. H. Roschkowski 54

0169 **Hydrothermale Züchtung von Lithium- und Kupferdotierten ZnO-Einkristallen.** Noboru Sakagami, Shuzo Hasegawa und Gisaku Ohara. (J. ceram. Assoc. Japan [Yogyo Kyokai Shi] **75** (1967) 8 (864) 255—56; Res. Inst. of Electr. Communicat., Tohoku Univ., Sendai, Japan; engl.) — Die hydrothermale Züchtung erfolgte aus 1—2m LiOH-Lsg. bzw. Cu-Pulver u. gesintertem ZnO in 5—6m KOH bei ca. 400° unter 700 bis 800 atm Druck, wobei dotierte ZnO-Krist. von hemimorphem Habitus entstanden. A. Jaeschke 54

0170 **Orientierte Cadmiumsulfidkristallisation durch einen Mechanismus weitreichender Wechselwirkung bei der Kathodenzerstäubung.** Ju. M. Gerasimov, G. I. Distler, V. M. Efremenkova und V. E. Jurasova. (Fiz. tverdogo Tela **10** (1968) 1, 270—72; Inst. kristallogr. AN SSSR, Moskva; russ.) — Elektronenmkr. Unters. auf NaCl-Einkrist.-Flächen kondensierter CdS-Schichten. Durch Vgl.-Unters. mit polykrist. u. amorphen Substraten werden die experimentellen Ergebnisse durch weitreichende Wechselwrkg. beschrieben. K. Jaeger 54

0171 **Wachstum von großen Galliumphosphid-Einkristallen aus einer stöchiometrischen Schmelze.** S. E. Blum und R. J. Chicotka. (J. electrochem. Soc. **115** (1968) 3, 298—300; Yorktown Heights, N.Y., IBM Watson Res. Center; engl.) — Verf. u. App. zur Darst. von großen GaP-Einkrist. werden beschrieben. Es wurde eine vertikal aufgestellte Bridgman-App. verwandt, die eine kontrollierte P-Dampfquelle enthielt, die es ermöglichte, stöchiometr. Bedingungen während des Abkühlens einzuhalten (ca. 35 atm P-Überdruck). Nach dieser Meth. wurden auch mit *Zn* oder *Te* dotierte GaP-Einkrist. erhalten. Messungen des Hall-Effekts von rekrist. GaP werden angegeben. E. Schulte 54△

0172 **Darstellung und Eigenschaften von Yttriummagnesiumsilicat mit Apatitstruktur.** Yoshiko Suwa, Shigeharu Naka und Tokiti Noda. (Mater. Res. Bull. **3** (1968) 2, 139—48; Fac. of Engng., Nagoya Univ., Nagoya; engl.) — Aus stöchiometr. Mischungen von Y_2O_3, SiO_2 u. MgO werden durch mehrfaches Sintern bei 1400—1500° Proben der Zus. $(Y_4Mg)Si_3O_{13}$ (I) hergestellt. Die Proben werden röntgenograph. u. opt. untersucht. I krist. hexagonal in Apatitstruktur mit a = 9,298 (Å) u. c = 6,635. Die Ca^{2+}-Plätze von Apatit sind in I vollständig mit Y^{3+} u. Mg^{2+} besetzt, u. die Struktur bleibt zwischen $(Y_{3,30}Mg_{1,33})Si_{3,36}O_{13}$ u. I erhalten. I ist opt. einachsig negativ mit ε = 1,810 ± 0,005, ω = 1,820 ± 0,005 u. $\omega - \varepsilon$ = 0,010 für die Na_D-Linie. Die Krist. sind parallel zu (10$\bar{1}$0) u. (0001) spaltbar. Herbert Müller 54

0173 **Wachstum spannungsfreier $Y_3Al_5O_{12}$-Einkristalle.** B. Cockayne, M. Chesswas und D. B. Gasson. (J. Mater. Sci. **3** (1968) 2, 224—25; Royal Radar Establ., Malvern, Worcs.; engl.) — Vertikal gezogene $Y_3Al_5O_{12}$-Einkrist. haben eine Zone aus elast. verspanntem Material, die mit der Bldg. von {211}-Facetten verbunden ist. Unters. an Seltenerdmetall–Al-Mischkrist. haben gezeigt, daß der Temp.-Gradient über der Grenzfläche durch schnelles Rotieren des Krist. gesenkt werden kann. Facettenbldg. wird dadurch vermieden, u. Krist. besserer opt. Qualität werden erhalten. Mit 150 rev/min lassen sich völlig spannungsfreie $Y_3Al_5O_{12}$-Einkrist. gewinnen. R. Zimmer 54

0174 **Bevorzugte Orientierungen in aufgedampften Bleimonoxid-Schichten.** A. van der Drift, Tine E. Horsman und C. Langereis. (Philips Res. Rep. **23** (1968) 1, 48—61; Philips Res. Labor., Eindhoven, Netherlands; engl.) — Die polykrist. Schichten wurden im Vakuum von 0,01 Torr aufgedampft. In der Schicht auftretende bevorzugte Orientierungen der Kristallite entstehen durch bevorzugtes Wachstum der Keime in bestimmte Richtungen. Die tetragonalen PbO-Plättchen besitzen ⟨110⟩- u. ⟨001⟩-Vorzugsrichtungen, ⟨001⟩ ist senkrecht zur Aufdampfebene. Einige mögliche Mechanismen werden diskutiert. P. Meischner 54

0175 **Hochdrucksynthese von PbO_2 mit Fluoritstruktur.** Y. Syono und S. Akimoto. (Mater. Res. Bull. **3** (1968) 2, 153—58; Inst. for Solid State Phys., Univ. of Tokyo, Tokyo; engl.) — Proben von tetragonalem PbO_2 werden in einem mit Ta ausgekleideten Hochdruckautoklaven bei Drücken p zwischen 50 u. 75 kbar auf Temp. T von 300—700° erhitzt. Unter Normalbedingungen bleibt metastabiles PbO_2-III erhalten, das in Fluoritstruktur mit a = 5,3492 ± 0,0004 Å krist. u. sich in orthorhomb. PbO_2-II umwandelt. Aus dem Gleichgew.-p–T-Diagramm der Phasenumwandlungen folgt für PbO_2-II/PbO_2-III p (kbar) = 52,5 ± 0,030 T (°C). Die Phasenumwandlung wird unter Berücksichtigung einer sich mit p ändernden Koordinationszahl diskutiert. Herbert Müller 54

0176 **Indium–Wolfram-Bronze.** A. B. Swanson und J. S. Anderson. (Mater. Res. Bull. **3** (1968) 2, 149—52; Inorg. Chem. Labor., Univ. of Oxford, Oxford; engl.) — Durch Sinterung geeigneter Mischungen von WO_3 u. In in evakuierten Quarzrohren bei 1100° bzw. Dampfphasentransport von In_2O_3–W–WO_3-Gemischen in evakuierten Quarzrohren von 1100 nach 1050° werden einphasige Prod. der Zus. In_xWO_3 (0,26 $\leqq$ x $\leqq$ 0,33) in blauen, bis 1,5 mm langen Krist. erhalten. Die Prod. krist. hexagonal u. besitzen für x = 0,28 a = 7,46 (Å) u. c = 7,55. Sie zeigen metall. Leitfähigkeit mit spezif. Widerständen von $9{,}5 \cdot 10^{-3}$ $\Omega \cdot$ cm bei 25° u. einem Temp.-Koeff. von 10^{-3} $(Grad)^{-1}$. Aus dem Vgl. mit Struktur u. elektr. Eig. von W-Bronzen, M_xWO_3, mit M = K, Rb oder Cs folgt, daß In als In^+ vorliegt u. 1 Elektron/In an das Leitungsband des Krist. abgibt. Herbert Müller 54

0177 **Wachstum von Oxidfilmen auf Spaltflächen von kristallinem UC.** P. Camagni, A. Manara und E. Landais. (Surface Sci. [Amsterdam] **10** (1968) 3, 332—48; Dep. of Chem., CCR Euratom, Ispra, Italien; engl.) — Das Wachstum von Uranoxid wurde zwischen 60 u. 160° mit zwei opt. Meth., die auf ellipsometr. Verf. zurückgehen, studiert. Das isotherme Wachstum erfolgt nach einem parabol. Zeitgesetz; der geschwindigkeitsbestimmende Schritt ist therm. aktiviert u. wird der Diffusion von Sauerstoff durch den Film zugeschrieben. Die Aktivierungsenergie beträgt ca. 25 kcal/Mol, was mit der Aktivierungsenergie für die Diffusion von Sauerstoff in UO_2 übereinstimmt. G. Ertl 54

0178 **Stabilität von Stufenversetzungsanordnungen.** A. Arbel. (Mater. Res. Bull. **3** (1968) 1, 7—11; Westinghouse Electr. Corp., Atomic Power Div., Pittsburgh, Pa.; engl.) — Für eine willkürliche Konfig. von Stufenversetzungen wird ein Ausdruck abgeleitet, mit dem sich Aussagen über die Stabilität der Konfig. im Gleichgew. machen lassen. An Hand eines Beispiels von Versetzungstripolen mit unterschiedlichen Burgers-Vektoren wird die abgeleitete Beziehung erläutert. W. Laqua 56

0179 **Formänderung von Ausscheidungen durch Diffusion im Spannungsfeld von Versetzungen.** H. Gleiter. (Acta metallurg. [Long Island City, N.Y.] **16** (1968) 3, 455—64; Inst. für Metallphys., Univ., Göttingen; dt.) — Die Diffusion im Verzerrungsfeld einer Stufenversetzung wird theoret. u. experimentell untersucht. Die Ergebnisse zeigen, daß der große Potentialgradient dazu führt, daß in der Umgebung einer Versetzung auch bei Temp., bei denen keine Selbstdiffusion mehr möglich ist, Diffusionsvorgänge mit großer Geschw. ablaufen (spannungsinduzierte Diffusion). Enthält eine Leg. Ausscheidungen, so bewirkt diese spannungsinduzierte Diffusion, daß aus den Ausscheidungen, die von Versetzungen durchschnitten werden, Leg.-Atome in die Matrix diffundieren. Bei starker Verformung werden daher die Ausscheidungen wieder aufgelöst. M. Frenzel 56

0180 **Struktur der Ablagerungen von Tieftemperaturpyrolysekohlenstoff.** N. A. Vasjutinskij, R. K. Ognev, Ju. I. Rys'eva, V. G. Bryndin und A. I. Lyscov. (Izvest. Akad. Nauk SSSR, Neorg. Mater. **4** (1968) 4, 483—88, 1 Tafel; VNI i proektnyj inst. titana; russ.) — Röntgenograph. u. kristallopt. wurde die Struktur des sich bei der Pyrolyse eines Propan–Butan-Gemisches sowie von Naturgas bei 800—1200° bildenden Pyrolyse-C untersucht u. seine wichtigsten Strukturen beschrieben. In Abhängigkeit von den Pyrolysebedingungen u. der Art der Unterlage ändert sich der Ordnungsgrad in der Krist.-Struktur des Pyrolyse-C vom rußartigen Pyrolyse-C mit äußerst geringem zweidimensionalen Ordnungsgrad bis zu den Graphitfäden mit dreidimensionaler Ordnung. Die Grenzstrukturen sind äußerst selten. B. Karos 56

0181 **Bestimmung der Schichtgrößen in Kohlenstoffen.** Sabri Ergun. (Carbon [Oxford] **6** (1968) 1, 7—11; Pittsburgh, Pa., Pittsburgh Coal Res. Center, Bur. of Mines, U. S. Dep. of the Interior; engl.) — In der Literatur bestehen einige Unklarheiten über die Definition u. Berechnung von Domänen- u. Schichtgrößen, L_α, von graphitähnlichen Schichten in Kohlen. Verschiedene Best.-Meth. mit der Warren-, Warren-Bodenstein- u. Debye-Interferenzfunktion werden verglichen. Der Gebrauch einer Schichtgröße, die als Durchmesser einer Scheibe mit äquivalenter Oberfläche (oder gleicher Anzahl von Atomen) in der Warren-Bodenstein- u. der Debye-Interferenzfunktion definiert ist, kann Unklarheiten vermeiden. E. Schulte 56△

0182 **Änderung der Substruktur verformter Aluminiumkristalle bei nachfolgender Erwärmung.** M. I. Zacharova und G. F. Kuznecov. (Izvest. vysšich učebnych Zavedenij [Tomsk], Fiz. **11** (1968) 3, 37—43; Mosk. gosuniv. im. Lomonosova; russ.) — Ein Zusammenhang der Polygonisation von Al-Einkrist. beim Anlassen mit der Verfestigungskurve von Einkrist. kub.-flächenzentrierter Metalle wird abgeleitet. Röntgenograph. wird gezeigt, daß in reinen, durch Zug bei —196° in den Grenzen des 1. u. 2. Abschnitts der Verfestigungskurve verformten Al-Einkrist. während des Anlassens sich nur der Prozeß der Hochtemp.-Polygonisation abspielt. Bei Krist., die bis zum Ende des 2. bzw. im 3. Abschnitt der Verfestigungskurve verformt wurden, verläuft die Polygonisation auch bei Tieftemp.-Anlassen (450°) mit beträchtlicher Geschwindigkeit. Ein darauffolgendes Hochtemp.-Anlassen führt zu einer höheren Gittervollkommenheit der Subkörner. H. Roschkowski 56

0183 **Stapelfehler in den Teilchen der ausgeschiedenen Phase und elastische Spannungen in der Matrix zerfallender Aluminium–Germanium-Mischkristalle.** L. M. Sorokin und G. N. Mosina. (Fiz. tverdogo Tela **10** (1968) 1, 171—78; Inst. poluprov. AN SSSR, Leningrad; russ.) — Transmissionselektronenmkr. Unters. der Zerfallsstadien. Die ausgeschiedenen Teilchen sind in ⟨110⟩-Richtung auf {111}-Flächen orientiert. Im Bereich der ausgeschiedenen (Ge-) Teilchen sowie in den Richtungen senkrecht u. parallel zur Ebene der Ausscheidungen treten in der Matrix elast. Spannungen auf. K. Jaeger 56

0184 **Elektronenmikroskopische Untersuchung pulverförmiger kathodischer Metallabscheidungen.** V. V. Kuznecov, G. V. Chaldeev und V. N. Pereskokov. (Zav. Labor. **34** (1968) 3, 312—13; Estestvennonaučnyj inst. pri Permskom gosuniv. im. Gor'kogo; russ.) — Die Form elektrolyt. Bi-Abscheidungen aus einer Lsg. von 0,1 n H_2SO_4 + $Bi_2(SO_4)_3$ (235 mg Bi^{3+}/l) wird vor u. nach Einw. von Ultraschall auf den Nd. elektronenmkr. untersucht. Die Nd.-Struktur ist nach Ultraschallbehandlung wesentlich leichter zu erkennen. H. Roschkowski 56

0185 **Elektronenmikroskopische Untersuchung der Struktur und Substruktur von Chromkondensaten.** V. M. Kosevič, L. S. Palatnik und L. E. Černjakova. (Fiz. Metallov Metallovedenie **25** (1968) 3, 568; Char'kovskij politechn. inst. im. Lenina; russ.) — 99,99 %ig. Cr wurde bei $5 \cdot 10^{-5}$ Torr auf Fe-Ringsubstrate bei 300—900° u. Geschw. von ca. 800 Å/min aufgedampft. Bei Substrattemp. $T_s > 700°$ ist die elektronenmkr. bestimmte Cr-Struktur gleich der von üblichem, feinkörnigem Material, bei $T_s < 450°$ treten Schichtstrukturen auf, die massive Proben nicht zeigen. H. Roschkowski 56

0186 **Messung der Versetzungsgeschwindigkeit in hochreinem Molybdän.** H. L. Prekel, A. Lawley und H. Conrad. (Acta metallurg. [Long Island City, N.Y.] **16** (1968) 3, 337—45; Univ. of Pretoria, Republic of South Africa; engl.) — Mit Hilfe der Ätzgrübchenmeth. werden in hochreinen Mo-Einkrist. Versetzungsgeschw. direkt als Funktion der Spannung bei 77 u. 300 °K gemessen. Die Ergebnisse werden mit Daten von Vers. mit Geschw.-Wechsel bei 78, 180, 300 u. 575 °K im Makrodehnungsgebiet ($\varepsilon > 10^{-3}$) u. bei 300 °K im Mikrodehnungsgebiet ($\varepsilon \leqq 10^{-3}$) verglichen. Alle experimentellen Beobachtungen u. ber. Verformungsparameter sind selbstkonsistent, wenn man annimmt, daß die Versetzungsbeweglichkeit durch Überwindung der Peierls-Nabarro-Schwellen auf Grund der Bldg. von Doppelkinken nach Seeger kontrolliert wird. M. Frenzel 56

0187 **Schnelle Legierungshärtung in kubisch-raumzentriertem Eisen und LiF.** A. Kumar. (Acta metallurg.

[Long Island City, N.Y.] 16 (1968) 3, 333—36; Gen. Motors Corp., G. M. Techn. Center, Warren, Mich.; engl.) — Für die Wechselwrkg. einer Stufenversetzung mit einem interstitiellen Fremdatom in kub.-raumzentriertem Fe wird die Kurve Kraft/Entfernung berechnet. Es wird gezeigt, daß für LiF Rechnungen für eine Stufenversetzung zu einer besseren Übereinstimmung zwischen Theorie u. Experiment als solche für Schraubenversetzungen führen. M. Frenzel 56

0188 **Untersuchung der Gitterkonstantenänderung des in Edelstahl 18/8 bei 750° gebildeten Carbids $M_{23}C_6$ mittels Elektronenfeinbereichsbeugung.** Clément Pacqué. (C.R. hebd. Séances Acad. Sci., Sér. C 266 (1968) 11, 764—65; Labor. de Métallogr. et de Fonderie, Fac. Polytechn. de Mons, 31, boulevard Dolez, Mons, Belgique; franz.) — Die Umwandlung des bei 750° gebildeten Carbids $(Fe_xCr_{1-x})_{23}C_6$ besteht in einer kontinuierlichen Ersetzung von Fe durch Cr. Während der Temperungszeit zwischen 2 Min. u. 24 Std. nahm der Cr-Anteil von 51 auf 73 Atom-% zu u. der Fe-Anteil von 45 auf 24 Atom-% ab. Mit der Umwandlung ist eine kontinuierliche Gitterkonst.-Änderung der in kub.-flächenzentrierter Form kristallisierenden Ausscheidung verbunden. P. Meischner 56

0189 **Verhältnis der intrinsischen und der extrinsischen Stapelfehlerenergien in einem nichtrostenden Stahl mit 18% Cr, 14% Ni und 3,7% Si.** B. Thomas. (Mater. Sci. Engng. [Amsterdam] 2 (1968) 5, 276—78; IRSID, St. Germain-en-Laye; franz.) — Die Werte der Stapelfehlerenergien γ_i (intrins.) u. γ_e (extrins.) können aus Messungen der Breiten d_i u. d_e der intrins. u. extrins. Stapelfehler mittels der von Gallagher aufgestellten Formeln ber. werden. Der mittlere Wert von γ_e/γ_i wird zu 1,37 bestimmt. H. Hochstein 56

0190 **Abscheidung von Gasbeimengungen in den Metallverbindungen Cu_5Si, Ni_3Sn_2 und Ni_3Ge.** D. P. Šaškov. (Fiz. Metallov Metallovedenie 25 (1968) 3, 473—78; Mosk. avtomobil'no-dorožnyj inst.; russ.) — Durch Biegeunters. u. Härtemessung im Korninnern u. an Korngrenzen an den 3 Metallverb. wird gezeigt, daß die Abscheidung von Gasbeimengungen an den Korngrenzen mit kleiner werdendem Korn abnimmt, wobei sich die Temp.-Schwelle der Versprödung kontinuierlich verringert. Die Aktivierungsenergie der Abscheidung an Korngrenzen in Cu_5Si beträgt 14 kcal/g-Atom. H. Roschkowski 56

0191 **Bestimmung der Versetzungsdichte verformter Kupfereinkristalle aus verbreiterten Röntgenbeugungsprofilen.** M. Wilkens und M. O. Bargouth. (Acta metallurg. [Long Island City, N.Y.] 16 (1968) 3, 465—68; Inst. für Phys., MPI für Metallforsch., Stuttgart; dt.) — Von verformten Cu-Einkrist. werden die Röntgenbeugungsprofile von zwei, in bezug auf das Hauptgleitsyst., ungleichwertigen {002}-Reflexen untersucht. Die Einkrist. sind für Einfachgleitung orientiert u. werden bei 78 °K bis zu Fließspannungen zwischen 5 u. 11,4 kp pro mm² verformt. Aus den Halbwertsbreiten der Reflexe, die etwa linear mit der Fließspannung zunehmen, wird mit Hilfe der Theorie von Krivoglaz u. Ryaboshapka die Versetzungsdichte bestimmt. Die erhaltenen Werte stimmen gut mit den von Essmann elektronenmkr. gewonnenen Werten überein. M. Frenzel 56

0192 **Stabilität von Korngrenzenhohlräumen in Kupfer.** A. Gittins. (Acta metallurg. [Long Island City, N.Y.] 16 (1968) 4, 517—22; Central Electr. Res. Labor., Leatherhead, Surrey; engl.) — In Cu diffundiert Gas in die durch Hochtemp.-Ermüdung oder Kriechen entstandenen Hohlräume hinein. Der Gasdruck innerhalb des Hohlraumes nimmt zu u. red. die Zerfallstendenz bei isothermem Anlassen. Beim Anlassen der Hohlräume enthaltenden Proben bei einem hydrostat. Druck von 2000 lbs./in.² wird Sintern beobachtet, bei anschließendem Anlassen im Vakuum wird das Sintern rückgängig gemacht. M. Frenzel 56

0193 **Zusammensetzung und Kinetik des Zerfalls übersättigter Mischkristalle von schnell kristallisierten Al—Cu—Mn-Legierungen.** A. F. Polesja und V. V. Kovalenko. (Fiz. Metallov Metallovedenie 25 (1968) 3, 479—85; Dnepropetrovskij gosuniv.; russ.) — Untersucht werden schnell krist. Al-Leg. mit 1,2—5% Cu u. 0—3% Mn. Die Kinetik der bei hohen Temp. gleichzeitig verlaufenden Auflsg. von Cu u. Abscheidung von Mn aus der festen Lsg. wird bestimmt. H. Roschkowski 56

0194 **Eingebrochene Tetraeder und Stapelfehlerenergie in Gold.** M. A. Quader, R. A. Dodd und D. Kuhlmann-Wilsdorf. (Trans. metallurg. Soc. AIME 242 (1968) 2, 347—49; Dep. of Minerals and Metals Engng., Univ. of Wis., Madison, Wis.; engl.) — Bei der Unters. von Stapelfehlertetraedern in abgeschrecktem u. gealtertem, reinem Au wurde ein neuer Defekttyp beobachtet. Es wird angenommen, daß diese Defekte durch den Zerfall von zwei Flächen eines Tetraeders, wahrscheinlich unter dem Einfl. von beim Erhitzen der Probe mit einem Elektronenstrahl hervorgerufenen Spannungen, entstanden sind. Der von Clarebrough et al. [vgl. Canad. J. Physics 45 (1967) 1135] angegebene Wert für die Stapelfehlerenergie von Au von 44,7 erg · cm^{-2} stellt wahrscheinlich einen Minimalwert dar. E. Schulte 56△

0195 **Änderung der Energie und des Widerstandes während der Ordnung von Au_3Cu.** A. van den Beukel, A. P. Matthijsen, J. M. J. Ritzen und R. den Buurman. (Acta metallurg. [Long Island City, N.Y.] 16 (1968) 3, 435—41; Labor. foor Metaalkde., TH, Delft; engl.) — Au_3Cu-Proben zeigen nach Abschrecken von einer hohen Temp. in Eiswasser während des anschließenden Anlassens von Zimmertemp. auf 230° anfangs eine Energiefreigabe auf Grund der Ordnung der Legierung. Bei einer Zwischentemp. geht die Energiefreigabe in eine Energieabsorption auf Grund von Entordnung über. Als zweite Meth. zur Verfolgung der Ordnungsrk. wird die Änderung des elektr. Widerstandes eines Drahtes gemessen, der derselben Behandlung unterworfen war. Die Ergebnisse hängen von der Abschrecktemp. ab. Für eine Abschrecktemp. von 800° können die Ergebnisse durch Bldg. einer Fernordnungsstruktur erklärt werden. Bei Überschreiten der krit. Temp. (200°) wird keine latente Wärme beobachtet. Bei Abschrecktemp. von 500° deuten die Ergebnisse auf die Bldg. eines metastabilen Nahordnungszustandes hin. M. Frenzel 56

0196 **Ätzen der Flächen von kubischen Bornitridkristallen.** N. E. Filonenko, G. M. Zareckaja, N. M. Kamenceva und L. I. Fel'dgun. (Doklady Akad. Nauk SSSR 179 (1968) 1, 88—89, 1 Tafel; VNII abrazivov i šlifovanija; russ.) — Als Ätzmittel für (111)-, $(1\bar{1}1)$- u. (100)-Flächen von kub. BN wird eine $NaNO_3$-Schmelze bei 520—530° u. 2std. Einw. verwendet. Die beobachteten Ätzfiguren werden an Hand mkr. Abb. besprochen. H. Roschkowski 56

0197 **Neue lamellare Graphit-Verbindungen.** Daria Ginderow und Ralph Setton. (Carbon [Oxford] 6 (1968) 1, 81—83; Fac. des Sci. d'Orleans, Orleans, La Source, France; engl.) — Lsg. von *Li* oder *Na* in *Tris-[dimethylamido]-phosphat* reagieren mit *Graphit* unter Bldg. von tern. lamellaren Verb. der idealen Formel $Li(S)C_{32}$ bzw. $Na(S)C_{27}$ (S = ein Lsgm.-Mol.). Die Rk. müssen unter vollständigem O_2- u. H_2O-Dampfausschluß durchgeführt werden. Röntgendaten: $Li(S)C_{32}$: a = 19,68 (Å), c = 30,48; $Na(S)C_{27}$: a = 12,73, c = 15,24. In beiden Fällen ist c ein Vielfaches von 7,62 Å, das ist wahrscheinlich der Abstand zweier aufeinanderliegender C-Schichten, der Endwert für c ergibt sich aus einer Drehung der aufeinanderfolgenden C-Schichten um die hexagonale Achse. Es war nicht möglich, die Lage der Lsgm.-Mol. zweifelsfrei zu ermitteln; es scheint, daß die P—O-Bindung senkrecht zu den C-Ebenen liegt. Beide Verb. zeigen ein recht intensives ESR-Signal. Die Spindichten (bei 280 MHz) sind $Li(S)C_{32}$: 2,1 · 10^{22} (Spin/Mol), $Na(S)C_{27}$: 7,0 · 10^{22}. Wenn die ungepaarten Spins einzig von nichtionisierten Metallatomen herrühren, beträgt die mittlere Ionisation für Li(Na) 96,5% (85%). Die Werte bestätigen die Hypothese, daß Atome u. Verb. zwischen den Graphitschichten nahezu vollständig ionisiert sind, wenn eine Ionisation möglich ist. E. Schulte 56△

0198 **Struktur stabiler Ausscheidungen in mit Nickel dotiertem Lithiumfluorid.** G. Jehanno und P. Perio. (Bull. Soc. franç. Minéralog. Cristallogr. **91** (1968) 1, 5–9; Saclay, CEN, Service de Phys. du solide et de résonance magnet.; franz.) — In LiF-Einkrist., die bis 13% eindiffundiertes Ni^{2+} enthielten, wurden röntgenograph. einkrist. Ausscheidungen zweier Phasen der Zus. Li_2NiF_4 mit normaler bzw. inverser Spinellstruktur nachgewiesen. C. Gottfried 56△

0199 **Ätzen von neutronenbestrahlten Calciumfluorid-einkristallen.** A. R. Patel und C. C. Desai. (Z. Kristallogr., Kristallgeometr. Kristallphysik, Kristallchem. **126** (1968) 1/3, 199–209; Phys. Dep., Sardar Patel Univ., Vallabh Vidyanagar, India; engl.) — Aus natürlichen Flußspatkrist. werden Spaltstückpaare gewonnen. Von jedem Paar wird ein Spaltstück mit Neutronen bestrahlt, das andere nicht, u. beide werden mit 0,28n $HClO_4$ geätzt (meist in mehreren Etappen). Aus Messungen der Größe u. Tiefe der Ätzfiguren folgt, daß die Ätzgeschw. mit der Bestrahlungsdosis zunimmt u. für die bestrahlten Spaltstücke größer als für die nichtbestrahlten ist. Eine 3,86 mm starke Krist.-Platte wird nach der Bestrahlung in fünf dünne Plättchen gespalten; alle Spaltstücke werden in der gleichen Weise u. gleich lange geätzt. Die Ätzgeschw. u. die Ätzfiguren sind jedoch verschieden groß: am größten an Spaltstücken aus dem Innern der ursprünglichen Platte, am kleinsten auf Spaltstücken aus den äußeren Teilen. M. Frenzel 56

0200 **Elektronenoptische Untersuchungen der Ätzfiguren auf Calciumfluorid.** A. R. Patel und S. M. Patel. (Z. Kristallogr., Kristallgeometr., Kristallphysik, Kristallchem. **126** (1968) 1/3, 214–21; engl.) — Vgl. vorst. Referat. — Spaltstücke natürlicher u. synthet. Flußspatkrist. werden in HNO_3 geätzt u. elektronenmkr. untersucht. Die Ätzfiguren sind häufig teilweise in kleinere Ätzgrübchen aufgeteilt. Während die großen Ätzgrübchen auf den zwei durch die Spaltung erzeugten Flächen korreliert sind, fehlt die Korrelation bei den sek. kleineren Grübchen. Das Auftreten dieser Ätzgrübchen wird auf die Ggw. eines Netzwerks von Versetzungen zurückgeführt. M. Frenzel 56

0201 **Struktur von Ätzfiguren an Schraubenversetzungen in NaCl-Einkristallen.** A. R. Patel, A. S. Vagh und O. P. Bahl. (Z. Kristallogr., Kristallgeometr., Kristallphysik, Kristallchem. **126** (1968) 1/3, 222–26; engl.) — Vgl. vorst. Referate. — Auf Spaltflächen von Steinsalz werden durch 8std. Glühen bei 780° spiralförmige Ätzfiguren erzeugt. An Hand eines schemat. Diagramms wird für eine dieser Ätzfiguren gezeigt, daß sie von einer zur Spaltfläche senkrechten Schraubenversetzung ausgeht. Mkr. Messungen ergeben für die Ganghöhe der Schraubenversetzung 0,4 μ u. für ihren Durchmesser 6 μ. M. Frenzel 56

0202 **Bildung verzwillingter und vollständiger Versetzungen bei der Verbreiterung von Zwillingszwischenschichten in Calcit.** V. Z. Bengus, S. N. Komnik und V. I. Starcev. (Fiz. tverdogo Tela **10** (1968) 1, 317–19; Fiz.-techn. inst. nizkich temp. AN USSR, Char'kov; russ.) — Messung der Verfestigung an den Grenzen von Zwillingszwischenschichten eines Calcitkrist. bei plast. Verformung. Das Akkomodationsgleiten u. der Widerstand der Gitterverschiebung werden diskutiert. K. Jaeger 56

0203 **Untersuchung thermisch bearbeiteter Korundoberflächen mittels Elektronenbeugung.** S. A. Semiletov, Ch. S. Bagdasarov, V. S. Papkov und Z. A. Magomedov. (Fiz. tverdogo Tela **10** (1968) 1, 71–76; Inst. kristallogr. AN SSSR, Moskva; russ.) — Elektronenbeugungsunters. von Proben, die bei 1200–1900° im Vakuum oder in Inertgasen getempert wurden. Auf bes. gut rekrist. Proben wurden epitakt. *CdS*-Schichten erhalten. *Cr*-dotierte Krist. zeigten gleiches Verhalten. K. Jaeger 56

0204 **Bildung und Erscheinung von Versetzungsätzungen an orientiert geschnittenen Korundkristallflächen.** H. Schloemer und F. Müller. (Ber. dtsch. keram. Ges. **45** (1968) 1, 11–18; Inst. für Werkstofftechnol. u. allg. Hüttenkunde, Univ. des Saarlandes; dt.) — Chem. Ätzen von hochglanzpolierten orientierten Korundflächen mit H_2SO_4–HF (2 : 3) bei 260° führt nur zu einem Angriff auf die Basisflächen. Die entstehenden Ätzfiguren werden durch die Morphologie der gebildeten wasserfreien $Al_2(SO_4)_3$-Krist. bestimmt. Schraubenversetzungen bewirken das bevorzugte Aufwachsen von $Al_2(SO_4)_3$-Krist. auf der Basis. Güte, Morphologie u. D. der Ätzerscheinungen sind vom Polierverf. abhängig; es ergeben sich beträchtliche Unterschiede, wenn die Flächen mit Diamant- oder mit Korundpaste bearbeitet wurden. M. Frenzel 56

0205 **Mikrographische Struktur der Oxidschichten, die bei der Oxydation von massivem Zirkonium entstehen.** Jean Debuigne und Pierre Lehr. (C. R. hebd. Séances Acad. Sci., Sér. C **266** (1968) 12, 903–04; Centre d'Étud. de Chim. métallurg., Vitry-sur-Seine, Val-de-Marne; franz.) — Es wurde die Faserstruktur der bei der Ox. von Zr bei 1100° entstehenden Oxidschicht mkr. untersucht. Die bei anschließendem Glühen bei 1650° eintretenden Gefügeumwandlungen werden beschrieben. G. Ertl 56

0206 **Metallographische Untersuchungen an WC-Einkristallen.** Margarete Malli und Emil Hillnhagen. (Prakt. Metallogr. **4** (1967) 1, 16–27; Essen, Friedr. Krupps Widia-Fabrik; dt.) — Die Basisflächen von aus einer WC–Co-Schmelze erhaltenen WC-Einkrist. haben die Form gleichseitiger Dreiecke. Die Krist. zeigen z. T. Abweichungen der Winkel u. Krist.-Flächen. Sie enthalten Haarrisse. Auf den Basis- u. Prismenebenen liegen langgestreckte u. runde Einschlüsse vor, deren Elektronensondenunters. nur auf das Vorliegen von Co hinweist. Auf den Prismenflächen treten helle (Co-Schichten) u. dunklere (eine andere W–C-Verb. enthaltende) Streifungen parallel zur Basisfläche auf. Härtemessungen an der Basisfläche ergeben Isotropie u. an der Prismenfläche Anisotropie. C. Gottfried 56△

0207 **Dünne Folien von WC–Co-Hartmetall.** Gerhard Persson. (Nature [London] **218** (1968) 5137, 159–60; Sandvikens Jernverks AB, Stockholm; engl.) — Hartmetallfilme werden elektronenmkr. u. durch Elektronenbeugung untersucht. Es zeigt sich, daß nicht zwischen allen WC-Krist. eine Co-Bindeschicht besteht, was für die Theorie des Carbidskeletts spricht. In den einzelnen WC-Krist. sind Versetzungen u. Stapelfehler zu erkennen, was die bekannte Beobachtung der plast. Verformung von WC verständlich macht. H. Tulhoff 56

0208 **LEED von Oberflächenstufen auf UO_2-Einkristallen.** W. P. Ellis und R. L. Schwoebel. (Surface Sci. [Amsterdam] **11** (1968) 1, 82–98; LASL, Univ. of Calif., Los Alamos, N.Mex.; engl.) — Ein UO_2-Einkrist. wird so präpariert, daß eine Seite parallel zur (111)-Fläche u. die Rückseite um ca. 11,4° dagegen geneigt ist. Von der reinen (111)-Fläche ergibt sich ein normales LEED-Beugungsbild; von der geneigten Oberfläche ergeben sich Beugungsbilder, die Überstrukturen mit in regelmäßigen Abständen vorhandenen Oberflächenstufen zugeschrieben werden. Die beobachteten Beugungsbilder werden mit nach der einfachen kinemat. Theorie ber. verglichen, wobei angenommen wird, daß Stufenhöhe u. Abstand mit einer Oberfläche parallel zur (553)-Ebene übereinstimmen. G. Ertl 56

0209 **Elektronographische Untersuchung von Ammoniumjodid.** V. N. Kolomijčuk und G. S. Jur'ev. (Kristallografija **13** (1968) 2, 328–30; Inst. teplofiz. SO AN SSSR; russ.) — Elektronenbeugungsunters. an NH_4J-Krist. bei Temp. > –17,6° führen auf ein Strukturmodell, in dem neben der freien Rotation der NH_4^+-Gruppe auch eine Rotation um die Achse 3. Ordnung des NH_4^+-Tetraeders möglich ist, bei der sich nur eins der H-Atome maximal an das Halogenion annähert. H. Roschkowski 58

0210 **B–O-Bindungslängen in Bor–Sauerstoff-Verbindungen.** C. A. Coulson und T. W. Dingle. (Acta crystallogr. [Copenhagen], Sect. B **24** (1968) 1, 153–55; Math. Inst., Oxford Univ.; engl.) — Eine einfache MO-Behandlung der π-Elektronen für eine große Anzahl ebener B–O-Verb. [cycl. bzw. lineares Metaboration, Trimethylboroxin, $B_5O_6(OH)_4^-$, $H_2B_2O_3$, H_3BO_3, BO_3^{3-},

BO_2, BO] zeigt, daß Veränderungen der Bindungslänge gut durch eine π-Bindungsordnung erklärt werden.
H. Roschkowski 58

0211 **Bildung und Struktur von Kalium–Graphit-Verbindungen.** D. E. Nixon und G. S. Parry. (J. Physics, D (Brit. J. appl. Physics) [2] 1 (1968) 3, 291–98; Dep. of Chem. Engng. and Chem. Technol., Imp. Coll., London; engl.) — Die Bldg. von K–Graphit-Verb. wurde röntgenograph. untersucht. Bei konst. Temp. des K von 250° entstanden bei stufenweiser Erniedrigung der Graphittemp. von 555 auf 318° nacheinander K–Graphit-Verb. der Stufe 4, 3, 2 u. 1. Folgende Stapelfolgen der Schichten u. Identitätsabstände wurden bestimmt: AB/BC/CA/A u. c = $26{,}2_5$ Å für Stufe 2; ABA/ACA/A u. c = $24{,}2_0$ Å für Stufe 3; ABAB/BCBC/CACA/A u. c = $46{,}3_5$ Å für Stufe 4. Innerhalb der K-Schichten sind die Atome unregelmäßig über die Zentren der C-Hexagone benachbarter Graphitschichten verteilt. Für die Stufe 1 konnte die vollkommen geordnete Struktur $A\alpha A\beta A\gamma A\delta A$ bestätigt werden.
W. Laqua 58

0212 **Kristall- und Molekülstruktur des 1:1-Addukts von Antimon(V)-fluorid und Schwefeldioxid.** Jerry W. Moore, H. Wallace Baird und Harry B. Miller. (J. Amer. chem. Soc. 90 (1968) 5, 1358–59; Winston-Salem, N.C., Wake Forest Univ., Dep. of Chem.; engl.) — Die Krist.-Struktur von $SbF_5 \cdot SO_2$ wurde mit Hilfe röntgenograph. Einkrist.-Meth. bestimmt. Das Addukt ist monoklin, $P2_1/c$, mit a = 5,84, b = 10,50, c = 10,54 Å, β = 109° 35'; Z = 4. Die Verfeinerung nach der Meth. der kleinsten Quadrate ergab R = 0,09. Die Struktur ist in einer Abb. dargestellt. Bindungslängen sowie chem. IR- u. NMR-Daten werden mitgeteilt.
E. Schulte 58△

0213 **Kristallstruktur von α-$Na_2Si_2O_5$.** A. K. Pant und D. W. J. Cruickshank. (Acta crystallogr. [Copenhagen], Sect. B 24 (1968) 1, 13–19; Chem. Dep., Univ., Glasgow; engl.) — α-$Na_2Si_2O_5$ krist. nach Röntgenbeugungsdaten rhomb. mit a = 6,409 ± 0,002; b = 15,422 ± 0,004; c = 4,896 ± 0,002 Å; Z = 4; D_{R} 2,50 g/cm³ in Pcnb. Die für die Verb. von Liebau [ibid. 14 (1961) 389] angegebenen Strukturdaten werden korrigiert. Angabe der Atomparameter, Bindungslängen u. -winkel. Die Struktur wird mit Hilfe der Pauling-Zachariasenschen Meth. des Valenzgleichgew. u. mit π-Bindungseffekten interpretiert.
H. Roschkowski 58

0214 **Wasserstoffbindungen.** 23. Mitt. **Die Kristallstruktur von Kaliumhydrogendiformiat.** Gunilla Larsson und Inger Nahringbauer. (Acta crystallogr. [Copenhagen], Sect. B 24 (1968) 5, 666–72; Uppsala, Univ., Inst. of Chem.; engl.) — 22. vgl. C. 1968, 42-0204. — $KH(HCOO)_2$ krist. rhomb. mit a = 17,7079 ± 0,0009 (Å); b = 7,5096 ± 0,0004; c = 7,3774 ± 0,0004 in Pbca; Z = 8; D_{R} 1,76. Die mit Hilfe der üblichen Strukturanalyse erhaltenen Parameter, einschließlich der der H-Atome, sind tabellar. angegeben. Die Struktur besteht aus K^+- u. $[H(HCOO)_2]^-$-Ionen. Die K-Ionen bilden unendliche gefaltete Schichten senkrecht zu der a-Achse. Die 2 kristallograph. nicht äquivalenten Formiatgruppen bilden zickzackförmige Dimere, die durch eine kurze H-Bindung von einer Länge von 2,447 Å verknüpft sind, wobei die Richtung der Dimeren angenähert parallel zur a-Achse, d. h. senkrecht zu den Schichten der K-Ionen liegt.
C. Gottfried 58△

0215 **Struktur des $(HCO_3)_2^{2-}$-Ions in Kaliumhydrogencarbonat.** Bjørn Pedersen. (Acta crystallogr. [Copenhagen], Sect. B 24 (1968) 4, 478–80; Sentralinst. for ind. forsk., Oslo; engl.) — Aus dem NMR-Spektrum von pulverförmigem $KHCO_3$ wird ein Protonenabstand von 2,274 ± 0,006 Å im Ion $(HCO_3)_2^{2-}$ abgeleitet, der bedeutend größer ist als der unter der Annahme eines ebenen Ions ber. Wert von 2,14 Å. Von diesem Ergebnis aus werden Neutronenbeugungsdaten aus der Literatur besprochen.
H. Roschkowski 58

0216 **Struktur von α-Calciumnitrid.** Y. Laurent, J. Lang und M. Th. LeBihan. (Acta crystallogr. [Copenhagen], Sect. B 24 (1968) 4, 494–99; Labor. de Chim. Minér. C., Rennes; franz.) — Debye-Scherrer-Aufnahmen zeigen, daß α-Ca_3N_2 mit Mg_3P_2 isotyp ist (kub. mit Anti-α-Mn_2O_3-Struktur, a = 11,473 ± 0,001 Å; T_h^7–Ia 3). Angabe der Atomparameter.
H. Roschkowski 58

0217 **Kristalldaten für $Na_2Ca_2Si_3O_9$.** L. S. Dent Glasser und J. S. Mileson. (J. Amer. ceram. Soc. 51 (1968) 1, 55; Old Aberdeen, Scotland, Univ. of Aberdeen, Dep. of Chem.; engl.) — Eine mechan. Mischung von Na- u. Ca-Carbonat u. SiO_2 im mol. Verhältnis 1 : 2 : 3 wurde auf 1340° im SiC-Tiegel erhitzt u. im Verlauf von 3 Std. gerade unter den kongruenten F. der Verb. bei 1284° abgekühlt. Die weitere Abkühlung erfolgte normal in Luft. Einkrist.-Röntgenaufnahmen ergaben, daß die Krist. trigonal sind, $P3_121$ oder $P3_221$, mit a = 10,48, c = 13,19 Å; D_{R} 2,809, D_{exp} 2,840 g/cm³; Z = 6. Indizierte d-Werte sind tabellar. angegeben.
E. Schulte 58△

0218 **Kristallstruktur von Calciumdipicolinattrihydrat (Bakteriensporen-Metabolit).** Gerald Strahs und Richard E. Dickerson. (Acta crystallogr. [Copenhagen], Sect. B 24 (1968) 4, 571–78; Noyes Chem. Labor., Univ. of Ill., Urbana, Ill.; engl.) — Das Ca-Salz von Pyridin-2.6-dicarbonsäure, $CaC_5H_3N(COO)_2 \cdot 3\ H_2O$(I)krist. nach Röntgenbeugungsdaten monoklin mit a = 9,94; b = 17,65; c = 5,87 Å; β = 99,45°, Z = 4 in $P2_1/n$. Das Sesquihydrat $CaC_5H_3N(COO)_2 \cdot 1{,}5\ H_2O$ ist ebenfalls monoklin, a = 13,54; b = 9,84; c = 13,62 Å; β = 92,6°. Die Struktur von I wird bestimmt u. bis auf R = 6,1 % verfeinert. Sie setzt sich aus dimeren Mol. des Salzes zusammen, die von W.-Mol. verbunden werden u. Säulen entlang c bilden. Jedes Ca^{2+}-Ion hat 8 nächste Nachbarn. Die Lage der meisten H-Atome der Struktur wurde bestimmt.
H. Roschkowski 58

0219 **Kristallographie von Zinkselenitdihydrat.** William G. R. de Camargo und Darcy P. Svisero. (Acta crystallogr. [Copenhagen], Sect. B 24 (1968) 3, 461–62; São Paulo, Brazil, Univ. of São Paulo, Dep. of Miner.; engl.) — $ZnSeO_3 \cdot 2\ H_2O$ ist monoklin, $P2_1/n$, mit a = 7,68 (Å), b = 8,80, c = 6,49, β = 81°34'. Z = 4, D. = 3,52 gcm⁻³. Kristallograph. Daten, opt. Konst. u. indizierte d-Werte sind angegeben. Die Gitterkonst. werden mit denen der entsprechenden Ni- u. Co-Verb. verglichen.
E. Schulte 58△

0220 **Röntgenuntersuchung von Zink(II)-di-n-alkylphosphinat-Copolymeren.** V. Giancotti, F. Giordano, L. Randaccio und A. Ripamonti. (J. chem. Soc. [London], Sect. A 1968, 757–63; Trieste, Italy, Univ. di Trieste, Ist. di Chim.; engl.) — Die Verb. mit gemischten Liganden $Zn[(R^1_2PO_2)_{2-2x}, (R^2_2PO_2)_{2x}]$ mit $R^1 = n$-C_4H_9, $R^2 = n$-C_6H_{13} oder n-$C_{10}H_{21}$ sind lineare Koordinationscopolymere mit einer zufälligen Verteilung von zwei verschiedenen brückenbildenden Phosphinatgruppen entlang den Mol.-Ketten. Einkrist. des Copolymeren $\{Zn \cdot [R^1_2PO_2(n\text{-}C_6H_{13})_2PO_2]\}_n$ sind fehlgeordnet. Eine dreidimensionale Strukturanalyse wurde versucht. Die Krist. enthalten Ketten, die durch eine Rückgratstruktur charakterisiert sind u. in der sich einfach- u. dreifachbrückenbindende Phosphinatgruppen zwischen tetraedr. Metallatomen abwechseln. Die Strukturmerkmale der β-Form des Zink(II)-di-n-butylphosphinat-Polymeren werden diskutiert. Atomkoordinaten sind angegeben, die Struktur ist in Abb. dargestellt.
E. Schulte 58△

0221 **Substitution von Zink durch Cadmium im Spinell Zn_2SnO_4. Untersuchung der Kationenverteilung in der festen Lösung $Zn_{2-2x}Cd_{2x}SnO_4$.** Jacques Choisnet, Alfred Deschanvres und Bernard Raveau. (C. R. hebd. Séances Acad. Sci., Sér. C 266 (1968) 8, 543–45; Labor. de Chim. min. ind., Fac. des Sci., Caen; franz.) — Vf. weisen röntgenstrukturanalyt. nach, daß der Spinell $Zn_{2-2x}Cd_{2x}SnO_4$ (dargestellt durch Rk. von SnO_2, ZnO u. CdO bei 900–1050°) im Bereich $0 < x \leq 0{,}8$ als feste Lsg. mit kub. Struktur aufzufassen ist. Es existieren 2 lineare Änderungsbereiche der kub. Gitterkonst. für $0 \leq 2x \leq 1$ (I.) u. $1 \leq 2x < 1{,}6$ (II.) mit 2x für Cd. Die Strukturfaktorbest. durch Intensitätsmessungen der Pulverproben bestätigte das Vorliegen eines inversen Spinells, bei dem die sukzessive Substitution durch Cd in (I.) über tetraedr., in (II.) über oktaedr. Gitterplätze erfolgt.
W. Ast 58

0222 **Strukturen von Alkalimetallpolyaluminaten.** Goro Yamaguchi und Kazutaka Suzuki. (Bull. chem. Soc. Japan **41** (1968) 1, 93—99; Hongo, Tokyo, Univ. of Tokyo, Fac. of Engng., Dep. of Ind. Chem.; engl.) — Neben dem sog. β-Al_2O_3 ($R_2O \cdot 11\, Al_2O_3$, R = Na oder K) wurden zwei verwandte Verb. mit den angenäherten Formeln $R_2O \cdot 7\, Al_2O_3$ (β'-Al_2O_3) u. $R_2O \cdot 5\, Al_2O_3$ (β''-Al_2O_3) gefunden. Die Strukturen der beiden letzteren Verb. wurden bestimmt u. mit der vom β-Al_2O_3 verglichen. Alle drei Strukturen bestehen aus Spinellschichten der gleichen Konfiguration. Die Strukturen von β u. β' sind einander sehr ähnlich, beide haben in gleichem Maße eine Schichtstapelung entsprechend der Symmetrie einer zweifachen Schraubenachse. β'' weist eine andere Schichtstapelung auf, entsprechend der Symmetrie einer dreifachen Schraubenachse. Für β_{Na}, β'_{Na} u. β''_K sind indizierte d-Werte u. Atomparameter tabellar. angegeben, die Strukturen sind in Abb. dargestellt. E. Schulte 58△

0223 **Kristallstruktur von α-Li_3AlF_6.** John H. Burns, Anthony C. Tennissen und George D. Brunton. (Acty crystallogr. [Copenhagen], Sect. B **24** (1968) 2, 225 bis 230; Chem. and Reactor Chem. Div., ORNL, Oak Ridge, Tenn.; engl.) — Die Raumtemp.-Modifikation α-Li_3AlF_6 krist. nach Röntgenbeugungsdaten rhomb. mit a = 9,510 ± 0,001; b = 8,2295 ± 0,0003; c = 4,8762 ± 0,0001 Å, Z = 4 in $Pna2_1$. Patterson- u. Fourier-Synth. führen auf die Atomparameter. In der Struktur sind fast reguläre AlF_6-Oktaeder durch Li-Ionen verbunden, die jeweils 6 F-Ionen als nächste Nachbarn haben. Die Abweichungen der Struktur gegenüber der idealen Kryolithstruktur sind beträchtlich. H. Roschkowski 58

0224 **Kristallstruktur von $Na_7Zr_6F_{31}$.** John H. Burns, Raymond D. Ellison und Henri A. Levy. (Acta crystallogr. [Copenhagen], Sect. B **24** (1968) 2, 230—37; engl.) — Vgl. vorst. Referat. — Die Verb. krist., wie Röntgen- u. Neutronenbeugungsunters. zeigen, rhomboedr. mit a = 8,5689 Å; α = 107°21′, Z = 4 in $R\bar{3}$. 6 Na-Atome, 6 Zr-Atome u. 5 Gruppen von 6 F-Atomen besetzen allg. sechszählige Lagen, ein Na-Atom befindet sich in einer einzähligen speziellen Lage, u. ein F-Atom ist statist. auf einen zweizähligen Platz verteilt. Jedes Zr-Atom ist von 8 F-Atomen in einem quadrat. Antiprisma umgeben. H. Roschkowski 58

0225 **Struktur von YCd_3.** Robert Elmendorf und Earle Ryba. (Acta crystallogr. [Copenhagen], Sect. B **24** (1968) 3, 462—63; University Park, Pa., Pa. State Univ., Dep. of Mater. Sci.; engl.) — Einkrist.-Unters. von YCd_3 (CdJ_2-Strukturtypus) ergaben a = 4,882 ± 0,001 (Å), c = 3,501 ± 0,003. Die Verfeinerung nach der Meth. der kleinsten Quadrate führte zu R = 9,0%. Beobachtete u. ber. Strukturfaktoren u. interatomare Abstände sind tabellar. angegeben. E. Schulte 58△

0226 **Kristallstruktur der Gallide der Seltenerdmetalle.** A. Palenzona und E. Franceschi. (J. less-common Metals [Lausanne] **14** (1968) 1, 47—53; Istituto di Chimica fisica, Univ. di Genova; engl.) — Die Phasen SE_5Ga_3 (SE = Seltenerdmetalle) des *La, Nd, Sm, Gd, Tb* u. *Dy* krist. im Strukturtyp des Cr_5B_3, während die entsprechenden Phasen des *Ho, Er, Tm* u. *Lu* dem Mn_5Si_3-Strukturtyp angehören. Für *Ce, Pr, Eu* u. *Yb* konnten keine Phasen dieser Zus. erhalten werden. Tabelle der Gitterkonstanten. G. Malow 58

0227 **Verbindungen Ce_5Ga_3 und Pr_5Ga_3 und ihre Kristallstrukturen.** D. I. Dzjana, Je. I. Hladyševs'kyj und P. I. Krypjakevyč. (Dopovidi Akad. Nauk Ukr. SSR, Ser. A-fiz.-techn. mat. Nauki **30** (1968) 3, 282—83; L'vins'kyj derž. univ.; ukrain., Auszug: engl.) — Röntgenbeugungsunters. an Ce–Ga-Leg. zeigen, daß die bisher als „Ce_3Ga_2" beschriebene Verb. die Zus. Ce_5Ga_3 mit $W_5 \cdot Si_3$-Struktur hat: a = 12,44; c = 5,571 Å. Eine isostrukturelle Verb. im Syst. Pr–Ga, Pr_5Ga_3, krist. mit a = 12,48; c = 5,488 Å, D_{4h}^{18}-I4/mcm. H. Roschkowski 58

0228 **Isotype Seltenerdmetallborate der Zusammensetzung $SE_2O_3 \cdot 3\, B_2O_3$.** H. U. Bambauer, J. Weidelt und J.-St. Ysker. (Naturwissenschaften **55** (1968) 2, 81; Münster, Univ., Inst. für Mineral.; dt.) — Röntgenograph. Unters. ergaben, daß die Verb. des Typs $SE_2O_3 \cdot 3\, B_2O_3$ (SE = La, Ce, Pr, Nd, Sm, Eu, Gd, Tb) isotyp sind. $La_2O_3 \cdot 3\, B_2O_3$ (I) krist. monoklin mit Z = 2 in Ia oder I2/a: a_0 = 7,956, b_0 = 8,161, c_0 = 6,499 Å, β = 93,63°. Die Krist. von I sind nach [100] gestreckt u. besitzen vollkommene Spaltbarkeit nach (001). Für I werden nachst. opt. Daten mitgeteilt: n_X = 1,662, n_Y = 1,769, n_Z = 1,798; $X\Lambda c$ = 3,5°, $Y\Lambda a$ = 7°; Z‖b; Achsenebene ⊥ (010); $2V_X$ = 52,5°, r < v schwach. G. Gattow 58

0229 **Ungewöhnliche dodekaedrische Koordination in der Struktur von Ammonium-tetrakis-{4.4.4-trifluor-1-[thienyl-(2)]-butandion-(1.3)-ato}-praseodymat(III)-monohydrat, $NH_4[Pr(C_8H_4F_3O_2S)_4] \cdot H_2O$.** Roger A. Lalancette, Michael Cefola, W. C. Hamilton und S. J. La Placa. (Inorg. Chem. [Washington] **6** (1967) 12, 2127—34; Brookhaven Nat. Labor., Fordham Univ.; engl.) — Röntgenograph. Best. von $NH_4[Pr(C_8H_4F_3O_2S)_4] \cdot H_2O$ (I): triklin; C_i^1—$P\bar{1}$; Z = 2; a 10,10; b 17,90; c 12,14 Å; α 78,57°; β 103,97°; γ 86,95°; D_{exp} = 1,65; D_R = 1,67 g · cm^{-3}. Die Mol. sind monomer. Um das Metall sind die O-Atome der 4 zweizähnigen Liganden oktaedr. angeordnet. Im Gegensatz zu ähnlichen Strukturen liegt jede Ligandenbrücke senkrecht zwischen den beiden orthogonalen Trapezoiden im Dodekaeder. Die intramol. S–O-Entfernungen sind mit 2,8—2,9 Å um 0,4 Å kürzer als die Summe der van-der-Waals-Radien, was auf eine Wechselwrkg. zwischen diesen Atomen hindeutet. Die mol. Suszeptibilitäten werden zwischen 68 u. 297 °K gemessen; sie gehorchen dem Curie-Gesetz; das magnet. Moment beträgt 3,59 BM. I. Zoll 58

0230 **Neue Phasen im System Titan–Sauerstoff.** Ernst Hilti. (Naturwissenschaften **55** (1968) 3, 130—31; Inst. für Kristallograph. u. Petrograph., ETH, Zürich; dt.) — Durch röntgenograph. Unters. des Syst. Ti–O im Bereich $TiO_{0,50}$—$TiO_{1,50}$ werden folgende, mit der NaCl-Struktur verknüpfte Phasen nachgewiesen: $TiO_{1,00}$: 1. kub. (stabil von 1250—1800°), a_K = 4,180 (Å); 2. kub. (980 bis 1250°), a_K' = 3 a_K, Z = 4 ($Ti_{22,5}O_{22,5}$); 3. monoklin (< 980°); — $TiO_{1,00}$—$TiO_{1,50}$: 1. orthorhomb. ($TiO_{1,20}$; < 820°), a_0 = 2,981, b_0 = 9,086, c_0 = 3,986 (Å), Z = 2 ($Ti_{2,5}O_{3,0}$); 2. tetragonal ($TiO_{1,25}$, < 720°), a_T = 6,632, c_T = 4,156 (Å), Z = 2 (Ti_4O_5). J. Oguntke 58

0231 **Röntgenographische Untersuchung der Titanmonoxid-Tieftemperatur-Modifikation.** E. Hilti und F. Laves. (Naturwissenschaften **55** (1968) 3, 131; dt.) — Vgl. vorst. Referat. — Röntgenunters. von getemperten Einkrist. der Tieftemp.-Modifikation des $Ti_{1,00}$ (monoklin, a_M = 9,355, b_M = 5,868, c_M = 4,135 (Å), γ_M = 107°32′) mit dreifacher kub. Gitterkonst. (a_K' = $3a_K$; l.c.) ergibt bei K < 980° gesetzmäßig orientierte Viellingsstöcke, die sich röntgenograph. wie Zwölflinge verhalten. Indizierung von Richtungen u. Ebenen in den Viellingen wird diskutiert. J. Oguntke 58

0232 **Eine neue Verbindung im System Bariumoxid–Titandioxid.** E. Tillmanns. (Naturwissenschaften **55** (1968) 2, 81; Bochum, Ruhr-Univ., Inst. für Mineral., Lehrstuhl für Kristallogr.; dt.) — Farbloses $BaO \cdot 5\, TiO_2$ (I), hergestellt durch Erhitzen der gepreßten Oxidmischungen auf 1400—1500°, krist. monoklin mit Z = 4 in $P2_1/n$–C_{2h}^5: a = 7,67, b = 14,02, c = 7,52 Å, β = 98°20′; D_R 4,58 g/cm³. Vorl. Strukturunters. unter Verw. von zweidimensionalen Patterson- u. Fourier-Synth. nach [100] u. [001] ergaben, daß in I die Atome in Schichten parallel (010) angeordnet sind; eine Elementarzelle enthält 12 Schichten. G. Gattow 58

0233 **Kristallographische Daten von Natriumseltenerdmetalltitanaten, $NaLnTiO_4$.** G. Blasse. (J. inorg. nuclear Chem. **30** (1968) 2, 656—58; Eindhoven, Niederlande, N.V Philips' Gloeilampenfabrieken, Philips Res. Labor.; engl.) — Durch Umsetzung stöchiometr. Mengen von Na_2CO_3, Ln_2O_3 u. TiO_2 bei 1050° an der Luft wurden nachst. Verb. vom Typ $NaLnTiO_4$ (I) hergestellt u. röntgenograph. untersucht. Die Verb. I krist. tetragonal u. sind isotyp: *$NaLaTiO_4$* a = 3,76 u. c = 12,95 Å; *$NaNd \cdot TiO_4$* 3,76 u. 12,79; *$NaSmTiO_4$* 3,77 u. 12,59; *$NaGdTiO_4$* (II) 3,77 u. 12,46; *$NaDyTiO_4$* 3,77 u. 12,22; *$NaYTiO_4$* 3,77 u. 12,20; *$NaTmTiO_4$* 3,78 u. 12,05; *$NaLuTiO_4$* 3,78

u. 11,92; Sr_2TiO_4 (III) 3,88 u. 12,60. Röntgenograph. Unters. an II ergaben, daß sich die Strukturen von I aus der des K_2NiF_4 ableiten lassen: in III werden die Sr^{2+} durch Na^+ u. Ln^{3+} geordnet ersetzt. G. Gattow 58

0234 **Kristallstruktur von Zr_2Se.** H. F. Franzen und L. J. Norrby. (Acta crystallogr. [Copenhagen], Sect. B **24** (1968) 4, 601–03; Inst. for Atom. Res., Ia. State Univ., Ames, Ia.; engl.) — Zr_2Se krist. nach Röntgenbeugungsdaten rhomb. mit a = 12,6400 ± 0,0027; b = 15,7968 ± 0,0032; c = 3,6016 ± 0,0010 Å; Z = 12 u. erweist sich als isostrukturell mit Ta_2P (vgl. Nylund, Acta chem. scand. **20** (1966), 2393) bzw. mit Ti_2S (vgl. Owens et al., Acta crystallogr. [Copenhagen] **23** (1967) 77). H. Roschkowski 58

0235 **Die Kristallstruktur von Li_2GeO_3.** H. Völlenkle und A. Wittmann. (Mh. Chem. **99** (1968) 1, 244–50; Wien, Univ., Inst. für phys. Chem.; dt.) — Li_2GeO_3 (I) krist. rhomb. mit Z = 4 in C_{2v}^{12}—$Cmc2_1$: a = 9,63₀, b = 5,46₅, c = 4,85₀ Å. Die Struktur von I wurde mit Hilfe dreidimensionaler Fourier-Synth. bestimmt u. nach der Meth. der kleinsten Quadrate bis auf einen Zuverlässigkeitsfaktor von R = 0,074 verfeinert; die Parameter u. individuellen Temp.-Faktoren sind tabelliert. In I, das isotyp mit Li_2SiO_3 (II; a = 9,63, b = 5,46, c = 4,85 Å) ist, liegen verzerrte GeO_4-Tetraeder (Ge–O = 1,64–1,70 Å) vor, die über gemeinsame Ecken Zweiereinfachketten der Art $[GeO_3]^{2-}$ in Richtung der kristallograph. c-Achse aufbauen (∢ GeOGe = 122,1°). Li ist deformiert tetraedr. von 4 O-Atomen im Abstande von Li–O = 1,91–2,19 Å koordiniert. I bildet mit II eine Mischkrist.-Reihe. G. Gattow 58

0236 **Verfeinerung der Kristallstruktur von $Li_2Ge_2O_5$.** H. Völlenkle und A. Wittmann. (Mh. Chem. **99** (1968) 1, 251–54; dt.) — Vgl. vorst. Referat. — In Fortführung früherer Unters. (vgl. ibid. **96** (1965) 1783) wurde die Struktur von $Li_2Ge_2O_5$ (I; C_s^4—Cc) mit zweidimensionalen Fourier- u. Differenzsynth. bis auf einen Zuverlässigkeitsfaktor von R = 0,078 verfeinert; die Parameter u. isotropen Temp.-Faktoren sind tabellar. wiedergegeben. I ist mit $Li_2Si_2O_5$ (vgl. Liebau; C. **1966**, 13311) isotyp. Die interatomaren Abstände u. Winkel in I betragen: Ge–O = 1,674–1,736 Å; Li–O = 1,925–2,026 Å; ∢Ge·OGe = 127–156°. G. Gattow 58

0237 **Kristalldaten für Natriumtetragermanat.** J. H. Jolly und R. L. Myklebust. (Acta crystallogr. [Copenhagen], Sect. B **24** (1968) 3, 460–61; College Park, Md., College Park Metallurgy Res. Center, Bur. of Mines; engl.) — Einkristallunters. von $Na_2Ge_4O_9$ ergaben: a = 11,335 ± 0,001 (Å), c = 9,697 ± 0,001. $P6_3/m$. Z = 6. $D.^{27}$ = 4,41 ± 0,02 (gcm^{-3}), $D._R$ = 4,435. Tabelle der indizierten d-Werte. ω = 1,731; ε = 1,773. E. Schulte 58△

0238 **Isomorphe Reihen von Orthosilicaten (T_2SiO_5) und Orthogermanaten (T_2GeO_5) von Seltenerdmetallen.** G. Buisson und C. Michel. (Mater. Res. Bull. **3** (1968) 2, 193–98; CEN, Grenoble; franz.) — Mischungen von Bi_2O_3 mit T_2O_3 (T = Lu, Yb, Er, Ho, Dy, Tb bzw. Y) u. SiO_2 bzw. GeO_2 (Atomverhältnis T/Si; Ge < 1,33) werden bei 1300–1400° geschmolzen u. mit 10°/Std. abgekühlt. Aus dem Schmelzkuchen können bis 1 cm² große Blättchen von T_2SiO_5 (I) bzw. T_2GeO_5 (II) isoliert werden. Die Verb. krist. monoklin in der Raumgruppe B2/b oder Bb u. besitzen für I mit T = Lu a = 14,34 (Å), b = 10,31, c = 6,69 u. γ = 122,39°, Yb 14,36, 10,32, 6,71 u. 122,38°, Er 14,45, 10,45, 6,74 u. 122,245°, Ho 14,50, 10,51, 6,77 u. 122,22°, Dy 14,53, 10,57, 6,79 u. 122,19° oder Tb 14,59, 10,56, 6,83 u. 122,14°, während für II mit T = Lu 14,76, 10,41, 6,77 u. 122,23°, Yb 14,78, 10,44, 6,78 u. 122,20°, Er 14,86, 10,56, 6,83 u. 122,06°, Ho 14,92, 10,57, 6,85 u. 122,03°, Dy 14,96, 10,62, 6,88 u. 122,02°, Tb 14,99, 10,66, 6,90 u. 122,01° oder Y 14,94, 10,58, 6,87 u. 122,02° gilt. Herbert Müller 58

0239 **Kristallstruktur von V_2PC und V_5P_3N.** H. Boller und H. Nowotny. (Mh. Chem. **99** (1968) 2, 672–75; Inst. für phys. Chem., Univ. Wien; dt.) — V_2PC ist isotyp mit V_2AsC (H-Phase); a = 3,077, c = 10,91 Å (Atomabstände); es ist mit einem großen ion. Bindungsanteil zu rechnen. V_5P_3N ist mit dem aufgefüllten Mn_5Si_3-Typ isotyp; a = 6,880, c = 4,771 Å. M. Frenzel 58

0240 **Verfeinerung der Kristallstruktur von Yttriumvanadat.** J. A. Baglio und G. Gashurov. (Acta crystallogr. [Copenhagen], Sect. B **24** (1968) 2, 292–93; Gen. Telephone and Electron. Labor., Bayside, N.Y.; engl.) — Vf. verfeinern die von Broch (1932) für die Verb. angegebenen Atomparameter durch Auswertung von Einkrist.- u. Pulver-Röntgenbeugungsaufnahmen. Grundsätzliche Änderungen der Struktur ergeben sich nicht. H. Roschkowski 58

0241 **Elektronenmikroskopische Untersuchung der Überstruktur von Tantalpentoxid bei hoher Auflösung.** J. Spyridelis, P. Delavignette und S. Amelinckx. (Mater. Res. Bull. **3** (1968) 1, 31–35; Solid State Phys. Dep., SCK-CEN, Mol (Belgium); engl.) — Die von Vf. auf Grund vorausgegangener Unters. (ibid. **2** (1967) 113) für Ta_2O_5 vermutete Magnélische „shear"-Struktur wird durch die Ergebnisse der vorliegenden elektronenmkr. Unters. weiter gestützt. W. Laqua 58

0242 **Elektronographische Untersuchung der Struktur von $PbBi_2Se_4$.** K. A. Agaev und S. A. Semiletov. (Kristallografija **13** (1968) 2, 258–60; Inst. neorg. i fiz. chim. AN Azerb. SSR; russ.) — Nach Elektronenbeugungsdaten krist. $PbBi_2Se_4$ hexagonal mit a = 4,16; c = 39,20 Å in D_{3d}^5 — $R\bar{3}m$. Grundlage der Struktur ist eine rhomboedr. 12-Schichtpackung von Se-Atomen, in der ³/₄ der oktaedr. Hohlräume von Pb u. Bi (im Sn_3As_4-Typ) eingenommen werden. Die kleinsten Atomabstände in der Struktur sind $Bi–Se_I$ = 3,04; $Bi–Se_{II}$ = 2,97 u. Se–Se = 3,27 Å. H. Roschkowski 58

0243 **Wismut–Magnesium–Titanat: Ein ungewöhnlicher, neuer Perowskit.** Lawrence Suchow. (J. inorg. nuclear Chem. **30** (1968) 1, 87–95; Chem. Div., Newark Coll. of Engng., Newark, N.J.; engl.) — Durch 16std. Erhitzen einer $MgTiO_3$–Bi_2O_3-Mischung auf 1100° in Luft u. anschließendes Abschrecken auf Raumtemp. konnte nach Auslaugen des Rk.-Prod. mit Essigsäure als Rückstand eine Phase der Zus. $Mg_{0,5}Bi_{0,8}Ti_{0,65}O_3$ erhalten werden, die bis mindestens 700° stabil ist. Diese neue Phase krist. in der idealen kub. Perowskitstruktur mit a 3,98 Å u. besitzt die Kationenverteilung $(Bi_{0,8}Mg_{0,2})(Mg_{0,3}Ti_{0,65}\cdot\square_{0,05})O_3$, die als Ergebnis der Berechnung der Strukturfaktoren erhalten wurde; die Lage der Leerstellen ergab sich aus einer Betrachtung der Goldschmidtschen Toleranzfaktoren. Der Toleranzfaktor der untersuchten Verb. beträgt ca. 0,8. W. Laqua 58

0244 **Komplexcarbide und -nitride mit aufgefülltem Re_3B-Typ.** H. Boller und H. Nowotny. (Mh. Chem. **99** (1968) 2, 721–25; Inst. für phys. Chem., Univ. Wien; dt.) — Die Phasen V_3PC, V_3PN, V_3AsN, Cr_3PC, Cr_3PN u. Cr_3AsC werden aus den Komponenten (1000°, Quarzrohr) hergestellt; die Gitterkonst. betragen: (a =) 3,119, (b =) 9,758, (c =) 7,531 (Å); 3,101, 9,822, 7,416; 3,130, 10,18, 7,590; 3,054, 9,704, 7,299; 3,047, 9,833, 7,224; 3,057, 10,213, 7,470. Vorst. Phasen sind mit V_3AsC isotyp u. krist. im aufgefüllten Re_3B-Typ, beobachtete Regelmäßigkeiten werden diskutiert. M. Frenzel 58

0245 **Elektronographische Bestimmung der Struktur von $K_2MoO_2F_4$-Kristallen.** G. Z. Pinsker und V. G. Kuznecov. (Kristallografija **13** (1968) 1, 74–79; Inst. obščej i neorg. chim. im. Kurnakova AN SSSR; russ.) — Elektronenbeugungsaufnahmen an $K_2MoO_2F_4$ ließen sich tetragonal mit a = 6,19; c = 8,81 Å; $D._{exp}$ 3,1; $D._R$ 2,78 g/cm³, Z = 2 indizieren, mögliche Raumgruppen sind D_{4h}^7 — P4/nmm, C_{4h}^3 — P4/n oder C_{4h}^4 — $P4_2/n$. Fourier-Berechnungen führen auf die Atomparameter. In der Struktur liegen MoO_2F_4-Oktaeder mit C_{4v}-Symmetrie vor. Bei trans-Konfig. der O-Atome wird im Komplex die Verkürzung nur eines Mo–O-Abstands beobachtet, was durch Entstehung einer Mehrfachbindung erklärt wird. Dabei verschiebt sich Mo um ca. 0,17 Å aus der Äquatorialebene des Komplexions. H. Roschkowski 58

0246 **Kristallstruktur der Phase WV_2O_7.** Suzanne Mondet, Alexandre Rimsky, Jacques Borène und

William Freundlich. (C. R. hebd. Séances Acad. Sci., Sér. C **266** (1968) 15, 1145–48; Paris, Fac. des Sci., Labor. de Chim. minérale; franz.) — Vf. untersuchten die Kristallstruktur des monoklinen WV_2O_7. Erste Best. führt zu den Zelldimensionen a 12,2 (Å); b 3,72; c 3,95; $\beta = 90^0$. Aus Reflexen parallel der reziproken A-Richtung muß geschlossen werden, daß die wahre Zelle die Abmessungen a 24,4 (Å); b 7,44 u. c 3,95; $\beta = 90^0$ hat. Mit diesen Werten lassen sich alle Pulverinterferenzen indizieren. Raumgruppe ist C2; Z = 6; $D_{\cdot exp}$ 5,41. Die Struktur wurde mit Hilfe einer Patterson-Funktion gelöst. Die erhaltenen Parameter sind tabellar. angegeben. Die Phase ist nicht stöchiometr., ihr Existenzbereich erstreckt sich von $WV_2O_{6,9}$ bis $WV_2O_{7,1}$. C. Gottfried 58△

0247 **Kristallstruktur von π-Cyclopentadienylmolybdäntricarbonylchlorid, π-$C_5H_5Mo(CO)_3Cl$.** Srinuan Chaiwasie und Ruth H. Fenn. (Acta crystallogr. [Copenhagen], Sect. B **24** (1968) 4, 525–29; Dep. of Phys., Portsmouth Coll. of Technol., Portsmouth, Hants.; engl.) — Röntgenbeugungsunters. an der Verb. ergeben monokline Symmetrie, a = 7,90 ± 0,02; b = 10,723 ± 0,004; c = 15,11 ± 0,04 Å; $\beta = 130^0 22' \pm 8'$; Z = 4; $P2_1/c$. Der Komplex hat eine „sandwich"-Struktur mit dem ebenen C_5H_5-Ring auf einer Seite des Mo-Atoms, auf dessen anderer Seite die restlichen Gruppen liegen. Diskussion der Atomabstände. H. Roschkowski 58

0248 **Kristallstruktur einer Molybdän–Acetyl-Verbindung: trans-π-$C_5H_5Mo(CO)_2[P(C_6H_5)_3]COCH_3$.** Melvyn R. Churchill und James P. Fennessey. (Inorg. Chem. [Washington] **7** (1968) 5, 953–59; Mallinckrodt Labor., Dep. of Chem., Harvard Univ., Cambridge, Mass.; engl.) — Die nach Barnett u. Treichel (ibid. **6** (1967), 294) dargestellte Verb. krist. in der monoklinen Raumgruppe C2/c mit a = 26,13, b = 11,91, c = 17,81 Å, $\beta = 121,91^0$; Z = 8; $D_{\cdot exp}$ 1,50, $D_{\cdot R}$ 1,473 g/cm³. Die Verfeinerung wurde mit 2119 von Null verschiedenen Reflexen bis R = 7,43% durchgeführt. Die Struktur besteht aus monomeren Mol.-Einheiten, das zentrale Mo-Atom besitzt die formale KZ 7. Die Mo–Acyl-Bindung ist mit Mo–C = 2,264 Å signifikant kürzer als die Mo–Alkyl-Bindung mit 2,383 Å in $[C_{10}H_8Mo(CO)_3CH_3]_2$. Damit ist der erste direkte Nachw. eines $d\pi$–$p\pi$-Effekts bei Übergangsmetall–Acyl-Verb. erbracht. A. Blaschette 58

0249 **Kristallstruktur von W_2C.** K. Yvon, H. Nowotny und F. Benesovsky. (Mh. Chem. **99** (1968) 2, 726–29; Inst. für phys. Chem., Univ. Wien; dt.) — Pulverförmiges W u. C (C/W = 0,5) werden heiß verpreßt u. bis zu 3 Std. im Hochvakuum geglüht. Ein Teil des Ansatzes wird von 2400⁰ langsam abgekühlt (ca. 100⁰/Min.), die restlichen Proben werden von **2400, 2300, 2200** bzw. 2100⁰ im Hochvakuum abgeschreckt (Sn-Bad). Röntgenogramme beweisen hexagonal dichtest gepacktes W_2C. Neutronenbeugungsunters. ergeben C-Überstrukturlinien: neue W_2C-Ordnungsstruktur, ε-Fe_2N-Typ, mit a = $5{,}18_4$, c = $4{,}72_1$Å. Die Ordnung der von hohen Temp. abgeschreckten Proben ist nicht vollständig. Bei höheren Temp. soll Übergang in den L_3'-Typ erfolgen. M. Frenzel 58

0250 **Strukturuntersuchung einiger stabiler Phasen im Bereich $Nb_2O_5 \cdot WO_3$–WO_3.** N. C. Stephenson. (Acta crystallogr. [Copenhagen], Sect. B **24** (1968) 5, 637–53; School of Chem., Univ. of New South Wales, Sydney; engl.) — Röntgenbeugungsunters. zeigten, daß es sich bei einem „Einkrist." der Verb. $6\,Nb_2O_5 \cdot 11\,WO_3$ um eine Verwachsung zweier stabiler Phasen handelte: rhomb. $9\,Nb_2O_5 \cdot 16\,WO_3$ u. monoklines $9\,Nb_2O_5 \cdot 17\,WO_3$, das in (100) verzwillingt ist. Die Strukturen basieren auf der Subzelle einer tetragonalen Bronze, einem zweidimensionalen Netzwerk von Oktaedern mit gemeinsamen Kanten, die sich in eine dritte Richtung, ebenfalls über gemeinsame Kanten, erstrecken. Diese Wirtsstruktur erstreckt sich über die ineinandergewachsenen Phasen, u. die verschiedenen Elementarzellen u. Symmetrien entstehen durch die Art der Auffüllung der Strukturhohlräume. Ein Vgl. der Strukturen von $9\,Nb_2O_5 \cdot 16\,WO_3$, $4\,Nb_2O_5 \cdot 9\,WO_3$ u. $9\,Nb_2O_5 \cdot 17\,WO_3$ zeigt, daß die pentagonalen Tunnel der Struktur entsprechend einer hexagonal dichten oder kub. Packung aufgefüllt sind. Auf der Basis dieser Strukturprinzipien wird die Struktur von $2\,Nb_2O_5 \cdot 7\,WO_3$ vorhergesagt. H. Roschkowski 58

0251 **Kristallstruktur von Zinkwolframat, $ZnWO_4$.** O. S. Filipenko, E. A. Pobedimskaja und N. V. Belov. (Kristallografija **13** (1968) 1, 163–65; Mosk. gos. univ. im. Lomonosova; russ.) — $ZnWO_4$ krist. nach Röntgenbeugungsdaten monoklin mit a = 4,72 ± 0,01; b = 5,70 ± 0,005; c = 4,95 ± 0,005 Å; $\beta' = 90^0 05' \pm 2'$, $D_{\cdot exp}$ 7,8 g/cm³, Z = 2 in C_{2h}^4 – P2/c. Best. der Atomparameter mit Patterson- u. Fourier-Synthesen. In Richtung der b-Achse liegen Zickzackketten aus oktaedr. umgebenen Zn-Atomen vor. H. Roschkowski 58

0252 **Strukturen von Uranylchlorid und seinen Hydraten.** P. C. Debets. (Acta crystallogr. [Copenhagen], Sect. B **24** (1968) 3, 400–02; Petten, The Netherlands, Reactor Centrum Nederland; engl.) — Für die Verb. UO_2Cl_2 (**I**), $UO_2Cl_2 \cdot H_2O$ (**II**) u. $UO_2Cl_2 \cdot 3\,H_2O$ (**III**) werden Röntgenpulverdaten mitgeteilt, u. mit einigen Einschränkungen hinsichtlich der Positionen der O-Atome werden die Strukturen u. die Atomkoordinaten angegeben. **I**: rhomb., Pnma, a = 5,725 ± 0,001 (Å), b = 8,409 ± 0,002, c = 8,720 ± 0,002. Z = 4. **II**: monoklin, $P2_1/m$, a = 5,836 ± 0,003, b = 8,563 ± 0,003, c = 5,566 ± 0,002, $\beta = 97{,}70^0 \pm 0{,}03^0$. Z = 2. **III**: rhomb., Pnma, a = 12,738 ± 0,005, b = 10,495 ± 0,005, c = 5,547 ± 0,002. Z = 4. Aus der Strukturbest. folgt, daß **II** kein wirkliches Hydrat ist. E. Schulte 58△

0253 **Thenoyltrifluoraceton-Komplexe von Metallionen. 4. Mitt. Einige Kristallformen des Uranyl–Thenoyltrifluoraceton-Komplexes.** Y. Baskin und J. R. Ferraro. (J. inorg. nuclear Chem. **30** (1968) 1, 241–51; Metallurg. and Chem. Div., ANL, Argonne, Ill.; engl.) — 3. vgl. C. **1967**, 7-0286. — Der Uranyl–Thenoyltrifluoraceton (HT)-Komplex der Zus. UO_2T_2 wurde aus A. in Form des gelben Solvats $UO_2T_2 \cdot C_2H_5OH$ (**I**) isoliert. Aus Methanol fällt gelbes $UO_2T_2 \cdot 3\,CH_3OH$ (**II**) aus. **I** u. **II** bilden monokline Kristalle. $UO_2T_2 \cdot H_2O$ fällt beim Umkrist. aus CCl_4 rot, orthorhomb. mit großen Elementarzellen aus (Typ III). Aus Bzl. fallen neben dieser Form Krist. mit halb so großem Zellenvol. bei halbem Molgew. (Typ I). Eine rote monokline Form (Typ II) wurde bei Einkristallunters. gefunden; das Gitter ist etwas verzerrt, die Zellgröße liegt zwischen denen der Typen I u. III. Beim Verdampfen des Bzl. im Vakuum entsteht schließlich eine gelbe monokline Form. Röntgenograph. Daten zeigen, daß Typ I die möglichen Raumgruppen $P2_12_12_1$ – D_2^4 bzw. $Pmn2_1$ – C_{2v}^7 hat. Die Raumgruppe der $UO_2T_2 \cdot C_2H_5OH$-Krist. ist B2 – C_2^3, Bm – C_s^3 oder B2/m – C_{2h}^3. Die Typen I bis III von $UO_2T_2 \cdot H_2O$ sind aus verschiedenen Schichtfolgen aufgebaut, die Grundschicht hat a = 11,39, b = 11,78, c = 7,38 Å. Die Formen wurden chem., opt. u. IR-spektroskop. im Bereich 800–4000 cm⁻¹ untersucht. $UO_2T_2 \cdot C_2H_5OH$ hat F. 170–177⁰, Typ III von $UO_2T_2 \cdot H_2O$, F. 205–210⁰. J. J. Pohl 58

0254 **Kristallstruktur von Pu_3Zn_{22}.** Quintin Johnson, David H. Wood und Gordon S. Smith. (Acta crystallogr. [Copenhagen], Sect. B **24** (1968) 4, 480–84; Lawrence Radiat. Labor., Univ. of Calif., Livermore, Calif.; engl.) — Die Struktur einer Phase im Syst. Pu–Zn bei der angenäherten Stöchiometrie $PuZn_{7,7}$ wird röntgenograph. bestimmt. Die Verb. hat die Zus. Pu_3Zn_{22}; sie krist. tetragonal-raumzentriert mit a = 8,85; c = 21,18 Å; Z = 4; $D_{\cdot R}$ 8,71 g/cm³ in $I4_1$/amd. Angabe der Atomparameter. Die gleiche Struktur wie diese Phase besitzt auch Ce_3Zn_{22}, a = 8,930; c = 21,36 Å. H. Roschkowski 58

0255 **Cadmiumpermanganathexahydrat.** E. J. Baran und P. J. Aymonino. (Mh. Chem. **99** (1968) 2, 606–09; Cát. de Quím. Inorg., Univ. Nac. de La Plata, La Plata; dt.) — $Cd(MnO_4)_2 \cdot 6\,H_2O$ (**I**) wird aus $Ba(MnO_4)_2$ u. $CdSO_4 \cdot {}^8/_3\,H_2O$ dargestellt (Pulverdiagramme, IR-Spektrum, DTA-Unters.). **I** krist. orthorhomb. in C_{2v}^7 – $Pmn2_1$ mit a = 8,04 ± 0,01, b = 13,91 ± 0,01, c = 5,34 ± 0,01 Å, $D_{\cdot exp}$ 2,49 g/cm³, Z = 2. Die Site-Symmetrie-Erwartungen werden nicht völlig erfüllt. Die DTA-Unters. ergeben zwei endotherme Max. bei 75 u. 147⁰ (Abgabe von W.), danach schnelle Zers., die bei 164⁰ explosionsartig beendet ist. M. Frenzel 58

0256 **Gitterkonstanten und Raumgruppe des Komplexes $(C_6H_5)_3Sn \cdot Mn(CO)_5$.** Kh. A. I. F. M. Mannan. (Acta crystallogr. [Copenhagen], Sect. B 24 (1968) 4, 603; Phys. Dep., Dacca Univ., Dacca, East Pakistan; engl.) — Weissenberg-Röntgenbeugungsaufnahmen führen für die Verb. auf monokline Symmetrie, $a = 15,91 \pm 0,01$; $b = 16,32 \pm 0,01$; $c = 32,12 \pm 0,02$ Å; $\beta = 95,0 \pm 0,1°$; D_{exp} 1,74; D_R 1,74 g/cm³ für Z = 16; C2/c. H. Roschkowski 58

0257 **Mn–Re-Phase mit geordneter α-Mn-Struktur (χ-Phase).** Susi Setz, H. Nowotny und F. Benesovsky. (Mh. Chem. 99 (1968) 2, 730—32; Inst. für phys. Chem., Univ. Wien; dt.) — In bin. Mn–Re-Leg. läßt sich im Bereich zwischen 70 u. 95 Atom-% Mn röntgenograph. eine χ-Phase nachweisen. Mn liegt als Komponente sowie als Mn–Re-Mischphase in der α-Mn-Struktur vor. Gegenüber dem normalen α-Mn-Typ ist jedoch eine Ordnung bzw. partielle Ordnung zu beobachten. Gitterkonst. der χ-Phase sowie von α-Mn werden für verschiedene Zus. mitgeteilt. M. Frenzel 58

0258 **Dirheniumdihydroxoheptoxid $Re_2O_7(OH_2)_2$ — ein neuer Typ von Wasserbindung in einem Aquoxid.** H. Beyer, O. Glemser und B. Krebs. (Angew. Chem. 80 (1968) 7, 286—87, dt.; int. Edit. 7 (1968) 4, 295—96; engl.; Göttingen, Univ., Anorg.-Chem. Inst.) — Gelbes $Re_2O_7 \cdot (OH_2)_2$ (I), hergestellt durch Einengen einer wss. Lsg. von Re_2O_7 über P_2O_5 u. anschließende Umkristallisation in Nitromethan, krist. monoklin mit Z = 4 in $P2_1/m - C_{2h}^2$: $a = 8,82 \pm 0,02$, $b = 8,89 \pm 0,02$, $c = 5,03 \pm 0,01$ Å, $\beta = 112,0 \pm 0,3°$. Die Struktur von I wurde mit dreidimensionalen Patterson- u. Fourier-Synth. bestimmt u. nach der Meth. der kleinsten Quadrate bis auf einen Zuverlässigkeitsfaktor von R = 4,6% verfeinert; die Parameter sind tabelliert. In I liegen ReO_4-Tetraeder u. ReO_6-Oktaeder vor, die über eine gemeinsame Ecke derart miteinander verknüpft sind, daß eine Mol.-Struktur mit Re_2O_9-Baueinheiten resultiert; die Abstände betragen: Re–O = 1,73—1,80 Å im Tetraeder bzw. 1,74 bis 2,21 Å im Oktaeder; ∢ ReORe = 180°. Über die Lage der H-Atome wird diskutiert. In Übereinstimmung zu den IR- u. ^1H-NMR-Messungen folgt, daß I ein Aquoxid mit koordinativ gebundenem H_2O darstellt. G. Gattow 58

0259 **Kristallstruktur von $Fe_{12}Zr_2P_7$.** E. Ganglberger. (Mh. Chem. 99 (1968) 2, 557—65; Inst. für anorg. Chem., Univ. Uppsala; dt.) — Die Struktur einer tern. Phase im Syst. Fe–Zr–P, dargestellt durch Schmelzen eines Gemenges von aus den Komponenten hergestellten Fe-Phosphiden u. Zr im Lichtbogenofen, wird mit Hilfe von Einkrist.-Aufnahmen bestimmt u. verfeinert. Die hexagonale Krist.-Art entspricht der von Vogel u. Dobbener gefundenen Phase Fe_4ZrP_2 u. hat eine Idealzus. $Fe_{12}Zr_2P_7$. Die Gitterparameter betragen $a = 9,0002 \pm 0,0007$ u. $c = 3,5920 \pm 0,0005$ Å, C_{3h}^1–$P\bar{6}$, R = 6,7% (Atomabstände, Strukturbeschreibung). Die Struktur ist mit der von Fe_2P verwandt. M. Frenzel 58

0260 **Struktur des neuen δ-Fe_2O_3 (Hydrat).** Shoichi Okamoto. (J. Amer. ceram. Soc. 51 (1968) 1, 54; Inst. of Phys. and Chem. Res., Yamato-machi, Saitama Pref., Japan; engl.) — Das von Conley [ibid. 50 (1967) 3, 124] beschriebene δ-Fe_2O_3 besitzt nicht die von ihm angenommene hexagonale Struktur, sondern kristallisiert kub. mit $a_0 = 8,386$ Å. Dieser Befund folgt aus einer Analyse der von Conley angegebenen Röntgenbeugungsdiagramme. Die Struktur des δ-Fe_2O_3 ähnelt der des Fe(III)-Hydroxids, das aus wss. Lsg. von $Fe(NO_3)_3$ bei 20° durch Fällung mit 1 n NaOH erhalten wird. Es krist. kub. mit $a_0 = 8,32$ Å u. ist ferromagnet., wahrscheinlich ferrimagnet. mit σ_0 (4,2 °K, 1/H = 0) = 13,5 Gauß · cm³/g. Aus IR-Absorptionsspektren folgt, daß das beschriebene Fällungsprod. als Oxidhydroxid der allg. Formel $FeO_{(3-x)/2}(OH)_x$ mit x = 3,0—0 angesehen werden muß. W. Laqua 58

0261 **Kristallographie und Paramagnetismus des gemischten U^{5+}-Oxids $Ba_2(UFe)O_6$.** Albert-José Dianoux und Paul Poix. (C. R. hebd. Séances Acad. Sci., Sér. C 266 (1968) 4, 283—85; Labor. de Chim. min. de la Fac. des Sci. d'Orsay, Essonne; franz.) — Ba_2UFeO_6 hat eine Perowskit-Struktur mit $a = 8,361 \pm 0,002$ Å, Raumgruppe Fm3m. Paramagnet. Unters. bei 113—1214 °K zeigen, daß das Uran in der Verb. fünfwertig, das Fe dreiwertig vorliegt. J. J. Pohl 58

0262 **Kristall- und Molekülstruktur von Nitrosyleisen-bis-[N.N-dimethyldithiocarbamat].** Gwyneth R. Davies, R. H. B. Mais und P. G. Owston. (Chem. Commun. 1968, 2, 81—82; ICI Ltd., The Heath, Runcorn, Cheshire; engl.) — Die Verb. krist. in der monoklinen Raumgruppe $P2_1/c$ mit $a = 6,434$, $b = 13,817$, $c = 16,658$ Å, $\beta = 117,27°$; Z = 4; D_{exp} 1,65₃, D_R 1,64₅ g/cm³. Die Verfeinerung wurde mit 1651 unabhängigen Strukturfaktoren nach der anisotropen Meth. der kleinsten Quadrate bis R = 0,104 durchgeführt. Die NO-Gruppe ist nur über das N-Atom an Fe gebunden; dieses liegt auf der Pyramidenachse des Koordinationspolyeders. Die kurze Fe–N-Bindungslänge von 1,705 Å deutet auf π-Anteile. Das O-Atom der NO-Gruppe ist therm. Schwingungen hoher Amplitude oder einer stat. Unordnung unterworfen; der Abstand N–O beträgt 1,02 Å, der Winkel Fe–N–O 173,3°. A. Blaschette 58

0263 **Kristall- und Molekularstruktur von Nitropentamminkobalt(III)-bromid.** F. A. Cotton und W. T. Edwards. (Acta crystallogr. [Copenhagen, Sect. B 24 (1968) 4, 474—77; Dep. of Chem., MIT, Cambridge, Mass.; engl.) — $[Co(NH_3)_5NO_2]Br_2$ krist. nach Röntgenbeugungsdaten monoklin mit $a = 10,71 \pm 0,02$; $b = 8,791 \pm 0,005$; $c = 11,01 \pm 0,02$ Å; $\beta = 94°\,40'$; D_{exp} 2,258; Z = 4 in C2/c. — Das Co-Atom in der Struktur ist von 6 N-Atomen oktaedr. umgeben, die Co—N-Abstände zu NH_3- u. NO_2-Gruppen unterscheiden sich nicht wesentlich. H. Roschkowski 58

0264 **Kristallstruktur von Bis-[triphenylphosphin]-äthylen-nickel(0).** Wolfgang Dreissig und Hans Dietrich. (Acta crystallogr. [Copenhagen], Sect. B 24 (1968) 1, 108—16; Fritz-Haber-Inst. der MPG, Berlin; dt.) — $[Ni(C_2H_4)\{P(C_6H_5)_3\}_2]$ krist. nach Röntgenbeugungsdaten triklin mit $a = 10,40 \pm 0,02$; $b = 17,58 \pm 0,1$; $c = 10,04 \pm 0,02$ Å; $\alpha = 102,6 \pm 0,3°$; $\beta = 116,9 \pm 0,7°$; $\gamma = 91,8 \pm 0,3°$; Z = 2; D_R 1,282 g/cm³ in $P\bar{1}$. Best. der Atomparameter mit Hilfe dreidimensionaler Patterson- u. Fourier-Synthesen. Im Komplex liegen die C-Atome des Äthylens annähernd in derselben Ebene wie die Ni- u. P-Atome. Das Ni-Atom befindet sich wahrscheinlich im dsp^2-Hybridzustand. H. Roschkowski 58

0265 **Kristallstruktur von Bis-[dimethyldithiophosphinato]-nickel(II).** Philip E. Jones, Gerald B. Ansell und Lewis Katz. (Chem. Commun. 1968, 2, 78—79; Dep. of Chem., Univ. of Conn., Storrs, Conn.; engl.) — Die Verb. krist. monoklin in $P2_1/c$ mit a = 9,26, b = 12,00, c = 11,02 Å, β = 91,1°; Z = 4. Die Mol. sind zentrosymm. u. paarweise unabhängig voneinander. Es treten zwei quadrat.-planare NiS_4-Gruppierungen auf, von denen die eine nahezu parallel, die andere senkrecht zur (010)-Ebene orientiert ist. Die Verfeinerung wurde bis R = 12,6% durchgeführt. Jedes P-Atom ist von je zwei S- u. C-Atomen verzerrt tetraedr. umgeben. Bindungslängen u. -winkel sind angegeben. A. Blaschette 58

0266 **Quaternäre E-Phase $TiCuSi_{1-x}Ge_x$.** J. Nickl und H. Sprenger. (Mh. Chem. 99 (1968) 1, 389; München, Univ., Inst. für Anorg. Chem., Forsch.-Labor. für Festkörperchem.; dt.) — Die quatern. E-Phase $TiCuSi_{1-x}Ge_x$ ($0 \leqq x \leqq 1$) krist. rhomb. mit $a_0 = 7,214$, $b_0 = 6,241$, $c_0 = 3,779$ Å für x = 0,6 in der Raumgruppe D_{2h}^{16}–Pbnm u. ist isotyp mit den bekannten TiCuSi (I) bzw. TiCuGe. Vers., in der E-Phase I Cu teilweise durch Ni zu ersetzen, gelangen nicht. G. Gattow 58

0267 **Kristallstruktur von $Nb_5Cu_4Si_4$.** E. Ganglberger. (Mh. Chem. 99 (1968) 2, 549—56; Inst. für anorg. Chem., Univ. Uppsala; dt.) — $Nb_5Cu_4Si_4$ krist. tetragonal-innenzentriert in C_{4h}^5–I4/m mit $a = 10,1908 \pm 0,0007$, $c = 3,6004 \pm 0,0005$ Å; Z = 2, R = 6,8% (Einkrist.-Unters., Pulverdiagramm). Atomabstände werden mitgeteilt, die Koordinationsverhältnisse erörtert (Vgl. mit der E-Phase TiNiSi u. U_3Si_2). Die Struktur ist mit der von Nb_7P_4 eng verwandt. M. Frenzel 58

0268 **Kristallstruktur von [Tris-[2-dimethylaminoäthyl]-amin]-nickel(II)- und -kupfer(II)-bromid.** M. Di Vaira und P. L. Orioli. (Acta crystallogr. [Copenhagen], Sect. B **24** (1968) 4, 595—99; Ist. di Chim. Gen. e Inorg., Univ., Firenze; engl.) — Die Strukturen von $[NiL]Br_2$ u. $[CuL]Br_2$ ($L = N[CH_2CH_2N(CH_3)_2]_3$) wurden durch dreidimensionale Röntgenbeugungsvers. ermittelt. Die Verb. sind isostrukturell, kub., Z = 4; $P2_13$ mit a = 12,123 ± 0,002 für die Ni- u. a = 12,137 ± 0,003 für die Cu-Verbindung. Die aus $[MeL]Br^+$- u. Br^--Ionen aufgebaute Struktur entspricht einem verzerrten NaCl-Typ. H. Roschkowski 58

0269 **Seltenerdmetallstannide und -plumbide mit Cu- und Ag-stabilisierten $D8_8$-Strukturen.** W. Rieger und E. Parthé. (Mh. Chem. **99** (1968) 1, 291—92; Philadelphia, Pa., Univ. of Pa., School of Metallurg. Engng., Labor. for Res. on the Struct. of Matter; dt.) — Nachst. Verb., die die hexagonale Hf_5Sn_3Cu-Struktur ($P6_3/mcm$ — D^3_{6h}) besitzen, wurden röntgenograph. untersucht: Ce_5Sn_3Cu a = 9,474 u. c = 6,699 Å (± 0,007); Ce_5Sn_3Ag 9,600 u. 6,730 Å (± 0,008); Ce_5Pb_3Cu 9,542 u. 6,772 Å (± 0,006); Ce_5Pb_3Ag 9,643 ± 0,006 u. 6,770 ± 0,008 Å; Yb_5Sn_3Cu 8,892 u. 6,518 Å (± 0,006). G. Gattow 58

0270 **Quantitative Größenfaktoren für feste Lösungen auf Silber-, Cadmium- und Zinkbasis.** R. A. Farrar und H. W. King. (J. Mater. Sci. **3** (1968) 2, 226; Engng. Mater. Labor., Univ. Southampton, UK; engl.) — Für Unters. hexagonaler, dichtgepackter Phasen bin. *Zn*- u. *Cd-Leg.* wurden die Gitterkonst. der prim. festen Lsg. mit Röntgenstrahlbeugung aus den Bragg-Winkeln bestimmt. Enthalten Zn- u. Cd-Lsg. Mn, lassen die hohen Werte für den Vegard-Law-Faktor eine Änderung der Elektronenstruktur bei Mn beim Lösen vermuten. Im Cd/Li-Syst. kann das Li-Ion ohne Größenänderung in das Cd-Gitter eintreten. R. Zimmer 58

0271 **Kristallchemie Au-reicher binärer Legierungen der schweren Seltenerdmetalle.** V. Sadagopan, B. C. Giessen und N. J. Grant. (J. less-common Metals [Lausanne] **14** (1968) 3, 279—90; Dep. of Metallurg., MIT, Cambridge, Mass.; engl.) — Im Konz.-Bereich zwischen $(RE)Au_2$ u. Au mit (RE) = *Nd, Sm, Gd, Dy, Ho, Er, Yb* u. *Y* wurden die bin. Leg.-Phasen röntgenograph. untersucht. $(RE)Au_2$-Phasen mit $MoSi_2$–CII_b-Struktur existieren für RE = Gd, Dy, Ho, Er u. Yb; die gleichen Seltenerdmetalle bilden mit Au auch $(RE)Au_3$-Phasen mit verzerrter $TiCu_3$–DO_a-Struktur u. stark unterschiedlichen c/a-Achsenverhältnissen. $(RE)Au_4$-Phasen mit $MoNi_4$–DI_a-Struktur werden nur von Er u. Yb gebildet. Y bildet YAu_2- u. YAu_3-Phasen, die den Dy-Phasen strukturell verwandt sind. Die mittleren Atomvol. der untersuchten Phasen sind angegeben. W. Laqua 58

0272 **Feinstruktur des Ruthenium(III)-bromids.** K. Brodersen, H.-K. Breitbach und G. Thiele. (Z. anorg. allg. Chem. **357** (1968) 4/6, 162—71; Erlangen, Univ., Inst. für Anorg. Chem.; dt.) — Durch chem. Transport im Temp.-Gefälle (700°/650°) wurden Einkrist. von schwarzem, metall. glänzendem $RuBr_3$ (**I**) hergestellt. Im Gegensatz zu früheren Angaben (vgl. C. **1967**, 46-0270) krist. **I** rhomb. mit Z = 4 in D^{13}_{2h} — $P2_1/m_12_1/m_12/n$: a = $6{,}47_0$, b = $11{,}20_5$, c = $5{,}85_5$ Å; $D._R$ 5,34, $D._{exp}$ 5,42 g/cm³. Die Struktur von **I** wurde mit Patterson- u. Fourier-Synth. bestimmt u. nach der Meth. der kleinsten Quadrate bis auf einen Zuverlässigkeitsfaktor von R = 0,152 verfeinert; die Parameter sind tabelliert. In **I** liegen Ru_2-Paare (Ru–Ru = 2,73 Å) vor; die Abstände innerhalb der Ru_2Br_9-Gruppe betragen Ru–Br = 2,46 u. 2,52 Å. Vom strukturchem. Standpunkte aus ist **I** als $(Ru_2Br_3)Br_{6/2}$ zu formulieren. G. Gattow 58

0273 **Kristallstruktur von Rutheniumcarbonyl, $Ru_3(CO)_{12}$.** R. Mason und A. I. M. Rae. (J. chem. Soc. [London], Sect. A **1968**, 4, 778—79; Sheffield, Univ. of Sheffield, Dep. of Chem.; engl.) — Die Röntgenstrukturanalyse von $Ru_3(CO)_{12}$ wurde unter Verw. von 936 unabhängigen Reflexen in einer Verfeinerung nach der Meth. der kleinsten Quadrate (R = 0,079) vervollständigt. Das Mol. hat im wesentlichen D_{3h}-Symmetrie mit einer mittleren Ru—Ru-Bindungslänge von 2,848 Å. Die Struktur ist sehr ähnlich der von $Os_3(CO)_{12}$. Krist.-Daten: Monoklin, $P2_1/c$, mit a = 8,110 ± 0,003, b = 14,766 ± 0,010, c = 15,333 ± 0,005 Å, β = 110,61 ± 0,03°; $D._R$ 2,75 g/cm³. Atomkoordinaten u. Temp.-Faktoren sind tabellar. angegeben, die Struktur ist in Abb. dargestellt. E. Schulte 58△

0274 **Elektronographische Untersuchung des Systems Pd–Sb in dünnen Schichten.** T. P. Karpova, R. M. Imamov und S. A. Semiletov. (Kristallografija **13** (1968) 2, 316—21; Volgogradskij gos. ped. inst.; russ.) — Durch Aufdampfen der Komponenten auf NaCl-Spaltflächen werden Proben des Syst. mit variabler Zus. erhalten u. elektronograph. untersucht. Neben den bekannten Verb. PdSb u. $PdSb_2$ werden neue hexagonale Phasen der Zus. ca. Pd_3Sb_5 mit a = 7,59; c = 13,86 Å, Z = 4 sowie ca. $PdSb_3$, a = 7,59; c = 43,2 Å; Z = 24 nachgewiesen. H. Roschkowski 58

0275 **Röntgenographische Untersuchung von Palladium–Cadmium- und Palladium–Antimon-Legierungen.** J. N. Pratt, K. M. Myles, J. B. Darby jun. und M. H. Mueller. (J. less-common Metals [Lausanne] **14** (1968) **4**, **427—33**; Argonne Nat. Labor., Argonne, Ill.; engl.) — Bestimmt wurden die Gitterkonst. der Pd-reichen kub.-flächenzentrierten (α) u. tetragonal-flächenzentrierten (α') festen Lsg. von Cd in Pd u. der Pd-reichen kub.-flächenzentrierten festen Lsg. von Sb in Pd. Bei 900° existiert die α-Phase bis 28,0 Atom-% Cd; bei 1150° bis 29,2 Atom-% Cd. Es schließt sich ein α–α'-Zweiphasenfeld an; F. der zweiphasigen Leg. liegt bei ca. 1158 ± 5°. Von 39,7 Atom-% Cd an existiert bei 900° nur noch die α'-Phase. Aus röntgenograph. Unters. an Einkrist. folgt, daß die α'-Phase nicht zum $tI6(MoSi_2)$-Strukturtyp gehört; ob die Phase geordnete tP4(CuAu)-Struktur oder ungeordnete tI2(In)-Struktur besitzt, konnte nicht eindeutig entschieden werden. Die α'-Phase ist bis mindestens 950° stabil. Die Phasengrenze der kub.-flächenzentrierten festen Lsg. von Sb in Pd liegt bei 17 Atom-% Sb; sie ist zwischen 800 u. 1000° temperaturunabhängig. Die Phasen *PdSb* (hP4) u. $PdSb_2$ (cP12) wurden dargestellt; sie besitzen die Gitterkonst. a = 4,076 u. c = 5,594 bzw. a = 6,460 ± 0,001 Å. W. Laqua 58

0276 **Strukturen mit Metallketten.** 7. Mitt. **Kristallstruktur von „$Ir(CO)_3Cl$“ = $Ir(CO)_{2,93}Cl_{1,07}$.** K. Krogmann, W. Binder und H. D. Hausen. (Angew. Chem. **80** (1968) 20, 844; dt.; int. Edit. **7** (1968) 10, 812; engl.; Inst. für anorg. Chem., Univ., Stuttgart.) — Die Rk. von $IrCl_3 \cdot H_2O$ (an Silicagel adsorbiert) mit CO bei 180° ergibt braunviolette, glänzende Nadeln von $Ir(CO)_{2,93} \cdot Cl_{1,07}$ (**I**) u. nicht $Ir(CO)_3Cl$, wie ursprünglich angenommen (vgl. C. **1965**, 38-0709). — **I** ist der erste Ir-Komplex mit linearen Metallketten, in denen das Zentralatom partiell höher ox. ist als im entsprechenden planaren d^8-Komplex. Die röntgenograph. Unters. ergibt für **I** eine rhomb. Elementarzelle (Raumgruppe $Cmc2_1$ oder Cmcm) mit a = 5,69, b = 15,20, c = 12,93 Å, D. = 3,63 g/cm³ u. Z = 8. Das Ir bildet eine Unterzelle mit a' = a/2, was zugleich die Periode der Ir-Ketten ist. Im Krist. sind planare Komplexe, überwiegend $Ir(CO)_3Cl$, parallel zur a-Achse, jeweils um 45° versetzt, übereinander gestapelt. Cl- u. CO-Koordinationsstellen sind statist. vertauschbar. Das überschüssige Cl dürfte vereinzelt anstelle von CO eingebaut sein, wodurch in der Kette auch cis-$Ir(CO)_2Cl_2$-Einheiten auftreten. Aus der Struktur wird auf relativ starke Bindungen zwischen den Ir-Atomen geschlossen. — **I** ist luftstabil u. reaktionsträge. Es löst sich nur in Solventien, die die Koordinationssphäre angreifen, z. B. in wss. KCN oder Py. unter CO-Entwicklung. Es kann im CO-Strom, aber nicht im Vakuum subl. werden. Die Lichtabsorption ist im gesamten sichtbaren Bereich stark für parallel zur Nadel-(a-)Achse polarisiertes Licht, für senkrecht dazu polarisiertes Licht dagegen gering. **I** zeigt eine schwache, kaum temperaturabhängige Komponente $\chi_p = +71{,}0 \cdot 10^{-6}$ bei einer Molsuszeptibilität $\chi_{mol} = -31{,}0 \cdot 10^{-6}$. Autorreferat 58△

0277 **Aufbau einiger Seltenerdmetall–Pt_3-Legierungen.** I. R. Harris. (J. less-common Metals [Lausanne] **14** (1968) 4, 459—62; Dep. of Phys. Metallurg. and Sci. of Mater., Univ., Birmingham; engl.) — Folgende Leg. wurden durch Lichtbogenschmelzen dargestellt: $(RE)Pt_3$ mit RE = *La, Ce, Pr, Nd, Sm, Eu, Gd, Tb, Dy*. Sie krist.

für La, Gd in der C15-Struktur u. für Tb u. Dy in der LI_2-Struktur. Die Gitterkonst., die mit Ausnahme für $SmPt_3$ bestimmt wurden, besitzen in der angegebenen Reihenfolge die Werte (in kX-Einheiten) 7,708; 7,650; 7,629; 7,606; 7,706; 7,562; 4,0742 u. 4,0641. Aus der Unters. unterschiedlich zusmamengesetzter Pt–Ce-Leg. folgt, daß die $CePt_2$-Phase bei 900° einen Homogenitätsbereich von 24,3–34,5 Atom-% Ce besitzt. Die Phase der Bruttozus. $CePt_4$ besteht aus einer Phase mit C15-Struktur u. der hexagonalen D2d-Phase der Zus. $CePt_5$. Im Vgl. zu den anderen untersuchten Phasen besitzt die C15-Phase des La–Pt-Syst. einen engeren Homogenitätsbereich; die $LaPt_3$-Leg. ist zweiphasig. W. Laqua 58

0278 **Trimethylplatin(IV)-jodid und seine Fehldarstellung als Hexamethyldiplatin.** Gabrielle Donnay, Lawrence B. Coleman, Nilde G. Krieghoff und D. O. Cowan. (Acta crystallogr. [Copenhagen], Sect. B **24** (1968) 1, 157–59; Geophys. Labor., Carnegie Instn. of Washington, Washington, D.C.; engl.) — $Pt(CH_3)_3J$ (I) krist. monoklin mit a = 17,77; b = 19,39; c = 17,12 Å; β = 115° 41′, Z = 32 in $P2_1/a$. Diese Strukturdaten entsprechen den von Illuminati et al. [J. Amer. Chem. Soc. **71** (1949) 3575] für Hexamethyldiplatin angegebenen Werten. — I liegt tetramer vor, das Tetramere hat eine ähnliche Konfig. wie Trimethylplatinchlorid. H. Roschkowski 58

0279 **Kristallstruktur von Kornerupin.** Paul B. Moore und J. Michael Bennett. (Science [Washington] **159** (1968) 3814, 524–26; Chicago, Ill., Univ. of Chicago, Dep. of Geophys. Sci.; engl.) — Die Krist.-Struktur von dem Mineral Kornerupin wurde mit Hilfe dreidimensionaler Röntgenmeth. an einem Krist. von Mautia Hill (Tanganjika) durchgeführt. Es ergab sich die krist.-chem. Formel $Mg^{VI}_2Mg^{VI}Al^{VI}_6[Si_2O_7][(Al, Si)_2SiO_{10}]O_4(OH)$. Krist.-Daten Cmcm, a = 16,100 ± 0,002, b = 13,767 ± 0,002, c = 6,735 ± 0,002 Å; Z = 4. Die Struktur enthält Schichten von kantenverbundenen u. eckenverbundenen Al–O-Oktaedern u. Ketten von abwechselnd Mg–O- u. Al–O-Oktaedern, die an die Schichten über ihre Ecken gebunden sind. Die so gebildeten Schichten werden durch $[Si_2O_7]$-Tetraederpaare u. $[(Al, Si)_2SiO_{10}]$-Tripletts aus über Kanten verbundenen Tetraedern zusammengehalten. Atomkoordinaten sind tabellar. angegeben, die Struktur ist in Abb. dargestellt. E. Schulte 58△

0280 **Atomstruktur von Leukosphenit, $Na_3Ba_2Ti_4O_4 \cdot [B_4Si_{20}O_{56}]$.** N. G. Šumjackaja, A. A. Voronkov und Ju. A. Pjatenko. (Kristallografija **13** (1968) 1, 165–67; Inst. miner., Geochim. i kristallochim. redkich èlementov; russ.) — Das Mineral krist. nach Röntgenbeugungsdaten monoklin mit a = 9,79; b = 16,84; c = 7,20 Å; β = 93°22′, Z = 2 in C^3_s — Cm. Beschreibung der Struktur an Hand dreidimensionaler Patterson- u. Fourier-Berechnungen. Die Struktur wird in einer Projektion auf die xy-Ebene wiedergegeben. H. Roschkowski 58

0281 **Verfeinerung der Kristallstruktur von Syngenit, $K_2Ca(SO_4)_2 \cdot H_2O$.** L. I. Gorogockaja, N. V. Podberezskaja und S. V. Borisov. (Ž. strukturnoj Chim. **9** (1968) 1, 86–89; Inst. neorg. chim. SO AN SSSR, Novosibirsk; russ.) — Die Atomparameter von Syngenit werden ausgehend von den von Gorogockaja [Doklady Akad. Nauk SSSR **157** (1964) 6, 1373] gegebenen Daten mit Hilfe elektron. Berechnungen verfeinert (R = 15,95%) — Diskussion der Atomabstände u. Koordinationspolyeder. H. Roschkowski 58

0282 **Neutronen- und Röntgenbeugungsuntersuchungen über Tapiolit und über einige synthetische Substanzen mit Trirutilstruktur.** Olov von Heidenstam. (Ark. Kemi **28** (1968) 23, 375–87; Stockholm, Univ., Inst. of Inorg. and Phys. Chem.; engl.) — Tapiolit $FeNb_{0,2}Ta_{1,8}O_6$ (I) krist. tetragonal mit Z = 2 in $P4_2/mnm$: a = 4,7515 ± 0,0003, c = 9,254 ± 0,001 Å; $D_{\cdot R}$ 7,8; $D_{\cdot exp}$ 7,6 g/cm³. Unter Verw. von Röntgen- u. Neutronenbeugungsdaten wurde die Struktur von I nach den üblichen Verf. bestimmt u. nach der Meth. der kleinsten Quadrate bis auf R = 0,092 bzw. 0,084 verfeinert; die Parameter, individuellen Temp.-Faktoren u. interatomaren Abstände sind tabelliert. In I besetzen Fe^{II} u. Ta, Nb^V die Punktlagen 2(a) u. 4(e) derart, daß sich 50% der Ta, Nb^V auf 2(a) befinden. Nachst. Verb., die aus NiO, CoO u. Ta bzw. Sb bei 1200° bzw. 1000° hergestellt wurden, gehören ebenfalls dem tetragonalen Trirutil-Typ an: $FeTa_2O_6$ (a = 4,7451 ± 0,0004, c = 9,179 ± 0,001 Å); $NiTa_2O_6$ (4,7173 ± 0,0004, 9,127 ± 0,001); $CoTa_2O_6$ (4,7355 ± 0,0004, 9,174 ± 0,001); $NiSb_2O_6$ (4,6409 ± 0,0006, 9,223 ± 0,002); $CoSb_2O_6$ (4,6538 ± 0,0006, 9,279 ± 0,002). G. Gattow 58

0283 **Doppelstruktur der Metallschmelze.** H. Richter und G. Breitling. (Rev. int. hautes Températ. Réfractaires **4** (1967) 3, 213–23; TH Stuttgart; dt.) — Die Doppelstruktur von Metallschmelzen [Flächengitterstruktur u. statist. Verteilung (dichteste Kugelpackung)] wird, bes. von Bi (festamorph u. Schmelze), Sn, In, Ag, Pb, Na (jeweils Schmelze) u. von Se (festamorph), an Hand von Literaturdaten behandelt u. diskutiert. A. Jaeschke 60

0284 **Röntgenstreuung von flüssigem Galliumantimonid.** A. S. Laško und Ju. G. Poltavcev. (Kristallografija **13** (1968) 2, 352–53; Inst. metallofiz. AN USSR; russ.) — Durch Röntgenbeugungsunters. an fl. GaAs u. Vgl. mit Röntgenbeugungsdaten der reinen Komponenten bei 300–850° (Ga) bzw. 685–925° (Sb) wird gezeigt, daß fl. GaAs eine eigene Struktur hat, die von der der Komponenten abweicht. In der Fl. liegt starke Wechselwrkg. der Komponenten vor. H. Roschkowski 60

0285 **Zersetzungen längs der Spinodalkurve.** John W. Cahn. (Trans. metallurg. Soc. AIME **242** (1968) 2, 166–80; MIT, Cambridge, Mass.; engl.) — Der Begriff der Spinodalkurve als Grenzlinie zwischen metastabilem u. unstabilem Zustand fl. Phasen wird ausführlich erläutert. Vf. entwickelt eine Theorie, nach der die Zers. einer fl. Phase unterhalb der Spinodalkurve in mehrere feste Phasen auf Diffusionsvorgängen beruht. Keimbldg. u. Kornwachstum spielen dabei keine Rolle. Die Theorie wird am Beispiel eines *Borosilicatglases* u. an den Leg.-Syst. *Al–Zn* u. *Au–Ni* einiger Leg. geprüft. H. Tulhoff 60

0286 **Untersuchung von inneren Fehlordnungen in Chalkogenidgläsern durch Infrarotdefektoskopie.** A. Vaško. (Mater. Res. Bull. **3** (1968) 2, 209–16; Czechoslovak Acad. of Sci., Prague; engl.) — In fl. oder glasartig erstarrten Proben von *Se* sowie Se mit 20 (Atom-%) *Ge*, 5 *As* bzw. 5 *S* sowie Gläsern der Zus. 2 $As_2S_3 \cdot As_2Se_3$ bzw. $As_2S_3 \cdot 2\,As_2Se_3$ werden mit Hilfe von IR-Mikroskopie u. IR-Polarimetrie sowie nach dem Schlierenverf. interne Fehlordnungen nachgewiesen. Als Fehlordnungen treten Gaseinschlüsse, Fällungen u. durch das Herst.-Verf. der Proben bedingte innere Spannungen auf. Messungen des Absorptionskoeff. von amorphem Se im Wellenlängenbereich 2–25 μ zeigen, daß das von Gobrecht et al. [Z. Physik **161** (1961) 205] beschriebene Absorptionskontinuum im IR durch innere Fehlordnungen hervorgerufen wird. Herbert Müller 60

0287 **Amorphe Borschichten.** Charles Feldman. (Mater. Res. Bull. **3** (1968) 2, 95–106; Appl. Phys. Labor., Johns Hopkins Univ., Silver Spring, Md.; engl.) — Auf Träger aus Corning-Glas 0211, die teilweise aufgedampfte Ti-Elektrodensyst. enthalten u. Temp. von ca. 100° haben, werden bei Restgasdrücken von 10^{-6} bis 10^{-5} Torr mit Geschw. von 500 Å/min 535–9000 Å dicke B-Schichten aufgedampft; als Dampfquelle diente ein durch Elektronenbeschuß geheizter, zonengeschmolzener Stab aus 99,9999%ig. B. Aus Unters. der Röntgenbeugung folgt, daß die Schichten amorph aufwachsen u. beim Tempern auf geeigneten Substraten bei 900° kristallisieren. Die Schichten sind p-leitend. In den Strom–Spannungs-Kurven der Sandwich-Strukturen steigt der Strom J mit der Spannung U von J = f(U) über J = f(U^2) nach J = f(U^7) an. Bei noch höherem U erfolgt Schalten in einen Zustand mit großer Leitfähigkeit. Der Mechanismus des Schaltens wird unter Berücksichtigung einer Änderung der Elektroneneinfangquerschnitte bei Stoßionisation diskutiert. Herbert Müller 60

0288 **Strukturuntersuchung von Ruß mit Hilfe der Lichtstreuung.** Samuel Premilat, Jean-Claude Ravey und Paul Horn. (J. Chim. physique Physico-Chim. biol.

65 (1968) 3, 433–41; Labor. de Biophys., Centre de 1er Cycle, Nancy; franz.) — Vf. untersuchen das mittlere Molgew. sowie die Kettendimensionen von verschiedenen HAF- (High Abrasion Furnace-)Rußen mit Hilfe der Lichtstreuungsmethode. Zur Charakterisierung der „Struktur" wird die Verzweigung der Ketten sowie das Eigenvol. herangezogen. Früher abgeleitete Zusammenhänge zwischen der Kettenstruktur der Ruße u. den mechan. Eig. von Vulkanisaten werden bestätigt.
F. Langenbucher 60

0289 **Elektronenbeugungs- und elektronenmikroskopische Untersuchungen der Struktur von kondensierten Kohlenstoffschichten.** B. T. Bojko, L. S. Palatnik, A. S. Derevjančenko und Ju. M. Voronin. (Fiz. tverdogo Tela **10** (1968) 2, 656–58; Char'kovskij politechn. inst.; russ.) — Unters. amorpher Kondensatschichten zeigten, daß die Schichten aus Lagen von Makrokonglomeraten bestehen (ca. 12 Å ∅), die Nahordnungen der Graphitstruktur aufweisen. K. Jaeger 60

0290 **Untersuchung von amorphem, hydratisiertem Zirkoniumoxid.** Jacques Livage. (Bull. Soc. chim. France **1968**, 2, 507–13; ENSC, Paris; franz.) — Es wird ein Modell für die Verteilung der Atome in der amorphen Phase vorgeschlagen. In Plättchen von ca. 20 Å ∅ bilden die Zr- u. O-Atome einen Verband, der dem in der Fläche (**111**) des krist., tetragonalen ZrO_2 entspricht. Fällt man ZrO_2 u. MgO gleichzeitig aus, so verschiebt das MgO die Kristallisation des ZrO_2 zu höheren Temperaturen. Wird ZrO_2 mit einem anderen Oxid gleichzeitig gefällt u. bilden diese Gemische bei hohen Temp. Mischkrist. (z. B. Yb_2O_3), so hängt die Kristallisationstemp. von der Zus. dieser Mischoxide ab. *PbO* ist in ZrO_2 nur beschränkt löslich. Erwärmung unter Vakuum bewirkt Kristallisation des amorphen ZrO_2 in einer nicht stöchiometr. Phase. Die Natur der Fehlstellen konnte noch nicht exakt festgestellt werden, sie bilden sich aber während der Wärmebehandlung im Zuge der Entwässerung des Niederschlages. Die tetragonale ZrO_2-Phase wird durch diese Fehlstellen stabilisiert. W. Gauster 60

Mechanische und thermische Eigenschaften

0291 **Bindung und Struktur von Übergangsmetallen.** Leo Brewer. (Science [Washington] **161** (1968) 3837, 115–22; engl.) — Die Engel-Korrelation zwischen Elektronenkonfig. u. Krist.-Struktur der Metalle wurde mit spektroskop. Daten für die gasf. Übergangsmetalle kombiniert, um Berechnungen der thermodynam. Eig. der verschiedenen Krist.-Formen (stabile u. instabile) der Übergangsmetalle durchzuführen.
H.-D. Schwartz 72

0292 **Gitterdynamik, elektrische und elektronische Eigenschaften von Magnesium.** E. Stoll und T. Schneider. (Physik kondens. Materie 8 (1968) 1, 58–79; Delegation für Ausbildung und Hochschulforschung am Eidg. Inst. für Raketenforschung, Würenlingen; dt.) — Auf der Grundlage eines Modell-Pseudopotentials wurde die Gitterdynamik des Mg mit den elektron. u. elektr. Eig. verknüpft. Um die Modellparameter aus den gemessenen Phononen-Dispersionen bestimmen zu können, wurde der Formalismus auf beliebige Strukturen monoatomarer Metalle erweitert. Die Gestalt der Fermi-Fläche, die Phononendispersionskurven sowie der elektr. Widerstand in der Schmelze konnten für Mg in guter Übereinstimmung mit dem Experiment quant. erklärt werden.
D. Hoene 72

0293 **Dynamische Bremsung von Versetzungen an Störstellen.** A. M. Kosevič und V. D. Nacik. (Fiz. tverdogo Tela **10** (1968) 5, 1545–47; Fiz.-techn. inst. nizkich temp. AN USSR, Char'kov; russ.) — Korrektur eines von den Vf. früher [Ž. èksper. teoret. Fiz. **51** (1966) 1207] mitgeteilten Integrales. K. Jaeger 72

0294 **Dynamik einfacher Gitter mit zweidimensionalen Defekten.** Ja. A. Iosilevskij. (Fiz. tverdogo Tela **10** (1968) 4, 961–73; Inst. fiz. tverdogo tela AN SSSR, Černogolovka; russ.) — Gitterdynamik orthorhomb., tetragonaler u. kub. Gitter mit Defekten in den (100)-Ebenen. Dispersion u. Amplituden der lokalisierten Schwingungen werden berechnet. K. Jaeger 72

0295 **Wechselwirkung des Spannungsfeldes von Leerstellen in Kupfer und Aluminium.** R. Bullough und J. R. Hardy. (Philos. Mag. [8] **17** (1968) 148, 833–42; AERE, Harwell, Didcot, Berks.; engl.) — Mit der von Vf. angewendeten Meth. der Gitterstatik [vgl. ibid. **15** (1967) 237] wird die Atomkonfig. um eine Leerstelle in Cu bzw. Al u. die Wechselwrkg.-Energie zwischen zwei Leerstellen in diesen Metallen berechnet. Als Gittermodell wird ein diskretes, harmon., kub.-flächenzentriertes Gitter mit Wechselwrkg. zwischen erst- u. zweitnächsten Nachbarn zugrunde gelegt. Die Kraftkonst. werden so gewählt, daß Übereinstimmung mit Literaturdaten für die Elastizitätskonst. u. die Phononendispersion von Al u. Cu erhalten wird. W. Laqua 72

0296 **Methode zur Messung der Korngrenzenbeweglichkeit und ihre Anwendung auf Kaliumchlorid.** C. F. Gibbon. (J. Amer. ceram. Soc. **51** (1968) 5, 273–76; ANL, Argonne, Ill.; engl.) — Die beschriebene Meth. beruht auf der Verw. von Bikrist. in Form gleichseitiger Dreiecksprismen gleicher Grund- u. Deckfläche, wobei die Korngrenze parallel zu einer Seite verläuft. Während des Ausheizens findet eine Krümmung der Korngrenze zur Einstellung des Gleichgew. mit den Seitenflächen des Prismas statt, wodurch eine treibende Kraft für die Korngrenzenwanderung gegen das Zentrum der Krümmung erzeugt wird. Mit dieser Meth. wird die Beweglichkeit von verdrillten Korngrenzen in KCl-Bikrist., die aus der Schmelze gezogen wurden, untersucht. Die unerwartet hohe Aktivierungsenergie von 4–6 eV der Korngrenzenwanderung wird auf Verunreinigungen in den KCl-Krist. zurückgeführt. W. Laqua 72

0297 **Korngrenzenenergie in NaCl mit der Näherung des starren Gitters.** C. F. Gibbon. (J. Amer. ceram. Soc. **51** (1968) 5, 276–77; engl.) — Vgl. vorst. Referat. — Für verdrillte Korngrenzen in NaCl werden unter der Annahme, daß keine Relaxation des Gitters an der Korngrenze existiert, die Korngrenzenenergien berechnet. Unabhängig vom Rotationswinkel (36,9, 22,7 u. 28,2°) werden für den Fall, daß die Größe der Übergitterzelle bekannt ist, folgende Ergebnisse erhalten: 573 erg/cm² für die gesamte Korngrenzenenergie u. 675 erg/cm² für den elektrostat. Teil der Korngrenzenenergie. Für Rotationswinkel von 5, 10 u. 30°, für die die Größe der Übergitterzelle unbekannt ist, erreicht die Korngrenzenenergie als Funktion der Zahl der betrachteten Gitterpunkte selbst für kleine Winkel schnell einen konst. Wert.
W. Laqua 72

0298 **Quadrupolkopplung von ^{127}J-Kernen in Tellurkristallen.** K. V. Makarjunas und E. K. Makarjunene. (Fiz. tverdogo Tela **10** (1968) 2, 650–52; Inst. fiz. i mat. AN LitSSR, Vil'njus; russ.) — Messung der integralen Winkelkorrelation von 360–58-keV-γ-Kaskaden von ^{127}J. Die dotierten Proben wurden durch angeregten β-Zerfall von ^{127m}Te dargestellt. Das 58-keV-^{127}J-Niveau spaltet im Te-Feld in 4 Unterniveaus auf: $7{,}18 \cdot 10^{-7}$, $1{,}03 \cdot 10^{-7}$, $-3{,}08 \cdot 10^{-7}$ u. $-5{,}13 \cdot 10^{-7}$ eV.
K. Jaeger 72

0299 **Elektrische Quadrupolwechselwirkung in HfO_2.** R. C. Pandey. (Z. Naturforsch. **23a** (1968) 8, 1227–28; Inst. für Kerntechnik der TU Berlin; dt.) — Der Einfl. kombinierter elektr. u. magnet. Felder auf die γ–γ-Winkelkorrelation des angeregten Zustandes (5/2) von ^{181}Hf → ^{181}Ta wurde untersucht. Die Quadrupolwechselwrkg.-Frequenz wurde zu (12,74 ± 2,23) MHz ermittelt.
Herbert Weber 72

0300 **Röntgenographische Bestimmung der charakteristischen Debye-Temperatur von vielkristallinem Kupfer und α-Messing.** Josef Šedivý und Hana Šichová. (Z. Metallkunde **59** (1968) 6, 496–98; Math.-Phys. Fak., Karlsuniv. Prag; dt.) — Nach einer röntgenograph. Eintemp.-Meth. ergibt sich $\Theta = 306$ °K für Cu u. $\Theta =$ 291 bzw. 274 °K für Messing mit 7,7 bzw. 25,2 Atom-% Zn.
M. Frenzel 74

0301 **Pyroelektrische Methode zur Bestimmung der spezifischen Wärme von KDP-Kristallen.** M. Drozdowski und T. Krajewski. (Bull. Acad. polon. Sci., Sér. Sci. math., astronom. physiques **16** (1968) 4, 365–68; Dep. of Phys., TU, Poznań; engl.) — Es wird die spezif. Wärme von KH_2PO_4-Krist. (KDP) auf Grund des pyroelektr. Effekts dieser Krist. in der ferroelektr. Phase ermittelt. Der pyroelektr. Effekt wird mit Hilfe der dynam. Meth. von Chynoweth behandelt. Ein Vgl. mit den theoret. Voraussagen über die Änderungen der spezif. Wärme bei Phasenübergängen von KDP-Krist. wird vorgenommen. G. Richard 74

0302 **Einfluß hydrostatischer Drücke auf Makrodefekte in Ionenkristallen.** L. M. Poljakov. (Fiz. tverdogo Tela **10** (1968) 4, 1041—47; Fiz.-techn. inst. AN USSR, Char'kov; russ.) — Mkr. Unters. der Risse u. Poren in natürlichen *NaCl*-Krist. bei hydrostat. Drücken $\leqq$ 16000 kg/cm². K. Jaeger 78

0303 **Berechnung der durch Korngrenzengleitung während des Kriechens bei polykristallinen Festkörpern verursachten Deformation.** A. Gittins und R. N. Stevens. (Trans. metallurg. Soc. AIME **239** (1967) 6, 922—23; Central Electr. Res. Labor., Leatherhead, Surrey, England; engl.) — Diskussionsbeitrag zu den Unters. von Stevens [ibid. **236** (1966) 1762] u. Erwiderung von Stevens. A. Jaeschke 78

0304 **Innere Reibung in Legierungen mit kubischflächenzentriertem Gitter, die aufgespaltene Versetzungen enthalten.** B. M. Darinskij und Ju. A. Fedorov. (Fiz. Metallov Metallovedenie **25** (1968) 4, 735—42; Voronežskij politechn. inst.; russ.) — Ber. wird die innere Reibung, die mit einer zähen Bewegung der Versetzungen in Leg. mit kub.-flächenzentriertem Gitter zusammenhängt. Berücksichtigt wird ein Beitrag zur inneren Reibung von Versetzungen, die in verschiedenen Gleitflächen angeordnet sind, u. ber. wird der Mittelwert der unelast. Nachgiebigkeit. Eine Auswertung zeigt, daß die durch den angegebenen Mechanismus bedingte innere Reibung einer experimentellen Beobachtung zugänglich ist. H. Hochstein 78

0305 **Stoßverformung von polykristallinem Aluminium.** M. F. Rose und T. L. Berger. (Philos. Mag. [8] **17** (1968) 150, 1121—33; Res. Div., U. S. Naval Weapons Labor., Dahlgren, Va.; engl.) — Die Verformungsmikrostruktur von polykrist. Al wurde nach Stoßbelastung (Dauer 2 μs, Belastung 65 u. 150 kbar) an 0,0010 in. dicken, 99,999 % reinen Folien u. an anfangs 0,005 in. dicken, kaltgewalzten, 99,99 % reinen Folien untersucht. Die Vers. wurden bei Zimmertemp. u. bei der Temp. des fl. N_2 durchgeführt, nach einer 5std. Anlaßzeit bei 330° im Vakuum. Kaltgewalzte Proben wurden plast. verformt mit Werten, die denen bei Stoßvers. entsprachen. Die Versetzungsdichte stoßverformter Proben wurde nach der Meth. von Keh an 1700 Å dicken, in einer Lsg. von Perchlorsäure u. abs. A. elektrolyt. dünnpolierten Folien elektronenmkr. bei 100 kV bestimmt. Die Ausdehnung der Versetzungen kaltgewalzter Proben wurde direkt an Photographien gemessen. Punktförmige Fehleranhäufungen u. Schleifendichte wurden ausgezählt. Stoßverformtes Al zeigt bis zu einem Druck von 150 kbar keine Versetzungszellenstruktur, sondern enthält zahlreiche Versetzungsschleifen. Eine ähnliche Struktur wird nach langsamer Verformung bei großer Spannung u. tiefen Temp. erzeugt, nicht aber bei Raumtemp. u. gleicher plast. Spannung. Bei der Stoßverformung hat die Temp. keinen Einfl. auf die Struktur. Mechanismen für die Entstehung der Fehler werden besprochen. R. Zimmer 78

0306 **In sehr feinkörnigem Aluminium hervorgerufene Ermüdungsstruktur.** Jôbu Awatani und Atsuo Koreeda. (Mem. Inst. sci. ind. Res., Osaka Univ. **25** (1968) 65—74; engl.) — Zur Unters. der Strukturänderung nach Verformung von sehr feinkörnigem Al wurden 0,2 mm dicke, 99,99 % reine Al-Platten in einer einfachen Biegeapp. zu Schwingungen von ca. 100 Hz angeregt. Die Proben wurden bei 210 u. 260° angelassen, um größtmögliche Feinkörnigkeit zu erzielen. Nach elektrolyt. Dünnpolieren (Perchlorsäure–Essigsäure, 1 : 5) wurden die Proben elektronenmkr. untersucht. Bei hohem Druck (8,5 kg/mm²) wurden Zellgrenzen im Korn u. Bezirke hoher Versetzungsdichte nahe den Korngrenzen gebildet. Versetzungsflecken, bestehend aus Dipolschleifen u. Knoten, wurden bei jedem Druck beobachtet. Unters. der Oberfläche lassen vermuten, daß sich Brüche schrittweise ausdehnen. Versetzungsschleifen, die aus Leerstellen entstanden waren, wurden bei hoher Belastung selten beobachtet. R. Zimmer 78

0307 **Veränderung einiger mechanischer Eigenschaften von zonengereinigtem Al während der Rekristallisation.** S. E. Maraev und E. I. Mudrova. (Fiz. Metallov Metallovedenie **25** (1968) 4, 743—47; VAMI, Leningrad; russ.) — Der Vorgang der Rekristallisation von zonengereinigtem Al mit unterschiedlicher Reinheit, das durch Walzen bei — 79° verformt war, wird mit Hilfe von Messungen der Härte u. der Bruchfestigkeit der bei verschiedenen Temp. geglühten Proben untersucht. Dabei wird eine schnelle Abnahme der Bruchfestigkeitshöhe des bei — 79° kaltverformten, zonengereinigten Al ($\varrho_0 < 8,7 \cdot 10^{-10}$ Ohm · cm) während der Rekristallisation bei Raumtemp. festgestellt. Die Messung der Härte weist auf eine intensive Entw. des Rekristallisationsprozesses bei — 20° u. auf die prakt. Abwesenheit einer Rekristallisation bei — 32° hin. Al mit $\varrho_0 < 1,2 \cdot 10^{-10}$ Ohm wird bei — 50° merklich rekristallisiert. Beim lang andauernden Halten der kaltverformten Proben von zonengereinigtem Al mit $\varrho_0 \geqq 1,5 \cdot 10^{-10}$ Ohm · cm bei — 79° wird eine Härteveränderung nicht festgestellt, was bedeutet, daß eine Rekristallisation nicht eintritt. Eine vollständige Rekristallisation des zonengereinigten Al mit $\varrho_0 \approx 4-6 \cdot 10^{-10}$ Ohm · cm tritt nur nach einem Glühen bei 50—100° auf, während Al mit $\varrho_0 < 1,5 \cdot 10^{-10}$ Ohm · cm bei Raumtemp. vollständig rekrist. wird. H. Hochstein 78

0308 **Inhomogenität der Aushärtung und Ausscheidung bei Aluminium–Kupfer-Legierungen.** 1. Mitt. **Orientierungsabhängigkeit der kritischen Schubspannung und der Zugfestigkeit von Einkristallen.** Marcelino Torralba und Günter Wassermann. (Z. Metallkunde **59** (1968) 6, 467—71; Inst. für Metallkunde u. Metallphys., TU, Clausthal; dt.) — Die Gültigkeit des Schmidschen Schubspannungsgesetzes für verschiedene Wärmebehandlungszustände (weichgeglüht, abgeschreckt, ausgelagert) wird an Al-4 %-Cu-Einkrist. verschiedener Orientierung geprüft. Es ergeben sich keine Hinweise auf eine Abhängigkeit der krit. Schubspannungswerte von der Krist.-Orientierung. Die Streuung der Schubspannungen entspricht den bekannten zeitlichen u. örtlichen Schwankungen der Eig. (Härte, ungleichmäßiger Ablauf der Ausscheidungsvorgänge). Die im Rahmen der Streuung bestehende Konstanz der krit. Schubspannungen läßt keine orientierungsabhängige Aushärtungsanisotropie, die die Schubspannung anisotrop überlagern könnte, erkennen. Die bei 150° ausgelagerten Krist. verformen sich im Zugvers. bevorzugt durch Einfachgleitung ohne Bldg. von ausgeprägten Gleitlinien. Sie brechen auf gut ausgebildeten {111}-Gleitflächen. M. Frenzel 78

0309 **Physikalische und mechanische Eigenschaften von Ti–V–Al-Legierungen.** G. P. Kalinin und O. P. Eljutin. (Izvest. Akad. Nauk SSSR, Metally **1968**, 4, 165—69; Moskva; russ.) — Eine Unters. der Konz.-Abhängigkeit der physikal. u. mechan. Eig. von Leg. der Ti-Ecke des tern. Ti–V–Al-Syst. mit bis zu 50 % V u. bis 10 % Al ergibt, daß an der Grenze der $(\alpha + \beta)/\beta$-Phasenbereiche der bin. Ti–V-Leg. von der Seite des Zweiphasenbereichs her sowie auch mit Beginn der α_2-Phasenausscheidung bei einer Erhöhung des Al-Geh. in den Leg. eine Veränderung des Verlaufs der Kurven der Abhängigkeit des elektr. Widerstandes, des Temp.-Koeff. des elektr. Widerstandes, der Wärmeleitung u. der Thermo-EMK von der Zus. der Leg. auftritt. Das günstigste Verhältnis von Festigkeit (107—112 kg/mm²) u. Plastizität bei einem elektr. Widerstand von 1,2—1,25 $\mu\Omega \cdot$ m, einem Temp.-Koeff. des elektr. Widerstandes von (0,15—0,20) · 10^{-5} Grad^{-1} u. einer Wärmeleitfähigkeit von 0,019 bis 0,020 cal/cm · s · Grad besitzen die bin. Ti–V-Leg. im Zus.-Bereich von 22—32 % V. Ein Legieren mit Al über 3—5 % bewirkt eine Versprödung der Leg. u. eine Verschlechterung der technolog. Eigenschaften. H. Hochstein 78

0310 **Eigenschaften von Zr-Legierungen des Systems Zr–Ta–V.** E. M. Tararaeva und O. S. Ivanov. (Izvest. Akad. Nauk SSSR, Metally **1968**, 4, 170—79; Moskva;

russ.) — Unters. der Korrosionseig. von Zr-Leg. mit drei Strahlenschnitten entsprechend einem Ta/V-Verhältnis von 1 : 3, 1 : 1 u. 3 : 1 bei einem Gesamtgeh. der Zusätze von 0,2—10 % durch period. Auswägung, mkr. Analyse, Messung der Oxidhäutchendicke u. der Gaseindringungstiefe auf ihre Beständigkeit gegen Ox. in CO_2 bei 500° u. 20 atm im Verlauf von 10000 Stunden. Leg. mit 0,8 bis 1,0 % Ta u. V sind beständiger gegenüber der Ox. als unlegiertes Zr. In W. bei 400° u. 170 atm im Verlauf von 9000 Std. sind die Leg. mit 0,2—1,2 % Ta u. V bei einem überwiegenden V-Geh. am stabilsten. Am beständigsten gegen Ox. an Luft bei 650° im Verlauf von 150 Std. sind Leg. mit geringem V-Gehalt. Geringe V-Zusätze in Verbindung mit noch geringeren Ta-Zusätzen erhöhen die Korrosionsbeständigkeit von Zr auch in verschiedenen anderen korrodierenden Mitteln. Die Unters. der mechan. Eig. solcher Leg. ergibt, daß V u. Ta sehr wirksame festigkeitssteigernde Zusätze für Zr sowohl bei Raumtemp. als auch bei 400° sind. Kriechunters. bei 400, 500, 600 u. 700° zeigen, daß ein gleichzeitiges Legieren von Zr mit Ta u. V bis zu 5 % die Kriechgeschw. aller untersuchten Leg. um das Zehnfache verringert. H. Hochstein 78

0311 **Korrelation zwischen Verformung und Rißbildung beziehungsweise -fortpflanzung in Zirkonium mit Hydridausscheidungen.** M. R. Warren und C. J. Beevers. (J. nuclear Mater. [Amsterdam] **26** (1968) 3, 273—85; Dep. of Phys. Metallurg. and Sci. of Mater., Univ. of Birmingham; engl.) — Bldg. u. Fortpflanzung von Rissen in Hydridausscheidungen in Zr mit 50 ppm H werden bei —196° u. einer Dehnungsrate von $\approx 5 \cdot 10^{-4}\, s^{-1}$ untersucht. Die Rißentstehung in den Hydriden erfolgt auf Grund des Überschneidens von Zwillingen mit parallelen Seiten zu {11$\bar{2}$1}- u. {10$\bar{1}$0}-Gleitbändern. Die relative Bedeutung dieser Deformationswechselwrkg. zwischen Matrix u. Ausscheidung wird bez. des Verursachens des Bruches behandelt. Der Keimbldg.-Prozeß ist unabhängig von der Orientierung der Hydride zur Richtung der Zugspannung. Die weitere Fortpflanzung der Risse in den Hydriden zeigt eine starke Abhängigkeit von der Hydridorientierung zur Richtung der Zugspannung. M. Frenzel 78

0312 **Verfestigung von Nb und seinen Legierungen.** G. V. Sokolova und S. K. Michajlov. (Izvest. Akad. Nauk SSSR, Metally **1968**, 4, 139—43; Leningrad; russ.) — Glühen im Vakuum (ca. 10^{-5} Torr) erhöht die Festigkeit von Nb u. Nb-Leg. mit 1(%) Zr oder 6 Mo oder 10 W bei normalen u. bei hohen Temperaturen. So wird z. B. die Dauerfestigkeit von Nb bei 1000° u. die der Leg. Nb + 1 Zr bei 1300° durch Glühbehandlungen bei 1000 u. bei 1500° erhöht, was auf eine Gasabsorption u. auf eine Ausscheidung einer verfestigenden Phase (Oxidphase) aus der festen Lsg. zurückgeführt wird. H. Hochstein 78

0313 **Gleitmoden von α-Uran.** M. H. Yoo. (J. nuclear Mater. [Amsterdam] **26** (1968) 3, 307—18; Dep. of Metallurg., Mech. and Mater. Sci., Mich. State Univ., East Lansing, Mich.; engl.) — Analyse der Gleitmoden bez. Krist.-Struktur u. elast. Eig.; effektive Schubmoduln, Versetzungsenergien, Versetzungsbreiten u. Peierls-Nabarro-Spannungen werden für verschiedene Gleitsyst. unter Anwendung der Versetzungstheorie bei anisotroper Elastizität berechnet. M. Frenzel 78

0314 **Temperaturabhängigkeit des Gleitens in α-Uran.** J. S. Daniel, F. Jean-Louis und P. Lacombe. (J. nuclear Mater. [Amsterdam] **26** (1968) 3, 319—25; Centre de Rech. Métallurg. de l'École des Mines de Paris; engl.) — Gleiten in α-U wird durch mechan. Vers. an Einkrist. untersucht (400—600°). Die Gleitebenen werden durch die Zwei-Flächen-Meth. ermittelt. Die Drehung des Gitters unter Zugspannung wird untersucht, um die Gleitrichtungen festzustellen. Die krit. Schubspannungen für das Gleiten in den Gleitsyst. (110)[1$\bar{1}$0] u. (001)[100] nehmen oberhalb von ca. 400° stark ab. M. Frenzel 78

0315 **Versetzungsbeweglichkeiten in α-Uran.** I. Saxl und J. Otruba. (J. nuclear Mater. [Amsterdam] **26** (1968) 3, 325—30; Nucl. Res. Inst., Czechoslov. Acad. of Sci., Řež u Prahy; engl.) — Energien u. Parameter für leichtes Gleiten (ξ/b) werden unter Annahme anisotroper Elastizität für verschiedene Gleitsyst. in α-U berechnet. Die Werte für die Peierls-Nabarro-Spannungen werden in zwei Fällen abgeschätzt, bei denen zwischenatomare Bindungskräfte verschiedener Art vorkommen. Es wird eine mögliche Erklärung für die Temp.-Abhängigkeit der krit. Schubspannung für die drei vorwiegenden Gleitsyst. gegeben. M. Frenzel 78

0316 **Mikromechanismus des Bruches in korrosionsbeständigem, martensitischem und austenitischem Stahl.** U. Lindborg. (Acta metallurg. [Long Island City, N.Y.] **16** (1968) 7, 889—96; Sect. for Phys. Metallurg., AB Atomenergi, Stockholm; engl.) — Der Bruch der Stähle 18Cr11Ni (mit 0,01 C, 0,36 Si, 0,57 Mn, 0,004 P, 0,018 S, 18,3 Cr, 10,8 Ni, 0,07 N) u. 20Cr35Ni (mit 0,02 C, 0,20 Si, 0,83 Mn, 0,008 P, 0,006 S, 19,9 Cr, 35,5 Ni, 0,05 N) wird elektronenmkr. u. durch Elektronenbeugung untersucht. Martensitbldg. erfolgt im Zusammenhang mit Rissen in 18Cr11Ni, aber nicht in 20Cr35Ni. Die Kristallitgröße variiert zwischen 600 Å u. einigen Mikron. Die atomare Teilung erfolgt in 18Cr11Ni-Martensit meist auf beliebigen kristallograph. Ebenen, während in 20Cr35Ni-Austenit (111) u. auch (100) bevorzugt werden. Das unterschiedliche Verh. hängt vermutlich mit dem Grad der Anisotropie der Oberflächenspannung u. der martensit. Defektstruktur zusammen. Es wird angenommen, daß die Martensitumwandlung die Spannungskorrosionsrißbldg. beschleunigen kann. M. Frenzel 78

0317 **Mechanismus des Fließens bei Zugbeanspruchung eines durch Alterung gehärteten Stahls mit γ'-Ausscheidungen (geordnetes Ni_3Ti).** L. K. Singhal und J. W. Martin. (Acta metallurg. [Long Island City, N.Y.] **16** (1968) 7, 947—53; Dep. of Metallurg., Oxford Univ., Oxford; engl.) — Eine Fe-Leg. mit 24(%) Ni, 17 Cr u. 2 Ti wird zur Ausscheidung der γ'-Phase in Austenit angelassen. Die Abhängigkeit Prüfspannung–Anlaßzeit wird für Alterungstemp. von 725 u. 750° gemessen. Mit Hilfe elektronenmkr. Durchstrahlungsaufnahmen an dünnen Folien wird der Mechanismus des plast. Fließens untersucht. In kurz angelassenen Proben werden Überversetzungen u. Teilchenabscherung beobachtet, in lang angelassenen Orowan-Versetzungsringe. Der Übergang zwischen diesen beiden Mechanismen erfolgt beim Härtemaximum. M. Frenzel 78

0318 **Legierungsverfestigung in Fe–N-Einkristallen.** Y. Nakada und A. S. Keh. (Acta metallurg. [Long Island City, N.Y.] **16** (1968) 7, 903—14; Edgar C. Bain Labor. for Fundamental Res., US Steel Corp. Res. Center, Monroeville, Pa.; engl.) — Fe- u. Fe–N-Einkrist. werden im Zugvers. zwischen Raumtemp. u. 77 °K bei einer Zuggeschw. von $8{,}3 \cdot 10^{-5}$/s untersucht. Bei Raumtemp. hängt die krit. Schubspannung (CRSS) linear von der Konz. des N plus Rest-C ab. Der Zusatz von N zu Fe erhöht die atherm. Komponente der Fließspannung u. erniedrigt die therm. Komponente. Die Abnahme der therm. Komponente der Fließspannung bewirkt, daß bei gleichen Temp. die CRSS einiger Fe–N-Leg. kleiner ist als die von reinem Fe. Eine Analyse der Aktivierungsenergie u. des Aktivierungsvol. für Tieftemp.-Verformung zeigt, daß der Grundmechanismus der therm. aktivierten Verformung (Peierls-Nabarro-Mechanismus) durch die Zugabe von N zu Fe nicht modifiziert wird. Gleitlinienbeobachtungen im Lichtmikroskop ergeben, daß in Fe–N-Krist. Quergleitung schwieriger ist u. Gleitbänder gröber u. weiter voneinander entfernt sind als in Fe. M. Frenzel 78

0319 **Untersuchung des Hochtemperatur-Festigkeitssteigerungsmechanismus in einer verdünnten Fe–Mn–N-Legierung mit dem Mössbauer-Effekt.** Ram. B. Roy, B. Solly und R. Wäppling. (Z. Metallkunde **59** (1968) 7, 563—66; AB Atomenergi, Studsvik, Nyköping, Sweden; engl.) — Der Festigkeitssteigerungsmechanismus in Fe + 1,6 % Mn + 0,01 % N bei 400—600° wird mit Hilfe des Mössbauer-Effekts untersucht. In diesem Temp.-Bereich zeigt das Mössbauer-Spektrum ein zusätzliches schwaches Max. neben den sechs Hauptlinien des Fe-

Spektrums. Dieses Max. ist als Änderung in der Umgebung der Fe-Atome durch Bldg. von Mn–N–Mn-Ketten im Gitter gedeutet worden. Es wird angenommen, daß die außerordentlich hohe Festigkeit der Fe–Mn–N-Leg. auf der Bldg. dieser Mn–N–Mn-Ketten beruht.
M. Frenzel 78

0320 **Kritische Schubspannungen und plastisches Fließen der Einkristalle einer Fe–Si-Legierung mit 3% Si.** V. F. Gajdučenja und B. V. Molotilov. (Izvest. vysšich učebnych Zavedenij [Tomsk], Fiz. **11** (1968) 4 (71), 27—32; Mosk. inst. stali i splavov; russ.) — Ein Gleiten in den Einkrist. einer Fe–Si-Leg. mit 0,008—0,01% C, 3,0 Si, 0,008 N_2, 0,003 S u. 0,003 P bei einer Zugbeanspruchung in Richtung von ⟨151⟩ u. ⟨1$\bar{1}$1⟩ tritt nach dem Syst. {110}⟨111⟩, aber bei einer Streckung in ⟨331⟩-Richtung auf den Ebenen {110} u. {112} in ⟨111⟩-Richtung mit einem Überwiegen des Syst. {110} · ⟨111⟩ auf. Die krit. Schubspannungen für die Gleitrichtung ⟨111⟩ u. die Flächen {110} u. {112} schwanken innerhalb der Grenzen von 9,5—10 bzw. 11—11,3 kg/mm². Die Entw. des plast. Fließens in den Einkrist. erfolgt mit Hilfe einer Bewegung der Lüders-Černov-Linien in Probenlängsrichtung u. längs der Linienausdehnung infolge eines Quergleitmechanismus.
H. Hochstein 78

0321 **Superplastizität im System Ni–Fe–Cr.** H. W. Hayden, R. C. Gibson, H. F. Merrick und J. H. Brophy. (Trans. Amer. Soc. Metals **60** (1967) 1, 3—14; Internat. Nickel Co., Inc., P. D. Merica Res. Labor., Suffern, N.Y.; engl.) — In Zweiphasen-Ni–Fe–Cr-Leg. wird über einen weiten Bereich der Zus. bei erhöhter Temp. Superplastizität beobachtet. Die superplast. Tendenzen werden durch kleinere Korngrößen u. kleine Geh. an *Ti* erhöht. Es scheint, daß die Notwendigkeit für eine Zweiphasenstruktur davon abhängt, daß die Partikel der einen Phase das Kornwachstum der anderen Phase behindern u. umgekehrt. Spannungs–Dehnungs-Messungen u. elektronenmkr. Unters. in Transmission führen zu einer schlüssigen Erklärung für den superplast. Fluß.
E. Schulte 78△

0322 **Natur der Versprödung in geglühtem Nickel.** A. S. Baj, L. M. Boruchin, I. G. Malinina und E. S. Špičineckij. (Fiz. Metallov Metallovedenie **25** (1968) 6, 1130; Giprocvetmetobrabotka, Moskva; russ.) — Elektronenmkr. Unters. von plast. u. von versprödetem Ni mit 0,002% S. Dabei zeigt sich, daß im plast. Ni die Korngrenzen fein u. von Ausscheidungen einer sek. Phase frei sind, während versprödetes Ni an den Korngrenzen Ausscheidungen einer Sekundärphase aufwies, die als Ni_3S_2 bestimmt wurde. Das Auftreten einer solchen, die Versprödung des Ni bedingenden Phase nach einer Dauerglühung bei 600° wird durch Ausscheidung von Ni_3S_2 aus fester Lsg. erklärt. H. Hochstein 78

0323 **Mit Bruchflächen verbundene Versetzungsstruktur ermüdeter Kupfereinkristalle.** M. Klesnil und P. Lukáš. (Philos. Mag. [8] **17** (1968) 150, 1295—98; Inst. of Metallurg., Czechoslov. Acad. of Sci., Brno; engl.) — 99,99% reine, im Querschnitt 3 × 5 mm² große Cu-Einkrist., mit einer (1$\bar{2}$1)-Oberfläche für Einfachgleitung orientiert, wurden bis zu einer Scherkraftamplitude von ± 3,25 kp/mm² bei einer Dauer von 10^6 Zyklen belastet. Bis zu einer Länge von 0,4 mm folgten die Brüche exakt der (111)-Fläche u. wichen dann kontinuierlich in Richtung senkrecht zur Probenachse ab. Die beobachteten Folien wurden senkrecht zur Bruchfläche u. parallel zur (1$\bar{2}$1)-Oberfläche präpariert. Für die Unters. von Dauergleitbändern wurden die Folien parallel zur (1$\bar{2}$1)-Oberfläche nach 2 · 10^5 Zyklen bei gleicher Kraftamplitude präpariert. Sie zeigen in einer Tiefe von ca. 200 μm eine leiterartige Struktur. Die Versetzungsstruktur an der Bruchfläche besteht aus vielen kleinen Zellen, deren Durchmesser mit dem Abstand von der Bruchfläche zunehmen. In einigen μm Tiefe geht die Zellen- in eine Bandstruktur über. Der Bruch pflanzt sich durch das Dauergleitband hindurch fort. Von seiner Spitze geht eine starke plast. Verformung aus, die zur Bldg. der kleinen Zellen führt. R. Zimmer 78

0324 **Einige Besonderheiten der Makrolokalisierung der plastischen Verformung von Cu-Einkristallen bei Wechseltorsion.** F. P. Rybalko, R. I. Ševčenko und N. V. Bagaev. (Izvest. vysšich učebnych Zavedenij [Tomsk], Fiz. **11** (1968) 4 (71), 47—55; Ural'skij gosuniv. im. Gor'kogo; russ.) — Cu-Einkrist. von unterschiedlicher Orientierung werden durch Wechseltorsion plast. verformt. Beobachtet werden dabei das Erscheinen feiner Gleitspuren in der Verformungsanfangsperiode, eine Längsdehnung u. eine Umwandlung des runden Probenquerschnitts. Aus einer Analyse der Gleitspuren wird festgestellt, daß bei einer symm. Lage der oktaedr. Gleitebenen zur Torsionsachse nicht alle akt. wirken, sondern nur eine gewisse Menge, die zur Umsetzung der elast. Verformungen in plast. Verschiebungen ausreicht. Von der Zahl u. Orientierung der akt. wirksamen Gleitebenen hängen die axiale Dehnung u. der Charakter der Formveränderung des Querschnitts ab. Das Fehlen einer vollständigen Rückbldg. der Verschiebungen führt zu einer Anhäufung von Verschiebungen verschiedenen Vorzeichens zwischen angrenzend angeordneten Plättchen u. zu einer entsprechenden Veränderung der Querschnittsform. Die Elemente des „Sperr"-Mechanismus der Anhäufung von Makroschüben werden für eine Erscheinung einer unvollkommenen Umkehrbarkeit einer Versetzungsbewegung gehalten. H. Hochstein 78

0325 **Spannungsinduzierte Phasenumwandlung in metastabilen festen Lösungen von Cu–Si.** M. B. Kasen, R. Taggart und D. H. Polonis. (Trans. Amer. Soc. Metals **60** (1967) 1, 144—51; NBS, Boulder, Colo.; engl.) — Die spannungsinduzierte Phasenumwandlung (kub.-flächenzentriert → hexagonal dichtgepackt) in metastabilen Cu–Si-Leg. wurde im Temp.-Bereich 20 bis 450° untersucht. Die kontinuierliche Überwachung der Mikrostruktur während der Deformation zeigte, daß die Bldg. der hexagonalen Phase das Auftreten von Gleitlinien einleitet. Die für die Umwandlung erforderliche Formänderungsenergie nimmt bis 300° zu u. bei höheren Temp. ab. Ein Modell, basierend auf der Keimbldg. von Plättchen der hexagonalen Phase aus Stapelfehlerbündeln, die von α-Korngrenzen ausgehen, wird zur Berechnung der Einleitung der Umwandlung vorgeschlagen. Die niedrige Fließspannung, die für dieses Syst. typ. ist, kann mit diesem Modell ebenfalls erklärt werden. Die hohe Spannungshärtungsgeschw. der metastabilen α-Phase wurde mit den Gleitbarrieren identifiziert, die durch die während der frühen Stadien der Deformation gebildeten hexagonalen Plättchen entstanden. E. Schulte 78△

0326 **Mechanismus der Bildung von Spannungskorrosionsrissen im System Messing–Ammoniak.** Michinori Takano und Saburo Shimodaira. (Corrosion Sci. **8** (1968) 2, 55—65, 3 Tafeln; Res. Inst. for Iron, Steel and Other Metals, Tohoku Univ., Sendai, Japan; engl.) — Der Einfl. des Korrosionsmittels [$CuSO_4$ + $(NH_4)_2SO_4$, NH_3-Dampf], der Leg.-Zus. u. der angewendeten mechan. Spannung auf die Spannungskorrosion von Messing mit 10, 20, 30, 40(%) Zn, 0,86 u. 1,97 Al wird untersucht u. der Mechanismus des interkrist. Bruchs u. des Übergangs zu transkrist. Bruch diskutiert. Der interkrist. Bruch entsteht, wenn sich dicke u. große Cu_2O-Körner auf Gleitstufen bilden u. damit die Bewegung von Versetzungen blockieren. Der Übergang zu transkrist. Bruch ist abhängig von den mechan. Eig. des gebildeten Oberflächenfilms.
M. Frenzel 78

0327 **Reibung, Verschleiß und Oberflächenhärte beim Abrieb binärer Mischkristallegierungen im System Kupfer–Gold.** D. S. Lin und H. Wilman. (J. Physics, D (Brit. J. appl. Physics) [2] **1** (1968) 5, 561—71; Dep. of Chem. Engng. and Chem. Technol., Imp. Coll., London; engl.) — Durch Gleiten auf trockenen, „glattgeschnittenen" Stahlfeilen werden der Reibungskoeff. μ, die Massenverschleißrate M u. die Oberflächenmikrohärte H_D beim Abrieb von Cu–Au-Leg. gemessen. μ u. M/ϱ (ϱ = D.) ändern sich ähnlich wie bei einem reinen kub. Metall mit ähnlichem H_D u. als Funktion der Leg.-Zus. nahezu parabol., entsprechend den Befunden von Sachs u. Weerts für die Scherbeanspruchung von Ag–Au-Legierungen. Die Abweichungen Δμ u. Δ(M/ϱ) von der Vegardschen Geraden sind ungefähr einander u. der

Abweichung Δa der Gitterkonst. von der Vegardschen Geraden proportional, nicht jedoch ΔH_D. Ähnliche Ergebnisse werden für die Syst. *Cu–Zn* u. *Cu–Ni* erhalten. Damit können die wahrscheinlichen Werte von μ, M/ϱ u. H_D für den Abrieb kub.-flächenzentrierter Leg. anderer bin. Syst. fester Lsg. bestimmt werden. Aus μ u. M kann die gespeicherte Energie abgeriebener Gebiete der Leg.-Oberfläche erhalten werden.
H.-D. Schenke 78

0328 **Anorganische Faserwerkstoffe.** J. Nixdorf. (Ber. dtsch. keram. Ges. **45** (1968) 4, 141–48; Abt. für Höchsttemp.-Werkstoffe, Battelle-Inst. e. V., Frankfurt/M.; dt.) — Übersicht über metall. Haarkrist. (Wachstumsprozeß, mechan. Festigkeit), Züchtung von metall. u. nichtmetall., bes. oxid. Whiskern, mechan. Eig. bei normaler u. hoher Temp. in Zusammenhang mit der Struktur des Krist.-Gitters u. bes. Gitterfehlern. Kontinuierlicher Herst.-Prozeß für metall. Fasern, Eig. dieser Fasern. Für nichtmetall., bes. oxid. Fasern werden Herst.-Möglichkeiten erörtert u. Eig. einer hochtonerdehaltigen, nach einem neuen Verf. hergestellten Faser besprochen. M. Frenzel 78

0329 **Relaxation mechanischer Spannungen in Ammoniakeinkristallen.** A. I. Prochvatilov und D. N. Bol'šutkin. (Fiz. tverdogo Tela **10** (1968) 4, 1218–23; Fiz.-techn. inst. nizkich temp. AN USSR, Char'kov; russ.) — Für die Relaxation im Bereich dicht unterhalb der Fließgrenze wird ein logarithm. Zeitgesetz gefunden (140–180 °K). Aktivierungsvol. u. -energie werden bestimmt. Ein Versetzungsmechanismus der Relaxation wird diskutiert. K. Jaeger 78

0330 **Restspannung und Biegefestigkeit von thermisch behandelten 96%-Aluminiumoxidstäben.** R. M. Gruver und H. P. Kirchner. (J. Amer. ceram. Soc. **51** (1968) 4, 232–33; Linden Labor., Inc., State College, Pa.; engl.) — Der Einfl. der Wärmebehandlung (Abkühlung im Ofen bzw. Abschrecken in Preßluft ab 1500°) auf Restspannung u. Biegefestigkeit von zylindr. 96%-Al_2O_3-Stäben wird untersucht. Die normalerweise (keine Wärmebehandlung bzw. langsames Abkühlen im Ofen) in den Proben auftretenden Dehnungsspannungen verschwinden durch das Abschrecken; dafür treten Oberflächendruckspannungen auf. Die Biegefestigkeit wird durch das Abschrecken vergrößert. W. Laqua 78

0331 **Struktur und Eigenschaften von Yttriumoxid-Zirkonium-Dispersionen.** J. Rezek und B. G. Childs. (J. nuclear Mater. [Amsterdam] **26** (1968) 3, 285–99; Res. and Dev. Labor., Canadian Westinghouse Co., Hamilton, Ontario; engl.) — Die für die Stabilität von dispergiertem Y_2O_3 (I), *CaO*, ThO_2, *BeO*, Ce_2O_3, *MgO* u. La_2O_3 in Zr nötigen O-Konz. werden für 500–1200° berechnet. Gesinterte Proben von homogenen, pulvermetallurg. hergestellten I-Zr-Dispersionen definierter Korngröße werden hergestellt u. elektronenmkr. untersucht. I soll unter den gegebenen Bedingungen in Zr chem. nicht stabil sein. I-Konz. bis 2 Vol.-% haben keinen Einfl. auf die Bruchfestigkeit von rehydrierten u. erneut gesinterten Proben bei 500°, bei höheren Konz. ergeben sich bessere Brucheigenschaften.
M. Frenzel 78

0332 **Innere Reibung von Ionenaustauschprozessen unterworfenen Gläsern.** T. D. Taylor und G. E. Rindone. (J. Amer. ceram. Soc. **51** (1968) 5, 289–90; Mater. Sci. Dep., Pa. State Univ., University Park, Pa.; engl.) — Gemessen wurde die innere Reibung von 0,5 mm dicken Glasfasern der Zus. $Li_2O \cdot 2{,}5\ SiO_2$ nach Ionenaustausch von unterschiedlicher Dauer in $NaNO_3$-Bädern bei 350°. Mit zunehmender Austauschzeit t (1 bis 30 Min.) nimmt die Höhe des Tieftemp.-Peaks wie bei konventionellen gemischten Alkalimetallgläsern ab, während sich die Peaklage geringfügig nach höheren Temp. verschiebt; die Temp. des zweiten Peaks nimmt mit t ab, während die Peakhöhe zunimmt. Aus den Unters. folgt, daß ein Li-Na-Ionenaustausch bereits nach Zeiten von ca. 1 Min. stattfindet. Die beschriebenen Effekte werden durch Ausheizen im Anschluß an den Austauschprozeß verstärkt. W. Laqua 78

0333 **Empirische Bestimmung des Untergrundes bei der Untersuchung der inneren Reibung.** M. B. Field und R. H. Redwine. (J. Amer. ceram. Soc. **51** (1968) 2, 112 bis 113; Phys. and Chem. Sect., Owens-Ill., Technic. Center, Toledo, O.; engl.) — Gemessen wurde die Temp.-Abhängigkeit (180–740 °K) der inneren Reibung von *Na-Silicatglas* (12,6 Mol-% Na_2CO_3). Der sog. Untergrund des von einem schmaleren u. einem breiteren Relaxationspeak überlagerten Spektrums der inneren Reibung läßt sich durch ein Polynom dritten Grades wiedergeben, das empir. nach der Meth. der kleinsten Quadrate aus den experimentellen Werten erhalten wurde. W. Laqua 78

0334 **Dilatometrische Untersuchungen an keramischen Proben des Systems ZrO_2–SiO_2 bei 20–1200°.** P. P. Budnikov, A. A. Paščenko, E. A. Starčevskaja und V. S. Gumen. (Izvest. Akad. Nauk SSSR, Neorg. Mater. **4** (1968) 5, 785–86; Kievskij politechn. inst.; russ.) — Bei der Umwandlung von tetragonalem ZrO_2 (I) in monoklines I beträgt die Vol.-Änderung 7,7%, weshalb in I-Keramik Risse entstehen können. Verschiedene feste Lsg. von I besitzen keine bzw. eine verzögerte Polymorphie. Dilatometr. wurden Proben aus I mit 6, 9 u. 10 Gew.-% SiO_2 (II), die durch einstündiges Brennen bei 1700 bis 1750° erhalten wurden, untersucht. Bei 9–10% II sind im Röntgenogramm einzelne Linien des Zirkons zu erkennen, jedoch keine Anzeichen für die Bldg. von Mischkristallen. Die dilatometr. Kurven für Aufheizen u. Abkühlen zeigen starke Hysterese, d. h., die Umwandlung von I tritt nur bei der Aufheizung, jedoch nicht bei der Abkühlung auf. U. Strobel 80

0335 **Lineare thermische Ausdehnung von drei Wolframaten.** Charles Martinek und F. A. Hummel. (J. Amer. ceram. Soc. **51** (1968) 4, 227–28; Mater., Sci. Dep., Pa. State Univ., University Park, Pa.; engl.) — Für die angegebenen Temp.-Bereiche wurden an polykrist. Sinterkörpern (getempert bei Temp. um 1150°) folgende lineare Wärmeausdehnungskoeff. bestimmt: $-103 \cdot 10^{-7}$ (50–200°) bzw. $-36 \cdot 10^{-7}$ (200–700°) für ZrW_2O_8, $19 \cdot 10^{-7}$ (25–700°) für $Al_4W_5O_{21}$, $60 \cdot 10^{-7}$ (25–975°) für Cr_2WO_6. W. Laqua 80

0336 **Korngröße und Diffusion.** Theo Heumann. (Z. Metallkunde **59** (1968) 6, 455–59; Inst. für Metallforsch., Westfäl. Wilhelms-Univ. Münster/Westfalen; dt.) — Übersicht. — Zwischen Korngrößen u. Diffusion in metall. Werkstoffen bestehen wechselseitige Beziehungen. Erläutert werden Beseitigung einer Kornseigerung, Wachsen u. Endkorngröße aus übersätt. Matrix ausgeschiedener Phasen u. inkongruent schmelzender Verb., Korngrenzendiffusion u. eutektoide Umwandlungen. — Diskussion. M. Frenzel 84

0337 **Problem der Diffusion im System zweier Medien.** E. M. Kartašov, G. M. Bartenev und I. V. Razumovskaja. (Izvest. vysšich učebnych Zavedenij [Tomsk], Fiz. **11** (1968) 4 (71), 65–75; Mosk. gospedinst. im. Lenina; russ.) — Erhalten wird eine mathemat. Lösung des Randproblems einer Diffusionsgleichung zweier halbunendlicher Medien, die durch eine verschiebbare Grenze getrennt sind u. Anisotropie besitzen. Diese mathemat. Lösung wird für beliebige Funktionen erhalten., die das Verh. der gesuchten Konz. auf der Zonengrenze u. zum Anfangszeitmoment beschreiben. H. Hochstein 84

0338 **Berechnung der Eindringenergie von Fremdatomen in oktaedrische und tetraedrische Lagen des kubischraumzentrierten Gitters.** G. A. Šatalov und A. G. Chačaturjan. (Fiz. Metallov Metallovedenie **25** (1968) 4, 637–46; CNIIČM im. Bardina; russ.) — Berechnungen für *Fe*, *Ta*, *Nb* u. *V* zeigen, daß in Fe eindringende Atome oktaedr. Lagen einnehmen müssen, in Ta u. Nb beide Eindringarten möglich sind u. in V nur Tetraederplätze eingenommen werden. H. Roschkowski 84

0339 **Gasblasen in Festkörpern.** A. B. Lidiard und R. S. Nelson. (Philos. Mag. [8] **17** (1968) 146, 425–29; AERE, Harwell, Didcot, Berks.; engl.) — Es wird gezeigt, daß als Folge des Unterschiedes zwischen Oberflächenspannung γ u. Oberflächenenergie σ bei Festkörpern auch im Zustand des thermodynam. Gleichgew.

in der Umgebung von Gasblasen ein Spannungsfeld existiert. Die Existenz dieses Spannungsfeldes führt zu einer schwachen Anziehung der Gasblasen, was in prakt. Fällen bei der Gasblasenwanderung nur dann eine Rolle spielt, wenn sie im Vgl. zu ihren Radien geringen Abstand voneinander besitzen. W. Laqua 84

0340 **Einfluß eines elektrischen Felds auf das Verhalten von Gaseinschlüssen in Alkalimetallhalogenid-Einkristallen.** Ja. O. Hehuzin, N. M. Ovčarenko und E. O. Ejvazov. (Ukrains'kyj fiz. Ž. **13** (1968) 4, 581—88; Charkivs'kyj deržuniv. im. Gor'kogo; ukrain., Auszug: engl.) — Die Wanderung von Gaseinschlüssen in *LiF*- u. *NaCl*-Einkrist. unter dem Einfl. eines äußeren elektr. Felds wird experimentell untersucht. Es treten zwei Effekte mit linearer bzw. quadrat. Abhängigkeit der Wanderungsgeschw. vom Feld auf. H. Roschkowski 84

0341 **Technik der Kryptonierung nach der Diffusionsmethode.** Š. Varga, V. Jesenák, J. Tölgyessy und B. Filip. (Isotopenpraxis **4** (1968) 4, 141—43; Slow. TH, Lehrstuhl für Radiochem. u. Strahlenchem., Bratislava; dt.) — Eine App. zur Herst. von radioakt. Kryptonaten bei erhöhter Temp. u. erhöhtem Druck durch Diffusion wird beschrieben. Der zu kryptonierende Stoff wird in eine dickwandige Kapillare eingebracht u. ^{85}Kr mit Hilfe eines beweglichen Hg-Stöpsels darüber eingeschlossen (regulierbare elektr. Heizung eines Al-Blocks; Druckerhöhung durch N_2 aus Druckflasche). $KBrO_3$, $(NH_4)_2Fe \cdot (SO_4)_2 \cdot 6\,H_2O$, KCl, $NaClO_3$, Fe_2O_3 u. NH_4NO_3 werden bei 20—220° u. 6—8 ata kryptoniert (Diffusionsdauer 8—288 Std.). M. Frenzel 84

0342 **Einfluß der Korngrenzenmigration auf die Verteilung von Xenon in Aluminium.** S. Kawasaki. (J. nuclear Mater. [Amsterdam] **26** (1968) 3, 338—40; Nuclear Fuel Res. Div., Japan Atom. Energy Res. Inst., Tokai-mura, Naka-gun, Ibaraki-ken; engl.) — Die Korngrenzenmigration hat bei hohen Tempertemp. nach der Bestrahlung sowie bei sehr geringen Xe-Konz. keinen Einfl. auf die Verteilung. M. Frenzel 84

0343 **Bestimmung des Diffusionskoeffizienten von Wasserstoff in elektrolytischem Eisen.** E. A. Mamontov und V. V. Karjakin. (Zav. Labor. **34** (1968) 7, 825—26; Kišinevskij selchoz. inst. im. Frunze; russ.) — Nachw., daß der Diffusionskoeff. von H in elektrolyt. Fe-Nd. wesentlich von den Herst.-Bedingungen abhängt. Die Zunahme dieses Koeff. bei Erhöhung der Stromdichte u. Abnahme der Elektrolysetemp. hängt mit der Konz. von Strukturfehlordnungen in den elektrolyt. Fe-Nd. zusammen. H. Hochstein 84

0344 **Einfluß des Anteils an Ortho- und Parawasserstoff auf die Diffusionsgeschwindigkeit von Wasserstoff durch Palladium.** Lucien Fitoussi. (C. R. hebd. Séances Acad. Sci., Sér. C **266** (1968) 3, 164—67; CEN Saclay, Gif-sur-Yvette, Essonne; franz.) — Die Best. der Diffusionsgeschw. (DG) durch Pd (179°, 30 Torr) von normalem H_2 (75 o-H_2, 25 p-H_2) u. von an p-H_2 angereichertem H_2 (50% p-H_2 mit Fe_2O_3 als Katalysator) zeigt, daß p-H_2 wesentlich rascher diffundiert als o-H_2. Vf. versuchen, die Verringerung der DG während der Diffusion von n-H_2 u. ihren Anstieg bei Verminderung des Druckes (10^{-2} Torr) durch das Anwachsen bzw. die Verringerung des o-H_2-Geh. der adsorbierten Grenzschicht zu erklären. G. Schatz 84

0345 **Umsetzung von Wasserstoff mit Palladium-Nickel-Legierungen.** A. A. Rodina, M. A. Gurevič, N. I. Doroničeva und L. V. Mel'nikova. (Ž. fiz. Chim. **42** (1968) 4, 977—81; 1 Tafel; Gos. naučno-issl. i proektnyj inst. redkometall, prom., Moskva; russ.) — Die Durchlässigkeit von Pd-(2—50 Massen-%) Ni-Leg. gegenüber Wasserstoff wurde bei 300—500° bei Druckunterschieden von 1 atm bestimmt. Sie sinkt bei zunehmenden Ni-Geh. bis 5,5% wenig, darüber stark. Leg. mit 2—3,5% Ni sind bei Temp.-Behandlung in H_2 bei 20—500° wenig beständig, wie röntgenograph. Unters. zeigen, entsteht dabei eine zweite Phase. Metallograph. Unters. zeigen eine starke Änderung der Mikrostruktur. Leg. mit 5—50% Ni sind beim Erhitzen in H_2 beständig. J. J. Pohl 84

0346 **Umsetzung von verschieden reinem Palladium mit Wasserstoff.** A. A. Rodina, M. A. Gurevič, G. F. Ivanovskij, T. N. Zagorskaja und N. I. Doroničeva. (Ž. fiz. Chim. **42** (1968) 5, 1269—71; 1 Tafel; russ.) — Vgl. vorst. Referat. — Der Verlauf der $\alpha \rightleftharpoons \beta$-Umwandlung von metall. Pd ist beim Erwärmen u. Abkühlen in Wasserstoff unabhängig von der Anwesenheit von Beimengungen. Die Suszeptibilität von reinem einkrist. Pd ist in Bezug auf Wasserstoff um 30% höher als die von techn. Pd-Proben. Die Pd-Proben wurden röntgenograph. untersucht. J. J. Pohl 84

0347 **Sauerstoffdiffusion in monoklinem Zirkoniumdioxid.** A. Madeyski und W. W. Smeltzer. (Mater. Res. Bull. **3** (1968) 4, 369—76; Dep. of Metallurg. and Mater. Sci., McMaster Univ., Hamilton, Ontario; engl.) — Die O-Selbstdiffusionskoeff. von nahezu stöchiometr., monoklinen Zr-Dioxid wurden zwischen 800 u. 1000° bei einem O_2-Partialdruck von 300 (Torr) massenspektrometr. bestimmt. Die Ergebnisse liefern die Beziehung D (cm²/sec) = $9{,}73 \cdot 10^{-3} \exp(-56\,000/RT)$. Die Ergebnisse lassen sich unter Annahme eines Fehlordnungsmodells vom Anti-Frenkel-Typ deuten. die Überführungszahl der O-Ionen beträgt bei 990° u. p_{O_2} = 300 Torr $4{,}5 \cdot 10^{-3}$. W. Laqua 84

0348 **Untersuchung der Stickstoffdiffusion in Zirkoniumnitrid durch Schichtdickenbestimmung.** C. J. Rosa und W. C. Hagel. (J. electrochem. Soc. **115** (1968) 5, 467—70; Univ. of Denver Res. Inst., Denver, Colo.; engl.) — Mechan. polierte Proben von 99,93%ig. Zr werden bei Temp. von 650—850° bis 900 Std. lang mit N_2 umgesetzt. Die Dicke d der gebildeten ZrN-Schichten wird mkr. an Querschliffen bestimmt. Mit Hilfe von d u. bekannten Daten der N-Diffusion in Zr werden unter Berücksichtigung der in einer Richtung erfolgenden Diffusion in einem Zweiphasensyst. die Diffusionskoeff. D von N in ZrN berechnet. Die Temp.-Abhängigkeit von D wird mit D = $7{,}87 \cdot 10^{-5} \exp(-35\,900/RT)$ cm²/s beschrieben. Die Diffusion erfolgt offenbar über Leerstellen im ZrN. Herbert Müller 84

0349 **Einfluß einer plastischen Kaltvorverformung auf die C-Diffusion in Legierungen auf Fe-Basis.** M. A. Matosjan und V. M. Golikov. (Fiz. Metallov Metallovedenie **25** (1968) 2, 377—79; Inst. metallovedenija i fiz. metallov CNIIČERMET im. Bardina; russ.) — Unters. des Einfl. verschiedener durch plast. Kaltvorverformung erzeugter Störstellen auf die C-Diffusion (^{14}C) in reinem Fe sowie in einer Fe–Si-Leg. mit 0,03(%) C, 3,38 Si u. in einer Fe–Cr-Leg. mit 0,02 C u. 1,92 Cr. H. Hochstein 84

0350 **Diffusionsmaskierung von Siliciumnitrid- und Siliciumoxidnitridfilmen auf Silicium.** F. K. Heumann, D. M. Brown und E. Mets. (J. electrochem. Soc. **115** (1968) 1, 99—101; Gen. Electric Res. and Dev. Center, Schenectady, N.Y.; engl.) — Vf. untersuchten qual. die Eignung von 200—2000 Å dicken Si-Nitrid- (I) u. Si-Oxidnitridfilmen (II) auf Si als Masken bei Dotierungen mit B, P, Ga u. As. Bei nicht zu hohen Temp. (ca. 1100°) u. kürzeren Diffusionszeiten (4—10 Std.) sind **I** u. **II** als Maskierungsmittel für B, P, Ga u. As bei Verw. passender Dotierungsmittelquellen geeignet. Die Diffusion von Ga wird durch **I** besser maskiert als durch Oxide; bei As beträgt die Diffusionstiefe bei 1100° nur 0,6 μ. Eine Maskierung durch **I** bei größeren Diffusionstiefen (30 μ) kann mit B erreicht werden, wenn höhere Temp. u. ein abgeschlossenes Syst. benutzt werden. Maskieren von P, Ga u. As bei größeren Diffusionstiefen wird durch Verw. dickerer Filme u. längerer Zeiten erreicht. P. Scharner 84

0351 **Getterwirksamkeit von Phosphorsilicat- und Borsilicatreaktionsphasen bei der Eindiffusion von Verunreinigungen in Silicium.** G. Förstner und G. Mohaupt. (Z. physik. Chem. [Leipzig] **234** (1967) 3/4, 178—84; VEB Halbleiterwerk Frankfurt/Oder, Werksteil Stahnsdorf; dt.) — p-leitende Si-Scheiben zeigen bei 1200° im Diffusionsofen unter N_2 einen Leitungstypwechsel (vermutlich Vergiftung), der durch Einw. von Phosphor- u. Borsilicatrk.-Phasen wieder rückgängig gemacht werden kann. An auf einer Seite mit P_2O_5, auf der anderen mit B_2O_3 an einer Si-Einkrist.-Scheibe hergestellte Rk.-

Phasen (Eindiffusion von P bzw. B ins Si) zeigen bei 1200° Getterwrkg. auf *Al, Fe, Mg* u. *Mn*, keine dagegen auf Cu, wie spektralanalyt. festgestellt wurde.
A. Jaeschke 84

0352 **„Unipolare" Oberflächendiffusion im System Ge–Al.** B. Ja. Pines und Z. Z. Zyman. (Fiz. Metallov Metallovedenie **25** (1968) 5, 840—44; Char'kovskij gosuniv. im. Gor'kogo; russ.) — Es wird gezeigt, daß in einem bin. Syst. ohne gegenseitige Löslichkeit der Komponenten u. ohne Bldg. neuer Phasen eine „unipolare" Diffusion (nur der einen Komponente) an der Oberfläche auftreten muß. Elektronograph. wird am Syst. Ge–Al gezeigt, daß nur Ge durch Al, aber nicht Al durch Ge an der Oberfläche diffundiert. H. Roschkowski 84

0353 **Bildungsmechanismus von $PbTiO_3$.** Norman H. Harris und R. L. Cook. (J. Amer. ceram. Soc. **51** (1968) 4, 230; Dep. of Ceram. Engng., Univ. of Ill., Urbana, Ill.; engl.) — Die Bldg. von $PbTiO_3$ im Syst. TiO_2 (Einkrist.)-PbO (Gas) wurde bei 1180° durch Unters. mit Pt-Drahtmarkierungen verfolgt. Danach findet entgegengesetzte Kationendiffusion durch die Rk.-Schicht statt, was im Widerspruch zu Ergebnissen von Matsuo et al. (vgl. J. Amer. ceram. Soc. **48** (1965) 6, 289) steht, die ein Eindringen von PbO in das TiO_2-Gitter beobachtet hatten. W. Laqua 84

0354 **Diffusion von Chrom in Eisenlegierungen mit Vanadin und Chrom.** L. V. Pavlinov, E. A. Isadžanov und V. P. Smirnov. (Fiz. Metallov Metallovedenie **25** (1968) 5, 959—60; russ.) — Untersucht wird die Diffusion von Cr in einer Fe-Leg. mit 15 (Gew.-%) Cr bzw. 1,7 V. Die Diffusionskoeff. von ^{51}Cr in beiden Leg. unterscheiden sich im Rahmen der Vers.-Genauigkeit nicht u. betragen für 800—1300° $D = 2{,}0 \exp(-57\,000/RT)$ cm²/s. Die Aktivierungsenergie hat nahezu den gleichen Wert wie die für die Selbstdiffusion in α-Fe (59000 cal/g-Atom).
H. Roschkowski 84

0355 **Selbstdiffusionskoeffizient von Uran in Uranmonocarbid.** Philippe Villaine und Jean-François Marin. (C. R. hebd. Séances Acad. Sci., Sér. C **264** (1967) 25, 2015—18; Grenoble, Centre d'Études nucl.; franz.) — Untersucht werden mit einer dünnen UC-Schicht versehene U-Proben, die auf einer konst. Temp. bei 1450 bis 1980° gehalten werden. Die UC-Schichten sind zu 90% mit ^{235}U angereichert. Zur Messung der Diffusionsprofile wird die α-Strahlung des im ^{235}U enthaltenen ^{234}U herangezogen. Der Selbstdiffusionskoeff. bei stöchiometr. UC ergibt sich zu $D = 7 \cdot 10^{-5}\, e^{-80\,000/RT}$; D ist erheblich größer bei U-reicherem UC u. sehr viel kleiner bei C-reicherem UC. F. Haenschke 84

0356 **Diffusion in polykristallinem Silber** 3. Mitt. **Selbstdiffusion von Silber.** V. N. Kajgorodov, S. M. Klocman, A. N. Timofeev und I. Š. Trachtenberg. (Fiz. Metallov Metallovedenie **25** (1968) 5, 910—23; Inst. fiz. metallov AN SSSR; russ.) — 2. vgl. C. **1968**, 39-0232. — Radiometr. wird durch Schichtanalyse die Vol., Interkristallit- u. Versetzungsdiffusion von ^{110m}Ag in polykrist. Ag untersucht. Die bei 490—290 bzw. 190—100° bestimmten Aktivierungsenergien der interkrist. u. Versetzungsdiffusion unterscheiden sich wenig.
H. Roschkowski 84

0357 **Selbstdiffusion von Silber bei Elektronenbestrahlung.** L. M. Bystrov und Ju. M. Platov. (Fiz. Metallov Metallovedenie **25** (1968) 5, 944—45; Inst. metallurg. im. Bajkova AN SSSR; russ.) — Bei Temp. von 600—780° konnte bei Verw. von ^{110}Ag kein Einfl. einer gleichzeitigen Elektronenbestrahlung auf die Selbstdiffusion festgestellt werden. H. Roschkowski 84

0358 **Elektronographische Untersuchung der Diffusion in dünnen Gold–Palladiumfilmen.** B. T. Bojko, L. S. Palatnik und M. V. Lebedeva. (Fiz. Metallov Metallovedenie **25** (1968) 5, 845—48; Char'kovskij politechn. inst. im. Lenina; russ.) — Der Heterodiffusionskoeff. in Au–Pd-Diffusionspaaren im Konz.-Bereich 0—50 Atom-% Au hängt bei Anlaßtemp. von 400—600° nicht von der Konz. ab u. befolgt die Beziehung $D = 1{,}2 \cdot 10^{-5} \cdot \exp(-11\,000/RT)$ cm²/s. H. Roschkowski 84

0359 **Eindringtiefe und Verteilung niederenergetischer Ionen in Festkörpern.** V. S. Kessel'man. (Fiz. Techn. Poluprovodnikov **2** (1968) 1, 93—101; russ.) — Monte-Carlo-Statistik unter Berücksichtigung des Bohr-, des Thomas-Fermi- u. des Thomas-Fermi-Dirac-Potentials. Gleichungen für den Energieverlust durch unelast. Stöße, für die Eindringtiefe u. die Verteilung der gebremsten Atome (Ionen) werden mitgeteilt.
K. Jaeger 86

0360 **Reichweite von Ar-, Kr- und Xe-Ionen in Festkörpern im 500-keV- bis 2-MeV-Energiebereich.** D. Powers, W. K. Chu und P. D. Bourland. (Physic. Rev. [2] **165** (1968) 2, 376—87; Baylor Univ., Waco, Tex.; engl.) — Die Reichweite von Ar in *Be* u. *C*, von Kr in Be, C u. *Al* u. von Xe in Be, C u. Al wurde in 100-keV-Stufen mit einer Genauigkeit von ±10,1—3,2% gemessen, die Reichweite von Xe in *V*, *Ni* u. *Cu* in 250-keV-Stufen von 500 keV bis 1,75 MeV mit einer Genauigkeit von ±11,4 bis 5,7%. Sieben von 11 Meßreihen stimmen innerhalb 9% mit der Theorie von Lindhard, Scharff u. Schiøtt überein; die beste Übereinstimmung liegt in dem Energiebereich, in dem die Elektronenbremsung angenähert gleich der Kernbremsung ist. Ergebnisse für Ar in Be u. C sind um 10—18% kleiner als nach der Theorie, die Übereinstimmung wird ausgezeichnet, wenn die Schalenstrukturkorrektur von Ormrod, MacDonald u. Duckworth angewendet wird. Die Messungen für Xe in Ni u. Cu ergeben um 8—24% kleinere Werte als die Theorie. Die Protonen-Bremsquerschnitte in V bei 559, 1776 u. 1984 keV werden angegeben. H. Liepack 86

0361 **Radiotracer-Untersuchungen des Aufbaus von Ioneneinpflanzprofilen in Siliciumsubstraten.** K. E. Manchester. (J. electrochem. Soc. **115** (1968) 6, 656—60; Res. and Dev. Labor., Sprague Electric Comp., North Adams, Mass.; engl.) — In Si-Krist. werden insgesamt $5 \cdot 10^{14}$ 40-keV-^{31}P-Ionen eingeschossen. Dabei wird eine Markierung von ca. 10^{11} $^{32}P^+$-Ionen in allen Proben erhalten. Die gemessenen Profile werden mit einer Dosisabhängigkeit der Kanalleitung in Si gedeutet.
K. H. Härdtl 86

0362 **Verteilung und Pfad von Bor- und Phosphorionen in SiO_2 beim Ionenbeschuß.** V. G. Volod'ko, E. I. Zorin, P. V. Pavlov und D. I. Tetel'baum. (Fiz. tverdogo Tela **10** (1968) 4, 1048—52; Gor'kovskij gos. univ. im. Lobačevskogo; russ.) — Beschuß von mit SiO_2-Schichten (≲0,05 μm) bedeckten n- u. p-*Si*-Flächen mit 30 bis 100-keV-B^+-Ionen u. 50—150-keV-P^+-Ionen. Die beobachteten Verteilungen u. Eindringpfade können durch die Lindgrad-Scharf-Theorie beschrieben werden.
K. Jaeger 86

0363 **Energieverluste von Protonen beim Kanaldurchgang in ionischen Einkristallen.** É. T. Šipatov. (Izvest. vysšich učebnych Zavedenij [Tomsk], Fiz. **11** (1968) 4 (71), 145—46; Tomskij politechn. inst. im. Kirova; russ.) — Theoret. Unters. mit numer. Daten für *NaCl*-Einkristalle. H. Roschkowski 86

0364 **Energieverlust langsamer Protonen in Gold.** A. H. Morton, D. A. Aldcroft und M. F. Payne. (Physic. Rev. [2] **165** (1968) 2, 415—19; United Kingdom Atomic Energy Authority, Culham Labor., Near Abingdon, Berks.; engl.) — Es wird dE/dx für Protonen unterhalb 50 keV aus dem Ansprechen eines Si-Sperrschichtdetektors bestimmt, der mit einer Au-Oberflächenschicht belegt ist. Die Wrkg.-Querschnitte der Rückstreuung für auf Au auftreffende Protonen werden aus dem Ansprechen des Detektors auf H_2^+ u. H_3^+ im selben Energiebereich ermittelt. Es ist σ_B (13,42 keV) = (1,89 ± 0,27) · 10^{-19} cm² u. σ_B (20,25 keV) = (1,31 ± 0,30) · 10^{-19} cm².
H. Liepack 86

0365 **Elektronenenergie–Verlustspektren für aufgedampfte Kohlenstoffilme.** R. E. Burge und D. L. Misell. (Philos. Mag. [8] 18 (1968) 152, 251—59; Dep. of Phys., Univ. of London Queen Elizabeth College, London; engl.) — Die Verteilung von Elektronenenergieverlusten (Bereich 10—100 eV) für Filme von aufgedampftem C wurde für einen Bereich von Filmdicken von 165—835 Å u. einen Bereich von Elektronenenergien von 23—70 keV untersucht. Die mittlere freie Weglänge λ_i für unelast. Elektronenstreuung wird für jede Elektronenenergie be-

stimmt; sie ist in guter Übereinstimmung mit der Bohm-Pines-Plasmaoszillationstheorie.
Herbert Weber 86

0366 **Elektronenenergie–Verlustspektren für Aluminium.** R. E. Burge und D. L. Misell. (Philos. Mag. [8] 18 (1968) 152, 261—68; engl.) — Vgl. vorst. Referat. — Unters. für 23—70 keV u. Al-Filmdicken von 435 bis 1950 Å. Die bestimmten Werte von λ_l sind in guter Übereinstimmung mit der Plasmaoszillationstheorie.
Herbert Weber 86

0367 **Reflexion monoenergetischer Elektronen mit Energien von 600—1200 keV von Metallen und Legierungen.** V. G. Guglja, P. Ja. Glazunov und V. V. Kosuchin. (Ž. techn. Fiz. 38 (1968) 5, 897—901; Inst. fiz. chim. AN SSSR, Moskva; russ.) — Die Elektronenreflexion von Ta, Cd, Nb, Ti, Ni, der Leg. 79NM5 (79,5% Ni; 5 Mo; 15,1 Fe; 0,41 Mn) u. Pb–Sn-Leg. mit 28,2; 45 u. 61,9% Sn wird untersucht. Bei allen untersuchten Proben vermindert sich der Reflexionskoeff. mit steigender Elektronenenergie. Die Reflexion von den Leg. wird durch die nach Müller (1957) ber. mittlere Ladung bestimmt.
H. Roschkowski 86

0368 **Abhängigkeit der maximalen Energie reflektierter β-Strahlung von der Ordnungszahl des Reflektors.** P. D. Korž und L. M. Bojaršinov. (Izvest. vysšich učebnych Zavedenij [Tomsk], Fiz. 11 (1968) 4 (71), 76—79; Magnitogorskij gornometall. inst.; russ.) — Mit Hilfe der Absorptionsmeth. wird die maximale Energie bei der einfachen, doppelten u. vierfachen Rückstreuung von β-Teilchen in Abhängigkeit von der Energie der β-Quelle ($^{90}Y-^{90}Sr$) u. der Ordnungszahl des reflektierenden Elements (*Pb, Sn, Cu, Fe, Al, C*) bestimmt.
H. Roschkowski 86

0369 **Chemische Methoden zur Untersuchung der Bestrahlungsdefekte in Alkalimetallhalogenidkristallen.** Ju. E. Tiliks, K. K. Švarc und O. M. Vichareva. (Izvest. Akad. Nauk Latv. SSR, Ser. fiz. techn. Nauk **1968**, 2, 71—74; Inst. fiz. AN Latv. SSR; russ., Auszug: engl.) — Best. der Konz. der durch Bestrahlung oder additive Färbung in *NaCl* u. *KCl* gebildeten elektron. Farbzentren durch Lösen der Krist. in wss. Lsg. u. Unters. der Rk. des „hydratisierten" Farbzentrenelektrons: $e_{aq}^- + H_2O$; $e_{aq}^- + H^+$; $e_{aq}^- + H^+ + C_2H_5OH$; $e_{aq}^- + O_2$; $e_{aq}^- + N_2O$ u. $e_{aq}^- + Pb^{2+}$. Der Best.-Fehler beträgt ±8%.
K. Jaeger 86

0370 **Strahlenschädigung in Alkalimetall- und Silberhalogeniden.** W. Waidelich. (Photogr. Sci. Engng. 11 (1967) 3, 167—72; Physikal. Inst. der TH Darmstadt, Deutschland; engl.) — Die opt. Absorption sowie die Änderungen der Gitterparameter u. der D. werden an *KBr, KCl, LiF, NaF, AgCl* u. *AgBr* gemessen.
W. Menz 86

Optische Eigenschaften

0371 **IR-Untersuchungen bei tiefer Temperatur.** 5. Mitt. **Torsionsoszillationen und NMR-Linienbreitenübergang in Festkörpern.** C. J. H. Schutte. (Chem. Physics Letters [Amsterdam] 1 (1968) 12, 585—87; Univ. of South Africa, Pretoria, Republic of South Africa; engl.) — 3. vgl. ibid. 1 (1968) 11, 515; 1. vgl. C. **1968**, 35-0309. — Es wird gezeigt, daß keine direkte Beziehung zwischen dem NMR-Linienbreitenübergang u. dem Auftreten von Torsionsfrequenzen im IR besteht u. daß die Ggw. von IR-Strahlung angemessener Frequenzen die Temp. der NMR-Linienbreite stark beeinflussen kann. H. Liepack 91

0372 **Ungleichgewichtsstrahlung stoßkomprimierter Ionenkristalle.** G. A. Kirillov, S. B. Kormer und M. V. Sinicyn. (Ž. èksper. teoret. Fiz. — Pis'ma v Redakciju 7 (1968) 10, 368—70; russ.) — Aus dem Vgl. der experimentell ermittelten u. der ber., durch Stoß erzeugten Strahlungstemp. von *NaCl, CsBr* u. *LiF* wird geschlossen, daß die höheren experimentellen Werte die Ungleichgew.-Strahlung in diesem Falle beweisen.
V. Burjan 92△

0373 **Starke optische Nichtlinearitäten in kolloidalen Systemen.** S. Kielich. (Chem. Physics Letters [Amsterdam] 1 (1968) 13, 675—77; Dep. of Mol. Phys., A. Mickiewicz Univ., Poznań, Poland; engl.) — Theoret. Unters., Diskussion der starken Verengung eines Laserstrahls in Au–W.-Kolloiden. H. Liepack 92

0374 **Beziehung zwischen harmonischer Streuung und kritischem Punkt in NH_4Cl.** I. Freund. (Chem. Physics Letters [Amsterdam] 1 (1968) 11, 551—54; Bell Telephone Labor., Inc., Murray Hill, N.J.; engl.) — Theoret. Unters. von Vers. zur Generation opt. Harmon. in NH_4Cl. Der Fernbereichskorrelationsparameter K wird abgeschätzt, er hat eine Temp.-Abhängigkeit, die nicht mit der Theorie übereinstimmt. H. Liepack 92

0375 **Zusätzliche Strahlungskegel der Anti-Stokes-Komponenten der induzierten Raman-Streuung in Calcit.** B. M. Ataev und V. N. Lugovoj. (Ž. èksper. teoret. Fiz.-Pis'ma v Redakciju 7 (1968) 2, 52—55; Moskau, Fiz. inst. im. Lebedeva; russ.) — Für einachsige Krist. wurden die Gleichungen für den Winkel der zusätzlichen Strahlung (in einem anderen Kegel als in der Richtung der einfallenden Strahlung) gelöst. Die Resultate stimmen mit den Messungen für Calcit überein. Als Quelle diente polarisiertes Licht von einem Rubinlaser.
V. Burjan 92

0376 **Instrumentelle Einflüsse auf die Brillouin-Linienformen.** H. W. Leidecker jun. und J. T. LaMacchia. (J. acoust. Soc. America 43 (1968) 1, 143—51; Dept. of Phys., The Catholic Univ. of America, Washington, D.C.; engl.) — Die Streuung monochromat. Lichts in einem transparenten Stoff führt zu einem charakterist. Spektrum bestehend aus der Rayleigh-Komponente mit der einfallenden Frequenz u. den symm. verschobenen Brillouin-Komponenten. Für nicht relaxierende Stoffe gibt die klass. Theorie eine relativ einfache Verteilungsformel. In der Praxis werden die Brillouin-Spektren durch instrumentelle Effekte gestört u. Messungen der Schallgeschw. u. -absorption systemat. verfälscht. Ein Rechenmodell unter Benutzung von Voigt-Funktionen, die Verallgemeinerungen der Gauss- u. Lorentz-Funktionen darstellen, zur Verminderung derartiger Fehler wird abgeleitet. Die Korrektur berücksichtigt in gleicher Weise die instrumentelle Linienbreite u. den die Linienform bestimmenden Parameter.
H. U. Borgstedt 92

0377 **Fermi-Fläche und Korrelationseffekte in den optischen Eigenschaften von Molybdän.** G. A. Bolotin, V. M. Maevskij und B. A. Čarikov. (Fiz. Metallov Metallovedenie 25 (1968) 4, 629—36; Inst. fiz. metallov AN SSSR; russ.) — Vf. zeigen, daß das Quadrat der Leitungselektronen–Plasmafrequenz von Mo, das aus Messungen von Brechungsindex, Absorptionskoeff., Reflexionsvermögen u. der DK bei 2,5—20 μ ber. wird, um 40% kleiner ist als der Wert, der unter Verw. der Parameter des Modells von Sparlin et al. (Physics Rev. **144** (1966), 484) für die Fermi-Oberfläche erhalten wird. Daher werden starke Korrelationswechselwrkg. in Mo vermutet. H. Roschkowski 92

0378 **Proustit und Pyrargyrit als optische Materialien für den Infrarotbereich.** L. M. Guseva, I. G. Ganeev, A. V. Dronov und I. S. Rez. (Optika i Spektroskopija 24 (1968) 2, 298—300; russ.) — Die spektrale Durchlässigkeit von natürlichem Ag_3AsS_3 u. synthet. Ag_3SbS_3 (Krist. aus Schmelze gezogen) wurde im Bereich 4—25 Mikron aufgenommen. Bei Ausschluß der Reflexionsverluste erreichte sie 60—75%. M. Wiedemann 92

0379 **Einfluß einiger Beimengungen auf die spektrale Durchlässigkeit von KRS-5-Einkristallen im Infrarotbereich.** T. I. Darvojd, L. D. Kislovskij und M. A. Popova. (Ž. prikl. Spektroskopii 8 (1968) 2, 272—76; russ.) — Die Durchlässigkeit einer Reihe von KPS-5-Einkrist. (Mischkrist. aus 42% *TlBr* u. 58 *TlJ*) im Bereich 2800—550 cm^{-1} wurde gemessen. Zusätze der Ionen SO_4^{2-}, NO_3^-, CO_3^{2-}, OH^- u. von Tl u. $Tl_2O_3^-$ riefen Absorptionsbanden hervor, Tl_2S u. JO_3 führten zur Zers. u. zur Verringerung der Durchlässigkeit, Ag, Cu, Pb (0,01%) waren ohne Wirkung. Demnach werden die Banden 1180 u. 650 cm^{-1} in den Einkrist. dem Ion SO_4^{2-} u. die 1350 cm^{-1} dem Ion SO_3^{2-} zugeschrieben.
M. Wiedemann 92

0380 **Metallische Bolometerabsorptionsschichten für den langwelligen Infrarotbereich.** A. G. Žukov. (Ž. prikl. Spektroskopii 8 (1968) 2, 337—39; russ.) — Im Bereich 50—750 μ wird der Absorptionskoeff. stromleitender Bolometerschichten aus einer *Pb–Bi*-Leg. gemessen. Im Bereich $\lambda > 100\ \mu$ ist der Absorptionskoeff. der Schichten konstant. H. Roschkowski 92

0381 **Photochromismus von Ag_2S–HgJ_2.** W. Clark und N. McDonnell. (Philos. Mag. [8] 18 (1968) 152, 345 bis 352; School of Phys., Bath Univ. of Technol.; engl.) — Die Bleichkinetik des photochrom. Materials, das durch Rk. in festem Zustand zwischen Ag_2S u. HgJ_2 bei einem molaren Verhältnis von 1:4 gebildet wird, wird untersucht. Es wird angenommen, daß die Bleichung von der Konz. an Kationenleerstellen im Material abhängt, wobei Ag-Ionen über diese Leerstellen von Bereichen hoher Konz. nahe der Oberfläche in die Tiefe des Materials diffundieren. Herbert Weber 92

0382 **Kristallfeldaufspaltung von Seltenerdmetallionen mit f^6-Konfiguration.** G. Vetri und F. Bassani. (Nuovo Cimento, B [10] 55 (1968) 2, 504—24; Ist. di Fis. dell'Univ., Palermo; engl.) — In einer Näherung 1. Ordnung u. unter Berücksichtigung von J–J-Wechselwrkg. werden die Aufspaltungen der ^7F_J-Atomzustände der Seltenerdmetallionen in einem CaF_2-Gitter berechnet. Die Energien der Krist.-Zustände werden als Funktion der Energien der J-Zustände u. zweier Parameter dargestellt, die vom Krist.-Potential u. den Wellenfunktionen der Atome abhängen. Die Parameter werden unter Annahme eines Punktionen-Modells für das Krist.-Potential u. die Wellenfunktionen der freien Ionen berechnet. Die Ergebnisse werden mit Literaturdaten für die Krist.-Feldaufspaltung von Sm^{2+} in SrF_2 verglichen, wobei für die meisten J-Werte befriedigende Übereinstimmung erhalten wird. Für $J = 2$ u. $J = 3$ stimmen theoret. u. experimentelle Ergebnisse nicht überein, was aber nicht als Widerlegung des Punktionen-Modells angesehen werden kann. W. Laqua 94

0383 **Struktur der untersten Stark-Subniveaus der Konfiguration $4f^1$ und $5d^1$ des tetragonalen Ce-Zentrums in Kristallen vom Typ MeF_2.** N. V. Starostin. (Optika i Spektroskopija 25 (1968) 1, 159—60; russ.) — Die Anordnung der untersten Stark-Subniveaus der Konfig. $4f^1$ u. $5d^1$ des Ions Ce^{3+} im tetragonalen Krist.-Feld wurde ermittelt. Im ersten Fall stellt das Dublett der Symmetrie $f^2\Gamma_7^-$ das unterste Niveau dar, im zweiten das Dublett mit der Symmetrie $e^2\Gamma_7^+$. M. Wiedemann 94

0384 **Spektren der (f–f)-Absorption der Ionen Tm^{2+}, Ho^{2+} und Nd^{2+} in CaF_2.** V. A. Archangel'skaja und V. M. Šrajber. (Optika i Spektroskopija 24 (1968) 4, 635—37; russ.) — Vf. untersuchten die Absorptions- (Tm^{2+} u. Nd^{2+}) bzw. Lumineszenzspektren (Ho^{2+} u. Nd^{2+}) der (f–f)-Übergänge dieser Ionen in CaF_2-Krist. bei 300 u. 77 °K. Es wurden folgende Banden beobachtet: Tm^{2+} ($4f^{13}$): bei 77 °K 10670 u. 11185 Å (Aufspaltung der Terme $^2F_{7/2}$ u. $^2F_{5/2}$ im kub. Feld.). Ho^{2+} ($4f^{11}$): bei 300 °K 1821 u. 1832 μm (Übergänge $^4I_{15/2} \to {}^4I_{13/2}$, bei 77 °K Aufspaltung in 18212, 18225, 18235 u. 18334, 18340 u. 18346 μm. Nd^{2+} ($4f^4$): bei 300 °K 1500 u. 1750 cm^{-1} (Übergänge $^4I_{9/2} \to {}^4I_{11/2}$). W. Müller-Litz 94

0385 **Aufspaltung der Terme von Nd^{3+} und Ce^{3+} im LaF_3-Kristall.** D. E. Onopko. (Optika i Spektroskopija 24 (1968) 4, 573—75; russ.) — Vf. bestimmte auf der Grundlage der hexagonalen Symmetrie der Anordnung der SE^{3+}-Ionen im LaF_3-Gitter die Parameter des Krist.-Feldes für die aktivierenden Ionen Nd^{3+} u. Ce^{3+}. Mit Hilfe dieser Parameter konnte die Termaufspaltung dieser Ionen mit befriedigender Übereinstimmung mit dem Experiment beschrieben werden. Die Gegenüberstellung der Krist.-Feldparameter für Ce^{3+}-, Nd^{3+}- u. Er^{3+}-Ionen im LaF_3-Gitter zeigt, daß sich die Werte gleicher Parameter unwesentlich unterscheiden u. daß sich diese Parameter in Abhängigkeit von der 4f-Elektronenzahl verändern. Sie werden kleiner mit Anwachsen der Zahl dieser Elektronen. W. Müller-Litz 94

0386 **Antiferromagnetische Ordnung in Gadoliniumaluminat.** J. F. B. Hawkes und M. J. M. Leask. (J. Physics, C (Proc. physic. Soc.) [2] 1 (1968) 1, 165—68; Clarendon Labor., Oxford; engl.) — Hochaufgelöste opt. Absorptionsspektren von *Er*:*GdAlO*$_3$-Einkrist. mit 2 Gew.-% Er^{3+} zeigen im Er-Spektrum bei 15300 cm^{-1} ($^4F_{9/2}$) u. 18450 cm^{-1} ($^4S_{3/2}$) Linienaufspaltung, die der magnet. Wechselwrkg. mit dem geordneten Gd^{3+}-Syst. unterhalb T_N (3,7 °K) zugeschrieben wird. Aus der Abhängigkeit dieser Linien von äußeren Feldern bis zu 90 kOe entlang der Achse des antiferromagnet. Gd^{3+}-Syst. folgt, daß dieses die einfachste mögliche Zweiuntergitterstruktur hat. R. Blank 94

0387 **Austauschwechselwirkungen, Intrabandschwingungen und Ti^{3+}-Kristallfeldaufspaltung in dotiertem Al_2O_3.** J.-F. Moser, H. Steffen und F. K. Kneubühl. (Physik kondens. Materie 7 (1968) 4, 261—83; Labor. für Festkörperphys., ETH, Zürich; dt.) — Rubine mit verschiedener Cr^{3+}-Konz. wurden bei 50 μ–1 mm u. den Temp. des fl. He bzw. N_2 spektroskop. untersucht. Bei He-Temp. traten bei 37,7 u. 106 cm^{-1} starke, bei 18,8; 30,7; 33,2 u. 43,0 cm^{-1} schwache Absorptionslinien auf, die von der Cr^{3+}-Konz. abhängen u. bei 77 °K verschwinden. In Al_2O_3:Ti oder Al_2O_3:V treten nur die starken Linien auf. In Sapphir werden keine Linien festgestellt. Die Herkunft der starken Linien wird diskutiert. H. Roschkowski 94

0388 **Optische Absorptionsspektren von Mn^{2+} im $Na_2O \cdot 2\,MnO \cdot 2\,SiO_2$-Einkristall bei tiefen Temperaturen.** O. N. Bokša, T. M. Varina und S. V. Grum-Gržimajlo. (Kristallografija 13 (1968) 3, 457—61; Inst. kristallogr. AN SSSR; russ.) — Die Absorptionsspektren von $Na_2O \cdot 2\,MnO \cdot 2\,SiO_2$-Krist. bei tiefen Temp. (77, 4,2 u. 1,7 °K) im natürlichen u. polarisierten Licht werden untersucht. Mit der Erniedrigung der Temp. wird eine Verengung, Verschiebung u. Aufspaltung der Mn^{2+}-Absorptionsbande beobachtet. Die anomalen Veränderungen des Absorptionsspektrums werden mit dem Übergang des Krist. in den magnet. geordneten Zustand verbunden. H. Korn 94

0389 **Absorptionsspektren von Störstellenzentren bei Vorhandensein benachbarter Niveaus, die mit Schwingungen „vermischt" sind.** N. N. Kristofel'. (Optika i Spektroskopija 24 (1968) 4, 565—72; russ.) — Vf. betrachtet die breiten Elektronen-Schwingungs-Absorptionsspektren von Störzellenzentren mit kleinem Radius, die zwei genügend niedere angeregte Elektronenzustände besitzen, die vermischt wurden mit den Gitterschwingungen, einschließlich des Falles, wo eines dieser Niveaus entartet ist. Zur Berechnung wurde das quasimol. Modell der Schwingungen eines gemischten Zentrums u. die Momentmeth. für Spektralkurven verwendet. W. Müller-Litz 94

0390 **Normalschwingungen des PO_4^{3-}-Ions in $Sr_3(PO_4)_2$ und $Ba_3(PO_4)_2$ mit der Platz-Symmetrie C_{3v}.** R. W. Mooney, S. Z. Toma, R. L. Goldsmith und K. H. Butler. (J. inorg. nuclear Chem. 30 (1968) 7, 1669—75; Chem. and Metall. Div., Sylvania Electric Products, Towanda, Pa.; engl.) — Messung u. Zuordnung der IR-Banden zwischen 2,5 u. 38 μ in KBr-Preßlingen von $Sr_3 \cdot (PO_4)_2$ u. $Ba_3(PO_4)_2$, in denen das PO_4^{3-}-Ion die Platz-Symmetrie C_{3v} hat u. demnach zu verschiedenen Aufspaltungen der Normalschwingungen führt. Mit der GF-Wilson-Matrixmeth. werden die Kraftkonst. ber., die mit denen bei T_d-Symmetrie allg. übereinstimmen. Die größere Kraftkonst. der P–O-Valenzschwingung entlang der C_3-Achse gegenüber den anderen drei P—O-Bindungen entspricht der Strukturangabe von Zachariasen [Acta Cryst. 1 (1948) 263]. Das ähnliche IR-Spektrum von β-$Ca_3(PO_4)_2$ wird bez. verschiedener Strukturvorschläge diskutiert. R. Blank 94

0391 **Spektroskopischer Beweis für den Platz von Lithiumionen in einem Riebeckit.** W. E. Addison und A. D. White. (Mineralog. Mag. J. mineralog. Soc. 36 (1968) 281, 743—45; Dep. of Chem., Univ., Nottingham, England; engl.) — Bei der Unters. des Hydroxyl-Valenzschwingungsbereichs (3600—3700 cm^{-1}) verschiedener Substanzen aus der Riebeckit-Reihe (*Na*$_2$*Fe*$_2^{3+}$(*Fe*$^{2+}$,

$Mg)_3Si_8O_{22}(OH)_2)$ finden Vf. durch Verschiebung der koordinierten Hydroxyl-Gruppe, daß Li^+-Ionen auf Fe^{2+}-Plätzen sitzen, also diese eher substituieren als die gleichgeladenen, aber größeren Na^+-Ionen. R. Blank 94

0392 **Indirekte und direkte optische Übergänge in den Eigenabsorptionsspektren von SbJ_3-Einkristallen.** V. I. Vaščenko, V. N. Kolosjuk und V. B. Trimofeev. (Izvest. vysšich učebnych Zavedenij [Tomsk], Fiz. **11** (1968) 5 (72), 66–69; Černovickij gosuniv.; russ.) — Vf. untersuchen die langwellige Eigenabsorptionskante von SbJ_3-Einkrist. bei 293–95 °K sowie das Reflexionsspektrum im Bereich der Eigenabsorption bei Raumtemperatur. Die durch direkte u. indirekte Interbandübergänge hervorgerufene Absorption wird besprochen. H. Roschkowski 94

0393 **Reflexionsspektren von TlSe oberhalb der Fundamentalabsorptionskante.** Z. I. Ali-Zade und M. A. Nizametdinova. (Fiz. Techn. Poluprovodnikov **2** (1968) 4, 602–03; Azerbajdžanskij politechn. inst., Baku; russ.) — Reflexionsspektren (200–1250 nm; Zimmertemp.) von TlSe-Einkrist. mit polarisiertem u. unpolarisiertem Licht. K. Jaeger 94

0394 **Optische Eigenschaften und Elektronenstruktur von amorphem Ge und Si.** J. Tauc. (Mater. Res. Bull. **3** (1968) 1, 37–46; Inst. of Solid-State Phys., Czechosl. Acad. of Sci., Prague; engl.) — Aus der Analyse der IR-Absorptionsbanden von amorphem Ge, die Übergängen zwischen den drei Zweigen des Valenzbandes entsprechen, folgt, daß die Wellenfunktionen des Valenzbandes über Bereiche der Größenordnung 10^2 Å delokalisiert sind. Dieser Befund steht im Widerspruch zur beobachteten geringen elektr. Leitfähigkeit des amorphen Ge. Mögliche Gründe für diese Diskrepanz werden diskutiert. Ein allg. Ausdruck, der die opt. Absorption amorpher Phasen beschreibt, wird zur Analyse der Absorptionskanten von amorphem Ge u. Si herangezogen. W. Laqua 94

0395 **Spektren von Quecksilberhalogeniden, -cyaniden, -oxiden und -sulfiden im fernen Infrarot.** Edmond Décamps und Armand Hadni. (J. Chim. physique Physico-Chim. biol. **65** (1968) 6, 1030–34; Nancy, Univ.; franz.) — Es werden die IR-Spektren im Bereich von 15–270 cm^{-1} folgender Hg-Verb. mitgeteilt (Abb., Tabellen) u. unter Berücksichtigung der Krist.-Struktur zugeordnet: Hg_2J_2, $HgCl_2$, $HgBr_2$, HgJ_2 (gelb u. rot), $Hg(CN)_2$, HgO (gelb u. rot), HgS (rot u. schwarz). Die tiefste Mol.-Grundschwingung wurde bei 39 cm^{-1} beobachtet, während die höchste (im gelben HgO) bei 60 cm^{-1} gefunden wurde. Hans Bürger 94

0396 **Exzitonenquadrupolübergänge in Cu_2O in elektrischen und magnetischen Feldern.** V. T. Agekjan, E. F. Gross und A. G. Žilič. (Fiz. tverdogo Tela **10** (1968) 1, 218–25; Leningradskij gos. univ. im. Ždanova; russ.) — Messung der Exzitonen-Quadrupollinie n = 1 bei 77 u. 4 °K an orientierten Cu_2O-Einkristallen. Die Feldabhängigkeiten der Spektren werden experimentell untersucht u. theoret. diskutiert. K. Jaeger 94

0397 **Absorptionsspektren angeregter $LiNbO_3$-Einkristalle.** E. G. Valjaško, L. N. Raškovič und V. A. Timošenkov. (Optika i Spektroskopija **24** (1968) 4, 637–39; russ.) — Es wurden die Absorptionsspektren von farblosen, gelben u. durch Glühen entfärbten Proben von $LiNbO_3$-Einkrist. ermittelt. Im nichtangeregten Zustand wurde in den Absorptionsspektren der gelben Krist. eine schwach intensive Bande bei ≈ 475 nm beobachtet. Nach dem Glühen wurde bei $\lambda > 400$ nm keine selektive Absorption mehr beobachtet. Im angeregten Zustand wurde eine sehr breite starke Absorptionsbande mit einem Max. bei ≈ 700 nm beobachtet. Die gleiche Bande, nur bedeutend weniger intensiv, wurde auch bei entfärbten Krist. beobachtet. Das zeigt, daß die Farbzentren auch in geringem Maße in farblosen Krist. vorhanden sind, in nichtangeregtem Zustand aber nicht nachgewiesen werden können. W. Müller-Litz 94

0398 **Ultrarotspektrum von GaOOH.** Einhard Schwarzmann und Helmut Sparr. (Z. Naturforsch. **23b** (1968) 6, 767–70; Anorg.-chem. Inst., Univ., Göttingen; dt.) — Die IR-Absorptionsspektren von GaOOH, GaOOD u. partiell deuterierten Präp. wurden zwischen 10000 u. 33 cm^{-1} gemessen. Die beobachteten Banden konnten den OH-Valenz- u. OH-Librationsschwingungen u. Schwingungen der GaO_6-Oktaeder zugeordnet werden. Die Multiplizität der OH-Banden ist im wesentlichen auf eine Wechselwrkg. der Schwingungen der OH-Gruppen in der Einheitszelle zurückzuführen. Banden bei 1069 u. 1031 cm^{-1} im IR-Spektrum von GaOOD werden auf die beiden Librationsschwingungen einer isolierten OH-Gruppe zurückgeführt. W. Laqua 94

0399 **IR-Untersuchungen bei tiefer Temperatur.** 2. Mitt. **Vorläufige Mitteilung über die Phasenübergänge von $(NH_4)_2SO_4$ und $(ND_4)_2SO_4$.** C. J. H. Schutte und A. M. Heyns. (Chem. Physics Letters [Amsterdam] **1** (1968) 11, 511–14; Univ. of South Africa, Pretoria, Republic of South Africa; engl.) — 1. vgl. C. **1968,** 35-0309. — Die Temp.-Abhängigkeit der IR-Spektren wurde untersucht u. mit den Phasenübergängen u. NMR-Werten in Beziehung gebracht. Auch das anomale DMR-Verh. von $(ND_4)_2SO_4$ ist im IR-Spektrum zu erkennen. Das IR-Spektrum von $(NH_4)_2SO_4$ gibt die Zunahme der H-Bindung unterhalb des ferroelektr. Übergangspunktes wieder. H. Liepack 94

0400 **IR-Untersuchungen bei tiefer Temperatur.** 3. Mitt. **Phasenübergänge in $(ND_4)_2Cr_2O_7$.** C. J. H. Schutte und A. M. Heyns. (Chem. Physics Letters [Amsterdam] **1** (1968) 11, 515–16; engl.) — 2. vgl. vorst. Referat. — Die Temp.-Abhängigkeit der ν_4-Knickschwingungsbande des ND_4^+ zeigt Änderungen bei ca. 170, 140 ± 5, 120 ± 2 u. 80 ± 5 °K. Es werden zwei mögliche Phasenänderungsfolgen diskutiert, es scheint eine Beziehung zu den Phasenübergängen in $(NH_4)_2Cr_2O_7$ zu bestehen. H. Liepack 94

0401 **Optische Gitterschwingungen in endlichen Ionenkristallen.** 1. Mitt. R. Englman und R. Ruppin. (J. Physics, C (Proc. physic. Soc.) [2] **1** (1968) 3, 614–29; Israel Atomic Energy Commiss., Soreq Nucl. Res. Center, Javne, Israel; engl.) — Theorie für die Eig. langwelliger opt. Schwingungsmoden. Danach existieren transversale u. longitudinale Hauptmoden sowie Oberflächenmoden, die weder transversal noch longitudinal sind u. eine intermediäre Frequenz haben. Genauere Berechnung der Eig. langwelliger opt. Phononen in $SrTiO_3$. R. Blank 94

0402 **Optische Gitterschwingungen in endlichen Ionenkristallen.** 2. Mitt. R. Ruppin und R. Englman. (J. Physics, C (Proc. physic. Soc.) [2] **1** (1968) 3, 630–43; engl.) — 1. vgl. vorst. Referat. — Theorie der Eig. der Polaritonenmoden, d. h. langwellige opt. Phononen gekoppelt mit Photonen. Anwendung auf $SrTiO_3$. R. Blank 94

0403 **Optische Absorptionskante von aufgedampften Kohlenstoffschichten im nahen Infrarot.** Sanchi Mizushima und Yoshiko Fujibayashi. (Carbon [Oxford] **6** (1968) 1, 123; School of Engng., Keio Univ. Koganei, Tokyo; engl.) — Auf Träger aus KBr bzw. Quarzglas werden bei Restgasdrücken von 10^{-5} Torr mit Geschw. von 50 Å/s 180–460 Å dicke C-Schichten aufgedampft. Von den Schichten wird die opt. Absorption im Wellenlängenbereich 0,2–15 μ untersucht. Alle Schichten weisen im nahen IR eine mehr oder weniger steile Absorptionskante auf, deren Lage mit steigender Schichtdicke d von 0,90 auf 0,69 eV verschoben ist. Diese Verschiebung wird einer mit d zunehmenden Graphitisierung zugeschrieben. Herbert Müller 94

0404 **Zirkulardichroismus des Tetracyanonickelat(II)-Ions.** Roland A. Haines und Anthony A. Smith. (Canad. J. Chem. **46** (1968) 8, 1444–46; Dep. of Chem. Univ. of Western Ontario, London, Ontario, Canada; engl.) — Messungen des Zirkulardichroismus von $[Ni \cdot (CN)_4]^{2-}$ in opt. akt. *1.2-Propandiol* zeigen zwei Banden bei 34840 u. ≈ 37000 cm^{-1}, die den elektron. Übergängen ${}^1A_{1g} \to {}^1E_g$ ($d_{xz}, d_{yz} \to d_{x^2-y^2}$) u. ${}^1A_{1g} \to {}^1A_{2g}$ ($d_{xy} \to d_{x^2-y^2}$) zugeordnet werden. Diese Banden sind wegen der starken CT-Banden an dieser Stelle sonst nicht beobachtbar. Aus MO-Berechnungen haben danach die Energieterme der d-Orbitale die Reihenfolge $d_{xz}, d_{yz} < d_{xy} < d_{z^2} < d_{x^2-y^2}$. R. Blank 94

0405 **Polarisation der Lumineszenz und ihre Abhängigkeit von der Frequenz des anregenden Lichtes für Jahn-Teller-Zustände von Dotierungsionen.** B. G. Vechter und B. S. Cukerblat. (Fiz. tverdogo Tela **10** (1968) 5, 1574–76; Inst. chim. AN MSSR, Kišinev; russ.) – Theorie der magnet. Dipolübergänge zwischen den elektron. Termen von Dotierungsionen auf Gitterplätzen in O_h-Gittern. K. Jaeger 96

0406 **Thermisches Bleichen der strahlenden Zwischenstörstellenrekombination in Germanium.** V. P. Dobrego und I. S. Šlimak. (Fiz. Techn. Poluprovodnikov **2** (1968) 4, 552–56; Fiz.-techn. inst. im. Ioffe AN SSSR, Leningrad; russ.) – Unters. des therm. (4,2–77 °K) Bleichens der Rekombinationsstrahlung (680–740 meV) von *Ga*-dotierten ($7 \cdot 10^{14}$ bis $5{,}5 \cdot 10^{17}$ cm^{-3}) u. mit *As* auf 0,4 kompensierten p-Ge-Proben. Bes. auffallend ist eine Rotverschiebung der Emission bei starker Dotierung; d. h., das Spektrum der Nichtgleichgew.-Ladungsträger wird nicht durch die Zustandsdichtefunktion im Störstellenband der Donatoren bestimmt. K. Jaeger 96

0407 **Lumineszenz dünner einkristalliner Natriumchloridschichten in starken elektrischen Feldern.** G. A. Vorob'ev, P. E. Ramazanov, N. S. Nesmelov und I. S. Pikalova. (Izvest. vysšich učebnych Zavedenij [Tomsk], Fiz. **11** (1968) 5, (72) 116–18; Tomskij inst. radioėlektron. i ėlektron. techn.; russ.) – Beschreibung der Lumineszenz von NaCl-Einkrist. in Feldern von ca. 10^7 V/cm. Als elektr. Kontakt werden gesätt. NaCl-Lsg. in Butanol verwendet. H. Roschkowski 96

0408 **Zwei-Photonen-Absorption in Alkalimetallhalogeniden mit einem gepulsten N_2-Laser.** M. Geller, D. E. Altman und T. A. De Temple. (Appl. Physics Letters **11** (1967) 7, 221–22; Naval Electron. Labor. Center, San Diego, Calif.; engl.) – Der Ausgang eines N_2-Lasers mit gepulster Strahlung von 1 MW bei 3371 Å mit einer Pulsbreite von 5 ns bei Halbmax.-Intensität wird in einem Alkalimetallhalogenidkrist. (*KBr*) fokussiert. Dabei tritt grüne Fluoreszenz im Krist. auf. Sie wird, da die Absorption quadrat. von der Einfallsintensität abhängt, auf Zwei-Photonen-Absorption zurückgeführt. Diese kann als Ein-Photon-Absorption in der Fundamentalabsorptionskante des KBr mit Bldg. eines Exzitons, das sofort anschließend an einer Fehlstelle eingefangen wird u. ein F-Zentrum bildet, erklärt werden. A. Meixner 96

0409 **Quantenausbeute der F- und Tl^0-Szintillation in Alkalimetallhalogenidkristallen mit Thalliumaktivierung.** I. K. Pljavin' und V. G. Černjak. (Izvest. Akad. Nauk Latv. SSR, Ser. fiz. techn. Nauk **1968**, 2, 7–12; Inst. fiz. AN Latv. SSR; russ., Auszug: engl.) – Gemessen wurde die Temp.-Abhängigkeit (88 bis ca. 350 °K) der relativen Quantenausb. im F- u. Tl^0-Band von *KCl*: Tl-, *KBr*:Tl- u. *KJ*:Tl-Krist., die bei 77 °K u. bei Zimmertemp. mit Röntgenlicht bestrahlt wurden. Die relativen Quantenausb. hängen stark von der Konz. der Defektelektronenaktivierungszentren u. der Defektelektronenfarbzentren ab. K. Jaeger 96

0410 **Einfluß der Anregungsintensität auf die Radiolumineszenz von Alkalimetallhalogenidphosphoren.** É. D. Aluker und S. A. Černov. (Izvest. Akad. Nauk Latv. SSR, Ser. fiz. techn. Nauk **1968**, 2, 53–61; Inst. fiz. AN Latv. SSR; russ., Auszug: engl.) – Messung der Lumineszenzspektren (300–650 nm) von *CsJ-Tl*-Kathoden bei 100, 300 u. 400 °K als Funktion der Anregungsintensität (10-keV-Elektronenimpulse). Die Abnahme der Lumineszenzintensitäten bei hohen Anregungsintensitäten wird durch die Konkurrenz von Tl^0- u. V_k-Haftstellen gedeutet. K. Jaeger 96

0411 **Einfluß elektrischer Felder auf die Lumineszenz innerer Zentren von KJ: Tl-Kristallen.** L. E. Nagli. (Izvest. Akad. Nauk Latv. SSR, Ser. fiz. techn. Nauk **1968**, 2, 123–24; Inst. fiz. AN Latv. SSR; russ.) – Bei Belichtung mit zum elektr. Feldvektor senkrechtem Lichteinfall wurde die Abhängigkeit der relativen Intensität der A-Zentrenemission von der äußeren Feldstärke ($\leqq 10^5$ V/cm) gemessen (86 °K). Die Kinetik der A-Zentrenkomponenten wird diskutiert. K. Jaeger 96

0412 **Relaxationsprozesse im System CaF_2–Gd^{3+}.** F. Z. Gil'fanov, A. L. Stolov und Ž. S. Jakovleva. (Optika i Spektroskopija **24** (1968) 4, 576–85; russ.) – Vf. untersuchten in CaF_2-Einkrist., die mit Gd^{3+} aktiviert wurden, den Zusammenhang der Konz. der verschiedenen Zentren mit der Gd-Konz. in der Charge, die Lebensdauer der Ionen in den Niveaus ^6I u. ^6P ($0{,}5 \cdot 10^{-2}$ u. $1{,}0 \cdot 10^{-2}$ s), die Wahrscheinlichkeit der strahlenden u. strahlungslosen Übergänge vom angeregten in den Grundzustand u. die Quantenausb. bei der Lumineszenz der Niveaus ^6I u. ^6P (0,17 u. 0,3). Aus dem Gang der Temp.-Abhängigkeit der Intensität der Lumineszenzlinien können Aussagen über die Gleichgew.-Verteilung der Ionen auf den Stark-Niveaus der einzelnen Zentren gemacht werden. W. Müller-Litz 96

0413 **Ionenmechanismus des Temperaturlöschens der Lumineszenz von Silberchlorid.** 1. Mitt. V. M. Belous. (Optika i Spektroskopija **24** (1968) 4, 586–95; russ.) – Vf. führt eine theoret. u. experimentelle Begründung des Ionenmechanismus des Temp.-Löschens der Lumineszenz von *AgCl* durch. W. Müller-Litz 96

0414 **Spektren der „statistischen" Strahlung von GaP-p–n-Übergängen bei Gleichstrom.** Dž. Bugarinovič und V. V. Evstropov. (Fiz. Techn. Poluprovodnikov **2** (1968) 3, 435–38; Fiz.-techn. inst. im. Ioffe AN SSSR, Leningrad; russ.) – Emissionsspektren (1,9–2,3 eV; 77 °K) mit *Zn* u. *Te* bzw. mit Zn u. *In* dotierter Schmelzfluß- u. Diffusions-GaP-p–n-Übergänge. Es werden drei Maxima beobachtet, deren stromabhängige Verschiebung gemessen wird (50 μA–19 mA). Das Hauptmax. (2,09 bis 2,19 eV) läßt drei Komponenten erkennen. K. Jaeger 96

0415 **Frequenzcharakteristiken der Elektrolumineszenzprozesse in ZnS-Kristallen.** U. D. Džuzeev und B. G. Černjavskij. (Izvest. vysšich učebnych Zavedenij [Tomsk], Fiz. **11** (1968) 5, (72) 104–07; Sibir. fiz.-techn. inst. im. Kuznecova; russ.) – Die Frequenzabhängigkeit der integralen Elektrolumineszenzhelligkeit u. der elektr. Leitfähigkeit von ZnS : Cu, Cl- u. ZnS : Mn-Einkrist. wird untersucht. Für die Proben werden unterschiedliche Mechanismen der Elektrolumineszenz angenommen. H. Roschkowski 96

0416 **Lumineszenz bei $\lambda_m = 0{,}93$ μm in CdSe-Einkristallen und deren Zusammenhang mit der Photoleitfähigkeit.** G. L. Belen'kij, A. V. Ljubčenko und M. K. Šejnkman. (Fiz. Techn. Poluprovodnikov **2** (1968) 4, 540–47; Inst. poluprov. AN USSR, Kiev; russ.) – Simultane Messung (85–300 °K) der Photoleitfähigkeit (1,6–2,8 μm) u. der 0,93-μm-Lumineszenz. Die Lumineszenzintensität nimmt mit abnehmender Temp. zu, der Photostrom wird in Ggw. der Lumineszenz erhöht. Rekombinationszentren (k-Zentren) werden 0,4 eV über der Valenzbandkante beobachtet. Die Abhängigkeit der Lumineszenzintensität bei 0,93 μm vom Ätzen der Oberflächen der Proben mit 6m KOH wird untersucht. Die k-Zentren hängen mit Gitterdefekten zusammen. K. Jaeger 96

0417 **Einige Besonderheiten der Radikalrekombinationslumineszenz von Phosphoren auf Grundlage von ZnO und ZnS.** V. V. Styrov und V. A. Sokolov. (Ž. prikl. Spektroskopii 8 (1968) 5, 807–12; russ.) – Es wurden die Spektren der Radikalrekombinations-Lumineszenz (RRL) der Phosphore *ZnO*, *ZnS*, *ZnS–Sm* (10^{-3} *g/g*), *ZnS–Tm* (10^{-2} *g/g*) u. *ZnS–Eu* (10^{-5} *g/g*), die Temp.-Abhängigkeit der RRL u. die Quantenausb. der RRL untersucht. Die RRL wird stark charakterisiert durch den Zustand der Oberflächen der Proben. W. Müller-Litz 96

0418 **Photolumineszenz, photoelektrische Emission und verstärkte thermionische Emission von Strontiumoxid.** M. D. Jones und C. H. B. Mee. (J. Physics, D (Brit. J. appl. Physics) [2] 1 (1968) 4, 467–72; Phys. Labor., Univ. of Southampton, England; engl.) – SrO auf Ni-Leg. oder Pt-Substraten zeigt blaugrüne Lumineszenz, wenn es bei 100 °K mit Photonen der Energie $> 3{,}9$ eV angeregt wird. Das Emissionsspektrum zeigt Peaks bei 2,1; 2,8 u. 3,1 eV. Letzterer steigt in der Intensität bei thermion. Aktivierung. Beleuchtung der Probe verursacht eine Verstärkung sowohl der photoelektr. als auch der thermion. Emission, die durch Erwärmung des Oxids red. werden kann. Photonenenergien zwischen 4,0 u. 5,5 eV bewirken die beste Verstärkung. Diese Effekte werden einer photoninduzierten Besetzung eines breiten Bandes des metastabilen Donatorterms bei 2,0—3,5 eV unterhalb des Vakuumpotentials zugeschrieben. Die gleichen Lumineszenzzentren sollten nach Ansicht der Vf. auch in BaO u. CaO auftreten. R. Blank 96

0419 **Eigenschaften eines in einem Chlorwasserstoffstrom geglühten $CaWO_4$-Luminophors.** M. I. Tombak und V. B. Gutan. (Ž. prikl. Spektroskopii 8 (1968) 5, 796—802; russ.) — Die in einem *HCl*-Strom geglühten $CaWO_4$-Luminophore (500—1200°) unterscheiden sich in ihren opt. Eig. von an der Luft geglühten Proben. Die Intensität ist um 15—20% höher, die des Nachleuchtens aber bedeutend geringer, weil das Glühen im HCl-Strom den Einfl. der Beimischungen *As* u. *Sb* auf das Nachleuchten beseitigt. *As* u. Sb in $CaWO_4$-Luminophoren können durch die Lage des Hochtemp.-Peaks der Thermoleucht-Kurve identifiziert werden, As zeigt ein Max. bei 9°, Sb zwischen 2 u. 5°. Bei Anregung mit Röntgen- u. Kathodenstrahlen wird ein asymm. Lumineszenzspektrum beobachtet. W. Müller-Litz 96

0420 **Nachleuchtzeiten wäßriger Lösungen von Europium- und Terbiumsalzen.** D. N. Terpilovskij. Optika i Spektroskopija 24 (1968) 4, 596—601; russ.) — Vf. ber. die Wahrscheinlichkeit der strahlungslosen Übergänge aus metastabilen Energieniveaus der Ionen Eu^{3+} u. Tb^{3+} in wss. Lsg. bei gleichzeitiger Energieübertragung der Elektronenanregung auf Molekülschwingungen des Wassers. Die Zeit des Nachleuchten ist von der Temp. unabhängig u. verändert sich stark mit der Deuterierung der Lösung. Vf. erklärt die Natur der Zeit des Nachleuchtens der Flureoszenz von $EuCl_3$-Lsg. der Isotopenzus. n% H_2O—(100-n)% D_2O n = 1—8. W. Müller-Litz 96

0421 **Besonderheiten der Lumineszenz von Chelaten des Europiums in Polymethylmetacrylat bei großen Anregungsleistungen.** A. G. Gorjuško, Ju. V. Nabojkin, L. A. Ogurcova und A. P. Podgornyj. (Optika i Spektroskopija 24 (1968) 5, 732—39; russ.) — Vf. untersuchen im Impulsbetrieb die Lumineszenz von $[EuA_4]^-$ (HA = *Benzoylaceton* oder *Thenoyltrifluoraceton*) in Polymethylmetacrylatfilmen bei Dotierungen von $2 \cdot 10^{17}$ bis $5 \cdot 10^{19}$ Zentren/cm³. τ als Funktion der Temp. zeigt ein Max. bei t $\sim$ 175°, worauf die Relaxationszeit etwas zurückgeht u. dann konstant bleibt. Die Abnahme der Relaxationszeit mit einer Temp.-Erniedrigung hängt mit einer Reabsorption der akt. Zentren in den Anregungszuständen des Polymethylmetacrylats zusammen. Die Unters. der Lumineszenzspektren als Funktion der Anregungsleistung ergibt eine gleichzeitige Verringerung der Lumineszenzausb. u. der Relaxationszeit mit zunehmender Leistung, was Vf. mit nichtlinearer Tilgung deuten. Die Unregelmäßigkeiten in der kinet. Kurve der Lumineszenz des Thenoyltrifluoracetonchelats von Tb [vgl. Huffmann, Nature (London) 20 (1963) 4902, 158] sind nach Vf. durch Umabsorption der akt. Emission in den Anregungszuständen u. nicht durch stimulierte Emission bedingt R. Amberger 96

0422 **Einfluß der Struktur wäßriger Lösungen auf die Lumineszenzausbeute von Farbstoffen.** A. V. Karjakin und G. G. Babičeva. (Optika i Spektroskopija 24 (1968) 6, 1006—08; russ.) — An wss. Lsg. (10^{-5} m) der Farbstoffe *Phenosafranin, Fluorescein, Eosin* u. *Rhodamin* wurde bei Zimmertemp. der Einfl. von Zusätzen (2 m) von $Al_2(SO_4)_3$, *KF*, *KCNS* u. *KJ* auf die Extinktion bei 5900 cm⁻¹ u. die Fluoreszenzausb. verglichen u. mit dem ordnenden bzw. störenden Einfl. der Salze auf die Struktur des W. in Beziehung gebracht. M. Wiedemann 96

0423 **Drehimpulsnachweis von Vielphotonen-Übergängen.** G. Alzetta, E. Arimondo und C. Ascoli. (Nuovo Cimento, B [10] 54 (1968) 1, 107—15; Ist. di Fis. dell' Univ., Pisa; engl.) — Nach der Meth. des mechan. Nachw. wurden mehrfache Quantenübergänge unter Beteiligung von σ- u. π-Photonen in der paramagnet. Resonanz von DPPH beobachtet. Die Intensitäten u. Verschiebungen der verschiedenen Resonanzen wurden in Abhängigkeit von der Intensität des angelegten HF-Feldes untersucht. H. Liepack 98

0424 **Beobachtung der paramagnetischen Resonanz durch thermisches Rauschen.** G. Alzetta, E. Arimondo und C. Ascoli. (Nuovo Cimento, B [10] 54 (1968) 1, 163—64; Ist. di Fis. dell'Univ., Pisa; engl.) — Die paramagnet. Resonanz kann aus der Abnahme der therm. Rausch-Spannung an einem abgestimmten Kreis, der die paramagnet. Probe enthält, nachgewiesen werden. Es wurden Messungen mit DPPH durchgeführt. H. Liepack 98

0425 **Optische Eigenschaften und Art des Einfangs von Elektronen in glasförmigen wäßrigen Elektrolyten, die bei —196° mit γ-Strahlen behandelt wurden.** B. G. Eršov, O. F. Cholžaev und A. K. Pikaev. (Doklady Akad. Nauk SSSR 179 (1968) 4, 911—14; Inst. fiz. chim. AN SSSR; russ.) — Die Charakteristiken der EPR-Spektren in 10 m KOH, 10 m NaOH, 10 m $NaClO_4$, 5 m K_2CO_3 u. 8 m HCOONa in H_2O bzw. D_2O wurden nach ^{60}Co-γ-Bestrahlung bei —196° bestimmt. Der Elektroneneinfangmechanismus wird diskutiert. J. J. Pohl 98

0426 **Analyse der ESR- und optischen Spektren von $d^{3,7}$-Ionen in tetragonalen Kristallfeldern.** 1. Mitt. **Grundzustände ohne Bahnentartung.** J. P. Jesson. (J. chem. Physics 48 (1968) 1, 161—68; E.I. du Pont de Nemours & Co., Wilmington, Del.; engl.) — Der Ligandenfeld-Hamilton-Operator, einschließlich der Spin-Bahn-Kopplung u. sämtlicher Konfig.-Zustände, wurde für $d^{3,7}$-Ionen in tetragonaler Umgebung diagonalisiert. Die Komponenten des g-Tensors wurden für die beiden niedrigsten Kramers-Dubletts für solche Fälle ermittelt, bei denen keine Bahnentartung des Grundzustands auftritt. Die Abhängigkeit von D, $g_{\parallel}$ u. $g_{\perp}$ von den Parametern des tetragonalen Potentials wird für Parameterwerte behandelt, die auf Co^{2+}-Ionen in D_{2d}-Symmetrie zutreffen. Die Ergebnisse werden mit denen einfacher Störungsrechnungen aus der Literatur verglichen. Die opt. u. ESR-Spektren von Cs_3CoCl_5 u. von Co^{2+} in CaF_2 werden an Hand von Matrizen für das tetragonale Potential diskutiert. Ferner werden polarisierte opt. Einkrist.-Spektren von Cs_3CoCl_5 bei 4,2 °K für die Zustände $^4T_1(^4F)$ u. $^4T_1(^4P)$ beschrieben. A. Blaschette 98

0427 **Paramagnetische Elektronenresonanz bestrahlter Zirkonkristalle mit verschiedenen Beimengungen.** M. I. Samojlovič, A. I. Novožilov und G. P. Barsanov. (Geochimija 1968, 4, 494—95; VNII sinteza mineral'nogo syr'ja, Aleksandrov; russ.) — Unters. der paramagnet. Zentren von Zirkonen nach vorheriger Bestrahlung mit einer ^{60}Co-Quelle u. Röntgenstrahlung (W-Anode) bei Zimmertemp. u. Temp. des fl. N_2. Mit ^{177}Hf-, ^{179}Hf- u. Nb-Substitutionen in der Struktur wird gerechnet. Nicht alle ermittelten paramagnet. Zentren sind bestimmten Ursachen zuzuordnen (drei Typen mit g_{min} = 2,007 $\pm$ 0,0005, g_{max} = 2,018 $\pm$ 0,001 bzw. 2,006 $\pm$ 0,0005, 2,007 $\pm$ 0,001; 1,994 $\pm$ 0,001, 2,007 $\pm$ 0,001). M. Hähnert 98

0428 **EPR-Untersuchung einiger Kupfer(II)- und Silber(II)-Verbindungen.** R. S. Abdrachmanov, N. S. Garif'janov und E. I. Semenova. (Teoret. èksper. Chim. 4 (1968) 3, 393—400; Kazanskij fiz.-techn. inst. AN SSSR; russ.) — Im 3-cm- u. Dezimeterbereich werden die EPR-Spektren fl. u. erstarrter (77 u. 4,2 °K) Cu(II)- u. Ag(II)-Lsg. in H_3PO_4, HNO_3 u. H_2SO_4, Cu(II) auch in H_2SiF_6 u. HPO_3 aufgenommen u. die Parameter der Spin-Hamilton-Operatoren bestimmt. Die magnet. Me(II)-Ionen liegen in diesen Verb. innerhalb axial verzerrter Oktaeder aus 6 O-Atomen. H. Roschkowski 98

0429 **Linienbreite der EPR von VO^{2+} im NH_4Cl-Einkristall.** K. V. S. Rao und M. Dattatreya Sastry. (Chem. Physics Letters [Amsterdam] 2 (1968) 1, 20—21; Dep. of Phys., Indian Inst. of Technol., Kanpur, India; engl.) — Die Linienbreiten zeigen eine m_I-Abhängigkeit u. genügen der Kivelson-Formel für Linienbreiten in Flüssigkeiten. H. Liepack 98

0430 **F-Zentren in ^{10}B-dotiertem, hexagonalem Bornitrid.** M. B. Chusidman und V. S. Nešpor. (Fiz. tverdogo Tela **10** (1968) 4, 1229–31; Gos. inst. prikl. chim., Leningrad; russ.) – EPR-Spektren von Bornitrid mit 95 % ^{10}B u. Analysen der Hyperfeinspektren zeigen, daß die F-Zentren in BN als N-Leerstellen mit einem zwischen drei besetzten B-Plätzen eingefangenen Elektron zu deuten sind. K. Jaeger 98

0431 **Dreiwertige Seltenerdmetallionen in Cer(IV)oxid-Einkristallen.** L. Ja. Šekun, A. A. Antipin, Z. N. Zonn, A. N. Katyšev und I. N. Kurkin. (Fiz. tverdogo Tela **10** (1968) 4, 1065–70; Kazanskij gos. univ. im. Ul'janova-Lenina; russ.) – EPR-Spektren (3; 9,4; 36 GHz) von Dy^{3+} (trigonal) u. Yb^{3+} (kub.) in CeO_2. Die Spin-Gitter-Relaxationszeiten waren $< 3 \cdot 10^{-8}$ s. Aus den Temp.-Abhängigkeiten (1,5–100 °K) der Relaxationszeiten wird die Debye-Temp. des CeO_2-Gitters zu 720 ± 50 °K bestimmt. Die Einphononenprozesse zeigen eine anomale Frequenzabhängigkeit. K. Jaeger 98

0432 **Einfluß des elektrischen Felds auf die paramagnetische Resonanz der Ionen im s-Zustand.** M. I. Bičurin, P. Ja. Volkov, E. S. Kovalenko und V. A. Sen'kiv. (Ž èksper. teoret. Fiz.-Pis'ma v Redakciju **7** (1968) 1, 9–12; Tomsk, Inst. poluprov. i elektron. techn.; russ.) – Bei Zimmertemp. wurde die Aufspaltung der EPR-Linien von Mn^{2+} u. Fe^{3+} (Konz. der paramagnet. Ionen 0,05 %) in Einkrist. von $CdWO_4$ bei 9,16 GHz für den Übergang $|1 + 3/2 > \to | - 3/2>$ in der magnet. Ebene (011) beobachtet. Das elektr. Feld von 320 kV/cm wurde in der Richtung der kristallograph. b-Achse angelegt. V. Burjan 98△

0433 **Elektrischer Feldeffekt bei der paramagnetischen Resonanz von Cr^{3+} in $CdWO_4$.** M. I. Bičurin, E. S. Kovalenko, V. G. Kozlov, V. A. Sen'kiv und A. I. Soldatov. (Izvest. vysšich učebnych Zavedenij [Tomsk], Fiz. **11** (1968) 4 (71), 157–58; Tomskij inst. radioelektron. i èlektron. techn.; russ.) – Das EPR-Spektrum von Cr^{3+} in $CdWO_4$ unter dem Einfl. eines äußeren elektr. Felds wird untersucht u. die Symmetrie des paramagnet. Zentrums erörtert. H. Roschkowski 98

0434 **Paramagnetische Elektronenresonanz und Thermolumineszenz bestrahlter Aluminateinkristalle: $NaAl \cdot Si_3O_8$ und $LiAlSiO_4$.** V. A. Ioffe und I. S. Jančevskaja. (Fiz. tverdogo Tela **10** (1968) 2, 472–77; Inst. chim. silikatov im. Grebenščikova AN SSSR, Leningrad: russ.) – Thermolumineszenzspektren (100–600 °K; 250–750 nm) u. EPR-Messungen (77 u. 4,2 °K). Modelle für die akt. Zentren werden diskutiert. K. Jaeger 98

0435 **Paramagnetische Elektronenresonanz von Mn^{2+}- und Gd^{3+}-Ionen in As_2S_3- und As_2S_5-Gläsern.** I. V. Čepeleva, V. N. Lazukin und S. A. Dembovskij. (Izvest. Akad. Nauk SSSR, Neorg. Mater. **4** (1968) 5, 661 bis 669, 1 Tafel; Mosk. gos. univ. im. Lomonosova; russ.) – As_2S_3- u. As_2S_5-Gläser mit MnS als Mikroinhomogenität in Form von groben Krist. oder eines halbkrist. Nd. wurden synthetisiert. Die Löslichkeit von Mn in As_2S_3 in Form von isolierten Mn^{2+}-Ionen oder Mn^{2+}-Ionen in MnS-Krist. $< 1\ \mu$ ist $< 0,05–0,06$ Gew.-%. Die Abnahme der Elektronegativität beim Üergang von S zu Se führt zu einer Zunahme des Metallcharakters der Chalkogen-As-Bindung, die Löslichkeit von Mn ist in As-Se-Gläsern größer als in As-S-Gläsern. As_2S_3- u. As_2S_5-Gläser mit Mn-Beimengungen sind paramagnet. infolge der Durchdringung der Glasmatrix mit Mn^{2+}-Ionen u. antiferromagnet. infolge der Anwesenheit von MnS-Mikrokristallen. Die Menge der paramagnet. Mn^{2+}-Ionen wächst beim raschen Abkühlen, während beim langsamen Abkühlen der Antiferromagnetismus stärker wird. J. J. Pohl 98

0436 **Vanadinhaltige Natriumsilicatgläser.** V. V. Zelencov, Ju. V. Denisov, S. A. Zelencova und S. M. Brechovskich. (Izvest. Akad. Nauk SSSR, Neorg. Mater **4** (1968) 3, 426–30; Mosk. fiz.-techn. inst.; russ.) – An Na-Silicatgläsern der mol. Zus. $25\ Na_2O \cdot (75\text{-}x)SiO_2 \cdot xVO_2$ mit x = 0,5; 2,0 u. 4,5 wurden opt. Absorptions- (2500–20000 Å), EPR- bei Zimmertemp. u. magnet. Suszeptibilitätsmessungen von 80° bis 280 °K durchgeführt. Die erhaltenen Resultate werden mit Hilfe der Ligandenfeldtheorie interpretiert. Angabe eines Niveauschemas für VO^{2+} in den Gläsern. H. Korn 98

0437 **Einfluß einiger Ionen mit veränderlicher Wertigkeit auf die EPR-Spektren eines Alkaliborosilicatglases.** T. A. Sidorov, V. A. Tjul'kin und V. I. Šeljubskij. (Teoret. èksper. Chim. **4** (1968) 2, 277–81; Moskva; russ.) – Zur Entw. strahlenbeständiger Gläser wurden einem Alkaliborosilicatglas bis zu 1 Gew.-% V_2O_5, Sb_2O_3 u. Cr_2O_3 zugesetzt. Nach der Bestrahlung wurden die EPR-Spektren aufgenommen. Die breite EPR-Linie mit g = 2,01 beim Ausgangsglas wird durch die Anwesenheit von zwei Zentren (nichtbrückenbildende *O*-Ionen der *Si*- bzw. *B*-Ionen) erklärt. Das Anwachsen der Resonanzabsorption bei g = 2,01 mit dem V_2O_5-Geh. wird durch die erhöhte Konz. der V^{2+}-Ionen u. der Lochzentren, die sich am Ende der Trennstellen-O-Ionen befinden, interpretiert. Sb^{3+}-Ionen erniedrigen die Linie bei g = 2,01. Vf. schlußfolgern daraus, daß Sb^{3+} durch die Bestrahlung zu Sb^{5+} photoionisiert wird u. die befreiten Photoelektronen mit den Lochzentren rekombinieren. Die Verkleinerung des EPR-Signals (g = 2,01) durch Cr_2O_3 wird analog erklärt. Cr^{5+}-Ionen verursachen eine EPR-Linie bei g = 1,96 ± 0,01. H. Korn 98

0438 **EPR-Untersuchung der strukturellen Lage von Mangan(II) in Fluoroberyllat- und Phosphatgläsern.** G. A. Curikova, D. G. Galimov, G. O. Karapetjan, G. T. Petrovskij und D. M. Judin. (Izvest. Akad. Nauk SSSR, Neorg. Mater. **4** (1968) 4, 541–45; russ.) – Die EPR-Spektren von Mn^{2+} in Gläsern der Zus. $ZnO \cdot P_2O_5$ u. $60\ BeF_2 \cdot 10\ AlF_3 \cdot 10\ CaF_2 \cdot 20\ MeF$ (Me = *Li, Na, K, Rb, Cs*) werden aufgenommen. Die Daten zeigen, daß Mn^{2+} in beiden Glastypen in ähnlicher Umgebung vorliegt. H. Roschkowski 98

0439 **Rauschen in Neodymglaslasern.** S. A. Michnov und A. N. Rubinov. (Ž. prikl. Spektroskopii **8** (1968) 1, 42–49; russ.) – Verf. zur experimentellen Beobachtung des durch Lumineszenz, die Pumpstrahlung u. die Streuung in Vierniveaulasern hervorgerufenen Rauschens werden besprochen. Anwendung auf Neodymglaslaser. H. Roschkowski 100

Elektrische Eigenschaften

0440 **Elektronentransport-Eigenschaften: Flüssige Legierungen.** (Advances in Physics **16** (1967) 64; engl.) – Spezifischer Widerstand von flüssigen Legierungen (Überblick über die Theorie des Widerstandes von verdünnten binären Legierungen im flüssigen Zustand mit Anwendung auf Systeme mit Alkalimetallbasis, besonders Li mit kleinen Mengen von Mg) (T. E. Faber; 637–50); Hall-Koeffizienten, elektrischer Widerstand und die Natur der Elektronenzustände in flüssigen Legierungen von einwertigen Edelmetallen (Messung der Abhängigkeit der Hall-Koeffizienten u. des elektrischen Widerstandes von Temperatur u. Konzentration für flüssige Ag–In-Legierungen und Diskussion des negativen Temperaturkoeffizienten des Widerstandes von ZnSb, CdSb, Te u. Bi_2Te) (G. Busch und H.-J. Güntherodt; 651–56); Elektrische und thermoelektrische Eigenschaften von flüssigen Se-Te-Legierungen (Messung der spezifischen Leitfähigkeit und der Thermo-EMK der flüssigen Legierung $Te_{1-x}Se_x$ mit $0 \leq x \leq 0,5$ im Temperaturbereich von der Unterkühlung bis zu ca. 900° bzw. 750°) (J. C. Perron; 657–66); Hall-Effekt in einigen flüssigen Legierungen (Messungen für flüssige CuTe, AgTe und $AuTe_2$ sowie flüssigen Sn–Cu-Legierungen) (J. E. Enderby, S. B. Hasan und C. J. Simmons; 667–73); Optische Eigenschaften und Elektronenstruktur von flüssigen Hg u. Hg–In-Legierungen (Diskussion der Abweichungen neuerer experimenteller Werte für die optischen Konstanten von flüssigem Hg gegenüber Werten für freie Elektronen) (J. N. Hodgson; 675–80); Absolute Thermo-EMK von einigen flüssigen Legierungen (Messungen als Funktion der Temperatur und Zusammensetzung für die Legierungen Hg–In, Hg–Tl, Hg–Na, Cd–Hg, Au–Hg u. Cd–In (M. L. Fielder; 681–87). Herbert Weber 111

0441 **Thermodiffusion und Thermo-EMK in einer $Tl_7 \cdot S_{13}$-Schmelze.** D. K. Belaščenko und I. A. Magidson. (Izvest. Akad. Nauk SSSR, Neorg. Mater. 4 (1968) 6, 873—77; Mosk. inst. stali i splavov; russ.) — In einer Tl_7S_{13}-Schmelze, die Halbleitereig. zeigt, wird die Thermo-EMK durch Elektronenprozesse u. das Thermodiffusionspotential in der Probe bestimmt. Die Thermodiffusion wird bedeutend von der elektr. Überführung im Feld der Eigenthermo-EMK beeinflußt. Die Thermo-EMK ist bei 320—480° positiv.
H. Roschkowski 112

0442 **Thermoelektrische Eigenschaften von geschmolzenen Alkalimetallnitrat–Silbernitrat-Systemen.** Cesare Sinistri und Chiara Margheritis. (Z. Naturforsch. **23a** (1968) 8, 1155—57; Inst. of Phys. Chem., Univ. of Pavia, Italy; engl.) — In einer Thermozelle mit Ag-Elektroden wurde die Thermo-EMK für die Zeit Null bei den geschmolzenen Syst. $(Ag + Rb)NO_3$ u. $(Ag + Cs)NO_3$ bei verschiedenen Temp. gemessen. In Kombination mit früheren Messungen erlauben diese Daten, Informationen über die Wärme- u. Elektrizitätstransporterscheinungen in geschmolzenen Syst. $AgNO_3$ + Alkalimetallnitrate zu erhalten. Herbert Weber 112

0443 **Vergleich der Unterschiede in der Austrittsarbeit und in den Nulladungspotentialen der Metalle.** 2. Mitt. **Quecksilber und Silber.** M. E. Beljaeva, T. V. Kališ und R. Ch. Burštejn. (Elektrochimija 4 (1968) 7, 862—64; Inst. électrochim. AN SSSR, Moskva; russ.) — 1. vgl. ibid. 4 (1968) 7, 844. — Vf. bestimmten mit der Meth. des Vibrationskondensators die Austrittsarbeiten an 99,99%ig. Ag. An Ag, das bei 10^{-6} Torr entgast wurde, liegt der Mittelwert der Austrittsarbeit bei 4,0 V, für $5 \cdot 10^{-8}$ Torr bei 4,03 V. Die Zugabe von H_2O-Dampf in die Meßzelle führt zu keiner merklichen Veränderung des Voltapotentials. Aus den Messungen kann geschlossen werden, daß die Adsorption von H_2O-Dampf die Austrittsarbeit des Ag prakt. nicht beeinflußt u. die Differenz der Austrittsarbeiten von Ag u. Hg der Differenz der Nulladungspotentiale dieser Metalle entspricht.
E. Winkler 114△

0444 **Carbonisieren von Wolfram im Feldionenmikroskop.** R. D. French und M. H. Richman. (Philos. Mag. [8] 18 (1968) 153, 471—81; Rhode Island, Brown Univ., Div. of Engng.; engl.) — He-Ionenbilder von W_2C u. *WC* wurden durch Carbonisieren von Wolframproben im Feldionenmikroskop erhalten. Unter Verw. der Feld-Verdampfungstechnik wurden Phasengrenzen in einem defektfreien W-Krist. u. in einem Krist. beobachtet, wo ein struktureller Effekt zur Erklärung des Bildes von einem Carbid „Spike“ angenommen wird. Keines der beiden Carbide zeigt ein gut entwickeltes Bild. Die Abb. des Monocarbids konnten in Übereinstimmung mit der D. von hellen Flecken bestimmter Ebenen von Atomen u. der graph. Anordnung aller sichtbaren Flächen indiziert werden. E. Schulte 114△

0445 **Thermoelektronenemission pyrolytischer Überzüge aus ZrC und W.** T. L. Mackevič, T. V. Kračino, Ju. N. Vil'k und V. S. Davydov. (Ž. techn. Fiz. **38** (1968) 8, 1379—84; Fiz.-techn. inst. im. Joffe AN SSSR, Leningrad; russ.) — Die Thermoelektronenemission pyrolyt. ZrC-Überzüge auf ZrC, von W auf ZrC u. von W auf W im Bereich 1300—2800 °K wurde untersucht. Die Thermoemissionsstromdichte von pyrolyt. W auf ZrC ist nach Hochtemp.-Erhitzen im Vakuum nahe der von ZrC. H. Roschkowski 114

0446 **Thermoelektroneneigenschaften von TaB_2.** V. Ch. Burchanova, N. A. Gorbatyj, V. M. Sultanov und F. A. Fechretdinov. (Ž. techn. Fiz. 38 (1968) 8, 1356—61; Taškentskij gos. univ. im. Lenina; russ.) — Die Thermoelektronenemission von durch Thermodiffusion von B in Ta-Substrate hergestellten TaB_2-Kathoden wurde untersucht. Ta-Kathoden mit TaB_2-Beschichtung zeigen eine irreversible Desaktivierung bei Temp. $\gtrsim$ 1800 °K unter Änderung der Richardson-Austrittsarbeit von 3,3 auf 4,4 eV. H. Roschkowski 114

0447 **Das dreidimensionale elektrostatische Potential um eine quadratische Anordnung von Oberflächenladungen.** Jules D. Levine. (Surface Sci. [Amsterdam] **10** (1968) 3, 313—26; RCA Labor. Princeton, N.J.; engl.) — Es wurde eine exakte Berechnung des dreidimensionalen Potentials um eine quadrat. Anordnung geladener Oberflächenzustände durchgeführt. Die Meth. basiert auf einer Entw. in Harmon. u. der Aufstellung einfacher Abzählregeln. Drei- u. eindimensionales Potential liefern gleiche D. von Leitungselektronen nur für D. von Oberflächenzuständen $\sigma < 3 \cdot 10^{11}$ cm^{-2}. Im dreidimensionalen Potential tritt ein flacher Sattelpunkt oberhalb des Minimums auf; Elektronen in diesem Energiebereich können bei Anlegen eines transversalen Feldes zur lateralen Leitfähigkeit beitragen. G. Ertl 116

0448 **Elektrostatische Energie in der Raumladungsschicht einer Halbleiteroberfläche.** D. R. Frankl. (Surface Sci. [Amsterdam] **9** (1968) 1, 73—86; University Park, Pa., Pa. State Univ.; engl.) — Es wurde die elektrostat. Energie der Raumladungsschicht innerhalb u. die entsprechende Ladungsverteilung außerhalb eines Halbleiters berechnet. Unter der Annahme, daß die elektrostat. den Hauptanteil der freien Energie darstellt, wurden Gleichgew.-Konfig. eines mit einem Dielektrikum beschichteten Halbleiters für zwei allg. Modelle der äußeren Ladungsverteilung erhalten. Dabei wurde gefunden, daß unter bestimmten Bedingungen metastabile Konfig. bez. der Ladungsfläche außerhalb u. der Ladungsverteilung innerhalb des Dielektrikums möglich sind. Die Anwendung der Ergebnisse auf experimentelle Werte über Effekte beim fortschreitenden Abätzen einer auf Si aufgewachsenen Oxidschicht (vgl. Lindmayer, Solid State Electron. **9** (1966), 225) führten zu einer anderen als vom Vf. gegebenen Interpretation.
C. Herold 116

0449 **Zweiwertige und einwertige Oberflächenzustände.** S. Roy Morrison. (Surface Sci. [Amsterdam] **10** (1968) 3, 459—69; Stanford Res. Inst., Menlo Park, Calif.; engl.) — Es werden zwei verschiedene Konzepte für die Beeinflussung der elektron. Eig. einer Halbleiteroberfläche durch adsorbierte Teilchen diskutiert. Das erste besteht in der Annahme, daß Fremdstoffe das Auftreten gefüllter u. leerer Zustände bewirken, welche das Fermi-Niveau an der Oberfläche bestimmen. Das zweite Konzept unterscheidet zwischen zwei- u. einwertigen Spezies bei den Oberflächenzuständen. Zur ersten Gruppe gehören Stoffe, für welche ein relativ instabiler Ox.-Zustand zwischen den beiden interessierenden Ox.-Zuständen existiert. Die zweite Gruppe enthält Stoffe mit benachbarten stabilen Ox.-Zuständen, die lediglich durch eine Elementarladung voneinander unterschieden sind. Zweiwertige Zustände verhalten sich oft wie Haftstellen für Minoritätsträger. G. Ertl 116

0450 **Oberflächen-Rekombination in Halbleitern.** D. J. Fitzgerald und A. S. Grove. (Surface Sci. [Amsterdam] **9** (1968) 2, 347—69; Fairchild Semiconductor Res. and Development Labor., Palo Alto, Calif.; engl.) — Oberflächenrekombination u. -generation in Ge u. Si werden experimentell u. theoret. untersucht. Die Theorie für eine uniforme Verteilung von Rekombinationszentren wird für die MOS-Meth. (die für die Unters. von therm. ox. Si angewandt wurde) u. für die Meth. des Abfalls der Photoleitfähigkeit angegeben. Es wird gezeigt, daß sich therm. ox. *Si* u. geätzte *Ge*-Oberflächen ähnlich verhalten. In beiden Fällen kann die Oberflächenrekombination u. -generation durch die Annahme gleichförmig um die Bandmitte verteilter Zentren gedeutet werden.
G. Ertl 116

0451 **Suprafluidität von Exzitonen in Halbleitern.** V. A. Gergel', R. F. Kazarinov und R. A. Suris. (Ž. éksper. teoret. Fiz. **54** (1968) 1, 298—302; russ., Auszug: engl.) — Theorie der Exzitonenverteilung in reinen Halbleitern bei lokaler Exzitoneninjektion. Die Verteilungen weichen unterhalb der Bose-Kondens.-Temp. erheblich von der Diffusionsverteilung ab. Diese Erscheinung kann zur experimentellen Bestätigung der Bose-Exzitonenkondens. herangezogen werden. K. Jaeger 116

0452 **Plasma-Resonanz an Nichtgleichgewichts-Trägern in Halbleitern.** G. N. Galkin, L. M. Blinov, V. S. Vavilov und A. G. Solomatin. (Ž. éksper. teoret. Fiz.-Pis'ma v Redakciju **7** (1968) 3, 93—97; Fiz. inst. AN SSSR;

russ.) — Plasmaresonanz kann bei Nichtgleichgew.-Trägern in Halbleitern bei starker Lichtanregung beobachtet werden u. dann läßt sich die Konz. der Nichtgleichgew.-Ladungsträger (Größenordnung $10^{19}/cm^3$) u. die Relaxationszeit (Größenordnung 10^{-14} s) aus Lage u. Tiefe des Minimums des Reflexionskoeff. abschätzen. Die Erscheinung wurde bei *Ge* u. *GaAs*, nicht aber bei *Si* beobachtet. M. Wiedemann 116

0453 **Stationäre zylindersymmetrische Lösung der Plasmagleichungen im eigenleitenden Halbleiter mit gleichen Beweglichkeiten der Ladungsträger.** P. H. Handel, R. S. Iacomi und M. Naumescu. (Z. Naturforsch. **23a** (1968) 4, 482—85; Inst. Max von Laue-Paul Langevin, Gesching bei München; dt.) — Die Verteilung der Ladungsträger über den Querschnitt eines in Bezug auf Elektronen u. höher symm. angenommenen, stromdurchflossenen Halbleiterdrahtes wird analyt. berechnet. Magnetfeld u. Temp. lassen sich analyt. u. graph. ausdrücken. Rekombination der Ladungsträger, das eigene Magnetfeld des Stromes sowie die Wärmeleitung werden berücksichtigt. Die beschriebene Näherung ist im Fall großer Rekombinationsgeschw. u. hoher Beweglichkeiten anwendbar. Ein Anstieg der Trägerkonz. an der Zylinderachse, dem aber die Rekombination dämpfend entgegenwirkt, wird beobachtet. M. Frenzel 116

0454 **Theorie nichtlinearer Effekte in Kristallen unter Berücksichtigung partiell gefüllter Bänder.** V. N. Genkin und P. M. Mednis. (Ž. ėksper. teoret. Fiz. **54** (1968) 4, 1137—50; Radiofiz. inst. Gor'kovskogo gos. univ.; russ., Auszug: engl.) — Ausdrücke für die Leitfähigkeit als Funktion äußerer Felder werden als Reihe des Parameters ω/Δ (Frequenzen des Feldes u. der Zwischenbandübergangscharakteristik) beschrieben. Der Beitrag zur kub. Leitfähigkeit von innerer Bandbewegung u. kombinierten Termen, die sowohl innere Bandbewegung als auch Zwischenbandübergänge enthalten, wird untersucht. Resultate für *InSb*, *InAs*, Ge u. Si werden mit experimentellen Werten verglichen. E. Otto 116

0455 **Neuer Oszillationstyp für die longitudinale magnetische Widerstandsänderung.** R. V. Pomorcev, A. I. Ponomarev, G. I. Charus und I. M. Cidil'kovskij. (Ž. ėksper. teoret. Fiz. **54** (1968) 5, 1347—51; Inst. fiz. metallov AN SSSR; russ., Auszug: engl.) — Das Verh. der longitudinalen magnet. Widerstandsänderung ϱ_{zz} (H) in quantisierten Magnetfeldern wird unter Bedingungen der Entartung des Elektronengases betrachtet. Es wird gezeigt, daß Oszillationen von ϱ_{zz} (H) während der unelast. Streuung von Elektronen an opt. Phononen auftreten. Die Lagen der Oszillationsmax. werden unter Berücksichtigung des Fermi-Niveaus im Magnetfeld, der extremen opt. Phononenfrequenz u. derZyklotronfrequenz bestimmt. ϱ_{zz} (H) wurde für *HgTe* u. *n-GaSb* gemessen. Die Maxima sind in befriedigender Übereinstimmung mit ber. Werten. E. Otto 116

0456 **Zusammenhang zwischen den Halbleitereigenschaften der Elemente und der Neigung ihrer Oxide zur Glasbildung.** T. A. Sidorov. (Izvest. Akad. Nauk SSSR, Neorg. Mater. 4 (1968) 2, 303—04; russ.) — Kurze Diskussion des Zusammenhangs des Glasbldg.-Vermögens der Oxide von *B*, *Si*, *Ge*, *P*, *As*, *Sb*, *Te* u. des Halbleitercharakters der Elemente. H. Roschkowski 116

0457 **Lebensdauer und Einfangquerschnitt tiefliegender Beimischungen in Silicium.** E. Schibli und A. G. Milnes. (Mater. Sci. Engng. [Amsterdam] 2 (1968) 5, 229 bis 241; Carnegie Inst. of Technol., Pittsburgh, Pa.; engl.) — Übersicht über Modelle der tiefen Energiezustände u. der Einfangsprozesse; Vgl. vom Meth. zur Best. des Einfangquerschnitts von Elektronen u. Löchern; Zusammenstellung von Ergebnissen über Einfangquerschnitte tiefliegender Fremdatome in Si (*Au*, *In*, *Zn*) u. tiefer Fremdniveaus in *Ge*. — 133 Literaturangaben. M. Frenzel 116

0458 **Donatoreigenschaften von Stickstoff in Silicium.** E. I. Zorin, P. V. Pavlov und D. I. Tetel'baum. (Fiz. Techn. Poluprovodnikov **2** (1968) 1, 131—33; Gor'kovskij gos. univ. im. Lobačevskogo; russ.) — Messung der spezif. elektr. Leitfähigkeit u. der Hall-Beweglichkeit (77—300 °K) an mit 50-keV-N-Ionen beschossenen p-Si-Proben, die bei 700—1000° nachgetempert wurden. Der Abstand der N-Donatorniveaus beträgt 0,045 ± 0,005 eV. K. Jaeger 116

0459 **Dotierung von epitaktischen Siliciumschichten.** W. H. Shepherd. (J. electrochem. Soc. **115** (1968) 5, 541—45; Fairchild Semiconductor, Palo Alto, Calif.; engl.) — Aus H_2–$SiCl_4$–XCl_3-Gemischen (X = P, As, Sb), die 0,5 Mol-% $SiCl_4$ sowie Mol-Verhältnisse Si/X von $1{,}1 \cdot 10^{-6}$, $1{,}2 \cdot 10^{-6}$ bzw. $8{,}8 \cdot 10^{-6}$ aufweisen, werden auf p-leitenden Si-Einkrist. bei Temp. T_t zwischen 1100 u. 1350° mit Geschw. (AG) von 0,2—2,5 μ/min. 15—20 μ dicke, epitakt. Si-Schichten abgeschieden. Aus den spezif. Widerständen ϱ der erhaltenen Schichten werden Verteilungskoeff. α u. Aktivitätskoeff. γ der Dotierungselemente in Abhängigkeit von T_t u. AG bestimmt. Unter den Vers.-Bedingungen steigt ϱ für alle X mit T_t an, während ϱ mit zunehmendem AG abfällt. Bei konst. AG bleibt α für P mit steigendem T_t nahezu ungeändert, während α für As u. Sb abnimmt u. für Sb Werte zwischen 10^{-1} u. 10^{-2} aufweist. Bei konst. T_t steigt α mit AG an u. erreicht für P bei AG > 1,5 μ/min. konst. Werte. Die Ableitung der entsprechenden γ-Werte wird diskutiert. Herbert Müller 116

0460 **Photoleitung von Silicium mit SiO_2-Oberflächenfilmen.** E. A. Karasik, N. K. Kuryndina und S. P. Sinica. (Fiz. Techn. Poluprovodnikov **1** (1967) 7, 1111 bis 1113; Novosibirsk, Inst. fiz. poluprov. SO AN SSSR; russ.) — Auf *p-Si* mit $\varrho = 5\,k\Omega \cdot$ cm werden 700—1500 Å dicke SiO_2-Schichten erzeugt u. die Photoleitfähigkeit bei verschiedener Belichtung u. unter Einfl. eines angelegten Feldes bestimmt. Die Photoleitung wird durch Nichtgleichgew.-Ladungsträger im quasineutralen Probenteil hervorgerufen. Der sublineare Teil der Lux-Ampere-Charakteristik ist durch die Abhängigkeit der Oberflächen–Rekombinations-Geschw. von der Konz. der Nichtgleichgew.-Ladungsträger bestimmt. Heinz Vogel 116

0461 **Einige Eigenschaften von mit Kobalt dotierten Siliciumdioden.** V. V. Galkin, E. G. Zaugol'nikova und V. I. Murygin. (Izvest. Akad. Nauk Uzb. SSR, Ser. fiz.-mat. Nauk **12** (1968) 1, 48—51; Taškent, Gos. univ. im. Lenina; russ.) — Für Si-Dioden mit Kompensation durch Co oder *Au* wurde der Einfl. von Licht, Temp. u. der zusätzlichen Injektion auf den direkten Ast der VA-Charakteristik u. die Resonanzeig. untersucht. V. Burjan 116△

0462 **Elektrische Messungen an heiß verpreßten Germanium–Silicium-Legierungen.** R. W. Bunce und D. M. Rowe. (Mater. Sci. Engng. [Amsterdam] 2 (1968) 5, 278—80; Dep. of Appl. Phys., Welsh College of Adv. Technol., Cardiff; engl.) — Elektr. Widerstand (300 bis 1300 °K) u. Hall-Konst. (300—850 °K) von B-dotierten p- bzw. P-dotierten n-Ge–Si-Leg. (15 : 85, 30 : 70, 45 : 55) werden bestimmt. Die Widerstandswerte liegen zwischen $3 \cdot 10^{-2}$ u. $1 \cdot 10^{-3}\,\Omega \cdot$ cm. M. Frenzel 116

0463 **Beweglichkeit der Ladungsträger in Germanium und experimentelle Nachprüfung der Lochstreuung an Beimengungen.** N. P. Kekelidze und G. P. Kekelidze. (Soobšč. Akad. Nauk Gruz. SSR **49** (1968) 1, 37—42; Tbilisi, Gos. univ.; russ.) — Bei 4,2 °K bis Zimmertemp. wurde die Lochbeweglichkeit in Ge nach der Messung des Hall-Koeff. u. des spezif. Widerstands bestimmt. Die Resultate wurden mit theoret. Werten verglichen. V. Burjan 116△

0464 **Einige Eigenschaften von mit Neodym dotiertem Germanium.** D. I. Levinzon, G. V. Sačkov, Ju. M. Smirnov und V. A. Šeršel. (Izvest. Akad. Nauk SSSR, Neorg. Mater. 4 (1968) 2, 280—81; russ.) — Vf. untersuchen die elektr. Eig. (Ladungsträgerkonz., -beweglichkeit, Hall-Effekt) u. die IR-Absorption von Ge-*Einkrist.* die mit $1 \cdot 10^{14}$—$8 \cdot 10^{15}$ Atome/cm^3 Nd dotiert waren. Andere Verunreinignngen (*Fe* 0,028%, *Cu* 0,01%, *Ga* 0,01%) haben keinen Einfl. auf die Eig. der Einkristalle. Der Vgl. der Beweglichkeiten bei 77 °K von Ge:Nd u. Ge:Sb im Widerstandsbereich 0,1—10 Ωcm zeigt bei Ge:Nd eine geringere Beweglichkeit (15—20%) als bei Ge:Sb. Mit Sauerstoff dotierte Ge-Proben zeigen im IR-Gebiet ein Max., das nach anschließender Dotierung mit

Nd wieder verschwindet. Diese Erscheinungen werden durch die Bldg. von Nd–O-Komplexen erklärt. Vf. weisen auf die Möglichkeit der Reinigung von Ge mit Nd hin.
W. Müller-Litz 116

0465 **Winkelabhängigkeit der Breite der Zyklotronresonanzlinie heißer Ladungsträger in Germanium.** D. A. Kičigin, V. P. Lobačev und G. E. Černjak. (Fiz. tverdogo Tela **10** (1968) 2, 518—21; Inst. radiofiz. i èlektron. AN USSR, Char'kov; russ.) — Gemessen wurde bei 1,7 u. 4,2 °K die Abhängigkeit der Resonanzlinienhalbwertsbreite vom Winkel zwischen dem elektr. u. dem magnet. Feld. Abhängigkeit der Streuparameter von Energie u. Impuls werden bestimmt.
K. Jaeger 116

0466 **Zyklotronresonanz heißer Defektelektronen in Ge.** E. M. Geršenzon, È. N. Gusinskij, R. I. Rabinovič und N. V. Soina. (Fiz. Techn. Poluprovodnikov **2** (1968) 3, 324—31; Mosk. gos. ped. inst. im. Lenina; russ.) — Zyklotronresonanzmessungen bei 4,2 °K im Bereich akust. Streuung. Die Relaxationszeiten werden für **H** ||[100] u. **H**| [111] bestimmt u. lassen zwei Energiebereiche der Streumechanismen erkennen: 2—5 V/cm u. > 8 V/cm. K. Jaeger 116

0467 **Methode zur Untersuchung der Piezo-Thermo-EMK von Halbleitern.** I. M. Pilat und Ž. K. Pankratova. (Ukrains'kyj fiz. Ž. **13** (1968) 4, 578—80; Černivec'kyj deržuniv.; ukrain., Auszug: engl.) — Messungen der Piezo-Thermo-EMK von *n-Ge* unter Drücken von $(0-5) \cdot 10^9$ dyn/cm² u. Temp. von 20—140°.
H. Roschkowski 116

0468 **Hall-Beweglichkeit in Cäsiumbromid.** A. Bruaux, J. Claus und G. Moens. (Rev. Physique appl. **3** (1968) 1, 67—72, Suppl. zu: J. Physique; Labor. voor Kristall. en Studie van de Vaste Stof, Rijksuniv., Gent; franz.) — An additiv verfärbten CsBr-Einkrist. wird in der von Brown et al. [Physic. Rev. **113** (1959) 2] beschriebenen App. die Hall-Beweglichkeit μ_H bei Temp. T zwischen 10 u. 50 °K bestimmt. μ_H beträgt im Bereich 10 bis 20 °K ca. 8000 (cm²/V · s) u. fällt bei größerem T allmählich auf 200 ab. Aus dem Vorzeichen folgt das Vorliegen von Elektronen. Die Meßwerte werden theoret. diskutiert. Herbert Müller 116

0469 **Herstellung von Dioden auf der Basis von Siliciumcarbid.** O. T. Sergeev. (Pribory Techn. Èksperimenta **1968**, 2, 217—19; Inst. poluprov. AN USSR, Kiev; russ.) H. Roschkowski 116

0470 **Herstellung und Eigenschaften von dünnen Siliciumnitridschichten aus $SiCl_4$ plus NH_3.** M. J. Grieco, F. L. Worthing und S. Schwartz. (J. electrochem. Soc. **115** (1968) 3, 525—31; Bell Telephone Labor., Murray Hill, N.J.; engl.) — Auf chem. polierten (111)-Flächen von Si-Einkrist., die Temp. T_t von 550—1250° haben, werden aus N_2–$SiCl_4$–NH_3-Gemischen mit Mol-Verhältnissen $SiCl_4/NH_3$ zwischen $2 \cdot 10^{-4}$ u. $2 \cdot 10^{-2}$ u. mit Geschw. von 6—150 Å/min. 0,05—2 μ dicke Si_3N_4-Schichten abgeschieden. Die Schichten weisen für Dicken d > 0,4 μ Haarrisse auf, deren Anzahl bei Korrosion im Syst. H_2O/Amin/Brenzkatechin ansteigt u. die auf mechan. Spannungen zurückgeführt werden. Die Ätzgeschw. für die Schichten in 48%ig. wss. HF steigt mit fallendem T_t von 80 auf ca. 300 Å/min für T_t = 850° an. Aus Unters. von Röntgen- u. Elektronenbeugung folgt, daß die Schichten aus amorphem Si_3N_4 bestehen, dessen opt. Absorptionsspektrum bei Verw. von Saphirträgern u. d = 0,4 μ einen effektiven Bandabstand von 5,6 ± 0,2 eV liefert. Im IR-Absorptionsspektrum werden im Bereich 700—1700 cm⁻¹ Si–N-Banden beobachtet. An Sandwich-Strukturen, die mit Au-Aufdampfschichten hergestellt waren, werden Durchbruchsfeldstärke E_d u. DK bestimmt sowie Strom–Spannung-Kurven aufgenommen. Für E_d werden unabhängig von der Polarität im Bereich $0,1 \leq d \leq 0,6$ μ Werte zwischen $5 \cdot 10^6$ bis 10^7 V/cm erhalten. Die I—U-Kurven können unter Berücksichtigung der mechan. Spannungen in den Schichten mit einem Mechanismus nach Poole-Frenkel gedeutet werden. Aus Messungen der Spannungsabhängigkeit der Sandwich-Kapazitäten folgt für die Summe von Oberflächenladung u. -zustandsdichte $7 \cdot 10^{11}$ bis $1,8 \cdot 10^{12}$ cm⁻², während für die DK Werte zwischen 7 u. 8 erhalten werden. Die Schichten sind extrem wirksame Diffusionsbarrieren für Na^+. Herbert Müller 116

0471 **Struktur der Leitfähigkeits- und der Valenzzone in GaAs.** U. Žumakulov und Ju. I. Uchanov. (Doklady Akad. Nauk SSSR **178** (1968) 4, 811—14; Leningrad, Polytechn. inst. im. Kalinina; russ.) — Es wurden die IR-Reflexionsspektren von GaAs, die effektive Ionenladung u. die effektive Masse der Löcher in der Valenzzone von GaAs bestimmt. Bei Zimmertemp. wurde das IR-Reflexionsspektrum im Bereich von 1—40 μ an n- u. p-Krist. mit verschiedenen Konz. der Ladungsträger gemessen. Als Dotierung wurde Te u. Zn verwendet.
V. Burjan 116△

0472 **Stromoszillationen in mit Neutronen bestrahltem GaAs.** L. K. Vodop'janov und N. I. Kurdiani. (Soobšč. Akad. Nauk Gruz. SSR **49** (1968) 1, 49—53; Tbilisi, Inst. poluprov. priborov; russ.) — Bei 77 °K wurden n-GaAs-Proben mit Neutronen im Reaktor bestrahlt (höhere Komponente schneller Neutronen). Dann wurde die Abhängigkeit der Amplitude u. Frequenz der Stromoszillationen von der angelegten Spannung u. von der Belichtungsintensität gemessen. Die Rolle der Entstehung u. der Bewegung der Domänen in den Stromoszillationen wurde beurteilt. V. Burjan 116△

0473 **Emissionsströme in Diodenstrukturen auf Galliumarsenidfilmen.** È. I. Adirovič, L. A. Dubrovskij und L. B. Suzdalkina. (Doklady Akad. Nauk SSSR **177** (1967) 5, 1047—49; Fiz.-techn. inst. AN Uzb. SSR; russ.) — Auf Al-Aufdampfelektroden wird *GaAs* u. darüber Al, Ag bzw. In gedampft. Die symm. Sandwich-Zellen zeigen bei 0,1—10 V quadrat., bei kleineren Spannungen lineare Charakteristika. Das Fermi-Niveau ist 0,37 eV vom Valenzband entfernt. Die Absorptions- u. Reflexionsspektren werden bei 400 bis 2500 bzw. 400—6000 nm gemessen. Spektrale Verteilung der Photoleitung u. Temp.-Abhängigkeit von Dunkelleitung u. Photoleitung zeigen, daß für die Emissionsströme Prozesse im Volumen der Mikrokristallite verantwortlich sind. Heinz Vogel 116

0474 **Nicht gleichrichtende Kontakte für Galliumarsenid.** V. P. Duraev, G. A. Kubeckij, M. K. Pugač und V. I. Švejkin. (Pribory Techn. Èksperimenta **1968**, 2, 214—17; russ.) — Beschreibung eines Verf. zum Anbringen nicht gleichrichtender Kontakte aus *Au*, *In* u. *Sn* an GaAs. H. Roschkowski 116

0475 **Einfluß flacher Haftstellenniveaus auf die Kinetik der Photodepolarisationsströme in Zinksulfid-Einkristallen.** È. M. Den'ga und V. I. Bugrienko. (Fiz. Techn. Poluprovodnikov **2** (1968) 1, 127—29; Odesskij politechn. inst.; russ.) — Oszillograph. Unters. der Gesamt- u. der Dunkeldepolarisationskinetik. Der beobachtete Einfl. der flachen Haftstellen bleibt theoret. unklar.
K. Jaeger 116

0476 **Besonderheiten des elektrisch induzierten Photoeffektes in CdS.** Ž. G. Docholjan, Ju. A. Zibuc, L. G. Parickij und A. I. Rozental'. (Fiz. Techn. Poluprovodnikov **2** (1968) 1, 137—39; Fiz.-techn. inst. im. Ioffe AN SSSR, Leningrad; russ.) — Gemessen wurden bei Zimmertemp. die Strom–Spannung-Kurven (Dunkel- u. Photokurven), die Photospektren (0,5—1,5 eV) u. die Abklingkurven des Photostromes (≲ 60 Min.) dünner (ca. 40 μm) CdS-Einkrist.-Plättchen. Die Raumladungseinfl. u. die Injektionssättigung der 0,52—0,8 eV-Niveaus werden diskutiert. K. Jaeger 116

0477 **Wechselwirkung von Rayleigh-Wellen mit Elektronen im CdS-Kristall bei Gegenwart von Belichtung und eines transversalen elektrischen Felds.** I. A. Viktorov. (Akustičeskij Ž. **14** (1968) 2, 204—09; Akust. inst. AN SSSR, Moskva; russ.) — Die Wechselwrkg. von 30 MHz-Ultraschallwellen mit den Leitungselektronen eines CdS-Krist. im elektr. Querfeld unter Belichtung wird experimentell untersucht. H. Roschkowski 116

0478 **Struktur des Leitungsbandes in Bleisulfid.** I. A. Černik, V. I. Kajdanov, E. D. Nensberg und V. V. Poljakov. (Fiz. Techn. Poluprovodnikov **2** (1968) 1, 142—44; Leningradskij politechn. inst. im. Kalinina;

russ.) — Messung (77—300 °K) der Thermo-EMK, der spezif. elektr. Leitfähigkeit, des Hall-Effektes u. des isothermen, transversalen Nernst-Effektes an n-PbS-Einkrist. ($6,6 \cdot 10^{18}$—$1,35 \cdot 10^{20}$ cm^{-3}). Die effektive Masse für beide Leitungsbandbereiche ($0,16 \pm 0,02$ m_0) u. der aus der Abhängigkeit der effektiven Masse von der Zustandsdichte bestimmte Bandabstand ($0,19 \pm 0,02$ eV) lassen sich nicht ganz durch das 4-Ellipsoid-Modell beschreiben. K. Jaeger 116

0479 **Stabilität von stark dotiertem p-PbTe.** Č. Agabaev, B. M. Gol'cman, E. D. Nensberg und A. V. Petrov. (Izvest. Akad. Nauk SSSR, Neorg. Mater. **4** (1968) **4**, 621—23; Inst. poluprov. AN SSSR; russ.) — In p-PbTe, das Na in einer Menge enthält, die kleiner als die Löslichkeit bei 570° ist, ändert sich die Ladungsträgerkonz. nur durch die Erhöhung der Löslichkeit von Te mit steigender Temperatur. Proben, die Na in größerer Menge enthalten, sind bei Temp. > 600° instabil infolge Auflsg. des überschüssigen Na. Unterhalb 550° verläuft der Übergang in den Gleichgew.-Zustand sehr langsam, so daß auch durch schnelle Kristallisation erhaltene Proben mit hoher Na-Konz. stabil sind. H. Roschkowski 116

0480 **Darstellung dünner Schichten von Halbleiterverbindungen durch Ionenbeschuß.** A. E. Gorodeckij, G. A. Kačurin, N. B. Pridačin und L. S. Smirnov. (Fiz. Techn. Poluprovodnikov **2** (1968) 1, 136—37; Inst. fiz. poluprov. SO AN SSSR, Novosibirsk; russ.) — Messung der Absorptions- u. Photospektren (1,0 bis 2,0 eV) von *CdTe*-Schichten, die durch Beschuß dünner *Te*-Schichten mit Cd^+-Ionen (5—50 keV; Optimum 5 bis 15 keV) erhalten wurden. Die Kontrolle der Zus. der Verb.-Schichten wird diskutiert. K. Jaeger 116

0481 **Elektronenbandstruktur von Wismuttellurid.** F. Borghese und E. Donato. (Nuovo Cimento, B [10] **53** (1968) 2, 283—309; Ist. di Fis. dell'Univ., Messina; engl.) — Berechnung der Elektronenbandstruktur von Bi_2Te_3 nach einer Pseudopotentialmethode. Da keine analyt. Form des effektiven Potentials verwendet werden kann, wurden die Fourier-Koeff. des Pseudopotentials halbempir. so gewählt, daß sich ein verbotenes Band durch die gesamte Brillouin-Zone ohne jede Bandüberlappung ergab. Die resultierende Bandstruktur ermöglicht eine Deutung des opt. Spektrums u. der galvanomagnet. Eigenschaften. H. Liepack 116

0482 **Mischkristalle des Systems HgSe–HgS.** F. F. Charachorin, M. V. Paškovskij, R. V. Luciv, V. M. Petrov, L. G. Svekolkina und G. P. Michajljuk. (Izvest. Akad. Nauk SSSR, Neorg. Mater. **4** (1968) 1, 39—43; russ.) — Einkrist. der Zus. HgS_xSe_{1-x} ($0 \leqq x \leqq 0,4$) des Syst. HgSe–HgS wurden dargestellt, ihre galvanomagnet., opt. u. photoelektr. Eig. untersucht u. die Vers.-Ergebnisse graph. dargestellt. Die Proben mit $x < 0,3$ besitzen Halbmetalleig., während die mit $x > 0,3$ Halbleitereig. besitzen. B. Karos 116

0483 **Struktur und einige Eigenschaften von $HgTlS_2$.** G. D. Gusejnov, M. Z. Ismailov und A. G. Talybov. (Izvest. Akad. Nauk SSSR, Neorg. Mater. **4** (1968) 4, 514—17, 1 Tafel; Inst. fiz. AN Az. SSR; russ.) — $HgTlS_2$ wurde aus den Elementen unter Vakuum hergestellt u. seine Struktur durch Röntgen- u. Elektronenbeugung bestimmt. Die Verb. krist. tetragonal mit $a = 12,2 \pm 0,05$; $c = 6,6 \pm 0,02$ Å in I4/mmm. Aus Messungen der Temp.-Abhängigkeit der elektr. u. therm. Leitfähigkeit sowie der Photoleitfähigkeit geht hervor, daß $HgTlS_2$ ein Halbleiter mit einer Breite der verbotenen Zone von ca. 1,3 eV ist. H. Roschkowski 116

0484 **Elektrische Leitfähigkeit einiger ferroelektrischer Halbleiter vom Typ $A^VB^{VI}C^{VII}$.** T. A. Pikka. (Kristallografija **12** (1967) 6, 1075—76; Tallinskij politechn. inst.; russ.) — Die Temp.-Abhängigkeiten von DK u. elektr. Leitfähigkeit σ werden an aus der Gasphase hergestellten Einkrist. von *SbSJ*, *SbSBr*, *BiSJ*, *SbSeJ* u. *BiSeJ* untersucht. Aus den ($\log\sigma$, 1/T)-Kurven wird die energet. Lage der Donatoren im ferroelektr. u. paraelektr. Bereich bestimmt. Aus den Meßergebnissen werden Bandbreiten u. Temp. der Phasenübergänge ermittelt. Heinz Vogel 116

0485 **Einige Besonderheiten der Pyroströme in SbSeJ-Einkristallen.** B. P. Grigas. (Fiz. tverdogo Tela **9** (1967) 10, 2998—3000; Vil'njusskij gos. ped. inst.; russ.) — An aus der Gasphase hergestellten *SbSeJ*-Einkrist. mit $\varrho = 10^2$—10^7 Ohm · cm wird $\|$c der Pyrostrom I bei 77—450 °K gemessen. Hochohmige Krist. haben bei 296 °K ein Max. von I, bei Erniedrigung von ϱ tritt ein zweites Max. bei ca. 248 °K auf, das bei niederohmigen Proben als einziges Max. erhalten bleibt. Die Max. können in Abhängigkeit von der Probengeometrie struktuiert sein. In photoempfindlichen Krist. wird I durch Belichten abgeschwächt. Nach Erwärmen auf T > 370 °K wird I abgeschwächt. In nicht vorpolarisierten Krist. ist I in Wachstumsrichtung gerichtet. Heinz Vogel 116

0486 **Einige physikalische Eigenschaften des Systems InTe–InSe.** P. G. Rustamov, M. A. Alidžanov und F. D. Mamedaliev. (Izvest. Akad. Nauk SSSR, Neorg. Mater. **4** (1968) 2, 297—98; Inst. neorg. i fiz. chim. AN Az. SSR; russ.) — Die Temp.-Abhängigkeiten der elektr. (σ) u. therm. Leitfähigkeit χ von Proben des Syst. mit 0—90 Mol-% InSe sowie die Thermo-EMK α werden gemessen. Mit steigendem InSe-Geh. nehmen im Mischkrist.-Bereich σ u. χ monoton ab, α monoton zu. H. Roschkowski 116

0487 **Elektrische Leitfähigkeit von Mischkristallen des Systems $BaTiO_3$–$CaTiO_3$–$PbTiO_3$.** A. P. Nachodnova, G. E. Savenkova und V. V. Klimov. (Izvest. Akad. Nauk SSSR, Neorg. Mater. **4** (1968) 2, 244—47; VNII chim. reaktivov i osobo čist. chim. veščestv, Donec. filial; russ.) — Vf. untersuchen die elektr. Leitfähigkeit von Mischkrist. des Syst. $BaTiO_3$–$CaTiO_3$–$PbTiO_3$ ($PbTiO_3$: 2—20 Mol-%, $CaTiO_3$: 8—34 Mol-%) in Abhängigkeit von der Temp. u. der Konz. der Komponenten. Die elektr. Leitfähigkeit bei Temp. unter 100° wird verursacht durch freies BaO u. CaO. Die Aktivierungsenergie der Stromträger beträgt 0,30—0,65 eV. Bei Temp. von 120—350° beträgt die Aktivierungsenergie 0,9—1,1 eV u. hängt nicht von der Zus. der festen Lsg. ab. Die spezif. Leitfähigkeit wächst mit der Vergrößerung des $PbTiO_3$-Geh. an u. hängt vom $CaTiO_3$-Geh. nicht ab. W. Müller-Litz 116

0488 **Leitfähigkeit von Bariumorthosilicat bei 400 bis 1100°.** G. S. Plaksienko, G. V. Dudko, R. G. Grebenščikov und B. A. Toropov. (Izvest. Akad. Nauk SSSR, Neorg. Mater. **3** (1967) 9, 1706—08; Taganrogs. radiotechn. inst.; russ.) — Aus stöchiometr. Mengen von $BaCO_3$ u. SiO_2 wird bei maximal 1400° polykrist. $Ba_2 \cdot SiO_4$ hergestellt. In einer skizzierten Anordnung werden bei ca. 100—1200° an zu Pillen verpreßten Proben Temp.-Abhängigkeit der elektr. Leitfähigkeit u. der Thermo-EMKα gemessen. Die Aktivierungsenergie ΔE der elektr. Leitfähigkeit beträgt bei $t < 500°$ 0,3 bis 0,9 eV, bei $t > 500°$ 2,2—2,7 eV. Bei $t < 400°$ hat α positives Vorzeichen, mit zunehmender Temp. wird α negativer u. erreicht bei 900° Werte bis zu 30—40 mV/Grad. Bei $t > 900°$ nimmt α mit zunehmender Temp. wieder ab. Ba_2SiO_4 wird bei $t > 1200°$ eigenleitend. Heinz Vogel 116

0489 **Quantentheorie des Hall-Effekts in Halbmetallen mit gleicher Elektronen- und Lochzahl.** A. L. Èfros. (Fiz. tverdogo Tela **9** (1967) 12, 3456—60; Fiz.-techn. inst. im. Ioffe AN SSSR, Leningrad; russ.) — Es wird ein quantenmechan. Ausdruck für die Hall-Komponente des Leitfähigkeitstensors in Ggw. eines magnet. Feldes angegeben. Die Oszillationen der Hall-Konst. werden für den Fall einer gleichen Anzahl von Elektronen u. Löchern untersucht. Anwendung auf *Bi*. I. Zoll 118

0490 **Temperaturabhängigkeit der elektrischen Leitfähigkeit von Metallen des Wismuttyps.** F. G. Serova und G. D. Belov. (Fiz. Metallov Metallovedenie **25** (1968) 2, 205—10; Gor'kovskij ped. inst.; russ.) — Auf d r Grundlage der Theorie der anisotropen Ladungsträgerstreuung in Metallen vom Typ des Bi wird die Temp.-Abhängigkeit des Leitfähigkeitstensors σ_{IK} im Bereich 80—300 °K berechnet. Die Nichtparabolizität

des Elektronendispersionsgesetzes in Bi wird ermittelt. Vgl. mit experimentell erhaltenen Leitfähigkeitsdaten.
H. Roschkowski 118

0491 **Diffusion geladener Träger durch Stoßwellenfronten in Wismut.** A. G. Ivanov, V. N. Mineev, E. Z. Novickij, Ju. V. Lisicyn und Ju. N. Tjunjaev. (Ž. èksper. teoret. Fiz. — Pis'ma v Redakciju **7** (1968) 6, 191—94; russ.) — Oszillograph. wird die in Bi durch Stoßwellen (260 kBar, 1800 °K) angeregte Elektronendiffusion zu 10^9 cm^{-2} bestimmt. K. Jaeger 118

0492 **Physikalische Eigenschaften von Wismut.** L. A. Fal'kovskij. (Usp. Fiz. Nauk **94** (1968) 1, 3—41; Inst. teoret. fiz. AN SSSR, Moskva; russ.) — Übersicht (Struktur, Bandstruktur, spektrale, magnet., elektr. u. a. Daten) an Hand von 84 Literaturangaben.
H. Roschkowski 118

0493 **Elektrische Eigenschaften von Wismut bei Temperaturen von 300 bis 540 °K.** G. A. Ivanov und Ju. T. Levickij. (Fiz. Metallov Metallovedenie **24** (1967) 2, 253—59; Leningradskij pedinst. im. Gercena; russ.) — An zonengezogenem einkrist. sowie an polykrist. *Bi* (99,9999 %ig.) werden bei 300—450 °K spezif. Widerstand, magnet. Widerstandsänderung, Hall-Koeff. u. differentielle Thermo-EMK bestimmt. Die Ladungsträgerkonz. erhöht sich von $2{,}7 \cdot 10^{18}$ bei 300 °K auf $10{,}4 \cdot 10^{18}$ cm^{-3} bei 540 °K, die entsprechenden Beweglichkeiten, die nur von der Temp. abhängen, betragen $1{,}22 \cdot 10^4$ bzw. $0{,}12 \cdot 10^4$ $cm^2/V \cdot s$. Die Funktion $\Delta E^* = -(\mu_+^* - \mu_-^*)$ (μ = chem. Potential) wächst bei T > 300 °K mit zunehmender Temperatur. Die effektiven Massen der Löcher nehmen mit wachsendem T ab.
Heinz Vogel 118

0494 **Elektrische Leitfähigkeit dünner Filme von Bi in starken elektrischen Feldern.** V. I. Vatamanjuk, Ju. A. Kuljupin und O. G. Sarbej. (Ž. èksper. teoret. Fiz. — Pis'ma v Redakciju **7** (1968) 1, 23—25; Inst. fiz. Akad. nauk Ukrain. SSR; russ.) — Für die auf Glas aufgedampften Filme von Bi von ca. 100 Å wurde die Abhängigkeit der elektr. Leitfähigkeit vom elektr. Feld (bis $4{,}8 \cdot 10^3$ V/cm) untersucht. Die Kurve weist Oszillationen auf. V. Burjan 118△

0495 **Änderung der Breite der verbotenen Zone für Legierungen der quasibinären Systeme Mg_2Sn–Mg_2Si, Mg_2Sn–Mg_2Ge und Mg_2Pb–Mg_2Ge.** E. S. Makarov, Š. F. Muntjanu und E. B. Sokolov. (Izvest. Akad. Nauk SSSR, Neorg. Mater. **3** (1967) 2, 329—32; Moskovskij inst. tonkoj chim. technol. im. Lomonosova; russ.) — Die aus den (log σ, 1/T)-Kurven ermittelten Bandbreiten ΔE betragen 0,26 eV (*Mg_2Sn*)–0,70 eV (*Mg_2Si*) bzw. 0,26 eV (Mg_2Sn)–0,615 eV (*Mg_2Ge*) bzw. 0,08 eV (*Mg_2Pb*)–0,615 eV (Mg_2Ge). In den zweiphasigen Bereichen der Syst. ist ΔE unabhängig von der Zus. u. entspricht dem Wert des dominierenden Mischkristalls.
Heinz Vogel 118

Dielektrische und magnetische Eigenschaften

0496 **Methode zur Messung des pyroelektrischen Koeffizienten und der Dielektrizitätskonstante von Ferroelektrika.** M. D. Kladkevyč, L. S. Kremenčuh'skyj und A. F. Mal'njev. (Ukraïns'kyj fiz. Ž. **13** (1968) 4, 630 bis 633; Inst. fiz. AN URSR, Kyïv; ukrain., Auszug: engl.) — Beschreibung des Verf. u. Anwendung auf die Best. der DK von *($Ba_{81,3}Sr_{18,7}$) · TiO_3* u. des pyroelektr. Koeff. von *Triglycinsulfat*. H. Roschkowski 134

0497 **Dielektrische und strukturelle Untersuchungen von hexagonalem $BaTa_2O_6$.** G. K. Layden. (Mater. Res. Bull. **3** (1968) 4, 349—59; Unit. Aircraft Res. Labor., East Hartford, Conn., engl.) — Zwischen Raumtemp. u. 500° wurde die relative DK von hexagonalen $BaTa_2O_6$-Einkrist. bei 5000 Hz gemessen. Für die a-Richtung ist die DK unterhalb 350° temperaturunabhängig. Für die c-Richtung nimmt die DK anfangs stark zu, während der dielektr. Verlust tan δ bei ca. 100° ein scharfes Max. besitzt. Die Frequenzabhängigkeit (bis 10^6 Hz) der DK u. des tan δ wurde für beide kristallograph. Richtungen bestimmt. Es folgt, daß für die in c-Richtung zu beobachtenden dielektr. Relaxationsphänomene ein Ionenwanderungsprozeß verantwortlich zu machen ist. Es wird angenommen, daß Ba-Ionen in den Kanälen der hexagonalen $BaTa_2O_6$-Struktur, die durch das Ta–O-Gerüst gebildet werden, wandern. Die Gitterkonst. des hexagonalen $BaTa_2O_6$, das die Raumgruppe P6/mmm besitzt, sind a_0 = 21,14 u. C_0 = 3,917 Å; $D_{\cdot exp}$ 7,65, $D_{\cdot R}$ 81; Z = 12. Das Ta wird von O-Oktaedern koordiniert, die Drei-, Fünf- u. Sechsringe bilden u. in Ebenen angeordnet sind. 1/12 aller Ba-Ionen befindet sich in den Kanälen der $BaTa_2O_6$-Struktur. W. Laqua 134

0498 **Rolle von Phaseninstabilitäten während ferroelektrischer Phasenumwandlungen fester Lösungen mit Perowskitstruktur.** V. Ja. Fricberg. (Fiz. tverdogo Tela **10** (1968) 2, 385—90; Latvijskij gos. univ. m. Stučki, Riga; russ.) — Theorie der Unschärfe bei den Phasenumwandlungen. Diskussion des krit. Vol., das für *$BaTiO^3$* zu ca. $2 \cdot 10^{-18}$ cm^3 abgeschätzt wird.
K. Jaeger 134

0499 **Diffraktometrische Untersuchung der Polarisationsvorgänge in Einkristallen des $BaTiO_3$.** V. P. Dudkevič, V. G. Gavriljačenko und E. G. Fesenko. (Kristallografija **13** (1968) 3, 536—38; Rostovskij gos. univ.; russ.) — Strukturunters. der reversiblen Charakteristiken von Polydomäneneinkrist. des *$BaTiO_3$*, das nach der Meth. von Remeika dargestellt wurde. Die relative Änderung der DK ε u. der (400)-Reflexion, die proportional der Konz. der a-Domänen ist, wird in Abhängigkeit vom angelegten Feld gemessen. Drei Krist.-Arten können unterschieden werden: 1. Krist. mit vorwiegend c-Domänen, bei denen ε nach Anlegen eines Feldes wenig steigt u. die Konz. der a-Domänen oberhalb 600 V/cm schroff abnimmt. 2. Krist. mit einer hohen Konz. an a-Domänen (20—25 %), bei welchen die Konz. derselben laufend abnimmt. Nach dem Umpolen besitzen ε u. die a-Dämonenkonz. ein Maximum. 3. Krist. mit überwiegend a-Domänen, bei denen die Polarisation u. Umpolarisation mit einer intensiven Veränderung von ε u. der Konz. der a-Domänen vor sich geht. ε = f(E) ist also sehr abhängig von der Konz. der a-Domänen. Je größer die Anfangskonz. der a-Domänen, desto größer ist die Veränderung bei der Wechselwrkg. mit dem elektr. Feld. U. Strobel 134

0500 **Vorgänge der Umpolarisation von Einkristallen des $BaTiO_3$ im wenig veränderlichen elektrischen Feld.** E. V. Sinjakov, E. F. Dudnik und S. I. Tichančik. (Kristallografija **13** (1968) 3, 533—36; Dnepropetrovskij gos. Universitet; russ.) — Die Umpolarisation von a-Domäneneinkrist. des *$BaTiO_3$* wird untersucht u. mit den Vorgängen bei c-Domänenkrist. verglichen. Bei schwachem Feld (100—250 V/cm) ist bei einer bestimmten Spannung (E) die DK ε der a- u. c-Domänen gleich ($E = E_{krit.}$). $E_{krit.}$ sinkt bei Temp.-Erhöhung, u. in Nähe des Curie-Punktes ist ε maximal bei sehr kleinen Spannungen. Die Abhängigkeit der krit. Spannung von der Krist.-Dicke genügt der Gleichung $E_{krit.} = E_\infty + A/d$, wobei $E_\infty = E_{krit.}$ für sehr dicke Krist. (= 75 V/cm) u. A eine Konst. (= 0,98 V) ist. $E_{krit.}$ kann aus der Temp.-Abhängigkeit der DK bestimmt werden.
U. Strobel 134

0501 **Umpolarisierungsprozesse von $BaTiO_3$ in sinusförmigen Feldern.** E. V. Sinjakov und E. F. Dudnik. (Kristallografija **13** (1968) 4, 713—14; Dnepropetrovskij gos. univ.; russ.) — Die Keimbldg.- u. Umbauprozesse der a- u. c-Domänen in $BaTiO_3$ in elektr. Wechselfeldern von 60 Hz u. Feldstärken von 0—1,2 kV/cm werden polarisationsmkr. untersucht.
H. Roschkowski 134

0502 **Berechnung der ferroelektrisch aktiven Schwingungsmoden für $SrTiO_3$- und $BaTiO_3$-Einkristalle.** L. B. Mejsner und A. S. Sonin. (Fiz. tverdogo Tela **10** (1968) 2, 557—63; russ.) — Berechnungen für $SrTiO_3$ von 77 bis —173° u. für $BaTiO_3$ von 200 bis —60°. Der Anteil der Dipolfelder an der DK ist für $SrTiO_3$ ca. 36 %, für $BaTiO_3$ ca. 16 %. K. Jaeger 134

0503 **Relaxationsprozesse in $BaTiO_3$-Einkristallen unter der impulsweisen Wirkung einseitiger mechanischer**

Drücke. E. V. Sinjakov, S. A. Flërova und G. V. Barinov. (Fiz. tverdogo Tela **10** (1968) 2, 529—33; Dnepropetrovskij gos. univ.; russ.) — Unters. der Polarisationsreorientierung bei 40—700 μs-Impulsen mit Amplituden von 30—40 kg. Gemessen wurde die DK bei hohen Frequenzen von Zimmertemp. bis 115°. Die ber. 90°-Reorientierungsdauer betrug $28 \cdot 10^{-4}$ bis $70 \cdot 10^{-4}$ s.
K. Jaeger 134

0504 **Relaxationspolarisation in defekten, festen, ferroelektrischen Lösungen vom Perowskit-Typ.** G. V. Bojs und N. A. Michajlova. (Fiz. tverdogo Tela **10** (1968) 2, 616—19; russ.) — Messung der DK (20—1000 Hz) u. des dielektr. Verlustes von Zimmertemp. bis ca. 300° an Proben der Syst. $BaTiO_3$–$La_{2/3}TiO_3$, $BaTiO_3$–$Sm_{2/3} \cdot TiO_3$ u. $BaTiO_3$–$Ba_{1/2}NbO_3$. Oberhalb der Curie-Temp. wird eine durch Leerstellen im Ba-Untergitter bestimmte Ionenrelaxations-Polarisation beobachtet.
K. Jaeger 134

0505 **Dielektrische Eigenschaften und Phasenübergänge der Natrium–Strontium–Cadmium-Niobate.** Victor J. Tennery. (J. Amer. ceram. Soc. **51** (1968) 4, 183—86; Dep. of Ceram. Engng., Univ. of Ill., Urbana, Ill.; engl.) — Feste Lsg. wurden innerhalb des Syst. $Na_{1-x}Sr_NCd_P \cdot NbO_3$ für $N + P = x/2$ u. $o \leq x \leq 0{,}40$ erhalten, wenn das N:P-Verhältnis in den Grenzen 1:2 bis 2:1 lag. Eine ferroelektr. pseudomonokline Perowskit-Phase wurde bei 25° für $o \leq x \leq 0{,}10$ festgestellt. Bei höheren x-Werten tritt eine ferroelektr. pseudotetragonale Phase mit $c/a > 1$ auf, die zwischen der pseudomonoklinen ferroelektr. Phase u. der paraelektr. pseudokub., die bei höheren Temp. stabil ist, liegt. Die speudotetragonale Phase mit wesentlich größeren $\varepsilon/\varepsilon_0$-Werten als die pseudomonokline Phase zeigt eine große DK beim Übergang zum pseudokub. Zustand.
M. Hähnert 134

0506 **Sukzessive Phasenumwandlung in ferroelektrischen Kristallen von $K_4Fe(CN)_6 \cdot 3\,H_2O$.** A. Ja. Krasnikova und V. A. Kopcik. (Fiz. tverdogo Tela **10** (1968) 3, 905—08; Mosk. gos. univ. im. Lomonosova, russ.) — Messung der DK u. der spontanen Polarisation von —45 bis —15° zeigen, daß die Phasenumwandlung bei —24 bis —56° als „Mehrstadienprozeß" zu deuten ist. Er wird durch Änderungen der Translationsperiode in der unveränderten Symmetriegruppe beschrieben.
K. Jaeger 134

0507 **Untersuchung des pyroelektrischen Effekts in Triglycinsulfatkristallen mit einer dynamischen Methode.** L. S. Kremenčugskij und V. B. Samojlov. (Kristallografija **12** (1967) 6, 1077—79; Inst. fiz. AN USSR; russ.) — Nach der Meth. von Chynoweth [J. Appl. Physics **27**, 1 (1956) 78] werden senkrecht zur Y-Achse geschnittene Einkrist. von Triglycinsulfat, die mit Ag-Aufdampfelektroden kontaktiert sind, untersucht. Die Temp.-Abhängigkeit des dynam. pyroelektr. Koeff. γ_d u. von γ_d/ε (ε = DK) werden zwischen 45 u. 52° bei Feldstärken E von 60—8000 V/cm untersucht; die Proben werden durch Abkühlen von 60° auf Zimmertemp. in einem Feld von 2 kV/cm polarisiert. Im Bereich des Phasenübergangs bei 48—49° nimmt γ_d stark ab. Die für Monodomänenstruktur ber. Funktionen $\gamma = \gamma$ (T, E) ergeben befriedigende Übereinstimmung mit dem Experiment.
Heinz Vogel 134

0508 **Verunreinigungen und Fehlordnungen in Ising-Gittern.** P. G. Watson. (J. Physics, C (Proc. physic. Soc.) [2] **1** (1968) 3, 575—81; Wheatstone Phys. Labor., King's Coll., Univ., London; engl.) — Theoret. Unters. der Eig.-Änderungen eines Ising-Gitters bei verschiedenen Gitterdefekten bez. der Spinkorrelationen des idealen Gitters.
R. Blank 136

0509 **Hochtemperaturasymptotik von Lösungen des Isingproblems mit beliebiger Teilchenwechselwirkung.** V. M. Zadvernjuk und V. Ja. Krivnov. (Fiz. tverdogo Tela **10** (1968) 1, 188—92; Inst. chim. fiz. AN SSSR, Moskva; russ.) — Angabe einer graph. Lsg.-Methode.
K. Jaeger 136

0510 **Spinwellen in Medien mit räumlich-zeitlicher Periodizität.** N. N. Kirjuchin und F. V. Lisovskij. (Fiz. tverdogo Tela **10** (1968) 3, 709—21; Inst. radiotechn. i élektron. AN SSSR, Moskva; russ.) — Theorie stabiler parametr. Prozesse in ferromagnet. Krist. in Ggw. „niederfrequenter", laufender, sinusförmiger Störungen. Es wird gezeigt, daß die magnet. Verluste auf Spin–Spin-Umwandlungen zurückzuführen sind.
K. Jaeger 136

0511 **Einfluß kinematischer Wechselwirkungen auf die Spin-Phononenanregung in Paramagnetika.** E. M. Iolin. (Fiz. tverdogo Tela **10** (1968) 2, 359—66; Inst. fiz. AN Latv. SSR, Salaspils; russ.) — Die Spin–Phononen-Anregung wird unter partieller Berücksichtigung der Spin–Spin-Wechselwrkg. für ein Modell eines konz. paramagnet. Salzes untersucht. Vgl. mit experimentellen Literaturdaten für *Ceräthylsulfat.* K. Jaeger 136

0512 **Angenäherte freie Energie für Heisenberg-Ferromagnetika.** J. M. Radcliffe. (Physic. Rev. [2] **165** (1968) 2, 635—41; Inst. for Atomic Res. and Dep. of Phys., Ia. State Univ., Ames, Ia.; engl.)
H. Liepack 136

0513 **Untere Grenze für die isotherme magnetische Suszeptibilität.** H. Falk. (Physic. Rev. [2] **165** (1968) 2, 602 bis 605; Dep. of Phys., City Coll. of the City Univ. of New York, New York, N.Y.; engl.) — Die magnet. Suszeptibilität bei der Frequenz 0 nach Kubo ist eine untere Grenze für die isotherme magnet. Suszptibilität beim Feld 0.
H. Liepack 136

0514 **Dampfdruck über einer binären, sich ordnenden ferromagnetischen Legierung.** S. I. Mašarov. (Izvest. vysšich učebnych Zavedenij [Tomsk], Fiz. **11** (1968) 1 (68), 75—80; Ural'skij gosuniv. im. A. M. Gor'kogo; russ.) — Der Druck des gesätt. Dampfes über einer bin. Leg., in der sowohl atomare als auch magnet. Ordnung möglich ist, wurde berechnet. Die Temp.-Abhängigkeit des Druckes ist in den Punkten der magnet. u. strukturellen Übergänge außergewöhnlich. Wenn man die Temp.-Abhängigkeit des Dampfdruckes im Gebiet hoher Temp. kennt, kann man experimentell eine Reihe physikal. Charakteristiken der Leg. bestimmen.
H.-D. Schwartz 136

0515 **Magnetisches Moment in verdünnten Übergangsmetallegierungen.** I. A. Campbell. (J. Physics, C (Proc. physic. Soc.) [2] **1** (1968) 3, 687—93; Phys. des Solides, Fac. des Sci., Orsay, France; engl.) — Berechnung des mit Übergangsmetallverunreinigungen in ferromagnet. oder paramagnet. Übergangsmetallwirtsgittern zusammenhängenden Gesamtmoments. Das Modell liefert korrekt positive $d\mu/dc$-Werte (Änderung des Gesamtsättigungsmoments pro zusätzlichem Verunreinigungsatom) für die in *Fe* gelösten Verunreinigungsatome, die rechts von *Fe* im Periodensyst. stehen, sowie die „Riesenmomente" von *PdFe* u. *PdCo* u. das „Zwergmoment" von *PdCr*. Untersuchte Leg.: *FeX* (*X* = *Ti*, *V*, *Cr*, *Mn*, *Co*, *Ni*, *Cu*, *Zr*, *Nb*, *Mo*, *Tc*, *Ru*, *Rh*, *Pd*, *Ag*, *Hf*, *Ta*, *W*, *Re*, *Os*, *Ir*, *Pt*, *Au*), *PdY* (*Y* = *V*, *Cr*, *Mn*, *Fe*, *Co*).
R. Blank 136

0516 **Anisotrope Gitterdynamik und Linienasymmetrien in Mössbauer-Dublettspektren.** Hans A. Stöckler und Hirotoshi Sano. (Physic. Rev. [2] **165** (1968) 2, 406 bis 408; Dep. of Chem. Phys., Nat. Lead Company, Hightstown, N.J.; engl.) — In Polykrist. aus linearen Polymeren $[(CH_3)_3SnOH]$, $[(C_6H_5)_3SnCl]_n$ u. $[(CH_3)_3Sn \cdot F]_n$ wurden Asymmetrien in den Linienintensitäten der Komponentenlinien der elektr. Quadrupoldubletts in Mössbauer-Spektren beobachtet (Karyagin-Effekt). Die Asymmetrie nimmt bei höheren Temp. zu u. verschwindet im allg. bei tiefen Temperaturen. In dreidimensionalem monomerem Material wurde kein wesentlicher Karyagin-Effekt beobachtet.
H. Liepack 136

0517 **Mössbauer-Effekt in MgO: Fe^{2+}; Quadrupolaufspaltung bei tiefer Temperatur.** H. R. Leider und D. N. Pipkorn. (Physic. Rev. [2] **165** (1968) 2, 494—500; Lawrence Radiat. Labor., Univ. of Calif., Livermore, Calif.; engl.) — Die Mössbauer-Spektren wurden zwischen Zimmertemp. bis herab zur Temp. des fl. He gemessen. Bei den höheren Temp. besteht das Spektrum aus einem einzelnen engen Max. (Γ = 0,25 mm/s bei Zimmertemp.). Unterhalb 20 °K wird das Absorptionsmax. breiter, hat nicht-Lorentzsche Form u. löst schließlich in ein enges Quadrupoldublett auf, ΔE = 0,33 mm/s. Die Aufspaltung ist auf die gleichzeitige Wrkg.

beliebiger Spannungen, die die Entartung des Grundzustandes aufheben, u. Relaxation zwischen den Grundtermen durch einen Orbach-Prozeß durch das nächsthöhere Spin–Bahn-Niveau zurückzuführen. Die aus den Spektren ermittelte exponentielle Abhängigkeit der Relaxationsfrequenzen ist durch einen Wert von $\Delta = 93\ cm^{-1}$ charakterisiert. H. Liepack 136

0518 **Mössbauer-Untersuchung von zwei absorbierten Wasserstoff enthaltenden Pd–Fe-Legierungen.** Walter C. Phillips und Clyde W. Kimball. (Physic. Rev. [2] **165** (1968) 2, 401—05; ANL, Argonne, Ill.; engl.) — Die Temp.-Abhängigkeit der Hyperfeinfelder u. Isomerieverschiebungen im Syst. Pd–Fe–H (2 u. 5% Fe) wurden mittels des ^{57}Fe-Mössbauer-Effekts untersucht. Die beobachteten Hyperfeinfelder deuten an, daß in der β-Phase eine geordnete magnet. Struktur existiert, wenn die H-Konz. hoch genug ist, um eine Auffüllung des 4d-Bandes von Pd zu bewirken (H/Pd $\geqq$ 0,59 für 2% Fe). Die Übergangstemp. der β-Phase ist wesentlich niedriger als die entsprechende der α-Phase. Für 2% Fe ist $T_c(\beta) = (3 \pm 1)$ °K u. H(1,8 °K) = 240 kOe; für 5% Fe $T_c(\beta) = (10 \pm 3)$ °K u. H(1,8 °K) = 310 kOe. Zur Beschreibung der gemessenen Feldverteilungen scheinen Modelle erforderlich zu sein, die andere Konfig. als die der erstnächsten Nachbarn berücksichtigen. Oberhalb $T_c(\alpha)$ u. unterhalb $T_c(\beta)$ wurden Isomerieverschiebungen von +0,045 ± 0,003 mm/s beim Übergang von der α- zur β-Phase beobachtet. H. Liepack 136

0519 **Untersuchung der magnetischen Ordnung in Cu · Fe_2S_3 mittels Gammaresonanz- (Mössbauer-) Spektroskopie.** E. F. Makarov, A. S. Marfunin, A. R. Mkrtčjan, V. A. Povickij und R. A. Stukan. (Fiz. tverdogo Tela **10** (1968) 3, 913—15; Inst. chim. fiz. AN SSSR, Moskva; russ.) — Die durch Tempern bei 270° erhaltene kub. Phase wurde bei 80 u. 300 °K untersucht. Durch Restanteile der rhomb. Phase ließen sich die Spektren nicht eindeutig analysieren. Die kub. Phase ist antiferromagnetisch. K. Jaeger 136

0520 **Mössbauer-Spektren in einer schwankenden Umgebung.** M. Blume und J. A. Tjon. (Physic. Rev. [2] **165** (1968) 2, 446—56; Phys. Dep., Brookhaven Nat. Labor., Upton, N.Y.; engl.) — Unters. der Mössbauer-Linienform in Ggw. zeitabhängiger elektr. Feldgradienten u. magnet. Felder. H. Liepack 136

0521 **Mössbauer-Spektren in einer schwankenden Umgebung.** 2. Mitt. **Beliebig variierende elektrische Feldgradienten.** J. A. Tjon und M. Blume. (Physic. Rev. [2] **165** (1968) 2, 456—61; Phys. Dep., Brookhaven Nat. Labor., Upton, N.Y.; engl.) — 1. vgl. vorst. Referat. — Ableitung eines Ausdrucks für die Mössbauer-Linienform in Ggw. eines elektr. Feldgradienten, der beliebig zwischen den x-, y- u. z-Achsen springt. H. Liepack 136

0522 **Elastische diffuse Neutronenstreuung von gemischten magnetischen Systemen.** W. Marshall. (J. Physics, C (Proc. physic. Soc.) [2] **1** (1968) 1, 88—101; Atomic Energy Res. Establ., Harwell, Didcot, Berks.; engl.) — Vf. zeigt, daß mit Hilfe der elast., diffusen Neutronenstreuung die Eig. gemischter magnet. Syst., bes. von ferromagnet. Leg., untersucht werden können. So spiegelt die Neutronenstreuung die räumlich magnet. Inhomogenität der Probe wider. — Für diesen Zusammenhang wird eine Formel abgeleitet. Eine Verallgemeinerung der Gedankengänge für Antiferromagnetika wird durchgeführt. D. Scherbaum 136

0523 **Neutronenbeugungsuntersuchung des magnetischen Verhaltens von Gadolinium.** J. W. Cable und E. O. Wollan. (Physic. Rev. [2] **165** (1968) 2, 733—34; Solid State Div., ORNL, Oak Ridge, Tenn.; engl.) — Messungen an einem Einkrist. bei Probentemp. von 10—350 °K zur Unters. eines möglichen Auftretens einer Spiral-Spinstruktur. Gd zeigt sich als normaler Ferromagnet mit einer ziemlich komplexen Temp.-Abhängigkeit der spontanen Momentausrichtung. Zwischen T_c = 294 u. 232 °K ist das Moment parallel zur c-Achse; unterhalb 232 °K bewegt es sich von der c-Achse fort bis zu einer max. Abweichung von ca. 65° nahe 180 °K u. dann zurück bis auf 32° bei tiefen Temperaturen. H. Liepack 136

0524 **Neutronenbeugungsuntersuchung von Tb und Ho unter hohem Druck.** H. Umebayashi, G. Shirane, B. C. Frazer und W. B. Daniels. (Physic. Rev. [2] **165** (1968) 2, 688—92; Brookhaven Nat. Labor., Upton, N.Y.; engl.) — Durch Neutronenbeugung bis zu 6 kbar bei Temp. oberhalb 80 °K wurde die Druckabhängigkeit des Spiraldrehwinkels ω von Tb- u. Ho-Einkrist. gemessen. Bei konst. $T-T_N$ ist $(1/\omega)d\omega/dp$ schwach temperaturabhängig, es lassen sich aber repräsentative Mittelwerte von $20 \cdot 10^{-3}\ kbar^{-1}$ für Tb u. $1,2 \cdot 10^{-3}\ kbar^{-1}$ für Ho angeben. Die Werte lassen sich befriedigend durch eine Berechnung nach der Theorie von Miwa erklären. Die ebenfalls ermittelten Werte für die Druckkoeff. der Néel-Temp. von Tb u. Ho sowie der ferromagnet. Übergangstemp. von Tb sind in vernünftiger Übereinstimmung mit bekannten Werten. Der Spiraltemp.-Bereich in Tb nimmt mit dem Druck mit 0,3 ± 0,12 °K/kbar zu. H. Liepack 136

0525 **Untersuchung der magnetischen Struktur von $ErAl_2$ mit thermischen Neutronen.** Georg Will. (Z. Naturforsch. **23a** (1968) 3, 413—16; Eduard-Zintl-Inst. der TH, Darmstadt; dt.) — Neutronenbeugungsunters. bei 300, 77 u. 4,2 °K. $ErAl_2$ ist ferromagnet. mit einem zusätzlichen schwachen antiferromagnet. Max. unbekannten Ursprungs. Das magnet. Moment beträgt 8,8 μ_B pro Er^{3+}. H. Liepack 136

0526 **Bestimmung der leichten Magnetisierungsrichtungen eines Ferriten mittels Elektronenbeugung in Reflexion.** S. Yamaguchi. (J. Physics, D (Brit. J. appl. Physics) [2] **1** (1968) 3, 380; Inst. of Phys. and Chem. Res., 2-28-8 Hon-Komagone, Bunkyo, Tokyo; engl.) — Bei einer magnet. Probe bewirkt die Lorentz-Kraft eine Verschiebung des Elektronenbeugungsdiagrammes. Diese läßt auf die Magnetisierungsrichtung schließen. Es wurde gefunden, daß die leichte Magnetisierungsrichtung für Ferrite vom Spinelltyp (*Fe_3O_4, Au*) parallel zu ⟨111⟩ ist. P. Meischner 136

0527 **De Haas-Van Alphen-Effekt in Bi–Sb–Pb-Legierungen.** L. G. Ljubutina. (Fiz. tverdogo Tela **10** (1968) 1, 77—80; Mosk. gos. univ. im. Lomonosova; russ.) — Messungen bei 1,6—4,2 °K an Leg. mit 1—1,7 Gew.-% Sb u. 0,02—0,06 Gew.-% Pb. Das Elektronendispersionsgesetz wird erhalten. K. Jaeger 136

0528 **Magnetische Suszeptibilität eines α-U-Einkristalls.** J. W. Ross und D. J. Lam. (Physic. Rev. [2] **165** (1968) 2, 617—20; ANL, Argonne, Ill.; engl.) — Die Messungen von 4—300 °K ergaben eine verschiedene Temp.-Abhängigkeit in jeder der drei kristallograph. Hauptachsen, unterhalb 40 °K wurden Änderungen im Anstieg beobachtet. Die Ergebnisse werden im Zusammenhang mit der Lokalisierung von 5f-Elektronen, Spindichtewellen oder der Wechselbeziehung zwischen Brillouin-Zone u. Fermi-Fläche diskutiert. H. Liepack 136

0529 **Magnetische Eigenschaften von Urangermaniden.** Włodzimierz Trzebiatowski und Andrzej Misiuk. (Rozniki Chem. [Ann. Soc. chim. Polonorum] **42** (1968) 1, 161—62; Inst. of Low Temp. and Struc. Res., Polish Acad. of Sci., Wrocław; engl.) — Die U–Ge-Verb. wurden aus U-Pulver, das durch Zers. von UH_3 gewonnen wurde, u. sehr reinem Ge-Pulver hergestellt. UGe_3 zeigt im Bereich von 85—350 °K einen temperaturunabhängigen Paramagnetismus. UGe_2 ist ferromagnet. mit T_c = 52 °K u. besitzt eine negative Weiss-Konstante. U_3Ge_4 zeigt bei 94 °K eine ferromagnet. Umwandlung. U_5Ge_3 hat eine paramagnet. Suszeptibilität, die nur wenig temperaturabhängig ist u. eine sehr hohe negative Weiss-Konstante. P. Steidl 136

0530 **Magnetische Eigenschaften von festen UP_2–UAs_2-Lösungen.** Włodzimierz Trzebiatowski und Andrzej Misiuk. (Rozniki Chem. [Ann. Soc. chim. Polonorum] **42** (1968) 1, 163—64; Inst. of Low Temp. and Struc. Res., Polish Acad. of Sci., Wrołcaw; engl.) — Vgl. vorst. Referat. — Die festen Lsg. wurden durch Erhitzen von stöchiometr. Mischungen von U-Pulver hergestellt, welches durch therm. Zers. von UH_3 mit den entsprechenden Mengen P u. As gewonnen wurde. Die Gitterkonst. zeigen positive Abweichungen von der Linearität. Alle Proben behalten die antiferromagnet. Umformung der Verb. bei. Die Néel-Temp. steigen mit dem UAs_2-Geh. bis ungefähr 50 Mol.-% UAs_2 u. ändern sich dann nur unbedeutend. Auf gleiche Weise ändert sich das magnet. Moment. Die Weiss-Konst. hat bei einer ungefähren Zus. von $UP_{1,2}As_{0,8}$ ein Maximum. Vorläufige Messungen zeigen, daß UP_2 u. UAs_2 metall. Leiter sind u. daß eine Änderung der Elektronenkonz. innerhalb dieser Reihe von festen Lsg. unwahrscheinlich ist. P. Steidl 136

0531 **Magnetismus und Spektren einiger oktaedrischer Vanadin(III)-Komplexe.** D. J. Machin und K. S. Murray. (J. chem. Soc. [London], Sect. A **1967, 9, 1498** bis 1504; Dep. of Chem., Univ., Manchester; engl.) — Magnet. Suszeptibilitäten im Temp.-Bereich von 80—300 °K sowie die Spektren im Sichtbaren u. UV von sechsfach koordinierten Vanadin(III)-Komplexen wurden gemessen. Die spektroskop. Daten entsprechen einer oktaedr. Konfiguration. Die magnet. Daten werden mit der Theorie für einen $^3T_{1g}$-Grundterm verglichen, der durch Spin-Bahn-Kopplung, Ligandenfeldkomponenten axialer Symmetrie u. einen Orbital-Red.-Faktor gestört ist. Werte für einen eingeführten Parameter A sind für eine große Anzahl von Liganden sehr ähnlich. Die wegen der Asymmetrie des Ligandenfelds auftretende Aufspaltung des Grundterms variiert von 150—300 cm^{-1} für MX_6-Komplexe bis 500—1000 cm^{-1} für Komplexe mit ungleichen Liganden oder drei Ligandenpaaren. — Untersuchte Verb.: $(NH_4)_3[VF_6]$; $K_2[VF_5(H_2O)]$; $K_3[V(SCN)_6] \cdot 4\,H_2O$; $[V(Harnstoff)_6] \cdot (ClO_4)_3$; $VCl_3 \cdot 3{,}3\,CH_3CN$; $V \cdot Cl_3 \cdot 3\,THF$; $VCl_3 \cdot 3\,CH_3CH_2CN$; $K_3[V(oxalat)_3] \cdot 3\,H_2O$; $Cs_3[V(oxalat)_3] \cdot 3\,H_2O$; $V(hydroxychinolinat)_3$; $V \cdot (acac)_3$; $V(benzoylacetonat)_3$, durch Lösen von VCl_3 in sd. A. unter N_2, Versetzen mit 3 Mol Benzoylaceton in heißem A. u. Neutralisation mit Piperidin; rotbraune Krist.; *Tris-[dibenzoylmethanato]-vanadin(III)*, analog vorst. Verb.; $Cs[VF_4(H_2O)_2]$; $[V(en)_3]Cl_3$; $K_3[V(malonat)_3]$.
H. Riemer 136

0532 **Änderung der magnetischen Suszeptibilität von Molybdänit-Einkristallen mit der Temperatur.** D. Paul. (Indian J. Physics Proc. Indian Assoc. Cultivat. Sci. **41/50** (1967) 12, 943—44; Calcutta, India, Indian Ass. for the Cultiv. of Sci., Dep. of Magnetism; engl.) — Die Änderung der Anisotropie ($\Delta\chi = \chi_\perp - \chi_\parallel$) u. der Suszeptibilität von Molybdänit-Einkrist. wurde im Temp.-Bereich 90—750 °K gemessen u. die Ergebnisse mit früheren Unters. (vgl. Dutta, ibid. **19** (1945) 225) verglichen. Während die Werte für die Anisotropie bei beiden Unters. von der gleichen Art sind, nahmen bei früheren Unters. die $\chi_\perp$-Meßwerte mit steigender Temp. ab, während bei den jetzt durchgeführten Best. die Werte von $\chi_\perp$ erst abnehmen (im Bereich 90—250 °K) u. dann bei weiterem Temp.-Anstieg zunehmen. E. Schulte 136△

0533 **Magnetisches Verhalten von Manganacetattetrahydrat-Kristallen.** A. Mookherji und S. C. Mathur. (Physica [Utrecht] 34 (1967) **2**, 161—65; Phys. Labor. Burdwan Univ., Burdwan, India; engl.) — Zwischen 300 u. 85 °K werden die magnet. Suszeptibilitäten u. Anisotropien von $Mn(CH_3COO)_2 \cdot 4\,H_2O$-Krist. gemessen u. die Ergebnisse mit Hilfe der elektr. Krist.-Feldtheorie diskutiert. Die Parameter der Stark-Aufspaltung des Krist. sind ca. 1,8mal stärker als in verd. Salzen.
I. Zoll 136

0534 **Bleibende und vorübergehende Folgen der elastischen Verformung von Magnetitkristallen.** R. S. Carmichael. (Philos. Mag. [8] **17** (1968) 149, 911—27; Dep. of Earth and Planetary Sci., Univ. of Pittsburgh, Pittsburgh, Pa.; engl.) — Natürliche Magnetiteinkrist. wurden durch einachsige Druckbeanspruchung elast. verformt. Untersucht wurde der Einfl. der äußeren u. der Verteilung u. Konz. der inneren Spannungen auf die magnet. Eig. (Sättigungsmagnetisierung J_s, isotherme remanente Sättigungsmagnetisierung $J_{r,sat}$ Koerzitivkraft H_c) der Proben in gerichteten Magnetfeldern unterschiedlicher Stärke. Die magnetochem. Effekte sind abhängig von der Dichte der im Magnetit vorhandenen beweglichen Defekte, dem Verformungsgrad u. dem äußeren Magnetfeld. Irreversible magnet. Effekte sind die spannungsinduzierte Remanenz u. die Abnahme der Sättigungsremanenz durch Verformung in einem Nullfeld oder einem gerichteten Magnetfeld. Die Größe des remanenten Momentes ist abhängig von der sich ergänzenden Kombination des Verformungsgrades u. der Magnetfeldstärke. Die spannungsinduzierte Komponente der Magnetisierung verläuft in Richtung des äußeren Feldes; sie ist größer u. relativ stabiler als die isotherme remanente Sättigungsmagnetisierung, die durch das äußere Feld während der Verformung hervorgerufen wird. Die durch die Verformung erzeugten vorübergehenden Effekte sind die Zunahme der Sättigungsremanenz u. die Änderung des mkr. Koerzitivspektrums. Ein strukturabhängiges Modell zur Deutung der Vers.-Ergebnisse wird entwickelt.
W. Laqua 136

0535 **Magnetische Symmetrie von Vivianit $Fe_3(PO_4)_2 \cdot 8\,H_2O$.** W. van der Lugt. (Acta crystallogr. [Copenhagen] **23** (1967) 6, 935—37; Solid State Phys. Labor., Univ. of Groningen, Niederlande; engl.) — Eine Raumgruppendiskussion, die auf früheren NMR-Messungen u. Betrachtungen über die magnet. Feldvektoren der Fe- u. P-Kerne bez. der kristallograph. Symmetrie beruht, selektiert aus der großen Anzahl der möglichen magnet. Raumgruppen P_A2_1/c u. C_c2/c als einzig erlaubte. Die diesen Raumgruppen entsprechenden Spin-Konfig. werden diskutiert. P. Zäske 136

A-4. Thermodynamik, Mechanik der Gase und Flüssigkeiten, Gleichgewichte

0536 **Berechnung des Isotopenverteilungskoeffizienten bei mehrstufiger Kompression von Isotopengemischen.** A. I. Michajličenko und O. F. Ščeglov. (Ž. fiz. Chim. **42** (1968) 1, 164—67; Mosk. chim. technol. inst. im. Mendeleeva; russ.) — Eine analyt. Berechnungsmeth. des Isotopenverteilungskoeff. bei mehrstufiger Kompression des Isotopengemisches ist angegeben. Die Gleichungen sind im gesamten Bereich der Isotopenkonz. verwendbar u. erlauben die Berücksichtigung von Verlusten an teils angereichertem Produkt. J. J. Pohl 142

0537 **Trennung von Borisotopen durch chemischen Austausch. 6. Mitt. Koeffizient der einmaligen Isotopentrennung von Bor im System BF_3–$BF_3 \cdot C_6H_5OCH_3$.** A. V. Makarov, G. F. Malinovskaja, G. M. Pančenkov und A. M. Kolčin. (Ž. fiz. Chim. **42** (1968) 1, 295 bis 297; Mosk. gos. univ. im. Lomonosova, Chim. fak.; russ.) — 5. vgl. C. **1964, 12**-0089. — Ein Gerät zur Best. des einmaligen Trennungskoeff. α im Syst. Gas–Fl. durch einen Mehrstufenvers. bei statist. Bedingungen wird beschrieben. Beim Isotopenaustausch des B nach $^{10}BF_3 + {}^{11}BF_3 \cdot C_6H_5OCH_3 \rightleftharpoons {}^{11}BF_3 + {}^{10}BF_3 \cdot C_6H_5OCH_3$ beträgt bei 23° 1,025 ± 0,004. Eine Meth. der Isotopenanalyse von Bor bei der therm. Zers. von KBF_4 wird erörtert.
J. J. Pohl 142

0538 **Anomale Greensche Funktionen für flüssiges Helium-4.** K. Fritzsch. (Ann. Physik [7] **21** (1968) 1/2, 70 bis 79; Berlin-Adlershof, DAW zu Berlin, Inst. für Optik u. Spektroskopie; dt.) — Aussagen über Dreihalbe-Funktionen mit äußeren Phononlinien, die bisher mit phänomenolog. Argumenten geltend gemacht wurden, werden mkr. begründet. In den Selbstenergieteilen führen die anomalen Beiträge zu Singularitäten, die sämtlich behoben werden können. Im Zerfallsbereich gelingt dies durch Annahme einer komplexen Anregungsenergie.
M. Frenzel 146

0539 **Verschiebung des λ-Punkts von flüssigem He im rotierenden Ringspalt.** B. G. Džinčvelašvili und Dž. S. Cakadze. (Ž. èksper. teoret. Fiz. — Pis'ma v Redakciju 7 (1968) 3, 91—92; Inst. fiz. AN Gruz. SSR; russ.) — Bei einer Rotationsgeschw. von 9,3 s^{-1} blieb der λ-Punkt mit einer Genauigkeit von $3 \cdot 10^{-5}$ Grad unverschoben. Befand sich jedoch das fl. He in einem Spalt zwischen zwei Zylindern mit 44 u. 40 mm ⌀, so betrug die Verschiebung bei 6,5 s^{-1} 1,2 ± 0,4 · 10^{-4} Grad u. nahm mit steigender Rotationsgeschw. zu. M. Wiedemann 146

0540 **Verdichtung von rotierendem HeliumII.** R. A. Bablidze, A. A. Galkin und V. P. D'jakonov. (Doklady Akad. Nauk SSSR **178** (1968) 6, 1273—76; Doneckij fiz.-techn. inst. AN USSR; russ.) — Vf. zeigen, daß die Verdichtung von rotierendem HeII auf einen therm. Effekt zurückgeht u. mit dem Phasenübergang HeI–HeII nicht in Verb. gebracht werden kann. H. Roschkowski 146

0541 **Anwendung der Theorie signifikanter Strukturen auf Isotopeneffekte.** Joe Grosh, Mu Shik Jhon, Taikyue Ree und Henry Eyring. (Proc. nat. Acad. Sci. USA **58** (1967) 6, 2196—2203; Dep. of Chem., Univ. of Ut., Salt Lake City, Ut.; engl.) — Es wird ein einfaches Modell für Fl. aufgestellt, das Mol.-Struktur u. intermol. Wechselwrkg. berücksichtigt. Daraus werden Formeln zur Berechnung der unterschiedlichen Dampfdrücke von Isotopen abgeleitet. Für die Differenz ist hauptsächlich die Subl.-Wärme verantwortlich. weniger Trägheitsmoment u. Masse der Moleküle. Druck–Temp.-Paare folgender Syst. werden berechnet: H_2O–D_2O, H_2–D_2, NH_3–ND_3, C_6H_6–C_6D_6, C_6H_{12}–C_6D_{12}, N_2^{14}–N_2^{15}, CH_4–CD_4, SiH_4–SiD_4. Die ber. Werte zeigen gute Übereinstimmung mit den Meßwerten anderer Autoren. H. Tulhoff 146

0542 **Anwendungsgrenzen eines Polarisationsinterferometers bei der Messung von Diffusionskoeffizienten bei sehr niedrigen Konzentrationen.** B. Porsch und M. Kubín. (Collect. czechoslov. chem. Commun. **33** (1968) 4, 1028—37; Inst. of Macromol. Chem., Czechoslov. Acad. of Sci., Prague; engl.) — Beschreibung eines Wellenfront-Scherinterferometers zur Messung von Diffusionskoeff. in Lösungen. Testmessungen wurden bei 25° an Lsg. von *Biphenyl* in *Bzl.* im Δc_0-Bereich von 0,0315—0,1001 g/100 ml durchgeführt. Es wird eine neue u. allgemeinere Meth. zur Berechnung der Diffusionskoeff. u. der Nullzeitkorrektur mitgeteilt. A. Blaschette 146

0543 **Viskositätsmessungen an binären Legierungen des Aluminiums mit Silicium, Zink, Kupfer und Magnesium.** Franz Lihl, Eduard Nachtigall und Alois Schwaiger. (Z. Metallkunde **59** (1968) 3, 213—19; Inst. für Angew. Phys., TH Wien; dt.) — Die Viskosität η von Reinst-Al u. von bin. Al-Leg. mit Si, Cu, Zn u. Mg wird gemessen. Der Verlauf der η–Konz.-Isothermen hängt eng mit dem Zustandsbild zusammen. Alle Veränderungen im festen Zustand wie Löslichkeitsgrenzen, eutekt. Punkte, Verb. u. auch Mischungslücken zeichnen sich oberhalb der Liquiduskurve in den η-Kurven in charakterist. Weise ab. Die bei Reinst-Al beobachteten Stufen in der η–Temp.-Kurve werden auch auf der Al-Seite der bin. Leg.-Syst. mit Si, Cu u. Mg nachgewiesen. Ab einer bestimmten, vom Zusatzelement abhängigen Konz. zeigen die η–Temp.-Kurven den bisher bekannten glatten Verlauf. Lage u. Höhe der Stufen sind ebenfalls von der Konz. des Zusatzelementes abhängig. M. Frenzel 146

0544 **Spezifische Wärme von Zinn und Gallium im stabilen unterkühlten rein flüssigen Zustand.** H. S. Chen und D. Turnbull. (Acta metallurg. [Long Island City, N.Y.] **16** (1968) 3, 369—73; Div. of Engng. and Appl. Phys., Harvard Univ., Cambridge, Mass.; engl.) — Die spezif. Wärme C_p von Sn u. Ga in rein fl. Zustand wird im Temp.-Bereich 632 (Sn) u. 611 (Ga) bis 425 u. 245 °K, Unterkühlungen von 80 bzw. 58 °K entsprechend, gemessen. Im gesamten Temp.-Bereich nimmt C_p von Sn u. Ga kontinuierlich mit zunehmender Temp. über den F. hinweg ab. Der Überschuß der spezif. Wärme ΔC_p der Fl. gegenüber dem entsprechenden Krist. variiert mit fallender Temp. von —0,38 für Sn u. 0,56 für Ga am F. bis +0,27 u. 1,04 cal/g-Atom-°K bei der tiefsten Temp., die bei der Unterkühlung erreichbar ist. Sowohl für Sn als auch für Ga liegt C_p bei konst. Vol. C_v der Fl. am F. oberhalb des Doulong-Petitschen Grenzwertes von 3 R u. nimmt mit abnehmender Temp. zu. Der Überschuß ΔC_p u. auch ΔC_v der Fl. gegenüber dem Krist. im Unterkühlungsbereich wird der Zunahme der Konfig.-Entropie mit zunehmender Temp. zugeschrieben. M. Frenzel 146

0545 **Neue Methoden zur Näherungsberechnung der Entropie.** V. A. Filippin. (Ž. fiz. Chim. **42** (1968) 2, 334 bis 337; Mosk. chim.-technol. inst. im. Mendeleeva; russ.) — Zur Berechnung der Entropie S^0_{298} gleichartiger Verb. aus dem Molgew. M oder aus C_p werden zwei Näherungsbeziehungen abgeleitet. Für Verb. des gleichen Typs (*NaF*, *LiCl*, *KF*, *NaCl*, *KCl*, *KBr*, *RbJ*, *KJ* oder *AgCl*, *CuBr*, *AgBr*) gelten lineare Beziehungen der Art $S^0_{298} = aC_p \cdot M^{1/2} + b$ oder $S^0_{298} = aC_p \cdot \log M + b$ mit a u. b = Konstanten. H. Roschkowski 148

0546 **Theorie signifikanter Strukturen. Thermodynamische Überschußfunktionen für Schmelzsysteme Metall–Metallsalz.** Rodica Vîlcu und C. Misdolea. (Rev. roum. Chim. **13** (1968) 3, 281—89; Inst. of Phys. Chem., Acad. of the Socialist Rep. of Romania, Bucharest; engl.) — Unter Zugrundelegung der von Bredig u. Bronstein (J. physic. Chem. **64** (1960) 64) angegebenen Phasendiagramme wurden die thermodynam. Exzeßfunktionen der Schmelzsyst. *Na–NaCl* u. *Na–NaBr* im Mischungsbereich bei 1068 °K berechnet. Durch Anwendung der Theorie signifikanter Strukturen nach Eyring u. Ree auf diese Syst. werden die so erhaltenen Werte der Gibbsschen Freien Exzeßenergie u. der Exzeßentropie mit jenen verglichen, die von Pitzer (J. Amer. chem. Soc. **84** (1962) 2025) aus Löslichkeitsdaten abgeleitet wurden. In der guten Übereinstimmung wird eine Stütze der benutzten Zustandssummen gesehen. A. Blaschette 148

0547 **Thermodynamische Eigenschaften von Hydrazin.** T. R. Das und N. R. Kuloor. (J. Indian Inst. Sci. **50** (1968) 1, 13—25; Dep. of Chem. Engng., Indian Inst. of Sci., Bangalore; engl.) — Enthalpie, Entropie u. Molvol. von N_2H_4 wurden aus bekannten pVT- u. anderen Daten aus der Literatur für den Temp.-Bereich 273,16—1500 °K u. den Druckbereich 0,00352—600 atm ber. (Tabellen). Die Ergebnisse werden in Form eines Temp.–Entropie-Diagramms zusammengefaßt. A. Blaschette 148

0548 **Thermodynamik von Ionen.** M. I. Borisov, P. G. Maslov und A. A. Antonov. (Teplofiz. vysokich Temperatur **6** (1968) 2, 336—39; Leningradskij gos. ped. inst. im. Gercena; russ.) — Für die Ionen Si^+, K^+, Ca^+, Cu^+, Cr^+, Ge^+, Ag^+, W^+, Ni^+, Kr^+, Ga^+, P^+, Cs^+, In^+, Pb^+, Sr^+, Sn^+, Ne^+, Ar^+, Ti^+, V^+, Fe^+, S^+, Bi^+, Xe^+, Tl^+, Te^+ u. Be^+ werden die mit Hilfe statist. thermodynam. Meth. erhaltenen Koeff. von Näherungsgleichungen für C_p, $(H_T^0–H_0^0)/T$, $-(G_T^0–H_0^0)/T$ u. die Entropie S_T^0 bei Temp. von 298,15—50000 °K angegeben, für Ne^+, Si^+, P^+, Cr^+, Cu^+, Kr^+, Xe^+ u. W^+ wird ein Vgl. ber. Werte mit bekannten Literaturdaten durchgeführt. H. Roschkowski 148

0549 **Dissoziationswärme von Ammoniumhydroxid in Natriumnitratlösungen bei verschiedenen Temperaturen.** V. P. Vasil'ev und L. A. Kočergina. (Ž. fiz. Chim. **42** (1968) 2, 373—79; Ivanovskij chim. technol. inst.; russ.) — Die Dissoziation von NH_4OH wurde kalorimetr. bei 18, 25, 30, 35 u. 40° untersucht. Die Mischungswärme von wss. NH_4OH-Lsg. mit HNO_3- u. $NaNO_3$-Lsg. ist bei μ = 0,5, 1,0 u. 3,0 ($NaNO_3$) tabelliert. Die Abhängigkeit der Dissoziationswärme von der Temp. kann mit Hilfe der empir. Gleichung $\Delta H = -2{,}3 \cdot 2\,\varrho RT^2(t-\Theta)$ ausgedrückt werden, wobei ϱ bei allen untersuchten Ionenstärkewerten für NH_4OH $(5{,}1 \pm 0{,}4) \cdot 10^{-5}$ beträgt. Die Abhängigkeit der Dissoziationswärme von der Temp. u. der Ionenstärke wird durch die Gleichungen $\Delta H = (17516-1959\mu)-(55{,}36-5{,}56\,\mu)T$ u. $\Delta H = (8611-992\,\mu)-(0{,}08579$ bis $0{,}00786\,\mu)T^2$ ausgedrückt. Die spezif. Wärme beträgt bei 18° 45, bei 40° 49 cal/Grad. Die Neutralisationswärme von NH_4OH ist $\Delta H = -(9450-500)-(10{,}550 + 2{,}704) \cdot T$. Der Wärmeeffekt der Dissoziation von NH_4OH beträgt bei $\mu = 0$ $\Delta H^0_{291} = 1240 \pm 10$, $\Delta H^0_{298} = 875 + 10$, $\Delta H^0_{303} = 600 \pm 10$, $\Delta H^0_{308} = 330 \pm 10$, $\Delta H^0_{313} = 80 \pm 10$ cal/Mol. J. J. Pohl 150

0550 **Verdünnungsenthalpie von wäßrigen CsCl-Lösungen bei 25°.** M. S. Stachanova, K. K. Vlasenko, M. Ch. Karapet'janc und I. V. Bazlova. (Ž. fiz. Chim. **42** (1968) 2, 518—19; Mosk. chim.-technol. inst. im. Mendeleeva; russ.) — Die Verdünnungswärme von wss. CsCl-Lsg. wurde im Konz.-Bereich 5 > m > 1 bei 25° bestimmt. Daten von zwei Parallelbest. pro Konz. sind tabelliert. J. J. Pohl 150

0551 **Kalorimetrische Messung der molaren Enthalpieänderungen von wasserfreiem Magnesiumjodat zwischen 298 und 817 °K.** Jean Bousquet und Guy Pérachon. (C. R. hebd. Séances Acad. Sci., Sér. C **266** (1968) 13, 951 bis 953; Labor. de Chim. min., INSA, Villeurbanne, Rhône; franz.) — Eine wss. Lsg. von Jodsäure wurde mit $MgCO_3$ neutralisiert u. eingedampft. Das ausfallende $Mg \cdot JO_3 \cdot 4\,H_2O$ wurde zweimal umkristallisiert. Es verliert über 110° sein W. u. zersetzt sich über 525°. Aus den mit einem speziellen Kalorimeter gemessenen $(H_T\text{–}H_{298})$-Werten ergibt sich $c_p = 51{,}18$ cal/Mol · Grad; es ist im Bereich 25—544° unabhängig von der Temperatur. W. Gauster 150

0552 **Enthalpie und spezifische Wärme von Sc_2O_3 bei hohen Temperaturen.** D. Š. Cagarejšvili, T. S. Jašvili und G. G. Gvelesiani. (Soobšč. Akad. Nauk Gruz. SSR **49** (1968) 1, 175—80; AN Gruz. SSR, Inst. metallurg.; russ.) — Die Enthalpie u. die spezif. Wärme von Sc_2O_3 wurden bei 298—1600 °K kalorimetr. bestimmt. Das Schema der automat. App. ist angegeben. Die mittlere spezif. Wärme von Sc_2O_3 beträgt bei 273—373 °K 21,1 cal/Grad · Mol; $H_T\text{–}H_{298,15} = 117{,}74\,T + 6{,}95 \cdot 10^{-3}\,T^2 + 26{,}78 \cdot 10^5 \cdot T^{-1} - 44702$ (Joule/Mol, 298,15—1607,4 °K). J. J. Pohl 150

0553 **Bestimmung der Bildungswärme von $ZrCl_4$, $HfCl_4$ und $TaCl_5$.** G. L. Gal'čenko, D. A. Gedakjan und B. I. Timofeev. (Ž. neorg. Chim. **13** (1968) 2, 307—12; Mosk. gos. univ. im. Lomonosova, chim. fak.; russ.) — Die bei der Umsetzung der Metalle mit gasf. Chlor bestimmte Standardbldg.-Wärme von krist. $ZrCl_4$ beträgt $(\Delta H^0_{f\,298,15} =)$ $-234{,}17 \pm 0{,}28$ kcal/Mol, krist. $HfCl_4$ $-236{,}66 \pm 0{,}29$ kcal/Mol, krist. $TaCl_5$ $-205{,}05 \pm 0{,}18$ kcal/Mol. J. J. Pohl 150

0554 **Kalorimetrische Messung der Lösungswärme von Samarium in Zinn. Bestimmung der Bildungsenthalpie der definierten Verbindungen im System Zinn–Samarium.** Annick Percheron, Jean-Claude Mathieu und Félix Trombe. (C. R. hebd. Séances Acad. Sci., Sér. C **266** (1968) 12, 848—51; Labor. de Thermodynam. et Physicochim. métallurg., ENSEEG, Grenoble; franz.) — Die Lsg.-Wärme von Sm in Sn wurde bei 967 °K zu $-43{,}9$ kcal/Mol bestimmt. Daraus wird die partielle Enthalpie für Sm im Bereich von $O < X_{Sm} < 5 \cdot 10^{-3}$ zu $\Delta H_{Sm} = -45{,}6 + 818\,x_{Sm}$ kcal/Mol berechnet. Für $SmSn_3$ (I), Sm_2Sn_3 (II) u. Sm_5Sn_3 (III) wurden ebenfalls die Lsg.-Wärmen gemessen u. daraus, unter Berücksichtigung der partiellen Enthalpien des Sm, deren Bldg.-Wärmen bei 295 °K (in kcal/Mol, I: $\Delta H = -53{,}8$; II: $\Delta H = -86{,}9$; III: $\Delta H = -121{,}7$) berechnet. W. Gauster 150

0555 **Chlorierung von Vanadinpentoxid.** R. G. Jankelevič und I. A. Šeka. (Ukrainskij chim. Ž. **34** (1968) 1, 58—62; Inst. obšč. i neorg. chim. AN Ukrain SSR, Labor. v Odesse; russ.) — Die Chlorierung von V_2O_5 wurde bei 300—600° verfolgt. Das Schema der verwendeten App. ist angegeben. Die mittlere Enthalpie des Prozesses $2\,V_2O_5 + 6\,Cl_2 \rightleftharpoons 4\,VOCl_3 + 3\,O_2$ beträgt 36,437 kcal, $\log Kp = (-7931{,}212/T) - 0{,}4523$. J. J. Pohl 150

0556 **Bildungswärme der wasserfreien Mangan-, Eisen-, Kobalt-, Nickel-, Kupfer-, Quecksilber- und Berylliumperchlorate.** N. V. Krivcov und V. Ja. Rosolovskij. (Ž. neorg. Chim. **13** (1968) 2, 317—20; Inst. obšč. i neorg. chim. im. Kurnakova AN SSSR; russ.) — Die Bldg.-Wärme des ClO_4^--Ions im gasf. Zustand wurde von der Gitterenergie der Alkalimetallperchlorate ausgehend ber., sie beträgt ΔH_f^0 $[ClO_4^-{}_{(gas)}] = -81{,}0 \pm 0{,}7$ kcal/g-Ion. Die Bldg.-Wärme von krist. Metallperchloraten wurde auf zwei voneinander unabhängigen Wegen auf Grund der Krist.-Gitterenergie u. mit der Meth. der vergleichenden Berechnung bestimmt, sie beträgt für $Be(ClO_4)_2$ (ΔH_f^0, kcal/Mol) -104, $Mn(ClO_4)_2$ -72, $Fe(ClO_4)_2$ -41, $Co(ClO_4)_2$ -32, $Ni(ClO_4)_2$ -30, $Cu(ClO_4)_2$ -6 u. $Hg(ClO_4)_2$ -17. J. J. Pohl 150

0557 **Thermodynamische Eigenschaften fester Palladium–Kupfer- und Platin–Kupfer-Legierungen.** K. M. Myles und J. B. Darby jun. (Acta metallurg. [Long Island City, N.Y.] **16** (1968) 4, 485—92; Metallurg. Div., Argonne Nat. Labor., Argonne, Ill.; engl.) — Aktivität u. Freie Bldg.-Energie bei 1350 °K von Pd u. Pt mit Molenbruch N (Cu) = 0,100—1,000 werden aus Dampfdruckdaten ber., die Bldg.-Enthalpien bei 298 °K kalorimetr. mit Hilfe von Sn-Lsg. u. die Bldg.-Entropien beider Syst. aus den Werten der Freien Energie u. Enthalpie nach der Gibbs-Helmholtzschen Gleichung bestimmt. Die Ergebnisse werden im Zusammenhang mit dem Leg.-Syst. Pd–Ag, das eine ähnliche elektron. Struktur hat, sowie bez. anderer physikal. Eig. der Syst. Pd–Cu u. Pt–Cu diskutiert. M. Frenzel 150

0558 **Verdampfung von Flüssigkeiten im Vakuum.** V. F. Prisnjakov. (Izvest. vysšich učebnych Zavedenij [Tomsk], Fiz. **11** (1968) 2, 125—27; Dnepropetrovskij gosuniv.; russ.) — Ableitung einer Beziehung für die Verdampfungsgeschw. von Fl. im Vakuum. Ein Vgl. mit Vers.-Daten für die Verdampfung von *W.*, *Bzl.* u. *Hg* im Vakuum bei 293 °K zeigt ihre Anwendbarkeit für Näherungsberechnungen. H. Roschkowski 152

0559 **Bestimmung der Überhitzung einer Flüssigkeit an der Stabilitätsgrenze.** A. A. Stoljarov. (Ž. fiz. Chim. **42** (1968) 1, 230—32; Mosk. inst. chim. maš. stroenija; russ.) — Eine Theorie der Überhitzung an der Stabilitätsgrenze für ein Fl.-Modell wird ausgearbeitet. Die Theorie zeigt mit Vers.-Daten für *W.*, fl. H_2 u. fl. N_2 eine zufriedenstellende Übereinstimmung. J. J. Pohl 152

0560 **Unterkühlung und Erstarrung kleiner, in Luft oder anderen Gasen fallender Wassertröpfchen.** I. E. Kuhns und B. J. Mason. (Proc. Roy. Soc. [London], Ser. A **302** (1968) 437—52; Imp. Coll., London; engl.) — Das Gefrieren von reinen W.-Tröpfchen vom ∅ 5—120 µm wurde beim Fallen durch ein vertikales Temp.-Gefälle in gereinigtem *He*, H_2, *Luft*, O_2, *Ar* u. CO_2 photographiert. Aus Messungen an einigen hundert Tröpfchen wurde die mittlere Gefriertemp. der Gruppe u. ihre statist. Schwankung um diese ermittelt. Die Temp. wurde für die therm. Trägheit korr. u. an eine Standardabkühlungsgeschw. angepaßt. Es ergab sich gute Übereinstimmung mit früheren Vers. an Tröpfchen in fl. Medium. Die Änderung der Gefriertemp. mit dem Tröpfchendurchmesser läßt sich durch die Theorie der homogenen Keimbldg. von unterkühltem W. erklären, wenn die spezif. freie Grenzflächenenergie Krist./Fl. zu 20 erg/cm² zwischen -35 u. $-40°$ angenommen wird. Die Ergebnisse stimmen auch mit der statist.-thermodynam. Behandlung des „flickering-cluster"-Modells von fl. W. durch Némethy-Scheraga überein. A. Becker 152

0561 **Sättigungsdampfdruck und Sublimationsenthalpie von Jod.** E. E. Lukašenko und A. M. Pogadaev. (Ž. fiz. Chim. **42** (1968) 1, 235—37; Krasnojarskij inst. cvetnych metallov im. Kalinina; russ.) — Der Sättigungsdampfdruck von festem Jod wurde mit den Knudsenschen u. Langmuirschen Meth. im Bereich 243,7 bis 315,2 °K gemessen. Die Daten ergeben $\log p$ (J_2, Torr) $= -2058/T + 6{,}031$ u. $\Delta H_{subl} = 39{,}5$ kJoule/Mol. J. J. Pohl 152

0562 **Kritische Parameter von Schwefelhexafluorid.** L. A. Makarevič, E. S. Sokolova und G. A. Sorina. (Ž. fiz. Chim. **42** (1968) 1, 22—23; Gos. n.-i. i proektnyj inst. azotnoj prom. i prod. org. sint., Moskva; russ.) — Die krit. Parameter von SF_6 wurden mit einer visuellen Meth. mit hoher Genauigkeit bestimmt. Die gefundenen krit. Parameter sind: $T_k = 45{,}560 \pm 0{,}005°$, $p_k = 38{,}328 \pm 0{,}005$ kg/cm² u. $V_k = 198{,}0 \pm 0{,}4$ cm³/Mol. An der Fl.–Gas-Trennfläche wurde in einer Schichtbreite von ca. 2 mm eine „Emulgierungswellenerscheinung" beobachtet, die sich mit einer Geschw. von ca. 2 cm/s entlang des Meniskus fortbewegte. J. J. Pohl 152

0563 **DTA-Untersuchung einer neuen Linie der Phasenübergänge in Triglycinselenat bei hohen Drücken.** I. N. Polandov, V. P. Mylov und B. R. Čuragulov. (Doklady Akad. Nauk SSSR **178** (1968) 6, 1293—95; Mosk. gos. univ. im. Lomonosova; russ.) — Thermogramme wurden bei 100—8000 kg/cm² u. 19—70° für $(NH_2CHCOOH)_3 \cdot H_2SeO_4$ aufgenommen. Ein Tripelpunkt (Schnittpunkt einer Phasenübergangslinie 1. Art mit einer 2. Art) liegt bei 7500 kp/cm² u. 49,6°. V. Burjan 152△

0564 **Dampfdrücke von Tellur und Extinktion zwischen 370 und 615°.** R. F. Brebrick. (J. physic. Chem. **72** (1968) 3, 1032–36; Lexington, Mass., MIT, Lincoln Labor.; engl.) — Durch Messung der Extinktion des Dampfs bei 2100—1990 bzw. ca. 4357 Å wurden die Dampfdrücke (DD) von Te zwischen 370 u. 615° mit Hilfe eines Doppelstrahlspektralphotometers ermittelt. Zwischen 370 u. 450° lassen sich die DD durch die Temp.-Funktion $\log P = -8{,}001 \cdot 10^3/T + 7{,}540$ beschreiben (P in atm; T in °K). Der DD des Te beträgt am Tripelpunkt (450°) $2{,}99 \cdot 10^{-4}$ atm. G. Gattow 152

0565 **Einfluß von ultrahohem Druck auf die Größe des thermischen Effekts beim polymorphen Übergang von gelbem in kristallinen schwarzen Phosphor.** S. S. Bokša. (Kristallografija **13** (1968) 1, 126–28; Inst. kristallogr. AN SSSR; russ.) — Die bei Drücken von $(9-23) \cdot 10^3$ kg/cm² durchgeführten Messungen zeigen, daß bei Drücken unterhalb 11000 kg/cm² der therm. Effekt stark mit dem Druck abnimmt. Für Drücke von $9 \cdot 10^3$, $15 \cdot 10^3$ u. $22{,}7 \cdot 10^3$ kg/cm² beträgt der Wärmeeffekt 158, 376 bzw. 425 cal/g. H. Roschkowski 152

0566 **Überhitzung des Arsenoliths über seinen Schmelzpunkt.** I. Klipping. (Z. physik. Chemie [Frankfurt/M.] [N. F.] **54** (1967) 1/2, 68–72; Fritz-Haber-Inst. der Max-Planck-Ges., Berlin; dt.) — Die Überhitzung des Arsenoliths (As_2O_3) über den F. hinaus wird in Abhängigkeit von der Aufheizgeschw., von vorheriger Temp. u. von Röntgenbestrahlung untersucht u. gedeutet. A. Jaeschke 152

0567 **Kritische Parameter von Alkalimetallen.** L. D. Voljak. (Ž. fiz. Chim. **42** (1968) 2, 501–02; Mosk. aviacionnyj inst. im. Sergo Ordžonikidze; russ.) — Auf Grund von genaueren Daten der Verdampfungswärme wurden folgende krit. Temp. ber.: *Li* 3800 ± 100 (°K), *Na* 2500 ± 50, *K* 2070 ± 50, *Rb* 1900 ± 50 u. *Cs* 1790 ± 50. J. J. Pohl 152

0568 **Sublimation von Ammoniumperchlorat.** P. W. M. Jacobs und A. Russell-Jones. (J. physic. Chem. **72** (1968) 1, 202–07; London, Imp. Coll., Dep. of Chem.; engl.) — Im Druckbereich von 7,75—760 Torr wurde das therm. Verh. von NH_4ClO_4 (I) zwischen 491 u. 543 °K kinet. untersucht; der Verdampfungskoeff. ist stark druckabhängig. Nachst. Subl.-Vorgang des I wird angenommen: Protonenwanderung $NH_4^+ClO_4^- \rightleftharpoons NH_3HClO_4$ mit anschließender variabler Absorption (abs.) u. Überführung in die Gasphase NH_3HClO_4 (abs.) $\rightleftharpoons NH_3$ (abs.) + $HClO_4$ (abs.) $\rightleftharpoons NH_3$ (g) + $HClO_4$ (g). G. Gattow 152

0569 **Dampfdruck von Calcium.** S. S. Bogoslovskij und A. N. Krestovnikov. (Izvest. Akad. Nauk SSSR, Metally **1968**, 1, 226–31; Moskva; russ.) — Literaturdaten des Dampfdrucks für festes u. fl. Ca werden krit. diskutiert. J. J. Pohl 152

0570 **Kondensationskoeffizient von Quecksilberdampf.** M. N. Ivanovskij, Ju. V. Milovanov und V. I. Subbotin. (Atom. Energ. **24** (1968) 2, 146–51; russ.) — Das Schema einer App. zur Messung des Kondens.-Koeff. von Hg-Dampf ist angegeben. Die Meth. beruht auf dem Prinzip der unmittelbaren Messung der Temp.-Verteilung im Dampf u. im Kondensat. Sie erlaubt die Best. des Kondens.-Koeff. bei verschiedenen Reinheitsgraden der Hg-Oberfläche u. die der Grenzen des möglichen Einfl. von oberflächenakt. Substanzen, die im techn. Hg vorliegen. Die unmittelbare Best. der Temp.-Verteilung im Dampf u. im Kondensat eliminiert den Einfl. des Diffusionswiderstandes, der durch Verunreinigungen des Dampfes bedingt ist. Die Vers.-Daten bei der Kondens. an einer unbewegten spiegelglatten Hg-Oberfläche sind tabelliert. J. J. Pohl 152

0571 **Schmelzenthalpien von $KAlSi_3O_8$ und $NaAlSi_3O_8$.** D. R. Waldbaum. (J. Amer. ceram. Soc. **51** (1968) 1, 61–62; Cambridge, Mass., Harvard Univ., Dep. of Geol. Sci.; engl.) — Durch Best. der Lsg.-Enthalpien bei 49,7° in 20,1 %ig. wss. HF wurden die Enthalpien nachst. Umwandlungen von Albit, $NaAlSi_3O_8$ (I, F. 1118°, inkongruent), u. den beiden Formen von $KAlSi_3O_8$ (II), Mikroklin (M) u. Sanidin (S, F. 1200 ± 40°, kongruent), ermittelt: Tief-I → Hoch-I $\Delta H = 2{,}63 \pm 0{,}28$ kcal/Mol; Hoch-I → I (Glas) 11,89 ± 0,40; M-II → S-II 1,89 ± 0,44; S-II → II (Glas) 11,10 ± 0,37. Unter Verw. von in der Literatur angegebenen Meßgrößen folgt für die Schmelzenthalpie u. -entropie von Hoch-I (bei 1391 °K) bzw. S-II (bei 1473 °K) $\Delta H^0 = 13{,}56$ bzw. 14,70 kcal/Mol u. $\Delta S^0 = 9{,}75$ bzw. 9,98 cal/Grad · Mol. Die metastabilen F. von Tief-I u. M-II wurden zu 813 u. 853° angeschätzt. G. Gattow 152

0572 **Einfluß von Abkühlungsgeschwindigkeit und Überhitzungstemperatur auf die Unterkühlung von Germaniumschmelzen.** V. M. Glazov und S. N. Čičevskaja. (Izvest. Akad. Nauk SSSR, Neorg. Mater. **4** (1968) 2, 171–74; Inst. metallurg. im. Baikova AN SSSR; russ.) — Die Kristallisation von um 10, 35 u. 130° überhitzten Ge-Schmelzen wurde bei Abkühlungsgeschw. von 5—60°/min thermograph. untersucht u. die Abhängigkeit der Unterkühlung von der Überhitzungstemp. bei konst. Abkühlungsgeschw. bzw. die Abhängigkeit der Unterkühlung von der Abkühlungsgeschw. ermittelt. Erhöhung der Abkühlungsgeschw. führt zur Vergrößerung der Unterkühlung, ebenso der Anstieg der Überhitzungstemp. bei konst. Abkühlungsgeschwindigkeit. Die Abhängigkeit der Unterkühlung von der Überhitzungstemp. hängt mit der Kinetik der Strukturveränderungen in der Ge-Schmelze beim Abkühlen zusammen. Bei großen Abkühlungsgeschw. verzögert sich die Strukturumwandlung etwas, so daß die Hochtemp.-Struktur noch im Bereich der niedrigen Temp. erhalten bleibt, während bei langsamer Abkühlung prakt. ständig die Gleichgew.-Struktur vorhanden ist. B. Karos 152

0573 **Anwendung der ersten Näherung der Theorie streng regulärer Lösungen auf die Berechnung der Schmelzwärme aus Schmelzdiagrammen.** D. M. Laptev. (Izvest. vysšich učebnych Zavedenij [Moskva], černaja Metallurg. **11** (1968) 2, 12–16; Sibir. metallurg. inst.; russ.) — Auf Grund der Berechnung der Temp.-Abhängigkeit der mittleren Schmelzwärme von 5 Metallen (*Cd, Cu, Mg, Pb* u. *Sb*) nach Werten der 12 Liquiduslinien der bin. Schmelzdiagramme wird festgestellt, daß die nach Formeln der ersten Näherung der Theorie streng regulärer Lsg. errechnete Schmelzwärme sich wesentlich von der thermochem. Schmelzwärme unterscheidet u. außerdem von der Natur der zweiten Komponenten abhängt. Vorschlag einer Berechnungsmeth. der Schmelzdiagramme, die den Möglichkeiten der Theorie von streng regulären Lösungen entspricht. H. Hochstein 152

0574 **Tieftemperaturschmelzen von Festkörpern unter sehr hohem Druck.** N. Kawai und Y. Inokuti. (Earth Planetary Sci. Letters [Amsterdam] **3** (1968) 5, 490–94; Dep. of Mater. Phys., Fac. of Engng. Sci., Osaka Univ., Osaka; engl.) — Bei Anwendung extrem hoher Drücke können Schmelzerscheinungen an Festkörpern bei relativ niedrigen Temp. erzielt werden. Während der F. einer Substanz bei Zunahme der Außendrücke zunächst ansteigt, gilt dies bei hohen Drücken nicht mehr (Ce, Eu, Te, As, Bi, Si, Ge, Cs, Ga, Tl, S, C u. a.). Nach Diskussion dieser Erscheinung werden mögliche p–T-Zustandsdiagramme der Ni–Fe–Si-Syst. behandelt u. auf Bedingungen der Krusten- u. Kernregionen der Planeten übertragen. M. Hähnert 152

0575 **Theorie der Entmischung von Eutektoiden unter der Annahme eines lokalen Gleichgewichts und von Phasengrenzendiffusion.** J. M. Shapiro und J. S. Kirkaldy. (Acta metallurg. [Long Island City, N.Y.] **16** (1968) 4, 579–85; Res. Dep., Inland Steel Co., East Chicago, Ind.; engl.) M. Frenzel 154

0576 **Bestimmung der Zusammensetzung inkongruent schmelzender Phasen bei ihrer Kristallisation aus Schmelzen mit der Methode von Schreinemakers.** N. P. Smoljaninov. (Ž. neorg. Chim. **13** (1968) 1, 300; Rostovskij gos. univ.; russ.) — Die Phasenzus. bei der Kristallisation wird durch Analyse der Fl. u. von Salzkrist. festgestellt. Die Verw. der Meth. für ein tern. Syst., in dem eine tern. inkongruent schmelzende Verb. entsteht, wird diskutiert. J. J. Pohl 154

0577 **Berechnung der Aktivität von Komponenten in ternären Systemen.** S. E. Vajsburd, A. B. Šejnin und

T. F. Remen'. (Ž. fiz. Chim. **42** (1968) 3, 731–33; Gos. proektnyj inst. Hipronikel', Leningrad; russ.) – Eine Variante der Darkenschen Meth. [J. Amer. chem. Soc. **72** (1950) 2909] zur Berechnung des Aktivitätskoeff. der Komponenten des tern. Syst. in einem begrenzten Bereich nach Vers.-Daten für eine Komponente wird vorgeschlagen. Die Verw. der Meth. wird am Beispiel des homogenen Bereichs im Syst. Fe–Ni–S bei 1300° diskutiert. Die erhaltenen Daten bestätigen die verschiedene Stabilität der Bindungen vom Fe u. Ni mit S.
J. J. Pohl 154

0578 **Topologie der Phasendiagramme von ternären Systemen in Salzschmelzen.** Milton Blander. (Chem. Geol. [Amsterdam] **3** (1968) 1, 33–58; Calif., USA, North American Aviat., Sci. Center, Thousand Oaks; engl.) – Vf. ber. auf Grundlage der neueren Statistik für einfache tern. reziproke fl. Salzsyst. die wesentlichen Eig. von Phasendiagrammen. Für die Voraussage von Mischungslücken folgt aus der Theorie ein Ausdruck, der zugleich eine grundlegende Erklärung der früher empir. gefundenen Regeln darstellt. Es werden die Syst. Li, K // F, Cl; Li, Na // F, Cl; Li, Cs // F, Cl; Li, Ag // Cl, CrO_4; LiF–NaF–BeF_2; NaF–KF–BeF_2; LiF–NaF–UF_4; LiF–KF–UF_4; LiF–RbF–UF_4; NaF–KF–UF_4; NaF–RbF–UF_4; CaO–„FeO"–SiO_2; LiCl–KCl–$AlCl_3$ u. CaO–„FeO"–P_2O_5 diskutiert sowie eine Liste von 77 reziproken tern. Syst. mit fl. Mischungslücken angegeben.
E. Hientzsch 154

0579 **Gas–Gas-Phasengleichgewicht im System Helium–Fluorkohlenwasserstoff.** V. Ja. Maslennikova, N. P. Gorjunova und D. S. Ciklis. (Doklady Akad. Nauk SSSR **178** (1968) 4, 886–88; Gos. n.-i. i proektnyj inst. azotnoj prom. i prod. organ. sinteza; russ.) – Die gegenseitige Löslichkeit der Gase wurde in den Syst. He–$C_2F_4Br_2$ (Freon 114B-2) bei 216,5, 220 u. 223° bei Drücken bis 350 at u. He–$CHClF_2$ (Freon 22) bei 100 u. 104° bei Drücken bis 350 at untersucht. Es wird die Anwesenheit von assoziierten Mol. mit F-Brücken angenommen. J. J. Pohl 154

0580 **Abhängigkeit der Verteilung der Stickstoffisotopen von der Temperatur der Kolonne und des Desorbers sowie von der Strömungsgeschwindigkeit des Komplexes in der Kolonne.** A. I. Kuznecov und G. M. Pančenkov. (Ž. fiz. Chim. **42** (1968) 1, 245–48; Mosk. gos. univ. im. Lomonosova, chim. fak.; russ.) – Der Verteilungskoeff. der N-Isotope wächst im Syst. Ammoniak–Ammoniakkomplexe mit Alkoholen schwach mit zunehmender Temp., während die Einstellungszeit des stationären Zustandes in der Kolonne stark steigt. Ein Sinken der Zugabegeschw. des Komplexes in der Kolonne erhöht sowohl den Verteilungskoeff. als auch die Einstellungszeit des stationären Zustandes stark. Der Gesamt-Verteilungskoeff. hängt von der Desorbertemp. ab. Das Temp.-Optimum liegt um 15–20° über der Siedetemp. der verwendeten Alkohole (n-Propyl-, Isopropyl-, Isopentylalkohol). J. J. Pohl 154

0581 **Flüssigkeit–Dampf-Gleichgewicht in Stickstoffdioxid–Salpetersäure–Wasser-Mischungen.** Rémy Audinos. (C. R. hebd. Séances Acad. Sci., Sér. C **266** (1968) 15, 1117–20; Inst. du Gén. Chim., Empalot-Toulouse, Haute-Garonne; franz.) – Aus Dampfdruckmessungen am tern. Syst. NO_2–HNO_3–H_2O werden Kp.-Isobaren für den Druckbereich 100–7000 Torr abgeleitet. Es tritt ein Heteroazeotrop auf. A. Blaschette 154

0582 **Umsetzung von Wasserstoff mit Scandium und mit Ti–Sc-Schmelzen.** V. V. Grušina und A. M. Rodin. (Ž. fiz. Chim. **42** (1968) 2, 466–71; russ.) – Die Menge des von Sc absorbierten Wasserstoffs wächst mit der Reinheit des Sc. Die therm. Beständigkeit der Sc–H-Verb. ist sowohl im geschlossenen Syst. als auch bei ununterbrochenem Absaugen bedeutend höher als die von Ti–H- u. Zr–H-Verb., sie steigt mit wachsendem Reinheitsgrad des Sc. Die Löslichkeit von Wasserstoff (in cm^3 Gas/1 g Metall) in Ti–Sc-Leg. nimmt mit wachsendem Sc-Geh. etwas zu, das H-Atom/Metallatom-Verhältnis bleibt jedoch mit 1,92–1,93 prakt. konstant. Die therm. Beständigkeit des Syst. Ti–Sc–H steigt etwas mit wachsendem Sc-Gehalt. Bei Raumtemp. wird H_2 von dest. Sc u. Sc–Ti-Leg. nicht sorbiert.
J. J. Pohl 154

0583 **Löslichkeit von Wasserstoff in Übergangsmetallen der sechsten Untergruppe.** A. A. Mazaev, R. G. Avarbė und Ju. N. Vil'k. (Ž. fiz. Chim. **42** (1968) 3, 641–43; Gos. inst. prikl. chim., Leningrad; russ.) – Die Umsetzung von *Cr*, *Mo* u. *W* mit H_2 wurde bei 1000 bis 3300 °K u. Drücken von 1–100 at untersucht. Die Löslichkeit von H_2 wächst bei konst. Druck exponentiell mit steigender Temperatur. Die Kurven der Temp.-Abhängigkeit der Löslichkeit befolgen nachst. Gleichungen: für Cr bei $<1000°$ $N_H = 8{,}1 \cdot 10^{-4} \cdot \exp \cdot -(12150/2\,RT) \cdot \sqrt{p_{H_2}}$ bei >1000 °K$N_H = 3{,}2 \cdot 10^{-2} \cdot \exp -(24700/2\,RT) \cdot \sqrt{p_{H_2}}$, für Mo bei <1800 °K $N_H = 5{,}22 \cdot 10^{-4} \cdot \exp\ -(12800/2\,RT) \cdot \sqrt{p_{H_2}}$, bei >1800 °K $N_H = 1{,}03 \cdot 10^{-2} \cdot \exp\ -(34850/2\,RT) \cdot \sqrt{p_{H_2}}$, für W bei <2700 °K $N_H = 6{,}61 \cdot 10^{-5} \cdot \exp\ -(10000/2\,RT) \cdot \sqrt{p_{H_2}}$, bei >2700 °K $N_H = 1{,}1 \cdot 10^{-3} \cdot \exp\ -(40000/2\,RT \cdot \sqrt{p_{H_2}}$. Die Enthalpie ist für Cr, Mo u. W im untersuchen Temp.-Bereich $(0{,}5-0{,}9 \cdot F)$ positiv, die Lsg.-Enthalpie negativ. Die Werte ($\Delta H^S_{H_2}$, kcal/Mol bzw. $\Delta S^S_{H_2}$, cal/°K · Mol): für Cr bei <1000 °K 12,15, –28,3; >1000 °K 27,4, –13,35; Mo <1850 °K 12,8, –30,0; bei >1850 °K 34,75, –18,3; für W bei <2700 °K 10,0, –38,1; bei >2700 °K 40,0, –27,2. J. J. Pohl 154

0584 **Flüssig–Flüssig-Verteilungssysteme. 6. Mitt. Solventextraktionsuntersuchung über die Dissoziation von schwefliger, seleniger und telluriger Säure in sauren Perchloratlösungen.** Tatsuya Sekine, Hidehiko Iwaki, Mitsuo Sakairi, Fumitake Shimada und Mariko Inarida. (Bull. chem. Soc. Japan **41** (1968) 1, 1–7; Tokyo, Sci. Univ., Dep. of Chem.; engl.) – 5. vgl. C. **1968**, 51/52-0799. – Die Verteilung von S(IV) zwischen $HClO_4$ u. CCl_4 u. von Se(IV) u. Te(IV) zwischen $HClO_4$ u. Hexan/Trioctylphosphinoxid wurde bei 25° als Funktion des pH-Wertes untersucht. Die Abhängigkeit der Verteilungskoeff. vom pH-Wert erklären Vf. durch Extraktion von ungeladener schwefliger, seleniger bzw. telluriger Säure in die organ. Phase u. durch die Dissoziation dieser Säuren in wss. Medium. Die Verteilungskoeff. wurden nach einer graph. Meth. bestimmt; sie sind tabellar. mitgeteilt. In $HClO_4$-Medium existieren schweflige u. selenige Säure als Neutralteilchen bzw. einwertig negative Spezies. Tellurige Säure existiert sowohl neutral als auch einwertig positiv u. negativ; die Neutralteilchen existieren jedoch nur innerhalb eines schmalen pH-Bereichs. D. Ertel 154

0585 **Kritische Erscheinungen in Elektrolytlösungen.** A. V. Oriščenko. (Ž. fiz. Chim. **42** (1968) 2, 519–20; Kievskij inst. narodnogo chozjajstvo; russ.) – Die Unters. von LiCl-Lsg. in A., n-Propanol u. n-Butanol zeigen, daß die krit. Temp. von Lsg., die im krit. Zustand nicht gesätt. sind, proportional zur Konz. des Salzes wächst. Die Lsg. selbst bleiben auch bei überkrit. Temp. homogen. Wenn vor Eintreten der krit. Bedingungen Krist. ausfallen, ist die krit. Temp. der gesätt. Lsg. konst., u. zwar unabhängig von der Konz. der Ausgangslösung. Aus solchen Lsg. krist. bei nahezu krit. Temp. das Salz aus der Dampfphase aus.
J. J. Pohl 154

0586 **Berechnete und gefundene Löslichkeitsisothermen des Systems $NaClO_2$–$NaClO_3$–NaCl–H_2O bei 25°.** F. M. Per'elman und I. G. Korženjak. (Ž. neorg. Chim. **13** (1968) 1, 277–80; Inst. obšč. i neorg. chim. im. Kurnakova AN SSR; russ.) – Die Löslichkeitsisotherme der tern. Syst. $NaClO_2$–NaCl–H_2O, $NaClO_3$–NaCl–H_2O, $NaClO_2$–$NaClO_3$–H_2O u. des quatern. Syst. $NaClO_2$–$NaClO_3$–NaCl–H_2O wurde untersucht. Alle vier Syst. sind vom einfachen euton. Typ. Die krist. Phasen wurden mikrophotograph. charakterisiert.
J. J. Pohl 154

0587 **System Na_2S–H_2O und thermische Entwässerung von $Na_2S \cdot 9\,H_2O$.** N. I. Kopylov. (Ž. neorg. Chim. **13** (1968) 2, 529–32; Vsesojuznyj naučno-issl. inst. cvetnych metallov; russ.) – Das Phasengleichgew.-Diagramm fest–fl.–Dampf des Syst. Na_2S–H_2O wurde auf Grund thermogravimetr. u. DTA-Daten konstruiert.

im Syst. bilden sich drei Hydrate der Zus. $Na_2S \cdot 9\,H_2O$, $Na_2S \cdot 5\,H_2O$ u. $2\,Na_2S \cdot H_2O$. $Na_2S \cdot 9\,H_2O$ kann in einer Stufe unter Bldg. von reinem, wasserfreien Na_2S entwässert werden. $Na_2S \cdot 9\,H_2O$ schmilzt inkongruent bei 49°, das Pentahydrat kongruent bei 97°, $2\,Na_2S \cdot H_2O$ inkongruent bei 88°. Letzteres bildet mit dem Pentahydrat ein Eutektikum bei 60 % Na_2S mit F. 83°. Ein Eutektikum von W. u. $Na_2S \cdot 9\,H_2O$ liegt bei 8 % Na_2S, F. −9°. Die Entwässerung von $Na_2S \cdot 9\,H_2O$ wurde bei Atmosphärendruck, 50, 35 u. 20 Torr, verfolgt. Reines Na_2S kann aus $Na_2S \cdot 9\,H_2O$ am besten durch Trocknen bei 30—35 Torr, durch rasches Erhitzen bis 50—60° u. dann langsam bis 150—160° u. Behalten dieser Temp. während 2 Std. gewonnen werden. Auf diesem Wege wurden 99,1 % reines Na_2S dargestellt mit F. 1175°. J. J. Pohl 154

0588 **System $Na_2O–B_2O_3–C_5H_6O_6–H_2O$ bei 25°.** A. Ja. Putnin', E. M. Švarc und A. F. Ievin'š. (Ž. neorg. Chim. 13 (1968) 1, 281—84; Inst. neorg. chim. AN Latv. SSR; russ.) — Die Komplexbldg. im Syst. $Na_2O–B_2O_3$–Trihydroxyglutarsäureanhydrid–H_2O wurde durch Best. der Löslichkeit, Viskosität, D., elektr. Leitfähigkeit, der Brechungsindizes u. der pH-Grenzen der Krist. der Vorb. untersucht. Die pH-Grenzen der Kristallisation der einzelnen Phasen sind $H_2C_5H_6O_7$ (pH) 1—2,91, $NaHC_5H_6O_7 \cdot H_2O$ 2,91—3,7, $Na_2C_5H_6O_7 \cdot H_2O$ 3,17 bis 12,1, H_3BO_3 3,67—6,6, $2\,Na_2O \cdot B_2O_3 \cdot 2\,C_5H_6O_6 \cdot 3\,H_2O$ 3,75—4,85, $Na_2O \cdot B_2O_3 \cdot C_5H_6O_6 \cdot 4\,H_2O$ 3,3—7,9, $Na \cdot B_5O_8 \cdot 5\,H_2O$ 5—7,9, $Na_2B_4O_7 \cdot 10\,H_2O$ 8,68—13, $NaBO_2 \cdot 4\,H_2O$ 13. Das Löslichkeitsdiagramm bei 25° ist abgebildet. J. J. Pohl 154

0589 **Natriumsalze der Trihydroxyglutaratoborsäure.** A. Ja. Putnin', E. M. Švarc und A. F. Ievin'š. (Ž. neorg. Chim. 13 (1968) 2, 434—37; russ.) — Vgl. vorst. Referat. — Die Unters. der Löslichkeit im Syst. NaOH–Borsäure–Trihydroxyglutarsäureanhydrid–W. bei 25° zeigt die Bldg. der Verb. $2\,Na_2O \cdot B_2O_3 \cdot 2\,C_5H_6O_6 \cdot 3\,H_2O$ (I) u. $Na_2O \cdot B_2O_3 \cdot C_5H_6O_6 \cdot 3\,H_2O$ (II). Die rhomb. I-Krist. haben Ng = 1,538, Np = 1,472, $D.^{25}$ 1,69 g/cm³, Löslichkeit im W. bei 25° 31,8 Gew.-%, pH der gesätt. wss. Lsg. 4. Derivatograph. Daten zeigen die Abgabe eines W.-Mol. bis 73°, die eines zweiten bei 104°, zweier weiterer bei 168° u. eines fünften bis 200°. Die IR-Spektren von I u. II im Bereich 700—4000 cm^{-1} wurden aufgenommen. II hat $D.^{25}$ 1,38 g/cm³ Löslichkeit in W. bei 25° 28,8 Gew.-%, pH der gesätt. Lsg. 7. II gibt bei 110° 3 Mol. W. ab, zwei Konstit.-W.-Mol. treten bei 135 bzw. 220° aus. J. J. Pohl 154

0590 **Systeme NaCNS–KCNS–H_2O und K_2SO_4–KCNS–H_2O.** E. F. Žuralev und O. G. Nikitina. (Ž. neorg. Chim. 13 (1968) 2, 549—52; Voronežskij politechn. inst.; russ.) — Die Löslichkeit der festen Phasen im Syst. NaCNS–KCNS–H_2O wurde bei 0, 10, 25 u. 50° bestimmt. Das Syst. ist vom euton. Typ, die Salzkomp. des Syst. bilden weder Doppelsalze noch Mischkristalle. Die Löslichkeit im Syst. K_2SO_4–KCNS–H_2O wurde bei 0, 25, 50° ermittelt, das Syst. ist ebenfalls vom einfachen euton. Typ. J. J. Pohl 154

0591 **System Kaliumcarbonat–Kaliumhydrogenphosphat–Wasser.** A. G. Bergman und L. V. Velikanova. (Ž. neorg. Chim. 13 (1968) 2, 557—61; Rostovskij-na-Donu inst. sel'choz. mašst.; russ.) — Visuell-polytherme Unters. des bin. Syst. K_2CO_3–H_2O zeigen die Bldg. von $K_2CO_3 \cdot 6\,H_2O$ bei −6,2° im Bereich 40,8—50,9 % K_2O_3 u. von $2\,K_2CO_3 \cdot 3\,H_2O$ bei −6,2 bis +152°. Über 152° krist. K_2CO_3 aus. Der eutekt. Punkt des Syst. liegt bei −36,5° u. 40,8 % K_2CO_3. Im Syst. K_2HPO_4–H_2O geht das Hexahydrat bei 14,3° u. 60,1 % K_2HPO_4 in das Trihydrat über. $K_2HPO_4 \cdot 3\,H_2O$ wandelt sich bei 48,3° u. 71,5 % in K_2HPO_4 um. Im Bereich der Kristallisation des Trihydrats sind die Lsg. sehr viskos, der Kristallisationszweig des Hexahydrats weist ein metastabiles Max. bei 14,9° u. 61,7 % K_2HPO_4 auf. Der eutekt. Punkt des Syst. liegt bei −13,5° u. 36,8 % K_2HPO_4. Die Löslichkeitsisotherme des tern. Syst. K_2HPO_4–K_2CO_3–H_2O wurde zwischen −37 u. +70—80° visuell-polytherm untersucht, tern. Komplexverb. treten im Syst. nicht auf. Der eutekt. Punkt des Syst. liegt bei −37° u. 39 % K_2CO_3, 4 % K_2HPO_4 u. 57 % H_2O. Die Größe der Kristallisationsfelder: Eis 16,06 %, $K_2CO_3 \cdot 6\,H_2O$ 0,86 %, $2\,K_2CO_3 \cdot 3\,H_2O$ 3,26 %, $K_2HPO_4 \cdot 6\,H_2O$ 7,62 %, K_2HPO_4 11,38 %, K_2CO_3 ca. 40,82 % u. K_2HPO_4 ca. 20 %. J. J. Pohl 154

0592 **System K_2HPO_4–$CO(NH_2)_2$–H_2O.** A. G. Bergman und L. V. Velikanova. (Ž. neorg. Chim. 13 (1968) 4, 1158—61; russ.) — Vgl. vorst. Referat. — Das tern. Syst. K_2HPO_4–$CO(NH_2)_2$–H_2O wurde bei −19,7 bis +80° visuell-polytherm untersucht. Der eutekt. Punkt des bin. Syst. K_2HPO_4–H_2O liegt bei −13,5° u. 36,8 % K_2HPO_4, der von $CO(NH_2)_2$–H_2O bei −11,5° u. 33 % $CO(NH_2)_2$ u. der von K_2HPO_4–$CO(NH_2)_2$ bei 122,5° u. 10 % K_2HPO_4. Die charakterist. Punkte des tern. Syst. liegen bei E, F. −19,7°, 27,3 (Gew.-% K_2HPO_4), 13 [% $CO(NH_2)_2$], 59,7 (% H_2O), Gleichgew.-Phasen Eis + $K_2HPO_4 \cdot 6\,H_2O$ + α-$CO(NH_2)_2$; P_1, F. −9,8°, 33,4, 11,7, 54,9, $K_2HPO_4 \cdot 6\,H_2O$ + α-$CO(NH_2)_2$ + β-$CO(NH_2)_2$; P_2, F. 63°, 59,3, 14,7, 26, K_2HPO_4 + β-$CO(NH_2)_2$ + γ-$CO(NH_2)_2$; P_3, F. 77,3°, 40,2, 39, 20,8, K_2HPO_4 + γ-$CO(NH_2)_2$ + δ-$CO(NH_2)_2$, P_4, F. 12°, 56,5, 4,5, 39, $K_2HPO_4 \cdot 6\,H_2O$ + $K_2HPO_4 \cdot 3\,H_2O$ + β-$CO \cdot (NH_2)_2$, P_5, F. 38,3°, 66,2, 6,2, 27,6, $K_2HPO_4 \cdot 3\,H_2O$ + β-$CO(NH_2)_2$ + K_2HPO_4. J. J. Pohl 154

0593 **System Li^+, K^+ ‖ SO_4^{2-}, CO_3^{2-}–H_2O bei 25°.** T. A. Slivko, I. V. Šachno, V. E. Pljuščev und T. I. Kuzina. (Ž. neorg. Chim. 13 (1968) 2, 576—79; Inst. tonkoj chim. technol. im. Lomonosova; russ.) — Die Unters. der Löslichkeit im Syst. Li^+, K^+ ‖ SO_4^{2-}, CO_3^{2-}–H_2O bei 25 ± 0,1° zeigt die Bldg. der festen Phasen Li_2CO_3, $K_2CO_3 \cdot 1{,}5\,H_2O$, K_2SO_4, $Li_2SO_4 \cdot K_2SO_4$ u. $Li_2SO_4 \cdot H_2O$. Die Zus. der festen Phasen wurde kristallopt. bestätigt. J. J. Pohl 154

0594 **System Kaliumdifluorophosphat–Wasser.** I. G. Ryss und L. A. Diomidova. (Ž. neorg. Chim. 13 (1968) 1, 252—54; Dnepropetrovskij inst. inz. železnodorožnogo transporta; russ.) — Das Zustandsdiagramm des Syst. KPO_2F_2–H_2O wurde auf Grund von Löslichkeitsdaten konstruiert. KPO_2F_2 bildet keine Hydrate, die Gefriertemp. der Lsg. ist von der Konz. prakt. linear abhängig. Die eutekt. Lsg. enthält 3,922 ± 0,010 Mol KPO_2F_2 pro 1000 g W. u. gefriert bei −14,51°. Die Löslichkeit von KPO_2F_2 ändert sich mit der Temp. nach log c (Molalität) = 2,2501 − 428,6 T. Die thermodynam. Charakteristiken der Auflsg. von KPO_2F_2 betragen ca. $\Delta H°$ = 3,9 kcal/Mol u. $\Delta S°$ = 21 Clausius. Die Löslichkeit in W. beträgt bei 0° 4,82 Mol/1000 g H_2O. J. J. Pohl 154

0595 **System RbCl–$RbClO_3$–H_2O bei 0, 25 und 50°.** S. M. Archipov, N. I. Kašina und T. V. Revzina. (Ž. neorg. Chim. 13 (1968) 2, 587—88; russ.) — Daten der Löslichkeit im Syst. RbCl–$RbClO_3$–H_2O bei 0, 25 u. 50° nach 10std. Gleichgew.-Einst.-Zeit sind tabelliert. Das Syst. ist vom einfachen euton. Typ, der euton. Punkt liegt bei 43,11—43,16, 48,18—48,22 bzw. 51,35—51,40 Gew.-% RbCl. J. J. Pohl 154

0596 **Systeme RbH_2PO_4–RbCl–H_2O und CsH_2PO_4–CsCl–H_2O bei 25°.** I. N. Bykova, G. P. Kuznecova, V. Ja. Kolotilova und B. D. Stepin. (Ž. neorg. Chim. 13 (1968) 2, 540—44; Vses. naučno-issl. inst. chim. reaktivov i osobo čistych chim. veščestv; russ.) — Die Löslichkeit in den bin. Syst. RbH_2PO_4 (I)–H_2O u. $CsHPO_4$ (II)–H_2O wurde bei 0—80° untersucht. Sie wächst in beiden Syst. mit zunehmender Temp., die Löslichkeit von I ist bei analogen Bedingungen kleiner als die von II. Die Best. der Löslichkeit in den tern. Syst. I–RbCl–H_2O u. II–CsCl–H_2O bei 25 ± 0,1° zeigt, daß beide Syst. vom einfachen euton. Typ sind. Bin. Verb. oder Mischkrist. bilden sich in den Syst. nicht. I u. II wurden mkr. charakterisiert. I hat Nm = 1,504 ± 0,003, Np = 1,490 ± 0,005, $D.^{25}$ 2,858 g/cm³, II Ng = 1,524 ± 0,008; Np = 1,508 ± 0,004; $D.^{25}$ 3,304 g/cm³. J. J. Pohl 154

0597 **Löslichkeit von Kalium-, Rubidium- und Cäsiumjodid in Jodwasserstofflösung.** G. V. Zimina, N. I. Kaloev, S. G. Stepina und V. E. Pljuščev. (Ž. neorg. Chim. 13 (1968) 1, 291—92; Mosk. inst. tonkoj chim. technol. im. Lomonosova; russ.) — Die Löslichkeitsisothermen der Syst. KJ–HJ–H_2O, RbJ–HJ–H_2O u. CsJ–HJ–H_2O wurden bei 25° konstruiert. Als feste Phasen fallen aus dem Syst. die wasserfreien Alkalimetalljodide

aus. Bei konst. HJ-Konz. sinkt die Löslichkeit der Jodide in der Reihenfolge RbJ > KJ > CsJ.
J. J. Pohl 154

0598 **Löslichkeitsisobaren im System NH_4NO_3–$NH_4H_2 \cdot PO_4$–H_2O.** Ja. S. Šenkin, S. A. Ručnova und A. P. Šenkina. (Ž. neorg. Chim. **13** (1968) 1, 256—59; Novomoskovskij filial gos. inst. azotnoj prom.; russ.) — Die gegenseitige Löslichkeit im Syst. NH_4NO_3–$NH_4H_2PO_4$–H_2O wurde bei 0,5 u. 1 atm bestimmt. In der festen Phase tritt nur $NH_4H_2PO_4$ auf, da der Kp. wss. NH_4NO_3-Lsg. bedeutend höher liegt als die Bldg.-Temp. einer gesätt. NH_4NO_3-Lsg. gleicher Konzentration. J. J. Pohl 154

0599 **System $(NH_4)_2CO_3$–Na_2CO_3–H_2O bei 25°.** I. N. Beljaev und E. A. Grigor'eva. (Ž. neorg. Chim. **13** (1968) 2, 562—65; Rostovskij-na-Donu gos. univ.; russ.) — Die Löslichkeitsisotherme des Syst. $(NH_4)_2CO_3$–Na_2CO_3–H_2O wurde bei 25 ± 0,1° bestimmt, die Dichte, spezif. elektr. Leitfähigkeit, Viskosität u. der Brechungsindex von gesätt. Lsg. wurde bestimmt. Die Löslichkeitsisotherme enthält drei Kristallisationszweige, die von $Na_2CO_3 \cdot 10\ H_2O$, $(NH_4)_2CO_3 \cdot H_2O$ u. $(NH_4)_2CO_3 \cdot 5\ Na_2CO_3$, die sich bei 23,1 Gew.-% Na_2CO_3 u. 3,3% $(NH_4)_2CO_3$ bzw. 8,2 u. 53,1% schneiden. Die Individualität der Phasen wurde mikrophotograph. bestätigt. J. J. Pohl 154

0600 **System $(NH_4)_2SO_4$–Rb_2SO_4–H_2O bei 25°.** V. G. Ševčuk und Ju. V. Ušakov. (Ž. neorg. Chim. **13** (1968) 2, 566—69; Poltavskij inž.-stroit. inst., Kaf. chim.; russ.) — Die Löslichkeit, sowie die Viskosität, der Brechungsindex u. die Dichte der fl. Phase im Syst. $(NH_4)_2SO_4$–Rb_2SO_4–H_2O wurde bei 25° untersucht. Die beiden Salze des Syst. bilden eine ununterbrochene Mischkristallreihe.
J. J. Pohl 154

0601 **System Li_2SO_4–$(NH_4)_2SO_4$–Cs_2SO_4–H_2O bei 25°.** V. G. Ševčuk. (Ž. neorg. Chim. **13** (1968) 4, 1162—66; russ.) — Vgl. vorst. Referat. — Die Löslichkeitskurve des tern. Syst. Li_2SO_4–Cs_2SO_4–H_2O bei 25° enthält fünf Kristallisationszweige, entsprechend der Ausscheidung von Cs_2SO_4, $Cs_2SO_4 \cdot Li_2SO_4$, $Cs_2SO_4 \cdot 3\ LiSO_4$, von Mischkrist. auf Basis des bin. Salzes der Zus. 1 : 3 u. von $Li_2 \cdot SO_4 \cdot H_2O$. Im tern. Syst. $(NH_4)_2SO_4$–Cs_2SO_4–H_2O krist. $(NH_4)_2SO_4$, Mischkrist. der beiden Sulfate u. entsprechend einem kleinen Kurventeil Cs_2SO_4. Das quatern. Syst. Li_2SO_4–$(NH_4)_2SO_4$–Cs_2SO_4–H_2O enthält Kristallisationsfelder der bin. Salze $(NH_4)_2SO_4 \cdot Li_2SO_4$ 9,71 Gew.-% $Cs_2SO_4 \cdot 3\ Li_2SO_4$ 23,49% u. $Cs_2SO_4 \cdot Li_2SO_4$ 8,25, der Mischkrist. $n(NH_4)_2SO_4 \cdot mCs_2SO_4$ 43,30%, sowie $nLi_2 \cdot SO_4 \cdot Cs_2SO_4 \cdot 3\ Li_2SO_4$ 8,77%, die durch Einschluß von Li_2SO_4 in das bin. Salz entstehen. Die Felder der Komponenten sind klein: $(NH_4)_2SO_4$ 3,13, $Li_2SO_4 \cdot H_2O$ 2,65 u. Cs_2SO_4 0,69%. Die drei bin. Salze lösen sich inkongruent. Die festen Phasen des Syst. wurden mit der Restmeth., kristallopt. u. chem. analyt. charakterisiert.
J. J. Pohl 154

0602 **System Li_2SO_4–K_2SO_4–$MgSO_4$–H_2O bei 50°.** L. L. Kost' und V. G. Ševčuk. (Ž. neorg. Chim. **13** (1968) 1, 271—76; russ.) — Vgl. vorst. Referate. — Die Löslichkeit, Viskosität u. Dichte im Syst. Li_2SO_4–K_2SO_4–$Mg \cdot SO_4$–H_2O wurde bei 50° untersucht. Drei Kristallisationszweige entsprechen der Ausscheidung von $Li_2SO_4 \cdot H_2O$, K_2SO_4 u. $Li_2SO_4 \cdot K_2SO_4$ (I). I bildet mit Li_2SO_4 begrenzt Mischkrist., der kryohydrat. Punkt liegt bei −6,8°. Die Löslichkeit von I in einigen organ. Lsgm. beträgt bei 20°: Methanol 0,129 (Gew.-%), A. 0,151, Glycerin 2,33, Toluol 0,09, Bzl. 0,09. Das -Löslichkeitsdiagramm des quatern. Syst. Li_2SO_4–K_2SO_4–$MgSO_4$–H_2O bei 50° enthält Kristallisationsfelder von $Li_2SO_4 \cdot H_2O$ u. $K_2SO_4 \cdot MgSO_4 \cdot 4\ H_2O$ (II). I krist. monoklin, II hexagonal.
J. J. Pohl 154

0603 **Löslichkeit im System $MgSO_4$–H_3PO_4–H_2O bei 20, 40, 60 und 80°.** A. B. Bekturov, R. S. Eržanova und V. I. Litvinenko. (Izvest. Akad. Nauk Kaz. SSR, Ser. chim. **18** (1968) 1, 1—7; russ.) — Die Löslichkeit von $MgSO_4$ in Phosphorsäurelsg. wurde bei 20, 40, 60 u. 80° bestimmt, im Syst. entstehen keine neuen Salze. Die Entwässerung von Mg-Sulfat erfolgt über die Zwischenstufen $MgSO_4 \cdot 7\ H_2O$, rhomb., (Ng) 1,460, (Nm) 1,455, (Np) 1,433, $MgSO_4 \cdot 6\ H_2O$, monoklin, 1,456, 1,453, 1,423 u. $MgSO_4 \cdot H_2O$, triklin, 1,493, 1,492, 1,482. Im metastabilen Zustand treten $MgSO_4 \cdot 6\ H_2O$ u. $MgSO_4 \cdot 5\ H_2O$, monoklin, 1,584, 1,533, 1,520, auf. Die Löslichkeit von Mg-Sulfat sinkt mit wachsender H_3PO_4-Konzentration. Die nonvarianten Punkte verschieben sich mit wachsender Temp. gegen kleine H_3PO_4-Konzentrationen.
J. J. Pohl 154

0604 **Zusammensetzung und Eigenschaften von Yttriumcarbonaten.** I. N. Celik, G. F. Dejneka, V. Ja. Švarcman und V. D. Fedorenko. (Ž. neorg. Chim. **13** (1968) 3, 669—73; Inst. obšč. i neorg. chim. AN Ukr. SSR; russ.) — Die Bldg. von Yttriumcarbonat wurde in den Syst. YCl_3–K_2CO_3–H_2O, YCl_3–Na_2CO_3–H_2O u. YCl_3–$(NH_4)_2CO_3$–H_2O verfolgt. Die Best. der Löslichkeit, des pH-Werts sowie die chem. u. thermogravimetr. Analyse der festen Phase zeigen, daß in allen Syst. bei CO_3^{2-} : $Y^{3+} \leq 2$ das normale Carbonat $Y_2(CO_3)_3 \cdot 4\ H_2O$ ausfällt. Mit wachsender Konz. des Alkalimetallcarbonats entstehen Doppelcarbonate sich ändernder Zus., deren Löslichkeit im Überschuß des Fällungsmittels in der Reihenfolge NH_4, Na, K wächst. J. J. Pohl 154

0605 **Untersuchung des Systems CeO_2–SO_3–H_2O bei 25, 50, 75 und 100° mit der Löslichkeitsmethode.** G. V. Trofimov und V. I. Belokoskov. (Ž. neorg. Chim. **13** (1968) 1, 260—66; Inst. chim. i technol. redkich ėlementov mineral'nogo syr'ja Kol'skij filial AN SSSR im. Kirova; russ.) — Bei Gleichgew.-Bedingungen krist. aus dem Syst. CeO_2–SO_3–H_2O fünf bas. Ce(IV)-Verb.: $6\ CeO_2 \cdot 5\ SO_3 \cdot 12\ H_2O$, $2\ CeO_2 \cdot 3\ SO_3 \cdot 4\ H_2O$, $CeO_2 \cdot SO_3 \cdot H_2O$, $CeO_2 \cdot SO_3 \cdot 2\ H_2O$ u. $3\ CeO_2 \cdot 2\ SO_3 \cdot 3\ H_2O$, zwei neutrale Sulfate $Ce(SO_4)_2 \cdot 4\ H_2O$ u. $Ce(SO_4)_2$, sowie das saure Sulfat $Ce(SO_4)_2 \cdot H_2SO_4$, die mikrophotograph. charakterisiert wurden. J. J. Pohl 154

0606 **System CeO_2–N_2O_5–H_2O bei 25°.** G. V. Trofimov, V. I. Belokoskov und Ja. G. Goroščenko. (Ž. neorg. Chim. **13** (1968) 2, 553—56; russ.) — Vgl. vorst. Referat. — Die Löslichkeit im Syst. CeO_2–N_2O_5–H_2O wurde bei 25 ± 0,2° untersucht. Im untersuchten HNO_3-Konz.-Bereich von 5—72% N_2O_5 befinden sich drei Salze im Gleichgew. mit der fl. Phase: $3{,}5\ CeO_2 \cdot N_2O_5 \cdot 5{,}5\ H_2O$ (I), $CeOH(NO_3)_3 \cdot 3{,}5\ H_2O$ (II) u. $Ce(NO_3)_4$ (III) I ist bis 23% N_2O_5 in der fl. Phase beständig. II entsteht im Konz.-Bereich 30—53% N_2O_5 in Form roter, sechseckiger Prismen. III bildet bei > 53% N_2O_5 rechteckige, flache, dunkelrote Krist., die stark hygroskop. sind u. an der Luft rasch zerfallen. I u. II wurden mkr. charakterisiert.
J. J. Pohl 154

0607 **Löslichkeit von Europium- und Dysprosiumhexaborid in einigen Lösungen.** D. I. Rjabčikov, N. S. Vagina und V. G. Kozlov. (Ž. neorg. Chim. **13** (1968) 2, 588—89; Inst. geochim. i analit. chim. im. Vernadskogo; russ.) — Die Löslichkeit von EuB_6 u. DyB_6 in 0,1, 1,0, 3,0, 8,0, 10,1, 12,0 u. 14,0 n H_2SO_4, 3,0, 6,0 u. 10,0 n HCl, sowie in 0,1, 1,0, 3,0 u. 6,0 n HNO_3 wurde bei 25 ± 0,1° nach dreitägigem Rühren bestimmt. J. J. Pohl 154

0608 **Systeme $ZrOCl_2$–CsCl–H_2O und $ZrOCl_2$–RbCl–H_2O bei 25°.** I. N. Beljaev und L. M. Lobas. (Ž. neorg. Chim. **13** (1968) 4, 1149—54; russ.) — Die Syst. $ZrOCl_2$–CsCl–H_2O u. $ZrOCl_2$–RbCl–H_2O wurden durch Best. der Löslichkeit u. der elektr. Leitfähigkeit bei 25 ± 0,1° untersucht. Im ersten Syst. wurde die kongruent schmelzende Verb. $CsCl \cdot 2\ ZrOCl_2 \cdot 18\ H_2O$ (I) beobachtet, die bei 60—80° in das Dekahydrat übergeht u. sich bei 110—400° zersetzt. Die Löslichkeitsisotherme enthält Kristallisationszweige von CsCl, I u. $ZrOCl_2 \cdot 8\ H_2O$. Die beiden euton. Punkte liegen bei 15,74 (Gew.-% $ZrOCl_2$), 45,53 (% CsCl) u. 38,73 (% H_2O) bzw. 34,45, 7,50, 58,05. I krist. kub., n = 1,658—1,661, die röntgenograph. bestimmten Parameter sind denen des CsCl ähnlich. Die festen Phasen wurden mikrophotograph. charakterisiert. I gibt, wie thermograph. u. thermogravimetr. Daten zeigen, bei 60 bis 80° 9 Mol. W. ab, bei 80—110° entsteht CsCl + 0,2 · [9 $ZrO(OH)_2 \cdot ZrO(OH)Cl \cdot 22H_2O$] bei 400° CsCl + 2 $Zr \cdot O(OH)_2 \cdot 2{,}4\ H_2O$ u. bei 450—500° CsCl + 2 ZrO_2. Die IR-Spektren von I u. $ZrOCl_2$ wurden im Bereich 400 bis 2000 cm^{-1} aufgenommen. Das Syst. $ZrOCl_2$–RbCl–H_2O ist vom einfachen euton. Typ, der euton. Punkt liegt bei 28,13% $ZrOCl_2$ u. 20,61% RbCl. Die Viskositäts-, Dichte u. spezif. elektr. Leitfähigkeitsisothermen der beiden

Syst. wurden konstruiert. Der Charakter der Änderung der Viskosität u. der elektr. Leitfähigkeit ist streng additiv. J. J. Pohl 154

0609 **Löslichkeit von Germaniumdioxid in Schwefelsäure.** Z. G. Zangieva, N. A. Gurovič und É. I. Sokolova. (Ž. neorg. Chim. **13** (1968) 2, 526—28; Fiz.-techn. inst. AN Uzb. SSR; russ.) — Die Löslichkeit im Syst. GeO_2–SO_3–H_2O wurde bei 22,60 u. 90° untersucht. Bei der Auflsg. von GeO_2 in H_2SO_4-Lsg. im Konz.-Bereich 0—95,5% H_2SO_4 steht nur hexagonales GeO_2 als feste Phase im Gleichgewicht. Die Löslichkeit von GeO_2 ist bei allen untersuchten Temp. in reinem W. am höchsten u. sinkt mit wachsendem Säuregrad. Bei höheren Säurekonz. erfolgt eine erneute Löslichkeitszunahme, im Bereich 72 bis 89% H_2SO_4 liegt ein kleines Maximum. Die Temp.-Abhängigkeit der Löslichkeit sinkt mit steigender H_2SO_4-Konzentration. Spektrophotometr. Unters. bei 190 bis 350 nm lassen die Bldg. einer Ge-Komplexverb. im Bereich 80—95,5% H_2SO_4 annehmen. J. J. Pohl 154

0610 **System KCl–BiCl$_3$–HCl–H$_2$O bei 25°.** S. B. Stepina, I. V. Vlasova und V. E. Pljuščev. (Ž. neorg. Chim. **13** (1968) 2, 545—48; Mosk. inst. tonkoj chim. technol. im. Lomonosova; russ.) — Die Löslichkeit im Syst. KCl–Bi · Cl_3–HCl–H_2O bei HCl-Konz. 5, 10 u. 14 Gew.-%, sowie im tern. Syst. KCl–$BiCl_3$–H_2O wurde bei 25° bestimmt. In beiden Syst. krist. eine bin. Verb. *2 KCl · BiCl$_3$* (**I**) aus. Die farblose, anisotrope Krist. von **I** wurden röntgenograph. charakterisiert (d-Werte), n > 1,780, $D.^{25}$ 3,35 g/cm³ (CCl_4). J. J. Pohl 154

0611 **Systeme (C$_6$H$_6$)CrJ–KJ–H$_2$O und (C$_6$H$_6$)$_2$CrJ–H$_2$O.** A. S. Pašinkin, I. A. Suskina, B. G. Gribov, A. I. Lebedev und A. S. Morgunova. (Ž. neorg. Chim. **13** (1968) 4, 1155—57; russ.) — Die Löslichkeitsisotherme des tern. Syst. $(C_6H_6)_2CrJ$–KJ–H_2O wurde bei 20° bestimmt. $(C_6H_6)_2CrJ$ (**I**), F. 173°, wurde mkr. u. röntgenograph. charakterisiert. Die Löslichkeitsisotherme besteht aus Zweigen von **I** u. KJ. Bei 20° beträgt die Löslichkeit von **I** 5,9%. Der euton. Punkt befindet sich bei 0,7% **I** u. 59,9% KJ. Die Lsg.-Wärme von **I** ist ΔH = 8,8 ± 1,2 kcal/Mol. J. J. Pohl 154

0612 **System RbF–MoO$_3$–H$_2$O.** A. A. Opalovskij und S. S. Bacapov. (Ž. neorg. Chim. **13** (1968) 2, 533—39; Inst. neorg. chim. SO AN SSSR; russ.) — Die Löslichkeit im Syst. RbF–MoO_3–H_2O wurde bei 25° untersucht. Die festen Phasen des Syst. wurden chem., thermograph., röntgenograph. u. kristallopt. charakterisiert. In konz. RbF-Lsg. ist die Löslichkeit des MoO_3 gering. Die maximale Löslichkeit von MoO_3 mit 3,47% wurde bei einer RbF-Konz. von 2,37% beobachtet. Die Max. analoger Syst. liegen bei 19,00% KF mit 6,11% MoO_3 u. bei 1,00% CsF mit 2,17% MoO_3. Im Bereich 2,37—18,34% RbF entsteht *Rb[MoO$_3$F] · 0,5 H$_2$O* (**I**) als feste Phase, bei 18,34—46,03% RbF *Rb$_2$[MoO$_3$F$_2$] · H$_2$O* (**II**), bei > 46,03% RbF *Rb$_3$[MoO$_3$F$_3$]* (**III**). **I** gibt bei 154 u. 178° W. ab, schmilzt bei 396°, **II** wird bei 167° entwässert, F. 452°. Bei 412° tritt ein endothermer Effekt infolge einer polymorphen Umwandlung auf. **III** erleidet bei 720° eine polymorphe Umwandlung u. schmilzt bei 817°. **I** hat Nm = 1,654, Ng = 1,780, $D._4^{25}$ 3,53, **II**, Np = 1,606, Nm = 1,790, $D._4^{25}$ 3,96, **III** n_D 1,583, $D._4^{25}$ 4,08. Die IR-Spektren von **I**—**III** wurden bei 400—4000 cm⁻¹ aufgenommen. J. J. Pohl 154

0613 **Tensimetrische Untersuchung anomaler Mischkristalle und anderer fester Phasen, die im System CoCl$_2$–NH$_4$Cl–H$_2$O gebildet werden.** L. L. Makarov, V. N. Malyšev und A. S. Frid. (Vestnik Leningradskogo Univ., Ser. fiz. Chim. **23** (1968) 4, Ser. Nr. 1, 89—93; russ., Auszug: engl.) — Der H_2O-Dampfdruck über $CoCl_2$ · 6 H_2O, $CoCl_2$ · 2 H_2O, NH_4Cl · $CoCl_2$ · 2 H_2O, 2 NH_4Cl · $CoCl_2$ · 2 H_2O u. über den im Syst. gebildeten anomalen Mischkrist. wird mit Hilfe der Taupunktmeth. im Bereich 18—80° gemessen. Die Ergebnisse deuten darauf hin, daß das im isolierten Zustand nicht bekannte 3 NH_4Cl · Co · Cl_2 · 2 H_2O als „Gast" in den anomalen Mischkrist. auftritt. H. Roschkowski 154

0614 **Löslichkeit im System aus Kalium- und Nickelchlorid sowie Thioharnstoff bei 30, 50 und 70°.** L. V. Vidjakina und I. G. Družinin. (Ž. neorg. Chim. **13** (1968) 1, 285—90; Mosk. oblastnoj ped. inst.; russ.) — Die Löslichkeitsisothermen des tern. Syst. KCl–$NiCl_2$–H_2O bei 30, 50 u. 70° enthalten einen euton. Punkt, der bei 30° bei 39,27% $NiCl_2$ u. 7,56% KCl liegt. Die Löslichkeitspolytherme bei −10 bis +70° zeigt die Kristallisationsfelder von KCl u. $NiCl_2$. Eine Verb.-Bldg. tritt nicht auf, in gesätt. KCl-Lsg. wurde ein Aussalzeffekt beobachtet. Die Löslichkeitsisotherme des quatern. Syst. KCl–$NiCl_2$–CS · $(NH_2)_2$–H_2O bei 30° enthält drei euton. Punkte, die bei 50° zwei. Vers. bei 30, 50 u. 70° zeigen, daß sich mit der Temp. nur die Größe der Kristallisationsfelder ändert. Bei 70° findet an der Luft die Rk. 2 $NiCl_2$ · 2 $CS(NH_2)_2$ ⇌ $NiCl_2$ · 4 $CS(NH_2)_2$ + $NiCl_2$ statt. J. J. Pohl 154

0615 **System (NH$_4$)$_2$SO$_4$–MgSO$_4$–CuSO$_4$–H$_2$O bei 25°.** R. A. Averina und V. G. Ševčuk. (Ž. neorg. Chim. **13** (1968) 1, 267—70; Poltavskij inž.-stroitel'nyj inst. Kaf. chim.; russ.) — Daten der Löslichkeit, Dichte u. Viskosität im Syst. $(NH_4)_2SO_4$–$MgSO_4$–$CuSO_4$–H_2O bei 25° zeigen die Bldg. der bin. Verb. $(NH_4)_2SO_4$ · $CuSO_4$ · 6 H_2O (**I**), die mikrophotograph. charakterisiert wurde. **I** ist kongruent löslich. Löslichkeitsunters. des quatern. Syst. $(NH_4)_2SO_4$–$MgSO_4$–$CuSO_4$–H_2O zeigen die Anwesenheit von sechs Kristallisationsfeldern der festen Phasen: *(NH$_4$)$_2$SO$_4$ · MgSO$_4$ · 6 H$_2$O* 58,23 (Gew.-%), *(NH$_4$)$_2$SO$_4$ · CuSO$_4$ · 6 H$_2$O* 18,83, *CuSO$_4$ · 5 H$_2$O* 19,06, *mMgSO$_4$ · nCuSO$_4$* 3,22, *MgSO$_4$ · 7 H$_2$O* 0,61 u. *(NH$_4$)$_2$SO$_4$* 0,06. J. J. Pohl 154

0616 **Systeme NiS–CuSO$_4$–H$_2$O, NiS–H$_2$SO$_4$–H$_2$O und NiS–CuSO$_4$–H$_2$SO$_4$–H$_2$O.** B. I. L'vovič und V. V. Vol'chin. (Ž. neorg. Chim. **13** (1968) 2, 570—75; Permskij politechn. inst.; russ.) — Löslichkeitsunters. im Syst. NiS–$CuSO_4$–H_2O zeigen die Bldg. von Sulfidnd. der Zus. NiS · 2 CuS u. NiS · 3 CuS sowohl bei stat. als auch bei dynam. Austauschbedingungen. Im Syst. NiS–H_2SO_4–H_2O entsteht ein Nd. der Zus. $(Ni_{0,34}H_{0,32})S_{3,10}$, wobei $S_{2,10}$ sulfitlösl. Schwefel darstellt. Im quatern. Syst. NiS–Cu · SO_4–H_2SO_4–H_2O entsteht ein Nd. der Zus. $(Ni_{0,27}Cu_{0,09}$ · $H_{0,28})S_{1,95}$, wobei $S_{0,95}$ sulfitlösl. Schwefel darstellt. Der Bruchteil der durch H^+-Ionen aus dem Nd. verdrängten Ni^{2+}-Ionen wächst mit zunehmendem Säuregrad. Der Umsetzungsgrad von Cu^{2+}-Ionen mit dem Sulfidnd. sinkt mit steigender H^+-Konzentration. In Ggw. von H_2SO_4 sinkt der Cu^{2+}-Geh. im Nd. von 63 auf 13 Mol-% des Ni-Geh. im Ausgangssulfid. J. J. Pohl 154

0617 **Refraktometrische Variante der Löslichkeitsmethode.** É. A. Gjunner und N. D. Jachkind. (Ž. neorg. Chim. **13** (1968) 1, 245—51; Krysmkij ped. inst. im. Frunze; russ.) — Unters. der Syst. Ag_2CrO_4–NH_3–H_2O, AgCNS–KCNS–H_2O, $Hg(CNS)_2$–$Hg(NO_3)_2$–H_2O u. $HgBr_2$–$Hg(NO_3)_2$–H_2O zeigen, daß bei Messung der Brechungsindizes mit einer Genauigkeit von $\pm 1 \cdot 10^{-4}$ die Löslichkeit mit einer Genauigkeit von $\pm(2-3) \cdot 10^{-3}$ aus diesen Werten bestimmt werden kann. Die Instabilitätskonst. von $[Ag(NH_3)_2]^+$ beträgt $3,56 \cdot 10^{-8}$, die von $(Ag_3 \cdot (CNS)_6]^{3-}$ $3,00 \cdot 10^{-35}$. Die Gleichgew.-Konst. $Hg(CNS)_2$ + Hg^{2+} ⇌ $[Hg_2(CNS)_2]^{2+}$ beträgt Kp = 0,154 ± 0,006, die von $HgBr_2$ + Hg^{2+} ⇌ $(Hg_2Br_2]^{2+}$ Kp. = 0,195 ± 0,009. J. J. Pohl 154

0618 **Röntgenographische Untersuchung einiger Rubidium- und Cäsiumborate.** Jeanine Kocher. (Bull. Soc. chim. France **1968**, 3, 919—24; Labor. de Chim. min. des Sels, Fac. des Sci., Paris; franz.) — Das Gleichgew. fl.–fest in den Syst. Rb_2O–B_2O_3, CsO–B_2O_3 u. H_2O–Cs_2O–B_2O_3 wurde röntgenograph. untersucht. Die Daten für B_2O_3 · Rb_2O, 2 B_2O_3 · Rb_2O, 3 B_2O_3 · RbO_2, 4 B_2O_3 · Rb_2O, 5 B_2 · O_3 · Rb_2O, 9 B_2O_3 · Rb_2O, B_2O_3 · Cs_2O, 2 B_2O_3 · Cs_2O, 3 B_2 · O_3 · Cs_2O, 4 B_2O_3 · Cs_2O, α-, β- u. γ-5 B_2O_3 · Cs_2O, α-9 B_2 · O_3 · Cs_2O, β-9 B_2O_3 · Cs_2O, B_2O_3 · Cs_2O · 8 H_2O, B_2O_3 · Cs_2O · 2 H_2O, 2 B_2O_3 · Cs_2O · 5 H_2O, 2 B_2O_3 · Cs_2O · 2 H_2 · O, 5 B_2O_3 · 2 Cs_2O · 7 H_2O, 5 B_2O_3 · Cs_2O · 8 H_2O werden diskutiert. B_2O_3 · Rb_2O ist dimorph, die α-Form ist < 695° beständig u. hat F. 860°, 3 B_2O_3 · Rb_2O ist rhomboedr., 4 B_2O_3 · Rb_2O zersetzt sich peritekt. bei 735°. 5 B_2O_3 · Rb_2O erleidet bei 570 u. 663° Umwandlungen. Das Salz ist bei 425° monoklin, bei 600° rhomboedrisch. 9 B_2O_3 · Rb_2O zersetzt sich bei 572° unter Bldg. von β-Pentaborat.

$B_2O_3 \cdot Cs_2O$ schmilzt kongruent bei 732°, kub. Krist., a = 6,82 Å, Z = 4. 2 $B_2O_3 \cdot Cs_2O$ zersetzt sich bei 691°. Die orthorhomb. Krist. von 3 $B_2O_3 \cdot Cs_2O$ haben F. 842°, a = 6,18, b = 8,48, c = 9,17 Å, die von 4 $B_2O_3 \cdot Cs_2O$ sind pseudokub., a = 5,74 Å, doppelbrechend, sie zersetzen sich peritekt. bei 672°. Die $\gamma \rightarrow \beta$- u. $\beta \rightarrow \alpha$-Umwandlungen von 5 $B_2O_3 \cdot Cs_2O$ erfolgen bei 570 bzw. 640°. Die α-Form hat monokline Krist. mit a = 5,66, b = 9,59, c = 6,79 Å, β = 111°. Die Verb. schmilzt kongruent bei 669°. α-9 $B_2O_3 \cdot Cs_2O$ schmilzt ebenfalls kongruent bei 596°, die tetragonalen Krist. haben a = 8,74, c = 15,72 Å, die monoklinen der β-Form a = 8,56, b = 13,90, c = 9,32 Å, β = 92°. $B_2O_3 \cdot Cs_2O \cdot 8\,H_2O$ erleidet eine $\beta \rightarrow \alpha$-Umwandlung bei 50°, die α-Form schmilzt kongruent bei 83°. Der Existenzbereich von 2 $B_2O_3 \cdot Cs_2O \cdot 5\,H_2O$ erstreckt sich im bin. Syst. H_2O–2 $B_2O_3 \cdot Cs_2O$ von 19 bis 100°. Die Verb. gibt bei 165–230° 3 Mol. W. ab. 5 $B_2O_3 \cdot$ 2 $Cs_2O \cdot 7\,H_2O$ wird bei 110° zu einem Trihydrat entwässert, das bis 280° beständig ist. 5 $B_2O_3 \cdot Cs_2O \cdot 8\,H_2O$ geht bei 152° in das Dihydrat über. J. J. Pohl 154

0619 **Phasenzusammensetzung der binären und ternären Systeme aus SiO_2, CaO, Na_2O und B_2O_3.** T. A. Tišura. (Ukrainskij chim. Ž. **34** (1968) 5, 468–72; Inst. obšč. i neorg. chim. AN Ukr. SSR; russ.) — Die bin. Syst. CaO–B_2O_3 u. Na_2O–B_2O_3, sowie die tern. Syst. CaO–SiO_2–B_2O_3, CaO–B_2O_3–Na_2O u. SiO_2–Na_2O–B_2O_3 werden thermodynam. analysiert. Die Freien Bldg.-Enthalpien der Verb. in den Syst. aus den Ausgangsoxiden wurden bestimmt, die Diagramme der Freien Enthalpie in Abhängigkeit von der Zus. wurden konstruiert. Die Bldg. von CaB_4O_7 ist energet. weniger bevorzugt als die von $Ca_2B_6O_{11}$, in CaO-ärmeren Bereichen ist $Ca_3B_2O_6$ beständig. Das Phasendiagramm des bin. Syst. Na_2O–B_2O_3 enthält vier Verb., die inkongruent bei 768° schmelzende Verb. $Na_2B_6O_{10}$, u. die kongruent schmelzende $Na_2B_2O_4$, $Na_2B_4O_7$ u. $Na_2B_8 \cdot O_{13}$. Die Bldg.-Wärme von $Na_2B_4O_7$ aus Na_2O + 2 BO_3 beträgt –76,9 kcal/Mol. Im tern. Syst. Na_2O–SiO_2–B_2O_3 sind die Bereiche von $Na_2B_6O_{10}$ u. $Na_2B_4O_7$ sehr klein. J. J. Pohl 154

0620 **Derivatographische Untersuchungen an Aluminathydraten.** O. Henning. (Acta chim. Acad. Sci. hung. **56** (1968) 2, 117–23; Inst. für Chem. u. Mineral., Hochsch. für Architektur u. Bauwesen, Weimar; dt.) — *2 MgO · Al_2O_3 · 6 H_2O, 2 MgO · Al_2O_3 · 12 H_2O, 3 MgO · Al_2O_3 · 12,5 H_2O, 4 MgO · Al_2O_3 · 7 H_2O, 4 MgO · Al_2O_3 · 18 H_2O, 4 MgO · Al_2O_3 · 14 H_2O, 7 MgO · Al_2O_3 · 12,3 H_2O, CaO · Al_2O_3 · 6 H_2O, CaO · Al_2O_3 · 4 H_2O, 2 CaO · Al_2O_3 · 5 H_2O, 2 CaO · Al_2O_3 · 9 H_2O, 2 CaO · Al_2O_3 · 13 H_2O, 3 CaO · Al_2O_3 · 6 H_2O* u. *3 SrO · Al_2O_3 · 6 H_2O* wurden thermoanalyt. untersucht u. ihre DTA- u. TG-Kurven konstruiert (graph.) Darst.). B. Karos 154

0621 **Binäres System HfO_2–Gd_2O_3.** F. M. Spiridinov, V. A. Stepanov, L. N. Komissarova und V. I. Spitsyn. (J. less-common Metals [Lausanne] **14** (1968) 4, 435 bis 443; Inorg. Chem. Dep., Moscow State Univ., Moscow; engl.) — Das HfO_2–Gd_2O_3-Phasendiagramm wurde durch röntgenograph. u. thermoanalyt. Messungen zwischen 1000 u. 2300° bestimmt. Die Löslichkeit von Gd_2O_3 im monoklinen HfO_2 ist gering; bereits bei ≈ 2 Mol-% Gd_2O_3 tritt ein Zweiphasenfeld auf, das bei 1200° bis 20 u. bei 2000° bis 10 Mol-% Gd_2O_3 reicht. Es besteht aus einer monoklinen u. einer kub. festen Lösung. Bei höheren $Gd_2 \cdot O_3$-Geh. existiert ein Einphasenfeld der kub. festen Lsg., die Fluorit-Struktur u. die allg. Zus. $(1-x)HfO_2xGdO_{1,5}$ oder $Hf_{(1-x)} = Gd_2O_{2-1/2x}\square_{1/2x}$ besitzt. Bei weiterem Ansteigen des Gd_2O_3-Geh. findet ein Übergang von der ungeordneten Fluorit-Struktur zu einer geordneten Pyrochlorstruktur statt. In diesem Bereich fester Lsg. existiert die Verb. $Gd_2Hf_2O_7$, die die Gitterkonst. a = 10,490 ± 0,005 Å besitzt u. kongruent bei 2440 ± 30° schmilzt. Der einphasige Bereich fester Lsg. mit Pyrochlorstruktur reicht bei 1200° von 33–40 u. bei 2000° von 30–40 Mol-% Gd_2O_3. An diesen Bereich schließt sich ein Einphasenfeld fester Lsg. mit Fluoritstruktur an. Im Gd_2O_3-reichen Teil (> 50 Mol-% Gd_2O_3) des Phasendiagramms existieren zwei hexagonale Verb. $Gd_{5,25}Hf_{1,75}O_{11,375}$ (I); u. Gd_6HfO_{11} (II). I besitzt einen sehr engen Homogenitätsbereich bei ca. 60 Mol-% Gd_2O_3; der Homogenitätsbereich von II reicht von ≈ 75 bis ≈ 90 Mol-% Gd_2O_3. Bei 1500° wandelt sich I in 2 kub. feste Lsg. vom Fluorit- bzw. C-Typ um; II geht bei 1700° in eine kub. feste Lsg. vom C-Typ über. Die Gitterkonst. von I u. II sind: a = 9,928 u. c = 18,273 bzw. a = 9,957 u. c = 18,790 Å. W. Laqua 154

0622 **Ternäre Phasen im Dreistoff: Li_2O–Al_2O_3–GeO_2.** W. Ratzenböck, K. J. Seifert und H. Nowotny. (Mh. Chem. **99** (1968) 2, 867–74; Inst. für phys. Chem., Univ. Wien; dt.) — Das Syst. Li_2O–Al_2O_3–GeO_2 wird an Hand geschmolzener u. bei 900° wärmebehandelter Proben röntgenograph. untersucht. Im Bereich zwischen $Li_{0,9} \cdot Al_{0,9}Ge_{2,1}O_6$ u. $Li_{1,4}Al_{1,4}Ge_{1,6}O_6$ wird eine Krist.-Art beobachtet, die eine dem Hochquarz-Typ analoge Struktur besitzt. GeO_2 (T-Quarz-Typ) löst 5 Mol-% $LiAlO_2$; ferner wird in H-$LiAlO_2$ wie auch in H-$LiAl_5O_8$ (Spinell) eine merkliche Menge GeO_2 gelöst. Die Existenz der phenakitartigen Phase *$LiAlGeO_4$* wird bestätigt. M. Frenzel 154

0623 **Phasenbeziehungen in den Systemen Ln_2O_3–Nb_2O_5 in den an Nb_2O_5 reichen Gebieten.** N. A. Godina, E. P. Savčenko und E. K. Keler. (Doklady Akad. Nauk SSSR **178** (1968) 6, 1324–27; russ.) — Oxidgemische Ln_2O_3/Nb_2O_5 = 1/4 bis 1/10 (wobei Ln–La, Ce, Pr, Nd) wurden Temp. von 1000–1330° ausgesetzt u. anschließend chem., röntgenograph. u. teilweise thermograph. (CeO_2–Nb_2O_5-Gemische) untersucht u. das Zustandsdiagramm des Syst. Nd_2O_3–Nb_2O_5 konstruiert. In den festen Phasen in den Syst. La_2O_3–Nb_2O_5, Nd_2O_3–Nb_2O_5, $Pr_2O_{3,66}$–Nb_2O_5 u. CeO_2–Nb_2O_5 existieren die Verb. vom Typ *Ln_3NbO_7, $LnNbO_4$, $LnNb_3O_9$* u. *$Ln_2Nb_{12}O_{33}$*. $Pr_2Nb_{12}O_{33}$ u. $Nd_2Nb_{12} \cdot O_{33}$ zersetzen sich in der festen Phase bei entsprechend 1200 u. 1100° unter Bldg. von Nb_2O_5 u. der entsprechenden Metaniobate; $La_2Nb_{12}O_{33}$ u. $Ce_2Nb_{12}O_{33}$ sind im Temp.-Intervall 1000–1330° beständig, sie schmelzen kongruent. K. Karos 154

0624 **Beziehung zwischen Wechselwirkungen erster Ordnung und der Löslichkeit von Oxiden in flüssigem Eisen.** G. R. St. Pierre und R. D. Blackburn. (Trans. metallurg. Soc. AIME **242** (1968) 1, 2–4; The Ohio State Univ., Columbus, O.; engl.) — Unter Verw. von Literaturdaten wird der O-Geh. fl. Fe-Leg., die mit Oxiden gesätt. sind, analysiert; betrachtet werden Syst. Fe–X–O mit X = *Al, C, Cr, Nb, Si, S, Ti* u. *V*. Die beobachteten Minima der O-Löslichkeit in den fl. Leg. als Funktion des X-Geh. lassen sich unter Berücksichtigung der Wechselwrkg. 1. Ordnung ε_0^X zur Charakterisierung der Aktivitäten von X u. O in der fl. Phase vorherbestimmen. Gilt $\varepsilon_0^X \ll 0$, so liegt das Minimum des O-Geh. bei $N_X^* \cong r/\varepsilon_0^X$, wobei r das Verhältnis Metall/O in der Oxidphase u. N_X^* der Atombruch von X in der Schmelze ist. W. Laqua 154

0625 **Veränderung der Gleichgewichtsphasen bei der Reduktion der festen Lösung FeV_2O_4–$FeCr_2O_4$–Fe_3O_4.** I. A. Leont'eva, V. F. Balakirev und G. I. Čufarov. (Izvest. Akad. Nauk SSSR, Neorg. Mater. **4** (1968) 3, 461 bis 462; Inst. metallurg., Sverdlovsk; russ.) — Aus Magnetit, $FeCr_2O_4$ (I) u. FeV_2O_4 (II) wird in 35 Std. in Ar-Atmosphäre bei 1250° $FeV_{0,25}Cr_{0,25}Fe_{1,5}O_4$ dargestellt. Aus der graph. Darst. log p_{O_2} = f (Red.-Grad in %) sind 3 Red.-Stufen zu erkennen: 0–14, 14–64, 64% Reduktion. Unterhalb 14% Red. liegen Spinell (III) u. Wüstit (IV) nebeneinander vor, bei 14–64% Red. koexistieren **III, IV** u. Fe. Die Zus. von **III** bleibt konst. $FeCr_{0,5}V_{0,5}FeO_4$. Bei 64% Red. ist **IV** vollkommen red. u. die feste Lsg. wird unmittelbar zu Fe reduziert. Bei 75% Red. liegt eine feste Lsg. von I u. II vor. U. Strobel 154

0626 **Phasengleichgewichtsbeziehungen in den Systemen CuO–P_2O_5 und Cu_2O–P_2O_5.** M. C. Ball. (J. chem. Soc. [London], Sect. A **1968**, 5, 1113–15; Loughborough, Leicestershire, Univ. of Technol., Dep. of Chem.; engl.) — Im Syst. CuO–P_2O_5 tritt bis zu 50 Mol-% CuO Verb.-Bldg. bei der Ortho-, Di- u. Metaphosphatzus. auf, während im Syst. Cu_2O–P_2O_5 nur Metaphosphatbldg. bis zu 33 Mol-% P_2O_5 auftritt. Das therm. Verh. dieser Syst. wurde in O_2, Luft u. Ar untersucht. Unter allen Bedingungen sind die Cu(II)-Verb. instabil; in Ar schmilzt die Cu(I)-Verb. kongruent bei 1245°. Für die Verb. werden d-Werte angegeben. E. Schulte 154△

0627 **Umsetzung von Antimonpentachlorid mit Orthophosphorsäure.** A. K. Nurmakova, Ju. A. Nevskaja und T. N. Sumarokova. (Ž. neorg. Chim. **13** (1968) 2, 428—33; Inst. chim. AN Kaz. SSR; russ.) — Die Viskosität, Dichte u. elektr. Leitfähigkeit im Syst. $SbCl_5$–H_3PO_4 bei 20 u. 60° wurde bestimmt. Es entsteht die Verb. $SbCl_5 \cdot H_3PO_4$, die bei 20° eine hohe Viskosität von 2490 cPoise aufweist. Beim Erwärmen der Verb. entsteht HCl neben verschiedenen Prod. der Substitution von Chloratomen im $SbCl_5$ gegen Phosphatanionen. $SbCl_5 \cdot H_3PO_4$, ein Nichtelektrolyt u. das Pyridiniumsalz $C_5H_5NH[SbCl_5 \cdot H_2PO_4]$ wurden im krist. Zustand isoliert. Das IR-Spektrum der beiden Verb. wurde im Bereich 400—3500 cm^{-1} aufgenommen. J. J. Pohl 154

0628 **Physikalisch-chemische Eigenschaften von Phosphat–Halogenid-Schmelzen.** V. P. Kočergin, Z. A. Ševrina und I. V. Mardirosova. (Izvest. Akad. Nauk SSSR, Neorg. Mater. 4 (1968) 3, 436—39; Ural'skij gos. univ. im. Gor'kogo; russ.) — Die Ergebnisse von Unters. zur Best. der Löslichkeit von Fe_2O_3 in MPO_3-MX-Schmelzen (wobei M = Li^+, Na^+, K^+; X = Cl^-, F^-) sowie der Viskosität u. der elektr. Leitfähigkeit werden angeführt (graph. Darst. der Löslichkeitsisotherme von Fe_2O_3, der Zustandsdiagramme u. der Viskositätsisothermen bei 900° sowie der Isothermen der spezif. elektr. Leitfähigkeit der Phosphat–Halogenid-Schmelzen bei 850°). Zwischen den Schmelzdiagrammen u. den Viskositätsisothermen der geschmolzenen Syst. $LiPO_3$–LiF u. KPO_3–KF besteht gute Übereinstimmung. Die Abhängigkeit zwischen der spezif. elektr. Leitfähigkeit u. der Viskosität von Schmelzen der Syst. $NaPO_3$–NaCl u. KPO_3–KCl ist linear. Bei Zusatz von Fe_2O_3 (8 Gew.-%) zu KPO_3-KCl-Schmelzen sinken deren spezif. elektr. Leitfähigkeit u. Viskosität, während bei einem Fe_2O_3-Geh. von 8—10 Gew.-% die Viskosität der Schmelzen stark ansteigt. B. Karos 154

0629 **Schmelzdiagramm des Systems $NaBH_4$–Na.** G. A. Egorenko und D. S. Stasinevič. (Ž. neorg. Chim. **13** (1968) 2, 580—82; russ.) — Das Phasengleichgew. im Syst. $NaBH_4$–Na wurde bei Temp. bis 700° u. Drücken bis 10 atm thermograph. untersucht. Das Zustandsdiagramm des Syst. Na–$NaBH_4$ ist durch begrenzte Löslichkeit der Komponenten im fl. Zustand charakterisiert. J. J. Pohl 154

0630 **System $CO(NH_2)_2$–$NaNO_3$–KNO_3.** I. N. Gryncarov, L. N. Venerovskaja und P. I. Procenko. (Ž. neorg. Chim. **13** (1968) 2, 583—86; Rostovskij-na-Donu gos. univ.; russ.) — Das Zustandsdiagramm der eutekt. Syst. $CO(NH_2)_2$–$NaNO_3$ u. $CO(NH_2)_2$–KNO_3 wurde auf Grund thermograph. Daten konstruiert. Die Oberfläche der prim. Kristallisation des tern. Syst. $CO(NH_2)_2$–$Na \cdot NO_3$–KNO_3 wurde visuell-polytherm. u. thermograph. untersucht. Der tern. eutekt. Punkt des Syst. liegt bei 70,7 % Harnstoff, 7 % KNO_3 u. 22,3 % $NaNO_3$ u. 73°. J. J. Pohl 154

0631 **EMK-Untersuchung der thermodynamischen Eigenschaften von flüssigen Zusammensetzungen des Systems Cd–K–Tl.** M. F. Lantratov und E. I. Nikolaeva. (Ž. fiz. Chim. **42** (1968) 3, 703—08; Leningradskij politechn. inst. im. Kalinina; russ.) — Die thermodynam. Eig. von Schmelzen des Syst. Cd–K–Tl wurden auf Grund von EMK-Messungen an der Kette K/Glas mit K^+-Ionen/Cd–K–Tl bei 400—600° berechnet. Glas kann als fester Elektrolyt für die Unters. von thermodynam. Eig. von K-Schmelzen verwendet werden. Die integrale Mischungswärme, ΔH u. ΔS^* zeigen eine negative Abweichung vom idealen Verh. im prakt. gesamten Zus.-Bereich mit Ausnahme von Zus., die an der Cd–Tl-Seite liegen. J. J. Pohl 154

0632 **EMK-Untersuchung der thermodynamischen Eigenschaften von flüssigen Zusammensetzungen des Systems Pb–K–Tl.** M. F. Lantratov und M. I. Antonova. (Ž. fiz. Chim. **42** (1968) 3, 709—12; russ.) — Vgl. vorst. Referat. — Das EMK von Ketten der Art K/Glas mit K^+-Ionen/Pb–K–Tl wurde bei 400—625° gemessen. Die tern. Lsg. zeigen eine starke negative Abweichung vom idealen Verhalten. Die größten negativen Werte von ΔG^* befinden sich im Syst. Pb–K. Die Bldg. von Pb–K–Tl-Lsg. verläuft stark exotherm, ΔS^* ist im gesamten Zus.-Bereich negativ. Die maximalen Werte der Mischungswärme u. der Mischungsentropie befinden sich im Syst. Pb–K. J. J. Pohl 154

0633 **Zustandsdiagramme von Quecksilber(II)-jodid mit den Trijodiden von drei Elementen der 5. Gruppe des Periodensystems.** A. Gäumann. (Helv. chim. Acta **51** (1968) 3, 543—48; Inst. für Techn. Phys., ETH, Zürich; dt.) — Es wurden die Temp.- Konz.- Diagramme der bin. Syst. des HgJ_2 mit AsJ_3, SbJ_3 u. BiJ_3 mit Hilfe der DTA untersucht. Alle drei Syst. ergeben reine Eutektika-Diagramme. Mit steigendem F. der zweiten Komponente (AsJ_3–SbJ_3–BiJ_3) verschiebt sich die eutekt. Zus. gegen höhere HgJ_2-Geh. u. die eutekt. Temp. steigt. Bei den Syst. mit SbJ_3 u. AsJ_3 scheint eine recht gute Löslichkeit in fester Phase des AsJ_3 bzw. des SbJ_3 in β-HgJ_2 vorzuliegen, während HgJ_2 in den entsprechenden Jodiden u. diese in α-HgJ_2 wenig löslich sind. Während in den Syst. HgJ_2-SbJ_3 u. HgJ_2-BiJ_3 die Temp. der α–β-Umwandlung der HgJ_2 (130—131°) tiefer liegt als die eutekt. Temp., weist das Diagramm HgJ_2-AsJ_3 eine tiefere eutekt. Temp. auf. J. Malow 154

0634 **System K, Tl, Cd || Br.** I. I. Il'jasov. (Ž. neorg. Chim. **13** (1968) 1, 296—97; russ.) — Die Umsetzung von KBr bzw. TlBr mit $CdBr_2$ führt zu den isomorphen, kongruent schmelzenden Verb. $KBr \cdot CdBr_2$, F. 256°, u. $TlBr \cdot CdBr_2$, F. 398°. Die visuell-polytherm. Unters. von neun Schnitten des tern. Syst. KBr–TlBr–$CdBr_2$ zeigt, daß $KBr \cdot CdBr_2$ u. $TlBr \cdot CdBr_2$ eine ununterbrochene Mischkrist.-Reihe ohne F.-Minimum bilden. Ein tern. Eutektikum liegt bei 295° u. 19 Äqu-% K_2Br_2, 44 % $CdBr_2$ u. 37 % Tl_2Br_2. J. J. Pohl 154

0635 **Löslichkeit von Lanthan und Cer in ihren geschmolzenen Trichloriden.** O. G. Poljačenok. (Ž. neorg. Chim. **13** (1968) 1, 200—02; Beloruss technol. inst. im. Kirova, Kaf. obšč. i neorg. chim.; russ.) — Die Löslichkeit von metall. La in seinem geschmolzenen Trichlorid wurde bei 950° bestimmt, sie beträgt im Mittel 10,5 Mol-% La. Eine in der Literatur beschriebene erhöhte Löslichkeit von La u. Ce in ihren Trichloriden bei 900—1000° dürfte durch die Beimengung von sauerstoffhaltigen Verb. bedingt sein. J. J. Pohl 154

0636 **Umsetzung von Tantal- und Niobpentachlorid mit Chloriden der Elemente der fünften Gruppe.** N. I. Glistenko und N. D. Čikanov. (Ž. neorg. Chim. **13** (1968) 1, 293—94; Voronežskij gos. univ.; russ.) — $TaPCl_{10}$ entsteht bei der stark exothermen Umsetzung von $TaCl_5$ mit PCl_5 bei 110°. Die Verb. schmilzt kongruent, erleidet polymorphe Umwandlungen bei 155 u. 120°, die gelbbraune Schmelze erstarrt bei 456°. $NbPCl_{10}$ entsteht analog, polymorphe Umwandlungen bei 165 u. 112°, Erstarrung bei 454°. $TaPCl_{10}$ ergibt mit $TaCl_5$ bei 209° u. 30 Mol-% PCl_5, $NbPCl_{10}$ mit $NbCl_5$ bei 191° u. 33 % PCl_5 ein Eutektikum. Bei 23 % PCl_5 wurde bei 215 bzw. 203° (Nb) ein monotekt. Gleichgew. beobachtet, $TaPCl_{10}$ bzw. $NbPCl_{10}$ bilden mit PCl_5 ein Eutektikum, dessen Zus. nahe zu der des PCl_5 liegt. Die Löslichkeit von $Ta(Nb)PCl_{10}$ in geschmolzenem PCl_5 ist bis 300° vernachlässigbar klein. Die Zustandsdiagramme der bin. Syst. $Ta(Nb)Cl_5$–PCl_3, $Ta(Nb)Cl_5$–$SbCl_5$, $Ta(Nb)Cl_5$–VCl_4 u. $Ta(Nb)Cl_5$–$SbCl_3$ wurden auf Grund von DTA-Daten konstruiert, sie sind vom eutekt. Typ. Die Kristallisationstemp. von $Ta(Nb)Cl_5$ sinkt mit wachsendem Geh. der Chloride von P, Sb bzw. V. Auch die Syst. $Ta(Nb)Cl_5$–$BiCl_3$ sind vom eutekt. Typ, die Eutektika enthalten 27 % $TaCl_5$ bzw. 46 % $NbCl_5$ u. liegen bei 180 bzw. 190°. Die bin. Syst. $Ta(Nb)Cl_5$–$AsCl_3$ dürften, ebenso wie die analogen PCl_3-, $SbCl_3$-, VCl_4- u. $SbCl_5$-haltigen Syst., ein Eutektikum ganz an der Seite des Chlorids des Elements der fünften Gruppe enthalten. J. J. Pohl 154

0637 **Kristallisation im Glasbildungsbereich des Systems As–Se–Ge.** G. Z. Vinogradova, S. A. Dembovskij und N. P. Lužnaja. (Ž. neorg. Chim. **13** (1968) 5, 1444—50; Inst. obšč. i neorg. chim. AN SSSR; russ.) — Die Kristallisationsbedingungen der Gläser im Syst. As–Se–Ge wurden mit Hilfe der DTA, von Röntgenphasenanalysen, mkr. u. durch Mikrohärtebest. ermittelt. Die

Liquidusisothermen im Glasbldg.-Bereich werden angegeben. Eine GeAsSe-Phase u. eine feste Lsg. auf As-Grundlage konnten nachgewiesen werden. H. Korn 154

0638 **Zustandsdiagramm des Systems As–Te.** S. A. Dembovskij, I. A. Kirilenko und A. S. Chvorostenko. (Ž. neorg. Chim. **13** (1968) 5, 1462–63; russ.) – Vgl. vorst. Referat. – Röntgenograph., DTA- u. Mikrostrukturdaten des Syst. zeigen die Bldg. des kongruent schmelzenden As_2Te_3, das therm. wenig beständig ist. Die Proben wurden drei Std. bei 650° gehalten. As_2Te_3 existiert im Bereich 50–80 Atom-% As, es dissoziiert nach $As_2Te_{3fest} \rightleftharpoons 0{,}4\ As_{2Gas} + 0{,}3\ As_{4Gas} + 3\ Te_{fest}$. Te u. As_2Te_3 bilden ein einfaches Eutektikum bei 80 % As, bei 55–80 % As wurde eine Entmischung beobachtet. Das Eutektikum von As_2Te_3 u. As liegt bei ca. 50 Atom-% As. Das Kristallisationsfeld von As befindet sich bei 80–95 %. J. J. Pohl 154

0639 **Phasendiagramm des Legierungssystems Hg_3Te_3–In_2Te_3.** P. M. Spencer und B. Ray. (J. Physics, D (Brit. J. appl. Physics) [2] **1** (1968) 3, 299–301; Dep. of Electr. Engng., Univ., Dundee; engl.) – Mit DTA wurden Liquidus- u. Soliduskurven des quasibin. Syst. Hg_3Te_3–In_2Te_3 bestimmt. Das danach aufgestellte Phasendiagramm wurde durch röntgenograph. Unters. bestätigt. Es existieren drei Bereiche, α_1, α_2 u. α_3, in denen feste Lsg. mit ungeordneter Zinkblendestruktur gebildet werden (α_1: 0–19, α_2: 47–54, α_3: 86–100 Mol-% In_2Te_3). Im β-Bereich (33–40 Mol-% In_2Te_3) liegen nichtkub. Mischkrist. vor, denen die Phase $Hg_5In_2Te_8$ (37,5 Mol-% In_2Te_3) zugrunde liegt. Die Mischkrist. des γ-Bereichs (70–81 Mol-% In_2Te_3) krist. in der Chalkopyrit-Struktur; ihnen liegt die Zus. $HgIn_2Te_4$ (75 Mol-% In_2Te_3) zugrunde. Die Abhängigkeit der Gitterparameter von der Zus. wurde für die Bereiche fester Lsg. bestimmt. Das Max. der Liquiduskurve liegt bei 50 Mol-% In_2Te_3; die Phase dieser Zus. schmilzt kongruent. W. Laqua 154

0640 **Phasenumwandlungen in IV–VI-Verbindungen bei hohen Drücken.** S. S. Kabalkina, N. R. Serebrjanaja und L. F. Vereščagin. (Fiz. tverdogo Tela **10** (1968) 3, 733–39; Inst. fiz. vysokich davlenij AN SSSR, Moskva; russ.) – Unters. an *PbTe*, *SnTe* u. Leg. des Syst. SnTe–*GeTe* bei Drücken $\leq$ 110 kbar. Alle Proben zeigten eine $\beta \rightleftharpoons \gamma$-Umwandlung (NaCl-Typ $\rightleftharpoons$ GeS-Typ) mit einem Zweiphasengebiet zwischen den reinen Phasen (ca. 15 bis 20 kbar breit). Für das Syst. GeTe–SnTe wird das Zustandsdiagramm bei Zimmertemp. für Drücke $\leq$ 100 kbar mitgeteilt. K. Jaeger 154

0641 **Pseudobinärer Schnitt des Systems PbTe–Au.** D. J. Mottern und F. Wald. (Trans. metallurg. Soc. AIME **242** (1968) 1, 150–51; Sandia Labor., Albuquerque, N.Mex.; engl.) – Mkr. u. röntgenograph. Unters. des pseudobin. Syst. PbTe–Au ergaben, daß ein einfaches eutekt. Syst. ohne gegenseitige Löslichkeit im festen Zustand vorliegt. Der eutekt. Punkt liegt bei 742 ± 5° u. der Zus. 42 Atom-% Au-58 Mol-% PbTe. W. Laqua 154

0642 **System Fe–Ge–S bei 700°.** Willy Viaene und Jules Moreau. (C. R. hebd. Séances Acad. Sci., Sér. D **266** (1968) 15, 1543–45; Labor. de Minéral., Univ., Louvain; franz.) – Die Elemente Fe, Ge u. S wurden während 1–3 Monaten bei 700 ± 10° umgesetzt u. die Prod. bei Zimmertemp. röntgenograph. u. mkr. untersucht. Das Phasengleichgew.-Diagramm des Syst. ist abgebildet. Die bin. Phasen Pyrrhotin, Pyrit u. GeS_2 lösen < 2 % Ge, die bin. Metallphase enthält im festen Zustand prakt. keinen Schwefel. Es bildet sich nur eine tern. Phase Fe_2GeS_4 in Form anisotroper Krist. mit sehr begrenztem Mischkrist.-Bereich. J. J. Pohl 154

0643 **Phasenumwandlungen im System Cu_2S–Ag_2S.** R. B. Graf. (J. electrochem. Soc. **115** (1968) 4, 433–34; Unit. Aircraft Corp., East Hartford, Conn.; engl.) – Es werden die Änderungen des elektr. Widerstandes gemessen, die sich bei einigen Phasenumwandlungen im genannten Syst. ergeben. Die eutekt. Bldg. von *Argentit* (Ag_2S) aus *Akanthit* (Ag_2S) u. *Jalpait* ($Cu_{0,45}Ag_{1,55}S$) erfolgt bei 106° in einem Temp.-Bereich von 4°, der Widerstand fällt um 3 Zehnerpotenzen. Die Jalpait–Argentit-Umwandlung erfolgt zwischen 117 u. 120° u. ergibt eine Widerstandsabnahme von 1,5 Zehnerpotenzen. Die Akanthit–Argentit-Umwandlung bei 177° in einem Bereich von 3° ergibt 3 Zehnerpotenzen Abnahme. Die eutekt. Bldg. von hexagonalem *Hochchalkocit* aus *Chalkocit* (Cu_2S) u. *Stromeyerit* (CuAgS) erfolgt bei 67° in einem Temp.-Bereich von 20° u. bringt einen nur geringen Anstieg des Widerstandes. Es wird die Möglichkeit erwogen, die 3 ersten Effekte für elektr. Schaltungen auszunutzen. H. Tulhoff 154

0644 **Mechanismus der Diamantbildung in den Systemen Metall–Kohlenstoff.** Ju. A. Litvin. (Izvest. Akad. Nauk SSSR, Neorg. Mater. **4** (1968) 2, 175–81; VNII sinteza mineral'nogo syr'ja; russ.) – Der Vorgang der Diamantbldg. in den Syst. Metall–C stellt ein Wachstum der Diamantkrist. aus einer hinreichend konz., diamantübersätt. Lsg. in einer Metallschmelze dar. Die Lsg. ist gegenüber Graphit ungesätt., wodurch die Voraussetzung für seine kontinuierliche Auflsg. gegeben ist. Der Grad der Übersättigung der Lsg. mit Diamant wird durch die Differenz der Löslichkeiten von Graphit u. Diamant unter den konkreten thermodynam. Bedingungen bestimmt. Diese Vorstellungen stimmen gut mit dem experimentellen Material überein u. bedürfen nicht der Hinzuziehung irgendwelcher katalyt. Erscheinungen zur Erklärung der Diamantbildung. B. Karos 154

0645 **Bestimmung der thermodynamischen Aktivität von Kohlenstoff im Homogenitätsbereich des Vanadincarbids.** V. I. Alekseev, E. V. Fivejskij, L. N. Palagin und A. S. Panov. (Ž. fiz. Chim. **42** (1968) 3, 615–19; CNIIČERMET im. Bardina, Moskva; russ.) – Die Aktivität des Kohlenstoffs a_C in Abhängigkeit von der Konz. im Homogenitätsbereich des V-Carbids wurde durch Unters. des Gleichgew. im Syst. H_2–CH_4–VC_x bestimmt. Die a_C-Werte zeigen Unterschiede bis über zwei Größenordnungen. Die Änderung der partiellen mol. Freien Energie des C u. V im Homogenitätsbereich von VC_x wurde auf Grund der Vers.-Daten u. durch Verw. der Gibbs-Duhemschen Gleichung berechnet. Vers.-Daten des Gleichgew. im Syst. H_2–CH_4–VC_x sind für $VC_{0,93}$ bei 700–950°, $VC_{0,88}$ 852–945°, $VC_{0,85}$ 848 bis 950°, $VC_{0,80}$ 652–950°, $VC_{0,74}$ 650–850°, $VC_{0,70}$ 750 bis 848° u. für $VC_{0,62}$ bei 750–950° tabelliert. J. J. Pohl 154

0646 **Temperatur und Konzentrationsabhängigkeit der thermodynamischen Funktionen von Niob- und Tantalcarbidphasen.** T. A. Nikol'skaja, R. G. Avarbė und Ju. N. Vil'k. (Ž. fiz. Chim. **42** (1968) 3, 637–40; Gos. inst. prikl. chim., Leningrad; russ. – Die Verdampfung von Nb- u. Ta-Carbidphasen bei offener Oberfläche im Vakuum wurde in einem breiten Zus.-Bereich bei 2500 bis 3400 °K untersucht. Die Temp.-Abhängigkeit u. die Geschw. der Verdampfung der kongruent verdampfenden Zus. der Phasen NbC_x u. TaC_x wurden bestimmt. Die Temp.- u. Konz.-Abhängigkeit der Aktivität der Komponenten in u. das thermodynam. Bldg.-Potential von NbC u. $TaC_{0,5}$ wurde auf Grund dieser Daten u. des einfachsten Modells der Einlagerungsmischkrist. besprochen. In der NbC_x-Phase gilt $\log a_C = 0{,}0656$ bis $6444/T + \log[x/(1-x)]$, $\log a_{Nb} = 0{,}2507 - 968/T + \log(1-x)$, für die Verdampfungsgeschw. $\log v$ [g/cm²·s] $= 9{,}4062 - 41\,274/T$, (2480–3430 °K). Die kongruente Verdampfungsgeschw. der $TaC_{0,5}$-Phase bei 3015 bis 3340 °K ist $\log v = 8{,}7252 - 42\,854/T$, die Aktivität der Koeff. der TaC_x-Phase $\log a_C = -0{,}810 - 7255/T + \log[x/(1-x)]$ u. $\log a_{Ta} = 0{,}739 - 2158/T + \log(1-x)$. Für die hypothet. Zus. $NbC_{1,00}$ ist $\Delta H^0{}_{f,298} = -33{,}9$ kcal pro g-Mol u. $\Delta S_f^0{}_{,298} = -1{,}447$ Clausius, für Ta_2C $-52{,}9$ bzw. $-0{,}3$. J. J. Pohl 154

0647 **Verwendung der EMK-Methode zur Bestimmung der Aktivität der metallischen Komponenten von binären und ternären Carbiden.** V. I. Alekseev, V. I. Malkin und V. V. Pokudyšev. (Ž. fiz. Chim. **42** (1968) 3, 647–51; CNIIČERMET im. Bardina; russ.) – Die thermodynam. Aktivität von Fe in $(Fe_xMo_{1-x})_2C$ wurde bei 1045–1180 °K, die von Cr in Cr_3C_2 bei 1000–1180 °K mit der EMK-Meth. unter Verw. fl. Chlorid- oder Jodidschmelzen untersucht. Die EMK-Daten bei Verw. von

Chloriden bzw. Jodiden als Elektrolyt sind ähnlich. Fe zeigt eine große negative Abweichung vom Idealwert sowohl in den Carbiden $(Fe_xMo_{1-x})_2C$ als auch in mit diesen Carbiden im Gleichgew. stehenden Phasen. Die partielle Lsg.-Wärme von Fe im Carbid mit ca. 8 Atom-% Fe beträgt 1040 cal, ΔG von Cr_3C_2 bei 1180 °K − 6740 cal. J. J. Pohl 154

0648 **Bestimmung der Zustandsdiagramme binärer Metallsysteme mit Hilfe von elektronischen Rechenanlagen.** E. M. Savickij, Ju. V. Devingtal' und V. B. Gribulja. (Doklady Akad. Nauk SSSR **178** (1968) 1, 79−81; Inst. metallurg. im. Bajkova AN SSSR; russ.) — Die Gewinnung von Informationen über nicht untersuchte metall. Syst. auf Grund von auf Vers.-Wegen erstellten Phasendiagrammen u. einigen allg. Gesetzmäßigkeiten wird besprochen. Die bekannten Diagramme werden in Klassen eingeteilt. Die Elemente werden durch die Elektronenstruktur der Atome u. durch ihre Lage im Periodensyst. neben thermodynam. u. physikal. Größen, wie Schmelztemp. u. -wärme, Ionisationspotential usw. charakterisiert. 79 bin. Diagramme unter Beteiligung von Be, Mg, Al, Si, Ca, Ti, Cr, Fe, Co, Ni, Cu, Zn, Ga, Ge, As, Sr, Nb, Mo, Rh, Pd, Ag, Cd, Sn, Sb, Ba, La, Ce, Ir, Pt, Au, Tl, Pb u. Bi werden analysiert, von denen 40 bekannt sind. J. J. Pohl 154

0649 **Klassifikation binärer flüssiger Metallschmelzen nach ihren thermodynamischen Eigenschaften.** M. F. Lantratov. (Ž. fiz. Chim. **42** (1968) 3, 713−16; Leningradskij politechn. inst. im. Kalina; russ.) — Es werden sechs Typen von Metallsg. vorgeschlagen, die sich voneinander im Vorzeichen u. in der Größe ihrer thermodynam. Zustandsfunktionen unterscheiden. Es zeigt sich ein abgestufter Übergang von Lsg. mit starker Wechselwrkg. der Komponenten zu solchen mit Entmischung im System. J. J. Pohl 154

0650 **Verwendung verschiedener Lösungsmodelle für flüssige Metallschmelzen.** I. T. Sryvalin, O. A. Esin, N. A. Vatolin, B. M. Lepinskich und V. G. Korpačev. (Ž. fiz. Chim. **42** (1968) 3, 717−22; Permskij politechn. inst.; russ.) — Die Verwendbarkeit verschiedener Varianten der Theorie regulärer Lsg. für Metallschmelzen wird diskutiert. Die thermodynam. Daten von 175 bin. Syst. werden analysiert. Die Wirksamkeit der Berücksichtigung der Nahordnung in metall. Lsg. wird gezeigt, der Beitrag der einzelnen Komponenten zur Mischungsentropie bei der Entstehung der Lsg. wurde abgeschätzt. Die Gültigkeit einfacher Gesetzmäßigkeiten sowie die der Gleichungen für reguläres Verh. u. für quasichem. Gleichgew. ist recht selten. Die Verwendbarkeit der Gleichungen der Theorie von regulären Lsg. erfährt eine starke Verbreiterung bei der Berücksichtigung der linearen Abhängigkeit der Umsetzungsenergie von der Temperatur. Die Berücksichtigung des Einfl. der Nahordnung auf die Lage der Fl.-Teilchen durch die Verw. quasichem. Gleichungen wird an Hand einer Reihe von Syst. demonstriert. J. J. Pohl 154

0651 **Umsetzung von Zink mit Beryllium.** V. A. Dubinin, V. A. Lebedev, I. F. Ničkov und S. P. Raspopin. (Ž. fiz. Chim. **42** (1968) 3, 678−81; Ural'skij politechn. inst. im. Kirova, Sverdlovsk; russ.) — Die Aktivität von Be in fl. Zn-Lsg. wurde bei $T_1 - T_4$ = 594, 643, 693 u. 790° auf Grund von EMK-Daten von Be (fest) | KCl–LiCl + 10 Massen-% BeF_2 | Be–Zn (Lsg.) bestimmt. Die EMK-Daten gehorchen bei obigen Temp. den Gleichungen $E_1 = -0{,}231 - 0{,}088 \log N \pm 0{,}001$, $E_2 = -0{,}229 - 0{,}094 \log N \pm 0{,}005$, $E_3 = -0{,}214 - 0{,}095 \log N \pm 0{,}006$, $E_4 = -0{,}212 - 0{,}107 \log N \pm 0{,}014$, die Aktivität zeigt eine merkliche positive Abweichung vom Raoultschen Gesetz. Beim Lösen von Be in Zn wurden keine strukturierten Gruppen in der Schmelze beobachtet. Die Auflsg. erfolgt endotherm, die Entropie nimmt zu. Die nach EMK-Daten sowie die direkt bestimmte Löslichkeit stimmen gut überein. Die Gleichheit der Potentiale von mit Be gesätt. Zn-Lsg. u. von metall. Be deuten auf eine Abwesenheit von intermetall. Verb. im Syst. Be–Zn. Die Temp.-Abhängigkeit des Aktivitätskoeff. von Be ist $\log \gamma_{Be} = -0{,}800 + (2945/T) \pm 0{,}065$. Die thermodynam. Exzeßwerte von Be betragen $\Delta\bar{H}_{Be} = 11{,}2 \pm 1{,}1$ kcal/Mol, $\Delta\bar{S}_{B} = 2{,}2 \pm 1{,}2$ Clausius, $\Delta\bar{G}_{Be} = 9{,}0 \pm 0{,}3$ kcal/g-Atom. J. J. Pohl 154

0652 **EMK-Untersuchung der Thermodynamik flüssiger Zink–Uran-Legierungen.** A. V. Volkovič, I. F. Ničkov, S. P. Raspopin, V. I. Titarenko und V. A. Lebedev. (Ž. fiz. Chim. **42** (1968) 3, 682−85; russ.) — Vgl. vorst. Referat. — Die partiellen mol. u. integralen Charakteristiken (ΔH, ΔG, ΔS) der Bldg. von Zn–U-Leg. aus den fl. Komponenten u. die der Verb. U_2Zn_{17} aus festem U u. fl. Zn wurden auf Grund von EMK-Daten der Kette U (fest) | KCl–NaCl + 6 Massen-% UCl_3 | Zn–U (fl.) berechnet. Bei 974, 1012, 1032, 1073 u. 1125 °K beträgt die EMK $E_1 = 0{,}092 - 0{,}062 \log N_U$ (Molenbruch), $E_2 = 0{,}0796 - 0{,}067 \log N_U$, $E_3 = 0{,}0784 - 0{,}0677 \log N_U$, $E_4 = 0{,}0627 - 0{,}0741 \log N_U$, $E_5 = 0{,}065 - 0{,}0736 \log N_U$. Die Löslichkeit von U in fl. Zn ändert sich bei 974−1125° nach $\log N_U = 6{,}1151 - 8370{,}3/T$, der Aktivitätskoeff. von U beträgt auf festes U bezogen bei den vorst. Temp. $\log \gamma = 1{,}3057 - 2525{,}1/T$. J. J. Pohl 154

0653 **EMK-Untersuchungen des Zustandes flüssiger Lanthan–Wismut-Lösungen.** V. I. Kober, V. A. Lebedev, I. F. Ničkov und S. P. Raspopin. (Ž. fiz. Chim. **42** (1968) 3, 686−89; russ.) — Vgl. vorst. Referate. — EMK-Messungen der Kette La (fest) | KCl–LiCl + 10% $LaCl_3$ | La–Bi (Lsg.) werden bei 480, 540, 640 u. 680° vorgenommen. Der Aktivitätskoeff. des La in Bi gehorcht näherungsweise dem Henri-Gesetz u. ändert sich mit der Temp. nach $\log \gamma_{La} = 0{,}844 - 11\,070/T \pm 0{,}073$. In gesätt. Bi-Lsg. gilt der Ausdruck $\log \gamma'_{La} = 0{,}779 - 10\,959/T \pm 0{,}014$ exakt. Die Löslichkeit von La hat nach elektrochem. Messungen die Temp.-Abhängigkeit $\log N = 2{,}518 - 3483/T \pm 0{,}035$. Bei 900 °K sind die partiellen thermodynam. Größen von La $\Delta\bar{H}_{La} = -66{,}1 \pm 0{,}3$ kcal/g-Atom u. $\Delta\bar{S}_{La} = -15{,}1 \pm 0{,}3$. Die Aktivität von La in gesätt. Bi-Lsg. ändert sich nach $\log a = 3{,}297 - 14\,442/T \pm 0{,}021$. Die Löslichkeit von La in Bi wächst von 0,33 Massen-% bei 450° bis 5,95% bei 700°. J. J. Pohl 154

0654 **EMK-Untersuchung des Zustandes von Uran in flüssigen Uran–Wismut-Lösungen.** V. A. Lebedev, I. F. Ničkov und S. P. Raspopin. (Ž. fiz. Chim. **42** (1968) 3, 690−93; russ.) — Vgl. vorst. Referate. — Die thermodynam. Charakteristiken von fl. U-Lsg. in Bi lassen die Anwesenheit von Strukturgruppen in den Lsg. annehmen, deren Zus. etwa U_3Bi_4 beträgt. Die EMK der galvan. Kette U_{fest} | KCl–NaCl oder KCl–LiCl + 5% UCl_3 | U–Bi (Lsg.) wurde bei 496, 592, 691, 740 u. 788° bestimmt. Die partiellen ΔH-, ΔS^E- u. ΔG^E-Werte von U bei der Bldg. fl. U–Bi-Lsg. bei 1018 °K werden angegeben. Die Temp.-Abhängigkeit des Aktivitätskoeff. ist $\log \gamma_U = 0{,}7107 - 3995/T \pm 0{,}044$. Die Löslichkeit von U in Bi ändert sich bei 500−800° nach $\log N_U = 1{,}418 - 2949/T \pm 0{,}020$. J. J. Pohl 154

0655 **EMK-Untersuchung der Thermodynamik von intermetallischen Verbindungen des Bi mit Uran.** V. A. Lebedev, I. F. Ničkov, S. P. Raspopin und V. I. Kapitonov. (Ž. fiz. Chim. **42** (1968) 3, 694−97; russ.) — Vgl. vorst. Referate. — Im Syst. U–Bi wurden an Hand von EMK-Messungen an der im vorst. Ref. beschriebenen Kette vier Bereiche mit konst. Aktivität des Urans festgestellt. Im Syst. treten drei intermetall. Verb., *UBi_2*, *U_3Bi_4* u. *UBi*, auf. Die Änderung der partiellen mol. Größen ΔH, ΔS u. ΔG für U u. Bi sowie die der integralen Größen während der Bldg. der U–Bi-Verb. wurde bestimmt. Gleichungen zur Best. der Änderung der freien Energie im untersuchten Bereich (500−900°) sind angegeben. Der Maximalwert, $\Delta H = -12{,}26$ kcal/g-Atom, tritt bei der Bldg. der stabilsten Verb., U_3Bi_4, auf. Für den Zus.-Bereich Lsg. + UBi_2 gilt E_1, $V = 0{,}4746$ bis $0{,}156 \cdot 10^{-3}$ T (500−800°), ($\Delta\bar{H}_U$, kcal/g-Atom bei 1018 °K, Standardzustand γ-U) −32,8, ($\Delta\bar{S}^*_U$, Clausius) −10,8, (α_U) $2{,}1 \cdot 10^{-5}$; für den Bereich UBi_2 + U_3Bi_4 E_2, $V = 0{,}317 - 0{,}063 \cdot 10^{-3}$ T (700−820°), −22,0; −4,4; $1{,}7 \cdot 10^{-4}$; für den Bereich U_3Bi_4 + UBi E_3, $V = 0{,}132 - 0{,}02 \cdot 10^{-3}$ T (700−830°), −9,1; −1,4; $2{,}2 \cdot 10^{-2}$ u. für den Bereich UBi + U, E_4, $V = -0{,}00275 + 0{,}0036 \cdot 10^{-3}$ T (700−730°); 0,19; 0,25; 0,969. J. J. Pohl 154

0656 **Nahordnungsstruktur und Wechselwirkung der Teilchen in flüssigen binären Legierungen von Ga mit Elementen der zweiten bis fünften Gruppe des Periodensystems.** S. P. Jacenko und V. N. Danilin. (Ž. fiz. Chim. 42 (1968) 3, 734—37; Inst. chim. Ural'skij filial AN SSSR, Sverdlovsk; russ.) — Die nach der Wittigschen Funktion ($\varepsilon = \Delta H/N_1N_2$, ΔH = integrale Mischungswärme) bestimmte Nahordnungsstruktur stimmt in den meisten Syst. mit Daten des Zustandsdiagramms, der Konz.-Abhängigkeit der Aktivität der Komponenten u. der integralen freien Energie überein. Im Falle der Syst. Ga–Mg, Ga–In u. Ga–Sn kann der Nahordnungscharakter auf Grund von ε nicht beurteilt werden. Eine Gleichung zur Beschreibung der Mischungswärme in den untersuchten Leg. ist angegeben. Die Wechselwrkg. der Teilchen wird durch Kräfte der van der Waalsschen u. der chem. Wechselwrkg. bedingt. Infolge der verschiedenen Atommol. der Komponenten ist die ΔH-Kurve in erster Näherung asymmetrisch. Die erhaltenen Werte der Löslichkeitsparameter $\sqrt{\Delta H^3/V}$ u. der Elektronegativität sind: *Al* 80,9; 1,5, *Ga* 72,25; 1,57, *In* 56,7; 1,6, *Tl* 47,5; 1,8, *Mg* 44,8; 1,2, *Zn* 53,4; 1,6, *Cd* 39,95; 1,7, *Hg* 30,0; 1,9, *Sn* 55,6; 1,7, *Pb* 46,05; 1,8, *Sb* 49,8; 1,8, *Bi* 46,5; 1,9. J. J. Pohl 154

0657 **Einfluß von Titan auf Schmelzpunkt und Umwandlungstemperatur von Yttrium.** B. J. Beaudry. (J. less-common Metals [Lausanne] 14 (1968) 3, 370—72; Inst. for Atomic Res. and Dep. of Metallurg., Ia. State Univ., Ames, Ia.; engl.) — Umwandlungstemp. u. F. von dest. Y wurden zu 1480 ± 2 u. 1525 ± 3° bestimmt. Diese Werte unterscheiden sich deutlich von den von Habermann et al. (vgl. C. **1964,** 19-2089) für ebenfalls dest. Y erhaltenen Ergebnissen. Die Diskrepanz wird auf Kontamination des Y mit Ti durch das Tiegelmaterial bei den Unters. von Habermann zurückgeführt, was aus einer Best. des Y–Ti-Phasendiagramms für Ti-Geh. bis 21,7 Atom-% folgt. Die Umwandlungstemp. des Y wird durch eine inverse peritekt. Rk. auf 1440° erniedrigt. Der eutekt. Punkt liegt bei 18,7 Atom-% Ti u. 1355 ± 10°. W. Laqua 154

0658 **Löslichkeit von Silicium und Zirkonium in Aluminium.** M. E. Dric, E. S. Kadaner und V. I. Kuz'mina. (Izvest. Akad. Nauk SSSR, Metally **1968,** 1, 170—75; Moskva; russ.) — Mikrostrukturanalyt. Unters. u. die Best. des elektr. Widerstandes ergeben eine Löslichkeit von Si in Al bei 565, 525, 500 u. 400° von 1,3, 1,0, 0,75 u. 0,25 Gew.-%. Die Löslichkeit von Zr in Al beträgt bei 620, 525, 500 u. 400° 0,2, 0,11, 0,0875 u. 0,06%. Die Grenzlöslichkeit von Si in Al beträgt nach extrapolierten Daten 1,43 Gew.-%, von Zr in Al 0,27 Gew.-%. Die Mikrostruktur zeigt eine reversible Löslichkeit von Si u. Zr in Al bei 525, 500 u. 400° von 0,95% Si u. 0,01% Zr, 0,72% Si u. < 0,01% Zr sowie 0,25% Si u. < 0,01% Zr. Si u. $ZrAl_3$ stehen im Gleichgew. mit α-Mischkrist. auf Al-Basis. Tern. Verb. wurden im untersuchten Konz.-Bereich nicht beobachtet. J. J. Pohl 154

0659 **Thermodynamische Eigenschaften ternärer Metallschmelzen im System Aluminium–Zink–Zinn.** A. A. Tichomirov, B. M. Lepinskich, I. T. Sryvalin und V. G. Korpačev. (Ž. fiz. Chim. 42 (1968) 3, 723—25; Permskij politechn. inst.; russ.) — Die EMK von früher [Izvest. vysšich učebnych Zavedenij [Ordžonikidze], cvetnaja Metallurg. 9 (1966) 4, 22] beschriebenen galvan. Konz.-Elementen, die in bezug auf Al reversibel sind, wurde bestimmt. Die Aktivitätskoeff. von Zn u. Sn wurden bei 973—1073 °K durch graph. Integrierung der Gibbs-Duhemschen Gleichung ermittelt. Die Aktivität aller Komponenten zeigt eine kleine positive Abweichung vom idealen Wert. Als Vgl. wurde die Konz.-Abhängigkeit der Aktivität auch mit Hilfe der Gleichungen der statist. Theorien berechnet. J. J. Pohl 154

0660 **Thermodynamische Eigenschaften flüssiger ternärer Metallsysteme mit starken Abweichungen vom idealen Verhalten. 1. Mitt. System Blei–Natrium–Thallium.** A. G. Moračevskij, S. I. Stacenko und V. B. Busse-Mačukas. (Ž. fiz. Chim. 42 (1968) 1, 40—45; russ.) — Die thermodynam. Eig. von Schmelzen des tern. Syst. Pb–Na–Tl wurden durch Messung der EMK von Konz.-Ketten der Art (—) Na | Elektrolyt mit Na^+-Leitung | Pb, Na, Tl bestimmt. Durch Integrieren der Gibbs-Duhemschen Gleichung wurden die integralen thermodynam. Charakteristiken (Mischungsenthalpien, Freie Enthalpien, Exzeßdaten) des Syst. bei 850° bestimmt. Die integralen thermodynam. Eig. können auch mit Hilfe der bin. Teilsyst. allein ber. werden. Die diskutierte Berechnungsmeth. kann für tern. Lsg. verwendet werden, in denen zwei Komponenten ein Syst. bilden, das vom idealen Verh. nur wenig abweicht. J. J. Pohl 154

0661 **Phasenbeziehungen im System Niob–Gallium.** L. L. Oden und R. E. Siemens. (J. less-common Metals [Lausanne] 14 (1968) 1, 33—40; Albany Metallurg. Res. Center, U. S. Dep. of the Interior, Bur. of Mines, Albany, Oreg.: engl.) — Nb–Ga-Leg. u. Diffusionspaare wurden im Zus.-Bereich 0—70 Gew.-% Ga metallograph., thermoanalyt., elektronenmikroanalyt. u. röntgenograph. untersucht. Fünf intermetall. Verb. wurden identifiziert: Nb_3Ga, F. 1900 ± 20°, peritekt.; Nb_5Ga_2, F. 1800°, kongruent schmelzend; *NbGa*, F. 1490 ± 20°, peritekt.; Nb_2Ga_3, F. 1280 ± 10°, peritekt.; $NbGa_3$, F. 1240 ± 10°, peritektisch. Eine eutekt. Rk. zwischen den ersten beiden Verb. verläuft bei 1750 ± 25° u. 25 Gew.-% Ga. Die Löslichkeit von Ga in Nb nimmt von 12 Gew.-% bei 1900° auf 7 Gew.-% bei 1600° ab. G. Malow 154

0662 **Thermodynamische Eigenschaften von Legierungen des Systems Zirkonium–Niob.** G. B. Fedorov, E. A. Smirnov, N. A. Machlin und P. I. Kalinin. (Ž. fiz. Chim. 42 (1968) 3, 663—66; Mosk. inž.-fiz. inst.; russ.) — Der Dampfdruck von Zr wurde mit der Knudsenschen Effusionsmeth. bei Verw. von ^{95}Zr im Bereich 1250 bis 1740° über reinem Zr u. Leg. mit 10, 25, 50 u. 90 Atom-% Nb bestimmt. Die Aktivität des Zr u. die von Nb (durch Integrierung der Gibbs-Duhemschen Gleichung) sowie die thermodynam. Funktionen des Syst. wurden berechnet. Die Aktivität u. die thermodynam. Charakteristiken zeigen prakt. im gesamten Temp.- u. Konz.-Bereich eine negative Abweichung vom idealen Verhalten. Die Abweichung ist bei 15—20% Nb infolge der erhöhten Stabilität der Atom—Atom-Bindungen im Mischkrist. maximal. Ein Schema der verwendeten App. ist angegeben. Die Dampfdruckgleichungen in Ggw. von 0, 10, 25, 50 u. 90% Nb sind: $\log p = 2{,}895$ bis $1{,}339 \cdot 10^4 \cdot 1/T$, $\log p = 4{,}942 - 1{,}81 \cdot 10^4 \cdot 1/T$, $\log p = 5{,}665 - 1{,}986 \cdot 10^4 \cdot 1/T$, $\log p = 5{,}008 - 1{,}911 \cdot 10^4 \cdot 1/T$ u. $\log p = 4{,}295 - 1{,}81 \cdot 10^4 \cdot 1/T$ (p in Torr). J. J. Pohl 154

0663 **Verarbeitbarkeit, Phasengleichgewichte, elektrische und Supraleitfähigkeit im System Niob–Titan–Zirkonium.** U. Zwicker, T. Meier und E. Röschel. (J. less-common Metals [Lausanne] 14 (1968) 3, 253—68; Inst. für Werkstoffwiss. II, Univ. Erlangen-Nürnberg; dt.) — Der 900°-Schnitt des Gleichgew.-Zustandes von aus techn. Ausgangsmaterialien erschmolzenen Leg. des Syst. wird aufgestellt. Die Mischungslücke erstreckt sich bis zu einem Bereich von 51 (Atom-%) Ti u. 19 Zr. Die Verformbarkeit der Nb-reichen Nb–Zr-Leg. im Gußzustand wird durch Ti-Zusätze stark verbessert, obwohl die Härte ansteigt. Der Temp.-Koeff. des elektr. Widerstandes ist bei den untersuchten Leg. von der Valenzelektronenkonz. (VEK) abhängig. Bei Leg. im Bereich von VEK = 4,2 wird ein negativer Temp.-Koeff. beobachtet. Durch eine Verformung von 31 bzw. 53% wird bei verschiedenen Leg. die elektr. Leitfähigkeit erhöht. Die Änderung der Übergangstemp. durch Kaltverformung u. Glühbehandlung ist bei einer Leg. mit 36 Nb anders als bei Leg. mit ca. 20. Die krit. Ströme von aus dem Gußzustand hergestellten Drähten von Ti–Nb-Leg. im Bereich der VEK ca. 4,2 werden durch Zr-Zusätze von 7 erhöht, durch höhere Zusätze jedoch erniedrigt. M. Frenzel 154

0664 **Thermodynamische Eigenschaften ternärer Amalgamsysteme. System Cadmium–Wismut–Quecksilber** L. F. Kozin, R. Š. Nigmetova und A. M. Dairova. (Ž. fiz. Chim. 42 (1968) 3, 698—702; Inst. chim. nauk AN Kaz. SSR, Alma Ata; russ.) — Die thermodynam. Eig. tern. Amalgamsyst. wurden mit Hilfe von EMK-Messungen an der Kette Cd | 0,05m $CdBr_2$ + 1,0m KBr in Gly cerin | Cd, Bi, Hg bei 300° bestimmt. Die ber. thermodynam. Funktionen (Aktivitäten, partielle Freie Enthalpien) zeigen eine starke negative Abweichung vom idealen Verh., die durch die Wechselwrkg. der Komponenten des bin. Syst. Cd–Hg bedingt ist. Die Zugabe von Bi übt prakt. keinen Einfl. auf die Wechselwrkg. von Cd u. Hg aus. J. J. Pohl 154

0665 **Röntgenbeugungsuntersuchung der Entmischung einer Wolfram–Chrom-Legierung.** F. J. A. den Broeder und W. G. Burgers. (Acta metallurg. [Long Island City, N.Y.] **16** (1968) 3, 265–68; Dutch Foundat. for Fundamental Res. on Matter (F. O. M.); engl.) — Bei der Entmischung einer Cr–W-Leg. (mit 29 bzw. 33 Atom-% W) in der Nähe der chem. Spinodalen ändert die Matrix kontinuierlich ihre Zusammensetzung. Die ausgeschiedene Phase dagegen ist nahezu im Gleichgewicht. Im Anfangsstadium hat die neue Phase dieselbe Orientierung wie die Matrix. Nach teilweiser Entmischung einer Leg. innerhalb der chem. Spinodalen ist die W-reiche Phase stark inhomogen, ihre durchschnittliche Zus. liegt weit innerhalb der Mischungslücke. Auf einen Mechanismus spinodaler Entmischung zurückzuführende Satellitenreflexe werden nicht beobachtet. M. Frenzel 154

0666 **Thermodynamische Eigenschaften von Manganlegierungen mit Chrom, Eisen, Kobalt, Nickel und Kupfer.** V. N. Eremenko, G. M. Lukašenko und V. R. Sidorko. (Ž. fiz. Chim. **42** (1968) 3, 652–56; Inst. problem. materialoved. AN Ukr. SSR; russ.) — Die thermodynam. Eig. der Mischkrist. in den bin. Leg. wurden durch Messung der EMK von galvan. Konz.-Elementen der Art (–) Mn_{fest} | $MnCl_2$ in KCl–NaCl oder KJ | Mn + Metall (+) bei 950–1150 °K untersucht. Die thermodynam. Aktivität weicht in den Syst. Mn–Fe, Mn–Co u. Mn–Ni negativ vom idealen Verh. ab, wobei die Größe der Abweichung in der genannten Reihenfolge wächst. Im Falle von Mn–Cr-Leg. ist die Abweichung positiv, im Falle von Mn–Cu ändert sich das Vorzeichen der Abweichung. Die Bldg.-Wärme ist in Mn–Cu- u. Mn–Fe-Leg. positiv, für Mn–Ni-Leg. negativ u. ändert ihr Vorzeichen im Syst. Mn–Co. Auch die Entropiewerte weichen von den Idealwerten stark ab, die möglichen Beiträge der Änderung der spezif. Elektronenwärme, der Temp.-Charakteristiken u. des magnet. Ausrichtungsgrades werden besprochen. Die Umsetzung der Mn-Atome mit Atomen der zweiten Komponente wird in der Reihenfolge Cr, Cu, Fe, Co, Ni stärker.
J. J. Pohl 154

0667 **Konzentrationsabhängigkeit der Umsetzungsenergie in der Nahordnung von binären und ternären Eisenlegierungen.** B. I. Burylev. (Ž. fiz. Chim. **42** (1968) 3, 628–36; Sibir. metallurg. inst. im Ordžonikidse, Novokuzneck; russ.) — Der Einfl. der Anzahl der Durchdringungslagen u. der Wechselwrkg.-Energie zwischen den Atomen der gelösten Substanz auf die thermodynam. Eig. der Lsg. wird diskutiert. Eine Gleichung für die Aktivitätskoeff. der Komponenten bei strukturloser Teilchenverteilung wird vorgeschlagen. Die Konz.- u. Temp.-Abhängigkeit der Umsetzungsenergie wird präzisiert, um die Grenzen der Verwendbarkeit der entsprechenden Gleichungen auszudehnen. Gleichungen der thermodynam. Eig. von Nichtmetallen in gemischten Lsgm. werden für den Fall vorgeschlagen, daß in zwei Lsgm. A u. B, die eine Lsg. vom Substitutionstyp bilden, die Komponente C nach dem Durchdringungstyp gelöst ist. In Durchdringungslsg. stellt die Konz.-Abhängigkeit der Wechselwrkg.-Energie eine lineare Funktion des Atomverhältnisses der Konz. des zweiten Lsgm. zu der des gelösten Nichtmetalls dar. Quasichem. Gleichungen für die tern. gemischten Lsg. werden vorgeschlagen, die alle quasichem. Gleichungen für bin. Substitutions- u. Durchdringungslsg. beinhalten. Näherungsgleichungen für die tern. gemischten Lsg., die nur die Nahordnung der Substitutionslsg. berücksichtigen, wurden aufgestellt. Der Einfl. der Austauschenergie, der Konz. u. der Temp. auf die Nahordnung wird diskutiert.
J. J. Pohl 154

0668 **Einfluß von Silicium, Nickel und Chrom auf die thermodynamische Aktivität von Kohlenstoff im Austenit.** G. V. Ščerbedinskij und V. I. Šajdurov. (Ž. fiz. Chim. **42** (1968) 3, 660–62, 1 Tafel; CNIIČERMET im. Bardina, Moskva; russ.) — Die Konz. von C im Austenit wurde bei Verw. von ^{14}C nach der Radioaktivität in der Kontaktzone ermittelt. Der Logarithmus des relativen Aktivitätskoeff. von Kohlenstoff zeigt eine lineare Abhängigkeit von der Konz. des legierenden Elementes Si, Ni oder Cr. Die statist. Berechnung des Koeff. wird bei einigen vereinfachenden Annahmen demonstriert.
J. J. Pohl 154

0669 **Intermetallische Verbindungen im System Samarium–Kobalt.** K. H. J. Buschow und A. S. van der Goot. (J. less-common Metals [Lausanne] **14** (1968) 3, 323–28; Philips Res. Labor., N.V. Philips Gloeilampenfabrieken, Eindhoven; engl.) — Im Syst. Sm–Co., dessen gesamter Konz.-Bereich röntgenograph., thermoanalyt. u. mkr. untersucht wurde, konnten die folgenden Verb. beobachtet werden: Sm_3Co, orthorhomb., a = 7,090, b = 9,625, c = 6,342 Å, Pnma, Fe_3C-Typ; Sm_9Co_4, orthorhomb., a = 11,15, b = 9,461, c = 9,173 Å, Raumgruppe u. Strukturtyp unbekannt; $SmCo_2$, kub., a = 7,260 Å, Fd3m, $MgCu_2$-Typ; $SmCo_3$, rhomboedr., a = 5,050, c = 24,590 Å, R3m, $GdCo_3$-Typ; Sm_2Co_7, hexagonal, a = 5,041, c = 24,327 Å, Pb_3/mmc, Ce_2Ni_7-Typ; $SmCo_5$, hexagonal, a = 5,002, c = 3,964 Å, P6mm, $CaZn_5$-Typ; α-$SmCo_{17}$, rhomboedr., a = 8,395, c = 12,216 Å, R3m, Th_2Zn_{17}-Typ; β-Sm_2Co_{17}, hexagonal, a = 8,360, c = 8,515 Å, Pb_3/mmc, Th_2Ni_{17}-Typ. Die Verb. $SmCo_5$ u. Sm_2Co_{17} weisen bei höheren Temp. breite Existenzbereiche auf. Das Phasendiagramm des Syst. ist angegeben. W. Laqua 154

0670 **Umwandlung kubisch-flächenzentriert → hexagonal dichtest gepackt im System Kupfer–Germanium.** P. S. Kotval und R. W. K. Honeycombe. (Acta metallurg. [Long Island City, N.Y.] **16** (1968) 4, 597 bis 607; Dep. of Metallurg., Univ. of Sheffield; engl.) — In der übersätt. u. instabilen Leg. Cu–12,5 Gew.-% Ge wird eine hexagonal dichtest gepackte Zeta-Phase durch therm. Aktivierung u. durch mechan. Spannung gebildet. Die spannungsinduzierte Umwandlung α → ζ ist martensit., während die therm. aktivierte Umwandlung martensit. ist u. auch Diffusion einschließt. Die Orientierungsbeziehungen zwischen Eltern- u. Tochterphase lauten in beiden Fällen $(111)_\alpha//(0001)_\zeta$ u. $[110]_\alpha//[11\bar{2}0]_\zeta$. Die Zeta-Phase wird an Stapelfehlern auf Oktaederebenen der α-Phase gebildet u. wächst durch Bldg. von a/6 ⟨112⟩ Teilversetzungen auf alternierenden (111)-Flächen, Die Ergebnisse lassen sich durch einen für Co vorgeschlagenen Polmechanismus erklären.
M. Frenzel 154

0671 **Aufbau des Systems Ti–Ni–Cu und einiger quasihomologer Legierungen.** H.-U. Pfeifer, S. Bhan und K. Schubert. (J. less-common Metals [Lausanne] **14** (1968) 3, 291–302; MPI für Metallforsch., Stuttgart; dt.) — Im Syst. Ti–Ni konnte für Zus. zwischen $Ti_{35}Ni_{65}$ u. $Ti_{23}Ni_{77}$ eine Reihe von Hochtemp. Phasen gefunden werden, deren Strukturtypen Stapelvarianten dichtester Kugelpackungen sind. Einige dieser Phasen sind im Syst. Ti–Ni–Cu bei tieferen Temp. stabil. Die im Syst. Ti–Cu existierende Phase $TiCu_4$ besitzt $ZrAu_4$-Struktur. Im Syst. Ti–Ni–Cu wurde die Phase TiNiCu vom $MoSi_2$-Typ u. im Syst. *Ti–Co–Cu* die Phase $Ti_{33}Co_{10}Cu_{57}$ ebenfalls vom $MoSi_2$-Typ gefunden. Teilweise wurden auch die Syst. *Ti–V–Ni* u. *V–Fe–Ni* untersucht.
W. Laqua 154

0672 **Thermische Stabilität der β-Hauptphase in den Systemen Ag–Zn und Ag–Au–Zn.** M. E. Brookes und R. W. Smith. (Trans. metallurg. Soc. AIME **242** (1968) 1, 31–34; Dep. of Phys. Metallurg. and Sci. of Mater., Univ. of Birmingham, Birmingham; engl.) — Durch Messung des elektr. Widerstandes an polykrist. Proben wurde die Phasenumwandlung β′ (geordnete kub.-raumzentrierte Phase) → ζ° (komplexe hexagonale Phase) während des Aufheizens der vorher abgeschreckten Proben verfolgt. Die Umwandlungstemp. nimmt im Syst. Ag–Zn um ca. 7° ab, wenn der Zn-Geh. um 1 Atom-Prozent erniedrigt wird. Bei Ersatz des Ag durch Au steigt die Umwandlungstemp. um ca. 50° an, wenn der Au-Geh. um 1 Atom-% erhöht wird. Die entsprechenden

Änderungen der krit. Temp. T_c der Fernbereichsordnung betragen ca. 4°/1 Atom-% Zn u. 13°/1 Atom-% Au.
W. Laqua 154

0673 **Untersuchung der thermodynamischen Eigenschaften von Mischkristallen des Systems Ag–Pd durch Dampfdruckbestimmungen.** V. N. Eremenko, G. M. Lukašenko und V. L. Pritula. (Ž. fiz. Chim. **42** (1968) 3, 657–59; Inst. problem materialoved. AN Ukr. SSR, Kiev; russ.) — Die Verdampfungsgeschw. von Ag wurde bei 1000° im gesamten Zus.-Bereich des Syst. Ag–Pb bestimmt. Die Isothermen der thermodynam. Aktivität der beiden Komponenten wurden bestimmt, die partiellen u. integralen Freien Mischungsenthalpien wurden berechnet. Die Aktivität des Ag zeigt im gesamten Zus.-Bereich eine negative Abweichung vom Raoultschen Gesetz, während die von Pd positiv abweicht. Die Abweichungen sind im Ag-reichen Gebiet größer. Der Extremwert von ΔG^E beträgt bei 60 Atom-% Ag 3,7 kJoule/g-Atom.
J. J. Pohl 154

0674 **Konsekutive Gesamtstabilitätskonstanten von Metallkomplexen in Lösungen aus Diffusionsstromdaten.** D. R. Crow. (J. electroanalyt. Chem. Interfacial Electrochem. [Lausanne] **16** (1968) 2, 137–44; Dep. of Chem., Woolwich Polytechn., London; engl.) — Wie theoret. gezeigt wird, ist die Änderung des polarograph. Diffusionsstromes für eine Metallionenart in Lsg., die in Ggw. eines Überschusses an Komplexbildner beobachtet wird, der Ligandenzahl n des Syst. direkt proportional. Die Beziehung wird am Beispiel des Cd^{2+} in Ggw. von vier heterocycl. Komplexbildnern (Pyrazol, 3.5-Dimethylpyrazol, Imidazol u. Benzimidazol), für die die Komplexstabilitätskonst. auf konventionelle Weise bestimmt wurden, bestätigt. Die Bldg.-Kurve (n gegen log Ligandenkonz.) der Komplexe für ein Metall–Ligand-Syst. läßt sich zeichnen, wenn eine zuverlässige Abschätzung der Ligandenzahl bei einem oder besser bei zwei Werten für die freie Ligandenkonz. vorgenommen werden kann. Da die Stufenhöhe bei der diffusionsbestimmten Polarographie durch die Ilkovič-Gleichung gegeben ist, kann unabhängig vom Grad der Reversibilität des Elektrodenvorganges die Meth. zur Best. der Stabilitätskonst. von Metallkomplexen mit irreversiblem Verh. an der Hg-Tropfelektrode verwendet werden.
Gerhard Schulze 156

0675 **Bleithiocyanat-Komplexe in Dimethylformamid.** V. M. Samojlenko. (Ž. neorg. Chim. **13** (1968) 1, 79 bis 83; Kievskij gos. univ., Kaf. neorgan. chim.; russ.) — Die Best. des Potentials der Bleielektrode im Gleichgew. mit DMF-Lsg. von $Pb(ClO_4)_2$ bei 25° gegen SCE zeigt, daß $Pb(ClO_4)_2$ im Konz.-Bereich 0,005–0,03 m vollständig dissoziiert. Das Standardelektrodenpotential ist im gesamten Konz.-Bereich genügend konstant. Die potentiometr. bestimmte Stabilitätskonst. der einkernigen, in DMF bei NaSCN-Zusatz entstehenden Komplexe betragen für $PbCNS^+$ $\beta_1 = 20$, $Pb(CNS)_2$ $\beta_2 = 63$, $Pb(CNS)_3^-$ $\beta_3 = 80$ u. für $Pb(CNS)_4^{2-}$ $\beta_4 = 110$. Die geringe Stabilität der Komplexe in DMF ist durch die Bldg. der relativ beständigen Solvate $[Pb(DMF)_2]^{2+}$ u. $[Pb(DMF)_4]^{2+}$ bedingt.
J. J. Pohl 156

0676 **Niob(V)–Gluconat-Komplexe in Lösung.** J. E. Land und C. V. Osborne. (J. less-common Metals [Lausanne] **14** (1968) 3, 349–54; School of Chem., Univ., Auburn, Ala.; engl.) — Potentiometr. Titrationen von Lsg. von wasserfreiem Niobpentoxid in 1 m Kaliumgluconatlsg. + KOH (pH 11, $\mu = 0,1$, 25°) mit HNO_3 beweisen die Existenz von $[Nb(OH)_n(GH)_4]^{4-n}$ bei pH 3 bis 7 u. von $[Nb(OH)_n(GH_3)]^{3-n}$ bei pH 7–9 (GH_5 = Gluconsäure). Die in Lsg. vorliegenden Gleichgew. werden diskutiert.
K.-J. Zwietasch 156

A–5. Elektrochemie

0677 **Elektrochemische und verwandte Phänomene im schwerelosen Zustand. 1. Mitt. Thermozelle für strömende Elektrolyte.** Minas Ensanian. (J. electrochem. Soc. **114** (1967) 12, 1243–51; Textrons's Bell Aerosystems Co., Buffalo, N.Y.; engl.) — Vf. untersuchen den Einfl. einer schwerelosen Umgebung auf die Diffusion, Benetzung u. heterogene u. homogene Reaktionen. Die Unters. erfolgten an thermogalvan. (Cu, $CuSO_4$) u. Konz.-Zellen mit strömendem u. stationärem Elektrolyten (die App. werden eingehend beschrieben), mit wss. u. nichtwss. Lösungen. Bez. des Überganges von der normalen Gravitation zur red. (freier Fall) u. den darauf folgenden Zustand ergab sich, daß eine Wechselwrkg. zwischen chem. Rk. u. dem Gravitationsfeld besteht. Auf Grund von Veränderungen im Lsgm. nimmt die Ionenbeweglichkeit zu. Die oszillierenden Zeit–Potential-Kurven werden von Vf. dem durch die größere Ionenbeweglichkeit verursachten Energieverlust an den Elektroden zugeschrieben. Weitere mögliche Ursachen werden diskutiert, ebenso die Verwendbarkeit des „Zero Gravity Drop Tower" für fundamentale Unters. auf elektrochem. Gebiet.
G. Schatz 161

0678 **Isohydrischer Punkt und die Säure–Base-Gleichgewichte der Kondensation oder Assoziation** 26. Mitt. **Neue theoretische Gesichtspunkte.** Georges Carpéni. (Canad. J. Chem. **46** (1968) 10, 1787–93; Fac. des Sci., Marseille, France; franz.) — 23. vgl. C. **1967**, 51/52-0543. — Es wird eine kurze Darst. der Probleme des isohydr. Phänomens aus gegenwärtiger Sicht gegeben. In genügend konz. Milieu führt das gelöste Säure–Base-Syst. stets zu Isopolykondens.- oder -assoziationsgleichgew., die dann vom Dissoziationsgleichgew. überlagert werden; im Neutralisationsdiagramm tritt dann stets ein isohydr. Punkt (iP) auf. Für die meisten kondensierten Prod. sind iP u. der Äquivalenzpunkt weitgehend identisch.
G. Schatz 162

0679 **Isohydrischer Punkt und die Säure–Base-Gleichgewichte der Kondensation oder Assoziation.** 27. Mitt. **Hydroxokomplexe von Organozinnsalzen in wäßriger Lösung bei 25° und verschiedenen Ionenstärken, $(CH_3)_3 \cdot SnCl$ und $(C_2H_5)_2SnCl_2$.** Marcel Asso und Georges Carpéni. (Canad. J. Chem. **46** (1968) 10, 1795–802; franz.) — 26. vgl. vorst. Referat. — Mit der Kette: Gaselektrode|Lsg. des Organozinnsalzes||gesätt. KCl-Lsg.| SCE wurde die Funktion pH = f(x, c) (x = Grad der Neutralisation, c = Konz. des gelösten Organozinnsalzes) für $(CH_3)_3SnCl$ (I) u. $(C_2H_5)_2SnCl_2$ (II) in W. u. 2m KCl bestimmt. Beide Verb. besitzen einen isohydr. Punkt (iP), was auf das Vorliegen eines Assoziationsprod. schließen läßt, welches sich im Gleichgew. mit dem Monomeren befindet. Die Koordinaten von iP (x_I, ph_I) sowie die Dissoziations- (K) u. Kondensationskonst. (K_c) der am iP vorzugsweise existenten Prod. wurden ermittelt. Am iP liegen vorzugsweise die Prod. vor: $(CH_3)_6Sn_2 \cdot (OH)Cl$ u. $(C_2H_5)_4Sn_2(OH)_2^{2+}$ u. $(C_2H_5)_4Sn_2(OH)_3^+$. Die K_D- u. K_c-Werte sind tabelliert. Das Ergebnis stimmt überein mit der Theorie des isohydr. Punktes. Der iP berücksichtigt die in der Lsg. herrschenden Gleichgew. u. liefert die Zus. des festen Niederschlages.
G. Schatz 162

0680 **Kernresonanzuntersuchungen an Elektrolytlösungen.** 2. Mitt. **Einfluß von paramagnetischen Ionen auf die ^7Li-Kernresonanzlinie.** W. Hasenfratz, G. Heckmann, P. Ihlenburg und O. Lutz. (Z. Naturforsch. **22a** (1967) 4, 583–84; Phys. Inst., Univ. Tübingen; dt.) — 1. vgl. ibid. **22a** (1967) 286. — Der Einfl. nachst. paramagnet. Ionen auf die ^7Li-Kernresonanzlinie in wss. LiCl-Lsg. wird untersucht. Er nimmt in der Reihenfolge $Mn^{2+} > Fe^{3+} > Co^{2+} > Cr^{3+} > Cu^{2+} \approx Ni^{2+}$ ab.
A. Jaeschke 162

0681 **Kernresonanzuntersuchungen an Elektrolytlösungen. 3. Mitt. Bestimmung des Formfaktors von kugelförmigen Probengläsern.** W. Hasenfratz, P. Ihlenburg und O. Lutz. (Z. Naturforsch. **22a** (1967) 4, 585–86; dt.) — 2. vgl. vorst. Referat.
A. Jaeschke 162

0682 **Einfluß der Ionenstärke auf die zweite Dissoziationskonstante der phosphorigen Säure in Kaliumchlorid- und Natriumperchloratlösungen.** Osmo Mäkitie und Marja-Liisa Savolainen. (Suomen Kemistilehti **41** (1968) 5 bis 6, B 242–B 245; Helsinki, Finnland, Univ., Dep. of Inorg. Chem.; engl.) — Unter Verw. von Glaselektroden wurde die 2. Dissoziationskonst. (DK) der H_3PO_3 (I) bei 25° in wss. Lsg. von KCl (II) u. $NaClO_4$ (III) verschiedener Ionenstärke (IS) potentiometr. bestimmt; die Werte sind tabellar. u. graph. wiedergegeben. Bei

einer IS von 0,1 II u. III bzw. 1,0 II u. III beträgt die DK von I: pK_2 = 6,36 u. 6,34 bzw. 6,09 u. 6,01. Für die thermodynam. DK von I folgt pK_2^0 = 6,79 ± 0,01 (25°).
G. Gattow 162

0683 **Einfluß des Drucks auf die Dissoziation des $[LaSO_4]^+$ Komplexions.** Frederick H. Fisher und Douglas F. Davis. (J. physic. Chem. 71 (1967) 4, 819—22; Univ. of Calif., Marine Phys. Labor. of the Scripps Inst. of Oceanogr., San Diego, Calif.; engl.) — Die elektr. Leitfähigkeit als Funktion des Drucks wurde in wss. Lsg. von $La_2(SO_4)_3$ bei 25° u. sieben Konz. (0,0002—0,0082 Val/l bis zum Druck von 2000 atm gemessen. Der Einfl. des Drucks auf K_D des $[LaSO_4]^+$-Komplexionenpaars wurde nach drei verschiedenen Meth. ber.: (Davies-Otter-Prue-Gleichung in der ursprünglichen u. der nach Spedding u. Jaffe modifizierten Form sowie Onsager-Gleichung). ΔV^0 liegt bei 1 atm zwischen —21,2 u. —26,2 ml/Mol, bei 2000 atm zwischen —6,8 u. —11,8 ml/Mol, je nach Rechenmeth. u. Konzentration. Mit einem für $La_2(SO_4)_3$ bei Atmosphärendruck angenommenen V_2^0-Wert von —23,8 ergibt sich das partielle molale Vol. des $[LaSO_4]^+$-Ions bei der niedrigsten Konz. zu —0,9 bis +0,2 ml/Mol. R. Stolz 162

0684 **Ionengleichgewichte in Lösungsmittelgemischen.** 3. Mitt. **Hydrolyse des Kupfer(II)-Ions in einer Dioxan-Wasser-Mischung.** Hitoshi Ohtaki. (Inorg. Chem. [Washington] 7 (1968) 6, 1205—08; Lab. of Anal. Chem., Fac. of Science, Nagoya Univ., Chikusa-Ku, Nagoya, Japan; engl.) — 2. vgl. C. **1969**, 7-0586. — Die hydrolyt. Rk. des Cu(II)-Ions wurde bei 25° in einer W.-Dioxan (55,01 Gew.-%)-Mischung mit 3m $LiClO_4$ als ion. Medium untersucht. Eine teilweise hydrolysierte Lsg. von $Cu(ClO_4)_2$ wurde nach u. nach durch Zugabe von $HClO_4$ oder durch coulometr. Erzeugung von H^+ angesäuert. Dabei wurde die Gesamt-Kupferkonz. konst. gehalten. Kupferkonz. von 5,735, 14,66, 26,24 u. 34,89 · 10^{-3} m wurden gewählt. Die ermittelten EMK-Daten können durch Bldg. von $CuOH^+$ ($\log^*\beta_{1,1}$ = —7,60 ± 0,02 u. $Cu_2(OH)_2^{2+}$ ($\log^*\beta_{2,2}$ = —10,95 ± 0,05) erklärt werden. E. Schrage 162

0685 **Phasengrenzpotentiale zwischen wäßrigen und nichtwäßrigen Elektrolytlösungen.** M. Alfenaar und C. L. de Ligny, K. Schwabe, H. Geisler und H. Steinhauer. (Electrochim. Acta [London] 13 (1968) 3, 662—63; Labor. of Analyt. Chem., State Univ. of Utrecht; engl.) — Vgl. C. **1967**, 41-0586. — Kritik zu l.c. u. Stellungnahme. M. Frenzel 166

0686 **Reduktionspotentiale von Komplexionen. Das System Tris-[pyridin-2-carbaldoxim]-eisen(III)–Tris-[pyridin-2-carbaldoxim]-eisen(II).** George I. H. Hanania, Dennis H. Irvine und Fahd R. Shurayh. (J. physic. Chem. 72 (1968) 4, 1355—61; American Univ. of Beirut, Lebanon; engl.) — Für das genannte Syst. wurde das Red.-Potential E in verd. wss. Lsg. in Abhängigkeit vom pH (6,0 bis 7,5), von der Ionenstärke (I = 0,085 bis 0,015 m) u. der Temp. (14,5 bis 33,2°) potentiometr. bestimmt. Aus der pH-Abhängigkeit von E folgt, daß die Redoxrk. dem Prototropiegleichgew. der Oximionisation des Fe(II)-Komplexes unterworfen ist. Bei 25° u. I = 0 beträgt das thermodynam. pH-unabhängige Red.-Potential E_I^0 = 0,348 ± 0,001 V mit ΔH^0 = —20,7 ± 0,5 kcal/Mol u. ΔS^0 = —42,6 ± 1,6 Energieeinheiten (eu). Mit einer direkten spektrophotometr. Meth. wurden das Gleichgew. zwischen Tris-[pyridin-2-aldoxim]-Fe(II) u. Hexacyanoferrat(III) untersucht u. folgende Werte experimentell ermittelt: K_I^0 = 0,9 ± 0,1 mit ΔH^0 = —5,2 ± 1,3 kcal/Mol u. ΔS^0 = —18 ± 5 eu bei 25° u. I = 0. Ausführlich wird das Verh. des Syst. Tris-[pyridin-2-aldoxim]-Fe(III)–Tris-[pyridin-2-aldoxim)-Fe(II) im Vgl. zu analogen Fe-Komplexen (bipy, phen) mit neutralen organ. Stickstoffliganden, aber auch zu Anionkomplexen vom Hexacyanoferrat-Typ diskutiert. E. Bomke 166

0687 **Gas–Flüssigkeits-Elektroden.** 1. Mitt. **Eine Flüssigkeits–Gas-Kapillarelektrode bei selbständiger Gasentfernung.** N. V. Korovin und A. S. Čudinov. (Élektrochimija 4 (1968) 4, 426—31; Moskva, energet. inst.; russ.) — Mit photograph. Meth., Strom- u. Potentialmessungen wurde die kathod. H_2-Entw. in Glaskapillaren an einem Ni-Draht untersucht. Die Abmessungen der Gasblasen bei der Ablösung vom Draht wurden gemessen; zwischen dieser Ablösung u. der Stromdichte sowie der Neigung der Kapillare u. ihrem Radius wurden Beziehungen aufgestellt. Es wurde untersucht, wie der ohmsche Widerstand des Elektrolyten von den Bedingungen der Gasablösung abhängt.
J. J. Heinrich 170

0688 **Umgewandelte Beziehung für die Strom–Spannungs-Charakteristik elektrochemischer Systeme.** A. V. Gorodyskij. (Ukrainskij chim. Ž. 34 (1968) 1, 103—04; Inst. obščej i neorg. chim. AN USSR; russ.) — Vf. führt theoret. Betrachtungen zur Strom–Spannungs-Charakteristik elektrochem. Syst. durch u. gibt eine Beziehung an, die für Aktivierungs- u. Konz.-Polarisation sowie für stationäre, nichtstationäre u. period. Vorgänge gilt. E. Winkler 170

0689 **Chronopotentiometrische Untersuchung eines Elektrodenvorgangs mit vorgelagerter chemischer Reaktion und oszillopolarographische Untersuchung eines Vorgangs mit nachfolgender Dimerisierungsreaktion.** Zbignev Galus. (Élektrochimija 4 (1968) 5, 553—58; Kaf. neorg. chim., Univ., Varšava; russ.) — Vf. behandelt theoret. die angeführten Rk.-Typen u. leitet Beziehungen für die Transitionszeit u. die Stromdichte ab.
E. Winkler 170

0690 **Zusammenhang zwischen dem potentiostatischen Ein- und Ausschaltvorgang bei der Elektrokristallisation.** Ch. Schnittler. (Electrochim. Acta [London] 13 (1968) 3, 469—76; TH Ilmenau, Inst. für Phys.; dt.) — Es wird angenommen, daß bei der anod. Metallauflsg. bzw. der kathod. Metallabscheidung die Oberflächendiffusion von ad-Atomen u. die Durchtrittsrk. geschwindigkeitsbestimmend sind. Unter dieser Voraussetzung besteht zwischen den Stromdichten des potentiostat. Ein- u. Ausschaltvorganges eine einfache Beziehung, die unabhängig von der Anordnung der Wachstumsstellen auf der Metalloberfläche ist, also nicht auf das gewöhnliche, der Einfachheit halber verwendete Modell paralleler äquidistanter Wachstumslinien beschränkt ist. Ihre experimentelle Prüfung ermöglicht eine Entscheidung über den tatsächlich vorliegenden Elektrodenmechanismus u. die Best. bestimmter Elektrodenparameter.
M. Frenzel 170

0691 **Durch Stofftransport induzierte periodische Elektrodenreaktionen.** S. Szpak. (Electrochim. Acta [London] 13 (1968) 3, 483—93; Mater. Sci. Labor., Lockheed Missiles and Space Comp., Palo Alto, Calif.; engl.) — Im Syst. Pt (glatt)-0,1 m N_2H_4-1 n KOH werden solche Rk. nachgewiesen. Die Oszillationen des Ruhepotentials werden durch einen Satz Volterrascher kinet. Gleichungen definiert, die auch mit dem früher angenommenen Modell in Einklang stehen (Kontrolle des Ruhepotentials der N_2H_4-Elektrode durch Zwischenprod. aus der partiellen Ox. von N_2H_4). Rotationssinn u. Frequenz werden durch das Syst. selbst bestimmt. M. Frenzel 170

0692 **Untersuchung des kinetischen Stromes bei der Reduktion von Metallkomplexen durch Chronopotentiometrie.** C. I. Kravcov. (Élektrochimija 4 (1968) 4, 486—88; Leningradskij gos. Univ. im. Zdanova; russ.) — Wenn eine Koordinationszahl eines höheren Komplexes MX_n bekannt ist, so kann die Koordinationszahl eines anderen Komplexes MX_p in der Lsg. nach einer abgeleiteten Gleichung ber. werden, sofern dessen Dissoziationsgeschw. den kinet. Strom bestimmt. Es wird weiter eine Gleichung zur Berechnung der Konst. der Dissoziationsgeschw. angegeben. J. Tutschku 170

0693 **Elektrochemische Reduktion von Phosphor an der Bleikathode.** N. Ja. Šandrinov und A. P. Tomilov. (Élektrochimija 4 (1968) 2, 237—39; Gos. NII org. chim. i technol., Moskva; russ.) — Vf. untersuchten unter N_2 bei 45° die Red. von P an Pb-Kathoden (F = 200 cm^2) in Lsg. von 60 (g) Essigsäure + 3 Na-Acetat + 5 gelben Phosphor + 460 H_2O. Der Anolyt bestand aus Na-Acetatlsg., die Anode aus Pt. Die entwickelten Gase wurden auf Phosphorwasserstoffe untersucht. Es wurde gefunden, daß zunächst an der Kathode keine gasf.

Prod. gebildet werden. Eine sichtbare Entw. von PH_3 tritt erst auf, wenn 3 Ah geflossen sind. Dann steigt der PH_3-Geh. im entwickelten Gas stark an u. stellt sich auf 75% bezogen auf den Strom ein, dabei liegt die Stromausb. des H_2 bei 50%. Nach einer gewissen Stabilisierung des Vorgangs wird ein Sprung in der Ausb. von PH_3 beobachtet, die dann einen Wert von 130—135% erreicht. Nach diesem Max. endet die PH_3-Entw. u. die H_2-Entw. stellt sich auf den theoret. Wert ein. Aus diesen Effekten wird geschlossen, daß es sich bei der Red. des P um einen mehrstufigen Vorgang handelt, wobei zunächst höhere Phosphine gebildet werden, die ihrerseits weiter zu PH_3 reduziert werden. Es wird vermutet, daß als Zwischenverb. P_4H_4 gebildet wird. Dieses Hydrid ist eines aus der Reihe der homologen Phosphine $(PH)_x$, die bei der Red. von Phosphorhalogeniden mit Li- oder Al-Hydrid isoliert wurden. E. Winkler 170

0694 **Elektrochemisches Verhalten von Cadmiumtellurid.** P. P. Konorov und S. M. Repkinskij. (Élektrochimija 4 (1968) 2, 226—28; Leningradskij gos. univ. im. Ždanova; russ.) — Vf. untersuchten durch Potential- u. Polarisationsmessungen das elektrochem. Verh. von CdTe mit n- u. p-Leitungsmechanismus u. einem spezif. Widerstand im Bereich $\varrho = 10^2—10^8$ ($\Omega \cdot$ cm) in 1n KOH-, H_2SO_4- u. Na_2SO_4-Lösung. Die Proben wurden aus Einkrist. gewonnen u. enthielten Zusätze von Br, J u. In bzw. Au, Li u. Te. In 0,1n KOH-Lsg. stellt sich unabhängig vom Wert u. der Art der Leitfähigkeit ein stationäres Potential von —0,5 bis —0,6 V ein. In sauren u. neutralen Lsg. gelang es nicht, reproduzierbare Werte zu erhalten. An n-Proben ($\varrho = 10^2$) wird bei Stromdichten j = 100 μA/cm² ein Grenzstrom der anod. Auflösung beobachtet, es zeigt sich ein Photoeffekt. Die Polarisationskurven von n-Proben ($\varrho > 10^6$) u. p-Proben zeigen einen symm. anod. u. kathod. Teil. Bei p-Proben wird kein Photoeffekt beobachtet. E. Winkler 170

0695 **Elektrokinetische Untersuchungen an oxydierten Aluminiumflächen.** V. C. P. Morfopoulos und H. C. Parreira. (Corrosion Sci. 7 (1967) 5, 241—54; Henry Krumb School of Mines, Columbia Univ., New York, N.Y.; engl.) — Das elektrokinet. Potential (ξ) der Phasengrenze von Al u. Al-Oxid wurde ermittelt. ξ wurde für *NaCl*-, *$NaNO_3$*- u. *$Al_2(SO_4)_3$*-Lsg. bei konst. Ionenstärke u. variabler Konz. u. pH-Wert ermittelt. Die ox. Proben wurden in Luft bei 300° u. 500° (3 bzw. 12 Std.) u. in sd. W. (5 u. 12 Std.) erhalten; auch reines Al_2O_3-Pulver wurde verwendet. Die Adsorptionsisothermen einfacher u. komplexer Ionen u. die spezif. Adsorptionserscheinungen konnten aus den elektrokinet. Messungen abgeleitet werden. Das elektrokinet. Verh. von Al mit an der Luft entstandenen Oxidschichten liegt zwischen dem von metall. Al-Oberflächen u. von reinem Al_2O_3. Der isoelektr. Punkt lag bei einer Ionenstärke von $10 \cdot 10^{-3}$ m zwischen pH 6 u. 9 u. hing von dem Ausmaß der Oberflächenox. ab. Der Zusammenhang zwischen Oberflächenox. u. isokinet. Daten wird diskutiert. Die Verknüpfung der elektrokinet. Parameter mit Korrosionserscheinungen hat nach Auffassung der Vf. ein breites Anwendungsgebiet auf Oberflächenox. u. ähnliche Erscheinungen. G. Schatz 170

0696 **Kapazität der elektrischen Doppelschicht an flüssigen Gallium–Antimon-Legierungen.** R. A. Alekseeva, V. A. Kuznecov und M. I. Talanova. (Elektrochimija 4 (1968) 1, 95—97; Ural'skij gos. univ. im. Gor'kogo, Sverdlovsk; russ.) — Vf. untersuchten bei 750° durch Kapazitätsmessungen mit 50 kHz die elektr. Doppelschicht an fl. Ga–Sb-Leg. mit 10—90% Sb in Abhängigkeit vom Potential. Die spezif. Kapazität der Doppelschicht der Leg. wie der reinen Metalle durchläuft in Abhängigkeit vom Potential eine parabol. Kurve, die durch ein Minimum gekennzeichnet ist. Für reines Ga(Sb) liegt das Minimum bei —0,56 (—0,18) V u. damit 0,15 V negativer als das Nulladungspotential von Ga. Die Kapazität im Minimum beträgt 53 (30) μF/cm². Die spezif. Kapazität der Leg. im Kurvenminimum hängt nicht sehr wesentlich von der Zus. ab u. bewegt sich in den Grenzen 48—53 μF/cm². Der Zusatz von Sb zu Ga führt zu einer scharfen Verschiebung des Potentials des Minimums nach positiveren Werten, was möglicherweise mit der höheren Aktivität der Oberfläche von Sb im Vgl. zu Ga zusammenhängt. Bei weiterer Erhöhung der Sb-Konz. verändert sich die Kapazität prakt. linear. Die Leg., die der Zus. der chem. Verb. Ga—Antimonid entspricht, weist im Minimum der Kurven eine Kapazität von 48 μF/cm² auf. Bei Temp.-Erhöhung erhöht sich auch die Kapazität im Minimum, das Potential des Minimums verschiebt sich nach positiveren Werten. E. Winkler 170

0697 **Abscheidung geringer Mengen von Indium an der Quecksilberkathode.** V. G. Prichodčenko, E. V. Leontovic und O. K. Kudra. (Ukrainskij chim. Ž. 34 (1968) 3, 253—57; Ki'evskij politechn. inst.; russ.) — Durch Markierung mit ^{114}In wurde die elektrolyt. Abscheidung von In an der Hg-Elektrode in NaOH-Lsg. (0,1—13,4n) untersucht. Es werden partielle Polarisationskurven angegeben, die zeigen, daß In-Ionen bei Konz. von 10^{-5} bis 10^{-7} Mol/l mit einem Grenzstrom entladen werden. Der Diffusionscharakter des Grenzstromes wurde aus der Gegenüberstellung von analogen Daten für Tl festgestellt. Die Abhängigkeit der Abscheidungsgeschw. des In von der Konz. des NaOH zeigt ein Max., das bei 2n Lsg. liegt. J. Tutschku 170

0698 **Adsorption von Wasserstoff und Sauerstoff an Silber, das auf elektrochemischem Wege reduziert wurde.** G. V. Žutaeva und N. A. Šumilova. (Élektrochimija 4 (1968) 1, 99—103; Inst. elektrochim. AN SSSR, Moskva; russ.) — Vf. untersuchten unter N_2 durch Dreiecksspannungsmessungen an 99,999%ig. Ag-Blech- oder Drahtelektroden die Adsorption von H u. O in 1n KOH bzw. H_2SO_4-Lösung. Die Elektrodenoberfläche wurde vor der Messung durch kathod. Polarisation über 1—30 Min. elektrochem. reduziert. Ag-Elektroden, die 10 Min. bei $\varphi = -0{,}4$ red. wurden, zeigen im anod. Kurventeil zwei Peaks, die der Zers. der intermetall. Verb. u. der Desorption von H entsprechen. Ein Adsorptionsmax. des H wird unter diesen Bedingungen nicht beobachtet. Wahrscheinlich ist die Oberfläche ungenügend von chemisorbiertem O befreit, so daß Vorgänge nicht ablaufen, die empfindlich gegen Spuren von O sind. Es wurden drei Formen der O-Adsorption gefunden. Analog zu den Sorptionsverh. in der Gasphase kann man sie wahrscheinlich als Sorption in der atomaren Form u. in Form von Molekülionen betrachten. Schließlich ist noch eine Adsorption mit Dissoziation des O_2-Moleküls zu berücksichtigen. E. Winkler 170

0699 **Untersuchung des elektrochemischen Verhaltens der entgasten Silberelektroden mit der Dreiecksspannungsimpulsmethode.** G. V. Žutaeva, N. A. Šumilova und V. I. Luk'janyčeva. (Élektrochimija 4 (1968) 2, 196 bis 198; russ.) — Vgl. vorst. Referat. — Vf. untersuchten durch Polarisationsmessungen mit Dreieckspannungsimpulsen (Polarisationsgeschw. 1 V/s, Amplitude 0,3 bis 1,0 V) u. durch Aufnahme von Ladekurven das elektrochem. Verh. 99,999%ig. Ag-Elektroden, die vor der Messung sorgfältig von adsorbierten Gasen befreit wurden, in 1n KOH-Lösung. Die Elektroden zeigen ein stationäres Potential von 0,25—0,30 V, ein Wert der sich nur um 0,15 V vom Nulladungspotential des Ag unterscheidet. Die galvanostat. u. potentiostat. Polarisationskurven zeigen einen monotonen Anstieg des Potentials in Abhängigkeit von der Elektrizitätsmenge, die im Intervall 0,3—1,0 V durch die Elektrode hindurchgegangen ist, was auf eine Veränderung der O-Adsorptionswärme am Ag mit dem Bedeckungsgrad hindeutet. Die Ox. des Elektrodenmaterials erfolgt bei Potentialen, die positiver als 0,25—0,30 V liegen. Die aus O-Adsorptionsmessungen erhaltenen Rauhigkeitsfaktoren liegen bei 2—3. Der stark irreversible Verlauf der O-Adsorption hängt wahrscheinlich mit einem tieferen Eindringen des O in das Metall zusammen. Die Unters. zeigen, daß die chem. Red. u. Entgasung sowie die elektrochem. Red. die elektrochem. Eig. des Ag erheblich ändern. Die Ggw. von O im Ag zeigt erheblichen Einfl. auf die H-Adsorption. E. Winkler 170

0700 **Katalytische Zersetzung und anodische Strom-Spannungs-Kurve von Methanol an aktivem Palladium in alkalischer Lösung.** Tsutomu Takamura und Fusako Mochimaru. (J. electrochem. Soc. **114** (1967) 12, 1251—54; Tokyo Shibaura Electric Co. Ltd., Komukai, Kawasaki-shi; engl.) — Methanol (I) zersetzt sich in alkal. Lsg. bei 60⁰ an der aktivierten Pd-Elektrode in H_2 u. CO_3^{2-}. Ein Pd-Plättchen (0,1 mm dick) bildet den Abschluß einer evakuierbaren Glaszelle; sie wurde durch elektrolyt. Abscheidung von Pd aktiviert u. mit Polyäthylen überzogen; H_2 diffundiert durch Pd in die Vakuumzelle u. wird durch Druckanstieg bestimmt. Aus der Konz.-Abhängigkeit der H_2-Entw.-Geschw. ergibt sich, daß die Zers. nach $I + 2\,OH^- \rightarrow CO_3^{2-} + 6\,H_{ad}$ (an der Grenzfläche fl.–fest) u. $2\,H_{ad} \rightarrow H_2$ (an der Grenzfläche fest–gasf.) erfolgt. Die Strom–Potential-Kurve während der anod. Polarisation zeigt im Bereich niedriger Stromdichte zwei Stufen, die sich aus dem vorgeschlagenen Rk.-Verlauf ergeben. G. Schatz 170

0701 **Verhalten von Silber–Palladium-Legierungen in einem konzentrierten KOH-Elektrolyten.** Paul Malachesky und Raymond Jasinski. (J. electrochem. Soc. **114** (1967) 12, 1239—42; Tyco Labor., Inc., Waltham, Mass.; engl.) — Die anod. Ox. von Ag u. einer Reihe von Ag–Pd-Leg. (10, 1 u. 0,1 a/o), die als rotierende Scheibenelektroden ausgebildet waren, wurde in 36%ig. KOH untersucht. Die totale Ladungsaufnahme von Ag u. den Leg. ist eine Funktion der Stromdichte. Die Ladungsaufnahme von Ag steigt mit dem Pd-Geh. in Übereinstimmung mit den Daten von porösen Elektroden. Das Max. der Ladungsaufnahme wurde mit einer 1% Pd–Ag-Leg. erreicht. Das zykl. Anwachsen der Ladungsaufnahmekapazität u. der Oberflächenrauhigkeit ist eindeutiger für die Leg. als für reines Silber. D. König 170

0702 **Umsetzung von Kohlenmonoxid mit einer Osmiumelektrode in Elektrolytlösungen.** Z. N. Novikova und A. B. Fasman. (Élektrochimija 4 (1968) 3, 307—11; Alma-Ata, Kaz. gos. univ. im. Kirova; russ.) — Es werden Potential–Zeit-Kurven für die Beladung von Os-Elektroden mit CO u. anschließend anod. Ladungskurven gemessen. Chromatograph. wird in den dabei entstehenden Gasen sehr wenig CO_2 gefunden. Bei der Chemisorption von CO an Os bilden sich Oberflächencarbonyle. Die Ergebnisse werden mit denen verglichen, die an Pd u. Ru erhalten wurden. Für Os u. Ru sind sie prakt. ident., während CO an Pd sehr stark chemisorbiert wird. J. J. Heinrich 170

0703 **Anodische-kathodische Aktivierung der Platinelektrode.** O. A. Petrij und I. G. Ščigorev. (Élektrochimija 4 (1968) 4, 370—71; Mosk. gos. univ. im. Lomonosova; russ.) — An bes. präparierten Pt-Elektroden konnte nachgewiesen werden, daß die Aktivierung auf Desorption von Verunreinigungen an der Elektrodenoberfläche beruht. E. Bomke 170

0704 **Ionisation des Sauerstoffs an Pyrographit in alkalischen Lösungen.** M. R. Tarasevič, F. Z. Sabirov, A. P. Mercalova und R. Ch. Burštejn. (Élektrochimija 4 (1968) 4, 432—37; Moskva, Inst. elektrochim. AN SSSR; russ.) — Die Messungen erfolgten im pH-Bereich 11,4—14,6 an einer rotierenden Pyrographitelektrode mit u. ohne Pt-Ring. Vf. zeigen, daß bei $\varphi > 0{,}5$ V (bezogen auf die reversible H_2-Elektrode) die O_2-Red. nur bis zum H_2O_2 verläuft; die bei negativeren Potentialen einsetzende H_2O_2-Red. hat kinet. Charakter. Bei niedrigeren pH-Werten wird im Verlauf der ersten Red.-Stufe ein Max. ausgebildet, die gesamte Polarisationskurve bekommt kinet. Charakter. Die Geschw. des katalyt. H_2O_2-Zerfalls am Pyrographit ist bei H_2O_2-Konz. $< 3 \cdot 10^{-3}$ sehr gering. J. J. Heinrich 170

0705 **Einfluß der Adsorption einiger Kationen und Anionen auf die Kinetik der Sauerstoffionisation an Platin.** L. N. Nekrasov und N. I. Dubrovina. (Élektrochimija 4 (1968) 3, 362—65; Mosk. gos. univ. im. Lomonosova; russ.) — Es wird der Einfl. der Adsorption von SO_4^{2-}, Br^- u. CSN in alkal. Medium u. von Cd^{2+} u. Tl^+ im sauren Medium untersucht. Die kathod. Red. des O_2 wurde mit Dreieckimpulsen an der rotierenden Scheibenelektrode mit Ring durchgeführt u. die Polarisationskurven am Pt in Abhängigkeit des Stromes am Ring vom Potential der Scheibe aufgenommen. SO_4^{2-} beeinflußt die Rk.-Geschw. nicht, da es in alkal. Lsg. nicht adsorbiert wird, Br^- ändert die Geschw. nur gering durch die schwachen oberflächenakt. Eig., Cd^{2+} u. Tl^+ erhöhen die Überspannung u. führen zu einer wesentlichen Hemmung des Prozesses im Potentialgebiet ihrer Adsorption. J. Tutschku 170

0706 **Anodische Überspannung an Platin in Kryolith–Aluminiumoxid-Schmelzen.** J. Thonstad. (Electrochim. Acta [London] **13** (1968) 3, 449—56; Dep. of Indust. Electrochem., TU of Norway, Trondheim; engl.) — Das Gleichgew.-Potential der Zelle $Al_{fl}/Na_3AlF_6 + AlO_3$ (gesätt.)/Pt(O_2) wird aus Abschaltkurven zu 2,205 V bei 1000⁰ bestimmt. Die Stromspannungsbeziehung zeigt zwei anod. Tafelbereiche mit den Steigungen RT/3F u. RT/F (zweistufige Entladungsrk. von O_2 mit Austauschstromdichten von 0,017 u. 0,105 A/cm²). Bei Stromdichten > 1 A/cm² ist ein Überspannungsanteil auf die langsame Desorption von adsorbiertem O zurückzuführen. Der Grenzstrom für diese Rk. wird zu ca. 4 A/cm² abgeschätzt, er wird jedoch durch die beginnende anod. Auflsg. des Pt überlagert. M. Frenzel 170

0707 **Interpretation einiger Ergebnisse über die anodische Sauerstoffabscheidung.** L. I. Krištalik. (Élektrochimija 4 (1968) 2, 240—42; Moskva, Inst. élektrochim. AN SSSR; russ.) — Experimentelle Daten über die Überspannungs-Stromdichte-Abhängigkeit bei der O_2-Abscheidung an Metallen der Fe- u. Cu-Gruppe werden mit einer theoret. Beziehung verglichen, die unter der Annahme gewonnen wurde, daß die OH^-- bzw. OOH^--Adsorption einer Langmuir-Isotherme gehorcht. Für *Ni, Co, Fe, Cu* u. *Au* wurde Übereinstimmung erzielt. C. Herold 170

0708 **Wasserstoffabscheidung an der platinierten Pt-Elektrode.** S. B. Gurtman, Ju. M. Povarov und P. D. Lukovcev. (Élektrochimija 4 (1968) 3, 333—36; Inst. elektrochim. AN SSSR, Moskva; russ.) — Es wird die Stromstärke als Funktion der Spannung an einer eingetauchten u. halbeingetauchten platinierten Pt-Elektrode in 7n H_2SO_4 untersucht. Die Wasserstoffabscheidung wird durch die Geschw. der elektrochem. Desorption des H_2 oder der Rekombination des H_{ads} zu H_2 bestimmt. An der halbeingetauchten Elektrode verläuft die Wasserstoffabscheidung schneller als an der vollständig eingetauchten. Die Ergebnisse werden an Hand der beiden Mechanismen diskutiert. J. Tutschku 170

0709 **Grenzströme der Entladung von Wasserstoffionen in Lösungen von Salz- und Salpetersäure mit veränderlichen Konzentrationen vom Fremdelektrolyten.** Ja. V. Durdin und E. S. Svetašova. (Élektrochimija 4 (1968) 3, 354—56; Leningradskij gos. univ.; russ.) — Mit der rotierenden Scheibenelektrode wurde die Wasserstoffabscheidung in Lsg. von 0,003n HCl + KCl u. 0,0046n HNO_3 + KNO_3 an einer platinierten Pt-Scheibe untersucht. Die Konz. des Fremdelektrolyten wurde klein gehalten ($1{,}6 \cdot 10^{-4}$ bis 0,1n). Für die einzelnen Ionen wurden die Diffusionskoeff. für 5⁰ berechnet. $D_{H^+} = 6{,}20 \cdot 10^{-5}$ (cm²/s); $D_{Cl^-} = 1{,}05 \cdot 10^{-5}$; $D_{NO_3^-} = 0{,}97 \cdot 10^{-5}$. Aus der Temp.-Abhängigkeit wurde der Temp.-Koeff. des Diffusionskoeff. für Wasserstoff zu 1,88% pro Grad u. für Cl^- u. NO_3^- zu 3% pro Grad gefunden. Analoge Vers. an einer glatten Pd-Elektrode ergaben gute Übereinstimmung mit den Werten an der Pt-Elektrode. J. Tutschku 170

0710 **Kinetik der gekoppelten Ionisation von Knallgas an der Platinelektrode.** V. A. Šepelin, C. I. Zalkind und V. I. Veselovskij. (Élektrochimija 4 (1968) 2, 138—43; Moskva, Fiz.-chim. inst. im. Karpova; russ.) — Die gekoppelte H_2/O_2-Ionisation an einer mit einem dünnen Elektrolytfilm überzogenen Pt-Elektrode wurde bei getrennter Thermostatierung von Gerät u. Elektrode untersucht. Eine Erhöhung der Elektrodentemp. um einige Grad gegenüber der Temp. des Geräts führte in KOH- u. H_2SO_4-Lsg. bei Konz. $\leq 0{,}1$n zu einer bedeutenden Steigerung der Rk.-Geschw., was mit einer Verringerung der Elektrolytschichtdicke auf der Elektrode infolge W.-Verdampfung zusammenhängt. Durch Ellipsometrie wurde gezeigt, daß bei geringen Temp.-Gradienten oder Temp.-Gleichheit die Elektrode von einer

Elektrolytschicht bedeckt ist. Die Geschw. des Prozesses wird durch die Diffusion des Gases durch diese Schicht bestimmt. C. Herold 170

0711 **Redoxpaar Jod–Jodid an einer Platinelektrode.** L. M. Dané, L. J. J. Janssen und J. G. Hoogland. (Elektrochim. Acta [London] **13** (1968) 3, 507—18; TU, Eindhoven; engl.) — Das Redoxsyst. J_2–KJ in 0,5n H_2SO_4 wird durch Messung der Elektrodenimpedanz in Abhängigkeit von der Frequenz untersucht. Die Austauschstromdichte wird nach der Meth. von Sluyters abgeleitet u. als Funktion des reversiblen Potentials sowie der Jod- u. Jodidkonz. ermittelt. Die Bruttork. besteht aus den Teilschritten $J^- \rightleftharpoons J_{ad} + e$, $J_{ad} + J^- \rightleftharpoons J_2 + e$, $J_2 + J^- \rightleftharpoons J_3^-$, wobei der zweite Schritt die Austauschstromdichte bestimmt. Der Durchtrittsfaktor beträgt 0,5, die Standardaustauschstromdichte 400 mA/cm², die Aktivierungsenergie 15 kcal/Mol. M. Frenzel 170

0712 **Oxydation von Natriumacetat in Gegenwart von Sulfaten und Perchloraten an der Pt-Anode.** Ju. M. Tjurin, G. N. Afon'šin und G. S. Šalimova. (Élektrochimija 4 (1968) 4, 491; Gor'kovskij politechn. inst. im. Ždanova; russ.) — Die Anionen wirken in saurer u. schwach alkal. Lsg. inhibierend auf die Rk. zum Äthan, erhöhen aber den Anteil von CH_3OH im Rk.-Produkt. Gleichzeitig wird die Bldg. von HCHO u. CO_2 begünstigt. J. Tutschku 170

0713 **Oxydationsströme heterogener Amalgame.** A. I. Zebreva. (Vestnik Akad. Nauk Kaz. SSR **24** (1968) 2, 66—68; russ.) — Auf der Grundlage der Vers.-Ergebnisse verschiedener Autoren zur Ox. der Amalgame von Mn u. Metallen der Eisengruppe wird ein Mechanismus im Hinblick auf die direkte Ox. der festen Phase des Amalgams diskutiert. — 19 Literaturangaben. E. Bomke 170

0714 **Ionenaustauschgeschwindigkeit zwischen flüssigem Eisen und oxidischen Schmelzen.** A. A. Plyševskij, A. A. Sotnikov, O. A. Esin und L. N. Barmin. (Élektrochimija **4** (1968) 3, 304—07; Sverdlovsk, Ural'skij politechn. inst. im. Kirova; russ.) — Vf. bestimmen durch Messungen der Faraday-Impedanz bei 1550, 1600 u. 1650° die Austauschstromdichten zwischen fl. Fe, das ca. 0,2% C enthält, u. oxid. Schmelzen, die 41,5% CaO, 51,8% Al_2O_3, 6,7% MgO u. FeO-Zusätze (0,06—0,84%) enthalten. Die Doppelschichtkapazität erhöht sich bei Temp.-Steigerung: 10 μF/cm² bei 1550°, 18 μF/cm² bei 1650°. Die Austauschstromdichte steigt mit dem FeO-Geh. der Schmelze (0,180 A/cm² bei 0,06% FeO u. 0,55 A/cm² bei 0,84% FeO, T = 1550°), sie steigt ebenfalls bei Erhöhung des C-Geh. der Fe-Schmelze, wie sich aus einem Vgl. mit Literaturdaten ergibt. Das Ruhepotential gehorcht der Nernstschen Gleichung mit n = 2. J. J. Heinrich 170

0715 **Austauschstromdichten zwischen flüssigem Mn und Oxidschmelzen.** P. I. Buler und Ju. P. Nikitin. (Élektrochimija **4** (1968) 3, 330—33; Ural'skij politechn. inst. im Kirova, Sverdlovsk; russ.) — Es wird i_0 zwischen fl. Mn u. dem geschmolzenen Elektrolyten (41,5% CaO; 51,8% Al_2O_3; 6,7% MgO) mit geringen Zusätzen an MnO (bis 1,72%) durch Impedanzmessungen bestimmt. Die Elektrodenkapazität wurde bei 70—36 kHz u. steigenden MnO-Konz. (0,22—1,72%) gemessen. Die Temp.-Abhängigkeit von i_0 folgt $i_0 = 5{,}4 \cdot 10^8\ (\%\ MnO)^{0,4} \exp(-35600/T)$. Aus dem Vgl. von Grenzstrom u. Austauschstromdichte ergibt sich, daß der Ox.-Prozeß des Mn an der Grenze Metall/Oxidschmelze diffusionskontrolliert ist. Die Doppelschichtkapazität C_d wird zu 5, 10 u. 16 μF/cm² für 1400, 1450 u. 1500° angegeben. J. Tutschku 170

0716 **Anodische Oxide auf Sperrschichtmetallen: Oxidwachstum bei konstanter Geschwindigkeit der Spannungserhöhung.** C. G. Dunn. (J. electrochem. Soc. **115** (1968) 2 Part 1, 219—26; General Electric Res. and Dev. Center, Schenectady, N.Y.; engl.) — Zur Deutung von Stromdichte-Spannungskurven der Reanodisierung wurde die Bldg. porenfreier anod. Oxidfilme für den Fall einer konst. Geschw. der Spannungserhöhung mathemat. behandelt. Reanodisierungskurven wurden für folgende Ausgangsmaterialien betrachtet: poröses Al_2O_3; plast. verformtes Al_2O_3 u. Ta_2O_5; getempertes porenfreies Al_2O_3. Der erhaltene Beweis für eine Auffüllung der Poren bzw. die Umwandlung eines porösen in einen porenfreien Film wird durch Ergebnisse der Elektronenmikroskopie u. von Dickenmessungen unterstützt. C. Herold 170

0717 **Einfluß der Wechselstromfrequenz auf die Korrosionsgeschwindigkeit von Aluminium in Schwefelsäure.** N. D. Tomašov und N. M. Strukov. (Ž. fiz. Chim. **42** (1968) 4, 931—34; Inst. fiz. chim. AN SSSR Moskva; russ.) — Es werden anod. u. kathod. Polarisationskurven des Al in 10n H_2SO_4 bei Frequenzen von 20—2000 Hz u. 20° aufgenommen u. mit der mit Gleichstrom erhaltenen verglichen. Durch Anlegen des Wechselstromes wird die anod. Auflsg. stärker u. nimmt dabei mit steigender Frequenz zu. Das Al verhält sich bei Polarisation mit Wechselstrom in H_2SO_4, die keine Halogenidionen enthält, analog dem Ti unter gleichen Bedingungen. Beim Al ist die Bldg.-Geschw. des passivierenden Oxidfilmes höher als am Ti, wodurch die Auflsg.-Geschw. des Al in 10n H_2SO_4 kleiner als die des Ti ist. J. Tutschku 170

0718 **Anodische Bildung von Oxidschichten an der Zirkoniumelektrode in alkalischen Lösungen.** F. F. Fajzullin und N. D. Mazurenko. (Élektrochimija 4 (1968) 2, 223—26; Kazanskij gos. univ. im. Ul'janova-Lenina; russ.) — Vf. untersuchten durch potentiostat. u. galvanostat. Polarisationsmessungen das anod. Verh. von Zr in 0,1—10n KOH-Lösungen. Die potentiostat. Messungen erfolgten im Potentialbereich — 1,6 bis 2,0 V. Der kathod. Polarisationsbereich ist durch Abscheidung von H_2 charakterisiert. Bei Verschiebung des Potentials nach positiveren Werten geht der Strom in den anod. Bereich über u. bleibt konst., wodurch der Passivzustand des Zr charakterisiert wird. In diesem Bereich zeigt die Zr-Elektrode eine Oberfläche von goldgelber Farbe. Mit steigender KOH-Konz. verschiebt sich der Bereich des Passivzustandes nach negativeren Potentialwerten. Die Passivschicht des Zr besitzt keine krist. Struktur u. weist n-Leitfähigkeit auf. Beim Austrocknen der Schicht an der Luft erfolgt ein Übergang zur p-Leitfähigkeit. Aus den galvanostat. Polarisationskurven kann geschlossen werden, daß die anod. Polarisation in drei Stadien verläuft. Das erste Stadium entspricht dem Passivzustand des Zr unter potentiostat. Polarisationsbedingungen, das zweite Stadium entspricht einem transpassiven Zustand unter Bldg. von ZrO_3, daß dritte Stadium entspricht einer sekundären Passivierung des Zr u. der O_2-Entwicklung. E. Winkler 170

0719 **Anodische Prozesse beim Auflösen von Chrom in einer Schmelze von Natrium- und Kaliumchlorid.** Ju. V. Bajmakov und A. M. Volkov. (Izvest. vyšich učebnych Zavedenij [Ordžonikidze] cvetnaja Metallurg. **11** (1968) 2, 61—65; Leningradskij politechn. inst., Kaf. elektrometallurg. cvetnych metallov.; russ.) — Die anod. Polarisation der Cr-Elektrode wurde bei Stromdichten von $1 \cdot 10^{-5}$—10 A/cm² u. bei Temp. von 700, 800 u. 900° untersucht. Cr geht je nach Stromstärke mit unterschiedlicher Wertigkeit in die Schmelze (Cr^+, Cr^{2+}, Cr^{3+}). Es werden Gleichungen für das Anodenpotential als Funktion der Stromdichte für alle geradlinigen Teile der Polarisationskurven angegeben. Cr^+ im Intervall $1 \cdot 10^{-4}$ bis 10^{-3} A/cm² tritt gleichzeitig mit Cr^{2+} auf, wobei mit steigender Temp. u. fallender Stromdichte der Anteil des Cr^+ zunimmt, das mit dem Gleichgew. $Cr_M + Cr^{2+} = 2\ Cr^+$ erklärt wird. In einer Tabelle sind die mittlere Wertigkeit des Cr u. entsprechend die Anteile der einzelnen Wertigkeitsstufen in Abhängigkeit von der Temp. u. der Stromdichte zusammengestellt. J. Tutschku 170

0720 **Transpassivität von Nickel in schwefelsaurer Lösung.** M. C. Petit. (Electrochim. Acta [London] **13** (1968) 3, 557 bis 69; Fac. des Sci. de Bordeaux; franz.) — Das transpassive Gebiet von Ni ist durch ein Strommax. I_M, gefolgt von einem Stromminimum I_m, charakterisiert, was auf eine sek. Passivierung deutet. Der Einfl. von Temp., pH-Wert, Geschw. u. Richtung der Polarisation auf die Potentiale E_M u. E_m, welche I_M bzw. I_m entsprechen, wird untersucht. Bei zeitinstationären Messungen zeigen die Erscheinungen Irreversibilität: E_M, E_m, I_M u. I_m als Funktion der Polarisationsgeschw. hängen auch von der Richtung der Spannungsänderung ab; mit wachsender Spannung ist

die Änderung dieser Größen kontinuierlich, während bei abnehmender Spannung im Gebiet von Polarisationsgeschw. von 100—250 mV/min Knickpunkte oder Maxima auftreten. Die aus den Strömen ber. Aktivierungsenergien weisen demzufolge eine Abhängigkeit von der Geschw. u. von der Richtung der Polarisation auf. Impedanzmessungen an Ni-Elektroden unter zeitinstationären Bedingungen zeigen, daß die Rk. in mehreren Stufen verlaufen.
M. Frenzel 170

0721 **Sauerstoffgehalt auf der Nickeloberfläche bei Potentialen des Passivierungsbeginns.** G. N. Trusov, E. P. Gočalieva und V. M. Novakovskij. (Élektrochimija 4 (1968) 3, 366—69; Fil. Fiz.-chim. inst. im. Karpova; russ.) — Vf. untersuchen die Ni-Passivierung in 0,1 n $H_2 \cdot SO_4$ an elektrolyt. Ni unter bes. Berücksichtigung der Potentiale +0,11 V u. +0,35 V. Diskussion der stationären anod. Polarisationskurven u. des Verh. bei der Impulsaktivierung ergab, daß der Passivierungsbeginn an die Ggw. von O_2 an der Metalloberfläche gebunden ist, dessen Konz. einer etwa monomolekularen Schicht entspricht.
E. Bomke 170

0722 **Kinetik der anodischen Auflösung von Kupfer an der rotierenden Elektrode in Kupfersulfatlösungen in Gegenwart von ClO_4^--Ionen.** N. I. Gusev und P. V. Rakčeev. (Ž. fiz. Chim. 42 (1968) 5, 1172—76; Mosk. chim. technol. inst. im. Mendeleeva; russ.) — Das Polarisationspotential der Cu-Anode verschiebt sich bei wachsender Kupfersulfatkonz. gegen weniger negative Werte. Mit steigender Cu-Sulfatkonz. wächst der Anteil der chem. Polarisation. Das Polarisationspotential der Cu-Anode wächst beim Versetzen der 0,1 m bzw. 1 m $CuSO_4$-Lsg. mit ClO_4^--Anionen, die effektive Aktivierungsenergie nimmt ab. Die Anodenpolarisation sinkt in allen untersuchten Lsg. mit der Erhöhung der Temp. u. der Abnahme der Stromdichte.
J. J. Pohl 170

0723 **Thermodynamische Gesichtspunkte der Korrosion in Sulfatschmelzen: Konstruktion und Anwendung von E/log $p(SO_3)$-Diagrammen.** A. Rahmel. (Electrochim. Acta [London] 13 (1968) 3, 495—505; Dechema-Inst., Frankfurt/M.; dt.) — Die Korrosion von Metallen (*Ag, Ni, Cu, Fe*) in Alkalimetallsulfatschmelzen wird unter thermodynam. Gesichtspunkten betrachtet. In Diagrammen wird das Potential E als Funktion von log $p(SO_3)$ dargestellt. Für jedes Metall ergeben sich charakterist. Bereiche, in denen entweder das Metall, das Metalloxid, das Metallsulfid oder das Metallsulfat stabil ist. Schlußfolgerungen, die sich aus diesen Diagrammen ergeben, werden unter dem Gesichtspunkt der Korrosion gedeutet.
M. Frenzel 170

0724 **Berechnung der theoretisch-maximalen Ströme bei der Oszillopolarographie.** E. G. Novakovskaja. (Élektrochimija 4 (1968) 3, 336—39; Leningradskij politechn. inst. im. Kalinina; russ.) — Es wird I_{max} für die erste kathod. Welle des Eu^{3+} in 0,1 n LiCl (pH 3,8) bei verschiedener Verzögerung (0,5—4,0 s) u. unterschiedlicher Geschw. des Spannungsanstieges (0,125 2 V/s) gemessen u. mit den nach Delahay ber. Kurven verglichen.
J. Tutschku 172

0725 **Polarographische Untersuchung der Yttriumgruppe der Seltenerdmetalle mit dem eutektischen Gemisch LiCl–KCl als Leitelektrolyt.** I. D. Pančenko und I. I. Penkalo. (Ukrainskij chim. Ž. 34 (1968) 1, 42—47; Inst. obščej i neorg. chim. AN USSR; russ.) — Vf. untersuchten bei 400° unter Ar an einer Pt-Mikro-Scheiben-Elektrode durch Aufnahme von Strom–Spannungs-Kurven das polarograph. Verh. von $YbCl_3$, $LuCl_3$, $TmCl_3$ u. $DyCl_3$ in der Schmelze 59 (Mol-%) LiCl + 41 KCl. Die Depolarisatorkonz. lagen bei 5—26 (10^{-2}), die Diffusionskoeff. der untersuchten Ionen liegen in der Größenordnung 10^{-6} cm²/s. Es wurde gefunden, daß die Potentialdifferenz der Abscheidung in der Cer-Gruppe 1 V überschritt. In der Yttrium-Gruppe ist diese Differenz kleiner. Durch diese Potentialdifferenzen bietet sich die Möglichkeit der analyt. Best. der Metalle im Gemisch. Es wurde gefunden, daß zwischen Diffusionsgrenzstrom u. Depolarisatorkonz. ein linearer Zusammenhang besteht. Die Aktivierungsenergien der Diffusionsgrenzströme der untersuchten Ionen liegen im Bereich 6,0—7,2 kcal/Mol.
E. Winkler 172

0726 **Polarographische Reduktion von Eu^{3+}-Benzoat- und -Salicylat-Komplexen in Formamid-haltigem Medium.** Kamala Zutshi. (Rev. Polarogr. [Kyoto] 14 (1967) 3—6, 294—99; Dep. of Chem., Univ. of Rajasthan, Jaipur [India]; engl.) — Eu gibt ein gut definiertes Potential in wss. Lsg. u. in Gemischen von H_2O mit 20, 40, 60, 80 u. 100% Formamid (A). Das Halbstufenpotential verschiebt sich mit zunehmender A-Konz. nach der negativen Seite. Die Stufenhöhe nimmt in dem Maße ab wie die Konz. von A zunimmt. Aus dem Diffusionsstrom läßt sich ersehen, daß die Red. in wss. Lsg. u. Gemischen von 0 bis 60% A irreversibel ist, oberhalb 60% A ist die Red. reversibel. Die Red. von Eu^{3+} an der Hg-Tropfelektrode läßt sich wie folgt fomulieren: $Eu^{3+} + e \rightleftharpoons Eu^{2+}$ oder $Eu^{3+} \rightleftharpoons Eu^{2+} - e$. Der Elektronentransfer läßt sich durch folgende Elektronenkonfig. wiedergeben: $Eu^{3+}(4f^6 5s^2 \cdot 5p^6 5d^0) \rightleftharpoons Eu^{2+}(4f^7 5s^2 5p^6 5d^0)$. Das Eu^{3+}-Ion bildet in wss. Lsg. mit Cl^-, Br^- u. J^- Aquokomplexe. In perchlorathaltigen Lsg. bildet sich ein $[Eu(H_2O)_6]^{3+}$-Komplex. Die Abstufung der Reversibilität der Rk. liegt in Richtung $J^- < Br^- < Cl^- < ClO_4^-$. Die Stabilitätskonst. von Eu^{3+}-Benzoatkomplexen wurde nach Lingane, die Salicylatkomplexe nach DeFord u. Hume berechnet: Benzoatkomplex $\beta_1 = 3{,}802 \cdot 10^4$, Salicylatkomplex $\beta_1 = 28$, $\beta_2 = 75$. Graph. Darst. der Komplexstrukturen.
D. Bretzinger 172

0727 **Zusammensetzung von Uranylsulfat-Komplexen, die bei der polarographischen Reduktion von Uranylionen in schwefelsauren Lösungen entstehen.** A. I. Stabrovskij. (Ž. neorg. Chim. 13 (1968) 2, 406—11; russ.) — Mit zunehmender Sulfationenkonz. in der Lsg. wird das Halbwellenpotential der ersten, zweiten u. dritten Red.-Stufe von U(VI) zunehmend negativer. In schwachsauren Lsg. in Ggw. von $(NH_4)_2SO_4$ oder Na_2SO_4 bei 25 ± 1° wurden alle drei Wellen der Red. des U(III) erhalten. Die Elektrodenred. von U(IV) zu U(III) erfolgt in schwefelsauren Lsg. nach $[U(SO_4)_3]^{2-} + e \rightleftharpoons [U(SO_4)]^+ + 2\,SO_4^{2-}$. Komplexe U(V)-Sulfationen liegen in der Lsg. in Form von $[UO_2(SO_4)]^-$ vor.
J. J. Pohl 172

0728 **Katalytisch polarographischer Strom des Pyridin-Komplexes von Nickel(II) in Gegenwart von Kobalt(II)-Ionen.** Ja. I. Tur'jan und O. E. Ruvinskij. (Élektrochimija 4 (1968) 2, 221—22; NII monomero dlja sintet. kaučuka, Jaroslavl.; russ.) — Vf. untersuchten bei 25° in Fortsetzung der ibid. 2 (1966) 1185 beschriebenen Vers. den katalyt. polarograph. Strom von Py.-Komplexen der Ni^{2+}-Ionen in Lsg. mit (0,5—3) · 10^{-3} (m) $Ni(NO_3)_2$ + (0,2—2,5) · 10^{-3} Py. + 1 $NaClO_4$ + 0,02 CH_3COONa + CH_3COOH + 0,01—0,05 $Co(ClO_4)_2$ bei pH 6,5 an der Hg-Tropfelektrode. Es wurde gefunden, daß die Zugabe von Co^{2+}-Ionen in der angegebenen Form zu einer Verminderung des katalyt. Stromes führt, die mit der Erhöhung der Co^{2+}-Ionen-Konz. ansteigt. Die Zerfallskonst. des Mono-Py.-Komplexes der Co^{2+}-Ionen beträgt K_1 = (4,1 ± 0,1) · 10^{-2}. Sie stimmt sehr gut mit den durch andere Meth. erhaltenen Werte überein. Aus den Messungen wird geschlossen, daß die Rk.-Schicht an der Elektrode in der die katalyt. Bldg. des Ni^{2+}–Py.-Komplexes mit anschließender Red. erfolgt, hinreichend dick ist, so daß man den Einfl. des elektr. Feldes auf die gefundene Zerfallskonst. des Co^{2+}-Komplexes ausschließen kann.
E. Winkler 172

0729 **Polarographische Untersuchung des komplexen Amalgams CuCdHg.** B. Jakuszewski, J. Grabowski und J. Kasprzak. (Soc. Sci. Lodziensis, Acta chim. 12 (1967), 25—28; Univ. of Łódź, Dep. of Inorg. Chem.; engl.) — Bei konst. Potential von —0,8 V wurde aus einer 0,1 n KCl + 1,1 · 10^{-2}n $CdCl_2$-Lsg. Cd abgeschieden (Arbeitselektrode hängender Hg-Tropfen, SCE-Bezugselektrode, Elektrolysedauer 2 Min.), danach der Anodenstrom zur Ablösung von Cd bestimmt. Nun wurde die Cu-Konz. in der Lsg. langsam erhöht u. die elektrolyt. Abscheidung u. Auflsg. wiederholt. Die Abnahme des Ox.-Minimums war der zugefügten Cu-Konz. proportional. Bei 1,7 · 10^{-2} n $CuCl_2$ war das Minimum prakt. verschwunden. Vf. beobachteten das Auftreten von 6 Minima (intermetall. Verb. von Cu–Cd) für die Konz. 2 · 10^{-3} n $CdCl_2$ +

$8 \cdot 10^{-3}$ $CuCl_2$. Das angewandte Verf. ist daher zur quant. Best. des Amalgams ungeeignet. G. Schatz 172

0730 **Ionentransport durch Lipid-Monoschichten. 1. Mitt. Struktur von Decylammonium-Monoschichten an der polarisierten Grenzfläche Quecksilber–Wasser.** M. Blank und I. R. Miller. (J. Colloid Interface Sci. 26 (1968) 1, 26—33; Dep. of Physiol., Columbia Univ., New York; engl.) — Die differentielle Kapazität einer Hg-Tropfelektrode in 0,04 n HNO_3 wird als Funktion der n-Decylammonium- u. der Elektrolytkonz. ($NaNO_3$ 0—1 n) gemessen. Aus diesen Daten werden die Elektrokapillarkurven u. daraus die Änderung der Oberflächenkonz. mit dem Potential berechnet. Die Ergebnisse stimmen im allgemeinen mit den Anschauungen über die elektr. Abstoßenergie in Monoschichten überein. K. Strenge 172

0731 **Ionentransport durch Lipid-Monoschichten. 2. Mitt. Verringerung des polarographischen Stromes von Cu (II) durch Decylammonium-Monoschichten.** I. R. Miller und M. Blank. (J. Colloid Interface Sci. 26 (1968) 1, 34—40; engl.) — 1. vgl. vorst. Referat. — Die Transportgeschw. von Cu(II)-Ionen durch die Monoschicht (Ms) wird als Funktion der Decylammonium- u. der $NaNO_3$-Konz. in Abhängigkeit vom Potential berechnet. Bei konst. Salzkonz. nimmt die Permeabilität der Ms für Ionen mit zunehmender Oberflächenkonz. ab. Der Einfl. der Elektrolytkonz. ist komplizierter, da die Oberflächenkonz. dadurch ebenfalls geändert wird. Die Ergebnisse werden mit Hilfe des Modells von Koutecky (1953) ausgewertet u. diskutiert. K. Strenge 172

A–6. Kolloidchemie, Grenzflächen

0732 **Messung des elektrischen Potentials an Tonen.** K. A. G. Täuber und E. R. Schmidt. (Nature [London] 218 (1968) 5136, 105; Nat. Building Res. Inst., CSIR, Pretoria, South Africa; engl.) — Parallel zur DTA an Montmorillonitproben (I) werden die elektr. Potentiale zwischen dem Ton u. einer inerten Referenzplatte (Al_2O_3) als Funktion der Temperatur registriert. Diese Meth. ist in manchen Fällen empfindlicher als die DTA, so kann z. B. die stufenweise Dehydroxylierung des I nachgewiesen werden. K. Strenge 186

0733 **Verteilung und Abscheidung von Teilchen, die zwischen parallelen ebenen Oberflächen suspendiert sind.** C. S. Wang, B. Altshuler und E. D. Palmes. (J. Colloid Interface Sci. 26 (1968) 1, 41—44; Inst. of Enviromental Medicine, New York Medical Center, New York, N.Y.; engl.) — Es werden komplette Lsg. für die Verteilung u. die Abscheidung von Teilchen abgeleitet, die in einer stationären Fl. zwischen zwei horizontalen Oberflächen anfänglich gleichförmig verteilt waren. Die numer. Daten zeigen, daß es besser u. einfacher ist, die Abscheidung entweder als diffusionsbedingt oder als reine Sedimentation anzusehen, je nach dem welcher Effekt größer ist. Die komplizierte Kombination beider Effekte ergibt keine genaueren Ergebnisse. K. Strenge 188

0734 **Sedimentationsanalyse von Calciumhydroxidproben.** L. N. Turčinova und T. P. Kiričenko. (Zav. Labor. 34 (1968) 4, 457—58; Ukr. NII ogneuporov; russ.) — $Ca(OH)_2$-Suspensionen in Fettalkoholen, Olein- u. Stearinsäure, Phenolen, Dipentylamin, Anilin, o- u. p-Toluidin u. Nitrobenzol wurden dargestellt, die in Dipentylamin erwiesen sich als die stabilsten. Auch Suspensionen in A. in Ggw. von 15% Isopentanol sind beständig. J. J. Pohl 188

0735 **Einfluß der Darstellungsbedingungen von Kieselsäuresolen auf ihre Flockungseigenschaften.** V. A. Slipčenko und L. A. Kul'skij. (Ukrainskij chim. Ž. 34 (1968) 2, 196—200; Inst. obšč. i neorg. chim. AN Ukr. SSR; russ.) — Die Darst. von Kieselsäuresolen mit optimaler Flockungswkrg. ist nur bei Einhaltung optimaler technolog. Grundparameter, wie SiO_2-Konz., $Cl_2 : Na_2O$-Mol-Verhältnis u. Behandlungszeiten möglich. Die Flokkungsaktivität von SiO_2-Solen ist auch von der Härte des zur Verd. verwendeten W. u. von der Aufbewahrungsdauer der fertigen Sole abhängig. J. J. Pohl 188

0736 **Dialytische Untersuchung der Polymerisation von Hafniumionen in Lösungen.** N. F. Savenko und I. A. Šeka. (Ukrainskij chim. Ž. 34 (1968) 4, 309—12; Inst. obšč. i neorg. chim. AN Ukr. SSR; russ.) — Mit der Meth. der vergleichenden Analyse wird gezeigt, daß Hf^{4+} in HNO_3- u. HCl-Lsg. polymerisiert. Der Polymerisationsfaktor des Hf^{4+} hängt von der H^+- Hf^{4+}-Konz. in der Lsg. ab, während er von der Art des Anions (Cl^- oder NO_3^-) unabhängig ist. Die Hf^{4+}-Ionen polymerisieren in Lsg. bei gleichen Bedingungen weniger als Zr^{4+}-Ionen. Mit zunehmender Hf^{4+}-Konz. u. abnehmender H^+-Konz. in der Lsg. findet eine Verminderung des relativen Dialysekoeff. statt. J. J. Pohl 188

0737 **Dialytische Untersuchung von Molybdän–Heteropoly-Komplexen.** A. K. Babko, Ju. F. Škaravskij und V. I. Kulik. (Ukrainskij chim. Ž. 34 (1968) 1, 80—83; Inst. obšč. i neorgan. chim. AN Ukrain SSR; russ.) — Die relative Dialysegeschw. von P–Mo- (I)- u. Si–Mo-Heteropolykomplexen (II) wurde bei sich ändernden Phosphat- u. Silicat-Ionenkonz. bestimmt. Bei der Dialyse findet eine Bewegung der Teilchen des Heteropolykomplexes u. nicht die ihrer Komponenten oder Dissoziationsprod. statt. Die Teilchen in II-Lsg. sind beträchtlich größer als die in I-Lösungen. J. J. Pohl 188

0738 **Entflockung von quellbaren Tonen durch nichtionogene und anionogene Tenside.** Hans Schott. (J. Colloid Interface Sci. 26 (1968) 2, 133—39; Res. Center, Lever Brothers Comp., Edgewater, N.J.; engl.) — Die Dispergierung von Na-Montmorillonit (I) durch Polyäthylenglykol (II), äthoxyliertes Nonylphenol (15 ÄO) (III), äthoxyliertes Dodecanol (16 ÄO) (IV), Na-Decansulfonat (V) u. Na-Dodecylsulfat (VI) wird durch Trübungs- u. Viskositätsmessungen sowie mit Hilfe des Sedimentvol. untersucht. V u. VI haben keinen Einfl. auf die I-Suspensionen. II, III u. IV ergeben optimale Dispergierung, wenn zwischen je zwei Schichten zwei dichtgepackte Monoschichten Tensid vorliegen. Bei der Dispergierung werden die in W. vorliegenden Pakete aus jeweils 4 Schichten weiter aufgespalten. Die lateralen Dimensionen werden durch schichtweisen Abbau stufenförmiger Schichtpakete ebenfalls verringert. K. Strenge 188

0739 **Neue Bewegungsarten von Aerosolteilchen: Photodiffusophorese.** J. R. Brock. (J. physic. Chem. 72 (1968) 2, 747—49; Univ. of Tex., Austin, Tex.; engl.) — Eine Photodiffusophorese tritt dann auf, wenn durch elektromagnet. Strahlung das chem. oder physikal. Gleichgew. zwischen einem Aerosolteilchen u. dem umgebenden Gas verändert wird. Am Beispiel der photokatalyt. Rk. an der Teilchenoberfläche (Ox. von CO an ZnO-Teilchen) werden einige charakterist. Eig. dieser Bewegungsform erläutert. Der bisher Photophorese genannte Effekt sollte besser als Photothermophorese bezeichnet werden, da er auf einer ungleichmäßigen Erwärmung des Teilchens durch die Strahlung beruht. Der Begriff Photophorese könnte als übergeordneter Begriff für beide Bewegungsformen dienen. K. Strenge 196

0740 **Fluoreszenzphotographie von Tröpfchen in einem Spray unter Verwendung eines Q-geschalteten Lasers als Lichtquelle.** J. Groeneweg, H. Hiroyasu und R. Sowls. (Brit. J. appl. Physics 18 (1967) 9, 1317—20; Univ. of Wis., Madison, Wis.; engl.) — Durch einen KH_2PO_4-Krist. werden 0,01—0,02 J der Gesamtstrahlung (0,3—1 J) eines Rubinlasers (6943 Å) in die zweite Harmon. konvertiert (3471 Å) u. der Rest des unkonvertierten Lichtes in einer $CuSO_4$-Lsg. absorbiert. Durch die zweite Harmon. des Rubinlichtes werden die in A. gelösten Fluoreszenzfarbstoffe *Uranin* oder *Rhodamin B* angeregt. Die geringe Impulsdauer von 20—50 ns erlaubt die einwandfreie photograph. Registrierung von Spraytropfen von $>10\ \mu m$ bei Geschw. von 50 m/s. K. Strenge 196

0741 **Adsorption von Octanoationen an der Öl–Wasser-Grenzfläche.** A. K. Chatterjee und D. K. Chattoraj. (J. Colloid Interface Sci. 26 (1968) 2, 140—45; Chem. Dep., Jadavpur Univ., Calcutta; engl.) — Die Grenzflächenspannung in den Systemen PAe./W. u. Bzl./W.

wird als Funktion der Konz. an Octanoationen in Ggw. u. Abwesenheit eines Überschusses an Gegenionen (1 m Na^+ oder Li^+) gemessen. Die daraus ber. Flächendruck (π)–Flächenbedarf (A)-Kurve wird mit der theoret. π–A-Kurve für geladene Monoschichten verglichen, die auf der Basis des Gouyschen Modells der elektr. Doppelschicht beruht. Für eine gegebene Fläche ist π_{exp} kleiner als $\pi_{theoret}$. Es wird versucht, dies durch den Einfl. der diskreten Ladungen auf die Doppelschicht zu erklären. K. Strenge 202

0742 **Einfluß der Kohlenwasserstoff-Kettenlänge auf die Adsorption von Natriumalkylsulfaten an Öl/Wasser-Grenzflächen.** W. R. Gillap, N. D. Weiner und M. Gibaldi. (J. Colloid Interface Sci. **26** (1968) 2, 232—36; Columbia Univ., Coll. of Pharmac. Sci., New York; engl.) — Die Grenzflächenspannung (γ) an Grenzflächen von wss. 0,1 n NaCl-Lsg. u. KW-Stoffen wird als Funktion der Konz. (c) an Na-Decyl- (**I**) u. -Dodecylsulfat (**II**) u. der Kettenlänge (n) des KW-Stoffs ($C_{6,\ 8,\ 10,\ 12,\ 14,\ 16}$) untersucht. Im idealen Gebiet der γ = f(c)-Kurve, d. h. in dem Teil, in dem γ linear von c abhängt, lassen sich die Ergebnisse durch die Gleichung $\gamma = -\alpha \cdot c + \gamma_0$ beschreiben (γ_0 = Grenzflächenspannung KW-Stoff/W., α = von n unabhängige Konst. für jedes Tensid). Im Sättigungsgebiet gilt die Gleichung $\gamma = -k \cdot \log c + k'$ (k' ist ebenfalls von n unabhängig). Im Übergangsgebiet zwischen diesen Bereichen wird dagegen ein deutlicher Einfl. von n beobachtet. Wahrscheinlich wird die Wechselwrkg. zwischen den Tensidmol. in diesem Konz.-Bereich durch die Lsgm.-Mol. beeinflußt. K. Strenge 202

0743 **Adsorption von Gasen an Kristallen.** P. E. Suetin und G. M. Jaryšev. (Ž. fiz. Chim. **42** (1968) 2, 525—26; Ural'skij politechn. inst. im. Kirova, Sverdlovsk; russ.) — Eine Meth. zur Unters. der Adsorption von Gasen an der reinen Oberfläche des Adsorbenten wird vorgeschlagen, wobei die Änderung des Druckes an der durch Spalten frisch hergestellten Krist.-Oberfläche infolge der Gasadsorption bestimmt wird. Die Adsorption von Gasen an Islandspat, $CaCO_3$, wurde bei Zimmertemp. u. 1—40 Torr ermittelt, sie ist im genannten Bereich unabhängig vom Druck: die Größe der Adsorption beträgt für *He* 1,57 ($\cdot 10^{-14}$ a. Mol/cm²), N_2 4,27, *Ar* 5,01, *Kr* 6,94. J. J. Pohl 204

0744 **Verschiebungen der magnetischen Kernresonanzsignale adsorbierter Moleküle.** D. Geschke. (Z. Naturforsch. **23a** (1968) 5, 689—94; Fachbereich Phys. der Univ. Leipzig, Abt. Elektronik; dt.) — Vf. untersuchte die Protonenresonanzverschiebungen von an der Oberfläche von Silicagelen adsorbierten Mol. (*W.*, *Bzl.*, *Cyclohexan*, [CD_3]-Methanol bzw. [CD_3]-Toluol). Zur Erklärung dieser Verschiebungen in Richtung höherer Felder (verglichen mit den Resonanzen freier Fl.) werden der Einfl. paramagnet. Verunreinigungen in der Silicageloberfläche, die verschiedenen diamagnet. Vol.-Suszeptibilitäten u. der Einfl. der Relaxationsprozesse u. der Bindungseffekte diskutiert. Die beobachteten Resonanzverschiebungen werden hauptsächlich durch Bindungseffekte verursacht. Eine inhomogene Verbreiterung der Resonanzlinien (um einen Faktor bis 12), die durch Vgl. mit Spinechovers. nachgewiesen wurde, steht im Zusammenhang mit diesen Verschiebungen. Die Abhängigkeit des F-Faktors von der Oberflächenbedeckung kann hiermit qual. gedeutet werden. D. Hoene 204

0745 **Einfluß von adsorbiertem Benzol auf die kernmagnetische Resonanz von Oberflächenhydroxylgruppen.** H. Pfeifer und B. Staudte. (Z. Naturforsch. **23a** (1968) 5, 775; Physikal. Inst. der Univ. Leipzig, Abt. Elektronik; dt.) — Vf. untersuchten die Abhängigkeit der Linienbreite des magnet. Kernresonanzsignals der Oberflächenhydroxylgruppen von Silicagel von der Beladung mit C_6D_6 bei Raumtemp. u. bei 77 °K. Die Oberflächenhydroxylgruppen sind im wesentlichen voneinander isoliert (mittlerer Abstand 5,1 Å, D. 4,2 pro 100 Å²). Durch Wechselwrkg. mit den Adsorbatmol. wird den Protonen der Oberflächenhydroxylgruppen eine zusätzliche stat. Bewegung aufgeprägt. Die zugehörige Korrelationszeit ist von der Größenordnung oder größer als diejenige der adsorbierten Moleküle. D. Hoene 204

0746 **Adsorption von CO_2 an Zeolithen in Abhängigkeit des Kationengehalts im Zeolith-Kristallgitter.** S. S. Chovoščev, S. P. Ždanov, G. M. Belocerkovskij und V. I. Redin. (Ž. fiz. Chim. **42** (1968) 1, 171—76; Inst. chim. silikatov im. Grebenščikova, Leningrad; russ.) — Vers. der Adsorption von CO_2 an verschiedenen synthet. Zeolithen in Na^+-, K^+- u. Mischform zeigen, daß die Kationen spezif. akt. Zentren in bezug auf die CO_2-Mol. darstellen. Die Größe des Adsorptionsgrades von CO_2 hängt bei kleinen Auffüllungsgraden vom Kationengeh. pro Masseneinheit des dehydratisierten Zeoliths ab. Struktureig. der Krist. spielen hierbei eine relativ kleinere Rolle. J. J. Pohl 204

0747 **Eigenschaften von kobalthaltigen Zeolithen des Typs X.** T. P. Sytenko, G. V. Cicišvili und T. G. Andronikašvili. (Soobšč. Akad. Nauk Gruz. SSR **49** (1968) 2, 339—44; AN Gruz. SSR, Inst. fiz. i org. chim. im. Melikišvili, Tbilisi; russ.) — Der Co-haltige Zeolith wurde durch Behandlung von NaX mit 0,3—1,5n Co-Nitrat oder -Chlorid bei 20°, rasches Filtrieren u. Waschen mit dest. W. gewonnen. Die Eig. der Proben wurden chromatograph. bei 20—260° untersucht, die spezif. Retentionsvol. für O_2, N_2, CH_4 u. *CO* bei verschiedenen Zus. bei 22° sind tabelliert. Die Adsorptionswärmen von N_2, CH_4, *CO*, C_2H_6, C_2H_4 u. C_3H_8 sind für die Proben verschiedener Zus. angegeben. Die Unterschiede für die verschiedenen Kationenaustauschformen sind im Fall der Alkane nicht wesentlich. Die Adsorptionswärme wächst beim Übergang von Alkanen zu Alkenen. J. J. Pohl 204

0748 **Sorption von Kohlensäure an der Carbonatform des Anionits AV-17.** A. I. Vulich und S. M. Archipov. (Ž. prikl. Chim. **41** (1968) 1, 216—18; russ.) — Der Mechanismus der Sorption von Kohlensäure aus der Gasphase durch stark bas. Anionite in der OH^-- oder CO_3^{2-}-Form wurde untersucht. Eine selektive Sorption des CO_2 aus Gasgemischen mit Hilfe dieser Anionite ist möglich. Bei 70° werden 75—80 mg CO_2/1 g Ionit absorbiert, wobei eine vollständige Regenerierung sowohl im Vakuum als auch in einem Luftstrom möglich ist. J. J. Pohl 204

0749 **Struktur der Lithium–Sauerstoff-Doppelschicht auf der (110)-Fläche von Wolfram.** D. O. Horodec'kyj und A. O. Jas'ko. (Ukraïns'kyj fiz. Ž. **13** (1968) 4, 557—66; Kyïvskyj deržuniv. im. Ševčenka; ukrain., Auszug: engl.) — Die Struktur des Syst. Li–O–W (110) wurde durch Beugung niederenerget. Elektronen untersucht. Die Adsorption von Li auf O_2-bedecktem W führt zu einer Rekonstruktion der W-Oberfläche. Dabei verarmt die W-Fläche an Sauerstoff, u. es werden oft die Beugungsreflexe von Li_2O nachgewiesen. Die geringste Austrittsarbeit zeigt eine Struktur mit 4,7 $\cdot 10^{14}$ Li Atomen pro cm². H. Roschkowski 204

0750 **Verhalten von Cäsium auf Oberflächen großer Wolframeinkristalle.** N. A. Gorbatyj, L. V. Rešetnikova und V. M. Sultanov. (Fiz. tverdogo Tela **10** (1968) 4, 1185—92; Taškentskij gos. univ. im. Lenina; russ.) — Die Austrittsarbeiten der Flächen (110), (112), (100) u. (111) wiesen Minima (1,65—1,8 eV) für Bedeckungen mit einer Monoschicht Cs auf. Die Bedeckungsgrade für diese Flächen betrugen (110) 3,5 $\cdot 10^{14}$, (112) 4,2 $\cdot 10^{14}$, (100) 2,3 10^{14} u. (111) 1,3 $\cdot 10^{14}$ Atome/cm². Die Verdampfungswärmen für Cs-Atome von der ersten u. zweiten Atomlage u. für Cs^+-Ionen werden bestimmt. K. Jaeger 204

0751 **Desorption des Titans von Wolfram im starken elektrischen Feld.** G. G. Vladimirov. (Fiz. tverdogo Tela **10** (1968) 4, 1207—13; Leningradskij gos. univ. im. Ždanova; russ.) — Feldelektronenmkr. Unters. der Desorption (480—080°) von Ti von (001)-, (011)-, (111)- u. (021)-W-Oberflächen. Das Bildkraftgesetz wird bis zu Abständen erfüllt, die kleiner als der Atomabstand sind. Die physikal. Bedeutung dieses Ergebnisses wird diskutiert. K. Jaeger 204

0752 **Isotopenaustausch von Sauerstoff an Platinpulver.** Y. L. Sandler und D. D. Durigon. (J. physic. Chem. **72** (1968) 3, 1051—57; Westinghouse Res. Labor., Pittsburgh, Pa.; engl.) — Der Isotopenaustausch des Sauerstoffs an Pt-Pulver wird zwischen —195 u. +300° untersucht. Drei verschieden schwache Chemisorptionsarten wurden mit Änderung der Zeit u. der Temp. gefunden. Adsorptions- u. Isotopenverdünnungsexperimente zeigten, daß nicht mehr als eine Monoschicht in oder auf den gut getemperten, C- u. H-freien Pt-Pulvern gefunden wurde. Die in der Literatur beschriebene Aufnahme von einigen Monoschichten des Sauerstoffs scheint auf Verunreinigungen oder hohe Konz. an Störstellen zurückzuführen zu sein. Stickstoff tauscht an Pt nicht aus u. überlagert den Sauerstoffaustausch bis zu 600° nicht. G. Malow 204

0753 **Infrarotmethode zur in situ-Untersuchung der Adsorption an der Grenzfläche fest/flüssig.** M. J. D. Low und Masatomo Hasegawa. (J. Colloid Interface Sci. **26** (1968) 1, 95—101; Dep. of Chem., New York Univ. Heights, New York; engl.) — Es wird eine Zelle beschrieben, die eine Messung der IR-Spektren der Probenoberfläche in der Adsorbatlsg. gestattet. Die App. ist so konstruiert, daß alle zur Vorbereitung der Probe notwendigen Operationen (Entgasen im Vakuum, Ausheizen, Oxydieren u. Reduzieren der Oberfläche) in dem geschlossenen Syst. vorgenommen werden können. Die Adsorption der Lsg. wird durch Verw. einer Bezugszelle kompensiert. Am Beispiel der Adsorption von Anilin an SiO_2 aus CCl_4 wird die Brauchbarkeit der Meth. (bes. auch im Hinblick auf den zeitlichen Verlauf der Adsorption) demonstriert. K. Strenge 204

0754 **Thermodynamik der Benetzung und der Adsorption.** Ju. Ja. Golger, A. I. Rusanov und V. I. Klassen. (Doklady Akad. Nauk SSSR **179** (1968) 3, 617—20; Inst. gornogo dela im. Skočinskogo; russ.) — Die Prozesse der Benetzung u. Adsorption werden in den isochor-isoentrop., isobar-isoentrop., isochor-isothermen u. isobar-isothermen Näherungsfällen thermodynam. diskutiert. J. J. Pohl 204

0755 **Kationenadsorption auf der Oberfläche von Cadmiumsulfideinkristallen.** V. A. Tjagaj, N. A. Petrova und R. L. Treskunova. (Élektrochimija **4** (1968) 2, 179—82; Kiev, inst. poluprovodnikov AN Ukr. SSR; russ.) — Der zeitliche Verlauf der Adsorption von $^{110}Ag^{+}$, $^{59}Fe^{2+}$, $^{60}Co^{2+}$, $^{65}Zn^{2+}$, $^{59}Fe^{3+}$, $^{118}In^{3+}$, $^{64}Cu^{2+}$ u. $^{198}Au^{3+}$ aus HNO_3-sauren Lsg. (pH 2—5) wurde an aus der Gasphase synthetisierten, dünnen CdS-Proben mit Hilfe radioakt. Markierung nach dem Tauchverf. untersucht. Die beobachteten Oberflächenkonz. lagen zwischen 10^{12} u. 10^{17} Atomen/cm². Für Fe^{2+}, Co^{2+}, Zn^{2+}, In^{3+} u. Fe^{3+} wurden bereits nach 1 Min. Sättigungswerte erzielt, die weniger als eine Monoschicht betrugen. Dagegen wurde bei Cu^{2+}, Ag^{+} u. Au^{3+} innerhalb 1 Min. eine Monoschichtbedeckung erreicht u. ein weiterer monotoner Anstieg beobachtet, der bei Ag^{+} am ausgeprägtesten war u. proportional zu $\sqrt{t}$ verlief. C. Herold 204

0756 **Adsorption von oberflächenaktiven Substanzen und Polymeren an Titandioxid.** S. N. Tolstaja, S. S. Michajlova, A. B. Taubman und A. V. Uvarov. (Doklady Akad. Nauk SSSR **178** (1968) 1, 148—51; Inst. fiz. chim. AN SSSR; russ.) — Die Umsetzung der Komponenten der Syst. TiO_2–oberflächenakt. Substanz–Perchlorvinylharz (I) wurde bei Verw. von *Octadecylamin, Stearinsäure* u. *Octadecanol* als oberflächenakt. Substanzen untersucht. Die oberflächenakt. Substanzen wurden an bei 200° getrocknetem TiO_2 aus entwässerten organ. Lsgm. bei einer Kontaktzeit von 5 Std. absorbiert u. bei 60° mit Toluol desorbiert. Der Adsorptionsgrad der oberflächenakt. Substanzen wurde bei alleiniger Verw. u. gleichzeitigem Einsatz mit I bestimmt. Die IR-Spektren von TiO_2 in Ggw. von oberflächenakt. Substanzen von I wurden bei 1000—2000 cm^{-1} aufgenommen. Der Unterschied im Charakter der Umsetzung der oberflächenakt. Substanzen mit Pigmentoberflächen beruht auf der irreversiblen Chemosorption der Substanzen an der nichthomogenen Oberfläche der festen Phasen. Die Abnahme des Adsorptionsgrades von I an Pigmentoberflächen, die durch oberflächenakt. Substanzen modifiziert sind, deutet darauf, daß die erhöhte Strukturstabilität des gesätt. polymeren Syst. in diesem Falle nicht durch erhöhte Adsorption des Polymers, sondern durch veränderte Konform. der Makromol. an der polymerophilisierten Oberfläche bedingt ist. J. J. Pohl 204

0757 **Viskosimetrisches Verfahren zur Bestimmung der Dicken von Polymeradsorptionsschichten an Titandioxid.** A. Doroszkowski und R. Lambourne. (J. Colloid Interface Sci. **26** (1968) 2, 214—21; Res. Dep., Imp. Chem. Ind. Ltd., Slough, Bucks., England; engl.) — Aus der Viskosität bei unendlich großer Schergeschw. (D), bei der alle Flocken zerstört sein sollten, wird bis zu Phasenvol. von 15% Feststoff nach der empir. Gleichung $\eta = \eta_0 (1 + 3x + 23x^2)$ [η = Viskosität bei unendlichem D, extrapoliert aus der $\eta = f(D^{-1/2})$-Kurve, η_0 = Viskosität des Lsgm., x = Feststoffanteil] das scheinbare Teilchenvol. u. daraus die Dicke der adsorbierten Schicht (d) berechnet. Das wahre Vol. der Teilchen ohne Polymerschicht wird durch Messungen mit Ölsäurezusätzen ermittelt, die Ölsäuremonoschicht von 20 Å Dicke wird dabei in Rechnung gesetzt. d liegt für verschiedene Homo- u. Copolymerisate von Lauryl-, Methyl-, Cetyl-, Stearyl- u. Glycidylmethacrylate u. heptamerer 12-Hydroxystearinsäure in aliphat. KW-Stoffen, Xylol u. Butylacetat zwischen 240 u. 60 Å. K. Strenge 204

0758 **Benetzungswärmen im System Thoriumoxid–Wasser.** 3. Mitt. **Veränderung mit der spezifischen Oberflächengröße und mit der Entgasungstemperatur.** E. L. Fuller jun., H. F. Holmes, C. H. Secoy und J. E. Stuckey. (J. physic. Chem. **72** (1968) 2, 573—77; ORNL, Oak Ridge, Tenn.; engl.) — 2. vgl. C. **1967**, 37-0654. — Die Benetzungswärmen von Thoriumoxidproben deuten auf drei Wechselwrkg.-Arten des W. mit der Oberfläche hin u. zeigen den Temp.-Bereich der Beständigkeit der Oberflächenspezies auf. Die Hochtemp.-Calcinierung (650—1600°) ergibt eine Substanz nahezu ohne hochenerget. Oberflächenheterogenitäten, die im Ausgangsmaterial mit großer Oberfläche vorhanden sind. G. Malow 204

0759 **Einfluß der Komplexbildungsprozesse von Germanium mit Weinsäure auf die Sorption von Ge aus Lösungen an Aktivkohle.** E. A. Kogan und D. Ja. Evdokimov. (Ž. prikl. Chim. **41** (1968) 3, 579—82; Elektrotechn. inst. svjazi, Odessa; russ.) — Die Unters. der Sorption von Ge aus wss. Lsg. an mit Weinsäure behandelten Aktivkohleproben zeigt, daß eine solche Behandlung die Sorptionsfähigkeit in bezug auf Ge erhöht. Diese Zunahme, die Abnahme des pH-Werts der Lsg. u. der Charakter der Sorptionsisothermen deuten darauf, daß die Sorptionsprozesse an der Kohlenoberfläche auf einer mit der Bldg. eines Ge–Weinsäure-Komplexes verbundenen Chemosorption an der Sorbentenoberfläche beruhen. Die Sorption wird in erster Linie nicht durch thermodynam., sondern durch kinet. Faktoren, wie innere Diffusionsprozesse, beeinflußt. Eine 1%ig. KOH-Lsg. desorbiert Ge u. Weinsäurelsg. besser als Wasser. Das Mol-Verhältnis Ge : Weinsäure beträgt im Desorbat 1 : 1,4 bzw. 1 : 1. J. J. Pohl 204

0760 **Sorption von Wismut an Aktivkohle SKT aus salzsauren Lösungen.** V. P. Tauškanov, I. A. Kuzin, Ju. M. Nazarov und Ja. Boganč. (Izvest. vysšich učebnych Zavedenij [Ivanovo], Chim. i chim. Technol. **11** (1968) 1, 30—34; Leningradskij technol. inst. im. Lensoveta; russ.) — Die Sorption von Bi, *Al, Pb, Cd, Zn, Mn, Cu* u. *Mg* an Aktivkohle SKT aus HCl-Lsg. wurde bei HCl-Konz. von 0,2—8,0n untersucht. Bi zeigt den größten Konzentrierungs- u. Reinigungseffekt bei der Adsorption aus 0,6m HCl. Der Einfl. von Ammoniumchlorid, -nitrat u. -sulfat auf die Sorption von Bi, Pb, Cd u. Zn an der Aktivkohle wurde in 0,6m HCl verfolgt. Die quant. Trennung von bin. Gemischen des Bi mit Al, Mg, Mn, Cu, Zn, Cd u. Pb ist bei Verhältnissen der Elemente 1 : 1 bis 1 : 50 möglich. J. J. Pohl 204

0761 **Mitfällung von Wolfram mit Metallhydroxiden.** V. I. Plotnikov und V. L. Kočetkov. (Ž. neorg. Chim. **13** (1968) 1, 203—06; Inst. jadernoj fiz. AN Kazach. SSR; russ.) — Mitfällungsvers. bei 23—25° zeigen, daß die

Sorptionsfähigkeit von Hydroxiden in bezug auf das Wolframation mit steigendem pH-Wert in der Reihenfolge der Metalle Be < In < Al, Ti < Cr < Fe < Zr < Y < Pb, Bi, Th, La, Ce(IV) wächst. Als Fällungsmittel wurden wss. NH_3- u. KOH-Lsg. verwendet. J. J. Pohl 204

0762 **Bestimmung der Ladungszahl von komplexen Anionen nach der Ionenaustauschmethode.** A. A. Grinberg, G. I. Petržak und L. N. Štepanova. (Radiochimija **10** (1968) 1, 96—98; russ.) — Zur Best. der Ladungszahl ist es nach Trofimov notwendig, die Verteilungskoeff. α_n des zu untersuchenden Anions an zwei unterschiedlichen Proben eines Ionits bei ident. Bedingungen sowie die spezif. Vol. V_n dieser Ionitproben im ausgequollenen Zustand bei den gleichen Bedingungen zu bestimmen. Dabei muß der Austausch reversibel u. das Komplexion beständig sein. Bestimmt wurde die Ladungszahl des Anions $[Co(NO_2)_6]^{3-}$, das in Ggw. von 5n $NaNO_2$ beständig ist. Verwendet wurde der Austauscher Dowex-1 in NO_2^--Form mit 4% (Probe 1) bzw. 10% Divinylbenzol (Probe 2). Die Co-Konz. betrug 10 mg/l u. wurde radiometr. verfolgt. Das spezif. Vol. wurde zu $V_1 = 1{,}23$ ml/g u. $V_2 = 1{,}08$ ml/g, die Feuchtigkeit entsprechend zu 12,7 u. 6,0%, die Restaktivität in der fl. Phase nach Einstellung des Gleichgew. zu 36 u. 29,2% bestimmt. Nach der Formel $z = [\log(\alpha_1/\alpha_2)/\log(V_2/V_1)] + 1$ wurde die Ladung des angeführten Anions zu 2,80 bestimmt. Nach dieser Meth. wurde die Ladung des Anions $[U(C_2O_4)_4]^{4-}$ zu 4,3 bestimmt. Der Ionit enthielt 4 u. 16% Divinylbenzol, die spezif. Vol. betrugen $V_1 = 1{,}50$ ml/g u. $V_2 = 0{,}85$ ml/g, die Feuchtigkeit 30,5 u. 17,0%, die Restkonz. nach Gleichgew.-Einstellung (spektrophotometr. Best. des U) 80,0 u. 71,5%. Somit wird die Existenz des Anions $[U(C_2O_4)_4]^{4-}$ bestätigt. G. Ewald 206

0763 **Selektivität des Austausches von Alkylammoniumionen am phosphorsauren Kationit.** G. L. Starobinec und S. D. Kul'kina. (Izvest. vysšich učebnych Zavedenij [Ivanovo], Chim. i chim. Technol. **11** (1968) 2, 158—60; Minskij gos. med. inst., kaf. org. i fiz. i kolloidnoj inst.; russ.) — Der Selektivitätskoeff. beim Austausch von Methyl-, Äthyl-, n-Butyl-, n-Octyl-, Dimethyl-, Trimethyl-, Diäthyl- u. Triäthylammoniumionen am phosphorsauren Copolymer von Styrol u. Divinylbenzol wurde in einem breiten pH-Bereich untersucht. Als bewegliches Gegenion wurde Li^+ verwendet. Die Kurven der Selektivitätskoeff. des Austausches von Alkylammoniumionen gegen Li^+ in Abhängigkeit vom pH-Wert der Gleichgew.-Lsg. gehen durch ein Minimum, das sich um so mehr gegen größere pH-Werte verschiebt, je größer der pK_A-Wert der Base ist. Das Minimum dürfte dadurch bedingt sein, daß die Affinität des organ. Kations zur zweiten sauren Gruppe größer ist als die zur ersten. Die Struktur der KW-Stoffkette des Alkylammoniumions übt einen entscheidenden Einfl. auf die Selektivität des Austausches u. auf die Quellung der gemischten Salzform des Ionits aus. Die Anzahl der C-Atome im Alkylammoniumion beeinflußt diese Größen weniger. Im Falle von normalen KW-Stoffketten ist die Selektivität des Austausches größer, die Quellung bei gleicher Temp. kleiner als im Falle verzweigter Ketten. J. J. Pohl 206

0764 **Sorption von Zirkonium aus wäßrig-organischen HCl-Lösungen mit den Ioniten KU-2 und AV-17.** T. A. Beljavskaja und G. D. Dobrušina. (Vestnik Moskovskogo Univ., Ser. II **23** (1968) 2, 131—34; Kaf. analit. chim.; russ., Auszug: engl.) — Die Zugabe von Propanol u. Aceton verändert die Sorptionseig. von Zr an KU-2 oder AV-17 aus salzsauren wss. Lösungen. Die Verteilungskoeff. wurden mit Hilfe von ^{95}Zr-Markierung an der H^+-Form von KU-2 mit 8% Divinylbenzol bzw. der Cl^--Form von AV-17 mit 2% Divinylbenzol bestimmt. J. J. Pohl 206

0765 **Geschwindigkeit des Ionenaustausches an komplexbildenden Ioniten — Polystyrolazosalicylsäure.** V. N. Tolmačev, B. M. Kolesnikova und Do Min' Chong. (Ž. obšč. Chim. **38** (**100**) (1968) 1, 18—22; Charkovskij gos. univ. im. Gor'kogo; russ.) — Die Geschw. des Kationenaustausches aus wss. NH_3-Lsg. an Polystyrolazosalicylsäure wird durch Diffusion im Sorbenteninnern begrenzt; sie steigt in der Reihenfolge Cu ≈ Ni < Zn < Cd u. mit zunehmender NH_3-Konzentration. Die Kationenaffinität der Polystyrolazosalicylsäure ist größer als die des Kationiten KU-2, am letztgenannten ist jedoch die Austauschgeschw. größer. J. Eliassaf 206

0766 **Chemie hochkonzentrierter wäßriger Elektrolytlösungen.** 16. Mitt. **Papieriontophoretische Untersuchung der Wanderung einiger zweiwertiger Ionen in hochkonzentrierten LiCl-Lösungen.** F. Šmirous und J. Čeleda. (Collect. czechoslov. chem. Commun. **33** (1968) 4, 1017—27; Inst. für Technolog. der Kernbrennstoffe u. Radiochem., TH für Chem., Prag; dt.) — 14. vgl. C. **1968,** 44-0618. — Unters. der Verschiebung der Flecke von Cu(II), Pb(II), Zn(II), Cd(II) u. Hg(II) in 1—10m LiCl-Lösungen. Die Stabilitätskonst. der Chlorokomplexe wurden abgeschätzt. D. Ertel 208

A–7. Kinetik, Katalyse

0767 **Kinetische Analyse einiger Folgereaktionen.** 3. Mitt. **Das konkurrente Folgereaktionssystem A + A → C, A + C → E.** Tibor Kelen und Ferenc Tüdős. (Magyar Kémiai Folyóirat [Ung. Z. Chem.] **74** (1968) 8, 376—86; ung.) — 2. vgl. C. **1969,** 1-0677. — Angabe der Lösung des betreffenden Differentialgleichungssyst., Diskussion der Konz.- u. der Zeitabhängigkeit; Diagramme. D. Hoene 211

0768 **Kinetische Analyse einiger Folgereaktionen.** 4. Mitt. **Die konkurrenten Folgereaktionssysteme A → C, A + C → E und A + B → C, A + C → E.** Tibor Kelen. (Magyar Kémiai Folyoirat [Ung. Z. Chem.] **74** (1968) 9, 399—402; ung.) — 3. vgl. vorst. Referat. — Angabe der Lösungsmöglichkeiten für die Differentialgleichungssysteme. D. Hoene 211

0769 **Berechnung der Gleichgewichts–Reaktionsgeschwindigkeits-Konstanten der Rekombination von Atomen.** I. I. Ptičkin und S. A. Terent'ev. (Ž. fiz. Chim. **42** (1968) 1, 87—90; Saratovskij gos. univ. im Černyševskogo; russ.) — Die Geschw.-Konst. der Rekombination von Inertgasatomen wurde mit der Meth. der Gleichgew.-Statistik bestimmt. Die ber. Daten: für *He* (bei 293 °K) 0,67($\cdot 10^{32}$ k_1, cm^6/s) (bei 700 °K) 0,12 u. (bei 1500 °K) 0,04, für *Ne* 1,31, 0,23, 0,08, für *Ar* 3,05, 0,54, 0,18, für *Kr* 3,94, 0,68, 0,23 u. für *Xe* 4,06, 0,90, 0,30. Die Übereinstimmung mit Vers.-Daten ist, auch im Falle von Jod, zufriedenstellend. J. J. Pohl 212

0770 **Reaktion $SO + O_2 \rightarrow SO_2 + O$.** D. J. Williams. (Combust. and Flame **12** (1968) 2, 165—68; Div. of Miner. Chem., Coal Res. Labor., CSIRO, Chatswood, Australia; engl.) — Für die Rk. $SO + O_2 \rightarrow SO_2 + O$ (1) werden die Arrhenius-Parameter A_1, E_1 bei 440—530° bestimmt; $k_1 = 10^{13,3} \exp(-10000/RT)$ $cm^3 \cdot Mol^{-1} \cdot s^{-1}$. Bei Temp. über 400° beobachtet man ein blaues Leuchten (Chemilumineszenz), wenn dem Rk.-Gemisch O-Atome zugefügt werden. Dieses Leuchten ist eine Folge der Rk. $SO + O \rightarrow SO_2 + h\nu$. W. Pusch 212△

0771 **Massenspektrometrische Beobachtung der Ionen $ArC_2H_2^+$ und $ArC_2H_4^+$ bei Reaktionen angeregter Argonatome mit nicht angeregten Acetylen- und Äthylenmolekülen.** S. E. Kuprijanov. (Chim. vysokich Energ. **2** (1968) 1, 102—03; Fiz.-chim. inst. im. Karpova; russ.) — Die Bldg. von $ArC_2H_2^+$- u. $ArC_2H_4^+$-Ionen aus therm. angeregtem Ar u. normalen Acetylen- bzw. Äthylenmol. über den Zwischenzustand angeregter $ArC_2H_2^*$- u. $ArC_2H_4^*$-Spezies durch Autoionisation wird nachgewiesen. H. Roschkowski 212

0772 **Näherungsmethode zur Lösung von Aufgaben der Wärmetheorie der Verbrennung.** A. E. Averson, V. V. Barzykin und A. G. Meržanov. (Doklady Akad. Nauk SSSR **178** (1968) 1, 131—34; russ.) — Eine neue, allg. Beschreibung der Verbrennungsbedingungen wird vorgeschlagen, die die näherungsweise analyt. Lösung eines breiten Kreises der Aufgaben der Wärmetheorie der Verbrennung ermöglicht. J. J. Pohl 214

0773 **Gasphasendetonationen: Neuere Fortschritte.** Roger A. Strehlow. (Combust. and Flame **12** (1968) 2,

81—101; Dep. of Aeronaut. and Astronaut. Engng., Univ. of Ill., Urbana, Ill.; engl.) — Vf. berichtet ausführlich über die neueren Forschungsergebnisse auf dem Gebiet der Ausbreitung von Gasdetonationen in Rohren. Bes. Beachtung finden die experimentellen u. theoret. Arbeiten bez. der Stabilität, der Struktur u. der Initiierung u. des Erlöschens einer Detonation. Insgesamt 172 Literaturangaben werden mitgeteilt.

W. Pusch 214△

0774 **Chlor-Fluor-Flammen — Raumgeschwindigkeiten und Gleichgewichtszusammensetzung des verbrannten Gases.** E. A. Fletcher und L. L. Ambs. (Combust. and Flame **12** (1968) 2, 115—18; Combustion Labor., Mechan. Engng. Dep., Univ. of Minn., Minneapolis, Minn.; engl.) — Raumgeschw. von *Chlor-Fluor*-Flammen werden gemessen. Die Ergebnisse werden mit theoret. Flammentemp., Gleichgew.-Zus. u. einem einfachen plausiblen Ausdruck für die RG verglichen. W. Pusch 214△

0775 **EPR-Untersuchung einer verdünnten COS-Flamme.** É. N. Sarkisjan und A. B. Nalbandjan. (Doklady Akad. Nauk SSSR **178** (1968) 3, 648—49; Inst. chim. fiz. AN SSSR; russ.) — EPR-Unters. der Verbrennungsrk. im Syst. COS–O_2 zeigen das Auftreten von atomarem Sauerstoff sowie von SO-Radikalen mit einer maximalen Konz. von 10^{14} Teilchen/cm^3 bei 10 Torr. Die maximale Konz. von O u. SO wurde bei etwa der gleichen Anfangszus. des Gemisches beobachtet. Die Konz. von O u. SO sind im Falle von COS wesentlich kleiner als bei CS_2-Gemischen. J. J. Pohl 214

0776 **Verbrennungscharakteristiken kristalliner Oxydationsmittel.** E. E. Hackman III und H. C. Beachell. (AIAA Journal **6** (1968) 3, 561—64; Univ. of Del., Newark, Del.; engl.) — Einkrist. von *Ammoniumperchlorat* (**I**) werden entlang natürlicher Flächen gespalten, u. es wird ihre Verbrennungsgeschw. bei Drücken von 900—1500 psi ermittelt. Ebenso wird die Verbrennungsgeschw. von **I**-Pulver hoher u. geringer Packungsdichte u. unter Zusatz von NO_2^+, Rb^+, NH_4NO_3 bestimmt. **I**-Einkrist. verbrennen bei 1000 psi mit 0,33 in./s, während Pulver hoher Packungsdichte mit 0,28 in./s verbrennen u. Pulver geringer Packungsdichte eine Verbrennungsgeschw. von **9,30** in./s aufweisen. **I**-Pulver verbrennen zwischen 1 u. 100 atm stabil. Zusätze zu **I** verursachen leicht erkennbare Änderungen der Verbrennungsgeschw. des Pulvers. Ein Zusatz von 0,01% NO_2^+ zum **I**-Gitter erhöht die Verbrennungsgeschw. um 50%. — Die charakterist. Brennfläche A* ist für **I** u. NH_4NO_3 nahezu gleich, wenn die Ox.-Mittel als physikal. ähnliche Pulver verbrennen.

W. Pusch 214△

0777 **Oxydierende Eigenschaften von Hydrazin und Hydroxylamin.** A. A. Grinberg und E. M. Maršak. (Ž. neorg. Chim. **13** (1968) 4, 1213—14; Leningradskij technol. inst. im. Lensoveta; russ.) — Die oxydierende Wrkg. von Hydrazin u. Hydroxylamin in bezug auf Pt(II) wurde im sauren Medium untersucht. Akt. frischgefälltes Pt geht beim Kochen in Ggw. von Hydrazin im 2—3n salzsauren Medium ganz oder teils in die Lsg. über, das Endprod. enthält $PtCl_6^{2-}$ u. NH_4^+-Ionen. Bei der Einw. von 2—3n Hydrazin oder 1—2n Hydroxylamin auf (2—4) · 10^{-4} g-Ion/l $PtCl_4^{2-}$ entstehen ca. 60% $PtCl_6^{2-}$. J. J. Pohl 216

0778 **Silane.** 10. Mitt. **Alkalische Solvolyse von Alkoxysilanen.** G. Schott, J. Kreutzmann und W. Zarend. (Z. anorg. allg. Chem. **358** (1968) 5/6, 219—25; Inst. für anorgan. Chem., Univ., Rostock; dt.) — 9. vgl. Z. anorg. allg. Chem. **358** (1968) 5—6, 210; 8. vgl. C. **1969**, 4-1105. — Alkoxysilane des Typs $(C_2H_5)_x(RO)_{3-x}SiH$ [x = 0, 1, 2] werden der alkal. Solvolyse in A./W. (93,7 : 6,3 Vol.-%) unterworfen. Bei einem Umsatz bis zu 60% verlaufen die Rk. nach der 1. Ordnung. Substituenteneffekte werden diskutiert. Folgende Alkoxysilane werden solvolysiert: Diäthylalkoxysilane: *-methoxy-*, $C_5H_{14}OSi$, Kp. 98°; n_D^{25} 1,3920. — *-äthoxy-*, $C_6H_{16}OSi$, Kp. 114°. — *-n-propoxy-*, $C_7H_{18}OSi$, Kp. 138°; n_D^{25} 1,4025. — *-isopropoxy-*, $C_7H_{18}OSi$, Kp. 127°; n_D^{20} 1,3985. — *-n-butoxy-*, $C_8H_{20}OSi$, Kp.$_1$ 17°; n_D^{20} 1,4110. — *-isobutoxy-*, $C_8H_{20}OSi$, Kp.$_3$ 21°; n_D^{20} 1,4067. — *-sek.-butoxy-*, $C_8H_{20}OSi$, Kp.$_{14}$ 50°; n_D^{20} 1,4072. — *-tert.-butoxy-*, $C_8H_{20}OSi$, Kp.$_8$ 32°; n_D^{25} 1,4030. — Äthyldialkoxysilane: *-dimethoxy-*, $C_4H_{12}O_2Si$, Kp. 88°. — *-diäthoxy-*, $C_6H_{16}O_2Si$, Kp.$_{65}$ 55°. — *-di-n-propoxy-*, $C_8H_{20}O_2Si$, Kp.$_3$ 37°. — *-diisopropoxy-*, $C_8H_{20}O_2Si$, Kp.$_{39}$ 58°. — *-di-n-butoxy-*, $C_{10}H_{24}O_2Si$, Kp.$_5$ 66°. — *-diisobutoxy-*, $C_{10}H_{24}O_2Si$, Kp.$_4$ 57°. — *-di-sek.-butoxy-*, $C_{10}H_{24}O_2Si$, Kp.$_4$ 47°. — *-di-tert.-butoxy-*, $C_{10}H_{24}O_2Si$, Kp.$_{14}$ 60°. — Trialkoxysilane: *Trimethoxy-*, $C_3H_{10}O_3Si$, Kp. 84°. — *Triäthoxy-*, $C_6H_{16}O_3Si$, Kp. 136°. — *Tri-n-propoxy-*, $C_9H_{22}O_3Si$, Kp.$_5$ 59°. — *Triisopropoxy-*, $C_9H_{22}O_3Si$, Kp.$_5$ 35°. — *Tri-n-butoxy-*, $C_{12}H_{28}O_3Si$, Kp.$_5$ 101°. — *Triisobutoxy-*, $C_{12}H_{28}O_3Si$, Kp.$_4$ 81°. — *Tri-sek.-butoxy-*, $C_{12}H_{28}O_3Si$, Kp.$_4$ 79°. — *Tri-tert.-butoxy-*, $C_{12}H_{28}O_3Si$. — Die abgebildete Meßapp. wird ausführlich beschrieben. H.-J. Schönherr 216

0779 **Identifizierung der Zwischenprodukte der Hydrolyse von Alkalimetallhydridoboraten.** V. S. Chain, K. N. Močalov und O. N. Fadeeva. (Ž. neorg. Chim. **13** (1968) 3, 908—09; russ.) — Das BH_4^--Ion reagiert mit SnO_2^{2-}-, AsO_2^-- u. SbO_2^--Ionen nicht. Im Falle von BH_3OH^- u. $BH_2(OH)_2^-$ findet ebenfalls keine Rk. statt. $BH(OH)_3^-$ weist hingegen reduzierende Eig. auf u. dürfte mit SnO_2^{2-}, AsO_2^- u. SbO_2^- unter Bldg. der Metalle reagieren. Die Hydrolyse von Alkalimetallhydridoboraten wurde in einer Boratpufferlsg. bei pH 10,45 u. 25° polarograph. verfolgt. Die Nd.-Bldg. bei der Zugabe von alkal. Na_2SnO_2-, Na_2HAsO_3- u. $NaSbO_2$-Lsg. durch Messung der Absorption u. polarograph. verfolgt. Die Rk. kann zum qual. Nachw. von $BH(OH)_3^-$-Ionen verwendet werden. J. J. Pohl 216

0780 **Umsetzung von Calciummolybdat mit wäßrigen Natrium- und Kaliumcarbonatlösungen.** Z. G. Karov, F. M. Perel'man und M. É. Dorogov. (Ž. neorg. Chim. **13** (1968) 5, 1344—47; Inst. obšč. i neorg. chim. im. Kurnakova AN SSSR; russ.) — Die Umsetzung von $CaMoO_4$ mit Na_2CO_3 u. K_2CO_3 wurde in wss. Lsg. bei 25—80° untersucht. Die Rk.-Geschw. wächst mit zunehmender Temp. u. mit wachsendem relativem Na_2CO_3- u. K_2CO_3-Gehalt. Sie ist in allen Fällen für K_2CO_3 höher als für Na_2CO_3. Die Geschw.-Konst. der Rk. können nach einer Gleichung erster Ordnung bestimmt werden, die Aktivierungsenergie der Rk. von $CaMoO_4$ mit Na_2CO_3 bzw. K_2CO_3 beträgt **15,73** bzw. **16,03** kcal (25—70°). Bei 70° u. einem Reagenzverhältnis von 1 : 5 beträgt K · 10^2 für Na_2CO_3 22,10, für K_2CO_3 31,54.

J. J. Pohl 216

0781 **Kinetik der Substitutionsreaktionen von Chrom(III)-Komplexen.** 5. Mitt. **Aquotisierung der Nitropentamminchrom(III)-Ionen.** V. Holba. (Chem. Zvesti **22** (1968) 2, 81—86; Prírodoved. fak. Univ. Komenského, Bratislava; slowak.) — 4. vgl. C. **1967**, 25-0674. — Die Rk.: $[CrNO_2 \cdot (NH_3)_5]^{2+} + H_2O = [CrH_2O(NH_3)_5]^{3+} + NO_2^-$ im sauren Medium wurde durch spektrophotometr. Absorptionsmessung u. Best. der NO_2^--Ionen in den Rk.-Lsg. bei **48,0—72,4°** kinet. untersucht. Die Aktivierungsenergie der Rk. ist verhältnismäßig gering (**11** kcal/Mol). Die Rk.-Geschw. wird weder durch Belichtung mit einer Hg-Leuchte noch durch die H^+-Konz. in der Rk.-Lsg. prakt. beeinflußt. Dies deutet darauf hin, daß die Aquotisierung in diesem Falle — zum Unterschied von anderen analogen Cr-Komplexen — ohne Unterbrechung der Bindung Ligand—Metall verläuft.

K. Kámen 216△

0782 **Einfluß des Säuregrades des Mediums auf die Wasserstoff-Isotopenaustauschgeschwindigkeit in Ferrocen.** E. V. Bykova und V. N. Setkina. (Doklady Akad. Nauk SSSR **178** (1968) 2, 352—54; russ.) — Die H-Isotopenaustauschgeschw. in Ferrocen wurde bei 25° in Gemischen von CF_3COOH u. CH_3COOD in Abhängigkeit vom Säuregrad bestimmt. Bei 25° gilt im Syst. Ferrocen–Trifluoressigsäure für die Geschw.-Konst. $k = A \cdot h_0$ mit $A = 1{,}3 \cdot 10^{-6}$ (h_0 = Acidität). Die Austauschgeschw. in Ferrocen ist bei gleichem Säuregrad um 5—6 Größenordnungen höher als die in Benzol.

J. J. Pohl 216

0783 **Lösungsmittel-Isotopeneffekt bei der Dissoziation des Aquopentamminkobalt(III)-Ions.** Roger C. Splinter, Simon J. Harris und R. Stuart Tobias. (Inorg. Chem. [Washington] **7** (1968) 5, 897—902; Dep. of Chem., Univ.

of Minn., Minneapolis, Minn.; engl.) — Die Gleichgew.-Konst. nachst. Rk. wurden bei 25° u. $[ClO_4^-]$ = 0,3000 m mit Hilfe potentiometr. u. spektrophotometr. Meth. bestimmt: (1) $Co(NH_3)_5OH_2^{3+} + H_2O \rightleftharpoons Co(NH_3)_5OH^{2+} + H_3O^+$; (2) $Co(NH_3)_5OD_2^{3+}$ (I) $+ D_2O \rightleftharpoons Co(NH_3)_5OD^{2+} + D_3O^+$; (3) $Co(ND_3)_5OD_2^{3+}$ (II) $+ D_2O \rightleftharpoons Co(ND_3)_5OD^{2+} + D_3O^+$. Die erhaltenen Werte sind log $^*K_1$ = −6,22 bzw. −6,75 (89% D_2O) bzw. −6,70 (99% D_2O). Sämtliche Gleichgew.-Konst. wurden nach der Meth. der kleinsten Quadrate verfeinert. Die partiell deuterierte Spezies I wurde außerdem in einem Strömungssyst. untersucht. Im Gegensatz zu Literaturangaben wird für das Aquopentamminkobalt(III)-Ion ein weitgehend normaler Isotopeneffekt von log (K_H/K_D) = 0,48 ± 0,01 gefunden. Ein Vgl. der Dissoziationskonst. von I u. II (log K_1 = −6,81 bzw. −6,70, jeweils in 100%ig. D_2O) liefert Hinweise auf das Ausmaß eines eventuellen sek. Isotopeneffekt infolge Austauschs der 15 H-Atome der Ammingruppen.
A. Blaschette 216

0784 **Struktur und Reaktivität in oktaedrischen Komplexen.** 12. Mitt. **trans → cis-Isomerisierung der Acetato-aquo-bis-[äthylendiamin]-kobalt(III)-Komplexionen.** Vincenzo Carunchio und Giancarlo Ortaggi. (Ricerca sci. **37** (1967) 12, 1121—25; Ist. Chim., Univ., Roma; ital.) — 10. vgl. Inorg. Chem. [Washington] **7** (1968) **3**, 519 u. 6. vgl. C. **1968**, 12-0659. — Die trans-cis-Isomerisierung von *trans*-$[CoCH_3COO(H_2O)en_2]^{2+}$ ist im pH-Bereich von 1—4,5 pH unabhängig, im Bereich 7—8 dagegen abhängig vom pH infolge Bldg. des (50mal) langsamer isomerisierenden Komplexes trans-$[CoOH \cdot (CH_3COO)en_2]^+$. Die Geschw.-Konst. der Isomerisierung ist in W. u. Methanol die gleiche u. beträgt bei 40° ca. $2{,}6 \cdot 10^{-4}\ s^{-1}$ (Aktivierungsparameter E_A = 27,5; $\Delta H^{\neq}$ = 26,9 kcal/Mol; $\Delta S^{\neq}$ = 11,1 u. e.). Für den Mechanismus wird Dissoziation des koordinierten W. angenommen.
W. Holland 216

0785 **Reaktionsmechanismus der Aquotisierung in cis- und trans-Thiocyanato-chloro-bis-[äthylendiamin]-kobalt-(III)-Salzlösungen.** V. D. Panasjuk und V. A. Archarov. (Ž. neorg. Chim. **13** (1968) 3, 776—80; russ.) — Die Kinetik der sauren Hydrolyse (Aquotisierung) der geometr. Isomeren von $[Co(en)_2(CNS)Cl]^+$ in gemischten wss.-organ. (Saccharose, Aceton, Methanol, Äthylenglykol, A., Glycerin) Lsg. wurde verfolgt. Bei 50—60° verläuft die Rk. nach einer Kinetik erster Ordnung. Die Temp.-Abhängigkeit der Rk.-Geschw. wurde bei 30 bis 40 Gew.-% der organ. Zusätze bestimmt. Die kinet. u. thermodynam. Charakteristiken der Aquotisierung der 1.2- u. 1.6-Verb. sind bei 50 bzw. 60 ± 0,1[1] in Ggw. von 40% der organ. Zusätze tabelliert. Der verschiedene Charakter der Abhängigkeit der Aquotisierungsgeschw. von der DK des Mediums im Falle von S_1N- bzw. S_2N-Mechanismen wird theoret. begründet. Im Falle der untersuchten Isomeren dürfte ein monomol. nucleophiler S_1N-Substitutionsmechanismus ausschlaggebend sein.
J. J. Pohl 216

0786 **Kinetik der Reduktion von $[AuBr_4]^-$ mit Sulfit- und Thiocyanat-Ionen.** V. P. Kazakov und M. V. Konovalova. (Ž. neorg. Chim. **13** (1968) 2, 447—53; Inst. teplofiz. SO AN SSSR; russ.) — Die Abhängigkeit der Red.-Geschw. von $AuBr_4^-$ vom Säuregrad zeigt, daß eine Umsetzung von $AuBr_4^-$ mit den SCN^-- u. HSO_3^--Ionen verläuft, die die Aktivierungsenergie 19,4 ± 1,1 kcal bzw. 6,4 ± 0,4 kcal besitzt. Die kleinere Aktivierungsenergie im Falle von SCN^--Ionen entspricht auch einer kleinen Aktivierungsentropie von −26 ± 2 Clausius, im Falle von HSO_3^- ist S^* = 28 ± 5 Clausius. Bei μ = 8,6 u. [NaBr] = 0,025 m ist k der unter Bldg. von Au^I verlaufenden Red. mit CNS^- bei 20° (6,25 ± 0,2) · 10^2, bei 30° (0,90 ± 0,06) · 10^3 u. bei 40° (1,25 ± 0,2) · 10^3 l · $Mol^{-1} \cdot s^{-1}$.
J. J. Pohl 216

0787 **Substitutionsreaktionen einiger Bis-[2.2'-dipyridyl]- und gemischter 2.2'-Dipyridyl-, 2.2'.2''-Terpyridyl-Komplexe von Ruthenium(II).** 2. Mitt. **Substitutionskinetik von Nitrit und anderen Nucleophilen.** N. R. Davies und T. L. Mullins. (Austral. J. Chem. **21** (1968) 4, 915—25; Dep. of Analyt. Chem., Univ. of New South Wales, Kensington; engl.) — 1. vgl. ibid. **20** (1967) 4, 657. — Vf. bestimmen die Geschw. der Substitution der Aquo-[2.2'-bipyridyl]-[2.2'.2''-terpyridyl]- u. Diaquo-bis-[2.2'-dipyridyl]-ruthenium(II)-Komplexe durch eine Reihe nucleophiler Reagenzien in wss. Lsg. als Funktion der Temperatur. Die Rk. ist 2. Ordnung, u. die Geschw. nehmen in der Reihe $N_3^- > NO_2^- > SCN^- >$ Py. ab. Der Bereich des Arrhenius-Parameters ist sehr groß. Die Substitution des Diaquokomplexes führt in einem Schritt zu dem entsprechenden disubstituierten Derivat. Im Falle der Nitritsubstitution ist das Endprod. wie Vgl. der Absorptionsspektren mit denen analoger Co-Verb. zeigen, wahrscheinlich ein Nitrokomplex, der durch schnelle Isomerisierung des intermediären Nitritokomplexes gebildet wird. Einzelheiten über die Änderungen in den Absorptionsspektren der untersuchten Syst. u. über Geschw.-Konst. 2. Ordnung k_2 [l · $Mol^{-1} \cdot min^{-1}$] vgl. Original.
H.-J. Schönherr 216

0788 **Hydrolyse der isomeren Diammine $[Pt(NH_3)_2Cl_2]$.** A. A. Grinberg und A. A. Korableva. (Ž. neorg. Chim. **13** (1968) 4, 1082—88; Leningradskij technol. inst. im. Lensoveta; russ.) — Die Kinetik der Aquotisierung von cis-$[Pt(NH_3)_2Cl_2]$ u. die der alkal. Hydrolyse der isomeren Salze $[Pt(NH_3)_2Cl_2]$ wurde bei 25 u. 50° verfolgt. Die Geschw. der alkal. Hydrolyse ist von der Alkalikonz. unabhängig, die Abhängigkeit von der Komplexkonz. gehorcht einer Gleichung erster Ordnung.
J. J. Pohl 216

0789 **Isotopenaustausch von Brom in einigen Bromoamminkomplexen von Pt(IV).** A. A. Grinberg, Ju. N. Kukuškin und A. F. V'jugina. (Radiochimija **10** (1968) 1, 46—50; russ.) — Vf. untersuchten unter Verw. von ^{36}Cl den Cl-Austausch im Ion $[Pt(NH_3)_5Cl]^{3+}$ (I). Die Konz. von I betrug $1 \cdot 10^{-2}$, die von $K^{36}Cl$ 5—6 Mol/l. Bei 18° wurde während 14 d kein Isotopenaustausch, bei 95° in 14 h ein 4—6%iger Austausch beobachtet. Die Abtrennung des freien Cl^- (wie auch später Br^-) vom gebundenen Cl (Br) erfolgte als AgCl (AgBr). Ferner wurde unter Verw. von ^{82}Br der Br-Austausch im Ion $[Pt(NH_3)_5 \cdot Br]^{3+}$ (II) untersucht. Es wurde bei den o. a. Verhältnissen ein Eintritt von Br in die innere Sphäre des Komplexions beobachtet. Jedoch handelt es sich nicht um eine Austausch-, sondern um eine Verdrängungsrk. nach $[Pt(NH_3)_5 \cdot Br]^{3+} + {}^{82}Br \rightleftharpoons [Pt(NH_3)_4{}^{82}BrBr]^{2+} + NH_3$. Der Verlauf dieser Rk. wurde durch Messung des pH-Wertes u. durch Aufnahme der Absorptionsspektren im Bereich 250—450 nm bestätigt. Die entsprechenden Konz. betrugen 0,02 Mol/l II, 0,1 Mol/l KBr. Die Messungen erfolgten nach 0,47, 68 u. 121 h. Somit kann hier ein Isotopenaustausch nicht beobachtet werden. Die angeführte Rk. wurde zur Synth. von *trans*-$[Pt(NH_3)_4Br_2] \cdot Br_2$ (III), benutzt. 3 g $[Pt(NH_3)_5Br]Br_3$ wurden in 20 ml W. fast zum Sd. erhitzt. Dabei löst sich die Ausgangsverb. auf u. es fällt zusammen mit einer Beimengung des Amidotriamins (schlecht abtrennbar) ein orangefarbener Nd. von III aus. Ausbeute 2,1 g. Dieser Nd. (2,1 g) wurde in 40 ml HNO_3 (1 : 1) bis zum Ende der Freisetzung von Stickstoffoxiden u. Br_2 erhitzt. Dabei fällt ein gelber Nd. von *trans*-$[Pt(NH_3)_4Br_2](NO_3)_2$ aus. Im Kation der letzteren Verb. wurde unter Verw. von $K^{82}Br$ der Br-Austausch untersucht. Die Austauschkinetik entspricht dem einfachen Austausch: $R \cdot t = a \cdot b \cdot \ln(1 - F)/(a + b)$ (R — Austauschgeschw., F — Austauschgrad, t — Zeit, a u. b — Konst.). Die Unters. der Abhängigkeit der Geschw. R von der Konz. der Komponenten ergab folgendes Geschw.-Gesetz: $R = K[Pt(NH_3)_4Br_2^{2+}][Br^-]$, wobei K zwischen 1,0 u. 2,6 l/Mol · s schwankt. Ein Br-Austausch in Ggw. von einer wss. Lsg. von Br_2 (10^{-6} Mol/l) erfolgt nicht; ein Austausch in Ggw. von der äquivalenten Menge an Alkali erfolgte in wenigen Minuten zu 60—70% des gebundenen Br. Die Austauschrk. verläuft unter katalyt. Teilnahme eines Pt(II)-Komplexes. Katalyt. Mengen dieses Komplexes können durch Autored. des trans-$[Pt(NH_3)_4Br_2]^{2+}$ über Pt(III) gebildet werden. Entsprechende Rk. sind angegeben.
G. Ewald 216

0790 **Mechanismus der trans-Wirkung.** B. I. Peščevickij und G. D. Mal'čikov. (Doklady Akad. Nauk SSSR **178** (1968) 1, 108—11; Inst. neorg. chim. SO AN SSSR; russ.) — Die Gleichgew.-Konst. der stufenweisen Substitution von trans-$[Pt(NH_3)_4Br_2]^{2+}$ mit SCN^- bzw.

J^- in der trans-Koordinate betragen 35,5 u. 12 bzw. 211 u. 57. Die Substitutionskinetik wird diskutiert.

J. J. Pohl 216

0791 **Einfluß des Sauerstoffdruckes auf die Kinetik der Hochtemperaturoxydation von Titan.** V. I. D'jačkov, V. I. Tichomirov. (Vestnik Leningradskogo Univ., Ser. fiz. Chim. **23** (1968) 4 Ser. Nr. 1, 158–60; russ., Auszug: engl.) – Die Unters. des Einfl. des O_2-Druckes auf die kinet. Parameter der Ti-Ox. u. das Wachstum der O_2-Diffusionsschicht auf dem Ti erfolgte gravimetr. in reinem O_2 bei Temp. von 750–1000° u. Drücken von 760 bis 10^{-1} Torr. Der O_2-Druck hat keinen nennenswerten Einfl. auf den Charakter des Ox-Prozesses von Ti (Evans-Gleichung) u. das Wachstum der Diffusionsschicht im Metall (parabol. Gesetz). Senkung des O_2-Druckes führt zur Verringerung der linearen u. parabol. Konst. der Evans-Gleichung u. zu einer wachsenden Rolle des sich im Metall lösenden O_2 im Ox.-Prozeß.

K. Karos 218

0792 **Anfangsperiode der Oxydation von Eisen in Wasserdampf und in einem Wasserdampf–Argon-Gemisch.** N. I. Vasil'eva und V. I. Tichomirov. (Vestnik Leningradskogo Univ., Ser. fiz. Chim. **23** (1968) 4, Ser. Nr. 1, 121–26; russ., Auszug: engl.) – Die Ox. von Armco-Fe in W.-Dampf u. W.-Dampf–Ar-Gemischen wurde bei $p_{H_2O} = 0{,}140$, 0,071 u. 0,044 atm untersucht. Die Ox. erfolgt nach einem linearen Gesetz u. wird bestimmt durch die chem. Rk. an der Oberfläche Oxidgas nach dem Schema $H_2O^{Gas} = H_2^{Gas} + O_{ads.}$. Die Aktivierungsenergie des Ox.-Prozesses im Gemisch H_2O–Ar beträgt 25 ± 5 kcal u. hängt nicht vom W.-Dampf-Partialdruck ab. Abhängigkeit der linearen Geschw.-Konst. vom W.-Dampfdruck (t = 975°) k = Konst. · $p_{H_2O}^{0,73}$. K. Karos 218

0793 **Kinetische Untersuchung der Sulfidbildung an Nickel mit Schwefelwasserstoff.** Jean-Pierre Crousier und Marc Laffitte. (C. R. hebd. Séances Acad. Sci., Sér. C **266** (1968) 19, 1442–45; Labor de chim., gen., Fac. des Sci., Marseille; franz.) – Vf. untersuchen die Kinetik der Rk. zwischen Ni u. H_2S an hochreinem Ni (Fe $5 \cdot 10^{-6}$; Si $3 \cdot 10^{-6}$; Mg, Ca, Cu, Ag $1 \cdot 10^{-6}$%) u. weniger reinem Ni (Fe 0,001; Mg 0,02; S 0,0009%) zwischen 400 u. 600° Unterhalb 540° läuft die Rk. nach einem parabol. Zeitgesetz ab: $\Delta m^2 = kt$ (k = RGK). Zwischen 400 u. 540° wurde eine Aktivierungsenergie von 31 ± 3 kcal/Mol gefunden. Oberhalb 540° wird RG durch Diffusion von Ni-Ionen in das Sulfid $Ni_{4-x}\Box_xS_2$ bestimmt. Der Einfl. von Verunreinigungen auf die Rk. wird diskutiert. Folgende k-Werte wurden ermittelt (k · 10^2): bei 400° 0,63 (hochreines Ni) u. 0,09 (reines Ni); bei 440° 2,10 u. 0,16; bei 500° 13,75 u. 3,25; bei 530° 34,10 u. 8,83. J. Pickardt 218

0794 **Thermische Stabilität der Salze der Chlorsauerstoffsäuren in fester Phase.** 4. Mitt. **Kinetische Untersuchung der thermischen Zersetzung der Alkalimetallperchlorate.** Frigyes Solymosi. (Magyar kém. Folyoirat [Ung. Z. Chem.] **74** (1968) 4, 145–55; Szeged, József Attila Tudományegyetem Szervetlen és Anal. Kémiai Tanszéke; ung.) – 3. vgl. C. **1968**, 33-0776. – Es wurde der Mechanismus u. die Kinetik der therm. Zers. von Li-, Na-, K-, Rb- u. Cs-Perchlorat untersucht. $LiClO_4$ u. $NaClO_4$ zersetzen sich in der geschmolzenen Phase, die Zers. der übrigen Perchlorate beginnt in fester Phase, wegen der Rk.-Wärme tritt aber während der Rk. Schmelzung ein. $LiClO_4$ (F. 247°) fängt bei 400° an sich zu zersetzen; die Zers. von $NaClO_4$ wurde zwischen 490–515° verfolgt; die Rk. ist autokatalytisch. Beide Vorgänge können mit der Prout-Tomkinsschen Gleichung wiedergegeben werden. Die Zers. der übrigen Verb. wird mit zwei Gleichungen erster Ordnung gedeutet. Die Aktivierungsenergie der Rk. liegt zwischen 60–70 kcal. Es wird angenommen, daß der die Geschw. bestimmende Schritt die Spaltung der Cl–O-Bindung ist. Aus den kinet. Messungen wird die Stabilitätsreihe der Verb. bestimmt u. diskutiert. Der Mechanismus der Zers. geht über die Bldg. von Chlorat u. daraus von Chlorid, wobei vielleicht Chlorit als Zwischenprod. auftritt. Der Charakter der Bindung beeinflußt die Rk.-Geschwindigkeit. I. Náray-Szabó 218△

0795 **Thermische Stabilität der Salze der Chlorsauerstoffsäuren in fester Phase.** 5. Mitt. **Thermische Zersetzung einiger Metall(II)-perchlorate.** Frigyes Solymosi. (Magyar kém. Folyóirat [Ung. Z. Chem.] **74** (1968) 4, 155–62; ung.) – 4. vgl. vorst. Referat. – Es wurde die therm. Zers. der Perchlorate des Ba, Cd, Mg, Pb u. Zn untersucht. Aus $Ba(ClO_4)_2$ entsteht Metallchlorid u. O_2, aus den übrigen verschiedene Gase (O_2, Cl_2), Chlorid u. Oxid. Die Aktivierungsenergie der Zers. beträgt beim Ba- u. Cd-Salz etwa 60 kcal, bei den übrigen etwa 40 kcal. Die Stabilitätsreihe ist Ba > Mg > Cd > Pb > Zn.

I. Náray-Szabó 218△

0796 **Kinetik der thermischen Zersetzung von $NaHCO_3$ und $KHCO_3$.** I. P. Iškin und E. S. Dubil'. (Ž. prikl. Chim. **41** (1968) 1, 52–58; russ.) – Die Möglichkeit der Verw. einer Wirbelschicht zur Unters. der Geschw. topochem. Rk. wird am Beispiel der therm. Zers. von $NaHCO_3$ u. $KHCO_3$ gezeigt. Die Dissoziation der beiden Salze wird durch die Geschw. der Wärmeübertragung begrenzt. Die Aktivierungsenergie der Zers. von $NaHCO_3$ beträgt 40,1 kcal/2 Mol, von $KHCO_3$ 39,6 kcal/2 Mol der Wärmeeffekt der Zers. –30,85 bzw. –32,82 kcal/2 Mole. Die Zers. der beiden Salze dürfte nach dem gleichen Mechanismus ablaufen. J. J. Pohl 218

0797 **Mechanismus des thermischen Zerfalls von Ammoniumperchlorat.** V. V. Boldyrev, O. P. Korobejničev und V. N. Pan'kov. (Kinetika i Kataliz **9** (1968) 1, 218–19; inst. chim. i kinetiki i gorenija SO AN SSSR, Novosibirsk; russ.) – Die therm. Zers. von NH_4ClO_4 wurde bei 200–500° u. 10^{-6} bis $5 \cdot 10^{-5}$ Torr massenspektroskop. untersucht. Bei allen Unters.-Bedingungen entsteht als prim. Zerfallsprod. Ammoniak, neben Dämpfen von $HClO_4$ u. seinen Zerfallsprodukten. Bei Zunahme des Ammoniakdruckes bis 10^{-4}–10^{-3} Torr bilden sich in Sekundärrk. in der Gasphase NO, N_2O u. O_2.

J. J. Pohl 218

0798 **Thermische Zersetzung von Metall(II)-bromaten.** Boguslav Dušek und František Petru. (Ž. neorg. Chim. **13** (1968) 2, 592; Praha, chim.-technol. inst., Kaf. neorg. chim., ČSR; russ.) – Die therm. Zers. von $Mg \cdot (BrO_3)_2 \cdot 6\,H_2O$, $Zn(BrO_3)_2 \cdot 6\,H_2O$, $Ni(BrO_3)_2 \cdot 6\,H_2O$, $Co(BrO_3)_2 \cdot 6\,H_2O$, $Cu(BrO_3)_2 \cdot 6\,H_2O$ u. $Cd(BrO_3)_2 \cdot 2\,H_2O$ wurde thermogravimetr., isotherm u. mit der DTA-Meth. verfolgt. Die Hexahydrate spalten 4 Mol. H_2O ab, die Dihydrate entstehen im Falle von Mg bei 50–140°, Zn 55–130°, Co 60–120° u. Ni 80–130°. $Cu(BrO_3)_2 \cdot 6\,H_2O$ schmilzt bei 48,5°. Die restlichen 2 W.-Mol. werden bei der Mg-Verb. bei 140–200°, Zn 130–170° u. bei der Cd-Verb. bei 105–160° abgegeben. Die Zers. der wasserfreien Bromate erfolgt exotherm, im Falle von Mg bei 245–350°, Zn 210–260°, Cd 280–330° u. Ni 220–270°, als Endprodukt entstehen MgO, ZnO u. CdO bzw. NiO mit überschüssigem Sauerstoff. Im Falle von $Co(BrO_3)_2 \cdot 6\,H_2O$ verläuft die Zers. gleichzeitig mit der zweiten Stufe der Entwässerung unter Bldg. von Co_3O_4. Die therm. Beständigkeit der Bromate sinkt also in der Reihenfolge: Mg, Cd, Zn, Ni, Cu u. Co. J. J. Pohl 218

0799 **Einfluß von Sauerstoff und Stickstoff auf die Geschwindigkeit der thermischen Zersetzung von Kaliumhexacyanoferrat(III).** E. S. Osinovik und A. F. Jančuk. (Izvest. Akad. Nauk Beloruss. SSR, Ser. chim. Nauk **1968**, 1, 123–25; Inst. fiz.-organ. chim. AN Beloruss. SSR; russ.) – Die Kinetik der therm. Zers. von $K_3 \cdot [Fe(CN)_6]$ (I) wurde bei 300, 310 u. 320° sowohl im Vakuum als auch in Ggw. von 1, 10 bzw. 50 Torr O_2 oder 2, 10 bzw. 100 Torr N_2 untersucht. In Ggw. von gasförmigem O_2 ist die maximale Geschw. der Rk. der therm. Zers. von I 2–3fach kleiner als im Vakuum. O_2-Mol. werden an der I-Oberfläche adsorbiert, wo sie als Elektronenakzeptoren die Bldg. von Rk.-Kernen in der Anfangsperiode der therm. Zers. bremsen. Bis zu Drücken von 2 Torr ist N_2 ohne Einfl., 10 Torr N_2 hemmen die Rk. etwas.

J. J. Pohl 218

0800 **Thermische Dissoziation höher hydratisierter Nickeloxide.** A. N. Kuznecov, B. G. Vilenskaja, I. N. Zacharov und E. P. Artjuchova. (Ž. fiz. Chim. **42** (1968) 2, 472–76; Dnepropetrovskij chim.-technol. inst. im. Dzeržinskogo; russ.) – Die therm. Entwässerung von höher hydratisierten Ni-Oxiden wurde unter Ar_2, Luft u.

O_2 bei Drücken zwischen Atmosphärendruck u. 75 atm untersucht. Der Grad der therm. Dissoziation hängt nur von der Temp. ab, vom Sauerstoffpartialdruck ist er in einem breiten Druckbereich (0—75 atm) unabhängig. Das überschüssige W. u. O wird gleichzeitig abgegeben, das entstehende wasserfreie NiO enthält weniger Sauerstoff als $NiO_{1,1}$. J. J. Pohl 218

0801 **Reaktionsmechanismus der Reduktion von Seltenerdmetallsulfaten mit Kohlenmonoxid.** V. P. Surgutskij und V. V. Serebrennikov. (Ž. neorg. Chim. **13** (1968) 3, 674—76; Krasnojarskij politechn. inst.; russ.) — IR-spektroskop. Daten im Bereich 400—2000 cm^{-1} zeigen, daß wasserfreies $Eu_2(SO_4)_3$ durch CO unter intermediärer Bldg. von $EuSO_4$ in das Oxidsulfid Eu_2O_2S überführt wird. Die Unters. der gasförmigen Prod. der Red. der La-, Pr-, Er- u. Eu-Sulfate zeigt, daß der Red.-Prozeß nach $Ln_2(SO_4)_3 + 2\,CO \rightarrow 2\,LnSO_4 + 2\,CO_2 + SO_2$ u. $2\,LnSO_4 + 4\,CO \rightarrow Ln_2O_2S + 4\,CO_2 + SO_2$ abläuft. Im Falle von Ce geht die Rk. bis zur Umwandlung in CeO_2 weiter. J. J. Pohl 218

0802 **Thermodynamik und Kinetik der Darstellung von Legierungen im System C–TiC durch Abscheidung aus der Gasphase.** V. S. Kilin, A. I. Evstjuchin und V. S. Dergunova. (Ž. fiz. Chim. **42** (1968) 3, 785—92; Mosk. inz.-fiz. inst.; russ.) — Das thermodynam. Gleichgew. im Syst. Ti–Cl–H–C wurde bei 1600—2400 °K u. 10 Torr untersucht. Die Abhängigkeit der Zus. des Nd. von der Temp., vom Verhältnis der Ausgangskomponenten im Dampf–Gas-Gemisch u. von der Ausb. wurde bestimmt. Die Kinetik des Fällungsprozesses im Syst. C–TiC wird diskutiert. Das Max. des Ti-Monochloridgeh. in der Gleichgew.–Dampf–Gas-Mischung liegt bei 2300—2400 °K, sein Partialdruck sinkt wenig mit wachsendem C : Ti-Verhältnis im Gleichgew.-System. Die Abscheidungsgeschw. von C bzw. TiC kann durch die Gleichung $v_C = 3{,}345 \cdot 10^{-5}$ exp. (— 6260/RT) bzw. $v_{TiC} = 1{,}108 \cdot 10^{-8}$ exp (21800/RT) beschrieben werden. Die scheinbare Aktivierungsenergie der Abscheidung aus der Gasphase der Zus. $TiCCl_4$–CH_4 beträgt 6260 cal/Mol für C u. 21800 cal/Mol für TiC im Bereich 2000—2600 °K. J. J. Pohl 218

0803 **Umsetzung von Zirkon mit Kaliumhydroxid.** Ju. M. Poležaev und V. G. Čuchlancev. (Ž. neorg. Chim. **13** (1968) 3, 650—53; Ural'skij politechn. inst. im. Kirova; russ.) — Die Umsetzung von Zirkon mit geschmolzenem KOH beginnt bei 340°. Die Unters. der Umsetzung bis 700° zeigt die Bldg. von K_2ZrSiO_5, das in der KOH-Schmelze unlösl. ist. Die Rk.-Geschw. ist von der Größe der Kontaktoberfäche der Rk.-Partner abhängig, eine intensivere Rk. findet nur bei genügend großem Zerkleinerungsgrad von Zirkon statt. J. J. Pohl 218

0804 **Chemisch-analytische Untersuchung der Entkohlung von Stahl mit Wasserstoff bei hohen Drücken.** M. B. Asvijan und G. K. Buntuškina. (Ž. fiz. Chim. **42** (1968) 3, 624—27; Irkutskij filial Giproneftemaš; russ.) — Die Kinetik u. der Mechanismus der Entkohlung von Stahl mit H_2 bei hohen Temp. u. Drücken wurden chem.-analyt. untersucht, wobei die Struktur u. die mechan. Eig. parallel metallograph. verfolgt wurden. Daten für röhrenförmige Proben des Stahls 16 GS der Zus. 0,18% C, 1,14% Mn, 0,42% Si, 0,026% P u. 0,022% S bei 165 atm H_2-Druck u. 425° sind nach Behandlungsdauer von 24, 48, 100, 185 u. 400 Std. angegeben. J. J. Pohl 218

0805 **Verwendbarkeit der thermographischen Methode für die Untersuchung der metallothermischen Reduktion von Chloriden.** V. D. Savin. (Ž. fiz. Chim. **42** (1968) 2, 530—35; Gos. NII redkometall. prom., Moskva; russ.) — Eine Meth. zur Auswertung der Gesetzmäßigkeiten des thermograph. Verh. zur Unters. komplizierter heterogener Prozesse wird diskutiert. Die theoret. u. apparativen Grundlagen der Unters. der metallotherm. Red. von Chloriden werden dargelegt. Die Umsetzungsgeschw. der Reagenzien u. die Wärmeeffekte bei der Red. von $TiCl_4$ u. $SiCl_4$ mit Mg u. Na bei 790—885° wurden bestimmt, die erhaltenen Thermobarogramme sind abgebildet. J. J. Pohl 218

0806 **Umsetzung der niedrigen Titanchloride intermediärer Zusammensetzung mit Natrium in Schmelzen.** V. D. Savin. (Ž. fiz. Chim. **42** (1968) 1, 94—97; russ.) — Vgl. vorst. Referat. — Die Red. eines Gemisches von 35,2 (Gew-%) $TiCl_3$ u. 16,1 $TiCl_2$ in 48,7 NaCl mit Na verläuft in Schmelzen anfangs nach Gesetzmäßigkeiten der Natherm. Red. in $TiCl_3$-Schmelzen, nach 50%ig. Red. nach denen in $TiCl_2$. Die scheinbare Aktivierungsenergie des Prozesses beträgt am Anfang 4500 cal/Mol. Die Verd. der niedrigen Ti-Chloride mit NaCl, d. h. die Senkung der Ti-Chloridkonz., begünstigt auch infolge des Eintretens von Ti(III)-Ionen in Komplexionen den Prozeßablauf. J. J. Pohl 218

0807 **Chlorierung von Molybdäntrioxid in Gegenwart von Molybdänit.** B. M. Tarakanov, A. N. Zelikman und V. I. Evdokimov. (Ž. neorg. Chim. **13** (1968) 3, 871—74; Inst. novych chim. problem. AN SSSR; russ.) — Der Einfl. von Molybdänit auf die Chlorierungsgeschw. von MoO_3 mit gasförmigem Cl_2 wurde bei 300—550° untersucht. Die Chlorierungsgeschw. u. der Umwandlungsgrad sind bei einem Molybdänit : MoO_3-Verhältnis von 1 : 6 maximal. Der Mechanismus der Prozesse dürfte bei 400° eine Änderung erfahren, die sich in den kinet. Kurven widerspiegelt. Die Aktivierungsenergie des Prozesses $MoS_2 + 6\,MoO_3 + 7\,Cl_2 \rightleftharpoons 7\,MoO_2Cl_2 + 2\,SO_2$, die oberhalb 400° zu einer vollständigen Chlorierung führt, beträgt 2390 kcal/Mol. Die Aktivierungsenergie bei 400° ist 8000 kcal/Mol. J. J. Pohl 218

0808 **Reduktion von Zinnchlorid mit flüssigem metallischen Zinn.** N. F. Drobot und V. I. Evdokimov. (Ž. neorg. Chim. **13** (1968) 5, 1283—87; Inst. obšč. i neorg. chim. im. Kurnakova AN SSSR; russ.) — Eine neue Variante der stat. Meth. der Unters. der heterogenen Rk. erlaubt die Unters. heterogener Prozesse, die zur Absorption des Dampfes einer leicht sd. Fl. führen. Die Kinetik der Red. von $SnCl_4$ an der Oberfläche von fl. metall. Sn wurde bei 260—475° u. einem $SnCl_4$-Dampfdruck von 20—220 Torr verfolgt. Im untersuchten Temp.- u. Dampfdruckbereich wird der Prozeß durch Diffusion des $SnCl_4$ durch eine fl. $SnCl_2$-Schicht begrenzt. Die Aktivierungsenergie des Prozesses beträgt 10,2 kcal/Mol. J. J. Pohl 218

0809 **Reduktion von Kobaltchlorid mit metallischem Aluminium.** V. N. Rečkin. (Ž. neorg. Chim. **13** (1968) 3, 635—37; Inst. fiz. chim. osnov pererabodki mineral'nogo syr'ja SO AN SSSR; russ.) — $CoCl_2$ kann durch metall. Al in der festen Phase red. werden, die Umsetzung beginnt bei 340°. Die Vollständigkeit der Red. wächst mit abnehmender Korngröße des Red.-Mittels. Die Red. ist bei 580° bei erhöhter gegenseitiger Diffusion des Co u. Al beendet. Die bei der Diffusion entstehenden Al-Leg. verlangsamen den Red.-Prozeß nicht. Als Rk.-Prod. entstehen in Abhängigkeit vom Red.-Grad *CoAl*, Co_2Al_9 oder Co_2Al_5. Eine Rk. von $CoCl_2$ mit Co_2Al_9 beginnt bei 300°, mit Co_2Al_5 u. CoAl bei 240 bzw. 200°. Die Umsetzungsprod. bei 350 bis 650° wurden röntgenograph. untersucht. J. J. Pohl 218

0810 **Oxydation von Zircaloy-2 in Wasser bei niedriger Temperatur** (< 300°). B. Cox. (J. nuclear Mater. [Amsterdam] **25** (1968) 3, 310—21; Chalk River Nucl. Labor., Chalk River, Ontario; engl.) — Zircaloy-2 wird bei 200, 250, 275 u. 300° in demineralisiertem W. oxydiert. In der Literatur angegebene Extrapolationen der Ox.-Geschw. zu niedrigen Temp hin führen zu ungenauen Ergebnissen. Weder das Gesetz der Rk.-Geschw. noch der Temp.-Koeff. sind regelmäßig; letzterer ist klein zwischen 260 u. 290° für Behandlungszeiten von weniger als 50 Tagen. Die Unregelmäßigkeiten deuten auf fortlaufende Änderungen in der Bilanz einer Anzahl von Prozessen hin, die die Ox. bestimmen. Interferometr. Messungen, opt.-mkr. u. elektronenmkr. Unters. ergeben, daß bis zu 40% der Gew.-Zunahme von der Bldg. örtlicher Gebiete dickeren Oxids (Auflsg. von O im Metall) herrührt Auch die Keimbldg. spinellartiger Krist. (möglicherweise Magnetit) trägt zur Gew.-Zunahme bei; ihre Abscheidung hängt wahrscheinlich mit den örtlichen elektr. Eig. der Oxidschicht zusammen. M. Frenzel 218

0811 **Korrosion von reinen Metallen in Schmelzen.** 3. Mitt. **Kinetik der Korrosion in geschmolzenem Vanadiumpentoxid.** D. A. Pantony und K. I. Vasu. (J. inorg. nuclear Chem. **30** (1968) 3, 755—79; Roy. School of

Minesy Imp. Coll., London; engl.) — 2. vgl. C. **1969**, 1-0181. — Die TGA im Temp.-Intervall ca. 700—950° ergab für die Metalle Co, Fe, Ti, Mo, W u. V in Ggw. eines mäßigen Überschusses an V_2O_5 eine lineare Zeitabhängigkeit der Korrosion. Ni ist widerstandsfähiger, die Korrosion verläuft nach einem logarithm. Gesetz. Cr bildet eine stark korrosionshemmende Deckschicht. Die RGK der V_2O_5-Korrosion ist der die Probe bedeckenden Schmelzschichtdicke umgekehrt proportional Die Temp.-Abhängigkeit verläuft nach dem Arrheniusschen Gesetz. Der Einfl. des O_2-Druckes p auf die RGK wird mit den Halbleitereig. von V_2O_5 erklärt. Bei niedrigem p_{O_2} (ca. 0,05—1 atm) beträgt der Exponent der in die modifizierte Arrhenius-Gleichung eingehenden Größe p ca. 0,8, bei höherem p ca. 0,1. Das gesamte kinet. Verh. der V_2O_5-Korrosion wird bestimmt von der O_2-Diffusion zum Metall u. der Wegdiffusion der Rk.-Produkte G. Schatz 218

0812 **Zusammenhang zwischen dem Potential von mit Zunder umgebenem Stahl und dem Gewichtsverlust beim Ätzen mit Säuren.** 5. Mitt. **Einfluß der Temperatur auf die Auflösungsgeschwindigkeit von Zunder an Metall.** G. M. Chvedčenja und A. S. Afanas'ev. (Ukrainskij chim. Ž. **34** (1968) 2, 207—12; Dnepropetrovskij metallurg. inst.; russ.) — 3. vgl. C. **1967**, 31-0614. — Der Einfl. der Temp. auf die Kinetik der Auflsg. von Zunderschichten in H_2SO_4 wurde durch gleichzeitige Messung des Gew. u. des Potentials von kohlenstoffarmen Stahlproben, die durch Zunder verschiedener Art umgeben waren, im Bereich 0 bis 90° bestimmt. Die Abhängigkeit der Logarithmen der wahren u. mittleren Lsg.-Geschw. der Zunder ist im ganzen untersuchten Bereich linear. Näherungswerte der effektiven Aktivierungsenergie u. des Temp.-Koeff. der Auflsg.-Geschw. von Zunder an Stahlsorten ist für konst. u. sich änderndes Elektrodenpotential angegeben. Die Ursachen der Änderung der effektiven Aktivierungsenergie in Abhängigkeit von der Zunderdicke, dem Elektrodenpotential der Proben u. dem Säuregrad werden diskutiert. J. J. Pohl 218

0813 **Kinetik der Umsetzung von Nickelsulfid mit NiO in der Wirbelschicht.** A. I. Tichonov, S. K. Čučmarev, V. I. Smirnov und V. I. Rybnikov. (Doklady Akad. Nauk SSSR **178** (1968) 3, 650—52; Ural'skij politechn. inst. im. Kirova; russ.) — Die Kinetik der Rk. $Ni_3S_2 + 4\,NiO \rightleftharpoons 7\,Ni + 2\,SO_2$ wurde bei 1000, 1100 u. 1200° verfolgt. Das $Ni_3S_2 : NiO$-Verhältnis betrug 1 : 10, die Zugabegeschw. des Ar 7 ncm^3/s. Die scheinbare Aktivierungsenergie beträgt 89 kcal/g-Atom S, K_0 in $K = K_0S_0e^{-E/RT}$ beträgt bei 1000° $5{,}01 \cdot 10^9$, bei 1100° $1{,}32 \cdot 10^9$ u. bei 1200° $0{,}525 \cdot 10^9$ g/$Min^n \cdot cm^3$, n ist von der Temp. prakt. unabhängig u. beträgt 0,68. Die Geschw.-Konst. der Entschwefelung $K^* = nK^{1/n}$ beträgt für die obige Rk. bei 1000° 6,92 u. für die Rk. $2\,Ni_3S_2 + 7\,O_2 \rightarrow 6\,NiO + 4\,SO_2$ bei 1000° 233,0. J. J. Pohl 218

0814 **Asymmetrische Führung heterogener exothermer Reaktionen.** L. M. Pis'men und Ju. I. Charkac. (Doklady Akad. Nauk SSSR **178** (1968) 4, 901—04; Inst. élektrochim. AN SSSR; russ.) — Diskussion einer exothermen Rk. an zwei einander gegenüberliegenden Flächen eines nichtporösen wärmeleitenden Katalysators. Eine stabile asymm. Führung ist nur dann möglich, wenn die Bereiche verschiedener Temp. voneinander durch nicht überschreitbare Grenzen getrennt sind. J. J. Pohl 220

0815 **Dynamischer Oberflächeneffekt der katalytischen Reaktionen an festen Metalloberflächen.** L. S. Švindlerman, V. A. Grigorjan, A. A. Žuchovickij und L. F. Leksina. (Kinetika i Kataliz **9** (1968) 1, 202—05; Mosk. inst. stali i splavov Kaf. fiz. chim.; russ.) — Die Änderung der freien Oberflächenenergie an der Phasengrenze während heterogener katalyt. Rk. wurde untersucht. Die Änderung kann im Rahmen des dynam. Oberflächeneffektes chem. u. katalyt. Prozesse beschrieben werden. Die Abhängigkeit der Größe des Effektes von der Temp. u. von den Konz.-Verhältnissen wurde in H_2SO_4–CCl_4-Lsg. in Ggw. von Cu sowie im Syst. H_2O–H_2O_2–CCl_4 verfolgt. Die Abnahme der Oberflächenspannung an der Grenzfläche Festkörper–Gas wurde für H_2 u. C_2H_4 sowie Gemischen der beiden Gase ermittelt. J. J. Pohl 220

0816 **Stabilität katalytischer Teilchen.** 3. Mitt. **Modell mit komplex verteilten Widerständen.** James C. W. Kuo und Neal R. Amundson. (Chem. Engng. Sci. **22** (1967) 9, 1185—97; Minneapolis, Minn., Univ.; engl.) — 2. vgl. ibid. **22** (1967) 443. — Die asymptot. Stabilität eines chem. Rk.-Syst. in einem einzelnen Katalysatorteilchen wird an einem Modell untersucht, bei dem der Stoff- u. Wärmeübertragungswiderstand über das Innere des Teilchens verteilt ist u. die Analyse der Stabilität des konst. Zustandes der Analyse eines „non-self-adjoint"-Eigenwertproblems entspricht, das von den um den konst. Zustand linearisierten nichtlinearen Gleichungen abgeleitet ist. Von den für die Stabilität ausreichenden Bedingungen entspricht die eine der Forderung, daß der Einfl. einer chem. Rk. auf das Syst. kleiner als derjenige der Diffusion ist, die andere hängt mit dem Eigenwertproblem zusammen. Die Gleichungen werden auf Zahlenbeispiele angewandt. R. K. Müller 220

0817 **Energetische Übereinstimmung im Falle exothermer katalytischer Reaktionen.** V. A. Naumov. (Ukrainskij chim. Ž. **34** (1968) 1, 100—01; Inst. med.-bioxim. problem min. zdravoochran. SSSR; russ.) — Vf. diskutiert die Arbeit von Golodec et al. (ibid. **29** (1963) 667) zur Frage der Anwendbarkeit der Gleichung $q_{opt} = Q/2$ (q = Bldg.-Wärme eines hypothet. intermediären Komplexes aus reagierendem Stoff u. Katalysator, Q = Wärmeeffekt der Rk.) aus der Multiplettheorie auch für die Auffindbarkeit optimaler Katalysatoren. Vf. ist der Meinung, daß für exotherme Rk. nach der Multiplett-theorie die Gleichung $q_{opt} = Q/2 \pm Q/2$ angewandt werden muß. D. Radeck 220

0818 **Prinzip der energetischen Übereinstimmung und Multiplettheorie der Katalyse.** V. A. Rojter und G. I. Golodec. (Ukrainskij chim. Ž. **34** (1968) 1, 101—02; Inst. fiz. chim. im. Pisarjevskovo AN USSR; russ.) — In der Erwiderung stellen Vf. als Mangel der Multiplett-theorie die Unterscheidung in endo- u. exotherme Rk. bei der Auffindung optimaler Katalysatoren fest. Sie leiten die Gleichung $q_{opt} = Q/2$ aus der Änderung der freien Energie bei der Bindung u. Regeneration des Katalysators ab. Sie gilt sowohl für endo- als auch für exotherme Rk., wenn die Konst. g der Brönstedschen Gleichung $k = gK$ für die Bindungs- u. Regenerationsrk. gleich oder ähnlich sind. D. Radeck 220

0819 **Katalytische und saure Eigenschaften von Aluminiumhydroxidfluoriden.** T. V. Antipina, O. V. Bulgakov und V. V. Juščenko. (Kinetika i Kataliz **9** (1968) 1, 196—98; Mosk. gos. univ. im. Lomonosova, Chim. fak.; russ.) — Al-Hydroxidfluoride u. ihre Gemische mit AlF_3 stellen hochakt. u. stabile Katalysatoren der Spaltung von Cumol dar. Die hohe katalyt. Aktivität dürfte durch die Anwesenheit starker Protonenzentren auf der Oberfläche bedingt sein. Der Säuregrad der Oberflächen wurde durch Titration mit 0,026 n Butylamin in Bzl. in Ggw. der Indikatoren p-Äthocychrysoidin, p-Dimethylaminoazobenzol, 4-Phenylazodiphenylamin, Dicinnamalaceton, Benzalacetophenon, Anthrachinon, 4.4'.4''-Trimethoxytriphenylmethanol, 4.4'.4''-Trimethyltriphenylmethanol, Triphenylmethan u. Diphenylmethanol bestimmt. J. J. Pohl 220

0820 **Katalytische und saure Eigenschaften von fluoriertem Aluminiumoxid.** T. V. Antipina und E. B. Vinokurova. (Kinetika i Kataliz **9** (1968) 1, 199—201; russ.) — Vgl. vorst. Referat. — Beim Einführen von Fluor in Al_2O_3-Proben dürfte infolge des Auftretens von starken Protonenzentren eine katalyt. Aktivität bei Krackrk. in Erscheinung treten. Die Struktur von Al_2O_3 für die Chromatographie bleibt nach der Zugabe von BF_3 u. <1 n HF-Lsg. (<4 Gew.-% F) prakt. unverändert, das Fluor verteilt sich an der Oberfläche. Die Proben wurden röntgenograph. u. mit der BET-Meth. untersucht. J. J. Pohl 220

0821 **Einfluß von Gallium auf die katalytische Aktivität des Eisens bei der Ammoniaksynthese.** M. V. Tovbin und V. K. Jacimirskij. (Ukrainskij chim. Ž. **34** (1968)

4, 312–19; Kievskij gos. univ. im. Ševčenko; russ.) — Bei der Bldg. von Fe-Katalysatoren wirkt fl. Ga fördernd bei der Struktuierung, es stabilisiert die ausgebildete Fe-Oberfläche. Diese stabilisierende Wrkg. des Ga nimmt mit der Zeit infolge von Diffusion der Ga-Atome in das Innere des Fe-Gitters ab. Beim Auftragen von Ga auf die Oberfläche der Katalysatoren nimmt deren Aktivität vorübergehend zu. J. J. Pohl 220

0822 **Selektive, katalytische Oxydation von Kohlenmonoxid an MnO in Gegenwart von Wasserstoff in Laboratoriums- und Modellapparaturen.** V. T. Čagunava, L. I. Gvasalija, V. P. Mosidze und É. R. Dzneladze. (Soobšč. Akad. Nauk Gruz. SSR **49** (1968) 1, 97–102; rusin., Auszug: russ.) — Die Wrkg. von MnO-Katalysatoren auf die selektive Ox. von CO in Ggw. von H_2 wurde untersucht. In Ggw. von 1,1, 2,3 u. 4,5% CO in N_2–H_2-Gemischen sind die optimalen Bedingungen 170–200°, eine Vol.-Geschw. des Gasstromes von 500–700 Std.$^{-1}$ u. ein $O_2 : CO_2$-Verhältnis im Gasgemisch von 1,1–1,3 : 1 (Vol.-%). Bei diesen Bedingungen beträgt der Umwandlungsgrad von CO in $CO_2 > 96$%. Die Reinigung von Industriegasen aus der Konvertierung von CO durch selektive Ox. in einer Zweistufen-Modell-app. führt bei der Verw. eines MnO-Katalysators zu einer Abnahme des CO-Geh. im Gasgemisch von 1,6–3% bis 100 cm³/m³ u. weniger. Die Aktivität des Katalysators sinkt nach 500std. ununterbrochener Arbeit nicht. J. J. Pohl 220

0823 **Katalytische Aktivität einiger Komplexe mit makromolekularen Liganden (Oxydase- und Katalasewirkung).** S. L. Davydova, N. A. Platé, G. P. Brin, S. Š. Rašidova, A. A. Krasnovskij und V. A. Kargin. (Ž. fiz. Chim. **42** (1968) 1, 258–63; Inst. neftechim. sint. im. Topčieva AN SSSR, Moskva; russ.) — Die Ascorbinoxydaseaktivität von Poly-β-ketoester des Typs $\{MOC{=}C[C({=}O)OC_2H_5](CH_2)_m\}_n$ ($m = 2, 6, 7, 9$; $n = 12$ bis 18) nimmt in der Reihenfolge M = Cu > Ni > Mn, Co, Fe ab, die Katalaseaktivität sinkt nach Co > Mn > Fe > Ni, Cu. Die katalyt. Aktivität der Komplexe hängt nicht nur von der Art des Metallatoms, das mit dem doppelt gebundenen Sauerstoffatom koordinativ verbunden ist, sondern auch von der Art des makromol. Liganden ab. Die maximale Ascorbinoxydaseaktivität wurde bei m = 9 beobachtet. Der entsprechende Ligand entsteht bei der Polykondens. von Ae. mit Decandicarbonsäure. Die größte Katalaseaktivität liegt bei Verw. von Azelainsäure, d. h. bei m = 6 vor. J. J. Pohl 220

0824 **Bildungsreaktionen und Eigenschaften solvatisierter Elektronen.** U. Schindewolf. (Angew. Chem. **80** (1968) 5, 165–79, dt.; int. Edit. 7 (1968) 3, 190–203, engl.; Inst. für Kernverf.-Technik, Univ., Karlsruhe.) — Übersicht [Bldg. (in Lsg. von Metallen, Strahlenchemie, Photochemie, Dissoziation von Wasserstoff, Elektrolyse), Eig. (Raumbedarf, Lichtabsorption, magnet. Eig., elektr. Beweglichkeit, Thermodynamik), Modelle, chem. Eig. u. Rk.]. — 137 Literaturangaben. D. Hoene 222

0825 **Strahlenchemische Kalorimetrie (Anwendung der Kalorimetrie in der Strahlenchemie).** D. A. Krickaja, A. N. Ponomarev und V. L. Tal'roze. (Chim. vysokich Énerg. 2 (1968) 1, 54–60; Inst. chim. fiz. AN SSSR; russ.) — Mit Hilfe eines bes. beschriebenen, neu entwickelten Kalorimeters (Empfindlichkeit 10^{-6} cal/s) zeigen Vf. am Beispiel der Radiolyse von *Bzl.* u. *n-Heptan* unter der Einw. von 2-keV-Elektronen die Möglichkeit der kalorimetr. Beobachtung von Radikalanhäufungsprozessen u. mol. H_2-Abstreifreaktionen. H. Roschkowski 222

0826 **Chemische Bedeutung von Löchern und Elektronen bei der Photokatalyse mit ZnO.** S. R. Morrison und T. Freund. (J. chem. Physics **47** (1967) 4, 1543–51; Stanford Res. Inst., Menlo Park, Calif.; engl.) — ZnO-Einkrist. wurden benutzt, um die Bedeutung der elektron. Eig. eines Halbleiters bei der heterogenen Katalyse u. in der Elektrochemie zu untersuchen. Elektronen u. Löcher beherrschen den Mechanismus einer heterogen katalysierten Reaktion. Die Rk.-Geschw. sowie der Festkörperzustand (Kapazitätsmessungen) wurden für die Rk. $HCOOH + O_2 \rightarrow H_2O_2 + CO_2$ in wss. Medium bei Photokatalyse durch ZnO bestimmt. Die einzelnen Rk.-Schritte wurden unter 3 verschiedenen Bedingungen für den ZnO-Oberflächenzustand untersucht: Rk. von Löchern, Rk. von Elektronen u. Rk. beider gleichzeitig. A. Jaeschke 222

0827 **Quantenausbeuten und Primärprozesse bei der Photolyse von HNCO-Dampf bei 2062 Å.** W. D. Woolley und R. A. Back. (Canad. J. Chem. **46** (1968) 2, 295–306; Div. of Pure Chem., Nat. Res. Council of Canada, Ottawa; engl.) — Es wurden die Quantenausb. für CO, N_2 u. H_2 bei der Photolyse von HNCO-Dampf (2–23 Torr, 25°) bei 2062 Å bestimmt. Das HNCO wurde durch Pyrolyse von Cyanursäuredampf oder vorteilhafter durch Rk. einer gesätt. wss. KNCO-Lsg. mit 95%ig. H_3PO_4 bei 25° erzeugt. Die für einen HNCO-Druck von Null extrapolierten Werte sind $\Phi(CO) = 1{,}0$, $\Phi(N_2) = 0{,}40$ u. $\Phi(H_2) = 0{,}13$. Φ(CO) u. $\Phi(N_2)$ nehmen mit dem HNCO-Druck zu u. erreichen im Bereich von 10–20 Torr konst. Werte von 1,5 bzw. 0,6. Es wird geschlossen, daß zwei Primärprozesse, jeder mit einer Quantenausb. von ca. 0,5, auftreten: $HNCO + h\nu \rightarrow NH + CO$; $HNCO + h\nu \rightarrow H + NCO$. Da die Rk. von HNCO mit aus Azomethan erzeugten Methylradikalen nach $CH_3 + HNCO \rightarrow CH_4 + NCO$ selbst bei 250° nur langsam verläuft, wird angenommen, daß die Abspaltung von H-Atomen durch Rk. der Art $NH + HNCO \rightarrow NH_2 + NCO$ u. $NH_2 + HNCO \rightarrow NH_3 + NCO$ bei der Photolyse keine Rolle spielt. Die Dissoziationsenergie D(H–NCO) ist wahrscheinlich höher als 100 kcal/Mol. Das bei der Photolyse gebildete H_2 entsteht über H-Atome, wahrscheinlich durch deren Rk. mit NH_2CO oder NH. Die Bldg. von NH_2CO aus H u. HNCO erfolgt auch bei niedrigem Druck rasch. Es wird ein Photolysemechanismus vorgeschlagen u. diskutiert. A. Blaschette 222

0828 **Bestimmung der Geschwindigkeitskonstanten der Reaktionen von OH mit HO_2, O_2^- und $H_2O_2^+$ aus der Wasserstoffperoxidbildung in pulsbestrahltem sauerstoffhaltigem Wasser.** Knud Sehested, Ole Lang Rasmussen und Hugo Fricke. (J. physic. Chem. **72** (1968) 2, 626–31; Atomic Energy Commiss, Res. Establ., Risö, Denmark; engl.) — Die Geschw.-Konst. der Rk. von OH mit HO_2, O_2^- bzw. $H_2O_2^+$ werden aus $G(H_2O_2)$-Werten ber., die bei der Bestrahlung von O_2-haltigem W. mit einem gepulsten Elektronenstrahl bei 25°, pH 0,46-bis 6,75 u. Dosisleistungen von 500–5000 rad/Puls erhalten wurden. Bei diesen Dosisleistungen verbleibt HO_2 im Verlauf der Rk. im Gleichgew. mit seiner ionisierten bzw. protonierten Form. Oberhalb pH 2,74 nimmt $G(H_2O_2)$ als Folge der Dissoziation des HO_2 ab. Ausgehend von $k(OH + OH) = 0{,}60 \cdot 10^{10}$ l/Mol · s werden nachst. Werte erhalten: $k(OH + HO_2) = 0{,}71 \cdot 10^{10}$ l/Mol · s; $k(OH + O_2^-) = 1{,}01 \cdot 10^{10}$ l/Mol · s; pK = 4,45 ± 0,10 für $HO_2 \rightleftharpoons H^+ + O_2^-$. Die bei pH 1,51 u. 0,46 erhaltenen Ergebnisse stützen die Auffassung, daß HO_2 in diesem pH-Bereich protoniert wird; sie liefern nachst. Werte: pK – 1,20 ± 0,30 für $H_2O_2^+ \rightleftharpoons HO_2 + H^+$; $k(OH + H_2O_2^+) = 1{,}27 \cdot 10^{10}$ l/Mol · s. A. Blaschette 222

0829 **Primärprodukte der Wasserphotolyse bei 1849 Å.** N. Getoff. (Mh. Chem. 99 (1968) 1, 136–147; Inst. für Radiumforschung u. Kernphysik der Öst. Akademie für Wissenschaften, Wien; dt.) — Photolyse des W. wurde bei 1849 Å unter Verw. von 0,01 m-Formiat als Fänger für die H-Atome u. OH-Radikale untersucht. Dabei diente 5 m-Äthanol als Aktinometer mit einem unkorrigierten Wert für $\Phi(H_2O) = 0{,}50$. In diesem Fall wurde eine Quantenausb. $\Phi(H, OH) = 0{,}36 \pm 0{,}01$ bestimmt. Bezieht man die experimentellen Daten auf das N_2O-Aktinometer bei $\Phi(-N_2O) = 1$, dann ist $\Phi(H, OH) = 0{,}29 \pm 0{,}01$. In diesem Wert ist auch die Quantenausb. der reaktionsfähigen angeregten W.-Mol., die mit Formiat reagieren, inbegriffen. Auf Grund von experimentellen Daten wird ferner die Bldg. von solvatisierten Elektronen (e_{aq}^-) vorgeschlagen. Durch Sättigung der Formiatlsg. mit Kohlensäure, die sowohl von e_{aq}^- als auch von H_2O^+ red. werden kann, wurde $\Phi(e_{aq}^-, H_2O^+) > 0{,}02$, $< 0{,}04$ bestimmt. W. Gauster 222

0830 **Photochemie von NCS^- in Lösung.** M. Luria und A. Treinin. (J. physic. Chem. **72** (1968) 1, 305–08;

Dep. of Phys., Chem., Hebrew-Univ. Jerusalem, Israel engl.) — Unters. der Photochemie von NCS^- (I) bei 2537 Å (Hg-Niederdrucklampe), also im Absorptionsbereich der $\pi \rightarrow \pi$- u. Chargetransfer–to-solvent-Übergänge (CTTS), die im allg. solvatisierte Elektronen liefern. Im Fall von I ist die Ausb. an solvatisierten Elektronen gering, statt dessen dissoziieren die angeregten Ionen zu (CN^- + S)-Paaren, die vollständig zu Käfigen rekombinieren. Der Anstieg der Quantenausb. mit der Konz. von I wird einem Eigeneinfang zugeschrieben, d. h. I fängt die S-Atome (II) aus dem Käfig: I $\rightleftharpoons$ NCS^{-*} (III), III $\rightarrow$ (CN^- + S) (IV), IV + I $\rightarrow$ 2 CN^- + S_2. Dieser Mechanismus wird durch *Allylalkohol* als Radikalfänger für II unter Bldg. von *Episulfid* u. *Mercaptan* bestätigt. Die Photolyse wird durch Änderung der Säurekonz. um pH 7,5 stark beeinflußt, was dem Säure–Basen-Gleichgew. des angeregten Ions I zugeschrieben wird. R. Blank 222

0831 **Einfluß einer Bestrahlung mit Spaltneutronen auf die Oxydation eines Nb-stabilisierten korrosionsbeständigen Stahls mit 20 Gewichtsprozent Cr und 25 Gewichtsprozent Ni durch Kohlendioxid bei 580–840°.** M. J. Bennett, P. C. Blythe, G. H. Chaffey, K. Hand, J. W. McMillan, S. J. Webster und J. E. Antill. (J. nuclear Mater. [Amsterdam] 25 (1968) 3, 260–70; UKAEA, Atom. Energ. Res. Establ., Harwell, Berks.; engl.) — Der Einfl. von gleichzeitiger Bestrahlung mit Spalt- u. Westcott-Neutronen ($3 \cdot 10^{13}$ u. $8 \cdot 10^{13}$ n/cm² s) wird untersucht (Bestrahlungsdauer 10293 Std., Ox.-Zeit meist geringer, Minimum 5002 Std.). Der Vgl. von Werten bei u. ohne Bestrahlung weist daraufhin, daß bei allen Temp. innerhalb eines Faktors von 2 keine Beeinflussung der Bestrahlung auf Angriff oder Anteil des nichthaftenden Oxids vorliegt. Die Verteilungen der (durch Bestrahlung entstandenen) Isotope ^{60}Co, ^{182}Ta, ^{54}Mn zwischen Metall u. Oxid wird bestimmt u. mit Werten für unbestrahlte Proben verglichen. M. Frenzel 222

0832 **Radiolyse wäßriger $[Co(en)_2F_2]NO_3$-Lösungen.** G. A. Šagisultanova und R. M. Oriševa. (Chim. vysokich Énerg. 2 (1968) 1, 30–34; Beloruss. gos. univ. im. Lenina; russ.) — Die Abhängigkeit der Ausb. von Co(II), NH_3 u. CO_2 von der Konz. des Ausgangskomplexes, der Bestrahlungsdosis [(6,24–43,68) · 10^{18} eV/ml] mit ^{60}Co-γ-Strahlung u. vom pH-Wert der Lsg. wird untersucht. Lsg. von cis- bzw. trans-$[Co(en)_2F_2]NO_3$ verhalten sich unterschiedlich. Auf Grund der erhaltenen Ergebnisse wird auf die Beteiligung von atomarem Wasserstoff im Mechanismus der Radiolyse geschlossen. H. Roschkowski 222

0833 **Photochemie von Hexachloroiridat(IV).** T. P. Sleight und C. R. Hare. (Inorg. nuclear Chem. Letters 4 (1968) 3, 165–67; Dep. of Chem., State Univ. of N.Y., Buffalo, N.Y.; engl.) — Aus $Na_2IrCl_6 \cdot 6\,H_2O$ oder K_2IrCl_6 hergestellte, 0,5–2 m $IrCl_6^{2-}$-Lsg. wurden bestrahlt (Intensitätsmax. 254 u. 360 nm) u. spektrophotometr. untersucht. Die photochem. Rk. erfolgt rascher in reinem W. als in HCl-Lsg. (bis 6 m). Das Absorptionsmax. von $IrCl_6^{2-}$ bei 490 nm verschwindet nach einer Rk. 1. Ordnung. Es erscheint eine neue Absorption bei 358 nm, die dem $[IrCl_5(H_2O)]^-$ entspricht; bei längerer Bestrahlung scheint auch $[IrCl_4(H_2O)_2]$ zu entstehen. Ir(III) wird hierbei u. bei der Bestrahlung von festem K_2IrCl_6 nicht gebildet. Bei sehr langer Bestrahlung entsteht ein koll. blauer Nd. in einer farblosen Lsg., wobei es sich wahrscheinlich um $IrO_2 \cdot 2\,H_2O$ handelt. Die geschilderten Vorgänge sind unabhängig von der benutzten Wellenlänge. Bemerkenswert ist, daß Einstrahlung im Bereich der Elektronentransferbande des $IrCl_6^{2-}$ nicht zu Redoxrk. führt. A. Blaschette 222

0834 **Radiolyse von flüssigem und festem Distickstofftetroxid.** L. A. Dmitriev, S. A. Kameneckaja und S. Ja. Pšežeckij. (Chim. vysokich Énerg. 2 (1968) 1, 19–22; Fiz.-chim. inst. im. Karpova; russ.) — Die Radiolyse von fl. u. festem N_2O_4 bei −196 bis +45° unter der Einw. der γ-Strahlung von ^{60}Co bei 180 bzw. 2200 r/s wird untersucht. Die Zus. der Radiolyseprod. O_2, N_2, N_2O u. N_2O_5 hängt nicht vom Zustand der kondens. Phase, der Bestrahlungstemp. u. der Dosisleistung ab. Die Geschw. der Radiolyse zeigt ein Max. bei −11° (Bereich des F.). Die Ausb. der Zers.-Prod. werden bestimmt, der Mechanismus der Radiolyse wird besprochen. H. Roschkowski 222

0835 **γ-Resonanzspektroskopische und derivatographische Untersuchung der Radiolyse von Eisenoxalaten.** A. V. Škarin, I. P. Suzdalev, B. M. Kadenaci und G. M. Žabrova. (Chim. vysokich Énerg. 2 (1968) 1, 77–80; Inst. chim. fiz. AN SSSR; russ.) — Durch Aufnahme der Mössbauer-Spektren, derivatograph. u. röntgenograph. wird die Radiolyse von festem $FeC_2O_4 \cdot 2\,H_2O$ u. $Fe_2(C_2O_4)_3 \cdot 5\,H_2O$ bei Einw. der γ-Strahlung von ^{60}Co bei einer Dosis von (1–5) · 10^8 rad untersucht. Eine vorhergehende Bestrahlung hat keinen Einfl. auf den Verlauf der Dehydratisierung u. therm. Zersetzung von Fe(II)-Oxalat. Die Bestrahlung von Fe(III)-Oxalat führt zur Red. zu Fe(II)-Oxalat u. einer Abnahme der Aktivierungsenergie u. des Präexponentialfaktors des Phasenübergangs (Dehydratation) mit maximaler Geschw. bei 200°. Bei der Einw. von γ-Strahlung auf $Fe_2 \cdot (C_2O_4)_3 \cdot 5\,H_2O$ entsteht ein Gitter, das Fe(III) u. Fe(II) enthält. H. Roschkowski 222

0836 **Mössbauer-Untersuchung von Folgeeffekten nach Elektroneneinfang in Tris-[bipyridyl]-kobalt(III)-perchlorat-(^{57}Co).** Amar Nath, R. D. Agarwal und P. K. Mathur. (Inorg. nuclear Chem. Letters 4 (1968) 3, 161–63; Chem. Div., Bhabha Atomic Res. Centre, Bombay; engl.) — Die Mössbauer-Spektren zeigen, daß als Folge der Auger-Leerstellenkaskade beim ^{57}Co-Zerfall in $[^{57}Co(bipy)_3](ClO_4)_3 \cdot 3\,H_2O$ ausschließlich $[Fe(bipy)_3](ClO_4)_3$, nicht aber Fe(II) oder eine andere Fe-Spezies entsteht. A. Blaschette 222

A–8. Darstellung und Reaktionen von Elementen und anorganischen Verbindungen

Nichtmetalle

0837 **N-Fluorsulfonylfluoridamid, N-Fluor-N-[pentafluorschwefel]-sulfonylfluoridamid und N-[Dichlormethylen]-carbonylfluoridamid. Schwefel–Stickstoff-Verbindungen.** 13. Mitt. H. W. Roesky. (Angew. Chem. 80 (1968) 15, 626–27; dt.; int. Edit. 7 (1968) 8, 630–31; engl.; Anorgan.-Chem. Inst. der Univ. Göttingen.) — 12. vgl. ibid. 80 (1968) 6, 236; int. Edit. 7 (1968) 3, 218; 11. vgl. C. **1968**, 47-0618. — Sulfonylfluoridamid ($FSO_2 \cdot NH_2$; I) reagiert mit elementarem Fluor bei Raumtemp. zu *N-Fluorsulfonylfluoridamid* (Kp.$_{32}$ 29–30°), das mit überschüssigem Fluor zu *N.N-Difluorsulfonylfluoridamid* umgesetzt wird. Das aus I u. Schwefeltetrafluorid dargestellte N-[Fluorsulfonyl]-schwefeldifluoridimid ($FSO_2 \cdot N{=}SF_2$) reagiert mit elementarem Fluor zu *N-Fluor-N-[pentafluorschwefel]-sulfonylfluoridamid* ($FSO_2{-}NF{-}SF_5$; Kp. 30–31°). *N-[Dichlormethylen]-carbonylfluoridamid* ($F{-}CO{-}N{=}CCl_2$; Kp. 78–80°) wird aus N-[Dichlormethylen]-carbonylchloridamid durch Fluorieren mit AgF synthetisiert. Autorreferat 253△

0838 **Darstellung dichter Bornitridmodifikationen bei hohen Drücken und Schubspannungen.** L. F. Vereščagin, E. V. Zubova, L. N. Burenkova und N. I. Revin. (Doklady Akad. Nauk SSSR 178 (1968) 1, 72–73; Mosk. gos. univ. im. Lomonosova; russ.) — Die Umwandlung des hexagonalen Bornitrids mit a = 2,504 u. c = 6,661 Å in die kub. Form wurde bei Drücken bis 110 kbar u. einer Schubspannung von 19000 kg/cm² untersucht. Als Katalysator wurde Sb verwendet, das nach der Druckbehandlung mit HNO_3 ausgewaschen wurde. Röntgenograph. Unters. zeigen, daß zwei dichte Bornitrid-Modifikationen entstehen u. zwar zunächst eine hexagonale Wurtzit-Modifikation mit a = 2,54, c = 4,18 Å, D.$_R$ 3,52 g/cm³ u. dann eine kub. diamantähnliche Modifikation mit a = 3,62 Å u. D.$_R$ 3,68 g/cm³. J. J. Pohl 258

0839 **Carboranbildung in Alkin–Boran-Gasphasensystemen. 2. Mitt. Langsame Reaktionen von Tetraboran(10) und Pentaboran(11) mit Acetylen, Methylacetylen und Dimethylacetylen.** Russell N. Grimes, Christopher L. Bramlett und R. Leonard Vance. (Inorg. Chem.

[Washington] 7 (1968) 6, 1066—70; Univ. of Va., Charlottesville, Va.; engl.) — 1. vgl. J.Amer. chem. Soc. **89** (1967) 11, 2557. — Bei der Rk. von B_4H_{10} (**I**) oder B_5H_{11} (**II**) mit C_2H_2, HC_2CH_3 oder $C_2(CH_3)_2$ in der Dampfphase bei 25—50° bilden sich Alkylderiv. der nido-Carborane CB_5H_9, $C_2B_4H_8$ u. $C_3B_3H_7$, zusammen mit alkylsubstituierten Boranen, KW-Stoffen u. Organoborpolymeren. Jedoch variieren Prod. u. Ausb. beträchtlich bei den verschiedenen Rk.-Partnern. Bei den Rk. von **I** zählen die Carborane zu den Hauptrk.-Prod., während bei den Rk. von **II** vorwiegend Alkylborane mit geringem Anteil an Carboranen entstehen. Sowohl mit **I** als mit **II** gibt C_2H_2 eher Deriv. von $C_3B_3H_7$ als $C_2B_4H_8$, während es bei Rk. mit höheren Alkinen umgekehrt ist. Bei Rk. von **I**, nicht aber von **II**, werden Deriv. von CB_5H_9 gebildet. Im einzelnen wurden folgende Alkylderiv. von nido-Carboranen als Rk.-Prod. gaschromatograph. ermittelt u. durch IR-, ^{1}H-NMR- u. Massenspektren charakterisiert: *2-CH_3—2.3.4-$C_3B_3H_6$, 2.3-$(CH_3)_2$—2.3.4-$C_3B_3H_5$, 2.4-$(CH_3)_2$—2.3.4-$C_3B_3H_5$, 2-C_2H_5—3.4-$(CH_3)_2$—2.3.4-C_3B_3 · H_4, 2-CH_3—2.3-$C_2B_4H_7$, 2.3-$(CH_3)_2$—2.3-$C_2B_4H_6$, 4-CH_3—2-CB_5H_8, 2-CH_3—2-CB_5H_8* u. zwei *isomere CB-Dimethylderiv. von CB_5H_9*. G. Heller 258

0840 **Aminoborane.** 1. Mitt. **Reaktionen mit Wasserstoffübertragung von N-monoalkylsubstituierten Aminoboranen und Amin-Boranen auf Dimethylaminoboran.** M. P. Brown, R. W. Heseltine und D. W. Johnson. (J. chem. Soc. [London], Sect. A **1967** 4, 597—601; Donnan Labor., Univ., Liverpool; engl.) — 2. vgl. C. **1969**, 1-0730. — *Dimethylaminoboran* $(CH_3)_2NBH_2$ (**I**) reagiert mit *Cyclotriborazanen* $(RNH \cdot BH_2)_3$ (**II**; R = C_2H_5, C_3H_7) im Einschlußrohr bei 90—100° zu *Dimethylamin-Boran* $(CH_3)_2NHBH_3$ (**III**), *Borazinen* $(RNBH)_3$ (**IV**; 75—96% Ausb.) u. H_2 (12—29%), wobei das weniger flüchtige Konform.-Isomere von **II** die höheren **IV**-Ausb. liefert. Mit *Monoalkylamin-Boranen* $RNH_2 \cdot BH_3$ (R = *n*-C_3H_7, *iso*-C_3H_7) bildet **I** bei 65° **III**, *1.1-Dimethyl-3.5-dialkylcyclotriborazane* (stabile, luft- u. feuchtigkeitsunempfindliche 1:2-Mischaddukte von **I** u. RNH · BH_2: R = *n*-C_3H_7; subl. bei 30° im Vakuum; 25% Ausb.; R = *iso*-C_3H_7 (**V**): F. 134,5—135°, subl. bei 45°, 26%), **IV** (9—27%) u. nur sehr geringe Mengen H_2. Im Falle von R = iso-C_3H_7 wird auch ein 1:1-Mischaddukt (Vierring) vermutet, das beim Erhitzen auf 85—90° **V** ergab, dessen Isolation in reiner Form aber nicht gelang. Vers. zur Dehydrierung von **V** auf therm. Wege (145°) oder mit weiterem **I** führen zur Aufspaltung seines Sechsringgerüstes. Die Rk. von **I** mit $CH_3NH_2 \cdot BH_3$ ergibt **III** u. ein nicht trennbares Prod. mit **I**- u. CH_3NHBH_2-Einheiten. Als Rk.-Mechanismen werden ein direkter Protonen- u. Hydridübergang zwischen 2 N- u. 2 B-Atomen der Reaktanten oder auch eine stufenweise Transaminierung diskutiert. F. Höfler 258

0841 **Amidoderivate von Metallen und Metalloiden.** 5. Mitt. **Lewis-Säuren-Verhalten von bestimmten Borazinen und Aminoboranen.** M. F. Lappert und G. Srivastava. (J. chem. Soc. [London], Sect. A **1967**, 4, 602—03; Chem. Labor., Univ. of Sussex, Brighton; engl.) — 4. vgl. C. **1968**, 39-0655. — B-chlorsubstituierte *Aminoborane* u. *Borazine* bilden mit *Basen* (z. B. Py.) krist., in organ. Lsgm. unlösl. Addukte, deren Stöchiometrie von ster., Basizitäts- u. Löslichkeitseffekten bestimmt wird. In der Reihe R_2NBCl_2/py werden 1:1- (R = iso-C_3H_7), 1:2- (R = CH_3) u. 1:3-Verb. (R = C_2H_5) gefunden, die als *$(iso\text{-}C_3H_7)_2N(Cl_2)B^{\ominus}—^{\oplus}NC_5H_5$* (subl. 60°/10 Torr; 83% Ausb.), *$[(CH_3)_2N(Cl)Bpy_2]^+Cl^-$* (subl. 70°/0,1 Torr; 95—96%; charakterist. IR-Daten) bzw. *$[(C_2H_5)_2NBpy_3]^{2+}$ $2\,Cl^-$* (F. 82—86°; 80%) formuliert werden. Analog aus *R_2NBCl_2* u. *4-$CH_3C_5H_4N$* *$(iso\text{-}C_3H_7)_2N(Cl_2)B^{\ominus}—N^{\oplus}C_5H_4 \cdot CH_3$* (F. 74°; 85%) u. *$[(CH_3)_2N(Cl)B(NC_5H_4CH_3)_2]^+Cl^-$* (F. 85°; 76%). — Beim Zutropfen von Py. zu einer Bzl.- oder Benzinlsg. von $(HNBCl)_3$ (**I**) wird der 1:2-Komplex *$(HNBCl)_3 \cdot 2\,py$* (subl. 90°/0,01 Torr; 92—100%), bei umgekehrter Zugabe von **I** zu überschüssigem Py. der 1:4-Komplex *$(HNBCl)_3 \cdot 4\,py$* (zersetzlich; ergibt bei Subl. **II**; 96%) erhalten, deren Strukturen diskutiert werden. F. Höfler 258

0842 **Chemie der Boracetate.** 4. Mitt. **Darstellung und Eigenschaften von Borcarboxylaten einiger Halogenessigsäuren.** Hans Ulrich Kibbel. (Z. anorg. allg. Chem. **359** (1968) 3/4, 203—13; Rostock, Univ., Inst. für Anorg. Chem.; dt.) — 3. vgl. C. **1966**, 46-0635. — BCl_3 reagiert mit Halogenessigsäuren ROCOH in PAe. (Kp. 30 bis 50°; **I**) oder $CHCl_3$ zu den hygroskop., schon vor dem F. zersetzlichen Verb. *$B_2O(OCOR)_4$* (**II**), mit CCl_3OCOH (**III**) in Ae. zu einem Komplex, der nach seinem IR-Spektrum wahrscheinlich die Struktur *$[(C_2H_5)_3O]^+[B(OCO \cdot CCl_3)_3(OC_2H_5)]^-$* (**IV**) hat, u. in Dioxan zum recht unbeständigen Komplex *$B(OCOCCl_3)_3 \cdot Dioxan$* (**IV**). 6std. Rückflußkochen von $B_2O(OCOCH_3)_4$ mit Halogenessigsäuren (1 : 5) führt nicht zu den reinen Komplexen **I**.

Versuche (unter Feuchtigkeitsausschluß; Ausb. fast immer 95—98%): **II**, (R =) *CH_2F*, Kondens. von BCl_3 auf Ae. bei —78° (CO_2/Methanol), Entfernen der Kältemischung, langsames Zutropfen von ROCOH (Molverhältnis 1 : 3) unter Rühren, Erwärmen auf 50° (W.-Bad) bis zum Aufhören der HCl-Entw., Abkühlen, Absaugen, Waschen mit Ae. u. Trocknen im Vakuumexsikkator; *CH_2Cl*, in reinem **I**; *$CHCl_2$*, wie vorst., aber Waschen mit **I**; *CCl_3*, wie vorst., aus viel **I** umkrist.; 87% (Ausb.); *CH_2Br*, in **I**/Ae. (1 : 2,5); *CH_2J*, wie vorst., aber 1std. Rühren bei Raumtemp.; **IV**, F. 122—124°, wie **II** aus **III** in Ae. u. BCl_3 (3 : 1) in **I** (Vol-Verhältnis 4 : 1), aus Ae. Krist., 42%; **V**, wie **II** aus **III** u. BCl_3 (3 : 1) in Dioxan, Erwärmen auf 15° u. Waschen mit **I**. G. Heller 258

0843 **Chemie der Boracetate.** 5. Mitt. **Kovalente Komplexe der Boracetate.** Hans Ulrich Kibbel. (Z. anorg. allg. Chem. **359** (1968) 5—6, 246—58; dt.) — 4. vgl. vorst. Referat. — Durch Rk. von $B_2O(OCOR)_4$ (**I**) in sd. ROCO · COR (**II**) mit L = Py. erhält man *$B(OCOR)_3 \cdot Py.$* (**III**) u. mit L = Trimethylamin bzw. Chinolin *$HL[B(OCO \cdot CH_3)_4]$* (**IV**). Aus benzol. Lsg. von **I** läßt sich bei Temp. < 50° mit L = Py. bzw. Trimethylamin *$B_2O(OCOCH_3)_4 \cdot 2\,L$* (**V**) u. mit L = Chinolin *$B_2O(OCOCH_3)_4 \cdot Chinolin$* (**VI**) isolieren. Mit THF, Dioxan, Di-n-propyl- bzw. Di-n-amyläther, Ammoniak, Methyl- bzw. Dimethylamin u. Anilin bzw. Dimethylanilin lassen sich keine Komplexe erhalten. Die wenig feuchtigkeitsempfindlichen, gut krist. Komplexe **III** sind in Bzl. monomer lösl. u. Nichtelektrolyte, in W. beginnt auch bei 0° langsam die Hydrolyse. Die Banden im IR-Spektrum sprechen für eine N→β-Donatorbindung.

Versuche (unter Feuchtigkeitsausschluß): **III**, (R =) *CH_3*, F. ca. 100° (Zers.), Erhitzen von **I** u. L (1 : 2,5) in **II** zum Sieden, Abkühlen, Waschen mit **II** u. Ae. sowie Umkrist. aus Bzl.; *C_2H_5*, F. 47—52° (Zers.), analog im Verhältnis 1 : 3; **IV**, (L =) *$N(CH_3)_3$*, Einleiten von L in eine Lsg. von **I** (2 : 1) in **II**, aus **II** blättchenförmige Krist.; *Chinolin*, aus **II** Krist.; **V** (L =) *Py.*, Lösen von **I** in heißem **II**, Abkühlen u. langsame Zugabe von L (1 : 4), aus **II** oder Bzl. nadelförmige Krist.; *$N(CH_3)_3$*, Einleiten von L in eine Lsg. von **I** in Chlf. oder CH_2Cl_2 (2 : 1), Einengen der Lsg. im Vakuum u. Fällen mit Ae. oder PAe., zersetzliche Substanz; **VI**, wie **V** mit L = Py., kleine Nadeln. G. Heller 258

0844 **Chemie der Boracetate.** 6. Mitt. **Reaktionen der Tetraacetatoborate.** Hans Ulrich Kibbel. (Z. anorg. allg. Chem. **359** (1968) 5/6, 259—71; dt.) — 5. vgl. vorst. Referat. — Die Tetraacetatoborate *$M^I[B(OCO \cdot CH_3)_4]$* (**I**) hydrolysieren in 0,04m wss. Lsg. bei 25° mit folgenden Geschw.-Konst. K · 10^3 [min^{-1}]: M = *K* 2,94; *Rb* 3,02; *Cs* 2,88; *Tl* 2,98; *$NH(CH_3)_3$* 3,10 u. *$N(CH_3)_4$* 3,21 u. wie der stabile Komplex *$B(OCOCH_3)_3 \cdot Py.$* (K · 10^3 1,34) bez. der Komplexkonz. mit einem Geschw.-Gesetz 1. Ordnung, während die Hydrolyse von **I** mit M = *Chinolinium* von der sich bildenden Säure abhängt u. eine effektive Rk.-Ordnung zwischen eins u. zwei zeigt. Für erstere wird als geschwindigkeitsbestimmender Schritt bei der Hydrolyse die Dissoziation der Komplexe angesehen; die mittlere Aktivierungsenergie beträgt angenähert 5,55 ± 1,5 kcal/Mol. Bei der therm. Zers. von **I** wird Acetanhydrid in drei (M = Cs) bzw. vier (M = K, Rb, Tl) Stufen abgegeben; die Zwischenprod. $M_2[B_2O(OCOCH_3)_6]$ u. $\{M_2[B_2O_2(OCOCH_3)_4]\}_n$ werden diskutiert. Nach ihren IR-Spektren sind in den salzartigen Komplexen **I** die Bindungen zwischen B u. den Acetoxygruppen weitgehend kovalent.

G. Heller 258

0845 **Chemie der Boracetate.** 7. Mitt. **Pentaacetatodiborate von 3 d-Elementen.** Hans Ulrich Kibbel. (Z. anorg. allg. Chem. **359** (1968) 5/6, 272–83; dt.) – 8. vgl. C. **1968,** 60-0042; 6. vgl. vorst. Referat. – Die stabilsten Pentaacetatodiborate $M^{II}[B_2O(OCOCH_3)_5]$ bilden die zweiwertigen Kationen M (effektive magnet. Momente in BM bei 293 °K) = *Cr* (4,80); *Mn* (5,78); *Fe* (5,34); *Co* (rosa, 5,20); *Ni* (hellgrün, 3,31); *Cu* (1,86), *Zn* u. *Mg*; die entsprechenden Komplexe mit anderem M sind in der Reihenfolge Cd, Ca, Sr, Ba u. Pb unbeständiger u. löslicher. Sie sind nach 10 Min. langem Rückflußkochen von $B_2O(OCOCH_3)_4$ mit den wasserfreien Acetaten (2 : 1) in Acetanhydrid/wasserfreier Essigsäure (1 : 1) unter Feuchtigkeits-, bei M = Cr auch unter Luftausschluß, beim Abkühlen in Form kleiner rhomb. Nadeln zu gewinnen, die übereinstimmend sternförmige Verwachsungen zeigen. Sie haben nahezu ident. Debye-Diagramme u. unterliegen einem charakterist. stufenweisen therm. Abbau unter Abspaltung von Acetanhydrid. Sie sind als magnet. verd. oktaedr. High-spin-Komplexe anzusehen, wobei sich die Cr- u. Cu-Verb. im Gegensatz zu den Acetaten magnet. normal verhalten. Auf Grund ihrer Beständigkeiten, ihrer Löslichkeit in wasserfreier Essigsäure, von magnet. u. IR-spektroskop. Unters. werden für die Komplexe polymere Anionen mit $[B_2O \cdot (OCOCH_3)_5]_n^{n-}$-Einheiten diskutiert, die mit den Kationen chelatähnliche Strukturen bilden. G. Heller 258

0846 **Pyrolytische Darstellung von Borcarbiden.** E. Amberger, M. Druminski und W. Dietze. (J. less-common Metals [Lausanne] **14** (1968) 4, 466; Inst. für Anorg. Chem., Univ., München; engl.) – Bei Temp. bis 1000° u. einem Partialdruckverhältnis BJ_3/CJ_4 = (100–50)/1 bildet sich pyrolyt. ein B-Carbid der Summenformel $B_{96}C_{12}$, das orthorhomb. mit a = 17,93, b = 8,80 u. c = 5,08 Å krist. u. die D. 2,42 g/cm³ besitzt. Bei Pyrolysetemp. > 1000° u. einem Partialdruckverhältnis BJ_3/CJ_4 = 10/1 entsteht ein tetragonal krist. B-Carbid der Summenformel $B_{48}C_3$ mit a = 8,75 u. c = 5,06 Å u. der D. 2,39 g/cm³. W. Laqua 260

0847 **Neue anionische Umlagerungen.** 3. Mitt. **Katalytische Umlagerung von Organosilylhydrazinen.** Robert West, Mitsuo Ishikawa und Robert E. Bailey. (J. Amer. chem. Soc. **89** (1967) 16, 4068–72; Dep. of Chem., Univ. of Wis., Madison, Wis.; engl.) – 2. vgl. C. **1968,** 39-0650. – Bei der Einw. von n-Butyllithium (**I**) oder anderen starken Basen auf Organosilylhydrazine erfolgt rasche Wanderung der Organosilylgruppen von einem N-Atom zum anderen. Diese Umlagerungsrk. wurden ¹H-NMR-spektroskop. untersucht. Sie erfolgen entweder mit äquimol. oder katalyt. Basenmengen, verlaufen bis zu einem Gleichgew. u. besitzen einen intramol. Mechanismus. Bei Bis-[organosilyl]- u. Bis-[organosilyl]-methylhydrazinen enthält die Gleichgew.-Mischung etwa äquimol. Mengen der 1.1- u. 1.2-Bis-[organosilyl]-Verb.; mit Organosilylphenylhydrazinen ist das Isomere mit einer $-NHC_6H_5$-Gruppierung im Gleichgew. bevorzugt. Im einzelnen wurden diese Isomerisierungen mit nachst. Hydrazinen untersucht (me = CH_3, et = C_2H_5, ph = C_6H_5): *(me₃Si)₂NNH₂*, *(etme₂Si)₂NNH₂*, *(me₃Si)(etme₂Si)NNH₂*, *(me₃Si)HNN(me)(Sime₃)* (**II**), *(etme₂Si)HNN(me)(Sietme₂)*, *(me₃Si)HNNH(ph)*, *(etme₂Si)HNNH(ph)*, *(me₃Si)HNN(ph)(Sime₃)*, *(etme₂Si)HNN(ph)·(Sime₂et)*. Die näher untersuchte Isomerisierung von **II** erfolgt in Hexan, Cyclohexan, Bzl., Ae., Di-n-butyläther, THF u. 1.2-Dimethoxyäthan; als Basen eignen sich **I**, meLi, phLi, meMgBr, $LiNme_2$ sowie die Radikalanionen von Anthracen u. Biphenyl. Eine Reihe neuer Organosilylhydrazine wurden dargestellt.

Versuche: *1.2-Bis-[trimethylsilyl]-methylhydrazin* (**II**), $C_7H_{22}N_2Si_2$, Kp. 159–160°; n_D^{24} 1,4209, aus me_3SiCl, u. $meHNNH_2$ in Ae.; 57 % (Ausb.). – *1.2-Bis-[äthyldimethylsilyl]-methylhydrazin*, $C_9H_{26}N_2Si_2$, $Kp._{16}$ 90–91°; n_D^{24} 1,4372, analog aus $etme_2SiCl$ u. $meHNNH_2$; 59 %. – *1.1-Bis-[äthyldimethylsilyl]-methylhydrazin*, durch Isomerisierung vorst. Verb. mit **I** in Cyclohexan u. gaschromatograph. Trennung der Gleichgew.-Mischung. – *1.1-Bis-[trimethylsilyl]-methylhydrazin*, $C_7H_{22}N_2Si_2$, analog vorst. Verb. aus **II**. – *1-Trimethylsilyl-2-phenylhydrazin* (**III**), $Kp._{2,0}$ 83–86°; n_D^{24} 1,5201, aus $phHNNH_2$ durch Metallierung mit **I** bei –70° in Ae. u. Rk. mit me_3SiCl bei 20°; 80 %. – *1-Äthyldimethylsilyl-2-phenylhydrazin* (**IV**), $C_{10}H_{18}N_2Si$, $Kp._2$ 84–86°; n_D^{25} 1,5223, aus $etme_2SiCl$ u. $phHNNH_2$ in sd. Ae. (20 Std.); 59 %. – *1.1-* u. *1.2-Bis-[trimethylsilyl]-phenylhydrazin* (Isomerengemisch), $C_{12}H_{24}N_2Si_2$, aus **III** u. me_3SiCl in sd. Cyclohexan (40 Std.). – *1.2-Bis-[äthyldimethylsilyl]-phenylhydrazin*, $C_{14}H_{28}N_2Si_2$, $Kp._{0,3}$ 98–100°, n_D^{22} 1,5061, aus **IV** in THF durch Metallierung mit **I** u. Rk. mit $etme_2SiCl$; 81 %. – *1.1-Bis-[äthyldimethylsilyl]-phenylhydrazin*, $C_{14} \cdot H_{28}N_2Si_2$, n_D^{22} 1,5167, aus vorst. Verb. durch Einw. von **I** in Hexan bei 25° (15 Std.) u. Isolierung durch Gaschromatographie. – *1-Trimethylsilyl-2-methyl-2-phenylhydrazin*, $C_{10}H_{18}N_2Si$, $Kp._4$ 94–97°; n_D^{23} 1,5145, aus **III** durch Metallierung mit meLi u. Rk. mit meJ; 79 %.

A. Blaschette 261

0848 **Neue anionische Umlagerungen.** 4. Mitt. **Kinetik der katalysierten anionischen Umlagerung von Bis-[organosilyl]-methylhydrazinen.** Robert West, Mitsuo Ishikawa und Robert E. Bailey. (J. Amer. chem. Soc. **89** (1967) 16, 4072–76; engl.) – 3. vgl. vorst. Referat. – Die Kinetik der durch n-Butyllithium katalysierten Äquilibrierung zwischen 1.1- u. 1.2-Bis-[organosilyl]-methylhydrazinen wurde ¹H-NMR-spektroskop. in verschiedenen Lsgm. bzw. deren Gemischen (C_6H_{12}, Bzl., Mesitylen, Di-n-butyläther, Glyme) ausgehend von nachst. Isomeren untersucht: *(etme₂Si)HNN(me)(Sime₂et)*, *(etme₂·Si)₂NNH(me)*, *(me₃Si)HNN(me)(Sime₃)*, *(me₃Si)₂NN·H(me)*. Die Gleichgew.-Einstellung erfolgt nach einem kinet. Gesetz erster Ordnung. Die Ergebnisse werden durch eine Rk.-Folge Deprotonierung–Umlagerung–Protonierung gedeutet, wobei der erste u. dritte Teilschritt geschwindigkeitsbestimmend sind. A. Blaschette 261

0849 **Neue anionische Umlagerungen.** 5. Mitt. **Anionische Umlagerung von tert.-Butyldimethylsilylhydrazinen.** Robert West und Mitsuo Ishikawa. (J. Amer. chem. Soc. **89** (1967) 19, 4981–84; engl.) – 4. vgl. vorst. Referat. – Synth. u. Eig. einer Reihe von tert.-Butyldimethylsilylhydrazinen werden beschrieben. Wie andere Silylhydrazine zeigen auch diese Verb. basenkatalysierte anion. Umlagerungen unter Silylwanderung, jedoch wird durch die sperrige tert.-Butyldimethylsilylgruppe die Umlagerungsgeschw. herabgesetzt u. die Gleichgew.-Lage im Vgl. zu den Trimethylsilylhydrazinen verschoben. Die Isomerisierung unter dem Einfl. von n-Butyllithium in Bzl. wurde ¹H-NMR-spektroskop. an nachst. Verb. untersucht (me = CH_3, t-bu = tert.-C_4H_9, ph = C_6H_5): *(t-bume₂Si)HNNH(me)* (Anteil dieses Isomeren im Gleichgew.: 100 %), *(t-bume₂Si)(me₃Si)NNH₂* (27 %), *(t-bume₂Si)₂NNH₂* (14 %), *(t-bume₂Si)HNN(me)(Sime₂-t-bu)* (99 %), *(t-bume₂Si)(me₃Si)NNH(me)* (32 %), *(t-bume₂Si)HNNH·(ph)* (ca. 100 %), *(t-bume₂Si)HNN(ph)(Sime₃)* (20 %). Die Ergebnisse für die konkurrierende u. die aufeinanderfolgende Migration von me_3Si- u. t-$bume_2Si$-Gruppen bestätigen den l.c. abgeleiteten Mechanismus.

Versuche: *1-tert.-Butyldimethylsilyl-2-phenylhydrazin* (**I**), $C_{12}H_{22}N_2Si$, F. 44–45° (PAe.), $Kp._3$ 114–116°, aus $phHNNH_2$ durch Metallierung mit n-Butyllithium u. Rk. mit t-$bume_2SiCl$: 74 %. – *1-tert.-Butyldimethylsilyl-2-methylhydrazin* (**II**), $C_7H_{20}N_2Si$, $Kp._8$ 46–46,5°, n_D^{25} 1,4362, analog **I** aus $(me)HNNH_2$; 74 %. – *1.2-Bis-[tert.-butyldimethylsilyl]-1-methylhydrazin*, $C_{13}H_{34}N_2Si_2$, $Kp._{0,2}$ 70–71°, n_D^{25} 1,4530, a) aus **II** durch Rk. mit n-Butyllithium u. t-$bume_2SiCl$ in THF; 81 %; b) aus (t-$bume_2Si$)·HNNH(t-$bume_2Si$) durch Metallierung mit n-Butyllithium, Rk. mit meJ (→ 60 : 40-Gemisch der gewünschten Verb. u. des Ausgangsmaterials) u. Trennung durch Gaschromatographie. – Durch Metallierung von **II** mit n-Butyllithium u. Rk. mit me_3SiCl wurden erhalten: a) in Ae. bei 35°: 32 % *1-Trimethylsilyl-1-tert.-butyldimethylsilyl-2-methylhydrazin* (**III**) sowie 68 % eines nicht trennbaren Gemischs (66 : 34) von *1-tert.-Butyldimethylsilyl-2-trimethylsilyl-2-methyl-* (**IV**) u. *1-Trimethylsilyl-2-tert.-butyldimethylsilyl-2-methylhydrazin* (**V**); b) in THF bei 65°: 42 % **IV**, 21 % **V**, 21 % **III** u. 16 % *Formaldehyd-N-trimethylsilyl-N-tert.-butyldimethylsilylhydrazon*, $C_{10}H_{26}N_2$ ·

Si_2. — *1-Phenyl-1-trimethylsilyl-2-tert.-butyldimethylsilylhydrazin* (**VI**), $C_{15}H_{30}N_2Si_2$, Kp.$_{0,1}$ 81—82°, n_D^{22} 1,5024, durch Metallierung von **I** mit n-Butyllithium u. Zutropfen der N-Lithioverb. in Ae. zu me_3SiCl in THF bei —60°; 85%. Wird das me_3SiCl zur N-Lithioverb. zugetropft, so erhält man ein gaschromatograph. nicht trennbares Gemisch aus 93% **VII** u. 7% *1-Trimethylsilyl-2-tert.-butyldimethylsilyl-2-phenylhydrazin* (**VII**). Die nachst. Verb. entsteht in keinem der beiden Fälle. — *1-tert.-Butyldimethylsilyl-1-trimethylsilyl-2-phenylhydrazin* (**VIII**), $C_{15}H_{30}N_2Si_2$, n_D^{22} 1,5116, durch Isomerisierung von **VI** mit n-Butyllithium in Hexan (→ Gemisch aus 32% **VI** + **VII** u. 68% **VIII**) u. gaschromatograph. Trennung. A. Blaschette 261

0850 **Neue anionische Umlagerungen.** 6. Mitt. **Kondensation von Organosilyläthylendiaminen zu Silaimidazolidinen.** Robert West und Mitsuo Ishikawa. (J. Amer. chem. Soc. **89** (1967) 19, 5049—50; engl.) — 5. vgl. vorst. Referat. — *N.N'-Bis-[trimethylsilyl]-N-methyläthylendiamin* (**I**) kondensiert sich bei 45std. Einw. von n-Butyllithium (**II**) in THF bei 65° (Austritt von CH_3Li u. n-C_4C_{10}) u. Zusatz von Pyrrol als Protonierungsmittel in 81%ig. Ausb. zu *1-Methyl-3-trimethylsilyl-2.2-dimethyl-2-silaimidazolidin*, Kp.$_{22}$ 80—83°, n_D^{22} 1,4413. Diese Kondens. erfolgt auch mit katalyt. Mengen von **II** (unter CH_4-Entw.). Aus *N.N.N'-Tris-[trimethylsilyl]-äthylendiamin* entsteht in analoger Rk. das bekannte *1.3-Bis-[trimethylsilyl]-2.2-dimethyl-2-silaimidazolidin* (vgl. Kummer u. Rochow, Z. anorg. allg. Chem. **321** (1963), 21). Reines *N.N-Bis-[trimethylsilyl]-N'-methyläthylendiamin* wird durch **II** in Ae. bei 25° fast vollständig (> 95%) zu **I** isomerisiert. A. Blaschette 261

0851 **Verbindungen des Siliciums.** 5. Mitt. **N-Halogensilylamine.** 2. Mitt. **Darstellung von N-Halogensilylaminen.** Nils Wiberg und Friedrich Raschig. (J. organometallic Chem. [Amsterdam] **10** (1967) 1, 15—27; München, Univ., Inst. für Anorg. Chem.; dt.) — 1. vgl. C. **1967**, 47-0660; 4. vgl. C. **1967**, 47-0662. — N-Halogensilylamine (Halogen = Chlor, Brom, Jod) lassen sich prinzipiell nach drei Meth. darstellen: (A) Umsetzung von N-Alkalimetallsilylamiden mit elementarem Halogen; (B) Umsetzung von Silylaminen mit tert.-Butylhypochlorit (**I**); (C) Umsetzung von Silylaminen mit N-Bromsuccinimid (**II**). Als beste Darst.-Verf. haben sich erwiesen (me = CH_3, ph = C_6H_5): *$(me_3Si)_2NCl$*, hellgrüngelbe Fl., Kp.$_{760}$ 149° (extrapoliert); log p [Torr] = —A/T + B mit (A =) 222 u. (B =) 8,144; (ΔH_{vap} =) 10,17 (kcal/Mol); (Trouton-Konst. =) 24,1 (cal/Mol · Grad); (D.^{420}) 0,923; (n_D^{20}) 1,4353; (Dipolmoment =) 2,75 (D); a) aus LiN · $(Sime_3)_2$ u. Cl_2 in Ae. bei —95°; Kp.$_{100}$ 89—92°; 60% (Ausb.); b) aus $(me_3Si)_2NH$ (**III**) u. **I** in Ae. (40—50%) bzw. CH_2Cl_2 (34—38%); Kp.$_{100}$ 88—91°; *$(me_3Si)_2NBr$*, rotbraune Fl., Kp.$_{760}$ 176° (extrap.); 2326; 8,060; 10,64; 23,7; 1,13; 1,4580; 1,23; aus **III** u. **II** bei 15° in CCl_4 (3 Std., Lichtausschluß); Kp.$_{10}$ 54°; 60%; *$(me_3Si)_2NJ$*, tiefbraunrote Fl., Kp.$_{760}$ 196° (extrap.); 2409; 8,020; 11,02; 23,5; 1,29; ca. 1,47; ca. 1,2 (unsicher, da Zers.); aus $NaN(Sime_3)_2$ u. JCl in Pentan bei —60°; Kp.$_5$ 62°; 55%; *$(me_3C)(me_3Si)NCl$*, hellgrüngelbe Fl., Kp.$_{760}$ 157° (extrap.); 2409; 8,476; 11,02; 25,6; 0,906; 1,4450; —; aus $(me_3C)(me_3Si)NH$ (**IV**) u. **I** in CH_2Cl_2; Kp.$_{20}$ 59—64°; 67%; *$(me_3C)(me_3Si)NBr$*, rotbraune Fl., Kp.$_{760}$ 180° (extrap.); 2439; 8,263; 11,16; 24,6; 1,144; 1,4692; —; aus **IV** u. **II** bei —10° in CCl_4 (4 Std.); Kp.$_{17}$ 71—74°; 62,5%; *$[(meO)_3Si]_2NCl$*, hellgelb, Kp.$_{760}$ 230° (extrap.); 2956; 8,756; 26,9; —; 1,23; 1,4134; —; aus Hexamethoxydisilazan (**V**) u. **I** in CH_2Cl_2 bei 20°; Kp.$_1$ 73°; ca. 100%; *ph_3SiNCl_2*, F. 152—153° (PAe.), citronengelb, aus ph_3Si · NH_2 u. überschüssigem **I** in Ae. bei 0°; 78%; *$ph_3SiNHCl$*, F. 84,8—85,2°, farblos; *$(ph_3Si)_2NCl$*, F. 171°, zartgelb, aus $(ph_3Si)_2NH$ nach Meth. (A). Zum Vgl. wurden die nachst. physikal. Konst. (in obiger Reihenfolge) ermittelt: **III**, Kp.$_{760}$ 126°; 2051; 8,015; 9,38; 23,5; 0,774; 1,4078; 0,00; **IV**, Kp.$_{760}$ 117°; 2000; 8,010; 9,15; 23,5; 0,758; 1,4054; —; **V**, Kp.$_{760}$ 223° (extrap.); 2879; 8,688; 26,6; —; 1,133; 1,4580; —. Unübersichtlich verlaufen die Rk. von **III** u. $(me_3Si)_3N$ mit Chlor. Erfolglos blieb bislang die Bromierung von **V** u. von $(me_3Si)(me)NH$ (**VI**) mit **II** sowie die Chlorierung von **VI** mit **I**. Die Verb. $[(meO)_3Si]_2NBr$, $(me_3Si)(me)NBr$ u. $(me_3Si)(me)NCl$ entstehen zwar, zersetzen sich aber während der Aufarbeitung des Rk.-Gemisches. A. Blaschette 261

0852 **Verbindungen des Siliciums.** 6. Mitt. **N-Halogensilylamine.** 3. Mitt. **Chemie der N-Halogenhexamethyldisilazane.** Nils Wiberg, Friedrich Raschig und Karl Heinz Schmid. (J. organometallic Chem. [Amsterdam] **10** (1967) 1, 29—40; dt.) — 5. bzw. 2. vgl. vorst. Referat. — Chem. Rk. an der N-Halogen-Gruppierung von $(me_3Si)_2NX$ (X = Cl, Br) erfolgen formal unter kation. oder radikal. Verdrängung des Halogenatoms. Rk. des ersten Typs beobachtet man bei der Einw. von LiN · me_2, LiN_3, me_3N oder $(C_2H_5)_3N$, wobei jeweils komplizierte Gemische von Rk.-Prod. entstehen (NMR-Unters.). Rk. des zweiten Typs treten bei Bestrahlung, in Anwesenheit eines Radikalstarters (p-meO–C_6H_4–OCH_2–CO–OO–Cme_3) oder bei Einw. von $NaN(Sime_3)_2$ ein. Die N–Si-Gruppierung läßt sich durch die starken Lewis-Säuren BCl_3 u. $AlCl_3$ angreifen (Spaltung der Si—N-Bindung). Auf diese Weise wurden dargestellt: *Hexachlorborazol*, F. 145—155° (CH_2Cl_2), aus $(me_3Si)_2NCl$ (**I**) u. BCl_3 (1 : 1) in CH_2Cl_2 im Bombenrohr; 62,5%; *$(me_3Si)_2NH \rightarrow AlCl_3$*, analog aus **I** u. $AlCl_3$; *$(me_3SiNBr \rightarrow AlCl_2)_2$*, aus $AlCl_3$ u. $(me_3Si)_2NBr$. A. Blaschette 261

0853 **Organophosphorverbindungen.** 3. Mitt. **Einwirkung von Schwefelwasserstoff auf Alkoxy-(dialkylamino)-chlorphosphine. Synthese von Alkoxy-(dialkylamino)-phosphinsulfiden (RO)(R'₂N)P(S)H.** A. Koziara und A. Zwierzak. (Bull. Acad. polon. Sci., Sér. Sci. chim. **15** (1967) **11**, 509—15; Dep. of Org. Synth., Technical Univ. Łódź; engl.) — 2. vgl. C. **1967**, 59-0200. — Alkoxy-(dialkylamino)-chlorphosphine (B) reagieren mit H_2S in Ggw. von Triäthylamin (**II**) zu der neuen Klasse von *Alkoxy-(dialkylamino)-phosphinsulfiden* (A) die sich mit N-Chlorsuccinimid (**IV**), wie am Beispiel des *n-Butoxy-(diäthylamino)-phosphinsulfid* (**I**) gezeigt wird, chlorieren lassen. **I** addiert sich außerdem in einer basekatalysierten nucleophilen Addition an Acrylnitril u. p-Nitrobenzaldehyd unter Bldg. der entsprechenden *Phosphinsulfide*. Die Na-Deriv. von A reagieren nicht mit Alkylhalogeniden im Sinne einer Michaelis-Arbuson-Rk., sondern liefern nicht isolierbare Produkte. Alle Vers., N.N.N'.N'-Tetraäthyldiaminophosphinsulfid aus der Rk. von H_2S mit N.N.N'.N'-Tetraäthyldiaminochlorphosphin (**V**) zu isolieren, scheiterten. IR-Daten vgl. Original.

Versuche: *n-Butoxy-(diäthylamino)-chlorphosphinsulfid* (**III**), $C_8H_{19}ClNOPS$, Kp.$_{0,03}$ 64—66° (Badtemp. 110—115°), durch tropfenweise Zugabe von Diäthylamin zu n-Butoxydichlorphosphinsulfid in Bzl.; n_D^{20} 1,4846; 53% (Ausb.). — Alkoxy-(dialkylamino)-phosphinsulfide (A), durch Einleiten von H_2S in eine Mischung aus B, **II** u. Bzl. bei 10—15°, Filtrieren von **II**-Hydrochlorid u. Waschen mit Bzl., Einengen: *n-Butoxy-(diäthylamino)-* (**I**), Kp.$_{0,05}$ 60—62° [90—95° (Badtemp.)]; n_D^{20} 1,4806; 47%. — *Äthoxy-(diathylamino)-*, Kp.$_{0,03}$ 45—46° (75—80°); n_D^{20} 1,4857; 61%. — *Äthoxy-(di-n-butylamino)-*, Kp.$_{0,005}$ 68—70° (85—95°); n_D^{20} 1,4790; 60%. — *Äthoxy-(3-oxapentamethylenamino)-*, Kp.$_{0,01}$ 60 bis 62° (85—90°); n_D^{20} 1,5167; 29%. — **III**, Kp.$_{0,03}$ 57° (105—113°), durch Zugabe von **IV** zu **I** in CCl_4 bei Temp. < 40°; n_D^{20} 1,4812; 37%. — *2-Cyanäthyl-(n-butoxy)-diäthylaminophosphinsulfid*, $C_{11}H_{23}N_2OPS$, Kp.$_{0,01}$ 95 bis 96°, durch Zugabe von Acrylnitril in Bzl. zu einem Gemisch aus **I**, NaH u. Bzl. bei 10° unter Rühren; n_D^{20} 1,4900; 70%. — *(p-Nitrophenylhydroxymethyl)-n-butoxy-(diäthylamino)-phosphinsulfid*, $C_{15}H_{25}N_2O_4PS$, durch Zugabe von NaH u. dann p-Nitrobenzaldehyd zu **I** in Bzl. unter Rühren, Waschen mit NaCl, 0,1 n HCl; 91%. — *Gelbe Fl. vom n_D^{20} 1,5099*, aus **V**, **II** u. H_2S in Bzl. in 1½ Stunden. H.-J. Schönherr 264

Metalle

0854 **Polyhalogenorganometall- und -organonichtmetall-Verbindungen.** 9. Mitt. **Reaktion des n-Butyllithium mit (Pentafluorphenyl)-trimethylsilan.** F. W. Gordon Fearon und Henry Gilman. (J. organometallic Chem. [Amsterdam] **10** (1967) 3, 535—37; Dep. of Chem., Ia.

State Univ., Ames, Ia.; engl.) — 8. vgl. C. **1969**, 5-0702. — Es werden dargestellt: *1.4-Bis-[trimethylsilyl]-tetrafluorbenzol*, $C_{12}H_{18}F_4Si_2$, durch Zugabe von 1.2.4.5-Tetrafluorbenzol (II) zu n-Butyl-Li (I) in THF bei $-65°$, Zugabe von Chlortrimethylsilan (III) in THF, Erwärmen auf Raumtemp., PAe.-Extraktion; 81% (Ausb.). — *1-(Trimethylsilyl)-4-n-butyltetrafluorbenzol* (IV), $C_{13}H_{18}F_4Si$, $Kp._{0,6}$ 77°, durch Zugabe von I in Hexan zu einer Lsg. von (Pentafluorphenyl)-trimethylsilan in THF bei $-65°$; n_D^{20} 1,4595; 54%. — *n-Butyl-2.3.5.6-tetrafluorbenzol*, $C_{10}H_{10}F_4$, $Kp._{12}$ 64°, a) aus vorst. Verb. u. 10%ig. NaOH in THF, 2std. Rühren; n_D^{20} 1,4350; 78,5%; b) durch Zugabe von I in Hexan zu II in THF bei $-65°$, danach Zugabe von Tri-n-butylphosphat u. 12std. Rühren bei $-65°$, Erwärmen auf Raumtemp., saure Hydrolyse; 24%. Rk. mit I u. III in THF bei $-65° \rightarrow 70\%$ IV. — NMR-Daten vgl. Original. H.-J. Schönherr 273

0855 **Trennung von CaO und MgO aus Dolomit.** Yasushige Nishikawa. (Gypsum & Lime [Tokyo] **1968**, 92, 7—11; Musashi Inst. of Technol.; jap., Auszug: engl.) — Es wird CaO als lösl. Ca-Saccharat aus kalziniertem Dolomit entfernt, u. Möglichkeiten zur Erhöhung des MgO-Geh. in MgO-armem Dolomit werden untersucht. Das lösl. Ca-Saccharat wird von unlösl. $Mg(OH)_2$ abgetrennt u. zersetzt sich in Ggw. von $(NH_4)_2CO_3$ zu $CaCO_3$ u. Rohrzucker. Dabei wurden 3 verschiedene Proben untersucht: 1. eine Mischung aus $Mg(OH)_2$ u. $Ca(OH)_2$ (Gew.-% 30 : 70), 2. ein bei 1000° u. 4 Std. lang kalzinierter Dolomit, 3. ein Verunreinigungen wie SiO_2, R_2O_3 enthaltender kalzinierter Dolomit. Ist die Rösttemp. zu niedrig, löst sich $CaCO_3$ im Dolomit nicht vollständig. Bei zu hoher Rösttemp. bildet sich aber unlösl. Ca-Silicat. H.-S. Park 283

0856 **Reaktion zwischen Quecksilber(II) und organischen Verbindungen.** 2. Mitt. **Zusammensetzung eines Quecksilber(II)–L-Histidin-Komplexes in Äthanol–Wasser-Lösung.** Fumiaki Kai. (Bull. chem. Soc. Japan **40** (1967) 5, 1136—39; Dep. of Chem., Kumamoto Univ., Kurokami-machi; engl.) — 1. vgl. C. **1967**, 30-0656. — Die Zus. des aus L-Histidin u. Quecksilber(II) in Lsg. gebildeten Komplexes wird spektroskop. untersucht. In wss. Lsg. wird keine Komplexbldg. beobachtet, aber in wss.-alkohol. Lsg. (1 : 1) wird bei pH 3,25—3,75 u. 20° ein 1 : 1-Komplex gebildet. H. Markert 290

0857 **Zinnchloridalkoholate.** 4. Mitt. **Identifizierung des kristallinen Reaktionsproduktes der Solvolyse von $SnCl_4$ in Tetraalkoxysilanen.** Ryszard Piękoś. (Rozniki Chem. [Ann. Soc. chim. Polonorum] **42** (1968) 1, 11—20; Kat. Chem. Nieorgan. i Analit., Akad. Med., Gdańsk; pol.) — 3. vgl. C. **1968**, 45-0623. — Beim Zutropfen von Alkoxysilanen zu $SnCl_4$ entstehen weiße, stark hygroskop., in Alkoholen lösl. Kristalle. Die Verb. wurden IR- u. NMR-spektroskop. identifiziert, die F. im zugeschmolzenen Röhrchen ermittelt.

Versuche: *$Cl_3SnOSnCl_3 \cdot 4\,C_2H_5OH$*, F. 195°, unlösl. in H_2O u. verd. HCl, lösl. in konz. HCl. Im Rk.-Verlauf entwickelt sich *Äthylen* u. *Ae.*; *$Cl_3SnOSnCl_3 \cdot 4\,C_3H_7OH$*, F. 181—183°, im Rk.-Verlauf entsteht *Propylen*, in der organ. Phase des Rk.-Rückstands wurde *iso-C_3H_7Cl*, *n-C_3H_7Cl* u. *$(C_3H_7)_2O$* nachgewiesen; *$Cl_3SnOSnCl_3 \cdot 4\,C_4H_9OH$*, F. 115—116°, leicht lösl. in Aceton, Trichloräthylen u. Benzol. Das entstehende Gas bestand aus *Buten-(1)*, *cis-* u. *trans-Buten-(2)*. Im Rk.-Rückstand wurde *Butoxypolysiloxan*, $[C_4H_9OSi(O)-O-Si(O)OC_4 \cdot H_9]_{10}$, als ölige Phase, u. *$C_4H_9Cl$* gefunden. Rolf Heyer 327

0858 **Cyclische Organostannylphosphine.** H. Schumann und H. Benda. (Angew. Chem. **80** (1968) 20, 845—46; dt.; int. Edit. **7** (1968) 10, 812—13; Inst. für anorg. Chem., Univ., Würzburg; engl.) — Dimethyl-, Dibutyl-, und Diphenylzinndichlorid reagieren in Ggw. von Triäthylamin mit Phenylphosphin unter Stickstoff bei Raumtemperatur innerhalb von 2 Stunden unter Bildung von *$[(CH_3)_2SnPC_6H_5]_3$* (I) (F. 134°, Ausbeute 73%) *$[(C_4H_9)_2SnPC_6H_5]_3$* (Öl, 61%) *$[(C_6H_5)_2SnPC_6H_5]_3$* (F. 155 bis 160°, 53%). Die IR-Spektren sprechen für ein wannenförmiges Ringgerüst der Symmetrie C_s. I zerfällt oberhalb 175° in $(C_6H_5P)_5$, Sn u. $[(CH_3)_3Sn]_2PC_6H_5$. Autorreferat 327△

0859 **closo-Tetrakis-[phenylstannylphosphin], ein Organostannylphosphin mit Cuban-Struktur.** H. Schumann und H. Benda. (Angew. Chem. **80** (1968) 20, 846; dt.; int. Edit. **7** (1968) 10, 813; engl.) — Vgl. vorst. Referat. — Beim gleichzeitigen Eintropfen benzolischer Lösungen von Phenylzinntrichlorid und Triäthylamin unter Argon in vorgelegtes Benzol, in das gleichzeitig Phosphin eingeleitet wird, bildet sich in 10%iger Ausbeute $(C_6H_5SnP)_4$ (Zersetzungspunkt 160°). Im IR-Spektrum findet man die für die Symmetrie T_d geforderte νSnP bei 328 cm^{-1}. Methylzinntrichlorid und Butylzinntrichlorid bilden mit Phosphin nur polymere Verbindungen. Autorreferat 327△

0860 **Vanadin.** 9. Mitt. **Oxovanadin(IV)-Komplexe von Pyridincarbonsäuren.** R. L. Dutta und S. Ghosh. (J. Indian chem. Soc. **44** (1967) 4, 273—89; Chem. Dep., Univ., Bureran, India; engl.) — 8. vgl. C. **1966**, 4-0136. — Eine Reihe von Oxovanadin(IV)-Komplexen mit Pyridinmono-, -di- u. -tricarbonsäuren wurden dargestellt. Pyridin-2-carbonsäure (PicH) liefert $[VO(H_2O)(Pic)_2]$, blau, $[VO(X)(Pic)_2]$ (X = Pyridin, Anilin, α-Picolin), grün, u. $[VO(OH\cdots H)(Pic)_2]$, hellgrün. Die Komplexe sind alle paramagnet. (1,6—1,8 BM) u. luftunempfindlich. Pyridin-2.6-dicarbonsäure ($LutH_2$) reagiert mit Vanadylsalzen zu dunkelblauem $[VO(Lut)(H_2O)_2] \cdot H_2O$, das schrittweise dehydratisiert wird zu dunkelgrünem $[VO(X) \cdot (H_2O)(Lut)]$ bis zum blauen $[VO(X)(Lut)]$ (X = Pyridin, α-Picolin, Anilin). Diese Verb. sind paramagnet. (μ_{eff} = 1,6—1,8 BM) u. stabil gegenüber Luft. Pyridin-2.3-dicarbonsäure ($ChinH_2$) liefert grünes $H_2[VO(Chin)_2 \cdot (H_2O)]$, mit Pyridin entsteht das Salz $(PyH)_2[VO(Chin)_2 \cdot (Py)]$. Folgende Verb. wurden dargestellt: *Aquo-bis-[picolinato]-oxovanadin(IV)*; *Pyridin-bis-[picolinato]-oxovanadin(IV)*; *Anilin-bis-[picolinato]-oxovanadin(IV)*; *α-Picolin-bis-[picolinato]-oxovanadin(IV)*; *Dimethylformamid-bis-[picolinato]-oxovanadin(IV)*; *Dimethylanilin-bis-[picolinato]-oxovanadin(IV)*; *Bis-[nicotinato]-oxovanadin-(IV)-dihydrat*; *Diaquolutidinatooxovanadin(IV)-monohydrat*; *Diaquolutidinatooxovanadin(IV)* (grün); *Lutidinatooxovanadin(IV)* (schwarz); *Aquopyridinlutidinatooxovanadin(IV)*; *Pyridinlutidinatooxovanadin(IV)*; *Aquo-α-picolinlutidinatooxovanadin(IV)* (grün); *α-Picolinlutidinatooxovanadin(IV)* (blau); *Anilinlutidinatooxovanadin-(IV)*; *Dimethylanilinlutidinatooxovanadin(IV)*; *Tetrahydrofuranlutidinatooxovanadin(IV)-monohydrat*; *Dioxanlutidinatooxovanadin(IV)-monohydrat*; *Benzidinlutidinatooxovanadin(IV)*; *Aquopyridinchelidamatooxovanadin(IV)*; *Pyridinchelidamatooxovanadin(IV)*; *Aquo-α-picolinchelidamatooxovanadin(IV)*; *Anilinchelidamatooxovanadin(IV)*; *Diaquocollidinatooxovanadin(IV)-monohydrat*; *Pyridiniumsalz des Pyridincollidinatooxovanadin(IV)*; *α-Picoliniumsalz des α-Picolincollidinatooxovanadin(IV)*; *Aniliniumsalz des Anilincollidinatooxovanadin(IV)*; *Aquo-Bis-[chinolinato]-oxovanadin(IV)-säure*; *Ammoniumsalz des Bis-[chinolinato]-oxovanadin(IV)*; *Pyridiniumsalz des Pyridin-bis-[chinolinato]-oxovanadin(IV)*. H. Markert 330

0861 **Vanadin.** 10. Mitt. **Chinolin-, Isochinolin- und Pyrazincarbonsäure-Komplexe von Oxovanadin(IV).** R. L. Dutta und S. Ghosh. (J. Indian chem. Soc. **44** (1967) 4, 290—95; engl.) — 9. vgl. vorst. Referat. — Chinolin-8-carbonsäure (8-ChH) liefert mit Vanadin(IV) hellgelbes $[VO(H_2O)\ (8\text{-}Ch)_2] \cdot H_2O$ u. sechsfach koordiniertes $[VO(X)\ (8\text{-}Ch)_2]$ (X = Pyridin, Anilin, α-Picolin). Beide Verb.-Arten weisen ungepaarte Elektronen auf. Pyrazin-2.3-dicarbonsäure ($PyrH_2$) liefert $[VO(Pyr)(H_2O)_4]$ u. mit Py. $[VO(Py)(Pyr)]$, in welchem der Ligand zweizähnig ist. Alle Verb. sind paramagnetisch. Im einzelnen wurden dargestellt: *Aquo-bis-[chinolin-8-carboxylato]-oxovanadin(IV)-monohydrat*; *Pyridin-bis-[chinolin-8-carboxylato)-oxovanadin(IV)*; *Anilin-bis-[chinolin-8-carboxylato]-oxovanadin(IV)*; *α-Picolin-bis-[chinolin-8-carboxylato]-oxovanadin(IV)*; *Dimethylanilin-bis-[chinolin-8-carboxylato]-oxovanadin(IV)*; *Benzidin-bis-[chinolin-8-carboxylato]-oxovanadin(IV)*; *Tetrahydrofuran-bis-[chinolin-8-carboxylato]-oxovanadin(IV)*; *Dioxan-bis-[chinolin-8-carboxylato]-oxovanadin(IV)*; *Hydroxo-bis-[chinolin-8-carboxylato]-oxovanadin(V)*; *[Pyrazin-2.3-dicarboxylato]-oxovanadin(IV)-*

tetrahydrat; *Pyridin-[pyrazin-2.3-dicarboxylato]-oxovanadin(IV)*; *Bis-[isochinaldinato]-oxovanadin(IV)*.
H. Markert 330

0862 **Vanadin.** 11. Mitt. **Oxovanadin(IV)-Heterochelate.** 1. Mitt. R. L. Dutta und S. Ghosh. (J. Indian chem. Soc. **44** (1967) 4, 296—305; engl.) — 10. vgl. vorst. Referat. — Oxovanadin(IV)-Heterochelate folgender Typen wurden synthetisiert: [VO(A)(C)] u. [VO(B)(C)] (A = o-Phenanthrolin, α.α'-Bipyridyl, Äthylendiamin, Acetylaceton; B = Glycin, Picolinsäure, 8-Hydroxychinolin; C = dreizähnige Liganden: Pyridin-2.6-dicarbonsäure, 4-Hydroxypyridin-2.6-dicarbonsäure, Pyridin-2.4.6-tricarbonsäure). Die Chelate sind alle paramagnet. (1,80—1,86 BM). Im einzelnen wurden dargestellt: *α.α'-Bipyridyllutidinatooxovanadin(IV)-monohydrat*; *Orthophenanthrolinlutidinatooxovanadin(IV)-monohydrat*; *Acetylacetonlutidinatooxovanadin(IV)*; *Glycinlutidinatooxovanadin(IV)*; *Äthylendiaminlutidinatooxovanadin(IV)*; *Picolinsäurelutidinatooxovanadin(IV)-monohydrat*; *o-Phenylendiaminlutidinatooxovanadin(IV)-monohydrat*; *Benzhydroxamsäurelutidinatooxovanadin(IV)* *Oxinlutidinatooxovanadin(IV)*; *Salicylaldoximlutidinatooxovanadin(IV)*; *o-Phenanthrolinchelidamatooxovanadin-(IV)*; *α.α'-Bipyridylchelidamatooxovanadin(IV)*; *Dimethylglyoximchelidamatooxovanadin(IV)*; *Orthophenylendiaminchelidamatooxovanadin(IV)*; *Glycinchelidamatooxovanadin(IV)*; *o-Phenanthrolincollidinatooxovanadin(IV)*; *α.α'-Bipyridylcollidinatooxovanadin(IV)*; *Acetylacetonatocollidinatooxovanadin(IV)*; *o-Phenylendiamincollidinatooxovanadin(IV)*.
H. Markert 330

0863 **Vanadin.** 12. Mitt. **Oxovanadin(IV)-Heterochelate.** 2. Mitt. R. L. Dutta und S. Ghosh. (J. Indian chem. Soc. **44** (1967) 4, 306—13; engl.) — 11. bzw. 1. vgl. vorst. Referat; 13. vgl. C. **1968**, 42-0595. — Oxovanadin(IV)-Heterochelate folgender Typen wurden synthetisiert: [VO(OX)(A)] u. H[VO(OX)(Oxin)] (OX = $C_2O_4^{2-}$-Anion; Oxin H = 8-Hydroxychinolin; A = o-Phenanthrolin, α.α'-Bipyridyl oder Guanidobenzimidazol). Alle dargestellten Chelate sind paramagnet. (1,76—1,79 BM). Auch Oxovanadin(IV)-Heterochelate vom Typ [VO(A)(IDA)] wurden erhalten (A wie oben; IDA = Iminodiacetat-Anion). Dargestellte Chelate: *o-Phenanthrolinoxalatooxovanadin(IV)*; *α.α'-Bipyridyloxalatooxovanadin(IV)*; *Guanidinobenzimidazoloxalatooxovanadin(IV)*; *o-Phenylendiaminoxalatooxovanadin(IV)*; *8-Hydroxychinolinoxalatooxovanadin(IV)*; *Picolinsäureoxalatooxovanadin(IV)-monohydrat*; *o-Phenanthroliniminodiacetatooxovanadin(IV)*; — *α.α'-Bipyridyliminodiacetatooxovanadin(IV)*; *Guanidinobenzimidazoliminodiacetatooxovanadin(IV)*.
H. Markert 330

0864 **Aromatenkomplexe von Metallen.** 94. Mitt. **Diphenylfulvenchromtricarbonyl und seine Reduktionsprodukte.** R. L. Cooper, E. O. Fischer und W. Semmlinger. (J. organometallic Chem. [Amsterdam] **9** (1967) 2, 333—38; Anorg.-Chem. Labor., TH München; engl.) — 93. vgl. C. **1967**, 33-0786. — An Hand von ^{1}H-NMR-Spektren wird gezeigt, daß in der Titelverb. der aromat. Ligand über den Fünfring an das Metall gebunden ist. Die Red. des Diphenylfulvenchromtricarbonyl mit $NaBH_4$ ergibt das Anion $[(C_5H_4CH(C_6H_5)_2)Cr(CO)_3]^-$.

Versuche: *Diphenylfulvenchromtricarbonyl*, aus $Cr(CO)_6$ u. 6.6-Diphenylfulven durch Kochen (2 Tage) in PAe. (100—120°). Nach Kühlen (—10°) wird filtriert u. der Rückstand mit Pentan gewaschen. $Cr(CO)_6$ wird durch Subl. entfernt u. der Rückstand im Soxhlet mit Ae. extrahiert. Nach Zusatz von n-Hexan wird der Ae. abgezogen u. der Rückstand mit Pentan gewaschen u. getrocknet. Braune Krist., F. 203—209° (Zers.), sublimierbar bei 120°/10^{-3} Torr. A. Lange 335

0865 **Trithiomolybdate.** A. Müller, E. Diemann, B. Krebs und M. J. F. Leroy. (Angew. Chem. **80** (1968) 20, 846—77; dt.; int. Edit. **7** (1968) 10, 817; engl.; Anorg.-chem. Inst., Univ., Göttingen) — Cs_2MoOS_3 **(I)** konnte in Form orangefarbener bis roter Krist. durch Einleiten von H_2S in ammoniakal. Ammoniummolybdatlsg. u. anschließenden Zusatz von Eisessig (bis pH 10) u. CsCl sehr rein dargestellt werden. Tl_2MoOS_3 entsteht aus **I** durch doppelte Umsetzung mit $TlNO_3$. **I** krist. rhomb. im β-K_2SO_4-Typ mit a = 9,72, b = 7,21, c = 12,20 Å. Das IR-Festkörperspektrum zeigt Banden bei 859 (ν_s(MoO)), 465 (ν_s(MoS)), 200 (δ_s(MoS_3)), ($\delta_{as}MoS_3$)), 475 (ν_{as}(MoS)) u. 265 cm^{-1} (ϱ_r(MoS_3)). Kraftkonst. zeigen, daß im $MoOS_3^{2-}$ analoge Bindungsverhältnisse mit starken π-Bindungen wie im MoO_4^{2-} u. MoS_4^{2-} vorliegen. Im Elektronenabsorptionsspektrum treten Bandenmax. auf bei 21500, 25500, 32000, 38500 u. 44100 cm^{-1}. Autorreferat 336△

0866 **Actinium(III) in verschiedenen Lösungen.** 1. Mitt. **Trennung und Reinigung von ^{228}Ac in ^{228}Ra-Lösungen durch Lösungsmittelextraktion.** Tatsuya Sekine, Yasuaki Koike und Mitsuo Sakairi. (J. nuclear Sci. Technol. (Tokyo) **4** (1967) 6, 308—11; Dep. of Chem., Tokyo College of Sci., Kagurazaka, Shinjuku-ku, Tokyo; engl.) — Durch Extraktion mit einem Gemisch von 0,1 m Thenoyltrifluoraceton u. 0,1 m Tributylphosphat in CCl_4 läßt sich ^{228}Ac aus ^{228}Ra-Lsg. abtrennen u. reinigen. Das so dargestellte ^{228}*Ac* ist als Tracermaterial rein genug. R. Blank 338

0867 **Chemie der Cyclopentadienylmetallcarbonyle.** 7. Mitt. **Nucleophile Substitutionsreaktionen des Cyclopentadienyleisen-, -wolfram- und -molybdäncarbonyl-Kations.** P. M. Treichel und R. L. Shubkin. (Inorg. Chem. [Washington] **6** (1967) 7, 1328—34; Dep. of Chem., Univ. of Wis., Madison, Wis.; engl.) — 6. vgl. C. **1968**, 29-0829. — Die Kationen $C_5H_5Fe(CO)_3^+$, $C_5H_5Fe(CO)_2[(C_6H_5)_3P]^+$, $C_5H_5Fe(CO)_2py^+$, $C_5H_5Fe(CO)_2(CH_3CN)^+$, $C_5H_5M(CO)_4^+$ u. $C_5H_5M(CO)_3L^+$ [M = Mo, W; L = $(C_6H_5)_3P$, $(C_6H_5)_3$ · As] reagieren mit Phenyllithium (I) u. Pentafluorphenyllithium (II) je nach Art des Metalls oder der Liganden an einem Carbonyl unter Bldg. von Acyl-Metallderiv. oder am Cyclopentadienylring unter Bldg. von 1-Arylcyclopentadienkomplexen oder unter Red., wobei das entsprechende Biaryl u. das dimere Cyclopentadienylmetallcarbonyl entstehen. $NaBH_4$ (III) u. $C_5H_5M(CO)_4^+$ geben $C_5H_5M(CO)_3H$; III u. $C_5H_5M(CO)_3[(C_6H_5)_3P]^+$ dagegen $C_5H_5M(CO)_2[(C_6H_5)_3P]CH_3$ (M = Mo, W). Die Trennung der Rk.-Prod. erfolgte durch Chromatographie an Al_2O_3.

Versuche: Durch Umsetzen von $C_5H_5Fe(CO)_3^+$ · PF_6^- mit II bei — 78° in THF (1 Std.), Rühren bei Raumtemp. (2 Std.), Filtration, Abziehen des Lsgm., Lösen in Bzl., Waschen mit W., Konzentrieren u. Chromatographieren mit Hexan als Eluierungsmittel wurden erhalten: *Exo-(1-C_6F_5-C_5H_5)Fe(CO)$_3$* (große Krist. aus gelbem Öl), *$C_5H_5Fe(CO)_2C_6F_5$*, F. 139—141°, u. *$C_5H_5Fe(CO)_2COC_6F_5$*, F. 86—87°. — Durch Umsetzen von $C_5H_5Fe(CO)_2$ · $[(C_6H_5)_3P]^+J^-$ mit II bei — 78°, Rühren bei Raumtemp. (3 Std.) u. Chromatographieren wurde erhalten: *Exo-(1-C_6F_5-C_5H_5)Fe(CO)$_2$[(C_6H_5)$_3$P]*, F. 132,5—134,0°; 56,4% (Ausb.). — Durch Umsetzen von $C_5H_5Fe(CO)_2(Py)^+PF_6^-$ mit II bei — 78° (1 Std.) u. Rühren bei Raumtemp. (1 Std.) wurden neben vier nichtidentifizierten Prod. *$C_5H_5Fe(CO)_2C_6F_5$* (3,1%) u. *[$C_5H_5Fe(CO)_2$]$_2$* (3%) erhalten. — Durch Umsetzen von $[C_5H_5Fe(CO)_2(CH_3CN)]^+$ · PF_6^- mit II wurden außer einer nicht identifizierten Verb. *(C_5H_5)Fe(CO)$_2C_6F_5$* (9,2%) u. *[$C_5H_5Fe(CO)_2$]$_2$* erhalten. — Umsetzen von $C_5H_5Fe(CO)_3^+PF_6^-$ mit I ergab *[$C_5H_5Fe(CO)_2$]$_2$* (58,6%), von $C_5H_5Fe(CO)_2[(C_6H_5)_3P]^+J^-$ mit II Spuren von *[$C_5H_5Fe(CO)_2$]$_2$* bzw. *$C_5H_5Fe(CO)$* · *[(C_6H_5)$_3$P]J* u. *Exo-(C_6H_5-C_5H_5)Fe(CO)$_2$[(C_6H_5)$_3$P]* (F. 172°; 14%). — Die Rk. von $C_5H_5Mo(CO)_4^+PF_6^-$ mit II ergab wenig *[$C_5H_5Mo(CO)_3$]$_2$* u. *$C_5H_5Mo(CO)_3COC_6F_5$* (F. 77°; 16%), die von $C_5H_5W(CO)_4^+PF_6^-$ mit II Spuren von *[$C_5H_5W(CO)_3$]$_2$* u. *$C_5H_5W(CO)_3COC_6F_5$* (F. 98°; 49%). — Beim Umsetzen von $C_5H_5Mo(CO)_3[(C_6H_5)_3P]^+PF_6^-$ mit II wurde *$C_5H_5Mo(CO)_2$[(C_6H_5)$_3$P]COC_6F_5*, (F. 115—120°; 14,5%) u. *$C_5H_5Mo(CO)_2$[(C_6H_5)$_3$P]Br* (F. 167°) gefunden, beim Umsetzen von $C_5H_5W(CO)_3[(C_6H_5)_3P]^+PF_6^-$ mit II *$C_5H_5W(CO)_2$[(C_6H_5)$_3$P]COC_6F_5* (F. 125°; 40,5%) u. *$C_5H_5W(CO)_2$[(C_6H_5)$_3$P]Br* (F. 185°), beim Umsetzen von $C_5H_5W(CO)_3[(C_6H_5)_3As]^+PF_6^-$ mit II eine Spur von *[$C_5H_5W(CO)_3$]$_2$* u. *$C_5H_5W(CO)_2$[(C_6H_5)$_3$As]COC_6F_5* (F. 125°; 37%). — Die Rk. zwischen $C_5H_5M(CO)_4^+PF_6^-$ (M = Mo, W) u. I ergaben *[$C_5H_5M(CO)_3$]$_2$* (Mo: 33%; W:

7,5 %), ebenso die Rk. zwischen $C_5H_5M(CO)_3[(C_6H_5)_3P]^+ \cdot PF_6^-$ u. I. — Bei der Rk. zwischen $C_5H_5M(CO)_4{}^+PF_6^-$ (M= Mo, W) u. III wurde unter N_2 in THF 3 Std. bei 0° gerührt, dann W. hinzugetropft (1 Std. bei 0°) u. dreimal mit Pentan extrahiert. Die Pentanfraktionen wurden gewaschen u. getrocknet. Nach Verdampfen des Lsgm. u. Subl. im Vakuum wurden *$C_5H_5W(CO)_3H$*, (F. 64—66°; 37,8 %) u. *$C_5H_5Mo(CO)_3H$* (F. 50—51°; 8,5 %) erhalten. — Bei der Rk. zwischen $C_5H_5M(CO)_3[(C_6H_5)_3P]^+PF_6^-$ (M = W, Mo) u. III in THF wurde bei 0° (1 Std.) u. Raumtemp. (16 Std.) gerührt, filtriert, Lsgm. abgezogen u. der Rückstand mit Bzl. extrahiert. Durch Zusatz von Hexan zum Bzl. krist. *$C_5H_5W(CO)_2[(C_6H_5)_3P]CH_3$* (69 %) bzw. *$C_5H_5 \cdot Mo(CO)_2[(C_6H_5)_3P]CH_3$* (26,5 %) aus. A. Lange 354

0868 **Oktaedrische Kobalt(III)-Komplexe vom Chloropentammin-Typ.** 11. Mitt. **Darstellung, Eigenschaften und Reaktionen einiger Chloroamin-bis-[äthylendiamin]-kobalt(III)-Salze, die einzähnige Aminoalkanole als beeinflussende Liganden enthalten.** S. C. Chan und F. Leh. (J. chem. Soc. [London], Sect. A **1967**, 1730—34; Dep. of Chem., Univ., Hongkong; engl.) — 10. vgl. C. **1969**, 5-0651. — Die Synth. einer Isomerenreihe von Salzen des Typs $[Coen_2LCl]^{2+}$ ist beschrieben (L = Äthanolamin oder 2- u. 3-Hydroxypropylamin). Die sichtbaren u. IR-Absorptionsspektren beweisen, daß die Komplexe cis-Konfig. aufweisen. Die Liganden L haben eine Koordinationsstelle am Stickstoff. Die Geschw.-Konst. für das Auftreten von Chloridionen in wss. Lsg. wurden bestimmt u. die Arrhenius-Parameter berechnet. Die Prod. sind die korrespondierenden Aquokationen $[Coen_2L(H_2O)]^{3+}$, die Rk. erfolgt jedoch durch inneren Angriff auf Co durch den Liganden L, wobei intermediär $[Coen_2L]^{3+}$ entsteht, in welchem L als Chelatligand wirkt. Hierauf folgt ein schneller Austausch von Chelatligand L durch Wasser. Die Geschw.-Konst. für die bas. Hydrolyse wurden bei 0° u. einer Ionenkonz. von 0,1 m bestimmt.

Versuche: Umsetzung von trans-Dichloro-bis-[äthylendiamin]-kobalt(III)-chlorid mit gekühlter Lsg. von Äthanolamin in W. ergibt *cis-Chloroäthanolamin-bis-[äthylendiamin]-kobalt(III)-chlorid* (I), rote Kristalle. Aus I u. konz. HNO_3 in wss. Lsg. rote Krist. von *cis-Chloro-äthanolamin-bis-[äthylendiamin]-kobalt(III)-nitrat*. Die Salze des *cis-Chloro-2-hydroxy-* u. *cis-Chloro-3-hydroxy-propylamin-bis-[äthylendiamin]-kobalt(III)* werden analog dargestellt. H. Markert 355

0869 **Komplexverbindungen von Palladium und Platin mit Dimethylsulfoxid.** Ju. N. Kukuškin, Ju. Ė. Vjaz'menskij, L. I. Zorina und Ju. L. Pazuchina. (Ž. neorg. Chim. **13** (1968) 6, 1595—99; Leningradskij pedagog. inst. im. Gercena; russ.) — DMSO setzt sich mit wss. Pd(II)- u. Pt(II)-Lsg. rasch um. Die Synth. einiger neuer Pd(II)- u. Pt(II)-Komplexe wird beschrieben.

Versuche: *[Pt(py)(DMSO)Cl₂]* entsteht beim Versetzen von 0,6 g $K[Pt(py)Cl_3]$ in 8 ml W. mit 0,6 ml DMSO, 0,47 g. *$[PtNH_3(DMSO)Cl_2]$* aus 1 g $K[PtNH_3 \cdot Cl_3]$ in 12 ml W. u. 1 ml DMSO. *$[Pt(DMSO)_2Br_2]$* aus 0,74 g $K_2[PtBr_4]$ in 5 ml W. u. 0,5 ml DMSO. *$K[Pd \cdot (DMSO)Cl_3]$* aus 1,45 g $K_2[PtCl_4]$ in 14 ml W. u. 1 ml DMSO, 1,3 g. Die IR-Spektren der vier genannten Verb. u. von *$[Pt(DMSO)_2Cl_2]$* wurden im Bereich 600—1500 cm^{-1} analysiert, die Lage der charakterist. Banden ist angegeben. J. J. Pohl 368

0870 **Verhalten von $[Pt(NH_3)_4NOCl]Cl_2$ und $[Pt(NH_3)_4 \cdot NOCl](NO_3)_2$ in wäßrigen Lösungen.** A. I. Stecenko. (Ž. prikl. Chim. **41** (1968) 6, 1220—27; russ.) — *$[Pt(NH_3)_4 \cdot NOCl]Cl_2$* (I) wurde durch Versetzen einer wss. $[Pt \cdot NH_3)_4]Cl_2$-Lsg. mit KNO_3 u. einigen Tropfen 1:1-HCl erhalten. Die Nitrosochlorotetrammine I u. $[Pt(NH_3)_4 \cdot NOCl](NO_3)_2$ hydrolysieren in verd. wss. Lsg. prakt. vollständig nach: $[Pt(NH_3)_4NOCl]^{2+} + H_2O \rightarrow [Pt(NH_3)_4]^{2+} + HNO_2 + H^+ + Cl^-$. Die Rk. wurde durch potentiometr. Titrationsvers. mit Alkalien, Redoxtitration mit $KMnO_4$, Best. der mol. elektr. Leitfähigkeit u. der Cl^--Konz. sowie durch photokolorimetr. Ermittlung der HNO_3-Konz. verfolgt. Das IR-Spektrum von I bei 900—2000 cm^{-1} wird angegeben. J. J. Pohl 368

A-9. Geochemie

0871 **Absorptionsspektren des Eisens auf Plätzen der Koordinationszahl 6 in Chlorit, Biotit, Phlogopit und Vivianit. Aspekte des Pleochroismus in Schichtsilicaten.** G. H. Faye. (Canad. Mineralogist **9** (1968) 3, 403—25; Ottawa Miner. Sci. Div., Mines Branch, Dep. of Energy, Mines and Res., Inorgan.-Chem. Subdiv.; engl.) — Die elektron. Absorptionsspektren wurden zwischen 7000 u. 30000 cm^{-1} gemessen. Die komplexen Spektren des Chlorits u. Biotits im Sichtbaren zeigen Ähnlichkeiten mit dem des Vivianits in dem Fe^{2+} in nahezu regulärer oktaedr. Anordnung vorhanden ist. Es wird angenommen, daß zwischen 15000 u. 30000 cm^{-1} die Spektren zu Spin verbotenen Übergängen des Fe^{2+} gehören. Alle Spektren zeigen Doppelbänder im nahen IR, hervorgerufen durch Spin erlaubte Übergänge des oktaedr. gebundenen Fe^{2+}. Die Bandaufspaltung wird durch den Jahn-Teller-Mechanismus hervorgerufen. Eine relativ stark polarisierte Bande bei ca. 14000 cm^{-1} wird dem Übergang $Fe^{2+} \rightarrow Fe^{3+}$ im Biotit, Chlorit u. Phlogopit zugeschrieben, der die Ursache für den Pleochroismus senkrecht zur Spaltfläche (001) ist. F. Ensslin 380

0872 **Absorptionsuntersuchungen der Dotierung des Sphalerits mit Ionengemischen (Cu und Al).** P. G. Manning. (Canad. Mineralogist **9** (1968) 3, 429—33; Ottawa Mines Branch, Dep. of Energy, Mines and Res.; engl.) — Ultrareine ZnS-Krist. wurden einmal mit Cu u. ein anderes Mal mit Cu–Al dotiert u. die Absorptionsspektren gemessen. Aus diesen geht hervor, daß Cu allein in oktaedr. Zwischengitterplätzen als Cu(II) eingebaut wird. Bei der Dotierung mit Cu u. Al wird Cu(II) zu Cu(I) reduziert. Cu(II) wirkt sowohl auf Zwischengitterplätzen als auch als Substituent von Zn im ZnS-Gitter als starker Elektronenakzeptor. Cu(I) ist wahrscheinlich auf Tetraederplätzen lokalisiert. F. Ensslin 380

0873 **Absorptionsspektren der manganhaltigen Kettensilicate Pyroxmangit, Rhodonit, Bustamit und Serandit.** P. G. Manning. (Canad. Mineralogist **9** (1968) 3, 348 bis 357; engl.) — Vgl. vorst. Referat. — Die Absorptionsspektren im Gebiet zwischen 3500 u. 30000 cm^{-1} enthalten 5 Absorptionsbanden im sichtbaren u. nahen UV bei 19000 cm^{-1}, 23000 cm^{-1}, 24500 cm^{-1}, 27700 cm^{-1} u. 29000 cm^{-1}, die zu dem oktaedr. gebundenen Mn(II) gehören. Alle Mineralien zeigen bei 9500 cm^{-1} eine Bande, die für das oktaedr. gebundene Fe(II) charakterist. ist. Pyroxmangit, Bustamit u. Serandit haben bei ca. 5000 cm^{-1} eine für Fe(II) in tetraedr. Lagen charakterist. Bande. F. Ensslin 380

0874 **Empfindlichkeit der Infrarotspektren von Apatiteinkristallen auf diadochen Ersatz.** L. D. Kislovskij und R. G. Knubovec. (Doklady Akad. Nauk SSSR **179** (1968) 6, 1432—35; Inst. kristallografii AN SSSR; russ.) — Im Wellenzahlbereich von 500—1600 cm^{-1}, in dem auch die 3 $(PO_4)^{3-}$-Absorptionsfrequenzen liegen, werden Apatite verschiedener Lagerstätten untersucht. F^- u. OH^- wirken sich stark auf die ν_3- u. ν_4-Banden aus. Auch Sr^{2+}- u. SE^{4+}-Geh. äußern sich im Spektrum merklich. M. Hähnert 380

0875 **Strukturstabilität von Mineralien mit Pyrit-, Markasit-, Arsenopyrit- und Löltingitstrukturen.** Ernest H. Nickel. (Canad. Mineralogist **9** (1968) 3, 311—21; Ottawa, Canada, Universal Sci. Div., Mines Branch, Dep. of Energy, Mines and Res.; engl.) — Die Strukturstabilität der Disulfide u. Sulfarsenide des Fe, Co u. Ni wird mit Hilfe der Ligandenfeldtheorie erklärt. Sie wird mit der Anzahl der nichtbindenden d-Elektronen des Metallatoms in der Struktur in Beziehung gesetzt u. durch die Tendenz der Verb. zur Bldg. von Strukturen mit maximalen Elektronen-Spinpaaren erklärt. Die Pyritstruktur (Pyrit, Cattierit, Vaesit, Cobaltin u. Gersdorffit) mit 6 oder mehr nichtbindenden d-Elektronen bildet Metall-S-Oktaeder ohne wesentliche Wechselwrkg. von d-Elektronen benachbarter Metallatome. Die anderen Strukturen sind nach einer Richtung gequetschte

Oktaeder, so daß die Metallatome genähert sind. In der Markasitstruktur (Markasit u. Rammelsbergit) mit 6 nichtbindenden d-Elektronen stoßen sich die Metalle wegen der vollbesetzten t_{2g}-Orbitale ab. In der Arsenkies-Struktur (Arsenkies u. Safflorit) mit 5 nichtbindenden d-Elektronen nähern sich Metallpaare u. es entsteht Spinpaarung der ungepaarten Elektronen. Im Löllingit haben die Fe-Atome 4 nichtbindende d-Elektronen, die d-Orbitale in der kristallograph. c-Richtung sind leer u. erlauben dichte Fe–Fe-Näherung in dieser Richtung. F. Ensslin 380

0876 **Chemische Untersuchungen von Seltenerdmetalle führenden Mineralien des Fernen Ostens.** 61. Mitt. **Yttrofluorit von Suishoyama, Kawamatamachi, Fukushima-Präfektur, Japan.** Keiji Uetani, Yoshiko Ogimura, Akira Kato und Kozo Nagashima. (Bull. chem. Soc. Japan **41** (1968) 3, 603–05; Dep. of Geol., Nat. Sci. Museum, Ueno Park, Tokyo; engl.) — 60. vgl. C. **1967, 44**-0826. — Yttrofluorite wurden in Pegmatiten eines mesozoischen Biotitgranit-Komplexes gefunden. Der Pegmatit ist reich an seltenen Mineralien (Abukumalit, Yttrialit, Fergusonit, Allanit, Tengerit, Uraninit, Gadolinit sowie verschiedenen Uranglimmern). Das Mineral liegt meist in unregelmäßigen Formen oder feinkörnigen Aggregaten (in Spessartin) vor. Die chem. Analyse ergibt: 35,50% Ca, 18,84 SE, 0,42 Mg, 0,34 Fe, 0,15 Al, 0,08 Mn, 44,67 F. Die aus Pulverdiagrammen ermittelte Gitterkonst. beträgt 5,500 Å; D. 3,51 g/cm³, n = 1,454. Röntgenfluoreszenzanalysen weisen geringe Geh. an Ce-Erden, hohe Y-Erden-Konz. mit bevorzugten Dy- u. Er-Führungen nach. M. Hähnert 380

0877 **Apatite der Cerro de Mercado, Durango, Mexiko.** J. Paulick und H. Newesely. (Neues Jb. Mineralog., Mh. **1968**, 7, 224–35; Berlin, TH, Inst. für Miner.; dt.) — *Apatite* einer Eisenerz-Paragenese von Cerro de Mercado wurden kristallograph. bes. hinsichtlich ihrer (Mikro)-Morphologie untersucht. Unter anderem ergab die Spektralanalyse mkr. einschlußfreier Krist.-Splitter das Vorliegen von La, Y, Ce, Mg u. Na als Spurenelemente. Die Analyse von 15 Krist. von Durango-Apatit ergab die Zus. $Ca_5[(F_{0,92}OH_{0,07}Cl_{0,01})|(PO_4)_3]$. E. Schulte 380△

0878 **Erster Basaluminit-Fund in der UdSSR.** B. I. Srebrodol'skij. (Doklady Akad. Nauk SSSR **180** (1968) 1, 193–94; L'vovskij gos. univ. im. Franko; russ.) — In den Ox.-Zonen der Vodinsker Schwefellagerstätte trat das Mineral an Spaltenoberflächen als dichte Massen gemeinsam mit Gips auf. Die Eig. wurden ermittelt zu: n = 1,515–1,522, n_x|| Nadelachse; endotherme Effekte bei 100–140, 150–175, 195–210, 270 bis 390 u. 940–975°. Die chem. Analyse führte zur Formel: $Al_{4,0}(SO_4)_{0,97}(OH)_{10,0} \cdot 3,3\text{-}H_2O$. M. Hähnert 380

0879 **Cookeit vom Muiane-Pegmatit, Zambezia, Mozambique.** Th. G. Sahama, Oleg v. Knorring und Martti Lehtinen. (Lithos [Oslo] **1** (1968) 1, 12–19; Helsinki, Univ., Leeds, U.K., Univ.; engl.) — Opt. Eig., chem. Analyse, Röntgenpulver- u. Einkrist.-Daten sowie die IR-Absorption werden mitgeteilt. E. Schulte 380△

0880 **Chemische Zusammensetzung und Kristallstruktur des Pyrochlors von Oka, P.Q.** Guy Perrault. (Canad. Mineralogist **9** (1968) 3, 383–402; Montreal, École Polytechnique; franz.) — 5 Pyrochlore von Oka enthalten 48,8–65,8 Nb_2O_5, 0,04–3,54 Ta_2O_5, 2,59 bis 7,20 TiO_2, 0,60–4,1 ZrO_2, 2,05–6,20 Na_2O, 1,63 bis 7,34 Ce_2O_3, 0,02–0,69 U_3O_8 u. 0,02–1,47 ThO_2 u. stimmen mit der allg. Formel $A_{16}B_{16}O_{48}F_8$, worin A = Ca, Na u. Ce u. B = Nb usw. ist, überein. In einem Pyrochlor ist A = 15,1, was wahrscheinlich auf das Vorhandensein von $(OH)^-$-Ionen an Stelle von O^{2-} zurückzuführen ist. Die O^{2-}-Werte der ersten 4 Pyrochlore betragen 0,330, bei dem letzten nur 0,316. Die Nb–O-Bindung ist wahrscheinlich sehr viel stärker als die Ca–O-Bindung. F. Ensslin 380

0881 **Wismuthaltiger Robinsonit.** J. L. Jambor und G. R. Lachance. (Canad. Mineralogist **9** (1968) 3, 426–28; Ottawa Geol. Surv. of Canada; engl.) — In der Dodger Tungsten Mine, Salmo, B.C., wurde neben Kobellit ein Robinsonit gefunden, dessen Zus. mit der Mikrosonde zu 41,5 Pb, 22 Bi, 20 Sb u. 18 S bestimmt wurde. In dem Gitter des 7 PbS · 6 Sb_2S_3 ist danach Sb teilweise durch Bi im Verhältnis 100 : 64 ersetzt. Röntgenograph. ist das Gitter dieses Minerals prakt. dasselbe wie das des synthet. Robinsonits mit gering erweiterten Zellen. F. Ensslin 380

0882 **Tintinait, das Antimonanaloge des Kobellits.** D. C. Harris, J. L. Jambor, G. R. Lachance und R. I. Thorpe. (Canad. Mineralogist **9** (1968) 3, 371–82; engl.) — Vgl. vorst. Referat. — Bei der Unters. des Kobellits verschiedener Vork. mit der Mikrosonde wurde festgestellt, daß es sich um eine Mischkrist.-Reihe der Zus. 5 PbS · 4 X_2S_3 handelt, bei denen X in den Endgliedern aus Sb oder Bi bestehen. Es wird vorgeschlagen, für die Mineralien Bi > Sb den Namen Kobellit beizubehalten u. für die Glieder Bi < Sb den Namen Tintinait nach dem Vork. Tintina, Yukon, zu verwenden. Die Gitterparameter für Kobellit (ca. 70% Bi) sind a = 22,62, b = 34,08, c = 4,02 Å, die für reinen Tintinait a = 22,30, b = 34,00 u. c = 4,04 Å. Die D. nimmt mit steigendem Bi-Geh. von 5,47 nach 6,99 zu. F. Ensslin 380

0883 **Zinnwaldit: Oktaedrische Anordnung in Lithium-Eisen-Glimmern.** Milan Rieder. (Science [Washington] **160** (1968) 3834, 1338–40; Baltimore, Md., John Hopkins Univ., Dep. of Geol.; engl.) — Auf Grund der chem. Zus. u. der kristallograph. Eig. wird für den Zinnwaldit u. andere Li–Fe-Glimmer ein Gittermodell mit oktaedr Schichten entwickelt. Diese Schichten haben schmale u. lange Seiten im Verhältnis 2 : 1. Mit Hilfe dieser Anordnung können alle beobachteten Eig. — wie dünne Schichtdicke, „dioktaedr." Reflexionen u. die Neigung zur Polytypie — erklärt werden. F. Ensslin 380

0884 **Katalyse, Hemmung und das Calcit–Aragonit-Problem.** 1. Mitt. **Aragonit–Calcit-Umwandlung.** J. L. Bischoff und W. S. Fyfe. (Amer. J. Sci. **266** (1968) 2, 65–79; Univ. of Calif., Berkeley, Calif.; engl.) — Die Kinetik der Aragonit–Calcit-Umwandlung in wss. Lsg. wurde zur Ermittlung der den Kristallisationsprozeß des Calcits bestimmenden Faktoren u. zur Kontrolle der diagenet. Bedingungen für die Aragonit–Calcit-Umwandlung untersucht. Die Rk. läuft über eine Gleichgew.-Einstellung des Aragonits mit der Lsg., nachfolgender Keimbldg. u. anschließendem Wachsen des Calcits ab. Das Ausmaß der Rk. wurde röntgenograph. bestimmt. Die Calcit-Keimbldg. scheint auf der Aragonitoberfläche abzulaufen, während das Wachsen an Punkt- oder Liniendefekten stattfindet. Die Katalyse durch CO_2, $CaCl_2$ u. die Hemmung durch KOH zeigt eine Rk. über Ca^{2+} u. HCO_3^- an. Die Calcitkristallisation wird durch Mg^{2+} stark u. durch SO_4^{2-} weniger stark gehemmt. G. Malow 382

0885 **Katalyse, Hemmung und das Calcit–Aragonit-Problem.** 2. Mitt. **Vaterit–Aragonit-Umwandlung.** J. L. Bischoff. (Amer. J. Sci. **266** (1968) 2, 80–90; engl.) — 1. vgl. vorst. Referat. — Zur Ermittlung der bestimmenden Faktoren bei der Aragonitbldg. wurde die Kinetik der Vaterit–Aragonit-Umwandlung in wss. Lsg. untersucht. Die Rk. verläuft über eine Gleichgew.-Einstellung des Vaterits mit nachfolgender Keimbldg. u. anschließendem Aragonit-Wachstum. Sulfat ist für die Aragonit-Bldg. ein starker Inhibitor, während Mg weniger stark hemmend wirkt. Sr katalysiert die Aragonit-Bldg. in Lsg., die mit Strontianit übersätt. sind. Die Ionenstärke katalysiert die Aragonit-Bldg.; ein Vgl. mit anderen Daten über die Calcit-Bldg. zeigt, daß das Übergew. an polymorphen Substanzen in natürlicher Umgebung prim. durch die Mg-Ionen-Konz. bestimmt wird. G. Malow 382

0886 **Einfluß von koexistierenden Mineralien auf die Graphitisierung von Kohlenstoff.** 1. Mitt. **Hitzebehandlung von Kohlenstoff unter 3 kbar in Gegenwart von Kalkstein.** Tokiti Noda, Michio Inagaki, Shin-ichi Hirano und Kiyoshi Amanuma. (Bull. chem. Soc. Japan **41** (1968) 5, 1245–48; Nagoya, Nagoya Univ., Fac. of Engng.; engl.) — Der Einfl. der Ggw. von Kalkstein auf die Graphitisierung von Kohle wurde durch Erhitzen der zwischen Kalksteinscheiben eingebetteten C-Probe (800–1300° u. 20–240 Min.) unter einem quasi-hydrostat. Druck von 3 kb (Stempelpresse) geprüft. Die C-Probe war ein durch Verkokung (bis zu 680°) von PVC hergestellter Koks (PV-7). Die (002)-Linienprofile bestehen aus einem scharfen Anteil bei 26,5° u. einem breiteren Anteil bei kleineren Winkeln. Die Komponente G_M scheint Graphitstruktur aufzuweisen, ihr entspricht das scharfe Linienprofil. Der Geh. an G_M steigt sehr schnell mit der Zunahme der Temp. bei der Hitzebehandlung über 1000° an. Die Entw. der Graphitstruktur scheint phänomenolog. eng zur Rekristallisation u. zum Aufschmelzen des koexistierenden Kalksteins in Beziehung zu stehen, chem. Effekte sollen jedoch nicht ausgeschlossen sein. E. Schulte 382△

B. Physikalische organische Chemie

B–1. Optische, elektrische und magnetische Eigenschaften, Spektren

0887 **Niederfrequente Bewegungen in festem Benzol durch unelastische Streuung von kalten Neutronen.** V. Tarină. (J. chem. Physics **46** (1967) 8, 3273–75; Inst. for Atomic Phys., Bucharest, Rumania; engl.) — Die Spektren von an festem Bzl. bei 77–298 °K gestreuten 4,18 MeV-Neutronen werden untersucht. K.-H. Bielicki 402

0888 **Neutronenstreuung an flüssigem Terphenyl.** A. J. H. Goddard. (Brit. J. appl. Physics **18** (1967) 2, 205 bis 212; Nucl. Power Group, Mechan. Engng. Dep., Imperial Coll. of Sci. and Technol., London; engl.) — Daten der Neutronenstreuung u. Frequenzverteilung werden an festem (23°) u. fl. *Santowax R* (207 u. 267°) ber. u. mit experimentellen (Literatur) Daten verglichen. M. Wiedemann 402

0889 **Kinetik des reversibel orientierten Photodichroismus.** A. M. Makušenko, O. V. Stolbova und G. D. Čechmataeva. (Optika i Spektroskopija **22** (1967) 3, 515–16; russ.) — Untersucht werden *Kongorot*, *p-Nitrosodimethylanilin* u. *Chrysophenin* in Lsg. von Glycerin. T. Tęcza 404

0890 **Tieftemperatur-Zirkulardichroismus: Konformationseffekte.** G. Snatzke. (Proc. Roy. Soc. [London], Ser. A **297** (1967) 1448, 43–53; Organ. Chem. Inst., Univ., Bonn; engl.) — Der Temp.-Einfl. auf den CD u. seine Anwendung in der Konform.-Analyse wird an folgenden Verb. im Bereich der Temp. des fl. N_2 bis Raumtemp. untersucht: *3β(e)-Nitro-* (e = äquatorial), *3α(a)-Nitro-* (a = axial), *4α(e)-Nitro-*, *4β(a)-Nitro-*, *6α(e)-Nitro-*, *6β(a)-Nitro-*, *7β(e)-Nitro-*, *7α(a)-Nitro-*, *7α-Chlor-7β-nitro-5α-cholestan*, *trans-2-Chlor-5-methylcyclohexanon*, Δ^4*-Cholesten-3-on*, *R-(+)-Laurolenal*, *(+)-Citronellal*, *19-Nor-19-formyl-*Δ^5*-androsten-3.17-diondiäthylenketal*, *19-Nor-19-formyl-17-acetoxy-*Δ^4*-androsten-3-on*, *1.2.3β-Trimethyl-3α-formylmethylcyclopenten*, *3α.7-Dimethyloctenon-(6)*, *-octanon-(6)*, *4.5.5-Trimethyl-trans-perhydroindan-1-spiro-2′-[5′-methylcyclohexadien-(3′.5′)-on]*, *1β.5.5.6-Tetramethyl-trans.trans-tricyclo*$[7.1.0^{2,7}.0^{1,9}]$*decan-10-spiro-1′-cis-cyclopenten-(2′)-on-(4′)*, *1α.5β.5.6-Tetramethyl-trans-tricyclo*$[7.1.0^{2,7}0^{1,9}]$*decan-10-spiro-1′-trans-cyclopenten-(2′)-on-(4′)* u. *1.5-Dimethyl-6-acetoxytetracyclo*$[10.1.0^{5,9}0^{2,10}0^{1,12}]$*tridecan-13-spiro-1′-cyclopenten-(2′)-on-(4′)*. H.-J. Haink 404

0891 **Berechnete optische Eigenschaften von 64 Trinucleosiddiphosphaten.** Charles R. Cantor und Ignacio Tinoco jun. (Biopolymers **5** (1967) 9, 821–35; Berkeley, Calif., Univ. of Calif., Dep. of Chem.; engl.) — Mit Hilfe eines einfachen semiempir. Näherungsverf. werden die ORD- u. UV-Daten folgender Trinucleosiddiphosphate berechnet (A = Adenosin, G = Guanosin, C = Cytidin, U = Uridin, p = Phosphat): *ApApA*, *ApApU*, *ApApC*, *ApApG*, *ApUpA*, *ApUpU*, *ApUpC*, *ApUpG*, *ApCpA*, *ApCpU*, *ApCpC*, *ApCpG*, *ApGpA*, *ApGpU*, *ApGpC*, *ApGpG*, *UpApA*, *UpApU*, *UpApC*, *UpApG*, *UpUpA*, *UpUpU*, *UpUpC*, *UpUpG*, *UpCpA*, *UpCpU*, *UpCpC*, *UpCpG*, *UpGpA*, *UpGpU*, *UpGpC*, *UpGpG*, *CpApA*, *CpApU*, *CpApC*, *CpApG*, *CpUpA*, *CpUpU*, *CpUpC*, *CpUpG*, *CpCpA*, *CpCpU*, *CpCpC*, *CpCpG*, *CpGpA*, *CpGpU*, *CpGpC*, *CpGpG*, *GpApA*, *GpApU*, *GpApC*, *GpApG*, *GpUpA*, *GpUpU*, *GpUpC*, *GpUpG*, *GpCpA*, *GpCpU*, *GpCpC*, *GpCpG*, *GpGpA*, *GpGpU*, *GpGpC* u. *GpGpG*. G. O. Jäger 404△

0892 **Fluoreszenz-Löschung und externe Spin–Bahn-Kopplungseffekte.** A. Kearvell und F. Wilkinson. (Molecular Crystals **4** (1968) 1–4, 69–81; Univ. of East Anglia, Norwich, England; engl.) — Untersucht wird die Kinetik der Fluoreszenzlöschung des *Anthracens* u. *9.10-Dibromanthracens* durch *Brombenzol* (**I**), *Äthyljodid*, *KJ* u. *Xe*; angegeben sind die Extinktionskoeff. der O,O-Bande bei unterschiedlichem Zusatz von **I** von Anthracen, *9-Phenyl-*, *9-Brom-* u. 9.10-Dibromanthracen. Die Kinetik der strahlungslosen Interkombination ist für vorst. Anthracene u. für *1-Chlor-*, *1.5-* u. *9.10-Dichloranthracen* untersucht worden. D. Schmitt 408

0893 **Szintillationsmessungen bei sehr hohen Lösungskonzentrationen; Beziehungen des Selbstlöschens zur Struktur.** Donald L. Horrocks und Hermann O. Wirht. (Molecular Crystals **4** (1968) 1–4, 375–83; Chem. Div., Argonne Nat. Labor., Argonne, Ill.; engl.) — Die Unters. wurden ausgeführt an nachst. Verb.: *2.5-Diphenyloxazol*, *4.4‴-Bis-[2-butyloctyloxy]-* u. *4.4‴-Bis-[2-hexyldecyloxy]-p-quaterphenyl*, *4.4′-Di-n-butyloxy-* u. *4.4′-Di-n-undecyloxybinaphthyl-(1.1′)*, *Binaphthyl-(1.1′)*, *N-Methyl-2-phenylindol* u. *N-Methyl-5.6-dihydrobenzo[a]-carbazol*. D. Schmitt 408

0894 **Beziehungen der Nullfeldaufspaltung des Triplett-Zustandes in substituierten Molekülen.** B. Smaller, E. C. Avery und J. R. Remko. (J. chem. Physics **46** (1967) 10, 3976–83; Nat. Labor., Argonne, Ill.; engl.) — Von nachst. Verb. werden die Substituentenverschiebungen der Triplett-Nullfeldaufspaltung, der Phosphoreszenz u. der Elektronenabsorption durch EPR- u. opt. Messungen in Methanol–W. bei 77 °K bestimmt: *Phenol*, *Anilin*, *Benzaldehyd*, *Benzoesäure*, *Hydrochinon*, *Benzophenon*, *Naphthol-(1)* u. -(2), den Naphthalinen: *1-Methoxy-*, *2-Methoxy-*, *1-Äthoxy-*, *2-Äthoxy-*, *1-Amino-*, *2-Amino-*, *1-Methyl-*, *2-Methyl-*, *1-Chlor-*; *1-Naphthalinessigsäure*, *1-* u. *2-Naphthalinsulfonsäure*, *Naphthalinthiol-(2)*, *1-* u. *2-Naphthaldehyd*, *1-Naphthoesäure*, *1-* u. *2-Naphthonitril*, *3-Methoxy-*, *5-Azo-*, *5-Amino-2.3-dimethyl-*, *1.2-Dimethyl-*, *2.3-Dimethylindol*, *Indol-(3)-essigsäure*, *-äthylester*, *Tryptamin*, *Indol-(3)-propionsäure*, *-buttersäure*, *l-Tryptophan*, *5-Methoxytryptamin*, *Thianaphthen*, *5-Hydroxyindolessigsäure*, *-tryptamin*, *-tryptophan* sowie die Triplett-Nullfeldaufspaltung von *Phenylalanin*, *Purin*, *Adenin*, *Adenosin*, *-triphosphat*, *Tyrosin*, *Fluoreszein*, *Riboflavin* u. *Mg-Phthalocyanin*. K. Vacek 408

0895 **Organische Szintillatoren mit 2-Äthylnaphthalin als Lösungsmittel.** J. G. Carter und L. G. Christophorou. (J. chem. Physics **46** (1967) 5, 1883–90; Health Phys. Div., Oak Ridge Nat. Labor., Oak Ridge, Tenn.; engl.) — Es werden die Emissionsspektren u. die integrierten Emissionsintensitäten von folgenden in Toluol, 1.2-Dimethylnaphthalin, 1.6-Dimethylnaphthalin u. 2-Äthylnaphthalin gelösten fl. Szintillatoren für Röntgenstrahlung angegeben: *2.2′-p-Phenylen-bis-[5-phenyloxazol]* (*POPOP*), *2.5-Diphenyloxazol* (*PPO*), *9.10-Diphenylanthracen* (*DPA*), *2-[1-Naphthyl]-5-phenyloxazol* (*α-NPO*), *2.5-Di-[4-biphenylyl]-oxazol* (*BBO*), *p-Terphenyl* (*TP*), *1.6-Diphenylhexatrien-(1.3.5)*(*DPH*), *1.1′-4.4′-Tetraphenylbutadien* (*TPB*), *Anthracen*, *2-Phenyl-5-[4-biphenylyl]-1.3.4-oxadiazol* (*PBD*) u. *p-Quaterphenyl* (*QP*). Die Löschung der Szintillationsemission durch *Di-n-butylquecksilber* (*DBM*), *Thiophen*, *Triphenylwismutwasserstoff*, *Tri-n-butylphosphat*, *Trimethylborat* u. *Methanol* wird untersucht. K.-H. Bielicki 408

0896 **Erzeugung der zweiten Harmonischen in flüssigen Kristallen.** Isaac Freund und P. M. Rentzepis.

(Physic. Rev. Letters **18** (1967) 11, 393–94; Bell Telephone Labor., Murray Hill, N.J.; engl.) — Bei Q-Laser Anregung wird in fl. krist. *Cholesteryl-[2-(2-äthoxyäthoxyäthyl]-carbonat* eine Emission beobachtet, die bei der Temp. des Übergangs fl. Krist.–isotrope Fl. verschwindet u. von der Erzeugung der zweiten Harmon. herrührt.
W. Sobieski 408

0897 **Zwei-Photonen-Laseranregung polycyclischer aromatischer Moleküle.** Mark W. Dowley, Kenneth B. Eisenthal und Warner L. Peticolas. (J. chem. Physics **47** (1967) 5, 1609–19; IBM Res. Labor., San Jose, Calif.; engl.) — Die Theorie der Zweiphotonenabsorption wird auf Vibronenmischung zwischen Elektronenzuständen erweitert. Bestimmt wurden Fluoreszenzdaten bei (linear u. zirkular polarisiert) Rubinlaseranregung von *Anthracen* u. *9.10-Dichloranthracen.*
W. Sobieski 408

0898 **Die Rolle angeregter Singulettzustände von molekularem O_2 beim Löschen organischer Triplettzustände.** Kenji Kawaoka, A. U. Khan und David R. Kearns. (J. chem. Physics **46** (1967) 5, 1842–53; Dep. of Chem., Univ. of Calif., Riverside, Calif.; engl.) — Vgl. Erratum: ibid. **46** (1967) 1883. — Die O_2-Löschung von Tripletts organ. Mol. wird unter der Annahme von zwei Mechanismen [Energieübertragung vom Donator-Triplett zu O_2 u. verstärkte strahlungslose Interkombination (intersystem crossing)] theoret. untersucht.
W. Sobieski 408

0899 **Das Abklingen der Lumineszenz von organischen Szintillatoren.** G. Laustriat. (Molecular Crystals **4** (1968) 1–4, 127–45; Dep. de Chim. Nucléaire, Centre de Recherches Nucléaires, Strasbourg; engl.) — Überblick über die Anregung mit α-Teilchen, Protonen u. β-Strahlung. Die Anwendung in Kernphysik u. -chemie wird beschrieben. — 30 Literaturangaben.
D. Schmitt 408

0900 **Fernbereich-Übertragungseffekte bei optischer Anregung von Polyenen.** C. Tric und O. Parodi. (Molecular Physics **13** (1967) 1, 1–26; Fac. des Sci., Labor. de Phys. des Solides associé au CNRS, Orsay; engl.) — Eine phänomenolog. Analyse der opt. Anregungsspektren von Polyenen wird durchgeführt.
H. K. Hennige 408

0901 **Effekt alkoholischer Lösungsmittel auf die Fluoreszenzausbeute von einigen mehrkernigen aromatischen Kohlenwasserstoffen.** Bithika Ghosh und Sadhan Basu. (J. Chim. physique Physico-Chim. biol. **65** (1968) 4, 676–78; Dep. of Pure Chem., Univ. Coll. of Sci., Calcutta; engl.) — Untersucht wurden *Pyren, Fluoranthen, Anthracen* u. *Triphenylen* in *n-Amyl-, Isoamyl-, n-Butyl-, Isobutyl-, Isopropyl-* u. *tert.-Butylalkohol.*
U. Radlbeck 408

0902 **Mechanismus der Thermolumineszenz der verzögerten Fluoreszenz von D_{10}-Phenanthren in verschiedenen eingefrorenen Lösungsmitteln.** André Martinez und Dominique Dorignac. (C. R. hebd. Séances Acad. Sci., Sér. A et B **266** (1968) 10, B605–B607; Talence, Gironde, Labor. d'Opt. mol., Fac. des Sci. de Bordeaux; franz.)
E. Daltrozzo 408

0903 **Beziehungen zwischen Konstitution und Szintillationseigenschaften in der p-Oligophenylenreihe.** H. O. Wirth, F. U. Herrmann, G. Herrmann und W. Kern. (Molecular Crystals **4** (1968) 1–4, 321–42; Univ. of Mainz; engl.) — Übersicht. — 15 Literaturangaben.
D. Schmitt 408

0904 **Fluoreszenzabklingzeiten der beiden Davydov-Komponenten in Naphthalinkristallen.** T. B. El Kareh und H. C. Wolf. (Molecular Crystals **4** (1968) 1–4, 195 bis 200; 3. Physikal. Inst. der HT Stuttgart; engl.) — Die Fluoreszenzabklingzeit wird als Funktion der Temp. u. der Dicke der Krist. gemessen. D. Schmitt 408

0905 **Temperaturabhängigkeit der sensibilisierten Fluoreszenz in Naphthalinkristallen.** A. Hammer und H. C. Wolf. (Molecular Crystals **4** (1968) 1–4, 191–93; 3. Physikal. Inst. der TH Stuttgart; engl.) — Als Sensibilisator dient *Anthracen.* D. Schmitt 408

0906 **Ladungsübertragungs-Exzitonenzustand, Energieniveaus der Ionen und verzögerte Fluoreszenz in Anthracen.** Martin Pope. (Molecular Crystals **4** (1968) 1–4, 183–90; New York Univ., Dep. of Chem., Radiat. and Solid State Labor., New York, N.Y.; engl.)
D. Schmitt 408

0907 **Angeregte Cyclohexanmoleküle als mögliche Anregungsdonatoren bei Lumineszenzprozessen.** Milton Burton. (Molecular Crystals **4** (1968) 1–4, 61–66; Dep. of Chem. and the Radiat. Labor., Univ. of Notre Dame, Notre Dame, Ind.; engl.) — Übersicht. — 19 Literaturangaben. D. Schmitt 408

0908 **Wege der Triplett–Triplett-Vernichtung in äthanolischen Lösungen von Pyren.** B. Stevens und M. I. Ban. (Molecular Crystals **4** (1968) 1–4, 173–81; Dep. of Chem., Univ., Sheffield; engl.) — Als Funktion der Konz. u. der Temp. wird das Verhältnis der Excimeren- zur Mol.-Fluoreszenzintensität im Gesamtemissionsspektrum u. dem der verzögerten Emission gemessen.
D. Schmitt 408

0909 **Fluoreszenz- und Szintillationseigenschaften neuer Oxazole, Oxadiazole und Pyrazoline.** Peter Leggate und Derrek Owen. (Molecular Crystals **4** (1968) 1–4, 357–73; Nucl. Enterprises Ltd., Winnipeg, Manitoba, Canada; engl.) — Untersucht wurden *1.4-Bis-[5-phenyl-1.3-oxazolyl-(2)]-benzol* (F. 244–245°), *1.4-Bis-[4-methyl-5-phenyl-1.3-oxazolyl-(2)]-benzol* (F. 231–234°), *4.4'-Bis-[5-phenyl-1.3-oxazolyl-(2)]-biphenyl* (F. 228–231°), *4.4'-Bis-[5-phenyl-1.3-oxazolyl-(2)]-3.3'-dimethylbiphenyl* (F. 202–204°), *4.4''-Bis-[5-phenyl-1.3-oxazolyl-(2)]-p-terphenyl* (F. 300–302°), *4.4'-Bis-[5-(p-biphenylyl)-1.3-oxazolyl-(2)]-biphenyl* [F. 350° (Zers.)], *4.4'-Bis-[5-(p-biphenylyl)-1.3-oxazolyl-(2)]-3.3'-dimethylbiphenyl* (F. 252–255°), *1.4-Bis-[5-(p-biphenylyl)-1.3-oxazolyl-(2)]-benzol* (F. 327 bis 328°), *1.4-Bis-[5-(α-naphthyl)-1.3-oxazolyl-(2)]-benzol* (F. 215–217°), *1.4-Bis-[5-phenyl-1.3.4-oxadiazolyl-(2)]-benzol* (F. 302–305°), *4.4'-Bis-[5-phenyl-1.3.4-oxadiazolyl-(2)]-3.3'-dimethylbiphenyl* (F. 240–241°), *4.4'-Bis-[5-(tolyl-(3)-1.3.4-oxadiazolyl-(2)]-3.3'-dimethylbiphenyl* (F. 227 bis 229°), *1.4-Bis-[5-(α-naphthyl)-1.3.4-oxadiazolyl-(2)]-benzol, 4.4'-Bis-[5-(α-naphthyl)-1.3.4-oxadiazolyl-(2)]-biphenyl* (F. 319–324°), *4.4'-Bis-[5-(α-naphthyl)-1.3.4-oxadiazolyl-(2)]-3.3'-dimethylbiphenyl* (F. 280–281°), *2-(α-Naphthyl)-5-[p-biphenylyl]-1.3.4-oxadiazol* (F. 121–122°), *1.4-Bis-[1.5-diphenyl-Δ^2-pyrazolinyl-(3)]-benzol* (F. 244 bis 250°), *4.4'-Bis-[1.5-diphenyl-Δ^2-pyrazolinyl-(3)]-biphenyl* [F. 288–294° (Zers.)], *4.4'-Bis-[1.5-diphenyl-Δ^2-pyrazolinyl-(3)]-3.3'-dimethylbiphenyl* (F. 240–244°) u. *1.3.5-Triphenyl-Δ^2-pyrazolin* (F. 136–138°). Angegeben sind λ_{max} u. ε_{max} der Absorptions- u. λ_{max} der Fluoreszenzspektren. D. Schmitt 408

0910 **Löschungseigenschaften von Alkoholen in flüssigen Szintillatorlösungen.** A. F. Findeis und J. A. Lubkowitz. (Molecular Crystals **4** (1968) 1–4, 385 bis 401; Univ. of Ala., Ala.; engl.) — Zur Unters. wurden die Szintillatoren *2.5-Diphenyloxazol* (PPO) u. *1.4-Bis-[4-methyl-5-phenyloxazolyl-(2)]-benzol* benutzt, als radioakt. Substanzen ^{14}*C-Toluol* u. *T-Toluol*; sowie die Alkohole: *n-Propyl-, Isopropyl-, n-Butyl-, tert.-Butyl-, Isobutyl-, Isopentyl-, tert.-Pentyl-, sek.-Butyl-, n-Pentyl-, n-Hexyl-, n-Heptyl-, n-Octyl-, n-Nonyl-, n-Decyl-; Methanol* u. *Äthanol.* D. Schmitt 408

0911 **Einige Faktoren, die das Phosphoreszenz/Fluoreszenz-Verhältnis in Tyrosin beeinflussen nach Anregung auf höherliegende angeregte Niveaus.** Hermann Rau und Leroy Augenstein. (J. chem. Physics **46** (1967) 5, 1773–78; Biophys. Dep., Mich. State Univ., East Lansing, Mich.; engl.) — Es werden das Phosphoreszenz/Fluoreszenz-Verhältnis der Titelverb. in Abhängigkeit vom Lsgm., dem pH der Lsg. u. der Ionenstärke sowie die Emission in Abhängigkeit von der Wellenlänge des anregenden Lichts untersucht.
S. Lampenscherf 408

0912 **Lösungsmittelprotozität über die interne Umwandlung von Erythrosin.** J. Q. Umberger. (J. physic. Chem. **71** (1967) 7, 2054–57; E. I. du Pont de Nemours & Co., Parlin, N.J.; engl.) — Es wird die relative Fluoreszenzausb. (A) u. -lebensdauer (B) von Erythrosin (I) in Lsgm. unterschiedlicher H-Bindungsdonorstärke gemessen. A u. B sinken mit zunehmender Protozität des Lsgm. ab: Aceton = DMF ≅ CH_3CN > n-Butylamin, 1.1.1-Trichloräthan, CH_2Cl_2 > $CHCl_3$, Trichloräthylen > tert.-Butanol > Glykolmonomethyläther > sek. Alkohole > prim. Alkohole > CH_3OH > Glycerin > W. > Trifluoräthanol. G. O. Jäger 408△

0913 **Linienverbreiterung in dem an einer Flüssigkeitsoberfläche gestreuten Licht.** Robert H. Katyl und Uno Ingard. (Physic. Rev. Letters **19** (1967) 2, 64—66; Dep. of Phys., MIT, Cambridge, Mass.; engl.) — Durch Messungen bei Raumtemp. mit einem He/Ne-Laser (6328 Å) wird von *Methanol* u. *Isopropanol* die spektrale Verteilung des an der freien Oberfläche gestreuten Lichts untersucht. An Stelle der erwarteten Brillouin-Aufspaltung im Streulicht wird lediglich eine Linienverbreiterung beobachtet. F. Langenbucher 408

0914 **Quantitative Spektrofluorimetrie — Fluoreszenzquantenausbeute von Chininsulfat.** J. W. Eastman. (Photochem. and Photobiol. **6** (1967) 1, 55—72; Shell Dev. Co., Emeryville, Calif.; engl.) — Ein Spektrofluorimeter wird durch Messungen von Rhodamin B-Lsg. geeicht u. die Fluoreszenz der Titelverb. in 0,1n H_2SO_4 untersucht. S. Lampenscherf 408

0915 **Die Beeinflussung der optischen Absorption von Molekülen durch ein äußeres elektrisches Feld.** 5. Mitt. **Übergangsmomentrichtungen und Dipolmomente der niedrigen Elektronenzustände in 4-Nitranilin, 1-Nitro-3.5-diaminobenzol, 3.5-Dinitroanilin, Carbazol und 3.6-Dinitrocarbazol.** W. Liptay, W. Eberlein, H. Weidenberg und O. Elflein. (Ber. Bunsenges. physik. Chem. **71** (1967) 6, 548—60; Inst. für physikal. Chem. der Univ. Würzburg; dt.) — Aus elektroopt. Messungen der Lsg. der Verb. in Dioxan werden die Dipolmomente der Mol. im Elektronengrundzustand u. einigen niedrigen Anregungszuständen, die Übergangsmomentrichtungen der langwelligen Absorptionsbanden u. somit die irreduziblen Darst. der Anregungszustände bestimmt. A. Kiskéri Bocz 410

0916 **Mikrowellenabsorption und Molekularstruktur in Flüssigkeiten.** 68. Mitt. **Dielektrisches Verhalten bei 2,2 mm Wellenlänge und intramolekulare Bewegung in fünf substituierten Benzolen und Cyclohexanen.** S. K. Garg und C. P. Smyth. (J. chem. Physics **46** (1967) 1, 373—77; Frick Chem. Labor., Univ., Princeton, N.J.; engl.) — 67. vgl. C. **1967,** 17-0878. — Dielektr. u. Dispersionsparameter werden von *Anisol, Bromcyclohexan, Anilin, N.N-Dimethylanilin* u. *Cyclohexanol* im Temp.-Bereich 20—60° bestimmt. S. Lampenscherf 410

0917 **Analyse einer Vibrations–Rotations-Bande von Methylbromid bei 6000 cm⁻¹.** Roger Azria und Colette Joffrin-Graffouillère. (C. R. hebd. Séances Acad. Sci., Sér. A et B **266** (1968) 2, B75—B78; Équipe de Rech. ass. au CNRS, Chim. phys., Fac. des Sci. de Paris, Orsay (Essonne); franz.) W. Wesly 415

0918 **Berechnung der Niveaus der Rotationsschwingungsenergie eines tetraedrischen Moleküls.** Jacques Moret-Bailly und Jean-Claude Hilico. (C. R. hebd. Séances Acad. Sci., Sér. A et B **266** (1968) 2, B79—B81; Fac. des Sci., Dijon, Côte-d'Or; franz.) — Selbst bei Anregung der doppelt degenerierten Schwingung eines tetraedr. Mol. vom CH_4-Typ ist es oft möglich, die Energieniveaus mit Hilfe der Theorie der nicht reduzierbaren kugelförmigen Tensoren zu berechnen. W. Wesly 415

0919 **Kraftfelder für Nitrile.** Reizo Yamadera und S. Krimm. (Spectrochim. Acta [Oxford], Part A **24** (1968) 11, 1677—86; Harrison M. Randall Labor. of Phys., Univ. of Mich., Ann Arbor, Mich.; engl.) — Ein auf dem Kraftfeld für KW-Stoffe basierendes Valenzkraftfeld wird ber.; es liefert sehr gut übereinstimmende Werte mit den beobachteten Banden für *Aceto-* (u. *D_3-Verb.*), *Propio-, Isobutyro-, Malono-* (u. *D_1-, D_2-Verb.*), *Succino-* u. *Glutaronitril.* G. Pötzscher 415

0920 **Ladungsübertragungskomplexe.** 3. Mitt. **Lösungsmittelverschiebungen der Ladungsübertragungsbanden von Komplexen zwischen Halogenidionen und organischen Elektronenakzeptoren.** K. M. C. Davis. (J. chem. Soc. [London], Sect. B **1967,** 11, 1128—30; Leicester, Univ., Dep. of Chem.; engl.) — 2. vgl. C. **1967,** 41-0934. — Es wird die Energie des Max. der Ladungsübertragungsbande $E_{C.T.}$ der Komplexe *Tetra-n-hexylammoniumjodid/1.3.5-Trinitrobenzol* u. *Tetra-n-butylammoniumbromid/Chloranil* in den Lsgm. Äthylenglykol, Methanol, A., Propanol, Butanol, Isopropanol, Propylencarbonat, Acetonitril, tert.-Butanol, Nitromethan, Dimethylsulfoxid, Aceton, Acetophenon, Dichlormethan, Äthylacetat, Brombenzol, Anisol, THF, Ae., Bzl., Toluol, CCl_4 u. CS_2 gemessen u. eine gute lineare Beziehung zwischen $E_{C.T.}$ u. der Lsgm.-Polarität gefunden. H. Pehlmann 418

0921 **Ladungsübertragungskomplexe.** 4. Mitt. **Komplexe von Hexafluorbenzol mit n- und π-Elektronendonatoren.** T. G. Beaumont und K. M. C. Davis. (J. chem. Soc. [London], Sect. B **1967,** 11, 1131—34; engl.) — 3. vgl. vorst. Referat. — Es werden die UV-Spektren der Mischungen von Hexafluorbenzol mit folgenden n- u. π-Elektronendonatoren in n-Hexan untersucht: *N.N.-N'.N'-Tetramethyl-, N.N'-Diphenyl-* u. *N-Phenyl-p-phenylendiamin, p-Phenylendiamin, N.N-Diäthyl-* u. *N.N-Dimethylanilin* u. *Triäthylamin.* Starke n-Donatoren, wie aromat. Amine, geben eine neue UV-Absorptionsbande, die der Ladungsübertragungsabsorption des Donator-Akzeptor-Komplexes zugeschrieben wird. Für π-Elektronendonatoren werden keine Ladungsübertragungsbanden festgestellt. H. Pehlmann 418

0922 **Analyse des Emissionsspektrums eines polaren Dielektrikums.** J. Le Bot, E. Riaux, G. Grosvald und R. Ollivier. (J. Physique Radium **28** (1967) 1, 47—50; Labor. d'Électron. et de Spect. hertz., Rennes; franz.) — Als Beispiel wurde *Pentachlordiphenyl* bei 10 kHz bis 7 MHz u. 15—25° untersucht. M. Wiedemann 418

0923 **Reaktivität des angeregten Zustandes.** 2. Mitt. **Basizität von Polymethylbenzolen im angeregten Singulettzustand.** R. L. Flurry jun. und R. Keith Wilson. (J. physic. Chem. **71** (1967) 3, 589—92; Dep. of Chem., La. State Univ., New Orleans, La.; engl.) — 1. vgl. C. **1967,** 11-0919. — Die Absorptions- u. Fluoreszenzspektren von *Bzl., Toluol, o-, m-* u. *p-Xylol, Hemimellitol, Pseudocumol, Mesitylen, Prehnitol, Isodurol, Durol, Pentamethyl-* u. *Hexamethylbenzol* wurden in KW-Stoffen u. Trifluoressigsäure–Bortrifluorid gemessen. Die Basizitäten im Grund- u. angeregten Zustand werden verglichen. J. Eliassaf 418

0924 **Phononeneffekte im Ultraviolettspektrum von kristallinem Hexamethylbenzol.** H. J. Maria und A. B. Zahlan. (J. chem. Physics **46** (1967) 11, 4329—32; Phys. Dep., Amer. Univ. of Beirut, Beirut, Lebanon; engl.) — Im Temp.-Bereich 4,2—70 °K werden die Intensität u. die Linienbreite des O—O-Übergangs u. einiger Schwebungsbanden der Verb. gemessen. K.-H. Bielicki 418

0925 **Rolle von l → a_π-Übergängen bei der Spin–Bahn-Kopplung aromatischer Amine: Phosphoreszenz von Anilin und dessen N-Alkylderivaten.** E. C. Lim und S. K. Chakrabarti. (J. chem. Physics **47** (1967) 11, 4726—30; Chicago, Ill., Loyola Univ., Dep. of Chem.; engl.) — Die Korrelation zwischen Phosphoreszenzlebensdauer u. -polarisation sowie der Einfl. ster. Hinderung auf die vorst. Größen wird bei folgenden Verb. untersucht: *Anilin* (I), *$D_{(7)}$*-I, *N-Methyl-, N-Äthyl-, N.N-Dimethyl-* u. *N.N-Diäthylanilin, N.N-Dimethyl-* u. *N.N-Diäthyl-o-toluidin.* G. O. Jäger 418△

0926 **Spektroskopische Substituentenkonstanten.** 2. Mitt. **Zur Zuordnung der Hauptbande des Dimethylanilins.** G. P. Schiemenz. (Spectrochim. Acta [Oxford], Part A **24** (1968) 11, 1735—40; Inst. für organ. Chem., Univ. Kiel; dt.) — 1. vgl. C. **1969,** 9-0821. — Die C-Bande des UV-Spektrums gehorcht der Doub-Vandenbelt-Gleichung u. ist deshalb analog der p-Bande des Bzl. [vgl. E. Clar, Chem. Ber. **82** (1949) 495]. In p-substituierten Deriv. werden die Verschiebungen dieser Bande hauptsächlich durch den —M-Effekt der Substituenten verursacht. Untersuchte Verb.: *p-Dimethylaminobenzolsulfonamid, -benzoesäure* (u. *Methylester* u. *Na-Salz*), *-benzonitril, -acetophenon, -benzaldehyd, -benzylalkohol, -nitrobenzol, -brombenzol, -jodbenzol, -benzoesäuredimethylamid, Tetramethyl-p-phenylendiamin* u. *-monomethojodid.* G. Pötzscher 418

0927 **Phosphoreszenzpolarisation und Symmetrie des niedrigsten Triplettzustandes beim Phenolation.** E. C. Lim und S. K. Chakrabarti. (J. chem. Physics **47** (1967) 11, 4721—25; Chicago, Ill., Loyola Univ., Dep. of Chem.; engl.) — Die Phosphoreszenzpolarisation von Lsg. des Phenolations in starren Gläsern wird untersucht. Außerdem werden Lsgm.-Einfl. auf die Lebensdauer u. Polarisation der Phosphoreszenz bestimmt u. diskutiert. Emissions- u. Polarisationsspektren von *Li-Phenolat* **(I)** sowie die Absorptionsspektren von **I** u. p-Dimethoxybenzol sind graph. wiedergegeben. G. O. Jäger 418△

0928 **Oberflächenaktivität und einige optische Eigenschaften von Na-1-Acylaminonaphthalin-(5)-sulfonaten in Lösungen.** Yoshinori Musha, Akio Okagawa, Tamotsu Kondo und Masuzo Nagayama. (Bull. chem. Soc. Japan **41** (1968) 2, 503—06; Tokyo, Sci. Univ. of Tokyo, Fac. of Pharmac. Sci.; engl.) — Vgl. Muto et al., J. Japan Oil Chemists Soc. **15** (1966) 26. — Untersucht werden die UV-Absorptions- u. Fluoreszenzspektren sowie die Konz.-Abhängigkeit der Oberflächenspannung wss. Lsg. von *Na-1-Octanoyl-, -Decanoyl-* u. *-Dodecanoylnaphthalin-(5)-sulfonat.* G. O. Jäger 418△

0929 **Optische Eigenschaften und chemische Natur der Acyl—Chymotrypsin-Bindungen.** Elliot Charney und Sidney A. Bernhard. (J. Amer. chem. Soc. **89** (1967) 11, 2726—33; Bethesda, Md., Nat. Inst. of Health; engl.) — Unter der Annahme, daß die spezif. spektralen Eig. von Mono-β-arylacryloylenzymen in enger Beziehung zu ihrer speziellen Reaktivität stehen, werden die UV- u. ORD-Spektren von *α-Chymotrypsin, nativem* u. mittels Na-Dodecylsulfat *denaturiertem β-[Furyl-(2)]-acryloyl-* u. *nativem Cinnamoyl-α-chymotrypsin* vermessen u. mit den opt. Eig. einiger einfacher Modellverb. — bes. Acylserinester — verglichen. Die UV-Daten folgender Verb. sind angegeben: *Acrolein, α-Methyl-β-[furyl-(2)]-, β-[Furyl-(2)]-* u. *α-Methylacrolein, trans-Zimtsäure, α-Methylzimtsäure, Acrylsäure, β-[Furyl-(2)]-acrylsäure, cis-* u. *trans-Methacrylsäure, α-Methyl-cis-* u. *-trans-methacrylsäure, 1-Acetyl-* u. *1-Acetyl-2-methylcyclohexen, Hexen-(2)-S-lacton, 5-Hydroxypentencarbonsäure-(2)-lacton, N-Acetyl-O-furylacryloyl-* u. *N-Acetyl-O-cinnamoylserinamid* sowie *N-Carbobenzoxythreonyl-[O-furylacryloyl]-serylmethionylalanylmethylat.* — *N-Carbobenzoxy-O-furylacryloyl-L-serinamid,* F. 158—160° (50%ig. A.), wurde aus N-Carbobenzoxy-L-serinamid u. β-[Furyl-(2)]-acryloylchlorid in THF/Py. bei 5° dargestellt. G. O. Jäger 418△

0930 **Fluoreszenzpolarisation von Chlorophyllid a und b.** D. Frąckowiak, Z. Kojro und H. Kozłowska. (Bull. Acad. polon. Sci., Sér. Sci. math., astronom. physiques **15** (1967) 12, 881—84; Poznań, School of Agric., Dep. of Phys.; engl.) — Die Absorptions-, Fluoreszenz- u. Polarisationsanregungsspektren von *K-Chlorophyllid b* u. den beiden fluoreszierenden Formen von *K-Chlorophyllid a* (646-nm- u. 668-nm-Form) in Äthylonglykol werden gemessen u. analysiert. G. O. Jäger 418△

0931 **Infrarotspektren von Molekülen endlicher Kettenlänge. 1. Mitt. Endeffekt auf die Bandenprogressionen.** Toyozo Uno und Katsunosuke Machida. (Spectrochim. Acta [Oxford], Part A **24** (1968) 11, 1741—48; Fac. of Pharm. Sci., Kyoto Univ., Sakyo-ku, Kyoto, Japan; engl.) — Auf der Grundlage der Übertragungsmatrixtheorie u. einer einfachen Störungsbehandlung der GF-Matrix-Formulierung werden die Bandenprogressionen langkettiger Mol. unter dem Einfl. der Endgruppen analysiert. G. Pötzscher 420

0932 **Infrarotspektren von Molekülen endlicher Kettenlänge. 2. Mitt. n-Alkyltrimethylammoniumbromide.** Toyozo Uno, Katsunosuke Machida und Koichiro Miyajima. (Spectrochim. Acta [Oxford], Part A **24** (1968) 11, 1749—63; engl.) — 1. vgl. vorst. Referat. — Die IR-Spektren der Verb. (*n-Alkyl* C_2-C_{18}) wurden aufgenommen, die Frequenzen der Endgruppen zugeordnet u. die Bandenprogressionen analysiert. G. Pötzscher 420

0933 **Untersuchung der Fermi-Resonanz durch die Methode der Lösungsmittelvariation.** J. Fernández Bertran, L. Ballester, L. Dobrihalova, N. Sánchez und R. Arrieta. (Spectrochim. Acta [Oxford], Part A **24** (1968) 11, 1765—76; Dep. of Chem., Acad. de Cien. de Cuba; engl.) — Die Meth. beruht auf der Best. des Intensitätsverhältnisses u. der Frequenzdifferenz der beiden Komponenten des Fermi-Dubletts in zahlreichen Lsgm. u. wird am *p-Benzochinon, Cyclopentanon, Benzoylchlorid* u. *Äthylencarbonat* demonstriert. G. Pötzscher 420

0934 **Dimethylacetylen: Analyse der Theorie zur Deutung seines Schwingungsspektrums.** Philip R. Bunker. (J. chem. Physics **47** (1967) 2, 718—39; Div. of Pure Phys., Nat. Res. Council, Ottawa, Canada; engl.) — Die bestehende Theorie zur Beschreibung der IR- u. Raman-Spektren wird bez. Symmetriegruppen, -koordinaten u. -eig. der Normalkoordinaten über die Cr- u. FG-Matrix-Meth. erweitert. W. Sobieski 420

0935 **Die Schwingungsfrequenzen ν(CH) und ν(CD) von p-substituierten Derivaten des Monodeuterobenzols, DC_6H_4X.** Agnès Marcou und Max-Henri Pinton. (C. R. hebd. Séances Acad. Sci., Sér. A et B **266** (1968) 14, B917—B919; Phys. exp. mol., Fac. des Sci., Paris; franz.) — Von *Bzl.*, [*1.4-D_2*]-Bzl., [*4-D*]-*N.N-Dimethylanilin,* [*4-D*]-*Toluol,* [*4-D*]-*Brombenzol,* [*4-D*]-*Chlorbenzol,* [*4-D*]-*Fluorbenzol* u. [*4-D*]-*Nitrobenzol* werden die IR-Spektren im fl. u. festen Zustand (80 °K) untersucht u. die gefundenen Substituenteneffekte diskutiert. U. Venzke 420

0936 **Das infrarotspektroskopische Verhalten der Isopropenylgruppe.** W. Grimm und A. Kolbe. (Spectrochim. Acta [Oxford], Part A **24** (1968) 11, 1697—1704; VEB Chem. Fabrik Miltitz, Miltitz; dt.) — Die Verdopplung der $=CH_2$-Valenzschwingung der Isopropenylgruppe am Cyclohexan(bzw. -hexen)-ring nachst. Verb. ist auf Konform.-Isomerie zurückzuführen. Für cis- u. trans-Isomere sind die z. T. ber. Konform.-Enthalpien stark verschieden. Untersuchte Verb.: *Vinyl-, Isopropenylcyclohexan, cis-* u. *trans-4-Methyl-* u. *-4-tert.-Butyl-1-isopropenylcyclohexan, 2-Methyl-5-isopropenylcyclohexanon, -cyclohexanol, 1-Methyl-4-isopropenylcyclohexanol, 1-Methyl-5-isopropenylcyclohexen, 1.10-Dimethyl-7-isopropenyldekalin, 2-Isopropenyl-4.8-dimethylperhydroazulen, 1-Methyl-4-isopropenylcyclohexen, 2-Methyl-5-isopropenylcyclohexen-(2)-ol, 2-Methyl-* u. *2.3-Dimethylbuten-(1), 3-Isopropenyl-6-methylcyclohexen, 3-Vinyl-7-methylocten-(7)-ylacetat, 6-Methyl-3-isopropenylcyclohexen-(1)-* u. *-(4)-ylmethylketon, 2-Methyl-5-isopropenylcyclohexen-(3)-ylmethylacetat, 2-Isopropenyl-5-methylcyclohexanol* u. sein *Acetat, 1-Isopropenyl-4-methylcyclohexen, 2.3-Dimethylbutadien-(1.3)* u. *2.3.3-Trimethylbuten-(1).* G. Pötzscher 420

0937 **Infrarotspektralbeobachtungen an einer Reihe von Mono- und Dialkylacetylenen.** R. F. Kendall. (Spectrochim. Acta [Oxford], Part A **24** (1968) 11, 1839—45; Bartlesville Petroleum Res. Center, Bur. of Mines, U. S. Dep. of Interior, Bartlesville, Okla.; engl.) — An den 1-Alkinen (C_4-C_{10}), 2-Alkinen (C_4-C_{10}), 3-Alkinen (C_6-C_{10}), *4-Octin, 4-Nonin, 4-* u. *5-Decin* werden bisher nicht entdeckte Banden beobachtet u. zugeordnet. G. Pötzscher 420

0938 **Untersuchung der Oszillationen niedriger Frequenz von einer Reihe von p-disubstituierten Benzolderivaten durch Absorption im fernen Infrarot.** 2. Mitt. **Wechselbeziehungen zwischen den beobachteten Frequenzen und gewissen physiko-chemischen Eigenschaften des Substituenten.** Philippe Pommez, Pierre Delorme und Vincenzo Lorenzelli. (J. Chim. physique Physico-Chim. biol. **65** (1968) 4, 601—08; Labor. de Rech. Phys., Paris; franz.) — 1. vgl. C. **1969**, 12-0916. — Vf. untersuchten an *p-Dinitro-, p-Dimethyl-, p-Difluor-, p-Dichlor-, p-Dibrom-* u. *p-Dijodbenzol* den Zusammenhang zwischen den Schwingungsfrequenzen (500—70 cm^{-1}) u. folgenden Substituenteneig.: Elektronegativität, Hammetts σ_p, Tafts σ_I u. σ_R, Bindungsordnung, Masse sowie Teilladungen der an der Substitution beteiligten u. der benachbarten Atome. U. Radlbeck 420

0939 **Schwingungsspektren von α-Halogennitroalkanen. 1. Mitt. Monohalogennitromethane und ihre deuterierten**

Derivate. P. Gluziński und Z. Eckstein. (Spectrochim. Acta [Oxford], Part A **24** (1968) 11, 1777–84; Inst. of Org. Chem., Pol. Acad. of Sci., Warsaw; engl.) — Die IR- u. Raman-Spektren von *Chlor-* u. *Bromnitromethan* u. ihren D_2-*Verb.* wurden aufgenommen u. Zuordnungen vorgenommen. G. Pötzscher 420

0940 **Lösungsmitteleffekte auf die Carbonylvalenzfrequenz von 1-Naphthaldehyd.** J. E. Channing und C. H. J. Wells. (Spectrochim. Acta [Oxford], Part A **24** (1968) 11, 1887–89; Dep. of Chem., Kingston Coll. of Technol., Kingston-upon-Thames; engl.) — Die durch Lsgm. hervorgerufene Verschiebung der ν(CO) ist im Komplex mit JCl größer als im freien Aldehyd, was auf Unterschiede in dem Dipolmoment zurückgeführt wird. G. Pötzscher 420

0941 **ν(C=O)-Schwingungsfrequenzen von gesättigten aliphatischen Ketonen. Allgemeine Beziehung „Frequenz–Topologie–Medium".** Jacques-Emile Dubois, Alain Massat und Philippe Guillaume. (J. Chim. physique Physico-Chim. biol. **65** (1968) 4, 729–30; Fac. des Sci., Labor. de Chim. Organ. Phys., Paris; franz.) — Am Beispiel der ν(C=O) von 66 Ketonen versuchten Vf. eine Beziehung abzuleiten, die die Abhängigkeit der ν(C=O) von der Topologie der CO-Gruppe u. dem Medium beschreibt. U. Radlbeck 420

0942 **Spektroskopische Untersuchungen organischer Schwefelverbindungen.** 7. Mitt. **Über eine Vorbande zur antisymmetrischen SO_2-Valenzschwingung in den Infrarotspektren substituierter aromatischer Sulfochloride.** H.-J. Weigmann. (Spectrochim. Acta [Oxford], Part A **24** (1968) 11, 1847–53; DAW zu Berlin, Inst. für Optik u. Spektroskop., Berlin-Adlershof; dt.) — 6. vgl. C. **1969**, 6-0870. — Die der antisymm. SO_2-Valenzbande vorgelagerte schwache Absorption der aromat. Sulfochloride (*Benzol-, o-, m-, p-Toluol-, o-, m-, p-Chlor-, o-, m-, p-Brom-, o-, m-, p-Nitro-, o-, m-, p-Methoxy-, m-Carboxy-, p-Phenylbenzol-, Benzol-1.3-disulfochlorid*) wird als heiße Bande gedeutet. G. Pötzscher 420

0943 **IR-Spektren von Benzol- und Pentadeuterobenzolsulfonylverbindungen.** Toyozo Uno, Katsunosuke Machida und Kazuhiko Hanai. (Spectrochim. Acta [Oxford], Part A **24** (1968) 11, 1705–12; Fac. of Pharm. Sci., Kyoto Univ., Sakyo-ku, Kyoto, Japan; engl.) — Die IR-Spektren von *Benzolsulfonamid, -anilid, -chlorid* u. *Diphenylsulfon* u. ihrer D_5 (bzw. D_{10})-*Verb.* wurden aufgenommen u. zugeordnet. G. Pötzscher 420

0944 **Die Veränderungen in den IR-Spektren bei den kristallinen und flüssig-kristallinen Phasenübergängen von Natriumstearat.** Norbert Trzebowski und Eike Langholf. (Z. Chem. **7** (1967) 7, 282–83; Inst. für Phys. Chem., Univ., Jena; dt.) — Die Änderungen im IR-Spektrum von Na-Stearat bei verschiedenen Temp. (ca. 50–240°) werden bez. der stattfindenden Phasenübergänge (krist. → fl.-krist. → fl.) diskutiert. F. Langenbucher 420

0945 **Intramolekulare Struktureffekte bei der dielektrischen Relaxation aromatischer Verbindungen.** N. K. Mehrotra und M. C. Saxena. (Indian J. pure appl. Physics **5** (1967) 4, 144–45; Phys. Dep., Lucknow Univ., Lucknow; engl.) — Zur Unters. der intramol. Rotation polarer Gruppen u. intermol. Wechselwrkg. werden die Relaxationszeiten u. freien Aktivierungsenergien für Dipolorientierung u. Viskosität von *o-, m-* u. *p-Aminophenol, o-, m-* u. *p-Dimethoxybenzol, 2.4.6-Tribromanilin* u. *p-Diäthoxybenzol* in Dioxan oder Bzl. bei 20° im 3 cm-Bereich bestimmt. W. Damerau 422△

0946 **Relaxationszeiten einiger disubstituierter Benzole mit NH_2-Substituenten.** S. I. Ahmad und M. C. Saxena. (Indian J. pure appl. Physics **5** (1967) 4, 135–36; Phys. Dep., Lucknow Univ., Lucknow; engl.) — Die Relaxationszeiten τ von *o-* u. *m-Anisidin, m-Toluidin* u. *o-Nitroanilin* in p-Xylol (z. T. auch in Cyclohexan u. CCl_4) im 3-cm-Mikrowellenbereich bei 24° sowie die Aktivierungsenergien für Relaxation u. viskoses Fließen werden bestimmt. W. Damerau 422△

0947 **Einfluß der Torsionsbewegungen auf die Quadrupol-Resonanzlinien von ^{14}N in Piperazin.** B. L. Barton. (J. chem. Physics **46** (1967) 5, 1553–56; Dep. of Chem., George Washington Univ., Washington, D.C.; engl.) W. Schramm 422

0948 **Chlor-Kernquadrupolkopplung in Jodbenzol-dichlorid.** J. C. Evans und G. Y.-S. Lo. (J. physic. Chem. **71** (1967) 8, 2730–31; Chem. Phys. Res. Labor., Dow Chem. Comp., Midland, Mich.; engl.) — Die ^{35}Cl-Resonanzen der Verb. (**I**) werden bestimmt. Die Cl-Elektronenverteilung in **I** ist ähnlich wie in JCl_2^- u JCl_4^-. W. Damerau 422△

0949 **Magnetische Resonanzuntersuchungen der anisotropen Molekülrotation in flüssigem D_3-Acetonitril.** Thomas T. Bopp. (J. chem. Physics **47** (1967) 9, 3621–26; Dep. of Chem., Stanford Univ., Stanford, Calif.; engl.) — Die Relaxationszeit T_1 von fl. CD_3CN wird in Abhängigkeit von der Temp. (–40 bis +60°) sowie bei Zusatz von $NaClO_4$, $LiClO_4$ oder $AgClO_4$ gemessen u. zeigt, daß T_1 für D u. ^{14}N unterschiedlich ist u. der aus T_1 bestimmte Rotationsdiffusionstensor anisotrop ist. Die Aktivierungsenergie für den Reorientierungsprozeß ist für ^{14}N u. D ebenfalls unterschiedlich. W. Damerau 422△

0950 **Deuteronmagnetische Resonanz von deuteriertem Glycin.** W. Derbyshire, T. Gorvin und D. Warner. (Molecular Physics **12** (1967) 3, 299–300; Dep. of Phys., Univ. of Nottingham, Nottingham; engl.) — Für einen $D_3N^+CH_2COO^-$ (**I**)-Einkrist. werden die Tensoren der Quadrupolwechselwkrg. für die zwei magnet.-nichtäquivalenten Mol. der I-Einheitszelle bestimmt u. mit der Krist.-Symmetrie verglichen. W. Damerau 422△

0951 **Weitreichende Phänomene.** 1. Mitt. **Weitreichende Kopplung in Cyclopentanverbindungen durch Ketten mit sp^2-C-Atomen.** M. Anteunis und F. Compernolle. (Bull. Soc. chem. belges **76** (1967) 7–8, 482–88; Labor. for Organ. Chem., State Univ. of Ghent; engl.) — Die NMR-Spektren folgender Verb. werden untersucht: *2-Methyl-3-methoxy-5-hydroxy-, 2-Methyl-3-methoxy-4-hydroxy-, 3-Methoxy-5.5-äthylendioxy-, 3-Methoxy-4.4-äthylendioxy-, 2-Amyl-3.5.5-triäthoxy-, 2-Methyl-3-methoxy-5-äthyl-, 2-Methyl-3-methoxy-4-äthyl-, 2-Methyl-3.4-diacetoxy-* u. *3-Methoxy-5-methylcyclopenten-(2)-on-(1), 2-Methyl-3-hydroxy-, 2-Methyl-3-methoxy-, 2-Methyl-3-diphenylmethoxy-, 2.3-Dimethyl-, 2-Methyl-3-cyclopentyl-, 2-Methyl-3-chlor-* u. *2-Methyl-3-acetoxycyclopenten-(2)-dion-(1.4)* u. *2-Methyl-3-hydroxycyclopenten-(2)-dion-(1.5)*. W. Damerau 424△

0952 **Weitreichende Phänomene.** 2. Mitt. **^{5}J-Kopplung über ein wasserstoffbrückengebundenes System.** S. Dewaele und M. Anteunis. (Bull. Soc. chem. belges **76** (1967) 7–8, 489–91; engl.) — 1. vgl. vorst. Referat. — Das NMR-Spektrum von *2.5-Diacetylcyclopentanon* wird untersucht. W. Damerau 424△

0953 **Weitreichende Phänomene.** 4. Mitt. **^{1}H-NMR-Spektren von 2-Halogen-3.3.5.5-tetramethylcyclohexanon. Weitreichende Kopplungen, die nicht dem M-Muster folgen.** M. Anteunis, N. Schamp und H. De Pooter. (Bull. Soc. chim. belges **76** (1967) 9/10, 541–51; engl.) — 2. vgl. vorst. Referat. — 3. vgl. C. **1968**, 47-0849. — Die NMR-Spektren von *2-Chlor-* u. *2-Brom-3.3.5.5-tetramethylcyclohexanon* werden untersucht. W. Damerau 424△

0954 **Weitreichende Phänomene.** 5. Mitt. **Stereospezifische weitreichende Kopplung ^{4}J unter Einbeziehung von tert.-Methylgruppen.** M. Anteunis, W. Vandenbrouke und N. Schamp. (Bull. Soc. chim. belges **76** (1967) 9/10, 552–56; engl.) — 4. vgl. vorst. Referat. — Die NMR-Spektren folgender Verb. werden untersucht: *2-Chlor-3.3.5.5-tetramethyl-, 2-Brom-3.3.5.5-tetramethyl-, 2.2.6-Trichlor-3.3.5.5-tetramethyl-* u. *cis-2.6-Dichlor-3.3.-5.5-tetramethylcyclohexan, 2.2.6-Trichlor-5.5-dimethyl-, 6-Chlor-2.2.5.5-tetramethyl-, 2-Hydroxy-2.5.5-trimethyl-, 2-Brom-2.5.5-trimethyl-, 2-Brom-2-nitro-5.5-dimethyl-* u. *2-Brom-2-chlor-5.5-dimethylcyclohexandion-(1.3), 3-Methoxy-5.5-dimethyl-4-bromcyclohexen-(2)-on-(1), 5-Methyl-5-tert.-butyl-, 4.4.6-Trimethyl-, 4.4-Dimethyl-6-phenyl-, 4-Methyl-6-tert.-butyl-, 4.5.5-Trimethyl-, 4-Äthyl-5.5-dimethyl-,*

4.5.6-Trimethyl-, 5-Methyl-6-isopropyl-, 2.4.6-Trimethyl- u. *4-Trifluormethyl-6-phenyldioxan-(1.3), 1-Methoxy-2-hydroxy-2-isopropyl-, 1-Methoxy-2-hydroxy-2-tert.-butyl-* u. *2-Hydroxy-2-tert.-butyl-1-benzylmercaptopropan.* W. Damerau 424△

0955 **Lösungsmitteleinfluß auf chemische Verschiebungen in der NMR-Spektroskopie.** 2. Mitt. **Lösungen von Bernsteinsäureanhydrid, Maleinsäureanhydrid und N-substituierten Imiden.** Taku Matsuo. (Canad. J. Chem. **45** (1967) 16, 1829—35; Dep. of Organ. Synth., Fac. of Engng., Kyushu Univ., Hakozaki, Fukuoka Shi, Japan; engl.) — 1. vgl. J. Phys. Chem. **70** (1966) 4087; 5. vgl. C. **1969,** 6-0881. — Von *Bernsteinsäureanhydrid, N-Äthyl-* u. *N-[p-Chlorphenyl]-succinimid, Maleinsäureanhydrid* u. *N-Äthyl-* u. *N-[p-Chlorphenyl]-maleinimid* werden die chem. Verschiebungen der Protonen in α- Stellung zur CO-Gruppe in Abhängigkeit vom Lsgm. (Bzl., CCl_4, Aceton, Acetonitril, Hexan, Cyclohexan, Dioxan, DMSO, Triäthylamin) bestimmt. W. Damerau 424△

0956 **Lösungsmitteleinflüsse auf chemische Verschiebungen in der NMR-Spektroskopie.** 4. Mitt. **Methoxylprotonen-Signale von Methoxybenzolen in Benzollösungen.** Taku Matsuo, Toshiaki Yoshida und Osamu Higuchi. (Bull. chem. Soc. Japan **40** (1967) 11, 2526 bis 2529; engl.) — 2. vgl. vorst. Ref.; 3. vgl. ibid. **40** (1967) 2030. — Von *Anisol* (**I**) u. *p-Amino-, p-N.N'-Dimethylamino-, p-Methoxy-, p-tert.-Butyl-, p-Cyclohexyl-, p-Methyl-, p-Fluor-, p-Chlor-, p-Brom-, p-Jod-, p-Acetyl-, p-Cyan-, p-Nitro-, o-Methyl-, o-tert.-Butyl-* u. *2.6-Di-tert.-butylanisol* sowie dem *p-Methylcyclohexyläther* von **I** werden die chem. Verschiebungen der CH_3O-Protonen gegenüber TMS in CCl_4, Cyclohexan u. Bzl. u. zum Vgl. von *Methyl-, Äthyl-* u. *Isopropyl-p-tolyläther* in CCl_4 u. Bzl. bestimmt. W. Damerau 424△

0957 **Abhängigkeit der Kernrelaxationszeiten von der Viskosität.** 2. Mitt. **Verdünnte Lösungen.** G. Padmavathi. (Indian J. pure appl. Physics **5** (1967) 9, 391—94; Waltair, Andhra Univ., Dep. of Phys.; engl.) — 1. vgl. C. **1968,** 33-1029. — Die ^1H-NMR-Relaxationszeiten T_1 für *Py.* u. *Anilin* in CS_2- u. CCl_4-Lsg. werden untersucht. Graph. Darst. von $1/\eta T_1$ gegen den Vol.-Anteil der Base zeigen starke Abweichungen von der Linearität wie sie aus dem Debyeschen Modell folgt. Gute Korrelation wird für die Rotationsrelaxationszeiten mit dem Hillschen Viskositätsmodell gefunden. B. I. 424△

0958 **MO-Berechnungen von Kern–Spin-Kopplungskonstanten.** 1. Mitt. **Vorläufige Ergebnisse für Proton–Proton-Kopplungskonstanten.** Teijiro Yonezawa, Isao Morishima, Mutsuo Fujii und Hiroshi Kato. (Bull. chem. Soc. Japan **40** (1967) 3, 487—90; Dep. of Hydrocarbon Chem., Fac. of Engng., Kyoto Univ., Sakyo-ku, Kyoto; engl.) — Die J-Werte wurden ber. von *Methan, Äthan, Methanol, Äthylen, Vinylchlorid, Formaldehyd, Acetylen, Cyclopropan, Äthylenimin, Allen, Methylacetylen* u. *Acetonitril.* W. Sobieski 424

0959 **Substituenteneffekte.** 6. Mitt. **Theoretische Deutung von NMR-Additivitätsregeln unter Verwendung von McWeeny-Gruppenfunktionen.** Theodore Vladimiroff und Edmund R. Malinowski. (J. chem. Physics **46** (1967) 5, 1830—41; Dep. of Chem. and Chem. Engng., Stevens Inst. of Technol., Hoboken., N.J.; engl.) — 5. vgl. C. **1968,** 26-0888. — Die in NMR-Spektren beobachteten additiven Substituenteneffekte werden untersucht. Angegeben sind beobachtete u. ber. (z. T. Literatur) ^1H- bzw. ^{11}B- bzw. ^{19}-Verschiebungen von *Methan, Äthan, tert.-Butan; Chlor-, Dichlor-, Trichlor-, Brom-, Dibrom-, Tribrom-, Jod-, Dijod-, Trijodmethan; 1.1.1-Trichlor-, 1.1.1.2-Tetrachlor-, Chlor-, Brom-, Jod-, 1.1-Dichlor-, 1.1-Dibromäthan; Propionitril, 2-Methylpropionitril, A., tert.-Butanol; 2-Chlor-, 2-Brom-, 2-Jod-, 2.2-Dichlor-, 2-Methyl-2-brom-, 2-Methyl-2-chlorpropan; Pentachloräthan, Toluol; Diphenyl-, Triphenyl-, Dichlorbrom-, Dibromchlor-, Chlorbrommethan; Propionaldehyd, 2-Methylpropionaldehyd; tert.-Butyl-, Isopropylamin; Propan; Isopropyl-, Äthyl-, tert-.Butylbenzol; Äthylmercaptan, tert.-Butanthiol, Neopentan; Borsäuretriäthylester, -diäthylesterchlorid, -äthylesterdichlorid; Fluor-, Difluor-, Trifluor-, Tetrafluor-, Trifluorchlor-, Difluordichlor-, Fluortrichlor-, Trifluorbrom-, Difluordibrom-, Fluortribrommethan; Fluor-, Difluor-* u. *Trifluoracetonitril* sowie von BCl_3, BBr_3, BCl_2Br, $BClBr_2$, BCl_2J, $BClJBr$, BBr_2J, $BClJ_2$, $BBrJ_2$, SiH_4, $SiHF_3$, $SiHCl_3$, SiH_2Cl_2, SiH_2F_2, SiH_3Cl u. SiH_3F. W. Sobieski 424

0960 **Kernmagnetische Doppelresonanz unter Verwendung sehr starker Entkopplungsfelder.** T. M. Connor, D. H. Whiffen und K. A. McLauchlan. (Molecular Physics **13** (1967) 3, 221—28; Nat. Phys. Labor., Teddington, Middl.; engl.) — Anwendung der NMR-Doppelresonanz auf die Vinylprotonen von *Vinylacetat* zeigt, daß die Entkopplung des bei niedrigerem Feld absorbierenden Protons bei ~44 Hz optimal ist, während höhere Frequenzen zur Komplizierung des NMR-Spektrums führen. W. Damerau 424△

0961 **Protonen–Spingitter-Relaxation in flüssigem Methan.** A. Jasiński, M. Bożek und J. W. Hennel. (Acta physica polon. **31** (1967) 2, 293—98; Inst. of Nucl. Phys., Cracow; engl.) — Die Protonen–Spingitter-Relaxationszeit von fl. CH_4 zwischen 90 °K u. der krit. Temp. (190,7 °K) u. von gasf. CH_4 bis 218 °K wird gemessen. K.-H. Bielicki 424

0962 **Chemische Verschiebungen von Protonen und π-Elektronendichten in substituierten Benzolen.** C. R. Kanekar, G. Govil und C. L. Khetrapal. (Proc. Indian Acad. Sci., Sect. A **65** (1967) 6, 353—60; Tata Inst. of Fundament. Res., Bombay; engl.) — Die Beziehung von Schug et al. (1962) zwischen der chem. Verschiebung σ von Protonen u. der π-Elektronendichte wird von den Vf. hinsichtlich ster. Effekte modifiziert. Die mit dieser neuen Beziehung für *m-R*-substituierte *Nitrobenzol*-Deriv. ($R = NH_2, OCH_3, F, Cl, Br, J, H$ u. NO_2) ber. σ werden mit experimentell bestimmten Werten verglichen. W. Damerau 424△

0963 **Multiplett-Struktur in den magnetischen Resonanzspektren von Triplettzuständen orientierter aromatischer Kohlenwasserstoffe bei geringen Feldern.** Roger E. Gerkin und Arthur M. Winer. (J. chem. Physics **47** (1967) 7, 2504—05; Dep. of Chem., O. State Univ., Columbus, O.; engl.) — Von den angeregten KW-Stoffen *Chrysen* (**I**), D_{12}-**I** u. *1.2; 5.6-Dibenzanthracen* (**II**) (als ca. 1 Mol-%ig. Lsg. in p-Terphenyl-Einkrist., **II** auch in 2.2'-Binaphthyl-Einkrist. bei 78 °K) werden bei Messung bei geringen Magnetfeldern (4—30 Gauß) nicht erwartete Absorptionsmaxima beobachtet u. analysiert. W. Damerau 424△

0964 **^{1}H-NMR-Untersuchungen an substituierten aromatischen Verbindungen.** 1. Mitt. **Ringstrom- und Ladungseffekte gegenüber den chemischen Verschiebungen von para-Protonen an monosubstituierten Benzolen.** H. P. Figeys und R. Flamming. (Molecular Physics **12** (1967) 6, 581—87; Univ. Libre de Bruxelles, Fac. de Sci., Bruxelles; engl.) — Die chem. Verschiebungen der p-Protonen in *Benzaldehyd, Phenylacetylen, Anisol, Anilin, Benzonitril, Styrol* u. *Methylbenzoat* hängen linear von der mittels HMO-LCAO-Meth. ber. π-Elektronendichte der benachbarten C-Atome ab. W. Damerau 424△

0965 **Protonenresonanz-Spektroskopie ungesättigter Ringsysteme.** 4. Mitt. **Das NMR-Spektrum des α-Methyloxepins und seine Temperaturabhängigkeit.** Harald Günther, Rüdiger Schubart und Emanuel Vogel. (Z. Naturforsch. **22b** (1967) 1, 25—35; Inst. für Organ. Chem., Univ. Köln; dt.) — 3. vgl. Tetrahedron Letters [London] **1966,** 8, 787; 5. vgl. C. **1968,** 14-0158. — Das NMR-Spektrum der Verb. (**I**) in CS_2, CH_3OD u. $CBrF_3$ wird im Bereich zwischen + 37 u. — 127° aufgenommen u. aus der Linienform der NMR-Signale geschlossen, daß **I** mit seinem Valenztautomeren *Toluol-1.2-oxid* im Gleichgew. steht. Die ΔH^0- u. ΔS^0-Werte zwischen beiden Tautomeren sowie die Arrhenius-Parameter ihrer gegenseitigen Umwandlung werden bestimmt. W. Damerau 424△

0966 **Die protonenmagnetischen Resonanzspektren von Benzo-2.1.3-oxa-, -thia- und -selenadiazol und Derivaten.** N. M. D. Brown und P. Bladon. (Spectrochim. Acta [Oxford], Part A **24** (1968) 11, 1869—85; Dep. of Pure and Appl. Chem., Univ. of Strathclyde, Glasgow; engl.) —

Die Spektren der Verb., ihrer *5-Methylderiv.* u. von *5.6-Dimethylbenzo-2.1.3-thiadiazol*, *5.6-Dimethyl-*, *5-Chlor-*, *5-Methoxy-*, *5-Dimethylamino-* u. *5.6-Dichlorbenzo-2.1.3-selenadiazol* wurden aufgenommen u. analysiert.
G. Pötzscher 424

0967 **Fluor–Spin-Rotationswechselwirkung und magnetische Abschirmung in Fluorbenzol.** Sunney I. Chan und Alan S. Dubin. (J. chem. Physics **46** (1967) 5, 1745—58; Calif. Inst. of Technol., Pasadena, Calif.; engl.) — Nach der magnet. Mol.-Strahl-Resonanzmeth. werden ^{1}H- u. ^{19}F-Resonanzspektren analysiert u. ^{19}F-Spin-Rotationstensoren in den Hauptträgheitsachsen des C_6H_5F-Mol. sowie magnet. Abschirmtensoren bestimmt.
W. Schramm 424

0968 **Spinecho-NMR-Untersuchungen der inneren Rotation in 1.1-Difluor-1.2-dibromdichloräthan.** R. L. Vold und H. S. Gutowsky. (J. chem. Physics **47** (1967) 7, 2495—2503; Noyes Chem. Labor., Univ. of Ill., Urbana, Ill.; engl.) — Spinecho-NMR-Messungen der Titelverb. zwischen —115 u. +100° lassen schließen, daß bei Temp. <—100° die innere Rotation vernachlässigbar klein ist u. Dipol–Dipol-Wechselwrkg. verschiedene Relaxationsgeschw. für die F-Atome in den verschiedenen Rotameren bewirken. Die Aktivierungsenergien für die Umwandlung der Rotameren sowie die chem. Verschiebungen der F-Atome werden bestimmt.
W. Damerau 424△

0969 **Kernspinrelaxation in 1.1-Difluoräthylen in Lösung** Yoko Kanazawa. (J. chem. Physics **47** (1967) 12, 5357—63; Stanford, Calif., Stanford Univ., Dep. of Chem.; engl.) — Die Korrelationszeiten τ_1 u. τ_2 für Änderung der Rotationsquantenzahl u. mol. Reorientierung der Verb. in C_6D_{12}, CD_3CN, $CDCl_3$ u. C_6D_6 werden bei —40 bis +33° mit Hilfe des Kern-Overhauser-Effektes NMR-spektroskop. bestimmt.
B. I. 424△

0970 **Protonenresonanzspektren von N.N-Dimethylanilin und deuterierten Derivaten.** E. O. Bishop, P. R. Carey und M. A. Jensen. (Molecular Physics **12** (1967) 6, 589—92; Chem. Labor., Univ. of Sussex, Brighton; engl.) — Die NMR-Spektren von N.N-Dimethylanilin (I) u. von $D_{1(4)}$- u. $D_{2(2,6)}$-I werden aufgenommen u. analysiert.
W. Damerau 424△

0971 **Störung der Messung von chemischen Verschiebungen in Cyclohexan–Diäthylamin-Lösungen durch ^{13}C-Satelliten.** Ruth Ann Murphy und Jeff C. Davis jun. (J. physic. Chem. **71** (1967) 10, 3361—62; Dep. of Chem., Univ. of Tex., Austin, Tex.; engl.) — Bei Beobachtung der chem. Verschiebung τ des NH-Protons von Diäthylamin (I) in Cyclohexan-Lsg. wird in Übereinstimmung mit C. S. Springer et al. (C. **1967**, 3-0970) festgestellt, daß τ bei I-Konz. <0,11 Mol/l konst. bleibt. Das Verh. wird erklärt.
W. Damerau 424△

0972 **NMR-Spektren einiger verwandter alkylensubstituierter Diäthylamine.** Morris Freifelder, Richard W. Mattoon und Russell Kriese. (Canad. J. Chem. **45** (1967) 1, 21—27; Organ. Chem. Dep., Abbott Labor., North Chicago, Ill.; engl.) — Die NMR-Spektren folgender Verb. werden in CCl_4 (z. T. auch in D_2O, Py. oder Bzl.) aufgenommen u. die chem. Verschiebungen bestimmt: *$N^1.N^1$-Diäthyl-2.2-dimethylpropan-1.3-diamin* (**I**; $C_9H_{22}N_2$), *Bis-[3-diäthylamino-2.2-dimethylpropyl]-amin* (**II**; $C_{18}H_{41}N_3$) u. *N^1-[3-Diäthylamino-2.2-dimethyl]-propyliden-N^3.N^3-diäthyl-2.2-dimethylpropan-1.3-diamin* ($C_{18}H_{39}N_3$). Durch Vgl. mit den NMR-Spektren von *N^3-Acetyl*-**I** ($C_{11}H_{24}N_2O$, Kp.$_{3,5-4,0}$ 145—148°) u. *Acetyl*-**II** wird die Zuordnung der beobachteten CH_2-Signale von **I** u. **II** vorgenommen.
W. Damerau 424△

0973 **NMR-Spektren von 1.3-Difluor-4.6-dinitrobenzol und Einfluß von Lösungsmitteln auf die Kopplungskonstanten.** Anil Kumar. (Molecular Physics **12** (1967) 6, 593—96; Dep. of Phys., Indian Inst. of Technol., Kanpur; engl.) — Die ^{1}H- u. ^{19}F-NMR-Spektren der Verb. werden in Bzl., $CDCl_3$, CH_2Cl_2, Aceton, Acetonitril, THF u. Dioxan aufgenommen u. analysiert.
W. Damerau 424△

0974 **Untersuchungen der Azophenol-Verbindungen mit Hilfe der NMR-Spektren.** 3. Mitt. **Zusammenhang zwischen der chemischen Verschiebung der NMR- und den Elektronenspektren von Thiazolylazophenolderivaten.** Shozo Toda, Chikakiyo Nagata und Hitoshi Kamada. (J. chem. Soc. Japan, pure Chem. Sect. [Nippon Kagaku Zasshi] **88** (1967) 11, 1138—40; Tokyo, Tokyo Univ., Fac. of Engng., Dep. of Chem. Engng.; jap., Auszug: engl.) — 2. vgl. C. **1969**, 1-0860. — Untersucht wurden nachst. Deriv. in CCl_4, $CHCl_3$ u. Aceton: *2-Thiazolyl-(2)-azo]-4-methylphenol*, *2-[Thiazolyl-(2)-azo]-4.6-dimethylphenol*, *2-[4-Methylthiazolyl-(2)-azo]-4.6-dimethylphenol*, *2-[4-Methylthiazolyl-(2)-azo]-4-methoxyphenol*, *2-[4.5.6.7-Tetrahydrobenzothiazolyl-(2)-azo]-4-methylphenol*, *2-[4.5.6.7-Tetrahydrobenzothiazolyl-(2)-azo]-4-methylphenol* u. *2-[Thiazolyl-(2)-azo]-4-phenylphenol*.
H.-S. Park 424

0975 **Kernspinrelaxation in Methanol. Einfluß des Protonenaustausches.** Michael Cocivera. (J. chem. Physics **47** (1967) 3, 1112—16; Bell Telephone Labor., Inc., Murrya Hill, N.J.; engl.) — Aus NMR-Unters. von CH_3OH (**I**)/2.6-Lutidin (**II**)/**II** · HCl-Lsg. geht hervor, daß die longitudinale Relaxation der OH- u. CH_3-Protonen von der Geschw. des OH-Protonenaustausches zwischen den **I**-Mol. abhängt u. diese aus der Relaxation ermittelt werden kann.
W. Damerau 424△

0976 **NMR-Relaxation und Aktivierungsenergie von α- und β-Naphthol.** V. D. Agarwal und R. C. Gupta. (Indian J. pure appl. Physics **5** (1967) 4, 146—47; Phys. Dep., Lucknow Univ., Lucknow; engl.) — Die Spin–Gitter-Relaxationszeiten T_1 für beide Verb. werden zwischen 94 u. 319 °K bestimmt u. die Aktivierungsenergien für den Relaxationsprozeß berechnet.
W. Damerau 424△

0977 **NMR-Untersuchung der Austauschreaktionen im System Bortrifluorid/Methanol. Eine modifizierte Interpretation.** R. J. Gillespie und J. S. Hartman. (Canad. J. Chem. **45** (1967) 19, 2243—46; Dep. of Chem., McMaster Univ., Hamilton, Ontario; engl.) — Es werden die chem. Verschiebungen von BF_3/Methanol (**I**)-Lsg. in SO_2 (mit **I** im Überschuß) zwischen —50 u. >+20° bestimmt u. hinsichtlich eines Gleichgew. zwischen **I**, **I** · BF_3 u. I_2 · BF_3 interpretiert.
W. Damerau 424△

0978 **Protonenresonanzspektrum von Cyclobutanon.** L. H. Sutcliffe und S. M. Walker. (J. physic. Chem. **71** (1967) 6, 1555—57; Donnan Chem. Labor., Univ., Liverpool; engl.)
W. Damerau 424△

0979 **NMR-Untersuchung von Keton-BF_3-Komplexen.** 1. Mitt. **Austauschreaktionen in Methylenchlorid.** R. J. Gillespie und J. S. Hartman. (Canad. J. Chem. **46** (1968) 12, 2147—57; Dep. of Chem., McMasterUniv., Hamilton, Ontario; engl.) — Der BF_3-Austausch in den Addukten von BF_3 mit *Aceton*, *Methyläthyl-*, *Methylisopropylketon* u. *Pinacolon* in Abhängigkeit von der Temp. wird durch ^{1}H- u. ^{19}F-NMR untersucht.
D. Strauch 424

0980 **NMR-Relaxation und Molekülreorientierungsfrequenz von α- und γ-Hydrochinon.** V. D. Agrawal und R. C. Gupta. (Indian J. Physics Proc. Indian Assoc. Cultivat, Sci. **41/50** (1967) 4, 241—45; Dep. of Phys., Lucknow Univ., Lucknow; engl.) — Für stabiles (α-) u. metastabiles (γ-) Hydrochinon werden die Spin–Gitter-Relaxationszeiten T_1 (für 94, 293, 353 u. 360 °K) sowie die Reorientierungsfrequenzen (zwischen 350 u. 400 °K) u. Aktivierungsenergien bestimmt.
W. Damerau 424△

0981 **Zur exakten Analyse der Kernresonanzspektren der isomeren 1.4-Dicyanobutadiene-(1.3).** Detlef Wendisch und Peter Kurtz. (Z. Naturforsch. **22b** (1967) 6, 599—602; Farbenfabriken Bayer Akt.-Ges., Leverkusen, Ing.-Abt.; dt.) — Für das *cis.cis-* (F. 126—127°; A.) u. *trans.trans*-Isomere (F. 162°; A.) werden die NMR-Parameter ber. u. gute Übereinstimmung mit den experimentell bestimmten Kopplungen beobachtet.
W. Damerau 424△

0982 **Heterokernmagnetische Doppelresonanz. Spin–Spin-Kopplungen unter Einbeziehung von ^{14}N.** W. McFarlane. (J. chem. Soc. [London], Sect. A **1967**, 10, 1660—62; Chem. Dep., Sir John Cass Coll., London;

engl.) — Die Kopplungskonst. J(^{14}N–^{13}C), J(^{14}N–H) u. J(^{13}C–H) von *Methyl-, Äthyl-* u. *tert.-Butylisocyanid* sowie von *Tetraäthylammoniumhydroxyd* werden aus den Doppelresonanzspektren bestimmt. W. Damerau 424△

0983 **NMR-Untersuchungen an Bassiasäure und Acetylbassiasäure.** N. Venkatesan, H. P. Tipnis und D. V. Rege. (Current Sci. [Bangalore] **36** (1967) 9, 232; Dep. of Chem. Techn., Univ. of Bombay, Matunga, Bombay; engl.) W. Damerau 424△

0984 **NMR-Spektren und Stereochemie von 4-Benzoyloxy-1-thiaflavanen.** G. F. Katekar und A. G. Moritz. (Austral. J. Chem. **20** (1967) 10, 2235—41; Div. of Plant Ind., CSIRO, Canberra; engl.) — Die chem. Verschiebungen u. Kopplungskonst. von cis- u. trans-4-Benzoyloxy-1-thiaflavan in $CDCl_3$ werden bestimmt u. mit Werten von 4-Acetoxy-6.8-dichlorchroman u. 1-Benzoyloxyindan verglichen. W. Damerau 424△

0985 **Protonenresonanzspektren, Konfiguration und Konformation von 4-substituierten Prolinen.** R. H. Andreatta, V. Nair und A. V. Robertson. (Austral. J. Chem. **20** (1967) 12, 2701—13; Dep. of Organ. Chem., Univ. of Sydney, N.S.W.; engl.) — Die Kopplungskonst. u. chem. Verschiebungen der Ringprotonen (z. T. auch der Esterprotonen) folgender Verb. werden bestimmt u. mit den aus der Literatur bekannten Konfig. dieser Verb. verglichen: *N-Benzolsulfonyl-4-oxo-L-prolin* u. dessen *Methylester* [$C_{12}H_{13}NO_5S$, F. 83,5—84,5°(Bzl./Cyclohexan), *N-Tosyl-4-oxo-L-prolin* u. dessen *Methylester*, *N-Benzoylsulfonyl-cis-4-hydroxy-L-prolin* u. dessen *Methylester, N-Tosyl-cis-4-hydroxy-L-prolin, N.O-Ditosyl-cis-4-hydroxy-L-prolin* [$C_{19}H_{21}NO_7S_2$, F. 181—182° (Essigester/Cyclohexan)], *N-Benzoylsulfonyl-cis-4-chlor-L-prolin* [$C_{11}H_{12}ClNO_4S \cdot H_2O$, F. 83—84°, (Chlf./$CCl_4$)] u. dessen *Methylester* [$C_{12}H_{14}ClNO_4S$, F. 83—84° (Bzl./Cyclohexan)], *N-Tosyl-cis-4-chlor-L-prolin* u. dessen *Methylester, N-Tosyl-cis-4-brom-L-prolinmethylester, N-Tosyl-cis-4-azido-L-prolinmethylester, cis-* u. *trans-4-Chlor-, cis-* u. *trans-4-Brom-* u. *cis-* u. *trans-4-Amino-L-prolin, N-Benzoylsulfonyl-trans-4-hydroxy-L-prolin* u. dessen *Methylester* [$C_{12}H_{15} \cdot NO_5S$, F. 121—122° (Bzl.)], *N-Tosyl-trans-4-hydroxy-L-prolin* u. dessen *Methylester, N-Tosyl-trans-4-tosyl-L-prolin, N-Tosyl-trans-4-chlor-L-prolinmethylester, N-Tosyl-trans-4-brom-L-prolin* u. dessen *Methylester* sowie *N-Tosyl-trans-4-azido-L-prolinmethylester.* W. Damerau 424△

0986 **Natürliche Chromone.** 3. Mitt. **Kernmagnetische Resonanzspektren einiger natürlicher und synthetischer Produkte.** M. M. Badawi und M. B. E. Fayez. (Indian J. Chem. **5** (1967) 3, 93—96; Dokki, Cairo, UAR, Nat. Res. Centre; engl.) — 4. vgl. C. **1968**, 60-0582. — Die ^{1}H-NMR-Spektren von *Chromon* (F. 59°), *2-Methylchromon* (F. 72°), *5.7-Dihydroxy-* (F. 279—281°), *3-Acetyl-5-hydroxy-7-acetoxy-* (F. 153—157°), *5.7-Dihydroxy-6-formyl-* (F. 198 bis 200°), *5-Methoxy-6-formyl-7-hydroxy-* (F. 189°) u. *5.7-Dihydroxy-6-acetyl-8-brom-2-methylchromon* (F. 194 bis 196°), *Khellin* (F. 154—155°), *Khellinol* (F. 203—204°), *Khellol* (F. 176—179°), *Khellolglukosid* (F. 174—176°), *Visnagin* (F. 144—145°), *5-Norvisnagin* (F. 156—158°), *Isovisnagin* (F. 245—247°), *Norisovisnagin* (F. 316—318°) u. *Anhydrovisamminol* werden untersucht u. diskutiert. B. I. 424△

0987 **NMR-Untersuchungen an Ketalen.** 10. Mitt. **Temperaturabhängige chemische Verschiebungen von Methoxyprotonen in Alkyl-gem-dimethoxycyclohexanen.** D. Tavernier und M. Anteunis. (Bull. Soc. chim. belges **76** (1967) 7/8, 475—81; Labor. for Organ. Chem., State Univ. of Ghent; engl.) — 9. vgl. C. **1968**, 43-0790. — Die äquatorialen u. axialen CH_3O-Gruppen von Alkyl-gem-dimethoxycyclohexanen zeigen bei verschiedenen Frequenzen Resonanz. Diese Verschiebungsdifferenz $\Delta\nu$ ist abhängig von der Temperatur. Folgende Verb. werden untersucht: *1.1-Dimethoxycyclohexan* u. *3-* u. *4-Methyl-, 3-* u. *4-Äthyl-, 3-* u. *4-Isopropyl-, 3-* u. *4-tert.-Butyl-, 3-Isobutyl-, 3-sek.-Butyl-, 3-Cyclohexyl-, cis-* u. *trans-3.4-Dimethyl-* u. *cis-3.5-Dimethyl-1.1-dimethoxycyclohexan* sowie *cis-* u. *trans-5.5-Dimethoxyhydrindan, cis-* u. *trans-2.2-Dimethoxydecalin* u. *cis-2.2-Dimethoxyperhydrobenzocyclohepten* (in $CDCl_3$, CS_2 oder als reine Fl.). W. Damerau 424△

0988 **NMR-Untersuchungen an Ketalen.** 11. Mitt. **Verschiebungen in acyclischen und cyclischen Ketalen.** M. Anteunis, F. Borremans, J. Gelan, L. Heyndrickx und W. Vandenbroucke. (Bull. Soc. chim. belges **76** (1967) 9/10, 533—40; 10. vgl. vorst. Referat. — Es wurden die chem. Verschiebungen der CH_3- bzw. CH_2-Protonen in den Äthylenacetalen von *Cylcobutanon, Cyclopentanon, Cyclohexanon, 2-, 3-* u. *4-Methylcyclohexanon, Norcampher, cis-β-* u. *trans-β-Dekalon, Cholestanon, Homo-cis-β-dekalon, cis-β-* u. *trans-β-Hydrindanon, 4-Azacyclohexanon, Cycloheptanon, Cyclooctanon, Cyclononanon, Cyclodecanon, Cyclododecanon, Cyclopentadecanon, Campher, Form-, Acet-, Propion-, Isobutyr-, Pivalinaldehyd, Dimethyl-, Methyläthyl-, Methyl-n-propyl-, Methylisopropyl-, Methyl-n-butyl-, Methylisobutyl-, Methylisopentyl-, Methyl-tert.-butyl-, Methylneopentyl-, Diäthyl-, Äthyl-n-propyl-, Äthyl-n-butyl-, Di-n-propyl-, n-Propylisopropyl-, Diisopropyl-, Di-n-undecyl-* u. *Di-n-heptadecylketon*, in *1.1-Dimethoxycyclobutan, -cyclopentan, -cyclohexan, -3-* u. *-4-methylcyclohexan, -cycloheptan, -cyclooctan, trans-2.2-Dimethoxydekalin*, in den Äthylendithioacetalen von *Cyclobutanon, -pentanon, -hexanon, -heptanon, -octanon, 4-tert.-Butylcyclohexanon, trans-* u. *cis-β-Dekalon*, in folgenden 1.3-Dioxanen: *5.5-Dimethylen-, 5.5-Trimethylen-, 5.5-Tetramethylen-, 5.5-Pentamethylen-, 5-Methyl-5-tert.-butyl-, 5-Äthyl-, 5-Methyl-5-äthyl-, 5-Methyl-5-propyl-, 5-Methyl-5-isopropyl, 5-Methyl-5-cyclohexyl-, 5-Methyl-5-cyclopentyl-* u. *5-Methyl-5-phenyl-* sowie die Kopplungskonst. in folgenden 4-Carbomethoxy-1.3-dioxalanen (A; aus nachst. Glycerinacetalen mit $KMnO_4$ u. Veresterung mit CH_2N_2): *2.2-Trimethylen-* [Kp.$_{12}$ 70° (Badtemp.); 33 % (Ausb.)], *2.2-Tetramethylen-* (Kp.$_{13}$ 112°; 42 %), *2.2-Pentamethylen-* (Kp.$_{13}$ 120°; 33 %), *2.2-Hexamethylen-* (Kp.$_{13}$ 136°; 31 %), *2.2-Heptamethylen-* (Kp.$_{13}$ 152°, 49 %), *2.2-Undekamethylen-* [Kp.$_{12}$ 110° (Badtemp.); 21 %). — 2.2-Polymethylen-4-hydroxymethyl-1.3-dioxalane (aus den entsprechenden Cyclanonen): *2.2-Tri-* (Kp.$_{20}$ 80; 100 %), *2.2-Tetra-* (Kp.$_{15}$ 120°; 86 %); *2.2-Penta-* (Kp.$_{20}$ 126°; 81 %), *2.2-Hexa-* (Kp.$_{12}$ 142°; 78 %), *2.2-Hepta-* (Kp.$_{10}$ 150°; 77 %), *2.2-Undeka-* (Kp.$_{12}$ 210°; 71 %). Die Unters. zeigen, daß die chem. Verschiebungen in allen diesen Verb. von der Ringgröße abhängig sind. Der Einfl. der Ringspannung bzw. Bindungshybridisierung ist nicht entscheidend. Die beobachteten Parameter lassen keine einfache Korrelation untereinander zu. W. Damerau 424△

0989 **Linienbreiten und Frequenzverschiebungen in ESR-Spektren.** George K. Fraenkel. (J. physic. Chem. **71** (1967) 1, 139—71; Dep. of Chem. Columbia Univ., New York, N.Y.; engl.) — Unter Berücksichtigung von isotroper Hyperfeinaufspaltung, anisotropem g-Tensor u. magnet. Elektron–Kern-Wechselwrkg. wird eine allg. Berechnung der wichtigsten Arten von Veränderungen der Linienbreite in ESR-Spektren verd. Lsg. freier Radikale durchgeführt u. an Modellsyst. (Literatur) diskutiert. S. Lamponscherf 126

0990 **Temperaturabhängigkeit der Hyperfeinwechselwirkung, Linienbreite und Linienasymmetrie in an porösen Glasoberflächen stabilisierten Methylradikalen.** G. B. Garbutt, H. D. Gesser und M. Fujimoto. (J. chem. Physics **48** (1968) 10, 4605—14; Dep. of Chem., Univ. of Manitoba, Winnipeg, Canada; engl.) — Es wurden die ESR-Spektren von an Vycor-Glas stabilisierten CH_3-Radikalen (durch UV-Photolyse von CH_3J oder D- bzw. ^{13}C-CH_3J) bei tiefen Temp. aufgenommen. D. Strauch 426

0991 **ESR-Untersuchungen an eingefangenen Elektronen und freien Radikalen, die in Olefinen bei 77 °K durch γ-Bestrahlung gebildet werden.** D. R. Smith, F. Okenka und J. J. Pieroni. Canad. J. (Chem. **45** (1967) 8, 833—37; Res. Chem. Branch, Nucl. Labor., Chalk River, Ontario; engl.) — Die ESR-Spektren von *Buten-(1), cis-* u. *trans-Buten-(2), Hexen-(1)* u. *-(2), Octen-(1), 2-Methylpropen-(1), -buten-(1), -penten-(1)* u. 2.4.4-Trimethylpenten-(1) bei 77 °K werden untersucht. S. Lampenscherf 426

0992 **ESR-Untersuchung von durch γ-Bestrahlung fester substituierter Benzole entstandener Cyclohexadienyl-Radikale.** D. Campbell und D. T. Turner. (Canad. J. Chem.

45 (1967) 8, 881–84; Camille Dreyfus Labor., Res. Triangle Inst., Res. Triangle Park, N.C.; engl.) — Die ESR-Spektren (Abb. nur z. T.) folgender, Cyclohexadienyl-Radikale (A) ergebender Verb. werden untersucht: *Benzoesäure, Biphenyl, Triphenylphosphin, Benzoin, Triphenylamin,* DL-*Mandelsäure, Triphenylmethan, o-* u. *m-Hydroxybenzoesäure, Resorcin, Isophthalsäure, o-Chlorbenzoesäure, p-Toluylsäure, p-Hydroxybenzoesäuremethylester* u. *Hydrochinon.* Keine A-Spektren bei ^{60}Co-γ-Bestrahlung (0,5 Mrad/h) zeigen: *Triphenylcarbinol, Benzil, Benzophenon, Azobenzol, o-Dinitrobenzol, o-Aminobenzoesäure, o-Nitrophenol, m-Dinitrobenzol, p-Aminophenol, p-Chlorphenol, p-Nitrophenol* u. *p-Phenylendiamin.* S. Lampenscherf 426

0993 **ESR-Untersuchung der mono- und dinegativen Ionen des Triphenylens. Ein Beweis für die Jahn-Teller Instabilität des Dianion-Tripletts.** H. van Willigen, J. A. M. van Broekhoven und E. de Boer. (Molecular Physics **12** (1967) 6, 533–48; Dep. of Phys. Chem., Univ., Nijmegen, Nederland; engl.) — Die ESR-Spektren der *Ionen* in verschiedenen Lsgm. u. Temp. werden untersucht. K. Vaček 426

0994 **Über die Struktur des Jod-Triphenylamin Ladungsübertragungs-Komplexes.** W. H. Bruning, R. F. Nelson, L. S. Marcoux und R. N. Adams. (J. physic. Chem. **71** (1967) 9, 3055–57; Dep. Chem., Univ. Nebr., Lincoln, Nebr.; engl.) — Aus ESR-Daten werden Hinweise erbracht, daß das bimol. Triphenylamin-Kation $[(C_6H_5)_3N\dot{N}(C_6H_5)_3]^+$, das früher als paramagnet. Prod. bei der Rk. des Triphenylamins mit J_2 postuliert wurde, ein Kationen-Radikal von *N.N.N'.N'-Tetraphenylbenzidin* (I) ist. Die ESR-Spektren des *Trianisylamin*-Kationen-Radikals u. des Kation-Radikals von I sind angegeben. K. Vaček 426

0995 **EPR-spektroskopische Erfassung der Aryläther-Spaltung. 2. Mitt. Anion-Radikale von Polyphenyläthern.** Dolan H. Eargle und William B. Moniz. (J. org. Chemistry **32** (1967) 7, 2227–28; Dep. of Chem., Univ. of Ill., Chicago, Ill.; engl.) — 1. vgl. C. **1967**, **11**-0974. — Die Red. von *p-Diphenoxybenzol, Bis-[m-phenoxyphenyl]-äther, m-Bis-[m-phenoxyphenoxy]-benzol* u. *Bis-[m-(m-phenoxyphenoxy)-phenyl]-äther* mit K in Dimethoxyäthan wurden bei Temp. von − 85° bis − 50° durch EPR untersucht. Die Abspaltung der Phenylradikale erfolgt stufenweise. K. Vaček 426

0996 **ESR- und NMR-Untersuchung von Nitroxid-Radikalen in Mizellen-haltigen Lösungen.** A. S. Waggoner, O. H. Griffith und C. R. Christensen. (Proc. nat. Acad. Sci. USA **57** (1967) 5, 1198–205; Dep. of Chem., Univ. Oregon, Eugene; engl.) — Mit Na-Dodecylsulfat als mizellenbildende Komponente wurde die Adsorption von *1.1.3.3-Tetramethyl-1.2.3.4-tetrahydro-[5H-pyrido-[4.3;b]-indol-2-N-oxid* u. dem 2.4-Dinitrophenylhydrazon des *2.2.6.6-Tetramethylpiperidon-(4)-nitroxid* auf den Mizellen ESR- u. NMR-spektroskop. untersucht. K. Vaček 426

0997 **Elektronenspinresonanzspektren von durch Acetaldehyd–Wasserstoffperoxid–Titan(III) erzeugten Radikalen.** J. R. Steven und J. C. Ward. (J. physic. Chem. **71** (1967) 7, 2367–68; Div. of Coal Res., CSIRO, Chatswood, New South Wales, Australia; engl.) — Die ESR-Spektren der $CH_3\dot{C}HOH$- u. $\dot{C}H_3$-Radikale bei Rk. von Acetaldehyd mit wss. Lsg. von $TiCl_3/H_2O_2$ werden untersucht. K.-H. Bielicki 426

0998 **ESR-Untersuchungen von Naphthochinonen und verwandten Verbindungen. Hyperfeinwechselwirkung durch die Methoxylgruppe als Konformationsprobe.** Gary Paul Rabold, Ronald T. Ogata, M. Ikamura, L. H. Piette, R. E. Moore und P. J. Scheuer. (J. chem. Physics **46** (1967) 3, 1161–67; Dep. of Biochem. and Biophys., Univ. of Hawaii, Honolulu, Hawaii; engl.) — Die ESR-Spektren nachst. Verb. werden untersucht. MO-Berechnungen zeigen, daß die CH_3O-Hyperfeinwechselwrkg. in diesen Syst. teilweise eine Funktion der Spindichte am Äther-O ist. An Modellverb. wird festgestellt, daß nur ein Konformationsisomeres Hyperfeinaufspaltung aufweist. Untersucht wurden die Benzochinone: *unsubstituiert, 2-Methoxy-, 2.3-Dimethoxy-, 2.5-Dimethoxy-, 2.6-Dimethoxy-, 2.6-Dimethoxy-3-äthyl-*; die Naphthochinone: *unsubstituiert, 2-Methoxy-, 5-Methoxy-, 2-Methoxy-5-hydroxy-, 3.7-Dimethoxy-5-hydroxy-, 2.7-Dimethoxy-3.5-dihydroxy-, 2.3.7-Trimethoxy-5-hydroxy-, 5.8-Dimethoxy-* sowie die Naphthazarine: *2-Methoxy-, 2.3-Dimethoxy-, 2.6-Dimethoxy-, 2.7-Dimethoxy-, 2.3.6-Trimethoxy-, Tetramethoxy-, 2-Methoxy-3-chlor-, 2-Hydroxy-3-methoxy-, 2-Hydroxy-3-acetyl-5-O-methyl-7-methoxy-, 2-Hydroxy-3-acetyl-8-O-methyl-7-methoxy-, 2-Hydroxy-3-äthyl-6.7-dimethoxy-, 2.3-Dimethoxy-6.7-dichlor-, 2.3.6-Trimethoxy-7-äthyl-* u. *2.7-Dimethoxy-3-äthyl-*. W. Wesly 426

0999 **ESR-Untersuchung von Dihydroxy- und Dimethoxydurol-Kationradikalen.** Paul D. Sullivan. (J. Amer. chem. Soc. **89** (1967) 17, 4294–4300; Chem. Dep., Univ., Waterloo, Ontario, Canada; engl.) — Die ESR-Spektren der Radikale werden in $AlCl_3/CH_3NO_2$ u. im Temp.-Bereich − 90° bis + 10° untersucht. K. Vaček 426

1000 **Effekte der Ionenassoziation auf das ESR-Spektrum von Durosemichinon in 1.2-Dimethoxyäthan.** P. S. Gill und T. E. Gough. (Canad. J. Chem. **45** (1967) 18, 2112 bis 2114; Dep. of Chem., Univ., Waterloo, Ontario; engl.) K. Vaček 426

1001 **Methylradikale in bestrahlten Natriumacetattrihydrat-Einkristallen.** Max T. Rogers und L. D. Kispert. (J. chem. Physics **46** (1967) 1, 221–23; Dep. of Chem., Mich. State Univ., East Lansing, Mich.; engl.) — Es werden die ESR-Spektren von mit 1 MeV-Elektronen bestrahlten Einkrist. von $CH_3COONa \cdot 3\,H_2O$, $CH_3COONa \cdot 3\,D_2O$ u. $^{13}CH_3COONa \cdot 3\,H_2O$ sowie polykrist. $CH_3 \cdot {}^{13}COONa \cdot 3\,H_2O$ bei 77 °K untersucht. K.-H. Bielicki 426

1002 **ENDOR-Untersuchung von bestrahltem Histidinhydrochlorid.** Harold C. Box, Harold G. Freund und Kenneth T. Lilga. (J. chem. Physics **46** (1967) 6, 2130–33; Biophys. Dep., Roswell Park Memorial Inst., Buffalo, N.Y.; engl.) — Von röntgenbestrahlten Histidinhydrochlorid-Einkrist. werden die ESR- u. ENDOR-Spektren bei 4,2 °K aufgenommen u. bez. der Bldg. freier Radikale untersucht. W. Damerau 426△

1003 **Elektronenspinresonanz-Spektrum von in γ-bestrahltem Natriumacetat eingefangenem $CH_3CO_2^-$.** D. G. Cadena jun., V. Mendez und J. R. Rowlands. (Molecular Physics **13** (1967) 2, 157–59; San Antonio, Tex., Southwest Res. Inst.; engl.) — In bei 77 °K γ-bestrahltem polykrist. Na-Acetat werden ESR-spektroskop. freie $CH_3CO_2^-$-Radikale identifiziert. H. Pehlmann 426

1004 **ESR-Untersuchungen an paarweise eingefangenen ungleichen Radikal-Spezies und Radikal-Umwandlung im Einkristall des bei 77 °K γ-bestrahlten Monofluoracetamids.** Machio Iwasaki und Kazumi Toriyama. (J. chem. Physics **46** (1967) 12, 4693–97; Ind. Res. Inst., Nagoya, Hirate-machi, Kita-ku, Nagoya, Japan; engl.) — Außer dem Radikal $\dot{C}H_2CONH_2$ wurde ein Radikalpaar $\dot{C}H_2CONH_2$, $\dot{C}HFCONH_2$ gefunden. Aus dem Wert des D-Tensors der magnetischen Dipol–Dipol Wechselwrkg. zwischen ungepaarten Elektronen wurde der mittlere Abstand zwischen gepaarten Radikalen zu 7,03 Å u. ihre Orientierung im Krist. bestimmt. K. Vaček 426

1005 **ESR eines γ-bestrahlten Einkristalls von 5-Nitro-6-methyluracil.** Wallace Snipes und Brent Benson. (J. chem. Physics **48** (1968) 10, 4666–70; Dep. of Biophys., Pa. State Univ., Univ. Park, Pa.; engl.) D. Strauch 426

1006 **Elektronenstoßinduzierte Fragmentierungen von Pyrazolen.** T. Nishiwaki. (J. chem. Soc. [London], Sect. B **1967**, 9, 885–88; Kao Soap Co. Ltd., Wakayama City, Japan; engl.) — Es werden die Massenspektren folgender Verb. untersucht: *Pyrazol, 5-Methyl-, 3.5-Dimethyl-, 3-Trifluormethyl-5-methyl-* [$C_5H_5F_3N_2$, F. 89–90° (Cyclohexan), aus Trifluoracetylaceton u. Hydrazinhydrat in W.], *3-Phenyl-5-methyl-, 3-p-Chlorphenyl-5-methyl-, N-Methyl-3.5-dimethyl-* u. *N_2-Äthyl-3.5-dimethylpyrazol* u. *$N_{(2)}$-Phenyl-5-methylpyrazolon-(3).* K.-H. Bielicki 428

1007 **Massenspektrometrische Untersuchungen. 7. Mitt. Beobachtungen bei der Massenspektrometrie von N-substi-**

tuierten Phthalimiden. J. Sharvit und A. Mandelbaum. (Israel J. Chem. 5 (1967) 1, 33–35; Dep. of Chem., Technion-Israel Inst. of Technol., Haifa, Israel; engl.) — 6. vgl. ibid. 4 (1966) 165. — Es werden die Massenspektren von *N-Methyl-*, *N-Phenyl-*, *N-n-Butyl-*, *N-Isopropyl-*, *N-Phenyläthyl-*, *N-Benzyl-* u. *N-Allylphthalimid* u. *1.2-Diphthalimidoäthan* u. *1.4-Diphthalimidobutan* untersucht. K.-H. Bielicki 428

1008 **Massenspektrometrie bei strukturellen und stereochemischen Problemen.** 120. Mitt. **Elektronenstoßinduzierte Fragmentierungsprozesse von Methoxycarbonylhydrazonen.** J. K. MacLeod, Dieter Becher und Carl Djerassi. (J. org. Chemistry **31**, 4050–54, 1966; Dep. of Chem., Stanford Univ., Stanford, Calif.; engl.) — 119. vgl. C. **1969**, 12-0986. — In Fortsetzung der Unters. zur möglichen Ladungslokalisierung in Carbonylgruppenderiv. werden die Verb. *n-Butyraldehyd-*, *n-Valeraldehyd-*, *Di-n-propylketon-*, *Di-n-butylketon-*, *Cyclopentanon-* u. *Cyclohexanon-N-methoxycarbonylhydrazon*, *n-Valeraldehyd-*, *Di-n-propyl-* u. *Di-n-butylketon-N-äthoxycarbonylhydrazon* massenspektrometr. untersucht.
K.-H. Bielicki 428

1009 **Tumorinhibitoren.** 17. Mitt. **Strukturaufklärung und Hochauflösungsmassenspektrometrie von Gaillardin, einem neuen zytotoxischen Sesquiterpenlacton.** S. Morris Kupchan, John M. Cassady, John E. Kelsey, H. K. Schnoes, D. H. Smith und A. L. Burlingame. (J. Amer. chem. Soc. **88**, 5292–301, 1966; Dep. of Pharm. Chem. Univ. of Wis., Madison, Wis.; engl.) — 16. vgl. C. **1969**, 2-1441. — Durch Elementaranalyse u. Hochauflösungsmassenspektrometrie konnte die Struktur von Gaillardin (**I**, $C_{17}H_{22}O_5$, F. 199–200° Vakuum) aufgeklärt werden. Ferner wurde Isogaillardin isoliert ($C_{17}H_{22}O_5$, F. 140–141° Vakuum). Die normal- u. hochaufgelösten Massenspektren von **I**, dem durch Behandlung von **I** mit wss. methanol. Kaliumcarbonat entstehenden *13-Methoxy-desacetyl-***I** ($C_{16}H_{24}O_5$, F. 151–152°), dem durch partielle Hydrierung oder Natriumborhydrid-Red. von **I** entstehenden *Dihydro-***I** ($C_{17}H_{24}O_5$, F. 200–201° Vakuum), dem durch Epoxidierung von Dihydro-I entstehenden *Dihydroepoxy-***I** ($C_{17}H_{24}O_5$, F. 172–173° Vakuum) u. dem durch Ox. von durch alkal. Hydrolyse von Dihydro-I sich ergebenden *Desacetyldihydro-***I** ($C_{15}H_{22}O_4$, F. 157–158°) entstehenden *Desacetyldihydrodehydro-***I** ($C_{15}H_{20}O_4$, F. 184 bis 186°) werden angegeben u. diskutiert. Die Massenspektren des bei der Hydrolyse von I in wss. Dioxan entstehenden *Desacetyl-***I** ($C_{15}H_{20}O_4$, F. 149–151°) u. des durch alkal. Hydrolyse von Dihydro-I entstehenden *Desacetyldihydro-*I werden ausführlich interpretiert. Durch Dehydratisierung von Desacetyldihydrodehydro-I ergibt eine Verb. mit F. 146–147° ($C_{15}H_{18}O_3$).
K.-H. Bielicki 428

1010 **Massenspektren und Stereochemie von Hydroxyverbindungen.** 1. Mitt. **Hydroxysteroide.** H. Egger und G. Spiteller. (Mh. Chem. **97**, 579–601, 1966; Wien, Org.-Chem. Inst. der Univ. Wien; dt.) — 2. vgl. C. **1968**, 18-0163. — Das Fragmentierungsverh. im Massenspektrometer (bes. H_2O-Eliminierung) folgender Verb. wurde untersucht: 3β-Hydroxy-5α-ätiansäuremethylester, 3β-Hydroxy-5β-ätiansäuremethylester, Cholestan-3β-ol, Koprostan-3α-ol, 5α-H-Androstan-3α-ol-17-on, 5α-H-Androstan-3β-ol-17-on, 5β-H-Androstan-3α-ol-17-on, 5β-H-Androstan-3β-ol-17-on, 5α-H-Androstan-3α.17-diol, 5α-H-Androstan-3β.17-diol, 5βH-Androstan-3α.17-diol u. 3β-H-Androstan-3β.17-diol, 1β-Methyl-5α-H-androstan-17β-ol u. 3-Hydroxy-19-nor-steroide.
K.-H. Bielicki 428

1011 **Anwendung von Computern zur Interpretation von Massenspektren hoher Auflösung.** 2. Mitt. **Aminosäurezahl von Peptiden.** K. Biemann, C. Cone und B. R. Webster. (J. Amer. chem. Soc. **88**, 2597–98, 1966; Mass., Cambridge, Dep. of Chem. Mass. Inst. of Technol.; engl.) — 1. vgl. Tetrahedron Letters [London] **1965**, 11, 647. — In Aminosäuren u. Peptiden werden die CH–CO- u. CO–N-Bindungen relativ leicht gespalten, unter Zurückbleiben der positiven Ladung bei der CH- bzw. CO-Gruppe, so daß die Massenspektren von Oligopeptiden immer Amino-Bruckstückpeaks u. Aminoacyl-Bruchstückpeaks zeigen. Diese intensiven Peaks erlauben eine automat. Best. der Aminosäuresequenz von vielen Peptiden, die durch partielle Hydrolyse von durch enzymat. Spaltung großer Polypeptide resultierenden Oligopeptiden erhalten werden. K.-H. Bielicki 428

B–2. Strukturforschung

1012 **Übertragung von Anregungsenergie in Systemen mit vielen Molekülen.** Richard A. Cellarius. (Photochem. and Photobiol. 6 (1967) 1, 91–95; Biophys. Res. Div., Inst. of Sci. and Technol., Univ. of Mich., Ann Arbor, Mich.; engl.) — Försters Theorie der Energieübertragung in kondensierten Syst. wird analysiert. Sie gilt für einen großen Bereich von Donatoren- u. Akzeptoren-Konz., solange keine Übertragung zwischen den Donatoren-Mol. besteht. Dagegen gelten die modifizierten Ergebnisse von Tweet, Bellamy u. Gaines nur für vollständige Delokalisierung der Anregung zwischen Donator-Molekülen. S. Lampenscherf 432

1013 **Verwendung von Störungsmethoden zur Untersuchung der Einflüsse von Konfigurationswechselwirkungen.** 2. Mitt. **Variation des Energiebeitrags zweiter Ordnung in der Reihe linearer Polyene und von Polyacenen.** S. Diner, J. P. Malrieu und P. Claverie. (Theoret. chim. Acta [Berlin] 8 (1967) 5, 390–403; Labor. Chim. Quant., Inst. de Biol. Phys.-Chim., Paris; engl.) — Der Beitrag 2. Ordnung zur π-Korrelationsenergie wird über delokalisierte MO's durch zwei Aufteilungen der CI-Matrix von folgenden Verb. untersucht: *Butadien-(1.3)*, *Hexatrien-(1.3.5)*, *Octatetraen-(1.3.5.7)*, *Decapentaen-(1.3.5.7.9)*, *Dodecahexaen-(1.3.5.7.9.11)*, *Bzl.*, *Naphthalin* u. *Anthracen.* W. Sobieski 432

1014 **Verwendung von Störungsmethoden zur Untersuchung der Einflüsse von Konfigurationswechselwirkungen.** 3. Mitt. **Beiträge zweiter Ordnung zu Übergangsenergien.** J. P. Malrieu, P. Claverie und S. Diner. (Theoret. chim. Acta [Berlin] 8 (1967) 5, 404–23; engl.) — 2. vgl. vorst. Referat. — Die Beiträge 2. Ordnung werden mittels mehrfacher Summation über MO's u. Effekten „einfach-", „zweifach-" u. „dreifach angeregten" Konfig. behandelt. W. Sobieski 432

1015 **Einfluß von β-Termen nicht nächster Nachbarn auf PPP–SC-MO-Berechnungen von π-Elektronensystemen.** R. L. Flurry jun. und J. J. Bell. (J. Amer. chem. Soc. **89** (1967) 3, 525–28; Dep. of Chem., La. State Univ., New Orleans, La.; engl.) — Semiempir. π-Elektronenberechnungen werden an *Naphthalin, Anthracen, Phenanthren, Naphthacen, Chrysen, 1.2-Benzanthracen, 3.4-Benzphenanthren, Triphenylen, Azulen, Bzl., Äthylen, Butadien-(1.3), Hexatrien-(1.3.5), Octatetraen-(1.3.5.7), Decapentaen-(1.3.5.7.9), Dodecahexaen-(1.3.5.7.9.11), Tetradecaheptaen-(1.3.5.7.9.11.13), Hexadecaoktaen-(1.3.5.7.9.11.13.15), Octadecanonaen-(1.3.5.7.9.11.13.15.17)* u. *Eikosadekaen-(1.3.5.7.9.11.13.15.17.19)* durchgeführt.
W. Sobieski 432

1016 **Eigenschaften semiempirischer Hamilton-Operatoren.** Jaroslav Koutecký. (J. chem. Physics **47** (1967) 4, 1501–11; Dep. of Chem., John Hopkins Univ., Baltimore, Md.; engl.) — Ber. werden die Elektronenpaarenergien von *Methylencyclopropen*, *cis-Butadien-(1.3)*, *Bzl.*, *Bis-[cyclopropenyliden]*, die Energiespektren von *trans-Butadien-(1.3)*, *trans.trans-Hexatrien-(1.3.5)* u. *Fulven* sowie PPP-LCJ-Daten folgender Heterocyclen: *Chinolin, Isochinolin, 1.4-, 1.3-, 1.5-, 1.6-, 1.7-, 1.8-, 2.6-, 2.7-Naphthyridin, Benzo[g]chinolin, Benzo[g]isochinolin, Acridin, Benzo[f]chinolin, Benzo[f]isochinolin, Benzo[h]chinolin, Benzo[h]isochinolin, Phenanthridin, Benzo[b]phenanthridin, Benz[a]acridin, Naphtho[2.1:g]isochinolin, Benz[c]acridin, Naphtho[2.1:f]chinolin, Benzo[c]phenanthridin* u. *Benzo[i]phenanthridin.* W. Sobieski 432

1017 **Polarisierung von Triplett–Faktor-Gruppenzuständen.** Robin M. Hochstrasser. (J. chem. Physics **47** (1967) 3, 1015–19; Dep. of Chem., Univ. of Pa., Philadelphia, Pa.; engl.) — Die Polarisierung von Singulott Triplett-Übergängen in Aggregaten u. Transformation des Spin–Bahn-Operators wird theoret. behandelt u. auf *Naphthalin, Phenazin* u. *Anthracen* angewandt.
W. Sobieski 432

1018 **MO-Theorie der Elektronenstruktur organischer Verbindungen. 1. Mitt. Substituenteneffekte und Dipolmomente.** J. A. Pople und M. Gordon. (J. Amer. chem. Soc. **89** (1967) **17**, 4253–61; Dep. of Chem., Carnegie Inst. of Technol., Pittsburgh, Pa.; engl.) — Ber. wurden die Dipolmomente bzw. deren Orientierung von *Propan, Propen, Propin*; *2-Methylpropan, -propen, -butadien-(1.3)*; *Toluol, Methyl-, Methylenfluorid, Fluoroform, Äthylenfluorid, 1.1-Difluor-, 1.1.1-Trifluoräthan, Fluoräthylen, 1.1-Difluoräthylen, cis-1.2-Difluoräthylen, Fluoracetylen, trans-n-Propylfluorid, cis-* u. *trans-1-Fluorpropen*; *2-, 3-Fluorpropen*; *3.3.3-Trifluorpropen, 3.3.3-Trifluorpropin, 2-Fluorbutadien-(1.3), Fluorbenzol, Methanol, Dimethyläther, Form-, Acet-, Propionaldehyd*; *Acetylacetylen, Aceton, Acrolein, Keten, Phenol, Methylvinylketon, Methylketen, Ameisensäure*; *Methyl-, Dimethyl-, Trimethylamin*; *Methylcyanid, Formylfluorid, Acetylfluorid, Acetylcyanid, Methylisocyanat, Formamid, Nitromethan, Nitrobenzol* u. *Carbonylfluorid* sowie *HF*, *W.*, NH_3, *HCN*, NF_3, NHF_2, HNO_2, HNO_3, *FCN*, *HNCO*. W. Sobieski 432

1019 **Erweiterung der ω-Methode.** H. D. Försterling und H. Kuhn. (Z. Naturforsch. **22a** (1967) 8, 1204–22; Phys.-Chem. Inst., Univ. Marburg; dt.) — Es wird eine neue LCAO-Meth. (ω_n-Meth.) entwickelt. Ber. u. mit nach anderen Meth. erhaltenen u. experimentellen Daten (Literatur) verglichen, werden die Bindungslängen von *Äthylen**, *Butadien**, *Bzl.**, *Naphthalin**, *Anthracen**, *Tetracen**, *Phenanthren**, *Hexatrien**, *Triphenylen, Chrysen, Perylen, Pyren, Coronen, Fulven***, *Heptafulven***, *Azulen***, *Sesquifulvalen***, *Acepleiadylen***, *Octatetraen**, *Dekapentaen** u. *Eikosadecaen**, ferner Ladungsverteilung u. Dipolmoment der mit ** gekennzeichneten Verb. sowie Ionisierungsenergien der mit * gekennzeichneten Verb. u. von *Styrol* u. dem *Allyl-*, *Pentadienyl-*, *Benzyl-* u. *Methyl*-Radikal. W. Sobieski 432

1020 **Anwendung lokalisierter Störungsrechnungen.** M. Asgar Ali und R. F. Wood. (J. molecular Spectroscopy **23** (1967) 1, 53–75; Quantum Chem. Group, Univ., Uppsala, Sweden; engl.) — Unter Verw. von Chesbyshev-Polynomen wird die Meth. lokalisierter Störungen auf der Grundlage der Hückel-Theorie nach Löwdin, Paunez u. de Heer auf konjugierte Syst. angewandt. Ber. werden Energieniveaus u. z. T. Eigenfunktionen von *Bzl.*, *Py.*, *Pyridazin, Pyrimidin, Pyrazin, Naphthalin, Azulen, Cyclobutadien* u. *Butadien*. W. Sobieski 432

1021 **Frenkel- und Wannier-Spin-Exzitonen in Kristallen organischer freier Radikale.** Zoltán G. Soos. (J. chem. Physics **46** (1967) 11, 4284–88; Dep. of Chem., Univ., Princeton, N.J.; engl.) — Eig. u. Verh. der beiden Arten von Spin-Exzitonen werden theoret. untersucht u. mit experimentellen Daten der magnet. Suszeptibilität u. Feinstruktur-Aufspaltung von organ. Ladungsübertragungs-Mol.-Krist. (Literatur) verglichen. W. Sobieski 432

1022 **Temperatureffekt der Vibronenkopplung im Bereich schwacher Kopplung.** J. M. Konarski. (Acta physica polon. **31** (1967) 1, 153–61; Isotopes Labor., Techn. School, Poznań; engl.) — Die Temp.-Abhängigkeit der Anregungssprungfrequenz zwischen Komponenten organ. Dimerer für den Fall schwacher Kopplung wird ber. u. der Einfl. der Kraftkonst. auf die Sprungfrequenz diskutiert. M. Wiedemann 432

1023 **VB-Variationsberechnungen der Proton–Spin–Spin-Kopplungen in Äthylen.** P. Chandra und P. T. Narasimhan. (Molecular Physics **12** (1967) 6, 523–27; Dep. of Chem., Indian Inst. of Technol., Kampur, Indien; engl.) W. Schramm 432

1024 **Anmerkung zur Berechnung der π-Elektronen-Polarisierbarkeit von aromatischen KW-Stoffen nach dem FE-Modell.** W. H. Eugen Schwarz. (J. Chim. physique Physico-Chim. biol. **64** (1967) 7–8, 1133–34; Inst. für Phys. Chem., Univ. Frankfurt/M.; engl.) — Vgl. Sen u. Basu, ibid. **63** (1966) 1277. W. Sobieski 432

1025 **Spin–Spin-Wechselwirkungen in Polyphenylen.** C. L. Gardner. (Canad. J. Chem. **45** (1967) 14, 1707–10; Labor. for Phys. Chem., Univ. of Amsterdam, Nederland; engl.) — Nach einer semiempir. Exzitonentheorie werden Berechnungen der Winkel zwischen den Ringen von *Biphenyl* u. *1.3.5-Triphenylbenzol* durchgeführt u. die Werte mit Elektronenbeugungsdaten verglichen. W. Sobieski 432

1026 **Wechselwirkung einer Methylgruppe mit einer Dreifachbindung. MO–SCF-Berechnung von Methylacetylen.** Marshall D. Newton und William N. Lipscomb. (J. Amer. chem. Soc. **89** (1967) **17**, 4261–67; Dep. of Chem., Harvard Univ., Cambridge, Mass.; engl.) — Ber. werden MO-Daten u. das Dipolmoment. W. Sobieski 432

1027 **Doppelt differentielle Neutronenwirkungsquerschnitte von Methan und Äthylen.** D. Bally, S. Todireanu, V. Trepădus und V. Tarină. (Physica [Utrecht] **33** (1967) 2, 523–27; Inst. de Fiz. Atom., București; engl.) — Die Abhängigkeit des doppelt differentiellen Neutronen-Wrkg.-Querschnitts vom Gasdruck u. der Auflösung des Spektrometers wird untersucht. M. Wiedemann 432

1028 **Elektron-gekoppelte Proton–Spin–Spin-Wechselwirkung in gesättigten KW-Stoff-Molekülen. 1. Mitt.** Eiko Hiroike. (J. physic. Soc. Japan **22** (1967) 2, 379–92; Chem. Res. Inst. of Non-Aqueous Solutions, Tohoku Univ., Sendai; engl.) — Theoret. Unters. von J_{HH}'-Daten u. einige MO des *Methan*-Mol. sind angegeben. W. Schramm 432

1029 **Wellenfunktionen für Äthylen in der SCF-Näherung.** P. Rajagopal. (Z. Naturforsch. **22a** (1967) 3, 295–98; Joseph E. Atkinson Coll., York Univ., Toronto, Canada; engl.) — Es werden SCF-Berechnungen an 8 ebenen Konfig. von C_2H_4 durchgeführt. W. Schramm 432

1030 **Der Iπ-Effekt und sein Einfluß auf die theoretische Bestimmung der Eigenschaften substituierter Benzole.** M. Godfrey. (J. chem. Soc. [London], Sect. B **1967**, 8, 799–802; Dep. of Chem., Univ., Hull; engl.) — Das Modell mit lokalisiertem Orbital zur Best. der Substituenteneffekte auf π-Elektronensyst. wird auf den induktiven Effekt erweitert. Damit werden Substituenteneffekte auf verschiedene spektrochem. u. kinet. Eig. von substituierten Benzolen (Literaturdaten) beschrieben. W. Sobieski 432

1031 **Beziehung zwischen der Aktivierungsenergie der Hydrierung von methylsubstituierten Äthylenen und der Stabilität ihrer π-Komplexe.** A. Andreev und D. Shopov. (Doklady bolgarskoj Akad. Nauk **20** (1967) 1, 49–52; Inst. of Organ. Chem., Bulgarian Acad. of Sci., Sofia; engl.) — Vgl. ibid. **19** (1966) 499. — Daten werden ber. nach dem Induktions- u. dem Hyperkonjugationsmodell von *Äthylen, Propylen, Buten-(2), 2-Methylpropen* u. *2.3-Dimethylbuten-(2)*. W. Sobieski 432

1032 **Elektronenwechselwirkungen in Molekülen. 2. Mitt. π-Elektronenstruktur einiger aromatischer KW-Stoffe und deren Derivate.** Kichisuke Nishimoto. (Theoret. chim. Acta [Berlin] **7** (1967) 3, 207–19; Dep. of Chem., Osaka City Univ., Sumiyoshi-ku, Osaka, Japan; engl.) — 1. vgl. ibid. **5** (1966) 74. — SCF-MO-Berechnungen werden an *Bzl.*, *Naphthalin, Anthracen, Phenanthren, Pyren, Coronen, Phenol, Anisol, Anilin, N.N-Dimethylanilin, Thiophenol, α-* u. *β-Naphthol* durchgeführt. W. Sobieski 432

1033 **Grundzustand von σ-gebundenen Molekülen. 2. Mitt. Spannungsenergien von Cyclopropanen und Cyclopropenen.** N. Colin Baird und Michael J. S. Dewar. (J. Amer. chem. Soc. **89** (1967) 16, 3966–70; Dep. of Chem., Univ. of Tex., Austin, Tex.; engl.) — 1. vgl. ibid. **89** (1967) 13, 3089; 3. vgl. C. **1968**, 37-0885. — Nach der l. c. beschriebenen SCF-MO-Meth. werden Atomisierungswärme, Spannungsenergie, Atomladung u. Energieniveaus von *Cyclopropan, cis-1.2-Dimethyl-**, *trans-1.2-Dimethyl-**, *Methylen-**, *Äthyliden-**, *2-Methylmethylen-**, *Dimethylen-**, *Trimethylencyclopropan, Bicyclo-[1.1.0]-butan, 1.3-Dimethylbicyclo-[1.1.0]-butan, Cyclopropen**, *1-Methyl-**, *1.2-Dimethyl-**, *3-Methyl-**, *Methylencyclopropen**, *Bicyclo-[1.1.0]-butadien, Spiropentan, Spiropentadien* u. *Tetrahedran* ber. sowie die Dipolmomente der mit * gek. Verbindungen. W. Sobieski 432

1034 **Streuung kalter Neutronen an molekularen Flüssigkeiten. 3. Mitt. Methan.** V. F. Sears. (Canad. J. Physics

45 (1967) 2, 237–54; Atomic Energ of Canada Ltd., Chalk River, Ontario; engl.) — 2. vgl. C. **1967**, 34-0021. — Beziehungen zwischen der Neutronenstreuung u. Raman- u. IR-Daten werden theoret. abgeleitet. Rotations-Relaxations- u. Verteilungsfunktionen von fl. *Methan* bei 98 °K sind angegeben. W. Schramm 432

1035 **Freie Elektron-Behandlung der Barriere der inneren Rotation von Äthan.** Millard H. Alexander. (J. chem. Physics **47** (1967) 7, 2423–32; Labor. de chim. Phys., Fac. des Sci., Orsay, France; engl.) — Die Berechnungen werden nach dem um die Ladungsverteilung freier Elektronen erweiterten Zylindermodell von Karplus u. Parr durchgeführt. W. Schramm 432

1036 **Elektronenstruktur von Molekülen. 3. Mitt. Wellenfunktion von Pyrrol im Grundzustand.** E. Clementi, H. Clementi und D. R. Davis. (J. chem. Physics **46** (1967) 12, 4725–30; IBM Res. Labor., San Jose, Calif.; engl.) — 2. vgl. C. **1969**, 9-0012. — Eine vollständige SCF-LCAO-MO-Wellenfunktion wird berechnet. W. Schramm 432

1037 **Elektronenstruktur von Molekülen. 4. Mitt. Gesamtelektronen-SCF-Wellenfunktion für den Grundzustand von Pyridin.** Enrico Clementi. (J. chem. Physics **46** (1967) 12, 4731–36; engl.) — 3. vgl. vorst. Referat. W. Schramm 432

1038 **Elektronenstruktur von Molekülen. 5. Mitt. Gesamtelektronen-SCF-Wellenfunktion für den Grundzustand von Pyrazin.** Enrico Clementi. (J. chem. Physics **46** (1967) 12, 4737–42; engl.) — 4. vgl. vorst. Referat. W. Schramm 432

1039 **σ-Polarisation in heterocyclischen 5-Ring-Systemen.** Waldemar Adam und Alec Grimison. (Theoret. chim. Acta [Berlin] **7** (1967) 4, 342–51; Dep. of Chem., Univ. of Puerto Rico, Rio Piedras, P.R.; engl.) — Die σ-, π- u. $(\sigma + \pi)$-Ladungsdichten werden von *Furan**, *Pyrrol**, *Imidazol**, *Pyrazol**, *1.2.3-* u. *1.2.4-Triazol**, *Oxazol*, *Isoxazol**, *1.2.3-*, *1.2.4-*, *1.2.5*-* u. *1.3.4-Oxadiazol* ber. sowie die chem. ^{1}H-Verschiebungen als Funktion der Gesamtelektronendichte dargestellt u. bez. der σ-Polarisation diskutiert. Außerdem sind die Dipolmomente (σ- u. π-Beitrag) der mit * gek. Verb. angegeben. W. Sobieski 432

1040 **n- und π-Ionisations-Potentiale von N-Heterocyclen aus der Ladungsübertragungsabsorption ihrer Komplexe.** M. Ashraf El-Bayoumi und Omar S. Khalil. (J. chem. Physics **47** (1967) 11, 4863–64; Chem. Dep., Fac. of Sci., Alexandra Univ., Ägypten; engl.) — Die Komplexe von *Acridin* u. *Phenazin* mit *Chloranil* u. J_2 werden untersucht. R. Kirchlechner 432

1041 **Berechnung der Elektronenstruktur von Zimtsäure nach der semiempirischen LCAO-SCF-Methode.** Kenichiro Nakamura und Shinichi Kikuchi. (Bull. chem. Soc. Japan **40** (1967) 5, 1027–30; Inst. of Indust. Sci., Univ. of Tokyo, Azabu, Minato-ku Tokyo; engl.) — Die Elektronenstruktur in Grund- u. angeregten Zuständen bei Photoisomerisierung u. -dimerisierung wird berechnet. W. Schramm 432

1042 **Konformative Beweglichkeit flexibler Ringsysteme. Untersuchungen mit Hilfe der Protonenresonanz-Spektroskopie. 7. Mitt. Experimentelle Unterscheidung von Version und Pseudorotation, zwei verschiedenen Möglichkeiten der konformativen Umwandlung des ungesättigten Siebenringes.** S. Kabuß, A. Lüttringhaus, H. Friebolin, H. G. Schmid und R. Mecke. (Tetrahedron Letters [London] **1966**, 719–26; Freiburg, Chem. Labor. der Univ.; dt.) — 8. vgl. C. **1967**, 27-0972. — Mit Hilfe der ^{1}H-NMR-Spektroskopie werden Konform.-Umwandlungen am *1.2-Benzo-3'.6'-dimethyl-4.5.6-trithia-*, *1.2-Benzo-4.5.6-trithia-* u. *1.2-Benzo-4.5-dithiacyclohepten-(1)* untersucht. Aus der Temp.-Abhängigkeit der Spektren (−65 bis 165°) konnte Version (Umklappen zwischen Sessel- u. Wannenform) u. Pseudorotation (Umwandlung von Wannen- in Twistform) des ungesätt. 7-Ringes experimentell unterschieden werden. Die dabei auftretenden Aktivierungsenthalpien u. -energien wurden bestimmt. B. I. 434△

1043 **Unterscheidung der cis–trans-Konfiguration von Trialkyläthylen-Isomeren mittels IR-Spektroskopie.** J. K. Clark. (Appl. Spectrocopy **22** (1968) 3, 204–05; The Goodyear Tire and Rubber Co., Akron, O.; engl.) — IR-Daten sind angegeben für *3-Methyl-cis-* u. *-trans-penten-(2)*, *3-Methyl-cis-* u. *-trans-hexen-(2)*, *3.4-Dimethyl-cis-* u. *-trans-penten-(2)*, *3-Methyl-cis-* u. *-trans-hexen-(3)*, *1-Methylcyclohexen*, *cis-1-Methylcycloocten*, *cis-* u. *trans-Polyisopren* sowie *Hevea* u. *Balata*. D. Schmitt 434

1044 **Spektroskopische und akustische Untersuchungen der Rotationsisomerie von 2.3-Dibrom-2.3-dimethylbutan.** P. J. D. Park und E. Wyn-Jones. (J. chem. Soc. [London], Sect. A **1968**, 9, 2064–67; Sir John Cass Coll., London; engl.) — Schwingungsspektren (IR u. Raman) der Titelverb. wurden aufgenommen u. die Banden auch bez. der Konform. zugeordnet; außerdem wird die Ultraschallabsorption gemessen u. daraus die Aktivierungsenergie der gauche-trans-Isomerisierung abgeschätzt. D. Schmitt 434

1045 **IR-Untersuchung der Rotationsisomerie in 1.2-Dijodtetrafluoräthan.** G. Serboli und B. Minasso. (Spectrochim. Acta [Oxford], Part A **24** (1968) 11, 1813–19; Montecatini Edison S.p.A., Centro Ric. di Bollate, Milano; engl.) — Die IR-Banden werden der trans- u. gauche-Form zugeordnet; die Energiedifferenz zwischen beiden Formen in der Dampfphase beträgt 1835 ± 100 cal/Mol. G. Pötzscher 434

1046 **Festsetzung der Konfiguration durch Kernresonanzspektroskopie. 3. Mitt. Tieftemperaturspektrum von Naphthodioxan und A_2B_2-Analyse von Naphthodioxan und 2.3-Diphenyl-1.4-dioxan.** Robert R. Fraser und C. Reyes-Zamora. (Canad. J. Chem. **45** (1967) 9, 1012 bis 1014; Dep. of Chem., Univ. of Ottawa, Ottawa; engl.) — 2. vgl. C. **1968**, 51/52-0770. — Aus dem 60- u. 100 MHz-NMR-Spektrum von Naphthodioxan (F. 138 bis 139°) in $CDCl_3$ zwischen −117 u. +30° u. von 2.3-Diphenyl-1.4-dioxan (F. 132–134°) in $CDCl_3$ wird die cis-Konfig. der vorst. Verb. bestätigt. W. Damerau 434△

1047 **Rotationsisomerie im Glycidaldeyd.** Detlef Wendisch. (Z. Naturforsch. **22b** (1967) 11, 1227–28; Farbenfabriken Bayer Akt.-Ges., Leverkusen, Ing.-Abt. Angew. Phys.; dt.) — Das NMR-Spektrum der Verb. zwischen 231,5–324,0 °K wird aufgenommen u. analysiert. W. Damerau 434△

1048 **Konformationsuntersuchungen an α-substituierten Ketonen durch Kernresonanz.** T. E. Gough, W. S. Lin und R. G. Woolford. (Canad. J. Chem. **45** (1967) 21, 2529–35; Dep. of Chem., Univ. of Waterloo, Waterloo, Ontario; engl.) — Es werden *Pentanon-(3)* sowie *2-Fluor-* (C_5H_9FO, Kp.$_{738}$ 105°), *2-Chlor-* (Kp.$_7$ 32–33°), *2-Brom-* (Kp.$_{13}$ 44–46°), *2-Jod-* (C_5H_9JO, Kp.$_8$ 60–62°), *2-Mercapto-* (Kp.$_{14}$ 56–57°), *2-Nitro-* (Kp.$_1$ 52–54°), *2-Phenyl-* (Kp.$_1$ 64–65°), *2-Methoxy-* (Kp. 134–136°) u. *2-Äthylpentanon-(3)* (Kp. 135–136°) untersucht. W. Damerau 434△

1049 **Stereochemische Zuordnungen von Benzocyclobutenyl-(1)-ketoximen.** Charles F. Barfknecht. (J. pharmac. Sci. **56** (1957) 10, 1364; Pocatello, Id., Id. State Univ., Coll. of Pharm.; engl.) — Durch dünnschichtchromatograph. Identifizierung der Hydrolyseprod. der bei der Beckmann-Umlagerung nachst. Benzocyclobutenyl-(1)-alkyl- bzw. -arylketoxime (**A**) gebildeten Säureamide wird eine Konfig.-Zuordnung der **A** (syn- bzw. anti-Stellung der OH-Gruppe relativ zur Alkyl- bzw. Arylgruppe) durchgeführt: *Benzocyclobutenyl-(1)-methyl-* (syn), *-phenyl-* (anti), *-n-butyl-* (syn), *-benzyl-* (syn) u. *-cyclohexylketoxim* (syn). G. O. Jäger 434△

1050 **Isomerie von Benzochinonoximen. 2. Mitt. Stereoisomerie und Tautomerie von 1.4-Benzochinonoximen.** Helmut Uffmann. (Z. Naturforsch. **22b** (1967) 5, 491–502; Hannover, Techn. Hochschule, Inst. für Organ. Chem.; dt.) — 1. vgl. Tetrahedron Letters [London] **38** (1966) 4631. — Die syn–anti-Isomerie bei 1.4-Benzochinonoximen (**A**) u. deren Methyläther (**B**) u. die **A**-Nitrosophenoltautomerie wird mittels NMR- (unterschiedliche magnet. Abschirmung für das syn- u. anti-H in Nachbarstellung zur Oximgruppe bzw. Äquivalenz der 3.5-H bei Nitrosophenolen) u. opt. Meth. (Messung der NO-Absorption bei ca. 750 nm) an folgenden Verb. untersucht: *2-Methoxycarbonyl-4-nitrosophenol, 4-Nitrosoanisol, 4-Nitrosophenol, 2.6-Dimethyl-, 2.6-Di-tert.-butyl-, 2-Methyl-, 2-Chlor-, 2-Methoxy-, 2-Chlor-6-methyl-, 3-Methyl-, 3-Methoxy-, 3-Chlor-, 3-Methyl-6-tert.-butyl-, 3-Methyl-6-isopropyl-, 2.3.6-Trimethyl-, 3-tert.-Butyl-, 3-Methoxycarbonyl-, 2-Chlor-5-methyl-, 2-Methyl-5-chlor-, 2.6-Dichlor-3-methyl-, 3-Carboxy-* u. *3.5-Dimethyl-1.4-benzochinonoxim, 3-Methyl-, 2-Methyl- 3-Methyl-6-isopropyl-, 3-Methoxycarbonyl-, 3.5-Dimethyl-, syn-* u. *anti-2-Chlor-, syn-* u. *anti-2-Chlor-6-methyl-1.4-benzochinonoximmethyläther* u. *1.4-Benzochinon-4-oximmethyläther.*

G. O. Jäger 434△

1051 **Durch Protonenresonanz nachgewiesene Konformation und innere Rotation von nitroaromatischen Aminen in Lösung.** 2. Mitt. **Polynitroacetanilide.** J. A. Weil, A. Blum, A. H. Hiess und J. K. Kinnaird. (J. chem. Physics **46** (1967) 8, 3132—44; Chem. Div., Argonne Nat. Labor., Argonne, Ill.; engl.) — 1. vgl. C. **1966**, 19-0759. — Die NMR-Spektren von *N-Acetyl-N-methyl-2.4.6-trinitroanilin* (**I**; F. 129°), $D_{3(Acetyl)}$-**I** (F. 129°), *N-Acetyl-N-methyl-2.4-dinitroanilin* (**II**; F. 77—78°), *N-Acetyl-N-methyl-2.6-dinitroanilin* (**III**; F. 125°), *N-Acetyl-2.4-dinitroanilin* (F. 121°), *N-Acetyl-2.4.6-trinitroanilin* (F. 238,5°), *N-Methyl-2.4.6-trinitroanilin* (F. 117°), *2.4-Dinitroanilin, N-Methyl-2.4-dinitroanilin, N.N-Dimethyl-2.4-dinitroanilin, 2.4.6-Trinitroanilin* u. *N.N-Dimethyl-2.4.6-trinitroanilin* werden in D_8-Dioxan-(1.4) u. von **I** außerdem in Essigsäure, Py., D_6-Aceton, Bzl. u. CH_2Cl_2 aufgenommen. Die Verb. liegen bei Zimmertemp. in zwei verschiedenen echten Konform. vor. Für **I**, **II** u. **III** werden die Gleichgew.-Konst. dieses Konform.-Gleichgew. sowie die Enthalpie u. Entropie der Isomerisierung u. die Aktivierungsenergie bestimmt. W. Damerau 434△

1052 **Konfiguration von 4.6-O-verknüpften Ketalen der Brenztraubensäure mit D-Galaktose in Polysacchariden aus Bakterien und Algen.** P. A. J. Gorin und T. Ishikawa. (Canad. J. Chem. **45** (1967) 521—32; Nat. Res. Council of Canada, Saskatoon, Saskatchewan; engl.) — Ausgehend von α-D-Methylglucopyranosid werden 2 stereoisomere *4.6-O-[Hydroxyisopropyliden]-α-D-methylglucopyranoside* (**II** bzw. **III**; äquatoriale bzw. axiale Hydroxymethylgruppe, F. der Tris-p-nitrobenzoate 193—198° bzw. 175°) synthetisiert. Die Konfig. an der Ketalgruppierung ist durch Smith-Abbau von **II** zu *1.3-O-[Hydroxyisopropyliden]-L-erythrit* (**IV**) sichergestellt. **IV** wird auf unabhängigem Wege aus *2.8-Anhydro-1-desoxy-D-glycero-β-D-gulooctulopyranose* dargestellt. Zwei isomere *4.6-O-[Hydroxyisopropyliden]-α-D-galaktopyranoside* (**VI** bzw. **VII**; äquatoriale bzw. axiale Hydroxymethylgruppe, F. 141—142° bzw. 140—141°) werden aus *2.3-Di-O-acetyl-4.6-O-benzyliden-α-D-methylgalaktopyranosid* hergestellt u. die Konfig. an der Ketalgruppierung durch Vgl. der Molrotationen der isomeren *4.6-O-[1-Methoxycarbonyläthyliden]-α-D-methylgalaktopyranoside* axiale bzw. äquatoriale C-Methylgruppe) u. *-α-D-methylglucopyranoside* (F. 63—68°; axiale bzw. äquatoriale C-Methylgruppe) bestimmt. Außerdem werden die H-Brückenbindungscharakteristika der aus **VI** bzw. **VII** dargestellten *4.6-O-[Hydroxyisopropyliden]-2.3-di-O-methyl-α-D-methylgalaktopyranoside* (F. 103—106°) mit denen der aus **II** bzw. **III** erhaltenen entsprechenden *α-D-Methylglucopyranoside* (F. 78—81°) verglichen. Durch Überführung von 4.6-O-[1-Carboxyäthyliden]-D-galaktose (F. 101—102°) — einem Hydrolyseprod. der Polysaccharide aus *Corynebacterium insidiorum* u. *Difco-Agar* — in **VII**, können Vf. zeigen, daß die Naturprod. eines äquatoriale C-Methylketalgruppierung besitzen. G. O. Jäger 434△

1053 **Hydroborierung von Terpenen. 3. Mitt. Isomerisierung von (+)-3-Caren zu (+)-2-Caren. Hydroborierung von (+)-2-Caren (Δ^4-Caren). NMR-Spektren mit absoluter Konfigurations- und Konformationszuordnung der 2-Caranole und 2-Caranone.** Shrinivas P. Acharya und Herbert C. Brown. (J. Amer. chem. Soc. **89** (1967) 8, 1925—32; Purdue Univ., Lafaytte, Ind.; engl.) — 2. vgl. C. **1967**, 40-1087. — (+)-3-Caren (**I**) isomerisiert unter Einfl. von tert.-C_4H_9OK in DMSO zu einem Gleichgew.-Gemisch aus 40% *(+)-2-Caren* (**II**) u. 60% **I**. Die gleiche Rk. wird durch $NH_2(CH_2)_2NHLi$ hervorgerufen, wobei allerdings *m-* u. *p-Cymen* als Nebenprod. entstehen. **II** liefert beim Hydroborieren u. anschließender Ox. *(—)-2-Isocaranol* (**III**), das mit CrO_3 zu *(—)-2-Isocaranon* (**IV**) ox. wird. **IV** epimerisiert in Ggw. von Basen zu einem Gleichgew.-Gemisch mit 83% *(—)-2-Caranon* (**V**). Durch Vgl. der opt. Eig. von **IV** u. **V** mit denen der Rk.-Prod. von (—)-Dihydrocarvon werden die abs. Konfig. von **I**, **II**, **IV** u. **V** sowie den weiteren Deriv. zugeordnet. Red. von **V** mit $LiAl(CH_3O)_3H$ liefert 96% *(+)-2-Neoisocaranol* u. 4% **III**, während aus **V** u. $(iso\text{-}C_3H_7O)_3Al$ bzw. $LiAlH_4$ u. $LiAl(CH_3O)_3H$ *(—)-2-Caranol* (**VI**) u. *2-Neocaranol* (**VII**) im Verhältnis 21 : 79 bzw. 88 : 12 gebildet werden. Unters. der NMR-Spektren von **III**—**VII** zeigt, daß bei $LiAlH_4$-Red. von **V** hauptsächlich **VI** entsteht u. nicht **VII**. **I** sowie **II** ergeben an BH_3^--red. Pt-Katalysator *cis-Caran*, während *trans-Caran* bei Huang-Minlon-Red. aus **V** entsteht. Die Carane lassen sich mittels GLC u. NMR-Spektrum unterscheiden.

Versuche: *(+)-3-Caren* (**I**), $Kp._{745}$ 170—171°; $[\alpha]_D^{28,5}$ +13,51°. — *(+)-2-Caren* (**II**), $Kp._{24}$ 60—61°, aus **I** u. t-C_4H_9OK in DMSO u. 100° u. präp. GLC; $[\alpha]_D^{28,5}$ +76,36°. — *(—)-2-Isocaranol* (**III**), $C_{10}H_{18}O$, $Kp._2$ 71 bis 72°, aus **II** u. Diboran in THF unter N_2 u. Ox. mit alkal. H_2O_2; $[\alpha]_D^{26}$ —35° (c = 8 in CCl_4); $[\alpha]_D^{26}$ —30,23° (pur); 84% (Ausb.). *p-Nitrobenzoat* (NB), $C_{17}H_{21}NO_4$, F. 86,5—87°; $[\alpha]_D^{27}$ 0° (c = 14,6 in CCl_4); 95%. — *(—)-2-Isocaranon* (**IV**), $C_{10}H_{16}O$, $Kp._{1,5}$ 63—65°, aus **III** durch Ox. mit CrO_3 bei 0°; $[\alpha]_D^{26}$ —62,05° (pur); 88%. *p-Tosylsulfonylhydrazon* (*TSH*), $C_{17}H_{24}N_2SO_2$, F. 114—115°; $[\alpha]_D^{24}$ —43,6° (c = 7,2 in CH_3OH); 78%. — *(—)-2-Caranon* (**V**), $C_{10}H_{16}O$, $Kp._{1,5}$ 65—66°, durch Epimerisieren aus **IV** in A./C_2H_5ONa u. GLC; $[\alpha]_D^{26}$ —160,05° (pur);. *TSH*, $C_{17}H_{24}N_2SO_2$, F. 114—115°; $[\alpha]_D^{24}$ —189,3° (c = 7,5 in CH_3OH); 72%. — *(+)-2-Neoisocaranol*, $C_{10}H_{18}O$, $Kp._1$ 63—64°, aus **IV** u. $LiAl(CH_3O)_3H$ in THF u. GLC; $[\alpha]_D^{28}$ +86,31° (pur); 88%; daneben etwas **III**. *NB*, $C_{17}H_{21}NO_4$, F. 55,6—56°; $[\alpha]_D^{26}$ —128,41° (c = 7,72 in CCl_4). — *(—)-2-Caranol* (**VI**), $C_{10}H_{16}O$, $Kp._1$ 65°, aus **V** nach vorst. Meth.; $[\alpha]_D^{26}$ —60,90° (pur); daneben **VII**. *NB*, $C_{17}H_{21}NO_4$, F. 109,5—110°; $[\alpha]_D^{26}$ —99,8° (c = 16,54 in CCl_4). — *(—)-cis-Caran*, $Kp._{24}$ 58°, durch Hydroborieren u. Protonolyse aus **I**; $[\alpha]_D$ —17,8° (c = 2,92 in Bzl.). — *(+)-trans-Caran*, $Kp._{35}$ 78°, aus **V**, $N_2H_4 \cdot H_2O$, KOH u. Diäthylenglykol bei 135°; $[\alpha]_D^{24,2}$ +55,3°.

G. Kirsten 434△

1054 **Hydroborierung von Terpenen.** 4. Mitt. **Hydroborierung von (+)-3-Caren (Δ^3-Caren). Konfigurationszuordnung der 4-Caranole und 4-Caranone. Eine ungewöhnliche Stabilität von 4-Isocaranon mit cis-Abhängigkeit der Methyl -und gem.-Dimethylgruppen.** Herbert C. Brown und Akira Suzuki. (J. Amer. chem. Soc. **89** (1967) 8, 1933—41; engl.) — 3. vgl. vorst. Referat. — Bei Hydroborierung u. Protonolyse von (+)-3-Caren (**I**) entsteht *cis-Caran* (**V**). Da die Hydroborierung auf der der gem.-Dimethylgruppe gegenüberliegenden Seite erfolgt, ist das Ox.-Prod. von hydroboriertem **I** *(—)-4-Isocaranol* (**II**). **II** liefert bei CrO_3-Ox. in Diäthyläther *(—)-4-Isocaranon* (**III**), das sich mit $LiAl(CH_3O)_3H$ zu *(+)-4-Neoisocaranol* reduzieren läßt. Im Gegensatz zu den entsprechenden Ketonen der α-Pinen- u. 2-Carenreihe (vgl. l. c.) läßt sich **III**, das eine cis-Abhängigkeit der 3-Methyl- u. gem.-Dimethylgruppen aufweist, nur in geringem Ausmaß (10%) durch Basen zu *(—)-4-Caranon* (**IV**) epimerisieren. Die NMR-Spektren der untersuchten Ketone, Alkohole u. Epoxide werden analysiert u. bestätigen die vorgeschlagenen neuen Konform.-Zuordnungen. Ähnliche Schlußfolgerungen ergeben sich aus dem Vgl. der Ox.-Geschw. der 4-Caranole.

Versuche: *(—)-4-Isocaranol* (**II**), $C_{10}H_{18}O$, $Kp._{35}$ 89—90°, aus **I** u. Diboran in THF bei 0° u. anschließender Ox. mit alkal. H_2O_2; $[\alpha]_D^{20}$ —69,1°. *3.5-Dinitrobenzoat*, $C_{17}H_{20}N_2O_6$, F. 130—131,5° (A.); $[\alpha]_D^{25}$ —75,05°. *p-Nitrobenzoat*, $C_{17}H_{21}NO_4$, F. 68,5—69,5° (CH_3OH/W.). *Hydrogenphthalat*, $C_{18}H_{22}O_4$, F. 161—162° (CH_3OH). *Tosylat*, $C_{17}H_{24}O_3S$, F. 54—55° (PAe.); Zers. bei Zimmertemperatur. — *α-(+)-3.4-Epoxycaran*, $C_{10}H_{16}O$, $Kp._{23}$ 92 bis 93°, aus **I** u. m-Chlorperbenzoesäure in Chlf.; $[\alpha]_D^{25,5}$

+ 13,35°; 84,9% (Ausb.). — (—)-*4-Isocaranon* (III), $C_{10}H_{16}O$, Kp.$_{5,3}$ 80—81°, a) aus II durch Ox. mit CrO_3 in Ae.; 82,9%; b) durch Sieden aus vorst. Epoxid u. Na in Bzl.; 57,8%; $[\alpha]_D^{20}$ —152,5°; $[\alpha]_D^{26}$ —140,6° (c = 4,5 in Chlf.). *Semicarbazon*, $C_{11}H_{19}N_3O$, F. 208 bis 209°; $[\alpha]_D$ —90,22°. *2.4-Dinitrophenylhydrazon*, $C_{16}H_{20}N_4O_4$, F. 160—162°. *p-Tolylsulfonylhydrazon*, $C_{17} \cdot H_{24}N_2O_2S$, F. 133° ($CH_3OH$). — (+)-*4-Neoisocaranol*, Kp.$_2$ 67°, aus III durch Red. mit $LiAl(CH_3O)_3H$ in THF u. GLC; $[\alpha]_D^{20}$ + 36,29°; daneben II im Verhältnis 79:21. *3.5-Dinitrobenzoat*, $C_{17}H_{20}N_2O_6$, F. 104—105,5° (wss. A.); $[\alpha]_D$ + 3,51°. *p-Nitrobenzoat*, $C_{17}H_{21}NO_4$, F. 78—79,5°. *Tosylat*, $C_{17}H_{24}O_3S$, F. 39—42° (PAe.). — (+)-*4-Caranol*, $C_{10}H_{18}O$, F. 42,5—43,5°, a) durch Hydrieren aus β-(—)-3.4-Epoxycaran an Raney-Ni bei 100°/115 atm; b) durch Hydrolyse aus dem Hydrogenphthalat; $[\alpha]_D^{20}$ + 65,4°. *Hydrogenphthalat*, $C_{18}H_{22}O_4$, F. 128—129° (CH_3OH/PAe.). — (—)-*4-Caranon* (IV), $C_{10}H_{16}O$, aus vorst. Verb. durch Ox. mit CrO_3; $[\alpha]_D^{20}$ —88°. — (—)-*cis-4-Caren*, aus dem Tosylat von II u. tert.-C_4H_9OK in tert.-Butanol bei 80°; $[\alpha]_D^{29,7}$ —141,75° (c = 4 in Chlf.); daneben I. — (—)-*cis-Caran* (V), a) aus I u. $NaBH_4$ in Diglyme u. BF_3; b) durch Hydrieren von I; 94%; c) durch Red. aus dem p-Tolylsulfonylhydrazon von III mit $NaBH_4$ in Dioxan; 23%; $[\alpha]_D$ —17,8° (c = 2,92 in Bzl.). — *4-Acetoxy-3-caren* u. *-cis-4-caren* (Gemisch im Verhältnis 49 : 51), $C_{12}H_{18}O_2$, durch Sieden aus III, Isopropenylacetat u. p-Toluolsulfonsäure; $[\alpha]_D^{32,4}$ — 27,0°. G. Kirsten 434△

1055 **Stereochemie von Oxindolalkaloiden: Uncarin A, B (Formosanin), C (Pteropodin), D (Speziophyllin), E (Isopteropodin) und F.** A. F. Beecham, N. K. Hart, S. R. Jones und J. A. Lamberton. (Austral. J. Chem. 21 (1968) 2, 491—504; Melbourne, CSIRO Chem. Res. Labor., Div. of Chem. Phys.; engl.) — Durch Analyse der NMR- u. CD-Spektren sowie auf Grund der bei Äquilibrierungsrk. erhaltenen Ergebnissen wird für die 6 aus Uncariaarten isolierten stereoisomeren *Uncarine* die Konfig.-Zuordnung an den 5 Asymmetriezentren getroffen. Partialsynth. von Uncarin C, D, E u. F aus Tetrahydroalstonin steht in Übereinstimmung mit der stereochem. Zuordnung der Ringe D u. E. Vgl. der Spektren von Uncarin C, D, E, F, *Mitraphyllin* (VIII) u. *Isomitraphyllin* (IX) mit denen von Uncarin A (I) u. B (II) zeigt, daß in I u. II die Ringe C u. D trans-verknüpft sind. I bzw. II sind C-19-Epimere von IX bzw. VIII. G. O. Jäger 434△

1056 **Beugung des Lichts und Gangumkehr der cholesterischen Mesophase von drei flüssigen Kristallen.** Georges Durand. (C. R. hebd. Séances Acad. Sci., Sér. A et B 264 (1967) 17, B1251—B1253; Cambridge, Mass., Harvard Univ., Labor. Gordon McKay; franz.) — Vf. untersuchten die Beugungsdiagramme von *Cholesteryl-[2-(2-äthoxyäthoxy)-äthyl]-carbonat*, *-[2-(2-butoxyäthoxy)-äthyl]-carbonat* u. *-[2-(2-methoxyäthoxy)-äthyl]-carbonat* in monochromat. Licht von 6328 Å. C. Gottfried 436△

1057 **Kristallstruktur von Anti-Tuberkulose-Verbindungen. 1. Mitt. Kristallstruktur von Äthionamidhydrochlorid.** J. C. Colleter und M. Gadret. (Acta crystallogr. [Copenhagen], Sect. B 24 (1968) 4, 513—19; Labor. de Crist., Fac. de Méd. et de Pharm., Bordeaux; franz.) W. Senf 438△

1058 **Kristallstruktur von Anti-Tuberkulose-Verbindungen. 2. Mitt. Kristallstruktur von Äthionamidhydrobromid und Vergleich mit der von Äthionamidhydrochlorid.** J. C. Colleter und M. Gadret. (Acta crystallogr. [Copenhagen], Sect. B 24 (1968) 4, 519—25; franz.) — 1. vgl. vorst. Referat. W. Senf 438△

1059 **Diphenylamino-Radikal-Dimeres.** Douwe A. Wiersma und Jan Kommandeur. (Molecular Physics 13 (1967) 3, 241—52; Groningen, Netherlands, Univ., Labor. for Phys. Chem.; engl.) — ESR-Messungen der Photodissoziation von *Tetraphenylhydrazin* in fester EPA-Lsg. bei 77 °K ergeben als Hauptprod. der Dissoziation das Dimere des Diphenylaminoradikals. Die Zuordnung wird durch Messungen des Halbfeldsignals u. Computersimulierung der ESR-Spektren in fester Lsg. bestätigt. Die Elektronenspektren des Radikaldimeren u. ihre Interpretation an Hand von SCMO-Berechnungen werden angegeben. H. Pehlmann 439

1060 **Konformation und Reaktion von in bestrahltem cis- und trans-Cyclohexandiol-(1.2) eingefangenen stereoisomeren Radikalen.** Tadayuki Ohmae, Hiroshi Sakurai, Shunichi Ohnishi, Keiji Kuwata und Isamu Nitta. (J. chem. Physics 46 (1967) 5, 1865—69; Inst. of Sci. and Ind. Res., Osaka Univ., Kigashisaakayama-cho, Sakai, Osaka, Japan; engl.) — Aus ESR-Messungen folgt, daß zwei isomere Radikale gebildet werden, die beim Erwärmen in *Cyclohexanon-(2)*- bzw. in *2-Hydroxycyclohexanon-(6)*-Radikale umgelagert werden. Außerdem werden die ESR-Spektren der elektronenbestrahlten *cis-* u. *trans-Cyclohexandiole-(1.3)* u. *-(1.4)* gemessen u. diskutiert. S. Lampenscherf 439

B-4. Phasengleichgewichte, chemische Gleichgewichte und ihre Energetik

1061 **Messung der Glasübergangstemperatur einfacher Flüssigkeiten.** M. R. Carpenter, D. B. Davies und A. J. Matheson. (J. chem. Physics 46 (1967) 7, 2451—54; Colchester, England, Univ. of Essex, Dep. of Chem.; engl.) — Durch Differentialthermoanalyse werden die Übergangstemp. T_g zwischen glasartiger u. fl. Phase von *cis-* u. *trans-Penten-(2)* u. *-(1)*, *trans-Hexen-(2)* u. *-(1)*, *cis-Hepten-(2)* u. *-(1)*, *cis-Octen-(2)*, *Methyl-*, *Äthyl-*, *Isopropyl-*, *n-Butyl-*, *sek.-Butyl-*, *n-Pentyl-* u. *n-Hexylcyclohexan*, *Isobutylchlorid*, *Isoamylbromid*, *tert.-Butylbenzol*, *n-Propanol*, *Glycerin* u. *A.* bestimmt u. mit aus Viskositätsmessungen ber. Werten verglichen. B. I. 452△

1062 **Übergang in den glasigen Zustand von o-Terphenyl.** R. J. Greet und D. Turnbull. (J. chem. Physics 46 (1967) 4, 1243—51; Div. of Engng. and Appl. Phys., Harvard Univ., Cambridge, Mass.; engl.) — Volumetr. u. therm. Messungen von unterkühltem fl. o-Terphenyl zeigen, daß bei ca. —30° ein Übergang in den glasigen Zustand stattfindet. Bestimmt wurde die Temp.-Abhängigkeit der Viskosität der unterkühlten Fl. im Bereich —16 bis + 20°, des spezif. Vol. im kondensierten Zustand bei 1 atm u. zwischen —50 u. + 60°, der Mol-Wärme zwischen 210 u. 320 °K, der isothermen Vol.-Relaxationszeit, der scheinbaren Aktivierungsenergie des viskosen Fließens sowie der Geschw. der Kristallisationsfront. W. Wesly 452

1063 **Dampfkondensation in einem Stoßwellenzylinder; Kondensationskoeffizient für sek.-Butylalkohol.** Paul A. Kicska und Wesley R. Smith. (J. chem. Physics 47 (1967) 4, 1418—27; King of Prussia, Pa., Gen. Electr. Co.; engl.) — Es werden Geschw.-Verteilung u. Gleichgew.-Kondens.-Koeff. bestimmt. Die Temp. der fl.-gasf.-Grenzschicht betragen 25—50°. B. I. 452△

1064 **Trimethylacetonitril. Tieftemperatur-Mol-Wärme, Dampfdruck und chemische Thermodynamik der kristallinen, flüssigen und gasförmigen Phase.** Edgar F. Westrum jun. und Aaron Ribner. (J. physic. Chem. 71 (1967) 5, 1216—24; Dep. of Chem., Univ. of Mich., Ann Arbor, Mich.; engl.) — Es werden adiabat. kalorimetr. Messungen zwischen 5 u. 350 °K sowie vergleichsweise Berechnungen mittels IR- u. Raman-Daten ausgeführt. Auf Grund der Unters.-Ergebnisse existiert die Titelverb. als plast.-krist. Phase. J. Eliassaf 452

1065 **Dimethylmalondinitril. Tieftemperatur-Mol-Wärme Dampfdruck, Dichte und chemische Thermodynamik der kristallinen, flüssigen und gasförmigen Phase.** Aaron Ribner und Edgar F. Westrum jun. (J. physic. Chem. 71 (1967) 5, 1208—15; Dep. of Chem., Univ. of Mich., Ann Arbor, Mich.; engl.) — Vf. führen adiabat. kalorimetr. Messungen zwischen 5 u. 350 °K sowie zum Vgl. Berechnungen auf Grund von IR- u. Raman-Daten durch. Der Mechanismus der Umwandlung in plast. Krist. wird diskutiert. J. Eliassaf 452

1066 **Ordnung und Fließen von flüssigen Kristallen. 8. Mitt. Umwandlungswärmen von Cholesterinestern durch Differentialkalorimetrie.** Edward M. Barrall II, Roger S. Porter und Julian F. Johnson. (J. physic.

Chem. 71 (1967) 5, 1224–28; Chevron Res. Co., Richmond, Calif.; engl.) — 7. vgl. C. **1968,** 25-0964. — Vf. bestimmen die Umwandlungswärmen, die zur Überführung von der festen Phase in die entsprechenden mesomorphen Formen u. von diesen in die isotrope fl. Phase bzw. umgekehrt nötig sind für folgende Cholesterylester: *Ameisensäure-*, *Essigsäure-*, *n-Propionsäure-*, *n-Heptansäure-*, *n-Nonansäure-*, *n-Decansäure-*, *Myristinsäure-*, *Palmitinsäure-* u. *Stearinsäure-*. Die zugehörigen Umwandlungstemp. sind tabelliert. Es treten bisher nicht bekannte, von den Kristallisationsbedingungen abhängige feste Phasen auf. J. Eliassaf 452

1067 **Bestimmung der Aktivitätskoeffizienten von Methanol und Äthanol in Benzollösungen mittels Gaschromatographie.** Peter Pollak und G. C. B. Cave. (Canad. J. Chem. 45 (1968) 24, 3089–95; Montreal, Quebec, McGill Univ., Dep. of Chem.; engl.) — Es werden die Dampfkonz. von Methanol u. A. über Bzl.-Lsg. bei 25° mittels einer neuen gaschromatograph. App. gemessen u. die Aktivitätskoeff. bestimmt. H. Pehlmann 454

1068 **Verteilungskoeffizienten einiger konjugierter Heteroverbindungen im System Cyclohexan–Wasser.** C.-E. Lough, R. F. Silver und F. K. McClusky. (Canad. J. Chem. 46 (1968) 11, 1943–44; Chem. Sect., Defence Res. Establ. Suffield, Ralston, Alberta; engl.) — Unter Verw. der Koeff. von 160 Verb. (Literaturangaben) werden die π-Substituentenkonst. u. π-Wechselwrkg.-Konst. einiger funktioneller Gruppen bestimmt. D. Strauch 454

1069 **Voraussage quaternärer Flüssigkeitsgleichgewichte.** Robert W. Riebling und James J. Conti. (Ind. Engng. Chem., Fundamentals 6 (1967) 3, 364–70; Jet Propuls. Labor., Calif. Inst. of Technol., Pasadena, Calif.; engl.) — An den 2 Syst. *Py.–Toluol–W.–A.* u. *Aceton–Chlf.–W.–Ameisensäure* bei 25° wurden durch Titration auf Trübung die Binodalflächen u. durch Best. von 3 oder 4 Komponenten der im Entmischungsgebiet erzeugten wasserreichen Phasen 41 bzw. 52 Konoden ermittelt. Geprüft wurde außerdem die 1942 von Hunter angegebene Meth. für quatern. Syst. mit 2 tern. Systemen. U. v. Weber 454

1070 **Extraktion von Tetraheptylammoniumfluorid und Solvatation des Fluoridions.** D. J. Turner, A. Beck und R. M. Diamond. (J. physic. Chem. 72 (1968) 8, 2831 bis 2837; Lawrence Radiat. Labor., Univ. of Calif., Berkeley, Calif.; engl.) — Die Vers. wurden in Lsg. von Alkoholen u. Phenolen in Toluol durchgeführt. D. Strauch 454

1071 **Phasengleichgewicht und Oberflächenspannung. System: Äthylenglykol–Essigsäure–Äthylacetat.** Aluf Orell. (J. chem. Engng. Data 12 (1967) 1, 1–4; Dep. of Chem. Engng., Technion-Israel Inst. of Technol., Haifa, Israel; engl.) — Das Phasendiagramm u. die Oberflächenspannung des tern. Syst. wird bei 25° für Essigsäurekonz. $< 5{,}2$ Gew.-% bestimmt. B. I. 454△

1072 **Monoschichten auf Wasser.** 1. Mitt. **Eine theoretische Gleichung für den expandierten flüssigen Zustand.** Tennyson Smith. (J. Colloid Interface Sci. 23 (1967) 1, 27–35; North Amer. Aviat. Sci. Center, Thousand Oaks, Calif.; engl.) — 2. vgl. C. **1968,** 28-0653. — Für den expandierten fl. Zustand von Monoschichten von Fettsäuren auf W. wurde eine theoret. Gleichung entwickelt. Die Gleichung wird an experimentellen Daten folgender Säuren geprüft: *Nonadecan-*, *Behen-*, *Heneikosan-*, *Trikosan-*, *Stearin-*, *Arachidin-*, *Heptadecan-*, *Palmitin-*, *Nervon-*, *cis-Eikosen-(5)-*, *Palmitolein-*, *Öl-*, *Eruca-*, *Linol-* u. *Linolensäure*. G. Malow 456

1073 **Oberflächenspannung, kritische Oberflächenspannung und Temperaturkoeffizient der Oberflächenspannung von Polytetrafluoräthylen.** R. H. Dettre und R. E. Johnson jun. (J. physic. Chem. 71 (1967) 5, 1529–31; Wilmington, Del., E. I. du Pont de Nemours & Co., Inc.; engl.) — Es wird ein Polyfluoräthylen der durchschnittlichen Zus. $C_{21}F_{44}$ bei 39–120° untersucht. K. Dorfner 456

1074 **Filmdruck–Flächen-Isothermen von Monoschichten von Diäthylen- und Triäthylenglykolmonooctadecyläther und von Diäthylenglykolmonodokosyläther auf Wasser.** R. N. Shukla, M. K. Gharpurey und A. B. Biswas. (J. Colloid Interface Sci. 23 (1967) 1, 1–8; Nat. Chem. Labor., Poona-8, India; engl.) — Im Temp.-Bereich von 15–35° bildet die C_{18}-Verb. Filme des ausgedehnten Typs, $C_{22}-(OC_2H_4)_2OH$ kondensierte Filme. Auch bei Filmdrücken von 40 dyn/cm zeigte keine der Verb. die Anwesenheit einer festen Phase. Die Fläche bei der Null-Kompression für den L_c-Zustand beträgt $\approx 27-28$ Å² für $C_{18}-$ u. $C_{22}-(OC_2H_4)_2OH$ u. ≈ 33 Å² für $C_{18}-(OC_2H_4)_3OH$. G. Malow 456

1075 **Genaue Abschätzung der Gleichgewichte bei Molekülkomplexen mittels der Methode der kleinsten Quadrate.** 1. Mitt. **Die Benutzung von spektrophotometrischen Daten bei Einfachintermolekularkomplexen.** W. E. Wentworth, Walter Hirsch und Edward Chen. (J. physic. Chem. 71 (1967) 2, 218–31; Univ. of Houston, Houston, Tex.; engl.) — Die Meth. wird für 1 : 1-Mol.-Komplexe beschrieben, als Beispiele sind angegeben *Phenol–Triäthylamin* u. *Trinitrobenzol–Benzol*. S. Lampenscherf 458

1076 **Untersuchung von Ladungsübertragungskomplexen.** 5. Mitt. **Komplexe von Tetracyanäthylen mit trans-Stilben und verwandten Verbindungen.** Taku Matsuo und Hiroshi Aiga. (Bull. chem. Soc. Japan 41 (1968) 2, 271–74; Hakozaki, Fukuoka, Kyushu Univ., Fac. of Engng., Dep. of Organ. Synth.; engl.) — Die Absorptionsspektren der Ladungsübertragungskomplexe von *Tetracyanäthylen* mit *cis-* u. *trans-Stilben*, *trans-α-Methyl-*, *trans-2-*, *-3-*, *-4-Methyl-*, *trans-α.α'-*, *trans-4.4'-Dimethyl-*, *trans-4-Methoxy-*, *trans-4.4'-Dimethoxy-*, *trans-4.4'-Dibrom-* u. *trans-4.4'-Diacetoxystilben*, *Styrol* u. *trans-α.ω-Diphenylbutadien* werden untersucht. B. I. 458△

1077 **Untersuchung von Ladungsübertragungskomplexen.** 6. Mitt. **Schwache Ladungsübertragungskomplexe.** Taku Matsuo und Osamu Higuchi. (Bull. chem. Soc. Japan 41 (1968) 2, 518–19; engl.) — 7. vgl. C. **1969,** 1-1012; 5. vgl. vorst. Referat. — Die Anwendbarkeit der Benesi-Hildebrand-Gleichung zur Best. von Gleichgew.-Konst. schwacher Ladungsübertragungskomplexe wird diskutiert. Mit Hilfe der Komplexe von *p-Methylanisol* bzw. *tert.-Butyl-p-tolyläther* u. *Tetracyanäthylen* wird gezeigt, daß die bisherigen Modellvorstellungen für schwache Komplexe revidiert werden müssen. B. I. 458△

1078 **Untersuchung der Micellstruktur durch ¹⁹F-NMR.** 1. Mitt. **Natrium-10.10.10-Trifluorcaprinat und verwandte Verbindungen.** Norbert Muller und Ronald H. Birkhahn. (J. physic. Chem. 71 (1967) 4, 957–62; Dep. of Chem., Purdue Univ., Lafayette, Ind.; engl.) — Durch Umsetzung von n-Alkandicarbonsäuren mit SF_4 (erhöhter Druck u. Temp.) können ω.ω.ω-Trifluoralkansäurefluoride (A) neben α.α.ω.ω.ω-Hexafluoralkanen erhalten werden. Auf diesem Wege werden (über A) *10.10.10-Trifluorcaprin-* (**I**, F. 39°), *12.12.12-Trifluorlaurin-* (**II**, F. 49°) u. *13.13.13-Trifluortridecansäure* (**III**, F. 42°) sowie *1.1.1.10.10.10-Hexafluordecan* (**IV**, $Kp._2$ 34°), *1.1.1.9.9.9-Hexafluornonan* ($Kp._2$ 28°) u. *1.1.1.12.12.12-Hexafluordodecan* ($Kp._2$ 58°) hergestellt u. die chem. Verschiebungen der ¹⁹F-NMR-Spektren der *Na-* bzw. *K-Salze* von **I**, **II** u. **III** in W., D_2O u./oder A. sowie von **IV** in A. u. anderen Lsgm. untersucht. Die Alkalisalze von **I**, **II** u. **III** verhalten sich bez. der krit. Micellkonz. wie die Seifen der analogen Alkancarbonsäuren. W. Damerau 458△

1079 **β-Diketon mit Fluor.** 4. Mitt. **NMR-Spektren von Hexafluoracetylaceton und Trifluoracetylaceton in Halogenhydrinen oder ungesättigten Alkoholen.** Kimitaka Sato, Yoshio Kodama und Kiichi Arakawa. (J. chem. Soc. Japan, pure Chem. Sect. [Nippon Kagaku Zasshi] 88 (1967) 9, 968–72; Tokyo Res. Inst., Yawata Iron and Steel Co. Ltd.; jap., Auszug: engl.) — 3. vgl. ibid. 88 (1967) 470. — Mit Hilfe der hochaufgelösten NMR-Spektren wurde das Gleichgew. von Hexafluor- u. Trifluoracetylaceton mit *Äthylenbrom-*, *Äthylenchlor-*, *Äthylencyanhydrin* sowie mit *Äthyl-*, *Allyl-*, *Propargyl-*, *Benzyl-*, *n-Octyl-*, *n-Propyl-* u. *Isopropylalkohol* untersucht u. die Gleichgew.-Konst.- u. die Bldg.-Wärme der Rk. bestimmt. H.-S. Park 458

1080 **Nitrosoverbindungen.** 3. Mitt. **Effekt von ortho-Substituenten (Brom und Chlor) bei der Dimerisierung.** Richard R. Holmes, Raymond P. Bayer und David L. Nicholas. (J. org. Chemistry **32** (1967) 9, 2912—14; Hempstead, N.Y., Hofstra Univ., Dep. of Chem.; engl.) — 2. vgl. C. **1966,** 49-0781. — Die Dimerendissoziationskonst. für einige dimere 2.6-Dibrom- u. 2.6-Dichlornitrosobenzole werden bei 25° in Bzl. untersucht. Die Struktur der untersuchten dimeren *2.6-Dibrom-, 2.6-Dibrom-4-methyl-, 2.6-Dibrom-4-chlor-, 2.4.6-Tribrom-, 2.6-Dichlor-, 2.6-Dichlor-4-methyl-, 2.4.6-Trichlor-* u. *2.6-Dichlor-4-bromnitrosobenzole* ergibt sich aus den IR-Spektren als trans-Azodioxidstruktur. Axel Jochum 458

1081 **Die Molekülkomplexe von N.N-Dimethylmethansulfinamid und N.N-Dimethylmethansulfonamid mit Jod, Jodcyanid und Phenol.** H. Møllendal, J. Grundnes und P. Klaboe. (Spectrochim. Acta [Oxford], Part A **24** (1968) 11, 1669—76; Dep. of Chem., Univ. of Oslo, Oslo; engl.) — Die Spektren des Sulfinamids im sichtbaren, UV- u. IR-Bereich u. die thermodynam. Funktionen seiner Komplexe wurden ermittelt. Das Sulfonamid ist eine sehr schwache Base, so daß die Komplexe mit J_2 u. JCN nicht quant. bestimmt wurden. Bei der Komplexbldg. mit Phenol ergibt sich eine Ähnlichkeit mit Tetramethylensulfon. G. Pötzscher 458

1082 **Solvatationsspektren.** 17. Mitt. **Untersuchung der durch Wasser induzierten Dimerisierung verschiedener Farbstoffe und verwandter paramagnetischer Ionen durch optische und Elektronenspinresonanzspektroskopie.** M. J. Blandamer, J. A. Brivati, M. F. Fox, M. C. R. Symons und G. S. P. Verma. (Trans. Faraday Soc. **63** (1967) 536, 1850—57; Leicester, Univ., Dep. of Chem.; engl.) — 14. vgl. C. **1967,** 4-0130. — Zur Unters. des für die konzentrationsabhängige Farbänderung von Farbstofflsg. verantwortlichen Assoziationsprozessen werden die Absorptionsspektren von *Methylenblau* im UV- u. sichtbaren Bereich unter verschiedenen Bedingungen (Variation der Lsgm., Zusätze anorgan. u. organ. Salze) sowie die ESR-Spektren wss. u. äthanol. Lsg. von *Methylviologenchlorid* u. *Li-Tetracyanchinodimethan* untersucht. G. O. Jäger 458△

1083 **Thiophenanaloge von Indenen.** 2. Mitt. **Synthese, Tautomerie und Metallierung von Thiophenanalogen des 2-Methylindens.** Otto Meth-Cohn und Salo Gronowitz. (Acta chem. scand. **20,** 1733—42, 1966; Blindern, Oslo, Norway, Univ. of Oslo, Chem. Inst.; engl.) — 1. vgl. ibid. **20** (1966) 6, 1577. — Die Synth. von *5-Methyl-4H-* **(III)** u. *-6H-cyclopenta-[b]-thiophen* **(IV)** werden beschrieben. **III** u. **IV** entstehen durch Red. von *4.5-Dihydro-5-methyl-6H-cyclopenta-[b]-thiophenon-(6)* (C_8H_8S, F. 5—10°) bzw. *5.6-Dihydro-5-methyl-4H-cyclopenta-[b]-thiophenon-(4)* (F. 8—11°) mit $LiAlH_4$ bei 0° u. Dehydratisierung der Alkohole mit einer Spur p-Toluolsulfonsäure in Bzl./N_2. Aus **III** entsteht langsam das Dimere *2-[5-Methyl-5.6-dihydro-4H-cyclopenta-[b]-thiophenyl-(6)]-5-methyl-4H-cyclopenta-[b]-thiophen* ($C_{16}H_{16}S_2$, F. 72—73°). **III** u. **IV** können durch Einw. von Butyllithium u. anschließender Carbonisierung in die entsprechenden Indencarbonsäuren übergeführt werden. Es entsteht dabei jeweils das tautomere Säuregemisch. Entsprechend tautomerisiert *Inden-1-carbonsäure* sehr schnell zur *-3-carbonsäure.* Die bisher unbekannte Inden-1-carbonsäure ($C_{10}H_8O_2$, F. 73,5—74°) wird durch Metallierung von Inden bei — 70° mit Butyllithium u. Carbonisierung bei tiefer Temp. synthetisiert. Die ^1H-NMR-Spektren der untersuchten Verb. werden diskutiert. B. I. 460△

1084 **Potentiell tautomere Pyridine.** 9. Mitt. **Einfluß von Chlorsubstituenten auf das Pyridinon–Hydroxypyridin-Tautomeriegleichgewicht.** A. R. Katritzky, J. D. Rowe und S. K. Roy. (J. chem. Soc. [London], Sect. B **1967,** 8, 758—61; School of Chem. Sci., Univ. of East Anglia, Norwich; engl.) — 8. vgl. C. **1967,** 7-0993. — In Auswertung der IR- u. UV-spektroskop. sowie Basizitätsmessungen der unten aufgeführten Pyridon- bzw. Hydroxypyridinverb. wird festgestellt, daß elektronenziehende Substituenten, z. B. Cl-Atome, die NH-Acidität der Pyridonform **(A)** erhöhen u. damit die Basizität des N-Atoms der Hydroxypyridinform **(B)** erniedrigen. Beide Effekte wirken fördernd auf die **B**-Bldg. ein. Cl-Atome in anderen Stellungen zeigen nicht so ausgeprägten Einfl. auf die Lage des A–B-Gleichgewichts. Für die α-Monochlorpyridone wird gezeigt, daß mit sinkendem DK-Wert des Mediums der Existenzbereich von **B** zunimmt. Verb.: *6-Chlor-2-hydroxypyridin; 6-Chlor-2-methoxypyridin; 2-Chlor-4-hydroxypyridin; 2-Chlor-4-methoxypyridin; 3.5-Dichlor-4-pyridon; 2.6-Dichlor-4-hydroxypyridin; 3.4.5.6-Tetrachlor-1-methyl-2-pyridon; 2-Hydroxy-3.4.5.6-tetrachlorpyridin; 2-Äthoxy-3.4.5.6-tetrachlor-; 4-Hydroxy-2.3.5.6-tetrachlor-; 4-Äthoxy-2.3.5.6-tetrachlor-; 6-Chlor-1-methyl-2-pyridon,* C_6H_6ClNO, F. 61—63°; *2-Chlor-1-methyl-4-pyridon,* C_6H_6ClNO, F. 52—54°; *3.5-Dichlor-4-methoxypyridin,* $C_6H_5Cl_2NO$, F. 225—227°; *3.5-Dichlor-1-methyl-4-pyridon,* $C_6H_5Cl_2NO$, F. 146—148°, u. *2.6-Dichlor-4-methoxypyridin,* $C_6H_5Cl_2NO$, F. 100—102°. K. Jasche 460△

1085 **Kettentautomerie von Thiazolidinen.** Gardner W. Stacy und Philip L. Strong. (J. org. Chemistry **32** (1967) 5, 1487—91; Wash. State Univ., Pullman, Wash.; engl.) — Die Rk. von 2-Phenylthiazolidin **(I)** u. Mercaptoessigester **(II)** oder -säure **(III)** ergibt ein *Thiazolidon,* während alkal. Alkylierung von **I** zu *Iminosulfiden* führt. Ox. des p-Chlorderiv. von **I** mit O_2 in DMSO liefert ein *Disulfid.* Durch diese Rk. wird die Chemie kettentautomerer Thiazolidine weiter erschlossen, wobei wahrscheinlich Säure- oder Basenkatalyse analog der Ring–Ketten-Tautomerie von Zuckern (Mutarotation) eine Rolle spielt.
Versuche (F. korr.): *3-[2-Mercaptoäthyl]-2-phenylthiazolidon-(4),* $C_{11}H_{13}NOS_2$, a) aus **I** u. **II** bei 100 bis 110° unter N_2; 15% (Ausb.); b) analog mit **III** in Bzl.; 75%; c) analog mit reinem **III**; 30%; d) analog mit **II** unter Essigsäurekatalyse; 53%. *2-Benzylmercaptoderiv.,* $C_{18}H_{19}NOS_2$, aus vorst. Verb. (56%) oder **IV** (84%) [*Disulfon,* $C_{18}H_{19}NO_5S_2$, F. 143—144° (A.); 35%]. — *N-Benzyliden-2-[benzylmercapto]-äthylamin* **(IV)**, $C_{16}H_{17}$·NS, Kp.$_{0,1}$ 124—125°, a) aus **I** u. Benzylchlorid in abs. A./C_2H_5ONa; 53%; b) aus S-Benzyl-2-aminoäthanthiol u. Benzaldehyd in Bzl.; 93%. — *2-[p-Chlorphenyl]-thiazolidin,* F. 101—102°, aus p-Chlorbenzaldehyd u. 2-Mercaptoäthylaminhydrochlorid; 53%. — *N-[p-Chlorbenzyliden]-2-aminodimercaptoäthan,* $C_{18}H_{18}Cl_2N_2S_2$, F. 85 bis 86° (A.), a) aus vorst. Verb. durch Ox. mit H_2O_2 in abs. A./C_2H_5ONa; 72%; b) analog durch Einleiten von O_2 in DMSO bei 85—95°; 58%; c) aus p-Chlorbenzaldehyd u. 2.2'-Dimercapto-bis-äthylamin in A.; 67%. — *3-Methyl-2-phenylthiazolidin,* Kp.$_{0,07}$ 86—87°, aus 2-[Methylamino]-äthanthiol u. Benzaldehyd; n_D^{25} 1,5803; 48%. — *1-Methylmercapto-2-[N-benzyliden]-aminoäthan,* $C_{10}H_{13}NS$, Kp.$_{3,8}$ 129—132°, aus **I** u. CH_3J in A./C_2H_5·ONa; 36%. — *2-[2.4-Dinitrophenylmercapto]-2-[N-benzyliden]-aminoäthan,* $C_{15}H_{13}N_3O_4S$, F. 82—82,5° (Essigester/Hexan), aus **I** u. 2.4-Dinitrochlorbenzol wie vorst.; 59%. G. Kirsten 460△

1086 **Anwendung der Hammett-Gleichung auf die Acidität von 3-Brom-1.2.4-triazolen.** 12. Mitt. über **1.2.4-Triazole.** Walter Freiberg und Carl-Friedrich Kröger. (Chimia [Aarau, Schweiz] **21** (1967) 4, 159—60; Greifswald, Univ., Inst. für organ. Chem.; dt.) — 11. vgl. Z. Chem. **5** (1965) 10, 381. — Die Dissoziationskonst. von *5-Methyl-, 5-Äthyl-, 5-Methoxy-, 5-Phenyl-, 5-Methylmercapto-, 5-Jod-, 5-Brom-, 5-Chlor-3-brom-1.2.4-triazol* u. *3-Brom-1.2.4-triazol* in W. werden bei 20° potentiometr. bestimmt. Die pK-Werte befolgen die Hammett-Gleichung mit ϱ = 7,3. B. I. 462△

1087 **Die Tautomerie des 1.2.4-Triazols.** 13. Mitt. über **1.2.4-Triazole.** Carl-Friedrich Kröger und Walter Freiberg. (Chimia [Aarau, Schweiz] **21** (1967) 4, 161 bis 162; dt.) — 12. vgl. vorst. Ref.; 14. vgl. C. **1967,** 60-0351. — Die Tautomeriekonst. der Verb. wird aus den potentiometr. bestimmten Dissoziationskonst. von *1-* u. *4-Methyl-, 1-* u. *4-Benzyl-* u. *4-Phenyl-1.2.4-triazol* abgeschätzt. Das Tautomerenverhältnis von *(1H)-* zu *(4H)-1.2.4-Triazol* beträgt 5 10 : 1. B. I. 162△

1088 **Substituierte 1-Benzyl-3-[N.N-diäthylcarbamoyl]-piperidin-Cholinesterase-Inhibitoren. Beziehungen zwischen molekularer Konstitution, pK'$_a$-Werten und den**

Verteilungskoeffizienten. Ronald P. Quintana und W. Ronald Smithfield. (J. med. Chem. **10** (1967) 6, 1178–80; Univ. of Tenn., Coll. of Pharm., Memphis, Tenn.; engl.) – Eine Reihe von m- u. p-Deriv. von *1-Benzyl-3-[N.N-diäthylcarbamoyl]-piperidinhydrobromid* (I) werden dargestellt u. die pK_a'-Werte bei 25° sowie die Verteilungskoeff. in Chlf.-W. bestimmt.

Versuche: (F. korr.): 3-[N.N-Diäthylcarbamoyl]-piperidinhydrobromide: *1-Benzyl-* (I), $C_{17}H_{27}BrN_2O$, F. 213,5–214,2° (Zers.; A./Ae.), aus N.N-Diäthylnicotinamid u. Benzylchlorid in sd. Bzl., Hydrieren an PtO_2 in A. bei 3,51 atm u. Behandeln mit 40%ig. wss. NaOH (Meth. A); 32,6% (Ausb.). – *1-[p-Methoxybenzyl]-*, $C_{18}H_{29}BrN_2O_2$, F. 196,6–197,6° (Zers.; A./Ae.), nach Meth. A; 70,1%. – *1-[m-Methoxybenzyl]-*, $C_{18}H_{29}BrN_2O_2$, F. 186,4–187,6° (Zers.; A./Ae.), nach Meth. A; 36,2%. – *1-[p-Methylbenzyl]-*, $C_{18}H_{29}BrN_2O$, F. 194,3 bis 194,9° (Zers.; A./Ae.), nach Meth. A; 32,9%. – *1-[m-Methylbenzyl]-*, $C_{18}H_{29}BrN_2O$, F. 159,6–160,2° (A./Ae.), nach Meth. A; 52,9%. – *1-[p-Chlorbenzyl]-*, $C_{17}H_{26}BrClN_2O$, F. 259,3–260,2° (Zers.; A./Ae.), nach Meth. A; 38,8%. – *1-[m-Chlorbenzyl]-*, $C_{17}H_{26}BrClN_2O$, F. 222,9 bis 223,6° (Zers.; A./Ae.), nach Meth. A; 44,3%. – *1-[p-Nitrobenzyl]-*, $C_{17}H_{26}BrN_3O_3$, F. 218,1–219,3° (Zers.; Ae.), aus N.N-Diäthylnipecotamid, K_2CO_3 u. p-Nitrobenzylamid in sd. Bzl. u. Umsetzen zum Hydrobromid (Meth. B); 60,6%. – *1-[m-Nitrobenzyl]-*, $C_{17}H_{26}BrN_3O_3$, F. 224,3–225,5° (Zers.; Ae.), nach Meth. B; 82,4%.

G. Kirsten 462△

1089 **Dithiocarbamate. 4. Mitt. Azorhodanine als Säure-Base-Indikatoren.** P. B. Talukdar und S. Banerjee. (J. Indian chem. Soc. **44** (1967) 4, 350–52; Research and Development Division, East India Pharmaceutical Works Ltd., Calcutta, India; engl.) – 3. vgl. C. **1969**, 1-1289. – Von einer Reihe 3-Aryl-5-phenylazorhodaninen werden spektralphotometr. die pK-Werte sowie die ober- u. unterhalb des Bandenmax. bei ca. λ_{max} 420 mμ liegenden isosbest. Punkte in den UV-Absorptionskurven angegeben: *3-Cyclohexyl-, 3-Benzyl-, 3-Phenyl-, 3-p-Chlorphenyl-, 3-p-Tolyl-, 3-p-Äthoxyphenyl-5-phenylazorhodanin, 3-Phenyl-5-[p-äthoxyphenylazo]-* u. *3-Phenyl-5-[p-nitrophenylazo]-rhodanin.*

K. Jasche 462△

B-6. Kinetik, Katalyse

1090 **Nichtstationäre Kinetik bei S_N1-, S_N2-, E_1-, E_2- und E_1cb-Mechanismen.** K. Frei und Hs. H. Günthard. (Helv. chim. Acta **50** (1967) 5, 1294–1304; Pharm.-chem. Forsch.-Labor., Sandoz Akt.-Ges., Basel; dt.) – Exakte Lsg. der kinet. Gleichungen der genannten Mechanismen werden mit Lsg. für den stationären Fall verglichen u. numer. Berechnungen von Integralen kinet. Parameter durchgeführt. W. Sobieski 481

1091 **Stoßdesaktivierung von 1.2-Dichloräthan-Molekülen mit 89 kcal/Mol Schwingungsenergie.** D. W. Setser und J. C. Hassler. (J. physic. Chem. **71** (1967) 5, 1364–73; Chem. Dep., Kan. State Univ., Manhattan, Kan.; engl.) – Untersucht wird das kinet. Verh. der aktivierten Titelverb. (I, durch Kombinationsrk. von CH_2Cl-Radikalen bei 25°) nach einem Stufen-Desaktivierungsmodell. Experimentelle kinet. Daten der Photolyse von I mit Keten bzw. Diazomethan u. Ar, N_2, CF_4, CH_3Cl u. CH_2Cl_2 als Desaktivator sowie die Inkremente der Energieübertragung sind angegeben. W. Wesly 481

1092 **Reaktionen von isomeren Ionen.** M. S. B. Munson. (J. Amer. chem. Soc. **89** (1967) 8, 1772–76; Esso Res. and Engng. Co., Baytown Res. and Dev. Div., Baytown, Tex.; engl.) – Über Massenspektren in Abhängigkeit vom Druck wird gezeigt, daß die durch Ionen-Mol.-Rk. in bin. Gemischen von *Propylen, 2.2.4-Trimethylpentan, 1-Penten* mit *n-Butan* bzw. mit *Isobutan* gebildeten Butylionen sich voneinander unterscheiden.

J. Eliassaf 482

1093 **Organometallische Radikale. 2. Mitt. 1.1-Dimethyl-2.5-diphenyl- und 1.1-Dimethyl-2.3.4.5-tetraphenyl-1-silacyclopentadien-Radikalanionen und -dianionen.** E. G. Janzen, J. B. Pickett und W. H. Atwell. (J. organometallic Chem. [Amsterdam] **10** (1967) 1, P 6–P8; Athens, Ga., Univ. of Ga., Dep. of Chem.; engl.) – 1. vgl. J. Am. Chem. Soc. **89** (1967) 3649. – 1.1-Dimethyl-2.5-diphenyl-1-silacyclopentadien reagiert mit K oder Na in Dimethoxyäthan unter Bldg. eines Radikalanions. Bei weiterer Red. mit Alkalimetall bildet sich in zweiter Stufe das Dianion. 1.1-Dimethyl-2.3.4.5-tetraphenyl-1-silacyclopentadien wird ebenfalls in zwei Stufen mit Alkalimetallen zum Dianion reduziert. Die Rk. werden ESR-spektroskop. sowie durch Spektren im sichtbaren Bereich verfolgt. E. Hengge 482

1094 **Reaktionen von Radikalanionen. 5. Mitt. Disproportionierung des Radikalanions von Azobenzol.** Alwyn G. Evans, J. C. Evans und C. L. James. (J. chem. Soc. [London], Sect. B **1967**, 7, 652–53; Chem. Dep., Univ. College, Cardiff; engl.) – 4. vgl. ibid. **1967**, 418; 3. vgl. C. **1968**, 14-0848. – Der Temp.-Einfl. auf das Disproportionierungsgleichgew. wurde in THF mit Hilfe von ESR-Messungen untersucht.

J. Eliassaf 482

1095 **Wasserstoffabspaltung aus Silanen. 2. Mitt. Reaktionen von Methylradikalen mit Trifluorsilan, Trimethylsilan, Dimethyldichlorsilan und Trimethylchlorsilan.** J. A. Kerr, D. H. Slater und J. C. Young. (J. chem. Soc. [London], Sect. A **1967**, 1, 134–37; Aberystwyth, Edward Davies Chem. Labor.; engl.) – 1. vgl. C. **1968**, 10-0682. – Die bei der Photolyse von *Azomethan/Silan*-Gemischen in der Gasphase ablaufenden Radikalrk. werden kinet. verfolgt. Die im Vgl. zu KW-Stoffen erhöhte Reaktivität der Silane in derartigen Rk. wird auf die Beteiligung ion. Strukturen am Übergangszustand zurückgeführt. F. Höfler 482

1096 **Ionen-Molekül-Reaktionen in D-Ameisensäure und Methylformiat.** Howard Pritchard, J. C. J. Thynne und A. G. Harrison. (Canad. J. Chem. **46** (1968) 12, 2141–46; Dep. of Chem., Univ. of Toronto, Ontario; engl.) – Es wurden eine Reihe nach Elektronenbestrahlung bei 10–15 eV auftretende Ion-Mol.-Rk. kinet. untersucht. D. Strauch 482

1097 **Kinetik der Hydrierung von Cyclopolyolefinen mit Pentacyanocobaltat(II) als Katalysator.** W. Strohmeier und N. Iglauer. (Z. physik. Chem. [Frankfurt/M.] [N.F.] **61** (1968) 1–4, 29–36- Phys.-chem. Inst. der Univ. Würzburg; dt.) – Die Hydrierung nachst. Verb. in Ggw. von $[Co(CN)_5]^{3-}$ als Katalysator wird untersucht: *Cyclohexadien-(1.3), Cyclopentadien, Cycloheptatrien, Cyclooctatetraen, Cycloheptadien-(1.3), Cyclooctatrien-(1.3.5)* u. *Cyclooctadien-(1.3).* D. Schmitt 483

1098 **Massenspektrometrische Untersuchung der Reaktion von Sauerstoff-Atomen mit Methan.** Edgar L. Wong und Andrew E. Potter jun. (Canad. J. Chem. **45** (1967) 4, 367–71; Lewis Res. Center, Nat. Aeron. and Space Adm., Cleveland, O.; engl.) – Die Kinetik der Rk. von O-Atomen mit CH_4 in Ggw. von geringen Konz. mol. O_2 wird bei 375–576 °K untersucht. K.-H. Bielicki 484

1099 **Das Jod-Cycloheptatrien-System.** Kenneth M. Harmon, Ann B. Harmon, Sharon Davis Alderman, Peter A. Gebauer und Lee-Louise Hesse. (J. org. Chemistry **32** (1967) 6, 2012–13; Dep. of Chem., Harvey Mudd Coll., Claremont, Calif.; engl.) – Cycloheptatrien (I) setzt sich mit J_2 in einer reversiblen Redoxrk. nach $C_7H_8 + J_2 \rightarrow C_7H_7^+ + J^- + HJ$ um, wobei in äther. Lsg. das Gleichgew. weitgehend auf der Seite der unlösl. Tropyliumsalze liegt. Tropyliumionen reagieren mit HJ wieder unter Rückbldg. von I; Hydroxytropyliumionen werden im Gegensatz dazu durch HJ nicht reduziert. Die Bldg. von *Tropyliumtrijodmercurat* bei der Rk. von I, tert.-Butyljodid (II) u. HgJ_2 unter Einw. von Sonnenlicht wird durch photochem. II-Zers. zu J_2 u. Rk. des J_2 mit I erklärt. In solchen Lsgm., in denen Tropyliumsalze lösl. sind (z. B. CH_2Cl_2), findet weitere Rk. zu einem farblosen J-haltigen Prod. bisher unbekannter Zus. statt. Diese Verb. ist durch HJ nicht mehr reversibel in I umwandelbar.

Versuche: *Tropyliumtrijodid*, $C_7H_7J_3$, F. 134°, durch Zugabe von Cycloheptatrien (I) zu einer Lsg. von J_2 in Ae.; 77,2% (Ausb.). – *Tropyliumpentajoddimercurat*, $C_7H_7Hg_2J_5$, F. 151°, durch Rk. von I, J_2 u. HgJ_2

in Ae.; 91,4%. — *Tropyliumtrijodmercurat*, $C_7H_7HgJ_3$, F. 165—167° (Acetonitril, aus **I**, **II** u. HgJ_2 in Ae.; 98,8%. — *Hydroxytropyliumjodid*, C_7H_7JO, F. 151°, Zugabe von Tropon in CH_2Cl_2 zu von mit HJ gesätt. CH_2Cl_2; 73,5%. K. Jasche 484△

1100 **Sterische und polare geschwindigkeitsvermindernde Einflüsse bei der Chromsäureoxydation von Alkoholen.** A. K. Awasthy, Jan Roček und Robert M. Moriarty (J. Amer. chem. Soc. **89** (1967) 21, 5400—03; Dep. of Chem., Univ. at Chicago Circle, Chicago, Ill.; engl.) — Die Geschw. der Ox. von *Cyclopentanol, Cyclohexanol, 2-exo-Norbornanol, Bicyclo-[2.2.2]-octanol-(2), exo-Brendanol-(2), 6-Oxatricyclo-[3.2.2*^{3,8}*.1]-decanol-(4β), 5-exo-6-endo-Dihydroxybicyclo-[2.2.1]-heptan-2-endo-carbonsäure-γ-lacton, 5-exo-6-endo-Dihydroxybicyclo-[2.2.2]-octan-2-endo-carbonsäure-γ-lacton, trans-2.3-Dihydroxycyclopentanessigsäure-γ-lacton, Essigsäure-[trans-2-hydroxycyclohexyl]-ester, 6-Oxatricyclo-[3.2.1.1*^{3,8}*]-nonanol-(4β) u. dessen Acetat* wurde spektrophotometr. verfolgt. J. Eliassaf 484

1101 **Neuartige Oxydation von Methylglycopyranosiden durch Perjodsäure in Dimethylsulfoxid.** R. J. Yu und C. T. Bishop. (Canad. J. Chem. **45** (1967) 19, 2195—2203; Div. of Biosci., Nat. Res. Council of Canada, Ottawa; engl.) — Untersucht wurden *Methyl-β-L-arabinopyranosid, Methyl-α-D-lyxopyranosid, Methyl-β-D-ribopyranosid, Methyl-β-D-xylopyranosid, Methyl-α-D-galactopyranosid, Methyl-α-D-glucopyranosid, Methyl-α-D-mannopyranosid, Methyl-α-L-rhamnopyranosid* u. das Polysaccharid *Dextran 500*. Die Unters. erfolgte papierchromatograph. u. NMR-spektroskopisch. J. Eliassaf 484

1102 **Hydrolyse von α.α'-Dimethoxydihydromenthofuran.** Jerry A. Hirsch und Richard H. Eastman. (J. org. Chemistry **32** (1967) 9, 2915—16; Stanford, Calif., Stanford Univ., Dep. of Chem.; engl.) — Bei der Hydrolyse von *α.α'-Dimethoxydihydromenthofuran* (**I**) wird nicht 2-Methyl-3-[5-methylcyclohexanonyliden-2]-acrolein isoliert, wie Schenck u. Floote (Angew. Chem. **70** (1958) 505] berichten, sondern auf Grund von Vgl. mit authent. Proben, sowie den spektralen Daten das *Halbketallacton* (**II**, *α'-Oxo-α-hydroxydihyromenthofuran*) durch der Hydrolyse folgende Luftox., u. unter N_2 das *α.β-ungesätt. γ-Lacton* (**III**; *α'-Oxodihydromenthofuran*), u. das isomere *β.γ-ungesätt. γ-Lacton* (**IV**). Die Mischung aus **III** u. **IV** kann durch Erhitzen auf 155° im geschlossenen Rohr in reines **III** übergeführt werden. Durch Luftox. von **IV** erhält man **II**, während **III** an der Luft stabil ist. Axel Jochum 488

1103 **Solvolysemechanismen. S_N1-Verhalten des Methylchlormethyläthers. Ionisierungsvermögen des Lösungsmittels und α-D-Isotopeneffekt.** T. Chin Jones und Edward R. Thornton. (J. Amer. chem. Soc. **89** (1967) 19, 4863—67; Philadelphia, Pa., Univ. of Pa., Dep. of Chem.; engl.) — Die RGK der Solvolyse von Methylchlormethyläther in verschiedenen Lsgm. u. Lsgm.-Gemischen u. der Winstein m-Wert (Empfindlichkeit auf die Lsgm.-Ionenstärke) werden bestimmt. Axel Jochum 488

1104 **Struktur und Mechanismus der intramolekularen Katalyse. Hydrolyse substituierter Aspirine.** A. R. Fersht und A. J. Kirby. (J. Amer. chem. Soc. **89** (1967) 19, 4853—57; Cambridge, England, Univ. Chem. Labor.; engl.) — Die Hydrolysegeschw. von Aspirin ist unempfindlich gegen Substituenteneffekte in der 5- u. bes. in der 4-Stellung, was mittels folgender Verb. gezeigt wurde: *4-Methoxyacetylsalicylsäure*; Acetylsalicylsäuren: *4-Chlor-*; *4-Brom-*, F. 151—152°; *4-Jod-*; *4-Methoxy-*; *5-Chlor-*; *5-Brom-*; *5-Jod-*; *5-Nitro-*, F. 153,5—154,5°; *5-Methoxy-*; F. 154—156°. Axel Jochum 488

1105 **Hydrolyse von Aspirin. Intramolekulare allgemeine Basenkatalyse der Esterhydrolyse.** A. R. Fersht und A. J. Kirby. (J. Amer. chem. Soc. **89** (1967) 19, 4857 bis 4863; Cambridge, England, Univ., Chem. Labor.; engl.) — Bei der Hydrolyse des Aspirin-Anions bei 39° in $H_2{}^{18}O$ wird in der gebildeten *Salicylsäure* kein ^{18}O eingelagert. Damit wird eine intramol. nucleophile Katalyse der Hydrolyse ausgeschlossen. Ein Vgl. der katalyt. Wrkg. von Acetat, Phenylacetat u. des Aspirinanions auf die Aspirinhydrolyse zeigt jeweils denselben Mechanismus einer intramol., allg. Basenkatalyse durch das Carboxylatanion. Axel Jochum 488

1106 **Mechanismus der elektrophilen Substitution am gesättigten Kohlenstoffatom.** 9. Mitt. **Ein- und zweianionkatalysierte unimolekulare Acidolyse von 4-[Chlormercurimethyl]-pyridiniumionen.** J. R. Coad und M. D. Johnson. (J. chem. Soc. [London], Sect. B **1967, 7**, 633—37; William Ramsay and Ralph Foster Labor., Univ. College, London; engl.) — 8. vgl. C. **1966, 4**-0533. — Spektrophotometr. wurde die Solvolyse durch *Perchlorsäure* von *2-, 3-* u. *4-[Chlormercurimethyl]-pyridiniumchlorid* sowie von *4-[Chlormercurimethyl]-1-methylpyridiniumchlorid* untersucht. J. Eliassaf 488

1107 **Solvolyse von Alkyldiazotaten.** 2. Mitt. **Stereochemie und interne Rückkehr im Octyl-(2)-system.** Robert A. Moss und Stuart M. Lane. (J. Amer. chem. Soc. **89** (1967) 22, 5655—61; New Brunswick, N.J., State Univ., School of Chem.; engl.) — 1. vgl. J. Org. Chem. **31** (1966) 4, 1082; 3. vgl. C. **1968, 61**-0435. — Es wird die Stereochemie der Desaminierung von *2-Aminooctan* (**I**) u. die der Solvolyse von *K-Octyl-(2)-diazotat* (**II**; aus K-tert.-Butylat u. N-Nitroso-N-octyl-(2)-urethan) untersucht. Bei der Desaminierung von **I** mit wss. HNO_2 entstehen Gemische aus *Octanol-(2)* [**III**; 27% (Ausb.)], *Octen-(1)* u. *-(2)* (20%), *Octanol-(3)* u. *-(4)* (ca. 1,2%) u. *Octanon-(2)* (2%). Zers. von opt. akt. **II** in Ggw. wss. Basen führt zur Bldg. von **III** mit 16%ig. Inversion; dagegen entsteht bei der Hydrolyse von opt. akt. **II** in Ggw. von Ae. bzw. Pentan **III** mit 46 bzw. 38%ig. Inversion. Bei der sauren Hydrolyse von **II** in wss. Syst. bzw. in Ae./W. wird rac. **III** erhalten. Als Zwischenprod. der **II**-Hydrolyse wird *Octan-(2)-diazosäure* angenommen. Bei der Desaminierung von opt. akt. *Butyl-(2)-amin* bzw. *α-Phenyläthylamin* mit wss. HNO_2 bei pH 4 werden als Hauptprod. die entsprechenden *Alkohole* (22 bzw. 14%ig. Inversion) erhalten.

Versuche: *N-Octyl-(2)-urethan* (**V**), Kp.$_{0,35}$ 80 bis 81°, aus **I** u. Chlorameisensäureäthylester. — *N-Nitroso-N-octyl-(2)-urethan*, durch Nitrosierung von **V** nach White [1955]; 95%. G. O. Jäger 488△

1108 **Untersuchungen zur Hydrolyse von Alkoxy- und Alkoxyacyloxysilanen.** R. P. Narain und R. C. Mehrotra. (J. Indian chem. Soc. **44** (1967) 5, 360—64; Chem. Labor., Univ. of Gorakhpur, India; engl.) — Während *Tetraäthoxysilan* leicht hydrolyt. in $SiO_2 \cdot aq$ u. A. spaltbar ist, bleibt *Tetraisopropoxysilan* selbst in sd. Bzl. bei Laugen- u. Säurezusatz unverändert. Bei stufenweisem Ersatz der Isopropoxy- durch Acyloxygruppen wird eine Zunahme der hydrolyt. Empfindlichkeit festgestellt. Während H_2SO_4 oder H_2F_2 *Triisopropoxyacyloxysilan* schon teilweise hydrolysieren, wird das Diisopropoxydiacyloxysilan leicht hydrolyt. angegriffen. K. Jasche 488△

1109 **Zersetzung von Salpetersäureestern zu Alkoholen.** R. G. Powe. (J. org. Chemistry **32** (1967) 9, 2914—15; Linden, N.J., Esso Res. & Engng. Comp., Process Res. Div.; engl.) — Prim. Nitrate wie 3-Nitrazapentandiol-(1.5)-dinitrat (**I**) u. Pentaerythrittrinitrat (**II**) können in die entsprechenden Alkohole *3-Nitrazapentandiol-(1.5)* u. *Pentaerythrit* in Ggw. von Nitraminen in hohen Ausb. u. ohne Nebenrk. übergeführt werden, wenn man das Nitrat in 97%ig. HCOOH zum Formiat umsetzt u. Methanolyse anschließt. Axel Jochum 488

1110 **Lösungsmitteleffekte.** 1. Mitt. **Solvolyse von Hexen-(5)-yl-p-nitrobenzolsulfonat in Lösungsmittelmischungen.** Walter S. Trahanovsky und Michael P. Doyle. (J. Amer. chem. Soc. **89** (1967) 19, 4867—72; Ames, Ia., Ia. State Univ., Dep. of Chem.; engl.) — Bei der Acetolyse von Hexen-(5)-yl-p-nitrobenzolsulfonat (**I**) in Ggw. von Harnstoff entstehen offene u. cycl. Produkte. Diese Unters. werden auf Lsgm.-Gemische aus Essigsäure u. nichthydroxyl. Lsgm. (20:80; insgesamt 49 verschiedene Lsgm.), sowie auf die Solvolyse von *Hexen-(5)-yl-p-nitrobenzolsulfonat, -p-brombenzolsulfonat, -p-toluolsulfonat, -p-methoxybenzolsulfonat* u. *-methansulfonat* in einigen der Lsgm.-Gemische erweitert. Aus **I** entstehen *1-Methylcyclopenten, Cyclohexen, Cyclohexylacetat* u. *Hexyl-(5)-acetat*; im Fall von DMSO als

Lsgm. wurden zusätzlich *Hexen-(5)-al* u. *Hexen-(5)-ol-(1)* gefunden. Bei den übrigen Sulfonaten wurde der Anteil an cycl. Prod. ermittelt. Die Ergebnisse werden analysiert u. in Beziehung auf die Nucleophilie des Lsgm. diskutiert. Axel Jochum 488

1111 **Wagner-Meerwein-Umlagerungen bei Solvolyse von Benzobicyclo-[2.2.2]-octenyl- und Benzobicyclo-[2.2.2]-octadienyl-p-brombenzolsulfonaten und NMR-Spektren der Benzobicyclo-[3.2.1]-octadien- und Benzo-[3.4]-tricyclo-[3.2.1.0^{2,7}]-octen-Systeme.** Hiroshi Tanida, Kazuo Tori und Keizo Kitahonoki. (J. Amer. chem. Soc. **89** (1967) 13, 3212—24; Shionogi and Co., Ltd., Fukushima-ku, Osaka, Japan; engl.) — Die relativen RGK bei Acetolyse von *endo-* (**I**; $C_{18}H_{17}BrO_3S$, F. 91—92°) u. *exo-Benzobicyclo-[2.2.2]-octenyl-(2)-p-brombenzolsulfonat* (**II**; $C_{18}H_{17}BrO_3S$, F. 109—110°. *Acetylderiv.*, $C_{14}H_{16}O_2$, Kp.$_1$ 120° sowie von *endo-* (**III**) u. *exo-Benzobicyclo-[2.2.2]-octadien-(5.7)-yl-(2)-p-brombenzolsulfonat* (**IV**) werden bei 25° im Vgl. zu Bicyclo-[2.2.2]-octyl-(2)-p-brombenzolsulfonat (**V**) bestimmt. Die Rk. von **I** verläuft quant. unter vollständiger Umlagerung zu einem 98 : 2-Gemisch aus *axialem* u. *äquatorialem Benzo-[3.4]-bicyclo-[3.2.1]-octenol-(2)-acetat* (**VI**), das durch Li · AlH_4-Hydrolyse u. Oppenauer-Ox. *Benzo-[3.4]-bicyclo-[3.2.1]-octenon-(2)* liefert. Das Prod. von **II** besteht aus einem 83 : 17-Gemisch von *Benzobicyclo-[2.2.2]-octenol-(2)-acetat* u. umgelagertem *Benzo-[6.7]-bicyclo-[3.2.1]-octenol-(2.axial)-acetat* (**VII**), wobei nur in diesem Fall die Rk. stereospezif. verläuft. Bei Acetolyse von **III** entstehen als Hauptprod. *axiales* ($C_{14}H_{14}O_2$, Kp.$_3$ 125°) u. *äquatoriales Benzo-[3.4]-bicyclo-[3.2.1]-octadien-(3.6)-ol-(2)-acetat* ($C_{14}H_{14}O_2$, Kp.$_3$ 125°) u. als Nebenprod. *exo-* ($C_{14}H_{14}O_2$, F. 75,5—76,5°) u. *endo-Benzo-[3.4]-tricyclo-[3.2.1.0^{2,7}]-octenol-(6)-acetat* ($C_{14}H_{14}O_2$, Kp.$_1$ 126—128°). Erstere liefern bei katalyt. Red. an PtO_2 die entsprechenden epimeren **VI**. **IV** liefert unter vollständiger Umlagerung ein 83:17-Gemisch von *axialem* ($C_{14}H_{14}O_2$, Kp.$_4$ 125—128°; n_D^{28} 1,5431) u. *äquatorialem Benzo-[6.7]-bicyclo-[3.2.1]-octadien-(3.6)-ol-(2)-acetat* ($C_{14}H_{14}O_2$, Kp.$_2$ 123—126°). Ersteres ergibt nach Red. an PtO_2 **VII**. Die NMR-Spektren der gebildeten Verb. werden zwecks Strukturaufklärung analysiert. Die RGK 1. Ordnung sowie $\Delta H^{\neq}$- u. $\Delta S^{\neq}$-Werte u. das exo : endo-Prod.-Verhältnis der Acetolyserk. von **I**—**V** werden bei 25° bestimmt. Analoge Best. werden für die Äthanolyse von **I** u. **II** durchgeführt. Der Solvolysemechanismus wird diskutiert.

Versuche (F. korr.): Benzobicyclo-[2.2.2]-octadien-(5.7)-ole-(2): *endo-*, $C_{12}H_{12}O$, F. 103,5 bis 104,5°, durch Red. von Benzobicyclo-[2.2.2]-octadien-(5.7)-on-(2) mit $LiAlH_4$ [*p-Brombenzolsulfonat* (**III**), $C_{18}H_{15}BrO_3S$, Zers.]; daneben das *exo-Diastereomere*, $C_{12}H_{12}O$, F. 96,5—97,5° [*p-Brombenzolsulfonat* (**IV**), C_{18} · $H_{15}BrO_3S$, Zers.]. — *Benzo-[3.4]-bicyclo-[3.2.1]-octenol-(2.axial)* (**VIII**), $C_{12}H_{14}O$, F. 83,5—84,5°. *Äquatoriales p-Nitrobenzoat*, $C_{19}H_{17}NO_4$, F. 112—113°. — *Benzo-[6.7]-bicyclo-[3.2.1]-octenol-(2.axial)*, $C_{12}H_{14}O$, F. 72,5—73,5°, durch Red. von **IX** an Pd/C in alkal. THF. *Acetylderiv.* (**VII**), $C_{14}H_{16}O_2$, Kp.$_5$ 125°, durch Acetolyse von **II** neben dessen Acetylderivat. — *Benzo-[3.4]-bicyclo-[3.2.1]-octenon-(2)*, $C_{12}H_{12}O$, Kp.$_5$ 132—135°, durch Kochen von 72 mg **VIII**, Benzochinon u. (tert.-$C_4H_9O)_3Al$ in Bzl.; 59 mg (Ausb.). — *Axiales 2.3-Dichlorbenzo-[6.7]-bicyclo-[3.2.1]-octadien-(3.6)*, $C_{12}H_{10}Cl_2$, Kp.$_2$ 124—125°, aus Benzonorbornen u. tert.-C_4H_9OK bei 0° in Chlf. unter N_2. *Axiales 2-Hydroxyderiv.* (**IX**), $C_{12}H_{11}ClO$, F. 119—120°, durch Kochen vorst. Dichlorverb. u. $CaCO_3$ in THF unter N_2. G. Kirsten 488△

1112 **Cyclische Zwischenstufen bei Hydrolysereaktionen. 2. Mitt. Lösungsmittel- und Salzeffekte bei der alkalischen Hydrolyse von Dinitropyridyl-(2)-alanylglycin.** Angelo Signor und Laura Biondi. (J. org. Chemistry **32** (1967) **3**, 812—15; Inst. di Chim. Organ., Univ., Padova, Italy; engl.) — 1. vgl. ibid. **31** (1966) 5, 1403. — Für die l. c. gefundene Beziehung für die alkal. Hydrolyse von *N-[3.5-Dinitropyridyl-(2)-alanylglycin* zu *Glycin* u. *6.8-Dinitro-2-methyl-2.3-dihydroimidazo-[1.2-a]-pyridinon-(3)* werden aus der Temp.-Abhängigkeit der RG die Aktivierungsparameter für die in der RG-Gleichung enthaltenen Prozesse zweiter (E = 23,4 kcal/Mol) u. dritter Ordnung (E = 6,4 kcal/Mol; A = 8,1 · 10^2 l/Mol^2 · s; ΔS^* = —47,2 eu) bestimmt. Messungen von k in W./A.-Gemischen verschiedener Dielektrizitätskonst. (DK) werden durchgeführt. G. O. Jäger 488△

1113 **H—T-Isotopenaustausch hoher spezifischer Aktivität. Anwendung bei der Markierung von Benzol über einem Pd-Katalysator.** M. Guillaume. (Bull. Soc. roy. Sci. Liège **36** (1967) 11—12, 696—701; Labor. d'Appl. des Radioéléments, Univ. de Liège; franz.) U. Radlbeck 489

1114 **Reaktivität von Elektronen-Donator-Akzeptor-Komplexen. 6. Mitt. Wasserstoffaustausch-Reaktion zwischen Acetylen oder molekularem Wasserstoff und Elektronen-Donator-Akzeptor-Komplexen von aromatischen, cyansubstituierten Verbindungen.** Masaru Ichikawa, Mitsuyuki Soma, Takaharu Onishi und Kenzi Tamaru. (Trans. Faraday Soc. **63** (1967) 532, 997—1002; Dep. of Chem., Univ. of Tokyo, Hongo Bunkyo-ku, Tokyo; engl.) — 7. vgl. C. **1969**, 4-1117. — Die Kinetik u. Aktivierungsenergie der H-D-Austauschrk. zwischen C_2D_2 oder D_2 u. den Elektronen-Donator-Akzeptor-Komplexen von *Na* mit *Phthalo-*, *Isophthalo-*, *Terephthalonitril*, *Benzonitril*, *α-* u. *β-Cyanonaphthalin*, *Naphthalin* u. *Tetrachlorphthalonitril* werden untersucht u. die Rk.-Mechanismen diskutiert. W. Wesly 489

1115 **Untersuchungen über den Wasserstoffaustausch. 6. Mitt. Basenkatalysierter Wasserstoffaustausch eines α-Wasserstoffatoms in Alkylgruppen, die an einigen stickstoffhaltigen heteroaromatischen Ringen substituiert sind.** Yutaka Kawazoe, Masako Ohnishi und Yuko Yoshioka. (Chem. pharmac. Bull. [Tokyo] **15** (1967) 8, 1225—31; Tsukiji, Chuo-ku, Tokyo, Nat. Cancer Center Res. Inst.; engl.) — 5. vgl. C. **1968**, 51/52-0888 — Der H/D-Austausch der $H_{(\alpha)}$-Atome der Seitenketten-Alkylgruppen folgender Verb. wurde durch Erhitzen ihrer $NaOD/D_2O$-Lsg. untersucht: 2-, 4-, 6-, 7- u. *8-Methylchinolin*, 2-, 3-, 4-, 6- u. *7-Methylchinolin-N-oxid*, 2-, 4-, 6-, 7- u. *8-Methylchinolinmethojodid*, *1-Methylisochinolin-*, 1- u. *3-Methylisochinolin-N-oxid*, 1- u. *3-Methylisochinolin-N-methojodid* u. 2-, 3- u. *4-Methylpyridin*, 2-, 3- u. *4-Methylpyridin-N-oxid* u. 2-, 3- u. *4-Methylpyridin-N-methojodid.* H. Pehlmann 489

1116 **Isotopenaustausch von aktiven Methylwasserstoffatomen. 5. Mitt. Reaktivität von α- und γ-Methylgruppen und β-Wasserstoffatomen in Pyryliumsalzen.** Eugenia Gård, Alice Vasilescu, G. D. Mateescu und A. T. Balaban. (J. labelled Compounds [Bruxelles] **3** (1967) 3, 196—205; Inst. of Atomic Phys., Bucharest, Roumania; engl.) — 4. vgl. ibid. **2** (1966) 359. — Die Kinetik der Deuterierung von *2.4.6-Trimethylpyryliumperchlorat* (**I**) in D_2O bzw. der Dedeuterierung von D_3-**I** in H_2O bei 100° wird NMR-spektroskop. untersucht u. die Reaktivität der verschiedenen Positionen bestimmt. W. Damerau 489△

1117 **Die relative Fähigkeit der Elektronenabgabe eines einfach gebundenen und die Elektronenanziehungskraft eines doppeltgebundenen Stickstoffatoms im selben Fünfring.** G. B. Barlin. (J. chem. Soc. [London], Sect. B **1967**, 7, 641—47; Dep. of Med. Chem., John Curtin School of Med. Res., Canberra, Australia; engl.) — Die Kinetik des Bromaustausches durch *Piperidin* in A. in folgenden Verb. wurde untersucht: *5-Brom-1-* (F. 72 bis 73°) u. *5-Brom-2-methyltetrazol* (Kp.$_1$ 50—51°), *5-Brom-1-methyl-* (F. 43—45°), *4-Brom-2-methyl-* (Kp.$_{35}$ 64 bis 65°) u. *4-Brom-1-methyl-1.2.3-triazol* (F. 99—101°), *5-Brom-1-methyl-1.2.4-triazol* (F. 49—50°), *5-Brom-4-methyl-1.2.4-triazol* (F. 60,5—62°), *2-Brom-* (Kp.$_{12}$ 100—102°) u. *5-Brom-1-methylimidazol* (Kp.$_{16}$ 108—110°), *2-Brom-1-methyl-4-nitroimidazol* (F. 155°) u. *-5-nitroimidazol* (F. 117 bis 118,5°) sowie *2-Brompyridin* (Kp.$_{20}$ 81°). Arrhenius-Parameter, pK_A-Werte u. UV-Daten sind angegeben. J. Eliassaf 489

1118 **Reaktionskinetik von Heterocyclen. 2. Mitt. Substitution der Methylsulfonylgruppe in substituierten Pyridinen, Pyridazinen und Pyrazinen durch das Methoxidion.** G. B. Barlin und W. V. Brown. (J. chem. Soc. [London], Sect. B **1967**, 7, 648—52; Australian Nat. Univ., Canberra; engl.) — Vgl. vorst. Referat. — RGK, Aktivierungsparameter, pK-Werte, UV- u. NMR-Daten sind für die Rk. von *2-* u. *4-Methylsulfonylpyridin* (F. 82°), *3-* (F. 87°) u. *4-Methylsulfonylpyridazin* (F. 144°) sowie von *2-Methylsulfonylpyrazin* (F. 47—48°) tabelliert. NMR-Daten sind außerdem für *2-* u. *4-Methylmercaptopyridin*, *3-* u. *4-Methylmercaptopyridazin* u. *2-Methylmercaptopyrazin* aufgenommen. J. Eliassaf 489

1119 **Geschwindigkeitskorrelationen mit Linearkombinationen der Substituentenparameter. 3. Mitt. Reaktionen von Pikrylchlorid mit substituierten Phenolationen und Anilinen.** J. J. Ryan und A. A. Humffray. (J. chem. Soc. [London], Sect. B **1967**, 12, 1300—05; Univ. of Melbourne, Dep. of Phys. Chem.; engl.) — 2. vgl. ibid. **1967**, 468. — Die Rk. von Pikrylchlorid mit m- u. p-substituierten Phenolaten u. Anilinen wurden konduktometr. verfolgt. Spezif. RGK, Aktivierungsenergien u. -entropien wurden berechnet. Es wurden untersucht die Phenolate von *Phenol*, *m-Chlor-*, *m-Cyano-*, *m-Nitro-*, *p-Cyano-* u. *p-Nitrophenol*, *p-Hydroxystilben*, *p-Hydroxyazobenzol*, *p-Hydroxybenzoesäureäthylester*, *p-Hydroxybenzophenon*, *p-Hydroxyacetophenon*, *p-Hydroxybenzaldehyd* u. *ω-Nitro-p-hydroxystyrol* sowie *Anilin*, *m-Methyl-*, *m-Methoxy-*, *m-Chlor-*, *m-Nitro-*, *p-Trifluormethyl-*, *p-Cyano-* u. *p-Nitroanilin*, *m-Aminoacetophenon*, *p-Aminoazobenzol*, *p-Aminobenzoesäureäthylester*, *p-Aminobenzophenon*, *p-Aminoacetophenon* u. *p-Aminobenzolsulfonamid*. Axel Jochum 489

1120 **Anlagerung von Alkoxidionen an Alkene. Die H_R--Skala.** D. J. Kroeger und Ross Stewart. (Canad. J. Chem. **45** (1967) 19, 2163—71; Dep. of Chem., Univ. of B.C., Vancouver, B.C.; engl.) — Die von Vf. definierte H_R--Skala ist ein Maß für die Fähigkeit des Lsgm., ein Alkoxidion an ein Alken anzulagern. Untersucht wurden folgende α-Cyanstilbene: *2.4-Dinitro-*, *4.4'-Dinitro-* (F. 214—215°), *3'-Chlor-4-nitro-* (F. 168—168,5°), *4-Nitro-* (F. 176—176,5°), *4'-Methyl-4-nitro-* (F. 146—147°), *4'-Methoxy-4-nitro-* (F. 162—163°), *4-Cyan-4'-nitro-*, *4'-Dimethylamino-4-nitro-* (F. 244,5—245,5°), *4-Cyan-3'-chlor-*, *4-Cyan-* (F. 144,5—145,5°), *2-Nitro-* [F. 114,5 bis 115,5° (Lit. 115°)], *3-Cyan-4-chlor-*, *3-Cyan-*, *3-Trifluormethyl-* u. *2-Chlor-4-nitro-* sowie *1.1-Bis-(4-nitrophenyl)-äthylen* (F. 174—175°). Lsgm.-Syst. waren Na-Methylat u. -Äthylat in DMSO–A., DMSO–Methanol u. Methanol. UV-Spektren u. pK_A-Werte sind angegeben. J. Eliassaf 490

1121 **Eliminierungsmechanismen. Rolle des Protons und Einfluß der Substituenten auf die Geometrie von E 2-Übergangszuständen.** Louis J. Steffa und Edward R. Thornton. (J. Amer. chem. Soc. **89** (1967) 24, 6149—56; Dep. of Chem., Univ. of Pa., Philadelphia, Pa.; engl.) — Die nach dem E 2-Mechanismus ablaufenden Eliminierungen von folgenden β-Phenyläthylverb. werden bei 80,45° durch acidimetr. Titration kinet. verfolgt: *β-Phenyläthylbromid* (I), *β-Phenyläthyldimethylsulfoniumbromid*, *β-Phenyläthyltrimethylammoniumbromid* (II), *β-[p-Chlorphenyl]-äthyltrimethylammoniumbromid* (F. 240,5—241°) u. *Phenyl-2-phenyläthyldimethylammoniumbromid* (F. 169 bis 170°). II wird außer in H_2O u. D_2O als Lsgm. noch in 50% H_2O/D_2O, I nur in Dioxan/W. (40:60) bzw. Dioxan/D_2O (40:60) untersucht. Der ϱ-Wert in der Hammett-Beziehung u. die Isotopeneffekte bei den Oniumsalzen werden ermittelt. Ausführlich wird in Verbindung mit den beobachteten Isotopeneffekten der Einfl. der Substituenten auf die Geometrie des Übergangszustandes der E 2-Rk. diskutiert. K. Jasche 490△

1122 **Basen- und Lösungsmitteleinfluß auf die Orientierung in E 2-Reaktionen quartärer Ammoniumsalze.** I. N. Feit und W. H. Saunders jun. (Chem. Commun. **1967**, 12, 610—11; Univ. of Rochester, Rochester, N.Y.; engl.) — Der Anteil an cis- u. trans-Olefin in Abhängigkeit vom Lsgm.- u. Baseneinfl. bei der Hofmann-Eliminierung von *Pentyl-(2)-trimethylammoniumjodid* u. *2-Methylpentyl-(3)-trimethylammoniumbromid* u. *-jodid* wurde untersucht. Als Lsgm. wurden verwendet: A., Propanol, Allylalkohol, n-Butanol, tert.-Butanol u. Isopropanol; als Basen wurden die entsprechenden Alkoholate eingesetzt. K. Jasche 490△

1123 **Kinetische Untersuchung der klassischen Michael-Reaktion.** K. T. Finley, D. R. Call, G. W. Sovocool und W. J. Hayles. (Canad. J. Chem. **45** (1967) 5, 571 bis 573; Dep. of Chem., Rochester Inst. of Technol., Rochester, N.Y.; engl.) — Es wird die Kinetik der Michael-Addition von *Malonsäurediäthylester* (I) an *Zimtsäureäthylester* (II) bei konst. I- u. II-Konz. unter Variation der Na-Äthylatkonz. bei 25° durch spektrophotometr. Best. der II-Konz. untersucht. Die Ergebnisse stehen in Übereinstimmung mit dem von Ingold postulierten Mechanismus. G. O. Jäger 490△

1124 **Ionische Kondensation von Olefinen durch ionisierende Strahlung. Wirkungen von Zusätzen und detaillierter Mechanismus.** C. D. Wagner. (Trans. Faraday Soc. **64** (1968) 541, Part 1, 163—74; Shell Dev. Co., Emeryville, Calif.; engl.) — Die Wrkg. von Zusätzen bei der Radiolyse von *Penten-(1)* (I) durch γ-Strahlung von ^{60}Co mit 0,6 Mrad/h (Gesamtdosis 20 Mrad) stützen den durch das Radikalion $C_nH_{2n}^+$ eingeleiteten Mechanismus der Olefinkondensation. Radikalfänger verhindern die Bldg. aller dimeren Prod., ausgenommen das Decen-(3), das mit G = 0,55 gebildet wird. Der Einfl. von Elektronen u. Protonenfängern auf den G-Wert wird untersucht. Neben I wurde noch Buten-(1) untersucht. Axel Jochum 491

1125 **Phenylätherderivate.** 3. Mitt. **Kondensationsreaktionen einiger Phenylätherderivate vom Friedel-Crafts-Typ.** Akio Oshima. (Bull. chem. Soc. Japan **40** (1967) 6, 1403—08; Kanegafuchi Chem. Ind., Yoshida-cho, Hyogo-ku, Kobe; engl.) — 2. vgl. J. chem. Soc. Japan, pure Chem. Sect. [Nippon Kagaku Zasshi] **86** (1965) 1173. — An *4.4'-Dichlormethyl-*, *4.4'-Dimethoxymethyl-*, *4.4'-Dihydroxymethyl-* u. *4.4'-Diacetoxymethyl-diphenyläther* wurde untersucht, ob in Ggw. von $SnCl_2$ oder H_2SO_4 Selbstkondens. oder Kondens. mit dem Lsgm. eintritt. Als Lsgm. wurden Toluol, m-Xylol, n-Hexan, Bzl., Nitro- u. Brombenzol angewandt. UV-, IR-, gaschromatograph. u. analyt. Daten sind angegeben. J. Eliassaf 491

1126 **Theoretische Aspekte thermischer Isomerisierungen in der Gasphase.** M. C. Lin und K. J. Laidler. (Trans. Faraday Soc. **64** (1968) 541, Part 1, 94—102; Dep. of Chem., Univ., Ottawa, Canada; engl.) — Die RRKM-Theorie monomol. Rk. wird auf die Rückrk. bei Isomerisierungen erweitert, worin das hochenerget. Isomerenmol. in ein Mol. des Ausgangsisomeren zurückverwandelt wird. Ber. werden die kinet. Parameter der Isomerisierung von *cis-Buten-(2)* (→ trans-), *Cyclobuten* [→ Butadien-(1.3)] u. *Cyclopropan* (→ Propen). W. Sobieski 492

1127 **Favorski-Reaktionen.** 1. Mitt. **Natur des geschwindigkeitsbestimmenden Schrittes.** F. G. Bordwell, Robert R. Frame, Richard G. Scamehorn, Jerry G. Strong und Seymour Meyerson. (J. Amer. chem. Soc. **89** (1967) 25, 6704—11; Amer. Oil Co., Whiting, Ind.; engl.) — Im Rahmen der Unters. wurden synthetisiert: *2-Brom-4.4-diphenylcyclohexanon* (I), $C_{18}H_{17}BrO$, F. 138,5—139,5° (CCl_4), durch Bromierung von 4.4-Diphenylcyclohexanon (II); 77,1% (Ausb.). — *2-Chlor-* (III), $C_{18}H_{17}ClO$, F. 142—143° (Ae.), aus II u. SO_2Cl_2; 72%. — Favorski-Rk. von I (Rk. mit $NaOCH_3$) → *3.3-Diphenylcyclopentancarbonsäuremethylester*, $C_{19}H_{20}O_2$, $Kp._{0,15}$ ≈ 70°; 83%. Analog aus III nach anschließender Verseifung → *3.3-Diphenylcyclopentancarbonsäure*, $C_{18}\cdot H_{18}O_2$, F. 111—112° (Methanol/W.); 56%. — $D_{4(2.2.6.6)}$-*4.4-Diphenylcyclohexanon* (IV), F. 143—143,5°, aus II, NaH u. D_2O in Bzl.; 100%, Bromierung zu $D_{3(2.6.6)}$-*2-Brom-4.4-diphenylcyclohexanon*, F. 138—139,5°; 83%. — *2-Chlor-*, F. 142—143°, aus IV u. SO_2Cl_2. — *4-Methyl-4-phenylcyclohexen-(2)-on-(1)*, $C_{13}H_{14}O$, $Kp._2$ 122°, durch Rk. von 2-Phenylpropionaldehyd, Methylvinylketon, tert.-Butanol mit 40%ig. methanol. Trimethylbenzylammoniumhydroxid; n_D^{25} 1,5613; nach katalyt. Hydrierung über Pd/C in Essigsäure → *4-Methyl-4-phenylcyclohexanon* (V), $C_{13}H_{16}O$, F. 42—43° (Pentan), Bromierung in $CHCl_3$ → *2-Brom-4-methyl-cis-4-phenylcyclohexanon*, $C_{13}H_{15}BrO$, F. 70—71°. — *2-Chlor-*, $C_{13}H_{15}ClO$, F. 63—65° (Hexan), aus V u. SO_2Cl_2. K. Jasche 492△

1128 **Untersuchung über die Henkel-Reaktion.** Shozo Furuyama. (Shokubai [Catalyst, Tokyo] **9** (1967) 4,

238–51; Tokyo, Tokyo Univ., Fak. für allg. Bldg.; jap., Auszug: engl.) — Bei Bldg. von *Terephthalsäure* aus Kaliumphthalat in Ggw. von Chloriden nachst. Metalle als Katalysator wurde die katalyt. Aktivität bez. der Anzahl der d-Elektronen der Metalle u. der Zwischenprod. untersucht: Na^+, Mg^{2+}, Al^{3+}, K^+, Ca^{2+}, Ti^{4+}, V^{5+}, Cr^{3+}, Mn^{4+}, Mn^{2+}, Fe^{3+}, Fe^{2+}, Co^{2+}, Ni^{2+}, Cu^{2+}, Cu^+, Zn^{2+}, Pd^{2+}, Cd^{2+}, Sn^{2+}, Ba^{2+}, Hg^{2+} u. Pb^{2+}. Es wurde der Rk.-Mechanismus am Beispiel des K-Salzes der deuterierten Phthalsäure u. Benzoesäure sowie [1-^{14}C]- u. $^{14}C_{(COOH)}$-Benzoesäure untersucht. Ferner wurden die Reaktivität, die Krist.-Struktur u. die therm. Eig. von Na-Benzoaten mit denen der Li-, K-, Rb- u. Cs-Benzoate verglichen.
H.-S. Park 492

1129 **cis–trans-Isomerisierung von Buten-(2) in der Gasphase: Photosensibilisierung von Benzol bei 2537 Å.** Edward K. C. Lee, H. O. Denschlag und G. A. Haninger jun. (J. chem. Physics 48 (1968) 10, 4547 bis 4555; Univ. of Calif., Irvine, Calif.; engl.) — Der Mechanismus u. die Druckabhängigkeit der Isomerisierung wird durch Best. der Löschung von (photosensibilisiertem) Triplett-Bzl. untersucht. Angegeben sind außer den cis–trans-Daten die Quantenausb. der Isomerisierung u. die Löschkonst. der Titelverb. u. von *Äthylen, Propylen, Buten-(1), Penten-(1), Cyclopenten, 2-Methylbuten-(2), Tetramethyläthylen* u. *Butadien-(1.3).*
D. Strauch 492

1130 **Theorie der monomolekularen Zersetzung von Äthan und dem Äthyl- und Methoxymethylradikal.** M. C. Lin und K. J. Laidler. (Trans. Faraday Soc. 64 (1968) 541, Part 1, 79–93; Ottawa, Univ., Dep. of Chem.; engl.) — Kinet. Parameter werden nach verschiedenen Modellen berechnet. W. Schramm 493

1131 **Druckabhängigkeit der Zersetzung des Isopropoxylradikals.** M. J. Yee Quee und J. C. J. Thynne. (J. physic. Chem. 72 (1968) 8, 2824–31; Dep. of Chem., Edinburgh, Univ.; engl.) — Die Kinetik der therm. Zers. des Radikals (durch Pyrolyse von Diisopropylperoxid) wurde in der Gasphase bei 122–155° bestimmt.
D. Strauch 493

1132 **Mechanismus der thermischen Zersetzung von Oxalsäuredibenzhydrylestern.** J. Warkentin und D. M. Singleton. (Canad. J. Chem. 45 (1967) 24, 3035–43; Hamilton, Ontario, McMaster Univ., Dep. of Chem.; engl.) — Folgende Oxalsäureester werden therm. bei 180–250° in Diphenylmethan-, Diphenyläther- u. α-Chlornaphthalinlsg. zersetzt: *Bis-[p.p'-dichlorbenzhydryl]-* [I, $C_{28}H_{18}Cl_4O_4$, F. 143,8–144,8°, aus p.p'-Dichlorbenzhydrol u. Oxalylchlorid in wasserfreiem Py. bzw. Ae.; 95 bzw. 88 % (Ausb.)], *Dibenzhydryl-* (II, F. 142–143°; 85 %), *Bis-[p.p'-dimethylbenzhydryl]-* ($C_{32}H_{30}O_4$, F. 122,5–124,5°; 89 %) u. *Di-[4-methoxybenzhydryl]-* (F. 117,5–118,5°; 51 %). Die RG sowie $^{13}C/^{12}C$- u. $^{18}O/^{16}O$-Isotopieeffekte der CO_2-Bldg. werden gemessen. Der Rk.-Mechanismus wird diskutiert.

Versuche: *p-Phenoxytriphenylmethan*, $C_{25}H_{20}O$, F. 139–141°, durch therm. Zers. von II in Diphenyläther bei 245°; 5 %; daneben *1.1.2.2-Tetraphenyläthan* als Hauptprodukt. — *1.1.2.2-Tetrakis-[p-chlorphenyl]-äthan*, $C_{26}H_{18}Cl_4$, F. > 300°, durch therm. Zers. von I in α-Chlornaphthalin; 56 %; daneben *p.p'-Dichlorbenzhydryldi-[p-chlorphenyl]-acetat*, $C_{27}H_{18}Cl_4O_2$, F. 127–128°; 10 %; *p.p-Dichlorbenzhydrol*; 21 %. H. Pehlmann 493

1133 **Temperatur der Methan–Fluor-Flamme.** J. Chevaleyre, A. Bouvier, A.-M. Bouchoux und J. Janin. (Spectrochim. Acta [Oxford], Part A 24 (1968) 11, 1803 bis 1811; Labor. de Spectrosc. et de Luminescence de l'Univ., Lyon; engl.) — Die Temp. beträgt 3751 °K u. entspricht dem Gemisch mit 31,3 % CH_4 u. 68,7 % F_2. Die Rotationstemp. eines in einer CH_4–F_2-Diffusionsflamme angeregten CN-Radikals liegt in der Nähe des obigen Wertes. G. Pötzscher 494

1134 **Homogene Katalyse der Oligomerisierung und Dimerisierung von Butadien. Reaktion mit nucleophilen Agenzien und Synthese von Octatrien-(1.3.7).** E. J. Smutny. (J. Amer. chem. Soc. 89 (1967) 25, 6793–94; Shell Dev. Co., Emeryville, Calif.; engl.) — Untersucht werden: Kondens. von Phenol u. Butadien (I) (60°, 24 Std.) in Ggw. des I-$PdCl_2$-π-Allyl-Komplexes → *o-* u. *p-Butenylphenolgemisch*; 30 % (Ausb.). In Py. Bldg. des *1-Phenoxyoctadien-(2.7)* (II), Kp.$_1$ 85°; ≈ 3 %. Durchführung der Rk. bei 100° in Ggw. von $PdCl_2$ → ≈ 91 % *trans-* u. ≈ 4 % *cis-*II neben ≈ 5 % *3-Phenoxyoctadien-(1.7).* — Substituierte Phenole mit I (1 : 4) in Ggw. von π-Allylpalladiumchlorid (III) → *substituierte Phenoxyoctadiene* (*p-Cl*, *p-CH*$_3$, *p-OCH*$_3$, *2.6-Dimethyl-*, *2.4-Dichlor-*). — Rk. von II mit Phenol, I, III, Na-Phenolat u. $P(C_6H_5)_3$ bei 0° → *Octatrien-(1.3.7)*, Kp. 122°; 85 %.
K. Jasche 494△

1135 **Reaktion tertiärer Nitrile mit solvatisierten Elektronen.** P. G. Arapakos. (J. Amer. chem. Soc. 89 (1967) 25, 6794–96; Battelle Mem. Inst., Columbus, O.; engl.) — Untersucht wurden die Umwandlungen: *Dehydroabietonitril* in Na/fl. NH_3 → *Dehydroabieten*, $C_{19}H_{28}$; $[\alpha]_D^{25}$ + 71,7°; n_D^{27} 1,53569; 95–97 %. — *1.1'-Dicyanobicyclohexyl* in Na/NH_3 → *Bicyclohexyliden* (5 %) u. *Bicyclohexan* (95 %)) (in Li/$C_2H_5NH_2$ 30 u. 70 %). — *Tetramethylsuccinonitril* in Li/$C_2H_5NH_2$ → *2.3-Dimethylbutan* (11,5 %) u. *2.3-Dimethylbuten-(2)* (88,5 %).
K. Jasche 494△

1136 **Reaktivität und Polymerisierbarkeit von cyclischen Verbindungen.** 7. Mitt. **Gleichgewichte bei der Oniumbildungs- und der Ringöffnungsreaktion von Tritylhexachlorantimonat mit cyclischen Äthern und Sulfiden.** Shizuyoshi Sakai, Yukio Asai und Yoshio Ishii. (J. chem. Soc. Japan, ind. Chem. Sect. [Kōgyō Kagaku Zasshi] 70 (1967) 11, 2036–39; Nagoya Univ., Nagoya, Fac. of Engng., Dep. of Synthetic Chem.; jap., Auszug: engl.) — 6. vgl. ibid. 70 (1967) 1808. — Dabei wurden die Gleichgew.-Konst. u. die Rk.-Geschw. der Rk. von Tritylhexachlorantimonat mit *Tetrahydrofuran, Oxycetan, 2.3-Epoxybutan, Propylenoxid, Epichlorhydrin, Tetrahydrothiophen, Trimethylensulfid, 2.3-Epithiobutan, Propylensulfid, Äthylensulfid, Chlorpropylensulfid* bestimmt. H.-S. Park 494

1137 **Gestörte Orbitalenergien bei der Radiolyse gesättigter Kohlenwasserstoffe.** Moon-Tak So und Suei-Rong Huang. (J. chem. Physics 47 (1967) 12, 4896 bis 4901; Brooklyn, N.Y., Zeckendorf Campus, Brooklyn Center, Long Island Univ., Chem. Dep.; engl.) — Bei der Kombinierung zweier gesätt. KW-Stoffradikale unter Bldg. einer neuen Bindung wird eine gestörte Orbitalenergie frei. Diese Energie ist der äquivalent, die zur Zers. der Prod.-Mol. in zwei Radikale notwendig ist. Die gestörten Orbitalenergien werden für folgende Verb. nach der LCBO-Meth. ber.: *Äthan, Propan, n-Butan, 2-Methylpropan, n-Pentan, 2-Methylbutan, 2.2-Dimethylpropan, n-Hexan, 2-* u. *3-Methylpentan, 2.2-* u. *2.3-Dimethylbutan, n-Heptan, 2-* u. *3-Methylhexan, 2.3-, 2.4-, 2.2-* u. *3.3-Dimethylpentan, 2.2.3-Trimethylbutan, n-Octan, n-Nonan* u. *n-Decan.* Die G-Werte der Zers.-Prod. einiger der obigen Verb. werden angegeben.
H. Pehlmann 498

1138 **Disproportionierungs- und Kombinationsreaktionen der einfachen Alkylradikale: Methyl, Äthyl, n-Propyl und Isopropyl.** J. O. Terry und J. H. Futrell. (Canad. J. Chem. 45 (1967) 20, 2327–33; Wright-Pattesan AFB, O., Office of Aerospace Res., Aerospace Res. Labor.; engl.) — Die RG der möglichen Rk. der obigen Radikale bei Photolyse von *1-* u. *2-Propanazoäthan* u. *Azomethan, Azoäthan, Azo-n-propan* u. *Azoisopropan* sowie deren Mischungen werden gemessen.
H. Pehlmann 498

1139 **Thermisches Ausheilen von ^{82}Br in neutronenbestrahltem p-Dibrombenzol.** J. Narbutt, D. Dancewicz und A. Halpern. (Radiochim. Acta [Frankfurt/M.] 7 (1967) 1, 55–57; Dep. of Radiochem., Inst. of Nucl. Res., Warsaw; engl.) — Krist. p-Dibrombenzol wurde bei −78° mit $8 \cdot 10^{11}$ n · cm^{-2} · s^{-1} bestrahlt, in fl. N_2 gelagert u. bei 35, 50 u. 60° getempert. Die Analyse erfolgte mittels Clathrat-Chromatographie u. γ-Szintillationsmessung. Die Ergebnisse werden mit den von 1.3.5- u. 1.2.4-Tribrombenzol verglichen u. mit einem Zweistufenmechanismus der therm. Ausheilung diskutiert.
W. Wiechmann 498

1140 **ESR-Untersuchung der photoinduzierten Isomerisierung des tert.- zum Isobutylradikal in γ-bestrahltem**

Isobutylbromid. Machio Iwasaki und Kazumi Toriyama. (J. chem. Physics **46** (1967) 7, 2852—53; Gov. Ind. Res. Inst., Nagoya, Hirate-machi, Kita-ku, Japan; engl.) — Bei ^{60}Co-γ-Bestrahlung von Isobutylbromid entsteht das Isobutylradikal. Nach 40tägiger Lagerung bei 77 °K zeigt das ESR-Spektrum Ggw. des tert.-Butylradikals. Bei UV-Bestrahlung bei 77 °K kann das tert.-Butylradikal durch Photoanregung wieder zum Isobutylradikal isomerisiert werden. Ähnliche photoinduzierte Radikalkonversionen erfolgen in γ-bestrahltem isotakt. Polypropylen u. in Tetrafluoräthylen–Hexafluorpropylen-Copolymeren. K.-H. Bielicki 498

1141 **ESR-Untersuchung der photochemischen Bildung von freien Radikalen aus aliphatischen Aminen.** S. G. Hadley und D. H. Volman. (J. Amer. chem. Soc. **89** (1967) 5, 1053—55; Dep. of Chem., Univ. of Calif., Davis, Calif.; engl.) — Die bei der UV-Bestrahlung bei 77 °K von *Methylamin* (**I**), *CD_3-I*, *Dimethylamin* (**II**), *ND*-**II**, [*CH_3—D_6*]-**II** u. *Trimethylamin* sowie von Lsg. von H_2O_2 in **I** u. (D_3)-I auftretenden Primär- u. Sekundärprozesse werden ESR-spektrometr. untersucht. Die Spektren sind abgebildet. W. Wesly 498

1142 **Photochemie von Methanol. 2. Mitt. Absorptionsspektrum und Einfluß von Zusammenstößen auf die Photodissoziation.** Janine Hagège, Pierre C. Roberge und Catherine Vermeil. (J. Chim. physique Physico-Chim. biol. **65** (1968) 4, 641—47; CNRS, Labor. de Chim. Phys., ESPCI, Paris; franz.) — 1. vgl. ibid. **62** (1965) 736. — Vf. untersuchten die Photozers. von CH_3OH-Dampf bei 1236, 1470 u. 1849 Å in Abhängigkeit von Druck u. Zusätzen von Inertgasen, desgleichen das Absorptionsspektrum (2000—1230 Å) von gasf. CH_3OH u. CD_3OD. U. Radlbeck 498

1143 **Spektroskopische Grundlagen der Carbonylphotochemie. 1. Mitt. Rolle der Geometrie angeregter Zustände bei der Photozersetzung von Formaldehyd.** E. W. Abrahamson, J. G. F. Littler und Kim-Phan Vo. (J. chem. Physics **44**, 4082—86, 1966; Cleveland, O., Univ. Circle, Case Inst. of Technol., Dep. of Chem.; engl.) — Eine MO-Beschreibung der Photozers. von *Formaldehyd* wird durchgeführt, die das photochem. Verh. bei der spektroskop. Analyse beschreibt. I. Berthold 498

1144 **Ultraviolettphotolyse von Riboflavin in Pyridin. Vorläufige Untersuchung.** Pill-Soon Song. (Photochem. and Photobiol. **6** (1967) 3, 221—27; Lubbock, Tex., Tex. Technol. Coll., Dep. of Chem.; engl.) — UV-Photolyse von Riboflavin (**I**) in Py. führt zur Bldg. eines roten Photoprod., das sich offenbar durch photochem. Wechselwrkg. des Lsgm. mit **I** bildet. Die Kinetik der Photork. wird untersucht u. Absorptions-, Fluoreszenzemissions- u. -anregungsspektren des Photoprod. angegeben. H. Pehlmann 498

C. Präparative organische Chemie, Naturstoffe

1145 **Darstellung von Aldehydderivaten aus Picolin-N-oxiden.** W. S. Chilton und Alice K. Butler. (J. org. Chemistry **32** (1967) 4, 1270—72; Dep. of Chem., Univ. of Wash., Seattle, Wash.; engl.) — Durch Rk. von heterocycl. α- u. γ-Hydroxyalkyl-N-oxiden mit wss. NaOH u. Phenylhydrazin (**I**) bei 80° lassen sich die dabei entstehenden Aldehyde als *Phenylhydrazone* abfangen. Als *Phenylhydrazone* werden erhalten: *α-Pyridinaldehyd* (79% Ausb.), *γ-Pyridinaldehyd* (70%), *6-Methyl-α-pyridinaldehyd* (5%), *Methyl-α-pyridylketon* (19%), *α-Chinolinaldehyd* (87%) u. *Pyrazin-2-aldehyd-4-oxid* (26%). Bei der Rk. von *2-Methoxymethyl-* u. *3-Hydroxymethylpyridin-N-oxiden* mit **I** tritt keine Umsetzung ein. Als Rk.-Weg formulieren Vf. eine Eliminierungsrk., die über die Stufe des Enolamins verläuft.

Versuche: *2-Hydroxymethylpyridin*, Kp.$_{25}$ 105 bis 111°, durch 3std. Kochen von 2-Acetoxymethylpyridin mit konz. HCl. — *2-Methoxymethylpyridin-N-oxid*, $C_7H_9NO_2$, Kp.$_3$ 127—128°, durch 3std. Erwärmen von 2-Methoxymethylpyridin mit 30%ig. H_2O_2 auf 80° in Essigsäure; 31% (Ausb.). — *Pyridin-4-aldehyd-oxim*, F. 131° (W.), aus 4-Hydroxymethylpyridin-N-oxid mit $NH_2OH \cdot HCl$ in alkal. Lsg.; 45%. — *Pyrazin-2-aldehyd-4-oxidphenylhydrazon*, $C_{11}H_{10}N_4O$, F. 239 bis 241° (Zers.; A.), durch 46std. Erhitzen von 2-Acetoxymethylpyrazin-N.N-dioxid mit **I** in wss.-alkal. Lsg. auf 100°; 26%. H. Hennige 510

1146 **Eine neue Methode zur Reduktion von α,β-ungesättigten Ketonen.** Sudarshan K. Malhotra, Douglas F. Moakley und Francis Johnson. (J. Amer. chem. Soc. **89** (1967) 11, 2794—95; Wayland, Mass., Dow Chem. Co., Eastern Res. Labor.; engl.) — Durch Kondens. eines α,β-ungesätt. Ketons mit Benzylamin entsteht durch Umlagerung der zunächst gebildeten Schiffschen Base durch Zusatz einer bas. Verb., z. B. K-tert.-Butylat, eine Benzalaminoverb. u. durch deren Hydrolyse mit CH_3COOH das entsprechende *gesätt. Keton* u. *Benzaldehyd*. Diese Red. ist für Doppelbindungen, die in Konjugation zur Carbonylgruppe stehen, selektiv. Die Umlagerung tritt mit u. ohne Lsgm. ein. Als Lsgm. kommen z. B. Bzl., Monoglyme, Diglyme, DMS, Hexamethylphosphoramid u. tert.-Butanol in Frage. Folgende monocycl. Ketone werden auf diesem Wege in 40- bis 70%ig. Ausb. red.: d-Carvon, 3-Methyl-Δ^2-cyclohexenon, Schiffschen Basen umgelagert sind. Testosteron u. 3.5-, 3.4- u. 2.4-Dimethyl-Δ^2-cyclohexenon sowie Isophoron. Bei Verb. mit β-ständigen Alkylgruppen verläuft die Umlagerung langsamer. Die Umlagerungsgeschw. kann jedoch durch die Menge der zugesetzten Lauge u. die Rk.-Temp. beeinflußt werden. Die Red. von $\Delta^{1(9)}$-Oktalon-(2) u. 10-Methyl-$\Delta^{1(9)}$-oktalon-(2) führt zu *trans-Dekalonen*, wenn 30—40% der gebildeten Cholesteron werden infolge von Nebenrk. in geringer Ausb. u. 3β-Hydroxy-20-oxo-$\Delta^{5.16}$-pregnadien zu 40% reduziert. Die Red. von 3-Oxo-$\Delta^{4.6}$-cholestadien führt zu einer Mischung von *3-Oxo-Δ^4-cholesten* u. der *Δ^5-Verb.* in 50%ig. Ausbeute.

Versuche: *Dihydrocarvon*, Kp.$_{15}$ 90—92°, durch 20 Min. Rühren von Benzylamin, d-Carvon, K-tert.-Butylat u. trockenem Diglyme bei Raumtemp. unter N_2, Zufügen von 50%ig. CH_3COOH u. Rühren; 75% (Ausb.). *Oxim*, F. 88°. E. Koßmehl 510

1147 **Aminierung von β-Dicarbonylverbindungen mit Tetrakis-[dimethylamino]-titan.** Harold Weingarten, Malcolm G. Miles, Stephen R. Byrn und Charles F. Hobbs. (J. Amer. chem. Soc. **89** (1967) 23, 5974; Monsanty Co., St. Louis, Mo.; engl.) — Acetessigsäuremethylester bzw. Benzoylaceton reagieren mit Tetrakis-[dimethylamino]-titan zu *N.N.N'.N'.N''.N''-Hexamethylbutadien-(1.3)-triamin-(1.1.3)* [$C_{10}H_{21}N_3$, Kp.$_{0,3}$ 43°; 77% (Ausb.)] bzw. *N.N.N'.N'-Tetramethyl-1-phenylbutadien-(1.3)-diamin-(1.3)* (**I**, $C_{14}H_{20}N_2$, Kp.$_{0,3}$ 82°; 70%). Analog reagieren Acetylaceton, N.N-Dimethylacetessigsäureamid, Dimedon bzw. 2-Acetylcyclohexanon. **I** bildet mit CH_3J *1.3-Bis-[dimethylamino]-1-äthyl-3-phenylallyliumjodid* [$C_{15}H_{23}JN_2$, F. 145—147° (Zers.); 56%]. Hans Köhne/Berlin 510△

1148 **Selektive Reduktion durch Verwendung von Tris-[triphenylphosphin]-chlorrhodium(I).** Morris Brown und Leonhard W. Piszkiewicz. (J. org. Chemistry **32** (1967) 6, 2013—14; Gates and Crellin Labor., Calif. Inst. of Technol., Pasadena, Calif.; engl.) — Normalerweise wird bei Hydrierung von Eremophilon (**I**) zunächst die konjugierte Doppelbindung in 8.9-Stellung angegriffen. Die Darst. von *13.14-Dihydro*-**I** gelang durch Ox. mit H_2O_2 zum *8.9-Epoxy*-**I**, dann Hydrierung über Pd/C zum *8.9-Epoxy-13.14-dihydro*-**I** u. Red. mit $CrCl_2$ in 63%ig. Gesamtausbeute. Wesentlich einfacher konnte die 13.14-Dihydroverb. durch Hydrierung von **I** in Ggw. des neuen Wilkinson-Katalysators erhalten werden.

Versuche: (F. korr.): *Eremophilonoxid*, F. 60 bis 61°, nach Bradfield et al. [1932]; 78% (Ausb.) — *13.14-Dihydroeremophilonoxid*, F. 50—51°, durch Hydrierung vorst. Epoxids über Pd/C; 95%. — *13.14-Dihydroeremophilon*, $C_{15}H_{24}O$, Kp.$_1$ 100°, a) durch Red. vorst.

Epoxids mit $CrCl_2$; 85%; b) durch Hydrierung von I über Tris-[triphenylphosphin]-chlorrhodium (I) [Wilkinson-Katalysator]; 94%. P. Boroffka 510

1149 **Eine vielseitige neue Enaminsynthese.** William A. White und Harold Weingarten. (J. org. Chemistry **32** (1967) 1, 213–14; Central Res. Dep., Monsanto Comp., St. Louis, Mo.; engl.) — Es wird eine allg. Meth. der Umwandlung von Carbonylverb. in *Enamine* unter Verw. von $TiCl_4$ u. freien Aminen beschrieben. 2.2.4-Trimethylpentanon-(3) u. 2.6-Di-tert.-butylcyclohexanon reagierten unter diesen Bedingungen nicht. Pyrrolidin u. Morpholin reagierten schlechter als Alkylamine wegen der Koordinationstendenz mit $TiCl_4$. $AlCl_3$, $SnCl_4$, $FeCl_3$, $AsCl_3$ u. $SbCl_3$ zeigten eine geringere Aktivität. NMR-Daten s. Original.

Versuche: Enamine, aus den entsprechenden Ketonen u. Aminen in Bzl., n-Pentan oder Ae. unter N_2, Zugabe von $TiCl_4$ in Bzl. oder n-Pentan unter Rühren bei 0–10°, mehrere Std. Rühren bei Raumtemp., Filtrieren u. Destillation: *N.N.2-Trimethyl-1-methylenpropylamin*, $Kp._{83}$ 56°; n_D^{25} 1,4403; 57% (Ausb.). — *4-[3-Methylbuten-(2)-yl-(2)]-morpholin* (1:2,4-Gemisch), $Kp._{35}$ 100°; n_D^{25} 1,4710; 55%. — *N.N.2.2-Tetramethyl-1-methylenpropylamin*, $Kp._{71}$ 57°; n_D^{25} 1,4293; 94%. — *1-[1-Phenyl-2-methylpropenyl]-pyrrolidon*, $Kp._1$ 86°; n_D^{25} 1,5442; 62%. — *N.N.2-Trimethyl-1-isopropylpropenylamin*, $Kp._{82}$ 82°; n_D^{25} 1,4397; 72%. — *N.N.2.5-Tetramethylcyclopenten-(1)-yl-(1)-amin*, $Kp._{17}$ 61°; n_D^{25} 1,4699; 86%. H.-J. Schönherr 510

C–1. Acyclische Verbindungen

1150 **Selenchemie. 2. Mitt. Stereochemie der vicinalen Dihalogeneliminierung.** Martin Prince und Bruce W. Bremer. (J. org. Chemistry **32** (1967) 5, 1655–56; Res. Div., School of Engineering, Univ., New York, N.Y.; engl.) — 1. vgl. ibid. **31** (1966) 4292. — Es wird die Stereochemie der Bromeliminierung aus *dl-* u. *meso-2.3-Dibrombutan* (I) durch Na_2Se in DMF u. DMS durch gaschromatograph. Best. des Verhältnisses *cis-*: *trans-Buten-(2)* (II) untersucht. Unabhängig vom Lsgm. entsteht durch stereospezif. trans-Eliminierung aus dl-I bei 75° nahezu ausschließlich cis-II (86,1–88,9%) u. aus meso-I trans-II (98–99%ig. rein). Bei höheren Temp. nimmt infolge des katalyt. Einfl. von Se auf die Isomerisierung von cis- u. trans-II die Stereospezifität ab.

Versuche: *2.3-Dibrombutan* (I). *dl-Form*, $Kp._{50-51}$ 76–77°, aus Br_2 u. cis-II nach Young et al. [1929]; n_D^{25} 1,5125. *meso-Form*, $Kp._{50}$ 72–73°, analog aus trans-II; n_D^{25} 1,5091. G. O. Jäger 560△

1151 **Butadien aus Vinylchlorid. Die Pt(II)-katalysierte Kupplung von Vinylhalogeniden.** Frank N. Jones. (J. org. Chemistry **32** (1967) 5, 1667–68; Wilmington, Del., E. I. du Pont de Nemours & Co., Experimental Station; engl.) — Vinylchlorid wird bei 25° durch 40std. Rühren einer Mischung von 2 Val Tetraäthylammoniumtrichlorstannit u. 1 Val $PtCl_2$ in DMF u. unter Zusatz von CsF als Cokatalysator in DMF, das 2% W. enthält, in einer H_2-Atmosphäre zu *Butadien* (I) in 97%ig. Ausb. gekuppelt. Die Rk. tritt auch in Acetonitril u. in DMS ein, jedoch ist in letzterem die Rk.-Geschw. geringer. Um eine hohe Butadienausb. zu erlangen, müssen Sn(II)-Ionen im Überschuß vorhanden sein. Übersteigt das Verhältnis Sn:Pt den Wert 5:1, so sinkt die Ausb. beträchtlich. Ohne Pt(II)-Ionen tritt keine Rk. ein. Auch Vinylfluorid wird zu I gekuppelt, β-Bromstyrol kuppelt bei 140° in 25%ig. Ausb. zu *trans.trans-Distyrol*. Aus α-Chlorstyrol erhält man bei 110° 11% *2.3-Diphenylbutadien* u. aus Allylchlorid entsteht durch 72std. Rühren bei 25° 50% *Hexadien-(1.5)*.

Versuche: *Butadien* (I), durch Hineinkondensieren von Vinylchloridgas bei 25° u. 498 nm Druck in eine Mischung von $PtCl_2$, $(C_2H_5)_4NSnCl_3$, CsF, DMF, das 2% W. enthält, u. 0,01 g Hydrochinon, Evakuieren auf 2 Torr u. 40std. Rühren; 97% (Ausb.). — *trans.trans-Bistyrol*, F. 151–152° (Bzl./A.), durch 18std. Rühren von $PtCl_2$, $(C_2H_5)_4NSnCl_3$, β-Bromstyrol, CsF, Hydrochinon u. abs. DMF unter H_2 bei 135–140°; 25%. — *1.4-Dibrom-2.3-diphenylbuten-(2)*, F. 144–144,5° ($CHCl_3$/Hexan) aus α-Chlorstyrol in Propionitril analog vorst. Verb. u. Bromieren; 11%. — *Hexadien-(1.5)*, aus Allylchlorid analog I; 50%. — *Tetraäthylammoniumtrichlorstannit*, F. 78 bis 78,5°, durch Mischen von $SnCl_2 \cdot 2\,H_2O$-Lsg., $(C_2H_5)_4NCl$-Lsg. u. wenig 0,5n HCl u. Kühlen auf 0°; 65%. E. Koßmehl 570

1152 **Stereospezifische Synthese von 1.4-Dienen.** 2. Mitt. Go Hata und Dan Aoki. (J. org. Chemistry **32** (1967) 12, 3754–58; Basic Res. Labor., Toyo Rayon Co., Ltd., Kamakura, Japan; engl.) — 1. vgl. C. **1965**, 23-0887. — Äthylen reagiert mit 1.3-Dienen bei 30° u. 40 kg/cm² in Ggw. von Fe(III)-Acetylacetonat/Triäthylaluminium (I) zu *cis-1.4-Dienen*. Unsymm. 1.3-Diene geben zwei Isomere. Zum Konfig.-Beweis werden 4-Methylhexadien-(1.4-cis) (II) bzw. 4-Methylheptadien-(1.4-cis) (VII) zu *3-Methylhexen-(2-cis)* (VIII) bzw. *4-Methylhepten-(3-cis)* red., deren NMR-Spektren mit den NMR-Spektren der cis–trans-Gemische von 3-Methylhexen-(2) bzw. 4-Methylhepten-(3) verglichen werden. Die *Gemische der cis- u. trans-Isomeren* werden durch Wittig-Rk. von Pentanon-(2) mit Äthyliden- bzw. Propylidentriphenylphosphoran dargestellt. Isopren u. Äthylen bilden II u. *5-Methylhexadien-(1.4)* (III). Das Mengenverhältnis von III zu II ist temperaturabhängig. Die Rk. von Äthylen mit Pentadien-(1.3) (IV) bzw. 2-Methylpentadien-(1.3) (V) zeigen keine Temperaturabhängigkeit. Bei einem Gemisch von cis- u. trans-IV reagiert vermutlich nur das trans-Isomere mit Äthylen in Ggw. von I. Das cis-Isomere wird von I langsam zum trans-Isomeren isomerisiert. Ein Gemisch von V mit 4-Methylpentadien-(1.3) (VI) gibt mit Äthylen in Ggw. von I nur *3.5-Dimethylhexadien-(1.4)* u. VII. VI beteiligt sich offensichtlich nicht an der Reaktion. 2-Phenylbutadien-(1.3) (IX) gibt mit Äthylen nur *4-Phenylhexadien-(1.4)*. Aus Butadien-(1.3) u. Propylen werden in Ggw. von I bei 40° *2-Methylhexadien-(1.4-cis)* u. *Heptadien-(1.5-cis)* erhalten.

Versuche: *4-Methylhexadien-(1.4-cis)* (II), Kp. 88–89°, aus Isopren, Äthylen u. I in Xylol bei 30° u. 40 kg/cm²; daneben *5-Methylhexadien-(1.4)* (III, Kp. 88–89°) u. *Gemisch* von *konjugierten C_7-Dienen* (Kp. 108–109°). — *3-Methylhexen-(2-cis)* (VIII), Kp. 94°, aus II u. Diisobutylaluminiumhydrid bei 70° u. anschließende Hydrolyse. — Analog: *3-Methylhexadien-(1.4-cis)*, aus IV; 46% (Ausb.); daneben 14% *Heptadien-(1.4-cis)* u. 4% *Heptadien-(2.4)*. — *4.5-Dimethylhexadien-(2.4)*, Kp. 119–120°, aus 16,4 g 2.3-Dimethylbutadien-(1.3) u. Äthylen in Bzl. in Ggw. von Äthoxydiäthylaluminium u. Fe(III)-Acetylacetonat bei 50° u. 40 kg/cm²; 14,1 g; daneben 1,7 g *2.3-Dimethylhexadien-(2.4)* (Kp. 137 bis 139°). — *3.5-Dimethylhexadien-(1.4)*, Kp. 108°, aus 22 g Gemisch V u. VI (Kp. 75–75,5°) u. Äthylen in Xylol in Ggw. von I bei 40 kg/cm² u. 30 bzw. 70°; 13,2 bzw. 13,9 g; daneben 4,3 bzw. 4,4 g *4-Methylheptadien-(1.4-cis)* (VII, Kp. 116°). — *2.4-Dimethylhexen-(2)*, Kp. 108–109°, aus vorst. Verb. analog VIII. — Analog: *4-Methylhepten-(3-cis)*, $Kp._{110}$ 57–58°, aus VII. — *4-Phenylhexadien-(1.4)*, $Kp._6$ 90–92°, aus 13 g IX u. Äthylen in Toluol in Ggw. von I bei 40 kg/cm² u. 30°; 6,6 g. — *3-Phenylhexen-(2)*, $Kp._6$ 89°, aus vorst. Verb. analog VIII. Hans Köhne/Berlin 570△

1153 **Dimerisation konjugierter Diene.** Kyoichi Suga, Shoji Watanabe und Kazumasa Takahashi. (Bull. chem. Soc. Japan **40** (1967) 10, 2432–33; Dep. of Appl. Chem., Fac. of Engng., Chiba Univ., Yayoicho, Chiba; engl.) — Die Darst. *linearer Dimerer* aus *Butadien* (I), *Piperylen* (II), *2.3-Dimethylbutadien* (III) u. *Myrcen* in Ggw. von Li-Naphthyl (IV) u. die Strukturaufklärung der Prod. durch Hydrierung, Ox. sowie IR- u. NMR-spektroskop. Unters. (Maxima s. Orig.) wird beschrieben.

Versuche: *Octadien-(2.6)*, *Stereoisomerengemisch*, C_8H_{14}, aus IV u. 27 g I; bildet bei Hydrierung an Pd-Kohle 100% *n-Octan*; Ox. mit $KMnO_4$ gibt *Bernsteinsäure* u. *Essigsäure*; daneben *Octadien-(1.6)* (bildet bei Ox. mit $KMnO_4$ *Glutarsäure* u. *Essigsäure*). — *4.5-Dimethyloctadien-(2.6)*, $C_{10}H_{18}$, Kp. 167–168°, aus 25 g II u. IV; 300 mg; daneben 150 mg *4-Methylnonadien-(2.6)* ($C_{10}H_{18}$, Kp. 175–176°). — *2.3.6.7-Tetramethyloctadien-(2.6)*, $C_{12}H_{22}$, aus 3 g III u. IV; 0,3 g; bildet bei Ox. mit $KMnO_4$ *Aceton*. — *Gemisch aus 2.6.11.15-Tetramethylhexadecatetraen-(2.6.10.14)* u. *2.6.14-Trimethyl-10-äthyli-*

denpentadecatrien-(2.6.13), $C_{20}H_{34}$, Kp.$_4$ 149–151°, aus Myrcen u. **IV**; gibt bei Hydrierung an Pd-Kohle *Prod. vom Kp.*$_8$ *147°*. G. Fischer 570△

1154 **Stark saure perhalogenierte Alkohole. Neue Synthese von Perfluor-tert.-butanol.** Robert Filler und Ralph M. Schure. (J. org. Chemistry **32** (1967) **4**, 1217–19; Dep. of Chem., Ill. Inst. of Technol., Chicago, Ill.; engl.) — Vf. erläutern eine neue Meth. zur Darst. von *Perfluor-tert.-butanol* (**I**), die vom *Trichlormethyl-Li* [nach Hoeg et al., J. Amer. chem. Soc., **87** (1965) 4147] ausgeht, das mit *Perfluoraceton* (**VII**) in THF bei –100° zu einem *Komplex* (**II**) reagiert, bei dem sich 1 Mol. THF an das Hydroxyl des neu gebildeten *Trichlormethyl-bis-trifluormethylcarbinols* (**III**) angelagert hat. Durch Zers. mit konz. H_2SO_4 wird aus **II** Alkohol **III** in 50%ig. Ausb. gewonnen. Durch Erhitzen von **III** mit SbF_5 im Überschuß in einer Stahlbombe erhält man **I** in 60%ig. Ausb., wird **III** hingegen mit SbF_3 u. $SbCl_5$ behandelt, resultieren 45% an *Difluorchlormethyl-bis-trifluormethylcarbinol* (**IV**). Die pK-Werte (Tabelle) von **I**, **III** u. **IV** sowie der *Methylcarbinole*: *Trifluor-*, *Bis-trifluormethyl-* u. *Bis-trifluor-* sind angegeben. Die ansteigende Acidität mit wachsender Halogenierung erhellt auch aus den IR-Frequenzdifferenzen der freien Carbinole u. ihrer THF-Komplexe sowie der Carbonylfrequenzen der, mittels Acetylchlorid, erhaltenen (rohen) *Acetatester*. Der pK-Wert von **I** stimmt mit dem von Knunyants et al. (Izvest. Akad. Nauk SSSR, chem. Ser., **1964**, 923) angegebenen überein, die **I** durch Ox. von Perfluormethylnitroso-tert.-butan zum entsprechenden Nitrit u. Hydrolyse desselben synthetisieren konnten. Ferner werden die Darst. von *Bis-trifluormethylglykolsäure* (**V**) durch Hydrolyse des K-Salzes des Cyanhydrins von **VII**, bzw. deren Veresterung mittels Diazomethan zum *Methylester* (**VI**) beschrieben. Die Strukturen von **I**, **III** u. **IV** werden mittels IR- u. NMR-Spektren, die von **V** u. **VI** mittels IR-Spektren gesichert.

Versuche: Bis-trifluormethylcarbinole: *Trichlormethyl-* (**III**), $C_4HCl_3F_6O$, Kp. 136–137°, aus n-Butyl-Li u. **VII**; 50% (Ausb.). — *Difluorchlormethyl-* (**IV**), C_4HClF_8O, Kp. 73–75°, aus **III** u. $SbF_3/SbCl_5$ bei 150°; 45%. — *Perfluor-tert.-butanol* (**I**), C_4HF_9O, Kp. 44–45°, aus **III** u. SbF_5 durch Erwärmen auf 65–80°; 45%. — *Bis-trifluormethylglykolsäure* (**V**), $C_4H_2F_6O_3$, Kp. 153–156°, F. 82–85° (hygroskop.), aus KCN in abs. Ae./abs. THF u. **VII**, Zers. des K-Salzes des Cyanhydrins mit konz. H_2SO_4 u. 24std. Kochen bei 160–180°; 60%. *Methylester* (**VI**), $C_5H_4F_6O_3$, Kp. 109–111°, aus 10 g **V** u. Diazomethan; 64%. I. Hauschild 610

1155 **Cyclisierung von Pentaerythrittrichloridmonoacetat und Pentaerythritdichloriddiacetat.** Ajai Prakash, M. Krishnan und R. T. Thampy. (Indian J. Chem. **5** (1967) **4**, 172; Shri Ram Inst. for Ind. Res., Delhi; engl.) — Bei der Einw. von HCl-Gas auf Tetra-O-acetylpentaerythrit entstehen die *erste Titelverb.* [**I**, Kp.$_{10}$ 120 bis 123°; n_D^{21} 1,4815] u. die *zweite Titelverb.* [Kp.$_{10}$ 140 bis 145°; n_D^{21} 1,4685]. Aus **I** entsteht mit der äquimol. Menge wss. Alkali *3.3-Bis-(chlormethyl)-oxacyclobutan* [**II**, $C_5H_8Cl_2O$, F. 18,5°, Kp.$_7$ 60–62°; n_D^{21} 1,4845] neben 40% *Pentaerythrittrichlorhydrin* [F. 66°] u. mit der doppelten Menge Alkali 80% **II**. R. Becker 630△

1156 **Darstellung von Estern von 4-Alkylpentadien-(2.4)-säuren durch Phosphonat-Modifizierung der Wittig-Reaktion.** Richard J. Sundberg, Peter A. Bukowick und Frank O. Holcombe. (J. org. Chemistry **32** (1967) 9, 2938–41; Dep. of Chem., Univ. of Virginia, Charlottesville, Va.; engl.) — Durch modifizierte Wittig-Rk. von Triäthylphosphonoacetat mit Acrolein, α-Methyl-, α-Äthyl- u. α-Pentylacrolein werden die Pentadien-(2.4)-säureäthylester (**A**): *Unsubstituiert* [Kp.$_{15}$ 52 bis 55°; 4% (Ausb.), *4-Methyl-* [Kp.$_{17}$ 81–83°; 52%], *4-Äthyl-* [Kp.$_{0,7}$ 50°; 66%] u. *4-Pentyl-* [Kp.$_{0,1}$ 72–74°] erhalten. Als Nebenprod. durch A.-Addition werden die 5-Äthoxypenten-(2)-säureäthylester: *Unsubstituiert* [Kp.$_{15}$ 102°; 7%], *4-Methyl-* [Kp.$_{17}$ 120–122°; 4%] bzw. *4-Äthyl-* [Kp.$_{0,9}$ 84°; 3%] gebildet. Durch Hydrolyse werden aus den **A** die Säuren *4-Methyl-* [F. 64–65°; 72%], *4-Äthyl-* [**I**, F. 80–82°; 80%] u. *4-Pentylpentadien-(2.4)-säure* [F. 35–37°; 67%] erhalten. **I** reagiert mit wss. NH_3 (200°) zu *5-Äthyl-3.6-dihydro-1H-pyridon-(2)* ($C_7H_{11}NO$, F. 79–80°; 9%). Entsprechend wird aus Vinylacrylsäure *5.6-Dihydro-1H-pyridon-(2)* (C_5H_7NO, F. 65,5–67, Kp.$_{0,5}$ 101–105°) erhalten. P. Boroffka 810

1157 **Synthese von 5.9-Dimethyldecatrien-(2.4.8)-säureäthylester und den Homologen.** Kazuhiro Sasaki. (Bull. chem. Soc. Japan **40** (1967) 12, 2968–70; Ichikawa Works, Kobayashi Perfumery Co., Ltd., Ichikawa, Chiba; engl.) — Vgl. ibid. **40** (1967) 2967. — Durch Rk. von „Citral a" (**I**, enthält 4% Citral b) oder „Citral b" (**II**, enthält 2% Citral a) mit Carbäthoxymethanphosphonsäurediäthylester (**III**) in Ggw. von $NaNH_2$ erhält man angereicherten *Geranyliden-(2-trans-4-trans-Verb.)* bzw. *Nerylidenessigsäureäthylester* (**IV**, *2-trans-4-cis-Verb.*). *1-Carbäthoxyäthan-* u. *-propanphosphonsäurediäthylester* werden aus Triäthylphosphit u. α-Halogenpropion- bzw. -buttersäureäthylester (Meth. **A**) oder aus **III** u. Methyljodid bzw. Äthyljodid in Ggw. von $NaNH_2$ (Meth. **B**) dargestellt u. analog mit **I** oder **II** umgesetzt. Tabelle der UV- u. IR-Maxima s. Original.

Versuche: Phosphonsäurediäthylester (**A**): *Carbäthoxymethan-* (**III**), $C_8H_{17}O_5P$, Kp.$_9$ 132–136°. — *1-Carbäthoxyäthan-*, $C_9H_{19}O_5P$, Kp.$_{10}$ 128–132°. — *1-Carbäthoxypropan-*, $C_{10}H_{21}O_5P$, Kp.$_{10}$ 136–138°. — 5.9-Dimethyldecatrien-(2.4.8)-säureäthylester, a) aus **A**, $NaNH_2$ u. **I** oder **II**; b) aus **III**, Alkyljodid $NaNH_2$ u. **I** oder **II**: *Unsubstituiert, 2-trans-4-trans-Verb.*, Kp.$_{0,5}$ 103–104°, aus **I**; 72% (Ausb.). — *Unsubstituiert, 2-trans-4-cis-Verb.* (**VI**), Kp.$_{0,25}$ 91–93°, aus **II**; 45%. — *2-Methyl-, 2-trans-4-trans-Verb.*, Kp.$_{0,25}$ 98–103°, aus **I**; 62%. — *2-Methyl-, 2-trans-4-cis-Verb.*, Kp.$_{0,3}$ 92–96°; 63%. — *2-Äthyl-, 2-trans-4-trans-Verb.*, Kp.$_{0,4}$ 106–116°, aus **I**; 71%; daneben *2-cis-4-trans-Verb.* (**III**). — *2-Äthyl-2-trans-4-cis-Verb.*, Kp.$_{0,4}$ 99–110°; aus **II**; daneben **III**. G. Fischer 810△

1158 **Oxydation des β-Lactondimeren von Dimethylketen.** R. Donald Clark. (J. org. Chemistry **32** (1967) **4**, 1237–38; Tenn. Eastman Co., Div. of Eastman Kodak Co., Kingsport, Tenn.; engl.) — 3-Hydroxy-2.2.4-trimethyl-Δ^3-pentensäure-β-lacton (**I**) wird von H_2O_2 in 1 n NaOH zu *Dimethylmalonsäuremonoisopropylester* ox., der bei der Dest. zu *Isobuttersäureisopropylester* zersetzt wird.

Versuche: *Dimethylmalonsäuremonoisopropylester*, $C_8H_{14}O_4$, aus **I** u. 30%ig. H_2O_2 in 1 n NaOH bei 30–40° durch Rk. mit 20%ig. HCl; 72% (Ausb.). — *Isobuttersäureisopropylester*, Kp. 118–120°, aus vorst. Verb. durch Dest. bei Normaldruck; 82%. Hans Köhne/Berlin 820△

1159 **Amidinoharnstoff-Formiat, ein Vorläufer des 2-Amino-4-hydroxy-symm.-triazins.** Roy Hartenstein und Irwin Fridovich. (J. org. Chemistry **32** (1967) 5, 1653–54; Dep. of Biochem., Duke Univ., Durham, N.C.; engl.) — Das von Grundmann et al. (1954) u. von Piskala u. Gut [vgl. Collect. czechoslov. chem. Commun. **28** (1963) 1681] bei der Darst. von *2-Amino-4-hydroxy-symm.-triazin* aus HCOOH u. Cyanguanidin (**I**) isolierte Zwischenprod. wird von Vf. durch Vgl. mit einem authent. Präp. als *Amidinoharnstoffformiat* (**II**) identifiziert.

Versuche: *Amidinoharnstoff, Formiat* (**II**), $C_3H_8 \cdot N_4O_3$, F. 140–145° (W.), a) durch Kochen von **I** mit abs. HCOOH; b) durch Zugeben von $Ba(OH)_2$ zu Amidinharnstoffsulfat in W., Filtrieren u. Versetzen mit HCOOH. *Hydrochlorid*, $C_2H_7ClN_4O$, F. 140–142° (Zers.), aus **II** durch Ionenaustausch. — *2-Amino-4-hydroxy-symm.-triazin*, F. >300°, durch $1^1/_2$std. Erhitzen von **II** auf 150°; 81,5% (Ausb.). G. O. Jäger 880△

1160 **Verlauf der Mannich-Reaktion mit Methylisobutylketon. Darstellung von 2-Isopropyl-Δ^1-butenon-(3).** Thomas A. Spencer, David S. Watt und Richard J. Friary. (J. org. Chemistry **32** (1967) 4, 1234–36; Dartmouth Coll., Hanover, N.H.; engl.) — Methylisobutylketon (**II**) gibt mit HCHO u. Diäthylaminhydrochlorid (**III**) nicht 3-N.N-Diäthylaminomethyl-4-methylpentanon-(2) (vgl. Heilmann et al., C. **1963**, 505), sondern *2-Methyl-6-N.N-diäthylaminohexanon-(4)* (**I**). Das

Hydrochlorid von **I** geht bei der Dest. in *5-Methyl-Δ^1-hexenon-(3)* (**IV**) über. **IV** polymerisiert sich leicht u. bildet ein *2.4-Dinitrophenylhydrazon.* Aus **II**, Dimethylaminhydrochlorid u. HCHO wird *2-Methyl-6-N.N-dimethylaminohexanon-(4)* (**V**) dargestellt, dessen Hydrochlorid ebenfalls in **IV** umgewandelt wird. Bei der Aldolkondens. von **II** mit HCHO wird *2-Methyl-3-hydroxymethylpentanon-(4)* (**VI**) erhalten, das bei der Dest. in Ggw. von J_2 *2-Isopropyl-Δ^1-butenon-(3)* liefert. α-Isopropylacetessigsäureäthylester (**VII**) wird in *2-Isopropyl-3.3-äthylendioxybuttersäureäthylester* umgewandelt, der mit $LiAlH_4$ zu **VI** red. wird.

Versuche: *2-Methyl-6-N.N-diäthylaminohexanon-(4)* (**I**), Kp.$_{3,5}$ 70—82°, aus **II**, **III** u. Paraformaldehyd in sd. CH_3OH in Ggw. von konz. HCl; 63% (Ausb.). *Hydrochlorid,* aus **I** u. HCl-Gas in Ae.; 89%. — *2.4-Dinitrophenylhydrazon* vom F. 169—172°, aus **I**. — *5-Methyl-Δ^1-hexenon-(3)* (**IV**), Kp.$_{60}$ 56—58°, a) aus **I**-Hydrochlorid durch Dest. im Vakuum; 34%; b) analog a) aus **V**; 56%. *2.4-Dinitrophenylhydrazon,* $C_{13}H_{16}N_4O_4$, F. 104 bis 106,5°. — *2-Isopropyl-3.3-äthylendioxybuttersäureäthylester,* $C_{11}H_{20}O_4$, aus 5,01 g **VII** u. Äthylenglykol (Kp.$_{0,2}$ 63—66°) in sd. abs. Bzl. in Ggw. von p-Toluolsulfonsäuremonohydrat; 6,33 g. — *2-Methyl-3-hydroxymethylpentanon-(4)* (**VI**), Kp.$_8$ 82—90°, a) aus vorst. Verb. u. $LiAlH_4$ in abs. Ae.; 73%; b) aus 250 ml **II** u. 40%ig. wss. HCHO-Lsg. in A. in Ggw. von NaOH bei Raumtemp.; 20,73 g. — *2-Isopropyl-Δ^1-butenon-(3)*, $C_7H_{12}O$, Kp. 132—133°, durch Dest. von **VI** in Ggw. von J_2; 20%. *2.4-Dinitrophenylhydrazon,* F. 112,5—114°. Hans Köhne/Berlin 940△

1161 **Peptide der Djenkolsäure. 1. Mitt. Einige symmetrische und unsymmetrische Derivate der Djenkolsäure.** Bernard Marinier und Penio Penev. (Canad. J. Chem. **45** (1967) 11, 1253—58; Frank W. Horner Limited, Montreal, Québec; franz.) — Als Ausgangsmaterial zur Synth. symm. *Peptide* der *Djenkolsäure* (**I**) werden *Dibenzyloxycarbonyl(Z)-djenkolsäure* (**II**), *Djenkolsäurediäthylesterdihydrochlorid* u. *Di-Z-djenkolsäuredihydrazid* dargestellt. *Mono-Z-djenkolsäurediäthylester* bzw. *-dimethylester* können zur Synth. von teilweise unsymm. Peptiden; *3.3'-Methylenmercapto-[N-Z-alaninhydrazid]-[alaninmethylester]-dihydrochlorid,* das 3 verschiedene Schutzgruppen enthält, zur Synth. von total unsymm. Peptiden Verw. finden.

Versuche: *Djenkolsäure* (**I**), Zers. bei 300—350°, nach Armstrong u. du Vigneaud (1947) aus L-Cystein u. CH_2O in 6 n HCl; $[\alpha]_D^{27,5}$ —60° (c = 1; 1 n HCl). — *Di-Z-djenkolsäure* (**II**), $C_{23}H_{26}N_2O_8S_2$, F. 80—82,5° (THF/PAe.), durch 1½std. Rühren von Chlorkohlensäurebenzylester (**III**) mit **I** in 1 n NaOH bei 0° u. 1½std. Rühren bei Raumtemp.; $[\alpha]_D^{25}$ —73° (c = 1; DMF); 94% (Ausb.). — *Djenkolsäurediäthylesterdihydrochlorid,* F. 171—173° (abs. A.), durch 2std. Kochen von **I** in äthanol. HCl; $[\alpha]_D^{25}$ —40° (c = 1; DMF); 93%. — *Di-Z-djenkolsäurediäthylester,* $C_{27}H_{34}N_2O_8S_2$, F. 87—88° (abs. A.), a) durch 2½std. Rühren von vorst. Verb. mit **III** in 1 n NaOH, 20%ig. Na_2CO_3-Lsg. u. $CHCl_3$ bei Raumtemp.; $[\alpha]_D^{25}$ —63° (c = 1; DMF); 63%; b) durch 23std. Stehen von **II** mit äthanol. HCl; 75%. — *Di-Z-djenkolsäuredihydrazid,* $C_{23}H_{30}N_6O_6S_2$, F. 161—162° (abs. A.), durch 20std. Stehen von vorst. Verb. mit 95%ig. N_2H_4 in abs. A.; $[\alpha]_D^{25}$ —44° (c = 1; DMF); 82%. — *Mono-Z-djenkolsäurehydrochlorid* (**IV**), $C_{15}H_{21}ClN_2O_6S_2$, F. 164—166° (W.), durch 2std. Rühren von **I** u. **III** in 1 n NaOH bei 0°, 2std. Rühren bei Raumtemp. (→ *Gemisch* aus **II** u. *Mono-Z-djenkolsäure*) u. 16std. Stehen mit 6 n HCl unter Kühlung; $[\alpha]_D^{25}$ —31° (c = 1, DMF); 25%; daneben 10% **II**. — *Mono-Z-djenkolsäurediäthylesterhydrochlorid,* $C_{19}H_{29}ClN_2O_6S_2$, F. 134,5—135° (abs. A.), a) durch Einleiten von $COCl_2$ in eine Suspension von **IV** in abs. Dioxan bei 35—45°, Rühren über Nacht [→ *4-[β-Carboxy-β-(Z-amino)-äthylmercaptomethylmercaptomethyl]-2.5-dioxo-oxazolidin* (**V**)] u. 16std. Stehen mit äthanol. HCl; $[\alpha]_D^{25}$ —62° (c = 0,97; DMF); 34%; b) durch 12std. Rühren von **IV** mit äthanol. HCl bei Raumtemp.; 70%. — *Mono-Z-djenkolsäuremonoäthylester (3.3'-Methylendimercapto-[N-Z-alanin]-alaninäthylester), Hydrochlorid,* durch Sättigen einer Suspension von **IV** in abs. Dioxan mit $COCl_2$ bei 40° (→ **V**) u. Einleiten von HCl-Gas in die äthanol. Lsg. bei 0°. — *Mono-Z-djenkolsäuremonobenzylester (3.3'-Methylendimercapto-[N-Z-alanin]-alaninbenzylester), Hydrochlorid,* durch Einleiten von $COCl_2$ in eine Suspension von **IV** in Dioxan bei 35—45°, Rühren über Nacht bei Raumtemp. u. 22std. Stehen mit Benzylalkohol in Ggw. von HCl-Gas in A.; Öl. — *Mono-Z-djenkolsäuredimethylesterhydrochlorid,* $C_{17}H_{25}ClN_2O_6S_2$, F. 140—141° (Methanol/Ae.), durch 16std. Stehen von **IV** mit 2.2-Dimethoxypropan in Ggw. von konz. HCl bei Raumtemp.; $[\alpha]_D^{25}$ —61° (c = 1; DMF); 85%. — *3.3'-Methylendimercapto-[N-Z-alaninhydrazid]-[alaninmethylester]-dihydrochlorid,* $C_{16}H_{26}Cl_2N_4O_5S_2$, F. 164—165° (Methanol/abs. Ae.), durch 4std. Stehen von vorst. Verb. u. Tritylchlorid in Ggw. von Triäthylamin in $CHCl_3$ bei Raumtemp. (→ *N-Z-N'-trityldjenkolsäuredimethylester*), 18std. Stehen mit 95%ig. N_2H_4 in CH_3OH bei Raumtemp. (→ *3.3'-Methylendimercapto-[N-Z-alaninhydrazid]-[N-tritylalaninmethylester]*, F. 65—75°) u. Rk. mit methanol. HCl; $[\alpha]_D^{25}$ —46° (c = 1; CMF); 82%; daneben *Tritylmethyläther,* F. 82—83° (Methanol); 76%. H. Miele 950

1162 **Hydrolysenreaktion höherer Alkylmethyldichlorsilane.** K. A. Andrianov und B. A. Izmaylov. (J. organometallic Chem. [Amsterdam] 8 (1967) 3, 443—50; Moskau, Akad. der Wiss. Inst. für Organoelementverb.; engl.) — Die Hydrolyse von Alkylmethyldichlorsilanen (Alkyl = Hexyl-, Oktyl-, Isononyl- u. Decyl-) wird ohne u. mit HCl als Akzeptor untersucht. Es entstehen ausschließlich destillierbare Verb.; in Ggw. von konz. HCl nur *cycl. Siloxane,* ohne HCl sowohl *cycl.* wie auch *kettenförmige Siloxane* mit Cl als Endglied. Die IR-Spektren der Siloxane werden mitgeteilt. Folgende Siloxane wurden durch Hydrolyse der äther. Lsg. der Chlorsilane in 100 ml Äther, der mit der doppelten Menge dest. W. versetzt ist innerhalb 10 Min. bei 18—20° hergestellt u. aus der getrockneten, neutralisierten Ätherphase durch mehrmalige Vakuumdest. isoliert: *1.3.5.7-Tetrahexyl-1.3.5.7-tetramethyl-1.7-dihydroxytetrasiloxan,* $C_{28}H_{66}O_5Si_4$, Kp.$_{0,015}$ 125—132°; n_D^{20} = 1,4410, D_4^{20} = 0,9125; *Trihexyltrimethylcyclotrisiloxan,* $C_{21}H_{48}O_3Si_3$, Kp.$_2$ 154—159°; n_D^{20} = 1,4356, D_4^{20} = 0,9007; *Tetrahexyltetramethylcyclotetrasiloxan,* $C_{28}H_{64}O_4Si_4$, Kp.$_2$ 204—212°; n_D^{20} = 1,4383, D_4^{20} = 0,9047; *1.3.5-Trihexyl-1.3.5-trimethyl-1.5-dichlortrisiloxan,* $C_{21}H_{48}Cl_2O_2Si_3$, Kp.$_{0,01}$ 103—111°; n_D^{20} = 1,4430, D_4^{20} = 0,9125; *1.3.5.7-Tetrahexyl-1.3.5.7-tetramethyl-1.7-dichlortetrasiloxan,* $C_{28}H_{64}Cl_2O_3Si_4$, Kp.$_{0,01}$ 132—140°; n_D^{20} = 1,4408, D_4^{20} = 0,9373; *Triisononyltrimethylcyclotrisiloxan,* $C_{30}H_{66}O_3Si_3$, Kp.$_2$ 202—208°; n_D^{20} = 1,4479, D_4^{20} = 0,8936; *Pentaisononylpentamethylcyclopentasiloxan,* $C_{50}H_{110}O_5Si_5$, Kp.$_2$ 254 bis 260°; n_D^{20} = 1,4507, D_4^{20} = 0,8980; *Triisononyltrimethyldichlortrisiloxan,* $C_{30}H_{66}Cl_2O_2Si_3$, Kp.$_3$ 175—182°; n_D^{20} = 1,4508, D_4^{20} = 0,9289; *Trioktyltrimethylcyclotrisiloxan,* $C_{27}H_{60}Si_3O_3$, Kp.$_{1,5}$ 204—210°; n_D^{20} = 1,4430, D_4^{20} = 0,8930; *Tetraoktyltetramethylcyclotetrasiloxan,* $C_{36}H_{80}Si_4O_4$, Kp.$_{1,5}$ 205—265°; n_D^{20} = 1,4450, D_4^{20} = 0,8953; *Tridecyltrimethylcyclotrisiloxan,* $C_{33}H_{72}Si_3O_3$, Kp.$_1$ 245—253°; n_D^{20} = 1,4495, D_4^{20} = 0,8379. E. Hengge 980

1163 **Vinyl–Wasserstoff-Ligandenaustausch am Silicium.** Colin G. Pitt und Kenneth R. Skillern. (J. organometallic Chem. [Amsterdam] 7 (1967) 3, 525—28; Research Triangle Inst., Durham, N.C.; engl.) — Bei der durch H_2PtCl_6 katalysierten Addition von $(C_2H_5)_3SiH$(**I**) an Vinyldimethylchlorsilan (**II**) werden gaschromatograph. *Triäthylvinylsilan* (7%), *1.2-Bis-[dimethylchlorsilyl]-äthan* (17%), *1-[Triäthylsilyl]-2-[dimethylchlorsilyl]-äthan* (66%) u. *1.2-Bis-[triäthylsilyl]-äthan* (10%) nachgewiesen u. destillativ getrennt. Erklärbar wird die Bldg. der genannten Rk.-Prod. durch einen Vinyl–H-Austausch. 12std. Erhitzen von Tri-[p-tolyl]-silan (**III**) bis 240° in Ggw. von H_2PtCl_6 führt zu einer Disproportionierung unter Bldg. von *Di-[p-tolyl]-silan* (7%) u. *Tetra-[p-tolyl]-silan* (35%). Ohne H_2PtCl_6 erfolgt keine Disproportionierung. Daraus wird geschlußfolgert, daß intermediär durch „Pt-Spaltung" eine σ-gebundene p-Tolyl–Pt-Verb. entsteht, die dann in die genannten Disproportionierungsprod. übergeht.

Versuche: *Triäthylvinylsilan,* Kp. 144—145°, aus 19,547 g **I** u. **II** in Ggw. von H_2PtCl_6 in sd. Isopropanol; n_D^{20} 1,4323; 2,448 g (Ausb); daneben *1.2-Bis-[dimethyl-*

chlorsilyl]-äthan (Kp. 36,5—37,5°; 5,149 g), *1-[Triäthylsilyl]-2-[dimethylchlorsilyl]-äthan* ($C_{10}H_{25}ClSi_2$, Kp.$_{2,5}$ 76 bis 77°; 17,752 g) u. *1.2-Bis-[triäthylsilyl]-äthan* ($C_{14}H_{34} \cdot Si_2$, Kp.$_{0,58}$ 77—80°, n_D^{20} 1,4575; 2,5829 g). — *Di-[p-tolyl]-silan*, $C_{14}H_{16}Si$, Kp.$_{0,03}$ 77—78°, aus 6,0313 g **III** mit H_2PtCl_6 in Isopropanol bei 240° im Rohr; n_D^{20} 1,5706; 350 mg; daneben *Tetra-[p-tolyl]-silan*, $C_{28}H_{28}Si$, F. 232 bis 233,5° (Bzl.); 1,121 g. K. Jasche 980△

1164 **Eine bequeme α-Silyl-Ester-Synthese.** Ralph J. Fessenden und Joan S. Fessenden. (J. org. Chemistry **32** (1967) 11, 3535—37; San José State College, San José, Calif.; engl.) — Unter den Bedingungen der Reformatsky-Synth. werden aus Zn (I), Triorganochlorsilan u. α-Bromessigsäureäthylester (II), α-Silylester dargestellt u. durch Fraktionieren des Ae.-Extraktes oder gaschromatograph. gereinigt. α-Chloressigsäuremethylester reagiert unter diesen Bedingungen nicht mit Trimethylchlorsilan (III). Dimethyldichlorsilan u. I ergeben ein unerwartetes, nicht identifiziertes Produkt. Die CO-Banden der dargestellten Verb. im IR werden mit denen der Kohlenstoffanalogen verglichen, die Analysenergebnisse u. die NMR-Daten werden in Tabellen wiedergegeben.

Versuche: Essigsäureäthylester: *Trimethylsilyl-*, $C_7H_{16}O_2Si$, Kp.$_{40}$ 76—77°, aus **I**, **III** u. **II** durch 1 bis 3std. Kochen in Bzl./Ae.; n_D^{25} = 1,4136; 72% (Ausb.). — *Chlormethyldimethylsilyl-*, $C_7H_{15}ClO_2Si$, Kp.$_{0,1}$ 65—67°; n_D^{25} = 1,4456; 73%. — *Trimethylsilyl-α-methyl-*, $C_8H_{18} \cdot O_2Si$, Kp.$_{13}$ 68—69°; n_D^{25} = 1,4230; 21%. — *Phenyldimethylsilyl-*, $C_{12}H_{18}O_2Si$, Kp.$_9$ 132—135°; n_D^{25} = 1,4947; 72%. — *Diphenylmethylsilyl-*, $C_{17}H_{20}O_2Si$, Kp.$_{1,7}$ 184 bis 185°; n_D^{25} = 1,5496; 50%. — *Triphenylsilyl-*, $C_{22}H_{22} \cdot O_2Si$, F. 72—73° (PAe.); 33%.
N. Holtschmidt 980

1165 **Neue Synthese von Diäthylvinylphosphat.** Roy C. De Selms und Tan-Wan Lin. (J. org. Chemistry **32** (1967) 6, 2023—24; Cheoron Chem. Co., Richmond, Calif.; engl.) — Zunächst wird festgestellt, daß die schon von Allen et al. (1956) in Zweifel gezogene Darst.-Meth. von Upson (1953) für Diäthylvinylphosphat (I) nur zu einem Gemisch von I u. *Triäthylphosphat* (20 : 80) führt. I u. analoge Dialkylvinylphosphate können dagegen z. T. leicht aus dem entsprechenden Trialkylphosphit u. Monochloräthylencarbonat (II, 4-Chlor-2-oxo-1.3-dioxolan) erhalten werden. NMR-Daten von I u. III vgl. Original.

Versuche: *Diäthylvinylphosphat* (I), $C_6H_{13}O_4P$, Kp.$_1$ 54—56°, durch Kochen von Triäthylphosphit u. **II** in Bzl.; 50% (Ausb.). — *Dimethylvinylphosphat* (III), $C_4H_9O_4P$, Kp.$_{10}$ 80° aus Trimethylphosphit u. **II**; im Gemisch mit *Methylphosphonsäuredimethylester*.
P. Boroffka 980

1166 **Reaktion von 2.3-Dichlortetrafluorpropen mit nucleophilen P-haltigen Verbindungen.** J. E. Bissoy, H. Goldwhite und D. G. Rowsell. (J. org. Chemistry **32** (1967) 5, 1542—46; California State Coll., Los Angeles, Calif.; engl.) — Die Reaktivität von 2.3-Dichlortetrafluorpropen (Kp. 42—43°) gegen P(III)-Verb. wird untersucht, der Rk.-Mechanismus diskutiert u. die Prod. bez. ihrer IR-, ^{1}H- u. ^{19}F-NMR-Spektren untersucht (Tabellen). Untersucht wurden: *1.2.2.3-Tetrachlortetrafluorpropan* (Kp. 110—112°), *2-Chlortetrafluorallylphosphonsäuredimethylester* ($C_5H_6ClF_4O_3P$, Kp.$_{0,1}$ 45—48°), *2-Chlortetrafluorallylphosphonsäuredichlorid* (Kp.$_{0,1}$ 37°), *2-Chlortetrafluorallylphosphonsäure* ($C_3H_2ClF_4O_3P$), *2-Chlortetrafluorallyldiphenylphosphinoxid* [$C_{15}H_{10}ClF_4OP$, F. 80 bis 82° (PAe.)], *2-Chlortetrafluorallylmethylphosphin*, ($C_4H_4Cl \cdot F_4P$), *2-Chlortetrafluorallyläthylphosphin* ($C_5H_6ClF_4P$), *2-Chlortetrafluorallylphenylphosphin* ($C_9H_6ClF_4P$, Kp.$_{0,1}$ 57°), *2-Chlortetrafluorallyldimethylphosphin* ($C_5H_6ClF_4 \cdot P$), *2-Chlortetrafluorallyldiphenylphosphin* ($C_{15}H_{10}ClF_4P$, Kp.$_{0,01}$ 91—95°, Kp.$_2$ 142°. *Oxid*, $C_{15}H_{10}ClF_4OP$, F. 80 bis 81°) u. *2.3-Dichlor-1.1.3.3-tetrafluorpropylphosphin*.

Versuche: *Methylphosphin*, CH_5P, aus Methylphosphonsäuredichlorid mit $LiAlH_4$; 55% (Ausb.). — *Dimethylphosphin*, C_2H_7P, aus Dimethylphosphinsäurechlorid mit $LiAlH_4$; 34%. P. Boroffka 980

C-2. Isocyclische Verbindungen

1167 **Synthese von Styphninsäure.** Tetsuji Kametani und Kunio Ogasawara. (Chem. pharmac. Bull. [Tokyo] **15** (1967) 6, 893; Pharm. Inst., Tohoku Univ., School of Med., Kitayobancho, Sendai; engl.) — Es werden dargestellt: *2.4-Dinitrosoresorcin*, F. 158°, aus Resorcin u. $NaNO_2$ aus verd. A. braunes Pulver; 95% (Ausb.). — *Styphninsäure, Monohydrat*, $C_6H_3N_3O_7 \cdot H_2O$, F. 175 bis 176°, aus HNO_3 u. vorst. Verb.; aus Bzl. gelbe Kuben; 81,5%. K.-P. Hilgetag 1060△

1168 **Reaktion von Grignardreagenzien mit β-Dicarbonylverbindungen. 2. Mitt. Synthese von β-Hydroxyketonen aus Pentandion-(2.4).** P. Canonne und L. C. Leitch. (Canad. J. Chem. **45** (1967) 15, 1761—65; Univ. Laval, Quebec, Quebec; engl.) — 1. vgl. C. **1968**, 40-0943. — Einw. von Grignard-Verb. auf Pentandion-(2.4) (I) liefert *4-substituierte 4-Hydroxypentanone-(2)*, die von nichtketon. Nebenprod. durch Behandeln mit Girards Reagens T oder P abgetrennt werden. Die Darst. fester Deriv. gelang nicht. α-Naphthyl-MgBr reagiert nicht mit I.

Versuche: *α-Chlor-o-xylol*, Kp.$_{0,1}$ 45—50°, durch Erhitzen von o-Xylol u. SO_2Cl_2 in Ggw. von Dibenzoylperoxid auf dem Dampfbad; 96% (Ausb.). — *2.4-Dimethylbenzylchlorid*, Kp.$_{15}$ 105—112°, durch Chlormethylierung von 200 g m-Xylol; 130 g. — *3.5-Dimethylbenzylchlorid* (*α-Chlormesitylen*; enthält 4% *2-Chlormesitylen*), Kp.$_{0,1}$ 52—55°, analog vorvorst. Verb. aus Mesitylen; n_D^{20} 1,5305; 70—77%. — 4-Hydroxy-4-methylpentanone-(2): *5-Phenyl-*, $C_{12}H_{16}O_2$, Kp.$_{0,02}$ 65—70°, durch 6std. Rühren von I mit Benzyl-MgCl in abs. Ae. u. 1std. Kochen mit Girards Reagens T in Methanol in Ggw. von Amberlite 50; n_D^{20} 1,5163; 60—75%. — Analog *5-o-Tolyl-*, $C_{13}H_{18}O_2$; 60—75%. — *5-p-Tolyl-*; 60—75%. — *5-[2.4-Dimethylphenyl]-*, $C_{14}H_{20}O_2$; 50%. — *5-[2.5-Dimethylphenyl]-*; 60—75%. — *5-[3.4-Dimethylphenyl]-*; 60—75%. — *5-[3.5-Dimethylphenyl]-*; 60—75%. — *5-α-Naphthyl-*, $C_{16}H_{18}O_2$; 65—75%. — *5-[p-Trifluormethylphenyl]-*, $C_{12}H_{13}F_3O_2$; 30%. — 4-Hydroxypentanone-(2): *4-Phenyl-*, $C_{11}H_{14}O_2$; 60%. — *4-p-Tolyl-*, $C_{12}H_{16}O_2$; 15%. H. Miele 1180△

1169 **Cyclohexylderivate von Dopacetamid und Dopamin.** John T. Suh, Claude I. Judd und Frank E. Kaminski. (J. med. Chem. **10** (1967) 2, 262—64; Milwaukee, Wis., Colgate-Palmolive Co., Lakeside Labor. Div.; engl.) — Die katalyt. Hydrierung der durch Rk. von 3.4-Dimethoxyphenylacetonitril (I) mit Cyclohexanon bzw. Aceton zugänglichem *Cyclohexyliden-* (**II**) bzw. *Isopropyliden-3.4-dimethoxyphenylacetonitrile* (**III**) liefert *α-Cyclohexyl-* (**IV**) bzw. *Isopropyl-3.4-dimethoxyphenylacetonitril* (**V**), die durch Erhitzen mit Pyridin-Hydrochlorid u. anschließend mit Benzylchlorid in *α-Cyclohexyl-* (**VI**) bzw. *α-Isopropyl-3.4-dibenzyloxyphenylacetonitril* (**VII**) übergeführt werden. Erhitzen von **VI** bzw. **VII** mit wss. methanol. NaOH u. H_2O gibt *α-Cyclohexyl-* (**VIII**) bzw. *α-Isopropyl-3.4-dibenzyloxyphenylacetamid* (**IX**), deren katalyt. Hydrierung zu *α-Cyclohexyl-* bzw. *α-Isopropyl-3.4-dihydroxyphenylacetamid* führt. $LiAlH_4$-Red. von **VI** gibt *β-Cyclohexyl-β-[3.4-dibenzyloxyphenyl]-äthylaminhydrochlorid*, das katalyt. zu *β-Cyclohexyl-β-[3.4-dihydroxyphenyl]-äthylaminhydrochlorid* hydriert wird.

Versuche: Phenylacetonitrile: *Cyclohexyliden-3.4-dimethoxy-* (**II**), $C_{16}H_{19}NO_2$, F. 83,5—85,5° (Isopropanol), durch 1std. Kochen von I mit Cyclohexanon in Ggw. von Na-Äthylat; 64% (Ausb.). — *Isopropyliden-3.4-dimethoxy-* (**III**), $C_{13}H_{15}NO_2$, F. 97—98°, Kp.$_{0,04}$ 120 bis 127°, aus I mit Aceton analog **II**; 54%. — *α-Cyclohexyl-3.4-dimethoxy-* (**IV**), $C_{16}H_{21}NO_2$, F. 84—86° (A.), durch Hydrieren von **II** in A. an Pd/Kohle; 70,4%. — *α-Isopropyl-3.4-dimethoxy-* (**V**). $C_{13}H_{17}NO_2$, F. 45,5—49°, aus **III** analog **IV**; 84%. — *α-Cyclohexyl-3.4-dihydroxy-*, $C_{14}H_{17}NO_2$, F. 172—173,5° [Propanol-(2)], durch 3½std. Erhitzen von **IV** mit Pyridin-Hydrochlorid auf 200—220°; 84%. — *α-Isopropyl-3.4-dihydroxy-*, $C_{11}H_{13}NO_2$, F. 134,5 bis 136°, aus **V**; 78%. — *α-Cyclohexyl-3.4-dibenzyloxy-* (**VI**), $C_{28}H_{29}NO_2$, F. 90—92° (CH_3CH), durch 4std. Kochen von vorvorst. Verb. mit Benzylchlorid u. K_2CO_3 in A.; 86%. — *α-Isopropyl-3.4-dibenzyloxy-* (**VII**), $C_{25}H_{25}NO_2$, F. 76—78°, analog **VI** aus vorvorst. Verb.; 84%. —

Phenylacetamide: *α-Cyclohexyl-3.4-dibenzyloxy-* (**VIII**), $C_{28}H_{31}NO_3$, F. 197—198° (A.), durch Rk. von **VI** mit wss. methanol. NaOH bei 50°, Zusetzen von 30%ig. H_2O_2 u. 10std. Erwärmen auf 50°; 32,5%. — *α-Isopropyl-3.4-dibenzyloxy-* (**IX**), $C_{25}H_{27}NO_3$, F. 131—134°, mit **VII** analog **VIII**; 53%. — *α-Cyclohexyl-3.4-dihydroxy-*, $C_{14}H_{19}NO_3$, F. 77° (Zers.), durch Hydrieren von **VIII** in A. an Pd/Kohle; 65,6%. — *α-Isopropyl-3.4-dihydroxy-*, $C_{11}H_{15}NO_3$, F. 59° (Zers.), aus **IX**; 93,8%. — Äthylaminhydrochloride: *β-Cyclohexyl-β-[3.4-dibenzyloxyphenyl]-*, $C_{28} \cdot H_{34}ClNO_2$, F. 208—210° ($CH_3OH$), durch 2std. Rk. von **VI** mit $LiAlH_4$ in Ae. bei Raumtemp. u. 8std. Kochen; 82,1%. — *β-Cyclohexyl-β-[3.4-dihydroxyphenyl]-*, $C_{14}H_{22} \cdot ClNO_2$, F. 71°, durch Hydrieren vorst. Verb. in A. an Pd/Kohle; 100%. H. Gleinig 1210△

1170 **N-Mannichbasen von 3.5-Dibrom- und 3.5-Dichlorsalicylamid.** 2. Mitt. Guru Bachan Singh, G. R. Chawla, V. K. Chhabra und V. K. Vijjan. (J. Indian chem. Soc. **44** (1967) 12, 1009—13; Mannich Res. School, Coll. of Technol., Banaras Hindu Univ., Varanasi; engl.) — 1. vgl. C. **1964**, 24-0845. — N-Mannich-Basen von 3.5-Dibrom- (**I**) bzw. 3.5-Dichlorsalicylamid (**II**) werden beschrieben. Die Einführung von Halogenatomen in den Ring des Salicylamids erleichtert die α-Aminoalkylierung u. verbessert die therapeut. Aktivität. Die N-Mannich-*Basen* von **I** u. **II** sind schwache Lewis-Basen u. können in nichtwss. Medien titrimetr. bestimmt werden.

Versuche: 3.5-Dibromsalicylamide, aus **I**, CH_2O u. sek. Aminen: *N-[Dimethylaminomethyl]-*, $C_{10}H_{12} \cdot Br_2N_2O_2$, F. 158—159°; 81% (Ausb.). — *N-[Diäthylaminomethyl]-*, $C_{12}H_{16}Br_2N_2O_2$, F. 126—127°; 99%. — *N-[Diäthanolaminomethyl]-*, $C_{12}H_{16}Br_2N_2O_4$, F. 133—134°; 50%. — *N-[Piperidinomethyl]-*, $C_{13}H_{16}Br_2N_2O_2$, F. 146 bis 147°; 58%. — *N-[Morpholinomethyl]-*, $C_{12}H_{14}Br_2N_2O_3$, F. 166—168°; 76%. — *N-[Pyrrolidinomethyl]-*, $C_{12}H_{14}Br_2 \cdot N_2O_2$, F. 151—153°; 84,5%. — *N-[Dibutylaminomethyl]-*, $C_{16}H_{24}Br_2N_2O_2$, F. 172—173°; 52%. — *N-[Dibenzylaminomethyl]-*, $C_{22}H_{20}Br_2N_2O_2$, F. 122—124°; 42%. — *N-[Dicyclohexylaminomethyl]-*, $C_{20}H_{28}Br_2N_2O_2$, F. 61 bis 62°; 31%. — *N.N'-Bis-[3.5-dibromsalicylamidomethyl]-piperazin*, $C_{20}H_{20}Br_4N_4O_4$, F. 132—133°; 99%. — 3.5-Dichlorsalicylamide, aus **II**, CH_2O u. sek. Aminen: *N-[Dimethylaminomethyl]-*, $C_{10}H_{12}Cl_2N_2O_2$, F. 157—158°; 61%. — *N-[Diäthylaminomethyl]-*, $C_{12}H_{16}Cl_2N_2O_2$, F. 171 bis 172°; 47%. — *N-[Dibutylaminomethyl]-*, $C_{16}H_{24}Cl_2 \cdot N_2O_2$, F. 160—161°; 53%. — *N-[Piperidinomethyl]-*, $C_{13}H_{16}Cl_2N_2O_2$, F. 146—147°; 65%. — *N-[Morpholinomethyl]-*, $C_{12}H_{14}Cl_2N_2O_3$, F. 117—118°; 69%. — *N-[Pyrrolidinomethyl]-*, $C_{12}H_{14}Cl_2N_2O_2$, F. 124—125°; 73%. — *N.N'-Bis-[3.5-dichlorsalicylamidomethyl]-piperazin*, $C_{20} \cdot H_{20}Cl_4N_4O_4$, F. 181—182°; 90%. H. Miele 1250△

1171 **Wege zu unsymmetrischen N.N'-Diaryläthylendiaminen.** C. H. Yoder und J. J. Zuckerman. (J. med. Chem. **10** (1967) 2, 292; Ithaca, N.Y., Cornell Univ., Baker Labor.; engl.) — Als Ausgangsstoffe für Imidazolidine u. Piperazine sowie als Chelatierungsliganden für Umlagerungsmetalle geeignete unsymm. *Äthylendiamine*, werden dargestellt.

Versuche: Äthylendiamine, a) durch Bromieren von 2-Anilinoäthanol mit HBr u. 6—10std. Erhitzen mit dem entsprechenden Arylamin auf 100°; b) durch 40std. Kochen von p-Nitranilin mit 1-Brom-2-chloräthan u. Na_2CO_3. Einengen des *2-[p-Nitranilino]-äthylhalogenidgemisches* [**I**, F. 87—88,3° (wss. A.); 30% Ausb.], u. 12—16std. Erhitzen mit dem entsprechendem Arylamin auf 100°: *N.N'-Bis-[p-nitrophenyl]-*, durch 20std. Erhitzen von **I** mit Bromchloräthan u. Na_2CO_3 auf 150°. — *N.N'-Bis-[m-nitroanilin]-*, analog vorst.; 18%. — *N-[p-Dimethylaminophenyl]-N'-[p-methoxyphenyl]-*, F. 94—96°, nach a); 50%. — *N-[p-Nitrophenyl]-N'-[p-dimethylaminophenyl]-*, F. 161,5—163°, nach b); 65%. — *N-[p-Nitrophenyl]-N'-[p-methoxyphenyl]-*, F. 151,5—152°, nach b); 50%. — *N-[p-Nitrophenyl]-N'-[p-tolyl]-*, F. 161,5—162,5°, nach b); 65%. — *N-[m-Nitrophenyl]-N'-[p-dimethylaminophenyl]-*, F. 117,5 bis 119°, nach b); 40%. — *N-[m-Nitrophenyl]-N'-[p-methoxyphenyl]-*, F. 109—109,5°, nach b); 85%. H. Gleinig 1310△

1172 **Einige N-substituierte Derivate von Bis-[4-amino-3-nitrophenyl]-sulfon.** William F. Hart, Martin E. McGreal, Rita T. Enright und Robert V. Mark. (J. med. Chem. **10** (1967) 2, 294; Jamaica, N.Y., St. John's Univ. Dep. of Chem.; engl.) — Das durch Nitrierung von Bis-[4-chlorphenyl]-sulfon erhältliche *Bis-[4-chlor-3-nitrophenyl]-sulfon*, wird a) durch 3std. Kochen mit K_2CO_3 u. dem entsprechenden Amin in A. bzw. b) durch Rk. analog a) ohne K_2CO_3, in die entsprechenden *N-substituierten Bis-[4-amino-3-nitrophenyl]-sulfone* übergeführt.

Versuche: Sulfone: *Bis-[4-methylamino-3-nitrophenyl]-*, $C_{14}H_{14}N_4O_6S$, F. 249—250° (Essigsäure); 70% (Ausb.). — *Bis-[4-dimethylamino-3-nitrophenyl]-*, $C_{16}H_{18} \cdot N_4O_6S$, F. 169—171° (Essigsäure); 74%. — *Bis-[4-n-butylamino-3-nitrophenyl]-*, $C_{20}H_{26}N_4O_6S$, F. 150—151° (Essigsäure); 88%. — *Bis-[4-hexylamino-3-nitrophenyl]-*, $C_{24}H_{34}N_4O_6S$, F. 104—105° (A.); 43%. — *Bis-[4-isobutylamino-3-nitrophenyl]-*, $C_{20}H_{26}N_4O_6S$, F. 122—124° (A.); 85%. — *Bis-[4-heptylamino-3-nitrophenyl]-*, $C_{26}H_{38} \cdot N_4O_6S$, F. 74—75° (Essigsäure); 45%. — *Bis-[4-oktylamino-3-nitrophenyl]-*, $C_{28}H_{42}N_4O_6S$, F. 76—78° (Ae./Heptan); 34%. — *Bis-[4-decylamino-3-nitrophenyl]-*, $C_{32}H_{50}N_4O_6S$, F. 87—88° (A.); 56%. — *Bis-[4-dodecylamino-3-nitrophenyl]-*, $C_{36}H_{58}N_4O_6S$, F. 84—85° (A.); 36%. — *Bis-[4-tetradecylamino-3-nitrophenyl]-*, $C_{40}H_{66}N_4O_6S$, F. 82—83° (Aceton); 29%. — *Bis-[4-hexadecylamino-3-nitrophenyl]-*, $C_{46}H_{74}N_4O_6S$, F. 83—85° (Aceton); 36%. — *Bis-[4-oktadecylamino-3-nitrophenyl]-*, $C_{48}H_{82}N_4O_6S$, F. 91—92° (Aceton); 17%. — *Bis-[4-nonadecylamino-3-nitrophenyl]-*, $C_{50}H_{86}N_4O_6S$, F. 81—83° (A.); 75%. — *Bis-[4-(m-tolylamino)-3-nitrophenyl]-*, $C_{26}H_{22}N_4O_6S$, F. 196 bis 198° (Acetonitril); 23%. — *Bis-[4-(p-tolylamino)-3-nitrophenyl]-*, $C_{26}H_{22}N_4O_6S$, F. 221—223° (Bzl./PAe.); 44%. — *Bis-[4-(p-methoxyphenylamino)-3-nitrophenyl]-*, $C_{26}H_{22}N_4O_8S$, F. 238—239° (Toluol); 58%. — *Bis-[4-(p-äthoxyphenylamino)-3-nitrophenyl]-*, $C_{28}H_{26}N_4O_8S$, F. 216 bis 217° (Toluol/PAe.); 65%. — *Bis-[4-morpholino-3-nitrophenyl]-*, $C_{20}H_{22}N_4O_8S$, F. 204—206° (Essigsäure); 94%. — *Bis-[4-pyrrolidino-3-nitrophenyl]-*, $C_{20}H_{22}N_4O_6S$, F. 227—229° (Aceton); 44%. H. Gleinig 1310△

1173 **Aminocyclite.** 16. Mitt. **Synthese und Untersuchung der Konfiguration von Dibromdidesoxyinosamin.** Tetsuo Suami, Seiichiro Ogawa, Yasuo Nakashima und Hiroshi Sano. (Bull. chem. Soc. Japan **40** (1967) 12, 2958—63; Dep. of Appl. Chem., Fac. of Engng., Keio Univ., Koganei-shi, Tokyo; engl.) — 15. vgl. C. **1967**, 60-0426. — Bromierung von epi-Inosamin-(2) in einem Gemisch von Acetylbromid (**I**) u. Acetanhydrid (**II**) führt zu *DL-N-Acetyltri-O-acetyl-1.5-dibrom-1.5-didesoxy-inosamin-(6)* (**III**). Daraus erhält man durch Ersatz der Br-Atome durch Azidogruppen u. anschließende Hydrierung die *Acetate* von *myo-Inosadiamin-(2.4)* u. *muco-Inosadiamin-(2.3)*- — NMR-Maxima, Abb. des NMR-Spektrums von **V** s. Original.

Versuche: *DL-N-Acetylpenta-O-acetyl-epi-inosamin-(2)* (**IV**), F. 158° u. nach Erstarren F. 189—190° (Aceton/A.), durch Hydrieren von DL-epi-Inosose-2-phenylhydrazon an Adams-Katalysator u. Acetylieren; 87,7% (Ausb.). — *DL-epi-Inosamin-(2)-hydrochlorid*, F. 227—230°, durch Hydrolyse von **IV** in 6 n HCl; 81,5%. — *DL-N-Acetyl-tri-O-acetyl-1.5-dibrom-1.5-didesoxyinosamin-(6)* (**III**), $C_{14}H_{19}Br_2NO_7$, F. 227—230° (wss. Aceton), durch 6std. Erhitzen vorst. Verb. mit **I** u. **II** im Bombenrohr u. Acetylieren über Nacht mit **II**/Py.; 32,4%. — *DL-N-Acetyltri-O-acetyl-1.3-didesoxy-epi-inosamin-(2)* (**V**), $C_{14}H_{21}NO_7$, F. 153—155° (A./PAe.), durch Hydrieren von **III** an Raney-Ni; 57%. — *DL-N-Acetyl-1.3-didesoxy-epi-inosamin-(2)* (**VI**), $C_8H_{15}NO_4$, F. 160—161,5° (A./Aceton), aus **V** u. gesätt. methanol. NH_3; 84%. — *DL-N-Acetylpenta-O-acetyl-muco-inosamin-(1)*, F. 201—202° (A.), aus **III**, Na-Acetat u. 87%ig. wss. 2-Methoxyäthanol (**VI**) u. Acetylieren mit **II**/Py.; 27,8%; daneben *N.-Acetylpenta-O-acetyl-myo-inosamin-(2)* [F. 239—242° (A.); 10,5%] u. 11,8% **IV**. — *DL-N.N'-Diacetyltetra-O-acetyl-muco-inosadiamin-(2.3)* (**VII**), $C_{18}H_{26}N_2O_{10}$, F. 270—271° (A.), aus **III** u. NaN_3 in 80%ig. wss. **VI**, Acetylieren mit **II**/Py., Hydrieren an Adams-Katalysator u. Acetylieren mit II/Py.; 27,6%. — *DL-N.N'-Diacetyl-myo-inosadiamin-(2.4)* (VIII), $C_{10}H_{18}N_2O_6$, F. 260—261° (A.); aus VII u. methanol. NH_3; 39,2%. — *DL-N.N'-Diacetyl-muco-inosadiamin-(2.3)*, $C_{10}H_{18}N_2O_6$, F. 221—222° (A./Ae./W.), aus 400 mg VII in methanol. NH_3; 145 mg. — *DL-N.N'-Diacetyltetra-O-acetyl-myo-inosadiamin-(2.4)*, $C_{18}H_{26}N_2O_{10}$, F. 231—233° (A./PAe.), aus VIII u. II/Py.; 48,7%. G. Fischer 1320△

1174 **Trennung der erythro/threo-Diastereoisomeren von Derivaten des DL-β-[p-Methylmercaptophenyl]-serins und Umwandlung der erythro- in die threo-Form.** Mario Portelli und Giorgio Renzi. (Ann. Chimica **57** (1967) 8—9, 1018—26; Vicenca, Lab. di Ric. Applicata della Zambon S.p.A.; ital.) — Synth. u. Trennung der *erythro-* u. *threo-Form* der *Titelverb.* u. einigen ihrer Deriv. sowie die Umwandlung des *N-Acetylderiv.* des *erythro-DL-β-[p-Methylmercaptophenyl]-serinmethylesters* in *DL-threo-β-[p-Methylmercaptophenyl]-serin* wird beschrieben.

Versuche: *DL-erythro/threo-β-[p-Methylmercaptophenyl]-serin*, $C_{10}H_{13}NO_3S$, F. 162—164°, durch Zugabe von p-Methylmercaptobenzaldehyd (I) zu Glycin in wss.-methanol. NaOH bei 16° unter Rühren, mehrstd. Stehen bei 16°, Versetzen mit 12%ig. HCl, 3std. Erwärmen auf 35°, Abtrennen von nicht umgesetztem I u. Einstellen von pH 5—6 mit NH_4OH; 81,5% (Ausb.). *Methylesterhydrochlorid* (II), $C_{11}H_{16}ClNO_3S$, F. 136—138°, nach Gregory [A. P. 2 816 915 (1957)]; 58%. — *DL-erythro-β-[p-Methylmercaptophenyl]-serin, Methylester* (III), F. 106—107° (A.), durch Alkalisieren der wss. Lsg. des Hydrochlorids mit NH_4OH; 80% [*Hydrochlorid*, F. 161 bis 162° (Zers.; W.), durch $^1/_2$std. Behandeln von 35 g II mit Eis/W. bei 0° u. Filtrieren (→ Filtrat F); 37,5%]. *Freie Säure* (IV), F. 169—170° (W.), durch mehrstd. Rühren von III in 1 n NaOH bei 15° u. Einstellen von pH 5—6 mit konz. HCl; 90% [*Hydrochlorid* (V), F. 144 bis 145° (Zers.; 1 n HCl), durch Versetzen der Lsg. von IV in 1,44 n HCl mit konz. HCl; 95%]. *Methylester, N-Acetylderiv.* (VI), F. 141—142° (Essigsäureäthylester), durch Zugabe von Acetanhydrid zu III in Aceton bei 45° unter Rühren, 3std. Rühren bei 45—50°, Kühlen u. Versetzen mit Ae.; 86,5%. — *DL-threo-β-[p-Methylmercaptophenyl]-serin, Methylester*, F. 75—76° (Isopropanol), durch Einstellen von F auf pH 8 mit NH_4OH; 53% [*Hydrochlorid*, F. 137—138° (abs. A.), a) durch Einleiten von HCl in die Lsg. des Methylesters in $CHCl_3$ bei 0°; 94%; b) aus der Säure nach Gregory (l. c.)]. *Freie Säure*, F. 174—175° (W.), a) analog IV; 90%; b) durch 4std. Rühren von VI in $SOCl_2$ bei 20°, Gießen in W., 12std. Erwärmen auf 50°, Filtrieren u. Einstellen auf pH 5—6 mit 30%ig. NaOH; 47,5%. *Hydrochlorid*, F. 156—157° (Zers.; HCl), analog V; 96,5%. *Methylester, N-Acetylderiv.*, F. 180—182°, analog VI; 89%. H.-J. Jahns 1350△

1175 **Umlagerung von 2.4-Di-tert.-butyl-6-trimethylsilylphenoxyl.** G. A. Razuvaev, N. S. Vasileiskaja und D. V. Muslin. (J. organometallic Chem. [Amsterdam] **7** (1967) 3, 531—33; Gorky Univ., Laboratory for the Stabilization of Polymers, Acad. of Sci., Gorky (USSR); engl.) — 2.4-Di-tert.-butyl-6-trimethylsilylphenol (I) wird durch PbO_2 in n-Hexan oder Bzl. bzw. durch $K_3[Fe(CN)_6]$ in alkal. Lsg. zum *2.4-Di-[tert.-butyl]-6-trimethylsilylphenoxyl* (II) oxydiert. Die rasche Entfärbung der blauen Rk.-Lsg. u. die schnelle Abnahme des II-ESR-Signals weist auf eine Umlagerung von II hin. Durch Wanderung der Trimethylsilylgruppe vom aromat. Ring zum Aroxyl-O-Atom u. nachfolgende Dimerisierung des gebildeten Arylradikals entsteht aus II *2.2'-Bis-[trimethylsiloxy]-3.5.3'.5'-tetra-[tert.-butyl]-diphenyl* (III). Alkal. Hydrolyse von III führt zum *2.2'-Dihydroxy-3.5.3'.5'-tetra-[tert.-butyl]-diphenyl.*

Versuche: *2.4-Di-[tert.-butyl]-6-bromphenoxy-trimethylsilan*, $C_{17}H_{29}BrOSi$, F. 92—94° (Methanol), durch 3std. Erhitzen eines Gemisches von 2.4-Di-tert.-butyl-6-bromphenol, Triäthylamin u. $(CH_3)_3SiCl$ in sd. Toluol; 80% (Ausb.). — *2.4-Di-[tert.-butyl]-6-trimethylsilylphenoxytrimethylsilan*, $C_{20}H_{38}OSi_2$, F. 63—64,5° (W./Methanol), durch Zutropfen von $(CH_3)_3SiCl$ in Toluol zu vorst. Verb. u. Na in sd. Toluol unter N_2; 62%. — *2.4-Di-[tert.-butyl]-6-trimethylsilylphenol* (I), $C_{17}H_{30}OSi$, F. 71—72° (korr., W./Methanol), durch Lösen vorst. Verb. in methanol. $NaOCH_3$; 88%. — *2.2'-Bis-[trimethylsiloxy]-3.5.3'.5'-tetra-[tert.-butyl]-diphenyl* (III), $C_{34}H_{58}O_2Si_2$, F. 134—136° (Methanol), a) durch 4std. Rühren von I u. PbO_2 in O_2-freiem n-Hexan; 80%; b) durch $^1/_2$std. Schütteln von I in Ae. mit $K_3[Fe(CN)_6]$ in wss. 2 n KOH; 80%. — *2.2'-Dihydroxy-3.5.3'.5'-tetra-[tert.-butyl]-diphenyl*, F. 190—192° (W./Methanol), durch 1std. Stehen von III mit methanol. $NaOCH_3$; 80%. K. Jasche 1380△

1176 **Versuchte Umwandlung von 1-Alkyl-4-[2-hydroxyäthyl]-phosphorinanolen-(4) zu bicyclischen Phosphoniumsalzen durch eine Chinuclidinsynthese.** Louis D. Quin und Howard E. Shook jun. (J. org. Chemistry **32** (1967) 5, 1604—07; Dep. of Chem., Duke Univ., Durham, N.C.; engl.) — Nach der Meth. von Grob u. Brenneisen [Helv. chim. Acta **41** (1958) 1184] zur Darst. von Chinuclidinen setzten Vf. 1-Äthyl-4-[2-hydroxyäthyl]-phosphorinanol-(4) (I) um u. gaben seinerzeit [vgl. Chem. Ind. [London] **1963**, 210) dem erhaltenen Prod. die erwartete Struktur *1-Äthyl-1-phosphabicyclo-[2.2.2]-oktanol-(4)-bromid.* Danach hätte jedoch eine tert. OH-Gruppe gegenüber HBr resistent sein müssen. Nunmehr wird die gleiche Rk. auf das cis- u. trans-Gemisch von *1-Methyl-4-äthyl-* (II) sowie *1.4-Diäthylphosphorinanol-(4)* (III) angewandt, wobei *ungesätt. Phosphine* erhalten wurden, die als Benzylperchlorate identifiziert wurden, nämlich *1-Methyl-1-benzyl-4-äthylphosphorinen-(3)-ium-* u. *1-Äthyl-1-benzyl-4-äthylidenphosphorinaniumperchlorat*, d. h. die tert. OH-Gruppe wird unter den Rk.-Bedingungen eliminiert. Eine Wiederholung der Rk. mit dem zu I analogen *1-Methyl-4-[2-hydroxyäthyl]-phosphorinanol-(4)* (IV) sowie mit I selber, ferner mit *1-Methyl-4-[2-hydroxyäthyl]-phosphorinen-(3)* (V) u. *1-Methyl-4-[2-hydroxyäthyliden]-phosphorinan* (VI) gab daher auch jeweils analoge Prod., deren Struktur zwar nicht bestimmt werden konnte, die jedoch nicht die erwartete Bicyclostruktur besitzen.

Versuche: (F. korr.): *1-Methyl-4-äthyl-1.2.5.6-tetrahydrophosphorin*, $Kp._{2,3}$ 59—74°, aus dem cis- u. trans-Gemisch von II u. 62%ig. HBr; 20,8% (Ausb.). *Benzylperchlorat*, $C_{15}H_{22}ClO_4P$, F. 108—110° (wss. Methanol). — *1-Äthyl-4-äthylidenphosphorinan, Benzylperchlorat*, $C_{16}H_{24}ClO_4P$, F. 134° (wss. Methanol), analog vorst. Verb. aus dem cis- u. trans-Gemisch von III; 21,5%. — *Salz* $C_8H_{16}BrOP$ oder $C_{16}H_{30}Br_2OP_2$, aus IV u. HBr. *Perchlorat*, F. > 200° (Zers.). — *Perchlorat* $C_8H_{16}ClO_5P$ oder $C_{16}H_{30}Cl_2O_9P_2$, Zers. > 200° (wss. Methanol), aus dem Gemisch von V mit 12% VI u. HBr. — *4-Carbäthoxymethyl-1-äthylphosphorinanol-(4)*, aus 1-Äthylphosphorinanon-(4) u. Bromessigsäureäthylester mit zu; 44%. — *4-[2-Hydroxyäthyl]-1-äthylphosphorinanol-(4)* (I), $Kp._{0,3}$ 132—142°, durch $LiAlH_4$-Red. vorst. Verb.; 42,3%. Rk. von I mit HBr u. versuchte Identifizierung vgl. Original. P. Boroffka 1380

1177 **Darstellung und Eigenschaften von einigen quaternären Arsoniumsalzen.** R. Armstrong, N. A. Gibson, J. W. Hosking und D. C. Weatherburn. (Austral. J. Chem. **20** (1967) 12, 2771—76; School of Chem., Univ. of Sidney, Sidney, NSW; engl.) — Dargestellt wurden: *Triphenylmethylarsoniumjodid* [F. 170,5—171° (Zers.); 80% (Ausb.)], *-chlorid* [F. 118—120°, Zers. bei 135°; 90%], *-bromid* [F. 193° (Zers.); 70%], *-nitrat* [F. 133 bis 134°], *Tricyclohexylmethylarsoniumjodid* [F. 153—154°] *-chlorid* [F. 93—94°], *Tetramethylarsoniumjodid* [F. 325 bis 326°], *Phenyltrimethylarsoniumjodid* [F. 248—249°], *Diphenyldimethylarsoniumjodid* [Form A, F. 189—190°; Form B, F. 209—211°] u. *Triphenylarsinoxidmonohydrat* [F. 117—118° (teilweise), F. 191—192°]. Die Verb. werden durch ihre UV- u. IR-Spektren charakterisiert. P. Boroffka 1380

1178 **Elektronen–Donator–Akzeptor-Komplexe elementorganischer Verbindungen der V. Hauptgruppe des PSE; Komplexe organischer Antimonderivate mit Tetracyanochinodimethan (TCNQ).** Dietrich Henning, Gerhard Kempter, Eckhard Ahrens, Klaus-Dieter Benecke und Peter Paul. (Z. Chem. **7** (1967) 12, 463; Potsdam, Inst. für Organ. Chem. der Pädagog. Hochschule; dt.) — Durch Umsatz von Methyltriphenylstiboniumjodid mit 2 TCNQ in Acetonitril wird der Komplex $(C_6H_5)_3SbCH_3^+$ $TCNQ^-$ · TCNQ (F. 207—210°;

Ausb. 13%) erhalten. Aus Methyltriphenylstiboniumjodid u. Methyl-tri-p-tolylstiboniumtetrafluoroborat u. Li^+TCNQ^- in A. entstehen die einfachen Komplexe *$(C_6H_5)_3SbCH_3^+TCNQ^-$* (F. 154—156°; 56%) u. *$(4\text{-}CH_3\cdot C_6H_4)_3SbCH_3^+TCNQ^-$* (F. 188—192°; 43%). Das *Stiboniumtetrafluoroborat* wird durch Methylierung von Tri-p-tolylstibin mit Trimethyloxoniumtetrafluoroborat in fl. SO_2 erhalten (F. 126—127°; 55%). B. I. 1380△

1179 **Vinyloge Derivate der 4-Hydroxyisophthalsäure.** 6. Mitt. G. Orzalesi, R. Selleri, O. Caldini und E. Mura. (Farmaco [Pavia], Ediz. sci. 22 (1967) 6, 450—55; Reparto Ric. della Societá Italo-Britannica „L. Manetti-H. Roberts", Firenze; ital.) — 5. vgl. ibid. 16 (1961) 817. — Durch Knoevenagel-Rk. von 5-Formyl- (I) bzw. 3-Nitro-5-formylsalicylsäure (II) mit Malonsäure (III) wurden *3-Carboxy-4-hydroxy-* (IV) bzw. *3-Nitro-4-hydroxy-5-carboxyzimtsäure* (V) sowie eine Reihe ihrer Alkylester synthetisiert. Die Verb. besitzen geringe antibakterielle u. antimycot. Aktivitäten.

Versuche: *3-Carboxy-4-hydroxyzimtsäure* (IV), $C_{10}H_8O_5$, F. 279° (A.), durch Lösen von I in 75%ig. H_2SO_4 unter Rühren u. Erwärmen auf dem W.-Bad, anteilweise Zugabe von III, Erwärmen u. Rühren bis zur beendeten CO_2-Entw., 5std. Stehen u. Gießen in W./Eis. *Methylester*, $C_{11}H_{10}O_5$, F. 219° (CH_3OH), durch 3—4std. Kochen der Säure in CH_3OH in Ggw. von konz. H_2SO_4 u. Gießen in W./Eis, Behandeln des Nd. mit wss. gesätt. $NaHCO_3$, Filtrieren (→ Rückstand R) u. Einstellen von pH ca. 4 mit verd. HCl (Meth. A). *Äthylester*, $C_{12}H_{12}O_5$, F. 157° (A.), nach A. *Propylester*, $C_{13}H_{14}O_5$, F. 132° (Propanol), nach A. *Isopropylester*, $C_{13}H_{14}O_5$, F. 170° (Isopropanol), nach A. — *3-Methoxycarbonyl-4-hydroxyzimtsäure* (VI), $C_{11}H_{10}O_5$, F. 232° (CH_3OH), durch Schmelzen von 5-Formylsalicylsäuremethylester u. III bei 80°, Versetzen mit einigen Tropfen Piperidin, Abkühlen auf 30°, 10 Min. langes Erwärmen auf 140°, Kühlen, Behandeln mit wss. gesätt. $NaHCO_3$, Filtrieren u. Einstellen von pH ca. 4 mit verd. HCl. *Methylester*, $C_{12}H_{12}O_5$, F. 97° (CH_3OH), neben der entsprechenden 3-Carboxyverb. als R nach A (Meth. B). — *3-Äthoxycarbonyl-4-hydroxyzimtsäure*, $C_{12}\cdot H_{12}O_5$, F. 216° (A.), aus 5-Formylsalicylsäureäthylester analog VI. *Äthylester*, $C_{14}H_{16}O_5$, F. 86° (A.), nach B. — *3-Propoxycarbonyl-4-hydroxyzimtsäurepropylester*, $C_{16}\cdot H_{20}O_5$, F. 50° (Propanol), nach B. — *3-Isopropoxycarbonyl-4-hydroxyzimtsäureisopropylester*, $C_{16}H_{20}O_5$, F. 56°, nach B. — *3-Nitro-4-hydroxy-5-carboxyzimtsäure* (V), $C_{10}\cdot H_7NO_7$, F. 232° (A.), aus II analog IV. *Methylester*, $C_{11}H_9\cdot NO_7$, F. 236° (CH_3OH), nach A. *Äthylester*, $C_{12}H_{11}NO_7$, F. 132° (A.), nach A. *Propylester*, $C_{13}H_{13}NO_7$, F. 132° (Propanol), nach A. *Isopropylester*, $C_{13}H_{13}NO_7$, F. 184° (Isopropanol), nach A. — *3-Nitro-4-hydroxy-5-methoxycarbonylzimtsäuremethylester*, $C_{12}H_{11}NO_7$, F. 160° ($CH_3\cdot OH$), nach B. — *3-Nitro-4-hydroxy-5-äthoxycarbonylzimtsäureäthylester*, $C_{14}H_{15}NO_7$, F. 141° (A.), nach B. — *3-Nitro-4-hydroxy-5-propoxycarbonylzimtsäurepropylester*, $C_{16}H_{19}NO_7$, F. 118° (Propanol), nach B.

H.-J. Jahns 1650△

1180 **Kondensation von Benzaldehyd mit Hippursäure.** 1. Mitt. R. N. Singh und H. Singh. (J. Indian chem. Soc. 44 (1967) 7, 649—50; B. R. Coll., Agra; engl.) — Bei der Kondens. von Hippursäure mit Benzaldehyd in Acetanhydrid entsteht nicht α.β-Benzoyliminozimtsäureanhydrid (vgl. Plochl [1884]), sondern *α-Benzamidozimtsäureanhydrid* (I), das von Eisessig zu *α-Benzamidozimtsäure* (II, F. 225°) hydrolysiert wird. Von konz. HCl bzw. Sodalsg. werden I bzw. II nicht zu Phenylglycidsäure [vgl. Plochl (l. c.)], sondern zu *Phenylbrenztraubensäure* (F. 157°; *Oxim*, F. 174°; *Semicarbazon*, F. 180°) verseift. Py., Piperidin bzw. Triäthylamin katalysieren die Kondens. von Hippursäure mit Benzaldehyd nicht.

Versuche: *α-Benzamidozimtsäureanhydrid* (I), F. 165° (Bzl.), aus Benzaldehyd u. Hippursäure in heißem Acetanhydrid; 80,9% (Ausb.).

Hans Köhne/Berlin 1750△

1181 **Synthese von Cyclodecenen aus Bicyclo-[5.3.1]-undecandiolderivaten.** James A. Marshall, Charles J. V. Scanio und William J. Iburg. (J. org. Chemistry 32 (1967) 12, 3750—54; Dep. of Chem., Northwestern Univ., Evanston, Ill.; engl.) — Bei der Kondens. von 2-Oxocyclooctancarbonsäuremethylester (I) mit Methylvinylketon (II) entsteht *2-Oxo-1-[3-oxobutyl]-cyclooctancarbonsäuremethylester*, der von konz. H_2SO_4 in ein *Gemisch von 8-Methyl-11-oxo-Δ⁷-bicyclo-[5.3.1]-undecen-1-carbonsäure* (III) u. deren *Methylester* (IV) umgewandelt wird. III gibt mit CH_3OH in Ggw. von konz. H_2SO_4 IV. III bzw. IV werden von $LiAlH_4$ zu *1-Hydroxymethyl-8-methyl-11-hydroxy-Δ⁷-bicyclo-[5.3.1]-undecen* (V) reduziert. V reagiert mit p-Toluolsulfonsäurechlorid (VI) in Py. zu *1-p-Toluolsulfonyloxymethyl-8-methyl-11-hydroxy-Δ⁷-bicyclo-[5.3.1]-undecen* (VII), das von CrO_3 zu *1-p-Toluolsulfonyloxymethyl-8-methyl-11-oxo-Δ⁷-bicyclo-[5.3.1]-undecen* (VIII) ox. wird. VIII läßt sich mit $NaBH_4$ in A. wieder zu VII reduzieren. Von CH_3ONa in sd. CH_3OH wird VII in *2-Methyl-5-methylen-cis-1-formylcyclodecen* (IX) umgewandelt. Mit $LiAlH_4$ bildet VII *1.8-Dimethyl-11-hydroxy-Δ⁷-bicyclo-[5.3.1]-undecen* u. *2-Methyl-5-methylen-trans-1-hydroxymethylcyclodecen* (XI). XI wird von MnO_2 in Bzl. zu *2-Methyl-5-methylen-trans-1-formylcyclodecen* (XII) oxydiert. Von CH_3ONa in CH_3OH wird XII langsam zu IX isomerisiert. IX wird mit $LiAlH_4$ zu *2-Methyl-5-methylen-cis-1-hydroxymethylcyclodecen* (XIII) red., das von MnO_2 wieder zu IX ox. wird. VII wird von $NaHCO_3$ in sd. Aceton nicht angegriffen. Mit K-Acetat in sd. CH_3COOH entsteht aus VII *8-Methyl-1-formyl-Δ⁷-bicyclo-[5.4.0]-undecen* (XIV). Zum Strukturbeweis wird XIV durch Ox. von 8-Methyl-1-hydroxymethyl-Δ⁷-bicyclo-[5.4.0]-undecen (XV) dargestellt. Kondens. von 2-Oxocycloheptancarbonsäureäthylester (XVI) mit Äthylvinylketon (XVII) gibt *8-Methyl-9-oxo-Δ⁷-bicyclo-[5.4.0]-undecen-1-carbonsäureäthylester*, der in *8-Methyl-9.9-äthylendimercapto-Δ⁷-bicyclo-[5.4.0]-undecen-1-carbonsäureäthylester* (X) umgewandelt wird. X reagiert mit Raney-Ni zu *8-Methyl-Δ⁷-bicyclo-[5.4.0]-undecen-1-carbonsäureäthylester*, der mit $LiAlH_4$ zu XV red. wird.

Versuche: *2-Oxo-1-[3-oxobutyl]-cyclooctancarbonsäuremethylester*, aus I u. II in 0,1%ig. methanol. $CH_3\cdot ONa$-Lsg. bei —20°; 100% (Ausb.). — *8-Methyl-11-oxo-Δ⁷-bicyclo-[5.3.1]-undecen-1-carbonsäure* (III), F. 178 bis 180° (Essigester/Hexan), aus vorst. Verb. u. konz. H_2SO_4; 30,2%; daneben 33,2% VI. *Methylester* (IV), F. 67—68° (Hexan), aus III, CH_3OH u. konz. H_2SO_4 in sd. 1.2-Dichloräthan; 86%. — *1-Hydroxymethyl-8-methyl-11-hydroxy-Δ⁷-bicyclo-[5.3.1]-undecen* (V), $C_{13}H_{22}O_2$, $Kp._{0,3}$ 141 bis 143°, aus III u. $LiAlH_4$ in sd. 1.2-Dimethoxyäthan; 92%. — *1-p-Toluolsulfonyloxymethyl-8-methyl-11-hydroxy-Δ⁷-bicyclo-[5.3.1]-undecen* (VII), a) aus V u. VI in Py. bei 0°; 100%; b) aus VIII u. $NaBH_4$ in abs. A. bei 40°; 100%. — *1-p-Toluolsulfonyloxymethyl-8-methyl-11-oxo-Δ⁷-bicyclo-[5.3.1]-undecen* (VIII), $C_{20}H_{26}O_4S$, F. 115—117° (Essigester), aus VII u. Chromsäurereagens in Aceton bei 0°; 64%. — *2-Methyl-5-methylen-trans-1-formylcyclodecen* (XII), $C_{13}H_{20}O$, $Kp._{0,1}$ 50°, aus XI u. MnO_2 in Bzl.; 95%. — *2-Methyl-5-methylen-cis-1-formylcyclodecen* (IX), $Kp._{0,3}$ 75°, a) aus VII u. CH_3ONa in sd. CH_3OH; 85%; b) aus XIII u. MnO_2 in Bzl.; 93%. — *1.8-Dimethyl-11-hydroxy-Δ⁷-bicyclo-[5.3.1]-undecen*, $C_{13}H_{22}O$, $Kp._{0,2}$ 40°, aus VII u. $LiAlH_4$ in sd. 1.2-Dimethoxyäthan; 40%; daneben *2-Methyl-5-methylen-trans-1-hydroxymethylcyclodecen* [XI, $C_{13}H_{22}O$, F. 67—69° (Subl. bei 35°/0,1 Torr); 23%]. — *2-Methyl-5-methylen-cis-1-hydroxymethylcyclodecen* (XIII), $Kp._{0,1}$ 75—80°, aus IX u. $LiAlH_4$ u. Ae.; 85%. — *8-Methyl-1-formyl-Δ⁷-bicyclo-[5.4.0]-undecen* (XIV), $C_{13}H_{20}O$, $Kp._{0,04}$ 50—60°, a) aus VII u. K-Acetat in sd. CH_3COOH; 80%; b) aus 87 mg XV u. Chromsäurereagens in Aceton bei 0°; 54 mg. — *8-Methyl-9-oxo-Δ⁷-bicyclo-[5.4.0]-undecen-1-carbonsäureäthylester*, $C_{15}H_{22}O_3$, $Kp._{0,07}$ 111—112°, aus XVI, XVII u. $NaOC_2H_5$ in A. bei —20°; 55%. — *9.9-Äthylendimercapto-8-methyl-Δ⁷-bicyclo-[5.4.0]-undecan-1-carbonsäureäthylester* (X), $C_{17}H_{26}O_2S_2$, $Kp._{0,04}$ 155—160°, aus vorst. Verb., Äthandithiol-(1.2) u. BF_3-Ätherat bei Raumtemp.; 91%. — *8-Methyl-Δ⁷-bicyclo-[5.4.0]-undecen-1-carbonsäureäthylester*, $C_{15}H_{24}O_2$, $Kp._{0,04}$ 50—60°, aus vorst. Verb. u. Raney-Ni in sd. A.; 74%. — *8-Methyl-1-hydroxymethyl-Δ⁷-bicyclo-[5.4.0]-undecen* (XV), F. 63 bis 65° (Hexan), a) aus X u. $LiAlH_4$ in Ae. bei Raumtemp.; 72%; b) analog a) aus XIV; 46%.

Hans Köhne/Berlin 1800△

1182 **Cyclisierungsreaktionen von Hepten-(6)-yl-(2)- und 1-Trichlormethylhepten-(6)-yl-(2)-Radikalen sowie davon**

abgeleiteten Verbindungen. Neal O. Brace. (J. org. Chemistry **32** (1967) 9, 2711—18; North Park Coll., Chicago, Ill. and Wheaton Coll., Wheaton, Ill.; engl.) — Vgl. ibid. **31** (1966) 2879. — CCl_3Br, CCl_4 u. $CHCl_3$ reagieren mit Heptadien-(1.6) (**III**) unter Bldg. von substituierten Fünfringen. 6-Jodhepten-(1) (**VII**) cyclisiert in Ggw. von Azonitrilen zum *cis-* u. *trans-1-Methyl-2-jodmethylcyclopentan*. Heptadiin-(1.6) u. 1-Jodperfluorpropan bilden unter analogen Bedingungen das entsprechende *Decenin*. Die cis–trans-Isomerenverhältnisse werden gaschromatograph. ermittelt (Angaben vgl. Original). Die Struktur der Verb. wird durch IR- u. NMR-Spektren (Maxima, Protonensignale u. Kopplungskonst. vgl. Orig.) an Modellsubst. geklärt.

Versuche: *6-Brom-8.8.8-trichlorokten-(1)*, $C_8H_{12} \cdot BrCl_3$, Kp.$_{2,5}$ 94—104°, aus **III** u. CCl_3Br in Ggw. von Azabisisobutyronitril (**IV**); n_D^{25} 1,5010; 23 % (Ausb.); daneben *cis-* u. *trans-1-Brommethyl-2-[2.2.2-trichloräthyl]-cyclopentan* (**I**), $C_8H_{12}BrCl_3$, Kp.$_{2,1}$ 111—113°; n_D^{25} 1,5289; 33 %; u. *1.1.1.9.9.9-Hexachlor-3.7-dibromnonan* (**II**), $C_9H_{12}Br_2Cl_6$, F. 65—67° (n-Pentan); 18 %. — *Gemisch aus n-Oktan, cis- u. trans-Okten-(2) u. Verb. C_8H_{14}* (wahrscheinlich 1-Methyl-2-vinylcyclopentan), Kp.$_{44}$ 47—86°, aus 11,3 g eines Gemisches vorst. Verb., **I** u. **II** u. $LiAlH_4$, Versetzen mit H_2O u. 10 %ig. NaOH sowie Fraktionierung; n_D^{25} 1,4368; 0,55 g; daneben Fraktionen mit Kp.$_{43}$ 44—45,5° (n_D^{25} 1,4218; 1 g) u. Kp.$_{44}$ 86° (n_D^{25} 1,4568; 0,9 g) sowie 0,4 g eines nicht identifizierten Harzes. — *cis-* u. *trans-1-Methyl-2-[2.2.2-trichloräthyl]-cyclopentan*, $C_8H_{13}Cl_3$, Kp.$_{1,25}$ 56—58°, aus 9,6 g **III** u. $CHCl_3$ in Ggw. von **IV**; n_D^{25} 1,4850; 3,9 g; daneben 1,5 g eines viskosen Öles. — *cis-* u. *trans-1-Chlormethyl-2-[2.2.2-trichloräthyl]-cyclopentan* (**V**), $C_8H_{12}Cl_4$, Kp.$_{0,18}$ 78—81°, aus 9,6 g **III** u. CCl_4 in Ggw. von **IV**; n_D^{25} 1,5111; 11,8 g; daneben 2 g eines braunen Öles. — *1.1.1.3.7.9.9.9-Oktachlornonan*, $C_9H_{12} \cdot Cl_8$, Kp.$_{0,05}$ 130—140°, aus 9,6 g **III** u. CCl_4 sowie Lsg. von $FeCl_3 \cdot 6\,H_2O$, Benzoin u. $(C_2H_5)_2NH_2Cl$ in Acetonitril; $n_D^{25,5}$ 1,5121; 6 g; daneben 17,3 g **V**. — *1.1.1.3-Tetrachlornonan*, Kp.$_{0,3}$ 108°, aus CCl_4 u. Okten-(1) nach Asscher u. Vofsi (J. chem. Soc. [London] **1961**, 2261); n_D^{25} 1,4756; 78 %. — *cis-* u. *trans-1-Chlormethyl-2-[2.2-dichlorvinyl]-cyclopentan*, $C_8H_{11}Cl_3$, Kp.$_{0,45}$ 64°, a) aus **V** u. CH_3ONa in sd. Methanol; 82 %; b) aus **V** u. KOH in A. bei 75 bis 80°; 62 %. — *6-Jodhepten-(1)* (**VII**), $C_7H_{13}J$, Kp.$_{1,75}$ 43,5°, aus 95 %ig. H_3PO_4 u. P_4O_{10} sowie KJ u. 24 g **III** bei 80°; n_D^{24} 1,5112; 36 %; daneben 2 nicht näher untersuchte Fraktionen (8,6 g u. 9,5 g). — *5-Jodhexen-(1)*, Kp.$_5$ 38 bis 40°, analog vorst. Verb. aus Hexadien-(1.5); n_D^{25} 1,5100; 27 %. — *1-Jodmethyl-2-methylcyclopentan* (**VI**), $C_7H_{13}J$, Kp.$_{1,75}$ 43,5—47°, a) aus 7,3 g **VII** durch Isomerisierung in n-Hexan in Ggw. von **IV**; 5,4 g; daneben 0,4 g einer zähen Fl.; b) analog a) in **III**. — *1.2-Dimethylcyclopentanol-(1)*, aus 1-Methylcyclopentanon-(2) u. CH_3MgJ nach Adkins [J. Amer. chem. Soc. **70** (1948) 4041]. — *1.2-Dimethylcyclopenten-(1)*, Kp. 102—105°, aus 9,4 g vorst. Verb. u. 85 %ig. H_3PO_4; n_D^{24} 1,4430; 7,4 g. — *1.2-Dimethylcyclopentan, cis-Form*, Kp. 99,5°, a) aus vorst. Verb. durch Hydrierung an 5 %ig. Pd/C in A.; n_D^{25} 1,4196; 21 %; daneben 77 % *trans-Form*, Kp. 91,9°; n_D^{25} 1,4068; u. 1,9 % einer nicht identifizierten Substanz; b) aus **VI** (27,2 % cis- u. 63,9 % trans-Form, 5,6 % **VII**, 4,1 % einer isomeren Verb.) u. Zn sowie 55 %ig. HJ in A.; 68 %; daneben 27,4 % *trans-Form*. — *cis-* u. *trans-6-Jod-8.8.9.9.10.10.10-heptafluordekin-(1)-en-(6)*, $C_{10}H_8F_7J$, Kp.$_{37}$ 106—107°, aus 29,6 g 1-Jod-perfluorpropan u. Heptadiin-(1.6) in Ggw. von **IV**; n_D^{22} 1,4300; 14,9 g.

G. Westphal 1810△

1183 **Synthese von 2-Methylcyclopentandion-(1.3).** Victor J. Grenda, Glenn W. Lindberg, Norman L. Wendler und Seemon H. Pines. (J. org. Chemistry **32** (1967) 4, 1236—37; Merck & Co., Inc., Rahway, N.J.; engl.) — *2-Methylcyclopentandion-(1.3)* wird durch Rk. von Bernsteinsäureanhydrid (**I**) mit Δ^2-Butenyl-(2)-acetat (**II**) in Ggw. von $AlCl_3$ in Nitrobenzol dargestellt.

Versuch: *2-Methylcyclopentandion-(1.3)*, $C_6H_8O_2$, F. 212—214° (W./Kohle), aus **I**, 1,5 Val **II** u. 3,5 Val $AlCl_3$ in Nitrobenzol bei 110°; 82 % (Ausb.).

Hans Köhne/Berlin 1970△

1184 **Synthese und biologische Prüfung von Aminotropondérivaten.** E. Sianesi, P. Da Re, M. J. Magistretti und I. Setnikar. (J. med. Chem. **10** (1967) 6, 1144—48; Res. Div., Recordati s. a. s., Milano, Italy; engl.) — Durch Rk. von 2-Methoxytropon (**I**) bzw. 2-Methoxy-5-acetamidotropon (**II**) mit prim. bzw. sek. Aminen werden *Deriv.* von *2-Amino-* bzw. *2-Aminoalkylaminotroponen* dargestellt. *Deriv.* von *2-Glycinamido-*, *2.5-Bis-[glycinamido]-tropon* bzw. *5-Glycinamidotropolon* werden durch Kondens. von Chloracetamidotroponen bzw. -tropolonen mit sek. Aminen erhalten. 2-Aminotropon (**III**) gibt mit Chloracetylchlorid (**IV**) *2-Chloracetamidotropon*. Analog entsteht *2.5-Bis-[chloracetamido]-tropon* aus 2.5-Diaminotroponhydrochlorid u. **IV**. 5-Aminotropolon (**V**) wird analog in *5-Chloracetamidotropolon* umgewandelt. *Bas. Ester* von *N-[Troponyl-(2)]-β-alanin* (**VI**) werden durch Kondens. von **VI** mit Dialkylaminoäthylchloriden dargestellt. **I** wird mit β-Aminopropionitril (**VII**) zu *N-[Troponyl-(2)]-β-propionitril* umgesetzt. **III** reagiert mit Chlorameisensäureäthylester (**VIII**) bzw. 3.4.5-Trimethoxybenzoylchlorid in Py. zu *N-[Troponyl-(2)]-äthylurethan* bzw. *N-[3.4.5-Trimethoxybenzoyl]-2-aminotropon*. Mit Phthalsäureanhydrid (**IX**) gibt **III** *2-Phthalimidotropon*. Einige 2-Dialkylaminoalkylaminotropone wirken auf den Blutdruck. N.N-Disubstituierte 2-Glycinamidotropone zeigen eine koronar-vasodilatator. Wirkung.

Versuche: Tropone: *2-β-Diäthylaminoäthylamino-*, Kp.$_1$ 155—165°, aus **I** u. N.N-Diäthyläthylendiamin in sd. abs. C_6H_6. *Dihydrochlorid*, $C_{13}H_{20}N_2O \cdot 2\,HCl$, F. 195—198° (Zers.; A.), aus der Base u. äther. HCl; 38 % (Ausb.). — Analog: *2-β-Diisopropylaminoäthylamino-*, Kp.$_{1,5}$ 165—175°. *Dihydrochlorid*, $C_{15}H_{24}N_2O \cdot 2\,HCl$, F. 207—211° (Zers.; A.); 63 %. — *2-β-Morpholinoäthylamino-*, Kp.$_{0,2}$ 148—150°. *Dihydrochlorid*, $C_{13}H_{18} \cdot N_2O_2 \cdot 2\,HCl$, F. 240—243° ($CH_3OH$); 41 %. — *2-β-Piperidinoäthylamino-*, Kp.$_{0,2}$ 162—165°. *Dihydrochlorid*, $C_{14}H_{20} \cdot N_2O \cdot 2\,HCl$, F. 220—225° ($CH_3OH$); 50 %. — *2-γ-Dimethylaminopropylamino-*, Kp.$_{0,25}$ 130—132°. *Dihydrochlorid*, $C_{12}H_{18}N_2O \cdot 2\,HCl$, F. 174—177° (Zers.; Isopropanol); 46 %. — *2-γ-Diäthylaminopropylamino-*, Kp.$_{0,2}$ 142—143°. *Dihydrochlorid*, $C_{14}H_{22}N_2O \cdot 2\,HCl$, F. 162 bis 165° (Zers.; Isopropanol); 59 %. — *2-β-Dimethylaminoäthylamino-5-acetamido-*, $C_{13}H_{19}N_3O_2$, F. 127—128° (Aceton/Ae.), aus **II** u. N.N-Dimethyläthylendiamin in sd. CH_3OH; 62 %. — Analog: *2-β-Diäthylaminoäthylamino-5-acetamido-*, $C_{15}H_{23}N_3O_2$, F. 112—114° (Aceton/Ae.); 63 %. — *2-β-Morpholinoäthylamino-5-acetamido-*, $C_{15}H_{21}N_3O_3$, F. 93—97° (Aceton/Ae.); 55 %. — *2-β-Piperidinoäthylamino-5-acetamido-*, $C_{16}H_{23}N_3O_2$, F. 106—108° (Aceton/Ae.); 76 %. — *2-γ-Dimethylaminopropylamino-5-acetamido-*, $C_{14}H_{21}N_3O_2$, F. 64—67°; 43 %. *Pikrat*, $C_{14}H_{21}N_3O_2 \cdot C_6H_3N_3O_7$, F. 217—218° (Zers.; 95 %ig. A.). — *2-γ-Diäthylaminoäthylamino-5-acetamido-*, *Citrat*, $C_{15}H_{23}N_3O_2 \cdot C_6H_8O_7$, F. 87—91°; 37 %. — *2-Methylamino-5-acetamido-*, $C_{10}H_{12}N_2O_2$, F. 187—189° (95 %ig. A.); 75 %. — *2-Äthylamino-5-acetamido-*, $C_{11}H_{14}N_2O_2$, F. 198 bis 200° (95 %ig. A.); 76 %. — *2-Diäthylamino-5-acetamido-*, $C_{13}H_{18}N_2O_2$, F. 140—142° (A.); 70 %. — *2-Cyclohexylamino-5-acetamido-*, $C_{15}H_{20}N_2O_2$, F. 179—181° (A.); 42 %. — *2-Anilino-5-acetamido-*, $C_{15}H_{14}N_2O_2$, F. 199 bis 201° (A.); 59 %. — *2-Chloracetamido-*, $C_9H_8ClNO_2$, F. 128 bis 129° (CH_3OH), aus **IV**, **III** u. K_2CO_3 in Aceton; 59 %. — *2-Diäthylaminoacetamido-, Hydrochlorid*, $C_{13}H_{18}N_2O_2 \cdot HCl$, F. 110—112° (Zers.; Isopropanol), aus vorst. Verb. u. Diäthylamin in sd. Bzl. u. Rk. mit äthanol. HCl; 30 %. — Analog: *2-Dimethylaminoacetamido-, Hydrochlorid*, $C_{11}H_{14} \cdot N_2O_2 \cdot HCl$, F. 210—212° (Zers.; A.); 67 %. — *2-Di-n-butylaminoacetamido-, Hydrochlorid*, $C_{17}H_{26}N_2O_2 \cdot HCl$, F. 164—166° (Isopropanol/Ae.); 41 %. — *2-Morpholinoacetamido-*, F. 93—96° (Bzl./Ligroin). *Hydrochlorid*, $C_{13} \cdot H_{16}N_2O_3 \cdot HCl$, F. 218—220° (Zers.; CH_3OH); 49 %. — *2-Piperidinoacetamido-*, F. 108—109° (A.). *Hydrochlorid*, $C_{14}H_{18}N_2O_2 \cdot HCl$, F. 230—232° (Zers.; A./CH_3OH); 77 %. — *2-Pyrrolidinoacetamido-, Hydrochlorid*, $C_{13}H_{16} \cdot N_2O_2 \cdot HCl$, F. 229—230° (Zers.; A.); 53 %. — *2.5-Bis-[chloracetamido]-*, $C_{11}H_{10}Cl_2N_2O_3$, F. 180—181° (Zers.; CH_3CN), aus 5-Nitrosotropolon, $NaHCO_3$ u. $NH_2OH \cdot HCl$ in CH_3OH bei 45—50° [→ 82 % *Tropochinondioxim*, F. 173—174° (Zers.)], Hydrieren von 6,64 g in CH_3OH an 10 %ig. Pd–Kohle bei Raumtemp. u. Normaldruck, Ansäuern mit konz. HCl u. Rk. mit **IV** u. $NaHCO_3$ in verd.

CH_3COOH bei 0°; 2 g. — *2.5-Bis-[diäthylaminoacetamido]-*, $C_{19}H_{30}N_4O_3$, F. 122—123° (Bzl./Ligroin), aus vorst. Verb. u. 5 Val sd. abs. Diäthylamin; 60%. — Analog: *2.5-Bis-[morpholinoacetamido]-*, $C_{19}H_{26}N_4O_5$, F. 179—181° (Bzl./Ligroin); 65%. — *2.5-Bis-[piperidinoacetamido]-*, $C_{21}H_{30} \cdot N_4O_3$, F. 147—148° (Bzl./Ligroin); 81%. — *2-Phthalimido-*, $C_{15}H_9NO_3$, F. 195—197° (A./W.), aus **III** u. **IX** in sd. CH_3COOH; 22%. — Tropolone: *5-Chloracetamido-*, $C_9H_8ClNO_3$, F. 165° (W.), aus **V** u. Na-Acetat in verd. CH_3COOH u. Rk. mit **IV**; 23%. — *5-Diäthylaminoacetamido-, Hydrochlorid*, $C_{13}H_{18}N_2O_3 \cdot HCl$, F. 212—213° (Zers.; A.), aus vorst. Verb. u. Diäthylamin in sd. A. u. Rk. mit 2 n HCl in W.; 36%. — *5-Di-n-butylaminoacetamido-, Hydrochlorid*, F. 215—217° (Zers.; A.); 40%. — *5-Morpholinoacetamido-, Hydrochlorid*, $C_{13}H_{16}N_2O_4 \cdot HCl$, F. 238—242° (Zers.; A./W.); 80%. — *5-Piperidinoacetamido-, Hydrochlorid*, $C_{14}H_{18}N_2O_3 \cdot HCl$, F. 252—254° (95%ig A.); 60%. — *N-[Troponyl-(2)]-β-aminopropionitril*, $C_{10}H_{10}N_2O$, F. 125—126° (A.), aus 4,12 g I u. **VII** bei Raumtemp.; 2,8 g. — *N-[Troponyl-(2)]-β-alanin* (**VI**), *β-Dimethylaminoäthylester*, $C_{14}H_{20}N_2O_3$, F. 50—51° (Ae./PAe.), aus **VI**, β-Dimethylaminoäthylchloridhydrochlorid u. Na-Isopropylat in sd. Isopropanol; 46%. Analog: *β-Diäthylaminoäthylester, Citrat*, $C_{16}H_{24}N_2O_3 \cdot C_6H_8O_7$, F. 108—110° (Zers.; Aceton/Ae.); 56%. *β-Morpholinoäthylester, Hydrochlorid*, $C_{16}H_{22}N_2O_4 \cdot HCl$, F. 89—92° (Aceton/Essigester). *Dihydrochlorid*, $C_{16}H_{22}N_2O_4 \cdot 2\,HCl$, F. 163 bis 166° (abs. Isopropanol); 61%. — *N-[Troponyl-(2)]-äthylurethan*, $C_{10}H_{11}NO_3$, F. 71—72° (Ligroin), aus **III** u. **VIII** in abs. Py. bei Raumtemp.; 61%. — Analog: *2-[3.4.5-Trimethoxybenzoylamino]-tropon*, $C_{17}H_{17}NO_5$, F. 148—150° (CH_3OH); 57%.

Hans Köhne/Berlin 2140△

1185 **Addition von Dibortetrachlorid an einige cyclische Olefine und Diene.** Harendra Kumar Saha, Leon Jules Glicenstein und Grant Urry. (J. organometallic Chem. [Amsterdam] 8 (1967) 1, 37—44; Purdue Univ., Lafayette, Ind.; engl.) — Bei der Addition von B_2Cl_4 (Diborierung) an Cyclopenten bildet sich *1.2-Bis-[dichlorboryl]-cyclopentan* (**I**, F. —54°; 99,2% Ausb.). Dessen Hydrolyse führt zu *1.2-Bis-[dihydroxyboryl]-cyclopentan*, das bei der Ox. durch alkal. H_2O_2 nur *trans-1.2-Cyclopentandiol* ergibt. Diese Tatsache spricht dafür, daß bei der Diborierungsrk. zuerst eine heterolyt. Spaltung des B_2Cl_4 unter Bldg. eines BCl_2^- u. eines BCl_2^+ eintritt u. darauf eine ion. Addition an die ungesätt. Bindung des Olefins erfolgt. Die Diborierung nichtkonjugierter cycl. Diene kann stufenweise erfolgen; z. B. erhält man aus 1.4-Cyclohexadien (**II**) *4.5-Bis-[dichlorboryl]-cyclohexan* (**III**), bei einem Unterschuß an **II** auch *1.2.4.5-Tetrakis-[dichlorboryl]-cyclohexan* (F. 108°; 84%). Dagegen wirkt B_2Cl_4 bei der Rk. mit konjugierten cycl. Dienen zu polymeren Prod. als Katalysator; z. B. wird Butin-(2) zu *Hexamethylbenzol* trimerisiert, das massenspektroskop. nachgewiesen wurde. Bei der Rk. von B_2Cl_4 mit überschüssigem 1.3-Cyclohexadien bildet sich eine viskose Fl., die bei weiterer Aufkondens. von Dien ein weißes Polymeres ergibt. B_2Cl_4 polymerisiert auch Cyclooktatetraen u. Cyclopentadien; im letzteren Falle ist das Rk.-Prod. nicht das typ. Diels-Alder-Addukt. Folgende Dampfdrücke, die der Gleichung $\log_{10}p_{mm} = A - B/T$ gehorchen, wurden ermittelt: für **I** ist (A =) 7,430 u. (B =) 2229 zwischen 20 u. 95°, für **III** 5,586 u. 1633 zwischen 20 u. 100° u. für *4.5-Bis-[dimethylboryl]-cyclohexen* 7,591 u. 1446 zwischen —78° u. 0°. Alle diese Verb. bilden die erwarteten Komplexe mit $(CH_3)_3N$, in denen jedes saure B-Atom komplexiert ist. G. Heller 2180

1186 **Untersuchungen der Acylarylnitrosamin-Reaktion. 1. Mitt. Verwendung von Nitrosylschwefelsäure bei der Darstellung von unsymmetrischen Biarylen.** Yusuf Ahmad, M. Ikram Qureshi und M. Ibrahim Baig. (Canad. J. Chem. **45** (1967) 13, 1539—42; Pakistan Council of Sci. and Ind. Res., Karachi, Pakistan; engl.) — Nitrosierung von Acylarylaminen mit Nitrosylschwefelsäure (**I**) u. Erhitzen der erhaltenen N-Nitrosoderiv. in Bzl. liefern *unsymm. Biaryle* in verbesserten Ausbeuten.

Versuche: *Nitrosylschwefelsäure* (**I**), F. 70°, durch Einleiten von trockenem SO_2 in HNO_3 (D. 1,6) u. Einleiten von trockener Luft unter Temp.-Steigerung auf 100° (Bad). — N-Nitrosoacetanilide: *4'-Methoxy-3'-nitro-, Hydrat* (**II**), $C_9H_9N_3O_5 \cdot H_2O$, F. 89° (Zers.; Ae./Kohle), durch 1/4std. Rk. von **I** mit 4'-Methoxy-3'-nitroacetanilid u. Na-Acetat bei 0—5°; 82% (Ausb.). — Analog *unsubstituiert*, F. 51° (Zers.); 91%. — *2'-Methoxy-*, Öl. — *4'-Methoxy-*, F. 40—41° (Zers.). — *4'-Äthoxy-*, F. 65° (Zers.). — *2'-Nitro-*, Öl. — *3'-Nitro-*, Öl. — *4'-Nitro-*, F. 75° (Zers.). — *4'-Äthoxy-3'-nitro-*, $C_{10}H_{11}N_3O_5$, F. 83° (Zers.); 86%. — *2'-Methoxy-5'-nitro-, Hydrat*, $C_9H_9N_3O_5 \cdot H_2O$, F. 87° (Zers.); 73%. — *4'-Äthoxy-2'-nitro-*, F. 45° (Zers.); 61%. — *2'-Methoxy-4'-nitro-, Hydrat*, F. 82—83° (Zers.); 77%. — *4'.5'-Dichlor-*, $C_8H_6Cl_2N_2O_2$, F. 67° (Zers.); 88%. — *4'.5'-Dichlor-2'-nitro-*, $C_8H_5Cl_2N_3O_4$, F. 85° (Zers.). — *2'.4'.5'-Trichlor-*, $C_8H_5Cl_3N_2O_2$, F. 62° (Zers.); 68%. — Diphenyle: *4-Methoxy-3-nitro-*, $C_{13}H_{11} \cdot NO_3$, F. 90—91° (CH_3OH), durch 4std. Kochen von **II** in Bzl.; 64%. — Analog *unsubstituiert*, F. 71°; 89%. — *2-Methoxy-*, Öl; 31%. — *4-Methoxy-*, F. 86—87°; 60%. — *4-Äthoxy-*, F. 73—74°; 70%. — *2-Nitro-*, Öl; 65%. — *3-Nitro-*, F. 59°; 71%. — *4-Nitro-*, F. 113°; 60%. — *4-Äthoxy-3-nitro-*, $C_{14}H_{13}NO_3$, F. 93—94° (Bzl./PAe.); 75%. — *2-Methoxy-5-nitro-*, $C_{13}H_{11}NO_3$, F. 93—94° (Methanol); 57%. — *4-Äthoxy-2-nitro-*, F. 64—65° (Methanol); 32%. — *2-Methoxy-4-nitro-*, F. 68—70° (Methanol); 58%. — *4-Methoxy-2-nitro-*, F. 72—73° (PAe.); 33%. — *4.5-Dichlor-*, $C_{12}H_8Cl_2$, Öl; 32%. — *4.5-Dichlor-2-nitro-*, $C_{12}H_7Cl_2NO_2$, F. 83—84° (Zers.; PAe.); 27%. — *2.4.5-Trichlor-*, $C_{12}H_7Cl_3$, F. 74—76° (PAe.); 38%. — *5-Phenylisochinolin*, aus 5-Acetamidoisochinolin; Öl; 29%. *Pikrat*, $C_{15}H_{11}N \cdot C_6H_3N_3O_7$, F. 185—186°. — *N.N-Dinitrosoxanilid, Hydrat*, $C_{14}H_{10}N_4O_4 \cdot H_2O$, F. 95° (Zers.), aus Oxanilid; 87%. — *6-Methoxy-5-phenylchinolin*, $C_{16}H_{13}NO$, F. 145—146° (PAe.), aus 5-Acetamido-6-methoxychinolin; 22%. — *4-Methoxy-3-phenylchinolin*, F. 157—158°, aus 3-Acetamido-4-methoxychinolin; 22%.

H. Miele 2210△

1187 **Arylsubstituierte Propargylalkohole und verwandte Verbindungen.** 2. Mitt. **1-Mesityl-1.3-diphenylpropin-(2)-ol-(1) und 1-[α-Naphthyl]-1.3-diphenylpropin-(2)-ol-(1).** Thomas L. Jacobs, Calvin Hall, Donald A. Babbe und Pairoje Prempree. (J. org. Chemistry **32** (1967) 7, 2283—86; Univ. of Calif. at Los Angeles, Los Angeles, Calif.; engl.) — 1. vgl. C. **1966**, 19-0920. — Chlorierung von 1-Mesityl- (**I**) bzw. 1-[α-Naphthyl]-1.3-diphenylpropin-(2)-ol-(1) (**II**) führt unter Acetylen–Allen-Umlagerung zu *3-Mesityl-* (**III**) bzw. *3-[α-Naphthyl]-1-chlor-1.3-diphenylpropadien* (**IV**). Rk. von **III** mit $NaOCH_3$ bzw. $NaOC_2H_5$ liefert *1-Methoxy-* bzw. *1-Äthoxy-3-mesityl-1.3-diphenylpropadien*. Dagegen führt die analoge Umsetzung von **IV** zu *1-Methoxy-* bzw. *1-Äthoxy-1-[α-naphthyl]-1.3-diphenylpropin-(2)*, wobei in letzterem Falle wahrscheinlich auch der Allenyläther entsteht. Alle diese Verb. werden durch W. leicht in *3-[α-Naphthyl]-* bzw. *3-Mesityl-1.3-diphenylpropen-(2)-on-(1)* (**V**) umgelagert.

Versuche: *1-Mesityl-1.3-diphenylpropin-(2)-ol-(1)* (**I**), $C_{24}H_{22}O$, F. 66—67° (PAe.), durch 38std. Kochen von *Mesitylphenylketon* [Kp.$_1$ 135—139°, aus Benzoylchlorid, Mesitylen u. $AlCl_3$; 81% (Ausb.)] mit *Phenyläthinyl-MgBr* (aus Äthyl-MgBr u. Phenylacetylen in Di-n-butyläther); 28% (Ausb., roh). — 1.3-Diphenyl-3-mesitylpropandiene: *1-Chlor-* (**III**), $C_{24}H_{21}Cl$, F. 124—125° (Ae./A.), durch 15std. Rk. von **I** u. $SOCl_2$ in abs. Py./Ae. bei Raumtemperatur. — *1-Methoxy-*, $C_{25}H_{24}O$, F. 107 bis 110°, a) durch 12std. Rk. von **III** mit $NaOCH_3$ in Methanol unter Kühlung; b) analog a) bei Raumtemp.; 41%. Kristallisation aus nicht getrocknetem Methanol → **V**. — *1-Äthoxy-*, F. 130—133°, analog vorst. Verb. nach a). — *1.3-Diphenyl-3-mesitylpropen-(2)-on-(1)* (**V**), $C_{24}H_{22}O$, F. 86—87° (A.), durch 1std. Rk. von **I** mit konz. H_2SO_4 in abs. Methanol bei 0°. *2.4-Dinitrophenylhydrazon*, $C_{30}H_{26} \cdot N_4O_4$, F. 235°. — *1-Chlor-3-[α-naphthyl]-1.3-diphenylpropadien* (**IV**), $C_{25}H_{17}Cl$, F. 124—125°, a) durch 2std. Rühren von **II** mit PCl_3 in abs. Ae. bei Raumtemp.; 50%; b) durch 3std. Rk. von **II** mit $SOCl_2$ in abs. Ae./Py. bei 0° u. Rühren über Nacht bei Raumtemp.; 40%. — *1-Äthoxy-1-[α-naphthyl]-1.3-diphenylpropin-(2)*, F. 126,5 bis 127,5°, durch 2tägige Rk. von **IV** mit $NaOC_2H_5$ in abs. A. bei Raumtemperatur. — *1-Methoxy-1-[α-naphthyl]-1.3-diphenylpropin-(2)*, $C_{26}H_{20}O$, F. 101,5—102,5°, durch 12std. Rk. von **IV** mit $NaOCH_3$ in abs. Methanol bei

Raumtemp.; 56%. — *1.3-Diphenyl-3-[α-naphthyl]-propen-(2)-on-(1)*, F. 106—107° (A.), durch 1std. Kochen von **IV** mit feuchtem Ag_2O in Aceton; daneben **II**.
H. Miele 2270△

1188 **Wechselwirkung von Cumulen-Systemen mit metallorganischen π-Komplexen. 5. Mitt. Carbonylierung von Cumulenen und ein neuer Kobaltkomplex von Tetraphenylbutatrien.** Pu-Jun Kim und Nobue Hagihara. (Mem. Inst. sci. ind. Res., Osaka Univ. 24 (1967) 133—39; engl.) — 4. vgl. C. **1967, 43-0731.** — Durch Carbonylierung von Tetraphenylbutatrien (**I**) bzw. von 1.1-Diphenyl-4.4-bis-[4-methoxyphenyl]-butatrien (**II**) in Ggw. von $Co_2(CO)_8$ entstehen *2-[β.β-Diphenylvinyl]-* (**III**) bzw. *2-[β.β-Bis-(4-methoxyphenyl)-vinyl]-3-phenylindon*, das mit $KMnO_4$/wss. Py. zu *4.4'-Dimethoxybenzophenon* ox. wird. 1.1.4-Triphenyl-4-[4-nitrophenyl]-butatrien liefert dagegen bei der Carbonylierung nur ein schwarzes *Polymeres*. In Ggw. von W. wird **I** zu *2-[β.β-Diphenyläthyl]-3-phenylindanon* (**IV**) carbonyliert. Zur Klärung des Mechanismus werden **I** u. Cyclopentadienylkobalttriphenylphosphindijodid (**V**) in Ggw. von Isopropyl-MgBr zu einem *Komplex* aus *1-Cyclopentadienyl-2.3-bis-[diphenylmethylen]-1-cobaltacyclopropan* u. *Triphenylphosphin* umgesetzt.

Versuche: *Tetraphenylbutatrien* (**I**), durch Dehydroxylierung von Tetraphenylbutindiol mit $SnCl_2$/HCl. — *2-[β.β-Diphenylvinyl]-3-phenylindon* (**III**), $C_{29}H_{20}O$, F. 147—148°, durch 6std. Schütteln von **I**, $Co_2(CO)_8$ u. Bzl. im Autoklaven mit CO bei 230—250° u. Chromatographie (Chr.) an Al_2O_3 mit Bzl.; 70% (Ausb.); daneben 0,04% *1-Diphenylmethylen-3-phenylinden* (**VI**). Ox. mit CrO_3/Eisessig → *o-Benzoylbenzoesäure* u. *Benzophenon*. — *2-[β.β-Bis-(4-methoxyphenyl)-vinyl]-3-phenylindon*, $C_{31}H_{24}O_3$, F. 80—83° (wss. CH_3OH), analog **III** aus **II**; 36%. — *2-[β.β-Diphenyläthyl]-3-phenylindanon* (**IV**), a) aus **I**, Bzl., W. u. $Co_2(CO)_8$ unter CO bei 190—230° in 6 Std. durch Chr. mit Bzl. an Al_2O_3; b) durch Hydrierung von **III** in Bzl. an Raney-Ni. *2.4-Dinitrophenylhydrazon*, $C_{35}H_{28}N_4O_4$, F. 213—214 (A.). — *Alkohol von F. 100* (PAe.), aus **IV** u. $NaBH_4$ in sd. Äthanol. — *Komplex* aus *1-Cyclopentadienyl-2.3-bis-[diphenylmethylen]-1-cobaltacyclopropan* u. *Triphenylphosphin*, $C_{51}H_{40}CoP$, F. 214° (Zers.; Bzl./PAe.), aus **V**, **I** u. Bzl. durch Zutropfen einer äther. Lsg. von Isopropyl-MgBr, Zers. mit NH_4Cl in W. u. Chr. an Al_2O_3 mit Bzl.; 24%. Rk. mit CO → **I**, F. 238°. Pyrolyse bei 220° → 48% **VI**, F. 207—209°. Rk. mit Br_2 u. mit Zn/A. → **I**. Rk. mit J_2 → **I**.
H.-J. Schönherr 2650

1189 **Metallierung von α- und β-Dimethylaminomethylnaphthalinen mit n-Butyllithium und Kondensationsreaktionen mit Benzophenon sowie dazugehörige Ergebnisse.** Robert L. Gay und Charles R. Hauser. (J. Amer. chem. Soc. 89 (1967) 10, 2297—2303; Duke University, Durham, N.C.; engl.) — Die Stellung des Li in den Metallierungsprod. von *α- und β-Dimethylaminomethylnaphthalin* wird durch Identifizierung und unabhängige Darst. von Kondens. u. anderen Rk.-Prod. festgestellt. So wird ein neuer Synth.-Weg für peri-Verb. aufgezeigt. Die IR- und NMR-Daten werden mit denen schon bekannter Verb. tabellar. aufgeführt.

Versuche: *α-Dimethylaminomethylnaphthalin* (**V**), $C_{13}H_{15}N$, Kp.$_{0,5}$ 98—103°, durch 1 Woche langes Rühren von 1-Chlormethylnaphthalin u. Dimethylamin in Ae.; 91% (Ausb.). *Pikrat*, F. 144—146° (A.). — *8-Brom-α-naphthoesäure*, $C_{11}H_7BrO_2$, F. 177—179°, aus Naphthalin-1.8-dicarbonsäureanhydrid (**I**, $C_{12}H_6O_3$); 55%. — *8-Brom-1-hydroxymethylnaphthalin*, $C_{11}H_9BrO$, F. 87 bis 88,5° (Hexan), aus vorst. Verb. mit $NaBH_4$ in Diglyme; 67%. *Phenylurethan*, $C_{18}H_{14}BrNO_2$, F. 140—141° (Bzl.). — *1-Dimethylaminomethyl-8-bromnaphthalin*, $C_{13}H_{14}BrN$, durch Umsetzen vorst. Verb. mit PBr_3 u. Rk. des Prod. mit Dimethylamin; 75%. *Pikrat*, $C_{19}H_{17}BrN_4O_7$, F. 187 bis 188° (A.). — *α-Dimethylaminomethylnaphthyl-(8)-diphenylcarbinol*, $C_{26}H_{25}NO$, F. 200—201° (Acetonitril), a) durch Umsetzen vorst. Verb. mit Butyl-Li (**II**) zum *α-Dimethylaminomethylnaphthyl-(8)-Li* (**III**) u. Rk. mit Benzophenon (**IV**); 76,3%; b) durch Umsetzen von **V** mit **II** zu einem Gemisch aus **III**/*α-Dimethylaminomethylnaphthyl-(2)-Li* ($C_{13}H_{14}LiN$; Verhältnis 91 : 9) u. Rk. mit **IV** in Ae.; 58,3%; daneben *α-Dimethylaminomethylnaphthyl-(2)-diphenylcarbinol*. — *[8-Diphenylhydroxymethylnaphthyl-(1)]-methyltrimethylammoniumjodid*, $C_{27}H_{28}JNO$, F. 213,5—215°, durch Umsetzen vorst. Verb. mit Methyljodid; 98,4%. — *1.1-Diphenyl-1H.3H-naphtho-[1.8:c.d]-pyran*, $C_{24}H_{18}O$, F. 158—160°, aus vorst. Verb. mit $NaNH_2$ in fl. NH_3; 89%. — *1.1-Diphenyl-3-oxo-1H.3H-naphtho-[1.8:c.d]-pyran*, $C_{24}H_{16}O$, F. 204—205,5° (A.), a) aus vorst. Verb. mit SeO_2; 11%; b) aus **I** mit Phenyl-Li. — *1.1-Diphenyl-3-äthoxy-1H.3H-naphtho-[1.8:c.d]-pyran*, F. 198,5 bis 201° (A.), durch Red. vorst. Verb. mit $LiAlH_4$ u. Rk. mit A.; 76%. — *β-Dimethylaminomethylnaphthalin* (**VI**), $C_{13}H_{15}N$, Kp.$_{0,45}$ 89—91°, durch mehrtägiges Stehen von 2-Chlormethylnaphthalin (aus β-Naphthoesäure) mit Dimethylamin in A.; 67,4%. *Pikrat*, F. 151—152° (A.). — *3-Brom-β-naphthoesäure*, $C_{11}H_7BrO_2$, F. 216—218,5°, aus 3-Amino-β-naphthoesäure; 65%. — *N.N-Dimethyl-3-brom-β-naphthoesäureamid*, $C_{13}H_{12}BrNO$, F. 114—115° (W.), durch Umsetzen vorst. Verb. mit $SOCl_2$ u. Rk. mit Dimethylamin; 68,2%. — *3-Brom-β-dimethylaminomethylnaphthalin*, $C_{13}H_{14}BrN$, Kp.$_{0,03}$ 82—83°, aus vorst. Verb. mit Diboran in THF; 63%. *Pikrat*, $C_{19}H_{17}BrN_4O_7$, F. 172 bis 173,5° (A.). — *2-Dimethylaminomethylnaphthyl-(3)-diphenylcarbinol* (**VII**), $C_{26}H_{25}NO$, F. 194—197° (Acetonitril), a) durch Umsetzen vorst. Verb. mit **II** zu *2-Dimethylaminomethylnaphthyl-(3)-Li* (**VIII**) u. Rk. mit **IV**; 73,7%; b) durch Umsetzen von **VI** mit **II** zu einem Gemisch aus **VIII** u. *2-Dimethylaminomethylnaphthyl-(1)-Li* (**IX**) u. Zugabe von **IV**; 25,3%; daneben **X**. — *1-Brom-2-brommethylnaphthalin*, $C_{11}H_8Br_2$, F. 105,5—107,5° (Ligroin), durch Umsetzen von 1-Brom-2-methylnaphthalin mit N-Bromsuccinimid in CCl_4; 67%. — *1-Brom-2-dimethylaminomethylnaphthalin*, $C_{13}H_{14}BrN$, Kp.$_{0,14}$ 98°, durch Umsetzen vorst. Verb. mit Dimethylamin; 90%. *Pikrat*, $C_{19}H_{17}BrN_4O_7$, F. 142—143,5° (A.). — *2-Dimethylaminomethylnaphthyl-(1)-diphenylcarbinol* (**X**), F. 160—162°, durch Umsetzen vorst. Verb. mit **II** zu **IX** u. Einw. von **IV**; 76,5%. — *1-Dimethylaminomethyl-2-methyl-3-[diphenylhydroxymethyl]-naphthalin*, $C_{27}H_{27}NO$, F. 126 bis 128° (Hexan), durch Umlagerung nachst. Verb. mit $NaNH_2$ in fl. NH_3; 70%. — *[3-(Diphenylhydroxymethyl)-naphthyl-(2)]-methyltrimethylammoniumjodid*, F. 195 bis 196°, aus **VII** mit Methyljodid. — *2.2-Dimethyl-3.3-diphenylbenz-[f]-isoindoliniumbromid*, $C_{26}H_{24}BrN$, F. 299—300° (Acetonitril), durch Kochen von **VII** mit wss. HBr; 92%. — *[1-(Diphenylhydroxymethyl)-naphthyl-(2)]-methyltrimethylammoniumjodid*, $C_{27}H_{28}JNO$, F. 204—206°, durch Kochen von **X** mit Methyljodid; 82,6%. — *1.1-Diphenyl-1.3-dihydronaphtho-[1.2:c]-furan*, $C_{24}H_{18}O$, F. 157 bis 158,5° (Hexan), durch Cyclisierung vorst. Verb.; 80%.
N. Holtschmidt 2700

1190 **Synthese einiger Aminonaphthylalanine.** Joseph D. Benigni und R. L. Minnis. (J. med. Chem. **10** (1967) 2, 293—94; Chicago, Ill., Regis Chem. Co.; engl.) — Die Enantiomeren des *β-[Aminonaphthyl]-α-alanins* werden ausgehend von den nach bekannten Verf. zugänglichen *Methylnaphthalinen* synthetisiert.

Versuche: Naphthaline: *1-Brommethyl-4-nitro-* (**I**), F. 89—91°, durch 5 std. Kochen von 1-Methyl-4-nitronaphthalin mit N-Bromsuccinimid u. Benzoylperoxid in CCl_4; 68% (Ausb.). — *3-Brommethyl-1-nitro-*, F. 114—115°; 59%. — *1-Brommethyl-3-nitro-*, F. 150—152°; 56%. — Formamidomalonsäurediäthylester: *4-Nitronaphthyl-(1)-methyl-* (**II**), F. 217—219° (Essigester), durch 3std. Rk. von C_2H_5ONa mit Formamidomalonsäurediäthylester u. **I** in A.-THF bei Raumtemp.; 82%. — *1-Nitronaphthyl-(3)-methyl-*, F. 166—168°; 56%. — *3-Nitronaphthyl-(1)-methyl-*, F. 214—215° (Zers.); 71%. — Alanine: *3-[4-Nitronaphthyl-(1)]-* (**III**), F. 258 bis 260° (Zers.; wss. Säure), durch 7std. Kochen von **II** mit 40%ig. HBr in Eisessig, Kühlen u. Einstellen auf pH 5 mit NH_4OH; 75%. — *3-[1-Nitronaphthyl-(3)]-*, F. 240 bis 241° (Zers.); 70%. — *3-[3-Nitronaphthyl-(1)]-*, F. 251 bis 252° (Zers.); 88%. — *3-[4-Aminonaphthyl]-*, F. 273—275° (Zers.), durch Hydrieren von **III** in 2%ig. NaOH an Pd/Kohle; 71%. — *3-[1-Aminonaphthyl-(3)]-*, F. 286—288° (Zers.), 80%. — *3-[3-Aminonaphthyl-(1)]-*, F. 303—305° (Zers.); 90%. UV-Max. vgl. Original.
H. Gleinig 2700△

1191 **9.10-Disubstituierte Derivate von cis-Dekalin, cis-Δ^2-Oktalin und cis-$\Delta^{2.6}$-Hexalin.** William Bruce Scott und Richard E. Pincock. (J. org. Chemistry **32** (1967) 11, 3374—78; Univ. of Brit. Columbia, Vancouver, Canada; engl.) — cis-9.10-Bis-[mesyloxymethyl]-dekalin gibt mit CuCN in Py. bei 198° nur wenig *12-Oxatricyclo-[4.4.3.0^{1.6}]-tridecan*, cis-9.10-Bis-[mesyloxymethyl]-$\Delta^{2.6}$-hexalin (I) gibt mit NaCN bzw. CuCN in DMSO, DMF, Py. bzw. N-Methylpyrrolidinon-(2) *cis-9.10-Bis-[cyanmethyl]-$\Delta^{2.6}$-hexalin* (II), *12-Oxatricyclo-[4.4.3.0^{1.6}]-tridecadien-(3.8)* (III) u. *11-Cyan-12-aminotricyclo-[4.4.3.0^{1.6}]-tridecatrien-(3.8.11)* (IV). II wird zu *cis-9.10-Bis-[carboxymethyl]-$\Delta^{2.6}$-hexalin* hydrolysiert, das mit CH_2N_2 *cis-9.10-Bis-[methoxycarbonylmethyl]-$\Delta^{2.6}$-hexalin* (V) bildet. V wird von $LiAlH_4$ zu *cis-9.10-Bis-[2-hydroxyäthyl]-$\Delta^{2.6}$-hexalin* (VI) reduziert. VI reagiert mit PBr_3 zu *cis-9.10-Bis-[2-bromäthyl]-$\Delta^{2.6}$-hexalin*. *cis-9.10-Bis-[2-jodäthyl]-$\Delta^{2.6}$-hexalin* (VII) wird aus cis-9.10-Bis-[2-mesyloxyäthyl]-$\Delta^{2.6}$-hexalin u. NaJ in Aceton dargestellt. VII gibt mit n-Butyllithium in Ae. bzw. Heptan, mit Zn bzw. mit Mg in Glyme bzw. THF *cis-9-Äthyl-10-vinyl-$\Delta^{2.6}$-hexalin* u. vermutlich *Tricyclo-[4.4.4.0^{1.6}]-tetradecadien-(3.8)* (VIII). I bzw. cis-9.10-Bis-[mesyloxymethyl]-Δ^2-oktalin geben mit NaJ in sd. DMF *cis-9.10-Bis-[jodmethyl]-$\Delta^{2.6}$-hexalin* (X) bzw. *-Δ^2-oktalin* (IX). X bzw. IX liefern mit $LiAlH_4$ in Glyme *cis-9.10-Dimethyl-$\Delta^{2.6}$-hexalin* (XI) bzw. *-Δ^2-oktalin*. XI gibt bei der katalyt. Hydrierung *cis-9.10-Dimethyldekalin*.

Versuche: *$\Delta^{2.6}$-Hexalin-9.10-dicarbonsäureanhydrid*, aus Acetylendicarbonsäure u. Butadien-(1.3) in Glyme bei 190°. — *cis-9.10-Bis-[hydroxymethyl]-$\Delta^{2.6}$-hexalin*, F. 174,5—176° (A./W.), aus vorst. Verb. u. $LiAlH_4$ in sd. Glyme. — *cis-9.10-Bis-[acetoxymethyl]-$\Delta^{2.6}$-hexalin*, $C_{16}H_{22}O_4$, F. 65,5—67° (Subl. bei 80°/1 Torr), aus vorst. Verb. u. Acetanhydrid. — *cis-9.10-Bis-[mesyloxymethyl]-$\Delta^{2.6}$-hexalin* (I), F. 115°, aus vorvorst. Verb. u. Methansulfonylchlorid in abs. Py. bei —5° bis —10°. — *cis-9.10-Bis-[jodmethyl]-$\Delta^{2.6}$-hexalin* (X), $C_{12}H_{16}J_2$, F. 98 bis 99° (PAe./Kohle), aus I u. NaJ in sd. abs. DMF; 59% (Ausb.). — *cis-9.10-Dimethyl-$\Delta^{2.6}$-hexalin* (XI), $C_{12}H_{18}$, F. 69—71°, aus X u. $LiAlH_4$ in sd. abs. Glyme; 40%. — *cis-9.10-Dimethyldekalin*, $C_{12}H_{22}$, F. 89—91° (Subl. bei 25°/1 Torr), durch Hydrieren von XI an PtO_2 in A.; 78%. — *cis-9.10-Bis-[cyanmethyl]-$\Delta^{2.6}$-hexalin* (II), F. 152—153° (Bzl./PAe.), aus I u. NaCN in N-Methylpyrrolidinon-(2) bei 175°; 20%; daneben 13% III u. wenig IV. — *cis-9.10-Bis-[carboxymethyl]-$\Delta^{2.6}$-hexalin*, F. 230 bis 233° (Zers.; A./W.), aus II u. 10%ig. NaOH in sd. A.; 81%. — *cis-9.10-Bis-[methoxycarbonylmethyl]-$\Delta^{2.6}$-hexalin* (V), Kp.$_{1,5}$ 152°, aus vorst. Verb. u. CH_2N_2 in Ae./Glyme. — *cis-9.10-Bis-[2-hydroxyäthyl]-$\Delta^{2.6}$-hexalin* (VI), $C_{14}H_{22}O_2$, F. 149,5—150,5° (Essigester/PAe.), aus V u. $LiAlH_4$ in sd. abs. Glyme; 62%. — *cis-9.10-Bis-[2-bromäthyl]-$\Delta^{2.6}$-hexalin*, $C_{14}H_{20}Br_2$, F. 132—133° (Aceton/W.), aus VI u. PBr_3 in abs. Glyme; 16%. — *cis-9.10-Bis-[2-mesyloxyäthyl]-$\Delta^{2.6}$-hexalin*, $C_{16}H_{26}O_6S_2$, F. 124—125° (Zers.; A.), aus VI u. Methansulfonylchlorid in abs. Py. bei —10°; 70%. — *cis-9.10-Bis-[2-jodäthyl]-$\Delta^{2.6}$-hexalin* (VII), $C_{14}H_{20}J_2$, F. 147—148° (Zers.; A.), a) aus vorvorst. Verb. u. NaJ in sd. abs. Aceton; 76%; b) aus vorst. Verb. u. NaJ in sd. abs. Aceton; 46%. — *cis-9-Äthyl-10-vinyl-$\Delta^{2.6}$-hexalin*, $C_{14}H_{20}$, aus VII u. n-Butyllithium in Hexan bzw. Ae., Zn in Glyme bzw. Mg in THF, Ae. bzw. Heptan; daneben VIII (?). — *Δ^2-Oktalin-cis-9.10-dicarbonsäuredimethylester*, $C_{14}H_{20}O_4$, nach Brigl u. Herrmann [1938] aus Cyclohexen-1.2-dicarbonsäureanhydrid. *Anhydrid*, aus der Säure u. Acetylchlorid bei 0°. — *cis-9.10-Bis-[hydroxymethyl]-Δ^2-oktalin*, $C_{12}H_{20}O_2$, F. 147—149° (A./W.), aus vorst. Anhydrid u. $LiAlH_4$ in sd. Glyme; 64%. — *12-Oxatricyclo-[4.4.3.0^{1.6}]-tridecen-(3)*, $C_{12}H_{18}O$, aus vorst. Verb. u. p-Toluolsulfonsäure in sd. Bzl.; 95%. — *cis-9.10-Bis-[acetoxymethyl]-Δ^2-oktalin*, $C_{16}H_{24}O_4$, F. 57,5—59° (Subl. bei 75°/1 Torr), aus vorvorst. Verb. in warmem Acetanhydrid; 97%. — *cis-9.10-Bis-[mesyloxymethyl]-Δ^2-oktalin*, $C_{14}H_{24}O_6S_2$, F. 124—126° (CH_3OH u. Bzl./PAe.), aus drittvorst. Verb. u. Methansulfonylchlorid in abs. Py.; 85%. — *cis-9.10-Bis-[jodmethyl]-Δ^2-oktalin* (IX), $C_{12}H_{18}J_2$, F. 101—102° (CH_3OH), aus vorst. Verb. u. NaJ in sd. abs. DMF; 9,2%. — *cis-9.10-Dimethyl-Δ^2-oktalin*, $C_{12}H_{20}$, F. 51—53°, aus IX u. $LiAlH_4$ in sd. abs. Glyme; 18%. — *cis-9.10-Bis-[hydroxymethyl]-dekalin*, F. 183—184° (A./W.), aus Dekalin-9.10-dicarbonsäureanhydrid u. $LiAlH_4$. — *cis-9.10-Bis-[mesyloxymethyl]-dekalin*, $C_{14}H_{26}O_6S_2$, F. 126,5—128° (Bzl./PAe.), aus vorst. Verb. analog I.
Hans Köhne/Berlin 2700△

1192 **Ringerweiterung 9-substituierter 9-Phosphafluorene in 9-substituierte 9.10-Dihydro-9-phosphaphenanthren-9-oxide.** David W. Allen und Ian T. Millar. (Chem. and Ind. **1967**, 52, 2178—79; Keele, Staffordshire, Univ., Dep. of Chem.; engl.) — Alkal. Hydrolyse der quaternären Halogenmethylsalze von *9-Phosphafluorenen* in obenstehende Oxide wird nachgewiesen u. diskutiert. *9-Phenyl-9.10-dihydro-* (F. 131—132°) u. *9-Methyl-9.10-dihydro-9-phosphaphenanthren-9-oxide* werden dargestellt. UV- u. NMR-Max. vgl. Original. B. I. 2850△

1193 **Struktur von Chlorfenchenphosphonsäure und Chlorbromfenchen.** Albert J. Fry. (J. org. Chemistry **32** (1967) 6, 2025—26; Hall Labor. of Chem., Wesleyan Univ., Middletown, Conn.; engl.) — NMR-spektroskop. wird festgestellt, daß die Chlorfenchenphosphonsäure (I) von Gardner u. Cockburn [1897, 1898] 2-Chlor-2.5-dimethylmethanocyclohexylidenmethanphosphonsäure u. das Chlorbromfenchen (III), 1-Brommethylen-2-chlor-2.5-dimethylmethanocyclohexan ist. Vf. nehmen an, daß die Rk. von Fenchon mit PCl_5 zu einem α-Chlorcarboniumkation u. dessen bekannter Umlagerung u. Deprotonierung zu 1-Chlor-2-methylen-7.7-dimethylbicyclo-[2.2.1]-heptan verläuft, wonach die ebenfalls bekannte Rk.-Folge von Olefin u. PCl_5 (Addition), dann Hydrolyse u. Eliminierung von HCl zu α,β-ungesätt. Phosphonsäure, hier I, einsetzt. Zum Vgl. wird die Rk. von Inden u. PCl_5 zu *Inden-(2)-phosphonsäure* [II, Bergmann u. Bondi (1930)] wiederholt. Die Rk. von I bzw. II mit Br_2 zu III bzw. *2-Brominden* entspricht der ebenfalls bekannten alkal. Zers. von Dibromphosphonsäuren, die zu Vinylbromiden führt [vgl. Keagon u. Westheimer (J. Amer. chem. Soc. **88** (1966) 3561).

Versuche: *Chlorbromfenchen* (III), durch Neutralisierung von I u. Rk. mit Br_2-W.; 92% (Ausb.). — *2-Brominden*, F. 34—36°, analog III aus II; 85%.
P. Boroffka 2950

1194 **Studien über cyclische Polyole.** 10. Mitt. **Synthese und NMR-Studien von Cycliten des Bicyclo-[2.2.1]-heptans.** H. Z. Sable und H. Katchian. (Carbohydrate Res. [Amsterdam] **5** (1967) 2, 109—17; Dep. of Biochem., Western Reserve Univ., Cleveland, O.; engl.) — 4. vgl. C. **1968**, 15-0899. — Durch Einw. von alkal. $KMnO_4$ auf Bicyclo-[2.2.1]-heptadien-(2.5) wurde *exo-exo-Bicyclo-[2.2.1]-heptantetrol-(2.3.5.6)* hergestellt u. dessen Konfig. untersucht.

Versuche: *exo-cis-Bicyclo-[2.2.1]-heptandiol-(2.3)*, F. 138—139° (Toluol), aus Bicyclo-[2.2.1]-hepten-(2) durch 1std. Rk. mit $Zn(MnO_4)_2 \cdot H_2O$ in A. bei —10°. *Diacetat*, $C_{11}H_{16}O_4$, mit Essigsäureanhydrid/Py. bei 0°. *Dibenzoat*, $C_{21}H_{20}O_4$, F. 88,5—89° (A.), mit Benzoylchlorid/Py. bei 0°. *2.3-O-Propylidenderiv.*, $C_{10}H_{16}O_2$, Kp.$_{120}$ 102°, mit Aceton in Ggw. von $CuSO_4$ u. H_2SO_4; 69% (Ausb.). — *exo-exo-Bicyclo-[2.2.1]-heptantetrol-(2.3.5.6)*, $C_7H_{12}O_4$, F. 196,5—197° (A.), aus Bicyclo-[2.2.1]-heptadien-(2.5) durch 8std. Rk. mit $KMnO_4$ in Aceton bei —10°; 15%. *Tetraacetat*, $C_{15}H_{20}O_8$, F. 134—136° (A.). *Tetrabenzoat*, $C_{35}H_{28}O_8$, F. 259—263° (Eisessig). *2.3;5.6-Di-O-propylidenderiv.*, $C_{13}H_{20}O_4$, F. 191—193°. — Alle Verb. NMR-Daten.
R. Becker 2950△

1195 **Bicyclo-[3.3.1]-nonen-(1).** James A. Marshall und Hermann Faubl. (J. Amer. chem. Soc. **89** (1967) 23, 5965—66; Dep. of Chem., Northwestern Univ., Evanston, Ill.; engl.) — 2-Oxobicyclo-[3.3.1]-nonan-1-carbonsäuremethylester (I, F. 70—70,5°) gibt beim Hydrieren an Pt *endo-2-Hydroxybicyclo-[3.3.1]-nonan-1-carbonsäuremethylester* (II, F. 39—39,5°). II entsteht auch bei der Red. von I mit $NaBH_4$. endo-2-Mesyloxybicyclo-[3.3.1]-nonan-1-carbonsäuremethylester gibt beim Verseifen mit alkohol. KOH *endo-2-Mesyloxybicyclo-[3.3.1]-nonan-1-carbonsäure* (F. 115°), die von Dimethylsulfinylnatrium in DMSO bei 60° in *Bicyclo-[3.3.1]-nonen-(1)* [Kp.$_5$ 60°; 15% (Ausb.)] u. *2-Hydroxybicyclo-[3.3.1]-nonan-1-carbonsäurelacton* (F. 109—111; 30%) umgewandelt wird.
Hans Köhne/Berlin 2950△

1196 **Bredts Regel. Bicyclo-[3.3.1]-nonen-(1).** John R. Wiseman. (J. Amer. chem. Soc. 89 (1967) 23, 5966—68; Dep. of Chem., Univ. of Mich., Ann Arbor, Mich.; engl.) — Aus 9-Oxobicyclo-[3.3.1]-nonan-1-carbonsäure-äthylester wird durch Umwandeln in das *Äthylendithioketal* u. anschließende Red. mit Raney-Ni *Bicyclo-[3.3.1]-nonan-1-carbonsäureäthylester* [96% (Ausb.)] dargestellt, der zu *Bicyclo-[3.3.1]-nonan-1-carbonsäure* (I, F. 98 bis 99°; 100%) hydrolysiert wird. Aus I wird nach Curtius *1-Aminobicyclo-[3.3.1]-nonan* (F. 119—120°; 74%) erhalten, das bei der Clark-Eschweiler-Methylierung *1-Dimethylaminobicyclo-[3.3.1]-nonan* (II; 95%) gibt. Aus II u. CH_3J wird das *Methojodid* (F. 259—262°; 98%) erhalten, das mit Ag_2O zum *Methohydroxid* (III) reagiert. III gibt bei 140° 40% *Bicyclo-[3.3.1]-nonen-(1)* (IV) u. ca. 5% II. Beim Stehen an der Luft wird IV polymerisiert. Mit 70%ig. $HClO_4$ reagiert IV in 80%ig. wss. Aceton zu *Bicyclo-[3.3.1]-nonanol-(1)*.
Hans Köhne/Berlin 2950△

C–3. Heterocyclische Verbindungen

1197 **Darstellung von Triazinen und Benzimidazolen aus 1- und 3-Cyanisochinolin.** Francis H. Case und Lloyd Kennon. (J. heterocyclic Chem. 4 (1967) 4, 483—85; Dep. of Chem., Temple Univ., Philadelphia, Pa.; engl.) — Das aus 3-Cyanisochinolin (I) mit N_2H_4 in A. erhältliche *Isochinolin-3-carbonsäurehydrazidimid* (II) gibt mit Benzil, α-Pyridil bzw. 4.7-Phenanthrolinchinon-(5.6) *5.6-Diphenyl-*, *5.6-Bis-[pyridyl-(2)]-3-[isochinolyl-(3)]-asymm.-triazin* bzw. *3-[Isochinolyl-(3)]-asymm.-triazino-[5.6:f]-[4.7]-phenanthrolin.* Das Analogon von II konnte aus 1-Cyanisochinolin (III) nicht dargestellt werden. I u. III reagieren mit Dicyandiamid bzw. Guanidin zu *1.3.5-Triazinen.* Vers. zur Trimerisierung von I u. III gelangen nicht. Durch Rk. von I u. III mit einigen vic. Diaminen wird eine Reihe von *Benzimidazolen* dargestellt.

Versuche: *Isochinolin-3-carbonsäurehydrazidimid* (II), $C_{10}H_{10}N_4$, F. 122—123° (Bzl.), durch 7std. Rühren von I mit 95%ig. N_2H_4 in A.; 74,2% (Ausb.). — *3-[Isochinolyl-(3)]-5.6-diphenyl-asymm.-triazin*, $C_{24}H_{16}N_4$, F. 198 bis 199° (DMF-W.), aus II u. Benzil in A.; 78,9%. — *3-[Isochinolyl-(3)]-5.6-bis-[pyridyl-(2)]-asymm.-triazin*, $C_{22}H_{14}N_6$, F. 221—222° (A.), aus II u. α-Pyridil in A.; 79%. — *3-[Isochinolyl-(3)]-asymm.-triazino-[5.6:f]-[4.7]-phenanthrolin*, $C_{22}H_{12}N_6$, F. 350—351° (DMF), aus II u. 4.7-Phenanthrolinchinon-(5.6) in A.; 47,4%. — *2.4-Diamino-6-[isochinolyl-(1)]-1.3.5-triazin, Hemihydrat*, $C_{12}H_{10}N_6 \cdot 0{,}5\ H_2O$, F. 251—253° (Methylcellosolve), durch 4std. Kochen von III, Dicyandiamid u. KOH in Methylcellosolve; 92%. — *2.4-Diamino-6-[isochinolyl-(3)]-1.3.5-triazin*, $C_{12}H_{10}N_6$, F. 354° (Zers.; Methylcellosolve), analog vorst. Verb. aus I; 88%. — *2-Amino-4.6-bis-[isochinolyl-(1)]-1.3.5-triazin, Hemihydrat*, $C_{21}H_{14}N_6 \cdot 0{,}5\ H_2O$, F. 286 bis 288°, durch Zugabe von Na zu Guanidinhydrochlorid in A. u. 15std. Kochen der filtrierten Lsg. mit III; 26%. — *2-Amino-4.6-bis-[isochinolyl-(3)]-1.3.5-triazin*, $C_{21}H_{14}N_6$, F. 385° (DMF), analog vorst. Verb. aus I; 42%. — *2-[Isochinolyl-(1)]-benzimidazol*, $C_{16}H_{11}N_3$, F. 211—212° (Bzl.), durch 4std. Erhitzen von III u. o-Phenylendiamin mit Polyphosphorsäure auf 250°; 45,8%. — Analog: *2-[Isochinolyl-(3)]-benzimidazol*, F. 176—177° (Bzl.); 79,2%. — *2-[Isochinolyl-(1)]-3H-imidazo-[4.5:h]-chinolin*, $C_{19}H_{12}N_4$, F. 219—220° (Bzl.), aus III u. 7.8-Diaminochinolin; 52,6%. — *2-[Isochinolyl-(3)]-3H-imidazo-[4.5:h]-chinolin*, F. 235—236° (Bzl.); 36,8%. — *2-[Isochinolyl-(1)]-1H-imidazo-[4.5:c]-pyridin*, $C_{15}H_{10}N_4$, F. 221—222° (Bzl.), aus III u. 3.4-Diaminopyridin; 35,0%. — *2-[Isochinolyl-(3)]-1H-imidazo-[4.5:c]-pyridin*, F. 278—279° (A.); 44,0%. — *2-[Isochinolyl-(1)]-5(6)-phenylbenzimidazol*, $C_{22}H_{15}N_3$, F. 163—164° (CH_3OH), aus III u. 3.4-Diaminobiphenyl; 23,8%. — *2-[Isochinolyl-(3)]-5(6)-phenylbenzimidazol*, F. 189—190° (Bzl.); 64,5%.
I. Spaeth 3000

1198 **cis- und trans-Cyclohexadien-(1.4)-dioxid.** Theodore W. Craig, George R. Harvey und Glenn A. Berchtold. (J. org. Chemistry 32 (1967) 12, 3743—49; Dep. of Chem., Mass. Inst. of Technol., Cambridge, Mass.; engl.) — Cyclohexadien-(1.4) (I) gibt mit überschüssiger Perbenzoesäure (II) bzw. Monoperphthalsäure (III) *trans-4.8-Dioxatricyclo-[5.1.0.0^{3.5}]-octan* (IV). Aus I u. überschüssiger Peressigsäure bzw. aus dem Monoepoxid von I u. überschüssiger m-Chlorbenzoesäure entsteht ein *Gemisch* von IV u. *cis-4.8-Dioxatricyclo-[5.1.0.0^{3.5}]-octan* (V), aus dem sich V nur schwer isolieren läßt. I gibt mit N-Bromsuccinimid (VI) *trans-4-Hydroxy-5-bromcyclohexen*, das mit Persäuren zu einem *Gemisch* von *cis-4.5-Epoxy-trans-2-bromcyclohexanol* (VII) mit *trans-4.5-Epoxy-trans-2-bromcyclohexanol* reagiert. VII bildet mit verd. NaOH V. Zum Strukturbeweis werden V bzw. IV mit $LiAlH_4$ zu *cis-Cyclohexandiol-(1.3)* (VIII) bzw. *trans-Cyclohexandiol-(1.4)* (IX) reduziert. Mit verd. H_2SO_4 bei 45° bzw. mit verd. NaOH geben V bzw. IV *Cyclohexantetrol-(1r.2t.4c.5t)*. V bildet mit 48%ig. HBr in $CHCl_3$ bei 45° bzw. mit trockenem NaBr in abs. DMF *1r.4c-Dihydroxy-2t.5t-dibromcyclohexan* (X), das auch aus VII u. 48%ig. HBr erhalten wird. X reagiert mit Acetanhydrid in abs. Py. zum *Diacetat.* Analog X wird *1r.5t-Dihydroxy-2t.4c-dibromcyclohexan* aus IV dargestellt. Aus V bzw. IV u. wasserfreiem Dimethyl amin im Autoklaven entstehen *1r.4c-Dihydroxy-2t.5t-bis-[dimethylamino]-cyclohexan* bzw. *1r.5t-Dihydroxy-2t.4c-bis-[dimethylamino]-cyclohexan*, die in die *Diacetate* umgewandelt werden. Mit 70%ig. wss. Äthylaminlsg. bilden V bzw. IV *1r.4c-Dihydroxy-2t.5t-bis-[äthylamino]-cyclohexan* bzw. *1r.5t-Dihydroxy-2t.4c-bis-[äthylamino]-cyclohexan*, die mit HCl-Gas in abs. Ae. u. Chlorsulfonsäure u. anschließend mit 30%ig. NaOH zu *cis-* bzw. *trans-4.8-Diäthyl-4.8-diazatricyclo-[5.1.0.0^{3.5}]-octan* reagieren. V wird an 10%ig. Pd–Kohle in abs. Essigester zu einem *Gemisch* von ca. 63% VIII mit ca. 37% IX hydriert. IV läßt sich analog nicht reduzieren. V bzw. IV geben mit Dimethylmagnesium (XI) *1r.5c-Dihydroxy-2t.4t-dimethylcyclohexan* (XII) bzw. *1r.5t-Dihydroxy-2t.4c-dimethylcyclohexan.* Aus XII u. Jones-Reagens entsteht *cis-4.6-Dimethylcyclohexandion-(1.3).* Mit MgJ_2 bzw. CH_3MgJ bilden V bzw. IV *1r.5c-Dihydroxy-2t.4t-dijodcyclohexan* bzw. *1r.5t-Dihydroxy-2t.4c-dijodcyclohexan.* Mit Na_2S in abs. A. reagiert V zu *2.5-Bis-[endo-hydroxy]-7-thiabicyclo-[2.2.1]-heptan*, das von Raney-Ni in A. zu *cis-Cyclohexandiol-(1.4)* entschwefelt wird.

Versuche (F. korr.): *trans-4.8-Dioxatricyclo-[5.1.0.0^{3.5}]-octan* (IV), $C_6H_8O_2$, F. 106,5—107°, aus I u. 2 Val II bzw. III; 50% (Ausb.). — *Gemisch von 80% trans-4-Hydroxy-5-bromcyclohexen mit 20% trans-4.5-Dibromcyclohexen*, $Kp._{15}$ 109—110°, aus I u. VI in wss. Dioxan; 65%. — *cis-4.5-Epoxy-trans-2-bromcyclohexanol* (VII), $C_6H_9BrO_2$, F. 55—56° (Ae./Hexan), aus vorst. Gemisch u. ca. 1 Val III in Ae. bei Raumtemperatur. — *cis-4.8-Dioxatricyclo-[5.1.0.0^{3.5}]-octan* (V), F. 60—61° (Ae./Hexan), aus VII u. 1 n NaOH; 100%. — *Cyclohexantetrol-(1r.2t.4c.5t)*, F. 196—197° (Zers.; 95%ig. A.), a) aus V bzw. IV in W. bei 45° in Ggw. von H_2SO_4; 94 bzw. 95%; b) aus V bzw. IV u. verd. NaOH bei 75°; 92 bzw. 78%. — *1r.4c-Dihydroxy-2t.5t-dibromcyclohexan* (X), $C_6H_{10}Br_2O_2$, F. 161,2—162° (W.), a) aus V u. 48%ig. HBr in $CHCl_3$ bei 45°; 93%; b) aus V u. trockenem NaBr in abs. DMF bei 60°; 68%; c) analog a) aus VII; 93%. — *1r.4c-Diacetoxy-2t.5t-dibromcyclohexan*, $C_{10}H_{14}Br_2O_2$, F. 104—106° (Subl. bei 85°/0,4 Torr), aus X u. Acetanhydrid in sd. abs. Py.; 92%. — *1r.5t-Dihydroxy-2t.4c-dibromcyclohexan*, F. 174,5 bis 175,1°, a) aus IV u. 48%ig. HBr in $CHCl_3$ bei 45°; 98%; b) aus IV u. NaBr in abs. DMF; 62%. — *1r.5t-Diacetoxy-2t.4c-dibromcyclohexan*, F. 82,5—83,5°, aus vorst. Verb. u. Acetanhydrid in sd. abs. Py.; 87%. — *1r.4c-Dihydroxy-2t.5t-bis-[dimethylamino]-cyclohexan*, $C_{10}H_{22}N_2O_2$, F. 103—104° (Bzl./Hexan), $Kp._{0,45}$ 123°, aus V u. wasserfreiem Dimethylamin bei 97° u. 470 lbs/in.; 76%. — *1r.4c-Diacetoxy-2t.5t-bis-[dimethylamino]-cyclohexan*, $C_{14}H_{26}N_2O_4$, F. 81—82° (Subl. bei 58°/0,4 Torr), aus vorst. Verb. u. Acetanhydrid in sd. abs. Py.; 78%. — *1r.5t-Dihydroxy-2t.4c-bis-[dimethylamino]-cyclohexan*, F. 104 bis 105° (Bzl./Hexan), analog vorvorst. Verb. aus IV; 69%. — *1r.5t-Diacetoxy-2t.4c-bis-[dimethylamino]-cyclohexan*, F. 68,5—70°, analog vorvorst. Verb. aus vorst. Verb.; 59%. — *1r.4c-Dihydroxy-2t.5t-bis-[äthylamino]-cyclohexan*, $C_{10}H_{22}N_2O_2$, aus V u. 70%ig. Äthylaminlsg. bei 55°; 91%. — *4.8-Diäthyl-cis-4.8-diazatricyclo-[5.1.0.0^{3.5}] octan*, $C_{10}H_{18}N_2$, $Kp._{12}$ 90—92°, aus vorst. Verb. u. HCl-Gas in abs. Ae. u. Rk. mit Chlorsulfonsäure [→ 79% *Sulfat*, F. 228—230° (Zers.)] u. Rk. mit verd. NaOH bei

80°; 22%. — *1r.5t-Dihydroxy-2t.4c-bis-[äthylamino]-cyclohexanmonohydrat*, $C_{10}H_{22}N_2O_2 \cdot H_2O$, F. 92—93° (Essigester), analog vorvorst. Verb. aus **IV**; 90%. — *4.8-Diäthyl-trans-4.8-diazatricyclo-[5.1.0.0^{3.5}]-octan*, $Kp._{14}$ 110°, aus vorst. Verb. u. trockenem HCl-Gas in abs. Ae. u. Rk. mit Chlorsulfonsäure [→ 75% *Sulfat*, F. 184—192° (Zers.)] u. Rk. mit verd. NaOH bei 80°; 21%. — *cis-Cyclohexandiol-(1.3)* (**VIII**), F. 83—84° (Aceton), aus **V** u. $LiAlH_4$ in Ae.; 44%. *Bis-[phenylurethan]*, F. 212—213°. — Analog: *trans-Cyclohexandiol-(1.4)* (**IX**), F. 139—140°, aus **IV**; 31%. *Dibenzoat*, F. 148—149°. — *1r.5c-Dihydroxy-2t.4t-dimethylcyclohexan* (**XII**), $C_8H_{16}O_2$, F. 135—136° (Aceton), aus **V** u. **XI** in sd. Ae.; 71%. — *1r.5c-Diacetoxy-2t.4t-dimethylcyclohexan*, $C_{12}H_{20}O_4$, $Kp._{0,6}$ 103°, aus **XII** u. Acetanhydrid in sd. abs. Py.; 78%. — *cis-4.6-Dimethylcyclohexandion-(1.3)*, F. 112—113° (Subl.), aus **XII** u. 8 n Jones-Reagens in abs. Aceton; 74%. — *1r.5t-Dihydroxy-2t.4c-dimethylcyclohexan*, F. 107—108°, analog **XII** aus **IV**; 79%. — *1r.5t-Diacetoxy-2t.4c-dimethylcyclohexan*, $Kp._{0,3}$ 81°, aus vorst. Verb. u. Acetanhydrid in sd. abs. Py.; 77%. — *1r.5c-Dihydroxy-2t.4t-dijodcyclohexan*, $C_6H_{10}J_2O_2$, F. 184—185° (W.), a) aus **V** u. MgJ_2 in sd. Ae.; 73%; b) aus **V** u. CH_3MgJ in sd. Ae.; 62%. — *1r.5c-Diacetoxy-2t.4t-dijodcyclohexan*, $C_{10}H_{14}J_2O_4$, F. 111—112° (Hexan), aus vorst. Verb. u. Acetanhydrid in sd. abs. Pyridin. — *1r.5t-Dihydroxy-2t.4c-dijodcyclohexan*, 164 bis 165° (W.) analog vorvorst. Verb. nach a) bzw. b) aus **IV**; 73% bzw. 42%. — *2.5-Bis-[endo-hydroxy]-7-thiabicyclo-[2.2.1]-heptan*, F. 233—235° (Bzl. u. Subl.), aus **V** u. Na_2S in sd. abs. A.; 34%. — *cis-Cyclohexandiol-(1.4)*, F. 107 bis 119°, aus vorst. Verb. u. Raney-Ni in A.; 81%.

Hans Köhne/Berlin 3030△

1199 **1.1'-Thiocarbonyl-bis-aziridine.** Donald A. Tomalia. (J. heterocyclic Chem. 4 (1967) 3, 419—21; Dow Chemical Co., Midland, Mich.; engl.) — Aus Aziridin bzw. 2-Methylaziridin (**I**), Triäthylamin u. $CSCl_2$ in Ae. entstehen *1.1'-Thiocarbonyl-bis-aziridin* (**II**) bzw. *-2-methylaziridin* (**III**). **II** bzw. **III** sind sehr thermolabil. **II** wird bei Raumtemp. stark zersetzt u. polymerisiert sich bei —18° langsam. Beim F. geht **II** in *2-[Aziridinyl-(1)]-Δ^2-thiazolin* (**IV**) über. **IV** entsteht auch bei der durch NaJ katalysierten Isomerisierung von **II** bzw. aus **II** in sd. C_6H_6. **III** wird bei Raumtemp. langsam polymerisiert. In Ggw. von Tetrabutylammoniumjodid (**V**) wird **III** zu *2-[2-Methylaziridinyl-(1)]-4-methyl-Δ^2-thiazolin* isomerisiert.

Versuche: *1.1'-Thiocarbonyl-bis-aziridin* (**II**), $C_5H_8N_2S$, F. 47—48° (PAe.), aus Aziridin, Triäthylamin u. $^1/_2$ Val $CSCl_2$ in Ae. bei —5 bis 0°; 66% (Ausb.). — Analog: *1.1'-Thiocarbonyl-bis-2-methylaziridin* (**III**), aus **I**; 71%. — *2-[Aziridinyl-(1)]-Δ^2-thiazolin* (**IV**), $C_5H_8N_2S$, $Kp._1$ 47,5—48°, a) aus 10 g **II** u. trockenem NaJ in abs. CH_3CN bei Raumtemp.; 7,5 g; b) aus **II** in sd. Bzl.; c) aus **II** durch Schmelzen. — *2-[2-Methylaziridinyl-(1)]-4-methyl-Δ^2-thiazolin*, $C_7H_{12}N_2S$, $Kp._{1,5}$ 102—105°, aus **III** in Bzl. in Ggw. von **V** bei Raumtemp.; 38%.

Hans Köhne/Berlin 3030△

1200 **Azabicyclobutane. Synthese von 3-Phenyl-1-azabicyclo-[1.1.0]-butan.** Alfred G. Hortmann und David A. Robertson. (J. Amer. chem. Soc. 89 (1967) 23, 5974—75; Wash. Univ., St. Louis, Mo.; engl.) — 3-Phenyl-2H-azirin gibt mit Dimethylsulfoniummethylid in abs. THF bei —10° in 60%ig. Ausb. *3-Phenyl-1-azabicyclo-[1.1.0]-butan* (C_9H_9N, $Kp._8$ 85—88°, F. 13—15°), dessen Struktur durch das NMR-Spektrum bewiesen wird.

Hans Köhne/Berlin 3030△

1201 **Lactoncarbonsäuren.** 1. Mitt. **Synthese von α.γ-substituierten Paraconsäuren.** Akira Takeda und Sigeru Torii. (Bull. chem. Soc. Japan 40 (1967) 5, 1261—63; Dep. of Ind. Chem., School of Engng., Okayama Univ., Okayama; engl.) — γ.γ-Dialkyl-α.β-dicarbäthoxybutyrolactone werden in Ggw. von Na-Äthylat in α-Stellung durch Benzyl- u. in geringeren Ausb. auch durch Alkyl- u. Alkenylhalogenide substituiert. Milde Hydrolyse führt zu *α.γ.γ-trisubstituierten Paraconsäureestern*, die weiter zu den *Säuren* verseift werden. — IR- u. NMR-Maxima s. Original.

Versuche: γ-Methyl-α.β-dicarbäthoxybutyrolactone: *γ-Äthyl-*, $C_{13}H_{20}O_6$, $Kp._2$ 143,5°, aus Na-Äthylat, Malonsäurediäthylester u. β-Methyl-β-äthylglycidsäureäthylester ($Kp._{35}$ 106°); 59% (Ausb.). — *γ-Isoamyl-*, $C_{16}H_{26}O_6$, $Kp._1$ 147°, analog vorst. Verb. aus β-Methyl-β-isoamylglycidsäureäthylester ($Kp._{47}$ 144°); 56%. — *γ-Äthyl-α-benzyl-*, $Kp._{2,5}$ 180°, analog **I**; 57%. — *γ-Isobutyl-α-benzyl-*, $Kp._1$ 175°, analog **I**; 51%. — *γ-Isoamyl-α-benzyl-*, $Kp._2$ 162°, analog **I**; 58%. — γ.γ-Dimethyl-α.β-dicarbäthoxybutyrolactone: *α-[p-Chlorbenzyl]-* (**I**), F. 65°, $Kp._2$ 196°, aus p-Chlorbenzylchlorid u. je 1 Val der unsubstituierten Verb. u. Na-Äthylat; 56%. — *α-Benzyl-*, F. 54°, $Kp._3$ 183—186°, analog **I**; 85%. — *α-[3.4-Methylendioxybenzyl]-*, $Kp._2$ 215°, analog **I**; 70%. — *α-Allyl-*, $Kp._2$ 142°, analog **I**; 23%. — *α-Methallyl-*, $Kp._2$ 138—142°, analog **I**; < 1%. — *α-n-Butyl-*, $Kp._{11}$ 125 bis 130°, analog **I**; 1—2%. — γ.γ-Dimethylparaconsäureäthylester: *α-[p-Chlorbenzyl]-* (**II**), F. 82° (n-Hexan), aus **I** u. 2 Val NaOH in A. bei 30—40°; 72%. — *α-Benzyl-*, $Kp._{2,5}$ 146°, analog **II**; 63%. — *α-[3.4-Methylendioxybenzyl]-*, F. 92°, analog **II**; 73%. — *α-Allyl-*, $Kp._{2,5}$ 122—126°, analog **II**; 43%. — *γ-Methyl-γ-äthyl-α-benzylparaconsäureäthylester*, $Kp._{2,5}$ 180°, analog **II**; 54%. — γ.γ-Dimethylparaconsäuren: *α-[p-Chlorbenzyl]-* (**III**), F. 208° (Bzl.), a) aus **II** oder **I** u. 20%ig. HBr in wss. Essigsäure; 90—100%; b) durch Kochen von **II** in 1n NaOH; 62%. *Säurechlorid* (**IV**), durch Rk. mit $SOCl_2$ in abs. Benzol. — *α-Benzyl-*, F. 179°, a) analog **III** nach a); 90%; b) analog **III** nach b); 55%. — *α-[3.4-Methylendioxybenzyl]-*, F. 175°, analog **III** nach b); 32%. — γ-Methyl-α-benzylparaconsäuren: *γ-Äthyl-*, F. 118°, analog **III** nach a); 63%. — *γ-Isobutyl-*, F. 134°, analog **III** nach a); 60%. — *γ.γ-Dimethyl-α-[p-chlorbenzyl]-paraconsäure-[3.4-methylendioxybenzylester]*, $C_{22}H_{21}ClO_6$, F. 95 bis 96° (n-Hexan), aus **III**, Piperonylalkohol u. Dimethylanilin; 84%.

G. Fischer 3061△

1202 **Oxydation von Tetraphenylpyrrolen.** Robert E. Lutz und David W. Boykin jun. (J. org. Chemistry 32 (1967) 4, 1179—83; Charlottesville, Va., Univ. of Va., Cobb Chem. Labor.; engl.) — 2.3.4.5-Tetraphenylpyrrol (**I**) wird durch HNO_3, HNO_2, Pb-Tetraacetat, CrO_3/Essigsäure oder $PCl_5/POCl_3$ zu *2-Hydroxy-2.3.4.5-tetraphenylpyrrolenin* (**II**) [erhaltbar auch durch Ammonolyse von cis-Dibenzoylstilben (**III**)] oxydiert. **II** ergibt durch reversible Hydrochloridbldg. u. säurekatalysierte Verätherung, Umlagerung durch Säure oder Base *3.3.4.5-Tetraphenylpyrrolinon*. Hydrolyse durch HNO_2 ergibt **III** u. Red. durch HJ, $NaHSO_3$, Zn/Essigsäure, PCl_3 u. $NaBH_4$ **I**. Ox. von **I** durch H_2O_2/Essigsäure führt zu *cis-Dibenzoylstilbenoxid* (**IV**) u. *α-Benzamido-α'-benzoylstilben* (**V**), das auch durch Ammonolyse von **IV** erhältlich ist. N-Methyltetraphenylpyrrol (**VI**) wird durch CrO_3 zu **IV** ox., durch H_2O_2/Essigsäure zu **IV** u. *α-N-Methylbenzamido-α-benzoylstilben* u. durch HNO_3 u. HNO_2 oder $PCl_5/POCl_3$ zu *N-Methylpyrroleninonium-Salzen* umgewandelt, die durch Basen zu *1-Methyl-3.3.4.5-tetraphenylpyrrolinon* konvertiert werden. Die Rk.-Mechanismen werden diskutiert.

Versuche: *2-Hydroxy-2.3.4.5-tetraphenylpyrrolenin* (**II**), $C_{28}H_{21}NO$, F. 183—185°, a) durch Ox. von **I** in Essigsäure mit CrO_3; 58% (Ausb.); b) durch Ox. von **I** in Essigsäure mit Pb-Tetraacetat; 63%; c) durch Hydrolyse von 2-Methoxy-2.3.4.5-tetraphenyl-pyrrolenin (**VII**) mit verd. HCl über das Hydrochlorid; 52%; d) durch Ox. von **I** in Essigsäure mit $NaNO_2$ bei 55°; 34% (daneben *cis-Dibenzoylstilben* (**III**), F. 211—214°; 10%). *Hydrochlorid*, $C_{28}H_{22}ClNO$, F. 189—191° (Zers.; Bzl.), a) durch Red. von **I** mit $POCl_3/PCl_5$; 77%; b) durch Rk. von **II** in abs. Bzl. mit konz. HCl; 97%. — *3.3.4.5-Tetraphenylpyrrolinon-(2)*, F. 210—212° (A.), a) durch Ox. von **I** in Essigsäure mit CrO_3; 85%; b) durch Umlagerung von **II** in sd. Essigsäure; 86%; c) durch Umlagerung von **II** in 85%ig. sd. Methanol mit KOH; 93%. — *2-Methoxy-2.3.4.5-tetraphenylpyrrolenin* (**VII**), $C_{29}H_{23}NO$, F. 122—124° (n-Hexan), durch Behandeln des **II**-Hydrochlorids mit Na-Methylat-lsg.; 56%. — *cis-Dibenzoylstilben* (**III**), F. 211—213° (A.), a) durch Ox. von **I** mit einem HNO_3-Überschuß in Essigsäure bei 80°; 65%; b) durch Ox. analog a) mit 1 Mol HNO_3 bei 55°; 70%; c) mit $^1/_2$ Mol HNO_3 bei 55°; 26%; d) durch Ox. von **I** mit $NaNO_2$ in Essigsäure bei 55°; 10% (daneben 34% **II**); e) durch Hydrolyse von **II** mit einem $NaNO_2$-Überschuß in Essigsäure bei 55°; 90%. — *cis-Dibenzoylstilbenoxid* (**IV**), F. 170—171°, a) durch Ox.

von II mittels 30%ig. H_2O_2 in sd. Essigsäure; 64% (daneben *α-Benzamido-α'-benzoylstilben* (V), F. 190 bis 192°; 20%); b) durch Ox. von VI mit CrO_3 in Essigsäure bei 55°; 50%; c) durch Ox. von II in sd. Essigsäure mit 30%ig. H_2O_2; 61% (daneben *α'-N-Methylbenzamido-α-benzoylstilben*, $C_{29}H_{23}NO_2$, F. 192—195°; 25%); d) durch Ox. von I in sd. Essigsäure mit 30%ig. H_2O_2; 67% (daneben 19% V). — *N-Methyl-3.3.4.5-tetraphenylpyrrolinon-(2)*, F. 158—169°, a) durch Rk. des VI-Salzes mit KOH in sd. A.; 72%; b) durch Rk. von VI mit $NaNO_2$ mit Essigsäure; c) durch Rk. von VI mit PCl_5. — *2.3.4.5-Tetraphenylpyrrol* (I), a) durch Red. von II oder II-Hydrochlorid in Essigsäure mit 47%ig. HJ; 89%; b) aus II mit $Na_2S_2O_4$ in 87%ig. A.; 95%; c) aus II in Methanol mit $NaBH_4$ bei 25°; 94%; d) aus II in PCl_3; 97%; e) aus VII. H. Pehlmann 3081

1203 **Isomere Mannich-Basen, die sich von 5-Hydroxy-2-methylindol-3-carbonsäureäthylester ableiten.** M. R. Bell, R. Oesterlin, A. L. Beyler, H. R. Harding und G. O. Potts. (J. med. Chem. 10 (1967) 2, 264—66; Sterling-Winthrop Res. Inst., Rensselaer, N.Y.; engl.) — Vgl. E. A. Steck, U. S. P. 2 852 527. — Bei der Mannich-Rk. von 5-Hydroxy-2-methylindol-3-carbonsäureäthylester (I) mit Dimethylamin u. HCHO entsteht nicht das 6- (vgl. l. c.), sondern das *4-Dimethylaminomethylderivat* (II). Die Konst. von II ist durch Überführung in *5-Hydroxy-2.4-dimethylindol-3-carbonsäureäthylester* u. Vgl. mit dem 2.6-Dimethylisomeren gesichert. Einige von I abgeleitete Mannich-Basen werden synthetisiert u. ihre Verw. als Insulinersatzstoffe untersucht. Neben II zeigt nur das entsprechende *4-Hydroxypiperidinomethylderiv.* biolog. Aktivität.

Versuche: 2-Methylindol-3-carbonsäureäthylester: *5-Hydroxy-* (I), F. 207—208° (Py.), aus 3-Aminocrotonsäureäthylester u. p-Benzochinon in Eisessig; 62% (Ausb.). *O-Acetylderiv.* (III), $C_{14}H_{15}NO_4$, F. 153—154,5° (Bzl./Hexan), durch Kochen von I mit Acetanhydrid (AA). — *5-Hydroxy-4-[dimethylaminomethyl]-* (II), $C_{15}H_{20}N_2O_3$, F. 114,5—116,5° (CCl_4), nach l. c. in heißer CH_3COOH u. Isolieren über das Hydrochlorid. — *5-Hydroxy-4-methyl-*, $C_{13}H_{15}NO_3$, F. 187—189° [Äthylacetat (ÄA)], durch 20std. Kochen von II mit Raney-Ni in A.; 64%. — *5-Hydrxoy-6-methyl-*, F. 229 bis 230°, aus IV u. Raney-Ni in sd. A.; 55%. — *5-Hydroxy-4-[(4-hydroxypiperidino)-methyl]-*, *Hydrochlorid*, $C_{18}H_{24}N_2O_4 \cdot HCl$, F. 204—205° (Zers.; W.), durch 1/2std. Erhitzen von I mit 4-Hydroxypiperidin (V) u. wss. HCHO in wss. CH_3COOH auf 100° u. Überführen in das Hydrochlorid; 96%. — *6-Brom-5-hydroxy-* (VI), $C_{12}H_{12} \cdot BrNO_3$, F. 201° (Zers.; ÄA), durch Zugabe von Br_2 zu I in CH_3COOH; 80%. *O-Acetylderiv.*, $C_{14}H_{14}BrNO_4$, F. 198,5 bis 200° (ÄA), a) durch 2std. Kochen von VI mit AA; b) analog VI aus III; 68%. — *5-Benzyloxy-6-brom-* (VII), $C_{19}H_{18}BrNO_3$, F. 204—205° (ÄA), a) analog VI aus 5-Benzyloxy-2-methylindolcarbonsäure-(3)-äthylester; 74%; b) durch 28std. Kochen von VI mit Benzylchlorid u. K_2CO_3 in Aceton; 79%. — *5-Benzyloxy-6-cyan-* (VIII), $C_{20}H_{18}N_2O_3$, F. 219,5—220,5° (ÄA/abs. A.), durch 5std. Kochen von VII mit CuCN in DMF unter N_2 u. Gießen zu Äthylendiamin in warmem W.; 86%. — *6-Cyan-5-hydroxy-*, $C_{13}H_{12}N_2O_3$, F. 283,5—285° [Zers.; Isopropanol (IPA)], durch Hydrieren von VIII in abs. A. an Pd/Kohle; 94%. — *6-Aminomethyl-5-benzyloxy-*, F. 151,5—153° (IPA), durch Hydrieren von VIII in CH_3COOH an PtO_2; 50%. *Hydrochlorid*, $C_{20}H_{22}N_2O_3 \cdot HCl$, F. 235,5—237° (Zers). — *5-Benzyloxy-6-[dimethylaminomethyl]-* (X), F. 156 bis 158° (wss. A.), durch 12std. Erhitzen vorst. Verb. mit HCOOH u. wss. HCHO auf 100°; 72%. — *5-Hydroxy-6-[dimethylaminomethyl]-* (IV), *Hydrochlorid*, $C_{15}H_{20}N_2O_3 \cdot HCl$, F. 230—232° (Zers.; CH_3OH/Ae.), durch Hydrieren vorst. Verb. in A. an Pd/Kohle u. Überführen in das Hydrochlorid. — *5-Hydroxy-6-[(4-hydroxypiperidino)-methyl]-*, $C_{18}H_{24}N_2O_4$, F. 220—223° (Zers.; ÄA), durch 24std. Erhitzen von IV mit V; 38%. G. O. Jäger 3081△

1204 **Synthese und Chemie von DL-Indolin-2-carbonsäure.** C. B. Hudson und A. V. Robertson. (Austral. J. Chem. 20 (1967) 9, 1935—41; Univ. of Sydney; engl.) — 2-Carbamoylindol (I) wird durch PH_4J u. HJ bei Raumtemp. zu *DL-2-Carbamoylindolin* (II) reduziert. II wird von sd. 3n HJ bzw. heißer 2n NaOH zu *DL-Indolin-2-carbonsäure* (III) hydrolysiert. Durch Red. mit PH_4J u. HJ u. anschließendes Kochen wird III auch direkt aus I erhalten. Mit p-Toluolsulfonylchlorid (IV) bildet III *N-Tosylindolin-2-carbonsäure* (V), die auch durch Red. von I, anschließende Hydrolyse u. Rk. mit IV in besserer Ausb. dargestellt wird. Mit CH_2N_2 bildet V den *Methylester* (VI), der durch Ammonolyse in das *Amid* (VII) umgewandelt wird. II gibt mit IV bei Raumtemp. VII. In sd. Py. reagieren II u. IV zu *N-Tosyl-2-cyanindolin*. Analog werden aus II u. Benzolsulfonylchlorid (VIII) *2-Carbamoyl-* bzw. *2-Cyan-N-benzolsulfonylindolin* dargestellt. In sd. 1n methanol. $NaOCH_3$-Lsg. geht VI in *Indol-2-carbonsäuremethylester* (IX) über.

Versuche: *2-Carbamoylindol* (I), F. 238—238,5° (CH_3OH), aus IX u. NH_4OH in CH_3OH/CH_3CN bei Raumtemp.; 86,5% (Ausb.). — *DL-2-Carbamoylindolin* (II), $C_9H_{10}N_2O$, F. 208—209° (Subl. bei 150°/1 Torr; A.), aus I, PH_4J u. HJ bei Raumtemp.; 86%. — *DL-Indolin-2-carbonsäure* (III), $C_9H_9NO_2$, Zers. bei 120—150° (A./Ae.), a) analog II u. Kochen der verd. Lsg.; 77%; b) aus II u. sd. 3n HJ; 74%; c) aus II u. heißer 2n NaOH; 56%. — *N-Tosylindolin-2-carbonsäure* (V), $C_{16}H_{15}NO_4S$, F. 192 bis 193° (CH_3OH/W.), a) aus III, IV u. verd. NaOH in Ae. bei Raumtemp.; 67%; b) aus I analog II, Verdünnen, Kochen u. Rk. mit IV u. verd. NaOH in Ae.; 93%. *Methylester* (VI), $C_{17}H_{17}NO_4S$, F. 88—90° (Ae./Hexan), aus V u. CH_2N_2 in Ae.; 84%. *Amid* (VII), $C_{16}H_{16}N_2O_3S$, F. 178—179° (CH_3OH/W.), a) aus VI u. NH_3 in CH_3OH; 93,5%; b) aus II u. IV in Py. bei Raumtemp.; 95%. — *2-Cyan-N-tosylindolin*, $C_{16}H_{14}N_2O_2S$, F. 132—132,5° (CH_3OH/W.), aus II u. IV in sd. Py.; 91%. — *N-Benzolsulfonyl-2-carbamoylindolin*, $C_{15}H_{14}N_2O_3S$, F. 179—180° (CH_3OH), analog VII nach b) aus II u. VIII; 86%. — *N-Benzolsulfonyl-2-cyanindolin*, $C_{15}H_{12}N_2O_2S$, F. 87—88° (CH_3OH), analog vorvorst. Verb. aus II u. VIII; 92%. — *Indol-2-carbonsäuremethylester* (IX), F. 153—154° ($CH_3 \cdot OH$/W.), aus VI u. sd. 1n methanol. $NaOCH_3$-Lsg.; 73%. Hans Köhne/Berlin 3081△

1205 **Bequeme Darstellung von Pyrrolizidin durch reduktive Cyclisierung.** Louis R. Kray und Manfred G. Reinecke. (J. org. Chemistry 32 (1967) 1, 225—27; Riverside, Calif. Univ. of Calif. at Riverside, Dep. of Chem.; engl.) — Die Rk. von Pyrryl-MgCl mit Trimethylenoxid (I) ergibt ein 4:1-Gemisch von *2-* u. *3-[3-Hydroxypropyl]-pyrrol*. Nach katalyt. Red. wird ein 4:1-Gemisch von *2-* (II) u. *3-[3-Hydroxypropyl]-pyrrolidin* (III) erhalten, das entweder mit 48%ig. HBr zum Gemisch von *Pyrrolizidin* (IV) zu *1-Azabicyclo-[3.2.1]-oktan* oder mit Raney-Ni (V) u. IV u. *3-Äthylpyrrolidin* cyclisiert wird. Die zweite Meth., bei der nur ein tert.-Amin entsteht, ist wegen der leichteren Aufarbeitung vorzuziehen. Vers., IV mit $Hg[OAc]_2$ zu dehydrieren, blieben erfolglos.

Versuche: Gemisch aus *2* u. *3-[3-Hydroxypropyl]-pyrrol*, $C_7H_{11}NO$, $Kp._1$ 125—128°, durch Zugeben von frisch dest. Pyrrol zu n-Butyl-MgCl, Zugabe von I u. 3std. Kochen; 40% (Ausb.). — Gemisch aus *2-* (II) u. *3-[3-Hydroxypropyl]-pyrrolidin* (III), $C_7H_{15}NO$, $Kp._1$ 80 bis 83°, durch Hydrierung vorst. Gemisches in Eisessig an PtO_2, u. 2std. Kochen in 30%ig. NaOH; 96%. — *Pyrrolizidin* (IV), a) nach Reinecke u. Kray [J. org. Chemistry 29 (1964) 1736] aus dem Gemisch von II u. III mit V, Mischen mit Benzolsulfochlorid u. W.-Dampfdest.; 49%. *Pikrat*, F. 253—255° (Zers.). *Chloroplatinat*, F. 204 bis 205°; b) durch Zugabe von 48%ig. HBr zu II u. III u. Dest. über eine Vigreux-Kolonne. — *3-Äthylpyrrolidin*, neben IV nach a). *Pikrat*, F. 102—103°. *Chloroplatinat*, F. 162—163°. — *1-Azabicyclo-[3.2.1]-oktan*, neben IV nach b). *Pikrat*, F. 293—295° (Zers.). *Chloroplatinat*, F. 214—215°. Axel Jochum 3081

1206 **Bildung von 2-Aroylpyrrolen aus Pyrrolnatrium und aromatischen Aldehyden.** Stephen Raines. (J. org. Chemistry 32 (1967) 1, 227—28; Philadelphia, Pa., National Drug Comp., Res. Lab., Div. of Richardson-Merrell, Inc.; engl.) — Die Rk. von Pyrrol-Na (I) mit aromat. Aldehyden gibt nicht die erwarteten Alkohole, sondern Ketone. Die Ausb. an Keton ändern sich nicht, wenn statt 1 Mol 2 Mole Aldehyd mit 1 Mol I reagieren.

Versuche: 2-Aroylpyrrole, durch Zugeben von Pyrrol unter Rühren zu einer sd. Suspension von $NaNH_2$ in Bzl. unter N_2, 16std. Kochen, Kühlen, Zutropfen des Aldehyds unter Rühren u. 1std. Kochen: *Benzoyl-*, $C_{11}H_9NO$, F. 77—78° (Bzl.), Kp.$_{0,1}$ 105—140°; 54% (Ausb.); daneben *Benzylalkohol*; 87%. — *p-Methoxybenzoyl-*, $C_{12}H_{11}NO_2$, F. 110—112° (Ae.); 27%. — *m-Chlorbenzoyl-*, $C_{11}H_8ClNO$, F. 86—87° (Bzl.), Kp.$_{0,1}$ 155 bis 165°; 53%; daneben *m-Chlorobenzylalkohol*; 74%.

Axel Jochum 3081

1207 **Alkylierung von Pyrrylmagnesiumbromid.** Gerritt P. Bean. (J. org. Chemistry **32** (1967) 1, 228—31; New Brunswick, N.J., Rutgers State Univ., Douglass College, Chem. Dep.; engl.) — Bei der Alkylierung von *Pyrryl-MgBr* (**I**) mit Methyljodid (**II**) oder Methyltosylat (**III**), mit Äthyl- (**IV**), n-Propyl- (**V**), Isopropyl- (**VI**) u. tert.-Butylbromid (**VII**) entstehen Gemische aus *Pyrrol* (**VIII**), *2-* u. *3-Alkylpyrrolen*, *Polyalkylpyrrolen* sowie wenig *N-Alkylpyrrolen*. Durch Gaschromatographie, IR-Spektroskopie u. Vgl. mit authent. Präp. wurden die Verb. identifiziert u. ihre Ausb. bestimmt. Bei der Methylierung werden 85% des eingesetzten **VIII** bei Rk. mit **II** u. 90% bei Rk. mit **III** zurückgewonnen, wenn unter Ausschluß von Licht gearbeitet wird. In den restlichen Mengen befinden sich wahrscheinlich neben **VIII** u. Methylpyrrolen *2.2.3.5-Tetra-* u. *2.2.3.4.5-Pentamethylpyrrolenin*, die zusammen weniger als 3% ausmachen. Aus den Ausb. der Methyl- u. Polymethylpyrrolen geht hervor, daß *Methylpyrryl-MgBr* reaktiver ist als **I**. Aus Ansätzen mit nur 10% Umsatz werden relative Reaktivitäten u. die Substitutionsorientierung der Methylierung bestimmt. *2-* u. *3-Methylpyrrol* werden etwa gleich schnell methyliert. Dagegen wird *2.3-* (**IX**) schneller als *2.5-Dimethylpyrrol* (**X**) zu *2.3.5-Trimethylpyrrol* umgesetzt. Die relativ hohe Ausb. an **IX** gegenüber dem ster. günstigeren **X** wird bei *2.3-Diäthyl-* u. *2.3-Di-n-propylpyrrol* nicht erreicht, während 2.3-Diisopropyl- u. 2.3-Di-tert.-butylpyrrol nicht gebildet werden. Dagegen wird *2.5-Diisopropylpyrrol* (**XI**) so schnell weiter methyliert, daß die Ausb. an *2.3.5-Triisopropylpyrrol* größer ist als die an **XI**.

Versuche: Methylpyrrole: a) durch Zugabe von 0,1 Mol frisch dest. **VIII** zu C_2H_5MgBr in Ae. unter N_2 im Dunkeln, $^1/_2$std. Kochen, Zugabe von 0,4 Mol **II** u. 48std. Stehen; b) analog a) mit **III**: *N-*, 0,3% bzw. 0,9% (Ausb.). — *2-*, 15,2% bzw. 18,6%. — *3-*, 5,7% bzw. 10,0%. — *2.3-Di-* (**IX**), 7,8% bzw. 9,6%. — *2.5-Di-* (**X**), 4,2% bzw. 6,4%. — *2.3.4-Tri-*, 0,1% bzw. 0,1%. — *2.3.5-Tri-*, 5,1% bzw. 2,9%. — *2.3.4.5-Tetra-*, 2,0% bzw. 0,2%. — Äthylpyrrole: durch Zugeben von 0,2 Mol **IV** zur Lsg. von 0,1 Mol **I**: *2-* u. *3-*, 44,7%. — *2.3-Di-*, 2,0%. — *2.5-Di-*, 11,0%. — *2.3.5-Tri-*, 3,1%. — n-Propylpyrrole: aus **V**: *2-* u. *3-*, 51,7%. — *2.3-Di-*, 2,4%. — *2.5-Di-*, 11,4%. — *2.3.5-Tri-*, 1,9%. — Isopropylpyrrole: aus **VI**: *2-*, 35,7%. — *3-*, 22,5%. — *2.5-Di-* (**XI**), 4,6%. — *2.3.5-Tri-*, 7,3%. — tert.-Butylpyrrole: durch Zusammengeben äquimolarer Mengen **I** u. **VII** u. 1std. Stehen: *2-*, 25,9%. — *3-*, 35,4%. — *2.5-Di-*, 15,8%. — *2.3.5-Tri-*, 1,4%.

Axel Jochum 3081

1208 **Azirine.** 1. Mitt. **Reaktion von 1-Phenylazirin mit Carbanionen.** Shimao Sato, Hiroshi Kato und Masaki Ohta. (Bull. chem. Soc. Japan **40** (1967) 12, 2936 bis 2938; Labor. of Organ. Chem., Tokyo Inst. of Technol., Ookayama, Meguro-ku, Tokyo; engl.) — Rk. von Acetophenondimethylhydrazonmethojodid (**II**) mit dem Methylsulfinyl-Carbanion (**C**) führt zu Bldg. von *2.4-Diphenylpyrrol* an Stelle des erwarteten 2-Phenylazirins (**I**). Rk. von **I** mit dem aus Acetophenon, Benzoylessigsäureäthylester u. Benzylcyanid erhaltenen Carbanion (**C**) liefert unter Ringerweiterung die entsprechenden *Pyrrolderivate*.

Versuche: *2-Phenylazirin* (**I**), durch Photolyse von α-Azidostyrol u. Rk. analog Horner et al. [Chem. Ber. **96** (1963) 399]. — *2.4-Diphenylpyrrol*, F. 179,5 bis 180,5°, a) aus 10 g **II** u. **C**; aus Methanol gelbe Blättchen; 2,5 g (Ausb.); b) aus 2,3 g **I**, 2,4 g Acetophenon u. 0,8 g 50%ig. NaH in DMS; 3 g. *5-Nitroso-Deriv.*, *Pikrat*, F. 188—189° (Zers.). — *3-Benzoyl-4-phenyl-2-oxopyrrolin*, $C_{17}H_{13}NO_2$, F. 188—189° (A.), aus **C** u. 2,3 g **I**; 1,5 g. — *2-Oxo-3.4-diphenyl-5-iminopyrrolin*, F. 255—256° (Zers.), aus 2,3 g **I** u. **C**; aus A. gelbe Nadeln; 1,3 g.

K.-P. Hilgetag 3081△

1209 **Iminodioxolane aus Fluorketonen und Alkylisocyaniden.** W. J. Middleton, D. C. England und C. G. Krespan. (J. org. Chemistry **32** (1967) 4, 948—50; Wilmington, Del., E. I. du Pont de Nemours & Comp., Central Res. Dep.; engl.) — Bei der Rk. von Hexafluoraceton (**I**) mit Alkylisocyaniden in Ggw. von Eisessig (**II**) entstehen im Sinne der Paserini-Rk. *α-Acyloxycarbonsäureamide*. Unter Ausschluß von **II** werden dagegen leicht mit guten Ausb. aus **I**, Chlorpentafluoraceton (**III**), 1.3-Dichlortetrafluoraceton (**IV**), 1.3.3-Trichlortrifluoraceton (**V**), Hexafluorcyclobutanon (**VI**) sowie 2.2-Dichlortetrafluorcyclobutanon (**VII**) u. Methyl- (**VIII**), Äthyl- (**IX**), Cyclohexyl- (**X**) u. tert.-Butylisocyanid (**XI**) die entsprechenden *Iminodioxolane* erhalten, die sich durch Stabilität gegen Säuren, Basen u. Temp.-Erhöhung auszeichnen. Die Struktur wird durch ^{19}F- u. ^{1}H-NMR-Spektroskopie, IR-Spektroskopie u. Abbau mit $LiAlH_4$ zu einem *2-Hydroxypropylamin* u. einem *Isopropylalkohol* bewiesen.

Versuche: 2.2.5.5-Tetrakis-[trifluormethyl]-1.3-dioxolane: Durch Mischen der Fluorketone (**I** u. **III** bis **VII**) mit den Isocyaniden (**VIII** bis **XI**) unter Kühlen u. Dest.: *4-Methylimino-*, $C_8H_3F_{12}NO_2$, Kp.$_{90}$ 53°, aus **I** u. **VIII**; 87% (Ausb.). — *4-Äthylimino-* (**XII**), $C_9H_5F_{12}NO_2$, Kp. 120—121°, aus **I** u. **IX**; 80%. — *4-Cyclohexylimino-*, $C_{13}H_{11}F_{12}NO_2$, Kp.$_1$ 33—34°; 90%. — *4-tert.-Butylimino-*, $C_{11}H_9F_{12}NO_2$, Kp.$_{2,6}$ 52—53°; 75%. — 1.3-Dioxolane: *4-Äthylimino-2.5-bis-[trifluormethyl]-2.5-bis-[chlordifluormethyl]-*, $C_9H_5Cl_2F_{10}NO_2$, Kp.$_{10}$ 55,6—56°, aus **III** u. **IX**; 88%. — *4-Cyclohexylimino-2.2.5.5-tetrakis-[chlordifluormethyl]-*, $C_{13}H_{11}Cl_4F_8NO_2$, Kp.$_1$ 89°, aus **IV** u. **X**; 95%. — *4-Äthylimino-2.5-bis-[chlordifluormethyl]-2.5-bis-[dichlorfluormethyl]-*, $C_9H_5Cl_6F_6NO_2$, Kp.$_{0,25}$ 83—86°, aus **V** u. **IX**; 85%. — 5.10-Dioxaperfluordispiro-[3.1.3.2]-undekane: *11-Methylimino-*, $C_{10}H_3F_{12}NO_2$, Kp.$_{50}$ 69°, aus **VI** u. **VIII**; 89%. — *11-Äthylimino-*, $C_{11}H_5F_{12}NO_2$, Kp.$_{50}$ 72°, aus **VI** u. **IX**; 60%. — *11-tert.-Butylimino-*, $C_{13}H_9F_{12}NO_2$, Kp.$_{50}$ 85°, aus **VI** u. **XI**; 93%. — *11-tert.-Butylimino-3.3.7.7-tetrachlor-*, $C_{13}H_9Cl_4F_8NO_2$, Kp.$_1$ 68°, aus **VII** u. **XI**; 84%. — *N-Äthyl-3.3.3-trifluor-2-[trifluormethyl]-2-hydroxypropylamin*, $C_6H_9F_6NO$, Kp.$_{10}$ 46—46,5° durch 20std. Kochen einer Lsg. von 39 g **XII** mit $LiAlH_4$ in Ae.; 8,2 g; daneben *2H-Hexafluorisopropylalkohol*, Kp. 77—82°; 5,1 g. — 3.3.3-Trifluor-2-trifluormethyl-2-acetoxypropionamide: *N-Äthyl-*, $C_8H_9 \cdot F_6NO_3$, F. 87—87,5° (Hexan), durch Zugeben von **IX** zu **I** in **II** u. Ae. bei —78°, Rühren u. Erwärmen auf 25°; 71%. — *N-Cyclohexyl-*, $C_{12}H_{15}F_6NO_3$, F. 135—136° (Bzl.). analog vorst. Verb. aus 10,9 g **I** u. **X**; 25,3 g.

Axel Jochum 3102

1210 **Pyrazolylsulfanilamide.** 10. Mitt. **Nitroderivate von 1-Phenyl-5-sulfanilamidopyrazol und von 1-Phenyl-3-methyl-5-sulfanilamidopyrazol.** C. Alberti und C. Tironi. (Farmaco [Pavia], Ediz. sci. **22** (1967) 6, 418—30; Ist. di Chim. farmaceut. e tossicolog. dell'Univ. di Pavia; ital.) — Die Synth. von *1-[o-, m-* bzw. *p-Nitrophenyl]-5-sulfanilamidopyrazol* sowie der entsprechenden *3-Methylverb.* wird beschrieben. Sie besitzen geringere bakteriostat. Aktivität als die entsprechenden Verb. ohne Nitrogruppen. IR-Daten s. Original. — 8. vgl. C. **1969**, 6-1200.

Versuche: α-Äthoxycarbonylacrylnitrile (AN), durch Zutropfen des entsprechenden Nitrophenylhydrazins (NPH) in A. zu α-Äthoxycarbonyl-β-äthoxyacrylnitril (**I**) in A. bei Raumtemp. unter Rühren, Einstellen von pH ca. 4,5 mit verd. HCl u. 12std. Stehen bei Raumtemp.: *β-[2-Nitrophenylhydrazino]-*, $C_{12}H_{12}N_4O_4$, F. 162—163°; aus A. zitronengelbe Krist.; 90% (Ausb.). — *β-[4-Nitrophenylhydrazino]-*, $C_{12}H_{12}N_4O_4$, F. 182—183°; aus A. goldgelbe Krist.; 72%. — 5-Aminopyrazol-4-carbonsäureäthylester, a) durch 2std. Kochen des entsprechenden NPH u. **I** in A. nach Einstellen von pH 4,5 durch Zutropfen von konz. HCl u. Einengen im Vakuum (Meth. **A**; gelbe Krist.; 70—80%); b) aus dem entsprechenden AN durch 4std. Kochen in A./konz. HCl (20 : 1) bzw. durch 10std. Kochen in Eisessig u. Gießen auf Eis (Meth. **B**): *1-[2-Nitrophenyl]-*, $C_{12}H_{12}N_4O_4$, F. 115

bis 116° (Bzl./Bzn.), nach **A** u. **B**. — *1-[3-Nitrophenyl]-*, $C_{12}H_{12}N_4O_4$, F. 162—163° (A.), nach **A**. — *1-[4-Nitrophenyl]-*, $C_{12}H_{12}N_4O_4$, F. 200—201° (A.), nach **A** u. **B**. — 5-Aminopyrazol-4-carbonsäuren (APC), durch 2std. Kochen vorst. Ester in Dioxan/5%ig. KOH (2 : 5), Heißfiltrieren u. Ansäuern mit Eisessig (goldgelbe Krist.; 95—97%): *1-[2-Nitrophenyl]-*, $C_{10}H_8N_4O_4$, F. 174—175° (Acetonitril), durch 10std. Kochen in 2%ig. äthanol. KOH, Eindampfen im Vakuum, Lösen in 2%ig. KOH, Filtrieren u. Ansäuern. — *1-[3-Nitrophenyl]-*, $C_{10}H_8N_4O_4$, F. 192—193° (A.). — *1-[4-Nitrophenyl]-*, $C_{10}H_8NO_4$, F. 190—191° (Dioxan/W.). — *Acetessigsäurenitril, o-Nitrophenylhydrazon*, $C_{10}H_{10}N_4O_2$, F. 142—143°, durch Zutropfen von Acetacetonitril (**II**) in A. zu dem entsprechenden NPH in konz. HCl/W. (1 : 15) bei Raumtemp. unter Rühren, 10 Min. langes Stehen bei Raumtemp. u. Zugabe von konz. HCl (Meth. **C**; 70—95%); aus Bzl. orangegelbe Kristalle. *m-Nitrophenylhydrazon*, $C_{10}H_{10}\cdot N_4O_2$, F. 174—175°, nach **C**; aus A. zitronengelbe Kristalle. *p-Nitrophenylhydrazon*, $C_{10}H_{10}N_4O_2$, F. 182 bis 183°, nach **C**; aus A. zitronengelbe Kristalle. — 1-[2-Nitrophenyl]-pyrazole: *5-Amino-*, $C_9H_8N_4O_2$, F. 86—87°, durch Erhitzen des entsprechen den APC auf 140—150° (Meth. **D**; 95—97%); aus Bzl./Bzn. goldgelbe Kristalle. — *3-Methyl-5-amino-*, $C_{10}H_{10}\cdot N_4O_2$, F. 117—118°, a) durch Alkalisieren der wss. Lsg. des Hydrochlorids mit verd. NH_4OH (Meth. **E**; 93 bis 97%); b) durch Zugabe von **II** in A. zu dem entsprechenden NPH in konz. HCl/W. (1 : 15) bei 30—40° unter Rühren, 10 Min. langes Stehen, Zugabe von konz. HCl, 10—15 Min. langes Kochen, Filtrieren u. Alkalisieren des Filtrats mit NH_4OH (Meth. **F**; 80—97%); aus Bzl. orangegelbe Kristalle. *Hydrochlorid*, F. 216—217°, durch $^1/_2$std. Erwärmen des entsprechenden Acetessigsäurenitrilnitrophenylhydrazons mit konz. HCl auf dem W.-Bad (Meth. **G**; 90—95%). — *5-[p-Acetylaminobenzolsulfonylamino]-*, $C_{17}H_{15}N_5O_5S$, F. 253—254°, durch Zutropfen von p-Acetylaminobenzolsulfonsäurechlorid zu dem entsprechenden 5-Aminopyrazol in abs. Py. unter Rühren, $^1/_2$std. Erwärmen auf 90°, Gießen auf Eis/2n HCl u. Kristallisieren aus verd. HCl (Meth. **H**). — *3-Methyl-5-[p-acetylaminobenzolsulfonylamino]-*, $C_{18}H_{17}N_5\cdot O_5S$, F. 231—232°, nach **H**. — *5-Sulfanilamido-* (**III**), $C_{15}H_{13}N_5O_4S$, F. 124—125°, durch 8std. Kochen vorverst. Verb. in 5%ig. NaOH, Heißfiltrieren, Ansäuern mit verd. Essigsäure u. Kristallisieren der strohgelben Krist. aus Alkohol. — *3-Methyl-5-sulfanilamido-*, $C_{16}H_{15}N_5O_4S$, F. 191—192°, durch 2std. Rk. analog **III** (Meth. **J**). — 1-[3-Nitrophenyl]-pyrazole: *5-Amino-*, $C_9H_8N_4O_2$, F. 127—128°, nach **D**; aus Bzl./Bzn. zitronengelbe Kristalle. — *3-Methyl-5-amino-*, $C_{10}H_{10}N_4O_2$, F. 105 bis 106°, nach **E** u. **F**; aus Bzl. zitronengelbe Kristalle. *Hydrochlorid*, F. 252—253°, nach **G**. — *5-[p-Acetylaminobenzolsulfonylamino]-*, $C_{17}H_{15}N_5O_5S$, F. 208—209°, nach **H**. — *3-Methyl-5-[p-acetylaminobenzolsulfonylamino]-*, $C_{18}\cdot H_{17}N_5O_5S$, F. 219—220°, nach **H**. — *5-Sulfanilamido-*, $C_{15}H_{13}N_5O_4S$, F. 161—162°, nach **J**. — *3-Methyl-5-sulfanilamido-*, $C_{16}H_{15}N_5O_4S$, F. 235—236°, nach **J**. — 1-[4-Nitrophenyl]-pyrazole: *5-Amino-*, $C_9H_8N_4O_2$, F. 141 bis 142°, nach **D**; aus W. zitronengelbe Kristalle. — *3-Methyl-5-amino-*, $C_{10}H_{10}N_4O_2$, F. 160—161°, nach **E** u. **F**; aus A. zitronengelbe Kristalle. *Hydrochlorid*, F. 252 bis 253°, nach **G**. — *5-[p-Acetylaminobenzolsulfonylamino]-*, $C_{17}H_{15}N_5O_5S$, F. 285—286°, nach **H**. — *3-Methyl-5-[p-acetylaminobenzolsulfonylamino]-*, $C_{18}H_{17}N_5O_5S$, F. 266—267°, nach **H**. — *5-Sulfanilamido-*, $C_{15}H_{13}N_5O_4S$, F. 193—194°, nach **J**. — *3-Methyl-5-sulfanilamido-*, $C_{16}H_{15}N_5O_4S$, F. 202—203°, nach **J**. H.-J. Jahns 3122

1211 **Leichte Cyclisierung von 4-[2-Chloräthyl]-3-methyl-Δ^2-pyrazolinon-(5) zu einem Spirocyclopropanderivat.** E. Magnien und W. Tom. (J. org. Chemistry **32** (1967) 4, 1229—30; Yonkers, N.Y., US Vitamin and Pharmaceutical Corp., Org. Res. Dep.; engl.) — *4-[2-Hydroxyäthyl]-3-methyl-Δ^2-pyrazolinon-(5)* wird aus 2-Acetylbutyrolacton (**I**) u. Hydrazinhydrat (**II**) synthetisiert u. mit $SOCl_2$ in die *4-[2-Chloräthyl]*-Verb. (**III**) übergeführt. Daraus entsteht beim Versetzen mit NaOH *4-Methyl-7-oxo-5.6-diazaspiro-[2.4]-hepten-(4)*, das durch Aufkochen mit HCl wieder in **III** verwandelt werden kann.

Versuche: *4-[2-Hydroxyäthyl]-3-methyl-Δ^2-pyrazolinon-(5)*, F. 181—182°, durch Zutropfen von **II** zu **I** in CH_3CN unter Kühlung mit Trockeneis/Aceton; 93% (Ausb.). — *4-[2-Chloräthyl]-3-methyl-Δ^2-pyrazolinon-(5)* (**III**), $C_6H_9ClN_2O$, F. 170—171° (A.), durch Zugabe von $SOCl_2$ zu vorst. Verb.; 76%. *Hydrochlorid*, F. 108—113° (CH_3CN/Ae.); 79%. — *4-Methyl-7-oxo-5.6-diazaspiro-[2.4]-hepten-(4)*, $C_6H_8N_2O$, F. 148—149° (A.), durch Zugabe von NaOH zu 30 g **III** in W.; 20 g.
Axel Jochum 3122

1212 **Doppelte 1.3-dipolare Addition an eine Dreifachbindung zum Bicyclo-[1.1.0]-butan-System.** M. Franck-Neumann. (Angew. Chem. **79** (1967) 2, 98—99, dt.; int. Edit.; Inst. de Chimie, CNRS, Univ., Strasbourg; engl.) — Durch tropfenweise Zugabe von Acetylendicarbonsäuredimethylester zu einer auf — 20° gekühlten u. gerührten 2-Diazopropanlsg. (1,5facher Überschuß) in Ae./Xylol entsteht zu 85% *1.5-Bis-[methoxycarbonyl]-4.4.8.8-tetramethyl-2.3.6.7-tetraazabicyclo-[3.3.0]-oktadien-(2.6)* (**I**; F. 59°) sowie *3.4-Bis-[methoxycarbonyl]-5.5-dimethylpyrazolenin*. Bei der Bestrahlung von **I** in Bzl. mit einer Hg-Lampe (λ > 300 mμ) entstehen unter N_2-Abspaltung 50% eines 1 : 2 : 2-Gemisches ($C_{12}H_{18}O_4$) aus *2.4-Bis-[methoxycarbonyl]-3.5-dimethylhexadien-(2.4)*, *3.4-Bis-[methoxycarbonyl]-2.5-dimethylhexadien-(2.4)* (**II**) u. *1.3-Bis-[methoxycarbonyl]-2.2.4.4-tetramethylbicyclo-[1.1.0]-butan* (**III**), die säulen- u. gaschromatograph. getrennt wurden. **III** geht beim Erhitzen auf 150° neben anderen Verb. in **II** über, bei 270° vollständig. IR-, UV- u. NMR-Daten vgl. Original. H.-J. Schönherr 3122

1213 **Neue halogenierte Imidazole. Chlorimidazole.** Albert W. Lutz und Sylvio DeLorenzo. (J. heterocyclic Chem. 4 (1967) 3, 399—402; Agricult. Div., Amer. Cyanamid Co., Princeton, N.J.; engl.) — Imidazol reagiert mit NaOCl zu *4.5-Dichlorimidazol* (**I**). 4-Bromimidazol(**II**) gibt analog *4-Brom-5-chlorimidazol* (**III**). Aus **I** u. NaOCl läßt sich *2.4.5-Trichlorimidazol* (**IV**) nur in schlechter Ausb. darstellen. 2-Methyl- (**V**) bzw. 2-Äthylimidazol(**VI**) bilden mit NaOCl *2-Methyl-* bzw. *2-Äthyl-4.5-dichlorimidazol*. 2-Brom-4.5-dichlorimidazol (**VII**) bzw. 2.4.5-Tribromimidazol (**VIII**) gehen in sd. konz. HCl in **IV** über. Aus 2.4-Dibromimidazol-5-carbonsäure-p-bromanilid entsteht in sd. konz. HCl nicht 2.4-Dichlorimidazol, sondern ein *Gemisch* von *chlorierten* u. *bromierten Imidazolen* (vgl. King u. Murch [1923]). **I** bzw. **IV** werden von sd. wss. Sulfitlsg. nicht verändert. **III** geht analog in *4-Chlorimidazol* über; das auch aus **II** u. konz. HCl im Rohr bei 150° erhalten wird.

Versuche: Imidazole: *4.5-Dichlor-* (**I**), $C_3H_2\cdot Cl_2N_2$, F. 179—180° (M.), aus Imidazol u. NaOCl in verd. NaOH; 50,8% (Ausb.); daneben 2,3% **IV**. — *2.4.5-Trichlor-* (**IV**), $C_3HCl_3N_2$, F. 180—181° (W.), a) aus **VIII** u. sd. konz. HCl; 35,2%; b) aus **VII** u. sd. konz. HCl; 31,4%; c) aus **I** u. NaOCl in 1n NaOH; 8,9%. — *2-Brom-4.5-dichlor-* (**VII**), $C_3HBrCl_2N_2$, F. 219—220° (50%ig. wss. A.), aus **I**, 1n NaOH u. Br_2 in $CHCl_3$; 27,9%. — *4-Brom-5-chlor-* (**III**), $C_3H_2BrClN_2$, F. 195 bis 196° (W.), aus **II** u. NaOCl in verd. NaOH; 56,2%. — *4-Chlor-*, $C_3H_3ClN_2$, F. 117—118° (W.), a) aus **III** u. sd. 10%ig. wss. Na_2SO_3-Lsg.; 79%; b) aus 2 g **II** u. konz. HCl im Rohr bei 150°; 0,5 g. — *2.4-Dibrom-5-chlor-*, $C_3HBr_2ClN_2$, F. 218—220° (W.), aus **III**, NaOH u. Br_2 in W./$CHCl_3$; 46,7%. — *2.4-Dibrom-5-nitro-*, kein F. bis 300° (Braunfärbung ab 170°), aus 3 g 5-Nitroimidazol u. Br_2 in W.; 4 g. — *2.4-Dichlor-5-nitro-*, $C_3HCl_2N_3O_2$, F. 175—176° (W.), aus vorst. Verb. u. sd. konz. HCl; 79,1%. — *4.5-Dichlor-2-methyl-*, $C_4H_4Cl_2N_2$, F. 251—252° (W.), aus **V** u. NaOCl in 1n NaOH; 53,6%. — Analog: *4.5-Dichlor-2-äthyl-*, $C_5H_6Cl_2N_2$, F. 170—171° (W.), aus **VI**; 58,3%. Hans Köhne/Berlin 3122△

1214 **Darstellung und Umlagerung von 2-Allylbenzimidazol.** Stephen Raines und Csaba A. Kovacs. (J. heterocyclic Chem. 4 (1967) 2, 305—08; Nat. Drug Comp., Res. Labor. Div. of Richardson-Merrell, Inc., Philadelphia, Pa.; engl.) — Beschrieben wird die Darst. von *2-Allylbenzimidazol* (**I**) aus o-Phenylendiamin (**II**) u. Vinylacetat (**III**). Nach der Kristallisation von **I** aus Ae. bleiben beträchtliche Mengen von *2-Propenylbenzimidazol* (**IV**) in der Mutterlauge zurück. Durch Kochen von **I** in Bzl. entsteht das thermodynam. stabilere **IV**. **I** reagiert mit p-Chlorbenzoylchlorid zu *1-[p-Chlorbenzoyl]-2-allylbenzimidazol*. Die Struktur von **I** u. **IV** wird durch IR-, UV- u. PMR-Spektrographie bewiesen.

Versuche: *2-Allylbenzimidazol* (**I**), $C_{10}H_{10}N_2$, F. 184—188° (Zers.; Ae.), durch 1std. Kochen von **II** u. **III** in 4n HCl; 63% (Ausb.). — *2-Propenylbenzimidazol* (**IV**), $C_{10}H_{10}N_2$, F. 192—194°, durch 2std. Kochen von **I** in Bzl.; ca. 100%. — *2.3.4.5-Tetrahydro-2-methyl-4-oxo-1H-1.5-benzodiazepin*, $C_{10}H_{12}N_2O$, F. 185—186° (Bzl.) aus Crotonsäure u. **II** analog **I**; 48%. — *1-[p-Chlorbenzoyl]-2-allylbenzimidazol*, $C_{17}H_{13}ClN_2O$, F. 82—84° (Ae./Cyclohexan), durch 2std. Kochen von **I** in Triäthylamin/Bzl. mit p-Chlorbenzoylchlorid in Bzl.; 49%.

I. Jaehn 3122

1215 **Reaktion von Mandelsäurenitril mit Benzaldehyd.** W. Davies und B. Ternai. (Austral. J. Chem. **20** (1967) 9, 1929—34; La Trobe Univ., Bundoora, Victoria; engl.) — Mandelsäurenitril (**I**) geht beim Stehen in *4-Benzylidenamino-2-α-hydroxybenzyl-5-phenyloxazol* (**II**) über (vgl. Schiff [1870] bzw. Stolle [1902]). **II** entsteht auch nach Stolle (l. c.) aus **I** u. Benzaldehyd in 1%ig. äthanol. HCl bzw. aus **I** u. Benzaldehyd in abs. Ae. in Ggw. von Na. **II** gibt mit CH_3J u. Ag_2O in CH_3OH *4-Benzylidenamino-2-α-methoxybenzyl-5-phenyloxazol*. Mit Keten reagiert **II** zu *4-Benzylidenamino-2-α-acetoxybenzyl-5-phenyloxazol*. Von $KMnO_4$ in Aceton bzw. von Luft in alkohol. Alkali wird **II** zu *4-Benzylidenamino-2-benzoyl-5-phenyloxazol* (**III**) oxydiert. Red. von **III** mit KBH_4 in 95%ig. A. führt zu **II**. **III** bildet keine Carbonylderivate. Mit Phenylisocyanat (**IV**) in abs. Bzl. entsteht aus **II** *2-Benzoyl-4-benzylidenamino-5-phenyl-2.3-dihydrooxazol.*

Versuche: 4-Benzylidenamino-5-phenyloxazole: *2-α-Hydroxybenzyl-* (**II**), $C_{23}H_{18}N_2O_2$, F. 202° (Bzl. bzw. Toluol), a) aus **I** durch 1wöchiges Stehen; 60% (Ausb.); b) aus **I** u. Benzaldehyd in 1%ig. äthanol. HCl; 33%; c) aus **I** u. Benzaldehyd in abs. Ae. in Ggw. von Na; 81%; d) aus **III** u. KBH_4 in 90%ig. A.; ca. 100%. — *2α-Methoxybenzyl-*, $C_{24}H_{20}N_2O_2$, F. 95°, aus **II**, CH_3J u. Ag_2O in sd. abs. CH_3OH; 90%. — *2-α-Acetoxybenzyl-*, $C_{25}H_{20}N_2O_3$, F. 130° (A.), aus **II** u. Keten in Toluol; 78%. — *2-Benzoyl-* (**III**), $C_{23}H_{16}N_2O_2$, F. 169—170° (A.), a) aus **II** u. $KMnO_4$ in heißem Aceton; 68%; b) aus **II** u. Luft in 2n alkohol. KOH; 80%. — *2-Benzoyl-2.3-dihydro-*, $C_{23}H_{18}N_2O_2$, F. 193° (Toluol), aus **II** u. **IV** bzw. Naphthyl-(1)-isocyanat bzw. Naphthyl-(1)-isothiocyanat in sd. Toluol; 96%. Hans Köhne/Berlin 3132△

1216 **Kondensation von Azlactonen mit dem N-Acylpyridiniumion.** S. Weber, H. L. Slates und N. L. Wendler. (J. org. Chemistry **32** (1967) 5, 1668—69; Merck Sharp u. Dohme Labor., Rahway, N.J.; engl.) — N-Formylalanin (**I**) bildet beim Stehenlassen mit Py./Acetanhydrid (**AA**) durch γ-Kupplung des aus **I** gebildeten Azlactons mit dem N-Acetylpyridiniumkation *2-[1-Acetyl-1.4-dihydropyridinyl-(4)]-4-methyl-Δ³-oxazolin-on-(5)* (**II**). Die Konstit. von **II** ist durch die UV-, IR- u. NMR-Daten sowie durch Hydrolyse zu **I** u. Py. sowie durch Red. zum entsprechenden *Piperidinderiv.* u. dessen hydrolyt. Abbau zu *Piperidincarbonsäure-(4)* gesichert.

Versuche: 4-Methyl-Δ³-oxazolinone-(5): *2-[1-Acetyl-1.4-dihydropyridinyl-(4)]-* (**II**), $C_{11}H_{12}N_2O_3$, F. 110—112°, durch 24std. Stehenlassen von 5 g **I** mit Py./AA bei Raumtemp.; aus Aceton/Ae. gelbe Nadeln; 2,2 g (Ausb.). — *2-[1-Acetylpiperidyl-(4)]-*, $C_{11}H_{16}N_2O_3$, F. 125—127° (Aceton/Ae.), durch Hydrieren von 0,5 g **II** in Ggw. von Rh/Al_2O_3 in Äthylacetat; 0,34 g. — *Piperidincarbonsäure-(4)*, *Hydrochlorid*, F. 255—265° (Zers.), durch kurzes Erwärmen vorst. Verb. mit wss. $KHCO_3$ bei pH 8—9 auf 100°, ½std. Stehen bei Raumtemp., Eindampfen u. 1std. Kochen mit konz. HCl; 10—15 mg. Spektralmax. vgl. Original.

G. O. Jäger 3132△

1217 **Oxazolidone aus Hexafluoraceton und Natriumcyanid.** W. J. Middleton und C. G. Krespan. (J. org. Chemistry **32** (1967) 4, 951—53; Wilmington, Del., E. I. du Pont de Nemours & Co., Central Res. Dep.; engl.) — Hexafluoraceton (**I**) reagiert mit NaCN zum entsprechenden *Cyanhydrin*, dessen *Methyläther* dargestellt wird. Im Überschuß von **I** wird als 2:1-Addukt das *Na-Salz* von *2.2.5.5-Tetrakis-[trifluormethyl]-oxazolidon-(4)* (**II**) gebildet. Das Na-Salz von **II** kann als ambidentes Anion mit Dimethyl- (**III**) u. Diäthylsulfat (**IV**) sowohl am O als auch am N alkyliert werden. Die in geringer Menge entstehende *O-Methylverb.* wird besser aus freiem **II** mit CH_2N_2 dargestellt. Mit $LiAlH_4$ entsteht aus **II** ein *2-Hydroxypropylamin*, das neben der IR- u. ^{19}F-NMR-Spektroskopie die Struktur von **II** beweist. Red. der N-Methylverb. führt zu einem *4-Hydroxyoxazolidin.*

Versuche: *3.3.3-Trifluor-2-methoxy-2-trifluormethylpropionitril*, $C_5H_3F_6NO$, Kp. 59—60°, durch Dest. von **I** in eine Suspension aus NaCN in CH_3CN, Erwärmen auf 70°, Zugabe von **III** u. Rühren über Nacht; 74% (Ausb.). — *3.3.3-Trifluor-2-methoxy-2-trifluormethylpropionamid*, $C_5H_5F_6NO_2$, F. 60—61° (Pentan), durch 3std. Erhitzen von 5 g vorst. Verb. u. konz. H_2SO_4; 2,5 g. — *2.2.5.5-Tetrakis-[trifluormethyl]-oxazolidon-(4)* (**II**), $C_7HF_{12}\cdot NO_2$, F. 106—107° (Bzl.), durch Dest. von **I** in eine Suspension von NaCN in CH_3CN unter Rühren, Kühlen u. Mischen mit konz. HCl; 80%. *Na-Salz*, $C_7F_{12}NNaO_2$, F. 165—175° (Zers.), analog vorst. Verb. ohne Mischen mit HCl. — *N-[2.2.2-Trifluor-1-(trifluormethyl)-äthyl]-3.3.3-trifluor-2-[trifluormethyl]-2-hydroxypropylamin*, $C_7\cdot H_5F_{12}NO$, Kp. 140—140,5°, durch 20std. Kochen von 35,9 g **II** mit $LiAlH_4$ in abs. Ae.; 4,65 g. — *2.2.5.5-Tetrakis-[trifluormethyl]-3-methyloxazolidon-(4)* (**V**), $C_8F_3F_{12}\cdot NO_2$, Kp. 135—136°, durch Dest. von **I** in eine Suspension von NaCN in CH_3CN, Kühlen, Zugabe von **III** u. 18std. Rühren; 85%; daneben **VI**. — *2.2.5.5-Tetrakis-[trifluormethyl]-3-methyl-4-hydroxyoxazolidin*, $C_8H_5F_{12}\cdot NO_2$, Kp. 148,5—150°, durch 20std. Kochen von 37,3 g vorst. Verb. mit $LiAlH_4$ in Ae.; 8,55 g. — *2.2.5.5-Tetrakis-[trifluormethyl]-4-methoxy-Δ³-oxazolin* (**VI**), $C_8H_3F_{12}\cdot NO_2$, F. 30°, Kp. 128—136°, durch Zugabe von CH_2N_2 zu einer Lsg. aus **II** in Ae. als Gemisch mit **V**. — *Gemisch aus 2.2.5.5-Tetrakis-[trifluormethyl]-3-äthyloxazolidon-(4)* ($C_9H_5F_{12}NO_2$, Kp. 142°) u. *2.2.5.5-Tetrakis-[trifluormethyl]-4-äthoxy-Δ³-oxazolin* ($C_9H_5F_{12}NO_2$, Kp. 136°), a) durch Dest. von **I** in NaCN-Lsg. in CH_3CN, Kühlen, Zugabe von **IV** u. 18std. Rühren; 61%; b) durch Dest. von 21 ml **I** in NaCN in CH_3CN, Zugabe von $AgNO_3$, Lösen des Ag-Salzes u. Versetzen mit C_2H_5J; 25 g.

Axel Jochum 3132

1218 **Hydrolyse von Pyrimidin-N-oxiden zu Isoxazolderivaten.** Tetsuzo Kato, Hiroshi Yamanaka und Nako Yasuda. (J. org. Chemistry **32** (1967) 11, 3593 bis 3595; Pharmaceut. Inst., Tohoku Univ., School of Med., Sendai, Japan; engl.) — 4-Phenylpyrimidin-1-oxid (**I**) gibt in sd. 10%ig. HCl *5-Phenylisoxazol* (**II**), NH_4Cl u. *HCOOH*. Analog werden aus 4.6-Dimethyl- (**III**) bzw. 6-Methyl-4-phenylpyrimidin-1-oxid (**IV**) *3.5-Dimethyl-* bzw. *3-Methyl-5-phenylisoxazol* erhalten. Aus 4-Methoxy-6-methylpyrimidin-1-oxid entstehen dagegen NH_3, *Aceton* u. *HCOOH*. Mit methanol. NaOH reagiert **II** zu *Benzoylacetonitril* (**V**). **I** wird von Alkalien nur wenig angegriffen, wobei **V** erhalten wird.

Versuche: *5-Phenylisoxazol* (**II**), C_9H_7NO, Kp.$_{17}$ 131°, aus **I** u. sd. 10%ig. HCl; 80% (Ausb.). — *Benzoylacetonitril* (**V**), C_9H_7NO, F. 80,5—81,5° (PAe.), a) aus **I** u. NaOH in sd. 50%ig. CH_3OH; 8%; b) analog a) aus **II**; 85%. — *3.5-Dimethylisoxazol*, Kp. 141°, aus **III** u. sd. 20%ig. H_2SO_4; 67%. — *3-Methyl-5-phenylisoxazol*, F. 67—68°, Kp.$_{19}$ 152°, aus **IV** u. sd. 30%ig. H_2SO_4; 30%.

Hans Köhne/Berlin 3132△

1219 **2.2′-Hydrazo-bis-[5-nitrothiazole] und Analoga, ein neuer Typ von Antiprotozoen-Wirkstoffen.** Moshe Avramoff, Saul Adler und Ann Foner. (J. med. Chem. **10** (1967) 6, 1138—43; Dep. of Chem., Weizmann Inst. of Sci., Rehovoth, Israel; engl.) — Durch Kondens. von Halogenmethylketonen mit Dithiobisharnstoff (**I**) in sd. A. werden *2.2′-Hydrazo-bis-[4-alkylthiazole]* dargestellt. *2.2′-Hydrazo-bis-[4-chlormethylthiazol]* wird aus 1.3-Dichlorpropanon (**II**) u. **I** in CH_3OH bei Raumtemp. erhalten. Chloraceton (**III**) gibt mit 3.4-Dimethyldithiobisharnstoff (**IV**) *1.2-Dimethyl-1.2-bis-[4-methylthiazolyl-(2)]-hydrazin* (**V**). Die Cl-Atome in 1.2-Diacetyl-1.2-bis-[4-chlormethylthiazolyl-(2)]-hydrazin lassen sich nicht durch Dialkylamino- bzw. Trialkylammoniogruppen ersetzen. *2.2′-Hydrazo-bis-[4-diäthylaminomethylthiazol]* wird durch Kondens. von **I** mit 1-Brom-3-diäthylamino-propanonhydrobromid (**VI**) erhalten. Analog entsteht *2.2'-Hydrazo-bis-[4-m-sulfamoylphenylthiazol]* (**VII**) aus α-Brom-m-sulfamoylacetophenon. 2.2'-Hydrazo-bis-[thiazole] bilden mit sd. Acetanhydrid *1.2-Diacetyl-1.2-bis-[thiazolyl-(2)]-hydrazine.* **VII** gibt analog *1.2-Diacetyl-1.2-bis-[4-m-N-acetylsulfamoylphenylthiazolyl-(2)]-hydrazin.* 2.2'-Hydrazo-bis-[4-methylthiazol] (**VIII**) reagiert mit Buttersäureanhydrid (**IX**), Octansäureanhydrid (**X**), Laurinsäureanhydrid (**XI**) bzw. Glutarsäureanhydrid (**XII**) zu *1.2-Dibutyryl-, 1.2-Dioctanoyl-, 1.2-Didodecanoyl-* bzw. *1.2-Bis-[β-carboxypropionyl]-1.2-bis-[4-methylthiazolyl-(2)]-hydrazin* (**XIII**). Mit Dichloressigsäureanhydrid (**XIV**) gibt **VIII** *2.2'-Diamino-4.4'-dimethyl-5.5'-bithiazol,* das sich zu *2.2'-Bis-[dichloracetamido]-4.4'-dimethyl-5.5'-bithiazol* acylieren läßt. *1.2-Bis-[dichloracetyl]-1.2-bis-[4-methylthiazolyl-(2)]-hydrazin* wird aus **VIII** u. Dichloracetylchlorid (**XV**) in sd. Essigester erhalten. 1.2-Diacyl-1.2-bis-[thiazolyl-(2)]-hydrazine werden von HNO_3 in Acetanhydrid zu *1.2-Diacyl-1.2-bis-[5-nitrothiazolyl-(2)]-hydrazinen* nitriert. 1.2-Diacetyl-1.2-bis-[4-diäthylaminothiazolyl-(2)]-hydrazindinitrat (**XVI**) wird von diesem Gemisch nicht angegriffen. Mit H_2SO_4 gibt **XVI** bei Raumtemp. *2.2'-Azo-bis-[4-diäthylaminomethylthiazol].* **V**, **VII** bzw. **XIII** geben unter verschiedenen Nitrierungsbedingungen keine identifizierbaren Verbindungen. 1.2-Diacetyl-1.2-bis-[5-nitrothiazolyl-(2)]-hydrazin (**XVII**) bildet mit konz. HCl bei Raumtemp. eine nicht identifizierte gelbe Substanz, die sich in Abwesenheit von konz. Säure dunkel färbt. 1.2-Diacetyl-1.2-bis-[4-methyl-5-nitrothiazolyl-(2)]-hydrazin (**XVIII**) bzw. **XVII** werden mit HNO_3 zu *2.2'-Azo-bis-[4-methyl-5-nitrothiazol]* bzw. *2.2'-Azo-bis-[5-nitrothiazol]* oxydiert. Aus Piperazinhydrat (**XIX**) u. 2-Brom-5-nitrothiazol (**XX**) wird *1.4-Bis-[5-nitrothiazolyl-(2)]-piperazin* erhalten. **XX** läßt sich nicht mit Äthylendiamin umsetzen. Die Alkylierung von 2-Aminothiazol mit Äthylendibromid gelang nicht. 1.2-Bis-[4-methylthiazolyl-(2)-amino]-äthan bzw. 1.2-Bis-[N-acetyl-N-4-methylthiazolyl-(2)-amino]-äthan werden zu den entsprechenden *5-Nitrothiazolderiv.* nitriert. Einige der dargestellten Verb. zeigen eine sehr starke Antiprotozoen-Aktivität in vitro, aber keine Aktivität in vivo.

Versuche (F. korr.): *2.2'-Hydrazo-bis-[4-äthylthiazol],* $C_{10}H_{14}N_4S_2$, F. 174° (Essigester), aus **I** u. 2 Val des entsprechenden Halogenomethylketons in sd. A. u. Rk. mit Na-Acetatlsg.; 61 % (Ausb.). — Analog: *2.2'-Hydrazo-bis-[4-n-butylthiazol],* $C_{14}H_{22}N_4S_2$, F. 181° (A.); 52 %. — *2.2'-Hydrazo-bis-[4-tert.-butylthiazol],* F. 199° (CH_3OH); 68 %. — *2.2'-Hydrazo-bis-[4-chlormethylthiazol], Dihydrochlorid,* aus **I** u. 2 Val **II** in CH_3OH bei Raumtemp.; 87 %. — *2.2'-Hydrazo-bis-[4-diäthylaminomethylthiazol], Tetrahydrobromid* (**XXI**), F. 201—205°, aus **I** u. 2 Val **VI** in sd. CH_3OH; 77 %. — *α-Brom-m-sulfamoylacetophenon,* $C_8H_8BrNO_3S$, F. 129—131° (n-Propanol), aus Br_2 u. m-Sulfamoylacetophenon in Essigester; 71 %. — *2.2'-Hydrazo-bis-[4-m-sulfamoylphenylthiazol]* (**VII**), $C_{18}H_{16}N_6O_4S_4$, F. 225—228°, aus **I** u. 2 Val vorst. Verb. in sd. A.; 93 %. — *3.4-Dimethyldithiobisharnstoff* (**IV**), $C_4H_{10}N_4S_2$, F. 234° (W.), aus 1,5 g symm.-Dimethylhydrazindihydrochlorid u. 2 Val Ammoniumthiocyanat in sd. W.; 4,7 g. — *1.2-Dimethyl-1.2-bis-[4-methylthiazolyl-(2)]-hydrazin* (**V**), $C_{10}H_{14}N_4S_2$, F. 296—299° (n-Propanol), aus **IV** u. **III** in sd. W. u. Rk. mit Na-Acetatlsg.; 65 %. — 1.2-Diacetylhydrazine, aus den Hydrazo-bis-[thiazolen] u. sd. Acetanhydrid: *1.2-Bis-[4-äthylthiazolyl-(2)]-,* $C_{14}H_{18}N_4O_2S_2$, F. 128—129° (A.); 80 %. — *1.2-Bis-[4-n-butylthiazolyl-(2)]-,* $C_{18}H_{26}N_4O_2S_2$, F. 106 bis 108° (A.); 53 %. — *1.2-Bis-[4-tert.-butylthiazolyl-(2)]-,* F. 123° (A.); 31 %. — *1.2-Bis-[4-phenylthiazolyl-(2)]-,* $C_{22}H_{18}N_4O_2S_2$, F. 209° (Zers.; CH_3COOH); 87 %. — *1.2-Bis-[4-chlormethylthiazolyl-(2)]-,* $C_{12}H_{12}Cl_2N_4O_2S_2$, F. 157—159° (Cyclohexan); 17 %. — *1.2-Bis-[4-m-N-acetylsulfamoylphenylthiazolyl-(2)]-,* $C_{26}H_{24}N_6O_8S_4$, F. 180 bis 183° (CH_3OH), aus **VII** u. 1 Val K-Acetat in sd. Acetanhydrid; 51 %. — *1.2-Bis-[4-diäthylaminomethylthiazolyl-(2)]-,* $C_{20}H_{32}N_6O_2S_2$, F. 73° (PAe.), aus dem Dihydrobromid u. Na-Acetatlösung. *Dihydrobromid,* $C_{20}H_{34}Br_2 \cdot N_6O_2S_2$, F. 240° (Zers.; Isopropanol), aus **XXI** u. sd. Acetanhydrid; 77 %. *Dinitrat* (**XVI**), $C_{20}H_{34}N_8O_8S_2$, F. 207 bis 209° (Zers.; Propanol), aus der Base u. HNO_3 in CH_3COOH. — *1.2-Bis-[5-nitrothiazolyl-(2)]-* (**XVII**), $C_{10}H_8 \cdot N_6O_6S_2$, F. 226° (Zers.; n-Propanol), aus 1.2-Diacetyl-1.2-bis-[thiazolyl-(2)]-hydrazin u. 98 %ig. HNO_3 in Acetanhydrid; 70 %. — Analog: *1.2-Bis-[4-methyl-5-nitrothiazolyl-(2)]-* (**XVIII**), $C_{12}H_{12}N_6O_6S_2$, F. 241° (Zers.; CH_3COOH); 54 %. — *1.2-Bis-[4-äthyl-5-nitrothiazolyl-(2)]-,* $C_{14}H_{16}N_6O_6S_2$, F. 215° (Zers.; CH_3COOH); 40 %. — *1.2-Bis-[4-n-butyl-5-nitrothiazolyl-(2)]-,* $C_{18}H_{24}N_6O_6S_2$, F. 179—180° ($CH_3 \cdot COOH$); 73 %. — *1.2-Bis-[4-tert.-butyl-5-nitrothiazolyl-(2)-,* F. 247° (Zers.; n-Propanol); 39 %. — *1.2-Bis-[4-phenyl-5-nitrothiazolyl-(2)]-,* $C_{22}H_{16}N_6O_6S_2$, F. 216—218° (Bzl. bzw. CH_3COOH); 47 %. — *1.2-Bis-[4-chlormethyl-5-nitrothiazolyl-(2)]-,* $C_{12}H_{10}Cl_2N_6O_6S_2$, F. 200° (Zers.; Toluol bzw. CH_3COOH); 61 %. — *1.2-Dibutyryl-1.2-bis-[4-methylthiazolyl-(2)]-hydrazin,* $C_{16}H_{22}N_4O_2S_2$, F. 168° (n-Propanol), aus **VIII**-Dihydrochlorid u. **IX** bei 100°; 83 %. — Analog: *1.2-Dioctanoyl-1.2-bis-[4-methylthiazolyl-(2)]-hydrazin,* $C_{24}H_{38}N_4O_2S_2$, F. 149—150° (Isopropanol), aus **VIII** u. **X**; 78 %. — *1.2-Dilauroyl-1.2-bis-[4-methylthiazolyl-(2)]-hydrazin,* $C_{32}H_{54}N_4O_2S_2$, F. 121° (A.), aus **VIII** u. **XI**; 79 %. — *1.2-Bis-[β-carboxybutyryl]-1.2-bis-[4-methylthiazolyl-(2)]-hydrazin* (**XIII**), $C_{18}H_{22}N_4O_6S_2$, F. 195 bis 196° (A.), aus **VIII** u. **XII**; 61 %. — *1.2-Bis-[dichloracetyl]-1.2-bis-[4-methylthiazolyl-(2)]-hydrazin,* $C_{12}H_{10}Cl_4 \cdot N_4O_2S_2$, F. 133—134° (Isopropanol), aus **VIII**-Dihydrochlorid u. **XV** in sd. Essigester; 53 %. — *1.2-Bis-[dichloracetyl]-1.2-bis-[4-methyl-5-nitrothiazolyl-(2)]-hydrazin,* $C_{12} \cdot H_8Cl_4N_6O_6S_2$, F. 215° (Zers.; Essigester/PAe.), aus vorst. Verb. u. 98 %ig. HNO_3 in Acetanhydrid bei 0° u. Raumtemp.; 44 %. — Analog: *1.2-Dibutyryl-1.2-bis-[4-methyl-5-nitrothiazolyl-(2)]-hydrazin,* $C_{16}H_{20}N_6O_6S_2$, F. 201 bis 203° (n-Propanol); 76 %. — *1.2-Dioctanoyl-1.2-bis-[4-methyl-5-nitrothiazolyl-(2)]-hydrazin,* $C_{24}H_{36}N_6O_6S_2$, F. 125° (Isopropanol); 87 %. — *1.2-Dilauroyl-1.2-bis-[4-methyl-5-nitrothiazolyl-(2)]-hydrazin,* $C_{32}H_{52}N_6O_6S_2$, F. 103° (CH_3OH); 46 %. — *2.2'-Azo-bis-[5-nitrothiazol],* $C_6H_2 \cdot N_6O_4S_2$, F. 207° (Zers.; Essigester), aus **XVII** u. heißer 70 %ig. HNO_3; 27 %. — *2.2'-Azo-bis-[4-methyl-5-nitrothiazol],* $C_8H_6N_6O_4S_2$, F. 220° (Zers.; CH_3COOH), aus **XVIII** u. heißer 70 %ig. HNO_3; 41 %. — *1.4-Bis-[5-nitrothiazolyl-(2)]-piperazin,* $C_{10}H_{10}N_6O_4S_2$, F. 286° (Zers.; DMF), aus **XIX**, **XX** in $NaHCO_3$ in sd. A.; 53 %. — *1.2-Bis-[4-methylthiazolyl-(2)-amino]-äthan,* $C_{10}H_{14}N_4S_2$, F. 218—220°, aus **III** u. nachst. Verb. nach Tanaka et al. (vgl. C. **1960**, 14669). — *Äthylen-bis-[thioharnstoff],* $C_4H_{10}N_4S_2$, F. 148—150° (Isopropanol), nach Neville u. McGee (vgl. C. **1964**, 33-0781) aus Siliciumtetraisothiocyanat u. Äthylendiamin. — *1.2-Bis-[4-methyl-5-nitrothiazolyl-(2)-amino]-äthan,* $C_{10}H_{12}N_6O_4S_2$, F. 239° (CH_3COOH), aus vorvorst. Verb. u. 95 %ig. HNO_3 in konz. H_2SO_4 bei 0°; 31 %. — *1.2-Bis-[N-acetyl-N-4-methylthiazolyl-(2)-amino]-äthan,* $C_{14}H_{18}N_4O_2S_2$, F. 285—286° (DMF), aus drittvorst. Verb. u. sd. Acetanhydrid; 64 %. — *1.2-Bis-[N-acetyl-N-4-methyl-5-nitrothiazolyl-(2)-amino]-äthan,* $C_{14}H_{16}N_6O_6 \cdot S_2$, F. > 300° (DMF), aus vorst. Verb. zu 70 %ig. HNO_3 in konz. H_2SO_4 bei 0°; 87 %. — *2.2'-Azo-bis-[4-diäthylaminomethylthiazol],* $C_{16}H_{26}N_6S_2$, F. 103—104° (Cyclohexan), aus dem Dinitrat u. $NaHCO_3$-Lösung. *Dinitrat,* $C_{16}H_{28}N_8O_6S_2$, F. 190° (Zers.; A.), aus **XVI** in H_2SO_4 bei Raumtemp. u. Rk. mit 70 %ig. HNO_3 in CH_3COOH; 43 %. — *2.2'-Bis-[dichloracetamido]-4.4'-dimethyl-5.5'-bithiazol,* $C_{12}H_{10}Cl_4N_4O_2S_2$, F. 250—251° ($CH_3OH$), aus **VIII**-Dihydrochlorid u. **XIV** bei 130°; 33 %. — *2.2'-Diamino-4.4'-dimethyl-5.5'-bithiazol,* F. 276°, aus vorst. Verb. u. konz. HCl bei Raumtemperatur.

Hans Köhne/Berlin 3142△

1220 **Hexahydro-1.3.5-trithia-6b-azacyclopenta-[c.d]-pentalen.** Raymond C. Fort jun. und W. L. Semon. (J. org. Chemistry **32** (1967) 11, 3685—87; Kent State Univ., Kent, O.; engl.) — Die von Craig et al. (C. **1958**, 3886) aus Ammoniumdithiocarbamat u. Chloracetaldehydhydrat synthetisierte u. als *5-Aza-2.8.10-trithiaadamantan* bezeichnete Verb. bzw. von Thiel et al. (C. **1966**, 2-0903) aus NH_3 u. Mercaptoacetaldehyd erhaltene u. als *Hexahydro-1.3.5-trithia-6b-azacyclopenta-[c.d]-pentalen* (**I**) bezeichnete Verb. hat nach dem NMR-Spektr. (Abb.) die Struktur **I**.

Hans Köhne/Berlin 3142△

1221 **1-Aryltetrazole. Synthese und Eigenschaften.** James C. Kauer und William A. Sheppard. (J. org.

Chemistry **82** (1967) 11, 3580–92; E. I. du Pont de Nemours & Co., Wilmington, Del.; engl.) — *1-Aryl-5-chlortetrazole* (**A**) werden durch Rk. von N-Aryldichlorazomethinen mit NaN_3 in 1.2-Dimethoxyäthan erhalten. In Aceton entstehen dagegen *1-Aryl-5-azidotetrazole*. 1-Phenyl-5-chlortetrazol (**I**) gibt mit NaN_3 in Aceton *1-Phenyl-5-azidotetrazol*. Analog reagieren viele andere **A**. Die **A** werden von heißer verd. KOH angegriffen, sind aber stabil gegen $AgNO_3$ in C_2H_5OH. Tetrazol läßt sich nicht direkt mit o-Nitrofluor- bzw. o-Nitrochlorbenzol arylieren. Durch Rk. von o-Nitrophenylisothiocyanat (**II**) mit NaN_3 in warmem W. u. anschließendes Ansäuern wird *1-o-Nitrophenyl-5-mercaptotetrazol* (**III**) erhalten, das mit CrO_3 zu *1-o-Nitrophenyltetrazol* (**IV**) ox. wird. **IV** liefert bei der Hydrierung an Pt in HCl *1-o-Aminophenyltetrazol*. In neutralem Medium entsteht dagegen *1-o-Hydroxyaminophenyltetrazol*, das in *o.o'-Bis-[tetrazolyl-(1)]-azobenzol* übergeht. Mit Na_2S in wss. A. gibt **IV** *2-Aminobenzimidazol*. In sd. Bzl. wird **III** in *5-o-Nitroanilino-1.2.3.4-thiatriazol* (**V**) umgelagert. Durch Erwärmen mit Lauge u. anschließendes Ansäuern geht **V** wieder in **III** über. Beim langen Erhitzen in Bzl. bzw. verd. Lauge gehen **V** bzw. **III** in *o-Nitrophenylcyanamid* über. Der 5-Chlortetrazolring wird bei der katalyt. Hydrierung nicht angegriffen. **I** läßt sich mit rauchender HNO_3 im Phenylring leicht nitrieren. Mit Mg bzw. n-Butyllithium gibt **I** *Phenylcyanamid* (**VI**). Mit Triphenylphosphin in sd. Bzl. bildet **I** ein komplexes Gemisch, das **VI** enthält. Die **A** zersetzen sich bei 170–180° u. spalten N_2 ab.

Versuche (F. korr.): *N-o-Nitrophenyldichlorazomethin*, $C_7H_4Cl_2N_2O_2$, F. 81,5–82,5° (CH_2Cl_2/Hexan), aus **II** u. Cl_2 in CH_2Cl_2; 34% (Ausb.). — Analog *N-p-Fluorphenyldichlorazomethin*, $C_7H_4Cl_2FN$, Kp.$_9$ 77°. — Tetrazole: *1-p-Fluorphenyl-5-chlor-*, $C_7H_4ClFN_4$, F. 88° (Bzl./Hexan), aus vorst. Verb. u. NaN_3 in 1.2-Dimethoxyäthan; 79%. — Analog *1-Phenyl-5-chlor-* (**I**), $C_7H_5ClN_4$, F. 123,4–124,6° (Bzl./Hexan); 92%. — *1-m-Fluorphenyl-5-chlor-*, F. 104–105° (Bzl./Hexan); 98%. — *1-o-Nitrophenyl-5-chlor-*, $C_7H_4ClN_5O_2$, F. 88,8–89,6° (Bzl./Hexan); 73%. — *1-m-Nitrophenyl-5-chlor-*, F. 130,4–132,2° (Bzl./Hexan); 84–99%. — *1-p-Nitrophenyl-5-chlor-* (**VII**), F. 98–99,4° (Bzl./Hexan), a) analog vorst. Verb.; 56%; b) aus **I** u. roter rauchender HNO_3; 83%. — *1-m-Aminophenyl-5-chlor-*, $C_7H_6ClN_5$, F. 109,0–109,9° (Bzl./Hexan), durch Hydrieren von vorvorst. Verb. an PtO_2 in abs. A. in Ggw. von abs. äthanol. HCl u. Rk. mit Na_2CO_3; ca. 100%. *Hydrochlorid*, $C_7H_6ClN_5 \cdot HCl$, F. 199–200° (Zers.); 82%. — Analog *1-p-Aminophenyl-5-chlor-* (**VIII**), F. 146,1–147,2° (Bzl.); 83%. — *1-o-Aminophenyl-*, $C_7H_7N_5$, F. 88,6–89,2° (Hexan); 56%. — *1-m-Aminophenyl-*, F. 94,5–96,0° (W.); 60%. — *1-p-Aminophenyl-*, F. 145–145,5° (W.); 43%. — *1-Phenyl-5-azido-*, $C_7H_5N_7$, F. 96–96,7° (CH_3OH), aus **I** u. NaN_3 in Aceton; 77%. — Analog *1-m-Fluorphenyl-5-azido-*, $C_7H_4FN_7$, F. 86–88° (Bzl./Pentan); 100%. — *1-p-Fluorphenyl-5-azido-*, F. 86,0 bis 86,5° (Bzl./Hexan); 100%. — *1-p-Nitrophenyl-5-azido-*, $C_7H_4N_8O_2$, F. 128,6–129,4° (CH_3OH); 62%. — *1-o-Nitrophenyl-5-mercapto-* (**III**), $C_7H_5N_5O_2S$, F. 119,8–120,4° (wss. NaOH/verd. HCl), aus **II** u. NaN_3 in W./$CHCl_3$; 45–63%. — *1-m-Fluorphenyl-5-mercapto-* (**IX**), $C_7H_5 \cdot FN_4S$, F. 148–148,5° (wss. NaOH/verd. HCl); nach Freund u. Paradies (1901); 92%. — Analog *1-p-Fluorphenyl-5-mercapto-* (**X**), F. 157,5–158,5° (verd. NaOH/verd. HCl); 91%. — *1-m-Nitrophenyl-5-mercapto-*, F. 129,8 bis 130,1° (verd. NaOH/verd. HCl); 94%. — *1-p-Nitrophenyl-5-mercapto-*, F. 138–139,5° (verd. NaOH/verd. HCl); 73%. — *1-m-Fluorphenyl-5-hydroxy-*, $C_7H_5FN_4O$, F. 157,3–158,5° (Bzl.), aus **IX** u. $KMnO_4$ durch Rk. mit heißer Base; daneben *Bis-[1-m-fluorphenyltetrazolyl-(5)]-disulfid*, $C_{14}H_8F_2N_8S_2$, F. 119,3–119,7° (A./W. u. CCl_4); 23%. — Analog *1-p-Fluorphenyl-5-hydroxy-*, F. 201,5 bis 202° (Bzl.), aus **X**; daneben *Bis-[1-p-fluorphenyltetrazolyl-(5)]-disulfid*, F. 143,5–144° (A./W. u. CCl_4); 27%. — *1-Phenyl-*, $C_7H_6N_4$, F. 66,5–67,3° (CCl_4), aus 1-Phenyl-5-mercaptotetrazol u. CrO_3 in CH_3COOH bei 70°; 46%. — Analog *1-m-Fluorphenyl-*, $C_7H_5FN_4$, F. 65,5 bis 66° (A./W. u. CCl_4); 28%. — *1-p-Fluorphenyl-*, F. 92,5–93,5° (A./W. u. CCl_4); 54%. — *1-o-Nitrophenyl-* (**IV**), $C_7H_5N_5O_2$, F. 85–86° (A.), aus **III** u. CrO_3 in verd. CH_3COOH bei 35–40°; 47–62%. — Analog *1-m-Nitrophenyl-*, F. 109–109,5° (Aceton/W. oder CCl_4); 57%. — *1-p-Nitrophenyl-*, F. 182–184° (Aceton/W.) bzw. F. 208° (Zers.; Aceton), a) analog vorst. Verb.; 30%; b) analog **VII** nach b); 82%. — *1-o-Hydroxyaminophenyl-*, $C_7H_7 \cdot N_5O$, F. 138,8–140,6° (A.), durch Hydrieren von **IV** an 10%ig. Pd–Kohle in warmem A. bei 40 psi; 72%. — *o.o'-Bis-[tetrazolyl-(1)]-azobenzol*, $C_{14}H_{10}N_{10}$, F. 244,8° (DMS), aus vorst. Verb. in heißem DMF; 50%. — *1-[m-(2-Hydroxynaphthyl-(1)-azo)-phenyl]-5-chlortetrazol*, $C_{17}H_{11}ClN_6O$, F. 204–205° (Zers.; Bzl.), aus **VIII** u. $NaNO_2$ in H_2SO_4/Eisessig/W. durch Rk. mit β-Naphthol in A.; 63%. — *1.4-Bis-[5-chlortetrazolyl-(1)]-benzol*, $C_8H_4Cl_2N_8$, F. 213° (Zers.; Aceton/Pentan), analog **I**; 57%. — *1.4-Bis-[5-azidotetrazolyl-(5)]-benzol*, $C_8H_4N_{14}$, F. 205° (Detonation; Aceton), aus vorst. Verb. u. NaN_3 in sd. Aceton; >80%. — *N-Phenylcyanamid* (**VI**), F. 40 bis 45°, a) aus 3,61 g **I** u. Mg in sd. THF; 2,41 g; b) aus 3,28 g **I** u. n-Butyllithium in Ae./Hexan bei –10°; 1,15 g (roh). — *5-o-Nitroanilino-1.2.3.4-thiatriazol* (**V**), $C_7H_5N_5O_2S$, F. 114,2–114,7° (Bzl./Hexan), aus **III** in sd. Bzl.; 51%; daneben 26% *o-Nitrophenylcyanamid*. — *5-m-Fluoranilino-1.2.3.4-thiatriazol*, $C_7H_5FN_4S$, F. 127 bis 127,5° (A./W.), nach Lieber et al. (C. **1961**, 10931) u. Lieber u. Ramachandran (C. **1961**, 17560); 53%. — Analog *5-p-Fluoranilino-1.2.3.4-thiatriazol*, F. 126–127° (A./W.); 53%. — *o-Nitrophenylcyanamid*, F. 148,8 bis 149,9°, aus **V** in sd. C_6H_6. — Analog *m-Fluorphenylcyanamid*, $C_7H_5FN_2$, F. 68–68,5°; ca. 40%. — *p-Fluorphenylcyanamid*, F. 82,1–82,8°. Hans Köhne/Berlin 3184△

1222 **Acylierung von 5-Aminotetrazolen.** Fred Einberg. (J. org. Chemistry **32** (1967) 11, 3687–89; Frankford Arsenal, Philadelphia, Pa.; engl.) — 5-Amino- (**I**), 1-Methyl-5-amino- (**II**) bzw. 2-Methyl-5-aminotetrazol (**III**) geben mit DMF u. $NaOCH_3$ die *5-Formamidoderiv.* (**A**). Analog werden mit N.N-Dimethylacetamid bzw. -benzamid die *5-Acetamido-* bzw. *5-Benzamidoderiv.* erhalten. *5-Formamido-* bzw. *2-Methyl-5-formamidotetrazol* werden auch aus **I** bzw. **III** u. sd. HCOOH dargestellt. **II** reagiert nicht mit 88- bzw. 99,5%ig. HCOOH. Die **A** werden von heißer verd. HCl bzw. sd. W. schnell hydrolysiert. 1-Methyl-5-formamidotetrazol zersetzt sich langsam bei Raumtemperatur. Mit Säurechloriden bzw. Anhydriden geben **I**, **II** bzw. **III** *acylierte 5-Aminotetrazole* neben *Oxadiazolen*. **I** reagiert mit Benzoylchlorid (**IV**) in verd. NaOH bzw. Na_2CO_3-Lsg. zu *5-Benzamidotetrazol*. 2-Benzamido-5-phenyloxadiazol wird daneben nicht gebildet.

Versuche: Tetrazole: *5-Formamido-*, F. 241° (Zers.; DMSO), a) aus **I** u. 2 Val CH_3ONa in sd. DMF; 87,1% (Ausb.); b) aus **I** u. sd. 88%ig. HCOOH; 89,7%. — Analog *1-Methyl-5-formamido-*, F. 140–142° (abs. A.), nach a); 90,5%. — *2-Methyl-5-formamido-*, F. 128–129° (Bzl.), nach a) bzw. b); 50,8 bzw. 80,0%. — *5-Acetamido-*, F. 277–278° (Zers.; A.), a) analog vorst. Verb. nach a); 47,6%; b) aus **I** u. sd. Acetanhydrid in 1½ Std.; 51,2%. — Analog *1-Methyl-5-acetamido-*, F. 166,5–167,5° (CH_3OH), nach a) bzw. b); 62,4 bzw. 37,1%. — *2-Methyl-5-acetamido-*, F. 152–153° (W.), nach a) bzw. b); 31,9 bzw. 27,1%. — *5-Benzamido-*, F. 281–282° (Zers.; DMF), a) analog vorst. Verb. nach a); 94,7%; b) aus **I**-Monohydrat, 1 Val **IV** u. 1 Val NaOH in sd. W.; 10,6%; c) aus **I**-Monohydrat, 2 Val **IV** u. 2,1 Val NaOH in sd. W.; 20,1%; d) aus **I**-Monohydrat, 2 Val **IV** u. 2 Val Na_2CO_3 in sd. W.; 41,8%. — *2-Acetamido-5-methyloxadiazol*, aus **I** u. sd. Acetanhydrid in 4½ Std.; 51,8%.
Hans Köhne/Berlin 3184△

1223 **Bildung von Thiabenzol-1-oxidderivaten.** Yukichi Kishida und Junya Ide. (Chem. pharmac. Bull. [Tokyo] **15** (1967) 3, 360–62; Central Res. Labor., Sankyo Co. Ltd., Tokyo; engl.) — Aus Dimethylsulfonium-1-benzoyl-2-phenyl-3-carbäthoxyallylid-5-oxid wird durch Einw. von $NaOC_2H_5$ in THF/A. u. Behandeln mit CH_3COOH *1-Methyl-3-hydroxy-5-phenyl-6-benzoylthiabenzol-1-oxid* [$C_{19}H_{16}O_3S$, F. 207–208° (Methanol); 60% Ausb.] dargestellt u. mit Dimethylsulfat zu *1-Methyl-3-methoxy-5-phenyl-6-benzoylthiabenzol-1-oxid* ($C_{20}H_{18}O_3S$, F. 173–174°) alkyliert. H.-E. Toussaint 3221

1224 **Neue heterocyclische Derivate des Chinuclidins.** William A. Remers, Gabriel J. Gibs und Martin

J. Weiss. (J. heterocyclic Chem. 4 (1967) 3, 344—48; Process and Preparat. Res. Sect., Lederle Labor. Div., Amer. Cyanamid Co., Pearl River, N.Y.; engl.) — Chinuclidinon-(3)-carbonsäure-(2)-äthylesterhydrochlorid (I) gibt mit N_2H_4 bzw. Methylhydrazin (II) *3-Hydroxy-* bzw. *3-Hydroxy-1-methyl-1.5.6.7-tetrahydro-4.7-äthanopyrazolo-[4.3:b]-pyridin.* Mit Thioharnstoff (III) bildet I *2.3-Dehydro-3-thioureidochinuclidincarbonsäure-(2)-äthylester.* Analog entsteht aus I u. Guanidinhydrochlorid (IV) *2.3-Dehydro-3-guanidinochinuclidincarbonsäure-(2)-äthylesterdihydrochlorid,* das bei der Rk. mit 2 Val $NaOC_2H_5$ zu *2-Amino-4-oxo-3.4.6.7-tetrahydro-5.8-äthano-8H-pyrido-[3.2:d]-pyrimidin* cyclisiert wird. 3-Cyan-3-hydroxychinuclidincarbonsäure-(2)-äthylester (V) gibt mit sd. $SOCl_2$ *3-Cyan-2.3-dehydrochinuclidincarbonsäure-(2)-äthylesterhydrochlorid,* das mit N_2H_4 zu *5-Amino-8-oxo-2.3.7.8-tetrahydro-1.4-äthano-4H-pyrido-[2.3:d]-pyridazin* reagiert. Aus 2.3-Dehydrochinuclidincarbonsäure-(3)-methylester (VI) werden mit Phenylazid, CH_2N_2 bzw. N-[α-Chlorbenzyliden]-N′-phenylhydrazin (VII) *3-Phenyl-3.3a.5.6.7.7a-hexahydro-4.7-äthano-vic.-triazolo-[4.5:b]-pyridincarbonsäure-(7a)-methylester, 1.3a.5.6.7.7a-Hexahydro-4.7-äthanopyrazolo-[4.3:b]-pyridincarbonsäure-(7a)-methylester* bzw. *1.3-Diphenyl-1.3a.4.5.6.7a-hexahydro-4.7-äthanopyrazolo-[3.4:b]-pyridincarbonsäure-(3a)-methylesterhydrochlorid* erhalten. Bei der Rk. von VI mit Benzonitriloxid (VIII) entsteht nur das Dimere von VIII. Mit 2.4.6-Trimethylbenzonitriloxid (IX) gibt VI dagegen *3-[2.4.6-Trimethylphenyl]-3a.5.6.7a-tetrahydro-4.7-äthano-7H-isoxazolo-[4.5:b]-pyridincarbonsäure-(7a)-methylesterhydrochlorid.* 2.3-Dehydrochinuclidin (X) reagiert nicht mit CH_2N_2, VII, VIII bzw. IX. Mit Phenylazid gibt X *1-Phenyl-1.3a.5.6.7.7a-hexahydro-4.7-äthano-vic.-triazolo-[4.5:b]-pyridin.*

Versuche (F. korr.): *3-Hydroxy-1.5.6.7-tetrahydro-4.7-äthanopyrazolo-[4.3:b]-pyridin,* $C_8H_{11}N_3O$, F. 273—278°, aus I u. sd. $N_2H_4 \cdot H_2O$; 71 % (Ausb.). *Hydrochlorid,* $C_8H_{11}N_3O \cdot HCl$, F. 213—216°, aus der Base u. 1n HCl. — *3-Hydroxy-1-methyl-1.5.6.7-tetrahydro-4.7-äthanopyrazolo-[4.3:b]-pyridin,* $C_9H_{13}N_3O$, F. 217—220° (CH_2Cl_2/Hexan), aus I u. II. — *2.3-Dehydro-3-thioureidochinuclidincarbonsäure-(2)-äthylesterhydrochloridäthanolathydrat,* $C_{11}H_{17}N_3O_2S \cdot HCl \cdot C_2H_5OH \cdot H_2O$, aus I u. III in sd. Äthanol. — *2.3-Dehydro-3-guanidinochinuclidincarbonsäure-(2)-äthylesterdihydrochloridhydrat,* $C_{11}H_{20}N_4 \cdot O_3 \cdot 2\,HCl$, F. 179—181°, aus I u. IV in sd. A.; 67 %. — *2-Amino-4-oxo-3.4.6.7-tetrahydro-5.8-äthano-8H-pyrido-[3.2:d]-pyrimidin—Guanidin-Komplex, Methanolat,* $C_9H_{12} \cdot N_4O \cdot CH_5N_3 \cdot CH_3OH$, F. 265° (Zers.; CH_3OH), aus vorst. Verb. u. $NaOC_2H_5$ in sd. C_2H_5OH. — *3-Cyan-2.3-dehydrochinuclidincarbonsäure-(2)-äthylesterhydrochlorid,* $C_{11}H_{15}ClN_2O_2$, F. 166—167,5° (A.), aus V u. sd. $SOCl_2$; 50 %. — *2.3-Dehydrochinuclidindicarbonsäure-(2.3)-hydrochlorid,* F. 239,5—240° (wss. A.), aus vorst. Verb. u. konz. HCl in sd. Eisessig; 76 %. — *5-Amino-8-oxo-2.3.7.8-tetrahydro-1.4-äthano-4H-pyrido-[2.3:d]-pyridazin,* $C_9H_{12}N_4O$, F. 298—301° (A.), aus vorvorst. Verb. u. sd. $N_2H_4 \cdot H_2O$; 73 %. — *3-Phenyl-3.3a.5.6.7.7a-hexahydro-4.7-äthano-vic.-triazolo-[4.5:b]-pyridincarbonsäure-(7a)-methylester,* $C_{15}H_{18}N_4O_2$, F. 143,5—145° (Zers.; CH_3OH), aus VI u. Phenylazid; 59 %. — Analog: *1-Phenyl-1.3a.5.6.7.7a-hexahydro-4.7-äthano-vic.-triazolo-[4.5:b] pyridin,* $C_{13}H_{16}N_4$, F. 160—163° (Zers.), aus X. — *1.3a.5.6.7.7a-Hexahydro-4.7-äthanopyrazolo-[4.3:b]-pyridincarbonsäure-(7a)-methylesterhydrochlorid,* $C_{10}H_{15}N_3O_2 \cdot HCl$, F. 173,5—174,5° (A.), aus VI u. CH_2N_2 in Ae.; 71 %. — *3-[2.4.6-Trimethylphenyl]-3a.5.6.7a-tetrahydro-4.7-äthano-7H-isoxazolo-[4.5:b]-pyridincarbonsäure-(7a)-methylesterhydrochlorid,* $C_{19}H_{24}N_2O_3 \cdot HCl$, F. 206—207,5° (A.), aus VI u. IX in sd. THF; 89 %. — *1.3-Diphenyl-1.3a.4.5.6.7a-hexahydro-4.7-äthanopyrazolo-[3.4:b]-pyridincarbonsäure-(3a)-methylesterhydrochlorid,* $C_{22}H_{23}N_3O_2 \cdot HCl$, F. 223—225° (A.), aus VI, VII u. Triäthylamin in THF u. Rk. mit HCl-Gas in Ae.; 62 %.

Hans Köhne/Berlin 3231△

1225 **Synthese des 7-Amino-6-methoxychinolindions-(5.8).** T. K. Liao, W. H. Nyberg und C. C. Cheng. (Angew. Chem. 79 (1967) 2, 100—01; dt.; int. Edit.; engl.; Midwest Res. Inst., Kansas City, Mo.) — Durch Bromierung des 6-Methoxy-5.8-dihydrochinolindions-(5.8) [nach Pratt et al. (1955)] entsteht in quant. Ausb. *7-Brom-6-methoxy-5.8-dihydrochinolindion-(5.8)* [I, F. 185—187° (Zers.)], das mit NH_3 in A. oder W. quant. *6-Amino-7-brom-5.8-dihydrochinolindion-(5.8)* [F. 314° (Zers.)] liefert. Behandelt man I mit der äquivalenten Menge NaN_3 in A./W. (1 : 1), so entsteht beinahe quant. *7-Azido-6-methoxy-5.8-dihydrochinolindion-(5.8)* [II, F. 145° (Zers.); orangegelbe Blättchen]. Hydrierung von II am PtO_2-Kontakt ergibt 60 % *7-Amino-6-methoxy-5.8-dihydrochinolindion-(5.8)* [F. 202—203° (Zers.); purpurrote Blättchen aus Äthylacetat], das mit einem 4-[2-Alkoxy-3.4-bis-(methoxy)]-5-alkylamino-6-lithium-3-methylpyridin-2-carbonsäureester über mehrere Zwischenstufen zum *Streptonigrin* umgesetzt wird. IR- u. UV-Daten vgl. Original. H.-J. Schönherr 3231

1226 **Cyclisierungen von Anthranilsäureester–Acetylendicarbonsäureester-Addukten. Ein einfacher Weg zu 2.8-Dialkoxycarbonyl-1.4-dihydrochinolinonen-(4).** Edward C. Taylor und Ned D. Heindel. (J. org. Chemistry 32 (1967) 11, 3339—43; Princeton Univ., Princeton, N.J.; engl.) — Acetylendicarbonsäuredimethylester (I) reagiert mit Isatosäureanhydriden (A) in CH_3OH in Ggw. von CH_3ONa zu *1-[o-Methoxycarbonylanilino]-äthylen-1.2-dicarbonsäuredimethylestern* (B). Analog den A reagieren auch Anthranilsäuremethylester. 5-Nitro-, 5-Chlor-3-nitroisatosäureanhydrid u. 2-Amino-3-nitrobenzoesäuremethylester reagieren nicht mit I. Auch 3.5-Dibrom- bzw. 3.5-Dichlorisatosäureanhydrid bzw. die entsprechenden Anthranilsäureester sowie 2.6-Dichlor-4-nitroanilin geben keine Rk. mit I. I läßt sich nicht durch Phenylacetylen, Diphenylacetylen, Propiolsäureäthylester bzw. Phenylpropiolsäureäthylester ersetzen. B werden durch Erhitzen über den F. bzw. in sd. Diphenyläther zu *2.8-Dimethoxycarbonyl-1.4-dihydrochinolinonen-(4)* cyclisiert. Analog werden aus Anthranilsäuremethylestern u. Acetylendicarbonsäurediäthylester (II) *8-Methoxycarbonyl-2-äthoxycarbonyl-1.4-dihydrochinolinone-(4)* dargestellt.

Versuche: Äthylen-1.2-dicarbonsäuren: *1-o-Methoxycarbonylanilino-, Dimethylester* (III), $C_{14}H_{15} \cdot NO_6$, F. 92—93° (CH_3OH), a) aus Isatosäureanhydrid u. 1,5 Val I in sd. CH_3OH in Ggw. von $NaOCH_3$; 93 % (Ausb.); b) analog a) aus Anthranilsäuremethylester (IV); 77 %. *Diäthylester,* aus IV u. II in A. bei Raumtemperatur. — Analog *1-[2-Methoxycarbonyl-4-chloranilino]-, Dimethylester,* $C_{14}H_{14}ClNO_6$, F. 87—88,5° (CH_3OH), aus 5-Chlorisatosäureanhydrid; 74 %. *Diäthylester,* $C_{16}H_{18} \cdot ClNO_6$, F. 105—106°, aus 5-Chloranthranilsäuremethylester; 79 %. — *1-[2-Methoxycarbonyl-4-bromanilino]-, Dimethylester,* $C_{14}H_{14}BrNO_6$, F. 96—97,5° (CH_3OH), aus 5-Bromisatosäureanhydrid bzw. 5-Bromanthranilsäuremethylester; 81 bzw. 84 %. — *1-[2-Methoxycarbonyl-4-jodanilino]-, Dimethylester,* $C_{14}H_{14}JNO_6$, F. 119,5 bis 120,5° (CH_3OH), aus 5-Jodanthranilsäuremethylester; 61 %. — *1-[2-Methoxycarbonyl-4-methylanilino]-, Dimethylester,* $C_{15}H_{17}NO_6$, F. 102—103,5° (CH_3OH), aus 5-Methylisatosäureanhydrid; 75 %. — *1-[3-Methoxycarbonylnaphthyl-(2)-amino]-, Dimethylester,* $C_{18}H_{17}NO_6$, F. 132—133,5° (CH_3OH), aus 3-Carboxyaminonaphthoesäure-(2)-anhydrid; 64 %. *Diäthylester,* $C_{20}H_{21}NO_6$, F. 121,5 bis 123°, aus 3-Aminonaphthoesäure-(2)-methylester; 87 %. — *1-[2-Methoxycarbonyl-5-nitroanilino]-, Dimethylester,* $C_{14}H_{14}N_2O_8$, F. 135,5—136,5° (CH_3OH), aus 4-Nitroanthranilsäuremethylester (V); 22 %. *Diäthylester,* $C_{16}H_{18}N_2O_8$, F. 106,5—108°, aus V in sd. A.; 25 %. — *1-[2-Methoxycarbonyl-4-chlor-N-methylanilino]-,* $C_{15}H_{16} \cdot ClNO_6$, F. 108,5—110° ($CH_3OH$), aus N-Methyl-5-chlorisatosäureanhydrid; 64 %. — 1.4-Dihydrochinolinone-(4) [F. aus Bzl./CH_3OH u. Subl. bei 150 bis 170°/0,5 Torr]: *2.8-Dimethoxycarbonyl-,* $C_{13}H_{11}NO_5$, F. 157 bis 158°, a) durch Erhitzen von III über den F. (Meth. C); 71 %; b) aus III in sd. Diphenyläther (Meth. D); 73 %. — *2.8-Dimethoxycarbonyl-6-chlor-,* $C_{13}H_{10}ClNO_5$, F. 194 bis 195°, nach Meth. C bzw. D; 67 bzw. 70 %. — *2.8-Dimethoxycarbonyl-6-brom-,* $C_{13}H_{10}BrNO_5$, F. 209°, nach Meth. C bzw. D; 66 bzw. 71 %. — *2.8-Dimethoxycarbonyl-6-jod-,* $C_{13}H_{10}JNO_5$, F. 222°, nach Meth. C; 70 %. — *2.8-Dimethoxycarbonyl-6-methyl-,* $C_{14}H_{13}NO_5$, F. 208 bis 209°, nach Meth. C; 82 %. — *2.8-Dimethoxycarbonyl-*

5-nitro-, $C_{13}H_{10}N_2O_7$, F. 233°, nach Meth. C; 60%. — *2-Äthoxycarbonyl-8-methoxycarbonyl-*, $C_{14}H_{13}NO_5$, F. 123 bis 124°, nach Meth. C bzw. D; 58 bzw. 51%. — *2-Äthoxycarbonyl-6-chlor-8-methoxycarbonyl-*, $C_{14}H_{12}ClNO_5$, F. 160 bis 162°, nach Meth. D; 65%. — *2-Äthoxycarbonyl-5-nitro-8-methoxycarbonyl-*, $C_{14}H_{12}N_2O_7$, F. 178—179°, nach Meth. D; 58%. — *2-Äthoxycarbonyl-10-methoxycarbonyl-1.4-dihydrobenzo-[f]-chinolinon-(4)*, $C_{18}H_{15}NO_5$, F. 209—210°, nach Meth. D; 82%. — *2.10-Dimethoxycarbonyl-1.4-dihydrobenzo-[f]-chinolinon-(4)*, $C_{17}H_{13}NO_5$, F. 245°, nach Meth. C; 68%. Hans Köhne/Berlin 3231△

1227 **3.6-Dimethyl-2.6-methano-1.2.3.4.5.6-hexahydro-7H-azocino-[5.4:b]-indol.** Glenn C. Morrison, Ronald O. Waite, Albert N. Caro und John Shavel jun. (J. org. Chemistry **32** (1967) 11, 3691—93; Warner-Lambert Res. Inst., Morris Plains, N.J.; engl.) — 2.4-Lutidin (I) reagiert mit Bromacetaldehyddiäthylacetal (II) u. Phenyl-Li zu *3-[4-Methylpyridyl-(2)]-propionaldehyddiäthylacetal* (III), das mit Phenylhydrazinhydrochlorid (IV) in sd. verd. H_2SO_4 *2-[Indolyl-(3)-methyl]-4-methylpyridin* (V) gibt. V bildet mit CH_3J ein *Methojodid*, das von $NaPH_4$ zu einem *Gemisch* von *1.2.3.6-* (VI) u. *1.2.5.6-Tetrahydro-2-[indolyl-(3)-methyl]-1.4-dimethylpyridin* (VII) red. wird. Durch Cyclisierung von VI bzw. des Gemisches von VI u. VII mit Polyphosphorsäure (VIII) wird *3.6-Dimethyl-2.6-methano-1.2.3.4.5.6-hexahydro-7H-azocino-[5.4:b]-indol* (IX) dargestellt. V bildet mit Benzylbromid (X) *1-Benzyl-2-[indolyl-(3)-methyl]-4-methylpyridiniumbromid*, das durch Red. mit $NaBH_4$ u. Cyclisierung in sd. HBr in *3-Benzyl-6-methyl-2.6-methano-1.2.3.4.5.6-hexahydro-7H-azocino-[5.4:b]-indol* (XI) übergeht. Aus XI entsteht bei der katalyt. Hydrierung an Pd in CH_3COOH *6-Methyl-2.6-methano-1.2.3.4.5.6-hexahydro-7H-azocino-[5.4:b]-indol*. IX wird durch N-Methylierung, Quaternisierung, Hofmann-Abbau u. Aromatisierung in *1.9-Dimethylcarbazol* umgewandelt, das zum Strukturbeweis auch aus 2-Methylcyclohexanon (XII) u. 1-Methyl-1-phenylhydrazin (XIII) dargestellt wird.

Versuche: *2-[Indolyl-(3)-methyl]-4-methylpyridin* (V), $C_{15}H_{14}N_2$, F. 131—132° (Bzl./Skellysolve B), aus 36,1 g I, Phenyl-Li u. II in Ae. (→ 40 g III, Kp.$_{0,02}$ 87 bis 95°) durch Rk. mit IV in sd. verd. H_2SO_4; 26% (Ausb.). *Methojodid*, $C_{16}H_{17}JN_2$, F. 237—239° (A.), aus V u. CH_3J in Aceton. — *1.2.5.6-Tetrahydro-2-[indolyl-(3)-methyl]-1.4-dimethylpyridin* (VII), $C_{16}H_{20}N_2$, F. 174 bis 175,5° (Bzl.), aus vorst. Methojodid, $NaBH_4$ u. NaOH in wss. CH_3OH bei 50—60°; daneben *1.2.3.6-Tetrahydro-2-[indolyl-(3)-methyl]-1.4-dimethylpyridin* (VI), F. 165,5 bis 166,5° (Bzl.). — *3.6-Dimethyl-2.6-methano-1.2.3.4.5.6-hexahydro-7H-azocino-[5.4:b]-indol* (IX), $C_{16}H_{20}N_2$, F. 142,5—143,5° (Skellysolve B), aus dem Gemisch von VI u. VII u. 85%ig. VIII bei 165°; 25%. — *1-Benzyl-2-[indolyl-(3)-methyl]-4-methylpyridiniumbromid*, $C_{22}H_{21} \cdot BrN_2$, F. 205—206°, aus V u. X in sd. C_2H_5OH. — *3-Benzyl-6-methyl-2.6-methano-1.2.3.4.5.6-hexahydro-7H-azocino-[5.4:b]-indol* (XI), *Methanolat*, $C_{22}H_{24}N_2 \cdot CH_3OH$· F. 76—77° ($CH_3OH$), aus vorst. Verb., $NaBH_4$ u. NaOH in verd. CH_3OH bei 60° durch Rk. mit sd. HBr; 14%. — *6-Methyl-2.6-methano-1.2.3.4.5.6-hexahydro-7H-azocino-[5.4:b]-indol*, $C_{15}H_{18}N_2$, F. 183,5—184° (Ae.), durch Hydrieren von XI-Methanolat an Pd in CH_3COOH; 77%. — *3.6.7-Trimethyl-2.6-methano-1.2.3.4.5.6-hexahydro-7H-azocino-[5.4:b]-indol*, aus 6,03 g IX, NaH u. Dimethylcarbonat in THF; 6 g. *Methojodid*, F. 248 bis 249°, aus 6 g Base u. CH_3J in A.; 5 g. — *1.9-Dimethylcarbazol*, $C_{14}H_{13}N$, F. 113—114° (A.), a) durch 12std. Kochen von 5 g von vorst. Methojodid mit 40%ig. NaOH in A., Hydrieren an 5%ig. Pd/Kohle in A. u. $^1/_2$std. Erhitzen mit Pd/Kohle auf 310°; 0,85 g; b) aus XII u. XIII in sd. verd. HCl durch Erhitzen mit Pd/Kohle auf 285°; 83%. Hans Köhne/Berlin 3231△

1228 **Pyrimidinreaktionen. 15. Mitt. Synthesen durch Oxydation von Hydrazinopyrimidinen.** M. E. C. Biffin, D. J. Brown und T.-C. Lee. (Austral. J. Chem. **20** (1967) 5, 1041—47; Australian Nat. Univ., Canberra; engl.) — 14. vgl. C. **1968**, 11-0961. — *4-Amino-5-nitropyrimidin* (I) wird durch Ox. von 4-Amino-6-hydrazino-5-nitropyrimidin (II) mit $CuSO_4$ bzw. Ag-Acetat dargestellt; II wird durch Rk. der entsprechenden 6-Chlorverb. (III) mit $N_2H_4 \cdot H_2O$ (XI) erhalten. Analog erfolgt die Darst. von *2-Methyl-4-amino-5-nitro-* (IV), *2-Styryl-4-amino-5-nitro-* (V) u. *4-Methoxy-5-nitropyrimidin* (VI). 4.6-Dimethoxy-5-nitropyrimidin (VII) liefert mit XI ausschließlich die *4.6-Dihydrazinoverbindung*. Die Konstit. von I, IV, V u. VI sind durch katalyt. Red. zu den entsprechenden Aminoverb. sowie durch die NMR-Spektren gesichert. Nach kinet. Unters. der tert.-Butylaminolyse von VI u. dessen *2-Methoxyisomeren* (VIII) ist VI ca. 1,2mal reaktiver als VIII. Die Synth. von *2-Styryl-*, *6.7-Dimethyl-2-styryl-* u. *4-Chlor-6.7-dimethyl-2-styrylpteridin* durch Kondens. der entsprechenden 4.5-Diamino-2-styrylpyrimidine mit Glyoxalmonohydrat (IX) bzw. Diacetyl (X) sind beschrieben. pK_a-Werte u. UV-Daten aller dargestellten Verb. sowie die NMR-Daten der Pteridine u. einiger Pyrimidine sind tabelliert.

Versuche: Pyrimidine: *4-Amino-6-hydrazino-5-nitro-* (II), $C_4H_6N_6O_2$, F. 199° (W.), durch 2std. Kochen von 5 g III mit XI; 3,5 g (Ausb.). *Hydrochlorid, Hydrat*, $C_4H_9ClN_6O_3$, F. > 300°. — Analog: *4-Amino-6-hydrazino-5-nitro-2-methyl-* (XIV), $C_5H_8N_6O_2$, F. 252° (Methoxyäthanol), aus 2 g 4-Amino-6-chlor-2-methyl-5-nitropyrimidin; 1,4 g. — *4-Amino-6-hydrazino-5-nitro-2-styryl-* (XV), $C_{12}H_{12}N_6O_2$, F. 212—214° (A.), aus 1 g XII in A. (1 Std.); 0,53 g. *Hydrochlorid, Hydrat*, $C_{12}H_{15}ClN_6O_3$, F. 194—197° (verd. wss. HCl). — *4-Hydrazino-6-methoxy-5-nitro-* (XIII), $C_5H_7N_5O_3$, F. 154—155° (Zers.; A.), durch Zutropfen von XI in 95%ig. A. zu 5 g 4-Chlor-6-methoxy-5-nitropyrimidin in 95%ig. A. bei −8°; 3,6 g. — *4.6-Dihydrazino-5-nitro-*, F. 200°, analog XIII mit VII bei 25°. — *4-Amino-5-nitro-* (I), $C_4H_4N_4O_2$, F. 212—214° (Subl. bei 98°/0,05 Torr; A.), a) durch 2std. Kochen von II mit Ag-Acetat in W.; 68%; b) analog a) mit 10%ig. wss. $CuSO_4$; 5%; c) durch kurzes Erwärmen von 0,1 g VI mit konz. NH_4OH auf dem Dampfbad; 0,03 g. — *4-Amino-2-methyl-5-nitro-* (IV), $C_5H_6N_4O_2$, F. 277 bis 278° (Subl. bei 98°/0,05 Torr; A.), a) analog I nach a) mit XIV; 20%; b) analog I nach b) mit XIV; 16%. — *2-Styryl-4-amino-5-nitro-* (V), $C_{12}H_{10}N_4O_2$, F. 227° (CH_3OH), a) analog I nach a) mit XV; 21%; b) durch $1^1/_2$std. Erhitzen von 0,44 g IV mit Benzaldehyd u. Piperidin auf 95° u. $^1/_4$std. Erhitzen auf 150°; 0,48 g. — *4.6-Dichlor-2-styryl-5-nitro-*, $C_{12}H_7Cl_2N_3O_2$, F. 169 bis 170° (Ae.), durch 1std. Kochen von 2,4 g 4.6-Dihydroxy-2-styryl-5-nitropyrimidin mit $POCl_3$ u. N.N-Diäthylanilin; 2,4 g. — *4-Amino-6-chlor-2-styryl-5-nitro-* (XII), $C_{12}H_9ClN_4O_2$, F. 196—198° (Ae.), durch Zutropfen von NH_3 in CH_3OH zu 1,7 g vorst. Verb. in Ae. u. 2std. Stehenlassen; 1,3 g. — *4-Methoxy-5-nitro-* (VI), $C_5H_5N_3O_3$, F. 39—40° (PAe.), durch 2std. Rühren von XIII mit Ag_2O in abs. CH_3OH bei ca. 25°; 62%. — *4-tert.-Butylamino-5-nitro-*, $C_8H_{12}N_4O_2$, F. 34°, Kp.$_{0,2}$ 80—83°, durch 3std. Kochen von VI mit tert.-Butylamin in CH_3OH; 90%. *Pikrat*, $C_{14}H_{15}N_7O_9$, F. 132—134° (95%ig. A.). — *5-Amino-4-methoxy-*, $C_5H_7N_3O$, F. 71—73° (PAe.), durch Hydrieren von VI in CH_3OH an Raney-Ni; 67%. — *4.5-Diamino-2-styryl-* (XVII), *Hydrat*, $C_{12}H_{12}N_4 \cdot {}^1/_4 H_2O$, F. 191—193°, durch 10 Min. langes Schütteln von 0,26 g V mit konz. HCl u. $SnCl_2 \cdot 2 H_2O$ bei 25° u. 10 Min. bei 95—100°; 0,12 g. — *4.5-Diamino-6-chlor-2-styryl-* (XVI), $C_{12}H_{11}ClN_4$, F. 232—234° (CH_3OH), analog XVII mit 5 g XII; 4,3 g. *Hydrochlorid*, $C_{12}H_{12}Cl_2N_4$, F. 277 bis 279°. — *4.5-Diamino-2-phenäthyl-*, $C_{12}H_{14}N_4$, F. 164 bis 165°, durch $^1/_2$std. Kochen von 0,5 g XVI mit XI, Pd/$SrCO_3$ u. KOH in A.; 0,24 g. — *4(5)-Amino-5(4)-benzylidenamino-2-methyl-*, $C_{12}H_{12}N_4$, F. 187—189° (Bzl.), durch $1^1/_2$std. Erhitzen von 4.5-Diamino-2-methylpyrimidin (XVIII) mit Benzaldehyd u. Piperidin auf 95° u. 10 Min. auf 150° u. Chromatographieren an Al_2O_3. — *5-Acetamido-4-amino-2-methyl-*, *Dihydrat*, $C_7H_{14}N_4O_3$, durch 1std. Erhitzen von 0,49 g XVIII, Na-Acetat, Essigsäure, Acetanhydrid u. Br_2 auf 55°; 0,28 g. — Pteridine: *2-Styryl-*, *Semihydrat*, $C_{14}H_{10}N_4 \cdot 0,5 H_2O$, F. 136°, durch $2^1/_2$std. Schütteln von 0,23 g XVII mit IX in A. bei 25°; 0,01 g. — *6.7-Dimethyl-2-styryl-*, *Semihydrat*, $C_{16}H_{14}N_4 \cdot 0,5 H_2O$, F. 183° (A.), durch 1std. Kochen von 0,09 g XVII mit X in A.; 0,075 g. — *4-Chlor-6.7-dimethyl-2-styryl-*, $C_{16}H_{13}ClN_4$, F. 208° (Zers.), analog vorst. Verb. aus 0,25 g XVI; 0,15 g. G. O. Jäger 3272△

1229 **Pyrimidinreaktionen.** 16. Mitt. **Thermische Umlagerung von substituierten 2- und 4-Alkoxypyrimidinen.** D. J. Brown und T.-C. Lee. (Austral. J. Chem. **21** (1968) 1, 243—55; John Curtin School of Med. Res., Canberra; engl.) — 15. vgl. vorst. Referat. — Bei der therm. Umlagerung von Methyl-, Brom- u. Nitroderiv. von 2- u. 4-Alkoxypyrimidinen entstehen die N-Alkylisomeren. Die Bldg. der N-Alkylpyrimidine wird durch Vgl. der NMR-Spektren des Rk.-Gemisches mit authent. Proben belegt. Die RGK der Umlagerung wird durch die Änderung des UV-Spektrums bestimmt. Die Methylderiv. der 2- u. 4-Alkoxypyrimidine lagern langsamer um als die Brom- u. Nitroderivate. Unter den Deriv. jedes Methoxypyrimidins steigt die Umlagerungsgeschw. mit der Abnahme des bas. pK_a u. mit der Verschiebung der Methoxylprotonen nach tieferem Feld im NMR-Spektrum, was in Übereinstimmung mit den elektron. Effekten der Substituenten steht.

Versuche: Pyrimidine: *2-Hydroxy-5-methyl-, Hydrochlorid*, $C_5H_7ClN_2O$, F. >250° (Zers.), durch 1std. Kochen von 1.1.3.3-Tetraäthoxy-2-methylpropan (**II**) u. Harnstoff in 10n HCl u. A.; 74% (Ausb.). — *2-Chlor-5-methyl-* (**I**), F. 92°, a) durch 10std. Kochen vorst. Verb. mit $POCl_3$; 60%; b) durch 7std. Kochen von 2.4.6-Trichlor-5-methylpyrimidin mit Zn-Staub u. 3n NH_4OH, gesätt. mit NaCl, in Bzl.; 85%. — *2-Methoxy-5-methyl-*, $C_6H_8N_2O$, $Kp._{10}$ 96°, durch Erwärmen von **I** mit $NaOCH_3$ in CH_3OH; 65%. *Pikrat*, $C_{12}H_{11}N_5O_8$, F. 120°. — *2-Äthoxy-5-methyl-*, $C_7H_{10}N_2O$, $Kp._2$ 78—79°, durch Erwärmen von **I** mit $NaOC_2H_5$ in A.; 54%. *Pikrat*, $C_{13}H_{13}N_5O_8$, F. 106° (A.). — *5-Brom-2-äthoxy-*, $C_6H_7 \cdot BrN_2O$, F. 56—57° (PAe.), durch Erwärmen von 5-Brom-2-chlorpyrimidin mit $NaOC_2H_5$ in A.; 67%. — *4-Methoxy-5-methyl-* (**III**), $C_6H_8N_2O$, $Kp._{35}$ 93—94°, durch Erwärmen von 4-Chlor-5-methylpyrimidin mit $NaOCH_3$ in CH_3OH; 73%. *Pikrat*, $C_{12}H_{11}N_5O_8$, F. 175°. — *2-Isobutyloxy-*, $C_8H_{12}N_2O$, $Kp._{18}$ 103—104°, durch 1std. Erhitzen von 2-Chlorpyrimidin (**IV**) mit Na-Isobutylat in Isobutanol. — *2-p-Tolyloxy-*, $C_{11}H_{10}N_2O$, F. 74—75° (wss. A.), durch 1std. Erhitzen von 4 g **IV** mit p-Kresol u. K_2CO_3 auf 175°; 6,0 g. — *4-tert.-Butylamino-*, $C_8H_{13}N_3$, F. 143° (Cyclohexan), durch 3std. Kochen von 3,5 g 4-Chlorpyrimidinhydrochlorid u. tert.-Butylamin in A.; 0,5 g. — 2-Oxopyrimidine: *1.2-Dihydro-1-phenyl-*, $C_{10}H_8N_2O$, F. 155—156° (wss. A.), durch 3 Tage langes Stehenlassen von 14 g N-Phenylharnstoff, 1.1.3.3-Tetramethoxypropan (**V**), A. u. 10n HCl; 2,5 g. — *1.2-Dihydro-1-p-tolyl-*, $C_{11}H_{10}N_2O$, F. 142—143° (A.), analog vorst. Verb. mit N-p-Tolylharnstoff u. **V**; 45%. — *1.2-Dihydro-1-isobutyl-*, $C_8H_{12}N_2O$, F. 84—85°, analog vorvorst. Verb. mit N-Isobutylharnstoff u. **V**; 42%. — *1.2-Dihydro-1.6-dimethyl-*, $C_6H_8N_2O$, F. 89—90° (Subl. bei 70°/1 Torr; Bzl./Cyclohexan), durch 2std. Kochen von 1.2-Dihydro-1.6-dimethyl-4-methylmercapto-2-oxopyrimidin mit Raney-Ni in W.; 30%. *Pikrat*, $C_{12}H_{11}N_5O_8$, F. 213°. — *1.2-Dihydro-1.4-dimethyl-*, *Pikrat*, $C_{12}H_{11}N_5O_8$, F. 159°, analog vorst. Verbindung. — *1.2-Dihydro-1.5-dimethyl-*, $C_6H_8N_2O$, F. 132° (Äthylacetat), durch Schütteln von N-Methylharnstoff u. **II** in A. u. 10n HCl über das *Hydrochlorid* [$C_6H_9ClN_2O$, F. >230° (Zers.); 72%]. *Pikrat*, $C_{12}H_{11}N_5O_8$, F. 158—159° (A.). — *1-Äthyl-1.2-dihydro-5-methyl-*, $C_7H_{10}N_2O$, F. 85° (Äthylacetat/Cyclohexan), durch 1std. Erwärmen von N-Äthylharnstoff (**VI**) u. **II** in A. u. 10n HCl auf 60° u. Stehen über Nacht; 59%. — *1.2-Dihydro-1-äthyl-6-methyl-*, F. 98—99° (Äthylacetat), durch 24std. Stehen von 2,6 g **VI** u. 1.1-Dimethoxybutanon-(3) mit A. u. 10n HCl bei 25° über das *Hydrochlorid* (F. 203°; 1,8 g). — *1.2-Dihydro-1-äthyl-4-methyl-*, $C_7H_{10}N_2O$, durch 3std. Kochen von 2-Hydroxy-4-methylpyrimidinhydrochlorid u. NaOH in A. mit C_2H_5J. — *1.2-Dihydro-1-äthyl-5-brom-*, $C_6H_7 \cdot BrN_2O$, F. 149—150°, analog vorst. Verb. aus 2,0 g 5-Brom-2-hydroxypyrimidin; 1,3 g. — 6-Oxopyrimidine: *1.6-Dihydro-1.4-dimethyl-*, $C_6H_8N_2O$, F. 82°, durch 2std. Kochen von 1 g 4-Hydroxy-6-methylpyrimidin mit CH_3J u. KOH in CH_3OH; 0,62 g. — *1.6-Dihydro-1-methyl-5-brom-*, F. 158° (A.), a) durch 4std. Kochen unter Rühren von 1,0 g 1.6-Dihydro-1-methyl-6-oxopyrimidin, N-Bromsuccinimid u. Benzoylperoxid in $CHCl_3$; 0,5 g; b) durch 1 Woche langes Erhitzen von 0,5 g 5-Brom-4-methoxypyrimidin u. Triäthylamin (**VII**) im Rohr bei 100°; 0,02 g. — *1.2-Dihydro-1-methyl-5-nitro-*, $C_5H_5 \cdot N_3O_3$, F. 101—102°, durch 1 Woche langes Erhitzen von 4-Methoxy-5-nitropyrimidin im Rohr auf 98°; 16%. — *1.6-Dihydro-1.5-dimethyl-*, $C_6H_8N_2O$, F. 59° (Äthylacetat), a) durch 2std. Kochen von 0,9 g 1.6-Dihydro-1.5-dimethyl-2-äthylmercapto-6-oxopyrimidin mit Raney-Ni in A.; 0,3 g; b) durch 4 Tage langes Erhitzen von 1 g **III** u. **VII** im Rohr bei 170°; 0,1 g; daneben 0,01 g **VIII** u. **III**. — *1.4-Dihydro-1.5-dimethyl-4-oxo-pyrimidin* (**VIII**), F. 140—141°, durch 2std. Erhitzen von 2,7 g 4-Hydroxy-5-methylpyrimidin, CH_3J u. KOH in CH_3OH; 0,1 g; daneben 1,5 g vorst. Verbindung.

Axel Jochum 3272

1230 **Purin-N-oxide.** 20. Mitt. **Hydrolyse und Umlagerung von Purin-N¹-oxiden. Synthese von 1-Hydroxyxanthin.** James C. Parham, Jennifer Fissekis und George Bosworth Brown. (J. org. Chemistry **32** (1967) 4, 1151—54; Div. of Biol. Chem., Sloan-Kettering Inst. for Cancer Res., Cornell Univ. Med. Coll., New York, N.Y.; engl.) — 15. vgl. C. **1968**, 30-1231. — Hydrolyse von *1-Hydroxyisoguanin* (**I**) gibt ein Gemisch von *1-Hydroxyxanthin* u. *Xanthin*. *2-Mercaptoadenin-N¹-oxid* u. **I** wurden hergestellt.

Versuche: *2-Mercaptoadenin-N¹-oxid*, aus 4-Aminoimidazol-5-carboxamidoximdihydrochlorid mit Py., Methanol u. CS_2; 79% (Ausb.). — *Ammoniumadenin-2-sulfonat-N¹-oxid*, $C_5H_8N_6O_4S$, F. 296—300° (Zers.; W./A.), aus vorst. Verb. mit NH_4OH u. H_2O_2; 75%. — *1-Hydroxyisoguanin* (**I**), aus vorst. Verb. mit 3n HCl bei Raumtemp.; 84%.

R. Becker 3272△

1231 **Pyrazolo-N-hydroxyuracile durch eine modifizierte Lossen-Umlagerung von vicinalen Pyrazoldicarbohydroxamaten.** Ludwig Bauer und C. S. Mahajanshetti. (J. heterocyclic Chem. 4 (1967) 3, 325—34; Dep. of Chem., Coll. of Pharmacy, Univ. of Ill. at the Med. Center, Chicago, Ill.; engl.) — Na-1-Phenylpyrazol-3.4- (**I**) bzw. -4.5-dicarbodihydroxamat (**II**) geben mit Sulfonylchloriden je zwei isomere *N-Phenylpyrazolo-N-hydroxyuracile*. 2-Phenyl-5-hydroxy-4.5.6.7-tetrahydro-2H-pyrazolo-[3.4:d]-pyrimidin-4.6-dion (**III**) wird mit Zn u. verd. HCl zu *2-Phenyl-4.5.6.7-tetrahydro-2H-pyrazolo-[3.4:d]-pyrimidin-4.6-dion* red., das auch aus 1-Phenyl-3-aminopyrazol-4-carbonsäureäthylester (**IV**) u. Harnstoff dargestellt wird. Analog werden 1-Phenyl-6-hydroxy-4.5.6.7-tetrahydro-1H-pyrazolo-[4.3:d]-pyrimidin-5.7-dion (**V**) bzw. 1-Phenyl-5-hydroxy-4.5.6.7-tetrahydro-1H-pyrazolo-[3.4:d]-pyrimidin-4.6-dion (**VI**) zu *1-Phenyl-4.5.6.7-tetrahydro-1H-pyrazolo-[4.3:d]-pyrimidin-5.7-dion*, bzw. *1-Phenyl-4.5.6.7-tetrahydro-1H-pyrazolo-[3.4:d]-pyrimidin-4.6-dion* (**VII**) reduziert. **VII** wird auch aus 1-Phenyl-5-aminopyrazol-4-carbonsäureäthylester (**VIII**) u. Harnstoff dargestellt.

Versuche: *1-Phenylpyrazol-3.4-dicarbonsäure*, F. 234—235°, aus dem Dimethylester durch alkal. Hydrolyse. *Dimethylester*, F. 95—97°, $Kp._1$ 180—185°, aus N-Phenylsydnon u. Acetylendicarbonsäuredimethylester; 90% (Ausb.). — *Na-1-Phenylpyrazol-3.4-dicarbodihydroxamat* (**I**), aus 10,4 g vorst. Esters, NH_2OH u. $NaOCH_3$ in CH_3OH; 11 g. — *Gemisch* von 45% **III** mit 55% *2-Phenyl-6-hydroxy-4.5.6.7-tetrahydro-2H-pyrazolo-[4.3:d]-pyrimidin-5.7-dion* (**IX**), F. 280—285° (Zers.), aus **I** u. Benzolsulfonylchlorid (**X**) in W. bei 20—25°; 64%. — *1:1-Gemisch* von **III** u. **IX**, F. 270—280°, aus **I** u. Methansulfonylchlorid (**XI**) in W. bei 20—25°; 63%. — **IX**, $C_{11}H_8 \cdot N_4O_3$, F. 348° (Sintern u. Zers. ab 335°; A./Aceton), a) aus vorvorst. Gemisch; daneben **III**; b) aus dem O-Benzolsulfonylderiv. u. heißer 5%ig. wss. NaOH; 63%. — *2-Phenyl-5-hydroxy-4.5.6.7-tetrahydro-2H-pyrazolo-[3.4:d]-pyrimidin-4.6-dion* (**III**), F. 304—305° (Zers.; verd. CH_3COCH), aus dem O-Benzolsulfonylderiv. analog **IX** nach b); 85%. — *Gemisch* von 30% *2-Phenyl-5-benzolsulfonyloxy-4.5.6.7-tetrahydro-2H-pyrazolo-[3.4:d]-pyrimidin-4.6-dion* mit 70% *2-Phenyl-6-benzolsulfonyloxy-4.5.6.7-tetrahydro-2H-pyrazolo-[4.3:d]-pyrimidin-5.7-dion*, F. 255—260° (Zers.), aus **I** u. **X** in THF bei 10—15°; 72%. — *2-Phenyl-5-benzolsulfonyloxy-4.5.6.7-tetrahydro-2H-pyrazolo-[3.4:d]-pyrimidin-4.6-dion*, $C_{17}H_{12}N_4O_5S$, F. 284 bis 286° (Zers.; DMSO), aus 3,6 g vorst. Gemisches; 2,5 g.

— *2-Phenyl-6-benzolsulfonyloxy-4.5.6.7-tetrahydro-2H-pyrazolo-[4.3:d]-pyrimidin-5.7-dion*, F. 273—275° (Zers.; Aceton/CH_3OH), aus 2 g vorvorst. Gemisches; 0,3 g. — *2-Phenyl-4.5.6.7-tetrahydro-2H-pyrazolo-[3.4:d]-pyrimidin-4.6-dion*, $C_{11}H_8N_4O_2$, F. 310—312° (Zers.; A. u. verd. $CH_3 \cdot COOH$), a) aus **III** u. Zn-Staub in sd. 1 n HCl; 17%; b) aus **IV** u. Harnstoff bei 160—180°; 41%. — *β-[$N_{(2)}$-Benzal-$N_{(1)}$-phenylhydrazino]-α-cyanacrylsäureäthylester*, F. 179 bis 180° (A.), aus 17 g Äthoxymethylencyanessigsäureäthylester u. Benzaldehydphenylhydrazon; 10 g. — *1-Phenyl-3-aminopyrazol-4-carbonsäureäthylester* (**IV**), F. 98—100° (CH_3OH), aus vorst. Verb. u. sd. konz. HCl u. Rk. mit 1 n NaOH; 32%. — *Gemisch* von 74% *1-Phenyl-6-hydroxy-4.5.6.7-tetrahydro-1H-pyrazolo-[4.3:d]-pyrimidin-5.7-dion* (**V**) mit 26% *1-Phenyl-5-hydroxy-4.5.6.7-tetrahydro-1H-pyrazolo-[3.4:d]-pyrimidin-4.6-dion* (**VI**), F. 235—250° (Zers.), F. 220—235° (Zers.), aus **II** u. **X** in W. bei 20—25°; 66%. — *1:1-Gemisch* von **V** u. **VI**, aus **II** u. **XI** in W. bei 20°; 63%. — **V**, $C_{11}H_8N_4O_3$, F. 264—266° (verd. $CH_3 \cdot COOH$), a) aus 1,5 g vorst. Gemisches; 1,2 g; daneben **VI**; b) aus dem O-Benzolsulfonylderiv. u. heißer 5%ig. wss. NaOH; 86%. — **VI**, F. 290—293° (Zers.; verd. CH_3COOH), aus dem O-Benzolsulfonylderiv. analog **V** nach b); 94%. — *Gemisch* von 65% *1-Phenyl-5-benzolsulfonyloxy-4.5.6.7-tetrahydro-1H-pyrazolo-[3.4:d]-pyrimidin-4.6-dion* mit 35% *1-Phenyl-6-benzolsulfonyloxy-4.5.6.7-tetrahydro-1H-pyrazolo-[4.3:d]-pyrimidin-5.7-dion*, F. 205—215°, aus **II** u. **X** in THF bei 20—25°; 70%. — *1-Phenyl-5-benzolsulfonyloxy-4.5.6.7-tetrahydro-1H-pyrazolo-[3.4:d]-pyrimidin-4.6-dion*, $C_{17}H_{12}N_4O_5S$, F. 235—237° (Zers.; A.), aus vorst. Gemisch; daneben *1-Phenyl-6-benzolsulfonyloxy-4.5.6.7-tetrahydro-1H-pyrazolo-[4.3:d]-pyrimidin-5.7-dion* [F. 205—207° (Aceton/A.)]. — *1-Phenyl-4.5.6.7-tetrahydro-1H-pyrazolo-[3.4:d]-pyrimidin-4.6-dion* (**VII**), $C_{11}H_8N_4O_2$, F. 345—346° (Zers.; W.), a) aus **V** u. Zn-Staub in 2 n HCl bei 100°; 43%; b) aus **VIII** u. Harnstoff bei 180—190°. — *1-Phenyl-4.5.6.7-tetrahydro-1H-pyrazolo-[4.3:d]-pyrimidin-5.7-dion*, $C_{11}H_8N_4O_2$, F. 334—335° (W.), aus **VI** u. Zn-Staub in heißer verd. CH_3COOH; 27%. — Gemisch von 29% *1-Methyl-6-hydroxy-4.5.6.7-tetrahydro-1H-pyrazolo-[4.3:d]-pyrimidin-5.7-dion* (**XII**) mit 8% *1-Methyl-5-hydroxy-4.5.6.7-tetrahydro-1H-pyrazolo-[3.4:d]-pyrimidin-4.6-dion* (**XIII**), F. 300—309° (Zers.), aus Na-1-Methylpyrazol-4.5-dicarbodihydroxamat (**XIV**) u. **X** in W. bei 35—40°; 38%. — *Gemisch* von 61% **XII** mit 39% **XIII**, aus **XIV** u. **XI** bei 20—25°; 18%. — **XII**, F. 309—310° (Zers.; verd. CH_3COOH), a) aus 1,4 g vorvorst. Gemisches; 0,6 g; daneben 0,1 g **XIII** [$C_6H_6N_4O_3$, F. 342—344° (Zers.; verd. CH_3COOH)]; b) aus **XIV** u. **X** in W. bei 0—5°; 30%. — *1-Methyl-4.5.6.7-tetrahydro-1H-pyrazolo-[3.4:d]-pyrimidin-4.6-dion*, kein F. bis 400°, aus **XIII** u. Zn-Staub in heißer 2 n HCl.

Hans Köhne/Berlin 3272△

1232 **Die Synthese von 1.3.7.9-Tetramethyl-2.4.6.8-tetraoxo-1.2.3.4.6.7.8.9-oktahydropyrido-[2.3:d;6.5:d′]-dipyrimidin aus 6-Amino-1.3-dimethyluracil und Dimethylsulfoxid.** Robert C. Elderfield und Malcolm Wharmby. (J. org. Chemistry **32** (1967) 5, 1638—1640; Ann Arbor, Mich., The Univ. of Michigan, Dep. of Chem.; engl.) — Durch Kochen von 6-Amino-1.3-dimethyluracil (**I**) in DMS wird *1.3.7.9-Tetramethyl-2.4.6.8-tetraoxo-1.2.3.4.6.7.8.9-oktahydropyrido-[2.3:d;6.5:d′]-dipyrimidin* (**II**) gebildet. Dabei tritt als Nebenprod. *Bis-[6-amino-1.3-dimethyl-2.4-dioxo-1.2.3.4-tetrahydropyrimidyl-5]-methan* (**III**) auf, wie durch Synth. von **III** durch Kondens. von **I** mit HCHO bestätigt wird. Im Gegensatz zu Feldman (C. **1963**, 9377), der durch Kondens. von **I** mit HCHO unter neutralen Bedingungen Bis-[1.3-dimethyl-2.4-dioxotetrahydropyrimidyl-(6)-amino]-methan erhalten haben will, finden die Autoren bei derselben Rk. in neutralem u. bas. Medium nur **III**. Durch Erhitzen von **III** in DMS entsteht in 65%ig. Ausb. **II**. Unterbindet man die Rk., so findet man beträchtliche Mengen von **III**. Durch saure Hydrolyse von **III** bildet sich *Bis-[1.3-dimethyl-6-hydroxy-2.4-dioxo-1.2.3.4-tetrahydropyrimidyl-(5)]-methan* (**IV**), durch Behandeln mit $POCl_3$ entsteht *Bis-[6-chlor-1.3-dimethyl-2.4-dioxo-1.2.3.4-tetrahydropyrimidyl-(5)]-methan* (**V**) u. durch Umsetzen mit $NaNH_2$ erhält man wieder **III**. Erhitzt man **II** mit 10%ig. NaOH in A., so entsteht als Hauptprod. *1.3-Dimethyl-7-methylamino-2.4-di-oxo1.2.3.4-tetrahydropyrido-[2.3:d]-pyrimidin-6-carbonsäure-N-methylamid* (**VI**), mit 20%ig. NaOH überwiegt die Bldg. von *2.6-Bis-[methylamino]-pyridin-3.5-dicarbonsäuredi-[N-methylamid]* (**VII**). Vonderwahl (C. **1964**, 35-2369) erhält durch Behandeln von **II** mit 10%ig. NaOH nur **VII**. **VII** erhält man auch in guter Ausb. durch Hydrolyse von **VI** oder **II** mit 20%ig. NaOH.

Versuche: *1.3.7.9-Tetramethyl-2.4.6.8-tetraoxo-1.2.3.4.6.7.8.9-oktahydropyrido-[2.3:d;6.5:d′]-dipyrimidin* (**II**), $C_{13}H_{13}N_5O_4$, F. 315—316° (Toluol), durch 48std. Kochen von **I** u. DMS; 61% (Ausb.). — *Bis-[6-amino-1.3-dimethyl-2.4-dioxo-1.2.3.4-tetrahydropyrimidyl-(5)]-methan* (**III**), $C_{13}H_{18}N_6O_4$, F. 333—335° (DMF), a) durch Zugabe von Dioxan, 10%ig. NaOH u. 37%ig. wss. HCHO zu einer warmen Lsg. von **I** in W.; 62%; b) durch 12std. Kochen von 15,6 g **I** u. DMS; 0,5 g; c) durch Zugabe von $Fe_2(SO_4)_3$ u. Na zu einer Lsg. von Na in NH_3, Zugabe von **V** u. Zugabe von NH_4Cl; 11%. — *Bis-[1.3-dimethyl-6-hydroxy-2.4-dioxo-1.2.3.4-tetrahydropyrimidyl-(5)]-methan* (**IV**), F. 168—169° (A.), durch Zugabe von konz. HCl zu einer sd. Lsg. von **III** in W.; 50%. — *Bis-[6-chlor-1.3-dimethyl-2.4-dioxo-1.2.3.4-tetrahydropyrimidyl-(5)]-methan* (**V**), $C_{13}H_{14}Cl_2N_4O_4$, F. 271—272° (DMF), durch Zugabe von $POCl_3$ zu **IV** in W. u. 1/2std. Kochen; 53%. — *2.6-Di-[methylamino]-pyridin-3.5-dicarbonsäuredi-[N-methylamid]* (**VII**), $C_{11}H_{17}N_5O_2$, F. 281—282° (A.), a) durch 2 1/2std. Erhitzen von 2,45 g **II**, 10%ig. NaOH u. 0,4 ml A.; 0,3 g; b) analog a) mit 20%ig. NaOH; 78%. — *1.3-Dimethyl-7-methylamino-2.4-dioxo-1.2.3.4-tetrahydropyrido-[2.3:d]-pyrimidin-6-carbonsäure-N-methylamid* (**VI**), $C_{12}H_{15}N_5O_3$, F. 256—257° (A.), durch Eindampfen des $CHCl_3$-Filtrates vorst. Verb.; 1,5 g.

E. Koßmehl 3272

1233 **Chemie des Pyrazins und seiner Derivate. 12. Mitt. Reaktion von Acetonylpyrazin mit Phenyllithium in Gegenwart und Abwesenheit von Benzoesäuremethylester.** Sujit K. Chakrabartty und Robert Levine. (J. heterocyclic Chem. **4** (1967) 1, 109—13; Univ. of Pittsburgh, Pittsburgh, Pa.; engl.) — 11. vgl. ibid. **3** (1966) 265; 10. vgl. C. **1966**, 47-0982. — Bei Vers. zur Acylierung von 2-Acetonylpyrazin (**I**) bzw. 2-Acetonylpyridin (**II**) mit Benzoesäuremethylester (**III**) in fl. NH_3 in Ggw. von $NaNH_2$ wird lediglich *Benzamid* in Ausb. von 57 bzw. 69% erhalten. Während **II** auch bei der Rk. mit **III** in Ggw. von Phenyl-Li (**IV**) in Ae. nicht acyliert wird, reagiert **I** zu *2-Phenyl-6-acetonylpyrazin* (**V**) u. *3-[2-Phenylpyrazinyl-(6)]-4-phenylbutandion-(2.4)* (**VI**). In Abwesenheit von **III** entsteht aus **I** ausschließlich **V**. Die Konstit. von **V** bzw. **VI** sind durch die IR- u. NMR- bzw. IR-, NMR- u. UV-Spektren gesichert. Die NMR-Daten sprechen für das Vorliegen eines Tautomerengleichgew. zwischen **VI** u. *3-[2-Phenyl-1.6-dihydropyrazinyliden-(6)]-4-phenylbutandion-(2.4)*.

Versuche: *2-Phenyl-6-acetonylpyrazin* (**V**), $C_{13}H_{12}N_2O$, Kp.$_{0,5}$ 133—135°, a) durch 3std. Kochen von **I** mit 4 Val **IV** u. 2 Val Brombenzol in abs. Ae.; 22,6% (Ausb.); b) analog a) u. 2std. Rühren mit **III** bei 25—30°; 26,4%; daneben *Tautomerengemisch* aus *3-[2-Phenylpyrazinyl-(6)]-* (**VI**) u. *3-[2-Phenyl-1.6-dihydropyrazinyliden-(6)]-4-phenylbutandion-(2.4)*, $C_{20}H_{16}N_2O_2$, F. 204 bis 207° (abs. A.); 21,5%.

G. O. Jäger 3272△

1234 **Reaktion von Isocyanaten mit o-Hydroxybenzaldehyden. Kondensationen von 3.4-Dihydro-4-hydroxy-3-alkyl-2H-1.3-benzoxazinonen-(2) mit CH-aciden-Verbindungen.** George Bobowski und John Shavel jun. (J. org. Chemistry **32** (1967) 4, 953—59; Morris Plains, N.J., Warner-Lambert Res. Inst., Dep. of Org. Chem.; engl.) — *3.4-Dihydro-3-alkyl-2H-1.3-benzoxazinone-(2)* (**A**), *Bis-[3.4-dihydro-3-alkyl-2H-1.3-benzoxazinon-(2)-yl-(4)]-äther* u. *1-[3.4-Dihydro-3-alkyl-2H-1.3-benzoxazinyl-4]-1.3-dialkylharnstoffe* werden durch Kondens. von o-Hydroxybenzaldehyden mit Alkylisocyanaten erhalten. A kondensiert mit CH-aciden Verb. zu *4-subst.-3.4-Dihydro-3-alkyl-2H-1.3-benzoxazinonen-(2)* (**B**). Ringöffnung zu Carbamaten u. andere chem. Veränderungen von **B** (Borhydridred., Kondens. mit Diaminen zu Chinoxalinen) werden beschrieben.

Versuche: Bis-[3.4-dihydro-2H-1.3-benzoxazinon-(2)-yl-(4)]-äther: *3.3'-Dimethyl-* (**X**), $C_{18}H_{16}N_2O_5$, F. 210—211° (Zers.), a) durch Zugabe von Methylisocyanat (**I**) in Bzl. zu Salicylaldehyd (**II**) u. Triäthylamin (**III**) in Bzl.; 48% (Ausb.); daneben **XXI** u. **IV**; b) durch 2std. Kochen von 3,0 g **IV** u. p-Toluolsulfonsäuremonohydrat (**V**) in Bzl.; 1,7 g; c) durch 1std. Kochen von 5,0 g **IV** mit 2 Val **I** in Bzl.; 2,4 g; daneben 1,6 g **XXI**. — *3.3'-Diphenyl-*, $C_{28}H_{20}N_2O_5$, F. 241—242° (Zers.), analog **X** nach a) aus Phenylisocyanat, **II** u. **III**; 53%. — *3.3'-Diäthyl-*, $C_{20}H_{20}N_2O_5$, F. 163—164°, analog **X** nach a) aus Äthylisocyanat (**VI**), **II** u. **III**; 52%. — *3.3'-Dicyclohexyl-*, $C_{28}H_{32}N_2O_5$, F. 235—236° (Zers.), analog **X** nach a) aus Cyclohexylisocyanat (**VII**), **II** u. **III**; 48%. — 3.4-Dihydro-4-hydroxy-2H-1.3-benzoxazinone-(2) (**A**): *3-Methyl-* (**IV**), $C_9H_9NO_3$, F. 127—128° (Zers.), a) durch 1—5 Tage langes Stehen von äquimol. Mengen **I** u. **II** mit **III** in Ae.; 83%; b) neben **X**; c) durch ½std. Kochen von 2,0 g **X** mit **V** in wss. A.; 1,4 g. — *3-Äthyl-*, $C_{10}H_{11}NO_3$, F. 100—101°, analog **IV** nach a) aus **VI**, **II** u. **III**; 63%. — *3-Allyl-* (**XII**), $C_{11}H_{11}NO_3$, F. 107—108°, aus Allylisocyanat (**VIII**), **II** u. **III**; 56%. — *3-Allyl-6-chlor-* (**XIII**), $C_{11}H_{10}ClNO_3$, F. 143—144° (Zers.), aus **VIII**, 5-Chlorsalicylaldehyd u. **III**; 60%. — *3-Allyl-8-methoxy-*, $C_{12}H_{13}NO_4$, F. 112—114°, aus **VIII**, 3-Methoxysalicylaldehyd (**IX**) u. **III**; 79%. — *3-Allyl-7-[N-methylcarbamoyloxy]-*, $C_{13}H_{14}N_2O_5$, F. 100,5—102°, aus **VIII**, 4-[N-Methylcarbamoyloxy]-salicylaldehyd u. **III**; 58%. — *3-Methyl-8-methoxy-* (**XI**), $C_{10}H_{11}NO_4$, F. 162—163°, aus **I**, **IX** u. **III**; 62%. — *3-Cyclohexyl-*, $C_{14}H_{17}NO_3$, F. 141,5—143°, aus **VII**, **II** u. **III**; 38%. — *3-Äthoxycarbonylmethyl-*, $C_{12}H_{13}NO_5$, F. 103,5—105°, aus Äthoxycarbonylmethylisocyanat, **II** u. **III**; 61%. — *1-[3.4-Dihydro-3-methyl-2-oxo-2H-1.3-benzoxazinyl-(4)]-1.3-dimethylharnstoff* (**XXI**), $C_{12}H_{15}N_3O_3$, F. 156—157°, a) durch ½std. Kochen von 8,0 g **IV** mit 1.3-Dimethylharnstoff u. **V** in Bzl.; 8,7 g; b) neben **X**; c) durch 3 Tage langes Stehen von 4,0 g **IV** u. **III** in THF bei Raumtemp.; 1,8 g. — 3.4-Dihydro-2H-1.3-benzoxazinone-(2) (**B**): Darst. analog **XXI** nach a): *3-Methyl-4-äthoxycarbonylamino-*, $C_{12}H_{14}N_2O_4$, F. 167—168°, aus **IV**, **V** u. Äthylcarbamat (**XIV**); 80%. — *3-Methyl-4-äthoxycarbonylamino-6-chlor-*, $C_{12}H_{13}ClN_2O_4$, F. 190—191° (Zers.), aus 3-Methyl-6-chlor-3.4-dihydro-4-hydroxy-2H-1.3-benzoxazinon-(2), **V** u. **XIV**; 91%. — *3-Methyl-4-äthoxycarbonylamino-7-[N-methylcarbamoyloxy]-*, $C_{14}H_{17}N_3O_6$, F. 175 bis 178° (Zers.), aus 3-Methyl-7-[N-methylcarbamoyloxy]-3.4-dihydro-4-hydroxy-2H-1.3-benzoxazinon-(2), **V** u. **XIV**; 68%. — *3-Methyl-4-äthoxycarbonylamino-8-methoxy-*, $C_{13}H_{16}N_2O_5$, F. 166—167°, aus **XI**, **V** u. **XIV**; 92%. — *3-Allyl-4-äthoxycarbonylamino-*, $C_{14}H_{16}N_2O_4$, F. 113 bis 114°, aus **XII**, **V** u. **XIV**; 80%. — *3-Allyl-4-äthoxycarbonylamino-6-chlor-*, $C_{14}H_{15}ClN_2O_4$, F. 156—158° (Zers.), aus **XIII**, **V** u. **XIV**; 89%. — *3-Methyl-4-äthoxycarbonylmethylamino*, $C_{13}H_{16}N_2O_4$, F. 49,5—51,5°, aus **IV**, **V** u. N-Methylcarbamidsäureäthylester; 50%. — *3-Methyl-4-phenylsulfonylamino-*, $C_{15}H_{14}N_2O_4S$, F. 203 bis 204,5° (Zers.), aus **IV**, **V** u. Benzolsulfonamid; 97%. — *3-Methyl-4-[pyrrolidindion-(2.5)-yl-(1)]-*, $C_{13}H_{12}N_2O_4$, F. 181—182°, aus **IV**, **V** u. Succinimid; 73%. — *3-Methyl-4-[4.4-dimethylcyclohexandion-(2.6)-yl-(1)]-*, $C_{17}H_{19}NO_4$, F. 196 bis 197° (Zers.), aus **IV**, **V** u. 5.5-Dimethylcyclohexandion-(1.3); 97%. — *3-Methyl-4-[pentandion-(2.4)-yl-(3)]-*, $C_{14}H_{15}NO_4$, F. 136—138°, aus **IV**, **V** u. Acetylaceton; 92%. — *3-Methyl-4-[1-äthoxycarbonylpropanon-(2)-yl-(1)]-*, $C_{15}H_{17}NO_5$, F. 140—141°, aus **IV**, **V** u. Acetessigsäureäthylester; 88%. — *3-Methyl-4-[1-benzoylpropanon-(2)-yl-(1)]-*, $C_{19}H_{17}NO_4$, F. 163—165° (Zers.), aus **IV**, **V** u. Benzoylaceton; 60%. — *3-Methyl-4-[butandion-(2.3)-yl-(1)]-* (**XVIII**), $C_{13}H_{13}NO_4$, F. 143—144,5° (Zers.), aus **IV**, **V** u. Diacetyl; 45%. — *3-Methyl-4-[1-phenyl-1-cyanpropanon-(2)-yl-(1)]-*, $C_{19}H_{16}N_2O_3$, F. 160—161°, aus **IV**, **V** u. 1-Phenyl-1-cyanpropanon-(2); 91%. — *3-Methyl-4-[propanon-(2)-yl-(1)]-* (**XIX**), $C_{12}H_{13}NO_3$, F. 95—96,5°, aus **IV**, **V** u. Aceton; 86%. — *3-Methyl-4-[3-chloracetonyl-(1)]-*, $C_{12}H_{12}ClNO_3$, F. 162—164° (Zers.), aus **IV**, **V** u. Chloraceton; 35%. — *3-Methyl-4-[p-methylphenacyl]-*, $C_{18}H_{17}NO_3$, F. 153—154°, aus **IV**, **V** u. Acetophenon; 88%. — *3-Methyl-4-[cyclohexanon-(2)-yl-(1)]-*, (**XVII**), $C_{15}H_{17}NO_3$, F. 151,5—153°, aus **IV**, **V** u. Cyclohexanon; 86%. — *3-Methyl-4-[furyl-(2)]-* (**XV**), $C_{13}H_{11}NO_3$, F. 124—123°, aus **IV**, **V** u. Furan; 94%. — *3-Methyl-4-[5-methylfuryl-(2)]-* (**XVI**), $C_{14}H_{13}NO_3$, F. 130—131,5°, aus **IV**, **V** u. 2-Methylfuran; 90%. — *3-Methyl-4-[thienyl-(2)]-*, $C_{13}H_{11}NO_2S$, F. 136—137°, aus **IV**, **V** u. Thiophen; 82%. — *3-Methyl-4-[p-hydroxyphenyl]-*, $C_{15}H_{13}NO_3$, F. 219—220°, aus **IV**, **V** u. Phenol; 67%. — N-Methylcarbamidsäuren: *N-[α-Furyl-(2)-o-hydroxybenzyl]-*, *Methylester*, $C_{14}H_{15}NO_4$, F. 140—141° (Zers.), durch ½std. Rühren von **XV** mit NaOH in CH_3OH u. 1—3std. Stehen bei Raumtemp.; 71%. *Äthylester*, $C_{15}H_{17}NO_4$, F. 104,5—106°, analog vorst. Verb. in A.; 79%. — *N-[α-Cyclohexanon-(2)-yl-(1)-o-hydroxybenzyl]-*, *Äthylester*, $C_{17}H_{23}NO_4$, F. 248—249° (Zers.), analog vorst. Verb. aus **XVII** in A.; 64%. — *N-{2-[5-Methylfuryl-(2)]-o-hydroxybenzyl}-*, *Methylester*, $C_{15}H_{17}NO_4$, F. 100—101° (Zers.), analog vorst. Verb. aus **XVI** in CH_3OH; 88%. — 3.4-Dihydro-3-methyl-2H-1.3-benzoxazinone-(2): *4-Methoxy-*, $C_{10}H_{11}NO_3$, Kp.$_{20}$ 135—136°, durch Zugeben von **V** zu einer sd. Mischung aus 8 g **X** in CH_3OH u. 5std. Kochen; 5,1 g. — *4-Benzyloxy-*, $C_{16}H_{15}NO_3$, F. 95—96°, a) analog vorst. Verb. aus **X** u. Benzylalkohol (**XX**) in THF mit **V**; 68%; b) durch 1std. Kochen vorst. Verb. mit **XX** u. **V**; 66%. — *4.8-Dimethoxy-*, $C_{11}H_{13}NO_4$, F. 88—90°, durch 72std. Kochen von 3 g **XI** in CH_3OH; 1,95 g. — *4-Äthoxy-8-methoxy-*, $C_{12}H_{15}NO_4$, F. 69,5—71°, analog vorst. Verb. aus 8 g **XI** in A.; 6,8 g. — *3.4-Dihydro-2.4-dioxo-3-methyl-2H-1.3-benzoxazin*, $C_9H_7NO_3$, F. 147—148°, durch 3std. Kochen von 5,0 g **IV** mit Diacetyl u. **V** in Bzl.; 0,7 g; daneben **XVIII**; 3,1 g. — *2-[3.4-Dihydro-3-methyl-2-oxo-2H-1.3-benzoxazinyl-(4)-methyl]-3-methylchinoxalin*, $C_{19}H_{17}N_3O_2$, F. 139—140°, durch 3std. Kochen von 3 g **XVIII** mit o-Phenylendiamin in CH_3OH; 2,7 g. — *3.4-Dihydro-4-[2-hydroxypropyl]-3-methyl-1.3-benzoxazinon-(2)*, $C_{12}H_{15}NO_3$, F. 245,5—247°, durch 2std. Rühren von 2,0 g **XIX** mit KBH_4 in CH_3OH bei Raumtemp.; 1,5 g. Axel Jochum 3282

1235 **Pyrimidine.** 19. Mitt. **3.4-Dihydro-2H-pyrimido-[4.5:e]-1.3-oxazine und verwandte Verbindungen.** Darrell E. O'Brien, Louis T. Weinstock, Robert H. Springer und C. C. Cheng. (J. heterocyclic Chem. 4 (1967) 1, 49—53; Kansas City, Mo., Midwest Res. Inst.; engl.) — 18. vgl. J. med. Chem. 9 (1966) 573; 16. vgl. C. **1967**, 37-1215; 22. vgl. C. **1968**, 60-0631. — Durch Mannich-Rk. von CH_2O mit sek. Aminen u. 2-substituierten 4.5-Dihydroxypyrimidinen im Verhältnis 1 : 1 : 1 werden *2-substituierte 6-[Dialkylaminomethyl]-4.5-dihydroxypyrimidine* dargestellt, deren Struktur durch unabhängige Synth. gesichert wird. Rk. von CH_2O mit 0,5 Val eines prim. Amins u. 0,5 Val eines 2-substituierten 4.5-Dihydroxypyrimidins liefert *3.4-Dihydro-2H-pyrimido-[4.5 : e]-1.3-oxazine*. Der Ringschluß in 5-Stellung wird durch NMR-Spektroskopie u. die Bldg. von *3.5-Dimethyl-6-oxo-8-hydroxy-3.4.5.6-tetrahydro-2H-pyrimido-[4.5 : e]-1.3-oxazin* aus 1-Methyl-5-hydroxyuracil (**I**) gestützt. In 6-Stellung nicht substituierte 4.5-Dihydroxypyrimidine geben keine Oxazine. 4.5-Dihydroxypyrimidin (**VIII**) gibt mit Benzylamin (**II**) *N.N-Bis-[4.5-dihydroxypyrimidinyl-(6)-methyl]-benzylamin*. 5-Hydroxypyrimidin reagiert nicht mit Piperidin oder **II** u. CH_2O.

Versuche (F. korr.): *2-Phenyl-4-hydroxy-5-[tetrahydropyranyl-(2)-oxy]-6-[tetrahydropyranyl-(2)-oxymethyl]-pyrimidin*, $C_{21}H_{26}N_2O_5$, F. 150—151° (abs. CH_3OH), durch 2tägiges Rühren von Na mit Tetrahydropyranyl-(2)-oxyessigsäureäthylester (**III**) in abs. Ae. u. 8std. Kochen mit Benzamidin (**IV**) in äthanol. Na-Äthylatlsg.; 28% (Ausb.). — *2-Phenyl-4.5-dihydroxy-6-hydroxymethylpyrimidin* (**V**), $C_{11}H_{10}N_2O_3$, F. 210—212° (W.), durch 6std. Rühren von vorst. Verb. bei Raumtemp. in 3 n HCl; 83%. — *2-Mercapto-5-[tetrahydropyranyl-(2)-oxy]-4-hydroxy-6-[tetrahydropyranyl-(2)-oxymethyl]-pyrimidin*, $C_{15}H_{22}N_2O_5S$, F. 158—160° (abs. CH_3OH), durch 2tägiges Rühren von Na mit **III** in abs. Ae. u. 3std. Kochen mit Thioharnstoff in A.; 50%. — *2-Mercapto-4.5-dihydroxy-6-hydroxymethylpyrimidin*, $C_5H_6N_2O_3S$, F. 268—269° (W.), durch 3std. Rühren von vorst. Verb. in 3 n HCl; 86%. — *2-Phenyl-4-hydroxy-5-benzyloxypyrimidin*, $C_{17}H_{14}N_2O_2$, F. 218—221° (Essigester), durch Rk. von Benzyloxyessigsäurebenzylester u. Ameisensäureäthylester mit Na in abs. Ae. u. 8std. Kochen mit **IV**; 50%. — *2-Phenyl-4.5-dihydroxypyrimidin* (**VI**), $C_{10}H_8N_2O_2$, F. 212–215° (W.), durch 1std. Kochen von vorst. Verb. in 6 n HCl; 80%. — 4.5-Dihydroxypyrimidine, durch 3std. Rühren des sek. Amins mit je 1 Val CH_2O u. des 4.5-Dihydroxypyrimidins in W. bei 0–5°: *6-Piperidinomethyl-*, F. 194 bis 195° (CH_3OH), aus Piperidin (**VII**) u. **VIII**; 52%. — *2-Methyl-6-piperidinomethyl-*, F. 184–185° (Essigester), aus **VII** u. 2-Methyl-4.5-dihydroxypyrimidin (**IX**); 65%. — *2-Hydroxy-6-dimethylaminomethyl-*, F. 180–182° ($CH_3 \cdot OH$), aus Dimethylamin u. 2.4.5-Trihydroxypyrimidin (**X**); 45%. — *2-Hydroxy-6-piperidinomethyl-*, F. 210 bis 211° (CH_3OH), aus **VII** u. **X**; 57%. — *2-Phenyl-6-piperidinomethyl-*, F. 214–217° (CH_3OH), a) aus **VII** u. **VI**; 70%; b) durch 2std. Kochen von **V** mit $SOCl_2$ (→ *2-Phenyl-4.5-dihydroxy-6-chlormethylpyrimidin*) u. Rk. mit **VII**; 29%. — 8-Hydroxy-3.4-dihydro-2H-pyrimido-[4.5:e]-1.3-oxazine, durch 2std. Kochen von 2 Val des prim. Amins mit dem 2-substituierten 4.5-Dihydroxypyrimidin u. CH_2O in CH_3OH: *3.6-Dimethyl-*, F. 200–202° (Essigester), aus Methylamin (**XI**) u. **IX**; 61%. — *3-Benzyl-6-methyl-*, F. 199–200° (CH_3OH), aus **II** u. **IX**; 59%. — *3-Cyclohexyl-6-methyl-*, F. 166–167° (CH_3OH), aus Cyclohexylamin u. **IX**; 64%. — *3-Methyl-6-hydroxy-*, F. 218–219° (Zers.; W.), aus **XI** u. **X**; 46%. — *3-Benzyl-6-hydroxy-*, F. 211–213° (CH_3OH), aus **II** u. **X**; 67%. — *3-Methyl-6-phenyl-*, F. 197–199° (A.), aus **XI** u. **VI**; 33%. — *3-Benzyl-6-phenyl-*, F. 187–189° (A.), aus **II** u. **VI**; 50%. — 6-Oxo-8-hydroxy-3.4.5.6-tetrahydro-2H-pyrimido-[4.5:e]-1.3-oxazine: *3.5-Dimethyl-*, $C_8H_{11}N_3O_3$, F. 208–210° (Zers.; CH_3OH), durch 2std. Kochen von 2 Val CH_2O mit **XI** u. **I** in $CH_3 \cdot OH$; 47%. — *3-Benzyl-5-methyl-*, $C_{14}H_{15}N_3O_3$, F. 195 bis 197° (Zers.), analog vorst. Verb. aus CH_2O, **II** u. **I**; 68%. — *N.N-Bis-[4.5-dihydroxypyrimidinyl-(6)-methyl]-benzylamin*, $C_{17}H_{17}N_5O_4$, durch 4std. Kochen von wss. CH_2O mit 0,5 Val **II** u. 1 Val **VIII** in A.; 45%.

Axel Jochum 3282

1236 **Additionsreaktionen von acetylenischen Estern mit substituierten Thioharnstoffen.** J. W. Lown und J. C. N. Ma. (Canad. J. Chem. **45** (1967) 9, 939–51; Univ. of Alberta, Edmonton, Alberta; engl.) — Durch Addition von Acetylendicarbonsäuredimethylester (**I**) an Thioharnstoff oder mono- bzw. N.N′-disubstituierte Thioharnstoffe werden *2-Alkylimino-2.3-dihydro-1.3-thiazinone-(4)* (**A**) u. nicht Thiazolidinone-(4) (vgl. Mushkalo u. Yangol, C. **1959, 3473**) gebildet. Die Massenspektren der **A** sowie ihrer Dihydroderiv. werden diskutiert u. bestätigen deren Struktur. Die Massenspektren von *2-Methylimino-3-methyl-6-methoxycarbonyl-2.3-dihydro-* u. *-perhydro-1.3-thiazinon-(4)* sind graph. dargestellt.

Versuche: 6-Methoxycarbonyl-2.3-dihydro-1.3-thiazinone-(4) (**A**), durch 24std. Rk. von **I** mit dem entsprechenden Thioharnstoff in CH_3OH: *2-Imino-*, F. 230°; 62% (Ausb.). — *2-Methylimino-*, $C_7H_8N_2O_3S$, F. 253–254°, aus N-Methylthioharnstoff; 71%. — *2-Methylimino-3-methyl-*, $C_8H_{10}N_2O_3S$, F. 148 bis 148,5°, aus N.N′-Dimethylthioharnstoff; 75%. — *2-Isopropylimino-3-isopropyl-*, F. 70°; 60%. — *2-Benzylimino-3-benzyl-*, F. 149°; 51%. — *2-Phenylimino-*, F. 251°; 63%. — *2-Phenylimino-3-phenyl-*, F. 134–135°; 30%. — *2-[o-Methoxyphenylimino]-*, F. 214°; 72%. — 6-Methoxycarbonylperhydro-1.3-thiazinone-(4), durch Hydrieren der **A** in Äthylacetat an 5%ig. Pd–Kohle; ≈100%: *2-Methylimino-*, F. 170–170,5°. — *2-Methylimino-3-methyl-*, $C_8H_{12}N_2O_3S$, F. 46,5°. — *2-Isopropylimino-3-isopropyl-*, F. 82,5–83°. — *2-Benzylimino-3-benzyl-*, Öl. — *2-Phenylimino-*, F. 143–144°. — *2-Phenylimino-3-phenyl-*, F. 115–116°. — *2-[o-Methoxyphenylimino]-*, F. 143–145°.

W. Senf 3292 △

1237 **Acetylenische Ester.** 2. Mitt. **Additionsreaktionen mit schwefel- und stickstoffenthaltenden Verbindungen.** J. W. Lown und J. C. N. Ma. (Canad. J. Chem. **45** (1967) 9, 953–67; engl.) — 1. vgl. vorst. Referat. — Acetylendicarbonsäuredimethylester (**I**) reagiert mit monosubstituierten Hydrazinen sowie Säurehydraziden zu *α-Hydrazonobernsteinsäuredimethylestern* (**B**), deren Struktur durch Cyclisierung zu *5-Methoxycarbonyl-2.3-dihydroprazolonen-(3)* gesichert wird. Thiosemicarbazide werden mit **I** zu *3-Amino-6-methoxycarbonyl-2.3-dihydro-1.3-thiazinonen-(4)* (**C**) cyclisiert, während mit Propiolsäuremethylester (**IV**) das *1:1-Gemisch* (**A**) aus *cis.cis-* u. *cis–trans-β.β′-Mercaptodiacrylsäuredimethylester* gebildet wird. Aus **I** u. Imidazolidinthion-(2) entsteht *7-Methoxycarbonyl-2.3-dihydro-5H-imidazo-[2.1:b]-[1.3]-thiazinon-(5)* [$C_8H_8N_2O_3S$, F. 198°; 65% (Ausb.); *Dihydroderiv.*, $C_8H_{10}N_2O_3S$, F. 108°]. 5.5-Dimethyl-2-thiohydantoin reagiert mit **I** zu *2.2-Dimethyl-7-methoxycarbonyl-2.3-dihydro-5H-imidazo-[2.1:b]-[1.3]-thiazindion-(3.5)* ($C_{10}H_{10} \cdot N_2O_4S$, F. 197–198°; 23%). 1-Acetyl-2-thiohydantoin reagiert nicht mit **I**. 1.2.3.-Triphenylguanidin lagert sich an **I** unter Bldg. von *6-Methoxycarbonyl-1.3-diphenyl-2-phenylimino-1.2.3.4-tetrahydropyrimidinon-(4)* ($C_{24}H_{19} \cdot N_3O_3$, F. 225°; 75%; *Dihydroderiv.*, F. 127°) an. Analog reagiert 1.3-Diphenylguanidin zu *6-Methoxycarbonyl-1-phenyl-2-phenylimino-1.2.3.4-tetrahydropyrimidinon-(4)* (F. 155°; 74,8%; Dihydroderiv., F. 186°). Aus Thioacetamid (**II**) bzw. Thiobenzamid (**III**) u. **I** entstehen keine 5-Methoxycarbonylmethylenthiazolinone-(4), sondern aus **II** *α-[1-Iminoäthylmercapto]-fumarsäuredimethylester* bzw. aus **III** *6-Methoxycarbonyl-2-phenyl-1.3-thiazinon-(4)*. **IV** reagiert mit **II** bzw. **III** zu **A**. Die Massenspektren von *2-Methylimino-3-amino-6-methoxycarbonyl-2.3-dihydro-* u. *-perhydro-1.3-thiazinon-(4)*, *2-Phenylimino-6-methoxycarbonyl-1.3-diphenyl-1.2.3.4-tetrahydro-* u. *-perhydropyrimidinon-(4)* u. *2-Phenylimino-1-phenyl-6-methoxycarbonyl-1.2.3.4-tetrahydro-* u. *-perhydropyrimidinon-(4)* sind graph. dargestellt.

Versuche: Hydrazonobernsteinsäuredimethylester (**B**), durch 24std. Rk. von **I** mit dem Hydrazin in CH_3OH: *N-[2.4.6-Trichlorphenyl]-*, F. 125°; 42% (Ausb.). — *N-[2.4-Dinitrophenyl]-*, F. 158°; 72,5%. — *N-[2-Nitrophenyl]-*, F. 70°; 61%. — *N-[4-Nitrophenyl]-* (**V**), F. 182–183°, aus p-Nitrophenylhydrazin; 75,5%. — *N-[2.5-Dichlorphenyl]-*, F. 126°; 84%. — *N-p-Toluoyl-*, F. 151°; 38%. — *N-Cyanacetyl-*, F. 125°; 57%. — *N-Benzoyl-*, F. 147–148°; 71%. — 3-Amino-6-methoxycarbonyl-2.3-dihydro-1.3-thiazinone-(4) (**C**), analog **B**: *2-Methylimino-*, $C_7H_9N_3O_3S$, F. 188°, aus 4-Methylthiosemicarbazid; 56,6%. — *2-Allylimino-*, $C_9H_{11} \cdot N_3O_3S$, F. 125°, aus 4-Allylthiosemicarbazid; 58,5%. — *2-Phenylimino-*, $C_{12}H_{11}N_3O_3S$, F. 162°, aus 4-Phenylthiosemicarbazid; 72%. — 5-Methoxycarbonylpyrazolone-(3): *2-Phenyl-*, $C_{11}H_{10}N_2O_3$, F. 225° (Xylol), aus Oxalessigsäuredimethylesterphenylhydrazon in sd. Xylol; 95%. — *2-[p-Nitrophenyl]-*, $C_{11}H_9N_3O_5$, F. 253° (Zers.; CH_3OH), aus **V** in sd. α-Picolin; 91%. — *Formylessigsäuremethylester, 4-Phenylthiosemicarbazon*, $C_{11}H_{12} \cdot N_3O_2S$, F. 101,5° (Äthylacetat), aus **IV** u. 4-Phenylthiosemicarbazid in Acetonitril; 65%. Analog *4-Methylthiosemicarbazon*, $C_6H_{11}N_3O_2S$, F. 123–125° (Äthylacetat), aus 4-Methylthiosemicarbazid; in sd. CH_3OH; 58,4%. — *β.β′-Mercaptodiacrylsäuredimethylester*, *1:1-Gemisch* (**A**) aus *cis.cis-* u. *cis–trans-Form*, $C_8H_{10}O_4S$, F. 115–117° (CH_3OH), a) aus **IV** u. 1-Acetylthiosemicarbazid in $CH_3 \cdot OH$; 55%; b) aus **II** u. **IV** in CH_3OH; 71%; c) analog b) aus **III**; 69%. — *α-[1-Iminoäthylmercapto]-fumarsäuredimethylester*, $C_8H_{11}NO_4S$, F. 149° (Zers.; Äthylacetat), aus **II** u. **I** in CH_3OH; 81%. — *2-Phenyl-6-methoxycarbonyl-1.3-thiazinon-(4)*, $C_{12}H_9NO_3S$, F. 153° (Acetonitril), aus **III** u. **I** in CH_3OH; 55%. — 6-Methoxycarbonyl-3-aminoperhydro-1.3-thiazinone-(4), durch Hydrieren der **C** an 5%ig. Pd/Kohle in Äthylacetat oder CH_3OH: *2-Methylimino-*, F. 38°. — *2-Allylimino-*, Öl. — *2-Phenylimino-*, F. 87°.

W. Senf 3292 △

1238 **1.2.4-Benzothiadiazine.** 40. Mitt. **Einwirkung von Alkylhalogeniden auf 6.7-Dichlor-3-oxodihydro-1.2.4-benzothiadiazin-1.1-dioxid.** L. Raffa, P. Pecorari und A. Albasini. (Farmaco [Pavia], Ediz. sci. **22** (1967) 6, 431–40; Ist. di Chim. farmaceut. e tossicolog. dell' Univ. di Modena; ital.) — 39. vgl. ibid. **21** (1966) 16. — Durch Rk. des Na-Salzes (**I**) der Titelverb. mit Alkylhalogeniden in DMF wurden neben den entsprechenden *3-O-Alkylderiv.* die *2-Alkylderiv.* (AD) erhalten. Ihre alkal. Hydrolyse führt zu entsprechenden *2-Amino-4.5-dichlorbenzolsulfonsäurealkylamiden*. Charakterist. IR-Maxima s. Original. — 37. vgl. C. **1969**, 6-1226.

Versuche: 6.7-Dichlor-3-oxodihydro-1.2.4-benzothiadiazin-1.1-dioxide, durch 2–3std. Erwärmen von **I** u. dem entsprechenden Alkylhalogenid in DMF auf 78–80° (Bad), mehrstd. Stehen bei Raumtemp., Einrühren in Eis/W., mehrstd. Stehen bei 0°, Einstellen der wss. Suspension des Nd. mit Na_2CO_3 unter Rühren auf pH 11,1–11,4, Filtrieren nach 2 Std., erneutes alkal. Extrahieren des Rückstands (→ alkal. Extrakte AE) u. Kristallisieren des Rückstands aus CH_3OH (Meth. **A**): *2-Methyl-*, $C_8H_6Cl_2N_2O_3S$, F. 229–230°; 95% (Ausb.). — *2-Äthyl-*, $C_9H_8Cl_2N_2O_3S$, F. 217–218°; 67%. — *2-Propyl-*, $C_{10}H_{10}Cl_2N_2O_3S$, F. 208–209°; 60%. — *2-Isopropyl-*, $C_{10}H_{10}Cl_2N_2O_3S$, F. 205–207°; 21%. — *2-Allyl-*, $C_{10}H_8Cl_2 \cdot N_2O_3S$, F. 194–195°; 77%. — *2-Propargyl-* (**II**), $C_{10}H_6Cl_2 \cdot N_2O_3S$, F. 218–219°; 66%. — *2-Butyl-*, $C_{11}H_{12}Cl_2N_2O_3S$, F. 178–179°; 46%. — *2-sek.-Butyl-*, $C_{11}H_{12}Cl_2N_2O_3S$, F. 218° (Zers.), durch 15std. Rk. nach **A**; 15%. — *2-Benzyl-*, $C_{14}H_{10}Cl_2N_2O_3S$, F. 188–189°, durch 10std. Rk. nach **A** bei 90°; 64%. — *Unsubstituiert, Na-Salz* (**I**), $C_7H_3Cl_2N_2 \cdot NaO_3S$, analog Raffa u. Pecorari [ibid. **21** (1966) 16); 94%. — 6.7-Dichlor-1.2.4-benzothiadiazin-1.1-dioxide, durch Einstellen der nach **A** erhaltenen AE mit verd. HCl auf pH 2–3 u. Kristallisieren des Nd. aus Aceton: *3-Äthoxy-*, $C_9H_8Cl_2N_2O_3S$, F. 245–246°; 18%. — *3-Propoxy-*, $C_{10}H_{10}Cl_2N_2O_3S$, F. 255–256°; 22%. *3-Isopropoxy-*, $C_{10}H_{10}Cl_2N_2O_3S$, F. 223° (Zers.); 50%. — *3-Allyloxy-*, $C_{10}H_8Cl_2N_2O_3S$, F. 215–216°; 3,5%. — *3-Propargyloxy-*, $C_{10}H_6Cl_2N_2O_3S$, F. 217–218°; 8%. — *3-Butoxy-*, $C_{11}H_{12}Cl_2N_2O_3S$, F. 228–229°; 16%. — *3-sek.-Butoxy-*, $C_{11}H_{12}Cl_2N_2O_3S$, F. 280° (Zers.); 27%. — *3-Benzyloxy-*, $C_{14}H_{10}Cl_2N_2O_3S$, F. 200–201°; 11%. — 2-Amino-4.5-dichlorbenzolsulfonsäurealkylamide, durch 3std. Kochen des entsprechenden AD in 8%ig. NaOH, Sättigen mit CO_2 nach evtl. Verdünnen u. Kristallisieren des Nd. aus W./CH_3OH: *Äthylamid*, $C_8H_{10}Cl_2N_2O_2S$, F. 94–95°; 89%. — *Propylamid*, $C_9H_{12}Cl_2N_2O_2S$, F. 82 bis 83°; 93%. — *Isopropylamid*, $C_9H_{12}Cl_2N_2O_2S$, F. 130–131°; 87%. — *Allylamid*, $C_9H_{10}Cl_2N_2O_2S$, F. 107–108°; 87%. — *Butylamid*, $C_{10}H_{14}Cl_2N_2O_2S$, F. 80–81°; 87%. — *Benzylamid*, $C_{13}H_{12}Cl_2N_2O_2S$, F. 122–123°; 89%. — *Amid*, $C_6H_6Cl_2N_2O_2S$, F. 175–176°, aus **II**; 85%.

H.-J. Jahns 3333△

1239 **Stereochemie einer nucleophilen Substitution am Phosphor.** William S. Wadsworth jun. (J. org. Chemistry **32** (1967) 5, 1603–04; Dep. of Chem., S. Dak. State Univ., Brookings, S. Dak.; engl.) — Vf. geben an, daß Propan-1.1.1-trimethylolphosphit (**I**) mit Cl_2 zu *2a-Chlor-2e-oxo-5a-chlormethyl-5e-äthyl-1.3.2-dioxaphosphorinan* (**II**; a = axial, e = äquatorial) reagiert, das mit Piperidin (**III**) *2a-Oxo-2e-piperidino-5a-chlormethyl-5e-äthyl-1.3.2-dioxaphosphorinan* (**IV**) gibt. Durch Rk. von N-Chlorpiperidin (**V**) mit **I** wird das zu **IV** am Phosphor stereoisomere *2a-Piperidino-2e-oxo-Deriv.* erhalten. Die Behandlung des Säurechlorids **II** mit NaOH in CCl_4 gab das *Na-[2-Chlormethyl-2-äthylpropylen]-phosphat*, das auch aus cis-2-Chlormethyl-2-äthylpropandiol-(1.3)-benzylphosphonat mit NaH u. Benzaldehyd erhalten werden konnte. Aus den genannten Rk. leitet Vf. ab, daß der Übergangszustand des cycl. Phosphitsyst. durch eine trigonale Bipyramide dargestellt wird.

Versuche: *2-Oxo-2-piperidino-5-chlormethyl-5-äthyl-1.3.2-dioxaphosphorinan* (**IV**), $C_{11}H_{21}ClNO_3P$, F. 161 bis 162° (Heptan), aus 16,2 g **I** u. Cl_2 u. Rk. mit **III**; 14,35 g (Ausb.). — *2-Oxo-2-piperidino-5-chlormethyl-5-äthyl-1.3.2-dioxaphosphorinan*, $C_{11}H_{21}ClNO_3P$, F. 99 bis 100° (Heptan), aus 24,3 g **I** u. **V**; 32,8 g.

P. Boroffka 3343

1240 **Die Synthese eines Mittelringes mit brückengebundenem Diphenyl durch photochemisch induzierte intramolekulare Arylierung.** P. W. Jeffs und J. F. Hansen. (J. Amer. chem. Soc. **89** (1967) 11, 2798–99; Durham, N.C., Duke Univ., Dep. of Chem.; engl.) — Durch 200std. Bestrahlung (450-W-Hanau-Hochdrucklampe) von Benzyl-[2-jodbenzyl]-amin entsteht in 57%ig. Ausb. *6.7-Dihydro-5H-dibenz-[c.e]-azepin* (F. 74–76°). In analoger Weise wird beim 113std. Bestrahlen von N-[β-Phenäthyl]-2-jodbenzylamin in W. ein Gemisch aus *1.2.3.8-Tetrahydro-4.5;6.7-dibenzoazocin* (F. 119–120°; 25%) u. *N-[β-Phenäthyl]-benzylamin* (10%).

E. Koßmehl 3370

1241 **1.2.3.5.6.7.12.12b-Oktahydropyrrolo-[1'.2':1.2]-azepino-[3.4:b]-indole und 5.7.8.9.14.14b-Hexahydroisoindolo-[2'.1':1.2]-azepino-[3.4:b]-indole.** S. Wawzonek und M. M. Maynard. (J. org. Chemistry **32** (1967) 11, 3618–22; Univ. of Ia., Iowa City, Ia.; engl.) — 3-[3-Aminopropyl]-indol (**I**) gibt mit o-Benzoylbenzoesäure (**II**) in sd. abs. Xylol *5-Oxo-14b-phenyl-5.7.8.9.14.14b-hexahydroisoindolo-[2'.1':1.2]-azepino-[3.4:b]-indol* (**III**). Aus **I** u. o-Acetylbenzoesäure (**IV**) entsteht analog *2-[3-(Indolyl-(3))-propyl]-3-methylenphthalimidin*, das von HCl, CH_3COOH bzw. HCOOH in *5-Oxo-14b-methyl-5.7.8.9.14.-14b-hexahydroisoindolo-[2'.1':1.2]-azepino-[3.4:b]-indol* (**V**) umgewandelt wird. Phthalaldehydsäure bildet bei der direkten Kondens. mit **I** zwei nicht identifizierte *neutrale Verbindungen*. N-[3-(Indolyl-(3))-propyl]-phthalimid wird von Mg in CH_3OH zu *3-Hydroxy-2-[3-(indolyl-(3))-propyl]-phthalimidin* red., das mit HCl in CH_3OH *5-Oxo-5.7.8.9.-14.14b-hexahydroisoindolo-[2'.1':1.2]-azepino-[3.4:b]-indol* (**VI**) liefert. Die Kondens. von **I** mit β-Benzoylpropionsäure (**VII**) führt zum *3-[Indolyl-(3)]-propylammoniumsalz* von *4-Phenyl-4-[1-(3-indolyl-(3)-propyl)-2-phenyl-5-oxo-Δ^2-pyrrolinyliden-(4)]-buttersäure*, das mit HCl in CH_3OH *2-[1-Phenyl-3-methoxycarbonylpropyliden]-3-oxo-12b-phenyl-1.2.3.5.6.7.12.12b-oktahydropyrrolo-[1'.2':1.2]-azepino-[3.4:b]-indol* bildet. Aus 4-Hydroxy-4-phenyl-Δ^3-butensäurelacton (**VIII**) u. **I** wird *3-Benzoyl-N-[3-indolyl-(3)-propyl]-propionsäureamid* dargestellt, das mit HCl in CH_3OH zu *3-Oxo-12b-phenyl-1.2.3.5.6.7.12.12b-oktahydropyrrolo-[1'.2':1.2]-azepino-[3.4:b]-indol* (**IX**) reagiert. *3-Oxo-12b-methyl-1.2.3.5.6.7.12.12b-oktahydropyrrolo-[1'.2':1.2]-azepino-[3.4:b]-indol* (**X**) wird aus 4-Hydroxy-Δ^3-pentensäurelacton (**XI**), **I** u. HCl-Gas in A. erhalten. Analog geben 5-Methoxytryptamin (**XII**) u. **VIII** *1.2.3.5.-6.11b-Hexahydro-8-methoxy-3-oxo-11b-phenyl-11H-pyrrolo-[2.1:a]-β-carbolin*. **VI** wird von $LiAlH_4$ in Ae., THF, Dioxan bzw. N-Äthylmorpholin nicht reduziert.

Versuche (F. korr.): *5-Oxo-14b-phenyl-5.7.8.9.-14.14b-hexahydroisoindolo-[2'.1':1.2]-azepino-[3.4:b]-indol* (**III**), $C_{25}H_{20}N_2O$, F. 313–314° (abs. A.), aus 5,47 g **I** u. **II** in sd. abs. Xylol; 3,04 g (Ausb.). — *2-[3-(Indolyl-(3))-propyl]-3-methylenphthalimidin*, $C_{20}H_{18}N_2O$, F. 130–131° (Chlorbenzol), aus 5,59 g **I** u. **IV** in sd. abs. Xylol; 8,8 g. — *5-Oxo-14b-methyl-5.7.8.9.14.14b-hexahydroisoindolo-[2'.1':1.2]-azepino-[3.4:b]-indol* (**V**), $C_{20}H_{18}N_2O$, F. 321–322° (Zers.; CH_3COOH), a) aus 0,1 g vorst. Verb. u. konz. HCl in sd. abs. A.; 0,08 g; b) aus 4,55 g **I** u. Phthalidylidenessigsäure in sd. Eisessig; 5,37 g. — *2-[3-(Indolyl-(3))-propyl]-phthalimid*, F. 131–132° (abs. A.), aus 1,7 g **I** u. Phthalsäureanhydrid in der Schmelze; 2,38 g. — *3-Hydroxy-2-[3-(indolyl-(3))-propyl]-phthalimidin*, $C_{19}H_{18}N_2O_2$, F. 167–168°, aus 10 g vorst. Verb., Mg u. NH_4Cl in wss. CH_3OH bei 60°; 9,77 g. — *5-Oxo-5.7.8.9.14.14b-hexahydroisoindolo-[2'.1':1.2]-azepino-[3.4:b]-indol* (**VI**), $C_{19}H_{16}N_2O$, F. 200–205°, aus 5 g vorst. Verb. u. 2 n HCl in sd. CH_3OH; 4 g. — *3-Benzoyl-N-[3-(indolyl-(3))-propyl]-propionsäureamid*, $C_{21}H_{22}N_2O_2$, F. 133–134° (Bzl.), aus 1,33 g **I** u. **VIII** in sd. CH_3OH; 1,03 g. — *3-Oxo-12b-phenyl-1.2.3.5.6.7.12.12b-oktahydropyrrolo-[1'.2':1.2]-azepino-(3.-4:b]-indol* (**IX**), $C_{21}H_{20}N_2O$, F. 288–289°, aus 0,5 g vorst. Verb. u. konz. HCl in CH_3OH bei 45°; 0,373 g. — *3-Oxo-12b-methyl-1.2.3.5.6.7.12.12b-oktahydropyrrolo-[1'.2':1.2]-azepino-[3.4:b]-indol* (**X**), $C_{16}H_{18}N_2O$, F. 192–193° (Aceton), aus 10 g **I**, **XI** u. trockenem HCl-Gas in abs. A.; 4,71 g. — *1.2.3.5.6.11b-Hexahydro-8-methoxy-3-oxo-11b-phenyl-11H-pyrrolo-[2.1:a]-β-carbolin*, F. 256–257° (Bzl./A.), aus 0,5 g **XII**, **VIII** u. trockenem HCl-Gas in abs. A.; 0,179 g. — *4-Phenyl-4-[1-(3-indolyl-(3)-propyl)-2-phenyl-5-oxo-Δ^2-pyrrolinyliden-(4)]-buttersäure*, *3-[Indolyl-(3)]-propylammoniumsalz*, $C_{42}H_{42}N_4O_3$, F. 148–151° (A.), aus 7,3 g **I** u. **VII** in sd. Toluol; 5,29 g. — *2-[1-Phenyl-3-methoxycarbonylpropyliden]-3-oxo-12b-phenyl-1.2.3.5.6.7.12.-12b-oktahydropyrrrolo-[1'.2':1.2]-azepino-[3.4:b]-indol*, $C_{32} \cdot H_{30}N_2O_3$, F. 227–228° ($CH_3OH$/A.), aus 1 g vorst. Verb. u. konz. HCl in CH_3OH bei 45°; 0,5 g. *14b-Methyl-5.7.8.9.-14.14b-hexahydroisoindolo-[2'.1':1.2]-azepino-[3.4:b]-indol*, $C_{20}H_{20}N_2$, F. 75–80° (Hexan), aus 3 g **V** u. $LiAlH_4$ in sd. THF; 1,04 g. — *14b-Phenyl-5.7.8.9.14.14b-hexahydroisoindolo-[2'.1':1.2]-azepino-[3.4:b]-indol*, $C_{25}H_{22}N_2$, F. 188–189° (Hexan), aus 6,41 **III** u. $LiAlH_4$ in sd. abs. Dioxan; 4,24 g. — *12b-Methyl-1.2.3.5.6.7.12.12b-oktahy-*

dropyrrolo-[1'.2':1.2]-azepino-[3.4:b]-indolhemihydrat, $C_{16}H_{20}N_2 \cdot 0,5\ H_2O$, F. 98—100° (Ae.), aus 5 g **X** u. $LiAlH_4$ in sd. abs. THF; 4,2 g. *Citrat*, $C_{22}H_{28}N_2O_7$, Zers. bei 200° (Sintern bei 70°, Decarboxylierung bei 147—197°). — *12b-Phenyl-1.2.3.5.6.7.12.12b-oktahydropyrrolo-[1'.2':1.2]-azepino-[3.4:b]-indolhemihydrat*, $C_{21}H_{22}N_2 \cdot 0,5\ H_2O$, F. 105—106° (abs. A.), aus 3,67 g **IX** u. $LiAlH_4$ in sd. abs. THF; 3,13 g. *Pikrat*, $C_{27}H_{25}N_5O_7$, F. 205—208° (Zers.; A.)
Hans Köhne/Berlin 3370△

C-4. Naturstoffe

1242 **Synthese von 2-Desoxy-D-erythro-pentose.** I. Ziderman und E. Dimant. (J. org. Chemistry **32** (1967) 4, 1267—69; The Hebrew Univ., Jerusalem, Israel; engl.) — Durch nucleophile Substitution mit CN^- wurde aus 1-Desoxy-2.4-O-äthyliden-1-jod-D-erythrit das Nitril dargestellt, das durch partielle Red. u. Abspaltung der Schutzgruppe in *2-Desoxy-D-erythro-pentose* übergeführt wurde. $[\alpha]_D$-Werte vgl. Original.

Versuche: *1-[(Benzyloxycarbonyl)-amino]-1-desoxy-D-erythrit*, $C_{12}H_{17}NO_5$, F. 109—110° (Essigester), aus 1-Amino-1-desoxy-2.4-O-äthyliden-D-erythrit durch Hydrolyse mit 1 n H_2SO_4 u. Rk. mit Carbobenzoxychlorid/Na_2CO_3; 85% (Ausb.). — *2.3.4-Tri-O-benzoyl-1-[(benzyloxycarbonyl)-amino]-1-desoxy-D-erythrit* (**I**), $C_{33}H_{29}NO_8$, F. 100° (Bzl./PAe.) aus vorst. Verb. mit Benzoylchlorid/Py.; 92%. — *1-Amino-2.3.4-tri-O-benzoyl-1-desoxy-D-erythrit, Hydrobromid*, $C_{25}H_{24}BrNO_6$, F. 164—165° (CH_3OH/Ae.), durch Abspaltung der Carbobenzoxygruppe aus **I** mit HBr/CH_3COOH; 80%. — *2.3.4-Tri-O-benzoyl-1-chlor-1-desoxy-D-erythrit*, $C_{25}H_{21}ClO_6$, F. 152° (Bzl./PAe.), aus vorst. Verb. u. NOCl. — *2.3.4-Tri-O-benzoyl-1-brom-1-desoxy-D-erythrit*, $C_{25}H_{21}BrO_6$, F. 167° (Bzl.), durch Rk. von **I** mit HBr/CH_3COOH u. $NaNO_2$; 60%. — *2.3.4-Tri-O-benzoyl-1-desoxy-1-jod-D-erythrit*, $C_{25}H_{21}JO_6$, F. 172° (Bzl./PAe.); $[\alpha]_D^{28}$ +14,4° (c = 1,0; $CHCl_3$), aus vorst. Verb. u. NaJ/Aceton im Rohr; 75%. — *1-Desoxy-2.4-O-äthyliden-1-jod-D-erythrit*, $C_6H_{11}JO_3$, F. 54° (Bzl./PAe.), durch Rk. von 2.4-O-äthyliden-1-O-[p-toluolsulfonyl]-D-erythrit mit NaJ in Aceton; 91,5%. — *2-Desoxy-3.5-O-äthyliden-D-erythro-pentonitril*, $C_7H_{11}NO_3$, F. 102—103° (Essigester/PAe.), aus vorst. Verb. u. NaCN in DMS; 78%. — *2-Desoxy-N-phenyl-erythro-pentosylamin*, F. 167—168° (A.), durch Red. vorst. Verb. an Raney-Ni u. Umsetzen der gebildeten 2-Desoxy-D-erythro-pentose mit Anilin; $[\alpha]_D^{28}$ +169° (c = 0,58; Py.). H.-P. Albrecht 3400

1243 **Synthese von D-erythro-Pentulose-1-phosphat (D-Ribulose-1-phosphat).** John C. Stewart und Clinton E. Ballou. (J. org. Chemistry **32** (1967) 4, 1065—67; Dep. of Biochem., Univ. of Calif., Berkeley, Calif.; engl.) — Aus 3.4.5-Tri-O-benzoyl-1-desoxy-1-diazo-D-erythropentulose wurde durch Hydrolyse *3.4.5-Tri-O-benzoyl-D-erythro-pentulose* dargestellt, die mit Orthoameisensäuremethylester *3.4.5-Tri-O-benzoyl-D-erythro-pentulosedimethylacetal* gibt. Durch Phosphorylierung u. Abspaltung der Schutzgruppen wurde *D-Ribulose-1-phosphat* erhalten. $[\alpha]_D$-Werte vgl. Original.

Versuche: *3.4.5-Tri-O-benzoyl-1-desoxy-1-diazo-D-erythro-pentulose*, $C_{26}H_{20}N_2O_7$, F. 94—96° (Ae.), aus 2.3.4-Tri-O-benzoyl-D-erythronsäurechlorid u. CH_2N_2; 52% (Ausb.). — *3.4.5-Tri-O-benzoyl-D-erythro-pentulose*, $C_{26}H_{22}O_8$, F. 123—125° (Ae.), aus vorst. Verb. durch Erhitzen mit 3 n H_2SO_4 in Dioxan; 60%. — *3.4.5-Tri-O-benzoyl-D-erythro-pentulosedimethylacetal*, $C_{28}H_{28}O_9$, aus vorst. Verb. u. Orthoameisensäuremethylester in CH_3OH unter Zusatz von H_2SO_4; 92%. — *D-erythro-Pentulose-1-phosphatdimethylacetal*, durch Rk. vorst. Verb. mit Phosphorsäurediphenylesterchlorid in Py., anschließende Hydrogenolyse über Pt u. Einw. von $Ba(OH)_2$; 39%. — *D-erythro-Pentulose-1-phosphat*, durch Abspaltung der Acetalgruppe mit Dowex-50 (H^+); geht bei Red. mit $NaBH_4$ u. Dephosphorylierung in Arabit u. Ribit über.
H.-P. Albrecht 3400

1244 **Arylsulfonylhydrazone und Dialkyldithioacetale der D-erythro-Pentulose.** H. Zinner und W. Rehpenning. (Carbohydrate Res. [Amsterdam] **5** (1967) 2, 176—83; Inst. für Org. Chem., Univ. Rostock, DDR; dt.) — Die *Titelverb.* (**I**) wird aus D-Arabinose durch de-Bruyn-van-Ekenstein-Umlagerung u. Abtrennung der Aldosen gewonnen. Von **I** werden einige *Arylsulfonylhydrazone* hergestellt. Acetylierung von **I** führt zur *Tetra-O-acetyl-keto-D-erythro-pentulose*, aus der *Tetra-O-acetyl-D-erythro-pentulosedialkyldithioacetale* erhalten werden. *D-erythro-Pentulosedimethyldithioacetal* entsteht aus dem entsprechenden Tetraacetat mit methanol. Ba-Methylat; es wird in das krist. *Tri-O-acetyl-5-O-trityl-D-erythro-pentulosedimethyldithioacetal* übergeführt.

Versuche: *D-erythro-Pentulose* (**I**) aus D-Arabinose durch 4std. Kochen mit Py., Verreiben des Rückstandes mit A., Absaugen der krist. Aldosen u. weitere Reinigung über Anionenaustauscher; $[\alpha]_D^{20}$ —16,5° (c = 1,81; W.); 19% (Ausb.). — *D-erythro-Pentulosearylsulfonylhydrazone*, durch 3std. Rk. von **I** mit dem entsprechenden Arylsulfonylhydrazin in Methanol bei 50°. *-p-chlorbenzolsulfonylhydrazon*, $C_{11}H_{15}ClN_2O_6S$, F. 146° (Zers.) (Methanol/W.); $[\alpha]_D^{21}$ —19° (10 Min.) → —6,4° (24 Std.) (c = 0,95; Py.); Nadeln; 33%. — *-p-brombenzolsulfonylhydrazon*, $C_{11}H_{15}BrN_2O_6S$, F. 148° (Zers.) (Methanol/W.); $[\alpha]_D^{21}$ +43,4° (10 Min.) → +6,3° (24 Std.) (c = 0,92; Py.); Nadeln; 29%. — *-p-methoxybenzolsulfonylhydrazon*, $C_{12}H_{18}N_2O_7S$, F. 151° (Zers.) (A.); $[\alpha]_D^{21}$ +17,3° (10 Min.) → +7,4° (24 Std.) (c = 0,96; Py.); Pulver; 12%. — *-p-toluolsulfonylhydrazon*, $C_{12}H_{18}N_2O_6S$, F. 164° (Zers.) (A.); $[\alpha]_D^{21}$ +17,7° (10 Min.) → +3,7° (24 Std.) (c = 0,99; Py.); Pulver; 24%. — *-p-jodbenzolsulfonylhydrazon*, $C_{11}H_{15}JN_2O_6S$, F. 152° (Zers.) (A.), durch 4std. Rk. in DMF; $[\alpha]_D^{21}$ —13,5° (10 Min.) → —5,3° (24 Std.) (c = 1,31; Py.); Nadeln; 35%. — *Tetra-O-acetyl-keto-D-erythro-pentulose*, $C_{13}H_{18}O_9$, Kp.$_{10^{-4}}$ 145—155° (Bad), durch 24std. Rk. von **I** mit Essigsäureanhydrid in Ggw. von $ZnCl_2$; $[\alpha]_D^{21}$ +3,9° (c = 2; Methanol); n_D^{21} 1,4502; 40%. — *Tetra-O-acetyl-D-erythro-pentulosedialkyldithioacetale*, aus vorst. Verb. durch 6std. Rk. bei 0° u. 24std. Rk. bei 20° mit dem entsprechenden Thioalkohol in Ggw. von Na_2SO_4 u. $ZnCl_2$. *-dimethyldithioacetal* (**II**), $C_{15}H_{24}O_8S_2$; $[\alpha]_D^{21}$ +37,7° (c = 2,52; Methanol); n_D^{21} 1,5113; 81%. — *-diäthyldithioacetal*, $C_{17}H_{28}O_8S_2$; $[\alpha]_D^{21}$ +3,4° (c = 1,78; Methanol); n_D^{21} 1,4854; 61%. — *-diisopropyldithioacetal*, $C_{19}H_{32}O_8S_2$; $[\alpha]_D^{21}$ +3,4° (c = 2,2; Methanol); n_D^{21} 1,4872; 55%. — *-dipropyldithioacetal*, $C_{19}H_{32}O_8S_2$; $[\alpha]_D^{21}$ +4,7° (c = 1,8; Methanol); n_D^{21} 1,4888; 19%. — *D-erythro-Pentulosedimethyldithioacetal*, $C_7H_{16}O_4S_2$, aus **II** durch 16std. Rk. mit methanol. Ba-Methylat; $[\alpha]_D^{21}$ +12,8° (c = 2,13; Methanol); n_D^{21} 1,5826; 78%. — *5-O-Trityl-D-erythro-pentulosedimethyldithioacetal*, F. 104°, aus vorst. Verb. durch 24std. Rk. mit Tritylchlorid in Py. bei 20°; $[\alpha]_D^{20}$ +5° (c = 1,08; $CHCl_3$); 68%. — *Tri-O-acetyl-5-O-trityl-D-erythro-pentulosedimethyldithioacetal*, $C_{32}H_{36}O_7S_2$, F. 88° (A.), aus vorst. Rk.-Ansatz durch 16std. Rk. mit Essigsäureanhydrid bei 20°; $[\alpha]_D^{21}$ +16,9° (c = 2,79; $CHCl_3$); 44%. R. Becker 3400△

1245 **Neue Synthese von 2.3-Diamino-2.3-didesoxy-D-glucose.** Hans H. Baer und Thomas Neilson. (J. org. Chemistry **32** (1967) 4, 1068—72; Dep. of Chem., Univ. of Ottawa, Ottawa; engl.) — Durch Einw. von NH_3 in wss. THF auf Methyl-2-O-acetyl-4.6-O-benzyliden-3-desoxy-3-nitro-β-D-glucopyranosid entsteht *Methyl-2-amino-4.6-O-benzyliden-2.3-didesoxy-3-nitro-β-D-glucopyranosid* (**I**) u. ein Isomeres unbekannter Konfiguration. **I** läßt sich durch Hydrierung u. Abspaltung der Schutzgruppen in *2.3-Diamino-2.3-didesoxy-D-glucose* überführen.

Versuche: *Methyl-2-amino-4.6-O-benzyliden-2.3-didesoxy-3-nitro-β-D-glucopyranosid* (**I**), $C_{14}H_{18}N_2O_6$, F. > 250° (Zers.; A.), a) aus Methyl-4.6-O-benzyliden-2.3-didesoxy-3-nitro-β-D-erythro-hexopyranosen-(2)-id u. NH_3; b) durch Rk. von Methyl-2-O-acetyl-4.6-O-benzyliden-3-desoxy-3-nitro-β-D-glucopyranosid in THF mit wss. NH_3; $[\alpha]_D^{23}$ —48,6° (c = 0,9; DMF). *Acetylderiv.*, $C_{16}H_{20}N_2O_7$, F. 310—312° (Zers.), a) mit Essigsäureanhydrid in Methanol; $[\alpha]_D^{23}$ —40,3° (c = 1,07; DMF); 93,5% (Ausb.); b) analog a) in Py.; 79%. — *Isomeres* $C_{14}H_{18}N_2O_6$, F. 153—154° (A.), neben vorst. Verb.; $[\alpha]_D^{25}$ —96° (c = 1; DMF). *N-Acetylderiv.*, F. 223—224°. — *Methyl-2-acetylamino-2.3-didesoxy-3-nitro-β-D-glucopyranosid*, $C_9H_{16}N_2O_7$, F. 189—190° (Zers.; A./Toluol), aus dem Acetylderiv. vorvorst. Verb. mit wss. Essigsäure;

$[\alpha]_D^{23}$ – 24,2° (c = 0,9; W.); 93,3% (tritt in zwei Modifikationen auf). *Isomeres*, F. 195–196° (A.), analog aus vorst. Verb.; 69%. – *Methyl-2-acetylamino-4.6-di-O-acetyl-2.3-didesoxy-3-nitro-β-D-glucopyranosid*, $C_{13}H_{20}N_2O_9$, F. 166–167° (PAe./Essigsäureäthylester), aus vorst. Verb. mit Essigsäureanhydrid/BF_3-Ätherat; 72%. – *Methyl-2-acetylamino-3-amino-2.3-didesoxy-β-D-glucopyranosidhydrochlorid*, $C_9H_{19}ClN_2O_5 \cdot {}^1/_2\,H_2O$, durch katalyt. Hydrierung vorvorst. Verb. an Pt in verd. HCl; $[\alpha]_D^{23}$ – 42,5° (c = 2; W.). – *Methyl-2.3-diacetylamino-2.3-didesoxy-β-D-glucopyranosid*, $C_{11}H_{20}N_2O_6$, F. 262–263°, aus vorst. Verb. mit Essigsäureanhydrid in wss. Methanol; $[\alpha]_D^{23}$ – 105,2° (c = 1,15; W.). – *Methyl-2.3-diacetylamino-4.6-di-O-acetyl-2.3-didesoxy-β-D-glucopyranosid*, durch Acetylierung vorvorst. Verb. mit Essigsäureanhydrid/Pyridin. – *2.3-Diamino-2.3-didesoxy-α-D-glucose. Dihydrochlorid*, $C_6H_{16}Cl_2N_2O_4$, F. 180–185° (Zers.), analog vorst. Verb. mit konz. HCl; $[\alpha]_D^{23}$ + 46° (c = 1,05; W.); 71%. *Diacetylderiv.*, $C_{10}H_{18}N_2O_6$, F. 253–254° (A./Essigsäureäthylester), durch N-Acetylierung mit Essigsäureanhydrid in wss. Methanol; $[\alpha]_D^{23}$ – 46,1° (c = 0,91; W.); 73%. – *2.3-Dibenzoylamino-2.3-didesoxy-D-glucose*, $C_{20}H_{22}N_2O_6$, F. 261–262° (Methylalkohol/Nitromethan), aus vorst. Verb. mit Benzoylchlorid in wss. THF; $[\alpha]_D^{23}$ + 83° (c = 1; wss. Methanol). – *Methyl-4.6-O-benzyliden-2-äthoxycarbonylamino-2.3-didesoxy-3-nitro-β-D-glucopyranosid*, $C_{17}H_{22}N_2O_8$, F. 266–267° (A.), durch Rk. von **I** mit Chlorkohlensäureäthylester in Ggw. von Py.; $[\alpha]_D^{23}$ – 49,5° (c = 1,01; DMF); 67%. – *Methyl-2-äthoxycarbonylamino-2.3-didesoxy-3-nitro-β-D-glucopyranosid*, $C_{10}H_{18}N_2O_8$, F. 183–184°, aus vorst. Verb. durch Debenzylierung; $[\alpha]_D^{23}$ + 16,7° (c = 1,2; DMF); 93%. – *Methyl-3-amino-2-äthoxycarbonylamino-2.3-didesoxy-β-D-glucopyranosid. Hydrochlorid*, $C_{10}H_{21}ClN_2O_6$, F. 233–234° (A.), durch Hydrierung vorst. Verb. an Pt in verd. HCl. – *Methyl-3-acetylamino-2-äthoxycarbonylamino-4.6-di-O-acetyl-2.3-didesoxy-β-D-glucopyranosid*, $C_{16}H_{26}N_2O_9$, F. 225–226° (Essigsäureäthylester/PAe.), durch Acetylierung vorst. Verb.; $[\alpha]_D^{23}$ + 16° (c = 1,02; DMF); 53%.

H.-P. Albrecht 3400

1246 **Darstellung von 1-Desoxy-1-(sulfoäthylamino)-D-fructose.** Kurt Heyns, Horst Behre und Hans Paulsen. (Carbohydrate Res. [Amsterdam] 5 (1967) 2, 225 bis 228; Chem. Staatsinst., Inst. für Org. Chem., Univ. Hamburg; dt.) – Rk. von 4.6-O-Benzyliden-D-glucopyranose mit Na-2-Aminoäthansulfonat gibt *Na-N-(4.6-O-Benzyliden-D-glucosyl)-2-aminoäthansulfonat*, das mit wasserfreier Oxalsäure unter Amadori-Umlagerung in *4.6-O-Benzyliden-1-desoxy-1-(2-sulfoäthylamino)-keto-D-fructose* übergeht, aus der die *Titelverb.* erhalten wird.

Versuche: *Na-N-(4.6-O-Benzyliden-D-glucosyl)-2-aminoäthansulfonat*, $C_{15}H_{20}NaNO_8S$, F. 205–207° (Zers.), durch 2–3 Min. langes Kochen von 4.6-O-Benzyliden-D-glucose (**I**) mit Na-2-Aminoäthansulfonat in Methanol; $[\alpha]_D^{20}$ – 45° (5 Min.) → – 24° (2 Tage) (c = 1; Methylsulfoxid); 90% (Ausb.). – *N-(4.6-O-Benzyliden-D-glucosyl)-2-aminoäthansulfonamid*, $C_{15}H_{22}N_2O_7S$, F. 131° (Zers.) (Isopropanol), aus **I** u. Tauramid; $[\alpha]_D^{20}$ – 43° (5 Min.) → – 24° (2 Tage) (c = 1; Methylsulfoxid); 75%. – *4.6-O-Benzyliden-1-desoxy-1-(2-sulfoäthylamino)-keto-D-fructose*, $C_{15}H_{21}NO_9S$, F. 176–177° (Zers.) (W./A.), aus vorvorst. Verb. durch 5 Min. langes Kochen in Methanol in Ggw. von wasserfreier Oxalsäure (Meth. **A**); $[\alpha]_D^{20}$ – 62° (c = 1; Methylsulfoxid); Nadeln; 51%. *4.6-O-Benzyliden-1-desoxy-1-(2-sulfamoyläthylamino)-keto-D-fructose. Oxalat*, $C_{15}H_{22}N_2O_7S \cdot (COOH)_2$, F. 165–166,5° (Zers.) (Methanol), aus vorvorst. Verb. nach Meth. **A**; $[\alpha]_D^{20}$ – 55,8° (c = 1; Methylsulfoxid); 34%; daneben *Tauramidoxalat*. – *1-Desoxy-1-(2-sulfoäthylamino)-D-fructose*, $C_8H_{17}NO_8S$, aus vorvorst. Verb. durch 20 Min. langes Kochen in H_2SO_4/Methanol; $[\alpha]_D$ – 41,6° (5 Min.) → – 10,3° (4 Tage) (c = 1; Methylsulfoxid).

R. Becker 3400△

1247 **Synthese von Aryl-α-glykosiden.** J. L. Bose und T. R. Ingle. (Chem. and Ind. **1967**, 34, 1451; Nat. Chem. Labor., Poona, India; engl.) – Nach der Meth. von Lemieux u. Shyluk (vgl. Canad. J. Chem. **31** (1953) 528) entstehen neben den β-Glykosiden auch die α-Anomeren im Verhältnis 7 : 3. Auf diese Weise wurden hergestellt: *Phenyl-α-D-gluco-pyranosidtetraacetat*, *Phenyl-α-D-galaktopyranosidtetraacetat*, *o-Nitrophenyl-1-thio-α-D-glucopyranosidtetraacetat*, F. 143–144°; $[\alpha]_D$ + 284,5° ($CHCl_3$) u. *o-Nitrophenyl-1-thio-α-D-galaktopyranosidtetraacetat*, F. 153 bis 154°; $[\alpha]_D$ + 298,3° ($CHCl_3$).

R. Becker 3450△

1248 **Teilweise p-Toluolsulfonierung von Methyl-6-O-trityl-β-D-galaktofuranosid. 1. Mitt. Synthese von 2.5- und 3.5-Dimethyläthern der D-Galaktose.** I. R. Siddiqui und Branko Urbas. (Carbohydrate Res. [Amsterdam] **5** (1967) 2, 210–17; Food Res. Inst., Canada Dep. of Agric., Ottawa, Canada; engl.) – Bei der teilweisen p-Toluolsulfonierung von Methyl-6-O-trityl-β-D-galaktofuranosid entstehen drei *Mono-O-tolyl-* u. ein *Di-O-tolylderivat* (**I**). Durch Methylierung, Desulfonylierung, Detritylierung u. Hydrolyse entstehen aus ersteren die *2.3-*, *2.5-*, *3.5-* u. der *3-Methyläther* der *D-Galaktose*. Aus **I** wird *Methyl-2.5-anhydro-3-O-methyl-6-O-trityl-β-D-hexofuranosid* erhalten.

Versuche: *Methyl-6-O-trityl-β-D-galaktofuranosid*, $C_{26}H_{28}O_6 \cdot {}^1/_2\,C_2H_5OH$, F. 91–92,5° (Diisopropyläther), durch 48std. Rk. von Methyl-β-D-galaktofuranosid mit Chlortriphenylmethan in Py. bei Raumtemp.; $[\alpha]_D^{25}$ – 46,3° (c = 3; $CHCl_3$); 95% (Ausb.); 5 g geben bei 2std. Rk. mit Tosylchlorid in Py. bei 100° 1,1 g *Methyl-5-O-tosyl-6-O-trityl-β-D-galaktofuranosid* [**IV**, $C_{33}H_{34}O_8S$; $[\alpha]_D^{25}$ – 36,8° ($CHCl_3$)], 0,6 g *Methyl-3-O-tosyl-6-O-trityl-β-D-galaktofuranosid* [**II**, $C_{33}H_{34}O_8S$; $[\alpha]_D^{25}$ – 27,2° ($CH \cdot Cl_3$)], 0,7 g *Methyl-2-O-tosyl-6-O-trityl-β-D-galakotfuranosid* [**III**, $C_{33}H_{34}O_8S$; $[\alpha]_D^{25}$ – 42,2° ($CHCl_3$)] u. 1,2 g *Methyl-2.5-di-O-tosyl-6-O-trityl-β-D-galaktofuranosid* [**I**, $C_{40}H_{40} \cdot O_{10}S_2$; $[\alpha]_D^{25}$ – 29° ($CHCl_3$)]. – *Methyl-2.3-di-O-methyl-5-O-tosyl-6-O-trityl-β-D-galaktofuranosid* (**V**), $C_{35}H_{38}O_8S$, F. 106,5–107° (Diisopropyläther), aus **IV** mit Methyljodid in Ggw. von Ag_2O (Meth. **A**); $[\alpha]_D^{25}$ – 41,5° (c = 3,3; $CHCl_3$); 95%. – *Methyl-2.5-di-O-methyl-3-O-tosyl-6-O-trityl-β-D-galaktofuranosid* (**VI**), $C_{35}H_{38}O_8S$, aus **II** nach Meth. **A**; $[\alpha]_D^{27}$ – 42,7° (c = 3; $CHCl_3$); Sirup; 95%. – *Methyl-3.5-di-O-methyl-2-O-tosyl-6-O-trityl-β-D-galaktofuranosid* (**VII**), $C_{35}H_{38}O_8S$, F. 135–136° (Diisopropyläther), aus **III** nach Meth. **A**; $[\alpha]_D^{26}$ – 51,6° (c = 2; $CHCl_3$); 95%. – *Methyl-3-O-methyl-2.5-di-O-tosyl-6-O-trityl-β-D-galaktofuranosid* (**VIII**), $C_{41}H_{42}O_{10}S_2$, F. 134,5° (Diisopropyläther), aus **I** nach Meth. **A**; $[\alpha]_D^{27}$ – 38,4° (c = 2,6; $CHCl_3$); 95%. – *Methyl-2.3-di-O-methyl-6-O-trityl-β-D-galaktofuranosid* (**IX**), $C_{28}H_{32}O_6$, aus **V** durch 7std. Kochen mit Na-Methylat in Methanol/Bzl. (Meth. **B**); $[\alpha]_D^{29}$ – 62,5° (c = 2,3; $CHCl_3$); Sirup; 96%. – *Methyl-2.5-di-O-methyl-6-O-trityl-β-D-galaktofuranosid* (**X**), $C_{28}H_{32}O_6$, aus **VI** nach Meth. **B**; $[\alpha]_D^{29}$ – 38,7° (c = 2,57; $CHCl_3$); Sirup; 93%. – *Methyl-3.5-di-O-methyl-6-O-trityl-β-D-galaktofuranosid* (**XI**), $C_{28}H_{32}O_6$, aus **VII** nach Meth. **B**; $[\alpha]_D^{27}$ – 51,6° (c = 2,015; $CHCl_3$); Sirup; 100%. – *Methyl-2.5-anhydro-3-O-methyl-6-O-trityl-β-D-hexofuranosid* (**XII**), $C_{27}H_{28}O_5$, F. 112–113° (Ae./PAe.), aus **VIII** nach Meth. **B**; $[\alpha]_D^{28}$ – 63,1° (c = 3,04; $CHCl_3$); 76%; daneben *Methyl-3-O-methyl-6-O-trityl-β-D-galaktofuranosid* [**XIII**, $C_{27}H_{30}O_6$, F. 123–124° (Diisopropyläther); $[\alpha]_D^{27}$ – 46,1° (c = 1,84; $CHCl_3$); 20%]. – *2.3-Di-O-methyl-β-D-galaktose* (**XIV**), aus **IX** durch 1std. Rk. mit HCl in $CHCl_3$ u. Kochen des Rk.-Prod. mit wss. H_2SO_4 (Meth. **C**); $[\alpha]_D^{27}$ + 94° (c = 3,05; W.); 82%; gibt nach Demethylierung mit BCl_3 *Galaktose*. – *2.5-Di-O-methyl-D-galaktose* (**XV**), aus **X** nach Meth. **C**; $[\alpha]_D^{27}$ – 10,3° (c = 2,46; W.); 83%. – *3.5-Di-O-methyl-D-galaktose* (**XVI**), aus **XI** nach Meth. **C**; $[\alpha]_D^{29}$ – 25,3° (c = 3,75; W.); 42%. – *Methyl-2.3-di-O-methyl-β-D-galaktofuranosid*, aus **IX** durch 6std. Rk. mit wss. 50%ig. Essigsäure bei Raumtemp. (Meth. **D**); $[\alpha]_D^{28}$ – 122,1° (c = 2,12; Methanol); 95%. – *Methyl-2.5-di-O-methyl-β-D-galaktofuranosid*, aus **X** nach Meth. **D**; $[\alpha]_D^{29}$ – 104,7° (c = 1,6; Methanol); 90%. – *Methyl-3.5-di-O-methyl-β-D-galaktofuranosid*, aus **XI** nach Meth. **D**; $[\alpha]_D^{29}$ – 110,8° (c = 1,59; Methanol); 90%. – *Methyl-3-O-methyl-β-D-galaktofuranosid* (**XVII**), aus **XIII** nach Meth. **D**; $[\alpha]_D^{28}$ – 142,8° (c = 1,18; Methanol); 92%. – *2.3-Di-O-methyl-N-phenyl-D-galaktosylamin*, F. 151 bis 153° (Aceton), aus **XIV** durch 5std. Kochen mit Anilin in A.; $[\alpha]_D^{27}$ – 66° → – 13° (4 Tage) (c = 1,38; A.). *2.5-Di-O-methyl-D-galaktonamid*, $C_8H_{17}NO_6$, F. 184–186° (A.), aus **XV** durch 72std. Rk. mit Br_2 in Ggw. von $BaCO_3$ in W. u. Lösen des Rk.-Prod. in ammoniakal. Methanol;

$[\alpha]_D^{27}$ +41,7° (c = 1,33; W.). — *3.5-Di-O-methyl-D-galaktit*, F. 135—136°, aus **XVI** durch Rk. mit wss. $NaBH_4$; $[\alpha]_D^{27}$ —23,7° (c = 1,18; Methanol). — *3-O-Methyl-D-galaktose*, F. 138—140° (A.), aus **XVII** durch 6std. Rk. mit wss. H_2SO_4 bei 100°. — *Methyl-2.5-anhydro-3-O-methyl-β-D-hexofuranosid*, aus **XII** durch Rk. mit wss. 50%ig. Essigsäure u. 6std. Erhitzen des Rk.-Prod. mit wss. H_2SO_4 auf 100°. R. Becker 3450△

1249 **Substituierte Cerebroside.** 4. Mitt. **1-O-(3-O-β-D-galaktopyranosyl-β-D-galaktopyranosyl)-dihydroceramid.** H. M. Flowers. (Carbohydrate Res. [Amsterdam] **5** (1967) 2, 126—31; Dep. of Chem., The Weizmann Inst. of Sci., Rehovoth, Israel; engl.) — Die *Titelverb.* entsteht durch Rk. von 3-O-Benzoyl-N-octadecanoyl-1-O-(2.4.6-tri-O-acetyl-β-D-galaktopyranosyl)-DL-dihydrosphingosin (**I**) mit Tetra-O-acetyl-α-D-galaktopyranosylbromid (**II**) u. nachfolgende Desacylierung sowie aus 1-O-[β-D-Galaktopyranosyl]-N-octadecanoyl-DL-dihydrosphingosin (**III**) durch Überführung in die *3.4-O-Isopropyliden-Verb.*, deren Acetylierung u. Desacetonierung u. weitere Rk. des erhaltenen *3-O-Acetyl-1-O-[2.6-di-O-acetyl-β-D-galaktopyranosyl]-N-octadecanoyl-DL-dihydrosphingosins* (**IV**) mit **II**. — 2. vgl. C. **1969**, 6-1229.

Versuche: *3-O-Benzoyl-N-octadecanoyl-1-O-[2.4.6-tri-O-acetyl-β-D-galaktopyranosyl]-DL-dihydrosphingosin* (**I**), $C_{55}H_{93}NO_{12}$, F. 50—52°; $[\alpha]_D^{26}$ — 8,3° (c = 0,84; $CHCl_3$). — *1-O-[3.4-O-Isopropyliden-β-D-galaktopyranosyl]-N-octadecanoyl-DL-dihydrosphingosin*, $C_{45}H_{87}NO_8$, F. 67 bis 69°, aus *1-O-[β-D-Galaktopyranosyl]-N-octadecanoyl, DL-dihydrosphingosin* (**III**) durch 18std. Rk. mit Aceton in Ggw. von H_2SO_4; $[\alpha]_D^{35}$ +3° (c = 2,65; $CHCl_3$); 77% (Ausb.). — *3-O-Acetyl-1-O-[2.6-di-O-acetyl-3.4-O-isopropyliden-β-D-galaktopyranosyl]-N-octadecanoyl-DL-dihydrosphingosin*, $C_{51}H_{93}NO_{11}$, F. 61—63° (Methanol, aus vorst. Verb. durch Rk. mit Essigsäureanhydrid in Py.; $[\alpha]_D^{22}$ +11,4° (c = 1,28; $CHCl_3$); 71%. — *3-O-Acetyl-1-O-[2.6-di-O-acetyl-β-D-galaktopyranosyl]-N-octadecanoyl-DL-dihydrosphingosin* (**IV**), $C_{48}H_{89}NO_{11}$, F. 53—55° (Methanol), aus vorst. Verb. durch 1std. Kochen mit Essigsäure in Methanol; $[\alpha]_D^{24}$ +2,3° (c = 1,67; $CHCl_3$); 92%. — *3-O-Acetyl-N-octadecanoyl-1-O-[3.4.6-tetra-O-acetyl-α-D-galaktopyranosyl]-DL-dihydrosphingosin*, $C_{52}H_{93}NO_{13}$, F. 42—44°, aus **III** durch Rk. mit Essigsäureanhydrid in Py.; $[\alpha]_D^{20}$ — 5,8° (c = 1,32; $CHCl_3$); 78%. — *1-O-[3-O-β-D-Galaktopyranosyl-β-D-galaktopyranosyl]-N-octadecanoyl-DL-dihydrosphingosin*, $C_{48}H_{93}NO_{13}$, F. 207—209° (Methanol), a) aus **I** durch 24std. Rk. mit Tetra-O-acetyl-α-D-galaktopyranosylbromid (**II**) in Ggw. von $Hg(CN)_2$ in Nitromethan/Bzl. bei 50°; $[\alpha]_D^{20}$ +4,3° (c = 1,16; Py.); 19,5%; daneben 49% **III**; b) aus **IV** analog a); 19%; daneben 57% **III**. R. Becker 3450△

1250 **Sulfoxid–Carbodiimid-Reaktionen.** 5. Mitt. **Reaktionen von 2.6-disubstituierten Phenolen.** M. G. Burdon und J. G. Moffatt. (J. Amer. chem. Soc. **89** (1967) 18, 4725—35; Syntex Res., Palo Alto, Calif.; engl.) — 4. vgl. ibid. **88** (1966) 5855. — Rk. von 2.6-Dimethylphenol (**I**) mit DMSO u. Dicyclohexylcarbodiimid (DCC) in Ggw. von wasserfreier H_3PO_4 liefert *2.6-Dimethyl-6-[methylmercaptomethyl]-cyclohexadien-(2.4)-on-(1)* (**IV**), das bereits durch Chromatographie an SiO_2 zu *2.6-Dimethyl-4-[methylmercaptomethyl]-phenol* (**II**) umgelagert wird. Im Gegensatz zu **IV** zeigt das aus 2.4.6-Trimethylphenol (**III**) erhaltene *2.4.6-Trimethyl-6-[methylmercaptomethyl]-cyclohexadien-(2.4)-on-(1)* keine Dimerisierungstendenz u. wird durch SiO_2 nur partiell, quant. u. schnell hingegen durch Trifluoressigsäure (TFE) zu *2.4.6-Trimethyl-3-[methylmercaptomethyl]-phenol* (**V**) umgelagert. Rk. von DMSO u. DCC mit 2.3.5.6-Tetramethylphenol (Durophenol, **VII**) bzw. Pentamethylphenol (**IX**) führt zu *2.3.5.6-Tetramethyl-* (**VIII**) bzw. *2.3.4.5.6-Pentamethyl-6-[methylmercaptomethyl]-cyclohexadien-(2.4)-on-(1)* (**X**), die gegenüber SiO_2 stabil sind. **VIII** wird durch Säuren sofort zu *2.3.5.6-Tetramethyl-4-[methylmercaptomethyl]-phenol* (**VI**) isomerisiert, während **X** in **IX** übergeht. Desulfurierung von **VIII** bzw. **X** wird von einer Red. der terminalen Doppelbindung begleitet, wobei *2.3.5.6.6-Pentamethyl-* bzw. *2.3.4.5.6.6-Hexamethylcyclohexen-(2)-on-(1)* entstehen. Rk. von 2.3.4.6-Tetramethylphenol (**XI**) mit DMSO/DCC gibt ein nicht trennbares *3:2-Gemisch* aus *2.3.4.6-* u. *2.4.5.6-Tetramethyl-6-[methylmercaptomethyl]-cyclohexadien-(2.4)-on-(1)*. Rk. von Benzylmethylsulfoxid (**XII**) bzw. tert.-Butylmethylsulfoxid (**XIV**) mit o-Kresol (**XIII**) liefert *2-[α-Methylmercaptobenzyl]-* bzw. *2-[tert.-Butylmercaptomethyl]-6-methylphenol*, mit **I** entstehen analog *4-[α-Methylmercaptobenzyl]-* bzw. *4-[tert.-Butylmercaptomethyl]-2.6-dimethylphenol*. Hingegen bildet **VII** mit **XII** wenig *Durochinon-(1.4)*, mit **XIV** instabiles *6-[tert.-Butylmercaptomethyl]-2.3.5.6-tetramethylcyclohexadien-(2.4)-on-(1)*. o-Chlorphenole liefern mit DMSO u. DCC *1.3-Benzoxathiane*. Die Rk.-Mechanismen werden diskutiert; UV- u. NMR-Daten sind tabelliert.

Versuche: *2.6-Dimethyl-4-[methylmercaptomethyl]-phenol* (**II**), F. 40—42° (Hexan), durch ³/₄std. Rk. von **I** mit DMSO/DCC in abs. H_3PO_4/Bzl. (Meth. **A**) u. Chromatographie an SiO_2 mit Bzl.; 66% (Ausb.); daneben *Dicyclohexylharnstoff*. — *2.4.6-Trimethylphenol* (**III**), F. 72—73° (Subl.), durch 1std. Rühren von **II** in Methanol mit Davidson-Ni-Schwamm (Meth. **B**). — *2.6-Dimethyl-6-[methylmercaptomethyl]-cyclohexadien-(2.4)-on-(1)* (**IV**), $C_{10}H_{14}OS$, Kp.$_{0,0001}$ 60° (Bad), aus **I** nach **A** durch schnelle Dünnschichtchromatographie an SiO_2; 66%. Rk. von **IV** mit TFE in CH_2Cl_2 → **II**. — *1.4.6.11-Tetramethyl-6.11-bis-[methylmercaptomethyl]-tricyclo-[6.2.2.$0^{2,7}$]-dodecadien-(3.9)-dion-(5.12)* (oder *1.3.5.11-Tetramethyl-3.11-bis-[methylmercaptomethyl]-tricyclo-[6.2.2.$0^{2,7}$]-dodecadien-(5.9)-dion-(4.12)*), $C_{20}H_{28}O_2S_2$, F. 130—131° (A.), durch mehrtägiges Stehen von **IV** bei Raumtemp.; 40%. — *2.4.6-Trimethyl-6-[methylmercaptomethyl]-cyclohexadien-(2.4)-on-(1)*, $C_{11}H_{16}OS$, Kp.$_{0,0001}$ 65°, nach **A** aus **III** in 2 Std. durch schnelle Dünnschichtchromatographie an SiO_2; 93%. Behandeln mit TFE in CH_2Cl_2 → 90 bis 95% **V** u. 5—10% **III**. — *2.4.6-Trimethyl-3-[methylmercaptomethyl]-phenol* (**V**), $C_{11}H_{16}OS$, F. 85—86° (Hexan), nach **A** aus **III** durch Säulenchromatographie an SiO_2 mit Bzl.; 18%; daneben *Gemisch* (70 : 30) aus vorst. Verb. u. **V**. — *2.3.4.6-Tetramethylphenol* (**XI**), F. 77—78°, nach **B** aus **V**. — *2.3.5.6-Tetramethyl-6-[methylmercaptomethyl]-cyclohexadien-(2.4)-on-(1)* (**VIII**), $C_{12}H_{18}OS$, Kp.$_{0,001}$ 90°, nach **A** aus **VII** in 2 Std. durch Dünnschichtchromatographie mit Bzl. an SiO_2; 86%. — *2.3.5.6.6-Pentamethylcyclohexen-(2)-on-(1)*, $C_{11}H_{18}O$, Kp.$_{0,0001}$ 40°, nach **B** aus 420 mg **VIII** in 2 Std. durch Dünnschichtchromatographie an SiO_2; 90 mg; daneben *2.3.5.6-Tetramethyl-6-[methylmercaptomethyl]-cyclohexen-(2)-on-(1)*, Kp.$_{0,0001}$ 60°; 130 mg. — *2.3.5.6-Tetramethyl-4-[methylmercaptomethyl]-phenol* (**VI**), $C_{12}H_{18}OS$, F. 144—145° (Methanol), durch Rk. von **VIII** mit TFE in CH_2Cl_2; 93%. *Gemisch* (67 : 33) aus **VI** u. **II**, durch 20 Min. lange Rk. von **VIII** u. 5 Val **I** mit TFE. *Gemisch* (1 : 3) aus **VI** u. **II**, aus **IV** u. 5 Val **VII** mit TFE. — *Pentamethylphenol* (**IX**), F. 129—130° (Vakuumsubl. bei 100°), nach **B** aus **VI**; 100%. — *2.3.4.5.6-Pentamethyl-6-[methylmercaptomethyl]-cyclohexadien-(2.4)-on-(1)* (**X**), $C_{13}H_{20}OS$, Kp.$_{0,0001}$ 80°, nach **A** aus **IX** in 1 Std. durch Dünnschichtchromatographie an SiO_2; 85%. — *2.3.4.5.6.6-Hexamethylcyclohexen-(2)-on-(1)*, $C_{12}H_{20}O$, Kp.$_{0,0001}$ 60°, nach **B** aus **X** in 4 Std. durch Chromatographie an SiO_2; 42%. — *Gemisch* (3 : 2) aus *2.3.4.6-* u. *2.4.5.6-Tetramethyl-6-[methylmercaptomethyl]-cyclohexadien-(2.4)-on-(1)*, $C_{12}H_{18}OS$, Kp.$_{0,001}$ 80°, nach **A** aus **XI** in 12 Std. durch Dünnschichtchromatographie an SiO_2; 95%. — *2.3.4.6-Tetramethyl-5-[methylmercaptomethyl]-phenol*, $C_{12}H_{18}OS$, F. 97—98° (Cyclohexan), durch 1 std. Rk. von 420 mg vorst. Gemisches in CH_2Cl_2 mit TFE u. Dünnschichtchromatographie an SiO_2; 60%; daneben 130 mg **XI**. Desulfurierung → **IX**. — *Benzylmethylsulfoxid* (**XII**), F. 55—56°, durch Rk. von 35 g Benzylmethylsulfid in Essigsäure mit 30%ig. H_2O_2; 29 g. — *2-Methyl-6-[α-methylmercaptobenzyl]-phenol*, $C_{15}H_{16}OS$, Kp.$_{0,0001}$ 100°, durch 12std. Stehen von **XIII**, **XII**, DCC u. abs. H_3PO_4 in abs. Ae. u. Chromatographie an SiO_2; 34%. Desulfurierung nach **B** bei Siedetemp. → *2-Benzyl-6-methylphenol*. — *2.6-Dimethyl-4-[α-methylmercaptobenzyl]-phenol*, $C_{16}H_{18}OS$, Kp.$_{0,0001}$ 100°, durch 12std. Rk. von **I** mit **XII** in abs. H_3PO_4/Ae./DMF in Ggw. von DCC u. Dünnschichtchromatographie an SiO_2; 11%; daneben *Benzaldehyd*. — *Durochinon-(1.4)*, F. 112 bis 115° (Hexan), aus **VII**, **XII**, DCC u. H_3PO_4 in Ae. durch Chromatographie an SiO_2; 10%. — *2-[tert.-Butylmercaptomethyl]-6-methylphenol*, $C_{12}H_{18}OS$, Kp.$_{0,001}$ 80°, aus **XIII**, **XIV**, DCC u. H_3PO_4 in Ae. über Nacht durch Chromatographie an SiO_2; 27%. — *4-[tert.-Butylmercaptomethyl]-2.6-dimethylphenol*, $C_{13}H_{20}OS$, Kp.$_{0,001}$ 100°, aus **I**, **XIV**, DCC u. H_3PO_4 in Bzl. über Nacht durch Chromatographie an SiO_2; 2%. Desulfurierung nach **B** bei Siedetemp. → **III**. — *6-[tert.-Butylmercaptomethyl]-2.3.5.6-tetramethylcyclohexadien-(2.4)-on-(1)*, aus **VII**, DCC, **XIV** u. Dichloressigsäure in Bzl. über Nacht. Behandeln mit konz. HCl in Methanol → **VII**. — *Pentachlorphenyl-[methylmercaptomethyl]-äther*, F. 87—88° (CH_3OH), a) aus Pentachlorphenol (**XV**), DCC, DMSO u. H_3PO_4 in Bzl. über Nacht durch Chromatographie an SiO_2; 60%; b) durch Eindampfen von **XV** u. KOH in Methanol u. 1std. Kochen des *K-Salzes* mit Chlormethylmethylsulfid in Bzl.; 63%. — *6.8-Dichlor-1.3-benzoxathian*, $C_8H_6Cl_2OS$, F. 126—127° (Hexan), aus 2.4.6-Trichlorphenol nach **A** über Nacht durch Chromatographie an SiO_2; 42%. — *8-Chlor-1.3-benzoxathian*, C_8H_7ClOS, Kp.$_{0,001}$ 50°, a) analog vorst. Verb. aus 2.6-Dichlorphenol; 25%; b) analog a) in 4 Std. aus o-Chlorphenol; 20%. — *2-Methyl-4-[methylmercaptomethyl]-phenol*, $C_9H_{12}OS$, Kp.$_{0,001}$ 60° durch 10 Min. lange Rk. von **X** u. **XIII** in TFE/CH_2Cl_2 u. Dünnschichtchromatographie an SiO_2; 45%; daneben 20% *2-Methyl-6-[methylmercaptomethyl]-phenol*. Desulfurieren nach **B** → *2.4-Dimethylphenol*. H. Miele 3450△

1251 **Carbodiimid-Sulfoxid-Reaktionen.** 6. Mitt. **Synthesen von 2′-Desoxy-2′-oxo und 3′-Desoxy-3′-oxouridinen.** A. F. Cook und J. G. Moffatt. (J. Amer. chem. Soc. **89** (1967) 11, 2697—2705; engl.) — 5. vgl. vorst. Referat. — Ox. von 2′.5′-Di-O-trityluridin (**II**) mit DMSO/Dicyclohexylcarbodiimid (DCC), DMSO/Essigsäureanhydrid (EA) oder DMSO/P_2O_5 gibt *2′.5′-Di-O-trityl-3′-desoxy-3′-oxouridin* (**IV**), das mit HCl in $CHCl_3$ bei 0° in *3′-Desoxy-3′-oxouridin* (**V**) übergeführt wird. Analog wird 3′.5′-Di-O-trityluridin (**III**) zu *3′.5′-Di-O-trityl-2′-desoxy-2′-oxouridin* (**VIII**) ox., das zu *2′-Desoxy-2′-oxouridin* (**IX**) detrityliert wird. **IV**, **V**, **VIII** bzw. **IX** werden durch Alkali unter Eliminierung von *Uracil* gespalten. $NaBH_4$-Red. von **IV** liefert ein *Gemisch* aus *1-[2.5-Di-O-trityl-β-D-xylofuranosyl]-uracil* (**VI**) u. **II**, das mit Essigsäure zu *1-[β-D-Xylofuranosyl]-uracil* u. *Uridin* (**I**) detrityliert wird. $NaBH_4$-Red. von **VIII** gibt ein *Gemisch* aus *1-[3.5-Di-O-trityl-β-D-arabinofuranosyl]-uracil* u. **III**. Alkylierung der Carbonylgruppe von **IV** mit Grignard-Verb., CH_3Li oder CH_2N_2 gelang nicht; mit CH_2N_2 erfolgt $N_{(3)}$-Methylierung. Das NMR-Spektrum von **IV** ist graph. dargestellt.

Versuche: *2′.5′-Di-O-trityluridin* (**II**), F. 219 bis 221° (Bzl./Ae.), aus **I** u. Triphenylmethylchlorid in Py. bei 100°; 39% (Ausb.).; daneben *2′.3′.5′-Tri-O-trityluridin* [$C_{66}H_{54}N_2O_6$, F. 286—288° (Äthylacetat), $[\alpha]_D^{22}$ — 37,5° (c = 0,1; $CHCl_3$); 2%] u. *3′.5′-Di-O-trityluridin* [**III**, amorph, $[\alpha]_D^{22}$ — 5,6° (c = 0,1; $CHCl_3$); 19%]. 1std. Rk. von **II** mit 80%ig. CH_3COOH bei 100° → **I**. — *2′.5′-Di-O-trityl-3′-desoxy-3′-oxouridin* (**IV**), $C_{47}H_{38}N_2O_6$, F. 146—148° (Methanol), a) durch 12std. Rk. von **II** mit abs. DMSO/Bzl./DCC/Py./Trifluoressigsäure; $[\alpha]_D^{22}$ + 62,3° (c = 0,1; $CHCl_3$); 66%; daneben *Dicyclohexylharnstoff*; b) durch 2std. Rk. von **II** mit P_2O_5 in abs. DMSO bei 60°; 57%; c) durch Stehen von **II** in DMSO/EA über Nacht bei Raumtemp.; 44%. — *2′.5′-Di-O-trityl-3′-hydroxyimino-3′-desoxyuridin*, $C_{47}H_{39}N_3O_6$, F. 224—227° (A.), durch 2$^1/_2$std. Erwärmen von **IV** u. $NH_2OH \cdot HCl$ in Py. bei 60°; $[\alpha]_D^{22}$ + 38,2° (c = 0,1; $CHCl_3$); 65%. — *3′-Desoxy-3′-oxouridin* (**V**), $C_9H_{10}N_2O_6$, F. 130—138°, durch 1std. Rk. von **IV** mit HCl in abs. $CHCl_3$; 99%. — *1-[2.5-Di-O-trityl-β-D-xylofuranosyl]-uracil* (**VI**), F. 150 bis 154° (A.), durch 1std. Rk. von **IV** mit $NaBH_4$ in A.; $[\alpha]_D^{22}$ + 49,6° (c = 0,1; $CHCl_3$); daneben 31% **II**. 1std. Erhitzen des rohen Rk.-Gemisches mit 80%ig. Essigsäure auf 100° → *Gemisch* aus 34% **I** u. 66% nachst. Verbindung. — *1-[β-D-Xylofuranosyl]-uracil*, durch $^1/_2$std. Rk. von **V** mit $NaBH_4$ in W.; daneben **I**. — *Uracil*, a) durch Behandeln von **IV** in Methanol mit 0,2 n methanol. NaOH; b) durch Versetzen von **V** in W. mit 0,05 m Carbonatpuffer (pH 10,8). — *3′.5′-Di-O-trityl-2′-desoxy-2′-oxouridin* (**VIII**), $C_{47}H_{38}N_2O_6$, F. 130 bis 135°, a) analog **IV** nach a) aus **III**; $[\alpha]_D^{22}$ + 30,8° (c = 0,1; $CHCl_3$); 63%; b) analog **IV** nach b) aus **III**; 52%; c) analog **IV** nach c) aus **III**; 56%. — *2′-Desoxy-2′-oxouridin* (**IX**), $C_9H_{10}N_2O_6$, F. 186—189°, analog **V** aus **VIII**; $[\alpha]_D^{22}$ + 43,7° (c = 0,1; W.); 72%. *2.4-Dinitrophenylhydrazon*, $C_{15}H_{14}N_6O_9$, F. 174—177° (A.), aus **IX** u. 2.4-Dinitrophenylhydrazin in konz. HCl /DMS. — *1-[3.5-Di-O-trityl-β-D-arabinofuranosyl]-uracil*, $C_{47}H_{40}N_2O_6$, F. 120—130°, durch 1std. Rk. von **VIII** mit $NaBH_4$ in A. bei Raumtemp.; $[\alpha]_D^{22}$ + 11,1° (c = 0,1; $CHCl_3$); 57%; daneben 11% **III**. 4std. Erhitzen des rohen Rk.-Gemisches mit 80%ig. Essigsäure auf 100° → *Gemisch* aus 18% **I** u. 82% *nachst. Verbindung*. — *1-[β-D-Arabinofuranosyl]-uracil*, durch $^1/_2$std. Rk. von **IX** mit $NaBH_4$ in 80%ig. A. bei Raumtemp.; daneben **I**. — *Bis-[triphenylmethyl]-peroxid*, $C_{38} \cdot H_{30}O_2$, F. 186—188° ($CHCl_3$/Methanol), durch 20 Min. lange Rk. von 100 mg **VIII** mit methanol. NaOH; 12 mg. — *Gemisch* (≈ 4 : 1) aus *1-[β-D-Xylofuranosyl]-$N_{(3)}$-methyluracil* (**X**) u. *$N_{(3)}$-Methyluridin* (**VII**), durch 12std. Rk. von **VIII** in Ae. mit überschüssigem CH_2N_2, Behandeln mit $NaBH_4$ u. $^1/_2$std. Erhitzen mit 80%ig. Essigsäure auf 100°. — *2′.5′-Di-O-trityl-$N_{(3)}$-methyluridin*, $C_{48}H_{42}N_2O_6$, F. 243—245° (Ae.), durch 12std. Rk. von 209 mg **II** in $CHCl_3$/Ae. mit überschüssigem CH_2N_2; $[\alpha]_D^{22}$ + 90° (c = 0,1; $CHCl_3$); 109 mg. $^1/_2$std. Erhitzen mit 80%ig. Essigsäure auf 100° → **VII**. — *1-[2.5-Di-O-trityl-β-D-xylofuranosyl]-$N_{(3)}$-methyluracil*, $C_{48}H_{42}N_2O_6$, F. 244—246° (Ae.), durch 12std. Rk. von 57 mg **VI** in $CHCl_3$/Methanol/Ae. mit überschüssigem CH_2N_2; $[\alpha]_D^{22}$ + 51,9° (c = 0,1; $CHCl_3$); 43 mg. $^1/_2$std. Erhitzen mit 80%ig. Essigsäure auf 100° → **X**. H. Miele 3450△

1252 **Alkylwanderung bei 3-Alkyl-3H-guaninderivaten.** Bunji Shimizu und Michiko Miyaki. (Chem. pharmac. Bull. [Tokyo] **15** (1967) 7, 1066—68; Central Res. Labor., Sankyo Co. Ltd., Shinagawa-ku, Tokyo; engl.) — Es wurden hergestellt: *3-Benzyl-3H-guanin*, F. 340°, über 3-Benzyl-3.6-dihydro-2-methylmercapto-6-oxo-9H-purin nach Elion; UV (UV-Maxima). — *3-Benzyl-N^2-acetyl-3H-guanin*, (**I**), F. 285°, aus vorst. Verb. durch Acetylierung; UV. — *7-Benzyl-N^2-acetylguanin* (**II**), F. 241°, durch 20std. Erhitzen des HBr-Salzes von **I** in N.N-Dimethylacetamid (DMA) auf 120—130°; 28% (Ausb.); UV; daneben nachst. Verbindung. — *9-Benzyl-N^2-acetylguanin* (**III**), F. 229°, a) analog **II**; 30% UV; b) durch 7std. Rk. von N^2-Acetylguanin (**IV**) mit Benzylbromid in DMA bei 90°; 16%; daneben 22% **II** u. 0,2% **I**. — *7-Benzylguanin*, F. 380° (Zers.), aus **II** mit Na-Methylat; UV. — *9-Benzylguanin*, F. 304°, aus **III** mit Na-Methylat; UV. — *7-(2.3.5-Tri-O-benzoyl-β-D-ribofuranosyl)-N^2-acetylguanin*, durch 40std. Rk. von **IV** mit 2.3.5-Tri-O-benzoyl-D-ribofuranosylbromid in DMA bei 60°; 25%; UV; daneben 23% des *9-β-Isomeren* (UV); gehen mit Na-Methylat in *7-β-D-Ribofuranosylguanin* [F. 250° (Zers.); UV; NMR-Daten] bzw. das *9-β-Isomere* über. R. Becker 3450△

1253 **Synthese des 9-[2′-Desoxy-β-D-ribopyranosyl]-adenins.** Noriko Nagasawa, Izumi Kumashiro und Tadao Takenishi. (J. org. Chemistry **32** (1967) 1, 251 bis 252; Central Res. Labor., Ajinomoto Co., Inc., Kawasaki (Japan); engl.) — 4 g Adenin (**II**) u. 8 g 3.4-Di-O-acetyl-D-arabinal reagieren in DMS/5 n HCl-Dioxan (15 Std. bei 50°) unter Bldg. von 0,7 g *9-[2′-Desoxy-3′.4′-di-O-acetyl-β-D-ribopyranosyl]-adenin* (**I**, $C_{14}H_{17}N_5O_5$, F. 218,5—219°) als Hauptprod. neben 3 g unverändertem **II**. Desacetylierung von **I** mit Ba-Methylat/abs. CH_3OH bei Raumtemp. ergibt *9-[2′-Desoxy-β-D-ribopyranosyl]-adenin* [$C_{10}H_{13}N_5O_3$, F. 267—268° (W.); $[\alpha]_D^{23}$ — 16,5° (c = 0,53; W.)]. UV-Daten sind angegeben. H.-J. Schönherr 3450

1254 **Hydroborierung von (+)-Δ^4-Caren.** F. Fringuelli und G. De Giuli. (Farmaco [Pavia], Ediz. sci. **22** (1967) 7, 506—18; Ist. di Chim. Organ. dell' Univ. di Perugia; ital.) — Die Hydroborierung der *Titelverb.* (**I**) führt zu (—)-*cis-Caran-trans-5-ol*, dessen Ox. (—)-*cis-Caran-5-on* liefert. Die analoge Rk. eines Gemisches von **I** u. (+)-Δ^3-Caren sowie Folgerk. werden beschrieben. IR-Daten s. Original.

Versuche: (+)-*Δ^4-Caren* (**I**), durch 5—10 Min. langes Rühren von abs. Äthylendiamin u. wenig $Fe(NO_3)_3$, Erwärmen auf 100—105°, anteilweise Zugabe von Li unter Rühren, 1std. Rühren bei 110°, Zutropfen von (+)-Δ^3-Caren unter Rühren, 1std. Rühren bei 110°, Verdünnen mit W., Extrahieren mit Ae., Eindampfen der

Extrakte u. frakt. Dest.; $[\alpha]_D$ +78,08°; n_D^{20} 1,4758. — *Gemisch aus 30% (—)-cis-Caran-trans-3-ol u. 70% (—)-cis-Caran-trans-5-ol* (**II**), Kp.$_{14}$ 104—106°, a) durch ca. 3std. Einleiten von B_2H_6 (aus $NaBH_4$ u. BF_3-Ätherat in Diglyme) in die Lsg. von 44 g eines Gemisches aus (+)-Δ^3-Caren u. **I** (mit 70% **I**) in abs. THF bei 20° unter H_2, Gießen auf Eis, Zugabe von 3 n NaOH, Zutropfen von 30%ig. H_2O_2, 2std. Rühren bei Raumtemp., Extrahieren der wss. Phase mit Ae. u. Eindampfen der mit den Ae.-Extrakten vereinigten organ. Phase; 36,8 g (Ausb.); b) durch 3—4std. Kochen von 0,5 g **III** u. NaOH in A./W. (4 : 1), 12std. Stehen, Gießen in W. u. Extrahieren mit Ae.; 0,9 g; $[\alpha]_D$ — 34,52°; n_D^{20} 1,4784. *Gemisch der Propionylderiv.* (**III**), Kp.$_{14}$ 120—121°, durch Zugabe von Propionylchlorid zu 1,5 g **II** in abs. Dimethylanilin unter Kühlen u. Rühren, 10 Min. langes Rühren u. Kühlen, 3std. Rühren bei Raumtemp., 12std. Stehen, 3std. Erwärmen auf 40°, Gießen in Eis/W. u. Extrahieren mit Ae.; 1,4 g. — *Gemisch aus 30% (—)-cis-Caran-3-on u. 70% (—)-cis-Caran-5-on* (**IV**), Kp.$_{13-14}$ 90—93°, durch anteilweise Zugabe von CrO_3 in Py. zu 28 g **II** in Py., 2std. Rühren bei Raumtemp., 12std. Stehen, Gießen in W. u. Extrahieren mit Ae.; $[\alpha]_D$ — 76,21; n_D^{20} 1,4724; 25,3 g; 1std. Rühren von 1 g **IV** mit abs. methanol. Na-Methylat bei 0°, 12std. Stehen, Verdünnen mit W., W.-Dampfdest. u. Extrahieren mit Ae. → 0,82 g *Gemisch aus 7% (—)-cis-Caran-5-on, 63%* **V** u. *30% (—)-cis-Caran-3-on*. — *(—)-trans-Caran-5-on* (**V**), a) durch Zugabe von abs. Bzl. zu Na-Methylat unter Inertgas, Versetzen mit 10 g **IV** in kaltem abs. Ameisensäureäthylester unter Kühlen u. Rühren, $^1/_2$std. Kühlen u. Rühren, 20std. Stehen bei Raumtemp., Zugabe von Eisw., Extrahieren mit Ae. (→ wss. Lsg. L), Eindampfen der Extrakte, Überführen der Fraktion vom Kp.$_{14}$ 92—94° (9,2 g) in das *Semicarbazon* [$C_{11}H_{19}N_3O$, F. 181—182° (70%ig. CH_3OH)] u. W.-Dampfdest. in Ggw. von Phthalsäureanhydrid; b) durch 10—15 Min. langes Ozonisieren von 0,1 g **VIII** in Essigsäure, Versetzen mit Zn, Filtrieren, Verdünnen mit W. u. Extrahieren mit Ae.; 0,062 g; $[\alpha]_D$ — 145,12°; n_D^{20} 1,4761. — *(—)-cis-Caran-3-on*, Kp.$_{13-14}$ 90—93°, durch Ansäuern von L mit 50%ig. H_2SO_4, Extrahieren mit Ae., Eindampfen der Extrakte, 1std. Kochen in wss. NaOH, W.-Dampfdest. u. Extrahieren mit Ae.; $[\alpha]_D$ — 109,36°; n_D^{20} 1,4700; 3,9 g. *Semicarbazon*, F. 202° (CH_3OH). — *Gemisch aus 80—85% (—)-trans-Caran-trans-5-ol, 10—12% (—)-trans-Caran-cis-5-ol u. anderen Isomeren* (**VII**), durch Zutropfen von $LiAlH_4$ in abs. Ae. zu 3 g **V** in abs. Ae. unter Rühren u. Kühlen, 1std. Rühren u. Kühlen, 3std. Rühren bei Raumtemp., Versetzen mit Essigsäureäthylester, Ansäuern mit 5%ig. H_2SO_4 u. Dest. der organ. Phase bei Kp.$_{13-14}$; $[\alpha]_D$ — 52,12°; n_D^{20} 1,4765; 2,3 g. — *(—)-trans-Caran-trans-5-ol, p-Nitrobenzoat*, $C_{17}H_{21}NO_4$, F. 110—111°; aus **V** u. frakt. Kristallisieren aus CH_3OH. — *(—)-cis-Caran-trans-5-ol*, a) aus 6 g **I** analog **II** nach a); 5,2 g; b) aus nachst. Verbindung; $[\alpha]_D$ — 30,20; n_D^{20} 1,4779. *p-Nitrobenzoat*, $C_{17}H_{21}NO_4$, F. 86—87° (CH_3OH). — *(—)-cis-Caran-5-on*, aus 4,5 g vorst. Verb. analog **IV**; $[\alpha]_D$ — 74,52°; n_D^{20} 1,4724; 4 g. *Semicarbazon*, $C_{11}H_{19}N_3O$, F. 201—202° [CH_3OH/W. (3 : 1)]. — *Triphenylmethylphosphoniumjodid*, F. 184—185° (W.), durch $^1/_4$std. Zugabe von CH_3J in abs. Bzl. zu 7 g Triphenylphosphin in abs. Bzl. bei 0°, 10 Min. langes Kühlen u. 15std. Rühren bei Raumtemp.; 9 g. — *(—)-trans-5-Methylencaran* (**VIII**), $C_{11}H_{18}$, a) durch Zugabe von NaH (aus 50%ig. öliger Suspension) zu DMSO, $^3/_4$std. Erwärmen auf 75—80° bis zur beendeten H_2-Entwicklung, Zugabe von 1,6 g vorst. Verb. in DMSO unter Kühlen, $^1/_2$std. Rühren, Versetzen mit 0,5 g **V** in DMSO, 24std. Rühren bei Raumtemp., Gießen in Eis/W. u. Extrahieren mit Pentan; 0,275 g; b) aus 0,5 g **VII** analog a); 0,262 g; $[\alpha]_D^{20}$ — 115,18° (c = 4,08; Bzl.); n_D^{20} 1,4768. H.-J. Jahns 3600△

1255 **Einige Reaktionen von 12α-Hydroxymethyl-$\Delta^{7,8}$-abietensäure.** D. K. Black und G. W. Hedrick. (J. org. Chemistry **32** (1967) 12, 3758—62; Naval Stores Labor, Olustee, Fla.; engl.) — 12α-Hydroxymethylabietinsäure (**I**) gibt bei der Hydrierung an Adams-Katalysator bei 30 psi *12α-Hydroxymethyl-$\Delta^{7,8}$-abietensäure* (**II**). Von HCl-Gas in $CHCl_3$ wird **II** in *12α-Hydroxymethyl-$\Delta^{8,9}$-abietensäure* umgelagert, die durch Acetylierung u. Veresterung in *12α-Acetoxymethyl-$\Delta^{8,9}$-abietensäuremethylester* umgewandelt wird. Aus **II**-Methylester (**III**) wird durch Rk. mit $LiAlH_4/BF_3$ u. anschließende Ox. mit alkal. H_2O_2 *7β-Hydroxy-12α-hydroxymethyltetrahydroabietol* erhalten. **II** liefert bei der Ozonolyse ein *Gemisch nicht identifizierter Verbindungen*. Durch Ox. mit OsO_4 u. anschließende Rk. mit Pb-Tetraacetat wird **III** zu *1.3-Dimethyl-2-formylmethyl-3-methoxycarbonyl-2′-oxo-4′-isopropyl-5′-hydroxymethyl-bis-cyclohexyl* abgebaut. 12α-Acetoxy $\Delta^{7,8}$-abietensäuremethylester (**IV**) gibt bei der Ox. mit Hg(II)-Acetat *12α-Acetoxymethyl-$\Delta^{7,9,11}$-abietadiensäuremethylester*. Aus **III** u. Acetylhypobromit (**V**) entstehen *12α-Acetoxymethylabietinsäuremethylester* (**VI**), *Dehydroabietinsäuremethylester* u. *12-Methyldehydroabietinsäuremethylester*. **II** bildet mit konz. H_2SO_4 bei — 5 bis — 10° *1r.4bc.6-Trimethyl-4at-hydroxy-7-isopropyl-(8atH)-Δ^6-dodekahydrophenanthren-1t-carbonsäurelacton* u. *1r.4ac.6-Trimethyl-4bt-hydroxy-7-isopropyl-(8acH)-Δ^6-dodekahydrophenanthren-1t-carbonsäurelacton* (**VII**). **VII** wird in Äthylenglykol zu *1r.4ac.6-Trimethyl-7-isopropyl-$\Delta^{6,4b,8a}$-dekahydrophenanthren-1t-carbonsäure* hydrolysiert, die sich nicht an PtO_2 bzw. Pd hydrieren läßt. 12α-Acetoxymethyl-$\Delta^{7,8}$-abietensäure (**VIII**) gibt bei der Lactonisierung ein *Gemisch*, aus dem nur *9α-Hydroxy-12α-acetoxymethyltetrahydroabietinsäurelacton* (**IX**) isoliert werden konnte. **VII** bzw. **IX** werden von $LiAlH_4$ zu *9α-Hydroxy-12-methyl-$\Delta^{12,13}$-abietenol* (**X**) bzw. *9α-Hydroxy-12α-hydroxymethyltetrahydroabietol* (**XI**) reduziert. **X** wird zu einem *Gemisch* von *1r.4ac.6-Trimethyl-4bt.1t-epoxymethano-7-isopropyl-(8acH-)Δ^6-dodekahydrophenanthren* (**XII**) u. *1r.4ac.6-Trimethyl-1t-hydroxymethyl-7-isopropyl-$\Delta^{6,4b,8a}$-dekahydrophenanthren* (**XIII**) dehydratisiert. **XII** wird von Chromsäure zu **VII** oxydiert. **XIII** wird von sd. äthanol. HCl in *12-Methylabietadienol* umgelagert, das katalyt. zu *12-Methyltetrahydroabietol* hydriert wird.

Versuche: *12α-Hydroxymethyl-$\Delta^{7,8}$-abietensäure* (**II**), $C_{21}H_{34}O_3$, F. 190—191° (A.), durch Hydrieren von 5 g **I** in A. an Adams-Katalysator bei Raumtemp. u. 30 psi; $[\alpha]_D^{25}$ + 38° (c = 1,02; 95%ig. A.); 4 g (Ausb.). *Methylester* (**III**), $C_{22}H_{36}O_3$, F. 37—39°, Kp.$_{0,4}$ 228—230°, aus **II** u. CH_2N_2 in Ae. bei Raumtemp.; $[\alpha]_D^{24}$ + 34° (c = 1,01; 95%ig. A.); 83%. — *12α-Acetoxymethyl-$\Delta^{7,8}$-abietensäure* (**VIII**), $C_{23}H_{36}O_4$, aus **II** u. Acetanhydrid in Py. bei 0°; 81%. *Methylester* (**IV**), $C_{24}H_{38}O_4$, Kp.$_{0,5}$ 214 bis 216°, aus **III** u. sd. Acetanhydrid; $[\alpha]_D^{24}$ + 31,8° (c = 1,02; 95%ig. A.); 80%. — *12α-Hydroxymethyl-$\Delta^{7,8}$-abietenol*, $C_{21}H_{36}O_2$, F. 168—169°, aus **III** u. $LiAlH_4$ in Ae.; 82%. *Diacetat*, $C_{25}H_{40}O_4$, aus dem Diol u. sd. Acetanhydrid; 85%. — *12α-Hydroxymethyl-$\Delta^{8,9}$-abietensäure*, F. 137—139° (A.), aus 1 g **II** u. trockenem HCl-Gas in abs. $CHCl_3$ bei 0°; $[\alpha]_D^{24}$ + 34° (c = 1,1; 95%ig. A.); 0,9 g. *Methylester*, aus der Säure u. CH_2N_2 in Äther. — *12α-Acetoxymethyl-$\Delta^{8,9}$-abietensäuremethylester*, $C_{24}H_{38}O_4$, Kp.$_{0,5}$ 225—230°, aus 2 g vorst. Methylesters u. sd. Acetanhydrid; 2 g. — *1.3-Dimethyl-2-formylmethyl-3-methoxycarbonyl-2′-oxo-4′-isopropyl-5′-hydroxymethyl-bis-cyclohexyl*, $C_{22}H_{36}O_5$, aus **III** u. OsO_4 in abs. Ae./Py. bei Raumtemp. (→ 60% *Triol*) u. Rk. mit Pb-Tetraacetat in CH_3COOH bei Raumtemp.; 75%. — *7β-Hydroxy-12α-hydroxymethyltetrahydroabietol*, $C_{21}H_{38}O_3$, F. 213—214° (CH_3COOH), aus **III**, $LiAlH_4$ u. BF_3-Ätherat in abs. Ae. u. Rk. mit 30%ig. H_2O_2 u. NaOH in sd. 80%ig. A.; 71%. *Triacetat*, $C_{27}H_{44}O_6$, aus dem Triol u. sd. Acetanhydrid. — *12α-Acetoxymethyl-$\Delta^{7,9,11}$-abietadiensäuremethylester*, $C_{24}H_{36}O_4$, aus 0,5 g **IV** u. Hg(II)-Acetat in sd. A./Eisessig; 0,41 g. — *12α-Acetoxymethyltetrahydroabietinsäuremethylester*, $C_{24}H_{40}O_4$, durch Hydrieren von 0,2 g vorst. Verb. in A. an PtO_2 bei 50 psi; 0,2 g. — *12α-Acetoxymethylabietinsäuremethylester* (**VI**), aus 4,2 g **III** u. **V** in CCl_4 bei 0°; 0,7 g; daneben 0,2 g *Dehydroabietinsäuremethylester* (F. 69°), 0,6 g *12-Methyldehydroabietinsäuremethylester* [F. 112 bis 113° (wss. A.), $[\alpha]_D^{23}$ + 51° (c = 1,04; 95%ig. A.)] u. 0,3 g *Gemisch von* **VI** mit *12-Hydroxymethyldehydroabietinsäuremethylester*. — *12-Hydroxymethylabietol*, F. 180 bis 181° (A.), aus **VI** u. $LiAlH_4$ in sd. abs. Ae.; 84%. — *1r.-4ac.6-Trimethyl-4bt-hydroxy-7-isopropyl-(8acH)-Δ^6-dodekahydrophenanthren-1t-carbonsäurelacton* (**VII**), $C_{21}H_{32}O_2$, F. 180—181° (CH_3OH), a) aus 3 g **II** u. konz. H_2SO_4 bei — 5°; $[\alpha]_D^{25}$ + 19,5° (c = 1,05; 95%ig. A.); 1,22 g; daneben 0,11 g *1r.4bc.6-Trimethyl-4at-hydroxy-7-isopropyl-*

(8atH)-Δ^6-dodekahydrophenanthren-1t-carbonsäurelacton [F. 112—114° (A.)]; b) aus **XII** u. Jones-Reagens in Eisessig bei 60°; 52%. — *1r.4ac.6-Trimethyl-7-isopropyl-$\Delta^{6.4b,8a}$-dekahydrophenanthren-1t-carbonsäuremethylester*, $C_{22}H_{34}O_2$, F. 143—144° (von A. u. n-Hexan), aus **VII** u. KOH in sd. Äthylenglykol unter N_2 u. KOH in sd. Äthylenglykol unter N_2 u. Rk. mit CH_2N_2 in Ae.; 36%. — *9α-Hydroxy-12α-acetoxymethyltetrahydroabietinsäurelacton* (**IX**), $C_{23}H_{36}O_4$, F. 147—148° (n-Hexan), aus **VIII** u. konz. H_2SO_4 in $CHCl_3$ bei —5°; 52%. — *9α-Hydroxy-12-methyl-$\Delta^{12,13}$-abietenol* (**X**), $C_{21}H_{36}O_2$, F. 211—212° (Ae.), aus **VII** u. $LiAlH_4$ in sd. Ae.; $[\alpha]_D^{25}$ —41° (c = 1,07; 95%ig. A.); 76%. — *1r.4ac.6-Trimethyl-1t-hydroxymethyl-7-isopropyl-$\Delta^{6.4b,8a}$-dekahydrophenanthren* (**XIII**), $C_{21}H_{34}O$, F. 148 bis 149° (Hexan), a) aus 0,8 g **X** u. konz. H_2SO_4 in sd. A.; 0,3 g; daneben 0,22 g *1r.4ac.6-Trimethyl-4bt.1t-epoxymethano-7-isopropyl-(8acH)-Δ^6-dodekahydrophenanthren* (**XII**, $C_{21}H_{34}O$, F. 92—94°); b) aus 0,2 g **XI** u. konz. H_2SO_4 in sd. A.; 40 mg. — *12-Methylabietadienol*, $C_{21}H_{34}O$, aus 0,2 g **XIII** u. konz. HCl in sd. A.; 0,1 g. — *12-Methyltetrahydroabietol*, $C_{21}H_{38}O$, F. 162—163° (A.), durch Hydrieren von vorst. Verb. in A. an PtO_2 bei 50 psi. — *9α-Hydroxy-12α-hydroxymethyltetrahydroabietol* (**XI**), $C_{21}H_{38}O_3$, F. 206 bis 207°, aus **IX** u. $LiAlH_4$ in sd. Ae.; 85%.

Hans Köhne/Berlin 3600△

1256 **Kondensation von Paraformaldehyd mit Abietinsäure und einigen ihrer Derivate.** D. K. Black und G. W. Hedrick. (J. org. Chemistry **32** (1967) 12, 3763—67; Naval Stores Labor., Olustee, Fla.; engl.) — Bei der Rk. von Abietinsäure (**I**) mit 2 Val Paraformaldehyd (**II**) in sd. CH_3COOH entsteht ein *Gemisch* von mindestens *sechs Verb.*, aus dem nach Veresterung *7.14-Diacetoxymethylabietinsäuremethylester* (**III**) u. *7-Acetoxymethylabietinsäuremethylester* (**IV**) isoliert werden. Nach Hydrolyse des Rk.-Gemisches u. anschließender Veresterung werden *Dehydroabietinsäuremethylester*, *7-Hydroxymethyldehydroabietinsäuremethylester* u. *7.14-Bis-[hydroxymethyl]-abietinsäuremethylester* (**V**) erhalten. **III** bzw. **V** geben bei der Hydrolyse *7.14-Bis-[hydroxymethyl]-abietinsäure*. Aus **IV** wird analog *7-Hydroxymethylabietinsäure* erhalten. 7.14-Diacetoxymethylabietinsäure gibt bei der Hydrierung ein *Gemisch* von *Di-* u. *Tetrahydroderivaten*. Das Gemisch liefert durch Red. mit $LiAlH_4$ u. anschließende Acetylierung *7.14-Bis-[hydroxymethyl]-tetrahydroabietoltriacetat* u. *7.14-Bis-[hydroxymethyl]-$\Delta^{8,14}$-abietenoltriacetat*. Bei der Hydrierung von **IV** entsteht *7-Acetoxymethyl-$\Delta^{7,8}$-abietensäuremethylester*. 12-Hydroxymethylabietinsäure reagiert mit **II** in CH_3COOH zu einem *Gemisch* von *Verb.*, das durch alkal. Hydrolyse, Red. mit $LiAlH_4$ u. anschließende Acetylierung *Dehydroabietolacetat*, *12-Hydroxymethylabietoldiacetat*, ein *Gemisch von Triacetaten* u. wenig *7.12.14-Tris-[hydroxymethyl]-abietoltetraacetat* liefert. 12-Hydroxymethylabietinsäuremethylester (**VI**) reagiert mit **II** zu einem Gemisch von *Dehydroabietinsäuremethylester*, *7.12-Bis-[acetoxymethyl]-abietinsäuremethylester* (**VII**) u. *12.14-Bis-[acetoxymethyl]-abietinsäuremethylester*. Durch Hydrierung von **VII** wird *7.12-Bis-[acetoxymethyl]-$\Delta^{7,8}$-abietensäuremethylester* (**VIII**) erhalten. 12-Hydroxymethyl-$\Delta^{7,8}$-abietensäure (**IX**) bildet mit **II** in sd. CH_3COOH *12.14-Methanoxymethano-$\Delta^{8,9}$-abietensäuremethylester* (**X**), **VIII** u. *7-Acetoxymethyl-12-methylabietinsäuremethylester*. **IX**-Methylester (**XI**) u. **II** geben in CH_3COOH bei 90° in Ggw. von konz. H_2SO_4 **X**. Lävopimarsäure bildet mit **II** in sd. CH_3COOH ein ähnliches Gemisch wie **I**. 12-Hydroxyabietinsäure reagiert nicht mit **II**, sondern wird in *Dehydroabietinsäure* umgewandelt.

Versuche: *7.14-Diacetoxymethylabietinsäuremethylester* (**III**), $C_{27}H_{40}O_6$, aus **I** u. 2 Val **II** in sd. Eisessig in Ggw. von Acetanhydrid u. Rk. mit CH_2N_2 in Ae.; $[\alpha]_D^{24}$ +91,1° (c = 1,08; 95%ig. A.); 65% (Ausb.); daneben *7-Acetoxymethylabietinsäuremethylester* (**IV**, $C_{24}H_{36}O_4$). — *7-Hydroxymethyldehydroabietinsäuremethylester*, $C_{22}H_{32}O_3$, F. 187—188°, analog **III**, Rk. mit sd. wss.-äthanol. KOH u. mit CH_2N_2 in Ae.; daneben *Dehydroabietinsäuremethylester*, **1**-*Methylester*, *Gemisch* von *Monoacetaten* u. *7.14-Bis-[hydroxymethyl]-abietinsäuremethylester* (**V**, $C_{23}H_{36}O_4$). — *7.14-Bis-[hydroxymethyl]-abietinsäure*, F. 190—191° (A.), a) aus 1,5 g **III** u. sd. wss.-äthanol. KOH; $[\alpha]_D^{24}$ +123,7° (c = 1,2; 95%ig. A.); 0,6 g; b) analog a) aus **V**; 77%. — Analog: *7-Hydroxymethylabietinsäure*, $C_{21}H_{32}O_3$, aus 0,2 g **IV**; 0,11 g. — *7-Acetoxymethyl-$\Delta^{7,8}$-abietensäuremethylester*, $C_{24}H_{38}O_4$, durch Hydrieren von 0,1 g **IV** in A. bei Raumtemp. an Adams-Katalysator bei 20 psi; 0,1 g. — *7.14-Bis-[hydroxymethyl]-tetrahydroabietoltriacetat*, $C_{28}H_{46}O_6$, aus **I** u. 2 Val **II** in sd. Eisessig in Ggw. von Acetanhydrid, Hydrieren in Eisessig bei Raumtemp. u. 30 psi an Adams-Katalysator, Hydrolyse mit KOH in sd. wss. A., Red. mit $LiAlH_4$ in sd. Ae. u. Rk. mit sd. Acetanhydrid; daneben *7.14-Bis-[hydroxymethyl]-$\Delta^{8,14}$-abietenoltriacetat* ($C_{28}H_{44}O_6$). — *12-Hydroxymethylabietinsäure*, F. 167 bis 168° (CH_3OH), aus dem Addukt von Lävopimarsäure u. HCHO u. 6n HCl in 95%ig. A. bei 20°; $[\alpha]_D^{24}$ +48° (95%ig. A.); 82%. — *12-Hydroxymethylabietoldiacetat*, aus vorst. Verb. u. 2 Val **II** in sd. Eisessig, Hydrolyse mit KOH in sd. wss. A., Red. mit $LiAlH_4$ in Ae. u. Rk. mit sd. Acetanhydrid; daneben *Gemisch* von *Triacetaten* u. *7.12.14-Tris-[hydroxymethyl]-abietoltetraacetat* [$C_{31}H_{46}O_8$, F. 144—145° (wss. A.)]. — *12-Acetoxymethylabietinsäuremethylester*, $C_{24}H_{36}O_4$, Kp.$_2$ 225—228°, aus 20 g vorvorst. Verb. u. CH_2N_2 in Ae. (→ 20 g **VI**) u. Rk. mit sd. Acetanhydrid; 78%. — *7.12-Bis-[acetoxymethyl]-abietinsäuremethylester* (**VII**), $C_{27}H_{40}O_6$, aus 3 g vorst. Verb. u. 2 Val **II** in sd. Eisessig in Ggw. von Acetanhydrid; 0,6 g; daneben 0,2 g *12.14-Bis-[acetoxymethyl]-abietinsäuremethylester*. — *7.12-Bis-[acetoxymethyl]-$\Delta^{7,8}$-abietensäuremethylester* (**VIII**), $C_{27}H_{42}O_6$, durch Hydrieren von 0,2 g **VII** in A. an Adams-Katalysator bei 30 psi; 0,2 g. — *12.14-Methanoxymethano-$\Delta^{8,9}$-abietensäuremethylester* (**X**), $C_{23}H_{36}O_3$, F. 118—119° (wss. A.), a) aus 10 g **IX** u. **II** in sd. Eisessig, Rk. mit CH_2N_2 in Ae. u. Chromatographie von 7 g Gemisch; 2 g; daneben 3,6 g *12-Acetoxymethyl-$\Delta^{7,8}$-abietensäuremethylester*, **VIII** u. 0,15 g *7-Acetoxymethyl-12-methylabietinsäuremethylester* ($C_{25}H_{38}O_4$); b) aus **XI** u. **II** in Eisessig bei 90° in Ggw. von konz. H_2SO_4; $[\alpha]_D^{23}$ +70° (c = 1,21; 95%ig. A.); 74%. — *12.14-Methanoxymethano-$\Delta^{8,9}$-abietenol*, $C_{22}H_{36}O_2$, F. 220 bis 221°, aus **X** u. $LiAlH_4$ in sd. Ae.; 88%. *Acetat*, $C_{24}H_{38}O_3$, aus dem Alkohol u. sd. Acetanhydrid. — *12.14-Methanoxymethano-$\Delta^{8,9}$-abietensäure*, $C_{22}H_{34}O_3$, F. 225—227° (wss. A.), aus 1,8 g **X** u. KOH in sd. wss. A.; $[\alpha]_D^{24}$ +56° (c = 1,2; 95%ig. A.); 1,2 g.

Hans Köhne/Berlin 3600△

1257 **Direkte O-Methylierung des Catecholöstrogens.** Jack Fishman, Motoichi Miyazaki und Itsuo Yoshizawa. (J. Amer. chem. Soc. **89** (1967) 26, 7147 bis 7148; Inst. for Steroid Res. Montefiore Hosp. and Med. Center, New York, N.Y.; engl.) — Vgl. J. biol. Chemistry **233** (1958) 697. — Um die in vitro-Methylierung von Catecholen zu klären, werden 2-Hydroxyöstradiol (**I**) u. sein 3-Sulfat (**II**) bzw. 2-Sulfat (**III**) in vitro methyliert (durch frische homogenisierte Leber in 0,1 m Phosphatpuffer u. $^{14}C_{(CH_3)}$-Adenosylmethionin in Ggw. von $MgSO_4$). Aus **I** entstehen der *2-*(**IV**) u. *3-Methyläther-*(**V**) *des 2-Hydroxyöstradiols*, aus **II** entstehen **IV**, **V**, *2-Methoxyöstron* u. *Hydroxyöstron-3-methyläther* u. aus **III** *3-O-Methyl-2-hydroxyöstradiol* (**V**) u. *2-Methoxyöstradiol* (**IV**). Die methylierten Prod. werden papierchromatograph. mit bekannten Steroiden verglichen u. durch Messung der Radioaktivität gek. (vgl. Orig.).

G. Westphal 3700△

1258 **1-substituierte Östron-3-methyläther.** E. W. Cantrall, R. B. Conrow und Seymour Bernstein. (J. org. Chemistry **32** (1967) 12, 4078—81; Lederle Labor., Div. of Amer. Cyanamid Co., Pearl River, N.Y.; engl.) — 1-Aminoöstron-3-methyläther (**I**) gibt mit CH_3J u. K_2CO_3 in sd. CH_3OH *1-Methylamino-* u. *1-Dimethylamino-3-methoxy-$\Delta^{1.3.5,10}$-östratrien-17-on* (**II**). Nach längerer Rk.-Zeit wird nur **II** erhalten. Mit Benzaldehyd in sd. Bzl. gibt **I** *1-Benzylidenamino-3-methoxy-$\Delta^{1.3.5,10}$-östratrien-17-on*. 1-Hydroxy-3-methoxy-$\Delta^{1.3.5,10}$-östratrien-17-on (**III**) reagiert mit Dimethylsulfat (**IV**) u. NaOH zu *1.3-Dimethoxy-$\Delta^{1.3.5,10}$-östratrien-17-on*. Durch Diazotieren von **I** bei —15 bis —30° u. Rk. mit NaN_3 bei —20° wird *1-Azido-3-methoxy-$\Delta^{1.3.5,10}$-östratrien-17-on* dargestellt; mit verd. CH_3COOH/HBF_4 bei —15 bis —10° bzw. verd. CH_3COOH/HCl werden *1-Fluor-* bzw. *1-Chlor-3-methoxy-$\Delta^{1.3.5,10}$-östratrien-17-on* (**V**) erhalten.

Daneben entstehen III u. *1-Acetoxy-3-methoxy-$\Delta^{1.3.5,10}$-östratrien-17-on* (VI). V wird in besserer Ausb. aus I, Isoamylnitrit (VII) u. HCl-Gas in Isobuttersäure/CH_2Cl_2 dargestellt. Daneben entsteht *1-Isobutyryloxy-3-methoxy-$\Delta^{1.3.5,10}$-östratrien-17-on. 1-Brom-3-methoxy-$\Delta^{1.3.5,10}$-östratrien-17-on* wird besser nach der Sandmeyer-Meth. dargestellt, wobei III u. VI als Nebenprod. erhalten werden. Durch Diazotieren in verd. CH_3COOH/H_2SO_4 bei -25^0 u. anschließende Rk. mit KJ gibt I *1-Jod-3-methoxy-$\Delta^{1.3.5,10}$-östratrien-17-on*, III u. VI.

Versuche: $\Delta^{1.3.5,10}$-Östratrien-17-one: *1-Dimethylamino-3-methoxy-* (II), $C_{21}H_{29}NO_2$, F. 206—207⁰ (CH_3OH), aus I, CH_3J u. trockenem K_2CO_3 in sd. CH_3OH; $[\alpha]_D^{25}$ $+153^0$ ($CHCl_3$); 62% (Ausb.); daneben *1-Methylamino-3-methoxy-*, $C_{20}H_{27}NO_2$, F. 200—204⁰ (CH_3OH); $[\alpha]_D^{25}$ $+339^0$ ($CHCl_3$); 13%. — *1-Benzylidenamino-3-methoxy-*, $C_{26}H_{29}NO_2$, F. 148—150⁰ ($CHCl_2/CH_3OH$), aus I u. Benzaldehyd in Ggw. von Magnesol in sd. Bzl.; $[\alpha]_D^{25}$ $+21^0$ ($CHCl_3$); 80%. — *1.3-Dimethoxy-*, $C_{20}H_{26}O_3$, F. 134—136⁰ (n-Hexan), aus III u. IV in wss.-methanol. NaOH bei 25—30⁰; $[\alpha]_D^{25}$ $+274^0$ ($CHCl_3$); 91%. — *1-Fluor-3-methoxy-*, $C_{19}H_{23}FO_2$, F. 177—180⁰ (Cyclohexan/CH_2Cl_2), aus I, 48%ig. HBF_4 u. $NaNO_2$ in verd. CH_3COOH bei -10 bis -15^0; $[\alpha]_D^{25}$ $+202^0$ ($CHCl_3$); 47%; daneben 17% III u. 8% *1-Acetoxy-3-methoxy-* (VI), $C_{21}H_{26}O_4$, F. 152—154⁰ (n-Hexan/CH_2Cl_2); $[\alpha]_D^{25}$ $+228^0$ ($CHCl_3$). — *1-Chlor-3-methoxy-* (V), $C_{19}H_{23}ClO_2$, F. 132 bis 134⁰ (n-Hexan), a) aus I, VII u. HCl-Gas in Isobuttersäure u. CH_2Cl_2 bei -25 bis -30^0; $[\alpha]_D^{25}$ $+284^0$ ($CHCl_3$); 76%; daneben 11% *1-Isobutyryloxy-3-methoxy-*, F. 105 bis 110⁰; b) aus I, $NaNO_2$ u. konz. HCl in verd. $CH_3 \cdot COOH$ bei -20 bis -25^0 u. Rk. mit CuCl u. konz. HCl; 38%; daneben 15% VI u. 32% III. — *1-Brom-3-methoxy-*, $C_{19}H_{23}BrO_2$, F. 162—164⁰ (CH_2Cl_2/Hexan), aus I, $NaNO_2$ u. 1n H_2SO_4 in CH_3COOH bei -25^0 u. Rk. mit CuBr in 48%ig. HBr; $[\alpha]_D^{25}$ $+266^0$ ($CHCl_3$); 35%; daneben 10% VI u. 30% III. — *1-Jod-3-methoxy-*, $C_{19}H_{23}JO_2$, F. 213—215⁰ (n-Hexan), aus I, $NaNO_2$ u. 1n H_2SO_4 in CH_3COOH bei -25^0 u. Rk. mit KJ; $[\alpha]_D^{25}$ $+252^0$ ($CHCl_3$); 22%; daneben 15% VI u. 38% III.

Hans Köhne/Berlin 3700△

1259 **1.11-Iminoöstrone.** 2. Mitt. **Einige Derivate und Reaktionen.** E. W. Cantrall, R. B. Conrow und Seymour Bernstein. (J. org. Chemistry 32 (1967) 12, 4081—84; Lederle Labor., Div. of Amer. Cyanamid Co., Pearl River, N.Y.; engl.) — 1. vgl. ibid. 32 (1967) 11, 3445. — 1.11α-Imino-3-methoxy-$\Delta^{1.3.5,10}$-östratrien-17-on (I) wird in das *Hydrochlorid*, das *N-Acetyl-* bzw. *N-p-Chlorbenzoylderiv.* (II) umgewandelt. Beim Kochen von I mit CH_3J/K_2CO_3 entsteht das *Methojodid* von *3-Methoxy-1.11α-methylimino-$\Delta^{1.3.5,10}$-östratrien-17-on* (III). III wird aus I, NaH u. CH_3J in DMF/Bzl. dargestellt. III wird von 10%ig. Pd/Kohle in sd. Xylol zu *3-Methoxy-1.11-methylimino-$\Delta^{1.3.5,10.9,11}$-östratetraen-17-on* dehydriert. II läßt sich nicht katalyt. dehydrieren; mit 2.3-Dichlor-5.6-dicyanbenzochinon (IV) wird aus II *1.11-p-Chlorbenzoylimino-3-methoxy-$\Delta^{1.3.5,10.9,11}$-östratetraen-17-on* erhalten. I wird von 2 Val K-Nitrosodisulfonat (V) zu *4-Hydroxy-1.11-imino-3-methoxy-$\Delta^{1.3.5,10.9,11}$-östratetraen-17-on* u. *1.11-Imino-3-methoxy-$\Delta^{1.3.5,10.9,11}$-östratetraen-17-on* oxydiert. II bildet mit J_2/NaOH *1.11α-p-Chlorbenzoylimino-3-methoxy-16.17-seco-$\Delta^{1.3.5,10}$-östratrien-16.17-disäure* (VI), die von IV zu *1.11-p-Chlorbenzoylimino-3-methoxy-16.17-seco-$\Delta^{1.3.5,10.9,11}$-östratetraen-16.17-disäure* (VII) u. *4.5-p-Chlorbenzoylimino-1-carboxymethyl-2-methyl-7-methoxy-9.10-dihydrophenanthren* (VIII) dehydriert wird. Mit 2 Val IV liefert VII in 50%ig. Ausb. VIII. VIII bildet mit CH_2N_2 *4.5-p-Chlorbenzoylimino-1-methoxycarbonylmethyl-2-methyl-7-methoxy-9.10-dihydrophenanthren*, das bei der Hydrolyse in *1-Methoxycarbonylmethyl-2-methyl-4.5-imino-7-methoxy-9.10-dihydrophenanthren* übergeht.

Versuche: *1.11α-Imino-3-methoxy-$\Delta^{1.3.5,10}$-östratrien-17-onhydrochlorid*, $C_{19}H_{24}ClNO_2$, F. 250—270⁰ (Zers.), aus I u. trockenem HCl-Gas in abs. Ae./CH_2Cl_2; $[\alpha]_D^{25}$ $+95^0$ ($CHCl_3$); 79% (Ausb.). — *1.11α-Acetylimino-3-methoxy-$\Delta^{1.3.5,10}$-östratrien-17-on*, $C_{21}H_{25}NO_3$, F. 250 bis 256⁰ (CH_2Cl_2/Ae.), aus I u. Acetanhydrid in heißer CH_3COOH; $[\alpha]_D^{25}$ $+40^0$ ($CHCl_3$); 100% (roh). — *1.11α-p-Chlorbenzoylimino-3-methoxy-$\Delta^{1.3.5,10}$-östratrien-17-on* (II), $C_{26}H_{26}ClNO_3$, F. 213—233⁰ (Aceton), aus I, p-Chlorbenzoylchlorid u. trockenem Na_2CO_3 in CH_2Cl_2 bei Raumtemp.; $[\alpha]_D^{25}$ -162^0 ($CHCl_3$); 98%. — *3-Methoxy-1.11α-methylimino-$\Delta^{1.3.5,10}$-östratrien-17-on* (III), $C_{20}H_{25} \cdot NO_2$, F. 166—168⁰ (CH_2Cl_2/Ae.), aus I u. NaH in abs. DMF/Bzl. bei 40⁰ u. Rk. mit CH_3J bei 35—40⁰; $[\alpha]_D^{25}$ $+67^0$ ($CHCl_3$); 46%. — *3-Methoxy-1.11-methylimino-$\Delta^{1.3.5,10.9,11}$-östratetraen-17-on*, $C_{20}H_{23}NO_2$, F. 150—152⁰ (CH_2Cl_2/Ae.), aus III u. 10%ig. Pd/Kohle in sd. Xylol; $[\alpha]_D^{25}$ $+236^0$ ($CHCl_3$); 91%. — *1.11-p-Chlorbenzoylimino-3-methoxy-$\Delta^{1.3.5,10.9,11}$-östratetraen-17-on*, $C_{26}H_{24}ClNO_3$, F. 248—250⁰ (Aceton), aus II u. IV in CH_2Cl_2 bei Raumtemp.; $[\alpha]_D^{25}$ $+165^0$ ($CHCl_3$); 96%. — *4-Hydroxy-1.11-imino-3-methoxy-$\Delta^{1.3.5,10.9,11}$-östratetraen-17-on*, $C_{19} \cdot H_{21}NO_3$, F. 240—260⁰ (CH_2Cl_2/Bzl.), aus I u. 2 Val V in wss. Aceton in Ggw. von Na-Acetat bei Raumtemp.; $[\alpha]_D^{25}$ $+247^0$ ($CHCl_3$); 54% (roh); daneben 6,7% *1.11-Imino-3-methoxy-$\Delta^{1.3.5,10.9,11}$-östratetraen-17-on.* — *1.11α-p-Chlorbenzoylimino-3-methoxy-16.17-seco-$\Delta^{1.3.5,10}$-östratrien-16.17-disäure* (VI), *Hemihydrat*, $C_{26}H_{26}ClNO_6 \cdot {}^1/_2\,H_2O$, F. 167—180⁰ ($CH_2Cl_2$/Ae.), aus II, J_2 u. verd. NaOH in wss. Dioxan bei Raumtemp.; $[\alpha]_D^{25}$ -150^0 (Py.); 42%. — *1.11-p-Chlorbenzoylimino-3-methoxy-16.17-seco-$\Delta^{1.3.5,10.9,11}$-östratetraen-16.17-disäure* (VII), $C_{26}H_{24} \cdot ClNO_6$, F. 202—204⁰ (Ae.), aus VI u. 1 Val IV in CH_2Cl_2 bei Raumtemp.; $[\alpha]_D^{25}$ -59^0 (Py.); 77%. — *4.5-p-Chlorbenzoylimino-1-carboxymethyl-2-methyl-7-methoxy-9.10-dihydrophenanthren* (VIII), $C_{25}H_{20}ClNO_4$, F. 195—200⁰, aus VII u. 2 Val IV in CH_2Cl_2 bei Raumtemp.; 50%. — *4.5-p-Chlorbenzoylimino-1-methoxycarbonylmethyl-2-methyl-7-methoxy-9.10-dihydrophenanthren*, F. 173—177⁰, aus VIII u. CH_2N_2 in Ae./CH_3OH; 90%. — *1-Methoxycarbonylmethyl-2-methyl-4.5-imino-7-methoxy-9.10-dihydrophenanthren*, F. 130—140⁰, aus vorst. Verb. u. KOH in CH_2Cl_2/CH_3OH bei Raumtemp.; 91%.

Hans Köhne/Berlin 3700△

1260 **Enzymfreie Spaltung von Peptidbindungen.** 1. Mitt. **Desacylierung von γ-Oxoacylaminosäuren und Peptiden durch Hydrazin.** Michiyo Morishita, Tsuneo Sowa, Fumio Sakiyama und Kozo Narita. (Bull. chem. Soc. Japan 40 (1967) 3, 632—39; Inst. for Protein Res., Osaka Univ., Kita-ku, Osaka; engl.) — *N-Lävuloyl-L-phenylalanin*, *N-(3-Benzoylpropionyl)-L-phenylalanin*, *(N-(3-Benzoylpropionyl)-L-leucylglycin*, *$N^\alpha.N^\delta$-Dibenzoyl-γ-oxo-L-ornithyl-L-phenylalanin* wurden hergestellt. Beim Erhitzen dieser Verb. in saurer Lsg. mit Hydrazin wird die γ-Oxoacylgruppe abgespalten u. es bilden sich *Tetrahydropyridazonderivate*. Der Rk.-Mechanismus wird ausführlich diskutiert.

Versuche: *N-Lävuloyl-L-phenylalanin, Dicyclohexylammoniumsalz*, $C_{26}H_{40}N_2O_4$, F. 155—156⁰, aus L-Phenylalaninmethylester (I) u. Lävulinsäure (II) nach der DCC-Meth. u. versetzen des Rk.-Prod. mit Dicyclohexylamin; $[\alpha]_D^{20}$ $+32,6^0$ (c = 1; Eisessig); 47,7% (Ausb.). — *$N^\alpha.N^\delta$-Dibenzoyl-γ-oxo-L-ornithyl-L-phenylalanin*, $C_{28}H_{27}N_3O_6$, F. 173—176⁰, aus 1,5 g Methylester mit 1n NaOH; 100 mg (Ausb.). *Methylester*, $C_{29}H_{29}N_3O_6$, F. 150—154⁰ (Äthylacetat/PAe.), aus $N^\alpha.N^\delta$-Dibenzoyl-γ-oxo-L-ornithin (III) u. I nach der DCC-Meth.; 49 bis 58%. — *N-(3-Benzoylpropionyl)-L-phenylalanin*, $C_{19}H_{19} \cdot NO_4$, F. 115⁰, aus dem Methylester mit 1n NaOH; 86,2%. *Methylester*, $C_{20}H_{21}NO_4$, F. 94,5—95⁰ (A./W.), aus 3-Benzoylpropionsäure (IV) u. I nach der Meth. der gemischten Anhydride; $[\alpha]_D^{20}$ $+46,8^0$ (c = 1; Eisessig); 60%. — *N-(3-Benzoylpropionyl)-L-leucylglycin. Äthylester*, F. 111—112⁰ ($CHCl_3$/PAe.), aus IV u. L-Leucylglycinäthylester nach der Meth. der gemischten Anhydride; 48,5%. *Dicyclohexylammoniumsalz*, $C_{30}H_{47}N_3O_5$, F. 209—210⁰ (Methanol/Ae.), aus dem Äthylester; 52%. — *N-Valeroyl-L-phenylalanin*, $C_{14}H_{19}NO_3$, F. 118 bis 120⁰, aus I u. Valeriansäure; $[\alpha]_D^{20}$ $+48,9^0$ (c = 1; Eisessig); 57%. *Dicyclohexylammoniumsalz*, $C_{26}H_{42}N_2O_3$, F. 180⁰. — *6-Methyl-2.3.4.5-tetrahydropyridazon-(3)*, $C_5 \cdot H_8N_2O$, F. 102,5—103⁰ (Ae./PAe.), aus 1,16 g II mit Hydrazinhydrat (V) bei Raumtemp.; 450 mg. — *6-Phenyl-2.3.4.5-tetrahydropyridazon-(3)*, $C_{10}H_{10}N_2O$, F. 149,5 bis 150⁰ (A.), aus IV u. V durch Kochen; 95%. — *6-Benzoylaminomethyl-4-benzoylamino-2.3.4.5-tetrahydropyridazon-(3)*, $C_{19}H_{18}N_2O_3 \cdot {}^1/_2\,H_2O$, F. 195—197⁰, aus dem Methylester von III mit V; 97%. — *$N^\alpha.N^\delta$-Dibenzoyl-γ-oxo-L-ornithin* (III), $C_{19}H_{18}N_2O_5$, aus dem Methylester.

Hemihydrat, $C_{19}H_{18}N_2O_5 \cdot 1/2\,H_2O$, F. 126—128°. *Monohydrat*, $C_{19}H_{18}N_2O_5 \cdot H_2O$, F. 150—152°.
R. Becker 3800△

1261 **Pantothensäure und verwandte Verbindungen. 4. Mitt. Chemische Studien. 3. Mitt. Synthese von D-Pantethein-4'-phosphat und von N-D-Pantothenoyl-L-cystein-4'-phosphat.** Osamu Nagase. (Chem. pharmac. Bull. [Tokyo] 15 (1967) 5, 648—54; Central Chem. Labor., Daiichi Seiyaku Co., Ltd.; engl.) — 3. vgl. ibid. 15 (1967) 644. — Die *Titelverb.* werden entweder durch Rk. von D-Pantothennitril-4'-dibenzylphosphat (III) mit Cysteamin (I) bzw. L-Cystein (II), anschließende Säurehydrolyse u. Red. mit Na in fl. NH_3 oder durch Rk. von D-Pantothennitril-4'-phosphat (V) mit I bzw. II u. Hydrolyse des gebildeten Thiazolins hergestellt.

Versuche: *D-Pantothennitril-4'-dibenzylphosphat* (III), $C_{23}H_{29}N_2O_6P \cdot 1/2\,H_2O$, aus D-Pantothennitril u. Chlorphosphorsäuredibenzylester (IV); $[\alpha]_D^{23}$ +19,1° (c = 1,1; A.); 73,2% (Ausb.). — *D-Pantothennitril-4'-phosphat* (V), Ba-Salz, $C_9H_{15}BaN_2O_6P \cdot 2\,H_2O$, aus vorst. Verb. durch Hydrogenolyse in Ggw. von Pd-Kohle u. Versetzen des Rk.-Prod. mit $Ba(OH)_2$; $[\alpha]_D^{25}$ +11,4° (c = 2; W.); 68,9%. *Li-Salz*, $C_9H_{15}Li_2N_2O_6P \cdot 1/2\,H_2O$; $[\alpha]_D^{20}$ +18,2° (c = 2; W.). — *D-Pantethein-4'-phosphat. Ba-Salz*, $C_{11}H_{21}BaN_2O_7PS$, a) durch 30 Min. langes Erhitzen von III u. Cysteamin (I) auf 100—105°, weiteres 4std. Erhitzen des Rk.-Prod. in wss. Methanol in Ggw. von Essigsäure auf 60°, anschließende Red. mit Na in fl. NH_3 u. Versetzen des Rk.-Prod. mit $Ba(OH)_2$; $[\alpha]_D^{23}$ +13,3° (c = 2,25; W.); 73,2%; b) durch 6std. Kochen des Ba-Salzes von V mit III, weiteres 2std. Erhitzen des Rk.-Prod. in W. in Ggw. von Oxalsäure auf 60° u. Versetzen des Rk.-Prod. mit $Ba(OH)_2$; 82%. *Disulfid. Ba-Salz*, $C_{22}H_{40}Ba_2N_4O_{14}P_2S_2 \cdot 7\,H_2O$, aus vorst. 247 mg Ba-Salzes mit wss. H_2O_2; $[\alpha]_D^{20}$ +12,2° (c = 1; W.); 180 mg (Ausb.). — *N-D-Pantothenoyl-L-cystein-4'-phosphat. Ba-Salz*, $C_{12}H_{20}Ba_{1,5}N_2O_9PS$, a) durch Rk. von N.N'-Di-D-pantothenoyl-L-cystin mit IV, Kochen des Rk.-Prod. mit Essigsäure, weitere Red. mit Na in fl. NH_3 u. Versetzen des Rk.-Prod. mit $Ba(OH)_2$; $[\alpha]_D^{25}$ −7° (c = 2; W.); 10,5%; b) durch Rk. von L-Cystein (II), Hydrochloridmonohydrat (VI) mit III in äthanol. Na-Äthylatlsg., 2std. Erhitzen des Rk.-Prod. in wss. Methanol in Ggw. von Essigsäure auf 60°, Red. mit Na in fl. NH_3 u. Versetzen des Rk.-Prod. mit $Ba(OH)_2$; 40,1%; c) durch Rk. des Ba-Salzes von V mit VI in äthanol. Na-Äthylatlsg., Erhitzen mit wss. Oxalsäure u. Versetzen des Rk.-Prod. mit $Ba(OH)_2$; 63,8%. *Disulfid. Ba-Salz*, $C_{24}H_{38}Ba_3N_4O_{18}P_2S_2 \cdot 2\,H_2O$; $[\alpha]_D^{20}$ −31° (c = 2; W.).
R. Becker 3850△

1262 **Neue Penicilline mit einem Steroidrest.** F. Alhaique, G. Giacomello, M. C. Giardina und F. M. Riccieri. (Farmaco [Pavia], Ediz. sci. 22 (1967) 8, 651—55; Ist. di Chim. farmaceut. e tossicolog. dell'Univ. di Roma; ital.) — Durch Versetzen der entsprechenden Cholsäure in THF mit Chlorameisensäureäthylester u. Triäthylamin unter Kühlen, 2std. Rühren u. Kühlen, 1std. Rühren bei Raumtemp., Zugabe von 6-Aminopenicillansäure in 4%ig. $NaHCO_3$ unter Kühlen u. Rühren, Einstellen von pH 2 mit 10%ig. HCl unter Kühlen, Lösen des Öls nach Behandeln mit $CHCl_3$ in wss. $NaHCO_3$ unter Einhalten von pH 6,2, Filtrieren, Eindampfen u. Umsetzen der erhaltenen *Na-Salze* mit Dibenzyläthylendiamin wurden die *Dibenzyläthylendiaminsalze* von *6-[Desoxycholoylamino]-* (I, $C_{80}H_{120}N_6O_{12}S_2$, F. 220—225°), *6-Choloylamino-* ($C_{80}H_{120}N_6O_{14}S_2$, F. 215 bis 220°) u. *6-[Dehydrocholoylamino]-penicillansäure* ($C_{80} \cdot H_{108}N_6O_{14}S_2$, F. 230—235°) erhalten. I besitzt etwa die gleiche antibiot. Aktivität wie Benzylpenicillin.
H.-J. Jahns 3900△

1263 **Hydroborierung als Mittel zur Gewinnung pharmakologisch aktiver Produkte; Hydroborierung von Ergolinprodukten.** G. Cainelli, L. Caglioti und W. Barbieri. (Farmaco [Pavia], Ediz. sci. 22 (1967) 6, 456—62; Ist. di Chim., Politecnico di Milano; ital.) — Die Hydroborierung von Lysergsäure führte zu *6-Methyl-8β-hydroxymethyl-9α-hydroxy-10α-ergolin* (I), dessen Struktur sich durch Folgerk., aus UV- u. NMR-Daten (s. Orig.) sowie durch Vgl. mit dem ebenfalls synthetisierten *6-Methyl-8β-hydroxymethyl-10α-hydroxy-10β-ergolin* bzw. *10β-hydroxy-10α-ergolin* ergab.

Versuche ([α] = $[\alpha]_D^{20}$ in Py.): 6-Methyl-10α-ergoline: *8β-Hydroxymethyl-9α-hydroxy-* (I), $C_{16} \cdot H_{20}N_2O_2$, F. 275—280°, a) durch 1std. Rk. von Lysergsäuremonohydrat in THF mit B_2H_6 in THF bei Raumtemp., mehrstd. Rühren, Versetzen mit 5%ig. methanol. KOH, Zugabe von 35%ig. H_2O_2 nach beendeter Gasentw., Verdünnen mit W., Extrahieren mit Ae., Waschen der Extrakte mit 10%ig. wss. $FeSO_4$, Eindampfen, 3std. Kochen in CH_3OH u. Versetzen mit W.; 60% (Ausb.); b) durch 3std. Rk. von II oder III in THF mit $LiAlH_4$ unter Rühren bei Raumtemp.; [α] −25° (0,1 n HCl). — *8β-Acetoxymethyl-9α-hydroxy-* (II), $C_{18}H_{22}N_2O_3$, F. 204°, durch 1/2std. Kochen von 0,8 g I in Acetanhydrid/Py. (1 : 1) unter N_2; [α] −67°; 315 mg. — *8β-Acetoxymethyl-9α-acetoxy-* (III), $C_{20}H_{24}N_2O_4$, F. 160—161°, durch 3std. Rk. von 0,5 g I analog II; [α] −93°; 240 mg. — *8β-Hydroxymethyl-10β-hydroxy-*, $C_{16}H_{20}N_2O_2$, F. 247—249°, durch 2 1/2std. Kochen von 0,75 g 6-Methyl-10β-hydroxy-10α-ergolin-8β-carbonsäurelacton u. $LiAlH_4$ in abs. THF; −19°; 460 mg. — *6-Methyl-8β-hydroxymethyl-10α-hydroxy-10β-ergolin*, $C_{16}H_{20}N_2O_2$, F. 277—279°, durch Zutropfen von Chlorameisensäureisobutylester zu 12 g Lumilysergsäure in Triäthylamin/THF (1 : 20), mehrstd. Rühren, Filtrieren, Zutropfen zu $LiAlH_4$ in THF u. 2std. Kochen; [α] +16°; 0,68 g.
H.-J. Jahns 3950△

D. Makromolekulare Chemie

1264 **Azeotropie bei der Terpolymerisation.** Kenneth O'Driscoll und George E. Ham. (J. macromolecular Sci., Chem. 1 (1967) 7, 1365—67; Dep. of Chem. Engng., Univ. of N.Y., Buffalo, N.Y.; engl.) — Vf. leiten Beziehungen ab, die für ein tern. Syst. von Monomeren das Auftreten einer azeotrop. Polymerisation beschreiben; für die Monomeren muß das Q-e-Schema gültig sein.
O. Fuchs 4001△

1265 **Temperaturabhängigkeit der Wachstumsgeschwindigkeit von Sphärolithen.** L. Mandelkern, N. L. Jain und H. Kim. (J. Polymer Sci., Part A-2 6 (1968) 1, 165—80; Dep. of Chem. and Inst. of Mol. Biophys., Fla. State Univ., Tallahassee, Fla.; engl.) — Zahlreiche in der Literatur vorliegende Daten über das Sphärolithwachstum in Polymeren werden auf Grund verschiedener bisher vorgeschlagener Mechanismen der Keimbldg. ausgewertet; behandelt werden: Polyolefine, Polyester, Polyalkylenoxide, Polytetramethylphenylensiloxan, Polystyrol u. Polyoxycyclobutan. Die nach mehreren bekannten Gleichungen ber. Aktivierungsenergien E des Transportvorgangs unterscheiden sich für dasselbe Polymere z. T. um mehr als 100% voneinander. E steigt im allg. mit wachsender Einfriertemp. t_g an. Bei Zulassung einer passenden Wahl der Gleichgew.-Schmelztemp. ist keine willkürfreie Festlegung eines einzigen Nucleierungsprozesses möglich. Für jeden der zulässigen Keimbldg.-Vorgänge gibt es eine Serie universeller Parameter, die eine Darst. der Meßdaten durch eine einzige Gerade für alle Polymere ermöglicht.
O. Fuchs 4003△

1266 **Möglichkeit von Kettenfaltung in Lösungen von normalen Paraffinen und von Polyäthylen.** Kang-Jen Liu und Robert Ullman. (J. Polymer Sci., Part A-2 6 (1968) 3, 451—56; Sci. Labor., Ford Motor Co., Dearborn, Mich.; engl.) — Theoret. Arbeit, in der auf Grund der statist. Thermodynamik die Wahrscheinlichkeit einer intramol. Kettenfaltung bei normalen Paraffinen u. beim Polyäthylen in Lsg. behandelt wird. Diese Wahrscheinlichkeit ist gegeben, falls intramol. Konform. geringer Energie vorliegen, deren Stabilität größer als die Tendenz zur Bldg. eines statist. Knäuels in der Lsg. ist. Ein Vgl. mit den KMR-Spektren von Paraffinen in aromat. KW-Stoffen als Lsgm. (Literaturdaten) spricht für das Vorliegen einer Kettenfaltung der gelösten Moleküle.
O. Fuchs 4004△

1267 **Statistische Methoden zur Ermittlung der Verteilung der Molekülgrößen in hochpolymeren Systemen aus Experimentalergebnissen der fraktionierten Fällung.** 4. Mitt. **Berücksichtigung der Polydispersität der Fraktionen.** R. Hosemann und W. Schramek. (J. Polymer Sci., Part A-1 6 (1968) 1, 109—23; Fritz-Haber-Inst. der Max-Planck-Ges., Berlin; dt.) — Theoret. Arbeit. Bei der Berechnung der Polydispersität g_a eines makromol. Stoffes auf Grund von Fraktionierdaten (Fällfraktionierung) ist g_a der Fraktionen zu berücksichtigen; es wird gezeigt, daß bei Kenntnis des Vol.-Verhältnisses φ von Gel- u. Solphase der mittlere g_a-Wert der Fraktionen u. somit g_a des Ausgangsgemisches ber. werden können. Die Rechnungen werden für 5 typ. Klassen von Massenverteilungsfunktionen durchgeführt. Die erhaltenen Beziehungen werden auf ein (angenommenes) konkretes Beispiel angewandt. Die Fehlerbreite bei der Auswertung der Meßdaten kann unter günstigen Bedingungen bei der Fällfraktionierung ebenso klein sein wie bei der Kolonnenfraktionierung. O. Fuchs 4005△

1268 **Viskoelastizität von Netzwerken, die aus verschlungenen Makromolekülen bestehen.** 2. Mitt. **Bestätigung der Theorie für verschlungene Netzwerke.** A. J. Chompff und W. Prins. (J. chem. Physics 48 (1968) 1, 235—43; Ford Motor Co., Dearborn, Mich.; engl.) — 1. vgl. ibid. 45 (1966) 1505. — Die l. c. mitgeteilte mol. Theorie der Viskoelastizität von Netzwerken wird weiter ausgebaut; die Vernetzungen können dabei durch echte Bindungen oder durch Mol.-Verschlaufungen entstanden sein. Gleichungen für die Relaxationsspektren dieser Netzwerke sowie zur Best. der Parameter m (m — 1 = mittlere Zahl der Verschlaufungen bzw. Vernetzungen pro Mol.) u. δ (Schlupfparameter) auf Grund experimenteller Daten werden angegeben. Die theoret. Ergebnisse werden speziell zur Beschreibung der mechan. Eig. von *Poly-n-octylmethacrylat* (I) (Literaturdaten) angewandt. Für ein Molgew. von $3{,}36 \cdot 10^6$ von I ergeben sich m zu 81 u. δ zu 10^{-5}; mit diesen Werten wird mit Hilfe eines Computers das Relaxationsspektrum von I über 9 Zeitdekaden berechnet. Der Vgl. mit experimentellen Daten ergibt eine brauchbare Übereinstimmung; sie kann noch bei Berücksichtigung der Molgew.-Verteilung verbessert werden. O. Fuchs 4007△

1269 **Direkte visuelle Beobachtung von Konzentrationsschwankungen in einer kritischen Mischung.** P. Debye und R. T. Jacobsen. (J. chem. Physics 48 (1968) 1, 203—06; Dep. of Chem., Cornell Univ., Ithaca, N.Y.; engl.) — Vf. beschreiben ein thermostatiertes Phasenkontrast-Mikroskop, mit dem die statist. Schwankungen der Konz. einer Lsg. von *Polystyrol* (M_w = 522000) in Cyclohexan in der Nähe der krit. Temp. (27,8°) direkt beobachtet werden können; der Temp.-Bereich, in dem sich diese Konz.-Schwankungen abspielen, beträgt nur ca. 0,01°. O. Fuchs 4009△

1270 **Aktivitätskorrekturen für die Diffundierbarkeit in polymeren Stoffen.** Charles Goldstein und R. L. Laurence. (A.I.Ch.E. Journal 14 (1968) 2, 357; Johns Hopkins Univ., Baltimore, Md.; engl.) — Für die die Konz.-Abhängigkeit des Diffusionskoeff. in einem makromol. Stoff bestimmende Aktivität a_1 wird die Beziehung abgeleitet: $\partial a_1/\partial \omega_1 = (\varrho_1/\varrho_2)(v_1/v_2)^2[v_2(1-2\chi_1 v_1)]\exp \cdot [v_2(1+\chi_1 v_2)]$; dabei beziehen sich die Indizes 1 bzw. 2 auf die nieder- bzw. auf die hochmol. Verb., ϱ = D., v = Vol.-Bruch, ω = Massenbruch, χ_1 = Flory-Huggins-Wechselwrkg.-Parameter. O. Fuchs 4009

1271 **Statistische Thermodynamik von Polymerlösungen.** 6. Mitt. **Kammartig verzweigte Moleküle mit Verzweigungen, die statistisch längs der Hauptkette verteilt sind.** Edward F. Casassa und Yukiko Tagami. (J. Polymer Sci., Part A-2 6 (1968) 1, 63—89; Mellon Inst., Pittsburgh, Pa.; engl.) — 4. vgl. C. **1967**, 46-1062. — Theoret. Arbeit. Vf. unterscheiden zwischen „statist." Kamm-Mol. (KM), die eine einheitliche Zahl an statist. verteilten Zweigen pro Kamm besitzen, u. den „heterogenen" KM mit statist. Verteilung der Zahl u. Stellung der Zweige. Die thermodynam. Wechselwrkg. zwischen KM, die gleiche Längen der Hauptkette u. der Zweige besitzen, wird nach der Zimmschen Störungstheorie berechnet. Die so für die statist. KM erhaltenen Ergebnisse sind den l. c. für „symmetr." KM gewonnenen sehr ähnlich (Vorliegen von f einheitlichen Zweigen, die die Hauptkette in f + 1 gleiche Teile zerlegen). Ferner wird in Fortführung der früher angestellten Betrachtungen der 2. Virialkoeff. A_2 ber., wobei nun mathemat. leichter handhabbare Ausdrücke als früher erhalten wurden. Bei statist. KM ist A_2 aus osmot. u. Lichtstreuungsmessungen gleich groß, dagegen bestehen bei heterogenen KM Unterschiede zwischen beiden A_2-Werten. Bei kleinem f pro Kette sind auch die A_2-Werte zwischen beiden Arten von KM verschieden; die Differenzen werden mit wachsendem f kleiner. O. Fuchs 4009△

1272 **Kinetische Untersuchung der Polymerisation von Isopren in Gegenwart von metallischem Sr.** Jean-Paul Kistler, Gilbert Friedmann und Bernd Kaempf. (Bull. Soc. chim. France **1968**, 2, 732—34; Strasbourg, Inst. de Chim.; franz.) — *Isopren* (I) wurde mit metall. Sr polymerisiert (Temp. nicht genannt); der Polymerisationsverlauf wurde dilatometr. u. gaschromatograph. verfolgt. Die Induktionsperiode t_i fällt mit steigendem [I] ab; bei konst. [I] ist t_i für Sr in Plättchenform (= Sr A) kleiner als für Sr, das durch Zers. von $Sr(NH_3)_6$ (II) gewonnen wurde (= Sr B); t_i ist unabhängig von der Zers.-Temp. von **II**. Der I-Umsatz U steigt bei Verw. von Sr A zeitlich zunächst linear an, biegt aber nach t = 100 Std. um u. kommt nach ca. 200 Std. zum Stillstand (U beträgt dann ca. 50%). Bei Verw. von Sr B liegt bis t = 65 Std. ein linearer Anstieg von U vor; die Polymerisationsgeschw. ist bei Sr B kleiner als bei Sr A, da restliches NH_3 im Sr B als Polymerisationsinhibitor wirkt. Es liegt eine Polymerisationsrk. 1. Ordnung bez. **I** vor. O. Fuchs 4010△

1273 **Polymerisation von Isopren in Gegenwart von Sr und Ba; Reaktionsmechanismus.** Jean-Paul Kistler, Gilbert Friedmann und Bernd Kaempf. (Bull. Soc. chim. France **1968**, 2, 735—37; Strasbourg, Inst. de Chim.; franz.) — Fortführung der im vorst. Ref. beschriebenen Versuche. Zur Polymerisation von *Isopren* (I) wurde Ba in Plättchenform (= Ba A) u. aus $Ba(NH_3)_6$ durch Zers. erhaltenes Ba (= Ba B) verwendet. Der Geh. an 1.2-, 3.4-, cis-1.4- u. trans-1.4-Strukturen im erhaltenen Polyisopren (II) beträgt 0, 21, 23 u. 56(%) für BaB bei 20°, 0, 21, 67 u. 12 für Ba B bei 40°, 0, 21, 65 u. 14 für Ba A bei 40° (je für Polymerisationsvers. in Substanz). Die entsprechenden Zahlen für Sr B (vgl. l. c.) lauten 0, 44, 50 u. 6 bei 20° u. 0, 44, 56 u. 0 bei 40° (Verw. von n-Heptan [III] als Lsgm. für I). Die **II**-Struktur ist unabhängig von [I] (Verw. von **III** u. von BaB bzw. Sr B, je bei 40°) u. von der Ba- bzw. Sr-Konzentration. Für beide Metalle steigt der 1.2-Geh. in **II** in der Reihe der Lsgm. **III**, Toluol (**IV**), THF an; der cis-1.4-Geh. fällt in dieser Reihenfolge bei Ba ab, bei Sr liegt ein Minimum bei **IV** vor, u. der trans-1.4-Geh. steigt jäh an (bei Ba stärker als bei Sr). Aus der Diskussion der Ergebnisse folgt, daß nur ein anion. Polymerisationsmechanismus mit kovalentem Charakter vorliegen kann. O. Fuchs 4010△

1274 **Untersuchungen von Polymeren durch Gelpermeationschromatographie.** 2. Mitt. **Die kinetischen Parameter der Styrolpolymerisation.** James A. May jun. und William B. Smith. (J. physic. Chem. **72** (1968) 1, 216—21; Dep. of Chem., Tex. Christian Univ., Forth Worth, Tex.; engl.) — 1. vgl. J. Polymer Sci., Part A-2, 4 (1966) 365. — *Styrol* (I) wurde bei 60° mit Hilfe verschiedener Mengen Dibenzoylperoxid (ca. $5 \cdot 10^{-3}$ bis $52 \cdot 10^{-3}$ Mol/l) bis 2,24—2,93% Umsetzung polymerisiert. Nach Abtrennen von I durch Toluol-W. erfolgte die Fraktionierung des Polymeren durch Gelpermeationschromatographie bei 50° in THF an Säulen von A-Gel, die mit Polystyrol bekannter Molgew.-Verteilung geeicht wurden. Aus der erhaltenen Verteilung wurde nach Flory $k_t/k_p^2 = 710 \pm 115$ erhalten (Geschw.-Konst. für Kettenabbruchs- u. Kettenwachstumsrk.). Von den nach verschiedenen Meth. erhaltenen Werten für die Konst. für Kettenübertragung auf den Initiator, C_I, u. auf das Monomere, C_M, sind die graph. nach $(1/\overline{DP}_n)-(k_t R_p/k_p^2[M]^2) = (C_I[I]/[M]) + C_M$ erhaltenen am verläßlichsten (R_p Polymerisationsgeschw. nach Flory ber.): $C_I = 0,101 \pm 0,005$, $C_M \cdot 10^5 = 13,7 \pm 1,9$. R. Junge 4010

1275 **Kinetik der Grenzflächen-Polykondensations-Reaktion. 1. Mitt. Hydrolyse von Terephthaloylchlorid.** P. J. Crawford und J. H. Bradbury. (Trans. Faraday Soc. **64** (1968) 1, 185–91; Chem. Dep. Austral. Nat. Univ., Canberra, ACT; engl.) — An der Grenzfläche einer wss. Lsg. von KH_2PO_4 u. Na_2HPO_4 u. einer Lsg. von *Terephthaloylchlorid* (I) in n-Heptan (II) findet bei Raumtemp. eine Hydrolyse von I statt. Die Änderung von [I] wurde spektroskop. verfolgt. Beim starken Rühren der Mischung mit konst. Geschw. liegt für die I-Hydrolyse eine Rk. 1. Ordnung vor. Aus der Temp.-Abhängigkeit der Geschw.-Konst. (Vers. zwischen 22,9 u. 43,6°) ergeben sich bei pH 6,25 eine Aktivierungsenergie von 12 kcal/Mol^{-1} u. ein Wert von 4,7 für log A (A = Frequenzfaktor in s^{-1}), unabhängig vom Zusatz von KCl. Die Grenzflächenspannung zwischen W. u. II wurde bei 22° zu 49,4 dyn · cm^{-1} für [I] = 0 bzw. zu 49,1 für [I] = 3,9 · 10^{-3} Mol/l^{-1} bestimmt. Auf Grund dieser Ergebnisse wird angenommen, daß der geschwindigkeitsbestimmende Schritt die homogene Hydrolyse von I in der wss. Phase darstellt.
O. Fuchs 4040△

E. Biologische, physiologische und medizinische Chemie

1276 **IUPAC-IUB-Kommission für biochemische Nomenklatur. Bezeichnung von Aminosäuren in Sequenzen mit einem Buchstaben. Vorläufige Regeln.** Anonym. (Biochemistry [Washington] 7 (1968) 8, 2703–05; engl.) Ch. Jürgens 4100

1277 **Synthese von Glycerin-1.3-diphosphat.** M. Kates, B. Palameta und T. H. Chan. (Canad. J. Biochem. **44** (1966) 707–12; Ottawa, Nat. Res. Council; engl.) — Im Hinblick auf Strukturunters. von Polyglycerinphosphatiden erschien die Darst. von Glycerin-1.3-diphosphat (I) in guter Ausb. erwünscht. I wurde mit 40% Gesamtausb., ausgehend von *1.3-Dibrompropanol-(2)*, synthetisiert.

Versuche: *Ba-Dibenzylphosphat*, $C_{14}H_{14}Ba_{0,5}O_4P$, aus Benzylalkohol u. P_2O_5, Isolierung als Ba-Salz. *Ag-Salz*, $C_{14}H_{14}AgO_4P$, F. ca. 216° (Zers.), aus vorst. Salz mit $AgNO_3$ in heißem W.; 32% (Ausb.). — *1.3-Dibrom-2-hexadecanoyloxypropan*, $C_{19}H_{36}Br_2O_2$, F. 36,5 bis 37° (CH_3OH–Ae.), aus 1.3-Dibrompropanol-(2) in trockenem $CHCl_3$ u. Palmitoylchlorid in Ggw. von Chinolin (Raumtemp., 70 Std., Lichtausschluß); 68%. — *Tetrabenzyl-2-hexadecanoyl-1.3-glycerodiphosphat*, $C_{47}H_{64}O_{10}P_2$, aus vorst. Verb. u. Ag-Dibenzylphosphat in sd. trockenem Bzl. (24 Std.), Reinigung an SiO_2-Säule; 88% (roh). — *2-Hexadecanoyl-1.3-glycerodiphosphorsäure* (II), $C_{19} \cdot H_{40}O_{10}P_2$, F. 99–101° ($CHCl_3$–Äthylacetat), a) aus vorst. Verb. in Äthylacetat mit H_2–Pd–Kohle (2 Std.); 74%; b) aus vorst. Verb. durch Rk. mit NaJ in sd. Aceton, Hydrogenolyse des gebildeten Di-Na-Dibenzyl-2-hexadecanoyl-1.3-glycerodiphosphats in CH_3OH mit Pd-Katalysator u. $CHCl_3$-Extraktion nach Ansäuern. *Tetra-Na-Salz*, $C_{19}H_{36}Na_4O_{10}P_2$, durch Neutralisation der methanol. Lsg. von II mit 0,1n alkohol. NaOH. — *Di-Ba-1.3-glycerodiphosphat*, $C_3H_6Ba_2O_9P_2 \cdot 2H_2O$, aus Roh-II durch Verseifen mit 0,2n methanol. KOH (48 Std., 25°); 90%. — Angabe der IR-Spektren. K. Maier 4100

1278 **Kernsubstituierte Derivate von α-Methyldopa.** Anilkumar Parulkar, Alfred Burger und Dorothea Aures. (J. med. Chem. **9** (1966) 738–41; Veterans Admin. Hosp., Sepulveda, Calif.; engl.) — Es werden 2- u. *6-Methyl-*, *2-Chlor-* u. *2-Fluorderiv.* von *α-Methyldopa* dargestellt u. an Enzymen u. Viren biochem. getestet. **VI** erweist sich an *Dopadecarboxylase* aus Schweineniere als besserer Inhibitor als α-Methyldopa. **VII** bewirkte bei *Tyrosinhydroxylase* aus Rattenhirn eine Hemmung von 24%. Bei maximalen nichttox. Dosen (25 μg/ml u. 12 μg/ml) zeigten **V**, **VI** u. **VIII** bei *Columbia-SK-Virus* u. bei Gaben von 5 μg/ml bei *LCM-Virus*, *Vaccine-Virus* (*IHD*) u. *Adenovirus* (*Typ 12*) keine Hemmwirkung.

Versuche (IR-Daten s. Original): *2-Methyl-3.4-dimethoxybenzylchlorid* (I), aus 3-Methylveratrol nach Vavon et al. (1939); 64% (Ausb.). — *3-Chlor-4-chlormethylveratrol* (III), analog I. — *3-Fluor-4-chlormethylveratrol*, analog I. — *4-Chlormethyl-5-methylveratrol* (II), $C_{10}H_{13}ClO_2$, Kp.$_{0,1}$ 93°, aus 4-Methylveratrol u. Chlormethyläther in Eisessig (34–36°; 6 Std.); 40%. Ox. mit $KMnO_4$ → *6-Methylveratrumsäure* (F. 145–146°) u. Behandeln mit Dimethylsulfoxid (DMSO) in Ggw. von $NaHCO_3$ → *6-Methylveratrumaldehyd* (F. 70–71°, Kp.$_{0,05}$ 94–98°). Neben II *Bis-[4.5-dimethoxytolyl-(2)]-methan*, F. 121,5–122° (A.). — 3.4-Dimethoxyphenylacetonitrile, aus dem substituierten Benzylhalogenid u. NaCN in DMSO (1–2½ Std.; 135–145°), Gießen in Eis/W. u. Ae.-Extraktion: *2-Methyl-*, $C_{11}H_{13}ClO_2$, F. 66 bis 66,5° ($CHCl_3$/PAe.); 83%. — *2-Chlor-* (IV), $C_{10}H_{10} \cdot ClNO_2$, F. 65–65,5° ($CHCl_3$/PAe.); 76%. — *2-Fluor-*, $C_{10}H_{10}FNO_2$, F. 53–53,2° ($CHCl_3$/PAe.); 60%. — *6-Methyl-*, $C_{11}H_{13}NO_2$, F. 94,5–95°; 75%. — [*3.4-Dimethoxy-2-methylbenzyl*]*-äthyläther*, $C_{12}H_{18}O_3$, Kp.$_{0,85}$ 98°, Kp.$_{0,025}$ 70°, aus 4-Chlormethyl-3-methylveratrol in 95%ig. wss. A. u. NaCN in W.; 77%. — [*2-Chlor-3.4-dimethoxybenzyl*]*-äthyläther*, $C_{11}H_{15}ClO_3$, Kp.$_{0,85}$ 135–140°, aus 18 g III analog vorst. Verb.; 3 g. Daneben 9 g IV (Kp.$_{0,85}$ 144 bis 153°). — α-[3.4-Dimethoxyphenyl]-acetylacetonitrile, aus den Nitrilen in Äthylacetat u. NaO · C_2H_5 durch 4std. Rühren, 14std. Stehen bei 25°, Zugabe von Eisessig u. Ae.-Extraktion: *2-Methyl-*, $C_{13}H_{15}NO_3$, Kp.$_{0,1}$ 128°; 76%. — *2-Chlor-*, $C_{12}H_{12}ClNO_3$, Kp.$_{0,2}$ 140°; 75%. — *2-Fluor-*, $C_{12}H_{12}FNO_3$, Kp.$_{0,05}$ 110°; 74%. — *6-Methyl-*, $C_{13}H_{15}NO_3$, Kp.$_{0,05}$ 140°; 74%. — 3.4-Dimethoxyphenylacetone, aus vorst. β-Ketonitrilen mit H_2SO_4/W. (4:1) bei 90–100° in 10–20 Min., Versetzen mit W., 3 Std. Erwärmen auf 95–100° u. Ae.-Extraktion: *2-Methyl-*, $C_{12}H_{16}O_3$, Kp.$_{0,03}$ 95°; 63%. *2.4-Dinitrophenylhydrazon* (*DNP*), $C_{18}H_{20}N_4O_6$, F. 141,3 bis 141,5° (A.). — *2-Chlor-*, $C_{11}H_{13}ClO_3$, Kp.$_{0,1}$ 110°; 64%. *DNP*, $C_{17}H_{18}ClN_4O_6$, F. 147,8–148,3° (A.). — *2-Fluor-*, $C_{11}H_{13}FO_3$, Kp.$_{0,05}$ 95°; 40%. *DNP*, $C_{17}H_{18}FN_4O_6$, F. 157,5–158° (A.). — *6-Methyl-*, $C_{12}H_{16}O_3$, Kp.$_{0,05}$ 100°; 50%. *DNP*, $C_{18}H_{20}N_4O_6$, F. 125,3–127,3° (A.). — 4-Methyl-4-[2-oder 6-substituierte 3.4-dimethoxybenzyl]-hydantoine, aus vorst. Ketonen, $(NH_4)_2CO_3$, KCN u. 50%ig. wss. A. (8 Std. bei 58–62° Rühren), 12 Std. Rühren bei Raumtemp.: *-2-methyl-*, $C_{14}H_{18}N_2O_4$, F. 218,5 bis 219° (A./W.); 92%. — *-2-chlor-*, $C_{13}H_{15}ClN_2O_4$, F. 215,5 bis 216° (A.); 95%. — *-2-fluor-*, $C_{13}H_{15}FN_2O_4$, F. 202 bis 202,5° (A.); 83%. — *-6-methyl-*, $C_{14}H_{18}N_2O_4$, F. 235 bis 235,5° (A.); 67%. — α-Methyl-3.4-dimethoxyphenylalanine, aus vorst. Hydantoinen mit $Ba(OH)_2$ (65 Std. Erhitzen), Einstellen auf pH 1,5 mit 2n H_2SO_4, Filtrieren, Einengen, Lösen in Aceton, pH-Stellung auf 9 mit Diäthylamin, mit Eisessig auf pH 6–6,5: *2-Methyl-*, $C_{13}H_{19}NO_4$, F. 262–263° (W.); 90%. — *2-Chlor-*, $C_{12}H_{16} \cdot ClNO_4$, F. 271–272° (W.); 92%. — *2-Fluor-*, $C_{12}H_{16} \cdot FNO_4$, F. 282–283° (W.); 91%. *Hydrochlorid*, $C_{12}H_{17} \cdot ClFNO_4$, F. 234–235° (A./abs. Ae.); 100%. — *6-Methyl-*, *Hydrat*, $C_{13}H_{21}NO_5$, F. 266–267° (W.); 85%. *Hydrochlorid*, $C_{13}H_{20}ClNO_4$, F. 234–235° (A./abs. Ae.); 100%. — α-Metyhl-3.4-dihydroxyphenylalanine, aus vorst. Dimethoxyaminosäuren mit 48%ig. HBr (12- bis 14std. Erhitzen, Rückfluß), Aufarbeitung analog vorst. Verb.: *2-Methyl-* (V), $C_{11}H_{15}NO_4$, F. 278° (Zers.); 95% (roh). *Hydrochlorid*, $C_{11}H_{16}ClNO_4$, F. 267° (Zers.). — *2-Chlor-* (VI), $C_{10}H_{12}ClNO_4$, F. 254° (Zers.); 95% (roh). *Hydrat*, $C_{10}H_{14}ClNO_5$, F. 249° (Zers.). — *2-Fluor-* (VII), $C_{10}H_{12}FNO_4$, F. 281° (Zers.); 89% (roh). — *6-Methyl-* (VIII), $C_{11}H_{15}NO_4$, F. 247° (Zers.); 95% (roh).
H.-J. Schönherr 4240

1279 **Polysaccharidkomplexe von Malleomyces pseudomallei.** O. P. Efimceva. (Mikrobiol. Ž. **30** (1968) 1, 27–33; Volhohrad, medyčnyj inst.; ukrain.) — Die aus Stamm 1421 bzw. 1620 von *Malleomyces pseudomallei* isolierten *Polysaccharid-Komplexe* (**Ia** bzw. **Ib**) enthalten nach der Reinigung 14,2 bzw. 11,3% *Eiweiß*, 2,94 bzw. 3,01% *Nucleinsäuren*, 57,0 bzw. 56,28% *reduzierende Verb.*, 0,87 bzw. 0,83% *P*. **Ia** u. **Ib** enthalten je 5 Monosaccharide: *Glucosamin, Galaktose, Glucose, Arabinose* u. *Rhamnose*. Die qual. Aminosäurezus. ist bei **Ia** u. **Ib** die gleiche: *Cystin, Lysin, Alanin, Leucin, Isoleucin, Asparagin-* u. *Glutaminsäure*. In der Dosis 1000 µg sind **Ia** u. **Ib** tox. für die Maus. In der Dosis 5 µg/kg wirken sie pyrogen. Wiederholte Injektionen von **Ia** u. **Ib** verursachen eine Toleranz. O. Lebtag 4315△

1280 **Polysaccharid aus der Zellwand der atypischen Streptokokkenstämme.** O. Ja. Rašba, V. M. Macjuk, I. L. Tidel's'ka und I. S. Mislavs'ka. (Mikrobiol. Ž. **30** (1968) 1, 21—27; Kiiv, inst. mikrobiolohii i virusolohii AN URSR; ukrain.) — Das aus den Zellen der atyp. Streptokokkenstämme gewonnene *Polysaccharid C* (**I**) zeigt serolog. Kreuzreaktionen. Gruppenspezif. **I** läßt sich nur aus der Zellwand gewinnen. Das **I** aus der Zellwand reagiert bei hohem Titer mit dem Antiserum der Gruppe A, bei geringem Titer auch mit dem Antiserum der Gruppe D. Der Koeff. *Rhamnose/Hexosamin* von **I** ist kein Kriterium der Gruppenzugehörigkeit der Streptokokken. Die **I** der atyp. Stämme enthalten wenig Hexosamin, bis zu 15% *Glucose* u. ein *Monosaccharid* von R_F = 1,08—1,10. O. Lebtag 4315△

1281 **Methangärung im Nährboden.** H. O. Nikitin. (Mikrobiol. Ž. **30** (1968) 1, 8—12; Kiiv, technolohičnyj inst. charčovoj promyslovosti; ukrain.) — Unter Verw. von Melasse- bzw. synthet. Nährboden wird gezeigt, daß die aus natürlichen Mischkulturen isolierten Mikroorganismen, die *Ps. fluorescens, Cl. carbonei* u. *Cl. cluyveri* nahestehen, auf diesen Nährböden nach Mischaussaat, manchmal auch in der Monokultur, eine *Methan*(**I**)-Gärung verursachen. Die Mischkultur von *Pr. vulgaris, B. pyocyanea, B. cereus* u. *B. mesentericus* bildet ebenfalls **I**. Hier bleibt jedoch die **I**-Bldg. häufig im Stadium der Säurebldg. stehen. Während der **I**-Gärung erfolgt in allen Fällen Bldg. von *Vitamin* B_{12} (**II**). Die **II**-Mengen sind bei Verw. von synthet. Mischkulturen größer als bei Verw. natürlicher oder industrieller Mischkulturen. O. Lebtag 4320△

1282 **Wachstum von Candida tropicalis (Cast) Berkhout (Rasse K-41) auf n-Alkanen.** Je. I. Kvasnikov, I. F. Ščolokova, V. I. Vaskivnjuk, V. F. Semenov, V. Ja. Masumjan, D. M. Isakova, O. A. Sviščuk und V. H. Motornyj. (Mikrobiol. Ž. 29 (1967) 6, 483—87; Kiiv, inst. mikrobiolohii i virusolohii AN URSR; ukrain.) — Die Unters. über das Wachstum von *Candida tropicalis K-41* in Ggw. von *KW-Stoffen* der Reihe C_6—C_{18}, *prim.* u. *sek. synthet. Fettalkoholen, synthet. Fettsäuren, Paraffinölen, techn. Paraffinen* u. ihren Fraktionen ergaben, daß in Ggw. von KW-Stoffen im mineral. Nährboden ein rasches Wachstum erfolgt, die Anreicherung mit wahrem Eiweiß bis zu 45% erreicht u. eine intensive Synth. von *Vitaminen* stattfindet. In Ggw. von KW-Stoffen ist die Synth. von *Riboflavin, Nicotinsäure* u. *Pantothensäure* stärker als in Ggw. von Kohlehydraten. In Ggw. von Paraffinen werden die Alkane C_{15}—C_{22}, proportional ihrem Geh., verwertet. O. Lebtag 4320△

1283 **Einfluß der Anaerobiose auf die Zusammensetzung der Fettsäuren in den Zellen von Saccharomyces cerevisiae.** Giovanni Serlupi Crescenzi und Salvatore Barcellona. (Ann. Ist. super. Sanità **2** (1966) 431—33; Labor. di Chim. Biol., Centro Internazionale di Chim. Microbiol.; ital.) — Durch Extraktion mit Methanol/Chlf. (1 : 2) werden aus den Zellen die Lipide gewonnen, durch Kochen mit Methanol/H_2SO_4 die Fettsäuren in die Methylester umgeestert, die gaschromatograph. getrennt werden. Unter anaeroben Bedingungen [jeweils in Abwesenheit von *Ergosterin* (**I**)] (**A**) sind ca. 90%, unter aeroben (**B**) nur ca. 40% gesätt. Säuren vorhanden. Der Anteil an C_{12}- u. C_{14}-Säuren sinkt bei **B**, C_{18}-Säuren sind bei **A** zu 17%, bei **B** zu 28% vorhanden. Bei **B** treten außerdem noch einige wahrscheinlich mehrfach ungesätt. Säuren zusätzlich auf. In Ggw. von **I** verschiebt sich bei **A** das Verhältnis stark zugunsten der ungesätt. Säuren. W. Holland 4320

1284 **Antituberkulöse Aktivität einiger Verbindungen mit Thioamid- oder Thionesterfunktion.** Pierre Reynaud, Victor Israel Cohen, Fobert César Noreau, Noël Rist und Françoise Grumbach. (Ann. pharmac. franç. **24** (1966) 769—80; Paris, Fac. de Pharmacie, Labor. de Pharmacie chim., et Inst. Pasteur; franz.) — Folgende Verb. wurden hinsichtlich Hemmwrkg. auf den Tuberkelbakterienstamm $H_{37}Rv$ in Youmans-Nährboden geprüft (Einsaat 0,01 mg Bakterien, Hemmkonz. µg/ml, Beobachtungszeit 21 Tage; weitere Angaben im Orig.): p.p'-Polymethylendioxy-di-[thiobenzamide]: *Tri*, 40; *Tetra*, 20; *Penta*, 5; *Hexa*, 10; *Hepta*, 10; *Octa*, 5; *Nona*, 5; *Deca*, 40 (14 Tage); 1-Acyl-3-[p-thiocarbamoylphenyl]-thioharnstoffe: *Acetyl*, 20; *Propionyl*, 20; *Isobutyryl*, 10; *Stearoyl*, 40; *Benzoyl*, 10; *p-Chlorbenzoyl*, 40; *p-Methoxybenzoyl*, 10; *p-n-Butoxybenzoyl*, 5; 1-substituierte 3-[p-thiocarbamoylphenyl]-thioharnstoffe: *nichtsubstituiert*, 20; *Butyl*, 40; *Dodecyl*, 40; *Äthyl*, 40; *Phenyl*, 40 (14 Tage); *p-Chlorphenyl*, 40; *p-Methoxyphenyl*, 40; *p-Tolyl*, 20; *p-Äthoxyphenyl*, 10; *p-n-Butoxyphenyl*, 40; *p-n-Amyloxyphenyl*, 20; *1.3-Bis-[p-thiocarbamoylphenyl]-thioharnstoff*, 40 (14 Tage); *-dimethyl-[p-thiocarbamoylphenyl]-thiosemicarbazid*, 1-substituierte 3-[p-Thiocarbamoylphenyl]-guanidine: *Phenyl*, > 40 (14 Tage); *p-Tolyl*, > 40 (14); *p-Methoxyphenyl*, > 40 (14); *p-Äthoxyphenyl*, > 40 (14); *p-n-Butoxyphenyl*, 40 (±) (14); p.p'-Polymethylendioxy-di-[O-äthylthiobenzoate]: *Tri*, > 40 (7 Tage); *Tetra*, > 40 (7); *Penta*, > 40 (7); *Hepta*, > 40 (7); 1-substituierte 3-[p-Thiocarbäthoxyphenyl]-thioharnstoffe: *nichtsubstituiert*, 20 (±); *p-Methoxyphenyl*, 40 (±); *p-Äthoxyphenyl*, 40 (±); *p-Butoxyphenyl*, > 40. Einführung der $-CS(OC_2H_5)$-Gruppe bewirkte keine Aktivität.

Versuche: *p.p'-Polymethylendioxy-di-thiobenzamide* durch Einw. von 2 Mol p-Hydroxybenzoesäurenitril auf 1 Mol Polymethylen-α.ω-dibromid, wobei p.p'-Polymethylendioxy-bis-benzoesäurenitril, das mittels H_2S in Ggw. von Katalysatoren (Py./Triäthylamin) in p.p'-Polymethylendioxy-bis-[thiobenzamid] übergeführt wird. — *p.p'-Polymethylendioxy-bis-[thionobenzoesäureäthylester]* durch Verseifen von p.p'-Polymethylendioxy-bis-benzonitril mittels HCl in Ggw. von Äthanol, wobei die entsprechenden Bis-Benzoeamidsäureäthylester entstehen, die mit NH_3 bei — 20° in 90%ig. Ausb. in die Iminosäureäthylester übergeführt werden u. anschließend in katalyt. Rk. die Iminogruppen mittels H_2S durch S ersetzt werden. K. Maier 4330

1285 **Bedingungen der Biosynthese der Tetraenantibiotika 18-45 und 18-80 sowie des Heptaenantibiotikums 2368.** E. Tochtamuratov und A. B. Silaev. (Antibiotiki **12** (1967) 10, 887—92; Moskva, univ.; russ.) — Die Stämme 18-45, 18-80 u. 2368 von *Actinomyces sp.* produzieren jeweils 2 akt. Substanzen, die entweder nur gegenüber *Verticillium dahliae* (V.d.) oder nur gegenüber *Candida albicans* (C.a.) akt. sind. Mit abnehmender Belüftung der submersen Kultur nimmt die Bldg. der gegenüber V.d. akt. Verb. zu, die Bldg. der gegenüber C.a. akt. Verb. ab. Papierchromatograph. Unters. bei verschiedenen pH-Werten zeigen, daß die *Antibiotika Nr. 18-45* u. *Nr. 18-80* aus je 6 Komponenten bestehen, von denen 3 gegenüber V.d., 3 gegenüber C.a. akt. sind. Alle 6 Komponenten weisen verschiedene R_F-Werte auf. Das *Antibiotikum Nr. 2368* enthält neben der gegenüber V.d. akt. Komponente eine gegenüber C.a. akt. Verbindung. Beide Komponenten sind organ. Säuren u. unterscheiden sich voneinander durch ihre R_F-Werte. O. Lebtag 4340△

1286 **Antibiotika der Endomycingruppe.** Ju. O. Blinov, L. M. Golovkina, Ju. M. Chochlova, E. I. Chlebarova, E. M. Klejner, I. Ch. Georgieva, G. N. Sejkova und A. I. Korenjako. (Antibiotiki **12** (1967) 10, 867—74; Moskva, inst. chimii prirodnych soedinenij AN SSSR; russ.) — Auf Grund des Literaturmaterials, u. eigener Unters. über die Zus. von *Melanosporin* (**I**) *Sapromycetin B* (**II**), *Antibiotikum Nr. 255* (**III**), *Antibiotikum E-79* (**IV**) u. *Endomycin* (**V**) nehmen Vf. an, daß die Polyenverb. **V**-A u. **V**-B nicht als Hauptkomponenten des **V**-Komplexes anzusehen sind. **I**, **II** u. die Hauptkomponenten von **III** u. **IV** sind mit dem früher beschriebenen Nichtpolyen-**V** ident. oder zumindest ihm sehr ähnlich. Außer den Verb. vom **V**-Typ produzieren die untersuchten Arten noch *Eläophyllin A* u. *B* sowie die *Komponenten* A_2, *B* u. *C*. Komponente C steht der Antibiotikagruppe *Nonactin–Dinactin–Trinactin* sehr nahe. — 12 Literaturangaben. O. Lebtag 4340△

1287 **Chemische Charakteristik des Mutomycins.** A. I. Gurevič, O. A. Kiseleva, M. N. Kolosov, V. D. Kuznecov, V. V. Onoprienko und B. V. Rozynov. (Antibiotiki 12 (1967) 10, 880—84; Moskva, n.-i. inst. antibiotikov MZ SSSR; russ.) — Auf Grund der chem. Unters. des *Mutomycins* (I) sowie der *Diacetyl-* u. *Tris-Trimethylderiv.* von I wird festgestellt, daß die in der Literatur für I angegebene empir. Formel $C_7H_{11-12}O_2$ falsch ist. I muß vielmehr die Formel $C_{41}H_{67}NO_{11}$ zugeschrieben werden. I ist eine neutrale, opt. akt. Verb., deren Mol. mehrere Carboxyl- u. Hydroxylgruppen, einen hexasubstituierten Bzl.-Ring u. eine Amidgruppe enthält. I enthält 9 Doppelbindungen u. 9 Ringe. O. Lebtag 4340△

1288 **Isolierung und Reinigung des Levorins.** V. O. Kul'bach, G. V. Cholodova, L. B. Sokolov, Ju. F. Svešnikov, V. Ja. Rajgorodskaja, O. A. Kuznecova und G. N. Malinovskaja. (Chim. farm. Ž 1 (1967) 10, 53—56; Leningrad, n.-i. inst. antibiotikov; russ.) — 2maliges Auswaschen der Myzel-Diatomitmasse von *Actinomyces levoris* mit Methylenchlorid (I) gewährleistet eine vollständige Entfernung des Levoristatins. Durch anschließendes Auswaschen mit Aceton, Isopropanol (II) oder n-Butanol (III) wird das *Levorin* (IV) im Extrakt erhalten. Am geeignetsten ist hierbei III. Die IV-Löslichkeit nimmt mit steigendem W.-Geh. zunächst zu (30—35% W. für Aceton, 45% W. für II), danach ab. Zusatz von I erhöht die IV-Löslichkeit. 65%ig. wss. Acetonlsg. mit 8—9% I ist vorteilhafter als 55%ig. II-Lsg. mit 13% I. Bei der IV-Isolierung aus dem Extrakt durch Vakuumeinengung bzw. Ausfällung erreicht die IV-Ausb. 52,2—81,7 bzw. 50,0—60,0%. Das erhaltene IV-Präp. besitzt eine biolog. Aktivität von mindestens 25000 Einheiten/ml. Die für die Maus verträgliche Dosis beträgt 10000 Einheiten. O. Lebtag 4340△

1289 **Einfluß von Agar und Gelatine auf die Antibiotikabildung bei Actinomycesarten.** A. P. Rohozina, A. M. Brjans'ka und Ja. A. Holovata. (Mikrobiol. Ž. 30 (1968) 1, 79—82; Kiiv, n.-d. inst. mikrobiolohii, épidemolohii i parazitolohii; ukrain.) — In Vers. mit 6 *Actinomyces*-Stämmen (*rubigenosohelvolus, gobitricini, chromofuscus,. griseovariabilis*, 2 Griseusstämme) auf Sojanährboden (SNB) bzw. auf organ. Nährboden (ONB; auf Basis Hottinger-Bouillon) wird durch Zusatz von *Agar* (I) oder *Gelatine* (II) zum Nährboden die Viskosität des Nährbodens u. damit auch die antibiot. Aktivität erhöht. Die Stimulierung der Antibiotikabldg. ist bei I auf ONB, durch II auf SNB am stärksten. Eine strenge Beziehung zwischen der Zunahme der Viskosität u. der Zunahme der antibiot. Aktivität besteht nicht. O. Lebtag 4340△

1290 **Kohlenhydratkomponenten der Zellen von blaugrünen Algen.** L. V. Kosenko. (Mikrobiol. Ž. 30 (1968) 1, 33—37; ukrain.) — Aus der chem. Zus. der *Polysaccharidkomplexe* (I) von *Anabaena variabilis* (Stamm 359), *Anabaena oscillarioides* (Stamm 444), *Amorphonostoc paludosum* (Stamm 446), *Amorphostoc punctiforme* (Stamm 500), *Stratonostoc linckia* (Stamm 422), *Sphaeronostoc coeruleum* (Stamm 501), *Pseudonostoc sp.* (Stamm 326) u. *Calothrix elenkii* (Stamm 489) folgt, daß alle I reich an Kohlenhydraten sind. Sie enthalten 8—13 Monosaccharide: *Galaktose, Glucose, Mannose, Xylose, Rhamnose, Arabinose, Glucosamin, Galaktosamin* u. *Glucuron*. Alle I enthalten ein unbekanntes Monosaccharis, dessen R_F dem von Ribose nahesteht. Mit Ausnahme des I von Sph. coeruleum enthalten alle I unbekannte Monosaccharide großer elektrophoret. Beweglichkeit. Alle I unterscheiden sich wenig voneinander in der Monosaccharidzusammensetzung. Ihre Unterschiede zeigen sich vor allem bei Ribose, Glucuron u. beweglichen Monosacchariden. O. Lebtag 4420△

1291 **Aroma der schwarzen Johannisbeeren.** 2. Mitt. **Niedriger siedende Verbindungen.** Jonas Andersson und Erik von Sydow. (Acta chem. scand. 20 (1966) 522 bis 528; Swedish Inst. for Food Preservation Research [SIK], Göteborg 16, Sweden; engl.) — 1. vgl. C. **1967**, 6-1427. — Nachdem Vf. früher bereits 25 höher sd. Verb. nachgewiesen hatten (l. c.), analysieren sie jetzt den Saft von schwarzen Johannisbeeren (*Ribes nigrum L. var. Brödtorp*) mittels Gaschromatographie, IR-Spektrophotometrie u. Massenspektrometrie (analyt. Daten s. Orig.!) bez. der niedriger siedenden flüchtigen Substanzen. Es werden eine ganze Reihe von Verb. identifiziert, die bisher noch nicht gefunden werden konnten [*Methanol, A., Propanol, 2-Methylpropanol, Butanol, 3-Methylbutanol, Pentanol, Hexanol, 2-Butanol, 2-Pentanol, 2-Methyl-3-buten-2-ol, 3-Methyl-2-buten-1-ol, 1-Penten-3-ol, Acetaldehyd, Hexanal* (I), *Aceton, 2-Butanon, Methylacetat, Äthylacetat, Butylacetat, Äthylbutyrat, 1.8-Cineol, Styren, cis-3-Hexen-1-ol* (II), *Δ^1-Octen-3-ol, Terpinenol-(4)*]. Zusätzlich wurde die Identifizierung von *2-Methylbutanol, Pentanal* u. *2.3-Butandion* versucht. Da nur I u. II eine stärkere Geruchsintensität aufweisen, ist anzunehmen, daß der charakterist. Geruch der Beeren vor allem durch Verb. mit einem hohen Kp. bestimmt wird, während die niedriger siedenden Substanzen wahrscheinlich allenfalls für das echte Aroma erforderlich sind. E. Wilke 4420△

1292 **Polyacetylenverbindungen.** 98. Mitt. **Über phenolisch substituierte natürliche Acetylenverbindungen.** Ferdinand Bohlmann und Hans Bornowski. (Chem. Ber. **99** (1966) 1223—25; Berlin, TU, Organ. Chem. Inst.; dt.) — 97. vgl. ibid. **99** (1966) 995. — Aus dem PAe.-Extrakt von 1,2 kg frischen Wurzeln von *Coreopsis tinctoria* cv. *tetra Goldteppich* werden durch Chromatographie 25 mg *Tridecadien-(1.11)-tetrain-(3.5.7.9)* (I), 20 mg *7-Phenylhepten-(2)-diin-(4.6)-ol-(1)* (II)-*acetat* (IIa), 20 mg *7-[3-Hydroxyphenyl]-1-acetoxyhepten-(2-trans)-diin-(4.6)* (III) u. 40 mg III-*Acetat* (IIIa; $C_{17}H_{14}O_4$, F. 89—90°, aus Ae./PAe. Nadeln) isoliert; die oberird. Teile der Pflanze (200 g) enthalten 10 mg *Tridecatetraen-(1.3.5.11)-diin-(7.9)* (IV) sowie Spuren von IIa, *1-Acetoxytrideca-tetraen-(2.8.10.12)-diin-(4.6)* u. *Tridecatrien-(2.10.12)-tri-in-(4.6.8)-ol-(1)* (V)-*acetat* (Va). Bei *C. tinctoria* var. *purpurea* werden in 1,5 kg Wurzeln 30 mg I, 10 mg IV, 1 mg *Tridecadien-(2.12)-tetrain-(4.6.8.10)-ol-(1)* (VI), 4 mg VI-*Acetat* (VIa), 5 mg *Tridecadien-(2.12)-tetrain-(4.6.8.10)-al-(1)*, 10 mg III, 2 mg II u. 2 mg IIa nachgewiesen, während 4,2 kg oberird. Teile 150 mg IV u. 5 mg IIa enthielten. 900 g Wurzeln von *C. tinctoria* cv. *Radiata Nana* enthielten 10 mg I, 3 mg IV. 2 mg VI, 2 mg VIa, 5 mg IIa u. 1 mg II u. in 3,7 kg oberird. Teilen werden 50 mg I, 50 mg IV, 50 mg *Tridecatrien-(1.3.11)-triin-(5.7.9)*, 20 mg IIa u. 5 mg V nachgewiesen. Das erstmals gefundene IIIa wird durch Abbau zu *m-Methoxybenzoesäuremethylester* aufgeklärt u. eine mögliche Biosynth. vorgeschlagen. F. Heller 4420

1293 **Polyacetylenverbindungen.** 99. Mitt. **Über ein Thiophenlacton aus Chamaemelum nobile L.** Ferdinand Bohlmann und Christa Zdero. (Chem. Ber. **99** (1966) 1226—28; dt.) — 98. vgl. vorst. Referat. — Aus 3,4 kg frischen Wurzeln werden durch Extrahieren mit PAe. u. Chromatographie (Chr.) 10 mg *trans-* u. 6 mg *cis-Dehydromatricariasäuremethylester*, 50 mg *trans-* u. 60 mg *cis-5-[5-Methylthienyl-(2)]-penten-(2)-in-(4)-säuremethylester* u. 2 mg *trans-4-[5-Methylthenyliden-(2)]-buten-(2)-olid-(1.4)* (I) isoliert. Die Konstit. von I wird durch Spektren ermittelt u. durch Synth. bewiesen. — I, $C_{10}H_8O_2S$, F. 117°, durch 2½std. Erhitzen von 740 mg Buten-(2)-olid-(1.4), 5-Methylthiophen-2-aldehyd u. Piperidinacetat in Eisessig auf 80°, Gießen in Na-Acetat-Lsg., Extrahieren mit Ae. u. Chr. an Al_2O_3; aus Ae./PAe. gelb; 600 mg (Ausb.); daneben geringe Mengen *cis-Isomeres*. F. Heller 4420

1294 **Catechine von Polygonium coriarium.** Š. Ju. Islambekov, A. K. Karimdžanov, A. I. Ismajlov und A. S. Sadykov. (Chim. prirodnych Soedinenij 4 (1968) 3, 191; Taškent, n.-i. inst. chimii i technologii chlopkovoj celljulozy; russ.) — Durch Chromatographie an Silikagel werden aus der Wurzel von *Polygonium coriarium* 4 Gerbstoffe von F. 210—211°, 216—217°, 170 bzw. 236—237° isoliert, die auf Grund der alkal. Spaltung, der IR-Spektren u. des Vgl. mit den Catechinen des Teestrauches als (—)-*Epigallocatechingallat* (I), (—)-*Epigallocatechin* (II), (±)-*Gallocatechin* (III) u. (—)-*Epicate-*

chin (IV) anzusprechen sind. Bei der alkal. Spaltung liefern I, II; u. III Phloroglucin u. Gallussäure; IV liefert hierbei Phloroglucin u. Protocatechusäure. Bei der I-Hydrolyse durch *Tannase* entstehen Gallussäure u. II (II, III u. IV nicht darauf untersucht). O. Lebtag 4420△

1295 **Cumarine von Libanotis buchtormensis.** N. E. Ermatov, A. I. Ban'kovskij, M. E. Perel'son, G. P. Syrova und Ju. N. Šejnker. (Chim. prirodnych Soedinenij 4 (1968) 3, 145—149; Moskva, n.-i. inst. lekarstvennych rastenij: russ.) — Dünnschichtchromatograph. wird aus dem Ae.-Extrakt der Wurzeln von *Libanotis buchtormensis* neben *Bergapten, Isoimperatorin, Pyranocumarin* u. *Xanthogallol* die neue Cumarinverb. $C_{19}H_{20}O_5$ erhalten, der auf Grund der UV-, IR-, Massen- u. NMR-Spektren die Struktur (+)-*3'-(β-Dimethylacryloxy)-2.2'-dimethyl-3'.4'-dihydropyrano-5'.6':8.7-cumarin* zugeschrieben wird. Die neue Verb. wird als *Buchtarmin* (I) bezeichnet. Die I-Struktur wird durch die I-Synth. aus Xanthogallol u. β.β-Dimethylacrylsäure bestätigt. I kommt im Gemisch mit 20% Xanthogallin im Ae.-Extrakt vor. I ist leicht lösl. in Chlf., A., Ae. u. Äthylacetat, schwer lösl. in Petroläther. I-Krist. können nicht erhalten werden. O. Lebtag 4420△

1296 **Anthrachinonfarbstoffe von Rumex rechingerianus.** K. V. Taraskina, T. K. Čumbalov und L. K. Kuznecova. (Chim. prirodnych Soedinenij 4 (1968) 3, 188—89; Kazachskij univ. im. C. M. Kirova; russ.) — Aus der Wurzel bzw. aus dem Samen von *Rumex rechingerianus* werden durch Extraktion mit Bzl.-A. (20 : 1) u. Methanol u. chromatograph. Trennung an Silikagel u. $MgCO_3$ die folgenden Substanzen (F. u. Ausb.) erhalten: *Chrysophanol* 196°, 0,57 bzw. 0,29%; *Frangulaemodin* 256°, 0,11 bzw. 0,03%; *Chrysophanein* 245°, 0,45 bzw. 0,08%; *Glucofrangulaemodin* 190°, 0,07 bzw. 0,02%. Aus Chrysophanol u. Frangulemodin werden folgende Verb. hergestellt: *1.8-Dipropoxy-3-methylanthrachinon*, $C_{21}H_{22}O_4$, 106° (F.), 87,1% (Ausb.); *1.8-Diisobutoxy-3-methylanthrachinon*, $C_{23}H_{26}O_4$, 126°, 89,3%; *1.6.8-Tripropoxy-3-methylanthrachinon*, $C_{24}H_{28}O_5$, 125°, 86,7%; *1.6.8-Triisobutoxy-3-methylanthrachinon*, $C_{27}H_{34}O_5$, 142°, 85,9%. O. Lebtag 4420△

1297 **Anthocyane der Baumwollpflanze.** Z. B. Rachimchanov, A. K. Karimdžanov, A. I. Ismailov und A. S. Sadykov. (Chim. prirodnych Soedinenij 4 (1968) 3, 190—91; Taškent, n.-i. inst. chimii i technologii chlopkovoj celljulozy; russ.) — Papierchromatograph. werden aus dem Samen von *Gossypium hirsutum* 2 *Anthocyanine* (Ia bzw. Ib) von R_F 0,25 bzw. 0,36 isoliert. Ia ist ident. mit *Chrysanthemin* (*Cyanidin-3-β-glucosid*), $C_{21}H_{21}H_{11}Cl \cdot 2H_2O$, F. 215—217° (Zers.). Bei der Hydrolyse von Ia durch 2n HCl-Lsg. entstehen Aglykon u. Glucose. Ib wurde nicht näher untersucht. O. Lebtag 4420△

1298 **Struktur des Petilins.** R. N. Nuriddinov, B. Babaev und S. Ju. Junusov. (Chim. prirodnych Soedinenij 4 (1968) 3, 168—74; inst. chimii rastitel'nych veščestv AN UzSSR; russ.) — Aus dem Kraut von *Petilium Raddeana Rgl.* werden *Imperialin, Edpetilin* u. das neue Alkaloid *Petilin* (I) isoliert. I entspricht der Formel $C_{27}H_{43}O_2N$, F. 205—206°; $[\alpha]_D$ —51,07°; *Hydrochlorid*, F. 288—289° (Aceton-Methanol, 3 : 1); *Hydrobromid*, F. 314—316° (Aceton-Methanol, 3 : 1); *N.O-Diacetyl-I*, F. 188—189°; *N-Methyl-I*, F. 219—221°; *Tetrahydro-I*, F. 209—210°; *Dihydropetilinon*, F. 229—231°; *N-Acetyldesoxyhexahydropetilinon*, F. 155—156°. Auf Grund der chem. Eig. sowie der IR-, UV-, Massen- u. NMR-Spektren wird für I eine Konfig. vorgeschlagen, wonach zwischen C_8 u. C_{14} eine Doppelbindung, in Stellung 15 eine Carbonylgruppe vorliegt. O. Lebtag 4420△

1299 **Inhaltsstoffe von Lecanora handelii Steiner und Stereocaulon nanodes Tuck. Flechteninhaltsstoffe. 26. Mitt.** Siegfried Huneck. (Z. Naturforsch. **21b** (1966) 199 bis 200; Inst. für Pflanzenchemie, TU, Dresden; dt.) — 25. vgl. ibid. **21b** (1966) 91. — Untersucht werden *L. handelii* Steiner (A) von Sn-haltigen Erzhalden im Erzgebirge (EE) u. von einer Erzhalde bei Freiberg/Sa. (EF) u. *St. nanodes* Tuck (B) von EF. A unterscheidet sich nach Poelt et al. (1964) eindeutig von der verwandten *L. epanora* sens. ampl. durch die Apothezien u. a. Merkmale. Nach den Ergebnissen hat A zwar das Triterpen *Zeorin* (I) mit *L. hercynica* Poelt et Ullrich u. mit *L. epanora* ACH. emend Poelt gemeinsam, unterscheidet sich aber von diesen durch den Geh. an (+)-*Usninsäure* (II) u. das Fehlen von Rhizocarpsäure u. Pannarin bzw. Epanorin. Aus B wurde *Atranorin* (III) isoliert.

Versuche: 33,0 g der mit KOH unter Gelbfärbung reagierenden, lufttrockenen u. zerkleinerten A-Proben (von EE) mit Ae. 20 Std. lang extrahieren, Kruste absaugen (a), das Filtrat mit 5%ig. NaOH ausschütteln, den Alkali-Extrakt wie üblich aufarbeiten (b) u. den Neutralanteil der äther. Lsg. mit methanol. KOH verseifen. Der Neutralanteil liefert nach Kristallisation aus CH_2Cl_2/CH_3OH Doppelpyramiden, F. 243—245° (ident. mit I); 0,15% (Ausb.). — Das vereinigte a u. b ergibt gelbe Prismen ($CHCl_3$/A.), F. 203°; $[\alpha]_D^{20}$ +490° (c = 1,0; $CHCl_3$); sie sind ident. mit II; 3,8%. — A von EF enthält 0,26% I u. 2,2% II. — 6,0 g B werden getrocknet mit Ae. extrahiert; aus dem eingedampften Extrakt Prismen (Aceton/Methanol), F. 193—194°, ident. mit III; 0,1%. S. Petersohn 4420

1300 **Neutrale Substanzen des Harzes von Pinus pallasiana.** A. G. Russo, P. F. Vlad und G. V. Lazur'evskij. (Chim. prirodnych Seodinenij 4 (1968) 3, 193 bis 194; inst. chimii AN MSSR; russ.) — Im neutralen Anteil des Harzes von *Pinus pallasiana* werden 6% an unverseifbaren Verb. nachgewiesen. Mit PAe. werden 23% KW-Stoffe, mit PAe. + Bzl. (95 : 5) 30% Aldehyde extrahiert. Eluierung mit Bzl. ergibt ein Gemisch von ungesätt. aliphat. Alkoholen mit Tetrakosanol als Hauptbestandteil. Aus der Aldehydfraktion wird mit PAe.-Bzl. (93 : 7) ein Gemisch von *Abietinal* u. *Dehydroabietinal, Pimarinal* u. *Isopimarinal* isoliert. Die den Harzsäuren entsprechenden Diterpenalkohole werden nicht gefunden. O. Lebtag 4420△

1301 **Tricyclen in den Terpentinen von Pinus silvestris.** I. I. Bardyšev und É. P. Doncova. (Chim. prirodnych Soedinenij 4 (1968) 3, 191—92; inst. fiziko-organičeskij chimii AN BSSR; russ.) — Mit Hilfe der Gas-Fl.-Chromatographie wird gezeigt, daß die *Terpene* von *Pinus silvestris* in allen Fällen *Tricyclen* (I), $C_{10}H_{16}$, F. 60°, enthalten. Der I-Geh. im Balsam-, Extraktions- bzw. Dest.-Terpentin beträgt 0,2; 0,3; 0,8%. Ob I im nativen Terpentin vorliegt, oder erst bei dessen Isolierung als Folge der Säureeinw. auf Camphen entsteht, bleibt ungeklärt. O. Lebtag 4420△

1302 **Sesquiterpenlactone von Cyclachaena xanthifolia.** V. I. Novikov, Ju. N. Forostjan und D. P. Popa. (Chim. prirodnych Soedinenij 4 (1968) 3, 193; Saporožje, filial Doneckogo instituta sowetskoj torgovli; russ.) — Aus dem Chlf.-Extrakt der Blüten von *Cyclachaena xanthifolia* werden neben *Koropilin* (I) 3 weitere krist. Verb. isoliert. Die Verb. von F. 164—166° (Methanol); $[\alpha]_D^{20}$ +47,7° (c = 6,5; Chlf.) u. R_F 0,14; 0,32 entspricht der Formel $C_{15}H_{20}O_4$. Im IR-Spektrum treten OH-Gruppe, γ-Lacton u. =C=CH-Gruppe auf. Im UV-Spektrum fehlen die für Doppelbindungen charakterist. Maxima. Die Verb. von F. 126—127° (Bzl.); R_F 0,45; 0,80 u. $[\alpha]_D^{20}$ —122° (c = 8,7; Chlf.) entspricht $C_{17}H_{22}O_5$. Im IR-Spektrum zeigen sich γ-Lacton, OH u. Doppelbindungen. Die OH-Gruppe ist tertiär. Die Verb. von F. 85 bis 87° (Bzl.); R_F 0,86 u. $[\alpha]_D^{20}$ —2° (c = 6,5; A.) entspricht $C_{15}H_{18}O_3$. Das IR-Spektrum zeigt die Ggw. von γ-Lacton u. =C=CH-Gruppe an. OH-Gruppen fehlen. I: F. 174—176° (Chlf.); R_F 0,25; 0,75; $[\alpha]_D^{20}$ +47,7° (c = 6,5; Chlf.). I entspricht der Formel $C_{15}H_{20}O_4$. Im Gebiet der Gerüstschwingungen sind die IR-Spektren der Verb. mit dem von I identisch. Die 3 untersuchten Verb. sind vermutlich bisher unbekannte Sesquiterpenlactone. O. Lebtag 4420△

1303 **Triterpenglykoside von Leontice eversmannii. 4. Mitt. Struktur von Leontosid D.** L. G. Mžel'skaja und N. K. Abubakirov. (Chim. prirodnych Soedinenij 4 (1968) 5, 153—58; inst. chimii rastitel'nych veščestv AN UzSSR; russ.) — 3. vgl. ibid. **3** (1967) 218. — Das aus den Wurzelknollen von *Leontice eversmannii* gewonnene *Leontosid D* (I) enthält als Aglykon *Hederagenin*

(II), als Zuckerkomponenten *D-Glucose, L-Arabinose* u. *L-Rhamnose* (3 : 1 : 1). I ist ein Pentaosid von II der Formel $C_{59}H_{96}O_{27}$. Dies wird durch die Elementaranalyse des Acetats $C_{91}H_{128}O_{43}$ u. des methylierten Prod. $C_{75}H_{128}\cdot O_{27}$ bestätigt. Nach Behandlung des I mit Diazomethan u. Hydrolyse entsteht II. Der O-Glykosidanteil von I entspricht der O-β-D-Glucopyranosido-(1 → 4)-α-L-arabopyranose, der O-Acylanteil der O-α-L-Rhamnopyranosido-(1 → 4)-O-β-D-glucopyranosido-(1 → 6)-O-β-D-glucopyranose. I: F. 202—204° (A., Aceton), $[\alpha]_D^{20}$ $+0\pm2°$ (c = 1,51; Methanol); Hexadeka-O-acetat von I: F. 155 bis 157° (PAe. aus Bzl.), $[\alpha]_D^{20}$ $+5\pm2°$ (c = 3,13; Chlf.). Bei der alkal. Hydrolyse geht I in das *Leontosid B* über. O. Lebtag 4420△

1304 **Glucoside von Vaccaria segetalis.** 4. Mitt. **Isosaponarin.** V. I. Litvinenko, K. Amanmuradov und N. K. Abubakirov. (Chim. prirodnych Soedinenij 3 (1967) 3, 159—64; Charkov, n.-i. chimiko-farmacevticeskij inst.; russ.) — 3. vgl. ibid. 3 (1967) 1, 56. — Aus dem Methanol-Extrakt des entfetteten Samens von *Vaccaria segetalis* wird mit Hilfe von 5%ig. HCl (15 Min., 100°) *Isosaponarin* (I) ausgefällt. Nach Erwärmen mit Essigsäureanhydrid u. Spektralanalyse des I, *Saponaretin* u. *Vitaxin* erweist sich I als *5.7.4'-Trihydroxyflavon-(6)-C-β-D-glucopyranosido-(4')-O-β-D-glucopyranosid.* I. v. Kloch-Kornitz 4420

1305 **Isolierung eines neuen Phenolglykosids aus Populus nigra L.** H. Thieme und R. Benecke. (Pharmazie 22 (1967) 1, 59—60; Leipzig, Karl-Marx-Univ., Pharmazeut. Inst.; dt.) — Vf. fanden in Blättern u. Rinde ein neues Glykosid, das sie *Nigracin* benennen [F. 202—204° (W. + 5% Methanol), $[\alpha]_D^{20}$ —46,3°]. Sie beschreiben die Strukturaufklärung u. fanden, daß es sich um ein *Isomeres des Salireposids* handelt. U. Geiger 4420

1306 **Alkaloide von Pedicularis.** A. Abdusamatov, S. Chakimdžanov und S. Ju. Junusov. (Chim. prirodnych Soedinenij 4 (1968) 3, 195; inst. chimii rastitel'nych veščestv AN UzSSR; russ.) — Im Kraut von *Pedicularis dolichorhiza Schrenk.*, *P. olgae Rgl.*, *P. macrochila Vved.* u. *P. olgae Rgl.* (2. Standort) werden die folgenden Mengen an Alkaloiden gefunden: 0,29; 0,70; 0,31; 0,80%. Durch Extraktion mit Chlf. werden 0,18% Alkaloide im Ae. u. 0,11% im Chlf. festgestellt. Durch Behandlung des Ae.-Anteils mit Aceton erhält man eine mit *Plantagonin* ident. Base von F. 218—220° (Aceton); $[\alpha]_D^{25}$ +38° (c = 0,315; Methanol). Aus der Mutterlauge werden 5 Fraktionen isoliert, deren 3. u. 4. Fraktion mit *Indicamin* ident. sind. Aus der Chlf.-Fraktion wird mit A.–PAe. (1 : 5) eine Base von F. 136—138° gewonnen, ident. mit *N-Methylcytisin.* O. Lebtag 4420△

1307 **Papaverrubin G.** 10. Mitt. **Rotfärbungsalkaloide der Gattung Papaver.** S. Pfeifer und H. Döhnert. (Pharmazie 22 (1967) 6, 343; Berlin, Humboldt-Univ., Pharm. Inst.; dt.) — Vf. isolierten aus *Papaver alpinum* L. ssp. *alpinum* [*P. alpinum* L. ssp. *burseri* (Crantz) Fodde] *Papaverrubin G* (I), $C_{22}H_{27}NO_6$; *Methojodid*, F. 165 bis 166° (Methanol). Identifizierung erfolgte durch N-Methylierung zu *Alpinin* (II) u. Bldg. von *Alpinigenin* (III) durch anschließendes Erhitzen mit 0,1n HCl. Dünnschichtchromatograph. konnte I in weiteren Arten der Sektion *Scapiflora* nachgewiesen werden. M. Cobet 4420

1308 **Alkaloide von Fumaria.** I. A. Israilov, M. S. Junusov und S. Ju. Junusov. (Chim. prirodnych Soedinenij 4 (1968) 3, 194—95; inst. chimii rastitel'nych veščestv AN UzSSR; russ.) — Durch Extraktion mit Chlf. werden aus *Fumaria parviflora* 0,49% Alkaloide gewonnen, bestehend aus *Fumaridin, Fumaramin, d-α-Hydrastinon, d-Bicucculin, Protopin, Cryptopin* u. *l-Aldumin.* In *Fumaria vaillantii Loisl.* werden 0,54% Alkaloide gefunden. Sie bestehen aus Fumaridin, Fumaramin Protopin u. *d-α-Hydrastin.* O. Lebtag 4420△

1309 **Alkaloide der Wurzel von Thalictrum flavum.** Z. F. Ismailov, K. L. Lutfullin und S. Ju. Junusov. (Chim. prirodnych Soedinenij 4 (1968) 3, 200; inst. chimii rastitel'nych veščestv AN UzSSR; russ.) — Aus der Wurzel von *Thalictrum flavum* werden durch Extraktion mit Chlf. 1,55% Alkaloide gewonnen, hieraus 0,3% *Berberinchlorid.* Aus dem Ae.-Anteil wird eine dem *Thalicsin* nahestehende neue Base durch Behandlung mit Methanol erhalten; F. 133—135° (Zers.). Im IR-Spektrum wird die Ggw. von Hydroxyl-, Methoxyl-, Carbonyl- u. Methylendihydroxygruppe angezeigt. Aus dem nichtphenol. Anteil der Mutterlsg. wird *Thalisopyrin* gewonnen, das nach dem UV- u. IR-Spektrum, dem F.-Wert u. dem Verh. bei der Papierchromatographie mit *Cryptopin* ident. ist. Durch Behandlung des Rückstandes nach der Chlf.-Extraktion mit Methanol werden 1,04% *Magnoflorin* erhalten. O. Lebtag 4420△

1310 **Alkaloide aus Haplophyllum bucharicum.** S. M. Sarafutdinova und S. Ju. Junusov. (Chim. prirodnych Soedinenij 4 (1968) 3, 198; inst. chimii rastitel'nych veščestv AN UzSSR; russ.) — Aus *Haplophyllum bucharicum* wird neben *Skimmianin, Haplopin* u. *Foliphin* die neue Base *Bucharain* (I) der Formel $C_{19}H_{25}O_4N_4$ gewonnen; F. 151—152° (Methanol). Bei der Hydrierung von I entstehen 2.4-Dioxychinolin u. die Verb. $C_{10}H_{22}O_2$. I ist demnach ein 2.4-Dioxychinolin, an dessen 4-O der $C_{10}H_{19}O_2$-Rest steht. I-*Dibromderiv.*: F. 145—146° (Aceton); *O-Acetylderiv.* von I: F. 168—169° (Aceton); *N-Methylderiv.* von I: F. 142—143°. O. Lebtag 4420△

1311 **Chemie orientalischer Pflanzendrogen.** 15. Mitt. **Komponenten von Bupleurum spp.** (2. Mitt.). **Konstitution von Saikogenin A, einem Sapogenin aus Bupleurum falcatum L.** Shoji Shibata, Isao Kitagawa und Haruhiro Fujimoto. (Chem. pharmac. Bull. [Tokyo] 14 (1966) 1023—33; Tokyo, Univ., Fac. of Pharmaceut. Sci.; engl.) — Die Konstit. für das Sapogenin *Saikogenin A* (I) ergibt sich aus NMR-, UV-, IR-Spektren,

I

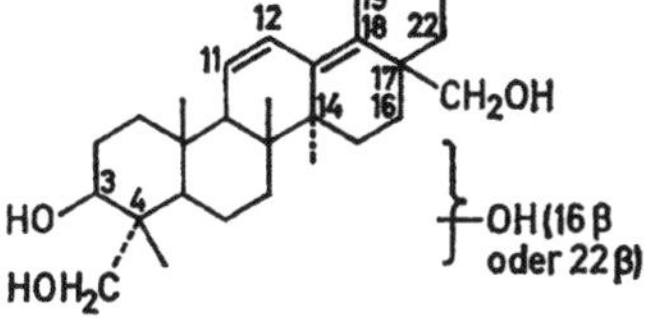

Best. der funktionellen Gruppen u. der Zuordnung des C-Gerüsts zur *Oleanan*-Gruppe durch Abbau zu $\Delta^{13(18)}$-*Oleanen-3β.23-diolacetonid* (II), das bereits aus *Hederagenin* erhalten worden ist.

Versuche: *Saikogenin A* (I), $C_{30}H_{48}O_4$, F. 283 bis 285° (Zers.) (Aceton), aus 50 g Rohsaponin durch Al_2O_3-Chromatographie (Chr.), Hydrolyse mit sd. H_2SO_4–CH_3OH (4 Std.), Verdünnen mit W. u. Ae.-Extraktion; $[\alpha]_D^{25}$ —54° (c = 0,68; Pyridin); 3,15 g (Ausb.). *Tetraacetylderiv.*, aus I mit Acetanhydrid–Py. u. Chr. an Kieselgel. — *Dihydro*-I (II), $C_{30}H_{50}O_4$, F. 288—289° (Zers.), aus 1,416 g I in Eisessig durch Hydrierung mit PtO_2; $[\alpha]_D^{23}$ —41° (c = 0,04; Py.); 1 g. *Tetraacetat*, $C_{38}H_{58}O_8$, F. 181—181,5° (wss. CH_3OH), $[\alpha]_D^{29}$ —35° (c = 0,78). — II-*Diacetonid*, $C_{36}H_{58}O_4$, F. 211—214° (Aceton), aus 1 g II u. trocknem Aceton in Ggw. von p-Toluolsulfonsäurehydrat (40 Min., Raumtemp.), Zusatz von K_2CO_3, Einengen, Verdünnen mit W., Chr. des Nd. an Al_2O_3 (Bzl.); $[\alpha]_D^{34}$ — 3° (c = 0,67; $CHCl_3$); 0,086 g. — II-*Monoacetonid* (III), $C_{33}H_{54}O_4$, F. 219,5—220° (Aceton/n-Hexan), aus vorst. Chr. (Bzl.-Ae., 1 : 1); $[\alpha]_D^{33}$ —29° (c = 0,80; $CHCl_3$); 0,52 g. — II-*Diacetat*, $C_{34}H_{54}O_6$, F. 231—232° (Aceton), aus vorst. Monoacetonid durch Diacetylierung mit Acetanhydrid u. Einw. von sd. 50%ig. wss. Essigsäure (40 Min.); $[\alpha]_D^{31}$ —48° (c = 0,63.) — II-*Monoacetoniddiditosylat*, $C_{47}H_{66}O_8S_2$, F. 143—144° (Zers.), aus III u. p-Toluolsulfochlorid in trockenem Py. (Raumtemp., 2 Tage) u. Al_2O_3-Chr. (Bzl.); $[\alpha]_D^{34}$ —52° (c = 0,73). — III-Ox. mit Py.-CrO_3-Komplex: *Monoacetonidketonderiv.* (IV), F. 197—200° (17H-Epimeren-Gemisch), aus III (0,6 5 g)-Lsg. in Py. durch Eintropfen in eiskalte Suspension des Komplexes, 1 Std. langes Rühren unter Eiskühlung, Ae.-Extraktion nach CH_3OH- u. W.-Zusatz u. Chr. an Al_2O_3 (Bzl.) u. Silicagel; 10 mg. — *Monoacetonid-Aldehyd* (V), $C_{33}H_{52}O_4$, F. 227 bis 229° (Aceton), aus vorst. Al_2O_3-Chr. (Bzl.–Ae.);

$[\alpha]_{284}$ +4964 (c = 0,138), $[\alpha]_{308}$ 0, $[\alpha]_{331}$ −4170; 70 mg. — *Monoacetonid-Monoketon* (**VI**), $C_{32}H_{52}O_4$, F. 240—242° (Bzl.), aus vorst. Chr.; 39 mg. — *$\Delta^{13(18)}$-Oleanen-3β.23-diolacetonid*, $C_{33}H_{54}O_2$, F. 242—243° (Aceton), a) aus **V** in A.-Diäthylenglykol durch Kochen mit 80%ig. $N_2H_4 \cdot H_2O$ (30 Min.), Temp.-Steigerung auf 227° (Bad; 2½ Std.) unter Abdest., Eingießen in W., Ox. des Bzl.-Extrakts mit Py.–CrO_3 in Py. (Raumtemp., 2 Tage), Ae.-Extraktion (hieraus aus Aceton Verb. **VII**), Huang-Minlon-Red., Bzl.-Extraktion u. Al_2O_3-Chr.; b) aus *$\Delta^{13(18)}$-Oleanen-3β.23-diol-28-al-Monoacetonid* (s. unten) nach Huang-Minlon; $[\alpha]_D^{30}$ −46° (c = 0,37; $CHCl_3$). — *α,β-ungesätt. Keton* (**VIII**), F. 239—241° (CH_3OH), a) aus 18 mg **VI** in sd. 1%ig. methanol. KOH (1 Std.), Verdünnen mit W. u. Ae.-Extraktion; 8 mg; b) aus **IV** mit äthanol. KOH. — *Δ^{12}-Oleanen-3β.23.28-triol*, F. 260 bis 261°; aus Hederageninmethylesterdiacetat mit $LiAlH_4$ in sd. Ae. (3 Std.); Nadeln (CH_3OH); $[\alpha]_D^{29}$ +48° (c = 0,44; $CHCl_3$). — *Triterpen-A-Triacetat*, $C_{36}H_{54}O_6$, F. 181,5—182° (CH_3OH), aus vorst. Verb. durch Acetylierung, 1 Std. langes Kochen mit SeO_2 in Eisessig u. Al_2O_3-Chr.; $[\alpha]_D^{28}$ −85° (c = 0,89; $CHCl_3$); ident. mit einem Sapogenin aus dem Saponin von *Scrophularia smithii*-Blättern. — *Triterpen A* (**IX**), $C_{30}H_{48}O_3$, F. 294 bis 295° (Zers.; CH_3OH), aus 1 g vorst. Verb. mit sd. methanol.-wss. NaOH (1 Std.); $[\alpha]_D^{31}$ −80° (c = 0,81; Py.). *Monoacetonid*, $C_{33}H_{52}O_3$, F. 197—198° (CH_3OH), aus 0,15 g **IX** u. trockenem Aceton in Ggw. von p-Toluolsulfonsäuremonohydrat (Raumtemp., 3 Std.); $[\alpha]_D^{33}$ −52° (c = 0,31; $CHCl_3$); 0,05 g. — *Dihydroterpen A*, $C_{30}H_{50}O_3$, F. 292—293° (Zers.; CH_3OH), aus **IX** mit PtO_2–H_2 in Eisessig; $[\alpha]_D^{29}$ −46° (c = 0,53; Py.). *Triacetat*, $C_{36}H_{56}O_6$, F. 160,5—162° (wss. CH_3OH), aus **IX**-Triacetat mit PtO_2–H_2 in Eisessig; $[\alpha]_D^{28}$ −39° (c = 0,66; $CHCl_3$). — *Dihydro-**IX**-Monoacetonid*, $C_{33}H_{54} \cdot O_3$, F. 218—219° (Aceton), aus Dihydro-**IX** u. Aceton wie oben; $[\alpha]_D^{28,5}$ −50° (c = 0,66; $CHCl_3$). — *$\Delta^{13(18)}$-Oleanen-3β.23-diol-28-al-Monoacetonid*, $C_{33}H_{52}O_3$, F. 205 bis 207° (Aceton), aus 0,2 g vorst. Verb. mit Py.–CrO_3-Komplex in Py. (50 Min., Raumtemp.), Zugabe von etwas CH_3OH, Ae.-Extraktion u. Al_2O_3-Chr.; $[\alpha]_D^{29}$ −94° (c = 0,67; $CHCl_3$); 91 mg. K. Maier 4420

1312 **Hydroxychinolizidinstruktur der Sabadillaalkaloide.** H. Möhrle. (Abh. dtsch. Akad. Wiss. Berlin, Kl. Chem., Geol. Biol. **1966**, Nr. 3, 259—64; Tübingen, Univ., Pharmazeut.-chem. Inst.; dt.) — Die Bldg. der entsprechenden Lactame aus Sabadilla-Alkaminen bei Hg(II)-Acetat-Dehydrierung in Ggw. von Äthylendiamintetraacetat hat, wie Modellvers. an offenkettigen Aminen ergaben, eine Hydroxyaminstruktur zur Voraussetzung, wobei die OH-Gruppe frei vorliegen muß. Letztere muß ferner eine intramol. Substitution der primär auftretenden Imoniumverb. durchführen können. Die Rk. erfolgt nur, wenn 5- oder 6-Ringbldg. möglich ist. Bei Eignung zur stereoelektron. Dehydrierung gibt die Rk. durch Entzug von 4 Elektronen als Endprod. ein Lactam. Die Lactambldg. findet auch bei ringständigem OH statt, z. B. aus 2-Piperidinomethylcyclohexanol-(1). *Protoverin* gibt in Übereinstimmung mit diesen Annahmen Lactambldg., wobei intermediär nur das $C_{(20)}$-OH beteiligt sein kann. Die für den Rk.-Verlauf verantwortliche Partialstruktur ist das Hydroxychinolizidin-Syst. der Ringe E u. F. Da *Sabin* ebenfalls bei der Dehydrierung ein Lactam bildet, ist die angenommene Struktur für dessen Ringe E u. F gesichert (axiales $C_{(20)}$-OH). K. Maier 4420

1313 **Struktur des Anabasamins.** S. Z. Muchamedžanov, Ch. A. Aslanov, A. S. Sadykov, V. B. Leont'ev und V. K. Kirjuchin. (Chim. prirodnych Soedinenij **4** (1968) 3, 158—61; Taškent, univ.; russ.) — Das aus dem Samen von *Anabasis anaphylla* L. gewonnene *Anabasamin* (**I**) ist auf Grund des UV-, IR-, NMR- u. Massenspektrums als *5-(2'-N-Methylpiperidyl)-2.3'-dipyridyl* anzusehen. Die Struktur wird dadurch bestätigt, daß bei der Ox. des **I** durch $KMnO_4$ *2.3'-Dipyridyl-5-carbonsäure* entsteht. O. Lebtag 4420△

1314 **Flavonoloside der Blüten von Schlafmohn (Papaver somniferum L. var. Mursellii).** Antoine Sosa und Cécile Sosa-Bourdouil. (C. R. hebd. Séances Acad. Sci., Sér. D **262** (1966) 1144—46; Gif-sur-Yvette, Essonne, France, CNRS.; franz.) — Bei den zwei aus den weißen Blütenblättern der Variation *P. Mursellii* Blaringhem isolierten *Flavonoloside* [vgl. Sosa-Bourdouil et al., ibid. **256** (1963) 2683] handelt es sich um nachst. *Quercetin-Glykoside*: *Quercetin-3-gentiobiosid*, ein Biosid, $C_{27} \cdot H_{30}O_{17}$, F. 230°, blaßgelbe Krist., wenig lösl. auch in warmen Alkoholen, etwas mehr in Methanol; $[\alpha]_D^{20}$ −23,7°; IR-Absorptionsspektrum (Lsgm. A.): λ_{max} 257 u. 360 nm, λ_{min} 237 u. 282 nm; R_F 0,70 (*Isobutanol–W.*, 3 : 2), R_F 0,25 (*Äthylacetat–Ameisensäure–W.*, 10 : 2 : 3), R_F 0,55 (*n-Butanol–Essigsäure–W.*, 10 : 3 : 7). — *Quercetin-3-glucosid* (*Isoquercitrosid*), ein Monosid, $C_{21}H_{20}O_{12} \cdot$ 3,6 H_2O, F. 244—245°, gelbe Krist.; $[\alpha]_D^{20}$ −20° (W.); λ_{max} 257 u. 360 nm; R_F (Lsgm. A.): 0,82; 0,64; 0,73. Die Konstit. wird durch das IR-Spektrum, Chromatographie der acetylierten Prod., Hydrolyse u. Methylierung gestützt. Das Vork. geringer Mengen eines *Quercetin-3-glucosylglucosides* wird angedeutet. E. A. Scheuermann 4420

1315 **Physiologisch-biochemische Besonderheiten des Stoffwechsels der blaugrünen Algen im Licht der modernen Forschung.** 2. Mitt. **Mineralische Ernährung. Stickstoffbindung. Toxizität. Einfluß der Umweltfaktoren auf die Lebenstätigkeit.** L. A. Sirenko. (Ukrains'kyj botaničnyj Ž. **25** (1968) 1, 3—15; Kiiv, univ.; ukrain.) — Übersicht. — 248 Literaturangaben. O. Lebtag 4460△

1316 **Simulierte Biosynthese einiger Pyrrolidin- und Piperidin-Alkaloide von Withanisa somifera.** M. M. El-Olemy und A. E. Schwarting. (Abh. dtsch. Akad. Wiss. Berlin, Kl. Chem., Geol. Biol. **1966**, Nr. 3, 137—39; Storrs, Conn., Univ. of Conn., Pharmacy Res. Inst.; engl.) — Nach 40 Std. langem Stehen eine Gemisches äquimol. Mengen von *N-Methyl-2-hydroxypyrrolidin* (= *N-Methyl-γ-aminobutyraldehyd*) (**I**), *Δ^1-Piperidin* (**II**) u. *Acetondicarbonsäure* (**III**) als Ornithin-, Lysin- bzw. Acetonäquivalent in 0,1 n NaOH, pH 12, bei Raumtemp., Ansäuern auf pH 3 u. Erhitzen auf 100° zur völligen Decarboxylierung konnten durch Chlf.-Extraktion, Graigverteilung u. Chromatographie die Alkaloide *Hygrin* (12,5%), *Cuscohygrin* (26,2%), *Anahygrin* (27,3%), *Anaferin* (**IV**; 19,2%) u. *Isopelletierin* (**V**; 14,8%) identifiziert werden. Bei Inkubation von 5 Mol **II** mit je 1 Mol **I** u. **III** bildete **IV** die Hauptkomponente u. **V** fehlte. Verfolgung der Bldg. aus äquimol. Mengen **I**, **II** u. **III** während 46std. Inkubation zeigte, daß die Pyrrolidinalkaloide rascher als die Piperidinalkaloide entstanden. K. Maier 4460

1317 **Konstitution und pestizide Wirksamkeit von Derivaten der Dinitrophenole.** 6. Mitt. **Konstitution und herbizide Wirksamkeit von Alkyldinitrophenolen und deren Derivaten vor dem Auflaufen.** M. Pianka und K. M. Browne. (J. Sci. Food Agric. **18** (1967) 10, 447—56; Wheathampstead, St. Albans, Herts., Murphy Chem. Co. Ltd.; engl.) — Es wurden die Wirksamkeit von *2.4-Dinitro-o-kresol*, *Dinoseb*, *Dinoterb* (*2.4-Dinitro-6-tert.-butylphenol*) (**I**) u. *Dinosaen* u. den *5-Methylanalogen* dieser Phenole gegenüber *Capsella bursa-pastoris*, *Chenopodium album*, *Senecio vulgaris*, *Stellaria media* u. *Rumex*-Arten u. die Wrkg. auf Erbsen, Hafer, Rüben, Kohl u. Karotten durch Anwendung vor dem Auflaufen, sowie der Einfl. der Veresterung dieser Phenole mit aliphat. Säuren, von **I** mit zweibas. Säuren, aromat. Säuren, substituierten Carbonsäuren u. der Verätherung untersucht. *2-tert.-Butylphenole* u. deren aliphat. Ester waren wirksamer als die entsprechenden Verb. der übrigen Phenole. Acetylierung steigerte die Wirksamkeit von **I** u. *Medinoterb* (**II**), Halogenierung senkte die des **I**-Acetats, Nichtsättigung der Esterkette erhöhte die der **I**-Ester. **I**-Veresterung mit aromat. Säuren, substituierten Carbonsäuren, Oxalsäure u. Adipinsäure sowie Verätherung gab wenig wirksame Verbindungen. Alle Verb. schädigten allg. Erbsen u. Hafer wenig, **I**-Ester schädigten Kohlpflanzen, **II**-Ester wirkten generell weniger schädigend als **I**-Ester.

Versuche: *2-[1-Methylbutyl]-5-methylphenol*, $Kp._2$ 97—102°, aus Pentanol-(2) u. m-Kresol nach Pianka et al. [ibid. **18** (1967) 355]; n_D^{23} 1,5160. — *2-[1-Methyl-*

butyl]-5-methyl-4.6-dinitrophenol, $C_{12}H_{16}N_2O_5$, Kp.$_{0,1}$122,5°, aus vorst. Verb. nach Pianka et al. (l. c.); gelbes Öl; n_D^{17} 1,5663. — Dinitrophenylester, a) aus Phenol u. trockenem K_2CO_3 (1,1 Äquivalent) in Aceton durch 30 Min. langes Kochen, Zugabe von Säurechlorid (1,1 Äquivalent) in Aceton unter Eiskühlung, nach 30 Min. 2—3 Std. Rückfluß, Lösen des Filtrateindampfrückstands in Bzl. oder PAe., Waschen u. Eindampfen; b) aus Phenol durch Erhitzen mit überschüssigem Acet- oder Propionsäureanhydrid (3 Std.); c) aus Phenol u. Säurechlorid in Bzl. oder Ae. in Ggw. von Py. durch mehrstd. Stehen bei Raumtemp. oder 30 Min. langes Kochen. — 2-sek.-Butyl-4.6-dinitrophenylester: *Acetat*, $C_{12}H_{14}N_2O_6$, blaßgelb; n_D^{20} 1,5373; 94% (Ausb.). — *Chloracetat*, $C_{12}H_{13}ClN_2O_6$, F. 57—58° (blaßgelbe Prismen; Isopropyläther); 38%. — *Propionat*, $C_{13}H_{16}\cdot N_2O_6$, F. 44,5—46° (blaßgelbe Nadeln; Isopropanol); 91%. — *2-Chlorpropionat*, $C_{13}H_{15}ClN_2O_6$, orangefarben; n_D^{20} 1,5372; 81%. — *Butyrat*, $C_{14}H_{18}N_2O_6$, blaßbraun; n_D^{20} 1,5269; 86%. — *Isobutyrat*, $C_{14}H_{18}N_2O_6$, orangefarben; n_D^{20} 1,5252; 91%. — *Valerat*, $C_{15}H_{20}N_2O_6$, blaßgelb; n_D^{20} 1,5184; 97%. — *n-Hexanoat*, $C_{16}H_{22}N_2O_6$, gelb; n_D^{20} 1,5062; 100%. — *n-Heptanoat*, $C_{17}H_{24}N_2O_6$, blaßgelb; n_D^{20} 1,5146; 97%. — *n-Octanoat*, $C_{18}H_{26}N_2O_6$, blaßgelb; n_D^{20} 1,5104; 76%. — *Acrylat*, $C_{13}H_{14}N_2O_6$, braun; n_D^{20} 1,5453; 85%. — *Methacrylat*, $C_{14}H_{16}N_2O_6$, braun; n_D^{20} 1,5400; 87%. — *Crotonat*, $C_{14}H_{16}N_2O_6$, blaßgrün; n_D^{20} 1,5482; 81%. — 2-sek.-Butyl-5-methyl-4.6-dinitrophenylester: *Acetat*, $C_{13}H_{16}N_2O_6$, F. 67—68,5°, Nadeln (CH_3OH); 90%. — *Propionat*, $C_{14}H_{18}N_2O_6$, F. 50,5—52° (Isopropanol; hellbraune Nadeln); 85%. — *2-Chlorpropionat*, $C_{14}H_{17}ClN_2O_6$, braun; n_D^{20} 1,5265; 93%. — *3-Chlorpropionat*, $C_{14}H_{17}ClN_2O_6$, gelb; n_D^{20} 1,5337; 91%. — *Butyrat*, $C_{15}H_{20}N_2O_6$, hellbraun; n_D^{20} 1,5179; 88%. — 2-tert.-Butyl-4.6-dinitrophenylester: *Acetat*, $C_{12}H_{14}N_2O_6$, F. 133—134,5° (blaßgelbe Prismen; CH_3OH); 80%. — *Chloracetat*, $C_{12}H_{13}ClN_2O_6$, F. 77—79° (blaßgelbe Krist.; PAe.); 66%. — *Bromacetat*, $C_{12}H_{13}BrN_2O_6$, F. 70—75° (Prismen; A.); 65%. — *Jodacetat*, $C_{12}H_{13}JN_2O_6$, F. 81,5—83° (blaßgelbe Prismen; A.); 68%. — *Propionat*, $C_{13}H_{16}N_2O_6$, F. 72—74° (blaßgelbe Prismen; CH_3OH); 68%. — *2-Chlorpropionat*, $C_{13}H_{15}ClN_2O_6$, F. 59—59,5° (blaßgelbe Prismen; PAe.); 30%. — *3-Chlorpropionat*, $C_{13}H_{15}ClN_2O_6$, F. 66—68° (cremefarbige Platten; PAe.); 60%. — *Butyrat*, $C_{14}H_{18}\cdot N_2O_6$, F. 62—64° (gelbe Prismen; PAe.); 40%. — *Isobutyrat*, $C_{14}H_{18}N_2O_6$, F. 56—58° (cremefarbige Nadeln; A.); 64%. — *Valerat*, $C_{15}H_{20}N_2O_6$, F. 48,5—49,5° (blaßbraune Prismen; A.); 83%. — *n-Hexanoat*, $C_{16}H_{22}N_2O_6$, F. 28—30°, blaßbraun; n_D^{20} 1,5188; 93%. — *n-Heptanoat*, $C_{17}H_{24}N_2O_6$, F. 31—32° (Prismen; CH_3OH); 60%. — *n-Octanoat*, $C_{18}H_{26}N_2O_6$, blaßbraun; n_D^{20} 1,5121; 60%. — *n-Nonanoat*, $C_{19}H_{28}N_2O_6$, blaßbraun; n_D^{20} 1,5129; 55%. — *Acrylat*, $C_{13}H_{14}N_2O_6$, F. 101—102° (Rhomben; PAe.); 60%. — *Methacrylat*, $C_{14}H_{16}N_2O_6$, F. 80—81,5° (blaßgelbe Nadeln; Isopropanol); 97%. — *Crotonat*, $C_{14}H_{16}\cdot N_2O_6$, F. 93—95° (blaßgelbe Nadeln; PAe.); 79%. — *Benzoat*, $C_{17}H_{16}N_2O_6$, F. 117—118° (blaßgelbe Prismen; Isopropyläther); 46%. — *p-Chlorbenzoat*, $C_{17}H_{15}ClN_2O_6$, F. 146—148° (Platten; Isopropyläther); 25%. — *p-Nitrobenzoat*, $C_{17}H_{15}N_3O_8$, F. 148—149° (blaßgelbe Nadeln; Ligroin); 30%. — 2-tert.-Butyl-5-methyl-4.6-dinitrophenylester: *Acetat*, $C_{13}H_{16}N_2O_6$, F. 86—87° (blaßgelbe Prismen; CH_3OH); 92%. — *Chloracetat*, $C_{13}H_{15}ClN_2O_6$, F. 88—89,5° (blaßgelbe Prismen; A.); 69%. — *Bromacetat*, $C_{13}H_{15}BrN_2O_6$, F. 78° (cremefarbige Prismen; A.); 47%. — *Jodacetat*, $C_{13}H_{15}JN_2O_6$, F. 80 bis 81° (gelbe Prismen; Isopropanol); 72%. — *Propionat*, $C_{14}H_{18}N_2O_6$, F. 53—54° (blaßgelbe Prismen; CH_3OH); 74%. — *2-Chlorpropionat*, $C_{14}H_{17}ClN_2O_6$, F. 77—78° (blaßgelbe Prismen; A.); 74%. — *Butyrat*, $C_{15}H_{20}N_2O_6$, F. 50—51° (Nadeln; Isopropanol); 71%. — *Isobutyrat*, $C_{15}H_{20}N_2O_6$, F. 99—103° (blaßgelbe Nadeln; A.); 71%. — *Acrylat*, $C_{14}H_{16}N_2O_6$, F. 89—91° (gelbe Prismen; PAe.); 61%. — *Methacrylat*, $C_{15}H_{18}N_2O_6$, F. 131—133° (gelbe Prismen; CH_3OH); 77%. — *Crotonat*, $C_{15}H_{18}N_2O_6$, F. 106 bis 108° (cremefarbige Prismen; A.); 82%. — *Benzoat*, $C_{18}H_{18}N_2O_6$, F. 157—159° (blaßgelbliche Nadeln; Isopropanol); 70%. — *p-Chlorbenzoat*, $C_{18}H_{17}ClN_2O_6$, F. 151 bis 154° (blaßgelbe Krist.; Aceton); 75%. — *p-Nitrobenzoat*, $C_{18}H_{17}N_3O_8$, F. 162—163° (zitronenfarbige Krist.; Ae.); 56%. — 2-[1-Methylbutyl]-4.6-dinitrophenylester: *Acetat*, $C_{13}H_{16}N_2O_6$, dunkelrot; n_D^{20} 1,5316; 83%. — *Chloracetat*, $C_{13}H_{15}ClN_2O_6$, orangebraun; n_D^{20} 1,5492; 89%. — *Propionat*, $C_{14}H_{18}N_2O_6$, braun; n_D^{20} 1,5350; 88%. — *2-Chlorpropionat*, $C_{14}H_{17}\cdot ClN_2O_6$, blaßbraun; n_D^{20} 1,5340; 95%. — *Butyrat*, $C_{15}H_{20}N_2O_6$, rot; n_D^{20} 1,5320; 84%. — *Isobutyrat*, $C_{15}H_{20}\cdot N_2O_6$, rotbraun; n_D^{20} 1,5046; 80%. — *Acrylat*, $C_{14}H_{16}\cdot N_2O_6$, rot; n_D^{20} 1,5382; 84%. — *Methacrylat*, $C_{15}H_{18}N_2O_6$, rotbraun; n_D^{20} 1,5394; 70%. — *Crotonat*, $C_{15}H_{18}N_2O_6$, blaßrot; n_D^{20} 1,5436; 87%. — 5-Methyl-2-[1-methylbutyl]-4.6-dinitrophenylester: *Acetat*, $C_{14}H_{18}N_2O_6$, orange; n_D^{20} 1,5216; 91%. — *Propionat*, $C_{15}H_{20}N_2O_6$, braun; n_D^{20} 1,5181; 54%. — *3-Chlorpropionat*, $C_{15}H_{19}\cdot ClN_2O_6$, braun; n_D^{20} 1,5312; 98%. — *Butyrat*, $C_{16}H_{22}N_2O_6$, braun; n_D^{20} 1,5152; 98%. — *Isobutyrat*, $C_{16}H_{22}N_2O_6$, braun; n_D^{20} 1,5108; 59%. — *Bis-[2-tert.-butyl-4.6-dinitrophenyl]-oxalat*, $C_{22}H_{22}N_4O_{12}$, F. 270—271° (Zers.), aus 2 Äquivalent 2-tert.-Butyl-4.6-dinitrophenol (I), 2 Äquivalent Py. u. 1 Äquivalent Oxalylchlorid in Bzl. (2 Std., Raumtemp.); (Nadeln, Bzl.); 79%. — *Adipat*, $C_{28}H_{30}N_4O_{12}$, F. 180°, aus I u. Adipoylchlorid in Ggw. von K_2CO_3 (Meth. a, s. oben); (Nadeln, Bzl.–PAe.); 43%.
K. Maier 4490

1318 **Synthese und Eigenschaften von Chelatbildnern und inneren Komplexverbindungen.** M. E. Sojfer und I. A. Savič. (Chim.-farm. Ž. 2 (1968) 8, 13—16; Moskva, univ. im. M. V. Lomonosova; russ.) — Zwecks Klärung der Chelatbldg. im Organismus u. der Rolle dieses Prozesses bei der inneren Sekretion werden die nachst. Schiffschen Basen hergestellt: *N-(Salicylal)-o-* bzw. *-p-aminobenzoesäure* (**I** bzw. **II**) 200° (F.) u. 58% (Ausb.) bzw. 221° u. 57%; *Äthylester* von **II** (**III**) 89—90°, 57%; *d-Glucose-o-aminobenzoesäure* (**IV**) 115° (Zers.); —; deren *Äthylester* (**V**) 80°, — (keine Angaben). **II**, **IV** u. **V** sind bisher in der Literatur nicht beschrieben worden. Außerdem werden die folgenden Komplexe von *Cu*, *Zn* u. *Co* hergestellt: **I**/Cu^{2+} (Lsgm. Dioxan bzw. W.), **I**/Co^{2+}, **I**/Zn^{2+}, **II**/Zn^{2+}, **III**/Cu^{2+} u. **III**/Zn^{2+}. Die Komplexe **I**/Co^{2+}, **I**/Zn^{2+}, **II**/Zn^{2+} u. **III**/Zn^{2+} werden erstmalig beschrieben. **II** bildet mit Cu^{2+} u. Co^{2+} keine Komplexe. Für die erstmalig beschriebenen Komplexe werden folgende Werte für F. u. Ausb. erhalten: **I**/Co^{2+} 210°, 30%; **I**/Zn^{2+} 220°, 46%; **II**/Zn^{2+} 180°, 50%; **III**/Zn^{2+} 171°, 40%. Die Beziehungen der Struktur der Chelatbildner u. der Komplexe zu der Chelatbldg. im Organismus werden diskutiert. O. Lebtag 4555△

1319 **Synthese von 6α-Methoxyprogesteron.** N. I. Moleva, A. M. Vejcman und G. I. Kiprianov. (Chim.-farm. Ž. 2 (1968) 6, 25—27; Charkov, inst. endokrinol. i chimii gormonov; russ.) — *Pregnan-6α-ol-3.20-dion* wird mit Methyljodid u. Ag_2O zu *6α-Methoxypregnan-3.20-dion* umgesetzt. Dieses wird mit 1 Mol Br_2 in Chlf. bei Zimmertemp. in *4-Brom-6α-methoxypregnan-3.20-dion* umgewandelt. Durch Rk. mit Acetsemicarbazid wird *Disemicarbazon* von *6α-Methoxy-4-pregnen-3.20-dion* erhalten. Nach Umsetzung mit Brenztraubensäure entsteht *6α-Methoxyprogesteron* (**I**). Die **I**-Ausb. erreicht 36%; F. 159—161°; **I** ist leicht lösl. in A. u. Äther. Die Richtigkeit der **I**-Struktur wird durch dessen gestagene Aktivität bestätigt. **I** ist deshalb von bes. Interesse, weil die 6-Methoxygruppe bes. stark die gestagene Aktivität beeinflußt. O. Lebtag 4560△

1320 **Synthese von 2α-Methyldihydrotestosteron.** L. N. Volovel'skij und G. V. Knorozova. (Chim.-farm. Ž. 2 (1968) 8, 37—39; Charkov, n.-i. inst. èndokrinologii i chimii, gormonov; russ.) — Die Synth. von *2α-Methyldihydrotestosteron* (**I**) erfolgt nach dem von Vf. früher beschriebenen Verf. [Ž. prikl. Chim. 35 (1962) 2580], wonach eine Isolierung u. Kristallisation der Zwischenprod. entfällt. Durch die Modifizierung der Meth. wird die **I**-Ausb. von 42,5 auf 51% der Theorie erhöht. *17-Benzoyloxyandrostendiol-(3β.17β)* wird bei 55—70° u. H_2-Druck 20 at zu *17-Benzoyloxyandrostandiol-(3β.17β)* hydriert, das durch ein Chromgemisch in Bzl.–Aceton bei —2 bis +2° in *Dihydrotestosteronbenzoat* umgewandelt wird. Durch Verseifung mit alkohol. Lauge wird *Dihydrotestosteron* erhalten. Nach Abtrennung der Benzoesäure wird oxymethyliert u. anschließend die Hydroxymethylengruppe bis zur Methylgruppe reduziert.

O. Lebtag 4560△

1321 **„Atypische" Dünnschichtchromatographie bei der Charakterisierung der C_{21}-Steroide.** 1. Mitt. W. Nienstedt. (J. europ. Stéroides 2 (1967) 6, 473—81; Dep. of Physiol., Univ. of Turku, Finnland; engl.) — Es werden die R_F-Werte von 15 Steroiden in den 3 Syst. Äthylendichlorid–Methylacetat (70:30, v/v) auf Silicagel G; Hexan–1-Hexanol (45:55; v/v) auf Silicagel G u. Hexan–tert.-Amylalkohol (60:40; v/v) auf Magnesiumtrisilicat, angegeben. Das erste Syst. ist „typ.", die beiden anderen sind „atypisch". Bei den „atyp." Syst. werden die Verb. mit Ketogruppen stärker als die Verb. mit Hydroxylgruppen zurückgehalten, so daß in einigen Fällen eine bessere Trennung erfolgt.

W. Hiller 4560

1322 **Biosynthese des Cholesterins.** 20. Mitt. **Sterischer Verlauf der Decarboxylierung des 5-Pyrophosphomevalonats und der Bildung der Kohlenstoff–Kohlenstoff-Bindung bei der Biosynthese des Farnesylpyrophosphats.** J. W. Cornforth, Rita H. Cornforth, G. Popják und L. Yengoyan. (J. biol. Chemistry **241** (1966) 3970 bis 3987; Shell Res. Ltd., Sittingbourne, Kent, England; engl.) — 19. vgl. Proc. Roy. Soc. [London], Ser. B **166** (1966) 492. — Die Dehydratisierung/Decarboxylierung von 5-Pyrophosphomevalonat zu *Isopentenylpyrophosphat* (**I**) u. die Addition eines Allylpyrophosphats (*Geranylpyrophosphat*) an das C-Atom der endständigen Methylengruppe des **I** werden untersucht. Die Herst. von 2 stereospezif. markierten *Mevalonaten* [(*2R*)-$D_{(2)}$-*Mevalonat* (**II**) u. (*2S*)-$D_{(2)}$-*Mevalonat* (**III**)] u. ihre enzymat. Umwandlung in **I** wird beschrieben. Die ster. Anordnung des H- u. D-Atoms am endständigen Methylen-C-Atom der *Isopentenole-(1)* (**IV**) konnte festgelegt werden. **II** gibt bei der Dehydratisierung/Decarboxylierung *cis*-$D_{(4)}$-**IV**, **III** gibt das *trans*-Isomere; demnach findet eine trans-Eliminierung der Hydroxyl- u. der Carboxylgruppe statt. Die ster. Anordnung der D-Atome am $C_{(4)}$ u. $C_{(8)}$ im biosynthet. aus (2R)-$D_{(2)}$-$^{14}C_{(2)}$-5-Phosphomevalonat (**V**) bereiteten Farnesylphosphat (**VI**) läßt den Schluß zu, daß die Bldg. der C—C-Bindung in 2 Stufen erfolgt.

Versuche: *Mevalonsäuremethylester* (**VII**), n_D^{20} 1,4525, aus Mevalonsäurelacton (**VIII**) durch Titrieren mit $Ba(OH)_2$ bei 40—50°, Zusatz der äquivalenten Menge Ag_2SO_4, Filtrieren, Vakuumeindampfen des Filtrats, Umsatz des Ag-Mevalonats mit CH_3J u. Vakuumeindampfen des Filtrats; 84% (Ausb.). **VII** geht auch bei 20° langsam in **VIII** über. — *3-Hydroxy-3-methylglutarsäuremonomethylester* (**IX**), $C_7H_{12}O_5$, a) aus 1,07 g **VII** durch Ox. mit $Zn(MnO_4)_2 \cdot 6 H_2O$ in Aceton (0°, 35 Min.), Zerstörung des überschüssigen Permanganats mit H_2O_2, Zentrifugieren des Nd., Waschen mit Aceton; im abzentrifugierten Brei Lösen des MnO_2 mit H_2O_2 u. 4n H_2SO_4 (pH 3—5), das Ganze auf pH 2,5 einstellen u. mit $CHCl_3$ extrahieren; Vakuumeindampfen der organ. Phase gibt rohen **IX** (Reinigen durch Chromatographie); 527 mg; b) aus 5,3 g 3-Hydroxy-3-methyl-5.5-dimethoxypentansäuremethylester, Ameisensäure u. H_2O_2 (7 Std. bei 20°, dann $^1/_2$ Std. bei 85° u. 1 Std. bei 95°), Entfernen der HCOOH im Vakuum, zuletzt bei 60°/0,05 mm. Chromatographie des Rückstandes gibt 704 mg **IX**; *Cyclohexylammonium-Salz*, $C_{13}H_{25}NO_5$, F. 99—100° (Essigester); *Dibenzyläthylendiammonium-Salz*, $C_{30}H_{44}N_2O_{10}$, F. 142—143° (Methylacetat). — 528 mg **IX** geben nach Neutralisieren mit 0,2n LiOH, Vakuumeindampfen, Lösen des Rückstandes in Tetrahydrofuran u. Red. mit $LiBH_4$ 372 mg **VIII**. — Gemisch von (*2R:3R*)-$D_{(2)}$-**VIII** u. (*2S:3S*)-$D_{(2)}$-**VIII** [**II**; (*2R*)-*Mevalonat*]; Red. von N-Diphenylmethyl-trans-3.4-epoxy-5-hydroxy-3-methylpentanamid mit $LiBD_4$ u. Hydrolyse des Mevalonsäurediphenylmethylamids gibt zunächst ein Gemisch von (*3R:4R*)-$D_{(4)}$-**VIII** u. (*3S:4S*)-$D_{(4)}$-**VIII**, dann über **VII** die entsprechenden **IX**-Isomeren; aus den Li-Salzen der letzteren erhält man durch Red. das rac. Gemisch **II**. — Gemisch von (*2S:3R*)-$D_{(2)}$-**VIII** u. (*2R:3S*)-$D_{(2)}$-**VIII** [**III**; (*2S*)-*Mevalonat*], analog der Darst. von **II** aus N-Diphenylmethyl-cis-3.4-epoxy-5-hydroxy-3-methylpentanamid. — *3.4-Dibrom-3-methylbutanol-(1)* (**X**; *Dibromisopentanol*), $C_5H_{10}Br_2O$, Kp.$_{0,02}$ 98—102°, aus 3-Methylbuten-(3)-ol-(1) in CCl_4 mit Br_2 in CCl_4 bei 0°, Vakuumeindampfen u. Dest.; 90%. — Gemisch von *cis*- u. *trans-4-Brom-3-methylbuten-(3)-ol-(1)* (**XI**), C_5H_9BrO, Kp.$_{0,03}$ 44 bis 45°, Kp.$_{18}$ 90—92°, n_D^{20} 1,5025, a) aus rohem **X** mit 5n KOH in Methanol (erst Kühlung, dann bei 20°), Zusatz von Ae. u. $MgSO_4$, Filtrieren, Neutralisieren des Filtrats mit wenig Eisessig, Vakuumeindampfen u. Dest.; 58,6%; b) aus 8,8 mg 3-Methylbuten-(3)-ol-(1) erhält man mit Br_2 in C_2H_5Cl bei 0°, Eindampfen, Zusatz von 5n KOH in Methanol u. nach 2 Std. $CaSO_4$, Extraktion mit C_2H_5Cl u. Eindampfen 14,9 mg eines **XI**-Gemisches mit einem Geh. von 16% cis- u. 84% trans-Verbindung. *3.5-Dinitrobenzoat*, $C_{12}H_{11}BrN_2O_6$, F. 88—89 (Hexan), aus **XI** u. 3.5-Dinitrobenzoylchlorid in Py. u. Benzol. Die Trennung des unter a) erhaltenen Gemisches von **XI** mittels präparativer Gaschromatographie (He als Trägersubstanz) gibt ca. 17% des cis- u. 83% des trans-Isomeren. — *4-Brom-3-methylbuten-(3)-yl-(1)-tosylat* (**XII**), $C_{12}H_{15}BrO_3S$, Öl, n_D^{20} 1,5461, aus **XI** u. Tosylchlorid in Py. bei 0°, Rühren über Nacht, übliche Aufarbeitung u. Reinigung durch Chromatographie; 76%. — *3-Methylpenten-(2)-säure* (**XIII**); aus Methoxycarbonylmethylphosphonsäurediäthylester u. Methyläthylketon in Dimethylformamid (DMF) erhält man mit CH_3ONa ein Gemisch von **XIII**-Estern u. DMF, nach Verseifung ein Gemisch von cis- u. trans-**XIII**, aus dem neben öligem Material eine Säure (F. 48—49°) krist.; gaschromatograph. Analyse ergibt die Einheitlichkeit u. NMR-Spektrum die trans-Konfig. der Kristalle. Die fl. Fraktion ist ein Gemisch von 53% cis- u. 47% trans-**XIII**. — *1-Brom-2-methylbuten-(1)* (**XIV**), C_5H_9Br, Kp.$_{754}$ 117°, n_D^{20} 1,4658, a) aus **XII** in Ae. durch Behandlung mit $LiAlH_4$ bei 0°, dann 6std. Kochen, Zusatz von W., Zentrifugieren, Waschen mit Ae., Extraktion der äther. Lsg. mit 1n-NaOH, Eindampfen u. Dest.; 38,5%; b) durch Bromieren von trans-**XIII** in CCl_4 (19 Std., 15°, im Dunkeln), Vakuumeindampfen, Lösen in Aceton, Zusatz von $NaHCO_3$, 5std. Kochen, Verdünnen mit W., Extraktion mit Pentan, Eindampfen u. Dest. erhält man ein Gemisch von 93,6% cis- u. 6,4% trans-**XIV**; 51%. — F^{60}_{30}-*Enzyme* aus Schweineleber; ausführliche Beschreibung der Gewinnung. — (*2R:3R*)-$D_{(2)}$-$^{14}C_{(2)}$-*5-Phosphomevalonat* (**XV**) u. (*2S:3R*)-$D_{(2)}$-$^{14}C_{(2)}$-*5-Phosphomevalonat* (**XVI**); die Darst. erfolgt nach bekannten Meth. mittels Mevalonsäurekinase. Das Substrat für **XV** war **II** mit Zusatz von (3RS)-$^{14}C_{(2)}$-Mevalonat; Substrat für **XVI** war das rac. Gemisch von (2S:3R)- u. (2R:3S)-$D_{(2)}$-$^{14}C_{(2)}$-Mevalonat; man erhält **XV** u. **XVI** zunächst als *Ba-*, dann als *K-Salze*. — $D_{(4)}$-$^{14}C_{(4)}$-*Isopentenole* (**IVa** u. **IVb**); **XV** u. **XVI** werden zunächst mit den F^{60}_{30}-Enzymen bei Ggw. von Jodacetamid in *Isopentenylpyrophosphate* (**I**) übergeführt, dann mit alkal. Phosphatase in **IVa** u. **IVb**; letztere dest. im Gemisch mit W. u. werden mit C_2H_5Cl extrahiert; 165 µMol **XV** geben 77 µMol **IVa**, 200 µMol **XVI**, 141 µMol **IVb**. — $D_{(4)}$-$^{14}C_{(4)}$-*4-Brom-3-methylbuten-(3)-ole-(1)*; die eben erwähnten C_2H_5Cl-Extrakte von **IVa** u. **IVb** wurden, wie für **XI** unter b) beschrieben, behandelt; Trennung von *cis*- u. *trans*-Form durch Gas–Fl.-Chromatographie u. Unters. mittels Massenspektren. — $D_{3(4,8,12)}$-*Farnesol* (**XVII**), aus (2R:3R)-$D_{(2)}$-$^{14}C_{(2)}$-Mevalonat + (2S:3S)-$D_{(2)}$-$^{14}C_{(2)}$-Mevalonat bzw. aus **XV** erhält man mit F^{60}_{30}-Enzymen zunächst *Farnesylpyrophosphate*, dann mit alkal. Phosphatase **XVII**, das in der Hauptsache die *trans.trans*-Modifikation ist. Analyse mittels Gas–Fl.-Radiochromatographie u. Massenspektrum. — 49 mg Farnesol werden nach früher beschriebenen Meth. (aber in C_2H_5Cl statt Methanol) mit O_3 u. darauf mit Perameisensäure zu *Lävulinsäure* u. diese mit Jod u. Na_2CO_3 zu *Bernsteinsäure* (**XVIII**) abgebaut, F. 188—189° nach Chromatographie u. Sublimation; 14 mg. — 40 mg biosynthet. Farnesol aus (2R)-$D_{(2)}$-$^{14}C_{(2)}$-Mevalonat wird wie vorst. behandelt; 5,5 mg **XVIII**, F. 186—187°, u. **XVIII**-*Anhydrid*. — Eingehende Beschreibung der Technik bei Gas–Fl.-Chromatographie u. -Radiochromatographie sowie Spektrometrie. — Abb. bzw. Daten der NMR-Spektren von cis- u. trans-**XI** u. von **XIII**, der opt. Rotationsdispersion von **XVIII** (aus

XVII) sowie der Massenspektren von **II**, **III**, **X**, **XI**, **XIV**, **XVII**, **XVIII** u. **XVIII**-Anhydrid. — Ergebnisse der gaschromatograph. Analyse für die Verb. **XI** u. **XIV**.
Ernst Frank 4596

1323 **Synthese und pharmakologische Eigenschaften einiger Acylabkömmlinge von Benzylguanidin.** G. V. Semuchina, Z. I. Šramova, T. V. Michajlova, N. A. Muchina und A. P. Gilev. (Chim.-farm. Ž. 2 (1968) 8, 22—25; Novokuzneck, n.-i. chimiko-farmacevtičeskij inst.; russ.) — Durch Erhitzen von *Benzylguanidinsulfat* mit dem doppelten Überschuß an entsprechendem *Säurechlorid* werden die nachst. *N'-Benzylguanidine* hergestellt (Ausb. u. F.): *N-Benzoyl-* (**I**), 60,5%, 217 bis 218° (Sulfat, wo nichts anderes angegeben), *N-p-Methoxybenzoyl-* (**II**), 82,2%, 181—183°, *N-3.4.5-Trimethoxybenzoyl-* (**III**), 50,8%, 235—236°, *N-[Sulfotolyl-(3)]-* (**IV**), 52,3%, 178—180°, *N-Valeryl-* (**V**), 69,9%, 220—222° (*Hydrochlorid*), *N-Isovaleryl-* (**VI**), 54,5%, 168—170°, *N-Pivaloyl-N-benzylguanidin* (**VII**), 50,0%, 137—139° (*Hydrochlorid*). Bei Vers. an Mäusen zeigen **I**, **II** u. **III** eine geringe Toxizität; die DL_{50} beträgt ca. 150 bis 500 mg/kg. Das Zentralnervensyst. wird von **I**, **II** u. **III** nur wenig beeinflußt. Eine Antiserotoninaktivität besitzen sie nicht. **IV** ist mäßig tox. (DL_{50} = 200 mg/kg), prakt. ohne Einfl. auf das Zentralnervensyst. u. unwirksam gegenüber *Serotonin*. **V**, **VI** u. **VII** sind stark tox. (DL_{50} = 30—100 mg/kg), vermindern die motor. Aktivität, die Rektaltemp. u. die Schmerzempfindungsgrenze. **VII** vermindert den Muskeltonus. **V**, **VI** u. **VII** besitzen eine mäßige Antiserotoninaktivität.
O. Lebtag 4607△

1324 **Synthese von Piperazinabkömmlingen.** 2. Mitt. **Herstellung von mono- und disubstituierten Piperazinen mit biologischer Aktivität.** Sv. Zikolova, L. Željazkov und A. Antonova. (Farmacija [Sofija] 18 (1968) 3, 17—24; Sofija, n.-i. chimiko-farmacevtičen inst.; bulg.) — Untersucht werden folgende Verb.: *N-Monoformylpiperazin*, *N-Formyl-N-(β-morpholinoäthyl)-*, *N-Formyl-N-(β-pyridinoäthyl)-*, *N-Formyl-N-(β-pyrrolidinoäthyl)-*, *N-Formyl-N-(diäthylaminoäthyl)-*, *N-Formyl-N-(β-dimethylaminoäthyl)-piperazin*, *N-(β-Morpholinoäthyl)-*, *N-(β-Pyridinoäthyl)-*, *N-(β-Pyrrolidinoäthyl)-*, *N-(β-Diäthylaminoäthyl)-* u. *N-(β-Dimethylaminoäthyl)-piperazin*, *N-Guanyl-* u. *N-4.6-Dimethylpyrimidyl-(2)-piperazin*, *N.N'-Bis-[β-morpholinoäthyl]-*, *N.N'-Bis-[pyridinoäthyl]-*, *N.N'-Bis-[β-pyrrolidinoäthyl]-*, *N.N'-Bis-[β-diäthylaminoäthyl]-*, *N.N'-Bis-[β-dimethylaminoäthyl]-*, *N.N'-Bis-[4.6-dimethylpyrimidinyl-(2)]-piperazin*, *N-Monobenzyl-*, *N-Benzyl-N'-(β-morpholinoäthyl)-*, *N-Benzyl-N'-(β-pyridinoäthyl)-piperazin*, *N.N'-Bis-[4-hydroxy-6-methylpyrimidinyl-(2)]-*, *N-Benzyl-N'-formylpiperazin*, *N-Benzyl-N'-(β-pyrrolidinoäthyl)-*, *N-Benzyl-N'-(β-diäthylaminoäthyl)-* u. *N-Benzyl-N'-(β-dimethylaminoäthyl)-piperazin*. Alle untersuchten Verb. zeigen Wrkg. auf das zentrale bzw. vegetative Nervensyst., auf den Blutdruck u. auf die glatten Muskeln.
O. Lebtag 4607△

1325 **Fraktionierung des Bioflavonoidkomplexes und Identifizierung der Komponenten.** Augusto Biondi, Paola Pierobon, Luciano Casaretti und Antonietta Orru. (Rend. Accad. Sci. fisiche mat., Napoli [4] **33/105** (1966), 341—46; ital.) — Durch Fraktionieren eines Bioflavonoidkomplexes in verschiedenen Solventien u. Dünnschichtchromatographie werden als Komponenten *Hesperidin-7-rutinosid*, *Kämpferol*, *Naringenin*, *Kämpferid*, *Acacetin*, *Pectolinaringenin*, *Rhamnetin* u. ein *Sterin* identifiziert.
F. Heller 4608

1326 **Chinazolonreihe.** 3. Mitt. **Synthese der 2-[3.3.3-Trichlor-2-hydroxypropyl]-3-[halogenaryl]-chinazolone.** V. Zota, Ana Berechet, Jana Soare, Viorica Isbăşoiu, Elena Grigorescu und Eugenia Constantinescu. (Farmacia [Bucureşti] 14 (1966) 529—33; Fac. de farmacie, Bucureşti; rum.) — 2. vgl. ibid. **13** (1965) 551. — Vf. stellten 5 Chinazolonderiv. her, um die Beziehungen zwischen dem chem. Aufbau u. der pharmakodynam. Wrkg. (hypnot. u. spasmolyt. Wrkg.) aufzuzeigen.
Versuche: *2-[3.3.3-Trichlor-2-hydroxypropyl]-3-[m-chlorphenyl]-chinazolinon-(4)*, $C_{17}H_{12}Cl_4N_2O_2$, F. 90 bis 92° (A.), durch Lösen von Acetylanthranilsäure in Xylol in der Hitze, Zugabe von m-Chloranilin u. PCl_3 u. $2^1/_2$std. Rühren des Gemisches am Rückfluß; das erhaltene feste Prod. mit einer $NaHCO_3$-Lsg. behandeln, Xylol hinzufügen u. weitere 30 Min. am Rückfluß kochen; nach Entfernen des Lsgm. im Vakuum wird 2-Methyl-3-[m-chlorphenyl]-chinazolinon-(4), F. 130°, erhalten, das mit Chloralhydrat in Xylol $1^1/_2$ Std. am Rückfluß gekocht wird; 27% (Ausb.). — *2-[3.3.3-Trichlor-2-hydroxypropyl]-3-[p-chlorphenyl]-chinazolinon-(4)* (**I**), $C_{17}H_{12}Cl_4N_2O_2$, F. 165—168° (A.), analog vorst. Verb.; 28,7%. — *2-[3.3.3-Trichlor-2-hydroxypropyl]-3-[m-bromphenyl]-chinazolinon-(4)*, $C_{17}H_{12}BrCl_3N_2O_2$, F. 102—104° (A.), analog vorvorst. Verb.; 31%. — *2-[3.3.3-Trichlor-2-hydroxypropyl]-3-[p-bromphenyl]-chinazolinon-(4)*, $C_{17}H_{12}BrCl_3N_2O_2$, F. 152° (A.), analog der erstgenannten Verb.; 34,4%. — *2-[3.3.3-Trichlor-2-hydroxypropyl]-3-[2-nitro-4-chlorphenyl]-chinazolinon-(4)*, $C_{17}H_{11} \cdot Cl_4N_3O_4$, F. 175—177° (A.), analog der erstgenannten Verb., aus Acetylanthranilsäure u. 2-Nitro-4-chloranilin; 27,18%. — Das IR-Spektrum von **I** ist angegeben.
H. Kockert 4627

1327 **Curareähnliche Eigenschaften der monoquaternären Ammoniumsalze der Zimtsäure.** D. A. Charkevič, A. P. Arendaruk, E. A. Gračeva und A. P. Skoldinov. (Farmakol. i Toksikol. **30** (1967) 5, 562—67; Moskva, med. inst. im. I. M. Sečenova; russ.) — Durch Umsetzung der Säurechloride der *Zimtsäure* (**I**) mit Dialkylaminoalkanolen (Zahl der C-Atome n = 2—7), die am N-Atom verschieden substituiert sind, u. anschließende Behandlung mit CH_3J werden die Methojodide der *δ-Dimethylaminobutylester* von **I** der Formel $R'.R''C_6H_3 \cdot CH{=}CHCOO(CH_2)_nNR_2$ hergestellt, wo n = 2, 3, 4, 5 bzw. 7, NR_2 = $-N(CH_3)_2$, $-N(C_2H_5)_2$ bzw. —N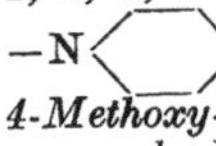, R' u. R'' in 4- bzw. 3-Stellung des Ringes *4-Methoxy-*, *3.4-Dimethoxy-*, *4-Benzyloxy-* oder *4-Nitrogruppe* bedeuten. Zwecks Klärung der Rolle der Doppelbindung werden die entsprechenden Ester von *Phenylpropion-*, *Phenylpropiol-* u. *1-Phenylbutadien-(1.3)-4-carbonsäure* hergestellt u. mit der Wrkg. der **I**-Ester verglichen. Durch Synth. des *β-[2-Bicyclo-(1.2.2)-hepten-(5)]-acrylsäureesters* wird der Einfl. der lipophilen Faktoren geklärt. Die Beziehungen der curareähnlichen Wrkg. der Verb. zu ihrer Struktur werden eingehend diskutiert.
O. Lebtag 4628△

1328 **Neue trisubstituierte Derivate der Trithio- und Tetrathiophosphorsäure mit myotischen Eigenschaften.** J. Cheymol, P. Chabrier, Th. Nguyen Thanh und G. Cheymol. (Thérapie **21** (1966) 1003—08; Paris, Inst. de Pharmacol.; franz.) — S.S.S-Trimethyltrithiophosphat bzw. S.S.S-Trimethyltetrathiophosphat wurden mit $(CH_3)_3N$ in Aceton in *Tetramethylammonium-S.S-dimethyltrithiophosphat* bzw. *-S.S-dimethyltetrathiophosphat* übergeführt (>80% Ausb.). Rk. dieser Salze mit *β*-Dialkylaminoäthylchlorid in Chlf. lieferte *S-[β-Dialkylaminoäthyl]-S.S-dimethylphosphate* bzw. *-thiophosphate*. Phosphate: *Diäthylamino-*, *Oxalat* (**I**), F. 124°; *Methobromid* (**II**), F. 112°; *Morpholino-*, *Oxalat*, F. 168°; *Methobromid*, F. 125°; *Piperidino-*, *Oxalat*, F. 164°; *Methobromid*, F. 147°; Thiophosphate: *Diäthylamino-*, *Oxalat*, F. 118°; *Methobromid*, F. 113°; *Morpholino-*, *Oxalat*, F. 163°; *Methobromid*, F. 116°. **I** u. **II** hatten ähnliche myot. Wrkg. wie Echothiopat.
K. Maier 4628

F. Pharmazeutische Chemie

1329 **Arzneimittelanalyse mit radioaktiven Isotopen.** 3. Mitt. **Quantitative Bestimmung gemischter Sulfamine.** Yuzo Nagase, Shigeo Baba, Kazuo Kunihiro. (Annu. Rep. Tokyo Coll. Pharmacy Nr. **17** (1967) 247 bis 249; jap., Auszug: engl.) — Die Kombination von Papierchromatographie u. Isotopenverdünnungsmeth.

ergibt bei der quant. Best. gemischter Sulfamine gute Resultate. Die Isotopenverdünnungsanalyse von *Homosulfamin* (**I**) wurde mit ^{35}S-**I** durchgeführt, dessen Synth. ebenso wie die von ^{35}*S-Sulfamin*, *-Sulfadiazin* u. *-Sulfamerazin* beschrieben wird. U. Drehmann 4846

1330 **Kolorimetrische Bestimmung von Sulfadiazin mit 2-Thiobarbitursäure.** Takio Naito, Hideo Nagano und Teruyo Yasui. (J. pharmac. Soc. Japan [Yakugakuzasshi] 88 (1968) 7, 930—33; Fac. of Pharm., Meijo Univ., Nagoya; jap., Auszug: engl.) — Bei der kolorimetr. Best. von *Sulfadiazin* (**I**) mit 2-Thiobarbitursäure werden 1 ml der Probe u. 3 ml 2-Thiobarbitursäurereagens (pH 2) 1 Std. im sd. W.-Bad erwärmt u. die Absorption des sich bildenden roten Farbstoffs bei 532 nm gemessen. Die **I**-Eichkurve ist zwischen 1 u. 10 μg/ml linear. Die erhaltenen Werte stimmen gut mit den Resultaten der J. P. VII-Meth. überein. U. Drehmann 4846

1331 **Gaschromatographische Bestimmung pharmazeutischer Präparate. 1. Mitt. Bestimmung von Acetaminophen und anderen Bestandteilen antipyretischer Präparate.** Masanobu Koibuchi, Toshio Shibazaki, Tsutanori Minamikawa und Yukio Nishimura. (J. pharmac. Soc. Japan [Yakugakuzasshi] 88 (1968) 7, 877—81; Nat. Inst. of Hygien. Sci. Hokuriku Pharmaceutical Co. Ltd., Tokyo; jap., Auszug: engl.) — *Acetaminophen* (**I**) u. andere Komponenten in antipyret. Präp. werden gaschromatograph. bestimmt, wobei als stationäre Phase 1%ig. Diäthylenglykolsuccinatpolyester auf säuregewaschenem u. silanisiertem Chromosorb W (60 bis 80 mesh) benutzt wird. Die quant. Überführung von **I** in N.O-Diacetyl-p-aminophenol wird in Py.–Essigsäureanhydrid (4 : 1) bei Zimmertemp. oder in Ggw. von Guajacolglyceryläther durch 20 Min. langes Erwärmen auf 60° durchgeführt. Andere Komponenten, z. B. *Äthoxybenzamid* oder *Coffein*, werden nicht beeinflußt. *Salicylamid* wird nicht bestimmt, da es schwierig von seinem Acetat zu trennen ist. Standardabweichung beträgt für **I** 0,46%. U. Drehmann 4846

1332 **Kontrolle der Psoralenherstellung.** I. N. Zatorskaja, E. K. Dobronravova, M.-R. I. Šamsutdinov und T. T. Šakirov. (Chim.-farm. Ž. 2 (1968) 6, 27—31; Taškent, inst. chimii rastitel'nych veščestv AN UzSSR; russ.) — Für die Unters. des Ausgangsmaterials, u. der Zwischenprod. des techn. u. gereinigten Präp. bei der Herst. von *Psoralen* (**I**) aus Samen von *Psoralea drupacea Bge.* wird die polarograph. Meth. angewandt. Bei **I**-Konz. von 0,2—1,0 mg/ml beträgt der Fehler der **I**-Best. $\pm$ 3,5%. Im Unterschied zur polarograph. Meth. ist nach der alkal. Meth. die **I**-Best. nicht in allen Stadien der Gewinnung möglich. Die polarograph. quant. **I**-Best. erfolgt in der 3%ig. $(C_2H_5)_4NJ$-Lsg. in 80%ig. A. bei $E_{1/2} = -1{,}25$ V. Die Proportionalität bleibt im Konz.-Bereich $1 \cdot 10^{-4}$ bis $1 \cdot 10^{-2}$ mg/ml erhalten. O. Lebtag 4846△

1333 **Polarographische Untersuchungen an Pharmazeutika. 1. Mitt. Polarographie von 4.4'-Diacetoxydiphenyl-2-pyridylmethan.** Atsushi Suguii, Yozo Kabasawa und Hideyo Morita. (J. pharmac. Soc. Japan [Yakugakuzasshi] 88 (1968) 3, 266—70; Pharmac. Inst., Nihon Univ., Coll. of Sci. and Engng., Tokyo; jap., Auszug: engl.) — Polarograph. Unters. an dem Therapeutikum *4.4'-Diacetoxydiphenyl-2-pyridylmethan* zeigen, daß die Höhe der polarograph. AC-Welle linear mit der Konz. zunimmt. DC-Welle tritt nicht auf. Die Best. in Tabletten erfolgt durch deren Extraktion mit Ae. oder Dioxan u. Messen der AC-Wellenhöhe gegenüber einem Standard. 100facher Überschuß von Lactose, Stärke oder MgO sowie 50facher von Dioctyl-Na-sulfosuccinat u. 2facher von *4.4'-Dihydroxydiphenyl-2-pyridylmethan* stören nicht. K. Ziegenhorn 4846

1334 **Herstellung von Bis-[2-chloräthyl]-phosphamsäureestern mit Hilfe von N-Morpholinoalkanolen.** L. Veličkov und D. Dalev. (Farmacija [Sofija] 18 (1968) 3, 24—28; Sofija, VMI; bulg.) — Durch Kondens. des *Bis-[2-chloräthyl]-phosphamsäuredichlorids* mit *1-N-Morpholinopropanol-(3)*, *-propandiol-(2.3)*, *-propanol-(2)*, *2-N-Morpholinopropandiol-(1.3)* u. *1.3-Bis-Morpholinopropanol-(2)* in Ggw. von Triäthylamin u. Dioxan werden die entsprechenden Ester erhalten, die eine Antigeschwulstwrkg. erwarten lassen. O. Lebtag 4846△

1335 **Chromatographische Alkaloidtrennung und -bestimmung in Arzneimitteln vom Pantopontyp.** Irena Lewandowska und Ingeborga Sokołowska. (Dissertat. pharmac. pharmacol. [Warszawa] 20 (1968) 1, 81 bis 86; Dep. of Pharmac. Chem., Drugs Res. and Control Inst., Warszawa; engl.) — Zur Trennung u. quant. Best. aller Alkaloide in Arzneimitteln des Pantopontyps verwenden Vf. mit gutem Erfolg dünnschichtchromatograph. u. kolorimetr. Meth.; sie beschreiben ein neues einfaches Verf. zur Identifizierung u. Best. verschiedener Alkaloide in Pantopon, Omnopon, Papaveretum u. Opialum, deren Bestandteile *Narcotin*, *Papaverin*, *Thebain*, *Kodein*, *Narcein* u. *Morphin* kolorimetr. mit dem Coleman-Spektrophotometer quant. bestimmt werden. U. Drehmann 4846

1336 **Gas–Flüssigkeit-Chromatographie von Niacin und Niacinamid.** A. R. Prosser und A. J. Sheppard. (J. pharmac. Sci. 57 (1968) 6, 1004—06; Washington, D.C., Food and Drug Adminin., Div. of Nutrit.; engl.) — Vf. entwickelten eine Meth. zur qual. u. quant. Best. von Bestandteilen des Vitamin-B-Komplexes *Niacin* (**I**; *Nicotinsäure*) u. *Niacinamid* (**II**) mittels Gas–Fl.-Chromatographie. **I** wurde als *Äthylester* (**III**) oder als *N-Äthylnicotinamid* (**IV**), **II** wurde direkt oder umgewandelt als **III** oder **IV** bestimmt. Das immobile Zweiphasensyst. aus 2,5% NPGS (Neopentylglykolsuccinat) u. 10% SE-30 brachte die besten Ergebnisse. Diese empfindliche Meth. erlaubt den Nachw. von 5, 8 bzw. 10 ng von **III**, **IV** bzw. **II** bei Benutzung des H-Flammenionisationsdetektors. Der β-Argondetektor ergibt 15, 20 bzw. 25 ng. Steigende Mengen **III**, **IV** u. **II** ergeben lineare Zusammenhänge. K. Ziegenhorn 4847

1337 **Chromatographische Trennung und quantitative Bestimmung von Testosteronpropionate und Progesterone in Öllösung.** T. Tomova-Pangarova. (Farmacija [Sofija] 18 (1968) 3, 14—16; Sofija, DSO Farmachim; bulg.) — Die Trennung von *Testosteronpropionat* (**I**) u. *Progesteron* (**II**) voneinander u. vom Pflanzenöl erfolgt durch absteigende Papierchromatographie unter Verw. einer mobilen Phase. Die spektrophotometr. quant. Best. von **I** u. **II** erfolgt nach Umberger (1955). Best. in Öllsg. mit 2,5% **I** u. 1% **II** ergaben einen mittleren Fehler von 6%. Als mobile Phase dient das Gemisch aus 30% A. (60%ig. gesätt. mit PAe.) u. 70% Ligroin. O. Lebtag 4847△

1338 **Gaschromatographische Bestimmung von Anagestonacetat in Tabletten zur Fruchtbarkeitskontrolle.** Arvin P. Shroff und R. E. Huettemann. (J. pharmac. Sci. 57 (1968) 5, 882—84; Raritan, N.J., Ortho Pharmac. Corp., Div. of Org. Chem., Analyt. Res. Group; engl.) — Vf. entwickelten eine Gas–Fl.-Chromatographietechnik **zur Best. von** ***Anagestonacetat*** in Tabletten. Die Genauig**keit der Meth.** beträgt 0,052. Das Präp. unterliegt bei 18monatiger Lagerung (bei 37°) keinerlei Veränderung. K. Ziegenhorn 4847

1339 **Verbesserte Pepsinbestimmungsmethode.** S. Manna und A. K. Kundu. (J. Vitaminol. [Kyōtō] 30 (1968) 7, 163—65; East India Pharmac. Works Ltd., Calcutta; engl.) — Bei Testvers. zur Best. von *Pepsin* in pharmazeut. Präp. nach der *Eieralbumin* (**A**)- u. nach der *Formoltitrations* (**B**)-Meth. stellen Vf. fest, daß **A** für diese Unters. nicht geeignet ist infolge Schwierigkeiten bei der Herst. gleichmäßiger Suspensionen, während **B** reproduzierbare Werte ergibt bei der Best. der Carboxylgruppe der Aminosäuren, die bei pH 2,5 durch Pepsinwrkg. aus Casein freigesetzt werden. U. Drehmann 4847

1340 **Lincomycinbestimmung mittels Gas–Flüssigkeit-Chromatographie.** R. L. Houtman, D. G. Kaiser und A. J. Taraszka. (J. pharmac. Sci. 57 (1968) 4, 693—95; Kalamazoo, MI, Upjohn Co., Prod. Control Chem. Sect.; engl.) — Es wird die Anwendung der Gas–Fl.-Chromatographie zur Best. von *Lincomycin* u. einiger Analoga nach deren quant. Überführung in Trimethylsilyläther beschrieben. Das Verf. kann zur Unters. von Rohmaterial u. pharmazeut. Zubereitungen angewendet werden. K. Ziegenhorn 4848

1341 **Reaktionen einiger Röntgenkontraststoffe. Flammenphotometrische Bestimmung von Sergosin.** G. D. Šamotienko. (Chim. farm. Ž. 1 (1967) 10, 59–61; Kamenec-Podol'sk, kontrol'no-analit. labor. AU MZ URSR; russ.) — *Sergosin* (I), *Bilitrast* (II), *Cardiotrast* (III) u. *Propyljodon* (IV) geben beim Kochen mit verd. HCl u. Chloramin oder Chlorkalk eine gelbgrüne Färbung, bedingt durch Bldg. von JCl. Es lassen sich nach dieser Färbung **I, II, III** u. **IV** qual. bis 5 mg/ml nachweisen. Bei Verdünnungen mit HNO_3, Essigsäure oder H_2SO_4 bleibt die Färbung aus. Die qual. Best. von **I** erfolgt in der Weise, daß 0,03—0,05 g mit 10 Tropfen verd. HCl, Zn-Staub, einigen Tropfen NH_4OH u. 10%ig. Nitroprussidnatrium (V) versetzt werden. Nach 20 Sek. langem Kochen tritt Rosaviolettfärbung auf. Nach Zusatz von 2 Tropfen 5%ig. Chloraminlsg. treten J_2-Dämpfe unter Orangefärbung auf. **II, III** u. **IV** geben diese Färbung nicht. Es können so 0,02 g **I**/ml nachgewiesen werden. Die quant. **I**-Best. nach diesem Verf. ist genauer als die Best. nach den Vorschriften der Sowjet. Pharmakopoe. O. Lebtag 4860Δ

1342 Deputy Minister of the Rumanian Ministry of Petroleum and Chemical Industry, Bukarest, Rumänien, **Herstellung von 2-Methyl-2-propylpropandiol-(1.3)-dicarbamat** aus 2-Methyl-2-n-propylpropandiol-(1.3) (**I**), F. 103—104°, dad. gek., daß man **I** mit Harnstoff (**II**) in geschmolzenem oder fl. Zustand in 2 Stufen umsetzt, wobei das Mol-Verhältnis von **II**:**I** in der 1. Stufe bei 120° <2 u. in der 2. Stufe bei 100—120° >2 beträgt; Ausb. 60—70%. — *Psych. Beruhigungsmittel.* — Mengenbeispiel. (**Brit. P. 1 086 131** vom 14/1. 1965, ausg. 4/10. 1967. Rumän. Prior. 15/1. 1964.) — 2 S. Georg Vogel 4846

1343 Soc. de Recherches Scientifiques et d'Exploitation de Marques Resex Soc. An., Genf, Schweiz (Erfinder: Alfred Piguet), **Herstellung von Organometall- oder Organoborkomplexverbindungen des Tris-[hydroxymethyl]-aminomethans** erfolgt durch Lösen eines Metalloxids, -hydroxids oder -alkoholats in einer wss. Lsg. aus einer α-Hydroxysäure u. Tris-[hydroxymethyl]-aminomethan u. Einengen der Lsg. zur Trockne. Als Metalle dienen Al, Bi, Fe u. Cu; als α-Hydroxysäuren Milch-, Glucon-, Äpfel-, Wein-, Citronen-, Mandel-, Salicyl-, p-Aminosalicyl- u. Ascorbinsäure. — *Antacida*; verträgliche *Deriv.* von *Arzneistoffen*; *Antianämika*; *Sedativa*; *Lokalantiseptika.* — Diagramme, Zeichnung. (**Brit. P. 1 086 502** vom 17/7. 1964, ausg. 11/10. 1967.) — 32 S. R. Bauereis 4846

1344 Soc. Belge de l'Azote et des Produits Chimiques du Marly, Lüttich (Erfinder: Fernand Binon, Claude Marr und Herbert Ziegler, Brüssel), Belgien, **Herstellung von Carnitinverbindungen.** Nach Brit. P. 1 075 562 erhält man *Carnitinamidhydrochlorid*, (I) durch 10—60std. Rk. von Carnitinnitrilhydrochlorid (**II**) mit HCl bei 15—55°, Kristallisation des **I** durch Kühlung u. Zugabe eines Alkohols oder Ketons. — Durch 46std. Stehen einer Lsg. von dl-**II** in wss. HCl (D. 1,19) bei 20—25°, Kühlung bis 0°, Zugabe von Isopropanol (**III**) u. von Aceton u. mehrstd. Stehen im Kühlschrank → *dl*-**I**, F. 212° (Literatur: 206°); analog *l*-**I**, F. 244°; $[\alpha]_D$ —17,4 ± 0,3° (10% in W.), aus *l*-**II** bzw. *d*-**I**, F. 244°; $[\alpha]_D$ +17,5 ± 0,5° (10% in W.), aus *d*-**II**. Zwischenprod. zur Herst. von *Therapeutika*, z. B. *Carnitinhydrochlorid* $[(CH_3)_3N-CH_2-CHOH-CH_2-COO\cdot H]^+Cl^-$ (**IV**) bzw. *l*-**I** selbst auch *Atmungsstimulans.* — Nach Brit. P. 1 075 564 erhält man **IV** entweder a) durch 1—10std. Hydrolyse von **I** mit 1—4 Mol wss. Oxalsäure (**V**) bei Rückflußtemp., Kühlung, Filtrieren von **V** u. gebildetem NH_4-Oxalat, Eindampfen des Filtrats unter Vakuum, Lösen des öligen Rückstandes in einem Alkohol, bes. **III**, u. Kühlung der Lsg. auf ca. 0° → *dl*-**IV**, F. 196°, oder b) durch 20—25std. Erhitzen eines Gemisches aus einem Alkyl-, bes. n-Butylnitrit, in Eisessig bei ca. 50° bzw. bei Verw. von opt. akt. **I** als Ausgangsstoff durch Kühlen auf ca. 10°, Zugabe eines nichtpolaren Lsgm. (Dialkyläther, PAe., Bzl.) u. Kristallisation des öligen Nd. aus einem Alkohol, bes. **III**. — *l*-**IV**, F. 142°; $[\alpha]_D$ —23,8 ± 0,2° (10% in W.) bzw. *d*-**IV**, F. 142°; $[\alpha]_D$ +23,8 ± 0,2° (10% in W.), nach a) gewonnen, sind reiner als nach b) gewonnenes *l*-**IV**, F. 136—139°, bzw. *d*-**IV**. — *Pharmazeutika* für bessere Lipidverwertung, z. B. bei Nahrungsentzugssyndromen. (**Brit. PP. 1 075 562** vom 2/2. 1966, ausg. 12/7. 1967. Belg. Prior. 3/2. 1965 u. **1 075 564** vom 10/3. 1966, ausg. 12/7. 1967. Belg. Prior. 12/3. 1965.) — 2 S. — 3 S. Georg Vogel 4846

1345 Lepetit S. p. A., Mailand, Italien (Erfinder: Emilio Testa, Elvio Bellasio, Gulio Maffii und Carlo Carpi), **1-[3.4-Dihydroxyphenyl]-propan (I)-Derivate,** die in 2-Stellung durch —NHOR substituiert sind (R = H oder Alkyl C_{1-8}) erhält man durch Hydrierung entsprechender 3.4-Dihydroxybenzylmethylketonoxime mit H_2 in Ggw. von PtO_2 in einer Mischung aus wss. HCl u. einem aliphat. Alkohol C_{1-8}. — Es wurden erhalten: *2-Hydroxylamino*-**I**, *Succinat*, F. 157 bis 159°. — *2-Methoxamino*-**I**, F. 155—158°. — *2-Äthoxamino*-**I**, F. 146—148° (Isopropanol). — *Hypotensive Mittel.* (**Brit. P. 1 062 299** vom 19/2. 1965, ausg. 22/3. 1967.) — 4 S. A. Jahn 4846

1346 Boots Pure Drug Co. Ltd., Nottingham, Großbritannien (Erfinder: Raymond Arthur Dytham und Michael David Potter), **1-1-[3-Hydroxyphenyl]-2-methylaminoäthanolpropionat, Monohydrat,** F. 74—75°, erhält man als stabiles, nichthygroskop., schwach bitteres Salz durch Zugabe einer geringen Menge W. zur Lsg. von Phenylephrinpropionat in mit W. mischbaren Fl., in der das Monohydrat unlösl. ist oder durch Kühlung der heißen Lsg. des Phenylpropionats in einer mit W. mischbaren organ. Fl. u. wenig Wasser. — *Heilmittel.* (**Brit. P. 1 073 916** vom 4/11. 1963, ausg. 28/6. 1967.) — 3 S. R. Bauereis 4846

1347 Ciba Ltd., Basel, Schweiz, **Herstellung von 1.2-Diphenyl-2-propionyloxy-3-[dimethylaminomethyl]-3-buten,** *Hydrochlorid*, F. 188°, erfolgt durch Veresterung von *1.2-Diphenyl-3-[dimethylaminomethyl]-3-buten-2-ol* (**I**), F. 56—58°, mit Propionsäurehalogenid oder -anhydrid oder mit dem entsprechenden Keten. **I** erhält man durch Rk. von Dimethylamin mit 2.3-Dibrompropen, Grignardierung des entstandenen N.N-Dimethyl-2-bromallylamins, $Kp._{76-79}$ 63—64°, u. Rk. mit Desoxybenzoin. — *Analgetika, Antitussiva.* (**Brit. P. 1 068 497** vom 8/2. 1966, ausg. 10/5. 1967. Schwz. Prior. 26/2. u. 28/6. 1965.) — 4 S. R. Bauereis 4846

1348 Wellcome Foundation Ltd., London, Großbritannien (Erfinder: Nariman Bomanshaw Mehta, Valhalla, N.Y., USA), **Herstellung von erythro-α-Phenyl-β-aminopropanolen** erfolgt durch Rk. eines erythro-α-[2.5-Dialkoxyphenyl]-β-aminopropanols mit Methyl- oder Äthylketon u. katalyt. Hydrierung des Rk.-Produkts. — Beispiel: Durch Rk. von erythro-α-[2.5-Diäthoxyphenyl]-β-aminopropanol mit Aceton u. Hydrierung in Ggw. von PtO_2 erhält man *erythro-α-[2.5-Diäthoxyphenyl]-β-isopropylaminopropanol, Hydrochlorid*, F. 185 bis 187°. — Analog wurden erhalten: *erythro-α-[2.5-Diäthoxyphenyl]-β-sek.-butylaminopropanol, Hydrochlorid*, F. 182—183°; *p-Di-n-propoxybenzol*, F. 52—54°, → *2.5-Di-n-propoxypropiophenon*, $Kp._1$ 141—144°, → *2.5-Di-n-propoxyisonitrosopropiophenon*, F. 99—100°, → *erythro-α-[2.5-Di-n-propoxyphenyl]-β-aminopropanol, Hydrochlorid*, F. 173—175°, → *erythro-α-[2.5-Di-n-propoxyphenyl]-β-isopropylaminopropanol, Hydrochlorid*, F. 171—172°. — *Antiarrhythm. Mittel.* (**Schwz. P. 438 369** vom 10/7. 1964, ausg. 15/12. 1967. Brit. Prior. 11/7. 1963.) — 3 S. R. Bauereis 4846

1349 Laboratoires Om Soc. An., Genf, Schweiz (Erfinder: Antonio Esteve Subirana, Barcelona, Spanien), **Calcium- und Ammoniumsalz der p-Dihydroxybenzolsulfonsäure** erhält man durch Rk. von 1.4-Benzochinon mit NH_4HSO_3 oder $Ca(HSO_3)_2$. — *Heilmittel.* (**Schwz. P. 438 363** vom 20/1. 1966, ausg. 15/12. 1967. **Zusatz zu Schwz. P. 363 033; C. 1964, 40-1525.**) — 2 S. R. Bollinger 4846

1350 Troponwerke Dinklage & Co., Köln (Erfinder: Dietrich Lorenz, Kleinhurden, und Karl-Heinz Boltze, Bensberg), **Herstellung von N-Benzyl-α.α-dimethyl-β-[p-fluorphenyl]-äthylamin,** *Hydrochlorid*, F. 220 bis 221°, erfolgt durch Rk. von *α.α-Dimethyl-β-[p-fluor-*

phenyl]-äthylamin (I), Kp.$_4$ 67°, *Hydrochlorid*, F. 185 bis 186°, mit Benzaldehyd u. Red. des gebildeten *1-[p-Fluorphenyl]-2-methyl-2-benzalaminopropans*, Kp.$_{0,3}$ 135°, F. 45—46°, oder durch Rk. von I mit Benzylhalogenid oder einem Sulfonsäureester des Benzylalkohols. — *Zentralstimulierende Mittel*. (**Schwz. P. 440 309** vom 19/3. 1965, ausg. 29/12. 1967.) — 2 S. R. Bauereis 4846

1351 T. J. Smith & Nephew Ltd., Kingston-upon-Hull, Yorkshire, Großbritannien (Erfinder: Donald Edwin Seymour, David John Drain und John Martin Scruton), **Herstellung von substituierten Essigsäuren** erfolgt durch alkal. Hydrolyse eines Dihydrobenzoxazinons u. Acylierung des Rk.-Prod. mit einer Benzoesäure oder durch Acylierung eines o-Hydroxyanilins u. Rk. des Alkalimetallsalzes des entstandenen Benzamidophenols mit einem Ester einer α-Halogensäure. — Beispiel: α-Chlorpropionylchlorid gibt mit 2-Hydroxy-5-methylanilin *2-Chlor-2'-hydroxy-5'-methylpropionanilid*, F. 121—122°, $C_{10}H_{12}ClNO_2$. Durch Ringschluß dieser Verb. mit NaOH erhält man *2.3-Dihydro-2.6-dimethyl-1.4-benzoxazin-3-on*, F. 147—147,5°, $C_{10}H_{11} \cdot NO_2$. Durch alkal. Hydrolyse von 2.3-Dihydro-2-methyl-1.4-benzoxazin-3-on mit NaOH u. Acylierung des Rk.-Prod. mit 3.4-Dichlorbenzoylchlorid erhält man *α-[2-(3'.4'-Dichlorbenzamido)-phenoxy]-propionsäure*, F. 171°, $C_{16}H_{13}Cl_2NO_4$. — Analog wurden erhalten: *2.5'-Dichlor-2'-hydroxypropionanilid*, F. 162—164°, $C_9H_9Cl_2NO_2$; *2-Chlor-2'-hydroxy-5'-methylbutyranilid*, F. 108—109°, $C_{11}H_{14}ClNO_2$; *2.3-Dihydro-6-chlor-2-methyl-1.4-benzoxazin-3-on*, F. 171—172°, $C_9H_8ClNO_2$; *2.3-Dihydro-2-äthyl-6-methyl-1.4-benzoxazin-3-on*, F. 138—139°, $C_{11}H_{13}NO_2$; *2-[3'-Trifluormethylbenzamido]-4-chlorphenol*, F. 201 bis 202°, $C_{14}H_9ClF_3NO_2$; *α-[2-(4'-Methoxybenzamido)-phenoxy]-propionsäure*, F. 132—133°, $C_{17}H_{17}NO_5$; *α-[2-(4'-Methylbenzamido)-phenoxy]-propionsäure*, F. 128—129°, $C_{17} \cdot H_{17}NO_4$; *α-[2-(3'.4'-Dichlorbenzamido)-4-methylphenoxy]-propionsäure*, F. 175—176°, $C_{17}H_{15}Cl_2NO_4$; *α-[2-(3'-Trifluormethylbenzamido)-4-methylphenoxy]-buttersäure*, F. 154—155°, $C_{19}H_{18}F_3NO_4$; *α-[2-(3'.4'-Dichlorbenzamido)-4-chlorphenoxy]-propionsäure*, F. 197—198°, $C_{16}H_{12}Cl_3 \cdot NO_4$; *α-[2-(3'-Trifluormethylbenzamido)-4-chlorphenoxy]-buttersäure*, F. 132—133°, $C_{18}H_{15}ClF_3NO_4$. — *Analgetika, Antiphlogistika*. (**Brit. P. 1 080 508** vom 2/7. 1965, ausg. 23/8. 1967.) — 6 S. R. Bauereis 4846

1352 Smith, Kline & French Laboratories Ltd., Welwyn Garden City, Großbritannien (Erfinder: Roger Anthony Burton und Anthony Maitland Roe), **2.6-Dihalogenphenylverbindungen** erhält man durch Metallierung von m-Dihalogenbenzol mit einer Li-Niederalkyl- oder -Arylverb. in Ggw. eines cycl. Äthers bei $\leq -50°$. Behandelt man die Li-Verb. mit festem CO_2, so erhält man 2.6-Dihalogenbenzoesäuren; mit $HCONH_2$ bei nachfolgender saurer Verseifung entstehen 2.6-Dihalogenbenzaldehyde; mit niederen Alkylboraten erhält man Boron- bzw. Borinsäureester, die nach Verseifung zu 2.6-Dihalogenphenolen ox. werden können. — Es wurden erhalten: *2.6-Difluorbenzoesäure* (I), F. 159—160° (W.) (Ausb. 81%). — *2.6-Difluoranilin*, Kp.$_{15}$ 51—52° (86%) aus I über das Azid. — *2.6-Dichlorbenzoesäure*, F. 139—140° (75%). — *2.6-Difluorbenzaldehyd*, Kp.$_{20}$ 85—87°. — *2.6-Difluorphenol* (II), Kp.$_{17}$ 59—61°. — Aus II mittels Chloracetonitril → *2.6-Difluorphenoxyacetonitril*, Kp.$_2$ 80—82°, das bei Hydrierung *2-[2.6-Difluorphenoxy]-äthylamin*, Kp.$_{16}$ 98—101°, u. dieses bei der Rk. mit Cyanamid *2-[2.6-Difluorphenoxy]-äthylguanidinnitrat*, F. 130,5—131,5° (W), ergibt. — *2.6-Difluoracetophenon*, Kp.$_{15}$ 76—79°, aus 2.6-Difluorphenyl-Li u. Acetylchlorid. — *2.6-Difluorbenzonitril*, F. 29—30°, aus I über das *2.6-Difluorbenzamid*, Nadeln, F. 145 bis 146,5°. — Zwischenprod. für *Therapeutika*. (**Brit. P. 1 080 167** vom 14/6. 1963, ausg. 23/8. 1967.) — 4 S. A. Jahn 4846

1353 P. Beiersdorf & Co., Akt.-Ges., Hamburg, **4-Chlor-5-sulfamylsalicylsäurederivate** erhält man durch Rk. von 4-Chlor-5-sulfamylsalicylsäure oder 4-Chlor-5-sulfamylsalicylsäurechlorid mit einer Verb. der allg. Formel R—Z (R = C_{1-3}-Alkyl, ggf. substituiertes Phenyl; Z = NH_2, OH). — Beispiel: Durch Rk. von 4-Chlorsalicylsäure mit Chlorsulfonsäure erhält man die *4-Chlor-5-chlorsulfonylsaliyclsäure*, F. 181—183°. Durch Rk. dieser Verb. mit fl. NH_3 erhält man die *4-Chlor-5-sulfamylsalicylsäure*, F. 258—260° u. daraus durch Rk. mit o-Toluidin das *4-Chlor-5-sulfamylsalicylsäure-[2'-methyl]-anilid*, F. 186°. Analog wurden folgende 4-Chlor-5-sulfamylsalicylsäure (I)-Deriv. erhalten: I-*[2'-chlor]-anilid*, F. 226°; I-*anilid*, F. 229°; I-*[2'-brom]-anilid*, F. 237°; I-*[2'-fluor]-anilid*, F. 228°; I-*[2'-trifluormethyl]-anilid*, F. 225°; I-*[2'-nitro]-anilid*, F. 240°; I-*[2'-äthyl]-anilid*, F. 119°; I-*[2'-isopropyl]-anilid*, F. 191°; I-*[2'-äthoxy]-anilid*, F. 230°; I-*[2'.3'-dichlor]-anilid*, F. 266°; I-*[2'.4'-dichlor]-anilid*, F. 250°; I-*[2'.6'-dichlor]-anilid*, F. 216°; I-*[2'-chlor-6'-methyl]-anilid*, F. 227°; I-*[2'.6'-dimethyl]-anilid*, F. 256°; I-*methylamid*, F. 252°; I-*propylamid*, F. 241°; I-*äthylamid*, F. 215°; I-*isopropylamid*, F. 133°; I-*[2-chlorphenyl]-ester*, F. 172°; I-*methylester*, F. 188°; I-*äthylester*, F. 199°. — *Diuretika*. (**Brit. P. 1 086 838** vom 9/6. 1966, ausg. 11/10. 1967. **Port. P. 45 980** vom 18/6. 1966, Auszug veröff. 5/4. 1967. Beide D. Prior. 19/6. 1965.) — 6 S. R. Bauereis 4846

1354 Chas. Pfizer & Co., Inc., New York, N.Y., USA, **Herstellung von Aminosäurederivaten** erfolgt durch Rk. von β-Dimethylaminopropiophenon mit einer Aminosäure oder durch Rk. von Acetophenon mit CH_2O u. einer Aminosäure. — Beispiel: Durch Rk. von β-Dimethylamino-o-hydroxypropiophenon, Hydrochlorid, mit D.L-Valin erhält man das *D.L-N-[β-(o-Hydroxybenzoyl)-äthyl]-valin*, F. 205—206° (Zers.), $C_{14}H_{14}O_9N_4$, *D-Form*, F. 209—210°, $[\alpha]_D^{24}$ −62,9°, *L-Form*, F. 209—210°, $[\alpha]_D^{24}$ +63,2°, *Hydrochlorid*, F. 180—181°. Analog wurden erhalten: [(β-(o-Hydroxybenzoyl)-äthyl] ≡ I) I-*glycin*, F. 204—206° (Zers.), $C_{11}H_{13}O_4N$; *DL-N-[β-(p-Methoxybenzoyl)-äthyl]-valin*, F. 213—214° (Zers.), $C_{15}H_{21}O_4N$, *Hydrochlorid*, F. 140—144°; *DL-N-[β-(p-Chlorbenzoyl)-äthyl]-valin*, F. 218—220° (Zers.), *Hydrochlorid*, F. 77—80° (Zers.); *L-N*-I-*serin*, F. 209—211° (Zers.); *DL-N*-I-*serin*, F. 205—207° (Zers.), *Hydrochlorid*, F. 168—170° (Zers.); *DL-N*-I-*α-alanin*, F. 211—214° (Zers.); *L-N*-I-*α-alanin*, F. 207—209° (Zers.), *Hydrochlorid*, F. 153—156° (Zers.); *DL-N*-I-*α-methylmethionin*, F. 238—241° (Zers.); *L-N*-I-*methionin*, F. 200—202° (Zers.); *D-N*-I-*methionin*, F. 202—204° (Zers.); *DL-N*-I-*methionin*, F. 199—201° (Zers.), *Hydrochlorid*, F. 115—120°; *DL-N*-I-*leucin*, F. 210 bis 212° (Zers.); *L-N*-I-*leucin*, F. 206—210° (Zers.); *D-N*-I-*leucin*, F. 204—205° (Zers.); *DL-N*-I-*threonin*, F. 194—197° (Zers.); *Hydrochlorid*, F. 176—178° (Zers.); *D-N*-I-*threonin*, F. 206—208° (Zers.); *L-N*-I-*threonin*, F. 211—213° (Zers.); *DL-N*-I-*äthionin*, F. 203—205° (Zers.), *Hydrochlorid*, F. 82—84° (Zers.); *N*-I-*sarcosin*, F. 208—210° (Zers.), *Hydrochlorid*, F. 162—170° (Zers.); *N*-I-*3-chlor-4-carboxyanilin*, F. 208—209° (Zers.), *Hydrochlorid*, F. 165—167° (Zers.); *N*-I-*p-aminosalicylsäure*, F. 163—165° (Zers.); *N*-I-*anthranilsäure*, F. 177—179° (Zers.); *Hydrochlorid*, F. 156—163° (Zers.); *N*-I-*p-aminobenzoesäure*, F. 218—220°. (Zers.), *Hydrochlorid*, F. 159 bis 162°. — *Bakterizide Komplexbildner*. (**Brit. P. 1 074 480** vom 4/11. 1964, ausg. 5/7. 1967. U. S. Prior. 29/7. 1964.) — 10 S. R. Bauereis 4846

1355 Kyowa Hakko Kogyo Co. Ltd., Chiyoda-ku, Tokio, Japan (Erfinder: Masao Tanaka, Teruo Kishi und Yo Kato), **Herstellung von Phenylalanin, dessen N-Acylverbindungen oder Estern**, dad. gek., daß man einen O-Aryl- oder O-Alkylsulfonsäureester oder O-Schwefelsäureester des Tyrosins oder deren Deriv. in Ggw. eines Katalysators, bes. Raney-Ni, hydriert u. die Phenylalaninverb. hydrolysiert. — Aus O-Tosyl-L-tyrosin → *Tosylphenylalanin* $\xrightarrow{HCL}$ *L-Phenylalanin* (I), nach Elution mit wss. NH_3 aus stark sauren Ionenaustauscher → Krist., F. 282° (Zers.), $[\alpha]_D^{20}$ −35° (2% in W.), 91% (Ausb.); analog aus O.N-Ditosyl-L-tyrosin → *N-Tosyl-L-phenylalanin*, F. 163°, $[\alpha]_D^{20}$ −21° [2% in CH_3OH (II)] → I bzw. aus N-Acetyl-O-tosyl-L-tyrosin → *Acetyl-L-phenylalanin*, F. 170°, $[\alpha]_D^{20}$ −39° (2% in CH_3OH), 80%. — Verw. in der *Medizin*. (**Brit. P. 1 078 557** vom 21/4. 1965, ausg. 9/8. 1967. Jap. Prior. 21/4. 1964.) — 5 S. Georg Vogel 4846

1356 W. R. Grace & Co., New York, N.Y., USA, **Herstellung von N-Acylaminosäuren**, dad. gek., daß man ein $C_{10}-C_{22}$-Carbonsäurechlorid mit einer mindestens eine prim. oder sek. Aminogruppe enthaltenden Aminosäure bei alkal. pH in Ggw. von $\geq 5\%$ (des Rk.-Gemisches) eines freien organ. Chlorids oder mehrerer Chloride, wie PCl_3, PCl_5, $POCl_3$, $SOCl_2$ oder SO_2Cl_2, umsetzt. — Aus Laurinsäure u. PCl_3 durch Rk. bei 50 u. dann bei 70°, Einrühren der oberen, Lauroylchlorid u. PCl_3 enthaltenden Schicht in eine wss. Sarkosinlsg. bei 20—30°, Zugabe von NaOH bis pH 10—10,5, Ansäuern der (oberen) öligen Schicht u. rasches Waschen mit W. bei $\leq 10°$ → *N-Lauroylsarkosin* als Lösung. — Sarkosine: *N-Stearoyl-*; *N-Oleoyl-*; *N-Acetylverb.* von *Aminodiessigsäure, Taurin, Prolin, Hydroxyprolin.* — Zwischenprod. für *Heilmittel.* (**Brit. P. 1 087 696** vom 25/1. 1966, ausg. 18/10. 1967. U. S. Prior. 28/1. 1965.) — 3 S. Georg Vogel 4846

1357 Parke, Davis & Co., Detroit, Mich., USA, **Neue N-Arylanthranilsäureverbindungen** der allg. Formel o-COOE—C_6H_4—NH—C_6H_2 $(R^1)(R^2)$—Z (I) [E = H oder R; R = H, Alkalimetallion oder ggf. substituierter Alkylrest; R^1 (in 6-Stellung) u. R^2 (in 2-Stellung) = CH_3, Cl; R^1 auch H; Z (in 3-Stellung) = —CH(OH)—R^3,

$-C(=O)-R^3$, $\quad -C(alkyl)=NOH$, $\quad -C(alkyl)\langle{}_{O}^{O}\rangle Y$,

—C(=O)—N(R^4)—R^5 oder CN; R^3 = Alkyl, Phenyl, Alkylphenyl; R^4 u. R^5 = CH_3, C_2H_5; Y = Alkylenrest; alle Alkylreste = C_{1-4}-Alkyle], deren Salze, Alkyl- bzw. Dialkylaminoalkylreste, Säureaddukte u. quatern. Salze von Dialkylaminoalkylestern erhält man a) durch Rk. einer Benzoesäureverb. der allg. Formel o-A—C_6H_4—COOR mit einer Verb. der allg. Formel 1—G—C_6H_2 · $(R^1)(R^2)$—Z; einer der Reste A u. G, bes. A, = Halogen, bes. Br, u. der andere = NH_2, bes. in Ggw. eines Cu-Katalysators u. eines Säureakzeptors während 4—72 Std., in einem Lsgm. bei 75—250°, bzw. b) zur Herst. von Verb. **I**, E = R, Z = —C[=NOH]-alkyl, durch 48std. Rk. einer Verb. **I**, E = R, Z = —C(=O)-alkyl, mit NH_2OH in Ggw. einer Base in polaren Lsgm. bei Rückflußtemp., bzw. c) zur Herst. von Verb. **I**, E = H, Z = —C(=O)-alkyl, durch Hydrolyse von Verb. **I**, E = R, Z = C=N—

OH-alkyl oder $-C(alkyl)\langle{}_{O}^{O}\rangle Y$, bzw. d) zur Herst.

von Verb. **I**, E = R, Z = —CH(OH)—R^3, durch Red. (chem. mit Hydriden, Amalgamen, Fe usw. + Säure oder katalyt. mit Pt, Pd oder Raney-Ni bei Raumtemp. oder elektrolyt.) oder e) zur Herst. von Estern durch Rk. von **I**, E = H, mit einem Alkanol, dessen Halogeniden bzw. mit Dimethylsulfat oder Diazomethan. Durch 19std. Erhitzen eines Gemisches aus K-o-Brombenzoat, 3-Amino-2.4-dimethylacetophenonäthylenketal, Cu(II)-acetat, N-Äthylmorpholin u. Isopropanol bei Rückflußtemp. → **Adma**-*äthylenketal* [**Adma** = *N-(3-Acetyl-2.6-dimethylphenyl)-anthranilsäure*], F. 191—194° (Bzl.) → *Na-Salz* bzw. *Äthylester*; analog **Adma** *propylenketal.* — **Adma**-*oxim*, F. 234—235° (wss. A.), aus **Adma** u. NH_2 · OH. — **Adma**-*oximmethylester.* — **Adma** (freie Säure), F. 218—219,5° (wss. Aceton), durch Hydrolyse von **Adma**-*äthylenketal* mit HCl; analog **Bdma**-*äthylenketal* [**Bdma** = *N-(3-Butyryl-2.6-dimethylphenyl)-anthranilsäure*]; daraus mit HCl → **Bdma** (freie Säure), F. 131—133,5° (wss. A.); daraus mit NH_2OH → **Bdma**-*oxim.* — *N-[2.6-Dimethyl-3-pivaloylphenyl]-anthranilsäure*, F. 169/170° (wss. A.). — Anthranilsäuren: *N-[3-Benzoyl-2.6-dichlorphenyl]-*, F. 218—218,5° (wss. A. u. Bzl.) — *N-[3-Benzoyl-3.6-dimethylphenyl]-*, F. 167—170° (wss. Methanol) → *Diäthanolaminsalz.* — *N-[3-Benzoyl-2-methylphenyl]-*. — *N-[3-(p-Toluoyl)-2.6-dimethylphenyl]-*, F. 174—175° (wss. CH_3OH). — *N-[3-Cyan-2.6-dimethylphenyl]-*, F. 241—243° (wss. A.) → *Na-* bzw. *Cholinsalz.* — *N-[3-Cyan-2-methylphenyl]-*, F. 234—235° (A.). — *N-[2.6-Dichlor-3-cyanphenyl]-*, F. 237,5—238° (wss. A. u. Bzl./n-Heptan). — *N-[2-Chlor-3-cyanphenyl]-*. — *N-[2-Chlor-3-cyan-6-methylphenyl]-*, F. 238—238,5° (wss. A. u. Bzl./Aceton). — *N-[2.6-Dimethyl-3-dimethylcarbamoylphenyl]-*, F. 195° (wss. A.). — *N-[3-Äthylcarbamoyl-2.6-dimethylphenyl]-*. — *N-[2.6-Dichlor-3-dimethylcarbamoyl]-*, F. 197—198°. — *N-[3-(α-Hydroxyäthyl)-2.6-dimethylphenyl]-*, F. 166—173° (Bzl. u. wss. A.) → *NH_4-Salz* bzw. *Methylester.* — *N-[3-(α-Hydroxybutyl)-2.6-dimethylphenyl]-*. — *N-[2.6-Dimethyl-3-(1-hydroxy-2.2-dimethylpropyl)-pheryl]-*, F. 205—206°. — *N-[3-(α-Hydroxybenzyl)-2.6-dimethylphenyl]-*, F. 144—145° (Bzl./PAe.). — Anthranilathydrochloride: *2-Dimethylaminoäthyl-N-[3-(α-hydroxyäthyl)-2.6-dimethylphenyl]-*, → *freie Base* bzw. *Jodmethylat.* — *3-Diäthylaminopropyl-N-[3-cyan-2.6-dimethylphenyl]-*. — *2-Diäthylaminoäthyl-N-[2.6-dimethyl-3-dimethylcarbamoylphenyl]-*. — *Mittel* (*oral*) *gegen Entzündungen* mit *antipyret.* u. *antiallerg. Wirkung.* (**Brit. P. 1 075 494** vom 17/6. 1965, ausg. 12/7. 1967. U. S. Prior. 18/6. 1964.) — 12 S. Georg Vogel 4846

1358 C. F. Boehringer & Soehne G. m. b. H., Mannheim, **Herstellung von Phenylcyclohexylalkylaminen** der Formel I (R^1 = H, Alkyl mit ≤ 3 C-Atomen; R^{2-6},

I 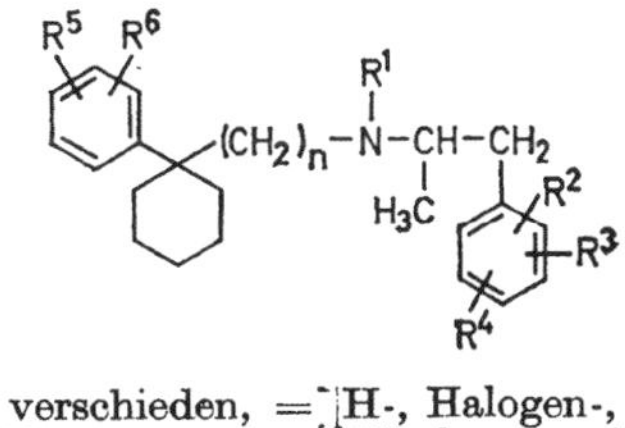

gleich oder verschieden, = H-, Halogen-, OH-, Aralkoxy- oder Alkoxygruppen, Alkylreste mit ≤ 3 C-Atomen, wobei 2 benachbarte R-Reste eine Methylendioxygruppe bilden können; n = 2 oder 3) bzw. deren *Säureadditionssalzen* durch gemeinsame Red. eines entsprechenden Aldehyds u. eines 1-Phenylisopropylamins der Formel HN(R^1)—CH(CH_3)—CH_2—C_6H_2(R^2, R^3, R^4) auf elektrolyt. Wege, durch katalyt. Hydrierung, mittels naszierendem H oder Metallhydriden u. ggf. Rk. der erhaltenen Verb. mit organ. oder anorgan. Säure; bes. wird die Rk. in alkohol. oder wss.-alkohol. Medium u. mit H_2 in Ggw. eines Edelmetall-, Ni-, Raney-Katalysators ausgeführt. — β-[1-Phenylcyclohexyl]-propionaldehyd, $Kp._{0,5}$ 128—135°, u. 1-[3'.4'-Methylendioxyphenyl]-isopropylamin in CH_3OH werden bei Raumtemp. mit $NaBH_4$ red. → *1-[3'-(3''.4''-Methylendioxyphenylisopropylamino)-propyl]-1-phenylcyclohexan*, F. des *Maleats* 148—150°; ferner: *1-[2'-(N-Äthyl-N-3''.4''-methylendioxyphenylisopropylamino)-äthyl]-1-phenylcyclohexan*, F. 67 bis 68,5°. — *Erweiterung der Herzkranzgefäße.* (**Brit. P. 1 066 800** vom 31/3. 1966, ausg. 26/4. 1967. D. Prior. 1/4. 1965. **Zusatz zu Brit. P. 1 004 659; C. 1968, 10-1685.**) — 6 S. H. Roos 4846

1359 A/B Kabi, Stockholm, Schweden, **4-Aminomethylcyclohexancarbonsäure** erhält man aus Cyclohexan-1.4-dicarbonsäuremethylester, F. 69—71°, durch Verseifung u. Rk. des erhaltenen Monoesters, F. 124—125°, mit $SOCl_2$ zum Cyclohexanmethylhalbestersäurechlorid, Kp. 138—141°, daraus durch Rk. mit NH_3 das Esteramid, F. 189—190°, daraus durch Rk. mit $SOCl_2$ in Bzl den 4-Cyancyclohexancarbonsäuremethylester, $Kp._{14}$ 148 bis 156°; die freie Säure, F. 151—152°, wird dann in Ggw. von NH_3 u. Raney-Ni bei 25° in W. mit H_2 hydriert. — *Antifibrinolyt. Mittel.* (**Brit. P. 1 086 952** vom 16/12. 1964, ausg. 11/10. 1967. Schwed. Prior. 17/12. 1963.) — 9 S. R. Bollinger 4846

1360 Merck & Co., Inc., Rahway, N.J., USA (Erfinder: Edward Louis Engelhardt und Marcia Elizabeth Christy), **Dibenzocycloheptenderivate**, die in der 5-Stellung durch den Rest =$CHCH_2CH_2NRR^1$, in der 10- oder 11-Stellung durch Halogen, bes. Cl, Br, u. in den Bzl.-Kernen durch X u. X^1 (R^1 = H, CN, R = H, Alkyl; X u. X^1 = H, Halogen, Alkyl, Alkenyl, Perfluoralkyl, ggf. substituiertes Phenyl, Acyl, Perfluoracyl, NH_2, Alkylamino, Dialkylamino, Acylamino, Perfluoracylamino, Alkylsulfonylamino, OH, Alkoxy, Perfluoralkoxy, CN, COOH, Carbamoyl, Alkyl-, Dialkylcarbamoyl, Carbalkoxy, SH, Alkylmercapto, Alkylsulfonyl, Perfluoralkylsulfonyl, Sulfamoyl, Alkyl-, Dialkylsulfamoyl) substituiert sind, erhält man aus den entsprechenden 5-Ketonen durch Rk. mit C_2H_5MgBr, Bromierung mit N-Bromsuccinimid, Austausch des Br durch CN mittels Alkalicyanids u. Hydrierung der CN-Gruppe zur prim. Amingruppe. Diese Gruppe kann auch durch Rk. der

J-Verb. mit Phthalimid-K erhalten werden. Die Alkylierung erfolgt durch Überführung des Amins in eine Schiffsche Base u. Hydrierung. Durch Rk. des Ketons mit einer Grignard-Verb. der allg. Formel $HalMgCH_2CH_2N(Alkyl)_2$ wird ebenfalls das Amin erhalten. Aus 10-Brom-5H-dibenzo-[a.d]-cyclohepten-5-on mit 3-Dimethylaminopropyl-MgCl in Tetrahydrofuran → *10-Brom-5-(3-dimethylaminopropyl)-5-hydroxy)-5H-dibenzo-[a.d]-cyclohepten*, $C_{20}H_{22}BrNO$, F. 118,5—120°, daraus mit Trifluoressigsäureanhydrid u. Trifluoressigsäure → *3-Dimethylaminopropylidenderiv.*; ferner beschrieben die Herst. von *10-Brom-5-(3-methylaminopropyliden)-5H-dibenzo-[a.d]-cycloheptenhydrogenmaleat* (*α-Isomeres*), $C_{19} \cdot H_{18}BrN \cdot C_4H_4O_4$, F. 166—167,5°, dessen *Hydrogenoxalat* (*β-Isomeres*), $C_{19}H_{18}BrN \cdot C_2H_2O_4$, F. 219—220°, *10-Chlor-5H-dibenzo-[a.d]-cyclohepten-5-on*, F. 125—126°. — *Antidepressiva.* (**Brit. P. 1 076 612** vom 6/7. 1964, ausg. 19/7. 1967. **Zusatz zu Brit. P. 1 008 263; C. 1967, 32-1749.**) — 19 S. R. Bollinger 4846

1361 F. Hoffmann-La Roche & Co. Akt.-Ges., Basel, Schweiz, **Dihydrodibenzocyclohepten-5-onderivate,** die in der 10- u. 11-Stellung durch R¹, R² u. R³ u. in den Bzl.-Kernen durch R⁴ u. R⁵ substituiert sind (R¹ = H, Halogen, OH, Acyloxy, R² = H oder zusammen mit R¹ eine Oxogruppe, R³ = ggf. substituiertes NH_2, R⁴ u. R⁵ = Halogen, CF_3, Alkoxy, Alkylthioacyl, Sulfamyl, Alkylsulfamyl), erhält man aus Verb., die in der 10- u. 11-Stellung durch R⁶, R⁷ u. R⁸ substituiert sind (R⁶ = OH, R⁷ = H, R⁸ = Halogen oder R⁶ u. R⁷ = eine Oxogruppe bzw. R⁶ u. R⁸ eine O-Brücke) durch Acylierung der OH-Gruppe, Ersatz der OH-Gruppe durch Halogen oder durch Rk. des Ketals mit einem Amin. Die Dihydroverb. erhält man aus dem entsprechenden Dibenzocycloheptanon durch Hydrierung. — Aus 5H-Dibenzo-[a.d]-cyclohepten-5-on mit H_2O_2 → *10.11-Epoxy-10.11-dihydro-5H-dibenzo-(a.d)-cyclohepten-5-on*, F. 127—130°, daraus mit Morpholin *d.l-trans-10-Hydroxy-11-morpholino-10.11-dihydro-5H-dibenzo-(a.d)-cyclohepten-5-on*, F. 246—247°; ähnlich folgende *d.l-trans-10-Hydroxy-11-R-10.11-dihydro-5H-dibenzo-(a.d)-cyclohepten-5-one*: *R* = [*N-(2-hydroxyäthyl)-N-äthylamino*]-, *Hydrochlorid*, F. 143 bis 147°, *pyrrolidino-*, F. 135°, *benzylamino-*, F. 98—100°, *piperidino-*, F. 129°, (*2-isopropylhydrazino*)-, *Hydrochlorid*, F. 206°, *piperazino-*, F. 241—243°, (*4-chlorbenzylamino*)-, F. 136—137°, (*3-diäthylaminopropylamino*)-, F. 85—87°, *amino-*, F. 205—206°, *methylamino-*, F. 198—199°, *dimethylamino-*, *Hydrochlorid*, F. 145—148°, *äthylamino-*, F. 158—159°, *diäthylamino-*, *Hydrochlorid*, F. 169—173°, *cyclopropylamino-*, *Hydrochlorid*, F. 201—202° (Zers.), *cyclopropylcarbonylamino-*, F. 171°, (*3-chlorpropionamido*)-, F. 183—184°, *benzamido-*, F. 160°, (*2-methylpropionamido*)-, F. 225—226°, *N-methyl-3-chlorpropionamido*)-, F. 207° (Zers.), *N-methylacetamido-*, F. 256—258° (Zers.), *formamido-*, F. 205—206°, (*1-piperidinoacetamido*)-, F. 90—91°. Ferner beschrieben die Herst. von *d.l-trans-10-Hydroxy-11-brom-10.11-dihydro-5H-dibenzo-(a.d)-cyclohepten-5-on*, F. 149°, *d.l-cis-10-Chlor-11-amino-10.11-dihydro-5H-dibenzo-(a.d)-cyclohepten-5-on*, F. 155°, *11-Methylaminoderiv.*, F. 165°, *N-Methyl-3-chlorpropionamidoderiv.*, F. 135—136°, *N-Methylpropionamidoderiv.*, F. 174—175°, *d.l-cis-10-Hydroxy-11-amino-10.11-dihydro-5H-dibenzo-(a.d)-cyclohepten-5-on*, F. 178—179°, *11-Acetamidoderiv.*, F. 197—198°, *trans-10-acetoxyverb.*, F. 219 bis 220°, deren *11-(N-Methylacetamido)-deriv.*, F. 142 bis 145°, *d.l-trans-10-chlor-11-acetamido-10.11-dihydro-5H-dibenzo-(a.d)-cyclohepten-5-on*, F. 205—206° (Zers.), *d.l-10-Amino-10.11-dihydro-5H-dibenzo-(a.d)-cyclohepten-5-on*, F. 146°, *d.l-11-Brom-10.11-dihydro-5H-dibenzo-(a.d)-cyclohepten-5.10-dion*, F. 172°, *d.l-11-(4-Methylpiperazino)-10.11-dihydro-5H-dibenzo-(a.d)-cyclohepten-5.10-dionhydrochlorid*, F. 271° (Zers.), dessen *11-Piperazinoderiv.*, F. 291—292° (Zers.), *d.l-trans-10-Acetoxy-11-piperidino-10.11-dihydro-5H-dibenzo-(a.d)-cyclohepten-5-on*, F. 145°. — *Heilmittel.* (**Brit. P. 1 068 451** vom 5/1. 1966, ausg. 10/5. 1967. Schwz. Prior. 8/1. 1965.) — 10 S. R. Bollinger 4846

1362 N. V. Koninklijke Pharmaceutische Fabrieken v/h Brocades-Stheeman & Pharmacia, Meppel, Niederlande (Erfinder: Cornelius van der Stelt), **Dibenzo-(a.d)-cycloheptenessigsäurederivate,** die in der 5-Stellung durch den Rest $-CH_2COOH$ u. in den Bzl.-Kernen ggf. durch Alkyl oder Halogen substituiert sind, wobei die 10/11-Stellung hydriert sein kann, erhält man durch Rk. des entsprechenden 5-Ketons mit C_2H_2 in fl. NH_3 in Ggw. von $NaNH_2$; die 5-Oxy-5-äthinyl-Verb. wird in eine Verb. mit dem Rest =CHCHO in 5-Stellung übergeführt, diese ox. u. hydriert. Das 5-Keton kann auch durch Rk. mit einem Cyanessigester in das Nitril übergeführt werden, das dann zum Essigsäurerest verseift wird. Schließlich kann der CH_2COOH-Rest in die 5-Stellung durch Rk. eines 5-Halogenids mit einem Malonester eingeführt werden. — Aus 10.11-Dihydro-5H-dibenzo(a.d)-cyclohepten-5-on mit C_2H_2 in fl. NH_3 in Ggw. von Na bei —60° → *5-Äthinyl-10.11-dihydro-5H-dibenzo-(a.d)-cyclohepten-5-ol*, F. 72,5—73°, daraus mit konz. H_2SO_4 in A. → *10.11-Dihydro-5H-dibenzo-(a.d)-cyclohept-5-ylidenacetaldehyd*, F. 70,5—72°, daraus durch Ox. mit $AgNO_3$ in Ggw. von wss. KOH → *10.11-Dihydro-5H-dibenzo-(a.d)-cyclohept-5-ylidenessigsäure*, F. 168—170°, daraus durch Hydrierung → *10.11-Dihydro-5H-dibenzo-(a.d)-cyclohepten-5-ylessigsäure* (**I**), $C_{17}H_{14}O_2$, F. 159—161°. Aus 10.11-Dihydro-5H-dibenzo-(a.d)-cyclohepten-5-ylchlorid, F. 101—103°, mit Malonsäureester → *10.11-Dihydro-5H-dibenzo-(a.d)-cyclohepten-5-ylmalonsäurediäthylester*, daraus *freie Säure*, F. 186°, daraus durch CO_2-Abspaltung **I**. **I** erhält man auch über *10.11-Dihydro-5H-dibenzo-(a.d)-cyclohepten-5-ylacetoäthylacetat*, F. 79—80°, durch Verseifung. — *Herst. von therapeut. wertvollem Dibenzazulen.* (**Brit. P. 1 053 844** vom 16/9. 1963, ausg. 4/1. 1967.) — 7 S. R. Bollinger 4846

1363 Hermann Engelhard (Erfinder: Hermann Engelhard, Norbert Engelhard und Brigitte Werth), Göttingen, **Herstellung von Dibenzocycloheptadienketoxim-O-äthern.** Zu D. A. S. 1 204 217; C. **1966,** 48-1755 ist nachzutragen: Aus 3-Chlor-10.11-dihydro-5H-dibenzo-(a.d)-cycloheptadien-(1.4)-5-on (F. 41°) mit $NH_2OH \cdot HCl$ das *Cl-Ketoxim*, F. 162—163°, daraus mit β-Chloräthyldimethylamin-Hydrochlorid in A. der *Cl-Ketoxim-O-äther*, Kp.$_{0,01}$ 189—199°, das *Hydrochlorid*, F. 218—219°; ähnlich der *10.11-Dihydro-5H-dibenzo-(a.d)cycloheptadien-(1.4)-5-hydroxyimino-O-äthyl-(β-dimethylamino)-äther*, Kp.$_{0,01}$ 181—185°, *Hydrochlorid*, F. 182—183°. — *Heilmittel.* (**Schwz. P. 438 286** vom 31/8. 1964, ausg. 15/12. 1967. D. Prior. 11/9. 1963 u. 20/7. 1964.) — 3 S. R. Bollinger 4846

1364 Rhône-Poulenc Soc. An., Paris (Erfinder: Jean Clément Louis Fouché, Bourg-La-Reine), Seine, Frankreich, **Dibenzo-(a.d)-cycloheptadiene,** die in 10-Stellung durch den Rest —AZ (A = Alkylen, Z = NH_2, Mono-, Dialkylamino) substituiert sind, erhält man durch Hydrierung der entsprechend substituierten Dibenzo-(a.d)-cycloheptatriene. Rk. des Dibenzo-(a.d)-cycloheptadien-10-ons mit 1-Brombenzyl-3-oxypropan u. Mg, dann mit HCl in A., Methansulfonylchlorid u. Dimethylamin → *10-(3-Dimethylaminopropyl)-dibenzo-(a.d)-cycloheptatrien-Hydrochlorid*, F. 215—216°, daraus durch Hydrierung u. Rk. mit Maleinsäure → *10-(3-Dimethylaminopropyl)-dibenzo-(a.d)-cycloheptadien-Maleat*, F. 124—126°; ähnlich: *10-(2-Dimethylaminoäthyl)-dibenzo-(a.d)-cycloheptadien-Maleat*, F. 131—132°, u. *10-(3-Methylaminopropyl)-dibenzo-(a.d)-cycloheptadien-Oxalat*, F. 160°. — *Heilmittel.* (**Schwz. P. 438 287** vom 18/6. 1965, ausg. 15/12. 1967. F. Prior. 18/6. 1964 u. 16/4. 1965.) — 4 S. R. Bollinger 4846

1365 F. Hoffmann-La Roche & Co. Akt.-Ges., Basel, Schweiz, **Dibenzocycloheptatrienderivate,** die in 5-Stellung durch den Rest =AB in 10-Stellung durch den Rest —C(=X)Y, im Bzl.-Kern durch R substituiert sind (X = O, S, =NH, Y = —NPQ, P u. Q = H, Alkyl, Phenylalkyl, Pyridylalkyl, Dialkylaminoalkyl, Alkylaminoalkyl oder zusammen heterocycl. Ring, R = Halogen, CF_3, Alkyl, Alkoxy, Alkylthio, Sulfamoyl, Alkylsulfamoyl oder Alkylsulfonyl, A = Alkylen, B = Halogen, Alkoxy, Alkylthio), erhält man durch Rk. der 10-Carbonsäure mit einem Amin der allg. Formel HY. Die Carbonsäure entsteht bei Rk. des 5-Ketons, das in 10-Stellung durch Halogen substituiert ist, mit einer Organo-Metall-Verb. u. einem Cyanid oder durch Rk.

der Grignard-Verb. mit CO_2. — Aus 10-Bromdibenzo-(a.d)-cyclohepta-1.4.6-trienon-(5) durch Rk. der Grignard-Verb. aus 1-Methoxy-3-chlorpropan → *5-Hydroxy-5-(3'-methoxypropyl)-10-bromdibenzo-(a.d)-cyclohepta-1.4.6-trien*, F. 82—84°, daraus mit HCl in A. → *5-(3'-Methoxypropyliden)-10-bromdibenzo-(a.d)-cyclohepta-1.4.6-trien*, F. 113—115°, daraus durch Rk. in Form der Grignard-Verb. mit CO_2 die *10-Carbonsäure*, F. 177—180°, daraus mit $SOCl_2$ *10-Carbonsäurechlorid*, F. 106—108°, daraus mit Dimethylamin *5-(3'-Methoxypropyliden)-dibenzo-(a.d)-cyclohepta-1.4.6-trien-10-carbonsäuredimethylamid*, F. 111 bis 112°, daraus mit P_2S_5 das *Thioamid*, F. 184—185°; ähnlich folgende *5-(3'-Methoxypropyliden)-dibenzo-(a.d)-cyclohepta-1.4.6-trien-10-carbonsäure-R-Verb.*: *R = N-methyl-N-[picolyl-(2)]-amidhydrochlorid*, F. 103—105°, *2'-dimethylaminoäthylamid*, F. 118—119°, *dimethylamidinhydrochlorid*, F. 290—291°, *N-methyl-N-benzylamid*, F. 124 bis 126°, *diäthylamid*, F. 118—120°, *methylamid*, F. 178 bis 180° sowie das *amid*, F. 164—166°; ferner noch beschrieben die Herst. von: *5-(3'-Methoxypropyliden)-10-[4'-(2''-hydroxyäthyl)-piperazinocarbonyl)-dibenzo-(a.d)-cyclohepta-1.4.6-trien*, F. 210—213°, *5-(3'-Methoxypropyliden)-dibenzo-(a.d)-cyclohepta-1.4.6-triennitril*, F. 92—94°, *5-(3'-Chlorpropyliden)-dibenzo-(a.d)-cyclohepta-1.4.6-trien-10-carbonsäuredimethylamid*, F. 141—143°, *5-Hydroxy-5-(3'-äthoxypropyl)-10-bromdibenzo-(a.d)-cyclohepta-1.4.6-trien*, F. 68—72°, daraus die *3'-Äthoxypropylidenverb.*, F. 92—95°, daraus die *10-Carbonsäure*, F. 110—115°, das *10-Carbonsäuredimethylamid*, F. 123—124°; *5-(3'-Methoxypropyliden)-dibenzo-(a.d)-cyclohepta-1.4.6-trien-10-carbonsäuremethylester*, F. 87—88°, *5-(3'-Methoxypropyliden)-10-[4'-(4''-chlorbenzyl)-piperazinocarbonyl]-dibenzo-(a.d)-cyclohepta-1.4.6-trien*, F. 163—164°. — *Heilmittel.* (**Brit. P. 1 077 151** vom 16/2. 1965 ,ausg. 26/7. 1967. Schwz. Prior. 18/2. 1964.) — 11 S.

R. Bollinger 4846

1366 E. I. du Pont de Nemours & Co., Wilmington, Del., USA, **Substituierte Bicyclo[2.2.2]-octane**, die in 1-Stellung durch H oder Alkyl, in 2-Stellung durch $-N=CHC_6H_5$, durch N-haltiges Cycloalkyl, NRR^1, Alkoxy, NH_2, NHR^2 oder NR^2R^3 (R = H oder ggf. durch OH substituiertes Alkyl; R^1 = R, Cl, Br, —CHO, CH_2COOH, CH_2COOCH_3 oder $CH_2COOC_2H_5$; R^2 u. R^3 = Alkyl) substituiert sind. — Perchlorcumalin gibt mit C_2H_4 bei 1000 at u. 170° *1.2.3.4-Tetrachlorbicyclo-[2.2.2]-octen-(2)*, F. 95,5—96°; daraus durch Hydrierung das *1.4-Dichlor*-Deriv., $C_8H_{12}Cl_2$, F. 233,5—234,5°; daraus durch Rk. mit Cu_2O u. Fe in W. bei 215° die *1.4-Dihydroxyverb.*, $C_8H_{14}O_2$, F. 282—283°; daraus durch Rk. mit HJ u. anschließend mit NH_3 *1-Aminobicyclo-[2.2.2]-octan*, $C_8H_{15}N$, $Kp._{200}$ 120—121°; ferner *1-Methyl-4-isopropylbicyclo-[2.2.2]-octen-(2)*, $C_{12}H_{20}$, $Kp._{25}$ 92—94°; daraus durch Hydrierung das *Octanderiv.*, $C_{12}H_{22}$, $Kp._{19}$ 88 bis 89°, *4-Methylbicyclo-[2.2.2]-octan-1-carbonsäure*, $C_{10} \cdot H_{16}O_2$, F. 184,2—186°, *4-Methyl-1-aminobicyclo-[2.2.2]-octan*, $C_9H_{17}N$, $Kp._{75}$ 84°, *1-Methylbicyclo-[2.2.2]-octan-4-ol-2-on*, dessen *Hydrazon*, $C_9H_{15}N_2O$, F. 118—121° u. *1-Acetamido-4-methylbicyclo-[2.2.2]-octan*, F. 145,4—145,8° — Die Herst. ähnlicher Verb. ohne Angabe von Kennzahlen ist noch beschrieben. — *Heilmittel.* (**Brit. P. 1 054 092** vom 23/4. 1964, ausg. 4/1. 1967. U. S. Prior. 1/5. 1963.) — 15 S. R. Bollinger 4846

1367 E. I. du Pont de Nemours & Co., Wilmington, Del., USA, **Bicyclo(2.2.2)octan-1-methylaminderivate**, die in 1-Stellung durch die Gruppe $-CXYR^1$ u. in 4-Stellung durch R substituiert sind [R = H, Alkyl, X u. Y, gleich oder verschieden, bedeuten H, CH_3, C_2H_5, $R^1 = -NR^2R^3$, R^2 u. R^3, gleich oder verschieden, bedeuten H, Alkyl, Allyl] erhält man aus 4-Alkylbicyclo-(2.2.2)-octan-1-carbonsäureamid durch Red. mit $LiAlH_4$. Die α-Alkylverb. erhält man aus einem Bicyclo-(2.2.2)-octyl-1-alkylketoxims durch Rk. mit $LiAlH_4$ u. die α.α-Dialkylverb. aus einem α.α-Dialkylbicyclo-(2.2.2)-octan-1-methanol durch Rk. mit CH_3CN u. H_2SO_4 u. Verseifung der entstehenden N-Acetyl-Verbindung. Die Alkylamine erhält man aus den Aminen durch Acylierung u. anschließende Red. mit $LiAlH_4$. — Aus 4-Methylbicyclo-(2.2.2)-octan-1-carbonsäure mit $SOCl_2$ das *Säurechlorid*, daraus mit NH_3 das *Säureamid*, $C_{10}H_{17}NO$, F. 190—192,5°, daraus durch Red. mit $LiAlH_4$ *4-Methylbicyclo-(2.2.2)-octan-1-methylaminhydrochlorid*, $C_{10}H_{20}ClN$. Diese Verb. auch aus dem Oxim des 4-Methylbicyclo-(2.2.2)-octyl-1-methylketons durch Red. mit $LiAlH_4$. Ferner beschrieben die Herst. von *α.4-Dimethylbicyclo(2.2.2)-octan-1-methylaminhydrochlorid*, $C_{11}H_2N \cdot HCl$, *α.α-Dimethylbicyclo(2.2.2)octan-1-methylaminhydrochlorid*, *N-Äthyl-α.α-dimethyl-1-bicyclo-(2.2.2)-octan-1-methylaminhydrochlorid*, *α-Äthylbicyclo-(2.2.2)-octan-1-methylaminhydrochlorid*, *N-Allyl-N-methyl-4-äthylbicyclo-(2.2.2)-octan-1-methylamin*. — *Heilmittel.* (**Brit. P. 1 079 592** vom 11/6. 1965, ausg. 16/8. 1967. U. S. Prior. 15/6. 1964.) — 10 S.

R. Bollinger 4846

1368 E. I. du Pont de Nemours & Co., Wilmington, Del., USA, **Bicyclo-(2.2.2)-octen-(2)-carbonsäure-(1) und deren Ester**, die ggf. durch Alkyl substituiert sind, erhält man aus dem entsprechend substituierten α-Pyron durch Rk. mit C_2H_4 bei 100—300° u. < 5000 at. — Aus 6-Methyl-α-pyron-3-carbonsäureäthylester mit C_2H_4 in Bzl. bei 3000 at u. 180°, → *4-Methylbicyclo-(2.2.2)octen-(2)-carbonsäureäthylester-(1)*, $C_{12}H_{18}O_2$, daraus durch Hydrierung der entsprechende *Octancarbonsäureester(1)*, F. 22,5 bis 23,5°, *freie Säure*, F. 194—195°; ähnlich folgende *4-R-bicyclo-(2.2.2)-octen-(2)-carbonsäureäthylester-(1)*: R = *Äthyl-*, $Kp._{13}$ 120—130°, das *Octanderiv.*, *freie Säure*, F. 178,5—179,5°, *n-Propyl-*, $Kp._{2,2}$ 112°, *-octancarbonsäure-(1)*, $C_{12}H_{20}O_2$, F. 208—209°, *Isopropyl-*, $Kp._6$ 120 bis 122°, *-octancarbonsäure-(1)*, F. 210—212°, *n-Butyl-*, *-octancarbonsäure-(1)*, $C_{13}H_{22}O_2$, F. 158—158,5°, *tert.-Butyl-*, *-octancarbonsäure-(1)*, $C_{13}H_{22}O_2$, F. 281—282,5°, *Phenyl-*, F. 44—45,5°, *Methyl-* u. *4-Pyridyl-*. Ferner beschrieben die Herst. von *6-tert.-Butyl-α-pyron-3-carbonsäureäthylester*, $Kp._{0,25}$ 125°, *6-(4-Pyridyl)-α-pyron-3-carbonsäureäthylester*, F. 156—157°. — *Physiolog. Anwendung.* (**Brit. P. 1 066 005** vom 21/6. 1965, ausg. 19/4. 1967. U. S. Prior. 22/6. 1964, 2/6. u. 2/6. 1965.) — 7 S.

R. Bollinger 4846

1369 E. I. du Pont de Nemours & Co., Wilmington, Del., USA, **3-Amino-tricyclo-[4.3.1.1^{3,8}]-undecane** erhält man aus den entsprechenden Säureamiden durch Hofmannschen Abbau. Die alkylierten Amine erhält man durch Rk. des Amins mit einem Säurechlorid u. anschließende Red. mit $LiAlH_4$ oder durch Alkylierung des Amins. Die durch Br oder Cl substituierten Amine erhält man durch direkte Halogenierung der Amine. — Aus 3-Carboxytricyclo-[4.3.1.1^{3,8}]-undecan erhält man über das *Säureamid*, F. 180—181°, das *3-Amin*, $C_{11}H_{19}N$, F. 205—206,5°; das *3-Methylurethan*, F. 104—106°; ferner ist noch beschrieben die Herst. von *3-N-Methylaminotricyclo-[4.3.1.-1^{3,8}]-undecanhydrochlorid*, $C_{12}H_{22}ClN$, F. 225—226°, das *3-N-Äthyl-Deriv.*, $C_{13}H_{24}ClN$ u. des *3-Formamido-Deriv.*, F. 158—160°. — *Heilmittel.* (**Brit. P. 1 054 275** vom 23/4. 1964, ausg. 11/1. 1967. U. S. Prior. 1/5. 1963.) — 11 S.

R. Bollinger 4846

1370 Imperial Chemical Industries Ltd., London, Großbritannien (Erfinder: Ralph Howe), **Linksdrehende Propanolaminderivate** erhält man durch Auflsg. des rac. Deriv. in einer opt. akt. Säure, Abtrennung des Salzes u. Freisetzung der Base. Genannt werden: (—)-1-Isopropylamino-3-[1-naphthoxy]-2-propanol-(—)-Hydrogen-O.O-di-p-toluoyltartrat, Hydrat, F. 166 bis 167°; $[\alpha]_D^{21}$ — 89°, → (—)-*1-Isopropylamino-3-[1-naphthoxy]-2-propanol*, F. 73°; $[\alpha]_D^{21}$ —10,2°, *Hydrochlorid*, F. 192°; $[\alpha]_D^{21}$ —22,7°; (—)-1-Isopropylamino-3-[3-tolyloxy)-2-propanol, (—)-Hydrogen-O.O-di-p-toluoyltartrat, F. 164°; $[\alpha]_D^{20}$ — 95,2°, → (—)-*1-Isopropylamino-3-[3-tolyloxy]-2-propanol*, F. 55°; $[\alpha]_D^{20}$ — 9,9°, *Hydrochlorid*, F. 119°; $[\alpha]_D^{20}$ — 27,4°; (—)-*1-[3.5-Dimethylphenoxy]-3-[1.1-dimethyl-3-phenylpropylamino]-2-propanol*, (+)-Hydrogen-O.O-di-p-toluoyltartrat, F. 168—169° (Zers.); $[\alpha]_D^{20}$ + 68,8°, *Hydrochlorid*, F. 142—144°; $[\alpha]_D^{20}$ — 15,2°; (—)-*1-Allylamino-3-[1-naphthoxy]-2-propanol*, F. 62 bis 63,5°; $[\alpha]_D^{20}$ — 6,1° (—)-Hydrogen-O.O-di-p-toluoyltartrat, F. 169,5°; $[\alpha]_D^{20}$ — 97°; (—)-*1-tert.-Butylamino-3-[4-methyl-1-naphthoxy]-2-propanol*, (+)-Hydrogen-O.O-di-p-toluoyltartrat, F. 196—197° (Zers.), $[\alpha]_D^{20}$ + 34,4°, *Hydrochlorid*, F. 170—171°; $[\alpha]_D^{20}$ — 6,7°; (—)-*1-[2-Hydroxy-1.1-dimethyläthylamino]-3-[2-phenoxyphenoxy]-2-propanol*, F. 114°; $[\alpha]_D^{20}$ — 9,8°, (+)-Hydrogentartrat, F. 146

bis 148°; $[\alpha]_D^{20}$ −9,6°. — *β-Adrenerg. Blockmittel.* (**Brit. P. 1 069 343** vom 10/9. 1963, ausg. 17/5. 1967.) — 7 S. R. Bauereis 4846

1371 J. R. Geigy Akt.-Ges., Basel (Erfinder: Herbert Schröter, Reinach, und Daniel Prins, Riehen), Schweiz, **Herstellung von Äthanoanthracenderivaten** der allg. Formel I (X u. Y = H, F, Cl oder Alkyl; Z = H

I 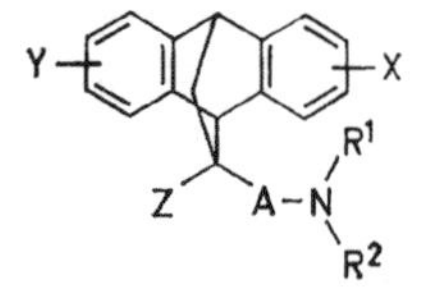

oder Alkyl; A = Alkylen oder Alkyliden C_{1-5}; R^1 = Alkyl; R^2 = H oder Alkyl, bzw. R^1 u. R^2 zusammen mit N u. ggf. unter Einschluß von O, NH<, einer Alkylimino-, Hydroxyalkylimino- oder Alkanoyloxyalkyliminogruppe gesätt. heterocycl. Rest . mit 5—7 Ringgliedern) erhält man durch Red. einer entsprechenden Verb. mit den Gruppen A′, $R^{1\prime}$ u. $R^{2\prime}$ statt A, R^1 u. R^2 (A′, $R^{1\prime}$, $R^{2\prime}$ = A, R^1 u. R^2, wobei jedoch in ≧ 1 dieser Gruppen A′, $R^{1\prime}$ u. $R^{2\prime}$ eine an N gebundene CH_2-Gruppe durch eine CO-Gruppe ersetzt ist, oder $R^{1\prime}$ eine niedere Alkoxycarbonylgruppe ist u. A′ u. $R^{2\prime}$ die Bedeutung von A bzw. R^2 haben) mit $LiAlH_4$ in einem organ. Lsgm.; die Hydroxyalkyliminogruppe kann acyliert werden. — Aus 11-Aminomethyl-9.10-dihydro-9.10-äthanoanthracen u. sd. HCO_2CH_3 → *11-Formylaminomethyl-9.10-dihydro-9.10-äthanoanthracen,* F. 127—128°; daraus mit $LiAlH_4$ in sd. THF/Ä. → *11-Methylaminomethyl-9.10-dihydro-9.10-äthanoanthracen, Hydrochlorid,* F. 309 bis 311° (Zers.); ferner die *Hydrochloride* folgender *-9.10-dihydro-9.10-äthanoanthracenderivate: 11-Methylaminomethyl-11-methyl-,* F. 179—181°; *4-Chlor-11-methylaminomethyl-,* F. 280—283°; *1-Chlor-11-methylaminomethyl-,* F. 287—292°; *11-Morpholinomethyl-,* F. 266—268°; *11-Diäthylaminomethyl-,* F. 244—247°; *11-[1′-Methylaminoäthyl]-,* F. 258—260°; *11-[2′-Diäthylaminoäthyl]-,* F. 221—223°; *11-[3′-Dimethylaminopropyl]-,* F. 191 bis 192°; ferner: *4-[9′.10′-Dihydro-9′.10′-äthanoanthracen-11′-yl-methyl]-piperazin-1-äthanoldihydrochlorid,* F. 268—270° im zugeschmolzenen Kapillarrohr; *4-[9′.10′-Dihydro-9′.10′-äthanoanthracen-11′-yl-methyl]-1-[β-acetoxyäthyl]-piperazindihydrochlorid,* F. 250—254°; weitere Beispiele. — *Antagonisten* für *Reserpin, Tetrabenazin* u. *Tremorin; Verstärker* für *Noradrenalin; Spasmolytika.* (**Schwz. P. 426 788** vom 21/10. 1963, ausg. 30/6. 1967.) — 7 S. H. Roos 4846

1372 J. R. Geigy Akt.-Ges., Basel (Erfinder: Herbert Schröter, Reinach, und Daniel Prins, Riehen), Schweiz, **Herstellung von Äthanoanthracenderivaten** der allg. Formel I (X u. Y = H, F, Cl oder Alkyl; Z = H oder

I 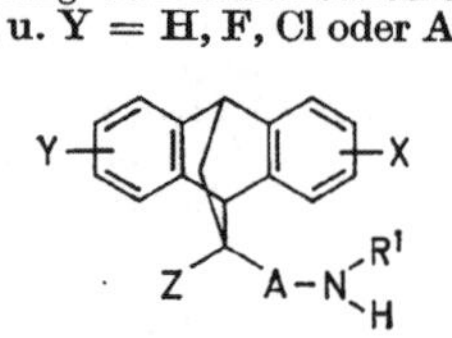

Alkyl; A = Alkylen- oder Alkyliden C_{1-5}; R^1 = Alkyl) durch Hydrolyse einer Verb. der Formel I, in der das H der Aminogruppe durch den Rest $-COR^2$ (R^2 = Alkyl, Alkoxy, C_6H_5) ersetzt ist. — Aus 11-Dimethylaminomethyl-9.10-dihydro-9.10-äthanoanthracen u. HCO_2CH_3 in sd. Bzl. → *11-[N-Carbäthoxy-N-methylamino]-methyl-9.10-dihydro-9.10-äthanoanthracen* (Öl); gibt mit KOH in sd. Carbitol → *11-Methylaminomethyl-9.10-dihydro-9.10-äthanoanthracen, Hydrochlorid,* F. 309—311°. — *Antagonisten* für *Reserpin, Tetrabenazin* u. *Tremorin; Verstärker* für *Noradrenalin; Spasmolytika.* (**Schwz. P. 426 789** vom 21/10. 1963, ausg. 30/6. 1967.) — 3 S. H. Roos 4846

1373 Upjohn Co., Kalamazoo, Mich., USA, **Spiro-[5-norbornen-2.2′-thietan]-1′.1′-dioxid-Derivate** erhält man durch Rk. eines Norbornenenamins mit einem Methansulfonylchlorid. — Beispiel: Durch Rk. von 5-Norbornen-2-carboxaldehyd mit N-Methylpiperazin erhält man das Enamin des N-Methylpiperazin u. 5-Norbornen-2-carboxaldehyds, $Kp._{16}$ 140—145°; Ausb. 76,5%. Durch Rk. dieses Enamins mit Methansulfonylchlorid erhält man das *3′-[4-Methyl-1-piperazinyl]-spiro-[5-norbornen-2.2′-thietan]-1′.1′-dioxid,* F. 162—164°, $C_{14}H_{22} \cdot N_2O_2S$, Ausb. 45,2%. Durch Hydrierung dieser Verb. in Ggw. von Adams-Platinoxid-Katalysator erhält man das *3′-[4-Methyl-1-piperazinyl]-spiro-[norbornan-2.2′-thietan]-1′.1′-dioxid, Hydrochlorid,* F. 273° (Zers.), $C_{14}H_{25}ClN_2O_2S$, 100%, u. durch Rk. mit Methyl-p-toluolsulfonat das *1.1-Dimethyl-4-{spiro-[5-norbornen-2.2′-thietan]-3′-yl}-piperazinium, p-Toluolsulfonat, 1′.1′-dioxid, Monohydrat,* F. 136° (Zers.), $C_{22}H_{34}N_2O_6S_2$; 96%. Analog wurden folgende Spiro-[5-norbornen-2.2′-thietan]-1′.1′-dioxide (I) u. Spiro-[norbornan-2.2′-thietan]-1′.1′-dioxide (II) erhalten: Enamin aus Morpholin u. 5-Norbornen-2-carboxaldehyd, $Kp._{14}$ 132—135°; 81,2%, → *3′-Morpholino-***I**, F. 118—121°, $C_{13}H_{19}NO_3S$; 76,6%. — *Hydrochlorid,* F. 225—226° (Zers.), *p-Toluolsulfonat,* F. 217—218°, → *4-Methyl-4-{spiro-[5-norbornen-2.2′-thietan]-3′-yl}-morpholinium, p-Toluolsulfonat, 1′.1′-dioxid,* F. 244° (Zers.), $C_{21}H_{29}NO_6S_2$, *3′-Morpholino-***II**, *Hydrochlorid,* F. 241 bis 242° (Zers.), $C_{13}H_{22}ClNO_3S$; 98,3%; *4′-Chlor-3′-morpholin-***I**, Isomer A, F. 162—164°, Isomer B, F. 125 bis 126°, $C_{13}H_{18}ClNO_3S$; 48,7%; Enamin aus Pyrrolidin u. 5-Norbornen-2-carboxaldehyd, $Kp._{15}$ 116—121°, → *3′-[1-Pyrrolidinyl]-***I**, *Hydrochlorid,* F. 238° (Zers.); $C_{13}H_{20} \cdot ClNO_2S$; 63,5%; → *3′-[1-Pyrrolidinyl]-***II**, *Hydrochlorid,* F. 233—234°, $C_{13}H_{22}ClNO_2S$, 88%; Enamin aus Hexahydroazepin u. 5-Norbornen-2-carboxaldehyd, $Kp._{16}$ 138 bis 144°, → *3′-[1-Hexahydroazepinyl]-***I**, *Hydrochlorid,* F. 221° (Zers.), $C_{15}H_{24}ClNO_2S$; 69%, → *3′-[1-Hexahydroazepinyl]-***II**, *Hydrochlorid,* F. 241° (Zers.), $C_{15}H_{26}ClNO_2S$, 100%; Enamin aus 2.2-Dimethylpyrrolidin u. 5-Norbornen-2-carboxaldehyd, $Kp._1$ 94—98°, → *3′-[2.2-Dimethyl-1-pyrrolidinyl]-***I**, *Hydrochlorid,* F. 234° (Zers.), $C_{15}H_{24}ClNO_2S$, 59,8%, → *3′-[2.2-Dimethyl-1-pyrrodinyl]-***II**, *Hydrochlorid,* F. 235° (Zers.); 100%; Enamin aus 2.5-Dimethylpyrrolidin u. 5-Norbornen-2-carboxaldehyd, $Kp._{0,4}$ 68—70°; → *3′-[2.5-Dimethyl-1-pyrrolidinyl]-***I**, F. 102—104°, $C_{15}H_{23}NO_2S$, *Hydrochlorid,* F. 207—209° (Zers. → *3′[2.5-Dimethyl-1-pyrrolidinyl]-***II**, *Hydrochlorid,* F. 235 bis 236° (Zers.), $C_{15}H_{26}ClNO_2S$; Enamin aus Piperidin u. 5-Norbornen-2-carboxaldehyd, $Kp._{11}$ 126—129°, → *3′-Piperidino-***I**, *Hydrochlorid,* F. 243° (Zers.), $C_{14}H_{22}ClNO_2S$, → *3′-Piperidino-***II**, *Hydrochlorid,* F. 245° (Zers.); $C_{14}H_{24} \cdot ClNO_2S$. — *Antiphlogistika, Sedativa.* (**Brit. P. 1 070 205** vom 13/8. 1964, ausg. 1/6. 1967. U. S. Prior. 13/9. u. 16/10. 1963.) — 11 S. R. Bauereis 4846

1374 Arthur Smeets, Anvers, Belgien (Erfinder: Antonio Esteve, Barcelona, Spanien), **Herstellung von löslichen Nitrofuranderivaten,** die eine bas. N-Gruppe enthalten, erfolgt durch Salzbldg. einer derartigen Verb. mit einer zweibas. aliphat. oder aromat. Säure. — Genannt wird das *Bitartrat von 5-[4-Morpholinomethyl]-3-[5-nitro-2-furfurylidenamino]-2-oxazolidinon,* F. 173°. — *Arzneimittel.* (**Schwz. P. 440 319** vom 24/5. 1965, ausg. 29/12. 1967.) — 2 S. R. Bauereis 4846

1375 Lipha Lyonnaise Industrielle Pharmaceutique, Lyon, Frankreich, **Basische Ester der Naphthyltetrahydrofuryl-isobuttersäure** erhält man durch Rk. von β-[1-Naphthyl]-β′-[tetrahydrofur-2-yl]-isobuttersäure (I) mit einem Halogen- oder Hydroxyalkylamin. — Beispiel: Rk. von I mit *N-[β-Chloräthyl]-pyrrolidin → 2-Pyrrolidinoäthyl-β-[1-naphthyl]-β′-[tetrahydrofur-2-yl]-isobutyrat,* $Kp._{1,36}$ 214—215°, Hydrogenoxalat, F. 117—119°, $C_{26} \cdot H_{33}NO_7$. Analog: *3-Diäthylaminopropyl-β-[1-naphthyl]-β′-[tetrahydrofur-2-yl]-isobutyrat,* $Kp._{0,884}$ 178°, Ausb. 74%, Hydrogenoxalat, F. 42—44°. — *Antispasmodika, gefäßerweiternde Mittel, Lokalanästhetika, Antitussiva.* (**Brit. P. 1 085 876** vom 8/6. 1965, ausg. 4/10. 1967. F. Prior. 10/6. 1964. **Zusatz zu Brit. P. 1 022 033; C. 1967, 22-1717.**) — 3 S. R. Bauereis 4846

1376 Soc. Industrielle pour la Fabrication des Antibiotiques (S. I. F. A.), Paris, Frankreich, **Herstellung von Furyl- und Thienylmethylaminderivaten** erfolgt durch Rk. eines Furyl- oder Thienylaldehyds mit einem 1-Phenyl-2-aminopropan, Hydrierung u. ggf. Alkylierung des Produktes. — Beispiel: Rk. von 2-Furfuraldehyd mit D-1-Phenyl-2-aminopropan → *D-N-[α-Methyl-β-phenyläthyl]-N-furfurylidenamin*, $Kp._{0,1}$ 107—110°. Hydrierung dieser Verb. in Ggw. von PtO_2 → *D-N-[α-Methyl-β-phenyläthyl]-2-furylmethylamin*, $Kp._{0,1}$ 95—98°, Ausb. 84%, *Hydrochlorid*, F. 176—178°, $C_{14}H_{18}ClNO$, *Acetat*, F. 82—84°, $[\alpha]_D^{20}$ +22,1°, *Cyclohexylsulfamat*, F. 123—125°, $[\alpha]_D^{20}$ +15°. Analog: *D-N-Methyl-N-[α-methyl-β-phenyläthyl]-2-furylmethylamin*, $Kp._{0,1}$ 103—106°, $C_{15}H_{19}NO$, 70%, *Cyclohexylsulfamat*, F. 90—92°, $[\alpha]_D^{20}$ +12,7°; *D-N-[α-methyl-β-phenyläthyl]-2-furylmethylamin*, $Kp._{0,05}$ 90—92°, 78%; N-[α-Methyl-β-phenyläthyl]-N-furfurylidenamin, $Kp._{10}$ 152°, 94%. → *N-[α-Methyl-β-phenyläthyl]-2-furylmethylamin*, $Kp._{0,05}$ 106—108°, 90%, *Acetat*, F. 78—79°, $C_{16}H_{21}NO_3$; *N-Methyl-N-[α-methyl-β-phenyläthyl]-2-furylmethylamin*, $Kp._{0,1}$ 86—88°, 80%, *Cyclohexylsulfamat*, F. 113—114°, $C_{21}H_{32}N_2O_4S$; *D-N-[α-Methyl-β-phenyläthyl]-N-2-thenylidenamin*, F. 47°, 78,5%, → *D-N-[α-Methyl-β-phenyläthyl]-2-thienylmethylamin*, $Kp._{0,1}$ 109—110°, *Acetat*, F. 94—96°, $[\alpha]_D^{20}$ +32,2°, $C_{16}\cdot H_{21}NO_2S$; *D-N-Methyl-N-[α-methyl-β-phenyläthyl]-2-thienylmethylamin*, $Kp._{0,05}$ 112—114°, 91%, *Cyclohexylsulfamat*, F. 123°, $[\alpha]_D^{20}$ +25,7°, $C_{21}H_{32}N_2O_3S_2$; *D-N-[α-Methyl-β-phenyläthyl]-3-thienylmethylamin*, $Kp._{0,1}$ 115—117°, 91%, *Cyclohexylsulfamat*, F. 165°, $[\alpha]_D^{20}$ +16,4°, $C_{20}H_{30}\cdot N_2O_3S_2$; *D-N-Methyl-N-[α-methyl-β-phenyläthyl]-3-thienylmethylamin*, $Kp._{0,05}$ 110—112°, 85%, *Cyclohexylsulfamat*, F. 128—129°, $[\alpha]_D^{20}$ +14,1°, $C_{21}H_{32}N_2O_3S_2$. — *Appetitzügler*. (**Brit. P. 1 082 571** vom 5/1. 1965, ausg. 6/9. 1967. F. Prior. 15/1., 19/3. 15/4. u. 17/6. 1964.) — 9 S.

R. Bauereis 4846

1377 Chas. Pfizer & Co., Inc., New York, N.Y., USA, **N.N-Disubstituierte 2-Thienylalkanoylamidine** erhält man durch Ammonolyse eines 2-Thienylpropion- oder -acrylsäureimidoesters. — Beispiel: Durch Rk. von 2-Thiophencarboxaldehyd mit Cyanessigsäure erhält man das 3-[2-Thienyl]-acrylnitril, $Kp._{30}$ 154°, (Ausb.) 79%. Durch Hydrierung dieser Verb. in Ggw. von Pd/C erhält man das 3-[2-Thienyl]-propionitril, $Kp._{35}$ 156°, 72%. Durch Rk. des Nitrils mit A. u. HCl erhält man das 3-[2-Thienyl]-propionsäureimidäthylester, Hydrochlorid, F. 122—124°, 86%. Durch Rk. dieses Esters mit Dimethylamin erhält man das *N.N-Dimethyl-3-[2-thienyl]-propionamidin*, F. 175,5—177°, $C_9H_{13}N_2SCl$, (Hydrochlorid ?). — Analog wurden folgende 3-[2-Thienyl]-propionamidine (**I**), -acrylamidine (**II**) u. 3-[3-Thienyl]-acrylamidine (**III**) erhalten: 3-[3-Thienyl]-acrylonitril, $Kp._{14}$ 134°, 47%; *3*-[2-Thienylacrylsäureimidmethylester, Hydrochlorid, F. 124,8 bis 128°, 54,6%; *N-Äthyl-N-methyl-***II**, *Hydrochlorid*, F. 194—195°, $C_{10}H_{15}N_2SCl$; *N-Äthyl-N-methyl-***I**, *Sulfosalicylat*, F. 191—193°, $C_{17}H_{22}N_2O_6S_2$; *N-Allyl-N-methyl-***I**, *Fumarat*, F. 116—118°, $C_{15}H_{20}N_2O_4S$; *N-Methoxy-N-methyl-***I**, *Hydrochlorid*, F. 125—127°, $C_9H_{15}N_2OSCl$; *N-Methylamin-N-methyl-***I**, *Hydrochlorid*, F. 155—156°, $C_9\cdot H_{16}N_3SCl$; *N.N-Dimethyl-***II**, *Hydrochlorid*, F. 257—258° (Zers.), $C_9H_{13}N_2SCl$; *N-Methylamino-N-methyl-***II**, *Hexafluorphosphat*, F. 144—146°, $C_9H_{14}N_3PSF_6$; *N.N-Dimethyl-***III**, *Hexafluorphosphat*, F. 232—233°, $C_9H_{14}N_2PSF_6$; *N.N-Dimethyl-3-[3-methyl-2-thienyl]-propionamidin*, *Hydrochlorid*, F. 180—181°, $C_{10}H_{17}ClN_2S$; *N.N-Dimethyl-3-[3-methyl-2-thienyl]-acrylamidin*, *Hydrochlorid*, F. 244 bis 245°, $C_{10}H_{15}ClN_2S$. — *Anthelminthika*. (**Brit. P. 1 070 116** vom 27/4. 1966, ausg. 24/5. 1967. U. S. Prior. 17/5. u. 13/12. 1965.) — 14 S. R. Bauereis 4846

1378 Ravizza Soc. An., Lausanne, Schweiz, **Δ^3-Pyrrolin-Derivate** erhält man durch Rk. von Δ^3-Pyrrolin-2-carbonsäure (**I**) mit einem organ. Säurehalogenid oder einer aktivierten Aryloxyverbindung. Gennant werden: *N-[Isobutyryl]-***I**, F. 99—100°, $C_9H_{13}NO_3$; *N-[Trimethylacetyl]-***I**, F. 141—142°, $C_{10}H_{15}NO_3$; *N-[Phenylacetyl]-*, F. 148—150°, $C_{13}H_{13}NO_3$; *N-[Benzylacetyl]-***I**, F. 103 bis 104°, $C_{14}H_{15}NO_3$; *N-[1'-Naphthylacetyl]-***I**, F. 195—196°, $C_{17}H_{15}NO_3$; *N-[2'-Chlorbenzoyl]-***I**, F. 136—138°, $C_{12}H_{10}\cdot NO_3Cl$; *N-[4'-Chlorbenzoyl]-***I**, F. 184—185°, $C_{12}H_{10}NO_3\cdot Cl$; *N-[2'-Brombenzoyl]-***I**, F. 142—143°, $C_{12}H_{10}NO_3Br$; *N-[3'-Brombenzoyl]-***I**, F. 104—105°, $C_{12}H_{10}NO_3Br$; *N-[4'-Brombenzoyl]-***I**, F. 164—165°, $C_{12}H_{10}NO_3Br$; *N-[3'-Fluorbenzoyl]-***I**, F. 141—142°, $C_{12}H_{10}NO_3F$; *N-[4'-Fluorbenzoyl]-***I**, F. 165—166°, $C_{12}H_{10}NO_3F$; *N-[2'-Jodbenzoyl]-***I**, F. 130—131°, $C_{12}H_{10}NO_3J$; *N-[3'-Nitrobenzoyl]-***I**, F. 167 bis 168,5°, $C_{12}H_{10}N_2O_5$; *N-[4'-Nitrobenzoyl]-***I**, F. 167 bis 168°, $C_{12}H_{10}N_2O_5$; *N-[4'-Methylbenzoyl]-***I**, F. 178—179°, $C_{13}H_{13}NO_3$; *N-[4'-Trifluormethylbenzoyl]-***I**, F. 156—157°, $C_{13}H_{10}NO_3F_3$; *N-[4'-Methoxybenzoyl]-***I**, F. 133—134°, $C_{13}H_{13}NO_4$; *N-[4'-Isopropylbenzoyl]-***I**, F. 108—109°, $C_{15}\cdot H_{17}NO_3$; *N-[4'-tert.-Butylbenzoyl]-***I**, F. 166—167°, $C_{16}H_{19}\cdot NO_3$; *N-[4'-Dimethylaminobenzoyl]-***I**, F. 240—241°, $C_{14}\cdot H_{16}N_2O_3$; *N-[2'-Acetylbenzoyl]-***I**, F. 183—184°, $C_{14}H_{13}NO_4$; *N-[2'-Acetoxybenzoyl]-***I**, F. 117—118°, $C_{14}H_{13}O_5N$; *N-[4'-Biphenylcarbonyl]-***I**, F. 149—150°, $C_{18}H_{15}NO$; *N-[2'.4'-Dichlorbenzoyl]-***I**, F. 139—140°, $C_{12}H_9O_3NCl_2$; *N-[2'-Chlor-5'-nitrobenzoyl]-***I**, F. 229—239°, $C_{12}H_9O_5N_2Cl$; *N-[3'.5'-Dinitrobenzoyl]-***I**, F. 199—200°, $C_{12}H_9O_7N_3$; *N-[3'.5'-Dimethylbenzoyl]-***I**, F. 118—119°, $C_{14}H_{15}NO_3$; *N-[3'-Methoxy-4'-methylbenzoyl]-***I**, F. 128—129°, $C_{14}H_{15}O_4N$; *N-[3'-Methoxy-4'-acetoxybenzoyl]-***I**, F. 151—152°, $C_{15}H_{15}\cdot NO_6$; *N-[3'.4'.5'-Trimethoxybenzoyl]-***I**, F. 138—139°, $C_{15}\cdot H_{17}NO_6$; *N-[3'.4'.5'-Triäthoxybenzoyl]-***I**, F. 104—105°, $C_{18}H_{23}NO_6$; *N-[1'-Naphthoyl]-***I**, F. 222—223°, $C_{16}H_{13}O_3N$; *N-[2'-Naphthoyl]-***I**, F. 125—126°, (Zers.), $C_{16}H_{13}O_3N$; *N-[2'-Pyrroyl]-***I**, F. 165—166°, $C_{10}H_{10}ON_2$; *N-[2'-Furoyl]-***I**, F. 115—116°, $C_{10}H_9NO_4$; *N-[5'-Nitro-2'-furoyl]-***I**, F. 202—203° (Zers.), $C_{10}H_8N_2O_6$; *N-[2'-Thenoyl]-***I**, F. 182 bis 183°, $C_{10}H_9O_3NS$. — *Antiphlogistika, Antipyretika*. (**Brit. P. 1 072 710** vom 12/8. 1964, ausg. 21/6. 1967.) — 10 S. R. Bauereis 4846

1379 Parke, Davis & Co., Detroit, Mich., USA (Erfinder: John Frederick Cavalla, Isleworth, Middlesex, Großbritannien), **Herstellung von Phenylpyrrolidinen** der allg. Formel **I** (R = H, niedrigmol. Alkyl, niedrigmol.

I 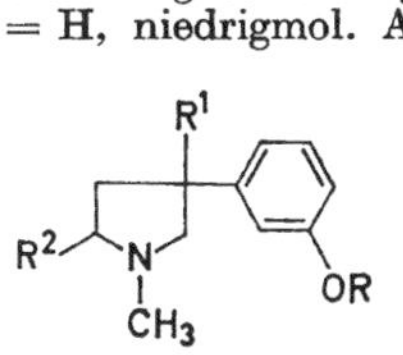

Alkanoyl; $R^1 = C_2—C_4$-Alkyl; R^2 = H, $C_1—C_2$-Alkyl) erfolgt durch Cyclisierung eines entsprechenden Halogenamins (Schwz. P. 435 281) oder durch Cyclisierung eines Aminonitrils durch Hydrierung in Ggw. eines Hydrierungskatalysators (Schwz. P. 435 280). Durch Alkalisieren einer wss. Lsg. von 3-[m-Methoxyphenyl]-3-methylaminomethylhexylchloridhydrochlorid u. Erwärmen erhält man das *1-Methyl-3-[m-methoxyphenyl]-3-propylpyrrolidin* (**II**), $Kp._1$ 119—121°; *Hydrochlorid*, F. 133—135°; (−)-**II**, (−)-Di-p-toluyl-L-(+)-tartrat, F. 134°; $[\alpha]_D^{21,5}$ −90°, → (−)-**II**, $Kp._1$ 120°; $[\alpha]_D^{21,5}$ −19,8°. (+)-Di-p-toluyl-D-(−)-tartrat von (+)-**II**, F. 134°; $[\alpha]_D^{26}$ +89,7°, → (+)-**II**, $Kp._{0,9}$ 120°; $[\alpha]_D^{26}$ +16,5°. Analog: *1.5-Dimethyl-3-[m-methoxyphenyl]-3-propylpyrrolidin*, $Kp._{0,4}$ 114—118°. — **II** erhält man durch Hydrierung von α-[m-Methoxyphenyl]-α-[β-benzylmethylaminoäthyl] valeronitril in Ggw. von Pd auf Kohle. — *Analgetika*. (**Schwz. PP. 435 280** u. **435 281** vom 19/6. 1962, ausg. 31/10. 1967.) — 3 S. — 3 S. R. Bauereis 4846

1380 Ciba Soc. An., Schweiz (Erfinder: Charles Ferdinand Huebner), **Gewinnung von basischen Ketonen**, bes. von *l-α-[Pyrrolidinomethyl]-valerophenon* [**I**; $[\alpha]_D^{25}$ = −5,68 (A.)], durch Racematspaltung aus α-[Pyrrolidinomethyl]-valerophenon [$Kp._{0,7}$ 132—136°; aus Valerophenon, Pyrrolidinhydrochlorid u. Paraformaldehyd durch 12std. Kochen in A. in Ggw. von konz. HCl] unter diastereomerer Salzbldg. mit l-O.O'-Dibenzoylweinsäure [**II**; $[\alpha]_D^{25}$ = −110,92 (CH_3OH)] in Aceton (21 Std. bei Raumtemp.): **I**-*l-O.O'-Dibenzoyltartrat*, F. 98 bis 107° (CH_3OH/W.); $[\alpha]_D^{25}$ = −76,28 (CH_3OH). Daraus **I** durch Suspendieren in CH_3OH, Alkalisieren mit NH_4OH, Ae.-Extraktion u. Aufarbeiten. **I**-*Hydrochlorid*, F. 142 bis 145°; $[\alpha]_D^{25}$ −18,12 (CH_3OH). Statt **II** können die opt. akt. Stereoisomeren der Di-O.O'-[o-toluyl]-weinsäure, Äpfelsäure, Mandelsäure, Camphersulfonsäure-(10) oder Chinasäure eingesetzt werden. — **I** kann ferner erhalten werden durch Umsetzung eines l-α-[X-Methyl]-valerophenons (X = Cl, Br oder Toluolsulfonyloxygruppe) mit Pyrrolidin oder einem Salz davon oder durch Rk. einer Verb. C_6H_5Me bzw. C_6H_5MeX (Me = Alkalimetall bzw.

MeX = Erdalkalimetallhalogenid) mit einem l-[2-Carbamyl-n-pentyl]-pyrrolidin oder durch Ox. von l-1-Phenyl-2-[pyrrolidinomethyl]-pentanol mit CrO_3 oder Al-tert.-butylat. — *Heilmittel.* (**F. P. 89 312** vom 9/9. 1965, veröff. 9/6. 1967. U. S. Prior. 14/9. 1964. **Zusatz zu F. P. 1 347 850.**) — 4 S. Eberhard Riedel 4846

1381 Merck & Co., Inc., Rahway, N.J., USA, **Indolylcarbonsäureanhydride** erhält man durch Rk. von [1-Acyl-3-indolyl]-essigsäuren mit Carbodiimid. Genannt werden: *α-[1-p-Methylthiobenzoyl-2-methyl-5-methoxy-3-indolyl]-propionsäureanhydrid, α-[1-p-Chlorbenzoyl-2-methyl-5-methoxy-3-indolyl]-propionsäureanhydrid, α-[1-Chlorbenzoyl-2-methyl-5-methoxy-3-indolyl]-essigsäureanhydrid, α-[1-p-Chlorbenzoyl-2-methyl-5-dimethylamino-3-indolyl]-propionsäureanhydrid, [1-p-Chlorbenzoyl-2-methyl-5-dimethylamino-3-indolyl]-essigsäureanhydrid. Antiphlogistika.* (**Brit. P. 1 069 775** vom 8/6. 1964, ausg. 24/5. 1967. U. S. Prior. 11/6., 22/7., 20/9., 20/9., 7/10., 4/11., 4/11. u. 6/11. 1963.) — 14 S. R. Bauereis 4846

1382 Merck & Co., Inc., Rahway, N.J., USA, **Indolin-Derivate** erhält man durch Acylierung entsprechender 3-Indolinylalkansäuren. Als Beispiele werden genannt: *β-[1-p-Chlorbenzoyl-2.3-dihydro-3-indolyl]-propionsäure,* F. 126—127,5°; *β-[1-p-Methylbenzoyl-2.3-dihydro-3-indolyl]-propionsäure,* F. 139—140°, Methylester, F. 93,5—96°; *β-[1-m-Methylbenzoyl-2.3-dihydro-3-indolyl]-propionsäure,* F. 130—132°; *β-[1-m-Methoxybenzoyl-2.3-dihydro-3-indolyl]-propionsäure,* F. 149—151°; *β-[1-p-Methoxybenzoyl-2.3-dihydro-3-indolyl]-propionsäure,* F. 147—149°; *β-[1-m-Chlorbenzoyl-2.3-dihydro-3-indolyl]-propionsäure,* F. 120 bis 121°; *β-[1-o-Fluorbenzoyl-2.3-dihydro-3-indolyl]-propionsäure,* F. 98—100°; *β-[1-m-Fluorbenzoyl-2.3-dihydro-3-indolyl]-propionsäure,* F. 147—148°; *β-[1-p-Fluorbenzoyl-2.3-dihydro-3-indolyl]-propionsäure,* F. 143—144°; *β-[1-Cinnamoyl-2.3-dihydro-3-indolyl]-propionsäure,* F. 164—165°; *β-[1-α-Thenoyl-2.3-dihydro-3-indolyl]-propionsäure,* F. 154,5—155°. — *Antiphlogistika, Antipyretika.* (**Brit. P. 1 070 404** vom 15/5. 1964, ausg. 1/6. 1967. U. S. Prior. 20/5. 1963.) — 11 S. R. Bauereis 4846

1383 A/B Astra, Apotekarnes Kemiska Fabriker, Södertälje, Schweden, **N-[4-Amino-2-butinyl]-cyclische Imide** erhält man durch Rk. eines cycl. N-Propargylimids mit CH_2O u. einem Amin. — Beispiel: Durch Rk. von Succinimid mit Propargylbromid erhält man das *N-Propargylsuccinimid,* $Kp._1$ 120°, F. 51—52°, Ausb. 85%. Durch Rk. dieser Verb. mit CH_2O u. Äthylamin in Ggw. von CuCl erhält man das *N-[4-Diäthylamino-2-butinyl]-succinimid, Hydrochlorid,* F. 183—184°. Analog wurden erhalten: *N-[4-Pyrrolidino-2-butinyl]-succinimid,* F. 91—92°; *N-[4-Piperidino-2-butinyl]-succinimid,* F. 76 bis 77°; N-Propargylglutarimid, F. 41—42°, $Kp._{0,5}$ 113 bis 116°, → *N-[4-Diäthylamino-2-butinyl]-glutarimid,* $Kp._1$ 165°; *N-Propargyl-α-methylsuccinimid,* $Kp._3$ 110—115°, → *N-[4-Diäthylamino-2-butinyl]-α-methylsuccinimid,* $Kp._2$ 150—160°. — *Antiparkinsonmittel.* (**Brit. P. 1 079 467** vom 17/6. 1965, ausg. 16/8. 1967. Schwed. Prior. 3/7. 1964.) — 3 S. R. Bauereis 4846

1384 Benger Laboratories Ltd., Holmes Chapel, Cheshire, Großbritannien (Erfinder: Colin Fitzmaurice und George Harry Lord), **Substituierte Imidazole** der allg. Formel **I** bzw. **Ia** (R^1 = H oder C_{1-10}-Alkyl, R^2 = H,

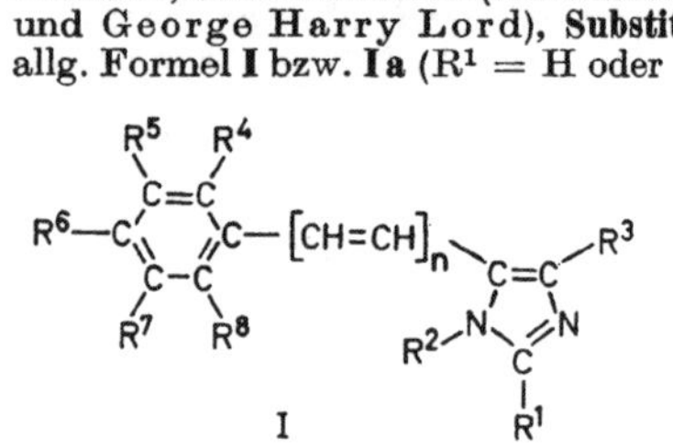

I

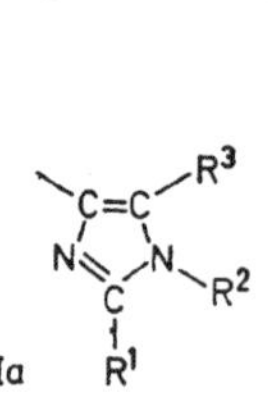

Ia

C_{1-10}-Alkyl-, Hydroxyalkyl-, ggf. veresterte Carboxyalkyl-, Dialkylaminoalkyl-, Cyanoalkyl- oder Pyridyläthylgruppe, R^3 = H oder NO_2, R^4, R^5, R^6, R^7 u. R^8 = H, Halogen, NH_2, NO_2, Phenyl- oder Acylaminogruppe, wobei ≦ 4 der R^4—R^8 = H u. nur 1 = NO_2, NH_2, Acylamino- oder Phenylgruppe, n = 0 oder 1). Verb., in denen R^1, R^2 u. R^3 = H, erhält man durch Rk. eines entsprechend substituierten Phenacylhalogenids mit Formamid (**II**), solche, in denen R′ = Alkyl, R^2 u. R^3 = H, durch Rk. eines entsprechend substituierten Phenacylalkohols oder einfachen Esters mit einem Aldehyd u. NH_3. Die erhaltenen Verb. können nachträglich nitriert oder durch R^2 substituiert werden. — 4 (g) 3.4-Dichlorphenacylchlorid u. 25 ml **II** werden 2 Std. gekocht → *4[5]-[3.4-Dichlorphenyl]-***A** (**VIII**), (A = Imidazol), F. 180,5—181,5°, das mit HNO_3 nitriert wird → *4[5]-[3.4-Dichlorphenyl]-5[4]-nitro-A* (**III**), $C_9H_5Cl_2N_3O_2$, F. 302 bis 303°. — 3,7 p-Chlorphenyl-5[4]-nitro-A, 1,4 K_2CO_3 u. 2,5 CH_3J werden in Aceton (**IV**) 4 Std. gekocht → *5-p-Chlorphenyl-1-methyl-4-nitro-***A**, F. 238—240°, $C_{10}H_8ClN_3 \cdot O_2$. — Analog: *4-p-Bromphenyl-1-methyl-5-nitro-A,* $C_{10} \cdot H_8BrN_3O_2$, F. 99°. — *4-[3.4-Dichlorphenyl]-1-β-hydroxyäthyl-5-nitro-A,* $C_{11}H_9Cl_2N_3O_3$, F. 102—103°, aus **III**, β-Bromäthanol u. K_2CO_3 (**V**) in **IV** durch 72std. Kochen. — *5-[3.4-Dichlorphenyl]-1-äthoxycarbonylmethyl-4-nitro-A,* $C_{13}H_{11}Cl_2N_3O_4$, F. 139—140°, u. *4-[3.4-Dichlorphenyl]-1-äthoxycarbonylmethyl-5-nitro-A,* F. 113—113,5°, aus **III**, Äthylbromacetat u. **V** in **IV** durch 60std. Kochen. — *5-[3.4-Dichlorphenyl]-1-[2-diäthylaminoäthyl]-4-nitro-A,* $C_{15}H_{18}Cl_2N_4O_2$, *Dihydrochlorid,* F. 180—184°, u. *4-[3.4-Dichlorphenyl]-1-[2-diäthylaminoäthyl]-5-nitro-A,* F. 48,5 bis 49,5°, aus **III**, Diäthylaminoäthylchloridhydrochlorid u. **V**. — *4[5]-p-Chlorphenyl-2-methyl-A,* $C_{10}H_9ClN_2$, F. 172 bis 174°, aus p-Chlorphenacylacetat, Acetaldehyd u. Cu-Acetat; durch Nitrieren → *4[5]-p-Chlorphenyl-2-methyl-5[4]-nitro-A* (**VI**), $C_{10}H_8N_3ClO_2$, F. 263—266°, wird dieses Prod. mit Dimethylsulfat 1 Std. auf 100° erhitzt → *4-p-Chlorphenyl-1.2-dimethyl-5-nitro-A,* $C_{11}H_{10}ClN_3O_2$, F. 145 bis 147°. — *5-p-Chlorphenyl-1.2-dimethyl-4-nitro-A,* $C_{11} \cdot H_{10}ClN_3O_2$, F. 200°, aus **VI**, **V** u. Methyljodid. — 19 1.2.4-Trichlorbenzol, 15,6 Acetylchlorid u. 25,4 $AlCl_3$ in CS_2 werden $1^1/_2$ Std. gekocht u. am nächsten Tag zur Trokkene gebracht, worauf der Rückstand 2 Std. auf 130° erhitzt wird; die bei 136—140°/15 mm sd. Fraktion wird mit Br_2 in $CHCl_3$, dann mit **II** umgesetzt: 1,5 *4[5]-[2.4.5-Trichlorphenyl]-A* (**VII**), $C_9H_5Cl_3N_2$, F. 226—227°. — 2.3.4-Trichloracetophenon, F. 65,5—66°, in $CHCl_3$ wird langsam mit Br_2 in $CHCl_3$ versetzt, nach $^1/_2$ Std. eingedampft u. $1^1/_2$ Std. mit **II** gekocht → *4[5]-[2.3.4-Trichlorphenyl]-A,* $C_9H_5Cl_3N_2$, F. 195—196°. — *4[5]-[2.4.5-Trichlor-6-nitrophenyl]-5[4]-nitro-A,* $C_9H_3Cl_3N_4O_4$, F. 224,5—225°, aus **VII** durch Nitrieren. — *1-n-Butyl-4-[3.4-dichlorphenyl]-A,* $Kp._{0,02}$ 170—174°, aus **VIII**, n-Butylbromid u. Na in A. durch 12std. Kochen, ergibt nitriert → *1-n-Butyl-4-[3.4-dichlor-6-nitrophenyl]-5-nitro-A,* $C_{13}H_{12}Cl_2N_4O_4$, F. 96°. — Analog *1-n-Hexyl-A,* $Kp._{0,05}$ 192—196°, u. *1-n-Heptyl-4-[3.4-dichlorphenyl]-A,* $Kp._{0,05}$ 200—205°. — *4[5]-Xenyl-A,* $C_{15}H_{12}N_2$, F. 220—221°, aus p-Phenylphenacylbromid u. **II**, *4-[3-Dichlorstyryl]-1-methyl-5-nitro-A,* $C_{12}H_9Cl_2N_3O_2$, aus 1.4-Dimethyl-5-nitro-A u. 3.4-Dichlorbenzaldehyd durch 2std. Erhitzen mit Piperidin auf 150°. — *4-[p-Aminophenyl]-1-methyl-5-nitro-A,* $C_{10}H_{10}N_4O_2$, F. 141 bis 143°, aus 4[5]-[p-Acetylaminophenyl]-5[4]-nitro-A u. Dimethylsulfat durch Erhitzen auf 100°; nitriert → *4-[p-Acetylaminophenyl]-1-methyl-5-nitro-A,* $C_{12}H_{12}N_4O_3$, F. 214—215,5°. — *4[5]-[3.4-Dichlorphenyl]-1-[2-pyrid-2-yl-äthyl]-A,* $C_{16}H_{14}Cl_2N_2$, F. 126°, Dihydrochlorid, F. 218 bis 219°, aus **VIII**, Essigsäure u. 2-Vinylpyridin durch 2std. Erhitzen auf 150°. — *Chemotherapeutika.* (**Brit. P. 1 046 248** vom 2/8. 1962, ausg. 19/10. 1966.) — 11 S. C. Lüttgen 4846

1385 Beyer Laboratories Ltd., Holmes Chapel, Großbritannien (Erfinder: Colin Fitzmaurice), **Herstellung von 4-Nitroimidazolderivaten,** die in 1-Stellung durch CH_2—X (X = Alkoxy-, Acyloxyrest) u. in 2-Stellung ggf. durch ein C_{1-4}-Alkyl substituiert sind, durch Rk. eines 4-Nitroimidazols (**I**) mit $ClCH_2$—X. — 10 g **I** u. 12 ml Chlormethylmethyläther werden in geschlossenem Rohr 3 Std. auf 100° erhitzt → 6,3 g *1-Methoxymethyl-***I**, $C_5H_7N_3O_3$, F. 66,5—67°. Analog: *1-Methoxymethyl-2-methyl-***I**, $C_6H_9N_3O_3$, F. 71,5—72,5°, aus 2-Methyl-**I**, *1-Acetoxymethyl-***I**, $C_6H_7N_3O_4$, F. 83,5—84,5°, aus **I** u. Chlormethylacetat (**II**), durch 1std. Erhitzen auf 140° oder 4std. Kochen von **I**, **II** u. K_2CO_3, *1-Propionoxymethyl-***I**, $C_7H_9N_3O_4$, F. 61—62°. — *Chemotherapeutika.* (**Brit. P. 1 026 631** vom 26/6. 1961, ausg. 20/4. 1966.) — 3 S. C. Lüttgen 4846

1386 American Cyanamid Co., Township of Wayne (Erfinder: William Blythe Wright jun., Woodcliff Lake, N.J., und Herbert Joseph Brabander, Pearl River, N.Y.), USA, **Imidazolidinone**, die in 1-Stellung durch ggf. durch Halogen, Alkyl, Alkoxy, CF_3, Alkylthio, Alkylsulfonyl, Alkanoyl, OH oder Aralkoxy substituiertes Phenyl, in 3-Stellung durch den Rest $-C_nH_{2n}NRR^1$ (R u. R^1 = H, Alkyl, Alkenyl, Propargyl, Cycloalkyl, Aralkyl oder zusammen mit dem N Pyrrolidino, Alkylpyrrolidino, Piperidino, Alkylpiperidino, Hexamethylenimino, Morpholino, Alkylmorpholino, Alkylpiperazino, Hydroxyalkylpiperazino oder Alkanoyloxyalkylpiperazino; n = 2—4) u. in 4- u. 5-Stellung ggf. durch Alkyl substituiert sind, erhält man durch Rk. eines entsprechend substituierten Imidazolidinons mit freier 3-Stellung mit einer Verb. der allg. Formel $XC_nH_{2n}X^1$ (X^1 = Halogen oder Arylsulfonoxy; X = X^1 oder NRR^1). Bedeutet X Halogen oder Arylsulfonoxy, so wird das gebildete Prod. mit einem Amin der Formel $HNRR^1$ umgesetzt. — 1-[m-Chlorphenyl]-2-imidazolidinon gibt mit NaH u. 3-Dimethylaminopropylchlorid u. anschließend mit HCl *1-[m-Chlorphenyl]-3-[3-dimethylaminopropyl]-2-imidazolidinonhydrochlorid*, F. 174—175°; ähnlich *1-R-2-imidazolidinonhydrochlorid, R = Phenyl-3-[2-piperidinoäthyl]*, F. 218—219°; *Phenyl-3-[2-pyrrolidinoäthyl]*, F. 220—222°; *[m-Chlorphenyl]-3-[2-piperidinoäthyl]*, F. 212—214°; *[2-Benzylmethylaminoäthyl]-3-[m-chlorphenyl]*, F. 188—190°; *[m-Chlorphenyl]-3-[2-dimethylaminoäthyl]*, F. 217—219°: *[m-Chlorphenyl]-3-[3-(4-methyl-1-piperazinyl)-propyl]*, F. 277—278°; *[m-Trifluormethylphenyl]-3-[2-dimethylaminoäthyl]*, F. 168—170°; *[m-Chlorphenyl]-3-[2-diäthylaminoäthyl]*, F. 144—145°; *[m-Chlorphenyl]-3-[2-äthylmethylaminoäthyl]*, F. 172—174°; *[m-Chlorphenyl]-3-[2-pyrrolidinoäthyl]*, F. 191—192°; *[m-Chlorphenyl]-3-[2-morpholinoäthyl]*, F. 219—221°; *[p-Chlorphenyl]-3-[3-dimethylaminopropyl]*, F. 177—178°; *[m-Methylthiophenyl]-3-[dimethylaminopropyl]*, F. 144—146°; *[3-Dimethylaminopropyl]-3-[m-trifluormethylphenyl]*, F. 155—157°; *[m-Bromphenyl]-3-[2-dimethylaminoäthyl]*, F. 227—229°; *[2-Dimethylaminoäthyl]-3-[m-tolyl]*, F. 214—215°; *[p-Chlorphenyl]-3-[2-dimethylaminomethyl]*, F. 211—212°; *[m-Methoxyphenyl]-3-[2-dimethylaminoäthyl]*, F. 220—222° *[2-Dimethylaminoäthyl]-3-[m-methylthiophenyl]*, F. 148 bis 150°. — *Heilmittel.* (**Schwz. P. 421 975** vom 24/10. 1962, ausg. 15/4. 1967. U. S. Prior. 21/10. 1961 u. 28/9. 1962.) 15/4. 1967. U. S. Prior. 21/10. 1961 u. 28/8. 1962.) — 8 S.
R. Bollinger 4846

1387 Henkel & Cie. G. m. b. H., Düsseldorf, **Oxazolidon-(2) (I)-derivate,** die in 5-Stellung substituiert sind, z. B. 5-Aryloxymethyl-I-deriv., erhält man durch Rk. von Triglycidylisocyanurat (**II**) mit NH-Verb. bei 60 bis 240°. **II** + Diäthylamin bei 150° → *5-Diäthylaminomethyl*-**I**, $C_8H_{16}N_2O_2$, F. 70° (PAe.). — **II** + Methylanilin → *5-[(N-Methyl-N-phenyl) aminomethyl]*-**I**, $C_{11}H_{14}N_2O_2$, F. 73° (Ae.–PAe.). — **II** + p-Nitroacetanilid → *N-(p-Nitrophenyl)-N-(*I*-yl-(5)-methyl]-acetamid*, $C_{12}H_{13}N_3O_5$, F. 181° (A.). — **II** + Phthalimid → *5-[Phthalimidomethyl]*-**I**, $C_{12}\cdot H_{10}N_2O_4$, F. 184° (W.–A.). — **II** + p-Toluolsulfonsäuremethylamid → *N-Methyl-N-[*I*-yl-(5)-methyl]-p-toluolsulfonamid*, $C_{12}H_{16}N_2O_4S$, F. 121° (Bzl.). — **II** + Saccharin → *N-[*I*-yl-(5)-methyl]-saccharin*, $C_{11}H_{10}N_2O_5S$, F. 136°. — **II** + Piperidin → *5-Piperidinomethyl*-**I**, $C_9H_{16}N_2O_2$, F. 114° (Äthylacetat). — **II** + Morpholin → *5-Morpholinomethyl*-**I**, $C_8H_{14}N_2O_3$, F. 124° (Toluol). — *Sedativa; muskelerschlaffende Mittel.* (**Brit. P. 1 085 106** vom 22/7. 1966, ausg. 27/9. 1967. D. Prior. 24/6. 1966.) — 6 S.
A. Jahn 4846

1388 Merck & Co., Inc., Rahway, N.J., USA, **Dichloralkylthiazole** (**I**) erhält man durch Rk. von C_{1-6}-Alkylthiazolen mit Cl_2 in Ggw. eines Radikalbildners in H_2SO_4, rauchendem H_2SO_4, $ClSO_3H$ u./oder $H_2S_2O_7$ als Rk.-Medium. Dabei wird das Mol-Verhältnis von H_2SO_4 oder deren Äquivalenten : Alkylthiazol auf $\geqq 2{,}5:1$ gehalten u. die Rk. fortgesetzt, bis sich mehr **I** als Monochloralkylthiazol gebildet hat. — Zwischenprod. für *anthelminth. wirkende 2-[Thiazolyl]-benzimidazole.* (**Brit. P. 1 067 097** vom 1/7. 1964, ausg. 3/5. 1967. U. S. Prior. 5/7. 1963. **Zusatz zu Brit. P. 1 020 034; C. 1968, 2-1611.**) — 3 S.
A. Jahn 4846

1389 Spofa, Sdružení Podniků pro Zdravotnickou Výrobu, Prag, ČSSR (Erfinder: Miroslav Rajsner und Miroslav Protiva), **Herstellung von 9-[3-tert.-Aminopropyliden]-thiaxanthenen** erfolgt durch Dehydrocyclisierung entsprechender Ketone mit wasserfreien anorgan. Säuren. — Beispiel: *2-[γ-Dimethylaminobutyroyl]-4′-chlordiphenylsulfid, Oxalat*, F. 161—163°, gibt mit Pyrophosphorsäure *2-Chlor-9-[3-dimethylaminopropyliden]-thioxanthen, trans-Verb.*, F. 97—98°, *Hydrochlorid*, F. 222—224°, *cis-Verb.*, F. 38—41°, *Pikrat*, F. 193 bis 195°. — Analog wurden folgende *9-[3-Dimethylaminopropyliden]-thioxanthene* (**I**) erhalten: **I**, F. 59—60°, *Hydrochlorid*, F. 185—186°, *Hydrochlorid + 0,5* C_2H_5OH, F. 168—170°; *2-Methyl-*I, *Isomer* A, F. 92—95°, *Hydrochlorid*, F. 195—196°, *Isomer* B, F. 49—51°, *Hydrochlorid*, F. 207—209°, u. 216—217°; *2-Äthyl-*I, *Hydrochlorid*, F. 183—185°; *2-n-Propyl-*I, *Hydrochlorid*, F. 174—178°; *2-Isopropyl-*I, *Isomer A, Hydrochlorid*, F. 203—204,5°, *Isomer B, Hydrochlorid*, F. 189—190°; *2-n-Butyl-*I, *Oxalat*, F. 112—114°, *Fumarat, Hydrat*, F. 183—184°; *2-Isobutyl-*I*-Hydrochlorid*, F. 146—150°; *2-tert.-Butyl-*I, *Isomer A, Succinat, Hydrat*, F. 124—129°, *Isomer B, Succinat, Hydrat*, F. 126—127°; *2-n-Pentyl-*I, *Isomer A, Oxalat*, F. 168 bis 170°, *Fumarat, Hydrat*, F. 170—172°, *Isomer B, Oxalat*, F. 150°, *Fumarat, Hydrat*, F. 162—163°; *2-Isopentyl-*I, *Fumarat, Hydrat*, F. 159—161°; *2-n-Hexyl-*I, *Fumarat*, F. 118—120°; *2-Benzyl-*I, *Fumarat, Hemihydrat*, F. 165 bis 170°; *2-Methoxy-*I, *Hydrochlorid*, F. 169—170°, *Oxalat*, F. 132—134°; *2-Äthoxy-*I, *Fumarat, Hydrat*, F. 155—165°; *2-Propoxy-*I, *Fumarat, Hydrat*, F. 185—188°; *2-Butoxy-*I, *Fumarat*, F. 170—175°; *2-Isopentoxy-*I, *Fumarat*, F. 155 bis 160°; *2-Hexoxy-*I, *Fumarat*, F. 160—162°; *2-Methylmercapto-*I, *Hydrochlorid*, F. 166—168°; *2-Butylmercapto-*I, *Isomer A, Hydrochlorid*, F. 156—158°, *Isomer B, Hydrochlorid*, F. 152—154°; *2-Chlor-9-[3-diäthylaminopropyliden]-thioxanthen, Isomer A, F. 84—88°, Hydrochlorid*, F. 218—220°, *Isomer B, Hydrochlorid*, F. 154 bis 155°; *2-Chlor-9-[3-pyrrolidinopropyliden]-thioxanthen, Isomer A, Hydrochlorid*, F. 181—182°, *Isomer B*, F. 68—70°, *Hydrochlorid*, F. 244—246°; *2-Brom-*I, *Isomer A*, F. 91 bis 93°, *Hydrochlorid*, F. 220—222°, *Isomer B*, F. 58—60°, *Hydrochlorid*, F. 200—202°. — *Ataraktika, Neuroleptika, Sedativa, Antidepressiva.* (**Brit. P. 1 079 756** vom 15/9. 1964, ausg. 16/8. 1967.) — 4 S. R. Bauereis 4846

1390 Ciba Ltd., Basel, Schweiz, **Herstellung von 3-Guanidinochromanen,** deren Phenylkern durch Alkyl, Alkoxy, CF_3 oder Halogen substituiert sein kann, erfolgt durch Rk. eines 3-Aminochromans (Hydrochlorid, F. 206,5—207,5°) mit einer die Amidinogruppe liefernden Verbindung (Cyanamid). — *Blutdrucksenkende Mittel.* (**Brit. P. 1 086 101** vom 10/1. 1966, ausg. 4/10. 1967. Schwz. Prior. 19/1. 1965.) — 4 S. R. Bauereis 4846

1391 Chemische Fabrik Schweizerhall (Erfinder: Herbert Mühle), Basel, Schweiz, **4-Aminoantipyrin-Derivate** erhält man durch Rk. einer Verb. der allg. Formel $RNHR^1$ (R = Antipyrinrest; R^1 = H oder Alkyl) mit einer Säure der allg. Formel $R^2CH_2CH_2COOH$ (R^2 = über N gebundenes, heterocycl., aromat. oder araliphat. Amin) oder einem reaktionsfähigen Deriv. dieser Säure. — 4-Aminoantipyrin gibt mit β-Piperidinopropionsäure in Ggw. von P_2O_5 *4-[β-Piperidinopropionylamino]-antipyrin*, F. 148—150°; ähnlich: *4-[β-(4-Methylpiperidino)-propionylamino]-antipyrin*, F. 163°; ähnlich folgende Verb. der Formel *A-4-N(R^1)$COCH_2CH_2R^2$ (A = Antipyrin), R^1 = H, R^2 = Pyrrolidinyl*, $C_{18}H_{24}N_4O_2$, F. 160°; *H, α-Methylpiperidino*, $C_{20}H_{28}N_4O_2$, F. 126°; *H, Morpholino*, $C_{18}H_{24}\cdot N_4O_3$, F. 175°; *H, Hexamethylenimino*, $C_{20}H_{28}N_4O_2$, F. 148°; *H, Anilino*, $C_{20}H_{22}N_4O_2$, F. 164°; *$CH(CH_3)_2$, Piperidino*, $C_{22}H_{32}N_4O_2$, F. 122°; *$CH(CH_3)_2$, γ-Methylpiperidino*, $C_{23}H_{34}N_4O_2$, F. 130°; *H, γ-Äthylpiperidino*, $C_{21}H_{30}N_4O_2$, F. 161°, *Salicylat*, $C_{28}H_{36}N_4O_5$, F. 100°; *H, γ-Propylpiperidino*, $C_{22}H_{32}N_4O_2$, F. 145°, *Salicylat*, $C_{29}H_{38}N_4O_5$, F. 130°; *H, γ-Isopropylpiperidino*, $C_{22}H_{32}N_4O_2$, F. 170°; *CH_3, γ-Äthylpiperidino*, $C_{22}H_{32}N_4O_2$, F. 100°; *CH_3, γ-Isopropylpiperidino*, $C_{23}H_{34}N_4O_2$, F. 83°; *CH_3, Piperidino*, $C_{20}H_{28}\cdot N_4O_2$, F. 82°, *Salicylat*, $C_{26}H_{34}N_4O_5$, F. 92°. — *Heilmittel.* (**Schwz. P. 433 346** vom 3/12. 1963, ausg. 30/9. 1967.) — 3 S. R. Bollinger 4846

1392 Far Eastern Detailers Ltd., Hongkong (Erfinder: Pierre Bourbon), **N-[Pyridylmethyl]-salicylamide** erhält man durch Rk. von Salicylsäure mit einem Pyridylmethylamin in einem Lsgm. (bes. 95%ig. A.). — Aus 80 (g) [Pyridyl-(3)-methyl]-amin in 95%ig. A. 100 Salicylsäure → 169 *N-[Pyridyl-(3)-methyl]-salicylamid*, F. 128°. — Analog: *N-[Pyridyl-(2)-methyl]-salicylamid*, F. 114°. — *N-[Pyridyl-(4)-methyl]-salicylamid*, F. 80°. — Äußerlich anwendbare *Analgetika* bei *Rheumatismus*. (**Brit. P. 1 078 961** vom 22/4. 1964, ausg. 28/6. 1967.) — 3 S. O. Schön 4846

1393 A/B Bofors, Bofors, Schweden (Erfinder: Bo Thuresson af Ekenstam und Carl Göran Claeson), **Herstellung von Salicylsäure-β-pyridylcarbinolester** (I). Man tropft eine Lsg. von 0,48 (Mol.) Acetylsalicylsäurechlorid in 50 g Bzl. bei < 18° in ein Gemisch aus 0,55 β-Pyridylcarbinol, 0,50 $N[C_2H_5]_3$ mit 200 g Bzl. u. hydrolysiert den gebildeten Acetylsalicylsäure-β-pyridylcarbinolester durch kurzes Erhitzen mit 1 n-HCl → 60% I. — *Analget.* u. *vasodilator.* wirksames *Heilmittel.* (**Brit. P. 1 079 726** vom 23/6. 1966, ausg. 16/8. 1967. Schwed. Prior. 28/6. 1965.) — 2 S. O. Schön 4846

1394 A/B Bofors, Bofors, Schweden, **Herstellung eines Pyridincarbonsäureesters** durch Veresterung von Pyridin-2.5-dicarbonsäure oder eines rk.-fähigen Deriv. davon mit β-Pyridylcarbinol. — Zu einer Lsg. von 98 (g) β-Pyridylcarbinol u. 86 Triäthylamin in 300 Bzl. läßt man eine Lsg. von 90 Isocinchomeronsäurechlorid in 100 Bzl. tropfen → 95 (= 67%) *Pyridin-2.5-dicarbonsäure-di-[β-pyridylcarbinolester]*, F. 142—143°. — *Vasodilator. wirksames Heilmittel.* (**Brit. P. 1 077 850** vom 20/6. 1966, ausg. 2/8. 1967. Schwed. Prior. 28/6. 1965.) — 2 S. O. Schön 4846

1395 F. Hoffman-La Roche & Co., Akt.-Ges., Basel, Schweiz **Herstellung von Benzophenonen und Pyridophenonen** erfolgt durch Hydrierung von Anthranilen in Ggw. eines Katalysators. — Die Anthranile erhält man durch Rk. eines p-Nitrohalogenbenzols mit einem Nitril. — Durch Rk. von Phenylacetonitril mit p-Nitrochlorbenzol erhält man das 3-Phenyl-4-chloranthranil; daraus durch Hydrierung in Ggw. eines Fe^{3+} enthaltenden Pd-Katalysators das 2-Amino-5-chlorbenzophenon. — Analog: 5-Brom-3-[pyridyl-(2)]-anthranil, F. 168—170°; 5-Chlor-3-[pyridyl-(2)]-anthranil, F. 158—159°, → *2-Amino-5-bromphenylpyridyl-[2]-keton*, F. 96—99°; 3-[p-Chlorphenyl]-5-chloranthranil, F. 210,2—211,5°, → *2-Amino-5.4'-dichlorbenzophenon*, F. 116—117,2°. — Zwischenprod. für als Heilmittel wirksame *Benzdiaz-[1.4]-epine*. (**Brit. P. 1 056 579** vom 19/6. 1964, ausg. 25/1. 1967. U. S. Prior. 19/6. 1963 u. 1/5. 1964.) — 6 S. R. Bauereis 4846

1396 Ciba Ltd., Basel, Schweiz, **Herstellung von 3-[4-Pyridyl]-1-aminoalkylindolen** erfolgt durch Rk. von 3-[4-Pyridyl]-indol mit einem Aminoalkylhalogenid. — Beispiel: Durch Rk. von 3-[4-Pyridyl]-indol, F. 210 bis 212°, mit γ-Dimethylaminopropylchlorid in Ggw. von NaH erhält man das *1-[γ-Dimethylaminopropyl]-3-[4-pyridyl]-indol, Dihydrochlorid, Hydrat*, F. 265°, (Zers.). Analog wurden folgende 3-[4-Pyridyl]-indole (**I**) erhalten: *1-[β-Dimethylaminoäthyl]-***I**, *Dihydrochlorid*, F. 258—260°, (Zers.); *1-[β-Diäthylaminoäthyl]-***I**, *Dihydrochlorid*, F. 225°, (Zers.); *1-[β-(N-Methylcycloheptylamino)-äthyl]-***I**, *Dimaleat*, F. 149°; *1-[γ-Diäthylaminopropyl]-***I**, *Dimaleat*, F. 114—117°, (Zers.); *1-[β-Aminoäthyl]-***I**, *Dimaleat*, F. 167°, (Zers.); *1-[β-(Dimethylamino)-α-methyläthyl]-***I**, *Dimaleat, Hydrat*, F. 157°, (Zers.); *1-[β-Cyclopentylaminoäthyl]-***I**, *Dimaleat, Hydrat*, F. 161°; *1-[β-Morpholinoäthyl]-***I**, *Dihydrochlorid*, F. 245°, (Zers.); *1-[2-(N'-Methylpiperazino)-äthyl]-***I**, *Trishydrochlorid, Hydrat*, F. 260°, (Zers.); *1-[γ-Dipropylaminopropyl]-***I**, *Hydrochlorid*, F. 206—208°. *1-[γ-Dibutylaminopropyl]-***I**, *Dihydrochlorid, Hydrat*, F. 144—146°; 1-[Cyanomethyl]-I, F. 190—192°, → *1-[β-Aminoäthyl]-***I**, $Kp._{0,4}$ 204—207°; 1-[Cyanoäthyl]-I, F. 126—128°, → *1-[γ-Aminopropyl]-***I**, $Kp._{0,4}$ 209—212°; *1-[γ-Dimethylaminopropyl]-***I**, $Kp._{0,1}$ 184—186°. — *Antiphlogistika.* (**Brit. P. 1 079 368** vom 18/10. 1965, ausg. 16/8. 1967. Schwz. Prior. 11/11. 1964 u. 21/9. 1965.) — 10 S. R. Bauereis 4846

1397 Recherche et Pharmacologie, Le Vesinet Seine-et-Oise, Frankreich (Erfinder: Andre Georges Debay und Jaques Louis Marie Joseph Thery) **Carbamate und Thiocarbamate** der allg. Formel $R^1-CH_2-O-CX-NH-R^2$ (I) erhält man durch Rk. eines Alkohols der allg. Formel R^1-CH_2-OH mit einem Isocyanat bzw. Isothiocyanat der allg. Formel $R^2-N=C=X$ oder mit einem Azid der allg. Formel R^2-CO-N_3. R^1 = Pyridyl, N-Oxypyridyl oder durch Methoxygruppen substituierter Phenylrest; R^2 = C_1-C_4-Alkyl, Pyridyl, N-Oxypyridyl oder ggf. durch Halogen, Methyl- oder Methoxylgruppen substituierten Phenylrest; X = O, S. — Man erhitzt z. B. in 50 ml abs. Bzl. 11,65 (g) 3.4.5-Trimethoxybenzoesäureazid u. 5,45 2-Pyridylcarbinol 2 Std. unter Rückfluß → 9 I (*R^1 = 2-Pyridyl; R^2 = 3.4.5-Trimethoxyphenyl; X = O*), $C_{16}H_{18}N_2O_5$, F. 104°. — Analog: I (R^1 = *3-Pyridyl; R^2 = CH_3; X = O*), $C_8H_{10}N_2O_2$, F. 42°, $Kp._1$ 135—138°. — I (*R^1 = 3-Pyridyl; R^2 = C_2H_5; X = O*), $C_9H_{12}N_2O_2$, F. 43°, $Kp._1$ 139—142°. — I (*R^1 = 3-Pyridyl; R^2 = Isopropyl; X = O*), $C_{10}H_{14}N_2O_2$, F. 78 bis 80°. — I (*R^1 = 3-Pyridyl; R^2 = p-Tolyl; X = O*), $C_{14}H_{14}N_2O_2$, F. 136°. — I (*R^1 = 3-Pyridyl; R^2 = p-Chlorphenyl; X = O*), $C_{13}H_{11}ClN_2O_2$, F. 180—182°. — I (*R^1 = 3-Pyridyl; R^2 = p-Methoxyphenyl; X = O*), $C_{14}H_{14}N_2O_3$, F. 148—150°. — I (*R^1 = 3-Pyridyl; R^2 = 3.4-Dimethoxyphenyl; X = O*), $C_{15}H_{16}N_2O_4$, F. 122—124°. — I (*R^1 = 3-Pyridyl; R^2 = 3.5-Dimethoxyphenyl; X = O*), $C_{15}H_{16}\cdot N_2O_4$, F. 152—154°. — I (*R^1 = 3-Pyridyl; R^2 = 3.4.5-Trimethoxyphenyl; X = O*), $C_{16}H_{18}N_2O_5$, F. 150°. — I (*R^1 = R^2 = 3-Pyridyl; X = O*), $C_{12}H_{11}N_3O_2$, F. 150°. — I (*R^1 = 3-Pyridyl; R^2 = C_6H_5; X = S*), $C_{13}H_{12}N_2OS$, F. 128°. — I (*R^1 = 4-Pyridyl; R^2 = Isopropyl; X = O*), $C_{10}H_{14}N_2O_2$, F. 68°. — I (*R^1 = 4-Pyridyl; R^2 = p-Tolyl; X = O*), $C_{14}H_{14}N_2O_2$, F. 143°. — I (*R^1 = 4-Pyridyl; R^2 = p-Chlorphenyl; X = O*), $C_{13}H_{11}ClN_2O_2$, F. 169—170°. — I (*R^1 = 4-Pyridyl; R^2 = p-Fluorphenyl; X = O*), $C_{13}H_{11}\cdot FN_2O_2$, F. 148°. — I (*$R^1$ = 4-Pyridyl; R^2 = p-Methoxyphenyl; X = O*), $C_{14}H_{14}N_2O_3$, F. 114°. — I (*R^1 = 4-Pyridyl; R^2 = 3.4-Dimethoxyphenyl; X = O*), $C_{15}H_{16}N_2O_4$, F. 130°. — I (*R^1 = 4-Pyridyl; R^2 = 3.5-Dimethoxyphenyl; X = O*), $C_{15}H_{16}N_2O_4$, F. 186°. — I (*R^1 = 4-Pyridyl; R^2 = 3.4.5-Trimethoxyphenyl; X = O*), $C_{16}H_{18}N_2O_5$, F. 147°. — I (*R^1 = 4-Pyridyl; R^2 = 3-Pyridyl; X = O*), $C_{12}H_{11}N_3O_2$, F. 134. — I (*R^1 = R^2 = 4-Pyridyl; X = O*), $C_{12}H_{11}N_3O_2$, F. 182°. — I (*R^1 = 4-Pyridyl; R^2 = C_6H_5; X = S*), $C_{13}H_{12}N_2OS$, F. 144°. — I (*R^1 = 3-N-Oxypyridyl; R^2 = C_6H_5; X = O*), $C_{13}H_{12}N_2O_3$, F. 158°. — I (*R^1 = 4-N-Oxypyridyl; R^2 = C_6H_5; X = O*), $C_{13}H_{12}N_2\cdot O_3$, F. 176°. — I (*R^1 = 4-N-Oxypyridyl; R^2 = 3.4.5-Trimethoxyphenyl; X = O*), $C_{16}H_{18}N_2O_6$, F. 240°. — I (*R^1 = p-Methoxyphenyl; R^2 = 4-Pyridyl; X = O*), $C_{14}\cdot H_{14}N_2O_3$, F. 168°. — I (*R^1 = 3.4.5-Trimethoxyphenyl; R^2 = 3-Pyridyl; X = O*), $C_{16}H_{18}N_2O_5$, F. 147°. — I (*R^1 = 3.4.5-Trimethoxyphenyl; R^2 = 4-Pyridyl; X = O*), $C_{16}\cdot H_{18}N_2O_5$, F. 142°. — I (*R^1 = 3.4.5-Trimethoxyphenyl; R^2 = 3-N-Oxypyridyl; X = O*), $C_{16}H_{18}N_2O_6$, F. 110°. — *Sedativ, hypnot.* u. *neurolept. wirksame Heilmittel.* (**Brit. P. 1 071 035** vom 2/9. 1964, ausg. 7/6. 1967.) — 17 S. O. Schön 4846

1398 Delmar Chemicals Ltd., Montreal, Quebec, Canada, **Pyridiniumacylaminopyrazolonderivate** der allg. Formel $RC_5H_4N^+-(CH_2)_nC(=O)NHR^1Hal^-$ (Hal = Cl, Br, J, n = 1—4, R = H, Cl, Br, J, Alkyl, Carbamoyl, Formyl, R^1 = 1-Phenyl-2.3-dimethyl-5-pyrazolonrest) erhält man durch Rk. eines (substituierten) Py. mit einem 4-Halogenacylamido-1-phenyl-2.3-dimethyl-5-pyrazolon bei 100—150° in inertem Lösungsmittel. — Aus 4-Chloracetamido-1-phenyl-2.3-dimethyl-5-pyrazolon mit Py. bei 100—120° → *4-Pyridiniumacetamido-1-phenyl-2.3-dimethyl-5-pyrazolonchlorid*, F. 248—250° (Zers.); ähnlich folgende *4-R-1-phenyl-2.3-dimethyl-5-pyrazolonhalogenide*: *R* = *(3-Carbamoylpyridiniumacetamido)-, Chlorid*, F. 283—285° (Zers.), *Pyridiniumpropionamido-, Bromid*, F. 246° (Zers.), *(3-Carbamoylpyridiniumpropionamido)-, Bromid*, F. 290—292° (Zers.), *(2-Methylpyridiniumacetamido)-, Chlorid*, F. 194—196°, *(2-Brompyridiniumacetamido)-, Chlorid*, F. 260° (Zers.), *(3-Formylpyridiniumacetamido)-, Chlorid*, F. 245° (Zers.). — *Entzündungshemmende Mittel.* (**Brit. P. 1 069 040** vom 21/6. 1965, ausg. 17/5. 1967. D. Prior. 23/6. 1964.) — 4 S. R. Bollinger 4846

1399 Pfizer Ltd., Sandwich, Kent, Großbritannien (Erfinder: Joachim Augstein, Alastair Macleod Monro und Geoffrey Wilfred Hessey Potter), **Spiro-[benzodioxancyclopropan]-Derivate** erhält man durch Rk. von 2′-Aminospiro-[1.4-benzodioxan-2.1′-cyclopropanen] mit Cyanamid, Dicyandiamid, Isothioharnstoff, 1-Amidino-3.5-dimethylpyrazol oder CNBr u. NH_3. — Beispiel: Durch Rk. von 2-Brommethyl-1.4-benzodioxan mit KOH erhält man das 2-Methylen-1.4-benzodioxan, $Kp._{0,1}$ 50°, $C_9H_8O_2$, (Ausb.) 80%. Durch Rk. dieser Verb. mit Diazoessigsäureester erhält man den Spiro-[1.4-benzodioxan-2.1′-cyclopropan]-2′-carbonsäureäthylester, 59%. Durch Verseifung des Estergemisches erhält man die Spiro-[1.4-benzodioxan-2.1′-cyclopropan]-2′-carbonsäure, F. 158—162°, epimere Form, F. 110 bis 113°, $C_{11}H_{10}O_4$. Durch Rk. der anti-Cyclopropansäure (F. 158—162°) mit Triäthylamin u. Chlorameisensäureäthylester, dann mit NaN_3 u. Erhitzen des Azids erhält man das Anti-2′-aminospiro-[1.4-benzodioxan-2.1′-cyclopropan], Hydrochlorid, F. 211—213°, $C_{10}H_{12}ClNO_2$, 45%, Syn-Form, F. 220—222°, 62%. Durch Rk. des Amins mit 1-Amidino-3.5-dimethylpyrazol-Sulfat erhält man das *Di-[anti-2′-guanidinospiro-(1.4-benzodioxan-2.1′-cyclopropan)], Sulfat*, F. 288—290°, $C_{22}H_{28}N_6O_8S$, 13%, *Syn*-Form, F. 297—299° (Zers.). Durch Rk. des Amins mit Cyanamid erhält man das *Syn-2′-guanidinospiro-[1.4-benzodioxan-2.1-cyclopropan], p-Toluolsulfonat*, F. 175 bis 177°, $C_{18}H_{21}N_3O_5S$, 80%. — *Blutdrucksenkende Mittel.* (**Brit. P. 1 073 657** vom 26/3. 1965, ausg. 28/6. 1967.) — 6 S. R. Bauereis 4846

1400 Vantorex Ltd., Loughborough, Leicestershire, Großbritannien, **1-Alkyl-4-anilinophthalazine.** Die ggf. im anellierten Bzl.-Rest u. im Bzl.-Ring des Anilinorestes durch niedrigmol. Alkyl oder Alkoxy substituiert sind, erhält man durch Rk. von 4-Halogenphthalazinen mit Anilinen in inerten Lösungsmitteln. — Phthalazine: *1-(n-Butyl)-4-anilino-*, $C_{18}H_{19}N_3$, gelbliche Nadeln, F. 161 bis 162° (A.). — *1-(n-Butyl)-4-(p-toluidino)-*, $C_{19}H_{21}N_3$, Nadeln, F. 152—154° (A.). — *Antipyretika; Analgetika; Entzündungshemmer.* (**Brit. P. 1 085 672** vom 5/1. 1966, ausg. 4/10. 1967. U. S. Prior. 6/1. 1965.) — 3 S. A. Jahn 4846

1401 American Cyanamid Co., Wayne, N.J., USA, **4(3H)-Chinazolinon (I)-Derivate** der allg. Formel II u. deren

II 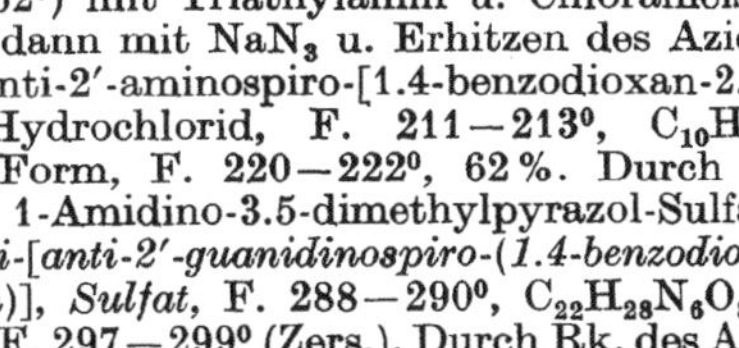

nichtgiftige Salze erhält man durch Rk. von in 3-Stellung metallierten I-Deriv. mit entsprechenden 2-Halogenacetonylpiperidinen (R^1 = H, Cl, Br; R^2 = Br oder Cl; R^3 = H oder Cl, vorausgesetzt, daß mindestens 2 der Reste R^1—R^3 Halogen bedeuten; R^4 = H, OH oder CH_3O; R^5 = H, oder Allyloxycarbonyl). — Es wurden erhalten: *6.7.8-Trichlor-3-[3-(1-allyloxycarbonyl-3-methoxy-2-piperidyl)-acetonyl]-I*, viskoses Öl. — *6.7.8-Trichlor-3-[3-(3-hydroxy-2-piperidyl)-acetonyl]-I-, Hydrobromid*, F. (Zers). 239° (A.–W.). — *7.8-Dichlor-3-[3-(1-allyloxycarbonyl-3-methoxy-2-piperidyl)-acetonyl]-I*, viskoses Öl. — *7.8-Dichlor-3-[3-(3-hydroxy-2-piperidyl)-acetonyl]-I, Hydrobromid*, F. 248° (Zers.) (A.–W.). — *6-Chlor-3-[3-(3-hydroxy-2-piperidyl)-acetonyl]-I*, F. 176—177°, *Hydrobromid*, F. 240° (Zers.). — *6-Brom-3-[3-(3-hydroxy-2-piperidyl)-acetonyl]-I, Hydrobromid*, F. 257° (Zers.). — *8-Chlor-3-[3-(3-hydroxy-2-piperidyl)-acetonyl]-I, Hydrobromid*, F. 247° (Zers.). — *6.7-Dichlor-3-(3-(3-hydroxy-2-piperidyl)-acetonyl]-I, Hydrobromid*, F. 237° (Zers.). — *6.8-Dichlor-3-[3-(3-hydroxy-2-piperidyl)-acetonyl]-I, Hydrobromid*, F. 251° (Zers.). — *6.7-Dichlor-3-[3-(1-allyloxycarbonyl-3-methoxy-2-piperidyl)-acetonyl]-I*, F. 101—102°. — *6.7-Dichlor-3-[3-(3-acetoxy-2-piperidyl)-acetonyl]-I*, F. 150—151° (Hexan–Aceton). — *6.8-Dijod-3-[3-(1-allyloxycarbonyl-3-methoxy-2-piperidyl)-acetonyl]-I*, F. 154—156° (A.). — *6.8-Dijod-3-[3-(3-hydroxy-2-piperidyl)-acetonyl]-I, Hydrobromid*, F. 244° (Zers.). — *6-Nitro-3-[3-(1-allyloxycarbonyl-2-piperidyl)-acetonyl]-I*, viskoser brauner Sirup. — *6-Nitro-3-[3-(3-hydroxy-2-piperidyl)-acetonyl]-I, Hydrochlorid*, F. 215° (Zers.). — *6.8-Dibrom-3-[3-(1-allyloxycarbonyl-3-methoxy-2-piperidyl)-acetonyl]-I*, dunkelbrauner Sirup. — *6.8-Dibrom-3-[3-(3-hydroxy-2-piperidyl)-acetonyl]-I, Hydrobromid*, F. 250° (Zers.). — *6-Fluor-3-[3-(1-allyloxycarbonyl-3-methoxy-2-piperidyl)-acetonyl]-I*, brauner Sirup. — *6-Fluor-3-[3-(3-hydroxy-2-piperidyl)-acetonyl]-I, Hydrobromid*, F. 230° (Zers.). — *8-Brom-6-chlor-3-[3-(1-allyloxycarbonyl-3-methoxy-2-piperidyl)-acetonyl]-I*, viskoses, amberfarbenes Öl. — *6-Brom-8-chlor-3-[3-(1-allyloxycarbonyl-3-methoxy-2-piperidyl)-acetonyl]-I*, viskoses, amberfarbenes Öl. — *6-Brom-8-chlor-3-[3-(3-hydroxy-2-piperidyl)-acetonyl]-I, Hydrobromid*, F. 251° (Zers.). — *6-Brom-7-chlor-3-[3-(1-allyloxycarbonyl-3-methoxy-2-piperidyl)-acetonyl]-I*, viskoses, amberfarbenes Öl. — *6-Brom-7-chlor-3-[3-(3-hydroxy-2-piperidyl)-acetonyl]-I, Hydrochlorid*, F. 242° (Zers.). — *7-Brom-6-chlor-3-[3-(1-allyloxycarbonyl-3-methoxy-2-piperidyl)-acetonyl]-I*, brauner Sirup. — *7-Brom-6-chlor-3-[3-(3-hydroxy-2-piperidyl)-acetonyl]-I, Hydrobromid*, F. 247° (Zers.). — *6.7-Dibrom-3-[3-(1-allyloxycarbonyl-3-methoxy-2-piperidyl)-acetonyl]-I*, dunkelbrauner Sirup. — *6.7-Dibrom-3-[3-(3-hydroxy-2-piperidyl)-acetonyl]-I, Hydrobromid*, F. 250° (Zers.). — *Nitrat*, F. 235° (Zers.). — *6-Chlor-7-fluor-3-[3-(1-allyloxycarbonyl)-3-methoxy-2-piperidyl)-acetonyl]-I*, dunkelbrauner Sirup. — *6-Chlor-7-fluor-3-[3-(3-hydroxy-2-piperidyl)-acetonyl]-I, Hydrobromid*, F. 237° (Zers.). — *Mittel gegen Kokkenerkrankungen.* (**Brit. P. 1 087 015** vom 23/6. 1965, ausg. 11/10. 1967. U. S. Prior. 20/7. 1964.) — 18 S. A. Jahn 4846

1402 Ajinomoto Co., Inc., Tokio (Erfinder: Akihiro Yamazaki, Takashi Meguro, Kawasiki-shi, Izumi Kumashiro, Yokohama-shi, und Tadao Takenishi, Setagaya-ku), Japan, **2-Mercaptoinosin** u. seine Deriv. erhält man durch Rk. des Ribofuranosids von 5-Amino-4-imidazolcarbonsäureamid, das ggf. in 2.3-Stellung des Ribofuranosylrestes durch Acyl- oder Isopropylidenreste substituiert ist, mit einem Alkalialkylxanthat in der Wärme. *2′.3′-O-Isopropylidenderiv.*, $C_{13}H_{19}O_5N_2S$, gelbe Prismen, F. 241—243° (Zers.) (W.). — *2-Mercaptoinosin*

I 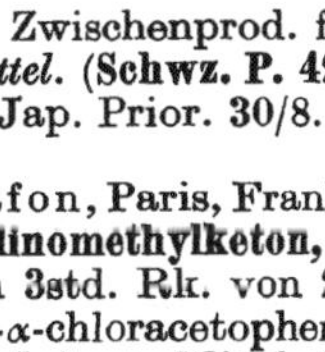 R^1 = H

(I), $C_{10}H_{15}N_5O_5S$. Zwischenprod. für die Herst. von Nucleosiden; *Heilmittel.* (**Schwz. P. 427 886** vom 27/8. 1964, ausg. 14/7. 1967. Jap. Prior. 30/8. 1963.) — 3 S. A. Jahn 4846

1403 Victor Lafon, Paris, Frankreich, **2.4-Dimethoxyphenyl-N-morpholinomethylketon**, $C_{14}H_{19}NO_4$, F. 88°, erhält man durch 3std. Rk. von 2 (Mol.) Morpholin mit 1 2.4-Dimethoxy-α-chloracetophenon in Aceton. *Oxalat*, F. 152°. — *Hypocholeret. Mittel.* (**Brit. P. 1 066 669** vom 26/5. 1965, ausg. 26/4. 1967.) — 2 S. A. Jahn 4846

1404 Krewel-Leuffen G. m. b. H., Eitorf/Sieg, **N-Carbalkoxy- bzw. N-Carbaryloxytetrahydro-1.3-oxazine** der allg. Formel I erhält man durch Rk. von 1.3-Amino-

I 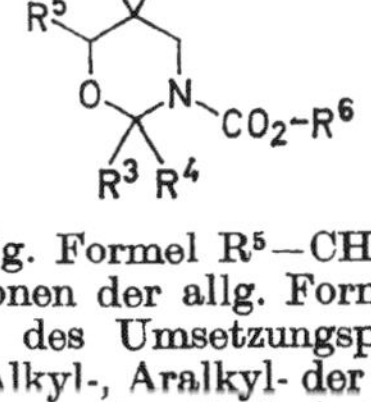

propanolen der allg. Formel R^5—CH(OH)—C(R^1)(R^2)—CH_2NH_2 mit Ketonen der allg. Formel R^3—CO—R^4 u. nachfolgende Rk. des Umsetzungsprod. mit $ClCO_2R^6$ (R^1—R^4 u. R^6 = Alkyl-, Aralkyl- der Arylreste; R^1 u. R^2 bzw. R^3 u. R^4 können eine Methylenkette bilden; R^5 = CH_3 oder H). — Es wurden erhalten: *Tetrahydro-1.3-oxazine: 2.2-Pentamethylen-3-carbäthoxy-5-propyl-5-äthyl-*, $Kp._{0,15}$ 122—124°. — *2-Äthyl-2-methyl-3-carbäthoxy-5.5-*

diäthyl-, Kp.$_{0,2}$ 80—82°. — *2-Benzyl-2-propyl-3-carbisopropoxy-5.5-dipropyl-*, Kp.$_{0,3}$ 160°. — *Heilmittel.* (**Brit. P. 1 059 660** vom 18/11. 1964, ausg. 22/2. 1967. D. Prior. 20/11. 1963.) — 3 S. A. Jahn 4846

1405 Boots Pure Drug Co. Ltd., Nottingham, Großbritannien (Erfinder: Kenneth John Nichel und Grace Lilian Mary Harmer), **Mono- und bis-quaternäre Ammoniumsalze von Phenthiazinderivaten** der allg. Formel P—CO—A—N(R¹)BN(R²)R³ erhält man nach üblichen Verf., z. B. durch Quaternisieren von 10-Acylphenthiazinen oder durch totale oder stufenweise Einführung des in 10-Stellung befindlichen Restes (P = Phenthiazinorest, der in einem Benzolkern durch R⁴ substituiert ist; A = Alkylen C_{1-2}; B = ggf. verzweigter Alkylenrest mit 3—5 C-Atomen zwischen beiden N-Atomen; R¹ = AlkylC_{1-4}; R² u. R³ = R¹ oder zusammen mit dem N-Atom ein 5—8gliedriger heterocycl., ggf. ein weiteres Heteroatom enthaltender Rest; R⁴ = R¹, H, CF_3, Halogen oder Acetyl). — *10-[N-Methyl-N-(3-piperidinopropyl)-aminoacetyl]-phenthiazin* (I), F. 89—90°, +CH_3J → **I**-*Bis-Methojodid*, $C_{25}H_{35}J_2N_3O_5$ (**II**). — **II** + HCl → **I**-*Bis-methochlorid*, $C_{25}H_{35}Cl_2N_3OS$, F. 216—217° (Isopropanol-Aceton). — **I**-*Bis-[methomethylsulfat]-*, *Dihydrat*, $C_{27}H_{41} \cdot N_3O_9S_3 \cdot 2\,H_2O$, F. 138—140° (A.-Aceton). — *N.N-Dimethyl-N-[phenthiazin-10-yl-carbonylmethyl]-N-3-[piperidinopropyl]-ammoniumjodid-Hydrojodid*, $C_{24}H_{33}J_2N_3OS$, F. 183—184° (A.). — *N-Methyl-N-[3-(N-methyl-N-phenthiazin-10-ylcarbonylmethylamino)-propyl]-piperidiniumjodid*, $C_{24}H_{32}JN_3OS$, Prismen, F. 161—163° (A.-Ae.). — *10-[N-Methyl-N-(3-morpholinopropyl)-aminoacetyl]-phenthiazin-bis-methojodid*, $C_{24}H_{33}J_2N_3O_2S$, Prismen, F. 204° (Zers.), (A.). — *1-Methyl-***I**-*Dihydrochlorid*, $C_{24}H_{33}Cl_2N_3 \cdot OS$, F. 218—220°. — *1-Methyl-***I**-*bis-methojodid*, $C_{26}H_{37}J_2 \cdot N_3OS$, F. 221° (A.). — *10-[N-Methyl-N-4-piperidinobutylamino]-acetylphenthiazindimethojodid*, $C_{26}H_{37}J_2N_3OS$, F. 205° (Zers.). — *10-[N-Methyl-N-3-(4-methyl-1-piperazinyl)-propylamino]-acetylphenthiazintrimethojodid*, $C_{26}H_{39}J_3N_4 \cdot OS$, F. 143° (Zers.). — *10-[N-3-Hexamethyleniminopropyl-N-methylamino]-acetylphenthiazindimethojodid*, $C_{26}H_{37}J_2 \cdot N_3OS$, F. 197° (Zers.). — *10-[N-Methyl-N-(2.2-dimethyl-3-piperidinopropyl)-amino]-acetylphenthiazindimethojodid*, $C_{27}H_{39}J_2N_3OS$, F. 211° (Zers.). — *Bronchodilatoren.* (**Brit. P. 1 071 815** vom 19/10. 1964, ausg. 14/6. 1967.) — 9 S. A. Jahn 4846

1406 Sandoz Akt.-Ges., Basel (Erfinder: Jany Renz, Jean Pierre Bourquin, Magden, Hans Winkler, Basel, Conrad Brüschweiler, Birsfelden, Pierre Gagnaux und Gustav Schwarb, Allschwil), Schweiz, **Phenthiazinderivate** der allg. Formel I erhält man durch

I 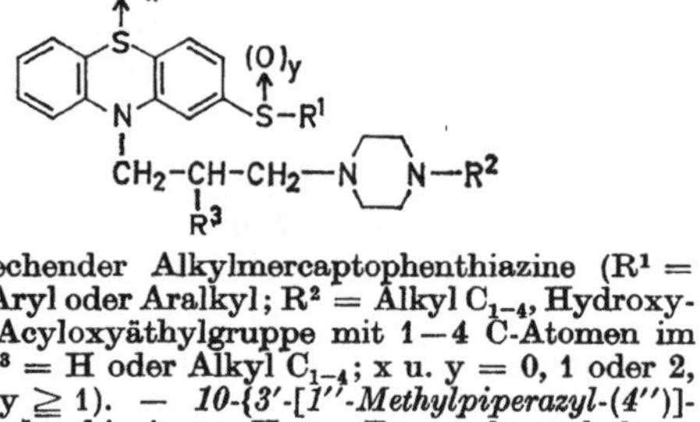

Ox. entsprechender Alkylmercaptophenthiazine (R¹ = Alkyl C_{2-6}, Aryl oder Aralkyl; R² = Alkyl C_{1-4}, Hydroxyäthyl oder Acyloxyäthylgruppe mit 1—4 C-Atomen im Acylrest; R³ = H oder Alkyl C_{1-4}; x u. y = 0, 1 oder 2, wobei $x + y \geq 1$). — *10-{3'-[1''-Methylpiperazyl-(4'')]-propyl-(1')}-phenthiazin* = **II**. — Es wurden erhalten: *3-Äthylmercapto-***II**-*9-sulfoxid*, F. 140—142° (Aceton), *Dimaleinat*, F. 193—195° (Zers.) (wss. Methanol). — *3-Äthylsulfinyl-***II**, *Dimaleinat*, F. 164—166° (A.), — *3-Äthylsulfinyl-***II**-*9-sulfoxid*, F. 150—152° (Zers.) (Aceton), *Dimaleinat*, F. 172—174° (Zers.) (A.). — *3-Äthylsulfonyl-***II**-*9-sulfon*, F. 156—158° (A.), *Dimaleinat*, F. 180 bis 182° (Zers.) (90%ig. Methanol). — *Heilmittel.* (**Schwz. P. 433 325** vom 17/10. 1963, ausg. 30/9. 1967.) — 3 S. A. Jahn 4846

1407 Dr. Karl Thomae G. m. b. H., Biberach/Riß, **5.6-Dihydro-11H-pyrido-[2.3-b]-1.5-benzdiazepin(I)-Derivate**, die in 6-Stellung durch R u. in 8- bzw. 9-Stellung durch R¹ bzw. R² substituiert sind, deren 5-Oxo-Deriv. u. Salze erhält man durch Rk. von in 6-Stellung unsubstituierten I-Deriv. mit Verb. der allg. Formel RX (X = akt. Säurerest; R = C_{1-4}-Alkylrest, der ggf. durch Halogen, C_{1-4}-Alkoxy-, Dialkylaminogruppen mit je 1—4 C-Atomen je Alkylrest oder eine sek. cycl., ggf. durch O u S unterbrochene u. durch C_{1-4} Alkylreste substituierte aliphat. Aminogruppe substituiert ist, ferner C_{2-4} Alkenylrest, Cycloalkyl- oder Aralkylrest, der ggf. durch Halogen oder C_{1-4}-Alkyl- oder Alkoxyreste substituiert ist; R¹ u. R² = H, Halogen, C_{1-4} Alkyl- oder Alkoxyrest). — *6-Methyl-5-oxo-***I**, $C_{13}H_{11}N_3O$, Nadeln, F. 171° (A.). — *6-Methyl-***I**, $C_{13}H_{13}N_3$, Kp.$_{0,05}$ 153—155°, F. 91—93° (Cyclohexan). — *6-Äthyl-5-oxo-***I**, $C_{14}H_{13}N_3O$, F. 145—151° (A.). — *6-Äthyl-***I**, $C_{14}H_{15}N_3$, Kp.$_{0,05}$ 135—139°. — *6-Benzyl-5-oxo-***I**, $C_{19}H_{15}N_3O$, Kp.$_{0,06}$ 240—245°, F. 178—180° (A.). — *6-Benzyl-***I**, $C_{19}H_{17}N_3$, Kp.$_{0,05}$ 180—190°, F. 111 bis 112° (Cyclohexan). — *6.8- oder 6.9-Dimethyl-5-oxo-***I**, $C_{14}H_{13}N_3O$, F. 208° (A.). — *6.8-oder-6.9-Dimethyl-***I**, $C_{14} \cdot H_{15}N_3$, Kp.$_{0,05}$ 155—160°, F. 100° (Isopropanol). — *6-[β-(Dimethylamino)-äthyl]-5-oxo-***I**, $C_{16}H_{18}N_4O$, Kp.$_{0,06}$ 185 bis 187°; *Hydrochlorid*, $C_{16}H_{19}ClN_4O$, F. 240° (A.). — *6-[β-(Dimethylamino)-äthyl]-***I**, $C_{16}H_{20}N_4$, Kp.$_{0,05}$ 160 bis 165°. — *6-[β-(Dimethylamino)-äthyl]-8- oder 9-chlor-5-oxo-***I**, $C_{16}H_{17}ClN_4O$, Kp.$_{0,05}$ 185—195°, F. 112° (PAe.). — *6-[β-(Dimethylamino)-äthyl]-8- oder 9-chlor-***I**, $C_{16}H_{19}ClN_4$, Kp.$_{0,025}$ 169—171°. — **I**, $C_{12}H_{11}N_3$, Kp.$_{0,05}$ 135—140°, F. 125—126° (CCl_4). — *6-[γ-Dimethylamino)-propyl]-5-oxo-***I**, $C_{17}H_{20}N_4O$, Kp.$_{0,05}$ 180—200°, F. 101—102° (PAe.). — *6-[γ-(Dimethylamino)-propyl]-***I**, $C_{17}H_{22}N_4$. — *6.8.9-Trimethyl-5-oxo-***I**, $C_{15}H_{15}N_3O$, F. 202—204° (A.). — *6.8.9-Trimethyl-***I**, $C_{15}H_{17}N_3$, F. 152—154° (A.). — *6-[β-(Dimethylamino)-äthyl]-8.9-dimethyl-5-oxo-***I**, $C_{18}H_{22}N_4O$, F. 145 bis 147° (Cyclohexan). — *6-[β-(Dimethylamino)-äthyl]-8.9-dimethyl-***I**, $C_{18}H_{24}N_4$, Kp.$_{0,07}$ 171—174°. — *6-Äthyl-8.9-Dimethyl-5-oxo-***I**, $C_{16}H_{17}N_3O$, F. 162—163° (A.). — *6-Äthyl-8.9-dimethyl-***I**, $C_{16}H_{19}N_3$, Kp.$_{0,03}$ 145—147°. — *6-Äthyl-8- oder 9-chlor-5-oxo-***I**, $C_{14}H_{12}ClN_3O$, F. 179 bis 181° (Isopropanol). — *6-Äthyl-8- oder 9-chlor-***I**, $C_{14}H_{14} \cdot ClN_3$, F. 125—127° (A.). — *6-[β-(Dimethylamino)-äthyl]-8-oder 9-methyl-5-oxo-***I**, $C_{17}H_{20}N_4O$, F. 105° (PAe.). — *6-[β-(Dimethylamino)-äthyl]-8- oder 9-methyl-***I**, $C_{17}H_{22}N_4$, Kp.$_{0,03}$ 167—170°. — *6-[β-(Morpholino)-äthyl]-5-oxo-***I**, $C_{18}H_{20}N_4O_2$, F. 161—162° (Isopropanol). — *6-[β-(Morpholino)-äthyl]-***I**, $C_{18}H_{22}N_4O$, Kp.$_{0,04}$ 187—189°. — *6-[β-(Morpholino)-äthyl]-8.9-dimethyl-5-oxo-***I**, $C_{20}H_{24}N_4O_2$, F. 149—150° (A.). — *6-[β-(Morpholino)-äthyl]-8.9-dimethyl-***I**, $C_{20}H_{26}N_4O$, Kp.$_{0,02}$ 193—196°. — *8.9-Dimethyl-***I**, $C_{14}H_{15} \cdot N_3$, F. 155—157° (Isopropanol). — *6-Isobutyl-5-oxo-***I**, $C_{16}H_{17}N_3O$, F. 125—127° (Cyclohexan). — *6-Allyl-5-oxo-***I**, $C_{15}H_{13}N_3O$, F. 105—107° (A.). — *6-[β-(Methoxy)-äthyl]-5-oxo-***I**, $C_{15}H_{15}N_3O_2$, F. 125—126° (A.-W.). — *6-[3-Chlorpropyl]-5-oxo-***I**, $C_{15}H_{14}ClN_3O$, F. 128—130° (A.). — *6-[p-Chlorbenzyl]-5-oxo-***I**, $C_{19}H_{14}ClN_3O$, F. 205—207° (A.). — *6-[γ-(4-Methylpiperazin-1-yl)-propyl]-5-oxo-***I**, $C_{20}H_{25}N_5O$, F. 132—133° (Cyclohexan). — *6-[γ-(Dimethylamino)-propyl]-8-oder 9-chlor-5-oxo-***I**, $C_{17}H_{19}ClN_4O$, Kp.$_{0,13}$ 212°. — *6-[γ-(4-Methylpiperazin-1-yl)-propyl]-8-oder 9-chlor-5-oxo-***I**, $C_{20}H_{24}ClN_5O$, F. 164° (Äthylacetat). — *6-[γ-(Dimethylamino)-propyl]-8.9-dimethyl-5-oxo-***I**, $C_{19}H_{24}N_4O$, F. 143 bis 145° (Cyclohexan). — *6-[β-(Piperidino)-äthyl]-8.9-dimethyl-5-oxo-***I**, $C_{21}H_{26}N_4O$, F. 147—148° (Cyclohexan). — *6-[γ-(4-Methylpiperazin-1-yl)-propyl]-8.9-dimethyl-5-oxo-***I**, $C_{22}H_{29}N_5O$, F. 129—131° (Cyclohexan). — *6-[γ-(Dimethylamino)-propyl]-8-oder 9-methyl-5-oxo-***I**, $C_{18}H_{22}N_4O$, Kp.$_{0,05}$ 192—193°, F. 98—100° (PAe.). — *6-[γ-(4-Methylpiperazin-1-yl)-propyl]-8-oder 9-methyl-5-oxo-***I**, $C_{21}H_{27}N_5 \cdot O$, Kp.$_{0,04}$ 224—226°, F. 118—119° (PAe.). — *6-[p-Methoxybenzyl]-5-oxo-***I**, $C_{20}H_{17}N_3O_2$, F. 193—195° (A.). — *6-Benzyl-8- oder 9-methyl-5-oxo-***I**, $C_{20}H_{17}N_3O$, F. 135 bis 136° (Cyclohexan). — *6-[p-Chlorbenzyl]-8- oder 9-methyl-5-oxo-***I**, $C_{20}H_{16}ClN_3O$, F. 174—176° (A.). — *6-[β-Piperidinoäthyl]-5-oxo-***I**, $C_{19}H_{22}N_4O$, Kp.$_{0,05}$ 193—196°. — *6-Methyl-8- oder 9-chlor-5-oxo-***I**, $C_{13}H_{10}ClN_3O$, F. 184—186° (A.). — *6-Äthyl-8- oder 9-methyl-5-oxo-***I**, $C_{15}H_{15}N_3O$, F. 119—122° (Acetonitril). — *6-Allyl-8- oder 9-methyl-5-oxo-***I**, $C_{16}H_{15}N_3O$, F. 133—135° (PAe.). — *6-Allyl-8.9-dimethyl-5-oxo-***I**, $C_{17}H_{17}N_3O$, F. 148—149° (A.). — *6-[β-Morpholinoäthyl]-8- oder 9-methyl-5-oxo-***I**, $C_{19}H_{22}N_4O_2$, F. 147° (Äthylacetat-Ae.). — *6-[β-Piperidinoäthyl]-8- oder 9-chlor-5-oxo-***I**, $C_{19}H_{21}ClN_4O$, F. 170—171° (A.). — *6-[β-Piperidinoäthyl]-8- oder 9-methyl-5-oxo-***I**, $C_{20}H_{24}N_4O$, F. 156 bis 157° (Isopropanol). — *6-Methallyl-8.9-dimethyl-5-oxo-***I**,

$C_{18}H_{19}N_3O$, F. 197—200° (A.). — *6-Allyl-8-oder 9-chlor-5-oxo-I*, $C_{15}H_{12}ClN_3O$, F. 167—169° (A.). — *6-[β-Piperidinoäthyl]-8.9-dimethyl-I*, $C_{21}H_{28}N_4$, Kp.$_{0,03}$ 187—190°. — *6-[γ-(4-Methylpiperazin-1-yl)-propyl]-8.9-dimethyl-I*, $C_{20}H_{26}ClN_5$, Kp.$_{0,025}$ 210—212°. — *6-[γ-(4-Methylpiperazin-1-yl)-propyl]-8-oder 9-methyl-I*, $C_{21}H_{29}N_5$, Kp.$_{0,05}$ 197°. — *6-[γ-(Dimethylamino)-propyl]-8.9-dimethyl-I*, $C_{19}H_{26}N_4$, Kp.$_{0,07}$ 196—197°. — *6-[γ-(4-Methylpiperazin-1-yl)-propyl]-8.9-dimethyl-I*, $C_{22}H_{31}N_5$, Kp.$_{0,03}$ 203—206°. — *8-oder 9-Chlor-I*, $C_{12}H_{10}ClN_3$, F. 146—147° (Cyclohexan). — *6-Methyl-8- oder 9-chlor-I*, $C_{13}H_{12}ClN_3$, F. 140—142° (Cyclohexan). — *6-Äthyl-8-oder 9-methyl-I*, $C_{15}H_{17}N_3$, Kp.$_{0,03}$ 136°. — *6-Benzyl-8-oder 9-methyl-I*, $C_{20}H_{19}N_3$, F. 138 bis 140° (Cyclohexan). — *6-[p-Chlorbenzyl]-8-oder 9-methyl-I*, $C_{20}H_{18}ClN_3$, F. 120—121° (A.). — *6-[β-Morpholinoäthyl]-8-oder 9-methyl-I*, $C_{19}H_{24}N_4O$, Kp.$_{0,02}$ 200—202°. — *6-[β-Piperidinoäthyl]-8- oder 9-methyl-I*, $C_{20}H_{26}N_4$, Kp.$_{0,03}$ 194 bis 195°. — *8-oder 9-Methyl-I*, $C_{13}H_{13}N_3$, Kp.$_{0,03}$ 159 bis 161°, F. 124—124,5° (Methanol–W.). — *6-[γ-(Dimethylamino)-propyl]-8-oder 9-methyl-I*, $C_{18}H_{24}N_4$, Kp.$_{0,02}$ 157 bis 159°. — *6-[γ-(Dimethylamino)-propyl]-8-oder 9-chlor-I*, $C_{17}H_{21}ClN_4$, Kp.$_{0,04}$ 174—176°. — *6-[β-Piperidinoäthyl]-8-oder 9-chlor-I*, $C_{19}H_{23}ClN_4$, Kp.$_{0,015}$ 190°. — *6-[β-Piperidinoäthyl]-I*, $C_{19}H_{24}N_4$, Kp.$_{0,04}$ 174°. — *6-[γ-(4-Methylpiperazin-1-yl)-propyl]-I*, $C_{20}H_{27}N_5$, Kp.$_{0,03}$ 185—190°. — *6-Allyl-I, Hydrobromid*, $C_{15}H_{16}BrN_3$, F. 184—185° (A.–HBr). — *6-Allyl-8-oder 9-methyl-I*, $C_{16}H_{17}N_3$, Kp.$_{0,07}$ 150 bis 152°. — *6-Allyl-8.9-dimethyl-I*, $C_{17}H_{19}N_3$, Kp.$_{0,005}$ 147 bis 148°. — *Analget., sedative, antiphlogist., antiemet., antipyret., hustenstillende Mittel mit histaminolyt.* u. *Antireserpin-Aktivität.* (**Brit. P. 1 071 757** vom 26/2. 1965, ausg. 14/6. 1967. D. Prior. 28/2. 1964.) — 20 S.

A. Jahn 4846

1408 J. R. Geigy Akt.-Ges., Basel (Erfinder: Werner Kung, Basel, und Henri Dietrich, Birsfelden), Schweiz, **Herstellung von 3-Dialkylsulfamoyl-5H-dibenz-[b.f]-azepinen (I)**, die in 5-Stellung durch den Rest $Z-NR_3R_4$ substituiert sind (Z = ggf. verzweigter C_{2-6}-Alkylenrest, R_3 = H, R_4 = niederes Alkyl bzw. $-NR_3 \cdot R_4$ = 1-Piperazinylrest) durch Behandeln von I, die in 5-Stellung durch den Rest $Z-NR_3R_4$ substituiert sind, wobei R_3 = niederes Alkyl bzw. $-NR_3R_4$ den 4-Alkyl-1-piperazinylrest bedeuten, mit einem organ. Säurehalogenid bzw. -anhydrid oder einem Halogencyan bis zur Abspaltung der ca. äquimol. Menge eines niederen Alkylhalogenids oder -esters in Hydrolyse des Produktes. — 3,4 g 3-Dimethylsulfamoyl-5-[γ-dimethylaminopropyl]-A (A = 5H-Dibenz-[b.f]-azepin), in 100 (ml) Bzl. gelöst, werden bei 60° tropfenweise mit 2 g Chlorameisensäureäthylester in 10 Bzl. 5 Std. gekocht → *3-Dimethylsulfamoyl-5-[γ-(N′-carbäthoxymethylamino)-propyl]-A*, von dem 3 g mit 1,5 g KOH in 50 Diäthylenglykolmonoäthyläther 12 Std. unter Rückfluß erhitzt werden → *3-Dimethylsulfamoyl-5-[γ-methylaminopropyl]-A*, F. des *Oxalats* 156 157°. — Analog: *3-Dimethylsulfamoyl-5-[γ-(1′-piperazinyl)-β-methylpropyl]-A-oxalat*, F. 132°. — *Pharmazeutika*. (**Schwz. P. 419 142** vom 5/10. 1962, ausg. 28/2. 1967.) — 3 S. C. Lüttgen 4846

1409 Lepetit S. p. A., Mailand, Italien (Erfinder: Emilio Testa, Vacallo, Schweiz, und Luigi Fontanella, Mailand, Italien), **3.5-Dihydro-4.1-benzoxazepin-2(1H)-on (I)-Derivate**, die in 1-Stellung durch R[1], in 5-Stellung durch R[2] u. im Benzolring durch R substituiert sind, erhält man durch Rk. von 2-Aminobenzhydrolen mit Chloracetylchlorid (**II**) in Ggw. eines bas. Katalysators u. Erhitzen des Acylierungsprod. mit Na-Alkoholat in einem niederen aliphat. Alkohol (R = H oder Halogen; R[1] u. R[2] = H, Alkyl-, Aryl- oder Aralkylrest). — 2-Aminobenzhydrol + **II** → 2-Chloracetamidobenzhydrol (**III**), F. 115—116° (Isopropyläther). — **III** + $NaOC_2H_5$ → *5-Phenyl-I*, F. 195—196° (Ae.). — Ferner wurden erhalten: *5-Phenyl-7-chlor-I*, F. 238—239°. — *1-Methyl-5-phenyl-I*, F. 110—111° (Ae.). — *1-Methyl-5-phenyl-7-chlor-I*, F. 74 bis 76°. — *1-Äthyl-5-phenyl-I*, F. 85—87°. — *1-Äthyl-I*, Kp.$_{0,2}$ 125—130°. — Durch Red. mit $LiAlH_4$ erhält man entsprechende 1.2.3.5-Tetrahydro-4.1-benzoxazepine. — *Sedativa* u. *Hypnotika*. (**Schwz. P. 429 731** vom 21/5. 1964, ausg. 15/8. 1967. Brit. Prior. 22/5. 1963.) — 3 S.

A. Jahn 4846

1410 Lepetit, S. p. A., Mailand, Italien (Erfinder: Emilio Testa, Vacallo, Schweiz, und Luigi Fontanella, Mailand, Italien), **3.5-Dihydro-4.1-benzoxazepine (I)**, die im Benzolrest ggf. durch ein Halogenatom, in 1-Stellung durch $-(CH_2)_nN(R)R^1$, in 5-Stellung durch H oder Aryl u. in 2-Stellung durch X substituiert sind, erhält man durch Rk. entsprechender, in 1-Stellung unsubstituierter I-Deriv. mit Halogenalkylaminen in Ggw. von $NaNH_2$ in einem sd. Lsgm. (n = 1—5; R u. R[1] = H, Alkylreste oder gemeinsam ein heterocycl. Rest; X = H_2 oder O). — 5-Phenyl-7-chlor-3.5-dihydro-4.1-benzoxazepin-2-(1H)-one: *1-Diäthylaminoäthyl-*, F. 98—100° (PAe.). — *1-Piperidinoäthyl-*, F. 247°. — *1-[γ-Dimethylaminopropyl]-*, F. 88—91°. — *1-[3-(4′-Methyl-1′-piperazinyl)-propyl]-*, F. 108—110°. — *Sedativa* u. *Hypnotika*. (**Schwz. P. 433 313** vom 21/5. 1964, ausg. 30/9. 1967. Brit. Prior. 22/5. 1963.) — 2 S.

A. Jahn 4846

1411 Dr. A. Wander Akt.-Ges., Bern (Erfinder: Jean Schmutz, Muri, Fritz Hunziker, Bern, und Ernst Fischer, Bollingen), Schweiz, **Dibenz-[b.f]-[1.4]-thiazepin (I)-Derivate**, die in 11-Stellung durch $R^1N(R^2)-$ u. je Bzl.-Ring durch R[3] bzw. R[4] substituiert sind, bzw. deren 5-Oxoderiv. erhält man durch Aminierung entsprechender 11-Halogen-I-Deriv. [R[1] u. R[2] = H, ggf. im Arylrest Substituenten von gleicher Art wie R[3] enthaltende Aryl- oder Aralkylreste, C_{1-5}-Alkyl- oder Alkenylreste, die ggf. zusammen mit dem N-Atom einen weitere O-, S- oder N-Atome enthaltenden Ring bilden können, wobei das N-Atom H, Alkyl-, Hydroxyalkyl- oder Alkoxyalkylgruppen trägt, ferner unsubstituierte oder am N-Atom alkylierte Amino- oder Aminoalkylreste; R[3] u. R[4] = H, CF_3, Halogen, OH, C_{1-3}-Alkyl-, Alkoxy- oder Alkylmercaptoreste]. — *11-Piperidino-I*, F. 133 bis 134° (Ae.–PAe.). — *11-[4-Methylpiperazino]-I*, F. 102 bis 103° (Ae.–PAe.). — *11-Dimethylamino-I*, F. 121—122° (Aceton–PAe.). — *11-[β-(Dimethylamino)-äthylamino]-I*, F. 96—97° (Ae.–PAe.). — *11-[as-Dimethylhydrazino]-I*, F. 181—183° (Essigester–PAe.). — *11-Morpholino-I*, Kp.$_{0,07}$ 190—194°, *Hydrochlorid*, F. 190—213° (Methanol–Ae.). — *11-[4-Methylpiperazino]-6-chlor-I*, F. 82—88° (Ae.–PAe.). — *11-[γ-(Dimethylamino)-propylamino]-I*, F. 125—126° (Aceton–PAe.). — *11-[N-Methyl-N-(β-dimethylaminoäthyl]-I*, F. 89—90° (PAe.). — *11-Piperazino-I*, F. 122—124° (Aceton–PAe.). — *11-Hydrazino-I*, F. 119 bis 121° (Essigester–PAe.). — *11-Anilino-I*, F. 127 bis 128° u. 155—156° (Aceton–Ae.–PAe.). — *11-[p-Chloranilino]-I*, F. 154—155° (Aceton–Ae.–PAe.). — *11-[N-Methyl-N-(γ-dimethylamino)-propyl]-I*, F. 69—70° (PAe.). — *11-[5-(Diäthylamino)-amyl-(2)-amino]-I*, F. 76—77° (Ae.–PAe.). — *11-[4-Methylpiperazino]-8-methyl-I*, F. 152 bis 153° (Aceton–PAe.). — *11-[4-Methylpiperazino]-8-trifluormethyl-I, Dihydrochlorid*, F. 192° (Zers.); Isopropanol–Ae.). — *11-[4-Methylpiperazino]-8-chlor-I*, F. 166 bis 167° (Aceton–PAe.). — *11-[4-Methylpiperazino]-7-chlor-I*, F. 136—138° (Ae.–PAe.). — *11-[4-Methylpiperazino]-8-methoxy-I*, F. 116—118° (Aceton–PAe.). — *11-[4-Methylpiperazino]-3-chlor-I, Hydrochlorid*, Zers. > 215°. — *11-[4-Methylpiperazino]-3-methyl-I*, F. 92—95° (Ae.–PAe.). — *11-[4-Methylpiperazino]-2-chlor-I*, F. 118—120° (Ae.–PAe.). — *11-[4-Methylpiperazino]-7-methylmercapto-I*, F. 113—115° (Ae.–PAe.). — *11-[β-(Dimethylamino)-äthylamino]-2-chlor-I*, F. 54—60° (PAe.). — *11-Piperazino-2-chlor-I*, F. 132—134° (Ae.–PAe.). — *11-[4-(β-Hydroxyäthyl)-piperazino]-2-chlor-I, Hydrochlorid*, F. 194 bis 200° (Methanol–Ae.). — *11-[N-Methyl-N-(β-dimethylaminoäthyl)]-2-chlor-I, Hydrochlorid*, F. 196—197° (A.–Ae.). — *11-[γ-(Dimethylamino)-propylamino]-2-chlor-I*, F. 104—106° (Ae.–PAe.). — *11-[N-Methylanilino]-2-chlor-I*, F. 141—143° (Aceton–PAe.). — *11-Morpholino-2-chlor-I*, F. 148—150° (Aceton–PAe.). — *11-[4-Methylpiperazino]-2-methyl-I*, F. 99—107° (PAe.). — *11-Morpholino-2-methyl-I*, F. 147—148° (Aceton–PAe.). — *11-[4-Methylpiperazino]-2-brom-I*, F. 137—138° (Aceton–PAe.). — *11-[4-Methylpiperazino]-2-fluor-I*, F. 80—84° (PAe.). — *11-[4-Methylpiperazino]-4-methyl-I*, F. 149 150° (Aceton–PAe.). — *11-Piperidino-2-methoxy-I*, F. 116—117° (Ae.–PAe.). — *11-Morpholino-2-methoxy-I*, F. 174—175° (Aceton–PAe.). — *11-[4-(β-Methoxyäthyl)-piperazino]-2-chlor-I, Dihydrochlorid*, F. 215—255° (Methanol–Ae.). —

11-Amino-**I**, F. 176—178° (Essigester–PAe.). — *11-[p-Methoxyanilino]*-**I**, F. 158—160° (Aceton–PAe.). — *11-[4-(β-Hydroxyäthyl)-piperazino)*-**I**, *Hydrochlorid*, F. 230 bis 248° (Methanol–Ae.). — *11-[N-Methyl-N-(β-diäthylaminoäthyl)-amino]*-**I**, *Hydrochlorid*, F. 179—180° (Methanol–Ae.). — *Heilmittel*. (**Schwz. P. 422 798** vom 20/7. 1961, ausg. 29/4. 1967.) — 6 S. A. Jahn 4846

1412 Ciba Ltd., Basel, Schweiz, **Herstellung von Aminomethyl–Rutin-Verbindungen** erfolgt durch Rk. von Rutin oder eines Dimetallphenolats davon mit einem sek. Amin u. CH_2O bei > 60°. Beispiel: Rk. von Rutin, mit Dimethylamin u. CH_2O je nach Rk.-Bedingungen → *3-Rutinosido-5.7.3'.4'-tetrahydroxy-8-dimethylaminomethylflavonol*, $C_{30}H_{37}O_{16}N$, $[\alpha]_D$ —16°, u. *3-Rutinosido-5.7.3'.4'-tetrahydroxy-6.8-bis-[dimethylaminomethyl]-flavonol* $C_{33}H_{44}O_{16}N_2 \cdot 1\ H_2O$; $[\alpha]_D$ —15°, oder *3-Rutinosido-5.7.3'.4'-tetrahydroxy-6-[3''-rutinosido-5''.7''.3'''.4'''-tetrahydroxy-6''-dimethylaminomethylflavonol-(8'')-ylmethyl]-8-dimethylaminomethylflavonol*, $C_{61}H_{74}O_{32}N_2 \cdot 1\ H_2O$; $[\alpha]_D$ +86°. Analog folgende 3-Rutinosido-5.7.3'.4'-tetrahydroxyflavonole (**I**): *6-Dimethylaminomethyl*-**I**, $C_{30}H_{37}O_{16}N \cdot {}^1/_2\ H_2O$; $[\alpha]_D$ —11°; *8-Diäthylaminomethyl*-**I**, *6-Diäthylaminomethyl*-**I**, *6.8-Bis-[diäthylaminomethyl]*-**I**, *6-[6''-Diäthylaminomethyl-*-**I**-*(8'')-ylmethyl]-8-diäthylaminomethyl*-**I**, *6-Morpholinomethyl*-**I**, *8-Morpholinomethyl*-**I**, *6.8-Bis-[morpholinomethyl]*-**I**, *6-[6''-Morpholinomethyl*-**I**-*(8'')-ylmethyl]-8-morpholinomethyl*-**I**, *6-[*-**I**-*(8'')-yl-methyl]-8-dimethylaminomethyl*-**I**, $C_{38}H_{67}NO_{32}$, *8-[6''-Dimethylaminomethyl*-**I**-*(8'')-yl-methyl]-6-dimethylaminomethyl*-**I**. — *Arzneimittel*. (**Brit. P. 1 069 473** vom 2/2. 1965, ausg. 17/5. 1967. Schwz. Piror. 14/2., 15/4. u. 29/12. 1964.) — 23 S. R. Bauereis 4846

1413 Chemicals and Phosphates Ltd., Haifa, Israel, **Glycyrrhetinsäurephosphorsäuremonoester** erhält man durch Rk. von Glycyrrhetinsäure mit 17—25 (Mol) Phosphorsäure in Ggw. von 100—150 Harnstoff bei Temp. > 100°. *Heilmittel*. (**Brit. P. 1 080 400** vom 20/7. 1966, ausg. 23/8. 1967. Israel. Prior. 8/8. 1965.) — 3 S. R. Bollinger 4846

1414 Boehringer Ingelheim G. m. b. H., Ingelheim/Rh., **Substituierte N-Allylpiperidine** der allg. Formel I

I

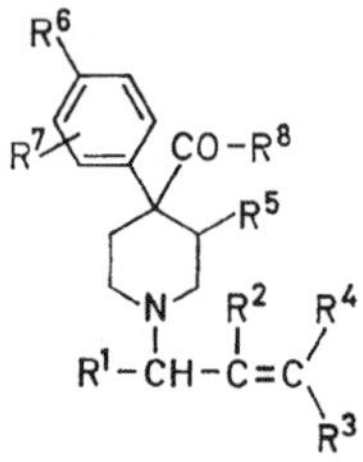

(R^1 u. R^5 = H, CH_3; R^2, R^3 u. R^4 = H, Cl, Br, CH_3; R^6 = H, Cl, CH_3; R^7 = H, F, Cl, Br, OH, CH_3; CH_3—O—, CH_3COO; R^8 = CH_3, C_2H_5, C_3H_7, CH_3—O—, C_2H_5—O—, C_3H_7—O—; dabei muß mindestens eine der Gruppen R^2, R^3, R^4 Halogen oder CH_3 sein) erhält man a) durch Einführung des substituierten Allylrestes an das am N-Atom nicht substituierte Piperidinderiv. oder b) durch Rk. der entsprechenden 4-Cyanpiperidine mit Grignard-Verb. oder Hydrolyse u. darauf folgende Veresterung. — 4-[2-Methylphenyl]-4-acetylpiperidin + 1.3-Dichlorpropen → *1-[3-Chlorallyl]-4-[2-methylphenyl]-4-acetylpiperidin*; *Hydrobromid*, F. 180—182°. — Analog folgende Piperidinhydrochloride: *1-[3-Chlorallyl]-4-[3-hydroxyphenyl]-4-acetyl-*, F. 184°. — *trans-1-[3-Chlorallyl]-4-[3-hydroxyphenyl]-4-methoxycarbonyl-*, F. 217—218°; *cis-Deriv.*, F. 197—198°. — *1-[3-Chlorallyl]-4-[3-hydroxyphenyl]-4-äthoxycarbonyl-*, F. 207°. — *1-[3-Chlorallyl]-4-[3-methoxyphenyl]-4-äthoxycarbonyl-*, F. 161,5°. — *cis-1-[3-Chlorallyl]-4-[3-acetoxyphenyl]-4-methoxycarbonyl-*, F. 173°. — *1-[3-Chlorallyl]-4-[2-methylphenyl]-4-propionyl-*, F. 215—217°. — *1-[3-Chlorallyl]-4-[3-methylphenyl]-4-acetyl-*, F. 208—210°. — *1-[3-Chlorallyl]-4-[3-methylphenyl]-4-propionyl-*, F. 204—207°. — *1-[3-Chlorallyl]-4-[3-methylphenyl]-4-methoxycarbonyl-*, F. 195—196°. — *trans-1-[3-Chlorallyl]-4-[3-methylphenyl]-4-äthoxycarbonyl-*, F. 209 bis 211°. — *cis-1-[3-Chlorallyl]-4-[3-methylphenyl]-4-äthoxycarbonyl-*, F. 140—142°. — *1-[3-Chlorallyl]-4-[4-methylphenyl]-4-acetyl-*, F. 221—225°. — *1-[3-Chlorallyl]-4-[4-methylphenyl]-4-propionyl-*, F. 223—228°. — *1-[3-Chlorallyl]-4-[4-methylphenyl]-4-methoxycarbonyl-*, F. 201 bis 203°. — *1-[3-Chlorallyl]-4-[4-methylphenyl]-4-äthoxycarbonyl-*, F. 194—197°. — *1-[3-Chlorallyl]-4-[3.4-dimethylphenyl]-4-propionyl-*, F. 227—230°. — *1-[3-Chlorallyl]-4-[3.4-dimethylphenyl]-4-methoxycarbonyl-*, F. 204—205°. — *1-[3-Chlorallyl]-4-[3.4-dimethylphenyl]-4-äthoxycarbonyl-*, F. 236—238°. — *trans-1-[3-Chlorallyl]-4-[2-chlorphenyl]-4-acetyl-*, F. 192—193°. — *trans-1-[3-Chlorallyl]-4-[2-chlorphenyl]-4-propionyl-*, F. 217—218°. — *1-[3-Chlorallyl]-4-[3-chlorphenyl]-4-acetyl-*, F. 192—193°. — *1-[3-Chlorallyl]-4-[3-chlorphenyl]-4-propionyl-*, F. 238—239°. — *1-[3-Chlorallyl]-4-[3-chlorphenyl]-4-methoxycarbonyl-*, F. 195 bis 197°. — *1-[3-Chlorallyl]-4-[3-chlorphenyl]-4-äthoxycarbonyl-*, F. 211—213°. — *1-[3-Chlorallyl]-4-[4-chlorphenyl]-4-acetyl-*, F. 198—200°. — *1-[3-Chlorallyl]-4-[4-chlorphenyl]-4-propionyl-*, F. 225—226°. — *1-[3-Chlorallyl]-4-[4-chlorphenyl]-4-methoxycarbonyl-*, F. 199—200°. — *1-[3-Chlorallyl]-4-[4-chlorphenyl]-4-äthoxycarbonyl-*, F. 219—221°. — *1-[3-Chlorallyl]-4-[3.4-dichlorphenyl]-4-propionyl-*, F. 218—219°. — *1-[3-Chlorallyl]-4-[3.4-dichlorphenyl]-4-methoxycarbonyl-*, F. 199—201°. — *1-[3-Chlorallyl]-4-[3.4-dichlorphenyl]-4-äthoxycarbonyl-*, F. 223—225°. — *1-[3-Chlorallyl]-4-[2.4-dichlorphenyl]-4-propionyl-*, F. 207—209°. — *1-[2-Chlorallyl]-4-[3-chlorphenyl]-4-methoxycarbonyl-*, F. 194—196°. — *1-[2-Bromallyl]-4-[3-methylphenyl]-4-methoxycarbonyl-*, F. 203—204°. — *1-[2-Bromallyl]-4-[3-methylphenyl]-4-äthoxycarbonyl-*, F. 177—178°. — *1-[2-Bromallyl]-4-[3-chlorphenyl]-4-methoxycarbonyl-*, F. 193—195°. — *1-[2-Bromallyl]-4-[4-chlorphenyl]-4-propionyl-*, F. 217 bis 219°. — *1-[2-Bromallyl]-4-[4-chlorphenyl]-4-methoxycarbonyl-*, F. 209—210°. — *1-[3.3-Dichlorallyl]-4-[3-methylphenyl]-4-acetyl-*, F. 235—238°. — *1-[3.3-Dichlorallyl]-4-[3-methylphenyl]-4-methoxycarbonyl-*, F. 218—219°. — *1-[3.3-Dichlorallyl]-4-[3-chlorphenyl]-4-methoxycarbonyl-*, F. 224—225°. — *1-[2.3-Dichlorallyl]-4-[3-chlorphenyl]-4-methoxycarbonyl-*, F. 221—222°. — *1-[3-Chlorallyl]-4-[3-hydroxyphenyl]-4-propionyl-*, F. 194°. — *1-[3-Chlorallyl]-4-[3-hydroxyphenyl]-4-butyryl-*, F. 214°. — *1-[3-Chlor allyl]-4-[3-hydroxyphenyl]-4-propoxycarbonyl-*, F. 198°. — *1-[3-Chlorallyl]-4-[3-methoxyphenyl]-4-propionyl-*, F. 163°. — *1-[3-Chlorallyl]-4-[3-methoxyphenyl]-4-äthoxycarbonyl-*, F. 161,5°. — *trans-1-[3-Chlorallyl]-4-[3-acetoxyphenyl]-4-methoxycarbonyl-*, F. 194°. — *1-[3-Chlorallyl]-4-[2-hydroxyphenyl]-4-methoxycarbonyl-*, F. 230°. — *1-[3-Chlorallyl]-4-[4-hydroxyphenyl]-4-methoxycarbonyl-*, F. 215°. — *1-[3-Chlorallyl]-3-α-methyl-4-[3-hydroxyphenyl]-4-propionyl-*, F. 107°. — *cis-1-[3-Chlorallyl]-3-α-methyl-4-[3-hydroxyphenyl]-4-methoxycarbonyl-*, F. 125—128°. — *trans-1-[3-Chlorallyl]-3-α-methyl-4-[3-hydroxyphenyl]-4-methoxycarbonyl-*, F. 154—158°. — *trans-1-[3-Chlorallyl]-3-β-methyl-4-[3-hydroxyphenyl]-4-methoxycarbonyl-*, F. 100 bis 103°. — *cis-1-[3-Chlorallyl]-3-β-methyl-4-[3-hydroxyphenyl]-4-methoxycarbonyl-*, F. 90—95°. — *1-[2-Chlorallyl]-4-[3-hydroxyphenyl]-4-acetyl-*, F. 185°. — *1-[2-Chlorallyl]-4-[3-hydroxyphenyl]-4-propionyl-*, F. 183°. — *1-[2-Chlorallyl]-4-[3-hydroxyphenyl)-4-methoxycarbonyl-*, F. 181°. — *1-[2-Chlorallyl]-4-[3-hydroxyphenyl]-4-äthoxycarbonyl-*, F. 189,5°. — *1-[3.3-Dichlorallyl]-4-[3-hydroxyphenyl]-4-acetyl-*, F. 207—208°. — *1-[3.3-Dichlorallyl]-4-[3-hydroxyphenyl]-4-propionyl-*, F. 218—219°. — *1-[3.3-Dichlorallyl]-4-[3-hydroxyphenyl]-4-methoxycarbonyl-*, F. 189—190°. — *1-[3.3-Dichlorallyl]-4-[3-hydroxyphenyl]-4-äthoxycarbonyl-*, F. 221—222°. — *1-[2.3-Dichlorallyl]-4-[3-hydroxyphenyl]-4-acetyl-*, F. 195—198°. — *1-[2.3-Dichlorallyl]-4-[3-hydroxyphenyl]-4-propionyl-*, F. 212—214°. — *1-[2.3-Dichlorallyl]-4-[3-hydroxyphenyl]-4-methoxycarbonyl-*, F. 207—209°. — *1-[2.3-Dichlorallyl]-4-[3-hydroxyphenyl]-4-äthoxycarbonyl-*, F. 229—231°. — *cis-1-[3-Bromallyl]-4-[3-hydroxyphenyl]-4-acetyl-*, F. 183°. — *trans-1-[3-Bromallyl]-4-[3-hydroxyphenyl]-4-acetyl-*, F. 195—197°. — *cis-1-[3-Bromallyl]-4-[3-hydroxyphenyl]-4-methoxycarbonyl-*, F. 197°. — *trans-1-[3-Bromallyl]-4-[3-hydroxyphenyl]-4-methoxycarbonyl-*, F. 212—214°. — *1-[2-Bromallyl]-4-[3-hydroxyphenyl]-4-acetyl-*, F. 179—180°. — *1-[2-Bromallyl]-4-[3-hydroxyphenyl]-4-propionyl-*, F. 180—181°. — *1-[2-Bromallyl]-4-[3-hydroxyphenyl]-4-methoxycarbonyl-*, F. 189—190°. — *1-[2-Bromallyl]-4-[3-hydroxyphenyl]-*

4-äthoxycarbonyl-, F. 187°. — 1-[3.3-Dibromallyl]-4-[3-hydroxyphenyl]-4-acetyl-, F. 222°. — 1-[3.3-Dibromallyl]-4-[3-hydroxyphenyl]-4-propionyl-, F. 233°. — 1-[3.3-Dibromallyl]-4-[3-hydroxyphenyl]-4-methoxycarbonyl-, F. 207°. — 1-[3.3-Dibromallyl]-4-[3-hydroxyphenyl]-4-äthoxycarbonyl-, F. 219°. — trans-1-[3-Chlorallyl]-4-[3-methoxyphenyl]-4-cyan-, F. 187°, → trans-1-[3-Chlorallyl]-4-[3-hydroxyphenyl]-4-carboxypiperidin, F. 273°; Hydrobromid, F. 222°, → trans-1-[3-Chlorallyl]-4-[3-hydroxyphenyl]-4-methoxycarbonylpiperidin, F. 141°; Hydrochlorid, F. 217°. — trans-1-[3-Chlorallyl]-4-[3-hydroxyphenyl]-4-acetyl-, F. 184°. — 1-[3.3-Dimethylallyl]-4-[3-chlorphenyl]-4-methoxycarbonyl-, F. 201—202°. — 1-[3.3-Dimethylallyl]-4-[3-methylphenyl]-4-acetyl-, F. 204—205°. — 1-[3.3-Dimethylallyl]-4-[3-methylphenyl]-4-propionyl-, F. 209 bis 212°. — 1-[3.3-Dimethylallyl]-4-[3-methylphenyl]-4-methoxycarbonyl-, F. 205—206°. — 1-[3.3-Dimethylallyl]-4-[3-methylphenyl]-4-äthoxycarbonyl-, F. 168—169°. — 1-[3.3-Dimethylallyl]-4-[4-methylphenyl]-4-acetyl-, F. 209 bis 210°. — 1-[3.3-Dimethylallyl]-4-[4-methylphenyl]-4-propionyl-, F. 193—194°. — 1-[3.3-Dimethylallyl]-4-[4-methylphenyl]-4-methoxycarbonyl-, F. 197—198°. — 1-[3.3-Dimethylallyl]-4-[4-methylphenyl]-4-äthoxycarbonyl-, F. 200 bis 201°. — 1-[3.3-Dimethylallyl]-4-[3.4-dimethylphenyl]-4-propionyl-, F. 213—215°. — 1-[3.3-Dimethylallyl]-4-[3.4-dimethylphenyl]-4-methoxycarbonyl-, F. 205—206°. — 1-[3.3-Dimethylallyl]-4-[3.4-dimethylphenyl]-4-äthoxycarbonyl-, F. 203—204°. — 1-[3.3-Dimethylallyl]-4-[3-chlorphenyl]-4-acetyl-, F. 219—221°. — 1-[3.3-Dimethylallyl]-4-[3-chlorphenyl]-4-propionyl-, F. 213—215°. — 1-[3.3-Dimethylallyl]-4-[3-chlorphenyl]-4-äthoxycarbonyl-, F. 172—175°. — 1-[3.3-Dimethylallyl]-4-[4-chlorphenyl]-4-acetyl-, F. 212—214°. — 1-[3.3-Dimethylallyl]-4-[4-chlorphenyl]-4-propionyl-, F. 205—206°. — 1-[3.3-Dimethylallyl]-4-[4-chlorphenyl]-4-methoxycarbonyl-, F. 214—216°. — 1-[3.3-Dimethylallyl]-4-[4-chlorphenyl]-4-äthoxycarbonyl-, F. 221—222°. — 1-[3.3-Dimethylallyl]-4-[3.4-dichlorphenyl]-4-propionyl-, F. 237—239°. — 1-[3.3-Dimethylallyl]-4-[3.4-dichlorphenyl]-4-methoxycarbonyl-, F. 199—202°. — 1-[3.3-Dimethylallyl]-4-[3.4-dichlorphenyl]-4-äthoxycarbonyl-, F. 226—227°. — 1-[2-Methylallyl]-4-[3-methylphenyl]-4-propionyl-, F. 201—203°. — 1-[2-Methylallyl]-4-[3-methylphenyl]-4-äthoxycarbonyl-, F. 173 bis 174°. — 1-[2-Methylallyl]-4-[4-methylphenyl]-4-acetyl-, F. 203—204°. — 1-[2-Methylallyl]-4-[3-bromphenyl]-4-acetyl-, F. 221—223°. — 1-[2-Methylallyl]-4-[3-bromphenyl]-4-methoxycarbonyl-, F. 213—214°. — 1-[2-Methylallyl]-4-[4-bromphenyl]-4-methoxycarbonyl-, F. 217—218°. — 1-[2-Methylallyl]-4-[3-chlorphenyl]-4-acetyl-, F. 226—228°. — 1-[2-Methylallyl]-4-[3-chlorphenyl]-4-propionyl-, F. 215 bis 217°. — 1-[2-Methylallyl]-4-[3-chlorphenyl]-4-methoxycarbonyl-, F. 217—218°. — 1-[2-Methylallyl]-4-[3-chlorphenyl]-4-äthoxycarbonyl-, F. 188—189°. — 1-[2-Methylallyl]-4-[4-chlorphenyl]-acetyl-, F. 212—215°. — 1-[2-Methylallyl]-4-[4-chlorphenyl]-4-propionyl-, F. 230—231°. — 1-[2-Methylallyl]-4-[4-chlorphenyl]-4-methoxycarbonyl-, F. 217 bis 218°. — 1-[2-Methylallyl]-4-[4-chlorphenyl]-4-äthoxycarbonyl-, F. 221—222°. — 1-[2-Methylallyl]-4-[3.4-dichlorphenyl]-4-propionyl-, F. 242—244°. — 1-[2-Methylallyl]-4-[3.4-dichlorphenyl]-4-äthoxycarbonyl-, F. 235 bis 238°. — 1-[2-Methylallyl]-4-[3-fluorphenyl]-4-methoxycarbonyl-, F. 215—216°. — 1-[1-Methylallyl]-4-[3-methylphenyl]-4-methoxycarbonyl-, F. 209—211°. — 1-[1-Methylallyl]-4-[3-methylphenyl]-4-äthoxycarbonyl-, F. 165—167°. — 1-[1-Methylallyl]-4-[4-chlorphenyl]-4-äthoxycarbonyl-, F. 199—200°. — 1-[3.3-Dimethylallyl]-4-[3-hydroxyphenyl]-4-acetyl-, F. 195°. — 1-[3.3-Dimethylallyl]-4-[3-hydroxyphenyl]-4-äthoxycarbonyl-, F. 222°. — 1-[3.3-Dimethylallyl]-4-[3-hydroxyphenyl]-4-propionyl-, F. 217°. — 1-[3.3-Dimethylallyl]-4-[3-hydroxyphenyl]-4-butyryl-, F. 235°. — 1-[3.3-Dimethylallyl]-4-[3-hydroxyphenyl]-4-methoxycarbonyl-, F. 205°. — 1-[3.3-Dimethylallyl]-4-[3-hydroxyphenyl]-4-propoxycarbonyl-, F. 214°. — 1-[3.3-Dimethylallyl]-4-[3-methoxyphenyl]-4-propionyl-, F. 165°. — 1-[3.3-Dimethylallyl]-4-[3-methoxyphenyl]-4-äthoxycarbonyl-, F. 171° — 1-[3.3-Dimethylallyl]-4-[2-hydroxyphenyl]-4-methoxycarbonyl-, F. 230°. — 1-[3.3-Dimethylallyl]-4-[4-hydroxyphenyl]-4-methoxycarbonyl-, F. 198°. — 1-[3.3-Dimethylallyl]-3α-methyl-4-[3-hydroxyphenyl]-4-propionyl-, F. 83°. — 1-[3.3-Dimethylallyl]-3α-methyl-4-[3-hydroxyphenyl]-4-methoxycarbonyl-, F. 142°. — 1-[3.3-Dimethylallyl]-4-phenyl-4-äthoxycarbonyl-, F. 194°. — 1-Crotyl-4-[3-hydroxyphenyl]-4-methoxycarbonyl-, F. 213°. — 1-Crotyl-4-[3-hydroxyphenyl]-4-äthoxycarbonyl-, F. 216°. — 1-Crotyl-4-[3-hydroxyphenyl]-4-propoxycarbonyl-, F. 210°. — 1-[2-Methylallyl]-4-[3-hydroxyphenyl]-4-methoxycarbonyl-, F. 185°. — 1-[2-Methylallyl]-4-[3-hydroxyphenyl]-4-äthoxycarbonyl-, F. 173°. — 1-[2-Methylallyl]-4-[3-hydroxyphenyl]-4-propoxycarbonyl-, F. 150°. — 1-Crotyl-4-[3-hydroxyphenyl]-4-acetyl-, F. 162°. — 1-Crotyl-4-[3-hydroxyphenyl]-4-propionyl-, F. 209°. — 1-Crotyl-4-[3-hydroxyphenyl]-4-butyryl-, F. 215,5°. — 1-[2-Methylallyl]-4-[3-hydroxyphenyl]-4-acetyl-, F. 120°. — 1-[2-Methylallyl]-4-[3-hydroxyphenyl]-4-propionyl-, F. 177°. — 1-[2-Methylallyl]-4-[3-hydroxyphenyl]-4-butyryl-, F. 192°. — 1-Crotyl-4-[2-hydroxyphenyl]-4-äthoxycarbonyl-, F. 222°. — 1-[2-Methylallyl]-4-[2-hydroxyphenyl]-4-äthoxycarbonyl-, F. 248°. — 1-Crotyl-4-[4-hydroxyphenyl]-4-äthoxycarbonyl-, F. 180,5°. — 1-[2-Methylallyl]-4-[4-hydroxyphenyl]-4-äthoxycarbonyl-, F. 212°. — 1-[1-Methylallyl]-4-[3-hydroxyphenyl]-4-propionyl-, F. 210°. — 1-[1-Methylallyl]-4-[3-hydroxyphenyl]-4-methoxycarbonyl-, F. 199°. — 1-[1-Methylallyl]-4-[2-hydroxyphenyl]-4-äthoxycarbonyl-, F. 226°. — 1-[2-Methylallyl]-3β-methyl-4-phenyl-4-methoxycarbonyl-, F. 194—196°. — 1-[2-Methylallyl]-3β-methyl-4-phenyl-4-äthoxycarbonyl-, F. 165—166°. — 1-[2-Methylallyl]-4-phenyl-4-propionyl-, F. 202—204°. — 1-[2-Methylallyl]-4-phenyl-4-äthoxycarbonyl-, F. 195—196°. — Ferner nachst. Piperidinhydrobromide: 1-[2-Bromallyl]-4-[2-methylphenyl]-4-acetyl-, F. 209—211°. — 1-[2-Bromallyl]-4-[3-methylphenyl]-4-acetyl-, F. 187—189°. — 1-[2-Bromallyl]-4-[4-methylphenyl]-4-acetyl-, F. 229—231°. — 1-[2-Bromallyl]-4-[4-methylphenyl]-4-methoxycarbonyl-, F. 215—217°. — 1-[2-Bromallyl]-4-[3-chlorphenyl]-4-acetyl-, F. 206—208°. — 1-[3.3-Dibromallyl]-4-[3-chlorphenyl]-4-methoxycarbonyl-, F. 230—232°. — 1-[3.3-Dimethylallyl]-4-[2-methylphenyl]-4-acetyl-, F. 175—178°. — 1-[3.3-Dimethylallyl]-4-[2-methylphenyl]-4-propionyl-, F. 186 bis 188°. — 1-[3.3-Dimethylallyl]-4-[2-chlorphenyl]-4-acetyl-, F. 121—123°. — 1-[3.3-Dimethylallyl]-4-[2-chlorphenyl]-4-propionyl-, F. 163—164°. — 1-[3.3-Dimethylallyl]-4-[2.4-dichlorphenyl]-4-propionyl-, F. 193—194°. — 1-[2-Methylallyl]-4-[2-methylphenyl]-4-acetyl-, F. 172—174°. — 1-[2-Methylallyl]-4-[2-methylphenyl]-4-propionyl-, F. 194 bis 196°. — 1-[2-Methylallyl]-4-[3-methylphenyl]-4-acetyl-, F. 199—201°. — 1-[2-Methylallyl]-4-[3-methylphenyl]-4-methoxycarbonyl-, F. 230—232°. — 1-[2-Methylallyl]-4-[4-methylphenyl]-4-propionyl-, F. 220—221°. — 1-[2-Methylallyl]-4-[4-methylphenyl]-4-methoxycarbonyl-, F. 219 bis 221°. — 1-[2-Methylallyl]-4-[4-methylphenyl]-4-äthoxycarbonyl-, F. 219—221°. — 1-[2-Methylallyl]-4-[3.4-dimethylphenyl]-4-propionyl-, F. 180—182°. — 1-[2-Methylallyl]-4-[3.4-dimethylphenyl]-4-methoxycarbonyl-, F. 225 bis 226°. — 1-[2-Methylallyl]-4-[3.4-dimethylphenyl]-4-äthoxycarbonyl-, F. 226—228°. — 1-[2-Methylallyl]-4-[2-chlorphenyl]-4-acetyl-, F. 148—150°. — 1-[3.3-Dimethylallyl]-4-[3-fluorphenyl]-4-methoxycarbonyl-, F. 223—224°. — 1-[3.3-Dimethylallyl]-4-[3-fluorphenyl]-4-äthoxycarbonyl-, F. 205—206°. — 1-Crotyl-4-[3-methylphenyl]-4-methoxycarbonyl-, F. 210—212°. — 1-Crotyl-4-[3-methylphenyl]-4-äthoxycarbonyl-, F. 172—175°. — 1-Crotyl-4-[3-fluorphenyl]-4-methoxycarbonyl-, F. 212—214°. — 1-Crotyl-4-[3-chlorphenyl]-4-acetyl-, F. 198—200°. — 1-Crotyl-4-[3-chlorphenyl]-4-methoxycarbonyl-, F. 211—213°. — 1-Crotyl-4-[3-chlorphenyl]-4-äthoxycarbonyl-, F. 172—175°. — 1-Crotyl-4-[4-chlorphenyl]-4-äthoxycarbonyl-, F. 200 bis 202°. — 1-[3.3-Dimethylallyl]-4-phenyl-4-methoxycarbonyl-, F. 224—225°. — 1-[3.3-Dimethylallyl]-4-phenyl-4-propionyl-, F. 219—220°. — 1-[3.3-Dimethylallyl]-4-phenyl-4-methoxycarbonyl-, F. 224—225°. — *Morphinantagonist. wirksame Heilmittel.* (**Brit. P. 1 076 581** vom 15/1. 1965, ausg. 19/7. 1967. D. Prior. 24/1. u. 21/2. 1964.) — 37 S.

O. Schön 4846

1415 J. R. Geigy Akt.-Ges., Basel (Erfinder: Walter Schindler, Riehen, und Daniel Prins, Oberwil), Schweiz, **Herstellung N-heterocyclischer Verbindungen** der allg. Formel I (X = CH_2-CH_2 oder CH=CH, Y u. Z = H, Halogen niederes Alkyl, m = 0—2, n = 0 bis 2, n' = 2—4, R = H) durch Behandeln von Verb. der allg. Formel I (R = niederes Alkyl) mit einem organ.

I 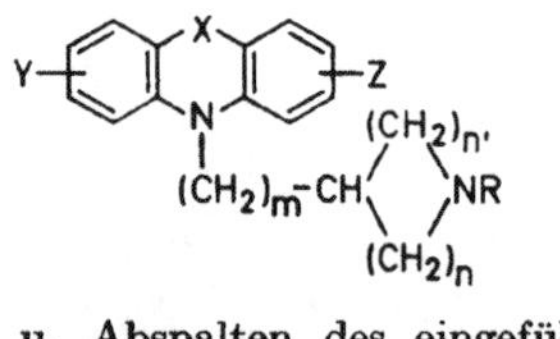

Säurehalogenid u. Abspalten des eingeführten Säurerestes. — Aus 5-[β-(1'-Methyl-2'-piperidinyl)-äthyl]-A (A = Iminodibenzyl) mit Chlorameisensäurediäthylester → 5-[β-(1'-Carbäthoxy-2'-piperidinyl)-äthyl]-A, mit wss. KOH in Diäthylenglykolmonoäthyläther 20 Std. gekocht → *5-[β-(2'-Piperidinyl)-äthyl]-A*, Kp.$_{0,05}$ 200°, *Fumarat*, F. 221—224°. — Analog: *5-[(4'-Piperidinyl)-methyl]-iminostilben* u. weitere Verb. ohne Angabe physikal. Kennzahlen. — *Pharmazeutika.* **(Schwz. P. 407 127** vom 19/2. 1962, ausg. 31/8. 1966.) — 3 S. C. Lüttgen 4846

1416 Parke, Davies & Co., Detroit, Mich., USA, **2-Phenoxy-2-phenylacetamide** der allg. Formel C_6H_5—O—CH[C_6H_5]—CO—NH—A—N[R^1]R^2 (A = Alkylenrest mit 2—7 C-Atomen, R^1 u. R^2 niedere Alkyl- oder Cycloalkylreste; R^1 + R^2 können zusammen Alkylenrest mit 4—9 C-Atomen sein, der mit dem N-Atom einen ggf. alkylsubstituierten Pyrrolidino- oder Piperidinorest bildet) erhält man durch Rk. von 2-Phenoxy-2-phenylessigsäure (bzw. deren Alkylester, Halogenid oder Amid) mit einem Diamin der allg. Formel H_2—N—A—N[R^1]R^2. — Man erhitzt z. B. 25,6 (g) 2-Phenoxy-2-phenylessigsäureäthylester mit 20,3 4-[2.6-Dimethylpiperidino]-butylamin 24 Std. auf 110° → *N-[4-(2.6-Dimethylpiperidino)-butyl]-2-phenoxy-2-phenylacetamid*, F. 81—83°. — Analog: (-2-phenoxy-2-phenylacetamid = I) *N-[5-(2.6-Dimethylpiperidino)-pentyl]-I*, F. 100—102°. — *N-[3-(2.6-Dimethylpiperidino)-propyl]-I*, F. 95—97,5°. — *N-[6-(2.6-Dimethylpiperidino)-hexyl]-I*, Kp.$_{0,16}$ 225,5—228°. — *N-[3-(2.5-Dimethylpyrrolidino)-propyl]-I*, F. 63—65,5°, Kp.$_{0,15}$ 206—208°. — *N-(3-(Cyclohexylisopropylamino)-propyl]-I*, Kp.$_{0,25}$ 225—226,5°. — *N-[3-(2.2.4.6-Tetramethylpiperidino)-propyl]-I*, Kp.$_{0,25}$ 221—222°. — *N-[3-(2-Äthylpiperidino)-propyl]-I*, Kp.$_{0,1}$ 212—213°. — *N-[3-(2-methylpiperidino)-propyl]-I*, Kp.$_{0,1}$ 196,5—198°. — *N-[7-(2.6-Dimethylpiperidino)-heptyl]-I*, F. 84—85,5°. — *N-[4-(Diisopropylamino)-butyl]-I*, F. 52—55°, Kp.$_{0,11}$ 203 bis 205°. — *N-[3-(5-Äthyl-2-methylpiperidino)-propyl]-I*, Kp.$_{01}$ 201—202°. — *N-[4-(2-Äthylpiperidino)-butyl]-I*, Kp.$_{0,15}$ 213°. — *N-[5-(2.6-Dimethylpiperidino)-3-methylpentyl]-I*, Kp.$_{0,15}$ 220°. — *N-[2-(Diisopropylamino)-äthyl]-I*, Kp.$_{0,05}$ 172—175°; *Hydrochlorid*, F. 159—161°. — *N-[3-(Diisopropylamino)-propyl]-I*, Kp.$_{0,22}$ 202—204°. — *N-[3-(Diäthylamino)-propyl]-I*, Kp.$_{0,2}$ 181—182°. — *N-[3-Piperidinopropyl]-I*, F. 62—64°. — *N-[3-Dimethylaminopropyl]-I; Hydrochlorid*, F. 148—149°. — *N-[2-(Diäthylamino)-äthyl]-I*, Kp.$_{0,1}$ 169—170°. — *N-[2-(2.6-Dimethylpiperidino)-äthyl]-I*, F. 117—119°. — *N-[3-Pyrrolidinopropyl]-I*, F. 63—64°. — *N-[2-Piperidinoäthyl]-I*, F. 62—64°. — *N-[2-(Dimethylamino)-äthyl]-I*, F. 101—102°. — *N-[4-(2.6-Diäthylpiperidino)-butyl]-I*, Kp.$_{0,3}$ 215—220°. — *N-[4-(2.6-Dimethylpiperidino)-butyl]-I*, F. 81—83°. — *N-[5-(2.6-Dimethylpiperidino)-pentyl]-I*, F. 100—102°. — Die Herst. der nachst. Ausgangsstoffe wird beschrieben: *5-[2.6-Dimethylpiperidino]-valeronitril*, Kp.$_{20}$ 164—166°, + Li·[AlH_4] → *5-[2.6-Dimethylpiperidino]-pentylamin*, Kp.$_{0,25}$ 86—88°. — *4-[2.6-Dimethylpiperidino]-butyronitril*, Kp.$_{14}$ 140—150°, → *4-[2.6-Dimethylpiperidino]-butylamin*, Kp.$_{16}$ 130—134°. — *6-[2.6-Dimethylpiperidino]-capronitril*, Kp.$_{16}$ 169—172°, → *6-[2.6-Dimethylpiperidino]-hexylamin*, Kp.$_{20}$ 159—164°. — *7-[2.6-Dimethylpiperidino]-önanthonitril*, Kp.$_{17}$ 179—189°, → *7-[2.6-Dimethylpiperidino]-heptylamin*, Kp.$_{0,16}$ 92—94°. — *4-[Diisopropylamino]-butyronitril*, Kp.$_{17}$ 97—103°, → *4-Diisopropylamino]-butylamin*, Kp.$_{17}$ 97—107°. — *4-[2-Äthylpiperidino]-butyronitril*, Kp.$_{12}$ 138—142°, → *4-[2-Äthylpiperidino]-butylamin*, Kp.$_{12}$ 126—127°. — *4-[2.6-Diäthylpiperidino]-butyronitril*, Kp.$_{8}$ 145—149°, → *4-[2.6-Diäthylpiperidino]-butylamin*, Kp.$_{8}$ 134—136°. — *3-[2.5-Dimethylpyrrolidino]-propionitril*, Kp.$_{11}$ 98—100°, → *3-[2.5-Dimethylpyrrolidino]-propylamin*, Kp.$_{10}$ 81—83°. — *3-[Cyclohexylisopropylamino]-propionitril*, Kp.$_{9}$ 141—143°, → *3-[Cyclohexylisopropylamino]-propylamin*, Kp.$_{9}$ 124 bis 127°. — *3-[2.2.4.6-Tetramethylpiperidino]-propionitril*, Kp.$_{8}$ 130—131°, → *3-[2.2.4.6-Tetramethylpiperidino]-propylamin*, Kp.$_{8}$ 121—122°. — *3-[2-Äthylpiperidino]-propionitril*, Kp.$_{12}$ 131—132°, → *3-[2-Äthylpiperidino]-propylamin*, Kp.$_{12}$ 113—115°. — *3-[5-Ätyhl-2-methylpiperidino]-propionitril*, Kp.$_{0,15}$ 78—80°, → *3-[5-Äthyl-2-methylpiperidino]-propylamin*, Kp.$_{40}$ 122—123,5°. — *2-[2.6-Dimethylpiperidino]-acetonitril*, Kp.$_{14}$ 103—105°, → *2-[2.6-Dimethylpiperidino]-äthylamin*, Kp.$_{14}$ 99—105°. — *5-[2.6-Dimethylpiperidino]-3-methylpentylamin*, Kp.$_{0,1}$ 78 bis 78,5°. — *2.6-Diäthylpiperidin*, Kp.$_{9}$ 52—54°. — Gegen *Herzarrhythmien wirksame Heilmittel.* **(Brit. P. 1 071 239** vom 22/4. 1966, ausg. 7/6. 1967. U. S. Prior. 23/4. 1965.) — 6 S. O. Schön 4846

1417 Chas. Pfizer & Co., Inc., New York, N.Y., USA, **Herstellung von 1-Acetyl-2-picolinoylhydrazin,** F. 175 bis 177,5°, durch Rk. von Picolinsäurehydrazid mit Essigsäureanhydrid. — *Karzinostatikum.* **(Brit. P. 1 065 988** vom 28/3. 1966, ausg. 19/4. 1967. U. S. Prior. 6/4. 1965.) — 4 S. R. Bauereis 4846

1418 F. Hoffmann-La Roche & Co. Akt.-Ges., Basel, Schweiz, **Herstellung von 2-Amidino-1.2.3.4-tetrahydroisochinolinen** erfolgt durch Rk. der Isochinoline mit einem Mittel (Cyanamid, Harnstoff, Isothioharnstoff), das mit der Aminogruppe eine Amidinogruppe bildet. — Durch Rk. von 6-Hydroxy-7-methoxy-1.2.3.4-tetrahydroisochinolinhydrochlorid mit Cyanamid in Xylol erhält man das *2-Amidino-6-hydroxy-7-methoxy-1.2.3.4-tetrahydroisochinolinhydrochlorid*, F. 248°. — Analog: *2-Amidino-6-methoxy-7-hydroxy-1.2.3.4-tetrahydroisochinolin-hydrochlorid*, F. 228°. — *Blutdrucksenkende Mittel.* **(Brit. P. 1 057 280** vom 17/9. 1965, ausg. 1/2. 1967. U. S. Prior. 21/9. 1964.) — 4 S. R. Bauereis 4846

1419 Chas. Pfizer & Co., Inc., New York, N.Y., USA, **Isomerisierung von Vitamin A, Neovitamin A und deren Ester** erfolgt durch Behandeln mit J_2 in Ggw. eines Amins u. Lsgm. bei 0—115°, wodurch die 6-cis-Isomeren nur in geringem Maße gebildet werden. — Aus Vitamin-A-acetat erhält man durch Behandeln mit J_2 in Py. bei 56° u. dann durch Rk. mit Palmitinsäuremethylester in Ggw. von 20 %ig. NaOH in CH_3OH das *Vitamin-A-palmitat.* **(Brit. P. 1 053 574** vom 4/8. 1964, ausg. 4/1. 1967. U. S. Prior. 24/4. 1964.) — 9 S. R. Bollinger 4847

1420 Tanabe Seiyaku Co. Ltd., Osaka, Japan (Erfinder: Kontaro Okumura und Tadayuki Moritani), **Herstellung von Pyridoxal-5'-orthophosphat** (I) durch Rk. von N-[2-Methyl-3-hydroxy-5-hydroxymethyl-4-pyridylmethyliden]-hydrazin, bes. während $^1/_2$—6 Std. bei 30—60°, mit Polyphosphorsäure, Hydrolyse des Polyphosphorsäureesters mit 0,1 n HCl zum Orthophosphorsäureester, worauf die Hydrazongruppe durch Rk. mit HNO_2 abgespalten wird. — Man erhitzt z. B. 19,5 (g) 85 %ig. H_3PO_4, 1 Std. auf 15 P_2O_5 auf dem W.-Bad, gibt 3 Pyridoxalhydrazon zu u. erwärmt 4 Std. auf 50°. Der so entstandene Polyphosphorsäureester wird mit HCl auf pH 3—4 angesäuert u. bei 0° stehengelassen → 2,3 (= 49 %) I-*hydrazon*, $C_8H_{12}N_3O_5P \cdot H_2O$, F. 226 bis 227° (Zers.). Von vorst. Verb. löst man 5,6 in 1 l n-HCl, fügt 4,1 Isoamylnitrit zu → 4,4 (= 82 %) I, F. 139—142° (Zers.). — Dient zur *Vitamin-B6-Therapie.* **(Brit. P. 1 076 910** vom 14/4. 1956, ausg. 26/7. 1967.) — 3 S. O. Schön 4847

1421 Roussel-Uclaf, Paris, Frankreich, **21-Dicyclohexylmethoxycarbonyloxy-20-oxosteroide der Pregnanreihe.** Zu F. P. [Méd.] 3244; C. **1968**, 24-1808 ist nachzutragen: *11β.17α-Dihydroxy-21-dicyclohexylmethoxycarbonyloxypregna-1.4-dien-3.20-dion*, $C_{35}H_{50}O_7 \cdot 0{,}5$ Mol H_2O, F. 245—248°; $[\alpha]_D^{20}$ + 93,3 ± 1,5° (c = 1 % Dioxan); *6α-Methylderiv.*, λ_{max} 238 mμ; ε = 14500. — *17α-Hydroxy-21-dicyclohexylmethoxycarbonyloxypregn-4-en-3.11.-20-trion*, λ_{max} 237 mμ; ε = 14200. — *Antiphlogistika* mit *protahierter* Wirkung. **(Brit. P. 1 068 099** vom 21/12. 1964, ausg. 10/5. 1967. F. Prior. 19/12. 1963, 2/1. u. 3/3. **1964.)** — 6 S. W. Gengenbach 4847

1422 Roussel-Uclaf, Paris, Frankreich, **Herstellung von 20-Acyloxy-4.5-seco-19-nor-pregna-9.11-dien-3.5-dionen und 3.20-Dioxo-19-nor-4.9.11-pregnatrien.** Zu D. A. S.

1 242 612; C. **1968, 14**-1736 ist nachzutragen: *3-Chlor-20ξ-acetoxy-4.5-seco-19-norpregna-2.9-dien-5-on*, IR-Spektrum 1725 u. 1250 cm^{-1} (Acetat); 1655 cm^{-1} (konjugiertes Keton); 1600 cm^{-1} konjugierte Doppelbindung); 9,6% Cl. — *3-Chlor-20ξ-acetoxy-4.5-seco-19-norpregna-2.9.11-trien-5-on*, λ_{max} 291 mμ; E = 448; ε = 16900. — *20ξ-Acetoxy-4.5-seco-19-norpregna-9.11-dien-3.5-dion*, λ_{max} 290—291 mμ, E = 642; ε = 23000. — *20ξ-Acetoxy-19-norpregna-4.9.11-trien-3-on*, λ_{max} 237 u. 340 mμ; $E_1{}^1$ = 175 bzw. 714; ε = 24300. — *Heilmittel.* (**Brit. PP. 1 067 345** u. **1 067 346** vom 8/10. 1964, ausg. 3/5. 1967. Beide F. Prior. 8/10. 1963.) — 11 S. — 2 S.

W. Gengenbach 4847

1423 Roussel-Uclaf, Paris (Erfinder: Daniel Bertin, Montrouge/Seine, und Jacques Perronnett, Paris), Frankreich, **ω-[3-Oxo-16β-oder-17β-hydroxy-4-androsten-16α- bzw. -17α-yl]-propionsäurelacton.** Zu F. P. 1 334 968, C. **1967,** 39-1742 ist nachzutragen: Die epimere Form A von *3-Oxo-1'.17β-epoxy-17β-(1'ξ-hydroxypropyl)-4-androsten*, $C_{22}H_{32}O_3$, F. 210°; $[\alpha]_D{}^{20}$ +18° (c = 1%, Dioxan), wird durch langsames Umkristallisieren des Epimerengemisches aus Bzl. erhalten. — Formelbilder. — *Heilmittel.* (**Schwz. P. 485 262** vom 10/4. 1963, ausg. 31/10. 1967. F. Prior. 18/4. u. 7/12. 1962.) — 7 S.

W. Gengenbach 4847

1424 Roussel-Uclaf, Paris, Frankreich, **Herstellung von 3.17-Dioxo-5(10),9(11)-östratrien u. $\Delta^{4,9}$-3-Oxo-11β-hydroxy-19-norsteroiden.** Zu D. A. S. 1 229 526; C. **1967,** 49/50-1611 ist nachzutragen: Die Krist. von *11β.17β-Dihydroxyöstra-4.9-dien-3-on*, $C_{18}H_{24}O_3$, aus 25 Teilen Äthylacetat, dann aus 18 Teilen Aceton ergibt eine Ausb. von 84,2%; F. 180°; $[\alpha]_D{}^{20}$ +40° (c = 0,5%, Dimethylformamid). — *Heilmittel.* (**Brit. PP. 1 074 491** vom 12/6. 1964, ausg. 5/7. 1967. F. Prior. 10/7., 10/7., 22/10. 1963, 17/1. u. 15/4. 1964, u. **1 074 495** vom 12/6. 1964, ausg. 5/7. 1967. F. Prior. 10/7. 1963.) — 12 S. — 3 S.

W. Gengenbach 4847

1425 Roussel-Uclaf, Paris, Frankreich, **3.11β.17β-Trihydroxy-17α-äthinyl-1.3.5(10)-östratrien und -3-äther bzw. -3-ester.** Zu D. A. S. 1 235 315; C. **1968,** 12-1671 ist nachzutragen: Eine Lsg. von 11β.17β-Dihydroxy-17α-äthinylandrosta-1.4-dien in Vaselinöl wird mit einer Geschw. von 10 cm^3/Min. durch ein auf 600° erhitztes Glasrohr geleitet u. mit Ae. verd.; nach der Extraktion mit Methylenchlorid, Chromatographie an Mg-Silicat u. Elution mit einer 15%ig. Lsg. von Skellysolve B in Aceton → *3.11β.17β-Trihydroxy-17α-äthinylöstra-1.3.5(10)-trien*, F. 294° (aus Äthylacetat). — *Östrogene.* (**Brit. P. 1 074 493** vom 12/6. 1964, ausg. 5/7. 1967. F. Prior. 12/6., 10/7., 10/7. 1963 u. 17/1. 1964.) — 7 S.

W. Gengenbach 4847

1426 Roussel-Uclaf, Soc. An., Paris, Frankreich, **Herstellung von Pyrazolosteroiden** durch Kondens. eines 16-Hydroxymethylen-17-oxo-$\Delta^{1.3.5,10}$-östratriens mit Hydrazin. — Man rührt z. B. 2 (g) 3-Methoxy-16-hydroxymethylen-17-oxo-$\Delta^{1.3.5,10}$-östratrien in 20 cm^3 A. bei 30° mit 2,44 $N_2H_4 \cdot H_2O$ → *3-Methoxy-17-hydroxy-***I** (**I** = $\Delta^{1.3.5(10)}$*-östratrien-[16c-17]-dihydropyrazol*), F. 174—176°, $[\alpha]_D{}^{20}$ +163,5° (c = 1 in $CHCl_3$). — Analog: *3-Chlor-17-hydroxy-***I**, F. ca. 120°. — *2-Methyl-3-methoxy-17-hydroxy-***I**. — *3-Methoxy-17-hydroxy-$\Delta^{1.3.5(10).9(11)}$-östratetraen-(16c-17]-dihydropyrazol.* — *2-Fluor-3.17-dihydroxy-***I**. — *Pharmazeutika.* (**Niederl. P. 123 296** vom 21/7. 1965, ausg. 15/11. 1967. F. Prior. 22/7. 1964.) — 5 S.

F. Böhm 4847

1427 Herchel Smith, Wayne, Pa., USA (Erfinder: Gordon Alan Hughes und Herchel Smith), **D-Homoverbindungen der 1.3.5(10)-13-Alkylgonatrienreihe.** Man cyclisiert z. B. das durch Michael-Addition aus 2-Äthylcyclohexan-1.3-dion, 6-m-Methoxyphenylhex-1-en-3-on u. 1-Diäthylamino-6-m-methoxyphenylhexan-3-on erhaltene 2-Äthyl-2-(6'-m-methoxyphenyl-3'-oxohexyl)-cyclohexan-1.3-dion mit Polyphosphorsäure → *13β-Äthyl-D-homo-3-methoxygona-1.3.5(10)8.14-pentaen-17a-on*, F. 90—92°, welches sich durch katalyt. Hydrierung in Ggw. von Pd-$CaCO_3$ in Tetrahydrofuran überführen läßt → *13β-Äthyl-D-homo-3-methoxygona-1.3.5(10).8-tetraen-17a-on* (**I**), F. 109—112°; daraus durch Red. mit $NaBH_4$ → *13β-Äthyl-D-homo-3-methoxygona-1.3.5(10).8-tetraen-17aβ-ol* (**II**), F. 111—116°. — **I** + CH_3MgBr → *13β-Äthyl-D-homo-3-methoxy-17aα-methylgona-1.3.5(10).8-tetraen-17aβ-ol*, F. 117—123°. — **I** läßt wie üblich äthinylieren → *13β-Äthyl-17aα-äthinyl-D-homo-3-methoxygona-1.3.5(10).-8-tetraen-17aβ-ol*, F. 80—90°: daraus durch übliche katalyt. Hydrierung → *13β.17aα-Diäthyl-D-homo-3-methoxygona-1.3.5(10).8-tetraen-17aβ-ol*, F. 165—170°. — **II** + Li in fl. NH_3/Tetrahydrofuran → *13β-Äthyl-D-homo-3-methoxygona-1.3.5(10)-trien-17aβ-ol*, F. 103—105°. — Analog: *13β-Äthyl-D-homo-3-methoxy-17aα-methylgona-1.3.5.-(10)-trien-17aβ-ol*, F. 153—163°. — *13β.17aα-Diäthyl-D-homo-3-methoxygona-1.3.5(10)-trien-17aβ-ol*, F. 145 bis 147°. — *D-Homo-3-methoxy-13β-n-propylgona-1.3.5(10).-8.14-pentaen-17a-on*, F. 86—90°. — *D-Homo-3-methoxy-13β-n-propylgona-1.3.5(10).8-tetraen-17a-on*, F. 146 bis 148°. — *D-Homo-3-methoxy-13β-n-propylgona-1.3.5(10).8-tetraen-17aβ-ol*, F. 122—124°. — *D-Homo-3-methoxy-13β-n-propylgona-1.3.5(10)-trien-17aβ-ol*, F. 122—124° Alle vorst. Verb. liegen in der (±)-Form vor. — Zwischenprod. zur Herst. von *Heilmitteln.* (**Brit. P. 1 054 261** vom 10/5. 1963, ausg. 11/1. 1967. **Zusatz zu Brit. P. 975 596; C. 1966, 37-1855.**) — 5 S.

U. Sievers 4847

1428 Warner Lampert Pharmaceutical Co., Morris Plains, N.J., USA, **Wasserlösliche Derivate des Acylphenyl-acylamino-1.3-propandiols** erhält man durch Rk. eines Acylphenyl-1.3-propandiols mit Palmitoylchlorid, oder Palmitoyloxyacetylchlorid oder mit Bernsteinsäureanhydrid. — Beispiel: Durch Rk. von D-Threo-1-[p-acetylphenyl]-2-[2.2-dichloracetamido]-1.3-propandiol mit Bernsteinsäureanhydrid erhält man das *D-Threo-1-[p-acetylphenyl]-2-[2.2-dichloracetamido]-1.3-propandiol-3-hemisuccinat*, F. 123—124°, $C_{17}H_{19}NO_7$. Analog *D-Threo-1-[p-acetylphenyl]-2-[2.2-dichloracetamido]-1.3-propandiol-3-palmitat*, F. 80,5—82,5°, $C_{29}H_{45}NCl_2O_5$, Ausb. 75%. — *Antibiotika.* (**Brit. P. 1 065 126** vom 16/2. 1966, ausg. 12/4. 1967. U. S. Prior. 26/4. 1965.) — 3 S.

R. Bauereis 4848

1429 Sandoz Akt.-Ges., Basel (Erfinder: Jürg Rutschmann, Oberwil, und Emil Schreier, Basel), Schweiz, **Herstellung von Aryltetralylaminen** der allg. Formel **I**; einer oder beide aromat. Ringe sind ggf. durch

I

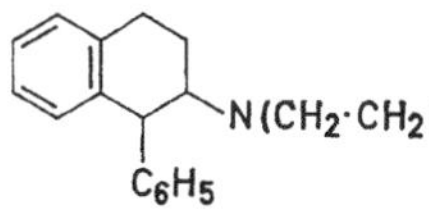

1, 2 oder 3 Alkoxygruppen oder eine Methylendioxygruppe substituiert. Man überführt Verb. der Formel **I**, in denen statt des Aminorestes die Gruppe —COOX enthalten ist (X = H oder Alkyl) in 1-Aryl-2-aminotetraline, setzt diese durch Kondens. mit Äthylenoxid in die Bis-β-[hydroxyäthyl]-aminderiv. um u. erhält aus diesen durch Chlorierung die Verb. der Formel **I**. Mit organ. oder anorgan. Säuren erhält man entsprechende Salze. — 1-[3'.4'.5'-Trimethoxyphenyl]-6.7-methylendioxytetralin-2-carbonsäuremethylester gibt mit sd. Hydrazin das *Hydrazid*, F. 188 bis 189°, das mit $NaNO_2$ in HCl/Eisessig das *Azid* gibt; dieses liefert mit Benzylalkohol in sd. Toluol das → *Benzylurethan*, F. 182—183°; letzteres gibt mit H_2 in Ggw. von Pd/C in Eisessig → *1-[3'.4'.5'-Trimethoxyphenyl]-6.7-methylendioxy-2-aminotetralin*, F. 152—153°, *Hydrochlorid*, F. 174—175°; daraus mit Äthylenoxid in CH_3OH bei 60° → *1-[3'.4'.5'-Trimethoxyphenyl]-6.7-methylendioxy-2-[bis-β-hydroxyäthyl]-aminotetralin*, F. 208 bis 209°; mit $SOCl_2$ in CH_2Cl_2 bei 60° erhält man *1-[3'.4'.5'-Trimethoxyphenyl]-6.7-methylendioxy-***II** (**II** = *2-[bis-β-chloräthyl]-aminotetralin*), F. 140—141°, *Hydrochlorid*, F. 208—209°; — analog: *1-[3' 4' 5'-Trimethoxyphenyl]-6.7-dimethoxy-***II**, F. 123—124°, *Hydrochlorid*, F. 208 bis 210°; — *1-[3'.4'-Dimethoxyphenyl]-5.6.7-trimethoxy-***II**, *Hydrochlorid*, F. 166°; — *1-[3'.4'-Dimethoxyphenyl]-6.7-dimethoxy-***II**, *Hydrochlorid*, F. 195—197°; — *1-Phenyl-***II**, F. 80—81°. — *Antibiotika* mit zytostat. u. mitostat. Wrkg., breitem Wirkungsspektrum u. geringer Toxizität. (**Schwz. P. 427 780** vom 30/8. 1962, ausg. 14/7. 1967.) — 7 S.

H. Roos 4848

1430 Bristol-Myers Co., East Syracuse, N. Y., USA, **Thiopenicilline** der allg. Formel **I**, (Thiolform) u. deren Tautomere (Thionform) erhält man durch Rk. der ent-

I 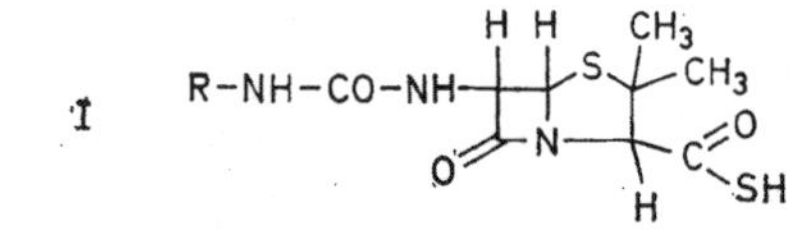

sprechenden Penicilline, nach Überführung in die Anhydride oder Säurechloride, mit Sulfhydrylverb. (H_2S, NaHS) [R = $-CO-$(oder $-C_nH_{2n}$) $-C_6H(R^1)(R^2)(R^3)\cdot(R^4)$; R^1-R^4 = H, Cl, Br, F, J, NO_2, $SO_2NH_2CF_3$, niedrigmol. Alkyl, Alkoxy, Alkylmercapto, Dialkylamino, Alkanoylamino, Alkanoyl, Alkylsulfonyl, C_5-C_7-Cycloalkyl, C_5-C_7-Cycloalkoxy, $-C_nH_{2n}-C_6H_2(R^5)(R^6)R^7$; R^5-R^7 = H, Cl, Br, J, F, NO_2, niedrigmol. Alkyl, Alkoxy, Alkylmercapto, Dialkylamino, Alkanoylamino, Alkanoyl, Alkylsulfonyl, C_5-C_7-Cycloalkyl, Phenyl, Benzyl, Phenäthyl, CF_3]. — *K-6-(Benzoylureido)-thiopenicillanat*, $C_{16}H_{16}N_3O_4S_2K$, F. 142–164° (Zers.). Weitere Verb. ohne Kennzahlen. *Bakterizide*, bes. gegen Staphylokokken. (**Brit. P. 1 078 078** vom 4/9. 1964, ausg. 2/8. 1967. U. S. Prior. 4/9. 1963.) — 8 S. A. Jahn 4848

1431 Bristol-Myers Co., Syracuse, N.Y., USA, **Thiopenicilline** der allg. Formel **I** (Thiolform) bzw. deren tau-

I 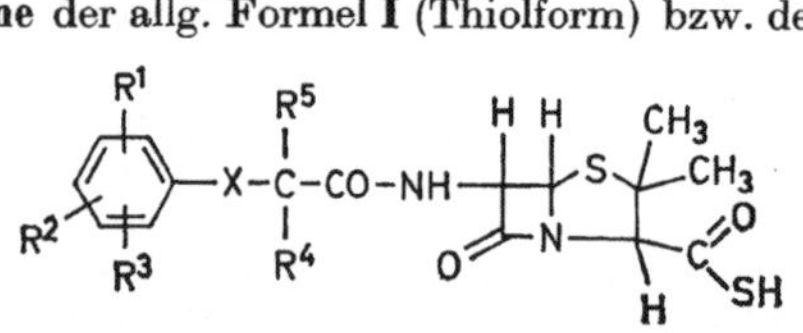

tomere (Thionform) erhält man durch Überführen der entsprechenden Penicilline in die Anhydride, Säurechloride oder Säurebromide u. nachfolgende Rk. mit Sulfhydrylverb. (H_2S, NaHS) [R^1, R^2 u. R^3 = H, Halogen, niedrigmol. Alkyl, Alkoxy; R^4 u. R^5 = H, niedrigmol. Alkyl; X = S, O]. — Es wurden erhalten: K-Thiopenicillanate: *6-Phenylmercaptoacetamido-*, $C_{16}H_{17}N_2O_3S_3K$, F. 220–225° (Zers.). — *6-(4-Methoxyphenylthioacetamido)-*, $C_{18}H_{19}N_2O_4S_3K\cdot H_2O$, F. 210–212° (Zers.). — *6-Phenoxyacetamido-*, $C_{16}H_{17}N_2O_4S_2K$, F. 196–207° (Zers.; aus n-Butanol). — *6-(DL-α-Phenoxypropionamido)-*, $C_{17}\cdot H_{19}N_2O_4S_2K\cdot 2\,H_2O$, F. > 240° (Zers.). — *6-(D-α-Phenoxypropionamido)-*, $C_{17}H_{19}N_2O_4S_2K$, F. > 195° (Zers.). — *6-(L-α-Phenoxypropionamido)-*, $C_{17}H_{19}N_2O_4S_2K$, F. >215° (Zers.). — *6-(α-Isopropylphenoxyacetamido)*. — *6-[D(+)-α-Phenoxybutyramido]-*, F. 140–146° (Zers.). — *6-[L(−)-α-Phenoxybutyramido]-*, F. 155–160° (Zers.). — *Bakterizide*. (**Brit. P. 1 079 741** vom 3/9. 1964, ausg. 16/8. 1967. U. S. Prior. 4/9. 1963.) — 9 S. A. Jahn 4848

1432 Bristol-Myers Co., East Syracuse, N.Y., USA, **Herstellung von 6-Aminothiopenicillansäure (I) und Thiopenicillinen (II)** der allg. Formel $R-CH(NH_2)-A$ [A = über die Aminogruppe gebundener Rest von **I**; R = $-C_6H_2(R^1)(R^2)-R^3$; durch R^4 u. R^5 substituierter Naphthylrest oder durch R^6, R^7 u. R^8 substituierter Thienylrest; R^1, R^2 u. R^3 = H, Cl, Br, F, J, NO_2, $SO_2\cdot NH_2$, CF_3, niederer Alkyl-, Alkoxy-, Alkylmercapto-, Dialkylamino-, Alkanoylamino-, Alkanoyl-, Alkanoyloxy-, Alkylsulfonyl-, Phenyl- oder Benzylrest; R^4 u. R^5 = H, Cl, Br, F, J, CF_3, niederer Alkyl-, Alkoxy- oder Alkanoylaminorest, Phenoxy- oder Benzyloxyrest; R^6, R^7 u. R^8 = H, Cl, Br, F, J, NO_2, niederer Alkyl-, Alkoxy-, Alkylmercapto-, Dialkylamino-, Alkanoylamino-, Alkanoyl-, Alkylsulfonylrest, Phenyl-, Phenoxy-, Benzyloxy-, C_5 bis C_7-Cycloalkyl- oder C_5-C_7-Cycloalkoxyrest]. **I** erhält man aus 6-Aminopenicillansäure durch Schutz der Aminogruppe (Chlorkohlensäureester), Rk. mit NaHS u. Entfernung der Schutzgruppe durch katalyt. Hydrierung. **I** kann durch Acylierung in **II** umgewandelt werden. Man kann auch entsprechende Penicilline, nach Überführung der 3-Carboxylgruppe in reaktive Acylderiv. (Anhydride, Säurechloride) mit Sulfhydrylverb. (H_2S, NaHS) umsetzen. — Es wurden erhalten: **I**, ferner folgende Thiopenicillansäuren: *6-[α-Aminophenylacetamido]-*. — *DL-6-[α-Amino-(2-thienyl)-acetamido]-*. — *6-[D-(−)-α-Aminophenylacetamido]-*. — Aufzählung weiterer Verbindungen. — *Antibiotika*. (**Brit. P. 1 078 077** vom 3/9. 1964, ausg. 2/8. 1967. U. S. Prior. 4/9. 1963.) — 13 S. A. Jahn 4848

1433 Ciba Ltd., Basel, Schweiz, **Cephalosporansäurederivate** der allg. Formel $R-NH-CO-NH-CH\cdot(CO_2H)-(CH_2)_3CO-NH-A$ erhält man durch Rk. von Cephalosporin C mit Isocyansäureestern u. ggf. W.-Abspaltung zwecks Bldg. eines Imidazolidinrings [R = Alkyl-, Arylrest; ggf. ist die an R gebundene NH-Gruppe mit der CO_2H-Gruppe zum 2.5-Dioxoimidazolidinring gebunden; A = in 7-Stellung gebundener Rest von Cephalosporansäure (**I**). Es wurden erhalten: *N-(Phenylcarbamyl)-cephalosporin C*. — *7-[4-(1-Phenyl-2.5-dioxoimidazolidin-4-yl)-butyryl]-amino-***I**. — *N-(Naphthylcarbamyl)-cephalosporin C*. — *7-[4-(1-Naphthyl-2.5-dioxoimidazolidin-4-yl)-butyryl]-amino-***I**. — *N-(n-Butylcarbamyl)-cephalosporin C*. — *7-[4-(1-n-Butyl-2.5-dioxoimidazolidin-4-yl)-butyryl]-amino-***I**. *Antibiotika*. (**Brit. P. 1 064 495** vom 12/11. 1963, ausg. 5/4. 1967. Schwz. Prior. 12/11. 1962. **Zusatz zu Brit. P. 1 014 883; C. 1968, 17-1852.**) — 5 S. A. Jahn 4848

1434 Spofa, Sdruženi Podniků pro Zdravotnickou Výrobu, Tschechoslowakei (Erfinder: Karel Culik, Milos Herold, Josef Palkoska und Bohumil Sikyta), **Gewinnung von Tetracyclin** durch Fermentieren einer Nährlsg. im Tauchverf., die 0,0001–0,002% Benzylrhodanat u. als Chlorierungsinhibitoren, z. B. *3-Mercapto-5-hydroxy-6-methyl-*, *3-Mercapto-5-hydroxy-6-benzyl-1.2.4-triazin* oder *2-Mercaptobenzthiazol* enthält. (**F. P. 1 450 586** vom 14/6. 1965, veröff. 26/8. 1966. Tschech. Prior. 13/6. 1964.) — 3 S. T. Oppermann 4848

1435 Spofa, Sdruženi Podniků pro Zdravotnickou Výrobu, Tschechoslowakei (Erfinder: Miloslav Vondráček, Josef Slezák, Miloš Herold und Karel Culík), **Gewinnung von Tetracyclin** durch Fermentieren einer Lsg. im Tauchverf., die eine Verb. der allg. Formel **A** enthält [X = H oder Alkylrest mit 1–6

A 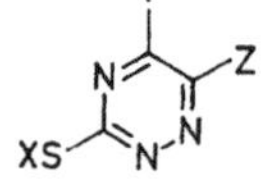

C-Atomen; Z = H, Alkyl- oder Alkenylrest mit 1–6 C-Atomen, Aryl-, Aralkylrest, $-(CH_2)_nCOOH$, $-(CH_2)_nCO\cdot NH_2$ (n = 0–7) oder $-CH{=}CHC_6H_5$; Y = H, Alkylrest mit 1–6 C-Atomen, Aryl-, Aralkylrest, OH-, SH- oder NH_2-Gruppe], z. B. *3-Methylmercapto-5-hydroxy-6-benzyl-*, *3-Mercapto-5-hydroxy-6-carboxy-*, *3-Mercapto-5-hydroxy-diphenyl-*, *3-Mercapto-5-hydroxy-6-benzyl-1.2.4-triazin*. (**F. P. 1 450 587** vom 14/6. 1965, veröff. 26/8. 1966. Tschech. Prior. 13/6. 1964.) — 4 S. T. Oppermann 4848

1436 E. R. Squibb & Sons, Inc., USA (Erfinder: Edward Meyers, Richard Donovick, Frank L. Weisenborn und Félix E. Pansy), **Gewinnung von Prasinomycin** durch Züchten von Streptomyces prasinus ATCC 15 825, Streptomyces hirsutus oder prasino-pilosus in wss. Nährlsg. unter aeroben Bedingungen. — Diagramme. (**F. P. 1 466 913** vom 2/2. 1966, veröff. 20/1. 1967. U. S. Prior. 3/2. u. 6/10. 1965.) — **11 S.** T. Oppermann 4848

1437 Upjohn Co., USA (Erfinder: Malcolm Edward Bergy, John Henry Coats und Ladislav James Hanka), **Gewinnung von Lydimycin** durch Züchtung von Streptomyces lydicus NRRL 2433 in einer Nährlsg. mit assimilierbarem Kohlenhydrat u. N-Quelle unter aeroben Bedingungen. Salze des Antibiotikums erhält man durch Lösen des Lydimycins in Form der freien Säure in W., Einstellen mit einer Base auf pH 7–8 u. lyophilisieren (z. B. NH_4-, Na-, K-, Ca-, Py.-, Coffein-, Theobromin salz). — Diagramm, Zeichnung. (**F. P. 1 466 881** vom 2/2. 1966, veröff. 20/1. 1967, U. S. Prior. 23/2. 1965.) — 7 S. T. Oppermann 4848

1438 Kyowa Hakko Kogyo Co. Ltd., Tokio, Japan, **Mitosanderivate** der allg. Formel **I** erhält man durch

I 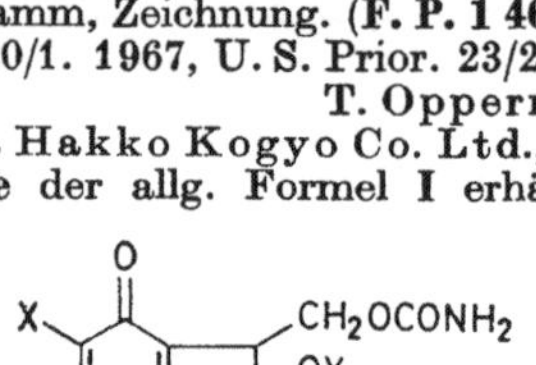

Alkylierung oder Acylierung entsprechender Mitosanderiv. in 1a-Stellung oder durch Austausch der 7-OCH_3-Gruppe gegen Aminoreste [X = $N(R^1)R^2$ oder NR^3; R^1 u. R^2 = H, Alkyl-, Hydroxyalkyl-, Cycloalkyl- oder Arylreste; R^3 = $(CH_2)_n$; n = ganze Zahl; Y = H oder CH_3; Z = H, Alkyl-, Aryl-, aliphat., araliphat. oder aromat. Acyl- oder Carbalkoxyreste; ausgenommen sind die Kombinationen X = NH_2, Y = CH_3, Z = H u. X = NH_2, Y = CH_3, Z = CH_3). — Mitomycin A (**II**) + CH_3J + K_2CO_3 → *1a-Methyl*-**II** (**III**), $C_{17}H_{21}O_6N_3$, rote Krist., F. 165° (Ae.). — **III** + n-Propylamin → *1a-Methyl-7a-n-propyl-mitomycin C*, purpurfarbene Nadeln, $C_{19}H_{26}O_5N_4$, F. 178° (Äthylacetat–Ae.). — Ferner wurden erhalten: *1a-Methyl-7a-äthylmitomycin C*, $C_{18}H_{24}O_5N_4$, purpurfarbene Nadeln, F. 170°. — *1a-Benzoyl*-**II**, $C_{23}H_{23} \cdot O_7N_3$, purpurfarbene Nadeln, F. 158° (Ae.). — *1a-Benzoyl-7a-n-propyl-Mitomycin C*, $C_{25}H_{28}O_6N_4$, bläuliche Nadeln, F. 120° (Methanol). — *7α-Äthyl-Mitomycin C*, $C_{17}H_{22}O_5N_4$, purpurfarbene Krist., F. > 300°. — *1a-[2'-Chlorbenzoyl]-Mitomycin C*, $C_{22}H_{21}O_6N_4Cl$, dunkelblaue Nadeln, F. 200° (Methanol). — *1a-Methyl-7a-äthylenimino-9a-hydroxymitosan*, $C_{17}H_{20}O_5N_4$, rötlichbraune Nadeln, F. (Zers.) 170—180° (Äthylacetat). — *1a-Methyl-7a-amino-9a-hydroxymitosan*, $C_{15}H_{18}O_5N_4$, F. 235°. — *1a-Methyl-7a-methylamino-9a-hydroxymitosan*, $C_{16}H_{20} \cdot O_5N_4$, F. 155°. — *Antibiotika*. — IR-Spektren. (**Brit. P. 1 071 393** vom 8/6. 1964, ausg. 7/6. 1967. Jap. Prior. 7/6., 19/6. u. 19/6. 1963.) — 38 S. A. Jahn 4848

1439 Ciba Ltd., Basel, Schweiz, **Thiono-, Thiol- und Thionothiolcarbaminsäureester** der allg. Formel Ar^1—$C(R^1)(R^2)$—$C_6H_2(R^3)(R^4)$—X^1—$C(=X^2)$—$N(R^5)$—Ar^2 [Ar^1 u. Ar^2 = Phenyl- oder Naphthylreste, die ggf. mindestens einmal durch Alkyl, Alkoxy, Halogen, CF_3 oder einen, ggf. wie Ar^1 bzw. Ar^2 substituierten Phenylrest substituiert sind; R^1 u. R^2 = Alkyl; R^3 u. R^4 = H, Alkyl, Halogen, —X^1—$C(=X^2)$—$N(R^5)$—Ar^2; X^1 u. X^2= O, S, jedoch nicht beide gleich O; R^5 = H, Alkyl, Phenylalkyl; alle Alkylgruppen = C_{1-4}-Alkyle; R^3, R^4 u. der Säurerest in beliebiger freier Stellung am Benzolkern] erhält man z. B. durch Umwandlung einer Verb. der Formel Ar^1—$C(R^1)(R^2)$—$C_6H_2(R^{3'})(R^{4'})$—R' [R' = ein in —X^1—$C(=X^2)$—$N(R^5)$—Ar^2 umwandelbarer Rest; R^3 u. R^4 = H, Alkyl, Halogen, R' bzw. dessen Salze] mit einem N-Ar^2-isothiocyanat, N-R^5-N-Ar^2-thio- oder -dithiocarbaminsäureester oder -halogenid, ggf. in Ggw. eines inerten Lsgm., Katalysators, Kondens.-Mittels bzw. in inerter Atmosphäre bei normalen oder erhöhten Temp. u. Drücken oder durch Isomerisierung von Prod. (Umwandlung von O in S bzw. von S in O aus X^1 u. X^2). — Thionocarbaminsäure-[4-(α.α-dimethylbenzyl)-phenyl]-ester: *N-Methyl-N-3-toluyl-*, **A**—N · (CH_3)—C_6H_4—CH_3(m) {**A** = C_6H_5—$C[(CH_3)_2]C_6H_4$—O—C(=S) (p)}, $Kp._{0,1}$ 200—205°, gelb, glasig, F. 83—84° (Hexan/Pentan), aus 3.N-Dimethylanilin u. Chlorthionoameisensäure-[4-(α.α-dimethylbenzyl)-phenyl]-ester, $Kp._{0,2}$ 145—170°; *N-[3.4-Dichlorphenyl]-*, **A** — NH—$C_6 \cdot H_3$—Cl_2 (m.p.), F. 145—148°; daraus durch Substitution des H-Atoms am N-Atom durch C_2H_5 → *N-Äthylverb.*, charakterisiert durch IR-Bande. — Analog *N-Methyl-N-[3-methyl-phenyl]-thiocarbaminsäure-O-[4-(4-chlor-α.α-dimethylbenzyl)-phenyl]-ester*, p-Cl—C_6H_4—E [E = —C · $[(CH_3)_2]$—C_6H_4 — p-[O — C(=S) — $N(CH_3)$] — C_6H_4 — CH_3 (m), $Kp._{0,1}$ 213—230°, F. 97—98° (A./W.); *N-Methyl-N-[3-methyl-phenyl]-thiocarbaminsäure-O-[4-(4-methyl-α.α-dimethylbenzyl)-phenyl]-ester*, p-CH_3—C_6H_4—E, $Kp._{0,08}$ 207 bis 230°, F. 100—101°. — *Fungizide*, bes. gegen *Trichophyton mentagrophytes* u. Zwischenprod. zur *Herst. anderer Pharmazeutika*. — Mengenbeispiele für Präp. zum Hautschutz. (**Brit. P. 1 080 796** vom 24/5. 1965, ausg. 23/8. 1967. U. S. Prior. 12/6. 1964 u. 8/3. 1965.) — 9 S. Georg Vogel 4852

1440 Dainippon Seiyaku K. K., Ōsaka (Erfinder: Shinsaku Minami, Yamato Kōriyama, Akio Fujita, Ibaragi, Yoshirō Fujimoto, Neyagawa, und Yoshiyuki Takase, Amagasaki), Japan, **Herstellung von 2- oder 6-[Nitrofurylvinyl]-4-hydroxypyrimidinen** durch saure Verseifung der entsprechenden 4-Chlorverbindung. — 2,65 g 6-[2-(5-Nitrofuryl-(2))-vinyl]-2-methyl-4-chlorpyrimidin (**I**) u. 10 g 10%ig. alkohol. HCl geben nach 2½ Std. auf dem sd. W.-Bad *6-[2-(5-Nitrofuryl-(2))-vinyl]-2-methyl-4-hydroxypyrimidin*; F. 303° (Zers.; Acetonitril). **I** erhält man aus 5-Nitrofurfurol in Essigsäureanhydridlsg. mit 2.6-Dimethyl-4-chlorpyrimidin bei 125°, F. 192—194° (A.). — *6-[2-(5-Nitrofuryl-(2))-vinyl]-4-hydroxypyrimidin*, F. 300° (Zers.; Acetonitril). — *2-[2-(5-Nitrofuryl-(2))-vinyl]-4-hydroxypyrimidin*, F. 265° (Zers.). (Jap. A. S. 6502/1967) — Entsprechende OR-Verb. (R = niedere Alkylgruppe) erhält man aus der Cl-Verb. durch Rk. mit niederem Alkylalkoholat (Na-Mg-Alkoholat). — 1,2 g 2-[2-(5-Nitrofuryl-(2))-vinyl]-4-chlorpyrimidin werden in 100 ml abs. CH_3OH mit 0,5 g CH_3ONa 1½ Std. auf dem W.-Bad erhitzt: *2-[2-(5-Nitrofuryl-(2))-vinyl]-4-methoxypyrimidin*, F. 138—140° (Acetonitril) — *6-[2-(5-Nitrofuryl-(2))-vinyl]-4-methoxypyrimidin*, F. 217—218°. — *Äthoxyverb.*, F. 158—159°. — *6-[2-(5-Nitrofuryl-(2))-vinyl]-2-methyl-4-äthoxypyrimidin*, F. 148 bis 150° (A.). — *Bakterizide* u. Mittel gegen Eumycetes. (**Jap. A. SS. 6 501/1967** u. **6 502/1967** vom 1/4. 1964, ausg. 16/3. 1967.) — 2 S. — 2 S. M. Pankow 4852

1441 **Hardman & Holden Ltd.** (Erfinder: **Brian Kay Davison**), Manchester, Großbritannien, *Herstellung organischer Aluminiumverbindungen*. (**Schwz. P. 447 159** vom 19/8. 1960, ausg. 29/3. 1968. Brit. Prior. 19/8. 1959. — C. **1965**, 43-1859 [D. A. S. 1 187 617].)

1442 **F. Hoffmann-La Roche & Co. Akt.-Ges.**, Basel (Erfinder: **Gustav Erlemann**, Riehen, **Waldemar Guex**, Bottmingen, und **Otto Schnider**, Basel), Schweiz, *Pharmazeutisch wirksame Äther*. (**Schwz. P. 441 309** vom 2/4. 1964, ausg. 15/1. 1968. U. S. Prior. 16/4. 1963. — C. **1967**, 41-2616 [D. A. S. 1 231 702].)

1443 **Beecham Group Ltd.**, Brentford (Erfinder: **Frederick Grossmith**, **Pinnar**), Middlesex, Großbritannien, *Wasserlösliche Komplexverbindungen aus aliphatischen Hydroxycarbonsäuren mit antazider Wirkung*. (**D. A. S. 1 269 117** Kl. 12o vom 14/5. 1962, ausg. 30/5. 1968. Brit. Prior. 17/5. 1961. — C. **1966**, 36-1695 [Brit. P. 949 405].)

1444 **Farbwerke Hoechst Akt.-Ges. vormals Meister Lucius & Brüning**, Frankfurt/M. (Erfinder: **Gustav Ehrhart**, Bad Soden, **Ernst Lindner**, Frankfurt/M., und **Heinrich Ott**, Eppstein), *Herstellung von N.N'-substituierten Diaminoäthanverbindungen*. (**Schwz. PP. 457 485**, **457 486**, **457 487** u. **457 488** vom 26/2. 1964, ausg. 15/8. 1968. D. Prior. 1/3. 1963. — C. **1966**, 47-1851 [D. A. S. 1 190 463].)

1445 **Science Union et Cie. Soc. Française de Recherche Médicale**, Suresnes, Seine (Erfinder: **Laszlo Beregi**, Boulogne, **Pierre Hugon**, Rueil-Malmaison, **Jean-Claude Le Douarec**, Versailles, und **Henri Schmitt**, Paris), Frankreich, *Herstellung von 1-Phenyl-2-aminopropanen*. (**D. A. S. 1 275 539** Kl. 12q vom 31/10. 1961, ausg. 22/8. 1968. Monegass. Prior. 5/11. 1960 u. F. Prior. 4/7. 1961. — C. **1966**, 49-1813 [Brit. P. 976 353].)

1446 **Universal Oil Co.**, Des Plaines, Ill. (Erfinder: **Joseph Levy**, Paramus, N.J.), USA, *Herstellung von Hydroxamsäureestern*. (**Schwz. P. 451 961** vom 16/9. 1963, ausg. 15/5. 1968. U. S. Prior. 17/9. 1962. — C. **1967**, 21-1878 [D. A. S. 1 222 507].)

1447 **Sandoz Akt.-Ges.**, Basel, Schweiz (Erfinder: **William J. Houlihan**, Mountain Lakes, N.J., USA), *Benzylsulfamide*. (**Schwz. P. 456 574** vom 11/1. 1965, ausg. 31/7. 1968. U. S. Prior. 22/1. u. 15/6. 1964. — C. **1968**, 11-1701 [D. A. S. 1 231 690].)

1448 **Smith, Kline & French Laboratories**, Philadelphia (Erfinder: **John Joseph Lafferty, Levittown** und **Bernard Loev**, Broomall), Pa., USA, *Phenylalkylsulfamide*. (**Schwz. P. 447 144** vom 6/9. 1963, ausg. 29/3. 1968. U. S. Prior. 14/9. u. 6/12. 1962. — C. **1967**, 25-1615 [Brit. P. 1 006 887].)

1449 **Farbenfabriken Bayer Akt.-Ges.**, Leverkusen (Erfinder: **Harald Horstmann**, **Hartmund Wollweber** und **Karl Meng**, Wuppertal), *Herstellung von 2.4-Disulfonamid-1-chlorbenzolen*. (**D. A. S. 1 278 443** Kl. 12q vom 30/11. 1963, ausg. 26/9. 1968. **U. S. P. 3 356 692** vom 17/2. 1900, ausg. 5/12. 1967. D. Prior. 30/11. 1963. — C. **1968**, 23-1868 (Brit. P. 1 031 916].)

1450 **C. F. Boehringer & Soehne G. m. b. H.**, Mannheim (Erfinder: **Erich Haack**, Heidelberg, **Ruth Heerdt**, Mannheim, **Johann Daniel Achelis**, Heidelberg, und **Karl Muth**, Kelkheim), *Neue Benzolsulfonylsemicarbazide*. (**D. A. S. 1 274 583** Kl. 12p vom 11/11. 1961, ausg. 8/8. 1968. — C. **1965**, 44-1656 [Brit. P. 956 339].)

1451 **Farbwerke Hoechst Akt.-Ges. vormals Meister Lucius & Brüning** (Erfinder: **Helmut Weber**, Frankfurt/M., **Walter Aumüller**, Kelkheim/Ts., **Rudi Weyer**, Frankfurt/M., und **Karl Muth**, Kelkheim/Ts.), *Herstellung von Benzolsulfonylharnstoffen*. (**Schwz. PP. 448 052** u. **448 053** vom 23/9. 1964, ausg. 29/3. 1968. D. Prior. 25/9. 1963. — C. **1966, 14-1673** [D. A. S. 1 198 354].)

1452 **C. F. Boehringer & Soehne G. m. b. H.**, Mannheim (Erfinder: **Erich Haack**, Heidelberg, **Ruth Heerdt, Felix H. Schmidt** und **Kurt Stach**, Mannheim), *Herstellung von antidiabetischen Benzolsulfonylharnstoffen*. (**Schwz. P. 449 050** vom 24/11. 1964, ausg. 11/4. 1968. D. Prior. 26/11. 1963. — C. **1966**, 30-1653 [D. A. S. 1 206 914].)

1453 **Farbwerke Hoechst Akt.-Ges. vormals Meister Lucius & Brüning**, Frankfurt/M. (Erfinder: **Ingeborg Hennig**, Kelkheim, und **Ernst Lindner**, Frankfurt/M.), *Araliphatische Amine*. (**Schwz. PP. 449 037** u. **449 038** vom 10/11. 1961, ausg. 11/4. 1968. D. Prior. 12/11. 1960. — C. **1965**, 34-1657 [D. A. S. 1 181 233].)

1454 **Ciba Akt.-Ges.**, Basel (Erfinder: **Heinrich Keberle**, Basel, **Johann Werner Faigle**, Riehen, und **Max Wilhelm**, Allschwil), Schweiz, *Herstellung neuer Aminosäuren*. (**Schwz. PP. 449 046**, **449 645** u. **449 046** vom 9/7. 1963, ausg. 11/4. 1968. — C. **1968**, 4-1369 [Brit. P. 1 017 439].)

1455 **Ernst Albert Hermann Friedheim**, New York, N.Y., USA, *Herstellung von 1.3-Dithia-2-arsacyclopentonen*. (**Niederl. P. 123 940** vom 29/2. 1960, ausg. 15/3. 1968. U. S. Prior. 2/3. 1959. — C. **1964**, 15-1488 [Brit. P. 899 218].)

1456 **Merck & Co., Inc.**, Rahway (Erfinder: **Janos Kollonitsch**, Westfield, **Roger James Tull**, Plainfield, und **Avery Rosegay**, Springfield), N.J., USA, *Herstellung von Dibenzodihydrocycloheptenen.* (**Schwz. P. 454 129** vom 13/9. 1963, ausg. 14/6. 1968. U. S. Prior. 14/9. 1962. – C. **1968**, 8-1663 [U. S. P. 3 234 279].)

1457 **Farbwerke Hoechst Akt.-Ges. vormals Meister Lucius & Brüning**, Frankfurt/M. (Erfinder: **Ingeborg Henning**, Kelkheim, und **Ernst Lindner**, Frankfurt/M.), *Basisch substituierte Diphenylalkylenaminoalkanderivate.* (**Schwz. P. 444 877** vom 8/11. 1961, ausg. 29/2. 1968. D. Prior. 10/11. 1960. – C. **1965**, 34-1662 [D. A. S. 1 181 232].)

1458 **Imperial Chemical Industries Ltd.**, London (Erfinder: **Ralph Howe**, **Leslie Harold Smith**, Macclesfield, Ches., und **John Stuart Stephenson**, Flackwell Heath/High Wycombe, Bucks.), Großbritannien, *Herstellung homocyclischer Verbindungen.* (**Schwz. P. 444 849** vom 27/3. 1963, ausg. 29/2. 1968. Brit. Prior. 28/3. 1962 u. 19/3. 1963. – C. **1967**, 41-1712 [Brit. P. 1 005 026].)

1459 **Imperial Chemical Industries Ltd.**, London (Erfinder: **Marcus Andrew Stevens**, Macclesfield/Ches.), Großbritannien, *Herstellung von Tetrahydronaphthalin- und Indanderivaten.* (**Schwz. P. 445 480** vom 13/12. 1963, ausg. 29/2. 1968. Brit. Prior. 17/12. 1962 u. 27/11. 1963. – C. **1968**, 4-1368 [Brit. P. 1 023 214].)

1460 **Rhône-Poulenc Soc. An.**, Paris (Erfinder: **Nicole Marie Préau**, Sèvres, Seine-et-Oise), Frankreich, *Herstellung von Pyrrolamidinen.* (**Schwz. P. 451 146** vom 3/4. 1964, ausg. 15/5. 1968. F. Prior. 24/2. 1964. – C. **1967**, 44-1673 [Brit. P. 1 004 974].)

1461 **Merck & Co., Inc.**, Rahway (Erfinder: **Tsung-Ying Shen**, Westfield), N.J., USA, *Herstellung von α-[3-Indolyl]-alkansäuren.* (**Schwz. PP. 445 490, 445 491, 445 492** u. **445 493** vom 21/3. 1962, ausg. 29/2. 1968. U. S. Prior. 22/3. 1961 u. 5/1. 1962. – C. **1967**, 7-1918 [Brit. P. 997 638].)

1462 **Merck & Co., Inc.**, Rahway (Erfinder: **Tsung-Ying Shen**, Westfield), N.J., USA, *Herstellung von α-[3-Indolyl]-alkansäuren.* (**Schwz. PP. 449 018** vom 21/3. 1962, ausg. 11/4. 1968, **450 419** u. **450 420** vom 21/3. 1962, ausg. 20/4. 1968. Alle U. S. Prior. 22/3. 1961 u. 5/1. 1962. – C. **1967**, 7-1918 [Brit. P. 997 638].)

1463 **Parke, Davis & Co.**, Detroit, Mich., USA, *Herstellung eines N-Arylisatinsäurederivates.* (**Niederl. P. 123 926** vom 17/9. 1963, ausg. 15/3. 1968. U. S. Prior. 18/9. 1962. – C. **1967**, 7-1916 [Brit. P. 997 653].)

1464 **Ciba Akt.-Ges.**, Basel (Erfinder: **Paul Schmidt**, Therwil), Schweiz, *2-Phenyl-3-[p-aminobenzolsulfonamido]-5-äthylpyrazol und dessen Derivate.* (**D. A. S. 1 271 717** Kl. 12p vom 1/3. 1963, ausg. 4/7. 1968. **Belg. A. S. 629 261** vom 6/3. 1963, bekanntgemacht 21/10. 1963. **F. PP. 1 352 350** vom 1/3. 1963, veröff. 6/1. 1964, [**Méd.**] **2744** u. **2745** vom 31/5. 1963, veröff. 24/8. 1964. Alle Schwz. Prior. 7/3. 1962 u. 21/1. 1963. **Oe. P. 236 368** vom 6/3. 1963, ausg. 26/10. 1964. Schwz. Prior. 7/3. 1962. – C. **1967**, 8-1783 [Brit. P. 982 707].)

1465 **Sandoz Akt.-Ges.**, Basel (Erfinder: **Ernst Jucker**, Binningen, **Adolf J. Lindenmann**, Basel, und **John Gmünder**, Muttenz), Schweiz, *Pyrazolonderivate.* (**D. A. S. 1 276 042** Kl. 12p vom 20/4. 1961, ausg. 29/8. 1968. Schwz. Prior. 22/4. 1960 u. 24/1. 1961. – C. **1966**, 27-1634 [F. P. 1 305 389].)

1466 **Établissements Sopar**, Brüssel, Belgien (Erfinder: **Josef Klosa**, Berlin), *Herstellung von wasserlöslichen Pyrazolonsalzen.* (**Schwz. P. 426 846** vom 12/10. 1964, ausg. 30/6. 1967. D. Prior. 31/10. 1963. – C. **1968**, 49/50-1735 [Brit. P. 1 049 079].)

1467 **E. Merck Akt.-Ges.** (Erfinder: **Wolfgang Fruhstorfer** und **Helmut Müller-Calgan**), Darmstadt, *Herstellung eines Imidazolinderivates.* (**Schwz. P. 446 353** vom 25/10. 1961, ausg. 15/3. 1968. D. Prior. 23/11. 1960. – C. **1962**, 10932 [D. A. S. 1 121 054].)

1468 **Farbwerke Hoechst Akt.-Ges. vormals Meister Lucius & Brüning**, Frankfurt/M. (Erfinder: **Heinrich Ruschig**, Bad Soden/Taunus, **Karl Schmitt**, **Leopold Ther** und **Gerhard Vogel**, Frankfurt/M.), *Herstellung basisch substituierter Triazolidine.* (**Schwz. P. 447** 189 vom 24/7. 1962, ausg. 29/3. 1968. **F. PP. 1 330 401** vom 26/7. 1962, veröff. 13/5. 1963 u. [**Méd.**] **2188** vom 25/10. 1962, veröff. 2/12. 1963. **Belg. A. S. 620 712** vom 26/7. 1962, bekanntgemacht 28/1. 1963. Alle D. Prior. 26/7. 1961. – C. **1963**, 15149 [D. A. S. 1 139 846].)

1469 **Farbwerke Hoechst Akt.-Ges. vormals Meister Lucius & Brüning**, Frankfurt/M. (Erfinder: **Heinrich Ruschig**, Bad Soden, **Karl Schmitt**, **Leopold Ther** und **Gerhard Vogel**, Frankfurt/M.), *Herstellung von basisch substituierten Triazolidinen.* (Schwz. **P. 451 177** vom 24/7. 1962, ausg. 15/5. 1968. D. Prior. 16/7. 1961. – C. **1963**, 15149 [D. A. S. 1 139 846].)

1470 **Sandoz Akt.-Ges.**, Basel (Erfinder: **Jany Renz**, Basel, **Jean-Pierre Bourquin**, Magden, **Leo Ruesch**, Basel, und **Gustav Schwarb**, Allschwil), Schweiz, *Thienobenzothiapyrane.* (**Schwz. P. 444 864** vom 7/10. 1964, ausg. 29/2. 1968. – C. **1968**, 12-2569 [Port. P. 44 700].)

1471 **Laboratoires Laroche-Navarron**, Levallois, Seine, Frankreich, *Herstellung von 3-Methylchromon.* (**D. A. S. 1 270 566** Kl. 12q vom 27/4. 1962, ausg. 20/6. 1968. F. Prior. 22/6. 1961. – C. **1965**, 21-1768 [Brit. P. 951 523].)

1472 **F. Hoffmann-La Roche & Co. Akt.-Ges.**, Basel (Erfinder: **Rudolf Hinderling**, Riehen, **August Hans Lutz** und **Otto Schnider**, Basel), Schweiz, *2.4-Dioxotetrahydropyridine.* (**D. A. S. 1 268 145** Kl. 12p vom 21/12. 1959, ausg. 16/5. 1968. Schwz. Prior. 6/2. 1959. – C. **1963**, 40-17791 [Brit. P. 872 190].)

1473 **G. D. Searle & Co.**, Chicago (Erfinder: **Robert W. Hamilton**, Wilmette, und **Kurt J. Rorig**, Glenview), Ill., USA, *Diphenylmethyl-1-(pyridylmethylenamino)-piperidine.* (**Schwz. P. 441 308** vom 27/12. 1963, ausg. 15/1. 1968. U. S. Prior. 2/1. 1963. – C. **1966**, 44-1644 [U. S. P. 3 158 609].)

1474 **Eprova Akt.-Ges.**, Schaffhausen, Schweiz (Erfinder: **Ernst Felder**, Mailand, Italien, **Hans Suter**, Dörflingen, und **Hans Zuter**, Schaffhausen, Schweiz), *Piperidincarbonsäureester.* (**Schwz. P. 444 157** vom 3/5. 1963, ausg. 15/2. 1968. – C. **1967**, 38-1771 [Brit. P. 1 014 668].)

1475 **F. Hoffmann-La Roche & Co. Akt.-Ges.**, Basel, Schweiz (Erfinder: **Harry Allen Albrecht**, Nutley, **John Thomas Plati**, Rutherford, und **Wilhelm Wenner**, Upper Montclyir, N.J., USA), *Stereoisomere des [2-(2'.6'-Dimethylpiperidino)-äthyl]-guanidins.* (**Schwz. P. 442 298** vom 5/8. 1964, ausg. 31/1. 1968. U. S. Prior. 21/8. 1963. – C. **1968**, 15-1780 [Brit. P. 1 016 240].)

1476 **Imperial Chemical Industries Ltd.**, London (Erfinder: **Bernard Joseph McLoughlin**, Macclesfield, Ches.), Großbritannien, *Chinolone.* (**Schwz. P. 452 526** vom 6/5. 1964, ausg. 31/5. 1968. Brit. Prior. 10/5. 1963 u. 8/4. 1964. – C. **1967**, 47-1657 [Brit. P. 1 021 522].)

1477 **Wellcome Foundation Ltd.** (Erfinder: **Harry Tacon Openshaw** und **Norman Whittacker**), London, Großbritannien, *Herstellung von Benzo(a)-chinolizinderivaten.* (**Schwz. P. 456 601** vom 19/3. 1965, ausg. 31/7. 1968. Brit. Prior. 20/3. 1964. **Brit. P. 1 092 286** vom 20/3. 1964, ausg. 22/11. 1967. – C. **1967**, 20-2653 [Port. P. 43 765].)

1478 **C. F. Boehringer & Soehne G. m. b. G.** (Erfinder: **Kurt Stach**, **Werner Winter** und **Wolfgang Schaumann**), Mannheim, *Herstellung basischer 1.3-Dioxane.* (**Schwz. P. 444 884** vom 27/9. 1963, ausg. 29/2. 1968. D. Prior. 29/9. 1962. – C. **1967**, 25-1627 [Brit. P. 981 478].)

1479 **Kyorin Seiyaku K. K.** (Erfinder: **Tsutomu Irikura**, **Kuniyasu Masuzawa** und **Keigo Nishino**), Tokio, Japan, *Herstellung von Piperazinderivaten.* (**Schwz. P. 444 165** vom 25/9. 1964, ausg. 15/2. 1968. Jap. Prior. 26/9. 1963. – C. **1968**, 1-1620 [D. A. S. 1 239 310].)

1480 **Kyorin Seiyaku K. K.**, übert. von: **Tsutomu Irikura**, **Kuniyasu Masuzawa** und **Keigo Nishino**), Tokio, Japan, *Bis-[phenoxyacetyl]-piperazine.* (**U. S. P. 3 347 860** vom 27/1. 1965, ausg. 17/10. 1967. Jap. Prior. 31/7. 1964. – C. **1969**, 1-1763 [Brit. P. 1 058 623].)

1481 **Ciba Akt.-Ges.**, Basel (Erfinder: **Paul Schmidt**, Therwil, **Ernst Schweizer**, Basel, **Kurt Eichenberger**, Therwil, und **Max Wilhelm**, Allschwil), Schweiz, *Herstellung von 6-[p-Aminobenzolsulfonamido]-pyrimidinen.* (**Schwz. P. 441 364** vom 14/12. 1962, ausg. 15/1. 1968. – C. **1968**, 8-1674 [Brit. P. 1 021 395].)

1482 **Smith, Kline & French Laboratories**, Philadelphia, Pa. (Erfinder: **Irwin Jacob Pachter**, Woodbury, N.Y., und **Joseph Weinstock**, Phoenixville, Pa.), USA, *2.4.7-Triamino-6-phenylpteridin.* (**D. A. S. 1 274 585** Kl. 12p vom 29/1. 1963, ausg. 8/8. 1968. U. S. Prior. 13/2. u. 28/2. 1962. – C. **1967**, 8-1791 [U. S. P. 3 164 596].)

1483 **Upjohn Co.** (Erfinder: **Robert Bruce Moffett**), Kalamazoo, Mich., USA, *Herstellung von 1.4-Benzoxazin-2-onen.* (**Schwz. P. 451 151** vom 29/10. 1964, ausg. 15/5. 1968. U. S. Prior. 20/11. 1963. – C. **1968**, 16-1733 [Brit. P. 1 021 386].)

1484 **Sandoz Akt.-Ges.**, Basel, Schweiz, *Herstellung von Phenothiazinderivaten.* (**Niederl. P. 123 928** vom 1/3. 1961, ausg. 15/3. 1968. Schwz. Prior. 10/3. u. 22/12. 1960. – C. **1964**, 20-1594 [D. A. S. 1 154 806].)

1485 **Farbenfabriken Bayer Akt.-Ges.**, Leverkusen (Erfinder: **Otto Behner**, Köln, **Hans Henecka**, **Friedrich Hoffmeister**, **Horst Kreiskott**, **Werner Meiser**, **Hans Werner Schubert** und **Wolfgang Wirth**, Wuppertal), *Herstellung von 2-Phenylamino-2H-5.6-dihydro-1.3-thiazinen.* (**Schwz. P. 443 304** vom 31/5. 1963, ausg. 15/2. 1968. D. Prior. 5/7. 1962. – C. **1965**, 13-1788 [D. A. S. 1 173 475].)

1486 **Deutsche Gold- und Silber-Scheideanstalt vormals Roessler**, Frankfurt/M., *Herstellung von 4-Azaphenothiazinderivaten.* (**Niederl. P. 123 929** vom 5/7. 1962, ausg. 15/3. 1968. D. Prior. 12/7. 1961 u. 11/4. 1962. – C. **1968**, 17-1809 [D. A. SS. 1 159 464 u. 1 166 206].)

1487 **American Cyanamid Co.**, New York, N.Y., USA, *Herstellung von Sulfatriazinen.* (**Niederl. P. 123 736** vom 25/3. 1960, ausg. 15/2. 1968. U. S. Prior. 26/3. 1959. – C. **1966**, 4-1723 [F. P. [Méd.] 585].)

1488 **Dow Chemical Co.**, Midland, Mich. (Erfinder: **Donald Lee Trepanier**, Indianapolis, Ind.), USA, *Herstellung von substituierten 5.6-Dihydro-1.3.4-oxadiazinen.* (**Schwz. P. 446 355** vom 14/5. 1963, ausg. 15/3. 1968. U. S. Prior. 14/5. 1962. – C. **1966**, 28-1683 [U. S. P. 3 122 537] u. C. **1966**, 29-1704 [U. S. P. 3 119 821].)

1489 **F. Hoffmann-La Roche & Co. Akt.-Ges.**, Basel, Schweiz (Erfinder: **Leo Berger**, Montclair, **Arthur Stempel**, Teaneck, **Leo Henryk Sternbach**, Upper Montclair, **Edward Wenis**, Leonica, **Rodney Ian Fryer**, North Caldwell, und **Robert August Schmidt**, Wallington, N.J., USA), *Herstellung von Benzodiazepinderivaten.* (**Schwz. PP. 445 501** vom 14/6. 1962, ausg. 29/2. 1968. U. S. Prior. 20/6. u. 11/8. 1961 u. **445 502** vom 14/6. 1962, ausg. 29/2. 1968. U. S. Prior. 20/6. 1961. – C. **1965**, 44-1688 [Brit. P. 948 888].)

1490 **Pfizer Corp.**, Brüssel, Belgien (Erfinder: **Joachim Augstein**, **Alastair McLeod Monro**, Canterbury, **Geoffrey Wilfred Hessey Potter**, Ramsgate, und **Thomas Ian Wrigley**, Canterbury, Kent, Großbritannien), *Herstellung von 2-Guanidinoalkyl-3.4-dihydro-2H-1.5-benzodioxepinen.* (**Schwz. P. 451 194** vom 12/2. 1965, ausg. 15/5. 1968. Brit. Prior. 14/2. 1964. – C. **1967**, 22-1738 [Brit. P. 1 023 796].)

1491 **Shionogi & Co. Ltd.**, Osaka (Erfinder: **Yoshiro Sawa**, Ashiya-shi, und **Shin Maeda**, Agamasaki-shi), Japan, *Δ^7-6-Oxomorphinane.* (**Schwz. P. 443 328** vom 10/4. 1963, ausg. 15/2. 1968. Jap. Prior. 11/4. 1962. – C. **1966**, 6-1740 [D. A. S. 1 185 193].)

1492 **Dr. A. Wander Akt.-Ges.**, Bern (Erfinder: **Jean Schmutz**, Muri, **Fritz Hunziker** und **Franz Martin Künzle**, Bern), Schweiz, *Herstellung basisch substituierter 5.6-Dihydro-6-oxomorphanthridine.* (**Schwz. P. 451 160** vom 21/6. 1963, ausg. 15/5. 1968. – C. **1966**, 30-2477 [Port. P. 42 584].)

1493 **Soc. Farmaceutici Italia** (Erfinder: **Luigi Bernardi**, **Germano Bosisio**, **Bruno Camerino** und **Onofrio Goffredo**), Mailand, Italien, *Herstellung von Derivaten des 6-Methyl- und 1.6-Dimethylergolins I.* (**Schwz. P. 445 507** vom 8/1. 1963, ausg. 29/2. 1968. It. Prior. 11/1. 1962. – C. **1967**, 31-1745 [Brit. P. 969 147].)

1494 **Rhône-Poulenc Soc. An.**, Paris (Erfinder: **Léon Ninet**, **Jacques Renaut**, Paris, und **Robert Charles François Tissier**, Maisons Alfort, Seine), Frankreich, *β-Carotinherstellung.* (**D. A. S. 1 263 661** Kl. 6b vom 4/5. 1964, ausg. 21/3. 1968. F. Prior. 25/9. 1963. – C. **1968**, 9-2591 [Brit. P. 1 014 669].)

1495 **Glaxo Laboratories Ltd.**, Greenford (Erfinder: **Ernst Lester Smith**, North Harrow), Großbritannien, *Aquocobalamin.* (**D. A. S. 1 278 440** Kl. 12p vom 15/6. 1962, ausg. 26/9. 1968. – C. **1966**, 41-1834 [Brit. P. 974 284].)

1496 **Canada Packers Ltd.**, Toronto, Canada, *Herstellung einer Verbindung mit Vitamin-D_3-Wirkung.* (**Niederl. P. 123 933** vom 11/9. 1963, ausg. 15/3. 1968. U. S. Prior. 11/9. 1962. – C. **1967**, 6-1751 [U. S. P. 3 168 535].)

1497 **Canada Packers Ltd.**, Toronto (Erfinder: **Kekhusroo R. Bharucha**, Toronto, und **Frank M. Martin**, Rexdale), Ontario, Canada, *Herstellung von Produkten mit Vitamin-D_3-Wirkung.* (**Schwz. P. 453 342** vom 9/9. 1963, ausg. 14/6. 1968. U. S. Prior. 11/9. 1962. — C. **1967**, 6-1751 [U. S. P. 3 168 535].)

1498 **F. Hoffmann-La Roche & Co. Akt.-Ges.**, Basel, Schweiz, *Herstellung von 9α.10α- und 9β.10α-Steroiden.* (**Niederl. P. 123 937** vom 6/11. 1964, ausg. 15/3. 1968. Schwz. Prior. 6/11. 1963. — C. **1968**, 13-1693 [F. P. 1 413 049].)

1499 **Sankyo Co. Ltd.**, Tokio, Japan, *Herstellung von 6β.19β-Oxido-3.5-cyclosteroiden.* (**Niederl. P. 123 935** vom 8/2. 1963, ausg. 15/3. 1968. Jap. Prior. 8/2. 1962. — C. **1967**, 3-1838 [F. P. 1 353 691].)

1500 **Ciba Ltd.**, Basel, Schweiz, *Herstellung von 19-Norsteroiden.* (**Niederl. P. 123 934** vom 13/7. 1962, ausg. 15/3. 1968. Schwz. Prior. 14/7. u. 29/12. 1961. — C. **1966**, 10-1820 [F. P. 1 337 807].)

1501 **Carlo Erba S. p. A.**, Mailand, Italien, *Herstellung von 21-Estern von Steroiden.* (**Niederl. P. 123 606** vom 8/7. 1963, ausg. 15/1. 1968. It. Prior. 10/7. 1962. — C. **1966**, 39-1936 [D. A. S. 1 210 827].)

1502 **Roussel-Uclaf Soc. An.**, Paris, Frankreich, *Herstellung eines N-tertiären-20-Aminosteroids.* (**Niederl. P. 123 751** vom 26/8. 1963, ausg. 15/2. 1968. F. Prior. 27/8. 1962 u. 3/5. 1963. — C. **1967**, 1-1867 [D. A. S. 1 212 080].)

1503 **Syntex Corp.**, Panama, Panama (Erfinder: **Albert Bowers**, Mexico, Mexico), *Herstellung von 19-Hydroxy-Δ^4-3-ketosteroiden.* (**Schwz. P. 450 405** vom 16/5. 1963, ausg. 30/4. 1968. **D. A. S. 1 267 218** Kl. 12 o vom 14/5. 1963, ausg. 2/5. 1968. Beide Mexikan. Prior. 16/5. 1962. — C. **1966**, 49-1855 [U. S. P. 3 145 202].)

1504 **American Cyanamid Co.**, Wayne, N.J. (Erfinder: **John Frank Poletto**, Nanuet, N.Y., **Robert Eugene Schaub**, Paramus, und **Martin Joseph Weiss**, Oradell, N.J.), USA, *Herstellung von Pregnadienen.* (**Schwz. P. 450 409** vom 17/4. 1964, ausg. 30/4. 1968. U. S. Prior. 17/5. 1963. — C. **1968**, 2-1631 [Brit. P. 1 002 247].)

1505 **Merck & Co., Inc.**, Rahway, N.J., USA, *11-Oxygenierte 17α-Hydroxy-6.16-dimethyl-4.6-pregnadien- bzw. -1.4.6-pregnatrien-3.20-dione.* (**Oe. P. 252 472** vom 12/10. 1961, ausg. 27/2. 1967. U. S. Prior. 19/10. 1960. — C. **1968**, 45-1872 [Schwz. P. 413 832]; C. **1969**, 1-1790 [D. A. S. 1 246 728].)

1506 **Shionogi & Co. Ltd.** (Erfinder: **Taichiro Komeno**), Osaka, Japan, *Herstellung von Androstanderivaten.* (**Schwz. P. 443 284** vom 24/4. 1963, ausg. 15/2. 1968. Jap. Prior. 26/4. 1962. — C. **1967**, 8-1810 [F. P. 1 360 436].)

1507 **G. D. Searle & Co.**, Chicago (Erfinder: **Walter R. Benn**, Deerfield), Ill., USA, *Herstellung der 3-Dimethylketale von Polyketo-5α-androstanen.* (**Schwz. P. 446 318** vom 28/2. 1964, ausg. 15/3. 1968. U. S. Prior. 1/3. 1963. — C. **1967**, 37-1685 [U. S. P. 3 190 896].)

1508 **Shionogi & Co. Ltd.** (Erfinder: **Taichiro Komeno**), Osaka, Japan, *Herstellung von 16.17-Epithioandrostanen bzw. -androstenen.* (**Schwz. P. 444 151** vom 21/8. 1962, ausg. 15/2. 1968. Jap. Prior. 30/8. 1961. — C. **1966**, 24-1683 [U. S. P. 3 123 599].)

1509 **Schering Akt.-Ges.**, Deutschland, *Herstellung von Estern Testosteronderivaten.* (**F. P. 1 478 217** vom 3/5. 1966, veröff. 13/3. 1967. D. Prior. 5/5. 1965. — C. **1969**, 1-1794 [Brit. P. 1 069 779].)

1510 **Ciba Akt.-Ges.**, Basel (Erfinder: **Albert Wettstein, Georg Anner**, Basel, **Charles Meystre**, Arlesheim, **Peter Wieland, Ludwig Ehmann, Karl Heusler, Alfred Hunger** und **Jindrich Kebrle**, Basel), Schweiz, *Herstellung von Dexamethason-21-trimethylacetat.* (**D. A. S. 1 263 764** Kl. 12 o vom 26/6. 1959, ausg. 21/3. 1968. Schwz. Prior. 4/7., 24/12. 1958 u. 2/6. 1959. — C. **1966**, 20-1720 [Oe. P. 232 655].)

1511 **Merck & Co., Inc.**, Rahway, N.J. (Erfinder: **John Fried**, Sunnyvale, Calif.), USA, *Herstellung von Östra-4.9-dien-3-olen.* (**Schwz. P. 449 610** vom 18/6. 1964, ausg. 11/4. 1968. **Brit. P. 1 069 802** vom 15/6. 1964, ausg. 24/5. 1967. Beide U. S. Prior. 19/6. 1963. — C. **1968**, 49/50-1757 [U. S. P. 3 250 793].)

1512 **Farbenfabriken Bayer Akt.-Ges.**, Leverkusen (Erfinder: **Karl-Heinz Meyer, Siegismund Schütz, Kurt Stoepel**, Wuppertal, und **Hans-Günther Kroneberg**, Haan), *Herstellung von Cardenolid-, Dihydrocardenolid-, Bufadienolid- und Tetrahydrobufadienolidguanylhydrazon.* (**Schwz. P. 451 926** vom 7/4. 1964, ausg. 15/5. 1968. D. Prior. 10/4. 1963. — C. **1967**, 9-1893 [D. A. S. 1 215 700].)

1513 **Løvens Kemiske Fabrik Produktionsaktieselskab**, Ballerup (Erfinder: **Wagn Ole Godtfredsen**, Vaerløse), Dänemark, *Herstellung von Fusidinsäure- und Dihydrofusidinsäurederivaten.* (**Schwz. P. 449 006** vom 15/8. 1963, ausg. 11/4. 1968. Brit. Prior. 15/8. 1962. — C. **1968**, 6-1739 [Brit. P. 992 276].)

1514 **Manufacture de Produits Pharmaceutiques A. Christiaens Soc. An.**, Brüssel, Belgien, *Herstellung von Pentaformylgitoxin.* (**D. A. S. 1 261 849** Kl. 12 o vom 28/11. 1963, ausg. 29/2. 1968. Belg. Prior. 28/11. 1962. — C. **1967**, 37-2367 [Can. P. 699 686].)

1515 **Farbenfabriken Bayer Akt.-Ges.**, Leverkusen (Erfinder: **Fritz Schultz**, Wuppertal), *Herstellung von reinen Präparaten des Kallikrein-Inaktivators.* (**Schwz. P. 441 620** vom 18/3. 1964, ausg. 15/1. 1968. D. Prior. 11/4. 1963. — C. **1966**, 26-1731 [D. A. S. 1 193 200].)

1516 **Pabst Brewing Co.**, Chicago, Ill., USA, *Herstellung eines Antibiotikums.* (**Niederl. P. 123 620** vom 17/5. 1960, ausg. 15/2. 1968. — C. **1964**, 10-1637 [U. S. P. 3 032 470].)

1517 **Chinoin Gyógyszer és Vegyészeti Termékek Gyára R. T.**, Budapest (Erfinder: **Lajos Stankovics, Ferenc Varga, György Dobias, György Szecsey, Laszlo Tardos, Ilona Erdelyi**, Budapest, und **Eva Szentirmai**, Erd), Ungarn, *Herstellung von Additionsverbindungen von Antibiotika.* (**Schwz. P. 443 564** vom 28/11. 1963, ausg. 15/2. 1968. Ung. Prior. 12/2. u. 19/2. 1963. — C. **1967**, 32-1787 [U. S. P. 3 239 501].)

1518 **Eli Lilly & Co.**, Indianapolis, Ind., USA, *Herstellung von Präparaten mit antibiotischer Wirkung.* (**Niederl. P. 123 816** vom 21/8. 1962, ausg. 15/3. 1968. U. S. Prior. 11/9. 1961. — C. **1967**, 11-1895 [Brit. P. 985 747].)

1519 **Bristol-Myers Co.**, East Syracuse (Erfinder: **David A. Johnson**, Fayetteville, und **Charles A. Panetta**, East Syracuse), USA, *Herstellung von Derivaten von α-Aminopenicillinen.* (**Schwz. P. 448 093** vom 22/1. 1964, ausg. 29/3. 1968. U. S. Prior. 25/1. 1963. — C. **1969**, 1-1798 [Brit. P. 1 057 654].)

1520 **Beecham Group Ltd.**, Brentford, Middlesex (Erfinder: **Harry David Coleman Rapson**, Newdigate, und **Edward Raymond Stove**, Redhill, Surrey), Großbritannien, *Stabilisierung von 6-[D-(—)-α-Aminophenylacetamido]-penicillansäure.* (**D. A. S. 1 279 021** Kl. 12 p vom 15/6. 1964, ausg. 3/10. 1968. Brit. Prior. 22/6., 5/9. u. 10/9. 1963. — C. **1966**, 1-1845 [Port. P. 42 571].)

1521 **Beecham Group Ltd.**, Brentford, Middx. (Erfinder: **John Herbert Charles Nayler**, Dorking, und **Harry Smith**, Newdigate, Surrey), Großbritannien, *Herstellung von Hydroxyaminophenylpenicillansäuren.* (**Schwz. P. 444 164** vom 4/11. 1963, ausg. 15/2. 1968. Brit. Prior. 2/11. 1962. — C. **1966**, 37-1861 [Brit. P. 978 178].)

1522 **American Cyanamid Co.**, New York, N.Y., USA, *Herstellung von Tetracyclinderivaten.* (**Niederl. P. 123 932** vom 24/4. 1959, ausg. 15/3. 1968. U. S. Prior. 25/4. 1958 u. 9/3. 1959. — C. **1962**, 17143 [Oe. P. 212 308].)

1523 **Pabst Brewing Co.**, Chicago, Ill. (Erfinder: **Jack Ziffer** und **Thomas J. Cairney**, Milwaukee, Wis.), USA, *Herstellung von Lignin-Bacitracin-Komplexverbindungen.* (**D. A. S. 1 268 624** Kl. 12 q vom 7/11. 1962, ausg. 22/5. 1968. — C. **1964**, 11-1660 [U. S. P. 3 035 919].)

1524 **Sandoz Akt.-Ges.** Basel (Erfinder: **Wolfgang Löffler, Rolf Mauli, Maria Elisabeth Kalberer-Rüsch**, Basel, und **Hartmut Stähelin**, Binningen), Schweiz, *Acylanguidine.* (**Schwz. P. 457 408** vom 27/9. 1962, ausg. 15/8. 1968. — C. **1968**, 22-1857 [D. A. S. 1 248 045].)

1525 **Biotest-Serum-Institut G. m. b. H.**, Frankfurt/M. (Erfinder: **Alfred Riedel** und **Klaus Bonhard**, Hanau), *Herstellung modifizierter Proteine.* (**D. A. S. 1 276 650** Kl. 12 p vom 11/5. 1962, ausg. 5/9. 1968. — C. 1968, 7-1763 [Brit. P. 1 013 577].)

1526 **Wellcome Foundation Ltd.** (Erfinder: **Clifford George Pope** und **Frank Valentine Linggood**), London, Großbritannien, *Herstellung von Diphtherie-Toxoid.* (**D. A. S. 1 270 737** Kl. 30 h vom 2/1. 1962, ausg. 20/6. 1968. Brit. Prior. 5/1. 1961. — C. **1966**, 12-1790 [Brit. P. 969 772].)

1527 **C. F. Boehringer & Soehne G. m. b. H.**, Mannheim, *Herstellung von Aluminiumoxid-Depot-Virus-Vakzine.* (**Niederl. P. 123 653** vom 7/4. 1964, ausg. 15/2. 1968. U. S. Prior. 8/4. 1963. — C. **1966**, 26-1739 [D. A. S. 1 203 912].)

1528 **Farbwerke Hoechst Akt.-Ges. vormals Meister Lucius & Brüning**, Frankfurt/M., *Herstellung von 2.5-Bis-[acylamino]-3.6-diamino-1.4-benzochinonen.* (**Niederl. P. 123 921** vom 20/12. 1963, ausg. 15/3. 1968. D. Prior. 20/12. 1962. — C. **1967**, 13-1938 [D. A. S. 1 212 103].)

1529 **Wellcome Foundation Ltd.** (Erfinder: **Paul Anthony Barrett**), London, Großbritannien, *Herstellung von Glyoxalthiosemicarbazonen.* (**Schwz. P. 451 117** vom 7/8. 1964, ausg. 15/5. 1968. Brit. Prior. 10/8. 1963. — C. **1966**, 34-1713 [Port. P. 42 814].)

1530 **Stecker International S. p. A.**, Mailand, Italien (Erfinder: **Herbert Christian Stecker**, Ho-Ho-Kus, N.J., USA), *Keimtötende Mittel für Textilien.* (**Schwz. P. 443 214** vom 16/2. 1965, ausg. 31/1. 1968. U. S. Prior. 24/2. 1964. — C. **1966**, 41-1856 [D. A. S. 1 201 952].)

1531 **Rhône-Poulenc Soc. An.**, Paris (Erfinder: **René Victor Julien Achard** und **Jacques Morel**, Lyon, Rhone), Frankreich, *Herstellung von trans-10-Hydroxydecen-(2)-säure.* (**D. A. S. 1 275 534** Kl. 12 o vom 10/1. 1963, ausg. 22/8. 1968. F. Prior. 19/2. 1962. — C. **1967**, 27-2639 [F. P. 1 322 911].)

1532 **American Cyanamid Co.**, New York, N.Y. (Erfinder: **Raymond George W. Chinson**, Montvale, und **Robert Gordon Shepherd**, Ridgewood, N.J.), USA, *N-[β- oder p-Aminoalkyl]-aminoäthane.* (**Schwz. P. 437 332** vom 7/2. 1962, ausg. 30/11. 1967. Brit. Prior. 7/2. 1961 u. U. S. Prior. 23/1. 1962. — C. **1969**, 1-1805 [U. S. PP. 3 271 450 u. 3 268 576].)

1533 **N. V. Philips Gloeilampenfabrieken**, Eindhoven (Erfinder: **Willem Johannes Asma**, Weesp, **Cornelis Johannes Schoot** und **Johannes Jacobus Ponjee**, Eindhoven), Niederlande, *2.4.5.4'-Tetrachlordiphenylsulfid.* (**Schwz. P. 456 575** vom 15/6. 1965, ausg. 31/7. 1968. Niederl. Prior. 18/6. 1964. — C. **1967**, 13-1940 [D. A. S. 1 221 629].)

1534 **F. Hoffmann-La Roche & Co. Akt.-Ges.**, Basel (Erfinder: **Karl Vogler**, Riehen), Schweiz, *Herstellung von Estern.* (**Schwz. P. 448 122** vom 14/10. 1963, ausg. 29/3. 1968. — C. **1966**, 30-1710 [D. P. [DDR] 41 484].)

1535 **Asta-Werke Akt.-Ges. Chemische Fabrik**, Brackwede (Erfinder: **Herbert Arnold, Rolf Rebling**, Bielefeld, **Jürgen Potel** und **Wolfgang Ebeling**, Brackwede), *Herstellung basisch substituierter cyclischer Harnstoffe und ihrer Salze.* (**Schwz. P. 446 354** vom 13/1. 1956, ausg. 15/3. 1968. D. Prior. 30/1. 1964. — C. **1967**, 22-1760 [D. A. S. 1 218 455].)

1536 **Joh. A. Benckiser G. m. b. H., Chemische Fabrik**, Ludwigshafen/Rh. (Erfinder: **Friedrich Krüger**, Mannheim), *Herstellung von 5-Nitrofurfuryliden-d-glucosamin.* (**D. A. S. 1 272 303** Kl. 12 q vom 2/6. 1961, ausg. 11/7. 1968. — C. **1966**, 15-1813 [U. S. P. 3 122 535].)

1537 **Norwich Pharmacal Co.** (Erfinder: **Homer Albert Burch**), Norwich, N.Y., USA, *Herstellung von N-Acylamido-5-nitro-2-furamidinen.* (**Schwz. P. 446 384** vom 15/2. 1964, ausg. 15/3. 1968. U. S. Prior. 9/1. 1964. — C. **1967**, 13-1945 [D. A. S. 1 219 037].)

1538 **Wellcome Foundation Ltd.** (Erfinder: **Harry Tacon Openshaw** und **Norman Whittaker**), London, Großbritannien, *Racemisieren der optisch aktiven Enantiomeren von 3-Äthyl-1.2.3.4.6.7-hexahydro-9.10-dimethoxy-2-oxo-11bH-benzo-[a]-chinolizin.* (**Schwz. P. 442 314** vom 25/5. 1961, ausg. 31/1. 1968. Brit. Prior. 27/5., 10/11. 1960 u. 21/2. 1961. — C. **1966**, 12-2508 [Ind. P. 76 647].)

1539 **Wellcome Foundation Ltd.**, London, Großbritannien (Erfinder: **George Herbert Hitchings** und **Barbara Roth**, Tuckahoe, N.Y., USA), *Herstellung von Pyrimidinderivaten.* (**Schwz. P. 451 944** vom 17/4. 1959, ausg. 15/5. 1968. Brit. Prior. 18/4. 1958. — C. **1967**, 36-1723 [Aust. P. 233 799; D. A. S. 1 148 554 u. Ind. P. 67 334].)

1540 **Eprova Akt.-Ges.**, Schaffhausen, Schweiz (Erfinder: **Ernst Felder** und **Davide Pitre**, Mailand, Italien), *Röntgenkontrastmittel.* (**D. A. S. 1 273 747** Kl. 12 q vom 24/9. 1963, ausg. 25/7. 1968. Schwz. Prior. 23/11. 1962. — C. **1967**, 25-1657 [Brit. P. 1 002 344].)

G. Analytische Chemie, Laboratoriumspraxis

G–1. Allgemeine Verfahren und Apparate

1541 **Gerät zur schnellen Auswertung der Papierstreifen von Schreibern.** T. Teichman, A. Zdrojewski und J. L. Monkman. (Mikrochim. Acta [Wien] **1967**, 3, 465–67; Environmental Assessment Unit, Tunney's Pasture, Ottawa; engl.) — Vf. konstruieren ein einfaches Gerät, mit dem die sonst rollenförmig anfallenden Papierstreifen in horizontaler Form aufbewahrt werden können u. somit leichter auszuwerten sind.
H.-D. Schenke 5004

1542 **Kryopumpe zum Erzeugen von Ultrahochvakuum.** N. N. Baeva, N. P. Danilova und A. I. Shal'nikov. (Cryogenics 8 (1968) 1, 49–50; Phys. Fac., State Univ., Moscow; engl.) — Das vereinfachte Modell wird aus einer früher beschriebenen Kryopumpe entwickelt.
H.-D. Schenke 5010

1543 **Peristaltische Pumpen mit sechs Schlauchkanälen.** H. G. Hopp. (G-I-T Fachz. Lab. **11** (1967) 6, 542–44; Wiesbaden; dt.) — Vf. beschreibt eine Dosierpumpe für leichtsd. Fl., Emulsionen, Schlammarten, Gase u. Lsg. mit suspendierten Feststoffen mit Ausnahme heißer organ. Lsgm. u. konz. Säuren. Es werden zwei Modelle besprochen, die mit bis zu 10 bzw. 2 U/min bei einer maximalen Fördermenge von 1000 bzw. 200 ml/Kanal u. Std. arbeiten. Die Schläuche bestehen aus Siliconkautschuk u. können unterschiedlichen Innendurchmesser haben. Der Transport erfolgt mit einer sich drehenden zylinderförmigen Rolle aus drehbaren Metallstäben, die über die aufgepreßten Schläuche rollen.
Fr. Voigt 5010

1544 **Multitemperaturbad.** A. R. Overman und Raymond J. Miller. (Analyt. Biochem. [New York] **19** (1967) 1, 195–97; Urbana, Ill., Univ. of Ill., Agronomy Dep.; engl.) — Es wird ein Bad beschrieben, das eine Reihe von Temp. gleichzeitig erzeugt. Es besteht aus 20 Temp.-Räumen, in deren Trennwänden sich 40 W-Glühlampen befinden. Als größte Temp.-Differenz wurden 25°, als kleinste 10° erreicht, die niedrigste Temp. betrug 10°, die höchste 45°. Fr. Voigt 5012

1545 **Gasströmungs-Temperaturkontrollgerät für Temperaturen zwischen — 195 und 250°.** J. Balla, K. Tompa und F. Tóth. (Cryogenics 8 (1968) 1, 47–49; Central Res. Inst. for Phys., Hungarian Acad. of Sci., Budapest; engl.) — Die Temp. eines Gasstromes für NMR-Messungen zwischen —195 u. 250° wird auf 0,1°/Std. konst. gehalten. H.-D. Schenke 5012

1546 **Apparat für experimentelle Untersuchungen bei Temperaturen zwischen 4,2 und 300 °K.** V. E. Danil'chenko, L. F. Kurtenok, L. P. Lubyanov und V. M. Stolyarov. (Cryogenics 8 (1968) 1, 51–53; Inst. of Phys., Acad. of Sci., Ukr. SSR, Kiev; engl.) — Der App. verbraucht 4 l fl. He bei der Einstellung von Temp. im Abstand von 10 °K für jeweils 5 Min. über den Bereich von 4,2 bis 300 °K. Ein elektron. Stabilisierungskreis ermöglicht innerhalb des ganzen Bereichs eine Temp.-Konstanz von 0,001 °K für $1^1/_2$ Std. u. Arbeiten bei Temp.-Differenzen von 0,05 °K. H.-D. Schenke 5012

1547 **Zonenschmelzen zur Abtrennung von Spuren radioaktiver Verunreinigungen aus organischen Verbindungen.** Bodo Diehn, F. S. Rowland und A. P. Wolf. (Analytic. Chem. **40** (1968) 1, 60–64; Dep. of Chem., Univ. Kan., Lawrence, Kan.; engl.) — Vf. untersuchten die Möglichkeit zur Zonenschmelzung von Propionamid, das Spuren radioakt. Acetamids enthielt. Der Trennungswirkungsgrad wurde in Abhängigkeit von der Zonenwanderungsgeschw., Anzahl der Durchgänge u. der Konz. an Verunreinigungen bestimmt. Vf. beschreiben eine App. zum automat. Zonenschmelzen, mit deren Hilfe die Acetamidkonz. um 10^4 (bei einer Anfangskonz. von 0,02 %) verringert werden konnte. Da die Meth. ein Minimum an Handgriffen erfordert, ist sie bes. zur Bearbeitung von Substanzen geeignet, die Spuren von Verb. hoher spezif. Aktivität enthalten. J. Pickardt 5022

1548 **Elektronische Vorrichtung zur automatischen Zählung der Körner in Kernemulsionen.** A. Bernheim, M. Combes, J. C. Fayolle, H. de Surville und M. Morand. (Rev. Physique appl. **3** (1968) 1, 59–60; Suppl. zu: J. Physique; Labor. de Phys. Gén., Fac. des Sci., Paris; franz.) — Der Zählanordnung liegt die Technik einer Fernseh-Kurzschlußanordnung zu Grunde. Die Zählung der Körner erfolgt mit Hilfe von elektron. Zählröhren. Bes. behandelt wird der Umstand, daß jedes Korn bei der üblichen Bilddefinition 50 mal/s registriert wird u. daß Körner, die von mehreren Zeilen abgetastet werden, oft mehrfach registriert werden. Die Grundlagen der verwendeten Elektronik werden beschrieben. Mehrfachregistrierungen werden durch ein Verzögerungsglied eliminiert. W. Reusse 5030

1549 **Dämpfung eines durch eine punktförmige Quelle schneller monoenergetischer Neutronen in wasserstoffhaltigem Medium erzeugten thermischen Neutronenflusses als Funktion des Abstands. Anwendung zur Berechnung des Wirkungsgrades eines Neutronenzählers.** M. Le Bars und A. Picot. (Rev. Physique appl. **3** (1968) 1, 53–58, Suppl. zu: J. Physique Labor de Phys.; Théorique et Nucl., Fac. des Sci., Nancy; franz.) — Es wird eine Meth. zur Berechnung der Schwächung beschrieben. Das Ergebnis wird zur rechner. Ermittlung des Wrkg.-Grades eines Neutronenzählers als Funktion der Teilchenenergie ausgewertet. Die gefundene Abhängigkeit wird experimentell bestätigt. W. Reusse 5030

1550 **Herstellung von homogenen Quellen auf Filterpapier.** I. A. Urjaev, R. F. Brigevič und M. P. Kočina. (Radiochimija **10** (1968) 1, 115–16; russ.) — Zur Herstellung von radioakt. Quellen mit Abmessungen von > 300 cm² wird ein Blatt Chromatographiepapier (Typ M, 100 % α-Cellulose) auf einen Rahmen gespannt, in 1 cm² große Quadrate unterteilt u. in die Mitte eines jeden Quadrats 1 Tropfen (0,2 ml) einer 0,1 %ig. Lsg. eines oberflächenakt. Stoffes (Nekal B 5 oder Ausgleichsmittel A) gegeben. Danach wurde die radioakt. Lsg. [$^{204}TlNO_3$, $^{90}Sr(NO_3)_2$, $^{90}Y(NO_3)_2$, $NaH_2{}^{32}(PO_4]$ aufgetragen u. das Blatt getrocknet. Inhomogenität: 5–7 %.
G. Ewald 5030

1551 **Elektrophoretische Trennung trägerfreier Radionuklide.** K. Buchtela, K. Aitzetmüller und F. Grass. (J. radioanalyt. Chem. [Budapest] **1** (1968) 3, 225–30; Atominst. der Österr. Hochschulen, Wien; engl.) — An Acetylcellulose (Cellogel) in α-Hydroxyisobuttersäure werden aus neutronenbestrahlten Lanthaniden die im Verhältnis 10^{-5} bis 10^{-7} vorliegenden Tochternuklide abgetrennt: ^{155}Eu aus Sm, ^{161}Tb aus Gd, ^{171}Tu aus Er, ^{177}Lu aus Yb. In 30–60 Min. können diese z. T. auf anderen Wegen nicht erhältlichen Nuklide für analyt. Zwecke abgetrennt werden. W. Dedek 5030

1552 **Betonabschirmung für D,T-Neutronen.** J. J. Broerse. (Int. J. appl. Radiat. Isotopes **19** (1968) 1, 74–76; Rijswijk ZH, Radiobiol. Inst. TNO; engl.) — Erwiderung auf eine Kritik von Hacke [vgl. ibid. **18** (1967) 33] an einer früheren Veröffentlichung des Vf. [Health Physics **12** (1966) 83]. Diskussion über die möglichen Ursachen der voneinander abweichenden experimentellen Ergebnisse. D. Ertel 5030

1553 **Materialien für Infrarotoptik.** A. J. Worrall. (Infrared Physics 8 (1968) 1, 49–58; Barr & Stroud Ltd., Glasgow; engl.) — Die Ursachen der IR-Absorption werden kurz umrissen u. Eig. u. Verw. erhältlicher Materialien diskutiert. Neben den Oxidgläsern (bes. Aluminat-, Tellurit- u. Gallatgläser, die bis zu 7 μm Verw. finden) werden andere Chalkogenidgläser (As_2S_3-Glas, unter bes. Berücksichtigung der Verw. als Reflexschutzschicht; As–Ge–Se-Gläser für 1–19 μm mit Brechungsindizes ca. 3) sowie einige Krist. (heißgepreßtes MgF_2, Halogenide u. Ge) beschrieben. Die Entw. u. Verw. von IR-Faseroptik, bes. reiner As_2S_3-Gläser für die Seele u. modifizierter As_2S_3-Gläser als Umhüllung, wird diskutiert. Derartige Lichtleiter sind, abhängig von ihrer Stärke u. Länge, im Bereich von 1,5 bis ca. 9 μm verwendbar. J. Pickardt 5032

1554 **Verfahren zur Messung sich schnell ändernder Temperaturen.** D. D. Gončarov. (Zav. Labor. **34** (1968) 6, 747–49; Dnepropetrovskij metallurg. inst.; russ.) — Beschreibung eines oszillograph. Meßverf. unter Anwendung von Chromel–Alumel-Thermoelementen. H. Roschkowski 5052

1555 **Eichgenauigkeiten und Verwendung von I.P.T.S.-Thermoelementen.** T. P. Jones. (Metrologia [Berlin] **4** (1968) 2, 80–83; Div. of Phys., CSIRO, Univ. Grounds, Sydney; engl.) — Die Unsicherheit bei der genauen Eichung von Pt/Pt – 10% Rh-Thermoelementen zwischen 630,5 u. 1063° beträgt ca. ± 1,0 μV (99%ig. Vertrauensbereich), wenn die Messungen bei jedem der 3 prim. Eichpunkte 5mal wiederholt werden. Die Genauigkeit einer anschließenden Temp.-Messung mit einem geeichten Thermoelement, dessen systemat. Fehler bis zur Bedeutungslosigkeit red. worden sind, ist ± 0,2°. Die Eichmeth. u. die verwendete App. sind genau beschrieben. H.-D. Schenke 5052

1556 **Vergleich der Gastemperatur-, akustischen und Platin-Widerstandstemperaturskalen zwischen 2 und 20 °K.** J. S. Rogers, R. J. Tainsh, M. S. Anderson und C. A. Swenson. (Metrologia [Berlin] **4** (1968) 2, 47–59; CSIRO Div. of Phys., NSL Chippendale, N.S.W., Australia; engl.) — Ein im Nat. Standards Labor., Australia, konstruiertes Gasthermometer (**A**) mit konst. Vol. wird zur Best. der Abhängigkeit des Widerstandes von der Temp. für eine Anzahl von Ge-Thermometern mit einer Genauigkeit von ± 3 Milligrad im Temp.-Bereich von 2–16 °K benutzt. Die Bezugstemp. beruhen auf der Pt-Widerstandsthermometer(**B**)-Skala (1955). Anschließend wird eines der Ge-Thermometer gegen die akust. NBS-Thermometer(**C**)-Skala [NBS Provisional Scale, 2–20 °K (1965)] geeicht. Diskutiert werden die Vgl. der **A**-Skalenwerte mit denen der **C**-, Flüssig-He-Dampfdruck (T_{58})- u. **B**-Skalen. **A**- u. **C**-Skalen stimmen innerhalb der Summen beider experimenteller Fehler (± 5 Milligrad) überein, falls eine geringe (+ 0,015%) Verschiebung in der **C**-Skala, auf der die **A**-Skala beruht, durchgeführt wird. H.-D. Schenke 5052

1557 **Experimentelle Aspekte eines Hochgeschwindigkeitsmembranosmometers.** Severo Paglini. (Analyt. Biochem. [New York] **23** (1968) 2, 247–51; Dep. of Biophys. and Microbiol., Univ., Pittsburgh, Pa.; engl.) — Über Erfahrungen, die beim Arbeiten mit einem Mechrolab 503-Osmometer gewonnen wurden, wird berichtet, bes. über Reinigung, Füllen des Geräts, Blasengröße u. -position, Lsgm.-Gleichgew. u. Probeneingabe. J. Pickardt 5054

1558 **Schwingviskosimeter.** S. V. Stejngel'mejer. (Zav. Labor. **34** (1968) 6, 764–65; Inst. metallurg. UF AN SSSR, Sverdlovsk; russ.) — Beschreibung eines Viskosimeters für den Meßbereich 0,1–200 Poise. H. Roschkowski 5058

1559 **Konstruktion eines Strömungsmessers für Fluor.** Shigeo Tsujimura, Ginji Fujisawa und Akira Takahashi. (J. nuclear Technol. [Tokyo] **4** (1967) 5, 244–48; JAERI, Tokai-mura, Ikara-ken; engl.) — Beschreibung eines in wesentlichen Teilen ähnlich einem Katharometer konstruierten Strömungsmessers für F_2 mit Ni-Drahtfühler. Vf. geben die Ausgangsspannungen des Strömungsmessers für den Betrieb mit Ar, N_2, O_2 u. F_2 (0–400 ml/min) bei einem Fühlerstrom von 50 bis 75 mA an. Die Abhängigkeit der Ausgangsspannungen von der Wärmeleitfähigkeit des Meßgases u. vom Fühlerstrom wird diskutiert. D. Ertel 5062

1560 **Messung der elektromagnetischen Stoffkonstanten μ und ε von Ferriten im mm-Wellengebiet.** B. Wartenberg. (Z. angew. Physik **24** (1968) 4, 211–17; III. Physikal. Inst., Univ., Göttingen; dt.) — Eine Resonatormeth. zur Messung an dünnen Plättchen wird beschrieben. Die Meßkurven zwischen 2 u. 60 GHz werden für $Ni_{0,36}Zn_{0,64} \cdot Fe_2O_4$, $CoFe_2O_4$, $Co_{0,5}Fe_{0,5}Fe_2O_4$, $BaFe_{12}O_{19}$, $SrFe_{12}O_{19}$ verschiedener Fabrikate sowie für Co_2Z-Ferrit u. Carbonyl-Fe Ferrocart C-FUV angegeben. J. Pickardt 5066

1561 **Lichtempfindlichkeit von Dosimetern aus klarem Perspex.** B. Whittaker. (Int. J. appl. Radiat. Isotopes **19** (1968) 4, 427; Wantage Res. Labor. (AERE), Wantage, Berks.; engl.) — In Ergänzung einer früheren Veröffentlichung des Vf. wird empfohlen, die Dosimeter in lichtdichten Beuteln aus laminierten Polythen/Al-Folien aufzubewahren. Man erhält dann eine stabile Beziehung zwischen Extinktion u. Dosis. W. Reusse 5068

1562 **Neutronen-Personendosimeter für nucleare Unfälle.** Yung-Ho Kang und Hatsumi Tatsuta. (J. nuclear Sci. Technol. [Tokyo] **5** (1968) 2, 74–78; Dep. of Phys., Kyung Pock Nat. Univ., Taegu, Korea; engl.) — Es werden 2 Dosimetertypen beschrieben: 1. Mit einer speziellen Kernemulsion, die 7,1 · 10^{17} ^{10}B-Atome/cm^2 enthält, können therm. Neutronen bestimmt werden. Die Empfindlichkeit der Emulsion für therm. Neutronen ist 4,5 · 10^{-5}, für schnelle Neutronen 0,9 · 10^{-4} Spuren/Neutron. 2. Ein Ätzgrubendosimeter neuer Entw. besteht aus einer 75 μm dicken Natururanfolie auf Toshiba-Glas. Die bei Neutronenbeschuß entstehenden Spaltfragmente rufen im Glas Ätzspuren hervor. Die Empfindlichkeit ist in diesem Fall für schnelle Neutronen 2,7 · 10^{-6}, für therm. Neutronen 3,15 · 10^{-6} Gruben/Neutron. Die untere Nachw.-Grenze der beiden Anordnungen wird mit 0,15 bzw. 10 rem bei einer Meßgenauigkeit von ± 70% angegeben. Es wird gezeigt, daß mit einer Kombination beider Dosimeter die Dosisäquivalent/Energie-Beziehung der ICRP angenähert erfüllt wird. W. Reusse 5068

1563 **Ganzkörpermessung von Plutonium in Ratten.** R. Logan und R. Todd. (Int. J. appl. Radiat. Isotopes **19** (1968) 4, 422–25; Health and Safety Dep., U. K. Atomic Energy Authority, Chapellcross Works, Annan, Dumfriesshire; engl.) — Die Ganzkörpermessung von ^{237}Pu markiertem Pu in Ratten ist schnell u. einfach u. braucht nicht mit gefährlichen Pu-Niveaus durchgeführt zu werden. Die schwere Zugänglichkeit u. häufige Unverträglichkeit von ^{237}Pu beeinträchtigt die Genauigkeit u. die Dauer des Vers., bei dem innere Cyclotronbestrahlungen von ^{235}U erforderlich sind. U. Drehmann 5068

1564 **Automatische Registrierung der bei einer Oxydationsreaktion in flüssiger Phase in Abhängigkeit von der Zeit absorbierten Sauerstoffmenge (Laboratoriumsmitteilung).** B. Bourdoncle und L. Soukiassian. (Bull. Soc. chim. France **1968**, 5, 1863–65; Inst. Français du Pétrole, Rueil-Malmaison; franz.) — Vf. beschreiben eine App. zur Messung von Ox.-Geschw. bei konst. Druck (bis herab zu 10^{-3} l · s^{-1}). J. Pickardt 5070

1565 **Analogrechner für die Lösung simultaner Gleichungen in der analytischen Chemie.** E. Clifford Toren jun. und J. E. Davis. (Analyt. Letters **1** (1968) 5, 289–94; Duke Univ., Durham, N.C.; engl.) — Beschreibung der Schaltung eines einfachen Analogrechners zur Lösung zweier simultaner Gleichungen mit 2 Unbekannten. Die Schaltung kann auch als empfindliches Voltmeter hoher Impedanz mit genauer Ablesung (0,3%) dienen. Die Nenngenauigkeit ist ca. 1%, die Genauigkeit für typ. Anwendungen ca. 0,5%. J. Pickardt 5082

1566 **Adsorption von Silber an Borosilicatgläsern. Einfluß von pH und Zeit.** Willy Dyck. (Analytic. Chem. **40** (1968) 2, 454–55; Geol. Surv. of Canada, Ottawa; engl.) — Es wurde die Adsorption von Ag an verschiedenen Oberflächen untersucht u. in Abhängigkeit von pH u. Zeit dargestellt. Dabei ergaben Borosilicatgläser die geringste Adsorption, während Plastikoberflächen nach längerer Zeit stärker als Glas adsorbieren. U. Geisler 5086

1567 **Bildung von Wasserstoffperoxid in metallischen Reduktionsmitteln.** M. A. Salam Khan und W. I. Stephen. (Analytica chim. Acta [Amsterdam] **41** (1968) 1, 43–49; Chem. Dep., Univ., Birmingham; engl.) — Die Bldg. von H_2O_2 in verschiedenen Typen metall. Red.-Mittel wurde sowohl in Ggw. als auch in Abwesenheit

von O_2 untersucht. Nur wenn O_2 vollkommen ausgeschlossen ist, ist Peroxid nicht nachweisbar. Die oxidimetr. Best. von Fe wird durch dieses Peroxid ernsthaft beeinflußt, wenn die Probelsg. u. das Red.-Mittel mit dem Luft-O_2 in Berührung kommen. Völlig sauerstofffreie Syst. ergeben befriedigende Resultate. Im einzelnen wurden die nachst. Red.-Syst. geprüft: *Zink*-Reduktor (Jones), *Silber*-Reduktor (Walden), *Blei*-Reduktor (Treadwell), *Wismut*-Reduktor, ferner die fl. *Amalgame* von *Zn*, *Cd*, *Bi* u. *Pb*. H_2O_2-Bldg. wurde ausnahmslos in allen Fällen beobachtet.
A. Blaschette 5086

1568 **Thermometrische Bestimmung der Konzentration von Grignard-Reagenz.** R. D. Parker und T. Vlismas. (Analyst **93** (1968) 1106, 330—35; Analyt. Res. Sect., Midland Silicones Ltd., Barry, Glamorgan; engl.) — Vf. beschreiben 2 einfache thermometr. Verf. zur quant. Analyse von Grignard-Verb. (**A**). Bei der ersten Meth. wird **A** mit einer Standardlsg. von Isopropylalkohol (**I**) titriert u. der Endpunkt durch Beobachtung der Temp.-Änderung festgestellt. Für 19 Best. einer Phenyl-Magnesiumchlorid-Lsg. wird ein Variationskoeff. von 0,59 gefunden. Bei der zweiten Meth. ist eine einzige Temp.-Messung nach der Rk. von **A** mit einem Überschuß von **I** notwendig. Die gefundene höchste Temp. wird mit einer Temp.-Skala, die in Konz.-Einheiten geeicht ist u. durch Anwendung der ersten Meth. erhalten wird, verglichen. Bei beiden Meth. muß das gleiche Lsgm. verwendet werden, um einen Einfl. der Mischungswärme auszuschließen. Die Durchführung dauert 5 Min. u. ist daher für wiederholte Analysen des gleichen Grignard-Reagenzes gut geeignet. Die Anwendung ist begrenzt wegen der Notwendigkeit, die Eichung mit einer anderen Meth. durchführen zu müssen.
H.-D. Schenke 5086

1569 **Elektrochemische Oxydation von Cupferron.** James G. Lawiess und M. D. Hawley. (Analytic. Chem. **40** (1968) 6, 948—51; Dep. of Chem., Kan. State Univ., Manhattan, Kan.; engl.) — Mit Hilfe elektrochem. u. spektroskop. Meth. wird gezeigt, daß die elektrochem. Ox. von Cupferron (**I**) ein Einelektronenprozeß ist, bei dem Nitrosobenzol (**II**) u. NO als Rk.-Prod. entstehen. Durch Rk. von NO u. **II** kann sich **I** erneut bilden. NO ist ebenfalls elektrochem. akt. u. kann stufenweise zum NO_3^- ox. werden, wobei zunächst eine Einelektronenox. des NO zum NO_2^- u. anschließend eine Zweielektronenox. des NO_2^- zum NO_3^- erfolgt. — In saurer Lsg. wird **II** durch einen Zweielektronenprozeß zum Phenylhydroxylamin red., während in bas. Medium die coulometr. Red. von **II** insgesamt ein Einelektronenprozeß ist u. zum Azobenzol führt. Es wird gezeigt, daß letzteres durch Rk. aus **II** u. seinem Red.-Prod., Phenylhydroxylamin, entsteht.
J. Pickardt 5086

1570 **Verwendung von Chinoxalin-2-carbonsäure und ihren Derivaten als analytische Reagenzien.** N. K. Dutt, G. S. Sanayal und K. Nag. (Analytica chim. Acta [Amsterdam] **41** (1968) 2, 331—39; Inorg. Chem. Labor., Indian Assoc. for the Cultivat. of Sci., Calcutta; engl.) — Mit Chinoxalin-2-carbonsäure können *Cu(II)* bei pH 1,5 bis 7,2, *Cd* (4,0—7,3), *Zn* (3,0—7,0), *Pd(II)* (2,0—6,3), *Co(II)* (2,8—7,3) u. *Ni(II)* (2,5—7,2) in der Siedehitze gefällt werden, wozu ein 50%ig. bzw. für Cd ein 100%ig. Reagenzüberschuß benötigt wird. Nach 15—20 Min. langem Erhitzen wird bei Cu, Pd, Co u. Ni heiß gefällt, mit 80° heißem W. gewaschen u. beim Cu bei 140°, sonst bei 120—130° getrocknet. Gebildet werden 1 : 2-Komplexe, u. zwar beim Cu u. Pd wasserfrei, Cd 1,5 W., Zn 1 W., Co u. Ni 2 Wasser. Des weiteren werden die 3-Chlor- u. 3-Hydroxyderiv. zur Fällung verwendet. Hiermit läßt sich nur Pd bei pH 0,8—7,2 bzw. 1,6—5,0 fällen.
K. Henning 5086

1571 **Untersuchung über die Reaktionen einiger Metallionen und Metallionenmischungen mit Cupferron mittels Hochfrequenztitrationen.** Carla Bertoglio Riolo, Teresa Fulle Soldi und Giovanni Spini. (Analytica chim. Acta [Amsterdam] **41** (1968) 2, 388—90; Ist. Chim. Gen., Univ. di Pavia, Pavia; engl.) — Bei der HF-Titration mit Cupferron ergeben sich Wendepunkte beim *Th(IV)* (pH 3,1—3,6) beim Verhältnis 1 : 4, beim *Mo(VI)* (pH ≦ 2,4) 1 : 1 u. 1 : 2, dagegen bei pH 4,6 nur 1 : 1 u. beim *U(VI)* (pH 4,6—4,8) 1 : 2. Zur Best. von *Fe(III)* in Ggw. von Ti(IV), V(V), Mo(VI), Th(IV) oder Zr(IV) wird zunächst bei pH 2,5—2,7 die Summe der Metalle durch HF-Titration u. anschließend nach Zugabe von 1 ml 30%ig. H_2O_2-Lsg. Fe allein titriert, da Fe einen 1 : 3-Komplex bildet.
K. Henning 5092

1572 **Elektronische coulometrische Apparatur für polarographische Untersuchungen.** Ju. A. Ivanov. (Zav. Labor. **34** (1968) 6, 757—60; Tomskij politechn. inst. im. Kirova; russ.) — Beschreibung einer App. zur Messung der zur Ox. oder Red. eines Ions verbrauchten Elektrizitätsmenge bei gleichzeitiger Aufnahme des integrierten Stroms nach der Zeit.
H. Roschkowski 5098

1573 **Verbesserung der Vielseitigkeit des „Southern Analytical Cathode Ray Polarograph“ durch Änderung des Arbeitsprinzips und der Schaltung.** P. O. Kane und T. Hughes. (J. polarogr. Soc. **13** (1968) 1, 13—18; Imp. Chem. Ind. Ltd., Mond Div., The Heath, Runcorn; engl.) — Vf. beschreiben eine Schaltung mit einem Gleichstromverstärker für die Aufzeichnung der Spur des Kathodenstrahls in Verbindung mit einem Galvanometerschreiber, wobei der „sweep“ auch von Hand gestoppt u. wieder gestartet werden kann. Gleichzeitig läßt sich der „sweep“ mit dem Schreiberantrieb synchronisieren, so daß nunmehr Schreibstreifen von Oszillopolarogrammen Strom/Zeit-Kurven einzelner Tropfen oder chronovoltammetr. Kurven (anodic-stripping) erhalten werden können. Außerdem konnte mit einer Einzellentechnik (Spannungsmessung am Helipot, Kathodenstrahlröhre als Nullindikator) bei der Best. von $3 \cdot 10^{-4}$m Pb^{2+} in 0,1 m NaOH-Lsg. Peakhöhen erhalten werden, die eine Standardabweichung von ± 0,3 % hatten.
E. Bomke 5098

1574 **Voltammetrische Indikation komplexometrischer Titrationen.** Günther Kraft. (Z. analyt. Chem. **238** (1968) 5, 321—414; Metallges. Akt.-Ges., Frankfurt/M.; dt.) — Nach einem Überblick über die Prinzipien der komplexometr. Titrationen werden die Möglichkeiten für die voltammetr. Indikation komplexometr. Titrationen aufgezeigt. Mit einer mit konst. Strömen zwischen normalerweise 1 u. 10 μA polarisierten Pt-Doppelelektrode von je 10—50 mm² Größe, deren Potentialdifferenz im Verlaufe der Titration gemessen wird, lassen sich komplexometr. Titrationen in saurer Lsg. einwandfrei indizieren. Das Signal am Titrationsendpunkt ist bes. groß, wenn vor der eigentlichen Titration eine HNO_3-saure Bi-Lsg. mit wenigen μA für 10—20 Min. elektrolysiert wird (Abscheidung von Bi auf Kathode u. Anode). Indikation im alkal. Bereich ist möglich, wenn die Pt-Doppelelektrode in einer ammoniakal. Tl-Lsg. mit einigen μA für ca. 15 Min. elektrolyt. vorbehandelt wird (Nd. von Tl-Oxid auf der Anode). Das Indikationsverf. ist auch für indirekte Substitutions- u. Folgetitrationen mit Titrantien von Konz. bis herab zu 0,0001 m einsetzbar. Die Reproduzierbarkeit beträgt ± 0,01 ml beim Arbeiten mit 0,1 m u. 0,01 m Titrantien. Die Beeinflussung der Form der Indikationskurven durch Ionen, die selbst kathod. u./oder anod. Elektrodenprozesse zu geben vermögen, wird untersucht. Trotz der möglichen Vielfalt der Kurvenformen können sie mit hoher Sicherheit ausgewertet werden. Das Indikationsverf. ist nicht anwendbar, wenn in der Analysenlsg. Substanzen vorliegen, die die Anode stärker depolarisieren als das freie Komplexon (Red.-Mittel). Die Unters. werden auf polarisierte Elektroden aus Au, Ag u. Cu ausgedehnt u. die Steilheit der Kurven in Abhängigkeit von verschiedenen Parametern wird diskutiert. — 86 Literaturangaben.
H.-D. Schenke 5098

1575 **Katalytische Reaktionen an Röhrenelektroden.** L. N. Klatt und W. J. Blaedel. (Analytic. Chem. **40** (1968) 3, 512—17; Madison, Wis., Univ. of Wis., Dep. of Chem.; engl.) — Für die durch den Massentransport begrenzte katalyt. Regeneration des Reaktanten an der Röhrenelektrode werden Beziehungen zwischen der Stromdichte u. der Strömungsgeschw. abgeleitet u. eine experimentelle Prüfung mit der Au- u. der Hg-Film/Pt-Röhrenelektrode vorgenommen. Die Abhängigkeit des Konz.-Profils vom Achsenabstand der Strömungsgeschw.

u. der Geschw.-Konst. der chem. Rk. ist graph. angegeben. Aus einer Reihe für die experimentelle Überprüfung geeignet erscheinender Syst. erwies sich nur die elektrochem. Fe^{3+}-Red. in H_2SO_4-Lsg. mit nachfolgender Rückox. durch H_2O_2 als brauchbar. Es zeigte sich, daß das Verf. zur Unters. von Rk., die scheinbar 1. Ordnung sind, mit einer Geschw.-Konst. $> 0{,}1\ s^{-1}$ geeignet ist. C. Herold 5100

1576 **Bestimmung von Kohlenstoff, Stickstoff und Sauerstoff in Gasen durch Neutronen-Flugzeit-Spektrometrie.** W. J. Naudé, M. Peisach, R. Pretorius und P. J. Strebel. (J. radioanalyt. Chem. [Budapest] 1 (1968) 3, 231—41; Southern Univ. Nucl. Inst., Faure, South Africa; engl.) — Mit Hilfe eines gepulsten Deuteronenstrahls von 2—3 MeV werden Neutronen erzeugt aus den Rk. $^{12}C(d, n)^{13}N$, $^{14}N(d, n)^{15}O$ u. $^{16}O(d, n)^{17}F$. Die zerstörungsfreie Analyse erfordert 15 Min., Standardabweichung $\pm 3\%$. Bei einem Deuteronenstrom von 20 mC liegen die Erfassungsgrenzen bei $6 \cdot 10^{-8}$ g für C, $2 \cdot 10^{-7}$ g für N u. $1{,}7 \cdot 10^{-7}$ g für O pro cm^2 Querschnitt. W. Dedek 5104

1577 **Konduktometrische Methode zur Messung mikromolarer Kohlendioxidmengen.** Roy H. Mafely. (Analyt. Biochem. [New York] 23 (1968) 2, 252—62; Palo Alto, Calif., Stanford Univ. School of Med., Dep. of Med.; engl.) — Beschreibung der Meth. mit Spiralabsorber, mit der konduktometr. weniger als 0,002 μMol CO_2 nachzuweisen u. Best. von 0,01—0,6 μMol CO_2 mit Standardabweichungen von $\pm$ 0,002—0,008 μMol durchzuführen sind. W. Luchsinger 5104

1578 **Infrarotspektroskopische Untersuchung des Druckverbreiterungseffektes an Banden von Kohlendioxid bei Stickstoffzusatz.** H.-H. Perkampus und W. Rother. (Z. analyt. Chem. 237 (1968) 6, 401—09; Inst. für organ. Chem., TH, Braunschweig; dt.) — Es wird der Einfl. von Schichtdicke, CO_2-Partial- u. Gesamtdruck im Modellsyst. CO_2/N_2 auf die Gültigkeit des Lambert-Beerschen Gesetzes (A) bei quant. IR-spektroskop. Gasanalysen untersucht. Im Bereich der Druckverbreiterung gilt A nicht u. muß durch Potenzgesetze ersetzt werden. Die Best. der Intensitäten gestattet, den opt. Stoßdurchmesser des N_2 gegenüber CO_2 zu ermitteln. M. Meyer zur Heyde 5104

1579 **Massenspektrometrische Analyse von hochreinem Helium und Wasserstoff unter Verwendung eines dynamischen Proben- und Eichsystems.** R. T. Parkinson. (Talanta [London] 14 (1967) 9, 1037—50; Chem. Inspectorate, Roy. Arsenal, Woolwich, London; engl.) — Ein dynam. Gaseinlaßsyst. für ein Massenspektrometer (AEI Modell MS2G) wurde entworfen. Es kann Proben direkt aus Gasströmen bei Drücken um 800 Torr entnehmen u. wurde mit Erfolg bei der Analyse von hochreinem He u. H mit weniger als 50 ppm gesamter Verunreinigung benutzt. Die Empfindlichkeit ist 1 ppm oder besser. Das Syst. ist so ausgelegt, daß das Massenspektrometer bei Bedarf mit seinem normalen Gaseinlaßsyst. benutzt werden kann. Zur Eichung des Massenspektrometers im Bereich 5—100 ppm Verunreinigung wurde eine dynam. Gasmischbatterie entwickelt, die ein Umlauf- u. Reinigungssyst. enthält. J. Büttner 5106

1580 **Hochfrequenzspeisung von Quecksilberlampen für die Spektralgasentladung.** Ju. V. Popov. (Zav. Labor. 34 (1968) 6, 755—56; Leningrad, filial SKB po avtomatike v neftepererabotke i neftechim.; russ.) — Nach theoret. Betrachtungen wird über die relative Verteilung der Energie im Spektrum der Hg-Lampen SBD-121A u. DRSch-100-2 berichtet. Herbert Hoffmann 5116

1581 **Temperaturprofile in Distickstoffoxid/Acetylen-Flammen bei Atmosphärendruck.** G. F. Kirkbright, M. K. Peters, M. Sargent und T. S. West. (Talanta [London] 15 (1968) 7, 663—75; Chem. Dep., Imp. Coll., London; engl.) — Die Temp.-Profile der N_2O/C_2H_2-Flamme werden bei drei verschiedenen Mischungsverhältnissen ermittelt. Die nach der Meth. der Na-Linienumkehr bzw. der Meth. der zwei Fe-Linien ermittelte Elektronenanregungstemp. im roten Saum der Flamme beträgt maximal 3070 bzw. 3025 ± 50 °K. Temp.-Messungen durch Unters. der Intensitätsverteilung der NH-Rotationsfeinstruktur u. der CN-Schwingungsstruktur führen zu unbefriedigenden Ergebnissen, deuten jedoch auf das Vorliegen eines therm. Gleichgew. in der Flamme hin. Der Temp.-Gradient in der Flamme fällt mit der Höhe über der Primärzone ab. Unters. der CN-Spektren u. der Zonen, in denen länger lebende freie Atome u. Metalloxidspezies vorliegen, lassen darauf schließen, daß in der Dicyanzone freie Atome gebildet werden, wobei das Abfangen oxydierender Radikale durch CN die Dissoziation der ursprünglich in der Primärzone der Flamme gebildeten Metalloxidspezies begünstigt. H. Kuchenbecker 5116

1582 **Vergleich von Infrarotlichtquellen.** W. Y. Ramsey und J. C. Alishouse. (Infrared Physics 8 (1968) 2, 143—52; Environmental Sci. Serv. Admin., Nat. Environmental Satellite Center, Washington, D.C.; engl.) — Vf. vergleichen die spektralen Energieverteilungen des Nernst-Stiftes, des Globarstiftes u. des Gasglühstrumpfes mit einem 900° heißen „schwarzen Körper" im Bereich von 2—40 μm. H.-D. Schenke 5116

1583 **Eigenschaften und Ausführung grundlegender Infrarotinterferenzfilterkonstruktionen.** S. W. Warren. (Infrared Physics 8 (1968) 1, 65—78; S. T. C., Edinburgh Way, Harlow, Essex; engl.) — Die Durchlässigkeitseig. von Ge–SiO-Filtern verschiedener Konstruktion werden ber. u. diskutiert. J. Pickardt 5116

1584 **Fehler bei der Spektralanalyse, verbunden mit Abweichungen gegenüber einer Eichkurve.** Ju. N. Kuznecov, M. F. Gede und O. A. Rudenko. (Zav. Labor. 34 (1968) 6, 684—86; CNII, olovjannoy promyšlennosti; russ.) — Für die Berechnung der Abweichungen werden Gleichungen abgeleitet u. diskutiert. Herbert Hoffmann 5116

1585 **Molekular-Korrelations-Spektrometrie.** David T. Williams und Byron L. Kolitz. (Appl. Optics 7 (1968) 4, 607—16; Gainesville, Fla., Univ. of Fla.; engl.) — Beschreibung einer spektrometr. Meth. zur Best. von Gasen in Gemischen unter Verw. von Masken, d. h. einer Spaltanordnung, die den Absorptionsmaxima des zu bestimmenden Gases entspricht. Herst. der Masken, Eichkurven für NH_3, $C_6H_5CH_3$, NO_2, SO_2, Bzl., NO, SiF_4 u. Anwendung z. B. zur Best. von Luftverunreinigungen werden beschrieben. W. Luchsinger 5116

1586 **Untersuchung der Entladung eines IG 3-Generators durch Analyse des Spektrums der Schallschwingungen.** M. É. Natanson und V. V. Černjak. (Ž. prikl. Spektroskopii 8 (1968) 2, 331—33; russ.) — Der Einfl. des Elektrodenmaterials (*Fe, Graphit, Ni, Cr, Mn, Cu, Al, Stähle*) des spektralanalyt. Funkengenerators auf die Frequenz der die Entladung begleitenden Schallschwingungen wird untersucht. H. Roschkowski 5118

1587 **Vorversuche über die analytischen Möglichkeiten des Plasmabrenners mit atomarem Wasserstoff.** K. M. Aldous, R. M. Dagnall, K. C. Thompson und T. S. West. (Analytica chim. Acta [Amsterdam] 41 (1968) 2, 380—84; Chem. Dep., Imp. Coll., London; engl.) — Vf. beschreiben einen Plasmabrenner mit H_2 als Brenngas aus Quarzrohr mit 17 mm Innendurchmesser, bei dem sich am Kopf horizontal 2 Wolframelektroden mit 1,5 mm ∅ in Quarzröhrchen befinden, so daß nun oberhalb dieser Anordnung die zu untersuchende Probelsg. in die austretende Flamme versprüht wird. Das sich ergebende Plasma kann ohne weiteres metall. W u. legierte Stähle aufschmelzen. K. Henning 5118

1588 **Qualitative und quantitative Anwendungen der Inneren-Mehrfachreflexions-Spektroskopie.** Ernestine Medeck. (Canad. Spectroscopy 13 (1968) 3, 76—80; Johnson & Johnson Res. Center, New Brunswick, N.J.; engl.) — Vf. weist Verunreinigungen auf der Oberfläche von Klebestreifen u. einer aus Alkohol isolierten Spurensubstanz nach. Quant. werden Zn-Resinat in Klebstoffen u. Isopropanol in antisept. Lsg. bestimmt. Die Reflexionsmessungen in diesen Syst. stimmen gut mit dem Lambert-Beerschen Gesetz überein. H.-D. Schenke 5120

1589 **Dispersionsloser Zweikanalanalysator mit Röntgenröhre.** Ju. P. Betin, M. I. Bursukova, F. M.

Lipkin und L. S. Šelkov. (Zav. Labor. 34 (1968) 6, 752—53; Konstruktorskoe bjuro „Cvetmetavtimatika"; russ.) — Beschreibung einer App. zur Röntgenfluoreszenzanalyse. H. Roschkowski 5122

1590 **Totzeitkorrektur in der Röntgenspektrographie.** Dorothy J. Reed und A. H. Gillieson. (Canad. Spectroscopy 13 (1968) 3, 67—71; Mineral Sci. Div., Mines Branch, Dep. of Energy, Mines and Resources, Ottawa, Ontario; engl.) — Vf. entwickeln eine verbesserte Meth. zur Berechnung von Totzeit u. wahrer Zählrate nach der Vielfolienmeth. für den Wellenlängenbereich von CrK_α bis BaK_α u. bei Verw. von Folien verschiedener Materialien. Die Ergebnisse stimmen gut mit denjenigen überein, die nach einer Einfolien- u. einer Zweiquellenmeth. erhalten werden. H.-D. Schenke 5122

1591 **Röntgenspektralbestimmung der Dicke von Oxidfilmen auf Siliciumscheiben.** B. A. Maljukov, Ju. M. Ukrainskij und V. E. Korolev. (Zav. Labor. 34 (1968) 6, 678—80; NII problem materialobegenija; russ.) — Nach ausführlichen theoret. Betrachtungen wird auf die Best. der Oxidfilmstärke über die SiK_α-Linie eingegangen. Die Röntgenröhre mit W-Anode wurde bei 40 kV u. 10 mA betrieben. Die Registrierung der ca. 2000 Impulse erfolgte über einen Krist.-Analysator mit Proportionalzähler. Es wurden Stärken von 0,2—5 μm bei einer Abweichung von 2% gemessen. Herbert Hoffmann 5122

1592 **Rolle der Fenster in Röntgenröhren bei der Fluoreszenzerregung.** E. P. Denisov und L. A. Smirnov. (Zav. Labor. 34 (1968) 6, 682—84; russ.) — Theoret. Betrachtungen über den Einfl. von Be-Fenstern auf die Emission der K_α-Linien von Na, K, Al u. Si. Die Abschwächungskoeff. für W, Mo u. Cu-Anoden u. eine Fensterdicke von 100 u. 300 μm werden mitgeteilt. Herbert Hoffmann 5122

1593 **Eliminierung der Mehrfachreflexion am Vierkreisdiffraktometer.** P. Coppens. (Acta crystallogr. [Copenhagen], Sect. A 24 (1968) 2, 253—57; Chem. Dep., BNL, Upton, N.Y.; engl.) — Beschreibung eines Verf. zur Beseitigung der durch Braggsche Mehrfachstreuung in den beobachteten Intensitäten erzeugten Fehler. H. Roschkowski 5126

1594 **Goniometer für röntgenographische Untersuchungen der Realstruktur von μ-feinen Metallfäden und Whiskern nach dem Doppelkristallspektrometerverfahren.** W. Oberende, G. Schimmel und K.-J. Schulze. (Messtechnik [Braunschweig] 76 (1968) 4, 83—87; Battelle-Inst., Frankfurt/M.; dt.) — Die Unters. der Realstruktur metall. Feinstdrähte von wenigen μm Ø erfordert die genaue Registrierung der Profile der Röntgeninterferenzlinien. Ein Spezialgoniometer, das den Justierschwierigkeiten u. der geringen Reflexintensität gerecht wird, wird beschrieben u. die Meßmöglichkeiten diskutiert. J. Pickardt 5126

1595 **Verwendung eines fokussierenden Spektrometers in einem Cambridge-Elektronenstrahlmikroanalysator.** D. B. Beaman und H. A. Diehl. (Mikrochim. Acta [Wien] 1968, 5, 966—74; Dow Chem. Co., Midland, Mich.; engl.) — Ein fokussierendes Röntgenstrahlspektrometer wurde in einen Cambridge-Elektronenstrahlmikroanalysator eingebaut, wodurch sich signifikante Verbesserungen der Peak-Höhen, der Peak-Untergrundverhältnisse u. der Auflösung ergaben u. die quant. Leistung des Instruments verbessert wurde. Die sich aus der erhöhten Empfindlichkeit ergebenden Schwierigkeiten werden diskutiert. K. Henning 5126

1596 **Protonenradiographie.** A. M. Koehler. (Science [Washington] 160 (1968) 3825, 303—04; Cyclotron Labor., Harvard Univ., Cambridge, Mass.; engl.) — Mit Protonen aus einem Beschleuniger können Radiographien hergestellt werden, die einen ungewöhnlich hohen Kontrast, aber eine relativ geringe räumliche Auflösung besitzen (Beispiel *Al*-Absorber). Die Meth. eignet sich zur Unters. von Rissen in techn. Materialien. H.-D. Schenke 5126

1597 **Emissionsmikroskop mit ölfreiem Pumpsystem.** A. V. Družinin, A. A. Isaev und N. S. Korol'kov. (Izvest. Akad. Nauk SSSR, Ser. fiz. 32 (1968) 7, 1275 bis 1278; russ.) — Beschreibung eines Emissionselektronenmikroskops u. des Vakuumsystems. H. Roschkowski 5128

1598 **Durch axiale Hell- und Dunkelfeldbeleuchtungen aufgelöste feine Gitterstreifen.** Keiji Yada und Tadatosi Hibi. (Jap. J. appl. Physics 6 (1967) 8, 1007; Res. Inst. for Sci. Measurements, Tohoku Univ., Sendai; engl.) — Vf. konnten mit elektronenmkr. axialer Hellfeldbeleuchtung an orientierten *Au*-Filmen für den Fall von Zweiwelleninterferenz die (220)-Ebene des 1,44-Å-Netzebenenabstandes klar auflösen. Ebenso wurden die Streifen des 1,02-Å-Netzebenenabstandes infolge Dreiwelleninterferenz entsprechend der gleichzeitigen {200}-Beugung aufgelöst sowie der 1,17-Å-Netzebenenabstand entsprechend der gleichzeitigen {111}-Beugung. C. Gottfried 5128△

1599 **Hilfsmittel zur Lokalisierung mikroskopischer Bereiche auf polierten Flächen.** S. Kaiman. (Canad. Mineralogist 9 (1967) 1, 132—35; Mines Branch, Ottawa, Canada; engl.) — Zur Orientierung auf dem Schliff unter einem Standard-Metallmikroskop werden durchsichtige Gitter mit einem Abstand von ca. 1 mm verwendet, die auf photograph. Wege hergestellt werden. Die genaue Lage kann bei mittlerer Vergrößerung an den Koordinaten abgelesen werden. Bei einem anderen Mikroskoptyp, z. B. Vickers 55, liegt die polierte Fläche auf dem Objekttisch. Es wird dann ein Tischeinsatz für die Probe verwendet, in den ein Orientierungsgitter eingeschoben wird. Will man die gleiche Objektstelle unter beiden Mikroskopen betrachten, zeichnet man von jeder Einrichtung Gitterkarten in gleicher Größe. In eine Karte trägt man einige markante Punkte der Probe ein, überträgt diese auf die andere Karte u. kann dann mit Hilfe des Koordinatensyst. die gesuchte Objektstelle leicht finden. R. Zimmer 5128

1600 **Elektronenmikroskop ĖM-8.** V. N. Vercner, Ju. M. Voronip, M. G. Ivanov, V. F. Kurkin, V. G. Nikiforova und Ju. N. Rusanov. (Izvest. Akad. Nauk SSSR, Ser. fiz. 32 (1968) 6, 917—19; russ.) — Kurze Beschreibung der App. mit einem Auflsg.-Vermögen von 8 Å. H. Roschkowski 5128

1601 **Mehrzweck-Objektpatronen und eine allseitige Objektverstellvorrichtung für die Elektronenmikroskopie.** U. Valdrè. (Nuovo Cimento, B [10] 53 (1968) 1, 157—73; Bologna, Univ., Ist. di Fis.; engl.) — Die Konstruktion einer Reihe von speziellen Objektpatronen für das Siemens-Elmiskop wird beschrieben, die außer der Möglichkeit des Kippens (bis zu 30°) nach beiden Seiten um eine zur opt. Achse senkrechte Achse eine Drehung bis zu 360° um die opt. Achse oder eine Kühlung auf —160° bzw. eine Heizung auf 800° erlauben. Außerdem wird eine Objektverstellvorr. beschrieben, die die Möglichkeiten dieser Mehrzweck-Objektpatronen auszunutzen gestattet. Die Objektverschmutzung wird dadurch vermieden, daß das Objekt allseitig von gekühlten Wänden umgeben ist. F. Lenz 5128

1602 **Nachweis von 10,6-μm-Strahlung mit einem Photomultiplier durch optische Umwandlung in Proustit.** J. Warner. (Appl. Physics Letters 12 (1968) 6, 222—24; Roy. Radar Establ., Malvern, Worcs.; engl.) — Synthet. einkrist. Proustit, in den kollimierte gepulste Rubinlaserstrahlung gepumpt wird, kann zur Umwandlung einer 10,6-μm-Strahlung in den sichtbaren Bereich benutzt werden. Die gemessenen Werte des Photonenumwandlungswrkg.-Grades ($N_s/N_{ir} = 1{,}4 \cdot 10^{-6}$) u. der phasenangepaßten Bandbreite (540 Å bei 10,6 μm) stehen in guter Übereinstimmung mit der Theorie. H.-D. Schenke 5130

1603 **Bewertung der Ausbeuten und Kosten von Mischungen flüssiger Szintillatoren für wäßrige Tritiumproben.** David R. White. (Int. J. appl. Radiat. Isotopes 19 (1968) 1, 49—61; Sutton, Surey, Roy. Marsden Hosp., Phys. Dep.; engl.) — Vf. gibt eine experimentelle Neubewertung der Zählausb. einiger Flüssigszintillatoren für wss. Tritiumproben unter Verw. eines Packard-Tri-Carb-Spektrometers. Es wurden Toluol- u. Dioxan-haltige Mischungen, sowie einige in Großbritannien handelsübliche Syst. untersucht. Vf. teilt für alle Syst. Zählausb. u. Kosten mit u. macht Angaben über den Einfl. verschiedener Reagenzien. D. Ertel 5130

1604 **Anpassung eines Programma-101-Tischrechners zur automatischen Bestimmung absoluter Radioaktivität.** Sidney S. Walkenstein, Clyde M. Gosnell, Edward G. Henderson und Jo Ann Park. (Analyt. Biochem. [New York] **23** (1968) 2, 345–50; Wyeth Labor., Inc., Philadelphia, Pa.; engl.) — Schaltung u. Rechenprogramm für die Kombination eines Packard-3000-Tri-Carb-Szintillationsspektrometers mit einem Programma-101-Tischrechner werden angegeben. J. Pickardt 5130

1605 **Lochkartensystem für Literatur zur Aktivierungsanalyse.** T. Braun, E. Bujdosó und M. Miskei. (J. radioanalyt. Chem. [Budapest] **1** (1968) 6, 455–61; Inst. of Inorg. and Analyt. Chem., Univ., Budapest; engl.) — Es wird ein Syst. zur Erfassung der Literatur auf dem Gebiet der Aktivierungsanalyse vorbereitet (zur Zeit 5000 Publikationen vorhanden, jährlich 600 bis 800 neue Arbeiten). Die ersten 5000 Karten sollen **1969** herausgegeben werden. W. Dedek 5132

1606 **Anwendung von Ionenaustausch-Trennungen bei der Aktivierungsanalyse von Metallen.** J. C. Ricq. (J. radioanalyt. Chem. [Budapest] **1** (1968) 6,383–93; Atome Ind., BP 269, Grenoble; franz.) — Es wird ein genau festgelegtes Schema beschrieben, das die Trennung von 23 Metallen an 6 Säulen unterschiedlicher Länge gestattet [Dowex 1 (Cl) u. Dowex 50 (H)]. Getrennt werden Sc, Np, Pa, Hf, Zr, W, Mo, Sn, Nb, Ta, Au, Cu, Co, Zn, Na, K, Rb, Cs, Cd, In, Ga, Fe, Cr. Bisher wurde es zur Analyse von Al, Nb u. Stahl verwendet. Es wird angegeben, daß auch kurzlebige Nuklide (^{42}K, ^{64}Cu) vorteilhaft bestimmt werden können. W. Dedek 5132

1607 **Radiochemische Einstufentrennungen mittels Säulentechniken in der Aktivierungsanalyse.** R. Malvano, P. Grosso und M. Zanardi. (Analytica chim. Acta [Amsterdam] **41** (1968) 2, 251–58; Centro Ric. Nucl., Sorin, Saluggia, Italy; engl.) — Für *Mo(VI)*, *Au*, *Cu(II)*, *Sb(V)* u. für die Anionen AsO_4^{3-} u. PO_4^{3-} werden selektive Trennungen aus 2n HCl unter Verw. der Säulenchromatographie an verschiedenen Materialien mitgeteilt. Darüber hinaus ist für die Elemente Mo, Au, *Zn*, *As*, Cu u. *Sb* ein Trennungsschema angegeben, bei dem eine hohe chem. Rückgewinnung u. große Dekontamination von ^{24}Na erzielt werden. Vereinfachte 2-Stufen-Trennungen für Au + Sb u. Cu u. Fe + Sb u. Zn aus konz. HCl sind angegeben. K. Henning 5132

1608 **Anwendung einer Radioaktivierungsmethode zur Untersuchung der Beimengungsverteilung in epitaktischen Filmen.** N. A. Gluchareva und R. A. Šejnin. (Zav. Labor. **34** (1968) 1, 57–58; russ.) — Sb, As, Au u. Ga konnten γ-spektrometr. nach Aktivierung mit langsamen Neutronen bei abs. Nachw.-Empfindlichkeiten von $2 \cdot 10^{-10}$ bis $5 \cdot 10^{-12}$g in epitakt. Si-Filmen nachgewiesen werden. Die Verteilung von Sb in den gleichen Proben wird ermittelt. H. Roschkowski 5132

1609 **Rasche radiochemische Trennungen durch Amalgamaustausch. 1. Mitt. Theoretische Grundlagen.** E. Loepfe und D. Monnier. (Rev. Chim. minérale **4** (1967) 1, 269–79; Genève, École de Chim., Labor. de Chim. analyt. et minér.; franz.) — Vf. untersuchen Elektrokinetik u. Elektrochemie der Isotopen- u. Redoxextraktion von Metallionen mit Hilfe von Amalgamen u. Hg sowie die Einfl. von Konz. u. Potentialverschiebungen durch Komplexbldg., um sehr rasche Trennverf. für die Aktivierungsanalyse mit kurzlebigen Isotopen zu entwickeln. F. Haenschke 5132

1610 **Methode zur Vereinfachung der Berechnung von Doppelmarkierungsversuchen.** Arthur L. Koch. (Analyt. Biochem. [New York] **23** (1968) 2, 352–54; Dep. of Microbiol., Ind. Univ., Bloomington, Ind.; engl.) — Vf. beschreibt die Messung des Abfalls zweier Isotope, ^{14}C u. ^{3}H, in einer Verb. in verschiedenen Kanälen moderner Szintillationsspektrometer. Durch theoret. Ableitungen wird festgestellt, daß der Nullwert von jedem der gemessenen Werte abgezogen werden kann. Mit den verschiedenen Konst., a u. b der Gleichung (a — b)(Y + X), kann die Ausb. direkt in Ci, Mol oder anderen Einheiten angegeben werden. U. Drehmann 5132

1611 **Anwendungsgrenzen der Doppelbestrahlungs-Technik beim Nachweis störender Kernreaktionen.** J. Op de Beeck und J. Hoste. (J. radioanalyt. Chem. [Budapest] **1** (1968) 6, 395–401; Inst. for Nucl. Sci., Univ., Ghent; engl.) — An Hand theoret. Betrachtungen wird gezeigt, daß Doppelbestrahlungen bei der Unters. der Entstehung desselben Nuklids aus verschiedenen Elementen nicht allg. angewendet werden können. Der Einfl. von Bestrahlungs- u. Meßzeit sowie Geh. des Fremdelements auf die Anwendungsgrenzen wird diskutiert. Als Beispiele werden die Best. von P u. S nebeneinander u. die Best. von Tl in Pb beschrieben. W. Dedek 5132

1612 **Radiometrische Analysen mit Röntgenproportionalzählern hoher Ausbeute und Strahlungsquellen geringer Aktivität.** Kazimierz W. Ostrowski, Kazimierz Jeleń und Elżbieta Rulikowska. (Nukleonika [Warszawa] **13** (1968) 3, 301–12; Inst. of Nucl. Techn., Acad. of Mining and Metallurgy, Kraków; engl.) — Vf. geben einige Kriterien für die geeignete Auswahl von Radioisotopen als Strahlungsquellen für die radiometr. Analyse. Beschreibung der von Vf. konstruierten Detektoren. Als Beispiele werden Fe- u. Cu-Erze sowie S in KW-Stoffen bestimmt. Diskussion verbesserter geometr. Anordnungen. H.-D. Schenke 5132

1613 **Kontinuierliches Monitorsystem zum Nachweis der UV-Extinktion von ^{14}C und ^{3}H im Effluenten eines Säulenchromatogramms.** John A. Hunt. (Analyt. Biochem. [New York] **23** (1968) 2, 289–300; Dep. of Genetics, School of Med., Univ. of Hawaii, Honolulu, Hawaii; engl.) — Beschreibung einer Fl.-Szintillationsdurchflußzelle mit einem Szintillator auf Dioxanbasis in Verbindung mit einem Durchflußphotometer u. Vielpunkt-Schreiber zur Analyse von ^{3}H u. ^{14}C in Salzgradienten-Säulenchromatogrammen von RNS-Enzymverdauungsfl., mit dem 90% des Säulenausflusses ohne Verunreinigung mit dem Szintillator gesammelt werden können. U. Drehmann 5132

1614 **Apparatur zur Untersuchung rascher Prozesse mit der Redoxpotentialmethode.** Ju. V. Efremov und Ju. M. Krylov. (Ž. fiz. Chim. **42** (1968) 2, 557–58; Mosk. inst. chim. mas. stroenija; russ.) — Die Konstruktion eines Rohrreaktors zur Unters. rascher chem. Rk. durch Best. des Redoxpotentials ist beschrieben. Das Potential des Rk.-Gemisches wurde unter Verw. einer inerten Elektrode ohne Änderungen des freien Querschnittes des Reaktors bestimmt. J. J. Pohl 5134

1615 **Katalytische Reaktionen in der Spurenanalyse und Untersuchung ihrer Mechanismen. 3. Mitt. Das Landoltsche Prinzip.** János Bognár. (Mikrochim. Acta [Wien] **1968**, 3, 457–74; Lehrst. für Chem., TU für Schwerind., Miskolc, Ungarn; dt.) — 2. vgl. C. **1967**, 26-2091. — Die heute bekannten Landoltschen Redoxrk. sind im Prinzip halogenkatalysierte Reaktionen. Die Rk. auf Säuren–Basen-Grundlage sind Fälle der Säure–Basen-Katalyse. Die eigentliche Landoltsche Rk. (JO_3^- + SO_3^{2-}) u. analoge Rk. sind autokatalyt. Systeme. W. Grimmich 5134

1616 **Katalytische Reaktionen in der Spurenanalyse und Untersuchung ihrer Mechanismen. 4. Mitt. Kinetische Untersuchung der Bromat–Bromid–Ascorbinsäure-Reaktion auf Bromgrundlage.** János Bognár. (Mikrochim. Acta [Wien] **1968**, 3, 473–91; Lehrst. für Chem., TU für Schwerind., Miskolc, Ungarn; dt.) — 3. vgl. vorst. Referat. — Die Rk. zwischen BrO_3^- u. Ascorbinsäure **(I)** verläuft unmeßbar langsam. Die isolierte BrO_3^-/Br^--Rk. gehorcht einer Geschw.-Gleichung 4. Ordnung. Die RGK von ≈ 200 $l^3 \cdot Mol^{-3} \cdot min^{-1}$ stimmt mit den Angaben der Literatur gut überein. Die RGK der durch V(V) katalysierten Rk. beträgt $7{,}2 \cdot 10^7$ $l^4 \cdot Mol^{-4} \cdot min^{-1}$. Zwischen der V-Konz. u. der reziproken Rk.-Zeit besteht ein linearer Zusammenhang. Die Elektronenübertragung im BrO_3^-/Br^-/I-Syst. ist eine Säure–Basen-Rk. im Lewisschen Sinne, in der als Katalysator nicht nur Br^- u. V(V),

sondern auch H^+ wirkt. Die BrO_3^-/Br^--Rk. wird weder durch V(IV) noch durch V(V) katalysiert.
W. Grimmich 5134

1617 **Universelles automatisches differentielles Mikrokalorimeter.** V. E. Ostrovskij, N. N. Dobrovol'skij, I. R. Karpovič und F. Ja. Frolov. (Ž. fiz. Chim. **42** (1968) 2, 550–55; Fiz.-chim. inst. im. Karpova, Moskva; russ.) — Beschreibung einer App. für Messungen im Temp.-Bereich von 20–200° mit einer Empfindlichkeit von $1{,}3 \cdot 10^{-6}$ cal/s · mm.
H. Roschkowski 5136

1618 **Mikrolösungskalorimeter mit isothermem Mantel und Thermistor als Temperaturfühler.** V. A. Zverev und G. A. Krestov. (Ž. fiz. Chim. **42** (1968) 2, 540–44; Ivanovskij chim.-technol. inst.; russ.)
H. Roschkowski 5136

1619 **Anwendung von Thermistoren in der Hochtemperatur-Kalorimetrie und ihre Eichung.** N. A. Landija, N. G. Ležava und G. D. Čačanidze. (Teplofiz. vysokich Temperatur **6** (1968) 2, 298–301; Inst. neorg. chim. i ėlektrochim. AN Gruz. SSR; russ.) — Die Möglichkeit der Anwendung von Thermistoren zur Best. geringer Temp.-Differenzen bei kalorimetr. Unters. wird besprochen.
H. Roschkowski 5136

1620 **Differentialthermoanalyse organischer, schwefelreicher Substanzen.** N. Wells und J. S. Whitton. (New Zealand J. Sci. **11** (1968) 1, 41–47; Soil Bur., Dep. of Sci. and Ind. Res., Taita; engl.) — Organ. Substanz mit hohem S-Geh. reagiert mit dem Alumel-Draht eines DTA-Thermoelements zu Ni_3S_2. Durch die Verunreinigung entstehen endotherme Peaks bei 520° u. bei 535° sowie ein schwacher Peak bei 605°. Ähnliche Peaks werden bei stark mit Superphosphat gedüngten Böden u. bei nichtgedüngten Böden, die sich von Mineralien mit hohem S-Geh. ableiten, gefunden, außerdem bei Kohle u. synthet. organ. S-Verbindungen. Sie entstehen nicht durch S oder anorgan. Sulfate mit oder ohne Zusatz von organ. Substanz.
H.-D. Schenke 5136

1621 **Beschleunigung der Säulenchromatographie durch Zentrifugalkraft.** J. W. A. Meijer, M. I. A. Eid und P. A. Verduin. (Z. analyt. Chem. **236** (1968) 426–32; Gaubius Inst., Univ., Leyden; engl.) — Bei dem beschriebenen Verf. wird eine Erhöhung des Elutionsmitteldurchflusses durch Anwendung von Zentrifugalkraft dadurch erzielt, daß sich die Säule in einem normalen Zentrifugenglas befindet. Die routinemäßige Fraktionierung von Lipidgemischen wird diskutiert.
H.-D. Schenke 5138

1622 **Kontinuierliche Messung der Radioaktivität bei chromatographischen Untersuchungen im Parallelbetrieb.** C. Bernhardt. (Isotopenpraxis **4** (1968) 4, 143–45; Forsch.-Inst. für Tuberkulose u. Lungenkrankheiten, Berlin-Buch; dt.) — Es wird eine App. beschrieben, mit deren Hilfe die kontinuierliche Registrierung der Aktivität des Säuleneluates auch bei Verw. zweier im Parallelbetrieb arbeitender chromatograph. Säulen möglich ist. Die Aktivitätsmessung erfolgt mit Geiger-Müller-Zählrohren.
W. Grimmich 5138

1623 **Anwendung der Ionenpaar-Extraktion auf die durch Verteilungschromatographie mögliche Trennung pharmazeutischer Amine.** Thomas D. Doyle und Joseph Levine. (Analytic. Chem. **39** (1967) 11, 1282 bis 1287; Washington, D.C., Div. of Pharmaceut. Chem., Food and Drug Adm., Dep. of Health, Educat. and Welfare; engl.) — Untersucht wurde das Gemisch aus maleinsaurem Pyrilamin u. Codeinsulfat. Vers.-Anordnung u. Ergebnisse werden genau beschrieben.
E. Boye 5138

1624 **Quantitative Analyse von Dünnschichtchromatogrammen. Theorie für Lichtabsorptionsmethoden mit experimenteller Bestätigung.** J. Goldman und R. R. Goodall. (J. Chromatogr. [Amsterdam] **32** (1968) 1, 24–42; Imp. Chem. Ind., Macclesfield, Cheshire; engl.) — Vf. entwickeln eine Theorie für die Lichtabsorption von Substanzen auf Dünnschicht- oder Papierchromatogrammen. Als Grundlage dient die Kubelka-Munk-Theorie. Die Voraussagen aus dieser Theorie werden durch Unters. an Kieselgeldünnschichtplatten experimentell bestätigt.
W. Grimmich 5138

1625 **Sublimierapparatur für Mikro-Dünnschichtchromatographie.** J. Fawkes, R. O. Thomas und L. Fishbein. (J. Chromatogr. [Amsterdam] **31** (1967) 2, 576–80; Falls Church, Va., Bionetics Res. Labor., Inc.; engl.) — Zur Vermeidung von Verunreinigungen bei der Elution von Substanzen aus einer TLC-App. können die Proben durch Subl. entfernt werden. Eine geeignete App. wird beschrieben. Piperonal, Piperonylalkohol, Vanillin, Acetanilid, Acetophenetidin, Sulfanilamid, Piperonylsäure u. Coffein wurden auf diese Art aus Chromatogrammen subl. u. die Reinheit der Sublimate durch F.-Messung geprüft.
L. Kramar 5138

1626 **Kaliumchrom(III)-thiocyanat als Entwickler in der Papierchromatographie.** M. P. Gupta und M. L. Anand. (J. Indian chem. Soc. **44** (1967) 5, 450–53; Chem. Labor. Meerut Coll., Meerut; engl.) — Kaliumchrom(III)-thiocyanat kann in der Papierchromatographie als Entwickler für Ag (milchigrosa), Pb (hellgelblichbraun), Hg (bräunlichrot), Bi (ziegelrot) u. Tl (schmutzigweiß) verwendet werden. Die Kationen werden in Gemischen miteinander u. zusammen mit einigen anderen Kationen nachgewiesen.
H.-D. Schenke 5138

1627 **Erhöhung der Empfindlichkeit von kohlenstoffbildenden Sprühmitteln für den Nachweis von Lipoiden auf Dünnschichtchromatogrammen durch Auswertung unter UV-Licht.** Gary J. Nelson und Robert A. Booth. (Analyt. Biochem. [New York] **20** (1967) 1, 198–99; Bio-Medical Res. Div., Lawrence Radiat. Labor., Univ. of Calif., Livermore, Calif.; engl.) — Die Sichtbarmachung von Flecken auf Dünnschichtchromatogrammen erfolgt häufig durch Zers. der Verb. zu C mit geeigneten Substanzen (z. B. 55%ig. H_2SO_4-Lsg. mit 0,6% $K_2Cr_2O_7$ u. Erhitzen auf 185°). Der Nachw. wird durch Auswertung unter UV-Licht verbessert; die Nachw.-Grenze verringert sich bei Cholesterin (I) von 0,5 auf 0,1, bei I-Ester von 2 auf 0,5 u. bei Triolein u. Oleinsäure von 5 auf 1 µg an 10% Mg-Silicat enthaltenden Silicagelplatten. Ähnlich verhalten sich neutrale Lipoide, Phospho-, Glycolipoide u. Pigmente.
K. Stühmer 5138

1628 **Billiges Gerät zum schnellen, halbautomatischen Auftragen mehrerer Proben für die Chromatographie.** Carl B. Mankinen und Don Fischer. (J. Chromatogr. [Amsterdam] **46** (1968) 1, 112–15; Dep. of Environmental Horticult., Univ. of Calif., Davis, Calif.; engl.) — Mit dem Gerät können bis zu 8 Proben in einer Anzahl von gewöhnlich benutzten Lsgm. auf Chromatographierpapier jeder Stärke aufgetragen werden.
H.-D. Schenke 5138

1629 **Trog zur absteigenden Papierchromatographie mit einem Lösungsmittelgradienten.** R. De Wachter. (J. Chromatogr. [Amsterdam] **36** (1968) 1, 109–11; Labor. of Physiol. Chem., Univ., Ghent; engl.) — Der vom Vf. beschriebene Trog kann zu jeder Art von Trennung auf Papier mit einem Ionenstärke-, pH- oder Polaritätsgradienten benutzt werden.
H.-D. Schenke 5138

1630 **Empfindlicher billiger UV-Streifenabtaster für Papierchromatogramme.** Denis M. Abelson. (J. Chromatogr. [Amsterdam] **31** (1967) 2, 630–31; Philadelphia, Pa., Univ. of Pa., Graduate Hosp., Dep. of Med.; engl.) — Eine App. zum Ablesen der Intensität von UV-absorbierenden Verb. auf Papierchromatogrammen wird beschrieben, bestehend aus einer Handlampe (6 W) u. einem UV-Photometer, über dessen Schlitz das Papier mit der Hand gezogen wird.
L. Kramar 5138

1631 **Einfluß der chemischen Natur einer Probe auf ihre Nachweisbarkeit durch Joddampf.** Simón Dittrich. (J. Chromatogr. [Amsterdam] **31** (1967) 2, 628–30; Montevideo, Fac. de Quím., Gral. Flores; engl.) — Verschiedene Proben wurden a) in Lsg. auf Papier gebracht u. nach Trocknen 24 Std. J-Dämpfen ausgesetzt, mit KJ extrahiert u. das Eluat mit $Na_2S_2O_3$ titriert; b) als Krist. 24 Std. J-Dämpfen ausgesetzt u. beobachtet. Die direkte Sensitivität (a) u. direkte Absorption (b) wurden von 50 Verb. bestimmt. Die Ergebnisse zeigen die Affini-

tät des J zu Lewis-Basen (Amine, deren Deriv., Phenole), während Säuren (Ausnahme Malonsäure, die evtl. red. wirkt) J-resistent sind. Bei Aminosäuren wird die Affinität der Carboxylgruppe durch die NH_2-Gruppe neutralisiert, SO_2- u. NO_2-Gruppen red. die Empfindlichkeit.
L. Kramar 5138

1632 **Verbesserung von Ionenaustausch-Trennungen: Einfluß der Korngröße.** G. Auboulin und J. Laverlochere. (J. radioanalyt. Chem. [Budapest] **1** (1968) 2, 123–37; Grenoble, CEN, Abt. Angew. Radioelemente; franz.) — Bei der Trennung von Alkali- u. Erdalkalimetallen sowie von Lanthaniden an Dowex 1X-10 u. 50 WX-12 wurde die Elutionskinetik als Funktion der Korngröße studiert. Die Schärfe der Peaks nimmt mit abnehmender Korngröße u. besserer Homogenität der Austauscher zu. W. Dedek 5138

1633 **Berechnung der Fronten bei der Ionenaustauschchromatographie. Entwicklung durch Verdrängung.** Jeannie Persoz. (Bull. Soc. chim. France **1968**, 2, 848–53; École supérieure de Phys. et de Chim. ind., Paris; franz.) — Vf. beschreibt eine Meth. zur numer. Berechnung der Front bei der Entw. von Zonen, die 2 Komponenten enthalten, durch Verdrängung. Wenn die Austauschkonst. genügend groß ist, bildet sich ein stationärer Zustand aus, bei dem die 2 Zonen, die jeweils die reine Komponente enthalten, durch eine symm. zweifach logarithm. Front getrennt sind. Im Falle einer sehr kleinen Austauschkonst., $K = 1{,}001$, etwa bei U-Isotopen, wird ein völlig anderer stationärer Zustand erreicht. Die Gewinnung von ^{235}U mit Hilfe der Meth. wird diskutiert. J. Pickardt 5138

1634 **Adsorption von Chlorkomplexen der ersten Reihe der Übergangselemente an Dowex A-1.** D. G. Birney, W. E. Blake, P. R. Meldrum und M. E. Peach. (Talanta [London] **15** (1968) 6, 557–59; Loughborough, U.K., Univ. of Technol., Dep. of Chem.; engl.) — Das Austauschverh. von Co, Fe, Zn, Cu, Mn u. Cr in HCl der Konz. 0–12m an Chelex 100 (20–50 mesh) wird untersucht. Die relative Adsorption folgt der Reihe $Zn(II) > Co(II) = Fe(III) \gg Cu(II) > Mn(II)$. Cr(III) wird in vernachlässigbarem Ausmaß adsorbiert, V(IV) u. Ni(II) überhaupt nicht. Zn(II) wird aus 3m HCl maximal adsorbiert, die anderen Metalle aus 8m HCl.
K. Dorfner 5138

1635 **Einfaches Rohr zur Gelfiltration.** A. Cassera. (Lab. Pract. **17** (1968) 1, 54; Inst. of Sci. and Technol., Univ., Manchester; engl.) — Das Rohr kann zur Gelfiltration in wss. Lsg., aber auch zur Ionenaustauschchromatographie verwendet werden. Sein toter Raum am Boden ist bes. klein. H.-D. Schenke 5138

1636 **Gehärtete Gelatine in Form von Kügelchen und Granulat zur Gelfiltrationschromatographie.** A. Polson und W. Katz. (Biochem. J. **108** (1968) 4, 641–46; Univ., Cape Town; engl.) — Aus mit Polyäthylenglykol gefällten Gelatinefraktionen von hohem Molgew. werden Kügelchen oder Granulate hergestellt, die durch Behandeln mit HCHO- oder Cr(III)-Lsg. gehärtet werden. Das so erhaltene Material ist zwischen 0 u. 100° in W. unlösl., wird von Trypsin u. Chymotrypsin nicht angegriffen u. ist zur Trennung von Proteinen u. ähnlichen Substanzen mit Molgew. von $200-6 \cdot 10^6$ besser geeignet als Sephadex. Als Elutionsmittel wird NaN_3-haltige Phosphatpufferlsg. (pH 6,9) verwendet. Als Beispiele wurden Myoglobin, Tryptophan u. Hämocyanine von *B. cinta* u. *J. lalandii* sowie Schlangengift von *Naja nivea* chromatographiert. W. Grimmich 5138

1637 **Selektivität von Polyacrylamid- und Dextrangelen für einfache Kationen und Anionen.** B. Zane Egan. (J. Chromatogr. [Amsterdam] **34** (1968) 3, 382–88; Chem. Technol. Div., ORNL, Oak Ridge, Tenn.; engl.) — Vf. untersuchen die Selektivität von Bio-Gel P-2 u. P-100 sowie Sephadex-G-10-Gelen für einfache Kationen durch Säulenchromatographie von Alkali- u. Erdalkalichloriden u. -nitraten sowie von $Mn(NO_3)_2$, $TlNO_3$ u. $AgNO_3$. Durch Eluieren mit W. können einige Kationen vollkommen abgetrennt werden. Die Anionenselektivität wird an NaF, NaCl, $NaNO_3$ u. Na_2SO_4 untersucht. Das Verh. dieser Gele gegenüber Elektrolyten wird im Hinblick auf die Größe der hydratisierten Ionen, die Adsorption u. die chem. Wechselwrkg. diskutiert.
H.-D. Schenke 5138

1638 **Kombination der Gaschromatographie mit Nachweismethoden.** 2. Mitt. **Chemische Methoden.** Anthony B. Littlewood. (Chromatographie [Braunschweig] **1968,** 3/4, 133–39; School of Chem., Univ., Newcastle-upon-Tyne; engl.) — 1. vgl. C. **1968,** 39-1924. — Vf. gibt einen Überblick über Rk. zur selektiven Entfernung von Gasen u. zur katalyt. Hydrierung, Dehydrierung, Desulfurierung u. Ox. vor dem Säuleneintritt sowie über Reagenzien, die mit verdampften GC-Proben reagieren können. Durch Rk. können Gase nach dem Säulenaustritt in eine für die quant. oder qual. Analyse geeignete Form gebracht werden. — 118 Literaturhinweise.
H.-D. Schenke 5138

1639 **Glaskugeln mit geringer Oberflächenbeladung als Trägermaterial für die Verteilungsgaschromatographie.** Herbert L. MacDonell. (Analytic. Chem. **40** (1968) 1, 221–24; Techn. Staffs Div., Corning Glass Works, N.Y.; engl.) — Glaskugeln mit einer rauhen Oberfläche wurden oberflächlich mit Dichlordimethylsilan zur Rk. gebracht u. mit 0,008–0,2% Siliconöl beladen. Verschiedene Anwendungsbeispiele zeigen gegenüber herkömmlichem Trägermaterial geringere Schwanzbldg., größere Oberfläche, einheitlichere Verteilung der stationären Phase.
U. Hädicke 5138

1640 **Adsorptionseigenschaften der Terephthalsäure bezüglich ihrer Verwendung als gaschromatographisches Trägermaterial.** Hiroshi Miyake, Mitsuyuki Mitooka und Tadashi Matsumoto. (Analytic. Chem. **40** (1968) 1, 113–17; Res. Center, Maruzen Oil Co. Kaisogun, Wakayama; engl.) — Terephthalsäure erweist sich als relativ inertes Trägermaterial für hochpolare Verb., bes. solche, die feste H-Brückenbindungen bilden. Beispielsweise werden die freien Fettsäuren ohne Schwanzbldg. gut getrennt. U. Hädicke 5138

1641 **Ionisierungsmechanismus von Gemischen permanenter Gase mit Argon in gaschromatographischen Strahlungsdetektoren.** Jan Lasa. (Nukleonika [Warszawa] **12** (1967) 3, 235–44; Zaklad Fiz. Wielkich Energie, Inst. Badań Jądrowych, Kraków; pol.) — Als Ursachen für die in einem Ionisierungsdetektor („cross-section type") mit Ar als Trägergas gefundene Nichtlinearität zwischen Ausgangssignal u. Konz. an zugegebenen Permanentgasen werden Änderung der Elektronenbeweglichkeiten, Bldg. von Komplexionen sowie Wechselwrkg. zwischen angeregten Ar-Atomen u. Verunreinigungen im Trägergas in Betracht gezogen. G. Bock 5138

1642 **Die Retention von Metall-Fluoracetylacetonaten in der Verteilungsgaschromatographie beeinflussende Faktoren.** H. Veening und J. F. K. Huber. (J. Gas Chromatogr. **6** (1968) 6, 326–30; Labor. for Anal. Chem., Univ., Amsterdam; engl.) — Vf. bestimmen das Verteilungsverhältnis k sowie das Phasenverhältnis q für $Cr(tfa)_3$ u. $Ru(tfa)_3$ an Säulen mit 0 (1 m); 5,123; 10,02 u. 20,30 Gew.-% Squalan (je 25 cm) bei 120° u. 0, 5,025; 15,47 u. 21,49 Gew.-% Apiezon-L (1 m) bei 180°, jeweils auf Chromosorb W (80/100 mesh). Die graph. Darst. von k gegen q zeigt, daß bei geringer Beladung mit fl. Phase das Retentionsverh. größtenteils durch Adsorption bestimmt ist, auch wenn das Trägermaterial silaniert ist. Bei höheren Beladungen dominieren zwar die Lsg.-Effekte, ohne daß jedoch der Adsorptionsanteil vernachlässigt werden kann. C. E. Döring 5138

1643 **Theoretische Untersuchung der Zonenbeweglichkeit–pH-Kurve bei der Papierelektrophorese von Verbindungen mit niedrigem Molekulargewicht und einem dissoziierbaren Proton und ihre Anwendung auf Phosphorverbindgungen.** Y. Kiso, M. Kobayashi, Y. Kitaoka, K. Kawamoto und J. Takada. (J. Chromatogr. [Amsterdam] **36** (1968) 2, 215–28; Res. Reactor Inst., Kyoto Univ., Kumatori-cho, Sennan-gun, Osaka, Japan; engl.) — Die Zonenbeweglichkeit einer Verb. mit kleinem Molgew. u. einem dissoziierbaren Proton in Abhängigkeit vom pH-Wert der Lsg. entspricht angenähert einer hyperbol. Tangensfunktion. Aus dieser Beziehung können die einzelnen Dissoziationskonst. ber. werden. Diskutiert

werden die Beziehungen zwischen der Beweglichkeit u. dem Molgew. oder dem Radius der hydratisierten Ionen. Die Gleichung von Jokl ist nur auf die erste Dissoziationsstufe anwendbar; die Abweichung wächst mit zunehmender Ladungszahl wegen der Hydratisierung. Unter Berücksichtigung dieser Hydratisierung wird eine neue, modifizierte Gleichung entwickelt. Die beobachteten relativen Zonenbeweglichkeit–pH-Kurven von P-Verb. (P-Oxysäuren, Phenyl-P-Verb. u. Phosphorsäureester von Hexosen u. Inosinen) stimmen gut mit den Berechnungen nach dieser Gleichung überein. Mit ihrer Hilfe können die Dissoziationskonst. u./oder das Molgew. einer unbekannten Probe ber. werden.
H.-D. Schenke 5138

1644 **Automatisches Pulsations-Extraktionsgerät.** Ju. M. Labij und Ju. D. Svistun. (Zav. Labor. **34** (1968) 4, 494–96; Ivano-Frankovskij med. inst.; russ.)
H. Roschkowski 5140

1645 **Extraktive Trennung anorganischer Verbindungen.** A. Kettrup und H. Specker. (Fortschr. chem. Forsch. **10** (1968) 2, 238–305; Lehrstuhl für anorg. Chem., Ruhr-Univ., Bochum; dt.) — Übersicht. — 635 Literaturangaben. H. Roschkowski 5140

1646 **Elutionseigenschaften von Lösungsmitteln.** T. I. Bulenkov. (Ž. analitičeskoj Chim. **23** (1968) 3, 348–53; Moskau, bsešojusnyi zaočnyi inst. tekstilnoj i legkoj promyšlennosti; russ., Auszug: engl.) — Nach einer Literaturübersicht wird über die Elutionsaktivität von 32 Lsgm. bez. Eluierung von dispergierten Farbstoffen in einer Vers.-App. berichtet. Die relativen Elutionsaktivitätskoeff. für polare u. unpolare Stoffe von PAe., n-Heptan, n-Hexan, n-Undecan, Dekalin, CS_2, CCl_4, Xylol, Chlorbenzol, Toluol, Bzl., $CHCl_3$, Äthylbromid, Tri- u. Dichloräthan, Anisol, Ae., Methyläthylketon, Malonester, Dioxan, iso- u. n-Amylalkohol, Äthylacetat, n-Butanol, iso- u. n-Propanol, Acetessigester, Aceton, A., Methanol u. W. werden mitgeteilt. Herbert Hoffmann 5140

1647 **Galvanische Ketten als Detektoren für Spuren saurer oder basischer Dämpfe.** Alain Berton. (C. R. hebd. Séances Acad. Sci., Sér. C **266** (1968) 7, 460–61; Labor. de Phys., Paris; franz.) — In Ggw. von CrO_4^{2-} ist das Syst. Pt/NaOCl-Lsg./Pt gegenüber schwachen Säuren, wie CO_2/W., empfindlich; Halogenwasserstoffspuren lassen sich mit Hilfe des Syst. Ag/Ag-Acetatlsg. in wss. Milchsäure/Ag, HF-Spuren mit Hilfe der Kette Si/W./Pt nachweisen. Es werden weitere Syst. für flüchtige organ. Säuren, NH_3, aliphat. Amine, Aniline u. Hydrazine angegeben. J. Pickardt 5144

G–2. Analyse der Elemente und anorganischen Verbindungen

1648 **Bestimmung von Spurenelementen in anorganischen und organischen Materialien mittels Röntgenfluoreszenzspektroskopie.** C. L. Luke. (Analytica chim. Acta [Amsterdam] **41** (1968) 2, 237–50; Bell Telephone Labor., Murray Hill, N.J.; engl.) — Das jeweils zu bestimmende Spurenelement wird zusammen mit einem anderen Element durch Mitfällung abgetrennt, der Nd. über einen Rundfilter abgenutscht u. anschließend durch Röntgenfluoreszenzspektroskopie bestimmt. Schemata zur Fällung mit Carbamat, NH_3, Cupferron u. Phenylfluoron in Abhängigkeit von der Acidität der wss. Phase sind mitgeteilt. Darüber hinaus sind für *Cs, Rb, Pd, Ni, Ba, Sr, Ca, Mg, Xe, Ir, Te, Se, Hg, Au, Pt, P, Si,* J^- u. *S* spezif. Fällungen mitgeteilt.
K. Henning 5151

1649 **Bestimmung von Neon und Argon in Helium mittels Atomabsorptionsspektrophotometrie.** J. A. Goleb. (Analytica chim. Acta [Amsterdam] **41** (1968) 2, 229–35; Argonne Nat. Labor., Argonne, Ill.; engl.) — Als Absorptionsküvetten werden Quarzzellen von 10 cm Länge u. 2 cm Ø verwendet, in denen die Probe u. Vgl.-Standards mit einem HF-Oszillator bei 40 W angeregt werden. Als Emissionsquellen werden Geisslersche Entladungsröhren benutzt, die Ne bzw. Ar enthalten. Die verwendeten Spektrallinien liegen für Ne bei 640,2 nm u. für Ar bei 811,5 nm. Die Genauigkeit der Best. beträgt im nMol-Bereich 2%. K. Henning G 230

1650 **Gerät zur Reinigung von Sauerstoff von Brennstoffbeimengungen.** I. D. Zajkin und L. N. Nazaruk. (Ž. fiz. Chim. **42** (1968) 8, 2130–32; L'vovskij politechn. inst.; russ.) — Die Konstruktion eines Gerätes u. eine Ox.-Meth. von Brennstoffbeimengungen über einer Pt-Spirale wird vorgeschlagen. Der Reinigungsgrad von O_2 von Brennstoffbeimengungen wurde chem.-analyt. kontrolliert, der CO_2-Geh, beträgt $\pm\ 3 \cdot 10^{-5}$ g.
J. J. Pohl G 239

1651 **Analytische Kontrolle des Syntheseprozesses von Ozon mit Hilfe eines Interferometers.** Iwo Pollo, Barbara Witkowska und Andrzej Naróg. (Zeszyty naukowe Politechn. Śląskiej, Chem. **1967**, 35, 97; Kat. Technol., Wielkiego Przemysłu Nieorgan.; pol.) — Kurze Mitt. über eine interferometr. Meth. zur Best. der Lichtbrechungsindizes von synthetisiertem O_3 in Luft als Kontrollmeth. im Konz.-Bereich von 0,005–5%.
Rolf Heyer G 239

1652 **Kritische Betrachtung der Wasserbestimmung.** Jean Tranchant. (Bull. Soc. chim. France **1968**, 5, 2216–20; franz.) — Übersicht über die wichtigsten Feuchtigkeits- u. W.-Best.-Methoden. — 22 Literaturangaben. J. Pickardt G 240

1653 **Mikrochromatographische Bestimmung von Ammoniumverbindungen durch Anionenaustauscherpapier.** Maria Mądrowa. (Poznańskie Towarzystwo Przyjaciól Nauk, Wydział mat.-przyrodniczy, Prace Komisji mat.-przrodniczej **12** (1967) 2, 77–81; Kat. Chem. Ogóln., Uniw. im. A. Mickiewicza, Poznań; pol.) — Beschrieben wird eine Meth. zur quant. Best. von μg-Mengen N in NH_3-Lsg. bzw. NH_4-Salzen. Die Unters. wurden an $(NH_4)_2SO_4$ durchgeführt, die Fehlergrenze betrug 4,5 bis 5,4%. R. Heyer G 243

1654 **Nachweis und Bestimmung höherer Stickstoffoxide.** M. L. Kain, B. T. Commins, G. Dixon-Lewis und J. F. Nunn. (Brit. J. Anaesthesia **39** (1967) 5, 425–31; Dep. of Anaesthesia, Univ., Leeds; engl.) — Zur Best. von NO, NO_2 oder N_2O_4 als Verunreinigungen in N_2O ist im klin. Betrieb die Verw. von Jodstärkepapier, das eine Empfindlichkeit von 300 ppm bez. NO besitzt, ausreichend. Zur Prüfung von N_2O-Flaschen vor dem Anschluß an das Krankenhauszuleitungssyst. wird eine Prüfmeth. mit Gasprüfröhrchen, die mit einem Reagenz u. Kieselgel gefüllt sind, vorgeschlagen. Die Meth. von Saltzman [Analytic. Chem. **26** (1954) 1949] wird diskutiert.
W. Grimmich G 243

1655 **Spektrophotometrische Bestimmung von Hyponitrit.** C. N. Polydoropoulos und S. D. Voliotis. (Analytica chim. Acta [Amsterdam] **40** (1968) 1, 170–72; Univ. of Athens, Athens, Greece; engl.) — Bestimmt wird der molare Extinktionskoeff. ε von $N_2O_2^{2-}$ in 0,01 m boraxgepufferter wss. Lsg. (pH 9,2) bei 232 nm zu $7,7 \pm 0,4 \cdot 10^3$. Als Standardsubstanzen werden $Ag_2N_2O_2$ u. $Na_2N_2O_2 \cdot 6\ H_2O$ verwendet. Dagegen wird von Addison, Gamlen u. Thompson (J. chem. Soc. [London] **1952**, 338) ein ε-Wert von log ε = 3,60 bei 248 nm in alkal. Lsg. angegeben. K. Henning G 243

1656 **Spektrophotometrische Bestimmung von Chlorationen.** Norman L. Trautwein und John C. Guyon. (Analytica chim. Acta [Amsterdam] **41** (1968) 2, 275–82; Dep. of Chem., Univ. of Mo., Columbia, Mo.; engl.) — Zur Best. verd. man die Lsg. ($\leqq$ 0,25 mg ClO_3^-) mit W. auf 100 ml, fügt 5 ml wss. $KReO_4$-Lsg. (0,090 g/l), 13 ml CH_3OH, 4,7 ml HCl (1 : 1), 5,90 ml 8,5%ig. $SnCl_2$-Lsg. hinzu u. stellt 15 Min. lang in ein W.-Bad von 25°. Anschließend werden 5 ml 0,7%ig. methanol. α-Furildioximlsg. hinzugegeben, mit W. auf 50 ml verd., weitere 15 Min. ins W.-Bad von 25° gestellt u. dann die Extinktion bei 532 nm gemessen. Cu(II), SCN^-, WO_4^{2-} u. UO_2^{2+} stören die Bestimmung. Es können 0–5 ppm ClO_3^- bestimmt werden. K. Henning G 247

1657 **Aufeinanderfolgende Titration von Jodat und Perjodat.** R. Belcher und A. Townshend. (Analytica chim. Acta [Amsterdam] **41** (1968) 2, 395–97; Dep. of Chem., Univ. of Birmingham, Birmingham; engl.) —

Zur Best. gibt man zur Probelsg. 5 ml Pufferlsg. (25 g $ClCH_2COOH$/70 ml W., mit NaOH-Lsg. auf pH 2,9 eingestellt), 10 ml wss. 2m Na-Molybdatlsg., 0,2 g KJ, titriert dann mit 0,04m $S_2O_3^{2-}$-Lsg. bis zur Gelbfärbung u. nach Zusatz von etwas Thyoden bis zum Verschwinden der Blaufärbungen (JO_3^--Geh.). Anschließend werden 1,5 g $(COOH)_2$ hinzugegeben, 1 Min. geschüttelt u. wie oben weitertitriert (JO_4^--Geh.). K. Henning G 249

1658 **Bestimmung von Submikrogrammengen Selen(IV) durch katalytische Reduktion von 1.4.6.11-Tetraazanaphthacen.** Takuji Kawashima und Motoharu Tanaka. (Analytica chim. Acta [Amsterdam] **40** (1968) 1, 137–43; Nagoya Univ., Chikusa-ku, Nagoya, Japan; engl.) — Zur Best. von 0,15 μg Se(IV) in 0,1 n HCl setzt man 0,10 ml 4 %ig. Glyoxallsg. u. 1,0 ml einer 0,00015m 2.3-Diaminophenazinlsg. hinzu u. hält 10 Min. auf 50°. Anschließend setzt man 0,5 ml 50 %ig. H_3PO_2 hinzu u. stellt nach genau 30 Min. ins Eisbad. Innerhalb 30 Min. wird dann die Extinktion bei 600 nm gemessen. K. Henning G 254

1659 **Bestimmung von B_2O_3 in Gegenwart von Ammoniumchlorid und Calciumsalzen.** M. T. Berkovič, G. M. Smirnova und N. L. Lagunova. (Zav. Labor. **34** (1968) 6, 671–72; russ.) — Die besten Ergebnisse bei der maßanalyt. B_2O_3-Best. erhält man nach der potentiometr. Methode. Die potentiometr. Titration verläuft unabhängig vom NH_4Cl-Geh. in der Lsg.; das Verf. wurde mit 2 Proben von Ca-Boraten überprüft. 0,2 g Datolith werden mit 30–40 ml 0,5 %ig. NH_4Cl-Lsg. versetzt, 10 Min. gekocht, filtriert u. mit heißem W. gewaschen. Das Vol. der Lsg. soll < 100 ml sein. Je nachdem das pH $<$ oder $>$ 6,9 ist, wird mit 0,1 n HCl oder NaOH auf pH 6,9 eingestellt. Dann werden 7 g Mannit oder 30 ml Invertzuckerlsg. beigefügt u. mit 0,1 n NaOH wieder auf pH 6,9 titriert. Der Titer der NaOH wird mit B_2O_3 in Ggw. von NH_4Cl eingestellt. Gebracht werden die potentiometr. Titrationskurven von B_2O_3 mit u. ohne NH_4Cl-Zusatz sowie ein Analysenvgl. nach 2 Meth. von 8 verschiedenen Datolith-Sinter-Proben. E. Pfluger G 258

1660 **Aufeinanderfolgende maßanalytische Bestimmung von Bor und Stickstoff in Aminoboranen.** Henry C. Kelly. (Analytic. Chem. **40** (1968) 1, 240–43; Fort Worth, Tex., Tex. Cristian Univ., Dep. of Chem.; engl.) — In einer großen Zahl von Aminoboranen können B u. N nacheinander acidimetr. bestimmt werden, indem die Hydrolyse so geführt wird, daß wasserlösl. Abbauprod. entstehen, ohne daß das Amin zersetzt wird. Normalerweise wird die Hydrolyse mit HCl bei 25° vorgenommen. Stabile Aminoborane wie Chinaldinboran oder Triäthylendiamindiboran müssen gelinde erhitzt werden. Je nach dem pK_α-Wert der bei der Hydrolyse entstehenden Amine wird zuerst die 1. Stufe der Borsäure oder zuerst das Amin titriert. Vor der Titration der Borsäure werden 3–4 g Mannit/0,1 g Aminoboran zugesetzt. Beleganalysen an Äthylendiamindi-, Morpholin-, Triäthylendiamindi-, Monoäthanolamin-, 1.4-Endoäthylenpiperidin-, p-Toluidin-, m-Toluidin-, m- u. p-Phenylendiamin-bis-, Methylamino- u. tert.-Butylaminoboran. W. Kupfer G 258

1661 **Thermodynamische Untersuchung einiger Bildungsreaktionen von Boriden der Metalle der II. bis VI. Gruppe des Periodensystems.** Pavel Peshev. (Rev. int. hautes Températ. Réfractaires **4** (1967) 4, 289–96; Acad. Bulgare des Sci., Sofia; franz.) — Vf. untersucht die Thermodynamik von 4 allg. anwendbaren Borid-Bldg.-Rk.: a) Red. von Metalloxiden + B_2O_3 mit C; b) Red. von Metalloxiden mit B_4C; c) Red. von Metalloxiden mit B + C; d) Red. von Metalloxiden mit überschüssigem B. Für folgende Verb. werden $\Delta G^0_T = f(T)$, lg Kp $= f(T)$ u. thermodynam. Gleichgew.-Temp. für die 4 Herst.-Meth. angegeben: CaB_6, SrB_6, ScB_2, YB_6, LaB_6, TiB_2, ZrB_2, HfB_2, VB_2, NbB_2, TaB_2, BaB_6, CrB_2, Mo_2B_5 u. W_2B_5. Im allg. sind die Rk. d) u. a) am schwierigsten durchzuführen, während c) die niedrigsten Temp. erfordert, jedoch, wie b), stets zu Verunreinigungen mit C führt, wodurch die physikal. Eig. meist stark verändert werden. J. Pickardt G 258

1662 **Gasdichtewaage in der quantitativen Analyse von Gasmischungen ohne vorherige Trennung der Komponenten. Bestimmung von Siliciumdioxid.** J. G. M. Van der Linden und J. J. Steggerda. (Analytica chim. Acta [Amsterdam] **41** (1968) 2, 355–60; Dep. of Inorg. Chem., Univ. of Nijmegen, Nijmegen, Netherlands; engl.) — Die Anwendbarkeit der Gasdichtewaage wird am Beispiel der Best. von SiF_4 in Mischungen mit HF u. W. gezeigt, die bei der Rk. zwischen Kieselsäure, NH_4HF_2 u. H_2SO_4 gebildet werden. Als Träger- u. Bezugsgas dient ein Gemisch aus H_2/N_2 (30,7 : 69,3). Eine direkte Best. von SiO_2 (10–40 mg) in festen Proben ist mit einer relativen Standardabweichung von 2,5 % möglich. K. Henning G 261

1663 **Silanole.** 8. Mitt. **Potentiometrische Titration substituierter Hexaphenyldisiloxane.** Günther Schott und Eckhard Popowski. (Z. Chem. **8** (1968) 7, 265–66; Inst. für Anorg. Chem., Univ., Rostock; dt.) — 7. vgl. C. **1968**, 60-0845. — Die Anwendung eines von den Vf. entwickelten Verf. zur potentiometr. Titration von Triarylsilanolen (vgl. 7. Mitt.) auf die Best. von Hexaaryldisiloxanen wurde, unter bes. Berücksichtigung von Substituenteneffekten, an folgenden Verb. $(X-C_6H_4)_3Si-O-Si(C_6H_4-X)_3$ untersucht [X = m-Cl (F. 135°), m-F (141), p-Cl (213), p-F (212), -H (228) u. m-CH_3 (147)]. Dabei wurden folgende charakterist. Halbneutralisationspotentiale ermittelt (in mV): 793, 804, 830, 849; bei den beiden letzten Verb. konnten sie nicht erkannt werden. J. Pickardt G 261

1664 **Verhalten von Phenylphosphin- und Phenylphosphonsäure bei der Papierelektrophorese.** Y. Kiso, M. Kobayashi, Y. Kitaoka, K. Kawamato und J. Takada. (J. Chromatogr. [Amsterdam] **33** (1968) 3–4, 561–63; Res. Reactor Inst. Kyoto Univ., Kumatori-cho, Sennan-gun, Osaka; engl.) — Vf. bestimmen die relativen Wanderungsgeschw. von Phenylphosphin- u. Phenylphosphonsäure bei der Papierelektrophorese in Ammoniumacetatpuffer in Abhängigkeit vom pH (pH 1,0 bis 11), bezogen auf H_3PO_2. Der Nachw. erfolgt aktivierungsanalyt. mit autoradiograph. Auswertung. Aus dem Dissoziationsverh. werden Schlußfolgerungen bez. der Struktur der Phenylphosphonigen Säure gezogen. Beate Johannsen G 264

1665 **Bestimmung von Arsenik nach der Marshschen Methode in Gegenwart von ^{74}As.** P. Blanquet, J. Croizet, M. Croizet, R. Castagnou und unter Mitarbeit von Laffargue. (Ann. pharmac. franç. **25** (1967) 12, 817–19; Fac. de Med. et Pharm., Bordeaux; franz.) — Mit Hilfe von Radioaktivitätsmessungen wird gezeigt, daß bei der Best. von As_2O_3 nach der Meth. von Marsh nur 45–64 % des in einer Probe enthaltenen As_2O_3 gefunden werden, so daß die Meth. nur als halbquant. angesehen werden kann. J. Pickardt G 265

1666 **Trennung von Erdalkalielementen durch Kationenaustausch-Chromatographie in Ammoniummalonat.** F. W. E. Strelow, C. R. Van Zyl und C. R. Nolte. (Analytica chim. Acta [Amsterdam] **40** (1968) 1, 145–53; Nat. Chem. Res. Labor., Pretoria, South Africa; engl.) — Die an einem Kationenaustauscher in der NH_4^+-Form adsorbierten Erdalkalielemente können durch steigende Konz. von Ammoniummalonatlsg. (I) selektiv eluiert werden. Die Gew.-Verhältnisse können dabei variieren von 1 : 1000 bis 1000 : 1. Verteilungskoeff., Elutionskurven u. Ergebnisse der Trennung werden angegeben. K. Henning G 280

1667 **Bestimmung des Korrekturfaktors für die bevorzugte Kristallitorientierung bei der quantitativen Röntgenanalyse von Calciumhydroxid.** T. Gaćeša und I. Jelenić. (Croat. chem. Acta **39** (1967) 1, 59–63; Assoc. of Yugoslav Cement Producers, Zagreb; engl.) — Die Unters. von 5 $Ca(OH)_2$-Proben mit unterschiedlichen bevorzugten Kristallitorientierungen führt zu den Konst. A u. B der Best.-Gleichung für den Korrekturfaktor $f = A \cdot q + B$ (q = Verhältnis zwischen der Intensität des wegen der bevorzugten Orientierung schwächer werdenden Reflexes u. der des stärker werdenden Reflexes), die sich für die fünf Proben nur unmerklich voneinander unterscheiden. Nur für sehr genaue Korrekturen ist es angebracht, jeweils individuelle Konst. zu verwenden. Statt der linearen Beziehung zwischen f u. q wird eine parabol. $f = Aq^2 + Bq + C$ mit sehr geringer Krümmung vorgeschlagen. H.-D. Schenke G 283

1668 **Voltammetrische Untersuchung von Aquozink(II)-komplexen in Methanol.** Solomon L. Levine und William E. Ohnesorge. (Analytica chim. Acta [Amsterdam] **41** (1968) 2, 293—301; Dep. of Chem., Univ. of R.I., Kingston, R.I.; engl.) — Die Bldg.-Konst. (Kj) von Aquozink(II)-komplexen in CH_3OH werden auf chronopotentiometr. bzw. polarograph. Wege bestimmt, u. zwar beträgt pKj 1,29 bzw. 1,0; 0,720 bzw. 0,640; —0,395 bzw. —0,460 u. —1,43 bzw. —1,42 für 1, 2, 3 bzw. 4 gebundene W.-Moleküle. K. Henning G 288

1669 **Trennung kleiner Mengen von Quecksilber und Thallium durch Mitfällung von Thallium mit Eisenhydroxid.** A. I. Novikov, T. A. Pirogova und L. S. Veselago. (Radiochimija **10** (1968) 2, 239—40; russ.) — Im pH-Bereich 7—9 werden in Ggw. von 1n NH_4Cl u. 1 mg Hg auf 20 ml Lsg. 5 µg Tl (markiert mit ^{204}Tl) mit 0,1 mg-Atom Eisenhydroxid quant. mitgefällt u. können durch Zentrifugieren abgetrennt werden. $Hg(^{203}Hg)$ verbleibt in der Lösung. Die Abtrennung des Tl vom Fe erfolgt nach dem Auflösen des Nd. in HCl durch Fällung des Fe mit KOH oder NH_3-Lsg. in Ggw. von Bromwasser u. NH_4NO_3 bzw. NH_4Cl. Tl verbleibt dabei in der Lösung. G. Ewald G 297

1670 **Spektrofluorimetrische Spurenbestimmung von Cer in Yttriumoxid.** Peter Cukor und R. P. Weberling. (Analytica chim. Acta [Amsterdam] **41** (1968) 2, 404—07; Bayside Labor., Gen. Telephone & Electron. Labor., Inc., Bayside, N.Y.; engl.) — Zur Best. werden 0,5 g Y_2O_3 mit 1 ml W. u. 1,5 ml 70—72,5%ig. $HClO_4$ versetzt, in der Hitze gelöst, 5 ml W., 1 ml Ti(III)-Lsg. (100 mg Ti-Schwamm/100 ml 25%ig. H_2SO_4) hinzugegeben, auf 10 ml aufgefüllt u. bei 385 nm gemessen. Die relative Standardabweichung beträgt im 5 µg-Bereich ± 6%. Fe(III) u. NO_3^- stören stark. K. Henning G 300

1671 **Bestimmung von Dysprosium, Europium, Samarium und Gadolinium in Yttriumoxid hoher Reinheit durch Neutronenaktivierung.** I. P. Alimarin, Yu. V. Jakovlev, A. Z. Miklishansky, N. N. Dogadkin und O. V. Stepanets. (J. radioanalyt. Chem. [Budapest] **1** (1968) 2, 139—45; „Vernadsky" Geochem. and Anal. Inst., Soviet Acad. of Sci., Moscow; engl.) — Die Spuren der Lanthaniden werden am Anionenaustauscher AV-17 mit 0,1 u. 0,3m EDTA-Lsg. vom Y getrennt u. dann auf einer Mikrosäule KU-2 mit 0,17m Hydroxyisobuttersäure getrennt. Bei einem Neutronenfluß von $1{,}2 \cdot 10^{13}$ n/cm² · s u. 5 Min. langer Bestrahlung kann in 10 mg Y_2O_3 das kurzlebige ^{165}Dy mit $1 \cdot 10^{-7}$, in 100 mg Oxid (20std. Bestrahlung) Sm mit $2 \cdot 10^{-7}$, Eu mit $1 \cdot 10^{-8}$ u. Gd mit $5 \cdot 10^{6}$ % Empfindlichkeit nachgewiesen werden. W. Dedek G 312

1672 **Bestimmung von Lanthan in Titandioxid mittels Aktivierungsanalyse.** D. L. Massart und J. Hoste. (Analytica chim. Acta [Amsterdam] **41** (1968) 2, 378—80; Inst. for Nucl. Sci., Ghent Univ., Ghent; engl.) — Nach der Aktivierung während 2 Std. im Neutronenfluß von $4 \cdot 10^{11}$ n/cm² · s wird in konz. $H_2SO_4/(NH_4)_2SO_4$ gelöst, das La u. Ti mit 14n NH_3-Lsg. gefällt u. der Nd. in 3n HCl gelöst, wodurch ^{24}Na, ^{42}K u. z. T. ^{122}Sb u. ^{67}As abgetrennt werden. Anschließend wird aus 0,5m HCl-Lsg. in Ggw. von H_2O_2 über einen Kationenaustauscher mit Dowex 50 W-X 8 (100—200 mesh) gegeben, das Ti mit 3n HCl u. 2% H_2O_2 u. dann das La mit 6n HCl eluiert. Anschließend wird eingeengt, mit 0,1n HCl aufgenommen u. zur Trennung des La vom Sc auf das gleiche Austauscherharz (200—400 mesh) gegeben u. mit 0,1 m Ammonium-α-hydroxyisobutyrat-Lsg. die Elemente ^{122}Sb, ^{182}Ta u. $^{46-48}Sc$ eluiert. La wird mit 0,4m Lsg. eluiert. K. Henning G 321

1673 **Strukturuntersuchung im System HfO_2–Y_2O_3.** Marcel Caillet, Charles Déportes, Guy Robert und Gérard Vitter. (Rev. int. hautes Températ. Réfractaires **4** (1967) 4, 269—71; Labor. de Chim. Minéral., Fac. des Sci. de Grenoble; franz.) — Rk.-Prod. zwischen HfO_2 u. Y_2O_3wurden durch 4 std. Tempern von Preßkörpern der Ausgangsoxidgemische bei 1800° hergestellt. Die Prod. wurden mit 100°/Std. abgekühlt u. röntgenograph. untersucht; die therm. Ausdehnungskoeff. wurden mit einem Differentialdilatometer nach Netsch bestimmt. — Zwischen 0 u. 9 Mol-% Y_2O_3 ist das Syst. zweiphasig: eine monokline HfO_2-Phase u. eine kub. Phase vom Fluorit-Typ mit a = 5,118 Å; zwischen 8 u. 45 Mol-% Y_2O_3 tritt nur eine kub. Phase auf, a nimmt bis zu 30 Mol-% linear zu, von 30—40 Mol-% ist die Kurve gekrümmt mit einem Max. bei 33,3 Mol-%. Über 40 Mol-% liegen Y_2O_3 u. die feste Lsg. von 40 Mol-% Y_2O_3 in HfO_2 nebeneinander vor. — Der therm. Ausdehnungskoeff. zeigt ebenfalls ein Max. bei 33,3 Mol-% Y_2O_3. Aus dem Max. wird auf die Existenz einer Verb. $Y_2Hf_2O_7$ geschlossen. J. Pickardt G 323

1674 **Komplexbildung in konzentrierter Schwefelsäure zwischen 1.1'-Dianthrimid und Germanium(IV) oder Tellur(IV).** F. J. Langmyhr und G. Norheim. (Analytica chim. Acta [Amsterdam] **41** (1968) 2, 341—46; Univ. of Oslo, Chem. Inst. A, Blindern; engl.) — Ge u. Te bilden in schwefelsaurer Lsg. auf Grund spektralphotometr. Unters. mit 1.1'-Dianthrimid 1:1-Komplexe. Die Stabilitätskonst. betragen in 93,2%ig. H_2SO_4 221 bzw. 228. K. Henning G 326

1675 **Spektralmethode zur Bestimmung von Beimengungen in Bleitellurid.** N. M. Konyševa. (Zav. Labor. **34** (1968) 6, 692; Mosk. inst. stali u. splavov; russ.) — Über die Best. von Ag, Cu, Bi, Al, Si, Mg, Sn u. Sb in Pb-Tellurid wird berichtet. Die Proben werden mit Kohlepulver (4:1) gemischt u. in einer Graphithohlelektrode analysiert. Die Spektren werden photograph. registriert. Die ausgewerteten Spektrallinien für die obengenannten Elemente werden mitgeteilt. Im Konz.-Intervall $1 \cdot 10^{-2}$ bis $5 \cdot 10^{-5}$ % beträgt der mittlere quadrat. Fehler 18%. Herbert Hoffmann G 328

1676 **Aktivierungsanalyse von Chrom in einer Wassermatrix.** F. W. Lima und C. M. Silva. (J. radioanalyt. Chem. [Budapest] **1** (1968) 2, 147—52; Inst. de Energia Atomica, São Paulo; engl.) — Cr kann in Konz. von ppb in W. an Amberlite IR-401 (50—100 mesh) adsorbiert u. dann durch Neutronenaktivierung bestimmt werden. Eine Vgl.-Probe von mit entionisiertem W. behandeltem Austauscher wird mitbestrahlt, die beiden γ-Spektren werden subtrahiert, wodurch der ^{51}Cr-Peak frei von störenden Aktivitäten wird. Geh. von 1—70 ppb konnten mit ca. 10% Standardabweichung bestimmt werden. W. Dedek G 335

1677 **Extraktive Abtrennung von radioaktivem Mangan von großen Eisenmengen.** R. F. Brigevič und R. A. Kuznecov. (Radiochimija **10** (1968) 2, 243—46; russ.) — Als Extraktionsmittel wurde eine Lsg. von Tributylphosphat (TBP) in Kerosin verwendet; Fe wurde durch Zugabe von Citrationen „maskiert", d. h. seine Extraktion unterdrückt. Als Indikator diente ^{54}Mn. Verhältnis der Vol.: $V_w/V_0 = 3$, Temp. 18 ± 2°. Aufgenommen wurde die Abhängigkeit des Verteilungskoeff. D für Manganthiocyanat vom pH-Wert (1—6) in Abwesenzeit u. in Ggw. verschiedener Elektrolyte. In jedem Falle durchläuft die Abhängigkeit D = f(pH) im pH-Bereich 3—5 ein Maximum. NaCNS ist ein besseres Aussalzmittel als NH_4CNS. Mit Erhöhung der CNS^--Konz. vergrößert sich D. Eine Vergrößerung der Na_3Cit-Konz. führt zur Verschiebung des Extraktionsmax. in das Gebiet kleiner pH-Werte. In Ggw. von Fe erhöht sich D u. erreicht bei pH 4—5, [Fe] = [Na_3Cit] = 1 Mol/l, [NaCNS] = 1,5 Mol/l den maximalen Wert D ~ 10^3. Für die schnelle Abtrennung von Mn [z. B. bei Verw. der Schwellwertrk. $^{56}F(n, p)^{56}Mn$ bei neutronenspektrometr. Unters.] wird folgendes Verf. vorgeschlagen. Das Target (12 g) wird in Ggw. von 100 µg Mn als Träger in 80 ml 9n HCl gelöst, zur Lsg. 35 ml H_2O_2 zugegeben, der H_2O_2-Überschuß abgekocht, zur Lsg. 85 g Na_3Cit · 5,5 H_2O u. 25 g NaCNS zugegeben, der pH-Wert mit NH_3-Lsg. auf 4,5 eingestellt u. das Vol. auf ca. 220 ml gebracht. Im Scheidetrichter wird zweimal mit 70 bzw. 35 ml TBP/Kerosin (1:2) extrahiert. Mn wird mit 6n HCl reextrahiert. Ausb. 100%. G. Ewald G 350

1678 **Untersuchungen an Bariumferriten mit Hilfe des Elektronenstrahl-Mikroanalysators.** D. Bonnenberg und H. P. J. Wijn. (Z. angew. Physik **24** (1968) 3, 125—29; Inst. für Werkstoffe der Elektrotechn., Rhein.-Westfäl. TH, Aachen; dt.) — Die chem. Zus. in Mikrobereichen von reinen u. mit Co u. Ti substituierten Ba-Ferriten wird mit Hilfe des Elektronenstrahl-Mikroanalysators untersucht. Die Ergebnisse führen zu qual. u. begrenzt quant. Aussagen. H.-D. Schenke G 354

1679 **Extraktionsphotometrische Untersuchung der Reaktion von Eisen mit Thiocyanat in Gegenwart von Aminen.** E. K. Ivanova, V. A. Parmenova und V. M. Peškova. (Vestnik Moskovskogo Univ., Ser. II **23** (1968) 4, 69—72; Kaf. analit. chim.; russ., Auszug: engl.) — Die Komplexbldg. u. Extraktion von Fe(III) mit SCN^--Ionen in Ggw. von *Mono-, Di-* u. *Triäthylamin, Mono-, Di-* u. *Tributylamin* u. *Dihexylamin* wurde untersucht. Die Rk. ist in Ggw. von Dihexylamin am empfindlichsten, bei Verw. von Pentylacetat (L) als Lsgm. entsteht in der organ. Phase eine Verb. mit dem Komponentenverhältnis $Fe : L : SCN^- = 1 : 3 : 6$. Die Meth. kann zur Best. von Fe-Spuren in hochreinem Ta_2O_5 verwendet werden. J. J. Pohl G 354

1680 **Fällungsreaktionen mit Thiobenzoylphenylhydroxylamin und seine Anwendung als Reagenz für Kupfer.** R. M. Cassidy und D. E. Ryan. (Analytica chim. Acta [Amsterdam] **41** (1968) 2, 319—25; Dep. of Chem., Dalhousie Univ., Halifax, Nova Scotia, Canada; engl.) — Angegeben wird die quant. Fällung von 20 Metallen aus stark salzsaurer Lsg. mit Thibenzoylphenylhydroxylamin (TBPHA), wodurch gleichzeitig die Trennung zahlreicher Metalle durch Wahl des geeigneten pH-Bereiches oder durch Zusatz von EDTA ermöglicht wird. Dagegen wird TBPHA zur photometr. Best. nicht empfohlen, da es keine Selektivität besitzt. Die quant. Fällung von 10 bis 30 mg Cu in Ggw. von Fe, Al, Cr usw. erfolgt bei pH 2 bis 2,5 in Ggw. von 0,25m EDTA aus 45%ig. A.-Lsg. bei 70°, indem eine 1%ig. alkohol. TBPHA-Lsg. tropfenweise zugesetzt wird. Gewaschen wird mit A./W. (20 : 80), getrocknet bei 100° u. ausgewogen als $Cu(C_{13}H_{10}NSO)_2$. K. Henning G 358

1681 **Abtrennung von Silberspuren durch die Trägerfällungs- und Flotationsmethode.** Tohru Wainai und Yohichi Suzuki. (Japan Analyst **17** (1968) 3, 319—22; Nagoya-shi, Chikusa-ku, Nagoya Univ., Fac. of Engng.; jap., Auszug: engl.) — 0,02—1 µg Ag können mit dem Verf. aus 100—500 ml 0,1—1 m HNO_3 mit einer Ausb. von 95% in 5 Min. abgetrennt werden. Die Probelsg. wird mit einer Lsg. von p-Dimethylaminobenzylidenrhodanin (I) in äthanol. HNO_3 versetzt. Der Nd. wird nach Zusatz von n-Dodecylbenzolsulfonat durch Einleiten von Luft in die Lsg. an die Oberfläche gespült. Die Meth. weist gegenüber dem üblichen I-Verf. verschiedene Vorteile auf. Sie läßt sich schneller durchführen, kann bei höherer Acidität angewendet werden u. erfordert weniger Reagenz. Das Verf. wurde zur Best. einiger ppm Ag in hochreinem Cu benutzt. I. Degen G 359

1682 **Gravimetrische Bestimmung von Gold mit Di-2-thienylketoxim.** William J. Holland und Jesse Gerard. (Analytica chim. Acta [Amsterdam] **41** (1968) 2, 327—30; Dep. of Chem., Univ. of Windsor, Windsor, Ontario, Canada; engl.) — Zur Best. von bis zu 22 mg Au in 250 ml W. wird mit HCl- oder KOH-Lsg. auf pH 2,4 bis 3,0 eingestellt u. tropfenweise mit einer 2%ig. Di-2-thienylketoximlsg. in Dioxan gefällt, anschließend mit W. auf 300 ml verd., nach 12 Std. filtriert, mit 500 ml 4%ig. wss. Dioxanlsg. gewaschen u. bei 70° getrocknet. Der Fehler beträgt ± 0,3%. Br^-, J^-, Hg(II), Ru(III), Fe(III), Pd(II), Bi(III), Sn(IV) u. Ag stören. K. Henning G 360

1683 **Bestimmung einiger Edelmetalle durch Neutronenaktivierungsanalyse.** J. H. Crocket, R. R. Keays und S. Hsieh. (J. radioanalyt. Chem. [Budapest] **1** (1968) 6, 427—47; Dep. of Geol., McMaster Univ., Hamilton, Ontario; engl.) — Nach einmaliger Bestrahlung ($2 \cdot 10^{13}$ n/$cm^2 \cdot s$, 8 Std. bis 8 Tage) werden Ru, Pd, Os, Ir, Pt u. Au in Erzen, Gesteinen u. Sulfidrückständen bestimmt. Nach Trägerzusatz und Alkalischmelze erfolgt eine sorgfältige radiochem. Reinigung durch Dest., Ionenaustausch u. Extraktion. Die Meth. wurde an Standardsubstanzen geprüft, wobei nur bei Ir Differenzen auftraten. Die mittlere Standardabweichung betrug für alle Metalle 3,9%. W. Dedek G 362

1684 **Aktivierungsbestimmung von Pd-Spuren in einigen Konzentraten und Erzen mittels substöchiometrischer Verteilung.** N. Abdusaljamov, A. G. Ganiev und M. Nazmitdinov. (Izvest. Akad. Nauk Uzb. SSR, Ser. fiz.-mat. Nauk **125** (1968) 4, 53—55; Inst. jadernoj fiz. AN Uzb. SSR; russ.) — Diäthyldithiophosphorsäure bildet mit Pd^{2+} $Pd[(C_2H_5O)_2PSS]_2$, das in organ. Lsgm. lösl. ist. Bei der Neutronenaktivierungsanalyse von Pd in Cu–Ni-Konzentraten wurde ^{109}Pd mit Diäthyldithiophosphat extrahiert. Es konnte von Cu, Ag, Pt u. anderen Metallen nach deren Bindung in einem Thioharnstoffkomplex abgetrennt werden. Genauigkeit 10^{-7} g. M. Wiedemann G 365

1685 **Abtrennung von trägerfreiem Silber aus neutronenbestrahltem Palladium.** S. J. Lyle und R. Maghzian. (Talanta [London] **15** (1968) 7, 712—13; Chem. Labor., Univ. of Kent, Canterbury; engl.) — Das sich bei der Bestrahlung von Pd durch β^--Zerfall über ^{111m}Ag bildende ^{111}Ag wird unter Verw. eines chelatbildenden Ionenaustauschharzes trägerfrei abgetrennt. Es wird ein Dekontaminationsfaktor von $\geqq 2 \cdot 10^5$ erreicht. Karl-Heinz Walter/Jülich G 365

1686 **Quantitative Analyse von Zweistofflegierungen und ihre Korrekturen.** R. Blöch, J. Peganz und C. Schablauer. (Mikrochim. Acta [Wien] **1967**, Suppl. II, 149 bis 155; Forsch.-Anst. der Edelstahlwerke Gebr. Böhler u. Co., AG, Kapfenberg; dt.) — Die Korrekturverf. für die Elektronenstrahlmikroanalyse bei der Ermittlung von empir. Eichkurven für Zweistoffsyst. auf Fe-Basis werden erörtert. Experimentell ermittelte Eichkurven für die Syst. Fe–Al, Fe–Si, Fe–Cr u. Fe–Ni bei 15, 20 bzw. 25 kV werden verschiedenen, theoret. abgeleiteten Kurven gegenübergestellt. Für das Syst. Fe–Cr ergibt die Castaingsche Gleichung bei Cr u. 20 kV eine zu große Fluoreszenzkorrektur. Trotz relativ breiter Vertrauensbereiche liegt nur die Adlersche Kurve für die Absorptionskorrektur bei den Syst. Fe–Al, Fe–Si u. Fe–Ni bei allen Spannungen innerhalb des Vertrauensbereiches. Auf Grund der Meßergebnisse ist die Absorptionskorrektur von Adler u. Goldstein ohne Ordnungszahlkorrektur anwendbar. W. Wesly 5156

1687 **Qualitative Analyse einiger Legierungen und Bestimmung von Kupfer und Eisen mit der Ringofen-Methode.** S. K. Tobia, Y. A. Gawargious und M. F. El-Shahat. (Analytica chim. Acta [Amsterdam] **39** (1967) 4, 457—61; Fac. of Sci., Ain Shams Univ., Cairo; engl.) — Es werden qual. Verf. für die Analyse von Cu-Leg. mit Cu, Pb, Sn, Sb, Al, Fe, Zn u. Ni sowie Al-Leg. mit Al, Cu, Zn u. Ni beschrieben. F. Glombitza 5156

1688 **Bestimmung von Silicium in Erzen durch Neutronenaktivierung mit schnellen Neutronen und internen Standards.** G. G. Santos und R. E. Wainerdi. (J. radioanalyt. Chem. [Budapest] **1** (1968) 6, 449—54; Activat. Anal. Res. Labor., Tex. A & M Univ., Coll. Stat., Tex.; engl.) — Mit Hilfe von Ba-Acetat als internem Standard zur Best. von Flußdifferenzen u. von 2 Standarderzen mit bekanntem Si-Geh. zur Eichung des Verf. wurde Si in Granitproben bestimmt. Gemessen wird der 1,78 MeV-Peak des ^{28}Al, Bestrahlungszeit 30 Sek., Abkühlungszeit 10 Sek., Meßzeit 1 Minute. Das Verf. ist zunächst auf Proben beschränkt, die mit dem Standard Ba-Acetat homogen mischbar sind. W. Dedek 5158

1689 **Bestimmung von Antimon in Gesteinen durch Neutronenaktivierungsanalyse.** A. O. Brunfelt und E. Steinnes. (Analyst **93** (1968) 1106, 286—88; Mineralog.-Geolog. Museum Univ., Oslo; engl.) — Das in einem Neutronenfluß von $2 \cdot 10^{12}$ Neutronen/$cm^2 \cdot s$ aktivierte Sb wird durch Extraktion in iso-Propyläther u. Rückextraktion nach Red. mit Sn(II) zur dritten Wertigkeitsstufe isoliert. Bei Sb-Konz. > 1 ppm beträgt die Genauigkeit der Best. ±5%. Karl-Heinz Walter/Jülich 5158

1690 **Zwei Farbtests für Brucit.** Michael Haines. (Mineralog. Mag. J. mineralog. Soc. **36** (1968) 282, 886—88; Abergele, Denbighshire, Robertson Res. Co. Ltd.; engl.) — Zwei Anfärbevorschriften zur Erkennung von Brucit im Marmor werden mitgeteilt; sie beruhen auf einer bleibenden Braunfärbung des Brucits durch J/KJ-Lsg. bzw. auf einer Rotfärbung durch Alizarinrot S.
E. Schulte 5158△

1691 **Bestimmung der Seltenerdelemente in Gesteinsproben mittels Neutronenaktivierungsanalyse unter Verwendung eines lithiumgedrifteten Germaniumdetektors nach chemischer Gruppentrennung.** Kenji Tomura, Hideo Higuchi, Nobuyoshi Miyaji, Naoki Onuma und Hiroshi Hamaguchi. (Analytica chim. Acta [Amsterdam] **41** (1968) 2, 217—28; Inst. for Atomic Energy, Rikkyo Univ., Yokosuka, Japan; engl.) — Zur Aktivierung wird im Neutronenfluß von $4 \cdot 10^{12}$ n/cm$^2 \cdot$ s bestrahlt. Anschließend wird zur Senkung des Untergrundes u. Beseitigung von spektralen Einfl. eine chem. Gruppentrennung mit dem konventionellen Hydroxid/Fluorid-Zyklus vorgenommen, nachdem die Probe vorher in Ggw. von Seltenerdträgern (4 mg La, Nd, Gd, Er, Lu) mit Na_2O_2 aufgeschlossen wurde. Das γ-Spektrum wird mit einem lithiumgedrifteten Ge-Detektor analysiert, wobei die Zählmethodik eines jeden Elementes einzeln diskutiert u. mit den Ergebnissen der zerstörungsfreien Meth. von Cobb. [Analytic. Chem. **39** (1967) 127] u. Gordon, Randle, Goles, Corliss, Beeson u. Oxley (Geochim. Cosmochim. Acta [London], im Druck) verglichen. K. Henning 5158

1692 **Indium-, Gallium- und Germaniumkonzentrationen in hochreinem Siliciumdioxid.** S. N. Tandon und John T. Wasson. (Analytica chim. Acta [Amsterdam] **41** (1968) 2, 397—99; Dep. of Chem., Inst. of Geophys. and Planetary Phys., Univ. of Calif., Los Angeles, Calif; engl.) — Da der In-Geh. von Chondritmeteoriten (ca. 0,1 ppb) in der gleichen Größenordnung wie der der Blindwerte, hervorgerufen durch Zerkleinerungsprozesse, liegt, bestimmen die Vf. den Blindwert an In, Ga u. Ge, der durch das Verf. hervorgerufen wird, durch Analyse von hochreinem SiO_2 mittels Neutronenaktivierungsanalyse. Von 3 verwendeten Materialien des Handels ist SiO_2 „Suprasil" von Engelhard am geeignetsten ($\leqq$ 0,004 ppb In, 6,7 ppb Ga u. $\leqq$15 ppb Ge).
K. Henning 5158

1693 **Differential-photometrische Bestimmung von Eisen und Titan in Ilmenit.** G. E. Lunina und E. G. Romanenko. (Zav. Labor. **34** (1968) 5, 538—39; russ.) — Nach Abrauchen der Probe mit H_2SO_4/HF wird mit $KHSO_4$ aufgeschlossen. Fe wird dann über den Sulfosalicylsäurekomplex u. Ti über die Ti-Peroxidverb. photometr. bestimmt. Der Fehler der Meth. beträgt bei Fe $\pm 2{,}2$ u. bei Ti ± 5%. Herbert Hoffmann 5158

G-3. Analyse organischer Verbindungen

1694 **Bestimmung primärer Aminogruppen in aliphatischen und aromatischen Aminen sowie in Säureamiden mit Amylnitrit in nicht wäßriger Phase.** Gerald Kainz und Karl Zidek. (Mikrochim. Acta [Wien] **1968**, 1, 71—81; Anal. Inst., Univ., Wien; dt.) — Zur Beseitigung der positiven Anomalien bei der Best. prim. Amine durch Nitrosierung arbeiten die Vf. in nicht wss. Lsg. unter Verw. von Amylnitrit in CH_3COOH. Vor der Nitrosierung wird die Probe mit Br_2/CH_3COOH behandelt, um die Bldg. von Carbanionen zu unterbinden. Nicht ausschaltbar ist auf diese Weise die Anomalie der Oxime, die mit Amylnitrit 1 Mol N ergeben. Störungen treten auch bei fünfgliedrigen Heterocyclen mit Harnstoffgruppierung auf.
K. Henning 5178

1695 **Molekülstruktur und Retention in der Gaschromatographie. Einfluß der Temperatur auf die Retentionsindizes isomerer Alkane.** D. A. Tourres. (J. Chromatogr. [Amsterdam] **30** (1967) 2, 357—77; Comp. Française de Raffinage, Gonfreville-l'Orcher, Seine-Maritime; engl. — Das gaschromatograph. Verh. von ca. 70 Alkanen (n-Pentan bis n-Nonan u. verzweigte Alkane) wurde unter Verw. einer Säule von 100 m Länge u. 0,25 mm ⌀ mit Squalan als stationärer Phase u. H_2 als Trägergas bei Säulentemp. von 30, 50 u. 70° untersucht. Die Retentionsindizes wurden mit einem Fehler von 0,149 bestimmt. Die Indexzunahme pro 10° wird mit der Mol.-Struktur der Isomeren in Beziehung gebracht u. mit der Dampfdruckänderung mit der Temp. eines gelösten Stoffes verglichen. Auf dieser Grundlage wird eine Möglichkeit zur Best. der Konst. der Antoine-Gleichung diskutiert. Als Anwendungsbeispiel wird die Analyse eines Industriealkangemisches erläutert. J. Pickardt G 560

1696 **Identifizierung von Alkoholen aus den Geschwindigkeiten der alkalischen Hydrolyse ihrer 3.5-Dinitrobenzoatester.** Joseph R. Robinson. (Analytic. Chem. **39** (1967) 10, 1178—80; Madison, Wis., Univ. of Wis., School of Pharm.; engl.) — Die Hydrolysegeschw. der 3.5-Dinitrobenzoate (I) von Alkoholen wird bei pH 12 in einem Acetonitril/Phosphat-Puffer untersucht, wobei die Freisetzung von I photometr. bei 285 nm gemessen wird. 27 Alkohole wurden untersucht, wobei jeweils nur 0,2 mg Substanz benötigt wurden. Fr. Voigt G 610

1697 **Infrarotuntersuchungen von Äthylenchlorhydrin.** Jo-Yun T. Chen und John H. Gould. (J. Assoc. off. analyt. Chemists **51** (1968) 4, 878—82; Food and Drug Adm., Washington, D.C.; engl.) — Die IR-Spektren von Äthylenchlorhydrin als Gas u. Dampf, in Lsg., im fl. u. im festen Zustand unter Druck werden untersucht.
M. Meyer zur Heyde G 620

1698 **Verteilungsgas- und dünnschichtchromatographische Analyse der Isopropylidenderivate von Polyhydroxycarbonsäuren aus Stellungs- und geometrischen Isomeren ungesättigter Fettsäuren.** Randaal Wood. (Lipids [Chicago] **2** (1967) 3, 199—203; Med. Div., Inst. of Nucl. Studies, Oak Ridge, Tenn.; engl.) — Durch $KMnO_4$-Ox. ungesätt. Fettsäuren (C_{16} bis C_{22}), Methylierung mit CH_2N_2 u. Rk. mit Aceton in Ggw. von 60%ig. $HClO_4$-Lsg. werden stereoisomere Isopropylidenderiv. von Dihydroxycarbonsäure-, 9.10.12-Tri- u. 9.10.12.13-Tetrahydroxystearinsäuremethylestern erhalten, deren Trennung untersucht wird. Die Deriv. von cis- u. trans-monoungesätt. Säuren können leicht durch Verteilungsgaschromatographie an SE-30- bzw. EGSS-X-Säulen getrennt werden, wobei die cis-Isomeren längere Retensionszeiten aufweisen. Keine Trennung konnte auf diesem Weg bei den positionalen Isopropylidenderiv. aus Olein-, Petroselenin- u. cis-Vaccinsäuremethylestern erzielt werden. Die Trennung gelang jedoch dünnschichtchromatograph. im Syst. Hexan/Ae./30%ig. NH_3-Lsg. (90 : 12 : 0,25) an Silicagel G. Von den 8 Diastereomeren aus Linolsäure werden 4 nachgewiesen; die anderen erscheinen als ein Peak. K. Stühmer G 850

1699 **Bestimmung von D-Milchsäure.** Tetsuo Hiyama, Yosuke Koga und Sakuzo Fukui. (J. gen. appl. Microbiol. [Tokyo] **13** (1967) 1, 121—23; Tokyo, Univ., Inst. of Appl. Microbiol.; engl.) — Durch partiell gereinigte, NAD-unabhängige D-Lactatdehydrogenase, die aus Kulturen von *Leuconostoc mesenteroides* gewonnen werden kann, wird die spezif. Ox. von D-Lactat (I) zu Pyruvat katalysiert, wobei gleichzeitig eine Red. des o-Phenanthrolin-Fe(III)-Komplexes zum o-Phenanthrolin-Fe(II)-Komplex auftritt. Die bei 510 nm gemessene Extinktion des letzteren ist der Konz. an I linear proportional. Es wird eine Arbeitsvorschrift, einschließlich der Herst. des Enzymextraktes, angegeben. Das verwendete Enzympräp. ist für I spezif., während L-Lactat, Pyruvat, Glucose, Glucose-6-phosphat, Fructose-1.6-diphosphat u. Acetat nicht ox. werden. Reduzierende Substanzen wie Cystein u. β-Mercaptoäthanol stören.
Frank Hofmann G 850

1700 **Spektralfluorimetrische Bestimmung von Äpfelsäure mit β-Naphthol.** Gary D. Christian und John R. Moody. (Analytica chim. Acta [Amsterdam] **41** (1968) 2, 269—74; Dep. of Chem., Univ. of Ky., Lexington, Ky.; engl.) — Zur Best. gibt man zur Probelsg. mit 1—30 μg Äpfelsäure schwefelsaure β-Naphthollsg., so daß eine Endkonz. von 80% H_2SO_4 erreicht wird. (Der β-Naphtholgeh. muß das 10fache des Äpfelsäuregeh. betragen.)

Anschließend wird 30 Min. auf dem Dampfbad erhitzt, bei 357 nm angeregt u. die Fluoreszenz bei 441 nm gemessen. Die Nachw.-Grenze liegt bei 0,002 ppm. Bei 6,25 μg Äpfelsäure stören je 500 μg Citronen- u. Bernsteinsäure u. 50 μg Weinsäure nicht. K. Henning G 850

1701 **Farbreaktion von Harnstoff mit Diacetylmonoxim. 1. Mitt. Einfluß von Säuren.** G. Siest. (Ann. Biol. clin. **26** (1968) 1–2, 175–88; Nancy, Fac. de Pharm., Labor. de Biochem.; franz.) — Die Intensität der Farbrk. hängt von der Art u. der Konz. des verwendeten Säurekatalysators ab. Zum Beispiel führen HCl, H_3PO_4 u. H_2SO_4 zu intensiven Färbungen, jedoch wird innerhalb von 90 Min. keine Farbkonstanz erreicht. Mit H_3AsO_4 ergibt sich innerhalb von 30 Min. Konstanz, die Farbintensität ist jedoch schwach. Am günstigsten ist eine Mischung von H_2SO_4 u. H_3AsO_4. H. Rüssel G 880

1702 **Reaktion zwischen Harnstoff und Diacetylmonoxim. 2. Mitt. Wirkung verschiedener Zusätze und die Analysenvorschrift.** G. Siest. (Ann. Biol. clin. **26** (1968) 3–4, 431–48; franz.) — 1. vgl. vorst. Referat. — Die Farbentw. wird durch Ox.-Mittel verstärkt, ebenso durch Mn^{2+}, während sie von Fe^{3+} u. Cu^{2+} gehemmt wird. Die Photostabilität der Färbung wird durch Phenazon (I) verbessert. Zur Best. von Harnstoff im Serum wird mit Trichloressigsäure enteiweißt u. mit einem $H_3PO_4/FeCl_3$-Reagenz u. Diacetylmonoxim (II) umgesetzt. Nach Erhitzen im W.-Bad wird bei 480 nm photometriert. Enteiweißung ist nicht erforderlich bei Verw. von H_3AsO_4/H_2SO_4 unter Zusatz von I u. II. H. Rüssel G 880

1703 **Klassifizierung von N-substituierten Thioharnstoffen über ihre S-Methylderivate.** Daniel L. Klayman und Robert J. Shine. (Analytica chim. Acta [Amsterdam] **41** (1968) 2, 408–11; Walter Reed Army Inst. of Res., Washington, D.C.; engl.) — Die Darst. des *S-Methylisothiuroniumsalzes* erfolgt durch Kochen des jeweiligen Thioharnstoffes mit CH_3J in A. u. anschließender Verflüchtigung im Vakuum. Aus dem unterschiedlichen Rk.-Verh. dieser S-Methylderiv. (1 mg in 0,2 ml CH_3OH) mit 1 Tropfen 10%ig. NaOH-Lsg., wobei Methylmercaptan (Nachw. über Nitroprussid) in Freiheit gesetzt wird, kann auf mono-, 1.1-disubstituierte u. 1.1.3.3-Tetramethyl-2-thioharnstoffe (Rk. in der Kälte), 1.3-disubstituierte (Rk. in der Siedehitze) u. trisubstituierte sowie cycl. Thioharnstoffe (keine Rk.) geschlossen werden. K. Henning G 880

1704 **Integration von gaschromatographischen Fraktionen mit Dünnschichtplatten.** Otto L. Mayrhofer und Klement Möhler. (Z. Lebensmittel-Unters. u. Forsch. **134** (1967) 4, 246; Dt. Forsch.-Anst. für Lebensmittelchem., München; dt.) — Nitrosamine (A) können nach gaschromatograph. Trennung an einer Kieselgel-Dünnschichtplatte, die in senkrechter Stellung vor die Austrittsöffnung des Chromatographen gebracht wird, aufgefangen werden. Nach Chromatographie mit Hexan/Ae./CH_2Cl_2 (4 : 3 : 2) erfolgt Farbentw. mit $PdCl_2$/Diphenylamin-Reagenz oder Grieß-Reagenz u. Bestrahlung mit dem Quarzbrenner Q 500 ohne Filter. Durch öfteren Auftrag aus mehreren Durchgängen kann eine Integration der A erzielt werden. Die Adsorptionsrate liegt bei 60–70%. I. Klee G 900

1705 **Computerprogramm zur Identifizierung anomaler Peaks in der automatischen Aminosäureanalyse.** Edith J. Conkerton, Emory E. Coll und Robert L. Ory. (Analyt. Letters **1** (1968) 5, 303–10; Seed Protein Res. Labor., New Orleans, La.; engl.) — Vf. geben ein Fortran-Programm als Zusatz zu beliebigen Programmen zur Auswertung von Aminosäureanalysen an, mit dessen Hilfe anomale Peaks auf Grund des Verhältnisses der Flächen unter den 440 u. 570 nm-Absorptionspeaks ermittelt werden. J. Pickardt G 950

1706 **Anfärbung von Aminosäuren mit Metallsalz–Ninhydrin-Gemischen.** Anneliese Krauss. (Z. analyt. Chem. **229** (1967) 5, 343–50; Frauenklinik, Karl-Marx-Univ., Leipzig; dt.) — Durch Zusatz von Cd^{2+}, Cu^{2+}, Zn^{2+}, Ni^{2+}, Fe^{3+}, Fe^{2+}, Li^{+}, Mg^{2+}, Pb^{2+}, Hg^{2+}, Co^{2+} bzw. Mn^{2+} zum Ninhydrinreagenz werden beim Nachw. der einzelnen Aminosäuren Färbungen, die das gesamte Spektrum umfassen, gebildet. Diese können als weiteres Kriterium bei der papierchromatograph. Identifizierung herangezogen werden. Die gebildeten Farben von 21 Aminosäuren sowie die Anfärbbarkeitsgrenze in Ggw. von Cd-Acetat u. die relative Anfärbbarkeit in Ggw. der genannten Ionen werden tabellar. mitgeteilt. K. Stühmer G 950

1707 **Neue photometrische Methode für Natriumcyclamat durch Solventextraktion mit dem Tris-(1.10-phenanthrolin)-eisen(II)-Chelat.** Yuroku Yamamoto, Takahiro Kumamaru, Yasuhisa Hayashi, Taro Kobayashi und Ryoichi Tanaka. (Chem. pharmac. Bull. [Tokyo] **15** (1967) 9, 1437–39; Labor. of Anal. Chem., Fac. of Sci., Hiroshima Univ., Higashisenda-machi, Hiroshima; engl.) — Zur photometr. Best. von Na-Cyclamat (I) werden 3 ml $5 \cdot 10^{-2}$ m Tris-(1.10)-phenanthrolin-Fe^{2+}-Sulfatlsg., 5 ml 0,1 m Phosphatpuffer pH 5–7 u. 0,5–8 ml $4 \cdot 10^{-3}$ m I-Lsg. gemischt, mit W. auf 25 ml verd. u. 2–3 Min. lang mit 10 ml Nitrobenzol geschüttelt. Nach 30 Min. trocknet man die organ. Phase mit 1 g Na_2SO_4 u. mißt die Extinktion des roten $[Fe(phen)_3 \cdot Cy_2]$ bei 516 nm. In $8 \cdot 10^{-5}$ bis $1 \cdot 10^{-3}$ m I-Lsg. besteht ein lineares Verhältnis zwischen I-Menge u. der Farbintensität, die bei Raumtemp. einige Std. konst. bleibt. Im Gegensatz zu Dulcin, Saccharose, Glucose u. Lactose stört Saccharin. Die Trennung erfolgt an einer Sephadex G-10-Säule durch Eluieren des I mit 0,05 m Phosphatpuffer pH 5–7. PO_4^{3-}, SO_4^{2-} u. Borat haben keinen Einfl., Cl^- stört, wenn es die doppelte Konz. von I hat. I. Balke G 1090

1708 **Nachweis cyclischer Dicarbonsäureanhydride durch Dünnschichtchromatographie ihrer Reaktionsprodukte mit p-Anisidin.** E. Knappe und I. Rohdewald. (Z. analyt. Chem. **232** (1967) 5, 340–43; Glasurit-Werke, Hiltrup/Westf.; dt.) — Die Umsetzung mit p-Anisidin in sd. Aceton wurde als Vorstufe zu einer dünnschichtchromatograph. Meth. benutzt, die es erlaubt, cycl. Dicarbonsäureanhydride auch in Ggw. großer Mengen freier Dicarbonsäuren nachzuweisen. Die Trennung erfolgt an Kieselgel mit Bzl./THF/Propionsäure (80 : 30 : 5). Als Nachw.-Reagenz dient 4-Dimethylaminobenzaldehyd. I. Klee G 1220

1709 **Chromatographische Trennung diastereomerer Ester. 1. Mitt. Lactate und Mandelate von Butanol-(2).** Harvey D. Spitz, Herbert L. Rothbart und William Rieman III. (J. Chromatogr. [Amsterdam] **29** (1967) 1, 94–102; State Univ., New Brunswick, N.J.; engl.) — Als stationäre Phase wird ein gewöhnlicher, opt. inakt. Ionenaustauschergummi benutzt u. eine wss. Salz- oder Nichtelektrolytlsg. als bewegliche Phase. Renate Lehmann G 1250

1710 **Bestimmung von o-Phenylendiamin durch Coulometrie bei konstantem Potential.** G. Sivaramaiah und V. R. Krishnan. (Indian J. Chem. **5** (1967) 12, 635–37; Sri Venkateswara Univ., Tirupati; engl.) — o-Phenylendiamin in Mengen von 5–25 mg kann durch coulometr. Ox. bei konst. Potential an einer Pt-Netzelektrode in 1 n H_2SO_4 bestimmt werden. Das optimale Anodenpotential beträgt 0,63 V (gegen SCE). Die Rk.-Prod. nach der Elektrolyse wurden spektroskop. untersucht u. dabei p-Benzochinon u. wahrscheinlich 2.2'-Diaminoazobenzol u. 2.3-Diaminophenazin gefunden; der Ox.-Mechanismus wird diskutiert. J. Pickardt G 1310

1711 **Modifiziertes Elutionsverfahren zur beschleunigten Aminosäureanalyse.** R. D. Durbin, G. F. Pegg und M. Strmecki. (J. Chromatogr. [Amsterdam] **28** (1967) 2, 429–31; Pioneering Res. Labor., Dep. of Plant Pathol., Univ. of Wis., Madison; engl.) — Durch Veränderung des pH-Wertes der Pufferlsg. u. der W.-Manteltemp. bei der Aminosäureanalyse mit dem Beckman 120 B-Analysator an PA-35- u. PA-28-Harz werden die Probleme bei der Best. von *Tyrosin, 3.4-Dihydroxyphenylalanin, Phenylalanin* u. *Tryptophan* behoben. Das Verf. ist bes. bei der Unters. aromat. Aminosäuren nützlich u. wird an Hand zweier Modellgemische demonstriert. K. Stühmer G 1350

1712 **Analyse von monomeren Alkyl- und Arylchlorsilanen.** D. R. Ellis und R. B. Heslop. (Analytica chim. Acta [Amsterdam] **41** (1968) 2, 361–72; Chem. Dep., Univ. of Manchester, Manchester; engl.) — Das Zurückbleiben von C bei der Naßveraschung von Alkyl- und Arylchlorsilanen

wird mit ^{14}C untersucht. Verluste durch Verdampfen können durch vorhergehendes Kühlen mit Trockeneis vermieden werden. Rauchende H_2SO_4 allein oder in Mischungen mit rauchender HNO_3 sind die wirksamsten Oxydantien. Die Unters. der C-haltigen SiO_2-Rückstände durch Röntgenstrahl-Pulverphotographie zeigen, daß amorpher C jedoch kein Siliciumcarbid vorlag.
K. Henning G 1780

1713 **Bestimmung von Mikroverunreinigungen im Tetrahydrofuran durch Verteilungsgaschromatographie.** R. N. Mokeeva, Ja. A. Carfin und T. A. Poljakova. (Ž. analitičeskoj Chim. **23** (1968) 3, 439–42; NII sint. smol. Vladimir; russ., Auszug: engl.) — Es wird eine Meth. zur Best. von Spuren an Furan (**I**), α-Methylfuran (**II**), Propylenoxid (**III**), 2.5-Dimethylfuran (**IV**) u. α-Methyltetrahydrofuran (**V**) in THF angegeben. Die Trennung des Gemisches erfolgt auf der stationären Phase, 25% Diglycerin u. 25% Citroflex auf Chromasorb W. Die untere nachweisbare Konz. an **I** u. **II** beträgt 0,002%, an **III** 0,003%, an **IV** 0,005% u. an **V** 0,009%. Die relativen Fehler liegen bei 4,0% für **I**, 8,3% für **II**, 7,0% für **III**, 4% für **IV** u. 7,6% für **V**. Analysendauer: 35 Minuten.
G. Tischer G 3061

1714 **Dünnschichtchromatographie von Isatinen und entsprechenden Isatin-N-Mannichbasen.** Rajendra S. Varma und W. Lewis Nobles. (J. Chromatogr. [Amsterdam] **28** (1967) 2, 478–79; Dep. of Pharm. Chem., School of Pharm., Univ. of Miss., University, Miss.; engl.) — Die dünnschichtchromatograph. Trennung an Silicagel im Syst. Bzl./Äthylacetat/Diäthylamin (75 : 20 : 5) von Isatin, 5-Brom- bzw. 5-Methylisatin u. den entsprechenden N-Morpholino-, N-Piperidino-, N-3-Azabicyclo-[3.2.2]-nonano-, N-3-Azabicyclo-[3.2.2]-octano- u. N-Hexamethylenimino-Mannich-Basen wird beschrieben.
K. Stühmer G 3081

1715 **Nachweis reaktionsfähiger Halogenatome in aromatischen Nitroverbindungen, Nachweis von 3-Methyl-1-phenylpyrazolon-(5).** L. Légrádi. (Mikrochim. Acta [Wien] **1968**, **3**, 546–50; Nitrokémia Ind.-Werke, Füzfögyártelep, Ungarn; dt.) — Vgl. ibid. **1965**, 5/6, 1146. — Der Nachw. des reaktionsfähigen Halogenatoms in aromat. Nitroverb. wird ausgeführt, indem das Nitrobenzol in salzsaurer Lsg. mit Zn-Staub z. T. red. u. dann in alkal. Lsg. mit dem Ausgangsprod. kondensiert wird. Mit dieser Rk. können *2.4-Dinitrofluorobenzol* u. *-chlorobenzol* sowie *1-Chlor-2-nitrobenzol-4-diäthylsulfonamid* neben o- bzw. p-Chlornitrobenzol nachgewiesen werden. *4-Chlor-2-nitroanilin* gibt die Kondens.-Rk. auch ohne Red., so daß es neben o- bzw. p-Chlornitrobenzol nachgewiesen werden kann. 3-Methyl-1-phenylpyrazolon-(5) gibt mit Polynitroverb. u. Alkali Farbreaktionen.
K. Henning G 3122

1716 **Empfindliche direkte spektrophotometrische Bestimmung von Fructose und Sucrose nach Säureabbau.** Edward R. Garrett und Jaime Blanch. (Analytic. Chem. **39** (1967) 10, 1109–13; Gainesville, Fla., Univ. of Fla., Coll. of Pharm.; engl.) — Fructose bildet unter genau definierten Bedingungen von Säurekonz., Temp. u. Zeit (z. B. 9,25 Std. bei 80° in 1,0 m HCl) einen Chromophor (λ_{max} 283 nm), der eine direkte Funktion der Zuckerkonz. ist. Unter gleichen Bedingungen hydrolysierte Sucrose, bildet die gleiche Absorptionsbande, die sich bei Zusatz von Alkali nach 286 nm verschiebt u. langsam verschwindet. Der Chromophor läßt sich aus saurer Lsg. in $CHCl_3$ nur unvollständig extrahieren, der durch Abbau von 2-Desoxy-D-Ribose erhaltene dagegen ist vollständig extrahierbar. Die Abhängigkeit der Extinktion von der Konz. der Substanz, der Säurekonz. sowie von Zeit u. Temp. wurden untersucht. Bei dem Chromophor handelt es sich um 5-Hydroxymethylfurfurol, wie dünnschichtchromatograph. gezeigt werden konnte.
Fr. Voigt G 3400

1717 **Dünnschichtchromatographische Trennung und Bestimmung von Uronsäuren und Uronsäurelactonen.** W. Ernst. (Analytica chim. Acta [Amsterdam] **40** (1968) 1, 161–66; Inst. für Meeresforsch., Bremerhaven; dt.) — Die Trennung von Uronsäuren in Ggw. von Monosacchariden wird durchgeführt auf 0,25 mm dicken phosphatgepufferten Kieselgur G-Schichten. Als Laufmittel wird ein Gemisch aus Aceton/Butanol/0,1 m Na·H_2PO_4-Lsg. (40 : 25 : 35, v/v) verwendet. Mit diesem Laufmittel lassen sich bei Kammersättigung trennen *Galakturonsäure*, *Guluronsäure* (**I**), *Glucuronsäure* (**II**) u. *Mannuronsäure* (**III**). Die untere Nachw.-Grenze liegt bei **0,5** μg. Eine einwandfreie Trennung der 4 Uronsäuren ist bis zu 5 μg je Säure möglich. Mit demselben Laufmittel lassen sich auch die Lactone von **I**, **II** u. **III** trennen. Die Kohlenhydratkomponenten liegen oberhalb der Uronsäureflecken u. stören nicht $\leq$ 100 μg. Zur Entw. der Chromatogramme wird eine Lsg. von 0,5 g Naphthoresorcin in 100 ml A. u. 10 ml 85%ig. H_3PO_4 angewendet. Zur Best. wird der auf der Trennschicht erzeugte Farbkomplex mit Essigester extrahiert u. die Extinktion bei **565** nm gemessen.
K. Henning G 3400

1718 **Trennung der Desoxyribonucleotide von Ribonucleotiden durch Papierchromatographie.** Bernardo S. Vanderheiden. (Analyt. Biochem. [New York **22** (1968) 2, 231–37; Eastern Pa. Psychiatric Inst., Philadelphia, Pa.; engl.) — Die beschriebene Meth. erlaubt, Ribonucleotide der Basen Adenin, Cytosin, Guanin, Uracil, Hypoxanthin u. Xanthin sowie Desoxyribonucleotide der Basen Adenin, Cytosin, Guanin, Uracil u. Thymin in Form der 5′-Mono-, Di- u. Triphosphate auf Papier zu trennen u. so bes. bei kleinen Nucleotidmengen Reinheitstests durchzuführen.
H. Wolf G 3450

1719 **Chromatographie von Blatt-Chloroplastpigmenten auf Ionenaustauschpapieren.** Joseph Sherma und Harold H. Strain. (Analytica chim. Acta [Amsterdam] **40** (1968) 1, 155–59; Lafayette Coll., Easton, Pa.; engl.) — Zur chromatograph. Trennung von Blatt-Carotinoiden sind einige Ionenaustauscherpapiere den reinen Cellulosepapieren überlegen. Für die grünen Blattextrakte bieten die Ionenaustauschpapiere keinen Vorteil. Ionenaustauschersäulen trennen die Chloroplastpigmente nicht. Auf dem Ionenaustauschpapier gibt es kein Gelbpigment zusätzlich zum Neoxanthin, Violaxanthin, Lutein u. Carotin.
K. Henning G 3550

1720 **Untersuchungen über Terpene.** 2. Mitt. **Charakterisierung von Monoterpenestern durch Gas- und Dünnschichtchromatographie.** R. Ter Heide. (Z. analyt. Chem. **236** (1968), 215–27; N.V., Chem. Fabriek „Naarden", Naarden, Niederlande; engl.) — 1. vgl. C. **1963**, **11380**. — 50 Ester von Monoterpenalkoholen, hauptsächlich Acetate, werden gaschromatograph. auf Apiezon L u. Carbowax 20 M sowie dünnschichtchromatograph. auf $AgNO_3$-haltigen Silicagelschichten untersucht. Die Zusammenhänge zwischen den Retentionsindices, ΔI-Werten, R_F-Werten u. der Struktur der Ester werden diskutiert.
H.-D. Schenke G 3600

1721 **Dochtchromatographie zur schnellen und zuverlässigen Immunountersuchung von Insulin, Glucagon und Wachstumshormon.** Hans Ørskov, Hans Grønlund Thomsen und Hans Yde. (Nature London] **219** (1968) 5150, 193–95; Second Univ. Clinic of Internal Med., Kommunehospitalet, Århus C, Denmark; engl.) — Beschreibung eines Chromatoimmunounters.-Verf. mit dünnen, vertikalen u. trocknen Papierdochten, mit dem genaue Messungen von Insulin, Glucagon u. des Wachstumshormons in einer einfachen App. durchgeführt werden können. Die Wanderung ist schnell; freie u. an Antikörper gebundene radioakt. Hormone sind an entgegengesetzten Enden der Papierstreifen lokalisiert u. können besser getrennt werden als durch horizontale Chromatographie auf feuchtem oder trockenem Papier.
U. Drehmann G 3750

1722 **Wechselbeziehungen zwischen Ascorbinsäure und Cellulose bei papierchromatographischen Bestimmungen.** M. Zobel und Chr. Prahl. (Z. Lebensmittel-Unters. u. Forsch. **134** (1967) 4, 232–39; Inst. für Ernährung, Dt. Akad. der Wiss. zu Berlin, Potsdam-Rehbrücke; dt.) — Cellulose (**I**) wird in Ggw. von Ascorbinsäure (**II**) oxidativ abgebaut. Der Abbau kann bei **I** : **II**-Verhältnissen von 1 : 10 u. 1 : 100 an Hand einer Abnahme der spezif. Viskosität des in Schweizers Reagenz gelösten **I** zeitlich verfolgt werden. Durch Oxalsäure u. EDTA wird der Abbau unterbunden. Cu^{2+}-Lsg. hat bei Ggw. von **II** keinen Einfl. auf den **I**-Abbau; dagegen bewirkt H_2O_2 einen **I**-Abbau, wobei ein gleichzeitiger **II**-Zusatz ohne Einfl. war. Vf. nehmen an, daß **I** nicht direkt von **II**, aber unmittelbar von H_2O_2 angegriffen wird, das bei der kupferkatalysierten **II**-Ox. als Zwischenprod. auftritt. Bei einer ausreichend wirksamen Inhibierung der Kupferkatalyse, wie sie durch Verw. von Oxalsäure gegeben ist, tritt kein meßbarer **II**-Verlust durch Wechselwrkg. mit **I** während der papierchromatograph. Best. ein. I. Klee G 3850

1723 **Quantitative Bestimmung der Bestandteile von Neomycin durch Papierchromatographie.** Mrinal K. Majumdar und Saroj K. Majumdar. (Analytic. Chem. **39** (1967) 2, 215—17; Dep. of Food Technol. and Biochem. Engng., Jadavpur Univ., Calcutta; engl.) — Durch Adsorption [ca. 4 mg Neomycin (**A**)] an Amberlite IRC-50 (NH_4^+-Form), Elution mit 1 n NH_3-Lsg., Aufbringen der Lsg. (4—12 μg **A**) auf Whatman-Papier Nr. 4, Überführung mit CH_3OH/Acetanhydrid/CCl_4 in 12 Std. in die N-Acetylderiv., einstd. Lufttrocknung des Papiers, 24 bis 36std. Entw. bei 28° im Syst. n-Butanol/W./Piperidin (84 : 16 : 2), Trocknen, 1—2std. Stehen des Chromatogramms in W.-gesätt. Atmosphäre bei 37°, 20 Min. langes Stehen in einem Cl_2/CCl_4-Reagenz im Dunkeln zur Bldg. der N-Chlorderiv., Trocknen bei 4—6° u. Sichtbarmachen mit Stärke/J_2/Py.-Reagenz werden die **A** in Neomycin A, B u. C getrennt. Die quant. Best. erfolgt durch $^1/_2$std. Extraktion der parallelgelaufenen Acetylderiv. mit Stärke/J_2/HCl-Reagenz in W. u. Ermittlung der Extinktion bei 570 nm. Die Nachw.-Grenze liegt bei 1 μg, der Fehler bei ± 7%. K. Stühmer G 3900

1724 **Diagonale Papierelektrophorese-Technik zur Untersuchung der Aminosäuresequenzen in der Umgebung der Cystein- und Cystin-Reste von Proteinen.** R. N. Perham. (Biochem. J. **105** (1967) 3, 1203—07; Dep. of Biochem., Univ. of Cambridge; engl.) — Um die Aminosäuresequenzen in der Nähe von Cys (**I**) oder CysCys (**II**)-Resten von Proteinen zu bestimmen, schlägt Vf. vor, **I** u. **II** in die S-Aminoäthyl-Deriv. zu überführen u. anschließend die Aminogruppen der Proteine mit S-Äthyltrifluorthioacetat zu trifluoracetylieren. Das durch enzymat. Abbau mittels Subtilisin erhaltene Peptidgemisch wird anschließend in die Mitte eines Bogens Whatman-Papier 3MM aufgetragen u. bei 60 V/cm, pH 6,5 zweidimensional elektrophoret. aufgetrennt. Nach dem 1. Lauf wird der getrocknete Bogen in eine NH_3-Atmosphäre gehängt. Dabei werden die Trifluoracetylgruppen der Lys u. S-Aminomethyl-**I** enthaltenen Peptide abgespalten u. die Peptide erhalten dadurch eine erhöhte elektrophoret. Beweglichkeit in Richtung Kathode. Nach dem 2. Lauf, der senkrecht zum 1. Lauf durchgeführt wird, findet man alle Peptide bis auf die oben erwähnten diagonal aufgetrennt. Vf. bestimmten nach dieser Meth. die Aminosäuresequenzen des Rinder-Insulins. Möglichkeiten zur besseren Unterscheidung der Lys- u. S-Aminoäthyl-I-Peptide werden diskutiert. P. Ziska G 4080

1725 **Direkte spektrophotometrische Bestimmung von Phenylthiohydantoin-Derivaten der Aminosäuren von Silicageldünnschichten.** Gerald F. Smith und Marvin Murray. (Analyt. Biochem. [New York] **23** (1968) 2, 183—95; Dep. of Chem., Univ., Louisville, Ky.; engl.) — Vf. bestimmten die Phenylthiohydantoinderiv. von Glu, Gly, Tyr u. Ala als Endaminosäuren von Human- u. Rinderfibrinogen u. -fibrin. 10^{-8} Mol dieser Verb., entsprechend $3 \cdot 10^{-3}$ g Fibrinogen (Molgew.: 330000) bzw. $5 \cdot 10^{-5}$ g Insulin konnten nachgewiesen werden. E. Haase-Sajak G 4080

1726 **Bestimmung von chromatographisch getrennten Nucleotiden durch Reflexionsspektroskopie.** Van T. Lieu, Michael M. Frodyma, Lois S. Higashi und Lenora H. Kunimoto. (Analyt. Biochem. [New York] **19** (1967) 3, 454—60; Dep. of Chem., Univ. of Hawaii, Honolulu; engl.) — Zur Trennung der Nucleotide *3'-, 2'-AMP, 3'-, 2'-GMP, 3'-, 2'-UMP, 3'-, 2'-CMP* u. *5'-ADP* wurden diese auf Cellulose-Dünnschichten mit gesätt. $(NH_4)_2SO_4$-Lsg./1 m Na-Acetat-Lsg./Isopropanol (80 : 18 : 2) chromatographiert. Dabei konnten die Isomeren von CMP u. UMP nicht getrennt werden. Zur Sichtbarmachung wurden die getrockneten Platten im UV-Licht (254 nm) betrachtet. Die einzelnen Nucleotide ließen sich als helle oder dunkelblaue Flecke erkennen. Zur quant. Best. wurden diese Flecke abgekratzt u. Proben von 60 $\pm$ 0,2 mg homogenisiert. Die Reflexion wird in einer entsprechenden Meßzelle mit dem Beckman-Spektrophotometer DU gemessen. Wird die am Absorptionsmax. für die jeweilige Verb. gemessene prozentuale Reflexion gegen den Logarithmus der Konz. aufgetragen, so erhält man annähernd eine Gerade, mit deren Hilfe die Best. mit einer Genauigkeit von 2—6% möglich ist. Die Identifizierung der einzelnen Nucleotide kann an Hand der Reflexionsspektren in Verbindung mit den R_F-Werten erfolgen. P. Ziska G 4090

1727 **Ionenaustauschdünnschichtchromatographie von Desoxyribonucleotiden.** Paulette Derumez und Gerard Biserte. (J. Chromatogr. [Amsterdam] **31** (1967) 2, 598—601; Fac. de Méd. et de Pharm., Lille; franz.) — Unter Verw. von Polyäthylenimin-Dünnschichtplatten u. HCOOH/0,5m $HCOONH_4$-Lsg. (pH 4,5) als Laufmittel gelang die Trennung einer Reihe von Nucleotiden. Die Trennung wird wesentlich verbessert, wenn nach einer ersten Entw. von 2 Std. eine Zwischentrocknung erfolgt u. die Entw. dann in derselben Richtung weitere 2 Std. fortgesetzt wird. Folgende Verb. wurden untersucht (R_F-Werte nach der 1. u. der 2. Entw.): Desoxythymidin 1,85; 1,57, Desoxycytidin 1,74; 1,55, Desoxyadenosin 1,23; 1,26, Desoxyguanosin 1,22; 1,25, Desoxythymidylsäure 1; 1, Desoxycytidylsäure 0,91; 0,89, Desoxyadenylsäure 0,59; 0,59 u. Desoxyguanylsäure 0,35; 0,40. Die Lokalisierung der Flecke erfolgte auf Grund ihrer Fluoreszenz im UV-Bereich. J. Pickardt G 4090

1728 **Trennung von Mono-, Di- und Triphosphatnucleosiden mit Hilfe der Dünnschichtchromatographie auf Silicagel.** P. Remy, G. Dirheimer und J. P. Ebel. (J. Chromatogr. [Amsterdam] **31** (1967) 2, 609—12; Fac. des Sci., Strasbourg; franz.) — Dünnschichtchromatographie auf fluoreszierendem Silicagel unter Verw. von CH_3OH/W./NH_3-Lsg. von 22° Be (60 : 20 : 10) gelang die Trennung folgender Verb. (R_F): Adenin 0,84, Adenosin 0,78, -2'(3')-monophosphat 0,84, -3'.5'-monophosphat (cycl.) 0,87, -5'-monophosphat 0,70, -5'-diphosphat 0,60, -5'-triphosphat 0,34, -5'-phosphohypophosphat 0,11, Guanosin-2'(3)-monophosphat 0,80, -5'-monophosphat 0,70, -5'-diphosphat 0,54, -5'-triphosphat 0,28, -5'-phosphohypophosphat 0,09, Cytidin 0,68, -2'(3')-monophosphat 0,86, -5'-monophosphat 0,72, -5'-diphosphat 0,66, -5'-triphosphat 0,33, Uridin 0,83, -5'-monophosphat 0,74, -2'(3)-monophosphat 0,86, -5'-diphosphat 0,61 u. -5'-triphosphat 0,45. J. Pickardt G 4090

1729 **Zonen-Sedimentationsanalyse von RNS im Winkelrotor.** R. Brentani, M. Brentani und I. Raw. (Analyt. Biochem. [New York] **20** (1967) 2, 361—63; Univ. of São Paulo, Fac. of Med., Dep. of Physiol. Chem.; engl.) — Vf. trennten Ribosomen-RNS innerhalb von 90 Min. mit Hilfe eines Saccharose-Dichtegradienten (5—20%) in einem Winkelrotor (Spinco Model L50) bei 10000 U/min auf. Das Arbeiten mit dem Winkelrotor bietet den Vorteil der größeren Kapazität u. der geringeren Vers.-Dauer. P. Ziska G 4090

G-4. Analyse biologischer Materialien, forensische Analyse

1730 **Quantitative Analyse von Sulfolipid (Sulfochinovosyldiglycerid) und Galaktolipiden (Monogalaktosyl- und Digalaktosyldiglyceriden) in pflanzlichen Geweben.** P. G. Roughan und R. D. Batt. (Analytic. Biochem. [New York] **22** (1968) 1, 74—88; Dep. of Biochem. and Chem., Massey Univ. Palmerston North, New Zealand; engl.) — Die beschriebene Meth. basiert auf der Isolierung reiner Glycolipide aus dem entsprechenden Pflanzenextrakt. Die Trennung gelingt durch Kombination einer Säulenchromatographie an DEAE-Cellulose u. Dünnschichtchromatographie auf Silicagel G, H, HR. Die Zuckerkomponenten können nach der dünnschichtchromatograph. Trennung direkt auf dem Adsorbens mit Phenol/H_2SO_4 oder nach Deacylierung der Lipide in 2n H_2SO_4 u. Rk. des Hydrolysats mit Phenol/H_2SO_4 bestimmt werden. Die Meth. ergibt auch bei sehr geringen Mengen gut reproduzierbare Ergebnisse. H. Wolf 5206

1731 **Dünnschichtchromatographische Methode zur Trennung und Identifizierung von Phorbin- und Piscidinsäure.** Anne Krogh. (Acta chem. scand. 21 (1967) 5, 1372—74; Inst. of Pharm., Dep. of Pharmacogn., Univ., Oslo; engl.) — Nach Isolierung von Piscidinsäure (I; p-Hydroxybenzylweinsäure) u. Phorbinsäure (II; teilweise als Monolacton) aus *Euphorbia resinifera* Berg, *Euphorbium* bzw. *Agave americana* L. durch A.- u./oder W.-Extraktion u. Säulenchromatographie erfolgt die Trennung der Aceton-Lsg. dünnschichtchromatograph. an Cellulose im Syst. Pentanol-(1) HCOOH (98%ig.)/W. (50 : 50 : 2,5) oder Butanol/Essigsäure (99%ig.)/W. (60 : 15 : 25). Der Nachw. von I geschieht durch Besprühen mit Schnellblau B-Lsg. u. danach mit 0,1 n NaOH-Lsg. (gelbbraune Flecken). Im nichtwss. Syst. wird II als Dilacton nach $^1/_2$std. Erhitzen auf 100° durch Besprühen mit methanol. NH_2OH-Lsg., 10 Min. langes Trocknen bei Raumtemp. u. Besprühen mit 1%ig. $FeCl_3$-Lsg. in 10%ig. HCl (rosafarbene Flecken) nachgewiesen. In wss. Syst. treten daneben II u. dessen Monolacton auf. K. Stühmer 5206

1732 **Bemerkung zu Aflatoxin M_1. Kristallographische Daten aus optischen und Röntgenuntersuchungen.** Francis T. Jones und Kay S. Lee. (J. Assoc. off. analyt. Chemists 51 (1968) 3, 610; Albany, Calif., Western Region. Res. Labor.; engl.) E. Boye 5206

1733 **Bestimmung von Thorium und Uran in biologischem Material.** M. Picer und P. Strohal. (Analytica chim. Acta [Amsterdam] 40 (1968) 1, 131—36; Yugoslaw Acad. of Sci. and Arts Zagreb; engl.) — Nach der nassen Veraschung werden die trockenen Rückstände aktiviert, nach der Aktivierung in 6n HNO_3 gelöst, die β-Zerfallsprod. von Th u. U abgetrennt u. gemessen. Zur Best. der Pa- u. Np-Aktivitäten werden die bekannten radiochem. Trennungsverf. in mofidizierter Form angewendet. Für die einzelnen Materialien sind die Anlaysenwerte mitgeteilt. K. Henning 5208

1734 **Gaschromatographische Bestimmungen der Fettsäuren von C-2 bis C-24 in biologischem Material.** H.-P. Sallmann und K.-H. Niesar. (Z. Tierphysiol., Tierernähr., Futtermittelkunde 23 (1967) 1, 6—17; Inst. für Physiol. Chem., Tierärztl. Hochschule, Hannover; dt.) — Vf. beschreiben eine gaschromatograph. Meth. zur Best. des Prozentanteils aller Fettsäuren des Spektrums eines tier. Lipides von C-2 bis C-24 einschließlich der polyungesätt. Anteile. I. Klee 5208

1735 **Bestimmung von Tryptophan mit dem Technicon Auto-Analyzer.** J. R. E. Wells. (Analyt. Biochem. [New York] 19 (1967) 3, 448—53; Dep. of Biochem., Univ. of Adelaide, Adelaide, South Australia; engl.) — Zur Best. von Tryptophan (I) in alkal. oder enzymat. Proteinhydrolysaten bzw. als freie Aminosäure (AS) in biolog. Extrakten eignet sich das Technicon-20-Std.-System. Um eine einwandfreie Trennung des I von Lysin u. Histidin zu erreichen, muß der im Technicon-AutoAnalyzer-Manual beschriebene Puffer vom pH 5,0 mit 53 g NaCl/l versetzt werden. Durch die Erhöhung der Salzkonz. wird die Analysendauer um ca. 2 Std. verringert. Während sich die Eluationsvol. der AS in der 1. Hälfte des Chromatogramms nicht ändern, bewirkt die erhöhte NaCl-Konz. eine etwas geringere Auflösung der AS am Ende des Chromatogrammes. P. Ziska 5208

1736 **Stabilisierung von Chromatographieplatten bei der Dünnschichtchromatographie von Lipiden.** I. Micev, J. Slavčeva und A. Popov. (Doklady bolgarskoj Akad. Nauk 20 (1967) 7, 693—95; franz.) — Die „Stabilisierung" von Silicagel-Dünnschichtplatten mit Antioxydantien (z. B. Äthyl-, Propyl-, Octyl-, Laurylgallat, Hydrochinon, α-Naphthol usw.) wird beschrieben. Derartige Platten wurden zur Dünnschichtchromatographie O_2-empfindlicher Lipide unter Verw. von Heptan/Bzl.-Gemischen zur Entw. benutzt. Die besten Ergebnisse wurden mit Gallussäureestern erzielt; Entw. u. Sichtbarmachen der Flecken werden nicht beeinflußt. J. Pickardt 5208

1737 **Erfahrungen mit einem neuen Teststreifen zur Blutzuckerbestimmung.** H. H. Hoffmann, H. Liebermeister, H. Schmitt, G. Grüneklee und H. Daweke. (Klin. Wschr. 46 (1968) 11, 618—19; 2. Med. Klinik u. Poliklinik der Univ., Düsseldorf; dt.) — Beim Vgl. der orientierenden Glucose-Best.-Ergebnisse, die mit dem Teststreifen „Hämo-Glucotest" (Boehringer, Mannheim) erhalten werden, mit denen der Meth. nach Hoffmann im AutoAnalyzer, ergaben sich Abweichungen, die geringer sind, als mit dem Verf. nach Crecelius-Seifert erhaltene. 80% der ermittelten Werte weichen weniger als ± 20 mg-% von den Vgl.-Werten ab. J. Winter 5212

1738 **Neue, für Hämostasieexperimente geeignete Mikromethode zur Bestimmung von Adeninnucleotiden in Blutextrakten.** Catherine M. Chang, Shirley A. Johnson, John R. Vercellotti und Joseph J. Barboriak. (Analyt. Biochem. [New York] 23 (1968) 1, 35—43; George Washington Univ., Washington, D.C.; engl.) — Es wird eine dünnschichtchromatograph. Meth. beschrieben, die eine Trennung u. Best. von ATP u. ADP in Gesamtblutextrakten ermöglicht. Als stationäre Verteilungsphase wird mikrokrist. Cellulose (Avicel) verwendet u. zur selektiven Auftrennung der intakten Nucleotide Py./Äthylacetat/W./CH_3COOH (5 : 5 : 4 : 1 v/v). Zur Entfernung restlicher, bei der UV-spektrophotometr. Best. störender Lsgm.-Anteile wird die Cellulose mit den isolierten Nucleotiden nach Ablösen von den Glasplatten mit CH_2Cl_2 extrahiert. Die quant. Entfernung der Nucleotide aus der Cellulose erfolgt durch Behandeln mit warmem Phosphatpuffer. H. Reinert 5212

1739 **Instrumentelle und radiochemische Neutronenaktivierungsanalyse proteingebundener Spurenmetalle in Humanserum.** K. Fritze und R. Robertson. (J. radioanalyt. Chem. [Budapest] 1 (1968) 6, 403—13, Dep. of Chem., McMaster Univ., Ontario, Kanada; engl.) — Nach Gelfiltration werden instrumentell bestimmt Cu, Fe, Zn (bereits früher bekannt) u. Al (300 ppb) sowie Mn(0,4 ppb). Nach radiochem. Trennung wurden gefunden (in ppb): As 3, Ag 3, Au 0,003, Cr 1, Sb 1. Als obere Nachw.-Grenzen werden für die hier nicht nachgewiesenen Metalle angegeben (in ppb): Co 0,1 Cd 2, Mo 2, Sn 1. W. Dedek 5214

1740 **Halbautomatische Bestimmung von Triglyceriden im Serum durch Fluorimetrie (nach Kessler und Lederer). Vergleich mit der manuellen Methode von Van Handel und Zilversmit.** J.-R. Claude und F. Corre. (Ann. Biol. clin. 26 (1968) 3—4, 451—64; Paris, Labor. du Centre d'Examens Complementaires de l'Hyg. Sociale; franz.) — Nach einer Vorreinigung mit Zeolith werden die Triglyceride mit KOH in Isopropanol verseift. Das Glycerin ox. man mit Metaperjodat u. setzt den entstehenden Formaldehyd mit Acetylaceton u. NH_3 zu 3.5-Diacetyl-1.4-dihydrolutidin um. Dessen Fluoreszenz (Anregung bei 405, Messung mit dem Wratten-Filter Nr. 8) wird im automat. Verf. zur Best. benutzt. H. Rüssel 5214

1741 **Präzisierung der Kreatininbestimmung. Vergleich verschiedener Bestimmungsverfahren.** K. Bayermann, W. Gerok und U. Groth. (Klin. Wschr. 45 (1967) 18, 950—53; Inst. für anorg. Chem. u. Kernchem., Johannes-Gutenberg-Univ., Mainz; dt.) — Vf. vergleichen die Fullererde-Meth. (A), das Tetraphenylborat-Verf. (B) u. die Jaffe-Rk. (C) zur Best. von Kreatinin (I) im Serum u. stellen fest, daß die Meth. A u. B übereinstimmende Werte liefern, während Meth. C ohne vorherige Abtrennung von I bei der Serumanalyse Nierengesunder um ca. 0,15 mg/100 ml zu hohe Werte liefert, die durch die Nichtkreatininchromogene bedingt sind. Wegen großer Unterschiede der Konz. dieser Stoffe kann kein Korrekturfaktor angegeben werden, so daß Meth. C nur die Bedeutung einer Nachw.-Rk. hat. I. Klee 5214

1742 **Mikrobestimmung von Vitamin A im Blutserum und Leberpunktaten mit $FeCl_3$ in Acetylchlorid.** Jürgen Tiews und Christiane Zentz. (Int. Z. Vitaminforsch. [Bern] 37 (1967) 3, 307—14; Inst. für Tierphysiol., Univ., München; dt.) — Vf. berichten über eine Meth., bei der Vitamin A (I) nach alkal. Hydrolyse einer Serum- bzw. Lebergewebeprobe mit PAe. extrahiert wird. Die Trennung von I u. β-Carotin (II) erfolgt säulenchromatograph. an Al_2O_3. II wird mit PAe., I mit Ae. eluiert. I reagiert mit $FeCl_3$/Acetylchlorid unter Bldg. eines blauen Komplexes. Die Extinktion der Lsg. wird bei 610 nm ermittelt. I. Klee 5214

1743 **Einfache Schnellmethode zur Reninbestimmung im Kaninchenplasma.** J. W. Ryan, J. K. McKenzie und M. R. Lee. (Biochem. J. **108** (1968) 4, 679—85; Oxford, Radcliff Infirmary, Dep. of the Regius Professor of Med.; engl.) — Um die Aktivität anderer Enzyme zu hemmen, setzt man dem Vers.-Ansatz EDTA, 2.3-Dimercaptopropanol-(1), Chlorhexidingluconat u. Sojabohnentrypsinhemmer zu. Als Substrat dient 5-Isoleucinangiotensin I. Das bei pH 6 u. 42° entstehende *Angiotensin I* (I) wird durch Extraktion mit n-Butanol gereinigt u. durch Erhöhung des arteriellen Blutdrucks bei mit Pentolinium vorbehandelten, narkotisierten Ratten bestimmt. Die Rk. der I-Bldg. ist 1. Ordnung, die Reninkonz. wird berechnet. H. Rüssel 5214

1744 **Eigenschaften des Reninsubstrates in Kaninchenplasma und seine Bestimmung.** J. W. Ryan und J. K. McKenzie. (Biochem. J. **108** (1968) 4, 687—92; engl.) — Vgl. vorst. Referat. — Das Reninsubstrat erscheint bei Gelfiltration gemeinsam mit Albumin. Bei bekannter Reninkonz. läßt sich das Substrat durch die Konz. des gebildeten *Angiotensin I* bestimmen. Die Rk. wird durch größere Heparinkonz. gehemmt. H. Rüssel 5214

1745 **Harnanalyse mit Mehrfachteststreifen.** F. C. K. George und Valerie Thomas. (Lab. Pract. **17** (1968) 1, 46—53; Neath, Group Pathol. Labor., Dep. of Bacteriol.; engl.) — Die Verw. der Teststreifen Hämocombistix (**HCS**) u. Labstix (**LS**) wurde mit den konventionellen Meth. zur Harnunters. bei 1400 Proben verglichen. Mit **HCS** kann gleichzeitig in 4 Feldern qual. auf Blut durch o-Tolidin (I) u. ein organ. Peroxid, auf Eiweiß durch auf pH 3 gepuffertes Tetrabromphenolblau, auf Glucose (II) durch II-Oxydase, Peroxydase, I u. einen Farbstoff geprüft sowie der pH-Wert bestimmt werden. **LS** zeigt zusätzlich Ketoverb. durch gepuffertes Nitroprussid-Na u. Glykokoll an. Der Zeitaufwand beträgt ca. 20% bei Verw. von **HCS** u. nur 10% bei Verw. von **LS** im Vgl. zu den konventionellen Tests. Das Infektionsrisiko ist gegenüber diesen erheblich verringert. F. Bister 5224

1746 **Bestimmung von Lysin, Arginin, Histidin und Tyrosin in biologischen Flüssigkeiten.** Joel Hutzler, Michel Odievre und Joseph Dancis. (Analyt. Biochem. [New York] **19** (1967) 3, 529—41; New York, N.Y., Univ. School of Med., Dep. of Pediatrics; engl.) — Zur Best. von Lysin (I) im Blut, Plasma oder Harn werden die Probelsg. mit $ZnSO_4$ oder durch Ultrafiltration vom Protein befreit. Das Filtrat wird danach mit I-Decarboxylase inkubiert u. das entstandene Cadaverin mit 1-Fluor-2.4-dinitrobenzol (DNFB) umgesetzt. Die Lsg. wird mit $CHCl_3$ extrahiert u. bei 400 nm photometr. bestimmt. Vf. berichten auch über die Arbeitsbedingungen (Pufferzus., Rk.-Zeit u. -Temp., Extraktionsmittel) für die Analyse von Arginin, Histidin, Tyrosin u. Ornithin. Die beschriebene Meth. ist 100mal empfindlicher als entsprechende manometr. Verf. u. kann auch zur Best. anderer Aminosäuren Verw. finden, wenn folgende Bedingungen erfüllt werden: 1. Es muß eine für die jeweils zu bestimmende Aminosäure spezif. Decarboxylase zur Verfügung stehen. 2. Das entstehende Amin muß nach der Rk. mit DNFB sich selektiv von den anderen mit DNFB umgesetzten Verb. extrahieren lassen. P. Ziska 5224

1747 **Automatisierung der Eisenbestimmung im Harn.** M. Nyssen und J. Dorche. (Ann. Biol. clin. **25** (1967) 1—2, 137—47; Hôp. de la Croix-Rousse, Lyon; franz.) — Vf. wenden die automat. Fe-Best. im Serum mit dem Technicon-Autoanalysator auf die Fe-Best. im Harn an. Nach Homogenisierung u. Zentrifugierung werden 1,2 ml des klaren Überstandes von 24-Std.-Harn mit 1 n HCl- u. 1%ig. Ascorbinsäure-Lsg. angesäuert u. der doppelten Dialyse gegen 0,55 m $NaCH_3COO$-Lsg. unterworfen. Nach Zugabe von 0,02%ig. Di-Na-Bathophenanthrolindisulfonsäure-Lsg. wird bei 534 nm gemessen. Bei Dialyse in saurer Lsg. stören die Komplexbildner EDTA u. Desferrioxamin nicht. A. Méthou 5224

1748 **Trennung von Imidazolen beim Histidinbeladungstest.** Edna Neufeld und R. Chayen. (J. Chromatogr. [Amsterdam] **35** (1968) 3, 445—47; Ichilov Hospital, Tel-Aviv; engl.) — Nach oraler Applikation von His (I) treten im Harn Imidazolyl (II)-acrylsäure oder/u. Formiminoglutaminsäure als I-Stoffwechselprod. auf, sofern ein Mangel an Folsäure oder Vitamin B_{12} im Körper vorliegt. Da in Schwangerschaftsfällen durch Änderung der Nierenfunktion ebenfalls größere Mengen an I im Harn auftreten können, benötigt man zur Auswertung des I-Belastungstestes eine chromatograph. Meth., die eine Trennung der I-Metaboliten in Ggw. größerer Mengen I erlaubt. Durch Dünnschichtchromatographie an Celluloseschichten mit dem Fließmittelgemisch Isopropanol/HCOOH/W. (40 : 2 : 10) lassen sich I, II-*carbonsäure*, II-*milchsäure*, II-*essigsäure*, II-*propionsäure* u. II-*acrylsäure* einwandfrei voneinander trennen. Über die Unters. von Human- u. Rattenharn nach oraler I-Applikation wird berichtet. P. Ziska 5224

1749 **pH-Einfluß auf die Aggregation von argininreichen Histonen durch Stärkegelelektrophorese.** E. W. Johns. (J. Chromatogr. [Amsterdam] **33** (1968) 3—4, 563—65; Chester Beatty Res. Inst., Inst. of Cancer Res., Roy. Cancer Hospital, London; engl.) — Die durch A./HCl-Extraktion aus Kalbsthymus gewonnene u. durch Dialyse gegen A. gereinigte Histonfraktion F3 wurde im Hinblick auf ihre pH-Empfindlicheikt durch Stärkegelelektrophorese (**EP**) untersucht. Während die **EP** bei pH 2,3 durchgeführt wurde, sind die Proteinproben zuvor in 0,01 n HCl gelöst (pH 2) u. mit 0,1 n NaOH-Lsg. auf pH-Werte von 3—7 eingestellt u. nach 30 Min. Rk.-Zeit elektrophoret. aufgetrennt worden. Mit steigendem pH nehmen Anzahl u. Intensität der Banden in der Nähe des Startes zu. Beate Johannsen 5228

1750 **Messung von Adenosin-3'.5'-monophosphat.** G. L. Pauk und W. J. Reddy. (Analyt. Biochem. [New York] **21** (1967) 2, 298—307; Baker Res. Labor. of Diabetes Foundat., New England Deaconess Hospital, Boston, Mass.; engl.) — Es wird eine Doppelisotopenverdünnungsmethode beschrieben. Durch Säulen- u. Papierchromatographie wird das Nucleotid aus Geweben u. Harn isoliert u. mit ^3H-markiertem Essigsäureanhydrid über eine Acetylimidazolzwischenverb. zu Adenosin-3'.5'-monophosphat-2'-acetat verestert. Die Spezifizität des Verf. konnte durch wiederholte Chromatographie von Proben u. Standards mit Aufrechterhaltung der spezif. Aktivität u. durch Vgl. mit anderen Verf. (Einzelisotopverdünnungsanalyse) bewiesen werden. Der Variationskoeff. des Verf. beträgt 7,5% bei Messungen von $3 \cdot 10^{-9}$ Molen Adenosin-3'.5'-monophosphat aus Leber. Die Empfindlichkeit der Meth. beträgt $5 \cdot 10^{-10}$ Mole. Werte für verschiedene Rattengewebe werden mitgeteilt. U. Drehmann 5230

1751 **Bestimmung von Sedativa und Psychopharmaka in der toxikologischen Analyse.** R. B. Hermans und P. E. Kamp. (Pharmac. Weekbl. **102** (1967) 44, 1123—41; Apotheek Wilhelmina Gasthuis, Amsterdam; niederl.) — Für Diazepam empfiehlt sich, ein Teil des Harns 2 Std. lang mit β-Glucuronidase zu behandeln u. danach auszuschütteln. Sonst werden die Arzneimittel aus dem Harn, evtl. auch dem Mageninhalt, sauer u. alkal. mit Ae., schließlich bei pH 8—9 mit $CHCl_3$ ausgeschüttelt u. auf 3 Platten aufgetragen, die jeweils mit dem Laufmittel $CHCl_3$/Ae. (3 : 1), Äthylacetat/n-Hexan/12%ig. NH_3-Lsg. (60 : 27 : 25) u. Bzl. entwickelt werden. Zum Sichtbarmachen sind 10 verschiedene Sprühreagenzien angegeben. Die R_F-Werte von Barbitalen, Hydantoinen, organ. Br-Verb., Glutäthimid, Meprobamat, Phenazonderiv., Benzophenonderiv. u. ihren Abbauprod. werden angegeben. Eine Analyse dauert $2^1/_2$ Stunden. W. Huhn 5234

1752 **Bemerkung zur Entfernung von Pigmenten mit Kupfercarbonat aus Chloroformextrakten von Aflatoxin-Kulturen.** H. G. Wiseman, W. C. Jacobson und W. C. Harmeyer. (J. Assoc. off. analyt. Chemists **50** (1967) 4, 982—83; Washington, D. C., Food and Drug Adm., Bur. of Veter. Med.; engl.) — Der $CHCl_3$-Extrakt der Aflatoxine (A), der 1% A. enthält, wird kurz u. kräftig mit unlösl. bas. Cu-Carbonat geschüttelt, wobei die bei weiteren Vers. störenden Pigmente adsorbiert oder komplex gebunden werden. Die aus dem Cu-Carbonat eluierten Pigmente ergaben nach chromatograph. Auswertung mindestens 6 gelbe Substanzen. E. Boye 5234

G–5. Analyse technischer Produkte

1753 **Fernbedienungsanlage zur Analyse von Spaltproduktlösungen.** H. H. Ph. Moeken, R. Sitte, W. Heinz und H. Keese. (J. radioanalyt. Chem. [Budapest] 1 (1968) 2, 113–22; Eurochem., Mol, Belgien; engl.) — Kurze Beschreibung der Laboranlage zur Analyse hochakt. Kernspaltprodukte. γ-Strahlende Isotope u. Pu werden in Pb-abgeschirmten, belüfteten Boxen bearbeitet. Die fernbedienten Anlagen zur Aliquot-Pipettierung, D.-Messung, potentiometr. Titration, Extraktion, Verdünnung u. Photometrie werden erläutert. D. Dedek 5241

1754 **Bestimmung von radioaktivem Kobalt in Reaktorkühlwasser durch Lösungsmittelextraktion.** Kenji Motojima, Shoji Bando und Nori Tamura. (Talanta [London] **14** (1967) 10, 1179–83; Tokaimura, Ibaraki-ken, Japan, Japan Atomic Energy Res. Inst.; engl.) — Vf. beschreiben die Extraktion von Co-Diäthyldithiocarbamat mit Bzl. bei pH 5,0–5,5. Die ebenfalls extrahierten Nuklide wie ^{54}Mn, ^{56}Mn, ^{64}Cu u. ^{59}Fe können durch Waschen des Extrakts mit $HgCl_2$-Lsg. leicht entfernt werden. Die ^{60}Co- u. ^{58}Co-Aktivitäten werden durch γ-Zählung gemessen. Die Trennung dauert 15 Min., die Ausb. beträgt durchschnittlich 99,5%. Es wurde eine relative Standardabweichung von 1,4% aus 25 Vers. ermittelt. H. Glaser 5241

1755 **Radiometrische Bestimmung von Chlor und Sauerstoff in Wasser.** C. Beaudet und J. Rygaert. (J. radioanalyt. Chem. [Budapest] 1 (1968) 2, 153–161; SERAI, Brüssel; engl.) — Es werden 2 tragbare Geräte zur Best. von Cl^- u. O_2 beschrieben. Durch Fällung einer Standardlsg. von ^{110m}Ag wird aus der Aktivitätsabnahme der Cl^--Geh. u. durch Auflsg. von metall. ^{204}Tl aus der Aktivität des Eluats der O_2-Geh. ermittelt. 10–500 ppm Cl^- u. 0,1–10 ppm O_2 konnten aus Eichkurven einwandfrei bestimmt werden. W. Dedek 5242

1756 **Methode zur aufeinanderfolgenden Bestimmung verschiedener Fall-out-Nuklide im Wasser.** F. M. Bathie und B. A. Burden. (Analyst **93** (1968) 1102, 1–12; Ministry of Technol., Labor. of the Gov. Chemist, Cornwall House, London; engl.) — Ausführliche Beschreibung eines Analysengangs zur Abtrennung der Fall-out-Nuklide des Ru, Mo, Te, Sb u. Sn nacheinander aus derselben W.-Probe von 10 l, die mit Trägersubstanzen versetzt ist. Ru wird mit NaOCl zu RuO_4^- (möglicherweise auch RuO_4^{2-}) ox., mit A. zu Ru(IV) red. u. durch Kochen als flockiges Oxidhydrat gefällt. Zur Abtrennung von mitgerissenem Te, Sb, Sn u. unlösl. Verunreinigungen des W. wird mit Na_2CO_3/Na_2O_2-Schmelze aufgeschlossen u. ein längerer mehrstufiger Trenngang nachgeschaltet. Aus den gesammelten Filtraten wird Mo im wesentlichen mit Benzoin-α-oxim abgetrennt u. nach verschiedenen Reinigungsoperationen mit 8-Hydroxychinolin gefällt. Te wird mit Hydrazin u. SO_2 abgetrennt. Sn u. Sb werden als Sulfide gefällt, Sb durch Extraktion mit 2-Äthylhexan-1-ol u. PAe. abgetrennt, von Sn gereinigt u. mit 8-Hydroxychinolin gefällt. Das Sn wird durch Extraktion mit MIBK gereinigt, mit Cupferron gefällt u. in Sn(IV)-Oxid übergeführt. Erfassungsgrenzen in pCi pro l: 0,08 für ^{103}Ru, 0,02 für ^{106}Ru, 0,06 für ^{99}Mo, 0,02 für ^{129}Te, 0,05 für ^{125m}Te, 0,06 für ^{125}Sb u. 0,02 für ^{123}Sn. Die Leistungsfähigkeit der Meth. wird an Hand von Regenwasseranalysen nach Kernwaffentests sowie mit der Spaltprod.-Verteilung einer im Kernreaktor bestrahlten U-Probe nachgewiesen. K. R. Fröhner 5242

1757 **Versuche über die Anwendung der spektrographischen Bestimmung kleiner Berylliumgehalte in Wasser und biologischen Substraten.** N. N. Petrova. (Gig. i San. **32** (1967) 3, 97–99; Swerdlowsk, naučno-issl. inst. gigieny truda i profpatologij; russ.) — Die Proben bzw. der W.-Rückstand werden im Muffelofen bei 400 bis 600° verascht, u. nach Mischen mit Graphit (1 : 1) wird der Be-Geh., im vertikalen Kohlebogen angeregt (photograph. Registrierung), bei 3248,6 Å bestimmt. Die Empfindlichkeit beträgt 1–5 · 10^{-5}, bei einem relativen Fehler von ca. 6%. Be-Geh. von 0,00005–0,0001 mg/kg in Aschen innerer Organe von Vers.-Tieren wurden gefunden. Herbert Hoffmann 5242

1758 **Automatische Methode zur Bestimmung von Magnesium in Wasser und Abwasser.** Preston W. Kelley und Frederic D. Fuller. (J. Amer. Water Works Assoc. **59** (1967) 6, 745–51; Great Lakes-Illinois River Basius Project, Chicago; engl.) — Die Meth. beruht auf der photometr. Messung einer Komplexverb. von $Mg(OH)_2$ u. „Magnesium-Blau" (5-{-[2.6-Dioxo-4-hydroxy-1.2.3.6-tetrahydropyrimidyl-(5)]-pentadien-(2.4)-yliden-(1)}-barbitursäure) bei 655 nm. Die Verw. dieses Reagenzes gestattet die Ggw. höherer Konz. an störenden Ionen als bisher bekannte Methoden. Es wird eine Formel zur Berechnung der Konz. an störenden Ionen angegeben. Der meßbare Konz.-Bereich reicht von 0,25 mg Mg/l bis 14 mg Mg/l. Im Bereich von 9–20 mg Mg/l liegt die Genauigkeit bei 1,5 mg Mg/l. Die automat. App. gestattet, 20 Proben/Std. zu analysieren. W. Isterheld 5242

1759 **Nachweis chlorierter Lösungsmittel im Abwasserschlamm.** H. A. C. Montgomery und M. Conlon. (Water Pollut. Control **66** (1967) 2, 190–92; Water Pollution Res. Labor., Stevenage, Herts.; engl.) — Es werden 2 Meth. beschrieben. Die Isolation der Lsgm. aus den Proben erfolgt mittels W.-Dampfdestillation. 1. Meth.: Die in n-Hexan oder Cyclohexan gelösten Lsgm. werden mit Na nach Stephanow red. u. das freigesetzte Cl^- titrimetr. bestimmt. Die Nachw.-Grenze liegt bei 0,1 mg Cl/l Schlamm. 2. Meth.: Nach Aufnahme der Lsgm. in Ae. oder Cyclohexan u. Reinigung über Na_2SO_4 werden sie gaschromatograph. bestimmt. Es wurden folgende Lsgm. untersucht: *CCl_4, Trichloräthylen, 1.1.1-Trichloräthan, 1.1.2-Trichlor-1.2.2-Trifluoräthan, Perchloräthylen, Dichlormethan* u. *$CHCl_3$*. W. Isterheld 5242

1760 **SO_2-Bestimmung auf der Grundlage der Pararosanilinmethode bei Temperaturen unter 0°.** Johannes Huhn, Julius Wagner und Reinhard Fahnert. (Chem. Techn. **19** (1967) 9, 564; VEB Farbenfabrik Wolfen, Arbeitsschutzlabor.; dt.) — An Stelle einer Heizvorr. werden zur Füllung der Aspiratorflaschen bei Temp. unter 0° Glycerin- oder Diglykol-Lsg. empfohlen u. Eichwerte der Absorptionslsg. mit 50% Glyceringeh. mitgeteilt. W. Luchsinger 5242

1761 **Einfache Meßanordnung zur Registrierung von Kohlenwasserstoffen.** Fritz Baum, Inge Reichardt und Wolfgang Steinbach. (Staub – Reinhalt. Luft **27** (1967) 6, 269–71; Stuttgart, Inst. für Techn. Phys. der Fraunhofer Ges. e.V.; dt.) — Vf. beschreiben die gaschromatograph. KW-Stoff-Best. in Abgasen u. der freien Atmosphäre mit einem FID. Die Meßanordnung für die kontinuierliche Analysendurchführung u. ein Eichverf. werden erläutert. I. Lindenhahn 5242

1762 **Bestimmung von Polyäthylenpoly- und primären Alkylaminen in Luft.** G. S. Saljamon. (Gig. i San. **32** (1967) 3, 64–69; Leningrad; russ.) — Die Amine werden mit 0,005 n H_2SO_4 gebunden u. in Ggw. von Pufferlsg. pH 8,7 für Polyäthylenpolyamin (I) u. 9,2 für prim. Amine mit p-Nitranilin umgesetzt u. die Extinktion bei 508 nm im Photokolorimeter FEK-N-57 in 20- bzw. 30-mm-Küvetten gemessen. Nach der beschriebenen Meth. können bis zu 1 μg/l I bzw. Äthylendi- sowie Diäthylentri- u. Triäthylentetramin in 5–20 l Luft bzw. Aerosol bestimmt werden. Herbert Hoffmann 5242

1763 **Analyse von Verunreinigungen auf geläppten und geätzten Siliciumscheiben mit der Mikrosonde.** J. Hesse. (Mikrochim. Acta [Wien] **1967,** Suppl. II, 263–78; AEG-Forsch.-Inst., Frankfurt/M.; dt.) — Mikrosonden-Unters. der Verunreinigungen (Teilchengröße: einige μm) auf geläppten u. geätzten Si-Scheiben zeigen, daß ein Teil der Verunreinigungen aus Läppulverresten u. Abrieb der Läppunterlage besteht. Die Zahl der Verunreinigungsteilchen wird durch intensive Ultraschallreinigung

nach dem Läppen weitgehend, durch nachträgliches Ätzen aber nur wenig vermindert. Eine weitere Verschmutzungsquelle ist der Luftstaub. Die Teilchen weisen viel metall. Anteile, bes. Fe, auf. Das Glühen derart verschmutzter Proben im H_2-Strom führt bei hinreichend hoher Temp. zu einer Rk. von Fe mit Si.
W. Wesly 5243

1764 **Bestimmung von Zink und Magnesium in Gläsern nach der Methode der Atomabsorption.** E. M. Sedych und N. P. Ivanov. (Zav. Labor. **34** (1968) 6, 691—92; russ.) — Die Atomabsorptionsbest. von Zn u. Mg erfolgt unter Verw. der Linien 2139 (Zn) u. 2852 Å (Mg). Die Best. von Zn wird durch Pb, Ba u. Ca u. die Mg-Best. durch Al u. Ti nicht gestört. Ein Vgl. mit der Emissionsspektroskopie u. chem. Meth. zeigt gute Übereinstimmung. Der relative Fehler liegt bei 1,5 %, es können ca. 5 Proben/Tag analysiert werden.
Herbert Hoffmann 5244

1765 **Zersetzungspotentiale von Gefügebestandteilen in Stählen.** H. Sundermann. (Mikrochim. Acta [Wien] **1967,** Suppl. II, 30—33; Kernforsch.-Zentrum, Karlsruhe; dt.) — Die bei der elektrochem. Freilegung von Gefügebestandteilen von Stählen möglichen Störrk. werden erörtert. Für die elektrochem. Zers.-Rk. werden aus thermodynam. Werten die zugehörigen Gleichgew.-Potentiale berechnet. W. Wesly 5245

1766 **Koerzitivkraft als Hilfsmittel zur Kennzeichnung metallkundlicher Vorgänge in ferritischen Stählen.** F. Hofer. (Mikrochim. Acta [Wien] **1967,** Suppl. II, 44—62; Forsch.-Labor. der Uddeholms AB, Hagfors, Schweden; dt.) — Die Magnetisierungskurve ferromagnet. Metalle wird unter bes. Berücksichtigung der Koerzitivkraft (A) erörtert. Ein Gerät zur raschen u. genauen Messung von A u. seine Einsatzmöglichkeiten zur Aufklärung von metallkundlichen Vorgängen in ferrit. Stählen werden beschrieben. Die erzielten Ergebnisse stimmen gut mit den Werten anderer Unters.-Verf. überein. Die ermittelten A-Werte weisen mehr oder weniger quant. Zusammenhänge mit den Theorien der A-Spannungs- bzw. Fremdkörpertheorie auf. W. Wesly 5245

1767 **Möglichkeit der chemischen Isolierung von Carbiden.** Helmut Keller und Karl-Heinz Sauer. (Mikrochim. Acta [Wien] **1967,** Suppl. II, 25—29; MPI für Eisenforsch., Düsseldorf; dt.) — Unters. der Späne von C-, Mn-, Ti-, V- ,Cr-, W- u. Mo-Stählen zeigen, daß durch Lösen der Probe in (mit Trockeneis) gekühlten, halbkonz. HNO_3-Lsg. viele körnige u. lamellare Carbide auch bei $< 1\ \mu m^2$ Größe quant. freigelegt werden. Die mit dem näher beschriebenen Verf. erhaltenen Ergebnisse weisen im allg. die gleiche Genauigkeit wie die der elektrolyt. Isolierung auf (Zahlentafel). W. Wesly 5245

1768 **Zusammensetzung und Mengenanteile verschiedener Carbidtypen in Schnellarbeitsstählen.** W. Peter und E. Kohlhaas. (Mikrochim. Acta [Wien] **1967,** Suppl. II, 235—48; Vers.-Anst. der Röchlingschen Eisen- u. Stahlwerke G. m. b. H., Völklingen (Saar); dt.) — In zahlreichen, gehärteten Schnellarbeitsstählen wird mit der Mikrosonde die chem. Zus. der Matrix, der M_6C- u. der VC-Carbide ermittelt (Zahlentafeln). Ein Vgl. der Werte mit denen der elektrolyt. Isolierung ergibt einige beträchtliche Abweichungen, die auf im Isolat enthaltene, nicht vollständig zu lösende WO_3-Verb. zurückgeführt werden. W. Wesly 5245

1769 **Photometrische Bor-Bestimmung in rostfreien und Kohlenstoffstählen.** D. Bell und K. McArthur. (Analyst **93** (1968) 1106, 298—305; Glengarnock Steel Works, Glengarnock, Ayrshire; engl.) — 1-Hydroxy-4-toluidinoanthrachinon (I) reagiert mit B bereits in 75 %ig., optimal 83—84 %ig. H_2SO_4 unter Bldg. einer blauen Verbindung. Die Färbung ist nach 5 Min. für mehrere Std. beständig. Nd. von Sulfaten, die in 84 %ig. H_2SO_4 unlösl. sind, werden vor Zugabe von I durch Dekantieren u. schwaches Erwärmen der Lsg. beseitigt. Bei der Analyse stark Ni- u. Cr-haltiger Stähle ist Filtration nötig. Bei 1,5 g Einwaage sind $\leq$ 0,004 % B mit einer Reproduzierbarkeit von 0,0002 % abs. bestimmbar. Nitrate u. andere Ox.-Mittel sowie $>$ 1 % Ti stören, Fe(III) stört stark u. muß red. werden. G. Wünsch 5245

1770 **Verteilung der Seltenen Erden im Stahlgefüge bei Anwendung von Cer-Mischmetall.** S. Eckhard und K.-H. Sauer. (Mikrochim. Acta [Wien] **1967,** Suppl. II, 34—43; Metallurg. Abt. Ruhrort der August-Thyssen-Hütte Akt.-Ges., Duisburg; dt.) — Mehrere im Tamman-Ofen erschmolzene u. mit Ce-Mischmetall beruhigte Stahleinschlüsse werden auf ihre Oxideinschlüsse u. die Verteilung der Seltenen Erden (SE) (Ce, La, Nd, Pr) untersucht. Im Gegensatz zu den Feststellungen anderer Autoren werden Ce u. andere SE in den Einschlüssen nachgewiesen u. bestimmt. Die Verteilung der SE in den isolierten Oxideinschlüssen entspricht nicht der des verwendeten Ce-Mischmetalls; eine Systematik der Abweichungen ist nicht erkennbar. W. Wesly 5245

1771 **Direkte, spektrophotometrische Bestimmung von Vanadin in Stählen.** R. Rosotte. (Chim. analytique **49** (1967) 10, 512—14; IRSID, Saint-Germain-en-Laye; franz.) — Das näher beschriebene Verf. beruht darauf, daß 3.3′-Dimethylnaphthidin von V(V) zu einer gefärbten Verb. ox. wird, deren Absorptionsmax. bei 550 nm (Extinktionskoeff. ca. 18500) ohne vorherige Abtrennung von Fe bestimmt wird (Beleganalysen).
W. Wesly 5245

1772 **Spektralphotometrische Bestimmung von Niob in Stählen mit 4-(2-Pyridylazo)-resorcin.** P. Pakalns. (Analytica chim. Acta [Amsterdam] **41** (1968) 2, 283—92; Australian Atomic Energy Comm. Res. Establ., Lucas Heights, N.S.W.; engl.) — Nach dem Lösen in $HCl/HNO_3/HF$ wird mit $HClO_4$ u. HF behandelt. Anschließend wird mit Weinsäurelsg., Na_2SO_3, Ascorbinsäure u. $AlCl_3$ versetzt u. nach Zugabe von 4-(2-Pyridylazo)-resorcin bei 536 nm die Extinktion (ε = 14400) gemessen. Die Meth. eignet sich für den Bereich von 0—100 μg Nb. Das Beersche Gesetz ist erfüllt im Bereich von 0 bis 2 μg Nb/ml. Die relative Standardabweichung beträgt $\pm$ 0,6 %. Ta u. größere Mengen Cu stören.
K. Henning 5245

1773 **Einfluß von Struktur und Oberflächen auf die Röntgenfluoreszenz-Analyse von Stählen mit 13 % Chrom und überhöhtem Kohlenstoffgehalt.** P. Guiraldenq und M. Sabot. (Chim. analytique **49** (1967) 12, 633—48; Co. des Ateliers et Forges de la Loire; franz.) — Unters. über die Röntgenfluoreszenz-Best. von Cr in Stählen mit durchschnittlich 2 % C u. 14 % Cr in gegossenem, angelassenem bzw. gehärtetem Zustand zeigen, daß die Härte der Proben bez. der Qualität der Polierung eine wichtige Rolle spielt. Oberflächenkratzer können zur Steigerung der Impulszahlen für die Fluoreszenzstrahlung führen, die von Cr emittiert wird. Daher können beträchtliche Fehler verursacht werden, wenn die zu untersuchende Probe nicht dieselbe Struktur wie die Standardprobe aufweist. Nur durch sorgfältiges u. langes Polieren werden systemat. Fehler bei der Cr-Best. vermieden. Die gemachten Feststellungen gelten auch für manche rostfreie Stähle. W. Wesly 5245

1774 **Spektrophotometrische Bestimmung von Zinn in Metallen und Legierungen.** C. L. Luke. (Analytica chim. Acta [Amsterdam] **39** (1967) 3, 404—06; Bell Telephone Labor., Inc., Murray Hill, N.J.; engl.) — Nach Lösen des Metalls in HCl/HNO_3 (4 : 1), Extraktion des Sn als Jodokomplex mit Bzl. u. Zerstörung der organ. Substanz mit 70 %ig. $HClO_4$ nach Eindampfen wird Sn mit Phenylfluoron nach Luke [ibid. **37** (1967) 97] bestimmt. Es wurden Proben mit 0,004—0,018 % Sn analysiert.
F. Glombitza 5245

1775 **Bestimmung von Sauerstoff in Zirkonium, Molybdän, Hafnium und Wolfram durch Bestrahlung mit Heliumionen der Masse 3 und 4.** Gilles Revel und Philippe Albert. (C. R. hebd. Séances Acad. Sci., Sér. C **265** (1967) 25, 1443—46; CNRS, Vitry-sur-Seine, Val-de-Marne; franz.) — O kann in Konz. bis $0{,}01 \cdot 10^{-6}$ mit Hilfe der Rk. ${}^{16}_{8}O({}^{3}_{2}He, p){}^{18}_{9}F^*$ u. ${}^{16}_{8}O({}^{3}_{2}He, n){}^{18}_{10}Ne^* \rightarrow {}^{18}_{9}F^*$ bestimmt werden. Bei Verw. von He-Ionen mit Energien $<$ 11 MeV können Störungen durch andere Verunreinigungen nicht auftreten. Die Bestrahlung mit α-Teilchen $>$ 20 MeV ergibt ebenfalls ${}^{18}_{9}F$, jedoch stören hier andere leichte Elemente. C kann ebenfalls durch die Rk. ${}^{12}_{6}C(He, \alpha){}^{11}_{6}C^*$ nachgewiesen werden.
J. Pickardt 5245

1776 **Chromatographische Analyse von Isoprensyntheseprodukten.** V. I. Chejfec, V. P. Babuch und G. K. Oparina. (Zav. Labor. **34** (1968) 5, 529–31; Vses. naučno-issl. i projektnyj inst. monomerov; russ.) — Die Trennung erfolgte im Chromatographen LCHM-7a in einer Säule (1 m × 4 mm) an 12% Polypropylenglykoladipinat auf Celit 545 mit 60 ml He/Min. u. Temp. von 160–200° (programmiert 10°/Min.) für die hochsd. u. in einer 2m-Säule mit 20% Polyäthylenglykolglutarat auf Celit 545 mit 80 ml He/Min. u. 90° für die niedrigsd. Prod.; in beiden Fällen mit einer Wärmeleitzelle. Folgende Verb. W., 4-Methyl-4-hydroxytetrahydropyran, 3-Methylbutandiol-(1.3); Butandiol-(1.4); 5-(2-Hydroxyisopropyl)-dioxan-(1.3); 4-Methyl-4-hydroxyäthyldioxan-(1.3); 4.4-Dimethyl-5-hydroxymethyldioxan-(1.3) u. 3-Methylpentantriol-(1.3.5) sowie Trimethylcarbinol, n-Dioxan, 4.4-Dimethyldioxan-(1.3); 3-Methylbuten-(3)-ol-(1), 3-Methylbuten-(2)-ol-(1) u. Cyclohexan werden mit einem Fehler von 2–4% relativ getrennt.
Herbert Hoffmann 5246

1777 **Ultraviolettspektrophotometrische Bestimmung von Mischungen von n-Hexylsalicylat und Salicylsäure in Propylenglykol.** M. D. Bitron und Y. Suzin. (Analytica chim. Acta [Amsterdam] **38** (1967) 4, 507–16; Dep. of Phys. Chem., Israel Inst. for biol. Res., Ness Ziona; engl.) — Vf. beschreiben eine Meth. zur Simultanbest. von n-Hexylsalicylat u. Salicylsäure (0,35 μg/ml) in Propylenglykol, das als Absorptionsmittel bei der Analyse von Luftproben dient. Die Messung erfolgt nach Zugabe von KOH-Lsg. bei 305 bzw. 335 nm.
D. Meyer 5246

1778 **Gaschromatographische Bestimmung von Formaldehyd durch Sucroseoktaacetat/Columpak T.** R. S. Mann und K. W. Hahn. (Analytic. Chem. **39** (1967) 11, 1314–15; Ottawa, Univ., Dep. of Chem. Engng.; engl.) — Zur Trennung des HCHO von Methanol u. W. wurde eine gaschromatograph. Säule mit 15% Sucroseoktaacetat (**I**) auf Columpak T (**II**) verwendet, die in ihrer Wirksamkeit mit Säulen aus 10% Ethofat 60/25 auf **II**, 28% PEGA auf Celite u. mit Porapak N verglichen wurde. **I** ergab die niedrigste theoret. Bodenzahl (135 bei 93° u. 92 bei 97°) u. die größte Empfindlichkeit (0,0020 u. 0,0009 mg) HCHO bei 93° bzw. 97°. Fr. Voigt 5246

1779 **Bestimmung von Pyrit-Schwefel in Kohle. BCR-Veraschungsmethode.** R. K. Young und E. A. Zawadzki. (Fuel **46** (1967) 2, 151–53; Coal Res. Inc., Monroeville, Pa.; engl.) — 1 g Kohle wird verascht, die Asche wird in einen Extraktionskolben übergeführt, mit 12–15 ml konz. HCl-Lsg. versetzt u. 1 Std. lang unter Rückfluß extrahiert. Nach Verdünnen auf 150 ml u. Erwärmen auf 80° wird Fe volumetr. mit $Cr_2O_7^{2-}$-Lsg. bestimmt. Die Fe-Menge ist dem Pyrit-Fe äquivalent. Der Geh. an Pyrit-S wird durch Multiplikation des Wertes für Pyrit-Fe mit 1,1483 erhalten. F. Glombitza 5247

1780 **Wäßriges Zinkchlorid als stationäre Phase für die Verteilungschromatographie organischer Sulfide.** Wilson L. Orr. (Analytic. Chem. **39** (1967) 10, 1163–64; Dallas, Tex., Mobil Oil Corp.; engl.) — Wss. 66,6%ig. $ZnCl_2$-Lsg. eignet sich als stationäre Phase zur Abtrennung der niederen organ. Sulfide aus Erdölfraktionen. Verteilungkonst. u. Retentionsvol. sind angegeben für Dimethyl-, Diäthyl-, Dipropyl- u. Di-tert.-butylsulfid sowie für Thiacyclopentan (**I**), -hexan (**II**), 3-Methyl-**II**, 2.2-Dimethyl-**II** u. 2.2.5.5-Tetramethyl-**I**. Fr. Voigt 5247

1781 **Entwicklung eines Verfahrens zur Analyse von Treibstoff-Enteisungsmitteln durch Gaschromatographie.** Maurice E. Le Pera. (J. Gas Chromatogr. **6** (1968) 6, 335–39; US Army Coating and Chem. Labor., Aberdeen Proving Ground, Md.; engl.) — Vf. analysiert kommerzielle Enteisungsmittel unter Einsatz temperaturprogrammierter GC (130–230°, 10°/Min.) an Säulen (6 ft. × $^1/_4$ in.) mit Porapak Q (50/80 mesh) u. mit isothermer Arbeitsweise bei 35° an Säulen (8 ft. × $^1/_4$ in.) mit 10 Gew.-% Carbowax 1500 auf Chromosorb P (60/80 mesh, säuregewaschen). Zur Best. wird n-Propanol als innerer Standard verwendet. Zus., spezif. Gew., pH-Wert, W.-Löslichkeit von 17 kommerziellen Enteisungsmitteln werden angegeben. C.-E. Döring 5247

1782 **Bestimmung von Metallen in Polymeren durch Röntgenfluoreszenz.** W. S. Cook, C. O. Jones und A. G. Altenau. (Canad. Spectroscopy **13** (1968) 3, 64–71; Firestone Tire & Rubber Co., Akron, O.; engl.) — Proben von Polybutadien, Polyisopren u. Polyester werden verascht, die Rückstände in HNO_3 gelöst u. Cr, Mn, Fe, Co, Ni, Cu u. Zn ($\geqq$ 5–10 ppm) durch Röntgenfluoreszenz unter Verw. von Eichkurven bestimmt.
H.-D. Schenke 5250

1783 **Gaschromatographische Analyse von Cyanessig- u. α-Cyanacrylsäureestern sowie Cyanacrylatpolymeren.** D. G. Val'kovskij, V. I. Robas, S. V. Rogožin, A. M. Poljakova, V. V. Koršak, K. A. Mager und V. N. Semjancev. (Zav. Labor. **34** (1968) 5, 528–29; AN SSSR, inst. elementorg. sojedinenij; russ.) — Nach der Hydrolyse (1 g wird mit 5 ml 30%ig. KOH 6 Std. auf 100° erhitzt) werden die Hydrolyseprod. an 20% Polyäthylenglykoladipinat oder Polyäthylenglykol auf Diatomeenerde (⌀ 25–3 mm) mit He, H_2 oder N_2 als Trägergas u. einem FID analysiert. Die relativen Retentionsvol. für n-Heptan, Methanol, A., Propanol, Butanol u. Heptanol, Bzl., Aceton, Dioxan u. CH_2O_2 werden mitgeteilt. Herbert Hoffmann 5250

1784 **Analyse von Propylenoxid/Äthylenoxid-Blockmischpolymerisaten mittels Infrarotspektroskopie.** G. Weis. (Fette, Seifen, Anstrichmittel **70** (1968) 5, 355 bis 359; Sunlicht GmbH, Mannheim-Rheinau; dt.) — Beim Vgl. der „Infrared Fundamental Method" (**A**), „Infrared Overtone Method" (**B**) u. der chem. Meth. nach Kotzschmar (C. **1963**, 19032) (**C**) bei der IR-Analyse der im Titel genannten Polymerisate erwies sich **A** als die am besten geeignete Methode. Nach **A** bzw. **B** werden mit Hilfe der Grundlinien-Meth. aus dem Extinktionsverhältnis der CH_3-Bande (7,25 μ) u. $-CH_2O$-Bande (7,41 μ) bzw. der entsprechenden Oberschwingungen bei 1,176 u. 1,209 μ der Propylenoxidanteil u. damit die Zus. des Copolymerisates bestimmt. **C** ergibt bei Propylenoxidanteilen über 20% zu hohe Werte. Die Molgew.-Best. mit Hilfe der Extinktionsmessung der OH-Bande (2,8 μ) gibt mit der Acylierungsmeth. übereinstimmende Werte bis zu einem Molgew. von 3000. Polymerisate mit Molgew. oberhalb 3000 müssen vorher durch Säulenchromatographie gereinigt werden.
M. Meyer zur Heyde 5250

1785 **Messung der Schwankungen der Faserzusammensetzung bei Mischfasern durch Neutronenaktivierungsanalyse.** A. A. Armstrong jun., J. F. Bogdan und A. J. Chudgar. (J. radioanalyt. Chem. [Budapest] **1** (1968) 6, 415–25; Dep. of Chem. Engng., Univ. of N.Mex., Albuquerque; engl.) — Mit Hilfe der neutronenaktivierungsanalyt. Best. von ^{122}Sb können Schwankungen in der Zus. von Polyester/Baumwoll-Mischfasern festgestellt werden, was mit Hilfe anderer Verf. bisher nicht möglich war. W. Dedek 5251

1786 **Trägerdampfdestillation zur Vorreinigung bei der Bestimmung von Organophosphor- und Chlorkohlenwasserstoffpestiziden.** Randall R. Watts und Robert W. Storherr. (J. Assoc. off. analyt. Chemists **50** (1967) 3, 581–85; Washington, D.C. Div. of Food Chem., Food and Drug Admin.; engl.) — Nach Extraktion u. Koagulation von Milchproben mit Äthylacetat u. Methanol wird ein Anteil des Extraktes konz. u. der Trägerdampfdest. (im N_2-Strom, nach einem neuen Verf. der Vf.) unterworfen. Nach der so erzielten Entfernung des Fettes werden die Pestizide durch Gaschromatographie mit Thermoionendetektor bestimmt. *Diazinon, Methylparathion, Ronnel, Ethion, Imidan, Guthion* sowie die chlorierten KW-Stoff-Pestizide *Lindan, Heptachlor, Aldrin, Heptachlorepoxid, Dieldrin, Endrin* u. *p.p'-DDT* konnten nach Anreicherung in der Probe mit ca. 90% Ausb. bestimmt werden. Die Empfindlichkeit bei einigen Organophosphaten lag um 0,01 ppm.
L. Kramar 5253

1787 **Kernmagnetische Resonanzuntersuchungen von Phosphor(V)-Pestiziden. 1. Mitt. Identifizierung von Pestiziden mittels chemischer Verschiebungen von Protonen.** Harry Babad und Washington Herbert. (Analytica chim. Acta [Amsterdam] **41** (1968) 2, 259–68; Dep. of Chem., Univ. of Denver, Denver, Colo.; engl.) — 2. vgl.

C. 1969, 13-1926. — Von 40 kommerziellen Phosphor(V)-Pestiziden werden die Zusammenhänge der chem. Verschiebung beschrieben, die durch ihre Struktur u. durch Protonen hervorgerufen wird. Die Beziehungen zwischen der Struktur u. der Phosphorkopplungskonst. werden diskutiert u. es wird eine allg. Entw. bei Verw. der NMR als Hilfsmittel zur Identifizierung u. Analyse von Phosphor (V)-Verb. aufgezeigt. K. Henning 5253

1788 **Analyse von Dursban in Viehbädern und -sprays.** Fred P. Czech. (J. Assoc. off. analyt. Chemists **50** (1967) 4, 861—68; Beltsville, Md., Dep. of Agric., Res. Serv., Animal Health Div.; engl.) — Die Best. von Dursban (O.O-Diäthyl-O-3.5.6-trichlor-2-pyridylthiophosphorsäure) in emulgierbaren Konzentraten, in Bädern, in Sprays, in Haar- u. Hautextrakten erfolgt am raschesten, einfachsten u. frei von Fehlerquellen durch IR-Spektrophotometrie. Diese Meth. ist spezifischer als die UV-Meth. oder die Best. mit Biphenyl-Na. E. Boye 5253

1789 **Rückstandsbestimmung von Pflanzenschutzmitteln. Verfahren zur Anreicherung und Bestimmung von 9-Hydroxyfluorencarbonsäure-(9)-n-butylester in Getreidestroh.** K. Fickentscher und E. Jackwerth. (Z. analyt. Chem. **227** (1967) 1, 23—30; Darmstadt, Landskronstr. 17; dt.) — Der $CHCl_3$-Extrakt aus Roggenstroh wird durch Schichtchromatographie an Kieselgel PF_{254} mit $CHCl_3$ vorgereinigt, der 9-Hydroxyfluorencarbonsäure-(9)-n-butylester mit methanol. KOH-Lsg. zur Carbonsäure verseift, mit CrO_3/Eisessig zum Fluorenon ox. u. dieses mit p-Nitrophenylhydrazin kondensiert. Das Fluorenon-p-nitrophenylhydrazon wird an Kieselgel PF_{254} mit Bzl./PAe. (Kp. 40—60°)/THF (88 : 10 : 2) entwickelt, mit methanol. KOH-Lsg. eluiert u. bei 597 nm photometr. bestimmt. Die Nachw.-Grenze liegt bei 0,12 ppm. L. Kramar 5253

1790 **Wirksamkeit der Extraktion des stoffwechselinkorporierten HEOD (C-14) aus Gewebe, Eiern und Fäzes von Fasanen.** Yvonne Greichus, Donald Lamb und Clifford Garrett. (Analyst **93** (1968) 1106, 323—25; Brookings, S.Dak., S.Dak. Univ., Exp. Stat. Biochem. Dep.; engl.) — Die Auftrennung mit Acetonitril u. die Behandlung mit einer Florisil-Säule wurden überprüft auf ihren Nutzen bez. der Extraktion u. Reinigung von ^{14}C-HEOD (1.2.3.4.10.10-Hexachlor-6.7-epoxy-1.4.-4a.5.6.7.8.8a-oktahydro-exo-1.4-endo-5.8-dimethanonaphthalin, I), das in definierter Menge an Fasanhennen verfüttert wurde. Stoffwechselinkorporiertes I wurde nach Säulendurchlauf mittels Szintillationszählung (SZ) zu ca. 90%, zu Vgl.-Proben zugesetztes I ebenfalls zu 90% wiedergefunden. Bei der Verteilungsgaschromatographie lag der Wert geringfügig höher. Die Wiederfindensraten bei der Auftrennung mit Acetonitril lagen ganz ähnlich. Ein Abbau des I trat nicht ein. Die Kontrolle erfolgte durch Radiodünnschichtchromatographie. I. Schegelmilch 5253

1791 **Bestimmung von L-Ascorbin- und D-Isoascorbinsäure.** Cora E. Weeks und Mike J. Deutsch. (J. Assoc. off. analyt. Chemists **50** (1967) 4, 793—98; Food and Drug Adm., Washington, D.C.; engl.) — Die Trennung von L-Ascorbin- u. D-Isoascorbinsäure (Erythrobinsäure) erfolgt papierchromatograph. an mit Kieselsäure imprägniertem Glasfiberpapier mit Methyläthylketon (mit W. gesätt.). Zur Sichtbarmachung dient Molybdatophosphorsäure. Nicht besprühte Chromatogramme werden zerschnitten. Nach Rk. der auf den einzelnen Teilen vorliegenden Verb. mit 2.6-Dichlorphenolindophenollsg. wird fluorimetr. bestimmt. W. Huhn 5255

1792 **Ascorbinsäurebestimmung in Dosenmilch.** O. Pelletier. (J. Assoc. off. analyt. Chemists **50** (1967) 4, 817 bis 820; Food and Drug Direct., Ottawa, Canada; engl.) — Aus der mit Ascorbinsäure (I) angereicherten Milch wird mit Essig-/Metaphosphorsäure der Hauptteil störender, reduzierender Verb. gefällt u. abfiltriert. Die Lsg. wird mit 2.6-Dichlorindophenol auf Hellrot titriert. Der Blindwert wird nach Kondensieren von I mit HCHO ebenfalls titrimetr. ermittelt. Zur Berechnung müssen der durch Säure gefällte, getrocknete Milchteil u. die D. des Filtrats bestimmt werden. Die Abweichung des Verf. liegt bei 3,5%. W. Huhn 5255

1793 **Verteilung der Radioaktivität in Milch nach oraler Anwendung von ^{14}C-Carbaryl.** R. L. Baron, Nancy J. Palmer, R. Ross, J. Doherty und W. C. Jacobson. (J. Assoc. off. analyt. Chemists **51** (1968) 1, 32—34; Washington, D.C., Food and Drug Administrat. Div. of Food Chem., Bur. of Sci.; engl.) — An eine Kuh von 658 kg wurde mit Alfalfagras eine Gelatinekapsel mit 2,004 g Carbaryl (I) mit 3,5 mCi ^{14}C verfüttert. Etwa 1% der angewandten Menge I wurden in der Milch mit einem Max. von 2,6 ppm I nach 9—10 Std., wiedergefunden. Im Milchfett waren maximal 4,1 ppm I vorhanden u. in der Magermilch war I auch durch Dünnschichtchromatographie nicht nachzuweisen. E. Wiehr 5255

1794 **Abtrennverfahren für den Nachweis von Chlorkohlenwasserstoffpestizidrückständen in Milch-, Käse- und Butterfett.** R. P. Moubry, G. R. Myrdal und H. P. Jensen. (J. Assoc. off. analyt. Chemists **50** (1967) 4, 885—88; Food and Drug Administrat., Washington, D.C.; engl.) — Pestizidrückstände werden mit Na-Tetraphosphat/Triton X-100-Detergentiengemisch extrahiert u. an einer Säule mit teilweise desaktiviertem Florisil unter Verw. von Hexan/Ae. als Elutionsmittel von den Begleitstoffen getrennt. Die Identifizierung der Pestizide im Eluat erfolgt durch Gaschromatographie an einer DC-200/QF-1-Säule. J. Pickardt 5255

1795 **Beziehung der Struktur von Fettsäuren zur bevorzugten Reihenfolge der Komplexbildung mit Harnstoff.** John L. Iverson und R. W. Weik. (J. Assoc. off. analyt. Chemists **50** (1967) 5, 1111—18; Washington, Food and Drug Administrat.; engl.) — Das selektive Verh. der Bldg. von Harnstoff (I)-Komplexen mit Methylestern von Fettsäuren(A) wird zur Struktur der A u. zu den Retentionszeiten der Gaschromatographie in Beziehung gebracht. A-Spuren $<$ 0,1% können dabei ermittelt werden. Die Komplexbildungswerte von I sind geeignet, Aussagen über die Reihenfolge der Komplexbldg. mit I bei der Fraktionierung komplex zusammengesetzter Fette u. Öle zu machen. E. Boye 5255

1796 **Polarographische Bestimmung von Hydroperoxiden in Ölen.** A. Niederstebruch und I. Hinsch. (Fette, Seifen, Anstrichmittel **69** (1967) 9, 637—42; Unilever, Hamburg; dt.) — Der Geh. von Hydroperoxiden in Ölen kann durch Gleichstrompolarographie in 0,3m LiCl-Lsg. in Bzl./CH_3OH (1 : 1) unter Zusatz von Äthylcellulose bestimmt werden [$E_{1/2}$ = $-0{,}7$ V (gegen Hg)]. Der Fehler beträgt $\pm$ 3%, bei sehr geringen Geh. ($<$ 10^{-5} Mol pro l) $\pm$ 10%. I. Klee 5255

1797 **Titration von Calcium und Magnesium mit EDTA.** Edward F. Steagall. (J. Assoc. off. analyt. Chemists **50** (1967) 4, 787—89; Food and Drug Adm., Chicago, Ill.; engl.) — Das Verf. von Steagall [ibid. **49** (1966) 287] zur Best. von Ca u. Mg in Pharmazeutika u. Tomatenkonserven wurde durch Ringunters. überprüft. Wichtig ist der Zustand des Ionenaustauscherharzes u. die genaue pH-Einstellung. Dann entsteht keine Trübung, u. der Endpunkt wird klar erkennbar. Die größte Abweichung beträgt $\pm$ 3%. W. Huhn 5255

1798 **EDTA-Titration von Calcium und Magnesium. Bestimmung von Calcium in Gemüsekonserven.** Edward F. Steagall. (J. Assoc. off. analyt. Chemists **51** (1968) 4, 796—99; Food and Drug Adm., Chicago, Ill.; engl.) — Vgl. vorst. Referat. — Für Kartoffeln, Limabohnen u. Tomaten wird Veraschung, Lösen, Reinigung über Anionenaustauscherharz u. Titration mit EDTA empfohlen. W. Huhn 5255

1799 **Papierchromatographische Bestimmung der Flavonoide in Obst.** Katalin Szöke Szotyori und Eva W. Jurics. (Z. Lebensmittel-Unters. u. Forsch. **135** (1967) 4, 192—98; Inst. für Ernährungswiss., Budapest; dt.) — Aus mit Na_2SO_4 getrocknetem Obst wurden die Flavonole mit CH_3OH extrahiert, mit n-Butanol/$CH_3 \cdot COOH$/W. [(7 : 1 : 2) u. danach (4 : 2 : 4)] getrennt u. die Flecke mit 1%ig. wss. Uranylacetat-Lsg. entwickelt. Die Best. erfolgte densitometr. mit einem Fehler von $\pm$ 10%, der bei Quercitin (I) höher ist. In den wesentlichen Obstarten wurden bis 25 mg Rutin/100 g (durchschnittlich 5), im Apfel 23 mg I/100 g, bis 25 mg Quercetin/100 g u.

nur in Pfirsichen u. Erdbeeren um 1 mg Kämpferol/100 g Obst aufgefunden. K. Herrmann 5255

1800 **Bestimmung des Alkoholgehaltes von Getränken durch Phasentitration.** D. B. Walters, I. D. Chawla und D. W. Rogers. (J. agric. Food Chem. **16** (1968) 2, 259–61; Chem. Dep., Long Island Univ., Brooklyn, N.Y.; engl.) — Der A.-Geh. von Getränken ohne CO_2-Geh. kann durch Phasentitration rasch bestimmt werden. Hierzu wird Benzylalkohol (**I**) zugesetzt, bis eine deutliche Trübung auftritt, die durch Abtrennung einer zweiten Phase verursacht wird. Die Menge von **I**, die zum Hervorrufen der Trübung notwendig ist, ist eine Funktion des A.-Geh. der Probe. Die Meth. gibt mit der pyknometr. Meth. vergleichbare Resultate, ist aber wesentlich einfacher und schneller. Das Optimum der Titration liegt bei einem A.-Geh. von 30–50%, so daß die Meth. für Spirituosen gut geeignet ist. Bei der Unters. von Weinen wird deshalb eine bestimmte Menge A. zugesetzt. K. Herrmann 5255

1801 **Cyanwasserstoff in Prunoideensamen und einigen anderen Lebensmitteln.** 1. Mitt. **Bestimmung glucosidisch gebundener Blausäure an bitteren Mandeln.** E. Hanssen und W. Sturm. (Z. Lebensmittel-Unters. u. Forsch. **134** (1967) 2, 69–80; Hannover, Anal. Labor. der H. Bahlsens Keksfabrik KG; dt.) — Nach eingehender Prüfung des Schrifttums (47 Literaturangaben) stellten Vf. fest, daß bei allen Best. von glucosid. gebundenem HCN (**I**) in pflanzlichem Material zu niedrige Werte gefunden wurden, weil Abspaltung u. Dest. von **I** bei zu hohen H^+-Konz. durchgeführt wurden. Einfl. der verschiedenen Faktoren wie Temp., pH, Konz. u. Rk.-Zeit auf die enzymat. Aufspaltung durch β-Glucosidase, auf die Dest. des **I** u. die anschließende Best. wurden geprüft u. die günstigsten Bedingungen angegeben. E. Wiehr 5255

1802 **Ringversuch über die komplexometrische Bestimmung der Bleizahl von Vanilleextrakt.** Arthur R. Johnson. (J. Assoc. of. analyt. Chemists **51** (1968) 4, 822–25; Food and Drug Administrat., Washington, D.C.; engl.) — Mit neutraler 8%ig. Pb-Acetat-Lsg. werden die organ. Säuren von Vanilleextrakten gefällt, abfiltriert, die überschüssigen Pb^{2+} komplexometr. bestimmt (Xylenolorange als Indikator nach Gelb oder Orange) u. die Pb-Zahl nach Wichmann berechnet. W. Huhn 5255

1803 **Bestimmung des Gewichtsverlustes beim Trocknen von gemahlenem Kaffee.** Eleanor A. McCarron. (J. Assoc. off. analyt. Chemists **50** (1967) 4, 835–37; Food and Drug Administrat., Philadelphia, Pa.; engl.) — Folgende Meth. zur Feuchtigkeitsbest. von Kaffeesorten wurden verglichen: Trocknen in Luft bei 105°, im Vakuum bei 80 u. 100° u. eine Toluoldest.-Methode. Die Zeiten bis zur Gew.-Konstanz werden in Abhängigkeit vom Mahlgrad verglichen. J. Pickardt 5255

1804 **Bestimmung von Aflatoxinen in grünem Kaffee.** P. M. Scott. (J. Assoc. off. analyt. Chemists **51** (1968) 3, 609; Ontario, Ottawa, Dep. of Nat. Health and Welfare, Food and Drug Direct.; engl.) — Es wird eine neue Meth. der Kaffeeanalyse dargelegt. Bei Geh. von 12 μg Aflatoxin (I)-B_1/kg u. 20 μg I-G_1/kg waren die Werte der wiedergefundenen Mengen 70–80%. Für die chromatograph. Auswertung des $CHCl_3$-Extraktes der grünen Kaffeebohnen über eine desaktivierte Florisil (**II**)-Säule muß der optimale W.-Geh. in **II** 5% betragen. Die Erfassungsgrenzen liegen bei 2–3 μg I-B_1 oder I-G_1/kg. E. Boye 5255

1805 **Erfahrungen bei der quantitativen Bestimmung von polycyclischen Kohlenwasserstoffen im Tabakrauch.** Rudolf Müller, Walter Moldenhauer und Peter Schlemmer. (Ber. Inst. Tabakforsch. Dresden **14** (1967) 2, 159–73; dt.) — Das Rauchkondensat von 100 Zigaretten wird mit Aceton aus den Kühlfallen gelöst, das Lsgm. unter vermindertem Druck abdest., in Methanol (**I**) aufgenommen, zuerst mit Cyclohexan (**II**)/I 90%ig., dann mit **II**/Nitromethan geschüttelt, weiter auf eine Silicagel- u. anschließend auf eine Al_2O_3-Säule gegeben. Das Benzo-[a]pyren wird aus dem Rückstand der Säulenchromatographie auf eine Platte mit Kieselgel G aufgetragen, mit **II** entwickelt, gelöst u. das UV-Spektrum von 370 bis 400 nm aufgenommen. Ähnlich das nichtcancerogene Pyren bei 320–350 nm. Für 3.4;9.10-Dibenzpyren empfiehlt sich das Verrauchen von 200–300 Zigaretten. Der Rückstand der Säulenchromatographie wird dünnschichtchromatograph. mit **II**/Py. (90 : 10) gereinigt, in Bzl. gelöst, über Al_2O_3 gegeben u. das UV-Spektrum zwischen 280–310 nm aufgenommen. Unter Berücksichtigung der Verluste wurden 2,41 γ Benzo[a]pyren, 18,85 γ Pyren u. 0,81 γ 3.4;9.10-Dibenzpyren je 100 g verrauchten Tabaks gefunden. W. Huhn 5255

1806 **Bestimmung von Nicotin in Tabak und in Rauch mittels Gaschromatographie.** H. Jacin, J. M. Slanski und R. J. Moshy. (Analytica chim. Acta [Amsterdam] **41** (1968) 2, 347–53; Res. Div., Morehead Patterson Center, Amer. Machine and Foundry Co., Stamford, Conn.; engl.) — Zur quant. Best. in Tabak werden 0,3–0,5 g der Probe mit 0,5 g $Ba(OH)_2 \cdot 8\ H_2O$ u. 10 ml gesätt. $Ba(OH)_2$-Lsg. geschüttelt. Anschließend wird mit 50 ml Bzl./$CHCl_3$ (9 : 1) 20 Min. extrahiert u. aliquote Teile der organ. Phase zur Gaschromatographie verwendet. Zur Best. in Rauch wird die Zigarette auf der Rauchmaschine über ein Cambridge-Filter abgeraucht. Anschließend wird das Filter mit Bzl./$CHCl_3$ extrahiert. Chromatographiert wird über eine Kolonne (6 ft. u. $^1/_8$ in.) gefüllt mit Gas Chrom Q (80–100 mesh), beschichtet mit 10% Neopentylglykoladipat bei 168°. Injiziert wird bei 235°. Als Trägergas wird N_2 verwendet. Als Detektor dient ein FID. Getrennt werden *Nicotin*, *Nornikotin* u. *Anabasin*. K. Henning 5255

1807 **Bestimmung von Carotin in Frischfutter und Silagen nach Gefriertrocknung und Mahlen.** J. T. Gillingham. (J. Assoc. off. analyt. Chemists **50** (1967) 4, 828–30; Clemson, S.C., Univ.; engl.) — Der Geh. in verschiedenen Viehfuttersorten wurden nach der AOAC-Meth. 39015(a) u. der Meth. von Bickoff et al. [ibid. **37** (1954) 894] bestimmt. Die durchschnittlichen Abweichungen betrugen bei der 1. Meth. ±14,2 μg/g, bei der letzteren ±8 μg/g, wobei die letztere Meth. allg. beträchtlich höhere Werte lieferte. J. Pickardt 5255

1808 **Bemerkung zur vereinfachten Ionenaustauschmethode für Sulfamethazine in Futter.** Edgar J. Davis. (J. Assoc. off. analyt. Chemists **50** (1967) 4, 870–71; Kan. State Board of Agricult. Labor., Topeka, Kan.; engl.) — Einige Verbesserungen der Best.-Meth. von Berg et al. [ibid. 48 (1965) 905] werden vorgeschlagen. J. Pickardt 5255

1809 **Bestimmung von Spurenmengen von Methallibure in Schweinefutter.** H. E. Hudson und B. Pearson. (Analyst **93** (1968) 1106, 319–22; Macclesfield, Cheshire, Imp. Chem. Ind. Ltd., Pharmaceut. Div., Hurdsfield Ind. Estate; engl.) — Methallibure (1-α-Methylallyl-6-methyl-bis-thioharnstoff; **I**) dient der Zyklussynchronisation von Schweinen u. wird dem Futter zugesetzt. **I** wird säulenchromatograph. an Celite 545 von den Begleitstoffen abgetrennt. Die obere Schicht einer Mischung aus $CHCl_3$/Formamid/Hexan (9 : 1 : 1) dient als stationäre, die untere als mobile Phase. Vom Durchlauf werden 62 Fraktionen aufgefangen, in CH_3OH gelöst u. bei 253 nm die Extinktionen gemessen. Vom zugesetzten **I** werden annähernd 100% im Bereich von 100–800 ppm wiedergefunden. I. Schlegelmilch 5255

H. Angewandte Chemie

H-8. Anorganische Industrie

1810 **Herstellung von Schwefel von besonderer Reinheit.** F. V. Denisov, R. G. Lepilina, Ju. P. Ballo und R. I. Šipjackaja. (Ž. prikl. Chim. **41** (1968) 1, 62–66; Lenniigiprochim; russ.) — Vf. erläutern die Herst. von bes. reinem S der Klasse V-5 (Emulgieren mit HNO_3 u. Retortendest.). Dabei sinkt der Geh. an Al, Fe, Co, Mn, Cu, As, Ni, P, Pb, Halogeniden u. Bitumen um 1–2% (Restgeh. im Mittel um 10^{-6} bis 10^{-5}% der einzelnen

Elemente). Da der Se-Geh. bei der Raffination erhalten bleibt, muß der Rohstoff möglichst wenig Se enthalten.
J. Tůmová H 253△

1811 **Herstellung von Borsäure aus gemischten Ascharit–Hydroboracit-Rohstoffen.** Günther Schmutzler und Joachim Kircheisen. (Chem. Techn. **20** (1968) 8, 468–74; Greiz-Dölau, VEB Chemiewerk; dt.) — Vf. beschreiben die Aufarbeitung von Ascharit–Hydroboracit-Rohstoffen zu H_3BO_3 über Aufschluß mit H_2SO_4. Die verarbeiteten Borminerale enthielten 28,38–16,10 (%) B_2O_3, 16,02–19,04 CaO, 8,63–15,50 MgO, 8,28–17,42 SO_3 u. 1,20–3,07 R_2O_3. Hierbei werden 82,3–90,5% Ausbeute an B_2O_3 erhalten. Die Verwertung der Nebenprod., z. B. zu Baustoffen u. Düngemitteln, wird behandelt.
G. Günther H 258

1812 **Legiertes Ferrosilid.** A. K. Volčkov, A. I. Zorin und V. S. Lovčikov. (Litejnoe Proizvod. **1967**, 9, 19–20; russ.) — Um die mechan. Eig. von korrosionsfestem Ferrosilid [0,5–0,8 (%) C, 14,5–16 Si, 0,3–0,8 Mn] zu verbessern, wurde dieses mit Ni, Mn, Mg, Pb oder Cu legiert; Ni (bis 7,5) macht sich in der Struktur nicht bemerkbar u. beeinflußt die Festigkeit nicht, Mn (bis 5) führt zu nichtmetall. Einschlüssen u. die Festigkeit sinkt (von den ursprünglichen 7,7 auf 2,8 kp/mm² bei 5 Mn). Ein Zusatz von Mg (als Ligatur) macht sich nicht bemerkbar. Pb (bis 10, optimal 5–8) bildet in der Struktur Pb-Einlagerungen u. erhöht die Festigkeit (bis 11,8 kp/mm²) u. die Korrosionsfestigkeit (0,0 mm/Jahr in HCl bei 20°). Cu (1,5–16, optimal 7–9) bildet Kornumhüllungen, erhöht die Festigkeit (Max. 15,3 kp/mm²) u. erhöht mehrfach die Korrosionsfestigkeit in 40–60% H_2SO_4 gegenüber speziellen Ni-Legierungen. Ein Überhitzen der Cu-haltigen Schmelze führt zu besserer Cu-Verteilung im Guß; ein höherer Cu-Geh. führt zu Cu-Einlagerungen u. Verschlechterung der Eigenschaften.
J. Tůmová H 261△

1813 **Anwendung von Naturgas für die Gewinnung von elementarem Phosphor aus Phosphoriten.** S. V. Kušnir und A. I. Klimovič. (Ž. prikl. Chim. **41** (1968) 1, 106–10; russ.) — Es werden die thermodynam. Größen der möglichen Rk. bei der Red. von $Ca_3(PO_4)_2$ durch CH_4 in Ggw. von SiO_2 für die Herst. von P berechnet. Vom thermodynam. Standpunkt erscheint die Rk. $Ca_3(PO_4)_2 + 5\,CH_4 + 3\,SiO_2 = 3\,CaSiO_3 + P_2 + 5\,CO + 10\,H_2$ am möglichsten u. vorteilhaftesten, deren Gleichgew.-Konst. bereits bei 1300 °K den Wert von 1 erreicht. Vom kinet. Standpunkt muß die Ausscheidung von elementarem C (bei niedrigen Temp.) vermieden werden, da sonst die Rk. gehemmt wird; optimal ist die Temp. zwischen 1200–1300°. Theoret. ist das Verf. effektiv, da bis zu 95% elementarer P erhalten werden kann.
J. Tůmová H 264△

1814 **Metallkeramische Werkstoffe und Bestandteile für den Elektromaschinen- und Apparatebau.** A. B. Al'tman. (Poroškovaja Metallurg. 7 (1967) 11, 65–74; Moskau; russ.) — Zusammenstellung der Arten u. einiger Eig. von magnet. harten u. weichen Leg. u. Werkstoffen für Kontakte, Widerstände, Halbleiter, Thermokompensatoren u. a. mit spezif. elektr. Eig., die auf metallkeram. Weg hergestellt werden. — 22 Literaturhinweise.
J. Tůmová H 270△

1815 **Einfluß von Al auf Struktur und Eigenschaften der Legierungen vom Magnico-Typ.** Ja. M. Dovgalevskij, N. I. Michaeev und E. G. Povolockij. (Izvest. vysšich učebnych Zavedenij [Moskva], černaja Metallurg. **10** (1967) 1, 138–41; Saratovskij politechn. inst.; russ.) — Unters. des Einfl. eines Al-Geh. von 6,2–9,5% in einer Magnico-Leg. (Herst. angegeben) auf die Umwandlungsarten, nämlich auf den $\beta_2 \rightarrow \alpha + \beta_2$-Hochtemp.-Zerfall, der die magnet. Eig. negativ beeinflußt, u. den $\beta_2 \rightarrow \beta + \beta_2$-Niedertemp.-Zerfall, der die Leg. in einen hochkoerzitiven Zustand überführt. Der $\beta_2 \rightarrow \alpha + \beta_2$-Zerfall verläuft im Temp.-Bereich von 870–1280° u. seine Inkubationsperiode (IP) hängt stark vom Al-Geh. ab. Bei Abnahme des Al-Geh. wird die IP des Zerfalls verkürzt. Die Temp., der die geringste IP des $\beta_2 \rightarrow \alpha + \beta_2$-Zerfalls entspricht, nimmt mit Verringerung des Al-Geh. in der Leg. zu. Bei kontinuierlicher Abkühlung mit einer Geschw. von 150–200°/min wird die Temp. des Beginns des $\beta_2 \rightarrow \beta + \beta_2$-Zerfalls stark mit der Abnahme des Al-Geh. erhöht. In der Struktur der Magnico-Leg. mit <8,5% Al wird die α-Phase festgestellt, u. zwar um so mehr, je geringer der Al-Geh. ist. Dies scheint der Hauptgrund für die Abnahme der magnet. Eig. zu sein.
H. Hochstein H 270

1816 **Herstellung von Metallen, Legierungen, Verbindungen und Halbleitermaterialien durch Reduktion von Halogeniden durch Wasserstoff auf einer erwärmten Oberfläche.** A. I. Beljaev, L. A. Nisel'son und I. V. Petrusevič. (Izvest. Akad. Nauk SSSR, Metally **1968**, 1, 65–71; Moskva; russ.) — Die bei der Red. von BBr_3, $SiCl_4$, $SiBr_4$, $GeCl_4$ sowie von Gemischen $SiCl_4$ mit $SiBr_4$, $TiCl_4$ mit $SiCl_4$ u. BBr_3 mit $SiCl_4$ durch H_2 eintretenden Rk. sind chem. Transportreaktionen. Die Red. flüchtiger Halogenide mit H_2 auf einer erwärmten Oberfläche kann zur Herst. von Metallen hoher Reinheit, ihrer Leg. u. Verb. sowie von Halbleitermaterialien u. Elementen der Radioelektronik angewendet werden. Am Beispiel der bei den Syst. Ti–Si u. B–Si wird die Möglichkeit der Herst. von Verb. bestimmter Zus. durch Red. der Halogenide durch H_2 auf einer erwärmten Oberfläche nachgewiesen. Bei der Herst. einiger Elemente u. Verb. wird eine Erhöhung der Abscheidungsgeschw. durch Durchführung der Red. bei Temp. oberhalb der F. dieser Materialien erzielt, so z. B. bei der Red. von $GeCl_4$ bei 1100°. Als erwärmte Oberfläche dienen bei den Red.-Vers. Fäden, Bleche oder die innere Oberfläche eines Rk.-Rohres.
H. Hochstein H 270

1817 **Gewinnung von Seltenerdmetallkonzentraten aus Chloridschmelzen.** D. V. Drobot, B. G. Koršunov, I. E. Galčenko und L. V. Durinina. (Izvest. vysšich učebnych Zavedenij [Ordžonikidze], cvetnaja Metallurg. **11** (1968) 1, 104–08; Mosk. inst. tonkoi chim. technol.; russ.) — Der Verlauf der Ox.-Rk. von Seltenerdmetallchloriden nach der Gleichung $RCl_{3\,(fl.)} + {}^1/_2\,O_2 \rightleftharpoons RO \cdot Cl_{(fest)} + Cl_2$ wurde durch Durchblasen von Luft durch die Schmelze u. Best. des Rest-O_2 bei 1093–1288 °K untersucht. Der Gleichgew.-Zustand entspricht der Gleichung für La $\lg K_p = -2740/T + 3{,}02$, für Pr $\lg K_p = -2370/T + 3{,}08$. Die Oxychloride sind in KCl-Schmelze prakt. unlösl.; wird durch eine RCl_3 enthaltende KCl-Schmelze Luft durchgeführt, bilden sich Oxychloride ROCl, die sich vorwiegend in den unteren Gebieten der Schmelze ansammeln (z. B. gelingt die Konz. von Nd_2O_3 zu 55% der Gesamtoxychloride). Die Konz. in den unteren Gebieten der Schmelze steigt mit steigendem Atomgewicht.
J. Tůmová H 303△

1818 **Restchlor im magnetothermisch hergestellten Titanschwamm.** V. V. Rodjakin, V. M. Skrypnjuk und B. N. Kuškin. (Izvest. Akad. Nauk SSSR, Metally **1968**, 1, 72–78; Zaporož'e; russ.) — Unters. des Einfl. der Trennungsparameter auf den Rest-Cl-Geh. im Ti-Schwamm. Eine Temp.-Erhöhung bis auf 1000°, eine Verlängerung der Trennungsdauer sowie eine Verringerung des Restdrucks im Syst. bis auf 10^{-4} mm Hg führen nicht zu einer Abnahme des restlichen Cl-Geh. im Ti-Schwamm. Festgestellt wird jedoch ein Zusammenhang zwischen der Oberflächengröße des Ti-Schwamms u. dem Rest-Cl-Gehalt. Entwickelt wird eine Vorstellung über die Sorptionsnatur des inneren Cl im Ti-Schwamm.
H. Hochstein H 321

1819 **Wasserstoffausscheidung aus elektrolytischem Eisen im Vakuum.** Ju. N. Petrov, E. A. Mamontov und V. V. Karjakin. (Fiz.-chim. Mech. Mater. **3** (1967) 3, 362–64; Kišinev. selchoz. inst. im. Frunze; russ.) — Die H_2-Ausscheidung aus elektrolyt. Fe wurde im Vakuum bei 20 u. 800° untersucht (Fe-Überzüge, Herst. beschrieben). Der Gesamtgeh. liegt bei 10–15 ml/g; der Diffusionskoeff. geht von $4{,}80 \cdot 10^{-9}$ auf $2{,}96 \cdot 10^{-8}\,cm^2 \cdot s^{-1}$ mit steigender Stromdichte der Fe-Ausscheidung von 10 auf 20 A/dm². Ursache ist die Bldg. von Fe mit unterschiedlicher Substruktur (steigende Blockgröße mit dem Strom von ca. 140–770 Å).
J. Tůmová H 354△

1820 **Herstellung von in bezug auf C und N reinem Eisen.** V. I. Širjaev und I. A. Tomilin. (Izvest. Akad.

Nauk SSSR, Metally **1968**, 1, 79—83; Moskva; russ.) — Herst. von Fe mit geringstem Geh. an C u. N zur Unters. seiner mechan. Eigenschaften. Zu diesem Zweck wird ein nach dem Zonenschmelzverf. hergestelltes Fe einer zusätzlichen N- u. C-Reinigung durch Anwendung der von Stein, Low u. Seybolt beschriebenen Meth. (Bldg. von CH_4 u. NH_3) unterworfen. Diese Meth. besteht darin, daß Fe-Proben mit H_2 im geschlossenen Kreislauf behandelt werden, in dem sich auch Zr-Hydrid befindet. Bei der Erwärmung wird Zr-Hydrid prakt. restlos zersetzt u. dabei das Syst. mit reinem H_2 gefüllt. H_2 reagiert mit dem im Fe enthaltenen C u. N. Die gebildeten geringen Mengen CH_4 u. NH_3 gelangen beim Umlauf zum Zr u. reagieren mit ihm unter Bldg. von ZrC u. ZrN. Das Gleichgew. dieser beiden Rk. wird stark auf die Seite der ZrC- u. ZrN-Bldg. verschoben, u. nach dem Passieren enthält H_2 prakt. kein CH_4 u. NH_3 mehr.
H. Hochstein H 354

1821 **Herstellung von Kobaltphosphit.** Miroslav Ebert, Jitka Eysseltová und Jan Cipera. (Chem. Průmysl **18/43** (1968) 5, 239—42; Praha, Karlovy univ.; tschech.) — An Hand von Unters. des Syst. $CoHPO_3$–$Co(ClO_4)_2$–H_2O (Konz., Temp., Hydratationsverlauf mit Gleichgew.-Diagramm) ergibt sich folgendes optimales Herst.-Verf.: gleiche Anteile von 1,8 M $Co(Cl_4)_2$- u. Na_2HPO_3-Lsg. werden bei Raumtemp. für 60 Min. intensiv gerührt. Der Nd. wird mit A. u. Ae. gewaschen u. an der Luft getrocknet. Der W.-Geh. des Präp. ist veränderlich u. muß vor dem analyt. Gebrauch stets bestimmt werden.
J. Tůmová H 355△

1822 **Hochtemperaturoxydation von nach der Umlaufmethode alitiertem Metall.** S. N. Fedoseeva, D. A. Prokoškin, B. N. Arzamasov und L. A. Černjaev. (Izvest. vysšich učebnych Zavedenij [Moskva], černaja Metallurg. **11** (1968) 1, 147—51; Mosk. vyš. techn. uč. im. Baumana; russ.) — Bei der Alitierung von *Ni* nach der Umlaufmeth. werden auf der Metalloberfläche in Abhängigkeit von Temp. u. Sättigungszeit erhalten: 1. die feste Lsg. von Al im Ni; 2. der Ordnungsmischkrist. Ni_3Al u. 3. die intermetalloide Verb. NiAl. Alitierte Ni-Proben werden an Luft im Temp.-Bereich von 950 bis 1200° einer 100std. Ox. unterworfen, wobei der Einfl. der Hochtemp.-Ox. auf Gefüge u. Phasenzus. der alitierten Schicht metallograph., röntgenstrukturanalyt. u. mikroröntgenspektralanalyt. bestimmt wird. Es zeigt sich, daß die Hitzebeständigkeit der Überzüge wesentlich vom Al-Geh. in der Oberflächenschicht abhängt. Die Hitzebeständigkeit des α-Mischkrist. ist etwa um das 2fache niedriger als die von Ni im gesamten Unters.-Temp.-Bereich, während die Zunderbeständigkeit der Phasen Ni_3Al u. NiAl bedeutend höher ist. Bei der Ox. einer alitierten, auf der Oberfläche die Phase Ni_3Al besitzenden Schicht bildet sich im Temp.-Bereich von 950—1100° ein Oxid vom Spinelltyp $NiAl_2O_4$ u. bei 1200° NiO. Mit Veränderung der Zus. u. Struktur des sich bildenden Oxids hängt eine intensive Abnahme der Hitzebeständigkeit der Ni_3Al-Phase bei 1200° zusammen. Die größte Hitzebeständigkeit bei der Ox. haben die Proben, die auf der Oberfläche die NiAl-Phase besitzen. Bei ihrer Ox. bei 950—1200° bildet sich auf der Oberfläche ein Oxid, dessen Zus. u. Struktur dem Spinell $NiAl_2O_4$ entspricht. Eine bes. intensive Abnahme des Al-Geh. in der Zone unter dem Zunder wird nach einer Ox. bei 1200° festgestellt, die nicht nur mit dem Al-Verbrauch bei der Oxidbldg., sondern auch mit der Al-Diffusion von der Oberfläche zum Korn hin infolge des vorhandenen Konz.-Unterschiedes zusammenhängt. Nach der Ox. bei 950° werden unter dem Zunder die aufeinanderfolgend angeordneten Phasen Ni_3Al, NiAl, Ni_3Al + α-Mischkrist. festgestellt; in der bei 1000° ox. Schicht fehlt die NiAl-Phase. Die Unterzunderschicht besteht aus Ni_3Al + α-Mischkristall. Nach der Ox. bei 1100 u. 1200° ist unter dem Zunder α-Mischkrist. angeordnet.
H. Hochstein H 356

1823 Oxysynthese Soc. An., Paris, Frankreich, **Herstellung von Wasserstoffperoxid** nach dem Anthrachinonverf. erfolgt durch Einführen wenigstens eines sauren Alkalipyrophosphats u./oder wenigstens eines Alkali- oder NH_4-Nitrats in die red. Lsg. in Mengen von 0,15—2,5 (g) Pyrophosphat u. 0,02—1 Nitrat je m^3 Lösung. (**Brit. P. 1 106 422** vom 15/4. 1965, ausg. 20/3. 1968. F. Prior. 16/4. 1964.) — 3 S.
K. Demmler H 240

1824 Farbenfabriken Bayer Akt.-Ges. (Erfinder: Rudolf Mundil, Leverkusen, und Rolf Germerdonk, Schildgen-Nittum), **Herstellung von Hydrazinhydrat (I).** Hydrazinsulfatlsg. wird mit einer mindestens 40%ig. Alkalilauge in einem Verdampfer umgesetzt, das freigemachte I vom Alkalisulfat (II) abdest. u. II aus dem Verdampfer entfernt. (**D. A. S. 1 268 121** Kl. 12i vom 17/12. 1966, ausg. 16/5. 1968.) — 2 S.
E. Miessgang H 243

1825 Pan American Petroleum Corp., übert. von: Lorenz V. Kunkel und George M. Franklin, Tulsa, Okla., USA, **Gewinnung von Elementarschwefel** aus einem H_2S-haltigen Gasstrom mit geringem Anteil an brennbaren Stoffen. In einem Anteil von ~40% des Gases wird H_2S mit O_2 in 1. Zone zu SO_2 ox., dieses mit dem Rest des H_2S-haltigen Gases in 2. Stufe ohne Katalysator umgesetzt. Die S-Dämpfe werden abgezogen. (**U. S. P. 3 297 409** vom 14/8. 1963, ausg. 10/1. 1967. **Brit. P. 1 054 128** vom 11/6. 1964, ausg. 4/1. 1967. U. S. Prior. 14/8. 1963.) — 8 S. — 12 S. E. Miessgang H 253

1826 Kali-Chemie Akt.-Ges. (Erfinder: Rolf Schober und Theo Rademacher), Hannover, **Herstellung von elektrostatisch nicht aufgeladenem und leicht in Kautschukmischungen dispergierbarem Schwefel.** Das Verf. nach D. A. S. 1 207 353 wird dahin ausgestaltet, daß bei Behandlung von unlösl. S unmittelbar nach seiner Entstehung dem Bitumen zuvor 1—5% Mineralsäure, bezogen auf Bitumen, zugesetzt wird. (**D. A. S. 1 262 245** Kl. 12i vom 14/8. 1965, ausg. 7/3. 1968. **Zusatz zu D. A. S. 1 207 353; C. 1967, 1-3119.**) — 2 S.
E. Miessgang H 253

1827 K. K. Hitachi Seisakusho (Erfinder: Akinori Muta, Tetsuo Gejo, Tokio, und Masao Shiozawa, Hitachi-shi), Japan, **Herstellung von Borcarbid** durch Erhitzen eines aus einer B-Verb., C, Mg u. einem Sulfat, bes. des K, Na, Al, Mg, Cu u. Ca, bestehenden Gemisches auf 650—1100°, Kühlen des Rk.-Prod., Behandeln mit 60%ig. H_2SO_4, Filtrieren, Waschen u. Trocknen. Dabei wird dem Sulfat, dessen Menge 7,5—50 Gew.-% beträgt, ein Rk.-Inhibitor, der mit keinem der Rk.-Teilnehmer reagiert, z. B. MgO, in einer Menge von 5—35 Gew.-% zugesetzt. (**D. A. S. 1 271 691** Kl. 12i vom 9/11. 1966, ausg. 4/7. 1968. **Zusatz zu D. A. S. 1 259 863; C. 1969, 5-1856.**) — 1 S. H. Roos H 258

1828 Hermann Lux, Gräfelfing, und Josef Jostan, Burgau, **Herstellung von Carbiden** erfolgt durch Einw. von schmelzfl. Gemischen aus LiCN u. Li_2CN_2 auf Metalle, z. B. feinverteiltes W, Fe oder Zr, bei >300° in Ggw. von N_2, A. oder im Vakuum. Das LiCN kann teilweise durch NaCN ersetzt werden. — *WC*. — *$Fe_{20}C_9$*. — *Fe_3C*. — *ZrC*. (**D. A. S. 1 272 907** Kl. 12i vom 28/1. 1965, ausg. 18/7. 1968.) — 2 S. H. Roos H 260

1829 Dow Chemical Co., Midland, Mich., übert. von Franciszek Olstowski, Freeport, Tex., USA, **Herstellung eines Phosphor enthaltenden oxydierten Graphits mit niedriger Dichte**, der als *Bodenbehandlungsmittel*, als *Flammschutzmittel* oder als fester *pH-Puffer* in wss. Lsg. dient. Ein natürlicher krist. Graphit wird mit wenigstens 60%ig. HNO_3, wenigstens 90%ig. H_2SO_4, Mischungen dieser Säuren oder mit wss. 6—60%ig. Lsg. von $HClO_4$ oder HJO_4 angefeuchtet, 2—500%, bezogen auf Graphit, P_2O_5 zugegeben u. die Mischung auf 180—800°, bes. 250—650°, erhitzt. (**U. S. P. 3 333 941** vom 22/9. 1966, ausg. 1/8. 1967.) — 4 S. H. Roos H 260

1830 N. V. Philips Gloeilampenfabrieken, Eindhoven, Niederlande (Erfinder: Hideo Mizuno, Osaka-fu, Japan), **Herstellung von mit Blei und gegebenenfalls Mangan aktivierten Silicatleuchtstoffen,** die wenigstens eines der Elemente Ca, Ba, Sr, ggf. zusammen mit Mg u./oder Zn, enthalten, wobei ein Gemisch von Verb. dieser Elemente u. des Aktivators auf 1000—1200° erhitzt wird, dad. gek., daß das Gemisch 0,5—6, bes. 2—4, Mol-% H_3BO_3 enthält, bezogen auf die im Gemisch

vorhandene Gesamtzahl der Ca-, Ba-, Sr-, Mg- u. Zn-Mol. für die Zus. des Ausgangsgemisches: 147 (g) $SrCO_3$, 492 $BaCO_3$, 162 ZnO, 273 SiO_2, 3,35 PbO u. 13,2 H_3BO_3. – Diagramm. (**D. A. S. 1 274 263** Kl. 22f vom 28/3. 1966, ausg. 1/8. 1968. Jap. Prior. 30/3. 1965.) – 3 S.
K. Demmler H 261

1831 Siemens Akt.-Ges., Berlin und München (Erfinder: Walter Heywang, Erhard Sirtl, München, und Rudolf Kappelmeyer, Heufeld), **Herstellung von hochreinem Siliciumcarbid,** wobei ein Träger (Tr.) mit einer kompakten SiC-Schicht bedeckt wird, durch therm. Zers. eines Si u. C enthaltenden, ggf. mit Dotierungssubstanzen vermischten Rk.-Gases, an dem auf $> 1150^0$, jedoch $<$ F. von Si (1410°) erhitzten Tr., wobei das Rk.-Gas bes. mittels einer Düse gegen die Oberfläche des Tr. geblasen wird. Ggf. wird die gebildete SiC-Schicht von dem Tr. entfernt. Als Rk.-Gase können Halogensilane mit Halogen-KW-Stoffen, Organosiliciumverb. oder, bei Verw. eines Si-Tr., KW-Stoffe bzw., bei Verw. eines C-Tr., flüchtige Si-Verb. angewendet werden. Bes. werden Tr. mit Ausdehnungskoeff. in der Größenordnung des SiC eingesetzt. Die Dotierungsstoffe können sowohl den Rk.-Gasen als auch den Tr. beigemischt werden. Die Aufheizung des Tr. kann durch direkten Stromdurchgang, durch Hochfrequenz, Strahlung oder Wärmeleitung vorgenommen werden. – Verw. der SiC-Schicht oder des Gesamtkörpers Schicht/Tr. als *Halbleiterelemente.* – Zeichnungen. (**Schwz. P. 441 248** vom 16/10. 1959, ausg. 15/1. 1968. D. Prior. 23/10. 1958 u. 9/7. 1959.) – 8 S.
H. Roos H 261

1832 Multi-Minerals Ltd., Toronto, Ontario, Canada (Erfinder: Linden Wayne Cochran, Baskin Ridge, N.J., USA), **Herstellung von Phosphorsäure** erfolgt durch Rk. von Calciumphosphat mit H_3PO_4 u. Freisetzen der gebildeten H_3PO_4 aus dem Rk.-Prod. mit Ionenaustauschern. Der Aufschluß erfolgt mit überschüssiger H_3PO_4 bei 85–105°. Das gebildete Monocalciumphosphat wird auskrist. u. mit einem Kationenaustauscher direkt oder in wss. Lsg. zu H_3PO_4 umgesetzt. (**D. A. S. 1 279 003** Kl. 12i vom 1/12. 1964, ausg. 3/10. 1968. U. S. Prior. 31/7. 1964.) – 4 S. V. Habernickel H 264

1833 Ugine Kuhlmann, Paris (Erfinder: Xavier François Bilger, Soisy-sous-Montmorency), Frankreich, **Herstellung von Phosphornitrilchloriden** der allg. Formel $P_nN_{n-1}Cl_{2x+3}$ (I) erfolgt dadurch, daß man NH_4Cl mit PCl_5 in Ggw. eines inerten Lsgm., bes. Chlorbenzol, umsetzt, wobei man NH_4Cl verwendet, das als Nebenprod. (II) bei der Einw. von NH_3 auf Verb. des Typs I u. $(PNCl_2)_n$ (III) erhalten wird. Hierbei ist x ganzzahlig u. $n > 1$. An Stelle von II können auch Rk.-Prod. von CH_3OH mit I u. III eingesetzt werden. Man erhält Prod. mit deutlichen Geh. an trimerem u. tetramerem Phosphornitrilchlorid. – *Flammfestmachen von Cellulosefasern.* (**Schwz. P. 445 462** vom 29/3. 1963, ausg. 29/2. 1968. F. Prior. 30/3. 1962.) – 2 S.
H.-W. Wille H 264

1834 Natie Mendelsohn, Frankreich, **Herstellen von Na_2SO_4.** $NaHSO_4$ wird mit NaOH oder mit Na_2CO_3 umgesetzt. Aus der anfallenden Lsg. wird $> 32{,}5^0$ wasserfreies Na_2SO_4, $< 32{,}5^0$ $Na_2SO_4 \cdot 10\,H_2O$ gewonnen. (**F. P. 1 459 139** vom 28/9. 1965, veröff. 18/11. 1966.) – 2 S. J. Bardeleben H 274

1835 Wolfgang Sangerhaus, Bernburg, **Herstellung von leichtem Na_2CO_3.** $NaHCO_3$ wird mit Rücklaufsoda vermischt u. unter Wärmezufuhr calciniert, wobei die Calcinierungsgase entgegen dem Gutfluß die Calcinierungstrommel verlassen. Im Mischer oder in einem der Calcinierungstrommel vorgeschalteten Aggregat werden die Calcinierungsgase nochmals aufgeheizt. (**D. P. [DDR] 58 296** Kl. 121 vom 12/11. 1966, ausg. 20/10. 1967 [Wirtschaftspatent].) – 2 S. J. Bardeleben H 274

1836 Farbenfabriken Bayer Akt.-Ges. (Erfinder: Fritz Baunack), Leverkusen, **Herstellung von Ammoniumfluorid** erfolgt durch Rk. von NH_4HF_2 in festem Zustand in Ggw. geringer Mengen fein verteilten W. mit NH_3-Gas, z. B. in Ggw. von 0,03–0,3, bes. 0,06 bis 0,18, Mol W. je Mol Bifluorid. Die Rk. wird bei 10–130°, bes. 50–100°, u. 0,17–17, bes. 1–7 at, durchgeführt. Das W. wird bes. als W.-Dampf zusammen mit dem NH_3 dem Bifluorid zugeführt. (**D. A. S. 1 271 692** Kl. 12k vom 1/12. 1966, ausg. 4/7. 1968.) – 2 S.
H. Roos H 279

1837 Th. Goldschmidt Akt.-Ges., Essen (Erfinder: Ernst Mack, Schwetzingen), **Kontinuierliche Herstellung von Ammoniumthiosulfatlösungen.** Zuerst werden äquimol. Mengen NH_4HSO_3-Lsg., NH_3 u. S sowie katalyt. wirksame Mengen H_2S in solchen Mengen dem Rk.-Gefäß zugeführt, daß das Löslichkeitsprod. aus $(NH_4)_2 \cdot SO_3$ u. $(NH_4)_2S_2O_3$ nicht überschritten wird. Die erhaltene Lsg. strömt dann durch ein 2., mit S. gefülltes Rk.-Gefäß. Die erhaltene Lsg. wird ggf. mit NH_4HSO_3 entfärbt. (**D. A. S. 1 265 146** Kl. 12i vom 5/3. 1966, ausg. 4/4. 1968.) – 3 S. E. Miessgang H 279

1838 Dow Chemical Co., Midland, Mich., übert. von: Thomas W. Muleihy jun., Freeport, Tex., USA, **Herstellung von Magnesium.** In das Schlackenbad eines Herdofens wird eine Mischung aus der zu reduzierenden Mg-Verb. mit einem Red.-Mittel, z. B. *Al, Al-Carbid, Ferro-Si, Al-Silicid, CaC_2, Ca* oder Mischungen hiervon, gebracht u. die hieraus hergestellte Schmelze in ein darüberliegendes Rk.-Gefäß übergeführt, in dem eine Temp. von 1300–1600° u. ein Druck von maximal 30 mm Hg aufrechterhalten werden. Das Mg wird in Dampfform gewonnen u. kondensiert, während die Schlacke in den Herdofen zurückgeleitet wird. – Abbildung. (**U.S.P. 3 375 101** vom 2/6. 1965, ausg. 26/3. 1968.) – 4 S.
M. Neckermann H 282

1839 Chemische Fabrik Kalk G. m. b. H. (Erfinder: Hugo Nees und Hans-Joachim Schmidt), Köln, **Herstellung eines extrem feinteiligen, gefällten, im wesentlichen aus Calciumcarbonat bestehenden Gemisches von Calciumverbindungen** mit Teilchengrößen $< 0{,}1\,\mu$ in hochvoluminöser Form durch Rk. von $Ca(OH)_2$-Suspensionen mit CO_2 in Ggw. von NH_3. Dabei wird eine wss., NH_3-haltige $Ca(OH)_2$-Suspension, die CaO u. NH_3 im Mol-Verhältnis von ca. 1 : 3 enthält, unter Zusatz von Na-Tripolyphosphat mit CO_2 in eine gallertartige Fällung übergeführt, die abfiltriert, gewaschen, getrocknet u. zerkleinert wird. Mit Na-Tripolyphosphat u. ggf. Salzen komplexbildender, mehrbas., organ. Säuren bzw. mit lösl. Fluoriden oder Silicofluoriden versetztem Rk.-Gemisch werden gegen Ende der Rk. langkettige, gesätt. bzw. ungesätt. Fettsäuren oder Oxyfettsäuren bzw. deren Salze zugefügt. Zusätzlich können Amide, Amine, Sulfamide langkettiger, gesätt. bzw. ungesätt. Fettsäuren oder ein- bzw. mehrwertige, langkettige Alkohole oder langkettige Aldehyde oder Ketone zugegeben werden. Die Menge Na-Tripolyphosphat kann bis auf die Hälfte vermindert werden. (**D. B. P. 977 672** Kl. 12m vom 17/6. 1955, ausg. 14/3. 1968. Anmeldung bekanntgemacht 26/7. 1966. **Zusatz zu D. B. P. 977 129; C. 1966, 2-2108.**) – 2 S. H. Nebelsiek H 283

1840 Imperial Chemical Industries Ltd., London (Erfinder: Brian Crosbie Fielding, Northwich, und George Wallace Hooper, Norton-on Tees), Großbritannien, **Quecksilber(II)-salze** erhält man durch Ox. von Hg(I)-Salzen, wie $HgClO_4$, Hg(I)-Trifluoracetat, Hg(I)-p-Toluolsulfonat, Hg(I)-Benzolsulfonat oder $Hg_2 \cdot SO_4$, mit O_2 in einem sauren wss. Medium in Ggw. eines darin unlösl. feinverteilten Metallkatalysators der VIII. Gruppe des Periodensyst. oder von Au unter Überdruck, bes. unter einem O_2-Druck von 10–150, bes. 40–60 at, u. bei 60–150°, bes. 90–100°. (**D. A. S. 1 259 315** Kl. 12n vom 6/7. 1965, ausg. 25/1. 1968, Brit. Prior. 6/7. 1964. **Brit. P. 1 053 618** vom 6/7. 1964, ausg. 4/1. 1967.) – 3 S. – 4 S. H.-W. Ebersbach H 290

1841 Lockheed Aircraft Corp., USA (Erfinder: Kenneth A. Wickersheim und Melvin Tecotzky), **Leuchtstoff** der allg. Formel $(La_{1-x}A_x)_2O_2S$, worin A = Eu oder eine Kombination von Eu u. Sm u. x = 0,01–0,09. Etwa 10 Atom-% La-Ionen können durch $\geqq 1$ Y oder 1 Gd-Ion u. ca. 1 Atom-% La-Ionen durch Coaktivatorionen ersetzt werden. – Diagramme. (**F. P. 1 504 341** vom 12/12. 1966, veröff. 1/12. 1967. U. S. Prior. 13/12. 1965 u. 22/8. 1966.) – 21 S. T. Oppermann H 303

1842 Soc. Italiana Resine S. p. A. (Erfinder: Benedetto Calcagno), Mailand, Italien, **Herstellung von katalytisch aktivem Titantrichlorid** erfolgt durch Red. von $TiCl_4$ mit Organ-Al- oder -Mg-Verb. in einem Alkyl-, Cycloalkyl-, Alkylaryl- oder Aryläther als Lsgm., wobei man gleichzeitig oder anschließend das Rk.-Gemisch ca. 10 Min.—3 Std. bei 150—200° altert. Die Red. wird bes. bei 20—200° durchgeführt u. das $TiCl_3$ vom Lsgm. abgetrennt, dann mit frischem, wasserfreiem A. gewaschen u. getrocknet. — (**D. A. S. 1 273 508** Kl. 12n vom 22/7. 1966, ausg. 25/7. 1968. It. Prior. 23/7. 1965.) — 3 S.
H. Roos H 321

1843 Pittsburgh Plate Glass Co., USA (Erfinder: Albert Giovanetti und Richard Francis Sanders), **Verbesserung des Färbevermögens von Metalloxiden**, z. B. von durch Rk. von $TiCl_4$ mit O_2 gewonnenem TiO_2, durch Bldg. einer wss. Aufschlämmung, Einstellung des pH-Wertes in den alkal. Bereich, z. B. durch Zusatz von NaOH, KOH, LiOH, NH_4OH, $Ca(OH)_2$, $Mg(OH)_2$, $BaCO_3$, K_2CO_3, Na_2CO_3, $KHCO_3$ oder $NaHCO_3$, Entfernung der überdimensionierten Teile, Zermahlen bis auf eine Teilchengröße von < 10 µm, Behandlung im Hydrocyclon u. ggf. Zusatz von Na-Hexametaphosphat als Dispersionsmittel. — Verf.-Schema. (**F. P. 1 470 899** vom 9/3. 1966, veröff. 24/2. 1967. U. S. Prior. 18/3. 1965.) — 5 S.
M. Knaack H 321

1844 Union Carbide Corp., übert. von: Alfred W. Naumann, Suffern, N.Y., USA, **Selektive Gewinnung von Ammonium-Metavanadat** aus verunreinigten, Metavanadationen enthaltenden Lösungen. Die Lsg. mit einem pH-Wert von 6,0—7,2 werden mit einem bas. Ionenaustauscherharz mit Chloridionen als austauschbare Ionen behandelt, wobei der Ionenaustauscher mit Metavanadationen aufgeladen wird. Die Vanadationen werden mittels einer 3,4—4,2 Mole *NaCl* u. 0,50—0,80 Mol $NH_4 \cdot Cl$ pro l enthaltenden Lsg. wieder abgestreift. (**U. S. P. 3 376 105** vom 13/5. 1964, ausg. 2/4. 1968.) — 4 S.
M. Neckermann H 330

1845 E. I. du Pont de Nemours & Co., Wilmington, Del. (Erfinder: Alden Johnson Deyrup, West Chester, Pa.), USA, **Natriumfluorchromat**, Na_2CrF_4, das als Zusatzstoff für Metallabscheidungen geeignet ist, erhält man, wenn man NaF mit einer lösl. Cr(II)-Verb., bes. Cr(II)-Sulfamat, in wss. Lsg. auf 80—100° erhitzt u. das entstandene Na_2CrF_4 vom Rk.-Gemisch abtrennt. (**D. A. S. 1 272 909** Kl. 12n vom 19/9. 1960, ausg. 18/7. 1968.) — 2 S.
H.-W. Ebersbach H 335

1846 Commissariat à l'Énergie Atomique, Paris (Erfinder: Charles Aubertin, Bois-Colombes, Jean Lefèvre, Vitry-sur-Seine, Michel Poupard, Sceaux, und André Raggenbass, Wissous), Frankreich, **Herstellung von Ammoniumphosphowolframat (I)**. Phosphowolframsäure wird, bes. in Aceton, gelöst, **I** durch NH_3 gefällt, der Nd. filtriert, getrocknet u. gewaschen. Die mechan. Widerstandsfähigkeit des Nd. wird durch $>$ 15std. Wärmebehandlung bei $> 360°$ verbessert. — *Kationenaustauscher*. (**D. A. S. 1 267 672** Kl. 12n vom 13/8. 1965, ausg. 9/5. 1968. **Schwz. P. 448 238** vom 11/8. 1965, ausg. 15/2. 1968. Beide F. Prior. 19/8. 1964.) — 2 S.
E. Miessgang H 337

1847 Commissariat à l'Énergie Atomique, Paris (Erfinder: Jean Berthot, Pierre Benite, Rhône, Bernard Cochet-Muchy, Lyon, und Pierre Plurien, Palaiseau, Seine-et-Oise), Frankreich, **Reduktion von Uranhexafluorid zu Urantetrafluorid.** Die Red. des UF_6 wird mit einem red. Gas (H_2) durchgeführt, welches 0,1 bis 3 Gew.-% ClF_3 enthält, bezogen auf UF_6. (**Brit. P. 1 087 768** vom 11/2. 1965, ausg. 18/10. 1967. F. Prior. 25/2. 1964.) — 2 S.
E. Miessgang H 339

1848 Ciba Soc. An., Schweiz, **Herstellung von Wolfram, Molybdän und Rhenium** in Form von nichtpyrophorem Pulver durch Red. von *Ammoniumparawolframat*, MoO_3 u. Re_2O_7 mittels H_2 in einer Plasmaflamme. Man verwendet auf 1 Mol der genannten Metallverb. 5 bis 30 Mole H_2. Abbildung. (**F. P. 1 481 716** vom 1/6. 1966, ausg. 21/8. 1967. Schwz. Prior. 25/6. 1965.) — 5 S.
M. Neckermann H 352

1849 Sherritt Gordon Mines Ltd., Canada, **Gewinnung von Nickel und Kobalt** aus einer Lsg., die durch Laugen eines reduzierend gerösteten *Ni–Co-Erzes* mit einer ammoniakal. $(NH_4)_2CO_3$-Lsg. anfällt. Aus der Lsg. wird ein gemischtes *Co–Ni-Sulfid* gefällt, in dem wenigstens 1,5 Mol Ni auf 1 Mol Co enthalten sind, u. die Fällung so gesteuert, daß das mol. Ni–Co-Verhältnis in der verbleibenden Lsg. bei über 1000 liegt. Die Lsg. wird über ihren Kp. erhitzt, um das Ni prakt. vollständig als Carbonat auszufällen. Der Nd. wird nach Abtrennung von der Lsg. wieder in wss. ammoniakal. $(NH_4)_2CO_3$-Lsg. aufgelöst, so daß in der Lsg. 30—150 g/l Ni vorliegen. Die von festen Rückständen getrennte Lsg. wird über ihren Kp. erhitzt, um das mol. Verhältnis von CO_2 zu Ni auf 0,5—1,5 u. das mol. Verhältnis NH_3 zu Ni zwischen 0,05 u. 8,0 einzustellen u. wenigstens einen Teil des Ni-Carbonats auszufällen. Das erhaltene Syst. wird bei erhöhter Temp. u. erhöhtem Druck mit H_2 behandelt, wobei metall. Ni in Pulverform erhalten wird. (**F. P. 1 508 640** vom 19/1. 1967, veröff. 27/11. 1967.) — 6 S.
M. Neckermann H 356

1850 American Metal Climax, Inc., New York, N.Y., USA (Erfinder: William R. Opie und Jan A. Paces), **Kupferlegierung** besteht aus 0,01—0,3(%) *Zr*, 0,01—0,06 *Mg*, Rest Cu, bes. einer ursprünglichen Reinheit von $<$ 0,06 *O* u. $<$ 0,015 *P*. Zur Herst. der Leg. wird zunächst Cu geschmolzen, dem Mg u. dann erst Zr zugesetzt wird. Die Leg. läßt sich gut warm u. kalt verformen. Das Lösungsglühen erfolgt bei 600—950°, das Aushärten bei 325—475° (bes. $^1/_2$—3 Std. bei 350 bis 450°). Die Leg. zeichnet sich durch gute Festigkeitseig. bei Raumtemp. (Zugfestigkeit z. B. $\geq$ 42 kg/mm², 0,1%-Dehngrenze z. B. $\geq$ 40,6 kg/mm²) u. bei erhöhten Temp., bes. bei $> 400°$ (Zugfestigkeit bei 425° z. B. 35—42 kg/mm²), sowie gute elektr. u. therm. Leitfähigkeit aus. Verw. findet die Leg. bes. zur Herst. von gelöteten *Autokühlern* u. dergleichen. — 1 perspektiv. Darst. eines Autokühlers. (**F. P. 1 487 808** vom 26/7. 1966, veröff. 29/5. 1967. **Brit. P. 1 094 579** vom 28/6. 1966, ausg. 13/12. 1967. Beide U. S. Prior. 15/10. 1965.) — 8 S. — 9 S.
C. F. Gross H 358

1851 Erdölchemie G. m. b. H., Deutschland, **Herstellung von Silber mit großer spezifischer Oberfläche** durch therm. Zers. von *Ag-Lactat*, gegebenenfalls in Ggw. von weiteren Metall-Lactaten. Das Ag-Lactat kann außerdem mit einem Blähmittel vermischt werden. Das Ag-Lactat wird als Ox.-Katalysator, bes. für die *Olefin*-Ox., verwendet. (**F. P. 1 489 078** vom 29/4. 1966, veröff. 12/6. 1967. D. Prior. 29/4. 1965.) — 3 S.
M. Neckermann H 359

1852 Isabellen-Hütte Heusler K. G., Deutschland, **Legierungen auf Kupfer- und/oder Silberbasis** bestehen aus 6—11(%) *Mn*, 0,1—8, bes. 1—6, *Ge*, Rest Cu u./oder Ag. Zusätzlich können die Leg. ggf. 0—3 *Sn*, 0—1 *Sb*, 0—0,5 *As*, 0—5 *Ga*, 0—1 *In*, 0—4 *Al*, 0—5 *Zn* u./oder 0—5 *Ni*, insgesamt jedoch $\leq$ 10, enthalten. Die Leg. sind warm walzbar, lassen sich zu feinsten Drähten ziehen, sind gut löt- u. schweißbar, korrosionsbeständig u. zeichnen sich bes. durch gute zeitliche Konstanz des elektr. Widerstands, stark abgeflachte Widerstands–Temp.-Kurve zwischen 20—50° u. geringe Thermokraft gegenüber Cu aus. Verw. finden die Leg. bes. zur Herst. von *elektr. Widerständen* bes. hoher Präzision. — 14 Beispiele, 1 Widerstands–Temp.-Kurvenschar. (**F. P. 1 498 543** vom 18/8. 1966, veröff. 11/9. 1967.) — 4 S.
C. F. Gross H 359

1853 Charles Davidoff, USA, **Gewinnung von Gold** aus einer wss. *Au–Cyanid*-Lösung. Der Lsg. werden eine molare Menge *Alkalimetallhydrosulfit*, u. 0,2 bis 20 Teile *Alkalimetallacetat* pro Mol Alkalimetallhydrosulfit zugesetzt. Man läßt die Lsg. stehen, bis die *Au*-Fällung beendet ist, u. trennt das Au von der Lsg. ab. (**F. P. 1 484 392** vom 23/6. 1966, ausg. 14/9. 1967.) — 4 S.
M. Neckermann H 360

1854 Monsanto Co., USA, **Herstellung feinverteilter Platinmetalle** durch Red. eines entsprechenden Metallsalzes in Ggw. eines Alkohols, Ketons, Äthers, Carbonsäureesters oder Olefins, ggf. unter Bldg. einer lösl. Komplexverb.,

mit H_2 (**F. P. 1 480 563** vom 18/5. 1966, veröff. 12/5. 1967. Schwz. Prior. 18/5. 1965.) — 7 S.
P. Kühn H 362

1855 International Nickel Ltd., Großbritannien, **Duktile Iridiumlegierung** nach F. P. 1 421 717 besteht aus 0,005—0,5(%) *Ti* u./oder *Zr*, Rest handelsübliches Ir. Die bevorzugte Leg. enthält 0,01—0,3 Zr. Das Erschmelzen der Leg. erfolgt unter Ausschluß von O_2. Die Leg. wird bes. zu Blech u. Band verarbeitet u. zeichnet sich auch bei den niedrigeren Geh. an Ti u./oder Zr durch erhöhte Festigkeit $\leq 1100^0$ aus. — 4 Beispiele. (**F. P. 89 910** vom 3/2. **1966**, veröff. 31/7. 1967. Brit. Prior. 16/2. 1965. **Zusatz zu F. P. 1 421 717; C. 1967, 18-2690.**) — 2 S. C. F. Gross H 367

1856 United States of America, Secretary of Air Force, übert. von: Khodabakhsh S. Mazdiyasni, Dayton, Charles T. Lynch, Fairborn, und Jerome J. Krochmal, Dayton, O., USA, **Herstellung von extrem feinen Metalloxiden** mit einem Partikeldurchmesser ≤ 100 Å u. einer Reinheit $> 99{,}9\%$. Ein Alkoxid (Alkyl-C_{3-7}) von Ti, Zr, Hf, Th, Y, Dy, Yb, Mg, Be, Sr, B, Al, Si oder Ge wird zusammen mit einem Inertgas unter Rückfluß behandelt u. der Alkoxiddampf mittels eines bes. auf 325—500° erhitzten Inertgases, z. B. N_2, A, He oder O_2, therm. zersetzt. Das Oxid wird zweckmäßig elektrostat. niedergeschlagen. — Verw. z. B. als *Katalysatoren, Absorbentien* oder als Baustoff in *Düsenmotoren.* — Vorrichtung. (**U. S. P. 3 297 414** vom 30/6. 1964, ausg. 10/1. 1967.) — 3 S. H. Roos H 369

1857 **Inventa Akt.-Ges. für Forschung und Patentverwertung,** Zürich, Schweiz, *Gewinnung von Ammoniak und Schwefeloxiden.* (**Niederl. P. 123 179** vom 11/9. 1963, ausg. 15/11. 1967. Schwz. Prior. 11/9. 1962. — C. 1969, 1-2200 [U. S. P. 3 243 261].)

1858 **Soc. d'Électro-Chimie, d'Électro-Métallurgie et des Aciéries Électriques d'Ugine,** Paris, übert. von: **Gérard Parisot,** Lyon, Frankreich, *Fluorwasserstoffsäure.* (**U. S. P. 3 300 279** vom 27/1. 1964, ausg. 24/1. 1967. F. Prior. 30/1. u. 26/12. 1963. — C. **1966**, 46-2105 [F. P. 1 356 982].)

1859 **Buss Akt.-Ges.,** Basel (Erfinder: **Albrecht Miguler,** Liestal, **Franco Gala,** Pratteln, und **Renato Gentili,** Muttenz), Schweiz, *Reine Flußsäure.* (**Schwz. P. 438 239** vom 1/8. 1963, ausg. 30/11. 1967. D. Prior. 20/8. 1962. — C. **1967**, 38-2181 [F. P. 1 375 140].)

1860 **Imperial Chemical Industries Ltd.** (Erfinder: **Reginald A. Betts** und **Geoffrey L. Fairs**), *Reinigen von Chlor.* (**Aust. P. 271 711** vom 6/8. 1963, ausg. 5/1. 1967. Brit. Prior. 9/8. 1962. — C. **1967**, 5-2297 [Brit. P. 966 536])

1861 **Imperial Chemical Industries Ltd.** (Erfinder: **Gordon Diprose**), *Herstellung von Chlor.* (**Aust. P. 275 188** vom 16/10. 1963, ausg. 8/6. 1967. Brit. Prior. 22/10. 1962. — C. **1968**, 34-2264 [F. P. 1 385 447].)

1862 **Henkel & Cie. G. m. b. H.** (Erfinder: **Bruno Blaser** und **Karl-Heinz Worms**), Düsseldorf, *Herstellung von Phosphor-Fluor-Verbindungen.* (**Schwz. P. 440 234** vom 18/10. 1960, ausg. 29/12. 1967. D. Prior. 12/1. 1960. — C. **1961**, 15523 [D. A. S. 1 106 736].)

1863 **W. R. Grace & Co.** (Erfinder: **Norval K. Alfrey**), *Ammoniummetallphosphate.* (**Aust. P. 275 154** vom 5/12. 1962, ausg. 8/6. 1967. U. S. Prior. 19/1. 1962. — C. **1967**, 49/50-2037 [Brit. P. 971 989].)

1864 **Shell Internationale Research Mij. N. V.** (Erfinder: **Jan M. Oelderek**), *Antimonfluoride.* (**Aust. P. 275 741** vom 22/1. 1965, ausg. 29/6. 1967. Niederl. Prior. 24/1. 1964. — C. **1963**, 2066 [D. A. S. 1 237 547].)

1865 **Air Liquide Soc. An.,** Paris (Erfinder: **Pierre Gonse,** Lyon), Frankreich, *Alkalimonopersulfat.* (**D. A. S. 1 273 500** Kl. 12i vom 5/9. 1962, ausg. 25/7. 1968. F. Prior. 19/9. 1961. — C. **1968**, 3-2261 [Brit. P. 977 767].)

1866 **Montecatini Soc. Gen. per l'Industria Mineraria e Chimica** (Erfinder: **Luigi Merlo** und **Pier Umberto Bagatta**), Mailand, Italien, *Natriumperborat.* (**D. A. S. 1 275 522** Kl. 12i vom 19/10. 1962, ausg. 22/8. 1968. It. Prior. 20/10. 1961. — C. **1967**, 27-2237 [F. P. 1 336 587].)

1867 **Soc. d'Électro-Chimie, d'Électro-Métallurgie et des Aciéries Électriques d'Ugine** (Erfinder: **Jean Guérin** und **Jean Aigueperse**), *Natriumcyanid.* (**Aust. P. 275 211** vom 12/7. 1963, ausg. 8/6. 1967. F. Prior. 2/8. 1962. — C. **1967**, 24-2191 [Brit. P. 1 012 918].)

1868 **Western Electric Co., Inc.,** New York, N.Y. (Erfinder: **Anthony Joseph Caporaso,** Summit, **Ernest Denicke Kolb,** New Providence, und **Robert Alfred Laudise,** Berkeley Heights, N.J.), USA, *Züchten von Zinkoxid-Einkristallen.* (**D. A. S. 1 251 294** Kl. 12n vom 29/2. 1964, ausg. 5/10. 1967. **Brit. P. 1 061 831** vom 19/3. 1964, ausg. 15/3. 1967. Beide U. S. Prior. 27/3. 1963. — C. **1968**, 23-2446 [F. P. 1 386 157].)

1869 **Westinghouse Electric Corp.,** East Pittsburgh, Pa., übert von: **Philip M. Jaffe,** Nutley, N.J., USA, *Aluminiumsilicatleuchtstoffe.* (**U. S. P. 3 359 211** vom 12/10. 1964, ausg. 19/12. 1967. — C. **1968**, 1-2076 [D. A. S. 1 227 177].)

1870 **Soc. d'Électro-Chimie, d'Électro-Métallurgie et des Aciéries Électriques d'Ugine** (Erfinder: **Roger Papp** und **Georges Robert**), *Aluminiumfluorid.* (**Aust. P. 274 928** vom 2/10. 1962, ausg. 1/6. 1967. F. Prior. 2/10. 1961. — C. **1967**, 14-2268 [F. P. 1 309 300].)

1871 **Aluminium Laboratories Ltd.** (Erfinder: **Ethan A. Hollingshead** und **Norman W. F. Phillips**), *Aluminiumtrihalogenide.* (**Aust. P. 274 826** vom 13/3. 1963, ausg. 25/5. 1967. U. S. Prior. 20/3. u. 8/11. 1962. — C. **1966**, 29-2133 [Belg. A. S. 629 765].)

1872 **Allied Chemical Corp.** (Erfinder: **Raymond H. Koo, Aubrey W. Michener** und **Emery J. Carlson**), *Aluminiumsulfat.* (**Aust. P. 275 190** vom 29/4. 1963, ausg. 8/6. 1967. U. S. Prior. 31/10. 1962. — C. **1967**, 30-2197 [Brit. P. 995 209].)

1873 **British Titan Products Co. Ltd.,** Billingham, Durham, Großbritannien (Erfinder: **Arthur Wallace Evans, Denis Cleaver** und **Alan Edward Comyns**), *Herstellung von Titandioxid.* (**Brit. P. 1 093 441** vom 13/5. u. 9/11. 1964, ausg. 6/12. 1967. — C. **1968**, 51/52-2147 [D. A. S. 1 261 490 u. Schwz. P. 437 234].)

1874 **Sherritt Gordon Mines Ltd.** (Erfinder: **Andrew J. Vizsolyi** und **Herbert Veltman**), *Oxydation von Blei- und Zinksulfiden.* (**Aust. P. 274 816** vom 13/9. 1963, ausg. 25/5. 1967. Can. Prior. 15/9. 1962. — C. **1966**, 35-2204 [D. A. S. 1 203 746].)

1875 **Zahn & Co. G. m. b. H.,** Hameln/Weser, *Herstellung von Alkalichromatlösungen.* (**Brit. P. 1 057 678** vom 2/10. 1963, ausg. 8/2. 1967. D. Prior. 26/1. 1963. — C. **1965**, 43-2310 [D. A. S. 1 189 535].)

1876 **Associated Chemical Co. Ltd.** (Erfinder: **William H. Coates, Stanley Morton, Walter Furness** und **John Weir**), *Chromoxidpigmente.* (**Aust. P. 273 717** vom 21/8. 1962, ausg. 6/4. 1967. Brit. Prior. 26/1. 1962. — C. **1966**, 36-2117 [Brit. P. 941 755].)

H–6. Organische Industrie

1877 **Einfluß der Methanhomologen auf die Konversion von Naturgas mit Wasserdampf und Kohlendioxid.** S. P. Griško und M. Ch. Karapet'janc. (Chim. Prom. **43** (1967) 4, 286—88; russ.) — Ein Gemisch von 92% CH_4 u. 8% C_2H_6 erfordert für die Konversion zu einem Synthesegas gleicher Zus. ($H_2 : CO = 2 : 1$, 1% Rest-CH_4) bei 1100 °K u. 1—20 at mehr Ox.-Mittel (um 7—11% mehr W.-Dampf, um 4—5% mehr CO_2) als reines CH_4. Wegen des erheblich höheren Verbrauchs an Ox.-Mittel nimmt das isobare Potential der Nutzbarmachung des C-Geh. mit steigendem Druck (1 → 20 at) zu. Die Möglichkeit dieser Nutzbarmachung wird durch die Ggw. von C_2H_6 nicht erhöht. R. K. Müller H 510

1878 **Trennung und Reinigung der Produkte der Oxydation von Gasbenzin in der flüssigen Phase.** Š. S. Oganesjan und E. A. Goginjan. (Chim. Technol. Topliv Masel **12** (1967) 3, 22—25; ArmNIIchimproekt; russ.) — Das Verf. zur Gewinnung von C_{1-3}-Monocarbonsäuren aus dem Oxydat von Gasbzn. umfaßt die Rk., die Trocknung des Gemisches, die Trennung u. die Reinigung der C_{1-3}-Säuren. Die Trocknung erfolgt durch heteroazeotrope Rektifikation mit Diisopropyläther. Die Abtrennung der Ameisensäure aus dem C_{1-4}-Säuregemisch erfolgt durch heteroazeotrope Rektifikation mit Toluol oder Pentan–Hexan-Fraktion. Die Konz. der HCOOH in der sauren Schicht des Heteroazeotropen erreicht 96—97%. Es wurden Unters. über das Fl.–Dampf-Gleichgew. von $CH_3COOH/HCOOH$, CH_3COOH/CH_3CH_2COOH u. $CH_3 \cdot CH_2COOH/CH_3CH_2CH_2COOH$ durchgeführt.
S. Brändel H 510

1879 **Mechanismus und Kinetik der thermischen Krakkung in der flüssigen Phase.** R. Z. Magaril. (Izvest. vysšich učebnych Zavedenij [Baku], Neft Gaz **10** (1967) 2, 67—71; Tomenskij ind. inst.; russ.) — Unters. über das Kracken von Pyren bei 400—450° zeigten, daß das Kracken hochmol. Aromaten in fl. Phase bei geringem Spaltungsgrad als Kettenrk. mit großer Kettenlänge abläuft. Bei niederen Temp. erfolgt die Bldg. der Ketten an den Wänden des Reaktors, bei Erhöhung der Temp. kommt es zu einem scharfen Anstieg der Aktivierungsenergie u. der Geschw. des Krackens, was durch die Bldg. von Radikalketten im Rk.-Gemisch hervorgerufen wird. Experimentell gefundene Resultate u. nach einer abgeleiteten Gleichung für die Rk.-Geschw.-Konst. der Krackung von Pyren ber. stimmten überein.
S. Brändel H 510

1880 **Hydrokrackung von Kohlenwasserstoffen.** 2. Mitt. **Hydrokrackung von „Trocken-Lösungsmittel" unter Druck.** Eisuke Ogata. (J. Fuel Soc. Japan **46** (1967) 483, 528—38; Univ. of Tokyo; jap., Auszug: engl.) — 1. vgl. ibid. **46** (1967) 480, 226. — Unters. über die Hydrokrackung von „Trockenlsgm." (I; Kp. 151—193°) bei 300—500° u. 50 bzw. 100 kg/cm² Druck zeigen, daß die Vergasung von **I** durch Hydrokrackung etwas schwieriger als die von Hexan verläuft. Die Wirksamkeit der Katalysatoren entspricht der Rangordnung: Ni ≫ Ni–W-Sulfid (**II**) ≫ W-Sulfid > Mo-Sulfid >SiO_2–Al_2O_3. Bei Verw. von Ni entsteht hauptsächlich CH_4 u. wenig C_2H_6 u. C_3H_8. W–Mo-Sulfid u. **II** ergeben außer CH_4 andere gesätt. KW-Stoffe mit 2, 3 u. 4 C-Atomen. In den Anfangsstufen der Rk. nimmt die II-Aktivität nicht ab. Zusätze von Alkali vermindern die II-Oberfläche u. damit die II-Aktivität. W. Wesly H 560

1881 **Besonderheiten der oxydativen Dehydrierung von n-Butan in Gegenwart von J_2 und Mn-Akzeptor.** A. L. Cajlingol'd, G. A. Stepanov, E. E. Čechov und T. P. Vernova. (Chim. Prom. **43** (1967) 3, 186—89; russ.) — Bei Zusatz von J_2 als Inhibitor der Ox. u. Spaltung von KW-Stoffen kann bei der oxydativen Dehydrierung von n-Butan in Ggw. eines stationären Mn-Akzeptors (Mn auf Silicagel) eine *Butadien* (I)-Ausb. von ca. 40% bei > 50% Selektivität bez. I bei relativ hohen Vol.-Geschw. ($\geqq 120\ h^{-1}$) erreicht werden, weil die zu I-Verlusten führenden Nebenrk. unterdrückt werden. Da die Rk. stark exotherm ist, ist die Wärmeabfuhr wichtig. Bei Wirbelschicht gehen aber I-Ausb. u. Selektivität auf 20 bzw. 25% zurück. Besser wird der Akzeptor in dichtem Schräggleichstrom einer Schicht kleiner Kügelchen durch den Reaktor bewegt. R. K. Müller H 570

1882 **Oxydierende Dehydrierung von n-Butylenen und Butan–Butylen-Gemischen in Gegenwart von Jod und eines Akzeptors.** V. A. Kolobichin, E. N. Emel'janova und R. V. Čugunnikova. (Chim. Prom. **43** (1967) 5, 325—27; russ.) — Vgl. C. **1967**, **44-2484**. — Bei der Unters. des Einfl. von *Butylenen* (I) auf die oxydierende Dehydrierung von *n-Butan* (II) *zu Butadien* (III) in Ggw. von J_2 wird als HJ-Akzeptor mit wss. NaOH-Lsg. auf einen NaOH-Geh. von 11,85% getränktes Al_2O_3 verwendet, als Ausgangsstoff techn. II bzw. eine techn. I-Fraktion. Bei Zunahme des Verhältnisses $J_2 : I$ von 0,02 auf 0,1 nimmt die Selektivität des Prozesses ab, der I-Umsatz zu. Das Max. der III-Ausb. wird bei $J_2 : I = 0{,}04$ erreicht (Selektivität 79,8%, I-Umsatz 95,5%). Mit zunehmender O_2-Menge nehmen I-Umsatz u. III-Ausb. zu; optimal sind 1—1,5 Mol O_2 auf 1 Mol I (III-Ausb. 72—74%, Selektivität 76%). Fraktionen der Erdölverarbeitung u. der Bzn.-Pyrolyse können ohne Trennung für die III-Gewinnung verwendet werden. R. K. Müller H 570

1883 **Zersetzung von Chlormethyläther in Gegenwart einiger Friedel-Crafts-Katalysatoren.** František Juračka, Alois Matějíček und O. Dufka. (Chem. Průmysl **17/42** (1967) 8, 436—39; VÚSPL, Pardubice; tschech.) — Die Zers. des *Chlormethyläthers* (I; CH_3OCH_2Cl), bes. die Kinetik der Bldg. von CH_3Cl bei verschiedenen Temp. in Ggw. von $FeCl_3$, $ZnCl_2$, $AlCl_3$ u. des festen Copolymeren (II) von Styrol u. Divinylbenzol wurde auf Grund der Vol.-Messung der Rk.-Gase sowie gaschromatograph. Kontrolle der Zus. der restlichen Rk.-Fl. untersucht. Bei Ggw. von $FeCl_3$ allein zersetzt sich I nach der Rk. 1. Ordnung, u. die Geschw. der Bldg. von CH_3Cl wird vorwiegend durch die Rk.-Temp. beeinflußt. Die Rk.-Geschw.-Konst. beträgt bei 55° $4{,}7 \cdot 10^{-3}$ (s^{-1}). Das Rk.-Gas besteht prakt. nur aus CH_3Cl. Im Falle von $FeCl_3$ + II ist die Bldg. von CH_3Cl wesentlich kleiner, u. die Gase enthalten 45% HCl. Auch die Zus. der Rk.-Fl. ist in beiden Fällen verschieden. Demnach ist die Rk. in Ggw. von $FeCl_3$ allein als Zers. von I in $CH_2O + CH_3Cl$ unter vorübergehender Bldg. der Additionsverb. von I + $FeCl_3$ anzusehen, während die Rk. in Ggw. von $FeCl_3$ + II vorwiegend als Substitution der aromat. Kerne von II mit $-CH_2Cl$ verläuft. Die beiden Hauptrk. sind von mehreren Nebenrk. begleitet. K. Kámen H 610△

1884 **Thermodynamische Untersuchung der katalytischen Mercaptan- und Sulfid-Synthese.** Otto Weisser. (Chem. Průmysl **17/42** (1967) 6, 307—12; Kat. syntet. paliv a ropy, Vys. škola chem.-technol., Praha; tschech.) — Aus Literaturangaben werden thermodynam. u. Gleichgew.-Kriterien für die Synth. von *Mercaptanen* bzw. *Sulfiden* durch Addition von H_2S an Olefine oder durch Thiolierung, gegebenenfalls durch reduzierende Thiolierung von Alkoholen, Äthern, Carboxylverb. u. Nitrilen zusammengefaßt u. die optimalen Rk.-Bedingungen angegeben. Eigene Berechnungen des Vf. gestatten den Rk.-Verlauf, die Bldg. von Nebenprod. u. die ökonom. u. techn. Gangbarkeit des Verf. betreffs der Rohstoffe zu bestimmen. — 29 Literaturangaben. J. Vaněček H 640△

1885 **Synergistische Effekte bei der Photooxydation gemischter Kohlenwasserstoffe.** J. J. Bufalini und A. P. Altshuller. (Environment. Sci. Technol. **1** (1967) 2, 133—38; National Center for Air Pollution Control, U. S. Dep. of Health, Educ. and Welfare, Cincinnati, O.; engl.) — Zur Klärung der bei den bisher veröffentlichten Werten der Geschw.-Konst. für Rk. von Olefinen mit atomarem Sauerstoff bzw. mit Ozon auftretenden beträchtlichen Abweichungen bestrahlten Vf. Buten-(1) allein wie auch in Ggw. von trans-Buten-(2) u. von 1.3.5-Trimethylbenzol sowie von 1.3.5-Trimethylbenzol allein mit NO_2 bei 3 Lichtintensitäten (Bldg. von Aldehyden u. Ketonen). Dabei wurden synergist. Effekte beobachtet, die nicht allein durch Rk. mit atomarem Sauerstoff oder Ozon erklärt werden können. — 24 Literaturangaben. H. Hammitzsch H 650

1886 **Gewinnung von Weinsäure durch NO_2-Oxydation von Glucose.** Françoise Lesquibe. (Ind. aliment. agric. **84** (1967) 11, 1493—94; franz.) — Vf. klärt durch Nacharbeiten der wichtigsten Veröffentlichungen auf dem Gebiet der NO_2-Ox. von Glucose zu Weinsäure, daß von allen opt. Isomeren nur die *D-Weinsäure* als Ox.-Prod. auftritt. H. Hammitzsch H 850

1887 **Herstellung und Anwendung aliphatischer Amine (unter Ausschluß von Alkanolaminen).** 2. Mitt. A. Delzenne. (Ind. chimique **55** (1968) 608, 91—94; École Nat. Sup. du Pétrole; franz.) — Übersicht über die üblichen industriellen Darst.-Verf. für aliphat. Amine u. deren Anwendungsmöglichkeiten. — 50 Literaturangaben. H. Hammitzsch H 900

1888 **Eigenschaften und Anwendungen von Hexamethylphosphortriamid.** L. Robert. (Ion [Madrid] **27** (1967) 316, 645—52; Paris, Soc. Gén. d'Engrais et Prod. chim.; span.) — Übersicht über Herst., physikal. u. chem. Eig. von *Hexamethylphosphortriamid* („Hexametapol", $[(CH_3)_2N]_3PO$) u. seine Verw. als Lsgm., Stabilisator für Polymere, Pestizid u. Cokatalysator bei der Polymerisation. — 86 Literatur- u. Patentangaben. R. K. Müller H 980

1889 **Gewinnung von Dialkylphosphit.** Svetislav Živanoić, Svetolik Rašić, Antonije Stanković, Špiro Ćirković und Ivo Arapović. (Tehnika [Beograd] **22** (1967) 11, 1984—87; Beograd, ITMZ; kroat.) — Nach Besprechung der bestehenden kontinuierlichen u. diskontinuierlichen Verf. zur Herst. von Dialkylphosphit, bes. *Dimethylphosphit* (I), wird die kontinuierliche Veresterung von PCl_3 u. R—OH in einem Filmreaktor bei 60—100° u. unter Atmosphärendruck u. Rückflußkühlung beschrieben. Ausb. an I, bezogen auf PCl_3, beträgt 80%. H.-G. Wahrenholz H 980

1890 **Analyse und Optimierung des Ganges eines technischen Betriebs nach der Simplex-Methode. Anwendung auf die Nitrierung von Benzol.** R. M. O'Callaghan, J. de D. Masarnau und G. Benaroya. (Chim. Ind., Génie chim. **98** (1967) 8, 1400—05; Barcelona, Asesoria Politécnica Industrial; franz.) — Beschreibung der Simplex-Meth. u. Berechnung der Parameter der Rk. von HNO_3 u. Bzl. zur Bldg. von *Nitrobenzol* zur Ermittlung der optimalen Bedingungen. — 15 Literaturangaben. R. K. Müller H 1010

1891 **Einstufige katalytische Dampfphasenoxydation von Benzol.** M. C. Badarinarayana, S. H. Ibrahim und N. R. Kuloor. (Indian J. Technol. **5** (1967) 10, 314—20; Dep. Chem. Engng., Indian Inst. of Sci., Bangalore; engl.) — In Festbett- u. Wirbelstromreaktoren wurden folgende Katalysatoren bei Temp. zwischen 200 u. 600° auf ihre Wirksamkeit bei der Bzl.-Ox. untersucht: *V_2O_5*; *V_2O_5–MoO_3*; *Cr_2O_3–V_2O_5*; *V_2O_5–CoO*; *V_2O_5–K_2SO_4*; *V_2O_5 mit Alkali*; *Co-Molybdat*; *Ce-Molybdat*; *Cr_2O_3–MoO_3*; *Pr_2O_3*; alle auf *Silicagel* als Träger; *MoO_3* u. *Cr_2O_3* auf *Bimsstein* u. *V_2O_5* auf *Carborundum*. Als Rk.-Parameter wurden Temp., Teilchengröße des Katalysators, Zeitfaktor, Mol-Verhältnis Luft : Bzl. u. Wrkg. der Ggw. von Stickoxiden untersucht. Die Rk.-Prod. wurden auf ihren Geh. an *Phenol*, *Hydrochinon*, *Chinon*, *Maleinsäureanhydrid* u. *CO_2* (Rk.-Sequenz der Ox.) analysiert. Die Kinetik des Rk.-Mechanismus wird diskutiert, u. Gleichungen zur Berechnung der Geschw.-Konst. u. Aktivierungsenergien werden angegeben. Für Co- u. Ce-Molybdat, V_2O_5, Cr_2O_3–V_2O_5 u. Pr_2O_3 errechnete Werte zeigen gute

Übereinstimmung mit den experimentell ermittelten. Die Resultate bestätigen die Annahme eines 5stufigen, irreversiblen Rk.Mechanismus zwischen Bzl. u. Luftsauerstoff. M. Jatkowski H 1060

1892 **Veresterung von Phthalsäureanhydrid mit Methanol. Kinetische Betrachtungen und Entwurf eines „semibatch"-Reaktors.** S. Zahed Hussain und N. R. Kamath. (Indian J. Technol. **5** (1967) 10, 321—24; Dep. Chem. Engng., Indian Inst. of Technol., Bombay; engl.) — Die Rk. wird bei Temp. zwischen 55 u. 67°, bei einem Verhältnis Alkohol/Anhydrid = 8,0—20,0 u. bei einer Katalysatorkonz. (H_2SO_4) von 1,0—5,0 Gew.-% untersucht. Die Beziehungen zwischen diesen Variablen u. der Geschw.-Konst. werden in einer Gleichung erfaßt. Die Bldg. des Monoesters erfolgt schnell. Die bedeutend langsamere Rk. zum *Phthalsäuredimethylester* ist in ihrer Geschw. dem Quadrat der Monoesterkonz. proportional. Mit Hilfe dieser kinet. Aussagen wird ein „semi-batch"-Reaktor optimiert. M. Jatkowski H 1220

1893 **Untersuchung der Synthese von Pyridinbasen aus Acetaldehyd und Ammoniak. 1. Mitt. Einfluß der Temperatur auf die Ausbeute an Pyridinbasen.** Gianfranco Fabbri und Giorgio Campazzi. (Chim. e Ind. [Milano] **49** (1967) 5, 458—64; Genova, C. N. R., Centro studi di Chim. appl.; ital.) — In einer Mikrosynth.-App. wird die katalyt. Rk. von Acetaldehyd (**I**) u. NH_3 am SiO_2–Al_2O_3-Katalysator in Dampfphase bei atmosphär. Druck u. 150—450° untersucht. Die Rk. wird durch gaschromatograph. Analyse der Prod. verfolgt. Neben *Py.* entstehen *α-* (**II**) u. *γ-Picolin* (**III**) u. *2-Methyl-3-äthylpyridin* (**IV**). Bei einem mol. Verhältnis **I** : NH_3 = 2,78 wird bei < 200° die Bldg. von **IV**, bei > 200° die Bldg. von **II** u. **III** begünstigt. Bei niedrigeren Temp. erreicht die Ausb. an Pyridinbasen nach ≈ 2 Std. ein Max. u. nimmt dann rasch ab. Das Max. ist steiler bei Vorbehandlung des Katalysators zuerst in Luft bei 450°, dann bei der Rk.-Temp. mit NH_3 (je 60 Min.) als bei Vorbehandlung nur mit NH_3. — 36 Literaturangaben. R. K. Müller H 3231

1894 **Hydrolyse von Pyridylmethylphosphaten und die Metallionenkatalyse.** Yukito Murakami und Makoto Takagi. (Bull. chem. Soc. Japan **40** (1967) 11, 2724; Dep. of Organ. Synth., Fac. of Engng., Kyushu Univ., Hakozaki, Fukuoka; engl.) — Die Hydrolyse der *2-*, *3-* u. *4-Pyridylmethylphosphate* folgt einer Kinetik 1. Ordnung, u. die pH-Kurven zeigen Max. bei pH 2,5 u. Schultern bei pH 6. Für alle 3 Phosphate ist die Neutralform reaktiver als die monoanion. Form. Außer Cu^{2+}, das Komplexe bildet, haben bivalente Metallionen keinen Einfl. auf die Hydrolyse. Polyvalente Ionen wie Fe^{3+} u. Al^{3+} retardieren die Hydrolyse, während Th^{4+} sie bei 90° fördert. R. Hintsche H 3231

1895 Walter Blöchl, Karlsruhe, **Fluorjodalkane** erhält man durch Rk. von Perfluorolefinen der allg. Formel $CFR^1{=}CFR^2$ mit Halogenalkyljodiden der allg. Formeln $J(CF_2)_nX$ oder $X(CF_2)_n[CFR^3{-}CFR^4]_mJ$ bei 240—450° [R^1 u. R^2 = F oder C_1—C_{10}-Perfluoralkylrest; n = 1 bis 20; m = 1—15; X = H, F, Cl, Br, J; R^3 u. R^4 = F oder Perfluoralkylrest mit 1—10 C-Atomen]. — Perfluorheptyljodid (**I**) + Tetrafluoräthylen (**II**) → *Perfluornonyljodid*, $Kp._{760}$ 178°. — CF_3J + **II** → *Perfluorjodpropan*. — Perfluorpropylen + **I** → $C_7H_{15}C(CF_3)F{-}CF_2J$, $Kp._{120}$ 129°. — 1-Jod-2-hydrotetrafluoräthan + **II** → $CHF_2CF_2 - CF_2 \cdot CF_2J$, $Kp._{750}$ 85°. — 1-Jod-2-chlortetrafluoräthan + **II** → *1-Chlor-4-jodoctafluorbutan*, $Kp._{350}$ 76°. — 1.2-Dijodtetrafluoräthan + **II** → *1.4-Dijodoctafluorbutan*, $Kp._{100}$ 86°. — 1-Jodperfluor-n-heptan (**III**) + **II** (330—350°) → *Perfluor-1-jodnonan* (12 Gew.-%) + *Perfluor-1-jodundecan* (5,2) + *Perfluor-1-jodtridecan* (2) + *Perfluor-1-jodpentadecan* (1.2) + 79% unverändertes **III**. — *Hydrauliköle*. (**Schwz. P. 440 240** vom 7/12. 1964, ausg. 29/12. 1967. D. Prior. 12/12. 1963.) — 5 S. A. Jahn H 560

1896 Pittsburgh Plate Glass Co., Pittsburgh, Pa. (Erfinder: Gordon Andrew Carlson, New Martinsville, William Kenneth Snead, Wheeling, und Walter McClelland South, New Martinsville, W.Va.), USA, **Äthylchlorid** erhält man durch Oxychlorierung von C_2H_6 mit O_2-haltigem Gas u. Cl_2 u./oder HCl in Ggw. eines Metallchloridkatalysators bei < 360°, indem man das Verhältnis von g Katalysator (w) zu gesamter gasförmiger Beschickung in l je Min. (f) > 30 hält. — Zum Beispiel erhält man beim Überleiten von 1 (Mol) C_2H_6 mit 0,8 Cl_2 u. 8 Luft bei 299° über einen $CuCl_2$–KCl-Trägerkatalysator im Fließbett unter Einhaltung eines Verhältnisses w/f = 55,5 : 83,5 g C_2H_5Cl, 12,9 g $C_2H_4Cl_2$ u. je 0,7 g[1] C_2H_3Cl, C_2HCl_3, $CHCl_3$, CCl_4 u. CH_3Cl. (**Schwz. P. 412 884** vom 16/5. 1962, ausg. 30/11. 1966. **D. A. S. 1 248 683** Kl. 12o vom 15/5. 1962, ausg. 31/8. 1967. Beide U. S. Prior. 16/5. 1961.) — 6 S. A. Jahn H 560

1897 Knapsack Akt.-Ges., Knapsack, **2.2.3.3-Tetrachlorbutan** erhält man durch Rk. von fl. 2.2.3-Trichlorbutan mit Cl_2 unter Einw. von UV-Licht. Umwandlung 64,5%, Ausb. 78%. (**Brit. P. 1 085 489** vom 20/4. 1966, ausg. 4/10. 1967. D. Prior. 24/4. 1965.) — 3 S. A. Jahn H 560

1898 Toyo Koatsu Industries, Inc., Tokio, Japan, **Herstellung von Vinylchlorid.** Man läßt Äthylen (**I**) bei hoher Temp. mit Cl_2 in 1. Stufe reagieren, wäscht aus dem Rk.-Gemisch, das aus Vinylchlorid (**II**), HCl u. unverändertem **I** besteht, **II** mit einer Absorber-Fl., z. B. Äthylendichlorid (**III**) aus, mischt das ausgewaschene Gasgemisch mit O_2 u. **I**, unterwirft es der katalyt. Oxychlorierung u. führt das aus **III**, **II**, W. u. **I** bestehende Gemisch nach Abtrennen des W. in die 1. Rk.-Zone zurück, in der **III** zu **II** zersetzt wird. — Schema. (**Ind. P. 89 715** vom 3/9. 1963.) — 6 S. C. Lüttgen H 570

1899 E. I. du Pont de Nemours & Co., übert. von: Charles W. Tullock, Wilmington, Del., USA, **Herstellung SF_5-haltiger Azomethine** durch Rk. eines Gemisches aus SF_5Cl(**I**) u. $[CN]_2$, Cyanhalogeniden, u. Carbonitrilen der allg. Formel ACN (A = Polyfluoralkyl mit ≦ 19 C-Atomen, Aryl, Chloraryl, Nitroaryl mit ≦ 14 C-Atomen) unter Einw. von UV-Licht. — 14 g ClCN u. 37 g **I** werden $6^1/_2$ Std. bestrahlt → [*Dichlormethylenamino*]*-schwefelpentafluorid*, $SF_5N{=}CCl_2$, Kp. 86—88°. — Analog: [*1-Chlortrifluoräthylidenamino*]*-schwefelpentafluorid*, $SF_5N{=}CClCF_3$, Kp. 58—61°, aus **I** u. Trifluoracetonitril, $SF_5N{=}CClC_3F_7$, Kp. 99—101°, aus **I** u. Perfluorbutyronitril, $SF_5N{=}CCl{-}CCl{=}NSF_5$, $Kp._{29}$ 60°, aus **I** u. $[CN]_2$, $SF_5N{=}CClC_6H_5$, aus Benzonitril u. **I**, [*Difluormethylenamino*]*-schwefelpentafluorid*, $SF_5N{=}CF_2$, Kp. 9—12,5°, aus Tetramethylensulfon u. **I**, [*Trifluormethylamino*]*-schwefelpentafluorid*, SF_5NHCF_3, Kp. 28,5—31°, aus $SF_5N{=}CCl_2$ u. HF, [*Octafluorbutylidenamino*]*-schwefelpentafluorid*, $SF_5N{=}CFC_3F_7$, Kp. 72—73°, aus $SF_5N{=}CClC_3F_7$ u. HF durch je 1std. Erhitzen auf 150° u. 200° im Druckgefäß. *Bis-*[*trifluormethyl*]*-hydrazo-bis-*[*schwefelpentafluorid*], $[SF_5]CF_3N \cdot NCF_3[SF_5]$, Kp. 103—104°, aus SF_5NHCF_3 u. AgF_2. — *Lsgm. für niedermol. Polytetrafluoräthylene.* (**U. S. P. 3 228 981** vom 27/6. 1962, ausg. 11/1. 1966.) — 5 S. C. Lüttgen H 570

1900 Biochefarm Soc. An., Chiasso (Erfinder: Silvio Pietra, Pavia, und Silvio Maffei, Torino), Italien, **2-Methyl-2-sek.-butyl-1.3-propandiol** erhält man durch Rk. von 2.3-Dimethylpentanal mit wss. CH_2O, bes. im Verhältnis 1 : 3, bei 20—100° in Ggw. eines alkal. Kondens.-Mittels (Na-, KOH), u. ggf. eines Emulgierungsmittels u. eines wss. Alkohols. Nach der Abkühlung trennt man die organ. Schicht ab, neutralisiert sie u. dest. das *Propandiol*, $C_8H_{18}O_2$, $Kp._{0,1}$ 92—97°; n_D^{10} 1,4550, ab; Ausb. 66—70%. (**Schwz. P. 414 582** vom 14/2. 1963, ausg. 30/12. 1966. It. Prior. 13/12. 1962.) — 2 S. G. König H 620

1901 Dunlop Rubber Co. Ltd., London, Großbritannien (Erfinder: Charles Edwin Kendall), **Herstellung eines festen Tetraisoalkylthiuramdisulfids** mit 4—8 C-Atomen im Alkylrest, dad. gek., daß man das entsprechende Diisoalkylamin unter alkal. Bedingungen mit CS_2 unter Zugabe von Na-Hypochlorit (**I**) umsetzt. — Aus Diisobutylamin in wss. alkohol. NaOH bei Kühlung auf 10—15°, Einrühren von CS_2 u. **I** → blaßgelber Nd., *Tetraisobutylthiuramdisulfid*, F. 72°, fast theoret. Ausbeute. — *Vulkanisationsbeschleuniger*. — Weiteres Mengenbeispiel für die Zus. einer Kautschukmasse. (**Brit. P. 1 058 446** vom 20/11. 1962, ausg. 8/2. 1967.) — 2 S. Georg Vogel H 640

1902 Procter & Gamble Co., Cincinnati, übert. von: Warren J. Lyness, Mount Healthy, und David E. O'Connor, Cincinnati, O., USA, **Hydroxyalkylsulfoxide** werden hergestellt durch Rk. von $RS(O)C^{\ominus}(R^1)(R^2)M^{\oplus}$ mit $R^3CH-CH(R^4)$ (über O verbrückt) [R = C_1-C_{30} KW-Stoff; R^1, R^2 = H, C_1-C_{30} KW-Stoff; R, R^1, R^2 enthalten je 0—10 Äther-, Thioäther oder Iminobindungen u. 0—5 Aminogruppen; M = Alkalimetall; der Sulfoxidrest enthält $\leq$ 32 C-Atome u. nicht mehr als 2 KW-Stoffreste enthalten Arylgruppen; R^3, R^4 = H, Aryl, Alkaryl, Alkyl, Cycloalkyl mit 1—30 C-Atomen u. 0—10 Äther- u. Thioätherbindungen] bei 0—100°. — *Sulfoxide*: *3-Hydroxytridecylmethyl-*, F. 64—71°, 64% (Ausb.)., *Diastereoisomeres*: F. 81—81,5°; *3-Hydroxypropylmethyl-*, 51%; *3-Hydroxy-4-dodecyloxybutylmethyl-*, F. 54—55,5°, *3-Hydroxy-4-decyloxybutylmethyl-*, $C_{15}H_{32}O_3S$, F. 44,5—46,5°, 49%; *Tridecyl-3-hydroxypropyl-*, $C_{16}H_{34}O_2S$, F. 73—74,5°, 28%; analog: 2-Hydroxydodecylmethyl-, F. ca. 75°. — *Detergentien*, ausführliche Angaben über Wrkg. u. Zubereitungen. (**U. S. P. 3 288 859** vom 30/3. 1965, ausg. 29/11. 1966.) — 13 S. A. Debo H 640

1903 Farbwerke Hoechst Akt.-Ges. vormals Meister Lucius & Brüning, übert. von: Rudolf Kühne, Helmut Diery und Bernhard Kiefer, Frankfurt/M., **Vinylsulfonsäureester** erhält man durch Rk. von ggf. substituiertem Carbylsulfat (I) mit einer aliphat. oder cycloaliphat. OH-Verb., wobei der zunächst entstehende Äthionsäureester im alkal. Medium gespalten wird. Die Rk.-Temp. beträgt —5 bis +30°, ggf. wird in einem inerten Lsgm. gearbeitet. — I gibt mit n-Propanol in Äthylenchlorid in Ggw. von $Ca(OH)_2$ bei 8—15° *Vinylsulfonsäure-n-propylester*, $Kp._8$ 94°; ähnlich folgende *Vinylsulfonsäureester*: *n-Butyl-*, $Kp._9$ 107°; *Äthyl-*, $Kp._{10}$ 89°; *n-Dodecyl-*, $Kp._{0,2}$ 149—151°; *β-Chloräthyl-*, $Kp._{0,2}$ 81,5—83°; ferner ist noch beschrieben die Herst. von *Propan-1-sulfonsäure-1-n-propylester*, $Kp._7$ 112—115°, *Brommethylvinylsulfonsäure-n-propylester*, $Kp._{0,15}$ 110 u. 123°, u. *Chlormethylvinylsulfonsäure-n-propylester*, $Kp._{0,1}$ 108—115°. Vgl. Can. P. 695 187; C. **1966, 29**-2530. (**U. S. P. 3 275 672** vom 9/7. 1963, ausg. 27/9. 1966. D. Prior. 12/7. 1962.) — 4 S. R. Bollinger H 640

1904 Lever Brothers Co., New York, N.Y., USA, übert. von: Gerrit Riezebos, Ashford, Kent, Großbritannien, David Adriaan van Dorp und Othmar Friedrich Schweigl, Vlaardingen, Niederlande, **Substituierte Sulfonsäuren** der allg. Formel $R-CH(R')-CH_2-SO_3H$ bzw. $R-CH(X^+)-CH_2-SO_3^-$ [R = C_4-C_{16}-n-Alkyl; R' = NH_2, $NH-R^2$, $NH-CH_2-CH_2-OH$, $NH-CH_2-CH_2-NH_2$, $N-(R^2)-R^3$, $O-R^4$; X = NH_3, NH_2-R^2, $NH(R^2)-R^3$, $N(R^2)(R^3)-R^5$; R^2, R^3, R^4 u. R^5 = C_1-C_4-Alkyl] erhält man durch Rk. eines *β*-Sulfons mit einer Verb. mit akt. H-Atom, wie NH_2, Aminen oder Alkoholen. — Aus einem trockenen Gemisch aus 1.2-Dichloräthan u. Dioxan durch Einrühren von SO_3 bei 10° unter N_2, 30 Min. Weiterrühren, Zugabe eines α-Olefins zur gebildeten Dioxan-SO_3-Komplex-Verb. u. 90 Min. Rühren bei 0° (oder 30 Min. bei 20°); aus dem Sulton mit NH_3 oder einem Amin im Kältebad, dann bei Raumtemp. u. zuletzt bei 60° → Produkt. — *2-Aminooctadecan-1-sulfonsäure*, (Molgew.) 349,6; ferner Aminododecan-1-sulfonsäuren: *2-* (265,4); *2-Methyl-* (279,4), F. 249 bis 250° (A.); *2-Dimethyl-* (293,5); *2-Trimethyl-* (307,5); *2-Propyl-*, F. 217—219°; *2-Äthanol-* (309,5), F. 243 bis 243,5° (W., Verfärbung); *2-[N-2'-Aminoäthyl]-*; *Na-2-Methoxydodecan-1-sulfonat*, aus dem entsprechenden Sulton u. CH_3ONa in Methanol. Die substituierten Sulfonsäuren (Ausb. 44—60%) dienen nach der Neutralisierung zur *Herst. von Reinigungsmitteln*. — Mengenbeispiele, Tabelle für Reinigungsmittel. (**U. S. P. 3 346 628** vom 10/3. 1964, ausg. 10/10. 1967. Brit. Prior. 7/6. 1963.) — 4 S. Georg Vogel H 640

1905 Halcon International, Inc., New York (Erfinder: Irwin Schlossman, Whitestone), N.Y., USA, **Herstellung von Acrylsäuren.** — Man ox. 1 Mol des entsprechenden Alkenals, wie Acrolein, α-Methacrolein (I), α-Chlor-, α-Äthyl-, α-Isobutyl- oder α-Amylacrolein mit 0,1—2, bes. 0,5—1 Mol eines organ. Hydroperoxids, bes. tert.-Butylhydroperoxid (II) in Ggw. von 0,003—0,7, bes. 0,03—0,2 Mol CrO_3 als Katalysator, ggf. in Ggw. eines Lsgm., bei 0—100, bes. 25—60°. — Man mischt bei Raumtemp. 41 g tert.-Butanol, 4,2 g I, 1,0 g CrO_3 u. 5,3 g II u. erwärmt auf 40°. Nach 3std. Rühren → *Methacrylsäure*, Ausb. 81,5%, bezogen auf I; I-Umsatz 48%. (**Schwz. P. 431 497** vom 10/4. 1964, ausg. 31/8. 1967. **Brit. P. 1 060 777** vom 8/4. 1964, ausg. 8/3. 1967. Beide U. S. Prior. 12/4. 1963.) — 3 S. — 4 S. H.-W. Ebersbach H 810

1906 Halcon International, Inc., New York, N.Y., (Erfinder: Joseph Lee Russell, Ridgewood, N.J.), USA, **Methacrylsäure (I).** Man ox. Isobutan mit einem O_2-haltigen Gas im Dampfzustand, bes. in Ggw. von HBr als Katalysator, oder fl. in Ggw. von Di-tert.-butylperoxid u. Fe-Naphthenat zu tert.-Butylhydroperoxid (II) u. tert.-Butanol (III), setzt das II mit Methacrolein (IV) zu I u. III und das gebildete III mindestens teilweise zu IV um, führt das IV in die 2. Stufe zurück u. gewinnt das I. Bei der 3. Stufe wird das III entweder direkt durch Ox. in Ggw. eines trägerhaltigen Katalysators aus Phosphormolybdänsäure in IV übergeführt oder bei 150—500° zu Isobutylen dehydratisiert u. dieses in Ggw. eines Cu-Mo-Cr-Oxidkatalysators auf einem Träger zu IV oxydiert. Die 2. Stufe (B) wird bes. in Lsg. in Ggw. eines Chromsäurekatalysators durchgeführt. — Das I-haltige Rk.-Prod. kann mit einem C_1-C_{12}-Alkohol zu den entsprechenden I-Estern umgesetzt werden. — Die Gesamtausb. an I liegt bei 40—45 Mol-%, bezogen auf Isobutan. — Fließbild, Zeichnung. (**Schwz. P. 430 692** vom 5/6. 1964, ausg. 15/8. 1967. **Brit. P. 1 063 163** vom 29/5. 1964, ausg. 30/3. 1967. Beide U. S. Prior. 6/6. 1963.) — 5 S. — 6 S. H.-W. Ebersbach H 810

1907 Halcon International, Inc., USA (Erfinder: Joseph Lee Russell), **Herstellung von Methacrylsäure** (I) durch Ox. von Isobutan zu tert.-Butylhydroperoxid u. Umsetzung mit Methacrolein (II) in Ggw. von Chromsäure unter Bldg. von I u. tert.-Butanol (III); II wird aus III durch direkte Ox. in der Gasphase bei hohen Temp. in Ggw. von Molybdatophosphorsäure auf feuerfesten Materialien erhalten oder durch Dehydratisieren von III bei 150—500° u. Ox. des gebildeten Isobutylens in der Gasphase in Ggw. von Cu-, Mo- oder Cr-Oxid auf geeigneten Trägermaterialien. I kann zur Abtrennung mit niederen Alkoholen verestert werden; Ausb. bis zu 45%. — Fließschema. (**F. P. 1 425 278** vom 5/6. 1964, ausg. 4/4. 1966. U. S. Prior. 6/6. 1963.) — 6 S. G. Colsmann H 810

1908 Röhm & Haas G. m. b. H. (Erfinder: Wilhelm Gruber), Darmstadt, **Acryl- bzw. Methacrylnitril** erhält man durch Rk. von Propylen bzw. Isobutylen mit NH_3, O_2 u. W.-Dampf, bei 350—600°, bes. 400—500° in Ggw. eines Mo, Bi u. O enthaltenden Katalysators, bei dessen Herst. zusätzlich H_2SO_4 oder deren Salze mitverwendet worden sind, wobei die SO_4^{2-}-Menge $\leq$ 30 Gew.-%, bezogen auf Mo, Bi u. O, beträgt. Das Verf. kann auch 2stufig (Olefin → Aldehyd → Nitril) durchgeführt werden. (**Schwz. P. 454 118** vom 17/6. 1965, ausg. 14/6. 1968. **Brit. P. 1 040 519** vom 30/7. 1965, ausg. 24/8. 1966. Beide D. Prior. 1/8. 1964.) — 3 S. — 5 S. H.-W. Ebersbach H 810

1909 Geigy Ltd., Manchester, Lancashire, Großbritannien (Erfinder: John Francis Edmund Keenan und Stephen Blake), **Aliphatische Tetracarbonsäuren** der allg. Formel I (R^1 u. R^2 = H oder C_1-C_5-Alkyl) werden

I 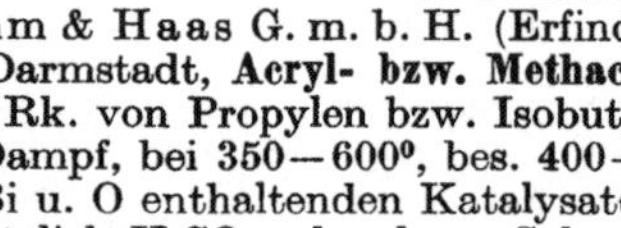

erhalten durch Ox. gesätt. Dicyclohexanole der allg. Formel $HO-C_6H_{10}-CR^1R^2-C_6H_{10}-OH$ mit einer Lsg. von HNO_3 in einer gesätt. C_2-C_5-Fettsäure, bes. Essig- oder Propionsäure, bei 30° bis zum Kp. des Rk.-Gemisches, wobei man bes. NH_4^+ als Katalysator verwendet. — Beispiele: 2.2-Bis-[4-hydroxycyclohexyl]-propan → 47,1—51,8% *4.6-Dicarboxymethyl-5.5-dimethylazelainsäure* (F. 196—197°) u. isomere Verb., F. 162—163°. — Bis-[4-hydroxycyclohexyl]-methan (= 4.4'-Dihydrodicyclohexylmethan) → 69,6% *4.6-Dicarboxymethylazelainsäure*,

F. 186—188°. — 2.2-Di-[4-hydroxycyclohexyl]-butan (F. 137—138°) → *4.6-Dicarboxymethyl-5-methyl-5-äthylazelainsäure*. — *Vernetzer für Harze* u. *Härter für Epoxyharze. Polymerisate.* (**Brit. P. 1 080 885** vom 29/10. 1964, ausg. 23/8. 1967.) — 6 S. O. Müller-Meiningen H 840

1910 Merck & Co., Inc., USA (Erfinder: Guenter Heinemann und Erwin Frederick Schoenewaldt), **Herstellung von 2-Keto-L-gulonsäure** durch Einleiten von O_2 in eine wss. Lsg. von L-Sorbose in Ggw. von Cu(II)-Alkanoaten, bes. Cu(II)-Acetat, bei pH 5—7; der pH-Wert wird z. B. durch Zugabe von $NaHCO_3$ reguliert. — Beispiel. (**F. P. 1 430 787** vom 22/4. 1965, ausg. 8/6. 1966. U. S. Prior. 27/4. 1964.) — 2 S. G. Colsmann H 870

1911 Sinclair Research, Inc., New York, N.Y., USA, **Herstellung von tertiären Alkoxyalkylestern** der allg. Formel $[R^2-(OR^1)_x-OOC]_n-R-[COOR^3]_m$ (R = gesätt. oder ungesätt. C_1-C_{40}-, bes. C_2-C_{20}-KW-Stoffrest; R^1 = wie R mit 2—12 C-Atomen; R^2 = tert. C_4-C_{10}-Alkyl; R^3 = H oder KW-Stoffrest; x = 1—25, bes. 1—5; n = mindestens 1; m + n = 1—6; wenn m + n = 1, ist R gesätt.). — Man erhitzt z. B. 1 (Mol) Dimethylterephthalat mit 2,4 2-tert.-Butoxyäthanol (**I**) in Ggw. von 2 g Titansäuretetraisopropylester auf 130—155° bis 2 CH_3OH abdest. sind, entfernt nicht umgesetztes **I** bei 180—185° u. erhält beim Abkühlen *Terephthalsäure* (**II**)-*bis-[tert.-butoxyäthyl]-ester* (**V**), F. 56°; VZ. 304 (Theorie 306). — *Maleinsäure* (**IV**)-Deriv., tert.-$C_4H_9-O-CH_2-CH_2-OOC-CH=CH-COO-CH_2-CH_2-O-$ tert.-C_4H_9; Kp.$_{0,3}$ 156°; n_D^{20} 1,4490; $D._4^{20}$ 1,0237. — *2.2.5.5-Tetramethyladipinsäure* (**VII**)-Deriv., Kp.$_{0,3}$ 165°; n_D^{20} 1,4406; $D._4^{20}$ 0,9679. — *Fumarsäure* (**VI**)-Deriv.; Kp.$_{0,1}$ 132°; F. 35—36°. — *Isophthalsäure*-Deriv.; Kp.$_{0,8}$ 190°; n_D^{20} 1,4406; $D._4^{20}$ 0,9674. — *Itaconsäure* (**III**)-Deriv.; tert.-$C_4H_9-O-CH_2-CH_2-OOC-CH_2-C-[CH_2]-COO-CH_2-CH_2-O$-tert.-$C_4H_9$; Kp.$_{0,1}$ 130°; n_D^{20} 1,4468; $D._4^{20}$ 1,0149. — *tert.-Butoxyäthyl*-**III**-*methylester*; Kp.$_{0,8}$ 105—106°; n_D^{20} 1,44639; $D._4^{20}$ 1,0491. — **II**-*Bis-[3-methyl-5-tert.-amyloxypentyl]-ester*, Öl. — **IV**-*Bis-[tert.-butoxy-2-propyl]-ester*, Kp.$_{0,3}$ 128°; n_D^{20} 1,4441; $D._4^{20}$ 0,9911. — **V** liefert bei 105—150° in Ggw. von Na-Bisulfat unter Abspaltung von Isobutylen u. Aethylenglykol **II**-*Bis-[tert.-hydroxyäthyl]-ester*, F. 109°. — **IV**-*Bis-[2-hydroxyäthyl]-ester*; n_D^{20} 1,4866; $D._4^{20}$ 1,3187. — **VI**-Deriv.; n_D^{25} 1,4858. — **VII**-*Deriv.*; n_D^{20} 1,4667. — *2-Hydroxyäthyl*-**VI**-*methylester*; Kp.$_{0,07}$ 102°; F. 32,5—33,5°. — *Monomere zur Herst. von Polyestern.* (**Brit. P. 1 048 671** vom 4/3. 1963, ausg. 21/9. 1966. U. S. Prior. 6/3., 6/3. u. 18/6. 1962.) — 26 S. O. Müller-Meiningen H 870

1912 American Cyanamid Co., Stamford, Conn., übert. von: Norbert M. Bikales, Livingston, N.J., USA, **2-Cyanovinylalkylxanthat.** Man setzt *K-Äthylxanthat* in wss. Lsg. mit *cis-β-Chloroacrylnitril* unter Erhitzung auf 140—142° u. Extraktion des Ölanteils vom sich absondernden Feststoff (→ *cis-β.β'-Thiodiacrylnitril*) mit *Chloroform* u. Auswaschung mit W. zu *cis-2-Cyanovinyläthylxanthat* um, welches mit Aktivkohle behandelt u. abgefiltert wird. — *Flotationsmittel* für Metallsulfide. (**U. S. P. 3 301 400** vom 10/12. 1962, ausg. 31/1. 1967.) — 2 S. P. Iohn H 880

1913 Chemische Fabrik Pfersee G. m. b. H., Augsburg, übert. von: Heinz Enders, Stadtbergen, und Hans Karl Wiest, Gersthofen, **N-1.1-Dihydrofluoralkyl-N'-alkylenharnstoffe.** Zu einer Lsg. von 50 (Teilen) 1.1-Dihydroperfluoroctylisocyanat in 200 Methyläthylketon (**I**) gibt man bei 5—10° eine Lsg. von 5,1 Äthylenimin (**II**) in 100 **I**, rührt 1/2 Std. bei 5—10°, kühlt auf —40° → *N-1.1-Dihydroperfluoroctyl-A* (A = N'-Äthylenharnstoff), $C_{11}H_7F_{15}N_2O$, F. 74°. — Analog: *N-1.1-Dihydroperfluorbutyl-A*, $C_7H_7F_7N_2O$, F. 64°, *N-1.1-Dihydroperfluoroctyl-A*, $C_{12}H_9F_{15}N_2O$, F. 68°, u. *N-1.1.11-Trihydroperfluorundecyl-A*, aus 1.1.11-Trihydroperfluorundecylisocyanat u. **II**. — *Fungizide, Schaumverhüter* in Lsg. von anion. Substanzen, gehen beim Erhitzen in spröde Harze über. (**U. S. P. 3 274 174** vom 1/2. 1963, ausg. 20/9. 1966. D. Prior. 14/2. 1962. **D. A. S. 1 272 298** Kl. 12p vom 14/2. 1962, ausg. 11/7. 1968.) — 2 S. C. Lüttgen H 880

1914 Air Products and Chemicals, Inc., Philadelphia, übert. von: Joseph J. Donovan, Swarthmore, und Kenneth F. Gosselin, Media, Pa., USA, **Herstellung aliphatischer Isocyanate.** Man erhitzt eine Lsg. eines tert. aromat.-heterocycl. Amins u. einer Verb. mit <12 C-Atomen, die ≥1 Formamidgruppe enthält, mit Cl_2, Br_2 oder J_2 auf 35—250°. — Ein Gemisch aus 0,38 (Mol) Formamidohexan u. 1,5 Chinolin wird langsam mit 1,1 Br_2 versetzt, 45 Min. auf 183° erhitzt u. frakt. dest. → *n-Hexylisocyanat*; Ausb. 68,5%. — Weitere Beispiele. (**U. S. P. 3 277 140** vom 16/7. 1963, ausg. 4/10. 1966.) — 2 S. C. Lüttgen H 890

1915 Soc. d'Électro-Chimie, d'Électro-Métallurgie et des Aciéries Électriques d'Ugine, Seine, Frankreich (Erfinder: Paul Besson und Pierre Thirion), **Herstellung von Methylaminen** aus H_2 u. HCN im Mol-Verhältnis 5—30, bes. 10—20, in Ggw. eines Katalysators (**A**), bes. Al_2O_3 oder Al_2O_3/SiO_2, u. einer Protonensäure, bes. H_3PO_4, oder einer Lewis-Säure, bes. $AlPO_4$, AlF_3, $AlCl_3$ oder $ZnCl_2$, bei einem Durchsatz von 4—40, bes. 5—20, HCN pro Std. u. dm³ **A**; **A** kann bei 400—450° durch Verbrennen von C enthaltenden Verb. reaktiviert werden. — Zum Beispiel wird bei 175° u. 8 at ein Gemisch aus 150 u. 8 Mol pro Std. H_2 u. HCN in ein Gemisch aus 56,3(%) *Monomethylamin*, 21,6 *Dimethylamin*, 14,2 *Trimethylamin* u. 7,9 *Methan* umgewandelt. (**F. P. 88 478** vom 8/7. 1965, veröff. 10/2. 1967. **Zusatz zu F. P. 1 364 577.**) — 4 S. G. Colsmann H 910

1916 Dow Chemical Co., Midland, Mich., übert. von: Warren J. Rabourn, Lake Jackson, Tex., USA, **Herstellung von Äthylendiaminen.** 0,5 (Mol) N.N-Dimethylvinylamin (**I**) u. 0,5 Dimethylamin werden gemischt u. nach 18 Std. unter Vakuum frakt. dest. → *1.1-Bis-[dimethylamino]-äthan*, Kp.$_{80}$ 46°; n_D^{25} 1,4166. Analog folgende *1-Dimethylaminoäthane*: *1-Diäthylamino-*, Kp.$_6$ 25°; n_D^{25} 1,4245, aus **I** u. Diäthylamin; *1-Diallylamino-*, Kp.$_2$ 45°; n_D^{25} 1,4515, *1-[1-Piperidino]-*, Kp.$_3$ 43°; n_D^{25} 1,4570, *1-[4-Morpholino]-*, Kp.$_1$ 48°; n_D^{25} 1,4558, *1-[1-Aziridino]-*, Kp.$_{20}$ 33°; n_D^{25} 1,4315, *1-[1-Pyrrolidino]-*, Kp.$_{10}$ 52°; n_D^{25} 1,425. Bei Verw. von ≥1 Mol-Äquivalent des sek. Amins u. bei 30—100° entstehen symm. Äthylendiamine, u. zwar folgende *Äthane*: *1.1-Bis-[diallylamino]-*, Kp.$_2$ 75—76°; n_D^{25} 1,4725, *1.1-Bis-[piperidino]-*, Kp.$_{2,5}$ 85 bis 88°; n_D^{25} 1,4828, *1.1-Bis-[morpholino]-*, Kp.$_{0,5}$ 65—69°; n_D^{25} 1,4835, *1.1-Bis-[pyrrolidino]-*, Kp.$_3$ 66°; n_D^{25} 1,4785, *1.1-Bis-[anilino]-*, Kp.$_{0,5}$ 47—52°; n_D^{25} 1,6008. — *Absorber für saure Gase, Katalysatoren, Pestizide.* (**U. S. P. 3 236 885** vom 24/11. 1961, ausg. 22/2. 1966.) — 3 S. C. Lüttgen H 910

1917 Unilever-Emery N. V., Gouda, Niederlande, **Aminoamide** der allg. Formel $R^1R^3N(CH_2)_{2-5}NHC(O)R^2$ [R^1 = C_{1-4}-Alkyl; R^2 = gesätt. verzweigter aliphat. Rest C_{16-25}; R^3 = R^1, $-(CH_2)_{2-5}NHCOR^2$] werden hergestellt durch Erhitzen äquimol. Mengen der Carbonsäure u. des Amins. — *N.N-Dimethylisostearamidopropylamin.* — *Ox.-Inhibitoren für Schmiermittel.* (**Brit. P. 1 049 199** vom 25/11. 1963, ausg. 23/11. 1966. U. S. Prior. 23/11. 1962.) — 8 S. A. Debo H 910

1918 Grégoire Kalopissis und André Viout, Paris, Frankreich, **Oberflächenaktive Aminsalze** der Formel $[HSC(R')H-C(O)N(R)-(CH_2)_2NH(R'')R''']X$ werden hergestellt durch Rk. von $HS-CH(R')C(O)OR'$ mit $RNHCH_2CH_2NR''R'''$ (R' = H, C_1-C_6-Alkyl; R'' = niedermol. Alkyl; R, R''' = H, niedermol. Alkyl, eines davon der Rest einer C_8-C_{24}-Fettsäure; X = Anion). — *Mercapto-N-lauryl-N-[2-diäthylaminoäthyl]-acetamid*; $HS\cdot CH_2C(O)NHCH_2CH_2N(CH_3)C_{12}H_{25}$, F. 30—32°; 75% Ausb.; $HSCH_2C(O)N(C_{12}H_{25})CH_2CH_2N(C_2H_5)_2$; 25 weitere Beispiele. (**U. S. P. 3 257 449** vom 30/4. 1965, ausg. 21/6. 1966.) — 7 S. A. Debo H 910

1919 FMC Corp., übert. von: Harold K. Latourette, Pennington, N.J., und John A. Pianfetti, Charleston, W.Va., USA, **N.N-Disubstituierte Hydrazine** erhält man durch Zugabe von H_2SO_4 oder HCl zu a) einer wss. Lsg. einer N-Nitrosoverb. von niedrigmol. Dialkylaminen, Piperidin, Morpholin oder Pyrolidin u. b) Zn bis zum pH 2—4 derart, daß die Menge W. im Endprod.

8–30 Mol je Mol N-Nitrosoverb. beträgt. — Herst. von *asymm.-Dimethylhydrazin*; 58,7–93,7 % (Ausb.). *N-Aminopiperidin*; 52 %. (**U. S. P. 3 317 607** vom 30/7. 1959, ausg. 2/5. 1967.) — 3 S. A. Jahn H 910

1920 Aerojet-General Corp., Azusa, übert. von: Manfred Stammler, Carmichael, Calif., USA, **Asymm.-Dialkylhydraziniumperchlorat und -fluoborat** erhält man durch Rk. von Dialkylhydrazinen mit $HClO_4$ bzw. HBF_4 oder mit NH_4-, Alkali- oder Erdalkaliperchlorat bzw. -fluoborat u. Wasser. — *1.1-Dimethyl-*, *1.1-Diäthylhydraziniumperchlorat*. — *Sprengstoffe*. (**U. S. P. 3 259 657** vom 30/7. 1962, ausg. 5/7. 1966.) — 3 S. A. Jahn H 910

1921 Ajinomoto Co., Inc., Tokio (Erfinder: Jiro Kirimura, Tokio, und Toichi Yoshida, Kanagawa-ken), Japan, **Zerlegung von DL-Aminosäuren in die optisch-aktiven Komponenten,** dad. gek., daß man eine N-Acyl-DL-aminosäure mit einem wasserunlösl. Acylasepräp. asymm. hydrolysiert u. aus dem sauren Hydrolysat eine opt.-akt. Komponente abscheidet. — Aus einem aus Aspergillus oryzae gewonnenen, mit N-Carboxy-γ-methylglutaminsäure in Acetatpuffer (pH 7,2) in ein pulvriges Mischpolymerisat (unlösl. polypeptisierte Form) umgewandelten Acylasepräp. durch Bldg. einer Säule im Gemisch mit Polyvinylchloridpulver in Barbitalpuffer (pH 8), Aufgießen einer wss. Lsg. von N-Acetyl-DL-valin, $CoCl_2$ u. NaOH bis pH 7,8, Einengen des auf pH 5 eingestellten Ablaufs auf $^1/_5$ des Vol. u. Zugabe des 4fachen Vol. 99 %ig. A. → *L-Valin*; 81 % (Ausb.); analog *L-Alanin*; 73,2 %; *L-Leucin, L-Methionin, L-Phenylalanin, L-Glutaminsäure, L-Lysin*. — Mengenbeispiele u. -tabellen mit Acylaseaktivität. (**Schwz. P. 421 986** vom 8/11. 1963, ausg. 15/4. 1967. Jap. Prior. 10/11. u. 20/11. 1962.) — 4 S. Georg Vogel H 950

1922 Merck & Co., Inc., Rahway, N.J., USA, **Herstellung von Glutaminsäure-γ-methylesterhydrochlorid (I),** dad. gek., daß man eine wasserfreie Lsg. von Glutaminsäurehydrochlorid (**II**) u. HCl in Methanol (**III**) im Mol-Verhältnis von **III** : **II** = 15 : 1 bis 150 : 1, von HCl : **II** = ≧1 : 4, bes. ca. 1 : 1, bei –10 bis +10° umsetzt, wobei man ggf. als **II** ein Gemisch aus Glutaminsäure (D- oder L-Form oder deren Gemisch) u. überschüssigem HCl verwendet, bis der **II**-Geh. mindestens bis auf 3 % des ursprünglichen **II**-Geh. gefallen ist, die Rk. durch Kühlung auf –20° beendet, das Rk.-Prod. im Vakuum oder durch Versprühen der Lsg. trocknet u. das Nebenprod., Glutaminsäuredimethylester (≦3 %), durch Extraktion mit Äthylendichlorid u./oder Aceton selektiv entfernt; **I**-Ausb. ≧94 %. — Mengenbeispiele. (**Brit. P. 1 080 218** vom 4/11. 1964, ausg. 23/8. 1967. U. S. Prior. 12/11. 1963.) — 5 S. Georg Vogel H 950

1923 Interco Fribourg Soc. An., Freiburg (Erfinder: Pierre Baudet, Genf), Schweiz, **Herstellung von Salzen aus flüssigen organischen Basen oder Säuren,** dad. gek., daß man die Base bzw. Säure auf einem festen, feinverteilten Träger (Tonerde, Kieselsäure, Ca-Gluconat, Stärke, Casein) adsorbiert, dann mit einer äquivalenten Menge Säure bzw. Base umsetzt u. das Prod. ggf. durch Zumischen von Talk oder Mg-Stearat granulierbar u. nichtzusammenbackend macht. — Mengenbeispiele für die Herst. eines Salzes aus *Dimethylaminoäthanol* u. krist. *N-Acetylglutaminsäure*; vgl. Brit. P. 980 436; C. **1967,** 31-1731. (**Schwz. P. 418 350** vom 31/7. 1964, ausg. 28/2. 1967.) — 2 S. Georg Vogel H 950

1924 Monsanto Co., St. Louis, Mo., USA, **Herstellung neuer Acylamidosulfonate und -sulfate** der allg. Formel R–C(A)(NH–COR²)–C(E)(X)–R¹ (R u. R¹ = H oder organ. Rest C_{1-22}; Summe der C-Atome von R + R¹ = 8–24; R² = H, aliphat., cycloaliphat., aromat. Rest; A u. E zusammen eine einfache Bindung oder getrennt = H, Halogen oder ggf. substituierter aliphat. Rest C_{1-5}; X = Alkali-, Erdalkali- oder NH_4-Sulfat oder -Sulfonat, Sulfonsäure- oder Schwefelsäurerest) erhält man a), falls X = Sulfonsäure- oder Sulfonatrest, durch Hydrolyse eines 2-Dioxy-1.2.5-oxathiazins der allg. Formel **I** bei

I 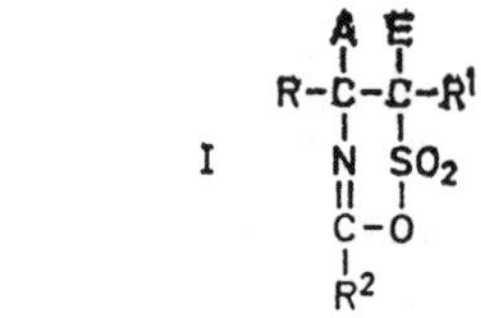

≧50°, bes. mit W., u. Neutralisation des Rk.-Prod. oder b), falls X = Sulfonatrest, durch Rk. einer Verb. $R-C(A)(NH_2)-C(E)(SO_3M)-R^1$ (M = Alkali, Erdalkali oder NH_4) mit einem Carbonsäureanhydrid der allg. Formel $(R^2-CO)_2O$ oder c), falls X = Sulfatrest, durch Rk. einer Verb. der allg. Formel $R-C(A)(NH_2)-C(E)(OSO_3M)-R^1$ mit einem Carbonsäureanhydrid der vorst. Formel. — Aus 2-Dioxy-3.4-dihydro-4-n-tetradecyl-6-methyl-1.2.5-oxathiazin u. W. durch 1std. Rühren bei 90° u. Neutralisation mit NaOH bis pH 8 → *Na-2-Acetamido-n-hexadecan-1-sulfonat*; analog *Na-1-Propionamido-n-hexadecan-2-sulfonat*. — Aus 2-Amino-n-tetradecanol-(1) in CCl_4 u. $HClSO_3$ bei <0° u. dann mit W. → Na-2-Amino-n-tetradecyl-1-sulfat $\xrightarrow{\text{Essigsäureanhydrid}}$ *Na-2-Acetamido-n-tetradecan-1-sulfat*. — Aus 2-Dioxy-3.4-dihydro-3-verzweigtem-hexadecyl-6-benzyl-1.2.5-oxathiazin, W. u. $MgCO_3$-Pulver → *Mg-2-Benzylamidooctadecan-1-sulfonat*. — *Kalkseifendispergiermittel*. (**Brit. P. 1 064 126** vom 20/8. 1963, ausg. 5/4. 1967. U. S. Prior. 21/8. u. 21/8. 1962.) — 10 S. Georg Vogel H 950

1925 Olin Mathieson Chemical Corp., übert. von: John W. Ager jun., Princeton, N.J., USA, **Carboranylcarbonsäureanilide** der allg. Formel $RR'B_{10}H_8[C(H)C \cdot (CONHC_6H_5)]$ (R, R' = H, C_1–C_5-Alkyl) werden hergestellt durch Rk. der entsprechenden Carboranylcarbonsäurechloride oder -bromide mit Anilin. — $B_{10}H_{10} \cdot [C(H)C(CONHC_6H_5)]$, $C_9H_{17}B_{10}NO$, F. 132–133°. — *Hochenergietreibstoffe*. — Aufbauformel, Zeichnung. (**U. S. P. 3 258 487** vom 30/1. 1963, ausg. 28/6. 1966.) — 3 S. A. Debo H 980

1926 Thiokol Chemical Corp., Bristol, Pa., USA, **Difluoraminocarborane** werden hergestellt durch Rk. von N_2F_4 mit einem 11-Alkenylcarboran. — Aus 1 (Mol) 11-[3-Butenyl]-carboran u. 3 Hydrazintetrafluorid in 16 Std. bei 145–160° → *1.2-Bis-[difluoramino]-4-[11-carboranyl]-butan*. Ferner Tabellenbeispiele. — *Sprengstoffe*. (**Brit. P. 1 079 523** vom 8/5. 1964, ausg. 16/8. 1967. U. S. Prior. 15/5. 1963.) — 7 S. A. Debo H 980

1927 General Electric Co., Schenectady, N.Y., USA (Erfinder: Edgar William Knaub), **Cyclische Silalkylensiloxane** der allg. Formel **I** (R = CH_3, C_2H_5; R¹ =

I 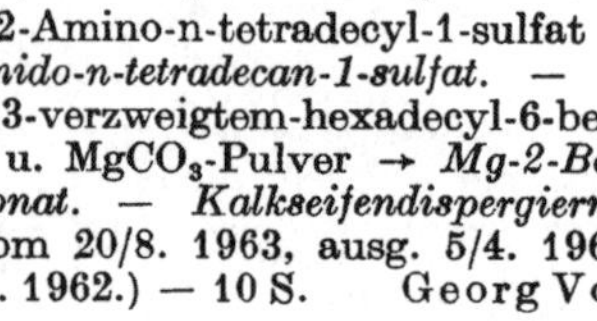

einwertiger KW-Stoffrest, halogenierter einwertiger KW-Stoffrest, Cyanoalkylrest; n = 2–4; a = 1 oder 2) erhält man durch Erhitzen von Acyloxy-substituierten Silalkylenverbindungen. — Beispiel: Durch Rk. von 1.2-Bis-[dichlormethylsilyl]-äthan mit Essigsäureanhydrid u. Dest. des entstandenen Acetylprod. erhält man das *1.2-Bis-[diacetoxymethylsilyl]-äthan*, Kp.$_{15}$ 110,3°. — *Härtungsmittel* für Siliconverbindungen. (**Brit. P. 1 083 585** vom 6/7. 1966, ausg. 13/9. 1967. U. S. Prior. 28/7. 1965.) — 4 S. R. Bauereis H 980

1928 Ruhrchemie Akt.-Ges., Oberhausen, **Oxyalkylen- oder Polyoxyalkylenglykoldiorthokieselsäureester** der allg. Formel $A[OSi]_2[OR]_{6-n}[OR]_n$, wobei A = ein Oxyalkylen- oder Polyoxyalkylenrest mit 1–6 Äther-O-Atomen, R ein Monoester(Halbester)-rest aus einer gesätt. Carbonsäure von 6–20 C-Atomen mit einem Alkylen- oder Oxyalkylendiol von 2–30 C-Atomen, R' = Alkyl mit 3 C-Atomen u./oder ein Polyoxyalkylenglykolätherrest, der 1–6 Äther-O-Atome hat, u. n = 0 oder eine ganze Zahl von 1–4; R u. R' im Mol gleich oder verschieden sein können, erhält man z. B. bei der Rk. von Triäthylenglykolisononanat, Diäthylenglykol-n-bu-

tyläther u. Triäthylenglykol mit dampfförmigem $SiCl_4$ bei ≈ 52°. Nach Beendigung der Rk. erhitzt man die Mischung 2 Std. auf 110°, wobei HCl unter Vakuum entfernt wird. *Triäthylenglykoldiorthokieselsäuretri-(diäthylenglykol-n-butyläther)-tri-(triäthylenglykolisononanat)-ester*, Molgew. 1554; $D._4^{20}$ 1,069; n_D^{20} 1,458, F. −48°, Viskosität bei 98,9° 124 cSt, bei 37,8° 590 cSt, Flammpunkt 254°. — Analog werden hergestellt: *Diäthylenglykoldiorthokieselsäurehexa-(diäthylenglykol-[3.5.5-trimethylcapronsäureester (I)]-ester)*, [Molgew. (II)] 1938; $D._4^{20}$ 1,067, F. −48°, [Viskositätsindex (III)] 140. — *Triäthylenglykoldikieselsäuretri-(triäthylenglykol-I)-tri-(isodecyl)-ester*, II 1542; $D._4^{20}$ 1,006, F. −48°, III 147; *Triäthylenglykoldiorthokieselsäuretri-(äthylenglykol-I)-tri-(isooctadecyl)-ester*, II 1878; $D._4^{20}$ 0,972, F. −48°, III 127; *Triäthylenglykoldiorthokieselsäuretri-(äthylenglykol-I)-tri-(diäthylenglykol-n-butyläther)-ester*, II 1554; $D._4^{20}$ 1,069, F. −48°, III 162; *Triäthylenglykoldiorthokieselsäuretri-(triäthylenglykol-I)-tri-(diäthylenglykoläthylester)-äther*, II 1470; $D._4^{20}$ 1,052, F. −50°, III 156; *Triäthylenglykoldiorthokieselsäuretri-(diäthylenglykol-I)-tri-(diäthylenglykol-n-butyläther)-ester*, II 1422; $D._4^{20}$ 1,072, F. −48°, III 151. — Die Verb. sind resistent gegen Hydrolyse, fl. bei hohen Drücken, $Kp._{760}$ 440° u. 180° bei 0,015 Torr. — Verw. als Schmiermittel für Turbinen u. Düsenmaschinen, Verdickungsmittel. (**Brit. P. 1 045 944** vom 19/8. 1965, ausg. 19/10. 1966. D. Prior. 11/9. 1964.) — 9 S.
G. König H 980

1929 Albright & Wilson (Mfg.) Ltd., Birmingham, Großbritannien (Erfinder: Maurice Frederick Mole, James Keith Jacques und John Desmond Collins), **Halogenhaltige Phosphorsäureester** der allg. Formel $(RO)_nP(O)[(OC_2H_3R')_yOH]_{3-n}$ erhält man durch Alkoxylierung saurer Phosphorsäureester der allg. Formel $(RO)_nP(O)(OH)_{3-n}$ mit Äthylenoxid, Propylenoxid, Epichlorhydrin u./oder Epibromhydrin (R = Halogenalkylrest mit 2−8 C-Atomen, wobei das Halogen nicht in α-Stellung gebunden ist; R′ = H, CH_3, CH_2Cl, CH_2Br; y = 1−20; n = 1 oder 2). — β.γ-Dibrompropylphosphat + Äthylenoxid → *β.γ-Dibrompropyl-bis-[β-hydroxyäthyl]-phosphat.* Weitere Beispiele ohne Angabe von Kennzahlen. — *Flammschutzmittel für Polymere*, die durch Kondens. oder Additionsrk. chem. verankert werden. (**Brit. P. 1 082 013** vom 5/6. 1964, ausg. 6/9. 1967.) — 6 S.
A. Jahn H 980

1930 Standard Oil Co., Chicago, Ill., übert. von: George R. Tichelaar, Carmichael, Calif., und Roger W. Watson, Highland, Ind., USA, **Zinksalze von Glycerinmonoesterdithiophosphaten** der allg. Formel I

I 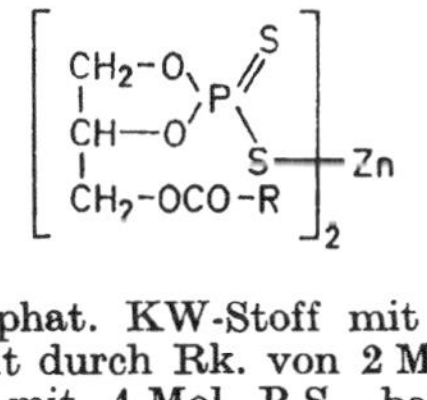

(R = acycl. aliphat. KW-Stoff mit 9−65 C-Atomen) werden hergestellt durch Rk. von 2 Mol eines Glycerinmonoalkylesters mit 1 Mol P_2S_5 bei 125−150 °F u. Neutralisation mit 0,5 Mol ZnO bei 100−200 °F. — *Glycerinmonodecylester-Zn-O.O-dithiophosphat.* — *Zn-Glycerinmonooleat-O.O-dithiophosphat.* — *Korrosionsverhütende Schmierölzusätze.* (**U. S. P. 3 288 819** vom 30/10. 1961, ausg. 29/11. 1966.) — 3 S. A. Debo H 980

1931 Agfa Akt.-Ges., Leverkusen, übert. von: Herbert Grabhofer, Köln, Herbert Müller, Leverkusen, Rolf-Fred Posse, Köln, und Hans Ulrich, Leverkusen, **Pentaerythritphosphorsäureester** erhält man nach folgendem Beispiel: Durch Rk. von Pentaerythrit mit $POCl_3$ erhält man das Pentaerythritdi-[phosphorsäuremonochlorid], F. 243−245°. Durch Rk. dieser Verb. mit Octaäthylenglykol in Py. erhält man den entsprechenden Ester als viskoses Öl. — *Photographische Hilfsmittel.* (**U. S. P. 3 342 903** vom 22/6. 1964, ausg. 19/9. 1967.) — 3 S. R. Bauereis H 980

1932 Stauffer Chemical Co., New York, N.Y., übert. von: Harry A. Pacini, Richmond, Attila E. Pavlath, Berkeley, Eugene G. Teach und Francis H. Walker, El Cerrito, Calif., USA, **Organische Fluorverbindungen** erhält man durch Rk. von organ. Cl- oder Br-Verb. mit 1−6 sp^3-Hybrid-C-Atomen u. ≧ 1 daran gebundenen Cl- oder Br-Atom, bes. CCl_4, $CHCl_3$, Benzotrichlorid u. Bis-[trichlormethyl]-benzol, mit ≧ stöchiometr. Mengen AsF_3 u. katalyt. Mengen $SbCl_5$, $NbCl_5$, $TaCl_5$ u./oder $[AsCl_4^+AsF_6^-]$ bei ca. 20−250°. — Zu 66 g AsF_3 u. 3 ml $SbCl_5$ tropft man bei Raumtemp. 81 g CCl_4, kocht die Mischung 1 Std. u. erhält in einer Kältefalle 58 g einer Fl., bestehend aus 63,7% CCl_3F u. 36,3% CCl_2F_2. — Methylchloroform → CF_3CH_3 + CF_2ClCH_3. — 1.1.1.2.2.3.3-Heptachlorpropan → *Monofluorhexachlorpropan* bzw. *Trifluortetrachlorpropan.* — Hexachlorpropen → *1.1.1-Trifluor-2.3.3-trichlorpropen-(2).* — Hexachloraceton → *Difluortetrachloraceton.* — Trichloracetylchlorid → *Trichloracetylfluorid* + *Dichlorfluoracetylfluorid.* — $CH_2(CCl_2CN)_2$ → *Monofluortrichlorglutarsäurenitril.* — Benzotrichlorid → *Benzodifluormonochlorid.* — Hexachlor-p-xylol → *Pentafluorchlor-p-xylol* + *Hexafluor-p-xylol.* (**U. S. P. 3 287 424** vom 25/9. 1963, ausg. 22/11. 1966.) — 3 S.
A. Jahn H 1010

1933 Union Oil Co. of California, Los Angeles, Calif., übert. von: William A. Krewer, Arlington Heights, und George W. Ayers, Chicago, Ill., USA, **Chloralkylierung von Aromaten,** bes. Bzl., Toluol, o-, m-, p-Xylol, Äthylbenzolfraktionen der Alkylierung von Bzl. mit Propylentetramer oder aromatenhaltige Extrakte von Mineralschmierölen. Man erhitzt die Aromaten mit CH_2O, Paraldehyd, Paraformaldehyd, symm.-Trioxan, Acetaldehyd, Butyraldehyd, Chloracetaldehyd u./oder Propionaldehyd in Ggw. von HCl, HBr oder HJ u. ca. 0,5 Mol (je Mol. monomerem Alkanal) S_2Cl_2, SCl_2, $SOCl_2$ oder SO_2Cl_2 auf 50−150°. — Man leitet durch ein Gemisch aus 82,8 g Toluol u. 30 g Paraformaldehyd bei 60° HCl, gibt während 45 Min. 61 g S_2Cl_2 zu, wodurch die Temp. auf 84° steigt, rührt 15 Min. weiter u. arbeitet auf → 7,4 g *Chlormethyltoluol.* (**U. S. P. 3 271 465** vom 30/11. 1962, ausg. 6/9. 1966.) — 4 S. A. Jahn H 1010

1934 Imperial Chemical Industries Ltd., London, Großbritannien (Erfinder: James Angus Wilson Reid), **Di-(p-tolyl)-jodoniumsalze** erhält man durch Rk. von p-Jodtoluol (I) mit Peroxyverb. [Peressigsäure (II)] u. Rk. des gebildeten p-Jodoso- oder p-Jodoxytoluols mit Toluol (III) u. einer Säure. — I + II + III + H_2SO_4 → *Di-(p-tolyl)-jodoniumhydrogensulfat*, $C_{14}H_{15}JO_4S$, F. 180°, 70% Ausbeute. — *Arylierungsmittel.* (**Brit. P. 1 068 183** vom 8/4. 1965, ausg. 30/3. 1967.) — 3 S.
A. Jahn H 1010

1935 Minister of Technology, London, Großbritannien (Erfinder: George William Charles Tayler und John Richard White), **Blei-2.4-dinitroresorcinat** erhält man durch Rk. von 2.4-Dinitroresorcin mit einem lösl. Pb-Salz (Pb-Diacetat) im alkal. Medium bei einem pH von 3,3−6,6 u. 50−100, bes. 55−85°. — *Zündmittel.* (**Brit. P. 1 076 981** vom 7/1. 1963, ausg. 26/7. 1967.) — 3 S. R. Bollinger H 1060

1936 Farbenfabriken Bayer Akt.-Ges., Leverkusen (Erfinder: Kurt Ley, Leverkusen, Helmut Freytag, Köln, und Wolfgang Redetzky, Leverkusen), **Heterocyclische Hydrochinonderivate.** Zu D. A. S. 1 206 904; C. **1966,** 47-2982, sind nachzutragen: Rk.-Prod. aus 2-[α-Phenyl]-p-benzochinon u. Isobutenylmorpholin (I), $C_{20}H_{23}O_3N$, F. 158−160°. — 2-[p-Tolyl]-p-benzochinon u. **I,** $C_{21}H_{25}O_3N$, F. 178−180°. — 2-[o-Chlorphenyl]-p-benzochinon u. **I,** $C_{20}H_{22}O_3NCl$, F. 198 bis 200°. — 2-[p-Tolyl]-benzochinon u. **I,** $C_{21}H_{25}O_3N$, F. 169−171°. — 2-[p-Anisyl]-p-benzochinon u. **I,** $C_{21}H_{25}O_3N$, F. 155−157°. — *Alterungsschutzmittel für Kautschuk.* (**Brit. P. 1 076 446** vom 25/9. 1964, ausg. 19/7. 1967. D. Prior. 27/9. u. 27/9. 1963. **Zusatz zu Brit. P. 1 024 818.**) — 17 S. A. Jahn H 1060

1937 Stauffer Chemical Co., New York, N.Y., USA, **Reduktion von Epoxyverbindungen** mit der Gruppierung $-CH-C(R^1)(R^2)-O$ erfolgt mit $(Alkyl)_2AlH$-Verb. bei

Zugabe eines Protonendonators (R^1 u. R^2 = H, gesätt. aliphat. oder cycl. Reste). — Styroloxid + Diisobutyl-AlH → *β-Phenyläthanol*. — Analog: *2-[p-Chlorphenyl]-äthanol*. — *2-[m-Methoxyphenyl]-äthanol*. — *1-Phenyl-2-propanol*. (**Brit. P. 1 080 889** vom 11/7. 1966, ausg. 23/8. 1967. U. S. Prior. 29/7. 1965.) — 5 S.
A. Jahn H 1070

1938 Chevron Research Co., übert. von: David M. Marquis, Orinda, Calif., USA, **Alkylphenylsulfamate** der allg. Formel p-R—C_6H_4NH—SO_3—M (R = C_{10} bis C_{16}-Alkyl; M = Alkalimetall) werden hergestellt durch Nitrierung eines entsprechenden Alkylbenzols, katalyt. Hydrierung, Aminosulfonierung u. Neutralisation. — p-Nitrododecylbenzol, $Kp._1$ 157—162°; (Ausb.) 86%, → p-Aminododecylbenzol, $Kp._{0,5}$ 131—134°; 90—93,5%, → *Na-N-Dodecylbenzolsulfamat*, gummiartiger Feststoff. — *Lsg.-Vermittler, Detergentien, Geruchs-* u. *Geschmacksmittel*, die Fumarsäure u. deren Salzen einen zitronenartigen Geschmack verleihen. (**U. S. P. 3 342 856** vom 9/6. 1964, ausg. 19/9. 1967.) — 2 S.
A. Debo H 1090

1939 Beck, Koller & Co. Ltd., Liverpool, Großbritannien, **Veresterung von Mono-, Di- und Tricarbonsäuren** oder ihren Anhydriden mit *aliphat. Monoalkoholen* im Überschuß erfolgt bei 140—220° in Ggw. von feinverteilter *Ti-Säure*, die durch Rk. von $TiCl_4$ mit CH_3OH u. Hydrolyse des Rk.-Prod. mit wss. CH_3OH + NH_3 in Ggw. von H_2O_2 hergestellt wurde. — Beispiele zur Herst. von *Di-[2-äthylhexyl]-phthalat* u. *-isophthalat, Di-[n-octyl]-adipat, Tri-[2-äthylhexyl]-trimellitat* u. des Esters aus Tallölfettsäure u. n-Decanol. — Weichmacher. (**Brit. P. 1 058 242** vom 1/7. 1963, ausg. 8/2. 1967. D. Prior. 29/6. 1962.) — 6 S.
O. Müller-Meiningen H 1200

1940 Knapsack-Griesheim Akt.-Ges., Knapsack (Erfinder: Kurt Sennewald, Wilhelm Vogt, Knapsack, und Alexander Ohorodnik, Liblar), **Aromatische Carbonsäurenitrile** erhält man durch Ox. von Methylbenzolen oder Methylnaphthalinen in der Gasphase mit Luft u./oder O_2 in Ggw. von NH_3 u. ggf. W.-Dampf bei 300—600°, 0,1—10 at u. Verweilzeiten zwischen 0,05 u. 50 Sek. an Katalysatoren, die ≧1 Oxid von B, Th, Mo, Re, Rh, Pd, V, Sb, Sn, Cr, W, Co, Fe, Mn, Al, Ni, Cu, Bi, Ti, Zn, Cd, Ag, Au, Pb, Nb, Ta, U, Ce oder P u. als Trägermaterialien SiO_2, Al_2O_3, Al-Phosphat, B-Phosphat oder Bimsstein enthalten. — Hergestellt wurden *Benzonitril* u. *Terephthalsäuredinitril*. (**Schwz. P. 442 272** vom 13/7. 1964, ausg. 31/1. 1968. D. Prior. 7/8. 1963.) — 2 S.
L. Stadelmann H 1200

1941 Knapsack Akt.-Ges., Knapsack (Erfinder: Kurt Sennewald, Wilhelm Vogt und Alexander Ohorodnik), **Aromatische Nitrile** erhält man durch Ox. von Methylbenzol oder Methylnaphthalin in der Gasphase mit O_2 u. NH_3 bei 300—600° u. 0,1—10 at in Ggw. von einem oder mehreren Oxiden der Elemente Ba, Th, Mo, Rh, Re, Pd, V, Sb, Sn, Cr, W, Co, Fe, Mn, Al, Ni, Cu, Bi, Ti, Zn, Cd, Ag, Au, Pb, Nb, Ta, U, Ce, mit oder ohne Oxide von P, die bes. auf Träger, wie SiO_2 oder Al_2O_3, aufgetragen sind. Hergestellt wurden *Benzonitril* u. *Terephthalsäuredinitril*. (**Brit. P. 1 065 444** vom 7/8. 1964, ausg. 12/4. 1967. D. Prior. 7/8. 1963.) — 3 S.
L. Stadelmann H 1200

1942 Upjohn Co., Kalamazoo, Mich., USA, **Herstellung araliphatischer Carbonsäuren** der allg. Formel $(R_1)_x$—C_6H_4—CH(R_3)—CH(R_2)—CH(COOH)—C_6H_4—$(R)_y$ (R, R_1 = CF_3-, niedrigmol. Alkenyl, C_6—C_{12}-Aryloxy, niedrigmol. Alkylmercapto, C_6—C_{12}-Arylmercapto; R_2, R_3 = H, niedrigmol. Alkyl; x, y = 0, 1—4). — Zu amalgamiertem Zn, erhalten durch Behandlung von 300 g Zn-Schwamm mit einer Lsg. von 6,7 g $HgCl_2$ in 500 ml W., gibt man eine Mischung aus 29,3 g 2-Phenyl-4-(3-trifluormethylphenyl)-4-ketobuttersäure (**I**) u. 400 ml HCl u. erhitzt unter Zugabe weiterer HCl nach 5 u. 10 Std. insgesamt 20 Std. unter Rückfluß → *2-Phenyl-4-(3-trifluormethylphenyl)-buttersäure*. — Zu einer Lsg. von 5 g **I** in 100 ml Ae. tropft man bei 0° unter Rühren 29 ml 3mol. äther. Methyl-MgBr-Lsg., rührt noch einige Std., erhitzt 1 Std. unter Rückfluß u. gibt Eiswasser u. verd. wss. HCl zu → *2-Phenyl-4-(3-trifluormethylphenyl)-4-hydroxyvaleriansäure* (**II**). — 1 g **II**, 100 mg p-Toluolsulfonsäure u. 100 ml Bzl. wird bis zur Beendigung der W.-Abspaltung unter Rückfluß erhitzt → *2-Phenyl-4-(3-trifluormethylphenyl)-3-pentensäure*. (**Brit. P. 1 021 189** vom 21/8. 1962, ausg. 2/3. 1966. U. S. Prior. 5/9. 1961.) — 6 S.
H.-W. Ebersbach H 1210

1943 Imperial Smelting Corp. (N.S.C.) Ltd., London (Erfinder: Michael William Buxton, Avonmouth, und John Colin Tatlow, Edgbaston/Birmingham), Großbritannien, **β-[2.3.4.5.6-Pentafluorphenyl]-acrylsäure** (**I**) erhält man, wenn man ein Gemisch aus C_6F_5CHO, Malonsäure u. Py. in Ggw. von Piperidin erhitzt u. das Rk.-Gemisch in verd. Säure gießt. — Ferner wurden hergestellt: *I-p-Bromphenacylester*, $C_{17}H_8 \cdot O_3BrF_5$, F. 125—126°. — *β-[2.3.4.5.6-Pentafluorphenyl]-propionsäure*, $C_9H_5F_5O_2$, F. 95—96°, durch Hydrierung von **I** in Ggw. von Raney-Ni. (**Schwz. P. 431 498** vom 21/3. 1961, ausg. 31/8. 1967. Brit. Prior. 12/5. 1960.) — 2 S.
H.-W. Ebersbach H 1210

1944 Shell Internationale Research Mij. N. V. (Erfinder: Lenze Hartstra, Franciscus Johannes Fredericus van der Plas, Marinus Jacobus Waal und Theodor Anton Weber), **Herstellung von aromatischen Nitrilen** durch Rk. einer aromat. Verb., die am Ring durch ≧1 Gruppe der allg. Formel —CH_2R (R = H, CH_3, Halogen, Nitrosogruppe) substituiert ist, mit einem Stickoxid (**I**)-Halogenid u./oder einer Mischung aus **I** u. einem Halogenierungsmittel in Ggw. eines tert. Amins. — Aus 6-Chlor-2-nitrotoluol, NO u. Cl_2 in Ggw. von Py. → *2.6-Dichlorbenzonitril* (**II**), Ausb. 44%. Weitere Beispiele zeigen die Ausb. an **II** in Abhängigkeit vom Verhältnis NO : Cl_2. (**Aust. P. 278 224** vom 20/1. 1964, ausg. 9/3. 1967. Niederl. Prior. 22/7. 1963.) — 14 S.
C. Lüttgen H 1210

1945 Monsanto Co., übert. von: George L. Broussalian, Overland, Mo., USA, **SO_3-Nitril-Komplexverbindungen** werden erhalten aus je 1 Mol SO_3 u. eines 1—15 C-Atome enthaltenden gesätt. oder monoolefin., cycloaliphat., monocycl. Aryl- oder Aralkylnitrils bei < —15°, bes. < —20°, bes. in Ggw. eines aliphat. Chlor-KW-Stoffs. — Man leitet z. B. in 500 (Teile) Acetonitril (**I**) bei —30° innerhalb 3 Std. 200 eines Dampfgemisches aus 5 Vol. Luft u. 1 Vol. SO_3 ein u. filtriert die **I**-SO_3-Komplexverb. unter W.-Ausschluß bei —15° ab. Hydrolyse mit kaltem W. → H_2SO_4 u. **I**. — Man führt in 1000 Benzonitril (**II**) u. 2000 CCl_4 bei —20° ein fl. Gemisch aus 600 SO_3 u. 2000 SO_2 innerhalb 5 Std. ein u. erhält die **II**-SO_3-Komplexverbindung. — *Sulfonierungsmittel für organ. Verbindungen*. (**U. S. P. 3 287 389** vom 14/9. 1962, ausg. 22/11. 1966.) — 4 S.
O. Müller-Meiningen H 1210

1946 Chemische Fabrik Kalk G.m.b.H., Köln, **Herstellung von Tetrabromphthalsäureanhydrid** durch Rk. von Phthalsäureanhydrid (**I**) mit Br_2 im Mol-Verhältnis 1 : 2,01 bis 1 : 2,1. Man führt Br_2 bei 80—90° in eine Rk.-Mischung, die **I** u. einen Halogenierungskatalysator, z. B. Fe, Al, J_2, 4,4—4,8 Mol (pro Mol **I**) SO_3 in Form von 50—80%ig. Oleum enthält, in einer Menge von ≧80% ein, setzt der auf 100—110° erhitzten Rk.-Mischung den Rest Br_2 zu, dest. überschüssiges SO_3 u. Br_2 ab, erhitzt auf 120—150° u. krist. die Br-Verb. durch Abkühlen aus. (**Brit. P. 1 084 375** vom 28/4. 1966, ausg. 20/9. 1967. D. Prior. 6/5. 1965.) — 3 S.
L. Stadelmann H 1220

1947 Union Carbide Corp., New York, N.Y., USA (Erfinder: Thomas Kemper Brotherton und John Wendell Lynn), **Diamine** der allg. Formel H_2N—R—O—CO—R^1—CO—O—R—NH_2 (R = 2wertiger, substituierter oder unsubstituierter, aliphat. oder alicycl. Rest; R^1 = 2wertiger KW-Stoffrest) erhält man durch Rk. von Hydroxyaminsalzen in einem inerten fl. Rk.-Medium mit einem Dicarbonsäurehalogenid unterhalb der Dissoziationstemp. der Hydroxylaminsalze. — Durch Rk. von 2-Aminoäthylalkohol mit Succinylchlorid erhält man das *Bis-[2-aminoäthyl]-succinat, Dihydrochlorid*, F. 195,5 bis 198°. — Analog: *Bis-[2-aminoäthyl]-adipat, Dihydrochlorid*, F. 199—200°. — *Bis-[2-aminoäthyl]-terephthalat*,

Dihydrochlorid, F. 242—244°. — *Bis-[2-aminoäthyl]-isophthalat, Dihydrochlorid*, F. 205—212°. — *Bis-[2-aminoäthyl]-p-phenylendiacetat, Dihydrochlorid*, F. 212—213°. — *Härtungsmittel* für *Epoxyharze*. (**Brit. P. 1 057 491** vom 30/5. 1963, ausg. 1/2. 1967.) — 5 S.
R. Bauereis H 1220

1948 Imperial Smelting Corp. (N.S.C.) Ltd., London (Erfinder: Leon Jerzy Belf und Michael William Buxton, Avonmouth), Großbritannien, **Fluorierte aromatische Nitrile** entstehen durch Erhitzen eines F-Atome enthaltenden aromat. KW-Stoffhalogenids, das mindestens ein an den Ring gebundenes Cl, Br oder J hat, mit CuCN in einem polaren Lsgm., bes. Dimethylformamid, auf 140—180°. — *Pentafluorbenzonitril*, $Kp._{98}$ 99 bis 105°. — *1.4-Dicyan-2.3.5.6-tetrafluorbenzol*, F. 197 bis 198°. (**Schwz. P. 454 112** vom 28/3. 1963, ausg. 14/6. 1968. Brit. Prior. 4/4. 1962 u. 20/3. 1963.) — 4 S.
L. Stadelmann H 1220

1949 Jürgen Schlegel, Hagen, und Georg Kolling, Essen, **Pyromellit- und Mellophansäure** erhält man durch Ox. von Octahydrophenanthren u. Octahydroanthracen mit HNO_3 im fl. Zustand bei 130—170°, ggf. in Ggw. eines Co-, Mn-, Cu- oder V-Salzes als Katalysator. — Aus Anthracen erhält man durch Hydrierung in Ggw. von Mo-Sulfid als Katalysator bei 350° u. 150 at das Octahydroanthracen, F. 65—75°; daraus durch Ox. mit HNO_3 bei 160° die Pyromellitsäure; Ausb. 85,5%. — Aus Phenanthren durch Hydrierung in Ggw. eines Gemisches aus Co-Oxid u. Mo-Oxid bei 450° u. 250 at das Octahydrophenanthren; daraus durch Ox. mit HNO_3 die Mellophansäure; Ausb. 79%. (**U. S. P. 3 350 448** vom 7/8. 1963, ausg. 31/10. 1967. D. Prior. 9/8. 1962.) — 2 S.
R. Bollinger H 1240

1950 Roussel-Uclaf, Paris (Erfinder: Jacques Martel, Bondy, und Chanh Huynh, Villemonble, Seine), Frankreich, **Substituierte γ-Lactone** der allg. Formel $R^1-CH-C(R^2)(R^3)-CH(R^4)-CO$ (R^1 = H, ggf. sub-
└———O———┘
stituiertes Vinyl, bes. Isobutenyl, ggf. substituiertes Phenyl; R^2 u. R^3 = H, Alkyl, ggf. substituiertes Aryl, Alkoxy, Halogen oder Glieder eines C_3-C_7-Rings; R^4 = H, Alkyl) werden erhalten durch Rk. eines cycl. β-Ketosulfons des Tetrahydropyrans der allg. Formel **II**

II 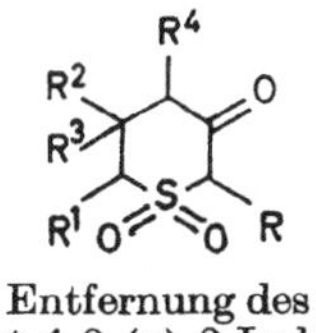

mit wss. Alkali unter Entfernung des Sulfinions $R-CH_2-SO_2^{\ominus}$. — Man erhitzt 1,8 (g) 2-Isobutenyl-3.3-dimethyl-5-oxotetrahydropyran-1.1-dioxid mit 50 ml 3n K_2CO_3 u. erhält 1,279 *3.3.6-Trimethyl-4-hydroxyhept-5-en-1-säurelacton*, $C_{10}H_{16}O_2$, F. 50°. — 2-Isobutenyl-3-phenyl-5-oxotetrahydrothiapyran-1.1-dioxid → *3-Phenyl-6-methyl-4-hydroxyhept-5-en-1-säurelacton*, $C_{14}H_{16}O_2$, F. 53—54°. — Zwischenprod. u. *Pestizide*. (**Schwz. P. 440 247** vom 28/7. 1965, ausg. 29/12. 1967. F. Prior. 6/8. 1964.) — 3 S.
O. Müller-Meiningen H 1250

1951 Imperial Chemical Industries Ltd., Großbritannien, **Kontinuierliche Herstellung von aromatischen Aminen**, bes. *Anilin*, aus Nitrobenzol durch Hydrieren in Ggw. von 1—20 Gew.-Teilen pro 100 Teile Rk.-Gemisch eines metall. Katalysators, bes. Raney-Ni, ggf. auf Kieselgur oder SiO_2, der durch 10—200 Gew.-% eines Alkanolamins mit ≦ 9 C-Atomen, bes. Mono- oder Diäthanolamin, Isopropanolamin, 3-Hydroxypropylamin oder Triisopropylamin modifiziert wurde, bei z. B. 140 bis 150°. — Beispiel. (**F. P. 88 884** vom 17/9. 1965, veröff. 7/4. 1967. Brit. Prior. 18/9. 1964. **Zusatz zu F. P. 1 382 981**.) — 2 S. G. Colsmann H 1310

1952 Rohm & Haas Co. (Erfinder: Joseph William Nemee und Richard Sharrord Cook), **Herstellung von 3′.4′-Dichlorpropionsäureanilid**, $C_9H_9Cl_2NO$, durch Erhitzen von 3.4-Dichloranilin mit 10—125%ig. mol. Überschuß über die zur Bldg. des propionsauren Salzes erforderliche Menge Propionsäure (**I**) auf Kp. bei kontinuierlicher Abführung des Rk.-W. u. Dest. der überschüssigen **I**. (**Aust. P. 271 927** vom 22/5. 1962, ausg. 12/1. 1967. U. S. Prior. 10/7. 1961.) — 10 S.
C. Lüttgen H 1310

1953 Imperial Chemical Industries Ltd., London, Großbritannien (Erfinder: Stanley Ashton und Gerald Scott), **Phenole** der allg. Formel **I** (R^1 = H, Acyl,

I 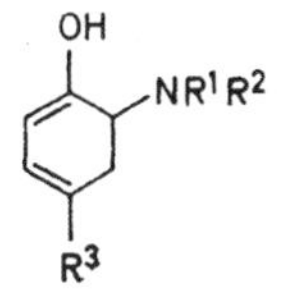

II 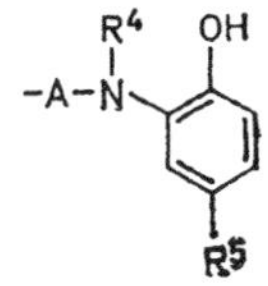

Alkyl; R^3 = Alkyl; R^2 = H, Alkyl, Rest der allg. Formel **II**; R^4 = H, Acyl, Alkyl; R^5 = Alkyl; A = Alkylen) erhält man nach folgendem Beispiel: Nitrierung von 4-tert.-Butylphenol → 4-tert.-Butyl-2-nitrophenol, $Kp._{15}$ 136—137°. Red. dieser Verb. mit $NaHSO_3$ → 2-Amino-4-tert.-butylphenol, F. 164°. Hydrierung dieser Verb. in Ggw. von Methyläthylketon u. Pd/C → *2-N-sek.-Butylamino-4-tert.-butylphenol*, F. 129—130°, $C_{14}H_{23}NO$. Analog: *Bis-N.N′-[2′-hydroxy-5′-tert.-butylphenyl]-äthylendiamin*, F. 195°, $C_{22}H_{32}N_2O_2$; *4-tert.-Butyl-2-N-stearoylaminophenol*, F. 86°, $C_{28}H_{49}NO_2$; 2-Nitroso-4-tert.-octylphenol, F. 65°, → 2-Amino-4-tert.-octylphenol, F. 63°, → *4-tert.-Octyl-2-N-stearoylaminophenol*, F. 35—36°. — *Stabilisierungsmittel* für *Nylon* u. *Polypropylene*. (**Brit. P. 1 085 957** vom 6/5. 1964, ausg. 4/10. 1967.) — 5 S.
R. Bauereis H 1320

1954 Dagra N. V., Diemen, Niederlande, **Herstellung von 2.4.6-Trijod-3-acetylaminobenzoesäure** erfolgt durch Rk. von 2.4.6-Trijod-3-aminobenzoesäure mit Essigsäureanhydrid in Ggw. von H_2SO_4. Die Bldg. von Nebenprod. wird vermieden, wenn man die Acetylierung in Essigsäure bei 70—100° in Ggw. eines 70%ig. Überschusses an Essigsäureanhydrid u. von 0,2—0,25 Vol.-% H_2SO_4 durchführt. (**Niederl. P. 122 967** vom 12/8. 1965, ausg. 15/9. 1967.) — 2 S. F. Böhm H 1350

1955 Gottfried Faust, Werner Fiedler und Werner Pöpel, Radebeul, **Herstellung von Phenylpropionsäurederivaten** der allg. Formel **I** (R^1 = H oder CH_3;

I 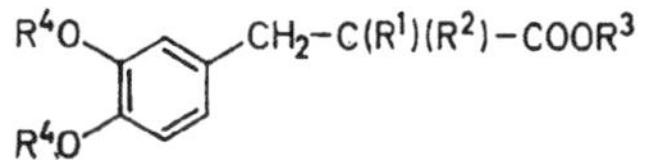

R^2 = OH oder NH_2; R^3 u. R^4 = H oder niedermol. Alkylrest) a) durch Rk. von Verb. der allg. Formel $CH_2{=}C(R^1)-Y$ (Y = CN oder $CONH_2$) mit dem Diazoniumsalz einer Verb. $(R^5O)_2C_6H_3NH_2$ in Ggw. von Cu^{2+} (R^5 = niedermol. Alkylrest; 1 R^5 auch = H), b) durch Verseifung entsprechender α-Chlorphenylpropionsäurenitrile oder -amide u. Umsetzung der erhaltenen Säuren mit NH_3 bzw. Verseifen von α-Chlorphenylpropionsäure, dessen Nitril oder Amid in Mineralsäuren zu den entsprechenden α-Hydroxysäuren. — 52,4 g α-Chlor-β-[3.4-dimethoxyphenyl)-ammoniumpropionat u. 200 ml konz. wss. NH_4OH werden mit NH_3 gesätt. u. unter Inertgas (80 at) 20 Std. bei 80° umgesetzt: 37,2 g *α-Amino-β-[3.4-dimethoxyphenyl]-propionsäure* (**II**). — Analog: **II**-*Äthylester, Hydrochlorid*, F. 164—166°; 93,2% (Ausb.). — *α-Amino-α-methyl-β-[3.4-dimethoxyphenyl]-propionsäure*, F. 279—282° (Zers.); 44,5%. *Methylester*, $Kp._1$ 161—163°, F. 68—70°; 81,1%. *Hydrochlorid*, F. 161—162°. — β-[3.4-Dimethoxyphenyl]-propionsäuren: *α-Formylamino-*, F. 135—137°; 57,8%. — *α-Hydroxy-α-methyl-*, F. 117—120°. (**D. P. [DDR] 58 701** Kl. 12q vom 20/12. 1965, ausg. 5/2. 1967 [Wirtschaftspatent].) — 8 S.
K.-D. Stolp H 1350

1956 Sandoz Ltd., Basel, übert. von: Jany Renz, Jean-Pierre Bourquin, Basel, Guido Gamboni und Gustav Schwarb, Allschwil, Schweiz, **N-(m-Benzylmercaptophenyl)-anthranilsäure** (**I**) wird hergestellt, indem man 3-Benzylmercaptoanilin mit einer 2-Halogenbenzoesäure in einem höheren Alkohol in Ggw. von Cu-Bronze kondensiert. — **I**, F. 137—139°; **I**-*K-Salz*, F. 162—164°; **I**-*Na-Salz*, F. 199—201°. — Zwischenprod. für Phenothiazine, *Arzneimittel*, bes. *gegen Rheumatismus*.

(**U. S. P. 3 358 019** vom 27/8. 1965, ausg. 12/12. 1967. Schwz. Prior. 25/5. 1956.) — 2 S.
A. Debo H 1350

1957 Standard Oil Co., Chicago, übert. von: Fred K. Kawahara, Park Forest, Ill., und Russell H. Brown, Munster, Ind., USA, **Methylkresyl- und Methylxylyl-S-α-phenyläthyldithiophosphate** der allg. Formel $(CH_3)_nC_6H_{5-n}—O—P(=S)(OCH_3)—SX$ (n = 1, 2; X = Aralkyl) erhält man durch Rk. äquimol. Mengen Methanol, Kresol oder Xylenol mit P_2S_5 u. dann Rk. mit einem Olefin des Restes X (Styrol). — *Zusätze zu Treibstoffen*. (**U. S. P. 3 352 949** vom 17/11. 1961, ausg. 14/11. 1967.) — 3 S. R. Bollinger H 1380

1958 Union Carbide Corp., übert. von: Donald L. Heywood und Benjamin Phillips, Charleston, W.Va., USA, **Carbonsäureester** der allg. Formel $R_1—COOR_2$, bes. $R_1—COO—CH_2—CH(R_3)—OH$ (R_1 = 1.2-Alkenyl, Aryl-1.2-alkenyl mit bis zu 18 C-Atomen; R_2 = $C_1—C_{18}$-Alkyl; R_3 = H, $C_1—C_{18}$-Alkyl) erhält man durch Rk. von Peressigsäure mit einem Acetal der allg. Formel $R_1—CH(OR_2)_2$ oder $R_1—CH—O—CH(R_3)—CH_2—O$ (Ring) bei 20—120° in 1—10 Std. u. Abtrennung des Esters. — Zu 0,32 (Mol) Crotonaldehyddibutylacetal gibt man in 1 Std. bei 60° 0,352 Peressigsäure in 90 ml Äthylacetat → *Crotonsäurebutylester*, $C_8H_{14}O_2$, Kp.$_{20}$ 75—78°; n_D^{30} 1,4286; Ausb. 73%; daraus durch Verseifung → *trans-Crotonsäure*, F. 69—72°. — Ebenso: n-Butyraldehyddiäthylacetal → *n-Buttersäureäthylester*, Kp. 118—120°; n_D^{30} 1,3864. — Benzaldehyddiäthylacetal → *Benzoesäureäthylester*, Kp.$_{10}$ 87—90°; n_D^{30} 1,4993. — β-Phenyl-β-äthoxypropionaldehyddiäthylacetal → *β-Phenyl-β-äthoxypropionsäureäthylester*, Kp.$_{10}$ 122—130°; n_D^{30} 1,4866; daraus durch Verseifung → *β-Phenyl-β-äthoxypropionsäure*, $C_{11}H_{14}O_3$, F. 74—75°. — 2-(β-Styryl)-4-methyl-1.3-dioxolan → *Propylenglykolmonocinnamoat*, $C_{12}H_{14}O_3$, Kp.$_{1,25}$ 195°; n_D^{30} 1,5483. (**U. S. P. 3 240 798** vom 31/10. 1961, ausg. 15/3. 1966.) — 4 S.
H.-W. Ebersbach H 1610

1959 Gulf Research & Development Co., Pittsburgh, übert. von: Donald R. Stevens, Wilkinsburg, und Ronald L. Sweet, Baldwin Township, Pa., USA, **Ferrocen,** F. 173—174°, das nach Grignard aus ggf. alkyliertem Cyclopentadien u. $FeCl_3$ hergestellt wurde, wird als *Antiklopfmittel* verwendet. (**U. S. P. 3 294 685** vom 21/4. 1952, ausg. 27/12. 1966.) — 2 S.
A. Debo H 1810

1960 Farbenfabriken Bayer Akt.-Ges., Leverkusen, übert. von: Otto Bayer, Burscheid, Rudolf Schröter, Werner Siefken und Kuno Wagner, Leverkusen, **1.2-Bis-(aminomethyl)-cyclobutan,** Kp.$_{20}$ 89 bis 91°, erhält man durch Hydrierung von Cyclobutan-1.2-dinitril in fl. NH_3 u. Tetrahydrofuran in Ggw. von Raney-Ni u. CaO als Katalysator. (**U. S. P. 3 309 405** vom 23/11. 1964, ausg. 14/3. 1967. D. Prior. 22/9. 1959.) — 1 S. R. Bollinger H 2110

1961 Scholven-Chemie Akt.-Ges., Gelsenkirchen, übert. von: Karl Schmitt, Herne, Josef Disteldorf, Wanne-Eickel, und Werner Hübel, Herne/Westf., **3-Aminomethyl-3.5.5-trialkyl-1-cyclohexylamin- und -cyclohexanol-Verbindungen** erhält man aus 3-Cyan-3.5.5-trialkylcyclohexanonen durch Hydrierung in Ggw. von NH_3 bei 50—150, bes. 70—130°, in Ggw. eines Metalls der VIII. Gruppe des Period. Syst. auf einem Träger als Katalysator. — Aus 3-Cyan-3.5.5-trimethylcyclohexanon durch Hydrierung in fl. NH_3 u. CH_3OH in Ggw. von Co auf Kieselgur als Katalysator bei 120° → entsprechendes *Diamin*, Kp.$_{2,5}$ 113—113,7°; n_D^{20} 1,4888, u. entsprechender *Aminoalkohol*, Kp.$_{1,6}$ 135 bis 136°; n_D^{20} 1,4933. (**U. S. P. 3 352 913** vom 15/7. 1964, ausg. 14/11. 1967. D. Prior. 18/10. 1961.) — 3 S.
R. Bollinger H 2110

1962 Toyama Kagaku Kôgyô K. K., Tôkyô, Japan, **Herstellung von Anthrachinon** aus Benzoylbenzoesäure oder deren kernsubstituierten Deriv. durch Erhitzen in der ≧ 1,5fachen Menge aromat. oder aliphat. KW-Stoffe bzw. Halogen-KW-Stoffe oder deren Mischungen mit Kp. >100° auf 100—220° unter azeotrop. Abdest. des Rk.-W., Abfiltrieren des entstandenen *Anthrachinons* u. Wiederverw. der Mutterlauge. — Man erhitzt 226,2 g Benzoylbenzoesäure in 600 g 1.2-Dichlorbenzol mit einigen Tropfen konz. H_2SO_4 2 Std. unter Abdest. von 18 cm³ W. 2 Std. auf 140°. (**Jap. A. S. 7 380/1967** vom 11/9. 1963, ausg. 25/3. 1967.) — 3 S.
M. Pankow H 2800

1963 Eastman Kodak Co., Rochester, N.Y., übert. von: John R. Caldwell, Kenneth P. Perry und Winston J. Jackson jun., Kingsport, Tenn., USA, **7.7-Dialkylbicyclo-[3.2.0]-heptan-6-ole und deren Ester** erhält man durch Rk. eines Dialkylketens mit Cyclopentadien u. Red. des entstandenen ungesätt. Ketons; durch nachfolgende Veresterung entstehen die Ester. — Aus Dimethylketen durch Rk. mit Cyclopentadien u. nachfolgender Hydrierung des Ketons in Ggw. von Ni auf Kieselgur → *7.7-Dimethylbicyclo-[3.2.0]-heptan-6-ol*. — Herst. des Adipin-, Pelargon- u. Stearinsäureesters ohne Angabe der Kennzahlen. — *Weichmacher*. (**U. S. P. 3 351 645** vom 9/2. 1962, ausg. 7/11. 1967.) — 3 S.
R. Bollinger H 2910

1964 Roussel-Uclaf, Paris, Frankreich, **Das 5-Lacton des 5.6-Dihydroxy-5-(2′-carboxyäthyl)-5.6.8.9-tetrahydro-7H-benzocycloheptens,** das in 2-, 3- u. 4-Stellung durch Alkoxy substituiert sein kann, erhält man aus 5-(2′-Carboxyäthyl)-8.9-dihydro-7H-benzocyclohepten durch Rk. mit organ. Persäure, wie Perbenzoesäure, Perphthalsäure, Peressigsäure bzw. mit $KMnO_4$, OsO_4. — Aus 2.3.4-Trimethoxy-5-(2′-carboxyäthyl)-8.9-dihydro-7H-benzocyclohepten mit 37%ig. Perphthalsäure in Ae. bei 0° → *5-Lacton des 2.3.4-Trimethoxy-5.6-dihydroxy-5-(2′-carboxyäthyl)-5.6.8.9-tetrahydro-7H-benzocycloheptens*, $C_{17}H_{22}O_6$, F. 206°. — Zwischenprod. für die Herst. von *Colchicin*-Verbindungen. (**Brit. P. 1 059 814** vom 6/4. 1964, ausg. 22/2. 1967. F. Prior. 5/4. 1963.) — 3 S.
R. Bollinger H 2910

1965 Roussel-Uclaf, Paris, Frankreich, **5-(2′-Carboxyäthyl)-6-keto-5.6.8.9-tetrahydro-7H-benzocyclohepten** das in 2-, 3- u. 4-Stellung ggf. durch Alkoxygruppen substituiert ist, u. dessen Ester erhält man aus dem 5-Lacton des entsprechenden 5.6-Dihydroxy-5-(2′-carboxyäthyl)-5.6.8.9-tetrahydro-7H-benzocyclohepten (**I**) durch Pinakolinumlagerung unter Einfl. starker Mineralsäuren, wie H_2SO_4. **I** wird aus 5-(2′-Carboxyäthyl)-8.9-dihydro-7H-benzocyclohepten mit organ. Persäure, $KMnO_4$ bzw. OsO_4 hergestellt. — Aus 2.3.4-Trimethoxy-5-(2′-carboxyäthyl)-8.9-dihydro-7H-benzocyclohepten mit 37%ig. Perphthalsäure das → *5-Lacton des 2.3.4-Trimethoxy-5.6-dihydroxy-5-(2′-carboxy-äthyl)-5.6.8.9-tetrahydro-7H-benzocycloheptens*, $C_{17}H_{22}O_6$, F. 206°, daraus mit H_2SO_4 in CH_3COOH → *2.3.4-Trimethoxy-5-(2′-carboxyäthyl)-6-keto-5.6.8.9-tetrahydro-7H-benzocyclohepten*, $C_{17}H_{22}O_6$, F. 92°, daraus durch Rk. mit CH_2N_2 den *Methylester*, $C_{18}H_{24}O_6$, F. 86°. — Zwischenprod. zur Herst. von *Colchicin*-Derivaten. (**Brit. P. 1 059 815** vom 6/4. 1964, ausg. 22/2. 1967. F. Prior. 5/4. 1963.) — 4 S. R. Bollinger H 2910

1966 Roussel-Uclaf, Paris, Frankreich, **5-(2′-Carboxyäthyl)-6-äthinyl-6-hydroxy-5.6.8.9-tetrahydro-7H-benzocyclohepten,** das in 2-, 3- u. 4-Stellung durch Alkoxygruppen substituiert sein kann, erhält man aus 5-(2′-Carboxyäthyl)-6-keto-5.6.8.9-tetrahydro-7H-benzocyclohepten durch Rk. mit Alkaliacetylid. Die 6-Vinylverb. wird aus der Äthinylverb. durch Hydrierung hergestellt. — Aus 2.3.4-Trimethoxy-5-(2′-carboxyäthyl)-6-keto-5.6.8.9-tetrahydro-7H-benzocyclohepten mit C_2H_2 in Tetrahydrofuran in Ggw. von Na in fl. NH_3 bei —40° → *2.3.4-Trimethoxy-5-(2′-carboxyäthyl)-6-hydroxy-6-äthinyl-5.6.8.9-tetrahydro-7H-benzocyclohepten*, $C_{19}H_{24}O_6$, F. 150°, daraus durch Hydrierung → *6-Hydroxy-6-vinyl-Verb.*, F. 142°, daraus mit CH_2N_2 → *Methylester*, $C_{20}H_{28}O_6$, F. 58°. — Zwischenprod. bei der Herst. von *Colchicin*-Verbindungen. (**Brit. P. 1 059 816** vom 6/4. 1964, ausg. 22/2. 1967. F. Prior. 5/4. 1963.) — 6 S.
R. Bollinger H 2910

1967 Roussel-Uclaf, Paris, Frankreich, **5-(2′-Carbalkoxyäthyl)-6-(2′-bromäthyliden)-5.6.8.9-tetrahydro-7H-benzocyclohepten,** das in 2-, 3- u. 4-Stellung durch Alkoxygruppen substituiert sein kann, erhält man aus 5-(2′-Carboalkoxyäthyl)-6-hydroxy-6-vinyl-5.6.8.9-tetrahydro-7H-benzocyclohepten durch Bromierung u. Allylumlagerung. — Aus 2.3.4-Trimethoxy-5-(2'-carbomethoxyäthyl)-6-hydroxy-6-vinyl-5.6.8.9-tetrahydro-7 H-benzocyclohepten mit PBr_3 in $CHCl_3$ u. PAe. → *2.3.4-Trimethoxy-5-(2'-carbomethoxyäthyl)-6-(2'-bromäthyliden)-5.6.8.9-tetrahydro-7H-benzocyclohepten*, $C_{20}H_{27}BrO_5$, F. 80°. — Zwischenprod. für die Herst. von *Colchicin*-Derivaten. (**Brit. P. 1 059 817** vom 6/4. 1964, ausg. 22/2. 1967. F. Prior. 5/4. 1963.) — 3 S. R. Bollinger H 2910

1968 Roussel-Uclaf, Paris, Frankreich, **5-(2'-Carboalkoxyäthyl)-6-(2'-cyanäthyliden)-5.6.8.9-tetrahydro-7 H-benzocyclohepten,** das in 2-, 3- u. 4-Stellung durch Alkoxy substituiert sein kann, erhält man aus 5-(2'-Carboalkoxyäthyl)-6-(2'-bromäthyliden)-5.6.8.9-tetrahydro-7 H-benzocyclohepten durch Rk. mit einem Cyanid, bes. CuCN, in einem aproton. polaren Lösungsmittel. — Aus 2.3.4-Trimethoxy-5-(2'-carbomethoxyäthyl)-6-(2'-bromäthyliden)-5.6.8.9-tetrahydro-7 H-benzocyclohepten mit CuCN in Dimethylsulfoxid → *2.3.4-Trimethoxy-5-(2'-carbomethoxyäthyl)-6-(2'-cyanäthyliden)-5.6.8.9-tetrahydro-7H-benzocyclohepten*, $C_{21}H_{27}NO_5$, F. 93°, daraus mit 2.4-Dinitrobenzolsulfonsäure in Ggw. von W. in Bzl. → *2.3.4-Trimethoxy-5-(2'-carbomethoxyäthyl)-6-(2'-cyanäthyl)-8.9-dihydro-7H-benzocyclohepten*, $C_{21}H_{27}NO_5$, F. 70°. — Zwischenprod. für die Herst. von *Colchicin*-Derivaten. (**Brit. P. 1 059 818** vom 6/4. 1964, ausg. 22/2. 1967. F. Prior. 5/4. 1963.) — 4 S. R. Bollinger H 2910

1969 F. Hoffmann-La Roche & Co. Akt.-Ges., Basel, Schweiz, **Dibenzocycloheptatriene** der allg. Formel (Z = ggf. ketalisiertes O; K = OH, Alkoxy oder Cl)

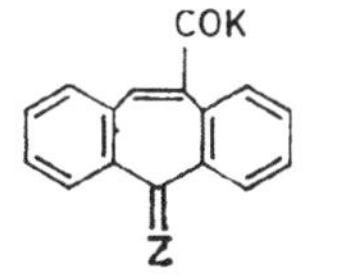

erhält man durch Rk. der 10-Verb. in Form ihrer Grignard-Verb. mit CO_2, nachdem die Ketogruppe durch Überführung in das Ketal geschützt wurde. — Aus 10-Bromdibenzo-[a.d]-cyclohepta-(1.4.6)-trienon-(5) erhält man durch Rk. mit Äthylenglykol die *5.5-Äthylendioxyverb.*, F. 170—172°, daraus durch Rk. mit CO_2 in Form der Grignard-Verb. die *10-Carbonsäure*, F. 276 bis 278°, daraus durch Ketalspaltung das *10-Carboxydibenzo-[a.d]-cyclohepta-(1.4.6)-trienon-(5)*, F. 202—204°; *Methylester*, F. 112—114°. — (**Brit. P. 1 070 363** vom 16/2. 1965, ausg. 1/6. 1967. Schwz. Prior. 18/2. u. 4/12. 1964.) — 3 S. R. Bollinger H 2910

1970 Roussel-Uclaf, Paris (Erfinder: Georges Muller, Nogent s./Marne, Arturo Bladé, Paris, und Roland Bardoneschi, Le Vert Galant), Frankreich, **Herstellung von Colchicinderivaten.** 1 (g) Colchicin wird in 10 (ml) CH_2Cl_2 unter Eiskühlung mit 3 Acetylchlorid u. dann mit 1 $SnCl_4$ versetzt u. nach 30 Std. bei 18—20° in eine Eis-W.-Mischung gegeben → 0,3 *1-Desmethylcolchicinessigsäureester*, $C_{23}H_{25}NO_7$, F. 243°; $[\alpha]_D^{20}$ (15 Min. nach der Lsg.) $-179 \pm 3°$ (c = 0,5%; $CHCl_3$), der dann in CH_3OH gelöst, langsam mit n-NaOH versetzt u. 5 Std. gerührt wird → *1-Desmethylcolchicin*, $C_{21}H_{23}NO_6$, F. 355° (Zers.). — Analog: *1-Desmethylthiocolchicinacetat*, $C_{23}H_{25}NO_6S$, F. 210°, dann 220°; $[\alpha]_D^{20}$ $-183 \pm 2°$ (c = 0,6; $CHCl_3$), → *1-Desmethylthiocolchicin*, $C_{21}H_{23}NO_5S$, F. 335—340°, das auch direkt aus Thiocolchicin durch Behandeln mit $TiCl_4$ in CH_2Cl_2 u. 2std. Kochen erhältlich ist. (**D. A. S. 1 276 649** Kl. 12p vom 30/10. 1964, ausg. 5/9. 1968. **Brit. P. 1 057 408** vom 23/10. 1964, ausg. 1/2. 1967. Beide F. Prior. 31/10. 1963.) — 3 S. — 4 S. C. Lüttgen H 2910

1971 British Petroleum Co. Ltd., London (Erfinder: Kenneth Allison, Sunbury-on-Thames), Großbritannien, **Epoxyalkohole** erhält man durch Ox. von Olefinen oder Cycloalkenen in fl. Phase in Ggw. von Katalysatoren, die wenigstens ein Metall der Gruppe IVa, VA oder VIA — ausgenommen Cr oder Cr-Verb. — enthalten. Man wählt die gleichen Rk.-Bedingungen, wie sie beim Fehlen der Katalysatoren die Bldg. beträchtlicher Mengen an Superoxiden zur Folge haben. — 2-Methylpenten-(2) → *3.4-Epoxy-2-methylpentanol-(2)*. — 4-Methylpenten-(2) → *2.3-Epoxy-2-methylpentanol*. Bevorzugte Katalysatoren sind Tetra-n-butylorthotitanat, n-Butylvanadinat, n-Heptylvanadinat. (**Schwz. P. 444 835** vom 20/11. 1963, ausg. 29/2. 1968. Brit. Prior. 20/11. 1962, 24/1., 10/4. u. 28/5. 1963.) — 5 S. A. Jahn H 3030

1972 Badische Anilin- & Soda-Fabrik Akt.-Ges., Ludwigshafen/Rh. (Erfinder: Friedrich Becke, Heidelberg, und Bruno Sander, Ludwigshafen/Rh.), **Herstellung von stickstoffhaltigen Diepoxiden** der allg. Formel $H_2C - C(R) - C(=O) - NH - CH(OH) - CH(OH) - NH -$ (Epoxid-O zwischen H_2C und C(R)) $C(=O) - C(R) - CH_2$ (Epoxid-O zwischen C(R) und CH_2), worin R = H oder Alkyl mit 1—4 C ist, dad. gek., daß man Carbonsäureamide der Formel $CH_2 - C(R) - C(=O)(NH_2)$ (Epoxid-O zwischen CH_2 und C(R)), die am Amid-N-Atom wenigstens ein H u. die eine Epoxidgruppe enthalten, mit Glyoxal bei pH zwischen 7 u. 8, in Ggw. von organ. Lsgm. u./oder Suspensionsmitteln u. W. umsetzt, wobei der W.-Geh., bezogen auf das gesamte Gemisch, 0,5 bis 45 Gew.-% ist. Rk.-Temp. 0—50°. — Glycidamid, 41%ig., mit $NaHCO_3$ neutralisiertes wss. Glyoxal u. ein Gemisch aus Acetaldehyddimethylacetal mit CH_3OH bei pH 7 bis 7,1 → *Glykoldiglycidamid*, F. 143—144°. — *Zwischenprod.* für die Herst. von *Kunststoffen, Lacken, Klebstoffen*. (**Schwz. P. 433 225** vom 12/6. 1964, ausg. 30/9. 1967. **Brit. P. 1 060 848** vom 24/6. 1964, ausg. 8/3. 1967. Beide D. Prior. 25/6. 1963.) — 2 S. G. König H 3030

1973 Thiokol Chemical Corp., Bristol, Pa. (Erfinder: Lawrence Rector Moffett jun., William Evan Hill, Huntsville, Ala., und William David Stephens, Akron, O.), USA, **Herstellung von polyfunktionellen Aziridinylverbindungen** erfolgt durch Kondens. eines $\alpha.\beta$-Alkylenimins mit einem polyfunktionellen Säurechloridhalbester, der durch Rk. eines mehrwertigen Alkohols mit dem Säurechlorid einer 2wertigen organ. Säure erhältlich ist, bes. in Ggw. eines tert.-Amins als Säurebinder. — Trimethylolpropan (**I**)-terephthalylchloridhalbester (**III**), hergestellt aus **I** u. Terephthalylchlorid in Ggw. von Triäthylamin (**II**) im Mol-Verhältnis 1:3:3 in Ae., wird ohne Abtrennung bei 10° mit Propylenimin (**IV**) in Ggw. von **II** im Molverhältnis **III** : **IV** : **II** = 1 : 4 : 4 vermischt, das Rk.-Gemisch bis zur Erwärmung auf Raumtemp. der Ruhe überlassen, das ausgefällte **II**-Hydrochlorid abfiltriert u. das Filtrat im Vakuum eingedampft → **I**-*Trispropylenamidoterephthalat*, Öl. — Analog: **I**-*Trispropylenamidophthalat*, viskoses Öl. — **I**-*Trisbutylenamidoglutarat*. — *Hexantrioltrisbutylenamidosebacat*. — *Hexantrioltrisbutylenamidoglutarat*. — *Härtungs-* u. *Vernetzungsmittel* für *Elastomere*. (**Schwz. P. 439 299** vom 10/3. 1964, ausg. 15/12. 1967. **Brit. P. 1 029 225** vom 13/3. 1964, ausg. 11/5. 1966. Beide U. S. Prior. 14/3. 1963.) — 4 S. — 6 S. C. Lüttgen H 3030

1974 Mobil Oil Corp., New York, N.Y., USA, übert. von: Manfred Sander, Frankfurt/M., **3-Aryloxythietan-1-oxide** erhält man durch entsprechende Ox. der Aryloxythietane. — Beispiel: Durch Ox. von 3-Phenoxythietan mit H_2O_2 in Eisessig erhält man *3-Phenoxythietan-1-oxid*, F. 90—95°. — Analog wurden erhalten: *3-Phenoxythietan-1-dioxid*, F. 147°; *3-[4-Nitrophenoxy]-thietan-1-oxid*, F. 116—118°, $C_9H_9NO_4S$; *3-[4-Nitrophenoxy]-thietan-1-dioxid*, F. 154°, $C_9H_9NO_5S$; *3-[4-Chlorphenoxy]-thietan-1-dioxid*, F. 190°; *3-[2.4-Dichlorphenoxy]-thietan-1-oxid*, F. 128°, $C_9H_8Cl_2O_2S$; *3-[2.4-Dichlorphenoxy]-thietan-1-dioxid*, F. 134°, $C_9H_8Cl_2O_3S$. — *Herbizide, Fungizide, Insektizide, Akarizide, Antioxydanzien, Stabilisatoren*. (**U. S. P. 3 297 718** vom 21/10. 1963, ausg. 10/1. 1967.) — 2 S. R. Bauereis H 3040

1975 American Cyanamid Co., USA (Erfinder: Arnold Zweig und Gerlinde Metzler), **Elektrolumineszierende Substanzen** der allg. Formel **I** (Z = O oder NX, wobei X = ggf. substituierter Alkyl- oder Arylrest; A u. B = ggf. substituierte Arylreste; C, D, E u.

I 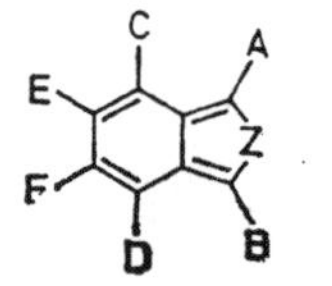

F = H oder ggf. substituierte Arylreste), z. B. *N-Methyl-1.3.4.7-tetraphenylisoindol, N-Methyl-1.3-di-[p-anisyl]-4.7-diphenylisoindol, 1.3.4.7-Tetra-[p-methoxyphenyl]-, 1.3-Di-[p-xenyl]-4.7-diphenylisobenzofuran,* werden z. B. erhalten durch 10–72std. Rk. eines o-Diketons mit einem N-monosubstituierten NH_4-Formiat (im Überschuß) bei 175–250°. **(F. P. 1 498 998** vom 10/11. 1966, veröff. 20/10. 1967. U. S. Prior. 22/11., 13/12. u. 13/12. 1965.) – 6 S. T. Oppermann H 3051

1976 Ernest Edward Campaigne, Bloomington, Ind., USA, **Herstellung von Succinimido-[3.4-b]-3a.4.5.6-tetrahydroacenaphthalin-10-on** (I), F. 253–255°. Man

I 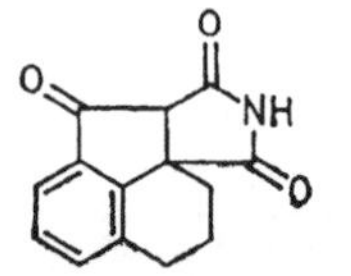

behandelt 3.4-Trimethylen-3-cyan-2-carbamylhydrindon [erhalten nach J. org. Chemistry **25** (1960) 2088] $1^1/_2$ Std. bei Raumtemp. mit konz. H_2SO_4 → *2.2a-Dicarbamyl-2a.3.4.5-tetrahydroacenaphthalin-1-on,* F. 239–240°. Dieses erhitzt man in einem inerten Lsgm., wie Diäthylenglykol, in Ggw. einer Säure, z. B. H_2SO_4, auf 110–130°. Die Abtrennung erfolgt durch Eingießen der Rk.-Mischung in Wasser. **(Niederl. P. 122 971** vom 5/4. 1965, ausg. 15/9. 1967. U. S. Prior. 7/4. 1964.) – 3 S. F. Böhm H 3091

1977 Farbenfabriken Bayer Akt.-Ges., Leverkusen, **Optische Aufheller,** bes. für Polyacrylnitril u. Polyäthylenglykolterephthalat, sind Verb. der allg. Formel I u. deren quart. Prod. (X = O oder >NR;

I 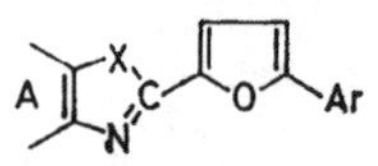

R = H, Alkyl, Alkenyl, Cycloalkyl, Aralkyl; Ar = aromat. Rest, A = ankondensierter aromat. Rest). – Man erhält die Verb. durch Rk. von 2-Furancarbonsäure mit prim. Arylaminen, die in o-Stellung eine OH-Gruppe haben (**II**), oder durch Rk. von 2-Furanaldehyden mit **II** u. nachfolgende oxydative Cyclisierung. – Beispiele für Aufheller sind 2-[Benzimidazolyl-(2′)]-5-(4″-chlorphenyl)-furan, 5-(4″-Chlorphenyl)-furan-2-[1′.3′-dimethylbenzimidazolium-(2′)]-methosulfat, 2-[5′-Methylbenzoxazolyl-(2′)]-5-(3″.4″-dichlorphenyl)-furan, 2-[5′-Methylbenzoxazolyl-(2′)]-5-(4″-methylphenyl)-furan, 2-[1′-Methylbenzimidazolyl-(2′)]-5-(4″-carbomethoxyphenyl)-furan. **(Brit. P. 1 059 256** vom 31/12. 1965, ausg. 15/2. 1967. D. Prior. 31/12. 1964 u. 4/8. 1965.) – 10 S. A. Jahn H 3100

1978 Farbenfabriken Bayer Akt.-Ges., Leverkusen (Erfinder: Carl-Wolfgang Schellhammer und Annemarie Wagner), **4-[Pyrazolyl-(1)]-naphthalimide** der allg. Formel I (R^1 = H, ggf. substituiertes Alkyl,

I 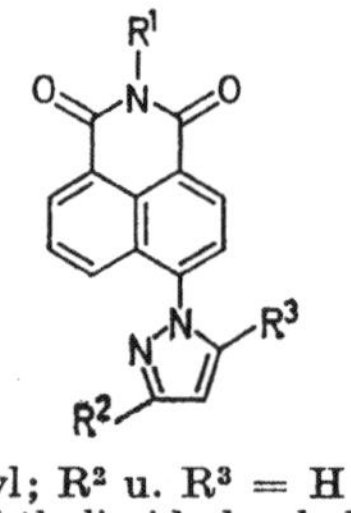

Alkenyl oder Aralkyl; R^2 u. R^3 = H oder Alkyl) erhält man aus 4-Aminophthalimid durch Diazotieren, Überführung der Diazoverb. in die 4-Hydrazinoverb. u. anschließende Rk. mit einer β-Dicarbonylverb., wie Malondialdehyd, 3-Ketobutyraldehyd oder Acetylaceton, in einem organ. Lsgm. bei ca. 100°. – Aus N-Methyl-4-aminonaphthalimid erhält man durch Diazotieren u. anschließende Red. des Diazoniumchlorids mit $SnCl_2$ N-Methyl-4-hydrazinonaphthalimidhydrochlorid, die freie Base, F. 283° (Zers.); daraus durch Rk. mit 3-Ketobutyraldehyddimethylacetal *N-Methyl-4-[3-methylpyrazolyl-(1)]-naphthalimid,* F. 207°; ähnlich folgende Verb.: R^1 = CH_3, R^2 = CH_3, R^3 = *H*, F. 220°; CH_3, CH_3, CH_3, F. 202°; C_2H_5, *H*, *H*, F. 166°; C_2H_5, CH_3, *H*, F. 185°; C_2H_5, CH_3, CH_3, F. 178°; C_3H_7, *H*, *H*, F. 170°; C_3H_7, CH_3, *H*, F. 179°; C_3H_7, CH_3, CH_3, F. 153°; *iso*-C_3H_7, *H*, *H*, F. 144°; *iso*-C_3H_7, CH_3, *H*, F. 157°; *iso*-C_3H_7, CH_3, CH_3, F. 140°; *n*-C_4H_9, *H*, *H*, F. 132°; *n*-C_4H_9, CH_3, *H*, F. 145°; *n*-C_4H_9, CH_3, CH_3, F. 137°; $CH_2CH(CH_3)_2$, *H*, *H*, F. 173°; $CH_2CH(CH_3)_2$, CH_3, *H*, F. 196°; $CH_2CH(CH_3)_2$, CH_3, CH_3, F. 135°; C_2H_4OH, CH_3, *H*, F. 196°; $(CH_2)_3N \cdot (CH_3)_2$, CH_3, *H*, F. 78°; *H*, CH_3, *H*, F. 302°; $CH_2CH{=}CH_2$, CH_3, *H*, F. 160°; $CH_2C_6H_5$, CH_3, *H*, F. 165°; $CH_2CH_2OCOCH_3$, CH_3, *H*, F. 171°; $CH_2CH_2OCOC_2H_5$, CH_3, *H*, F. 128°; $CH_2CH_2OCO{-}n{-}C_3H_7$, CH_3, *H*, F. 120°; $CH_2CH_2OCONHC_2H_5$, CH_3, *H*, F. 133°; $(CH_2)_3 \cdot OCH_3$, CH_3, *H*, F. 132°; $(CH_2)_3O{-}n{-}C_4H_9$, CH_3, *H*, F. 111°; CH_2CN, CH_3, *H*, F. 153°; CH_2COCH_3, CH_3, *H*, F. 223°; $CH_2COOC_2H_5$, CH_3, *H*, F. 176°, u. CH_2CH_2-*Pyrrolidon*, CH_3, *H*, F. 153°. – *Opt. Aufheller.* **(Brit. P. 1 067 786** vom 6/8. 1965, ausg. 3/5. 1967. D. Prior. 8/8. 1964 u. 30/3. 1965.) – 5 S. R. Bollinger H 3122

1979 E. I. du Pont de Nemours & Co. (Erfinder: Lawrence Anthony Cercon), **Herstellung von 3.4.5-Triphenylimidazolyldimeren.** Zu 0,01 (Mol) Benzil in Eisessig in Ggw. von 0,078 NH_4-Acetat gibt man 0,1 o-Chlorbenzaldehyd u. kocht 2 Std. unter Rückfluß → 2-[o-Chlorphenyl]-4.5-A (A = Diphenylimidazol), F. 196 bis 197°; davon werden 1,1 Teile in 100 Teilen A., der 12 Teile KOH enthält, mit 450 Teilen einer 1 %ig. wss. K-Ferricyanidlsg. in $1^1/_2$ Std. versetzt → *dimeres 2-[o-Chlorphenyl]-4.5-A* (**I**), F. 95–110°, bei 170° lavendelfarben, bei 190° rotbraun u. bei 220° rot. Eine Lsg. von **I** in Bzl. geht bei Sonnenlicht in das dimere 2.4.5-Triphenylimidazol über. – Analog: *2-(2.4-Dichlorphenyl]-4.5-A,* F. 174,5–175°; dessen *Dimeres,* F. 115°. – *2-o-Anisyl-4.5-A,* F. 207,5–208,5°; dessen *Dimeres,* F. 160°. – *Phototropes Material.* **(Aust. P. 272 470** vom 6/8. 1963, ausg. 2/2. 1967.) – 27 S. C. Lüttgen H 3122

1980 Farbwerke Hoechst Akt.-Ges. vormals Meister Lucius & Brüning, Frankfurt/M. (Erfinder: Martin Reuter, Erhard Wolf, Ludwig Orthner und Claus Beermann), **Herstellung von Cycloamidinen** der allg. Formel I (R u. R^1 = Alkylenrest, der durch ein

I 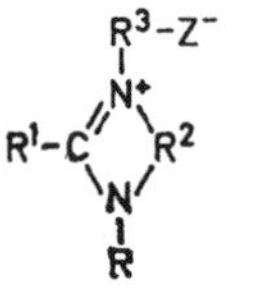

Heteroatom oder Heteroatomgruppen unterbrochen sein kann, Cycloalkylen oder Arylengruppe, die durch halogenfreie Substituenten substituiert sein können; R^2 = ggf. durch einen ggf. substituierten Phenylenrest substituierter Äthylen- oder Propylenrest; R^3 = C_{1-3}-Alkyl; Z = saure O-haltige Gruppe) durch Behandlung eines entsprechenden Cycloamidins in Abwesenheit von Alkali mit einem Metallsalz eines Monohalogenderiv. einer organ. Säure der allg. Formel $X{-}R^3{-}Z{-}M$ (X = Halogen; M = NH_4, Alkali- oder Erdalkali). – 26,8 (g) 1-Hydroxyäthyl-2-undecylimidazolin werden bei 100° portionsweise mit 11,7 Na-Chloracetat (1 Std.) versetzt u. darauf noch $^1/_2$ Std. bei 100° gehalten, wobei das entsprechende Quaternisierungsprod. in prakt. 100 %ig. Ausb. erhalten wird. – *Tenside, Wasch- u. Reinigungsmittel.* **(Brit. P. 1 043 502** vom 24/6. 1963, ausg. 21/9. 1966.) – 5 S. C. Lüttgen H 31 22

1981 Argus Chemical Corp., übert. von: Domenick Donald Gagliardi, East Greenwich, und Vincent Theodore Elkind, North Kingstown, R.I., USA, **Herstellung von Werner-Chromkomplexen des Lävulinsäurehydantoins** der allg. Formel **I** (R′ = H, $-CH_2OH$,

I 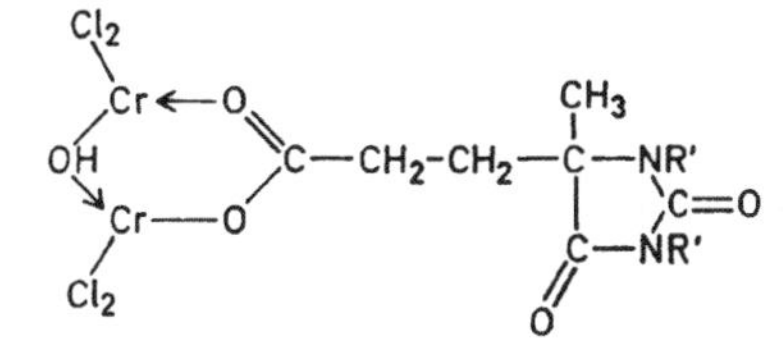

$-CH_2OCH_3$, $-CH_2OC_2H_5$, $-CH_2OC_3H_7$ u. $-CH_2O \cdot C_4H_9$ u. C_2H_{2n+1}, n = 1—4) durch Rk. einer Lsg. von $CrCl_3 \cdot 6\,H_2O$ mit der äquimol. Menge Lävulinsäurehydantoin durch mehrstd. Erhitzen, Filtrieren der Lsg. u. mehrstd. Kochen des Filtrats mit einem alkoxylierenden Mittel aus HCHO u. einem C_{1-4}-Alkanol. — Nur formelmäßig angegebene Beispiele ohne physikal. Kennzahlen. — *Mittel zum Wasserfestmachen von Papier, Textilien* u. *Vorbehandeln von Glasfasern.* (**U. S. P. 3 246 002** vom 14/11. 1961, ausg. 12/4. 1966.) — 3 S.
C. Lüttgen H 3122

1982 General Aniline & Film Corp., New York, übert. von: Albert F. Strobel, Delmar, und Sigmund C. Catino, Castleton, N.Y., USA, **Naphthotriazole** der allg. Formel **I** (R^{1-3} = H oder Cl, wobei ≧ 1 Substi-

I 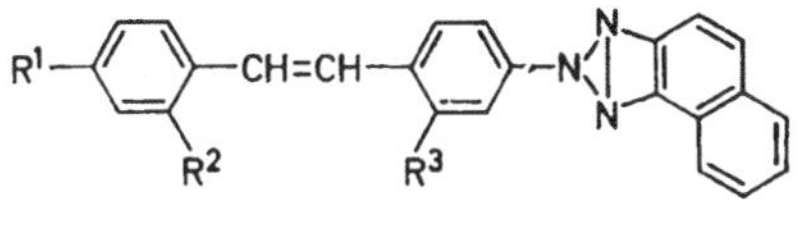

tuent Cl sein muß). — 2-Chlor-4-aminostilben wird diazotiert, mit 2-Naphthylamin gekuppelt u. das Kupplungsprod., gelöst in Picolin, mit $CuSO_4$ in der Siedehitze $^1/_2$ Std. ox. → **I** (*R^1 u. R^2 = H; R^3 = Cl*). — Analog: **I** (*R^2 = H; R^1 u. R^3 = Cl*). — **I** (*R^{1-3} = Cl*). — **I** (*R^1 = H; R^2* u. *R^3 = Cl*). — **I** (*R^1 = Cl; R^2 u. R^3 = H*). — **I** (*R^1 u. R^3 = H; R^2 = Cl*). — *Opt. Aufheller* für *Textilien*, bes. solche aus *Polyäthylenglykolterephthalat.* (**U. S. P. 3 288786** vom 10/9. 1962, ausg. 29/11. 1966.) — 4 S.
O. Schön H 3153

1983 M & T Chemicals, Inc. (Erfinder: Frank Passal), **Herstellung von α.α′-Bis-[chinolinium]-1-[methylcarboxymethyl]-2.6-lutidiniumtrichlorid,** F. 186 bis 190°, Teil-F. 128°, durch langsames Erhitzen von α.α′-Bis-[chinoliniumjodid]-2.6-lutidin mit Methylchloracetat. — *Additiv für galvan. Ni-Bäder.* (**Aust. P. 273 205** vom 18/9. 1964, ausg. 9/3. 1967.) — 7 S.
C. Lüttgen H 3231

1984 Eastman Kodak Co., Rochester, N.Y., USA (Erfinder: Philip Winder Jenkins und Leslie George Scott Brooker), **1H-Imidazo-[4.5-b]-chinolinium (VI)-salze** der allg. Formel **I** bzw. **V** erhält man

I 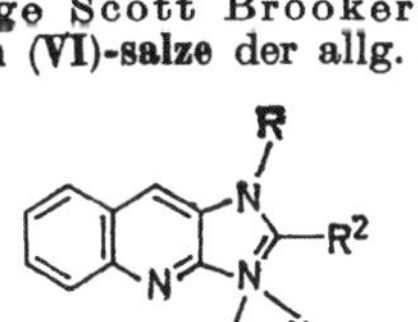 II 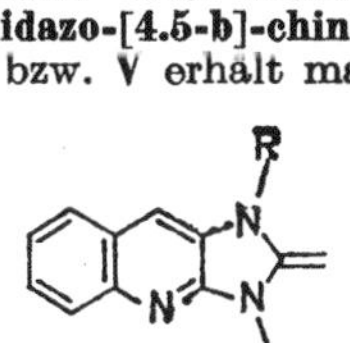

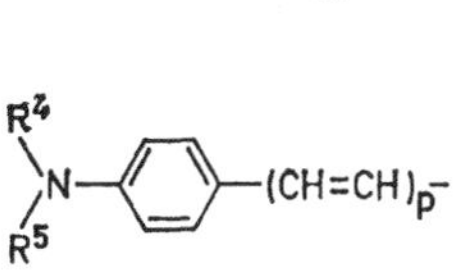 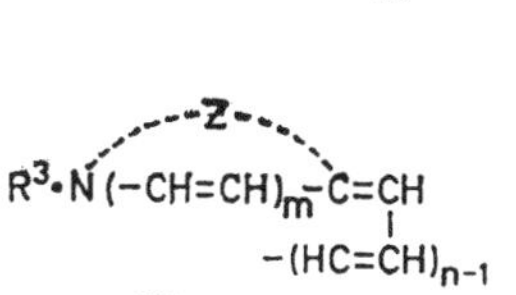

III IV

durch Kondens. von Verb. der allg. Formel **I** (R^2 = CH_3 oder β-Anilinovinyl) mit entsprechenden Zwischenprod., z. B. mit [IV—N—R^6—COR^7]X oder N.N-disubstituiertem p-Aminobenzaldehyd bzw. -zimtaldehyd (R^1, R^3, R^4 u. R^5 = ggf. substituierter Alkylrest; X = Anion; R = Alkyl, Cycloalkyl, Aralkyl, Aryl oder Halogenaryl; R^2 = **III**, **IV** oder **II**=CH—$(CH{=}CH)_n$; m = 0 oder 1; n = 1—3; Q u. Z = Atome von Nichmetallen, die den heterocycl. Kern zu einem 5- oder 6gliedrigen heterocycl. Ring vervollständigen; p = 1 oder 2; **V** = **II**=$(CH-CH{=})_dC-C(O)-Q$; d = 1 oder 2; R^6 = Arylenrest C_{6-7}; R^7 = Alkyl C_{1-12}). — Es wurden erhalten: *2-β-Anilinovinyl-3-äthyl-1-phenyl-***VI***-jodid,* F. 263—264° (Zers.; Methanol). — *2.3-Dimethyl-1-phenyl-***VI***-p-toluolsulfonat.* — *3-Äthyl-2-methyl-1-phenyl-***VI***-jodid,* F. 230,5—232,5° (A.). — *1.3-Diäthyl-2-methyl-***VI***-jodid,* gelbe Nadeln, F. 186—187,5° (A.). — 1H-Imidazo-[4.5-b]chinocarbocyaninjodide: *3.3′-Dimethyl-1.1′-diphenyl-*, F. 277,5—278,5° (Zers.; Methanol). — *1.1′.3.3′-Tetraäthyl-*, F. 302,5—303,5° (Zers.; Methanol). — *1.1′.3-Triäthyl-1H-imidazo-[4.5-b]-chinothiacarbocyaninjodid,* F. 251—252° (Zers.; Methanol). — *1.3.3′-Triäthyl-1H-imidazo-[4.5-b]-chinooxacarbocyaninjodid,* F. 245 bis 246° (Methanol). — *1.1′.3-Triäthyl-1H-imidazo-[4.5-b]-chino-2′-carbocyaninjodid,* F. 265,5—266,5° (Zers.; Methanol). — *3-Äthyl-1′.3′.3′-trimethyl-1-phenyl-1H-imidazo-[4.5-b]-chinoindocarbocyaninjodid,* F. 312,5—313,5° (Zers.; Methanol). — *3.3′-Diäthyl-1.1′-diphenyl-1H-imidazo-[4.5-b]-chinodicarbocyaninjodid,* F. 264,5—266,5° (Zers.; Methanol). — *1.1′.3.3′-Tetraäthyl-1H-imidazo-[4.5-b]-chinotricarbocyaninjodid,* F. 263,5—264,5° (Zers.; Methanol–Kresol). — *2-p-Dimethylaminostyryl-3-äthyl-1-phenyl-***VI***-jodid,* F. 288,5—289,5° (Zers.; Methanol). — *2-[4-p-Dimethylaminophenyl-1.3-butadienyl]-3-äthyl-1-phenyl-***VI***-jodid,* F. 261,5—262,5° (Zers.; Methanol). — *3-Äthyl-5-[(1.3-diäthyl-1H-imidazo-[4.5-b]-chinol-2(3H)-yliden)-äthyliden]-2-thio-2.4-oxazolidindion,* F. 258—259° (Zers.; Methanol). — *5-[(1.3-Diäthyl-1H-imidazo-[4.5-b]-chinol-2(3H)-yliden)-äthyliden]-3-äthylrhodanin,* F. 249—250° (Zers.; Py.–Methanol). — *3-Äthyl-5-[(3-äthyl-1-phenyl-1H-imidazo-[4.5-b]-chinol-2(3H)-yliden)-äthyliden]-1-phenyl-2-thiohydantoin,* F. 225,5—226,5° (Zers.; Py.–Methanol). — *1-Äthyl-5-[(3-äthyl-1-phenyl-1H-imidazo-[4.5-b]-chinol-2(3H)-yliden)-äthyliden]-2-thiobarbitursäure,* F. > 310° (Py.–Methanol). — *5-[(3-Äthyl-1-phenyl-1H-imidazo-[4.5-b]-chinol-2(3H)-yliden)-äthyliden]-3-phenyl-2.4-thiazolidindion,* F. > 300° (Py.–Methanol). — *3-Carboxymethyl-5-[(3-äthyl-1-phenyl-1H-imidazo-[4.5-b]-chinol-2(3H)-yliden)-äthyliden]-2-thiooxazolidindion,* F. 247—249° (Zers.). — *5-[(3-Äthyl-1-phenyl-1H-imidazo-[4.5-b]-chinol-2(3H)-yliden)-äthyliden]-3-[2-sulfoäthyl]-2-thio-2.4-oxazolidindion,* F. 291,5—292,5° (Zers.). — *3-Äthyl-5-[(3-äthyl-1-phenyl-1H-imidazo-[4.5-b]-chinol-2(3H)-yliden)-2-butyliden]-rhodanin,* F. 235,5—236,5° (Zers.; PAe.). — *Sensibilisatoren für Silberhalogenidemulsionen.* (**Brit. P. 1 058 082** vom 10/6. 1964, ausg. 30/12. 1966. U. S. Prior. 10/6. 1963.) — 16 S.
A. Jahn H 3231

1985 Ajinomoto K. K., Tôkyô (Erfinder: Shuku Eguchi, Shinji Okumura, Yokohama, und Nohoru Katsuya, Kawasaki), Japan, **Herstellung von 6.8-Dihydroxypurin (II)** aus Purinderiv. der Formel **I** (X =

I 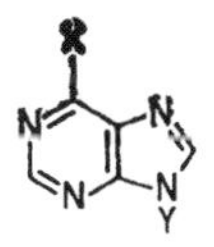

Amino- oder OH-Gruppe; Y = H, Ribose-, Desoxyribose-, Ribosephosphorsäure- oder Desoxyribosephosphorsäure-Rest) durch Behandeln mit Mikroorganismen, wie Serratia, Proteus oder Pseudomonas oder deren Behandlungsprod., die Purinderiv. in **II** umwandeln können. — Ansatz aus 1 (%) Glucose, 0,5 Fleischextrakt, 0,5 Polypepton, 1 KH_2PO_4, 0,3 NaCl, 0,1 Adenin; pH 7, Proteus Rettgeri. (**Jap. A. S. 6250/1967** vom 7/8. 1963, ausg. 14/3. 1967.) — 4 S. M. Pankow H 3272

1986 Helmut Wunderlich, Wolfgang Lugenheim, Dresden, und Andreas Stark, Radebeul, **N-Alkylierung von Phenothiazinen** der allg. Formel **I**

I 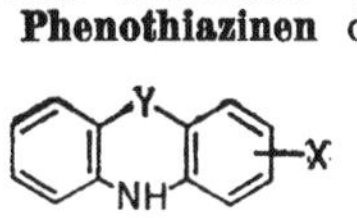

(Y = S, SO oder SO_2; X = H, Halogen, Alkyl-, Alkoxy-, Alkylmercapto-, Acylgruppe oder CF_3) mit Verb. der allg. Formel R-Alkylen—Z (R = H oder Halogen; Z = Alkylsulfatrest oder Halogen) in Ggw. von Ätzalkalien [1–20 (Mol)/1 I] u. Verb. der allg. Formel $[(R^1)(R^2)(R^3)(R^4)N]^+$Anion$^-$ (0,05–0,35/1 I; R^1–R^4 = Alkyl-, Aralkyl-, auch zusammen heterocycl. Rest) in Lsgm. bei 40–100°. – 0,5 Phenothiazin, 5 NaOH u. 25 10-[2'-(Trimethylammonium)-2'-methyläthyl]-phenothiazinmethosulfat werden bei 90–95° mit 140 g Isoamylbromid versetzt. Nach 1std. Rk. wird das in W. gegossene Rk.-Gemisch mit Toluol extrahiert: *10-Isoamylphenothiazin*, $Kp._{13}$ 230–232°, F. 66–68°; 92 % (Ausb.). – Analog folgende Phenothiazine: *10-Butyl-*, $Kp._{12}$ 226–230°; 80 %. – *3-Butyryl-10-n-butyl-*, $Kp._{12}$ 270 bis 275°; 70 %. – *3-Butyryl-10-isoamyl-*, Kp.233–235°. – *9.9-Dioxo-10-isoamyl-*, F. 143–144°. – *9.9-Dioxo-10-n-butyl-*, F. 149–150°; 80 %. – *10-[3'-Chlorpropyl-(1')]-*, $Kp._1$ 197–210°, F. 66°; 77,2 %. – *9.9-Dioxo-10-[3'-chlorpropyl-(1')]-*, F. 183–185°. (**D. P. [DDR] 51 642** Kl. 12p vom 26/8. 1965, ausg. 20/12. 1966 [Wirtschaftspatent].) – 6 S. K.-D. Stolp H 3292

1987 Ciba Ltd., Basel, Schweiz, **Hydroxyphenyl-1.3.5-triazine** der allg. Formel I (U^1 u. U^2 = H, Cl oder CH_3;

I 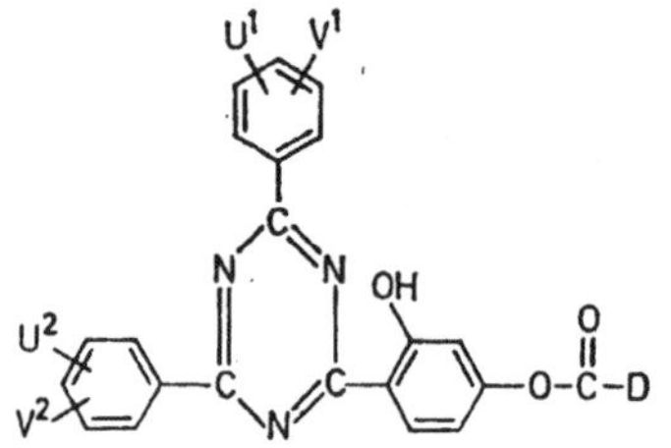

V^1 u. V^2 = H oder CH_3; D = niederes Alkenyl) werden durch Verestern der entsprechenden 2'.4'-Dihydroxyphenyl-II (II = 1.3.5-Triazin) mit einem Halogenid oder Anhydrid einer ungesätt. Säure der allg. Formel D–COOH in Ggw. eines tert. Amins in einem Lsgm. hergestellt. – 2.4-Di-[2'.4'-dimethylphenyl]-6-[2''.4''-dihydroxyphenyl]-II + Acrylylchlorid in Ggw. von $(C_2H_5)_3N$ oder Py. → *2.4-Di-[2'.4'-dimethylphenyl]-6-[2''-hydroxy-4''-acryloxyphenyl]*-II, F. 151–153°. – Analog: 2-[4'-Chlorphenyl]-4-[2''.4''-dimethylphenyl]-6-[2'''.4'''-dihydroxyphenyl]-II → *2-[4'-Chlorphenyl]-4-[2''.4''-dimethylphenyl]-6-[2''-hydroxy-4'''-acryloxyphenyl]*-II, $C_{26}H_{20}ClN_3O_3$, F. 117 bis 119°, λ_{max} 340–415 mμ. – 2.4-Diphenyl-6-[2'.4'-dihydroxyphenyl]-II → *2.4-Diphenyl-6-[2'-hydroxy-4'-acryloxyphenyl]*-II, $C_{24}H_{17}N_3O_2$, F. 161–163°, λ_{max} 343 mμ. – 2.4-Di-[4'-chlorphenyl]-6-[2''.4''-dihydroxyphenyl]-II → *2.4-Di-[4'-chlorphenyl]-6-[2''-hydroxy-4''-acryloxyphenyl]*-II, $C_{24}H_{15}Cl_2N_3O_3$, F. 201–202°, λ_{max} 340–420 mμ. – *2.4-Di-[2'.4'-dimethylphenyl]-6-[2''-hydroxy-4''-methacryloxyphenyl]*-II, $C_{27}H_{27}N_3O_3$, F. 201–202°. – Verb. der allg. Formel I können in üblicher Weise homo- oder copolymerisiert werden, wobei stark UV-absorbierende Polymerisate erhalten werden. – *Lichtschutzmittel* für organ. Stoffe. (**Brit. P. 1 083 487** vom 24/11. 1965, ausg. 13/9. 1967. Schwz. Prior. 4/12. 1964.) – 13 S. O. Schön H 3313

1988 Ilford Ltd., Ilford, Essex, Großbritannien (Erfinder: Douglas James Fry und Patrick Joseph Keogh), **4-Hydroxy-1.3.3a.6.7-pentaazaindenderivate** der allg. Formel I erhält man durch Rk. von 3-Hydrazino-

I 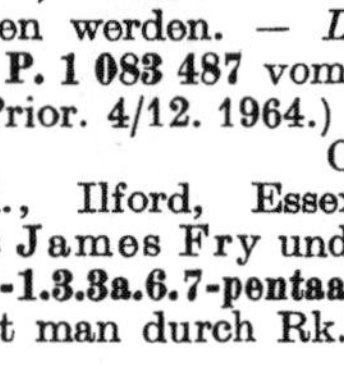

1.2.4-triazol mit α-Ketocarbonsäuren, deren Estern der allg. Formel $R^2CO-CO_2R^3$ oder deren Ketalen oder durch Kondens. von 5-Hydroxy-3-hydrazino-1.2.4-triazin mit CS_2, Alkylierung oder Aralkylierung u. Erhitzen des Rk.-Prod. [R^1 = H, Alkyl-, Aralkyl-, Alkylmercapto-, Aralkylmercaptorest, SH; R^2 = H, Alkyl-, Aryl-, Aralkyl-, Alkoxycarbonylrest; R^3 = H, Alkyl]. – 3-Hydrazino-5-methylmercapto-1.2.4-triazol + Brenztraubensäureäthylester → *2-Methylmercapto-5-methyl*-I, Nadeln, F. 259–260° (W.). – *2-Methylmercapto-5-phenyl*-I, Nadeln, F. 325–326° (A.). – *2-Mercapto-5-methyl*-I, F. 154 bis 156°. – *5-Methyl*-I, F. 262–264° (A.). – *2.5-Dimethyl*-I, Nadeln, F. 263–264° (A.). – *2-Methylmercapto*-I, Nadeln, F. 233–236° (A.). – I, F. 255–257° (A.). – *2-Methyl*-I, F. 215–216° (A.). – *5-Phenyl*-I, F. 243 bis 245° (A.). – *Stabilisatoren für Silberhalogenid-Gelatineemulsionen*. (**Brit. P. 1 051 734** vom 16/1. 1963, ausg. 21/12. 1966.) – 8 S. A. Jahn H 3313

1989 E. I. du Pont de Nemours & Co., Wilmington, übert. von: Frank Dennis Marsh, New Castle County, Del., USA, **Herstellung von Carbonitrilen** der allg. Formel I

I 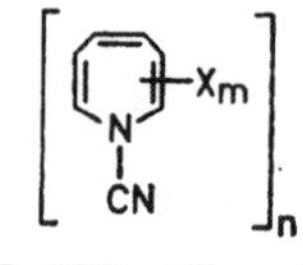

(X = Halogen, CN, NO_2, Phenyl, C_{1-18}-Alkyl, Cyclohexyl, halogeniertes C_{1-8}-Alkyl, C_{1-18}-Alkoxy-, C_{2-19}-Alkoxycarbonyl- oder 2wertige 1.3-Butadienylengruppe, m = 0–6, aber ≤ 2, wenn X = Butadienylen, n = 1–2, Summe der an den Ring gebundenen Wertigkeiten aus X u. H = 6) durch Rk. von N_3CN (II) mit einer benzol. Verb. bes. in einem organ. Verdünnungsmittel. – Man erhitzt Bzl. u. II (hergestellt aus CNCl u. NaN_3) 6 Std. auf 46–53°, filtriert das entstandene dimere *1H-Azepin-1-carbonitril* (III), $C_{14}H_{12}N_4$, F. 220–221°, ab, konz. das Filtrat im Vakuum u. dest. den Rückstand → *monomeres* III, $C_7H_6N_2$, $Kp._{0,0002}$ 49–50°, $n_D^{25,2}$ 1,5520, das bei Raumtemp. nach mehreren Std. in das dimere III übergeht; mit wss. $AgNO_3$-Lsg. bildet es $C_7H_5N_2Ag$, mit wss. 18 %ig. HCl *Phenylharnstoff*, F. 148–149°. Analog mit Fluorbenzol → *Fluor*-III, $C_7H_5N_2F$, $Kp._{0,00003-0,00007}$ 25°, *Gemisch aus o-* u. *p-Fluorphenylharnstoff*, $C_7H_7N_2OF$, *α.α.α-Trifluormethyl*-III, $C_8H_5F_3N_2$, $Kp._{0,00002}$ 30–40°; *α.α.α-Trichlormethyl*-III, *Methoxycarbonyl*-III, *Bis-[trifluormethyl]*-III, $Kp._{0,00002}$ 35–40°; $n_D^{25,2}$ 1,4307–1,4320, *Hexafluor*-III, $C_7H_6N_2$, F. 51–52°, *dimeres Chlor*-III, $C_{14}H_{10}N_4Cl_2$, u. *monomeres Chlor*-III, F. 198–200°, $C_7H_5N_2Cl$. *Methyl*-III u. *Dimethyl*-III. – *Polymerisationsinhibitoren*. (**U. S. P. 3 268 512** vom 17/7. 1964, ausg. 23/8. 1966.) – 8 S. C. Lüttgen H 3370

1990 Sandoz Soc. An., Basel, Schweiz, **Herstellung von heterocyclischen Verbindungen** der allg. Formel I

I 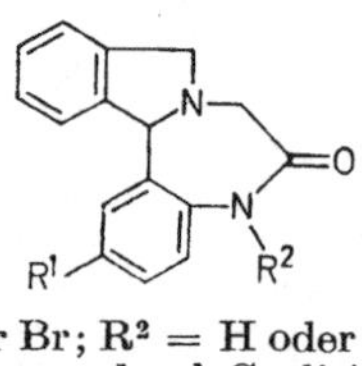

(R^1 = H, F, Cl oder Br; R^2 = H oder niederer Alkylrest). Zum Beispiel erhält man durch Cyclisieren des Äthylesters des 2-Carboxymethyl-1-[5-chlor-2-methylaminophenyl]-isoindolins *2-Chlor-5-methyl-5.7.9.13b-tetrahydroisoindolo)-[2.1:d]-benzo-1.4-diazepinon-(6)*, durch Cyclisieren der entsprechenden 1-[5-Chlor-2-nitrophenyl]-Verb. unter reduzierenden Bedingungen *2-Chlor-5.7.9.13b-tetrahydroisoindolo[2.1:d]-benzo-1.4-diazepinon-(6)*; daraus mit CH_3J die *5-Methyl-* u. mit C_2H_5J die *5-Äthylverbindung*. – 1-[2-Methylaminophenyl]-isoindolin-2-essigsäureäthylester → *5-Methyl-5.7.9.13b-tetrahydroisoindolo-[2.1:d]-benzo-1.4-diazepinon-(6)*. (**Port. P. 45 902** vom 8/6. 1966, Auszug veröff. 31/5. 1967. U. S. Prior. 11/6. 1965 u. 3/1. 1966.) W. Wittholz H 3370

1991 Dr. Karl Thomae G. m. b. H., Biberach/Riß, **Herstellung von in 5-Stellung substituierten 5.6-Dihydro-6-oxopyrido-[2.3:b]-benz-1.4-oxazepinen** der allg. Formel I

I 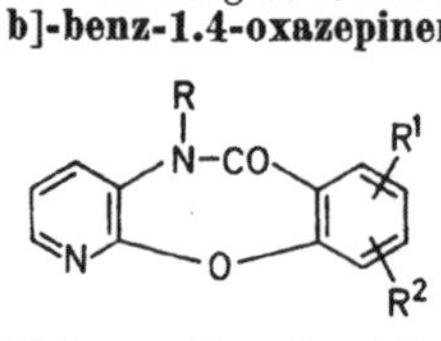

[R = Alkenyl-, Halogenalkenyl-, Alkylrest mit gerader oder verzweigter Kette, ggf. halogensubstituiert, Alkoxy-, Alkylmercaptorest oder bas. Gruppe $-N(R^3)(R^4)$, wobei

R^3 u. R^4 = niederer Alkylrest oder zusammen mit dem N-Atom = heterocycl. Ring; R^1 u. R^2, gleich oder verschieden, = H, Halogen, niedere Alkyl-, Alkoxy-, Hydroxy-, Acyloxy-, Amino-, Acylamino- oder Acylgruppen oder zusammen mit dem Bzl.-Kern = kondensierter aromat. Ring] durch Rk. von 5.6-Dihydro-6-oxopyrido-[2.3:b]-benz-1.4-oxazepinen mit RX (X = reaktionsfähige Estergruppe) bei erhöhter Temp. in Ggw. eines organ. Lösungsmittels. — 5.6-Dihydro-6-oxopyrido-[2.3:b]-benz-1.4-oxazepine: *5-Methyl-*; *5-Äthyl-*; *5-[β-Dimethylaminoäthyl]-*; *5-[3-(4-Methylpiperazino)-propyl]-*; *5.10-Dimethyl-*; *5-Allyl-*; *5-Methyl-8-chlor-*. (**Port. P. 46 496** vom 30/9. 1966, Auszug veröff. 31/5. 1967.)
W. Wittholz H 3370

1992 Produits Chimiques Pechiney-Saint-Gobain, Paris (Erfinder: Emile Trebillon, Paris, und Georges Wetroff, Le Thillay), Frankreich, **Herstellung von Aluminiumalkoholaten** durch Ox. von Trialkyl-Al-verb. (I) in 2 Stufen. In 1. Stufe ox. man I mit O_2 oder O_2-haltigem Gas mindestens teilweise bis zur Stufe $RAl(OR)_2$ [R = aliphat. C_2–C_{30}-KW-Stoffrest] u. ox. dann unter kräftigem Rühren des Gemisches mit überschüssigem O_2 weiter. — Beispiele für die Ox. von Tris-(methyl-2-pentyl)-Al u. einer Mischung aus Tris-(äthyl-2-hexyl)-Al, Tri-n-butyl-Al u. Tri-dodecyl-Al. (**Schwz. P. 441 255** vom 3/12. 1964, ausg. 15/1. 1968. F. Prior. 4/12. 1963.) — 5 S. A. Jahn 6680

1993 Farbenfabriken Bayer Akt.-Ges., Leverkusen (Erfinder: Nikolaus Schön, Leverkusen, Josef Witte, Köln, und Gottfried Pampus, Leverkusen), **(Cyclo)Alkoxytitantrijodide** erhält man durch Rk. von TiJ_4 mit Ti-Tetraalkoholaten oder Ti-Tetracycloalkoholaten von 1–16 C-Atomen im Alkoxy- bzw. Cycloalkoxyrest in organ. Lsgm. unter Ausschluß von O_2 u. W. bei 30–80° u. einer Rk.-Zeit von ≦ 150 Minuten. Die Prod. zersetzen sich bei 180–200° in (Cyclo)Alkyljodide u. $(TiJ_2O)_n$. *Ti-n-Butoxytrijodid*, schwarzbraune Verb., erweicht bei 20–25°. — *Ti-n-Octyloxytrijodid*. — *Vorprod. für Polymerisationskatalysatoren*. (**Brit. P. 1 085 397** vom 27/10. 1964, ausg. 27/9. 1967.) — 5 S.
A. Jahn 6680

1994 E. I. du Pont de Nemours & Co., übert. von: Richard E. Benson, Wilmington, Del., USA, **Organische Metallverbindungen** der allg. Formel **I** (Q = äquivalentes Metall, Ammonium, Sulfonium, Arsonium, Phosphonium, Antimonium, Selenonium oder Telluronium,

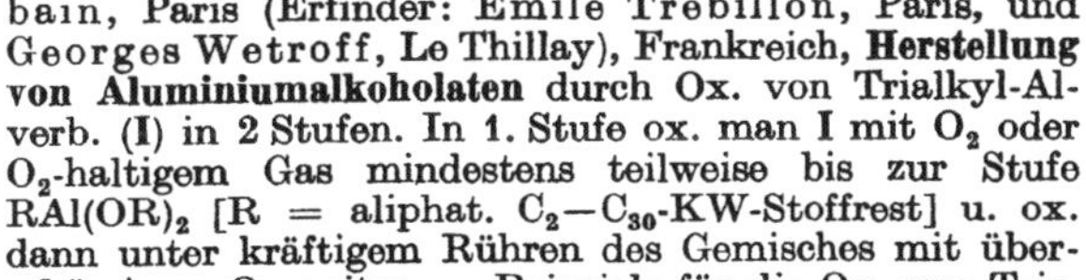

I

wobei die Oniumkationen durch Alkyl- oder Arylreste mit ≧ 20 C-Atomen substituiert sein u. die Substituenten in dem Ammoniumkation mit dem N-Atom einen heterocycl. Ring bilden können, M u. M′ = Metalle mit dem Atomgew. 22–29, 40–47 u. 72–79, a = b + 2c, b = 1–6, c = 0–6) durch Ox. eines anion. Salzes eines 2wertigen Bis-[1.2-dicyanäthylen-1.2-dithiolat]-metallchelats bei –80 bis +250° bei einem Spannungspotential von –0,5 bis +0,5 V, bezogen auf eine wss. gesätt. Kalomel-Elektrode in Acetonitril (**II**), das 0,1 m $LiClO_4$ (**III**) als Elektrolyt enthält, mit einer rotierenden Pt-Elektrode. — Man löst 18 (Teile) Dinatrium-1.2-dicyanoäthylen-1.2-dithiolat [Bähr u. Schleitzer, Chem. Ber. **90** (1957) 438–443] u. 210 Tetraäthylammoniumbromid in 2500 W. u. gibt 120 $NiCl_2 \cdot 6\,H_2O$ in 1000 W. in kleinen Portionen zu → *Bis-[A]-Ni* (**IV**) [A = Tetraäthylammonium-bis-(1.2-dicyanoäthylen-1.2-dithiolato)], $C_{24}H_{40}N_6S_4Ni$, F. 243–246° (Zers.), von dem 11,02 in 39,14 **II**, das 266 **III** enthält, gelöst u. einer Spannung von 0,1 bis 0,25 V ausgesetzt werden. An der rotierenden Pt-Elektrode bildet sich *Mono-[A]-Ni*, $C_{16}H_{20}N_5S_4Ni$, das auch aus **IV** durch Behandeln mit Br_2, J_2 oder Tetracyanoäthylen erhältlich ist. — Analog: *Bis-[A]-Cu*, F. 137–140° (Zers.), *Mono-[A]-Cu*, F. 230–235° (Zers.), *Bis-[A]-Co*, F. 232–235° (Zers.), *Mono-[A]-Co*, Zers. > 300°, *Mono-[A]-Fe*, F. 280° (Zers.), Bis-[A]-Pd, F. ca. 240°, *Bis-[A]-Pt*, F. 242–245° (Zers.), *Mono-[A]-Pt*, F. 285–288° (Zers.), *Bis-*, $C_{28}H_{20}N_6S_4Ni$, F. 262–265° (Zers.), u. *Mono-[N-methylchinolinium]-bis-[B]-Ni*, $C_{18}H_{10}N_5S_4Ni$, F. 258 bis 261° (Zers.) (B = 1.2-Dicyanoäthylen-1.2-dithiolato), *Bis-*, $C_{38}H_{30}P_2N_4S_4Ni$, u. *Mono-[methyltriphenylphosphonium]-bis-[B]-Ni*, $C_{27}H_{18}N_4S_4PNi$, F. 198–200° (Zers.), *Mono-[methyltriphenylarsonium]-bis-[B]-Ni*, $C_{27}H_{18}N_4S_4 \cdot AsNi$, F. 208–210°, *Mono-[N-methylphenazinium]-bis-[B]-Ni*, $C_{21}H_{11}N_6S_4Ni$. — Die Verb. sind elektr. leitend, krist. u. stark gefärbt. — Verw. als *Pigmente in Tinten* u. zur Herst. von *Schmuck*. (**U. S. P. 3 255 195** vom 21/5. 1963, ausg. 7/6. 1966.) — 9 S.
C. Lüttgen 6680

1995 **Stauffer Chemical Co.**, San Francisco (Erfinder: **Robert Paul Obrecht**, Concord, und **Harry Bender**, Torrance, Calif.), USA, *Herstellung von Mischungen aus Tetrachlormethan und Perchloräthylen.* (**D. A. S. 1 275 040** Kl. 12o vom 4/7. 1957, ausg. 14/8. 1968. – C. **1959**, 12378 [U. S. P. 2 857 438].)

1996 **Continental Oil Co.** (Erfinder: **William Bruce Carter** und **Jerry Anthony Acciarri**), Ponca City, Okla., USA, *Gewinnung von höhermolekularen α-Olefinen.* (**D. A. S. 1 198 810** Kl. 12o vom 20/2. 1963, ausg. 19/8. 1965. U. S. Prior. 26/3. 1962. – C. **1966**, 29-2480 [Can. P. 696 867].)

1997 **Continental Oil Co.**, übert. von: **Jerry A. Acciarri** und **William B. Carter**, Ponca City, Okla., USA, *Herstellung von α-Olefinen.* (**U. S. P. 3 358 050** vom 15/10. 1962, ausg. 12/12. 1967. – C. **1966**, 29-2477 [Brit. P. 978 346].)

1998 **Comp. Française de Raffinage**, Paris, Frankreich (Erfinder: **Helmut Hoegl** und **Goetz Rotta**, Genf, Schweiz), *Herstellung von α-Olefinen durch Oligomerisation.* (**D. A. S. 1 270 033** Kl. 12o vom 21/1. 1964, ausg. 12/6. 1968. Schwz. Prior. 22/1. 1963. – C. **1967**, 3-2589 [Brit. P. 992 901].)

1999 **Phillips Petroleum Co.** (Erfinder: **Carl William Kruse** und **Gardner Cleveland Ray**), Bartlesville, Okla., USA, *Herstellung von Olefinen durch Halogenabspaltung aus Kohlenwasserstoffhalogeniden.* (**D. A. S. 1 271 105** Kl. 12o vom 28/6. 1963, ausg. 27/6. 1968. U. S. Prior. 2/7. 1962. – C. **1968**, 12-2483 [U. S. P. 3 227 766].)

2000 **British Hydrocarbon Chemicals Ltd.**, London, übert. von: **Max Marin Wirth**, Dollar, Großbritannien, *Herstellung von konjugierten Diolefinen.* (**U. S. P. 3 350 474** vom 12/7. 1965, ausg. 31/10. 1967. Brit. Prior. 20/2., 16/6. 1959 u. 27/2. 1961. – C. **1965**, 6-2555 [F. P. 1 247 778].)

2001 **Office National Industriel de l'Azote** (Erfinder: **Claude Paul** und **Jacques Sarlabous**), Toulouse, Frankreich, *Herstellung von äthylen- und propylenreichen Gasgemischen.* (**Schwz. P. 440 254** vom 3/4. 1964, ausg. 29/12. 1967. F. Prior. 3/4. 1963. – C. **1968**, 2-2351 [F. P. 1 363 389].)

2002 **Dow Corning Corp.** (Erfinder: **Eldon E. Frisch**), Midland, Mich., USA, *Fluorhaltige Olefine.* (**D. A. S. 1 207 369** Kl. 12o vom 3/5. 1963, ausg. 23/12. 1965. U. S. Prior. 28/9. 1962. – C. **1966**, 33-2450 [Can. P. 698 270].)

2003 **Pittsburgh Plate Glass Co.**, Pittsburgh, Pa., USA (Erfinder: **Lester Ernest Bohl, Albert Philip Muren** und **Raymond Melvin Vancamp**), *Herstellung von chlorierten Kohlenwasserstoffen.* (**Brit. P. 904 405** vom 10/5. 1961, ausg. 29/8. 1962. U. S. Prior. 12/5. 1960. – C. **1966**, 27-2394 [D. A. S. 1 197 875].)

2004 **Badische Anilin- & Soda-Fabrik Akt.-Ges.**, Ludwigshafen (Erfinder: **Walter Teltschik**, Frankenthal/Pfalz), *Herstellung von Acetylen.* (**Brit. P. 1 079 210** vom 4/12. 1964, ausg. 16/8. 1967. D. Prior. 7/12. 1963. – C. **1966**, 31-2450 [D. A. S. 1 199 758].)

2005 **Shell Internationale Research Mij. N. V.** (Erfinder: **Charles R. Greene**), *Alkohole.* (**Aust. P. 275 645** vom 21/1. 1963, ausg. 29/6. 1967. U. S. Prior. 23/1. 1962. – C. **1967**, 8-2619 [Brit. P. 1 002 429].)

2006 **E. I. du Pont de Nemours & Co.** (Erfinder: **Carl Edward Lorenz**), Wilmington, Del., USA, *Herstellung von fluorierten Vinyläthern.* (**D. A. S. 1 261 499** Kl. 12o vom 8/10. 1964, ausg. 22/2. 1968. U. S. Prior. 8/10. 1963. – C. **1968**, 46-2568 [Brit. P. 1 033 919].)

2007 **Distillers Co. Ltd.**, Edinburgh, Schottland (Erfinder: **Leslie Ernest Cooper**, Hull, Yorkshire, **Kenneth Raymond Hargrave**, Kirkella, East Yorkshire, und **Kenneth George Pickup**, London), Großbritannien, *Herstellung von sekundären Alkoholen.* (**D. A. S. 1 218 424** Kl. 12o vom 4/7. 1962, ausg. 8/6. 1966. Brit. Prior. 8/7. 1961. – C. **1966**, 29-2538 [Brit. P. 963 269].)

2008 **Badische Anilin- & Soda-Fabrik Akt.-Ges.**, übert. von: **Erich Haaver** und **Paul Hornberger**, Ludwigshafen/Rh., *Herstellung von Glykolen.* (**U. S. P. 3 344 196** vom 2/6. 1964, ausg. 26/9. 1967. D. Prior. 18/5. 1960. – C. **1965**, 1-2628 [Brit. P. 921 477].)

2009 **Atlas Chemical Industries, Inc.**, Wilmington, Del., übert. von: **Leo Kasehagen**, West Chester, Pa., USA, *Herstellung von Glycerin und Glykolen.* (**U. S. P. 3 341 609** vom 20/7. 1962, ausg. 12/9. 1967. – C. **1968**, 31-2791 [Brit. PP. 988 040 u. 990 349].)

2010 **California Research Corp.**, San Francisco (Erfinder: **Joseph Eli Moore**, Richmond), Calif, USA, *Di- oder Trithioalkanole.* (**D. A. S. 1 251 310** Kl. 12o vom 8/10. 1963, ausg. 5/10. 1967. U. S. Prior. 23/10. 1962. – C. **1968**, 51/52-2885 [U. S. P. 3 203 996].)

2011 **Farbenfabriken Bayer Akt.-Ges.**, Leverkusen (Erfinder: **Eberhart Degener**, Leverkusen, **Hans-Georg Schmelzer**, Köln, und **Hans Holtschmidt**, Leverkusen), *Polyätherthioäther.* (**Schwz. P. 449 001** vom 21/4. 1964, ausg. 11/4. 1968. D. Prior. 11/5. 1963. – C. **1965**, 43-2774 [D. A. S. 1 187 606].)

2012 **General Aniline & Film Corp.**, New York, N.Y. (Erfinder: **Peter Otto Shull**, South Plainfield, **Robert Eugene Leary**, Westfield, und **Dalton William Rowland**, Elizabeth, N.J.), USA, *Herstellung von Schwefelsäureestern* (**Schwz. P. 398 555** vom 1/6. 1962, ausg. 15/3. 1966. U. S. Prior. 2/6. u. 27/7. 1961. – C. **1966**, 41-2579 [Brit. P. 958 855].)

2013 **Montecatini Edison S. p. A.**, übert. von: **Corrado Brichta, Adriano Nenz, Giuseppe Ribaldone, Giampiero Borsotti** und **Enzo Gallinella**, Mailand, Italien, *Herstellung von α-Hydroxyoximen.* (**U. S. P. 3 359 314** vom 6/8. 1963, ausg. 19/12. 1967. It. Prior. 10/8. u. 31/10. 1962. — C. **1966**, 27-2412 [D. A. S. 1 193 035].)

2014 **Miles Italiana Derivati Amidi-M.I.D.A.S.p.A.** (Erfinder: **Luciano Nobile** und **Tullio la Noce**), *Acetale.* (**Aust. P. 275 241** vom 20/3. 1963, ausg. 8/6. 1967. It. Prior. 23/3. 1962. — C. **1965**, 5-2715 [Port. P. 40 688].)

2015 **A.E.C. Soc. de Chimie Organique et Biologique**, Commentry, Allier, übert. von: **Joseph Redel** und **Jean-Baptiste-Christian Boch**, Neris-les-Bains, Frankreich, *Herstellung von β-Jonylidenacetaldehyd.* (**U. S. P. 3 354 224** vom 13/3. 1964, ausg. 21/11. 1967. F. Prior. 15/3. 1963. — C. **1967**, 19-2683 [Brit. P. 1 016 946].)

2016 **Badische Anilin- & Soda-Fabrik Akt.-Ges.**, übert. von: **Herwig Freyschlag, Horst Pommer** und **Werner Reif**, Ludwigshafen/Rh., *Herstellung von Derivaten des ω-Hydroxytiglinaldehyds.* (**U. S. P. 3 347 930** vom 31/5. 1963, ausg. 17/10. 1967. D. Prior. 1/6. 1962. — C. **1965**, 47-2503 [D. A. S. 1 169 438].)

2017 **Allied Chemical Corp.**, New York, N.Y., übert. von: **Louis G. Anello**, Basking Ridge, und **Anthony W. Yodis**, Whippany, N.J., USA, *Herstellung von Fluoracetonen.* (**U. S. P. 3 358 033** vom 28/9. 1964, ausg. 12/12. 1967. — C. **1968**, 8-2489 [D. A. S. 1 244 149].)

2018 **Borden Co.** (Erfinder: **Alexander W. Williams, Richard H. Beckman** und **Donald E. Mook**), *Stabilisierte Fettglyceride.* (**Aust. P. 274 507** vom 17/10. 1962, ausg. 11/5. 1967. — C. **1963**, 7580 [U. S. P. 3 001 878].)

2019 **Farbwerke Hoechst Akt.-Ges. vormals Meister Lucius & Brüning**, Frankfurt (Erfinder: **Hans Krekeler**, Wiesbaden, **Hans Fernholz**, Bad Soden/Taunus, und **Günter Jacobsen**, Frankfurt/M.), *Herstellung von Acetaldehyd und Essigsäure zusammen mit Vinylacetat.* (**Schwz. P. 453 325** vom 3/6. 1965, ausg. 14/6. 1968. D. Prior. 5/6. 1964. — C. **1967**, 40-2504 [D. A. S. 1 230 009].)

2020 **Dynamit Nobel Akt.-Ges.**, Troisdorf, *Orthoameisensäurealkylester.* (**Brit. P. 1 029 092** vom 15/1. 1965, ausg. 11/5. 1966. D. Prior. 18/1. 1964. — C. **1966**, 35-2634 [D. A. S. 1 205 076].)

2021 **Orgamol Soc. An.** (Erfinder: **François Molnar** und **Albert Lachavanne**), *Dicarbamate.* (**Aust. P. 275 150** vom 8/11. 1962, ausg. 8/6. 1967. — C. **1967**, 9-2793 [D.A. S. 1 214 214].)

2022 **E. I. du Pont de Nemours & Co.**, Wilmington, übert. von: **Henry J. Gergovich**, Wilmington, und **Donald L. Smathers**, Claymont, Del., USA, *Herstellung von N.O-Dimethylhydroxylamin.* (**U. S. P. 3 337 631** vom 7/3. 1961, ausg. 22/8. 1967. — C. **1966**, 49-2651 [Brit. P. 967 601].)

2023 **Wyandotte Chemicals Corp.**, Wyandotte, Mich. (Erfinder: **Ernest Jaul**, Marion, Ind., **William Keith Langdon**, Grosse Ile, und **William Walter Levis**, Wyandotte, Mich)., USA, *Herstellung von Glykolätheraminen.* (**D. A. S. 1 270 570** Kl. 12 q vom 11/3. 1960, ausg. 20/6. 1968. — C. **1966**, 50-2458 [F. P. 1 302 365].)

2024 **Asahi Kasei Kogyo K. K.** (Erfinder: **Kyoichi Miyai, Isao Tsuruo, Keizo Goto, Ryoji Kodaira** und **Toru Akimoto**), *l-Glutaminsäure.* (**Aust. P. 274 708** vom 23/10. 1962, ausg. 18/5. 1967. Jap. Prior. 1/11. 1961. — C. **1967**, 5-3338 [Can. P. 680 568].)

2025 **Monsanto Co.** (Erfinder: **Riyad R. Irani** und **Kurt Moedritzer**), *Organophosphonsäuren.* (**Aust. P. 275 006** vom 12/11. 1962, ausg. 1/6. 1967. U. S. Prior. 13/11. 1961 u. 16/8. 1962. — C. **1967**, 23-2552 [F. P. 1 342 412].)

2026 **Badische Anilin- & Soda-Fabrik Akt.-Ges.**, übert. von: **Günter Scheurer** und **Heiner Dickhäuser**, Ludwigshafen/Rh., *Dialkoxythiophosphoryl- und Dialkoxydithiophosphorylfettsäurechloride.* (**U. S. P. 3 356 771** vom 26/12. 1963, ausg. 5/12. 1967. D. Prior. 5/1. 1963. — C. **1968**, 15-2651 [F. P. 1 379 964].)

2027 **Universal Oil Products Co.** (Erfinder: **John B. White**), *Dehydrieren von Äthylbenzol.* (**Aust. P. 274 821** vom 25/7. 1962, ausg. 25/5. 1967. U. S. Prior. 28/7. 1961. — C. **1966**, 29-2571 [Oe. P. 236 360].)

2028 **Chemische Werke Witten G.m.b.H.** (Erfinder: **Ewald Katzschmann**), *Phenolglykolmonoäther.* (**Aust. P. 274 790** vom 23/10. 1963, ausg. 25/5. 1967. D. Prior. 7/12. 1962. — C. **1967**, 5-2683 [D. P. [DDR] 44 402].)

2029 **General Aniline & Film Corp.**, New York, N.Y. (Erfinder: **John Albert Hodgkiss**, Old Bridge, N.J.), USA, *Herstellung eines sauren Tonkatalysators zur Alkylierung phenolischer Verbindungen.* (**D. A. S. 1 271 682** Kl. 12 g vom 19/12. 1962, ausg. 4/7. 1968. U. S. Prior. 29/12. 1961. — C. **1968**, 22-2664 [U. S. P. 3 213 037].)

2030 **VEB Deutsches Hydrierwerk Rodleben**, Rodleben/Elbe (Erfinder: **Heinz-Joachim Engelbrecht**, Dessau), *Herstellung von Dialkylaminoalkyläthern von mehrwertigen Phenolen.* (**D. A. S. 1 269 135** Kl. 12 q vom 6/4. 1963, ausg. 30/5. 1968. — C. **1966**, 21-1767 [Brit. P. 961 275].)

2031 **Snia Viscora Soc. Nazionale Industria Applicazioni Viscosa S. p. A.** (Erfinder: **Luigi Notarbartolo, Giuseppe Messina, Werner Muench** und **Roberto Mattone**), *Herstellung von Benzoesäure.* (**Aust. P. 275 323** vom 8/10. 1962, ausg. 15/6. 1967. It. Prior. 11/10. 1961. — C. **1966**, 25-2542 [Oe. P. 232 991].)

2032 **Farbenfabriken Bayer Akt.-Ges.** (Erfinder: **Jürgen Johannis, Ernst Schraufstätter, Reiner Straufe, Rudolf Gonnert** und **Wilhelm Stendel**), *Nitrosalicylanilide.* (**Aust. P. 264 366** vom 3/12. 1962, ausg. 20/1. 1966. D. Prior. 7/12. 1961. — C. **1968**, 49/50-1772 [Brit. P. 966 074].)

2033 **Allied Chemical Corp.**, New York (Erfinder: **Chao Shing Cheng**, Williamsville, und **Richard George Spaunburgh**, Elma), N.Y., USA, *Reinigen organischer Isocyanate.* (**Schwz. P. 454 121** vom 22/10. 1964, ausg. 14/6. 1968. U. S. Prior. 25/10. 1963. — C. **1968**, 25-2733 [Brit. P. 1 007 087].)

2034 **General Aniline & Film Corp.**, New York, N.Y., USA, *Phosphorsäurealkyl-, alkenyl- und -arylester.* (**Brit. P. 1 058 845** vom 22/4. 1964, ausg. 15/2. 1967. U. S. Prior. 24/4. 1963. — C. **1968**, 51/52-2534 [U. S. P. 3 277 217].)

2035 **Monsanto Co.** (Erfinder: **Emerson Howard Lee**), *Dehydrieren von Äthylbenzol.* (**Aust. P. 275 382** vom 21/5. 1962, ausg. 15/6. 1967. U. S. Prior. 22/5. 1961. — C. **1967**, 30-2544 [F. P. 1 323 317].)

2036 **Dehydag Deutsche Hydrierwerke G.m.b.H.** (Erfinder: **Hartwig Schütt**), Düsseldorf, *Herstellung von trans-Dimethylolcyclohexan-(1.4).* (**Schwz. P. 453 340** vom 26/4. 1963, ausg. 14/6. 1968. D. Prior. 5/5. 1962. — C. **1966**, 26-2818 [D. A. S. 1 203 254].)

2037 **Badische Anilin- & Soda-Fabrik Akt.-Ges.** (Erfinder: **Horst Metzger** und **Dieter Weiser**), Ludwigshafen/Rh., *Gewinnung von Cyclododecanonoxim bzw. dessen Salzen.* (**D. A. S. 1 246 719** Kl. 12 o vom 17/11. 1961, ausg. 10/8. 1967.) — C. **1966**, 25-1555 [Brit. P. 977 812].)

2038 **Farbenfabriken Bayer Akt.-Ges.**, Leverkusen (Erfinder: **Hans-helmut Schwarz, Karl Morgenstern, Joachim Schneider** und **Hermann Schnell**, Krefeld), *Gewinnung reiner Oxime aus mineralsauren Lösungen.* (**Schwz. P. 452 502** vom 23/3. 1965, ausg. 31/5. 1968. D. Prior. 4/4. 1964. — C. **1967**, 46-2495 [D. A. S. 1 228 248].)

2039 **Shell Internationale Research Mij. N. V.**, Den Haag (Erfinder: **Hans Rudolf Gersmann** und **Hermanus Johannes Wilhelmus Nientrenhuis**, Amsterdam), Niederlande, *α-Hydroxypropoxycarbonsäureester.* (**D. A. S. 1 274 104** Kl. 12 o vom 28/5. 1963, ausg. 1/8. 1968. Niederl. Prior. 30/5. 1962. — C. **1967**, 7-2753 [Brit. P. 993 480].)

2040 **Badische Anilin- & Soda-Fabrik Akt.-Ges.**, Ludwigshafen/Rh. (Erfinder: **Siegfried Huenig** und **Theophil Eicher**, Würzburg), *Herstellung von Arylazocarbonylverbindungen.* (**Schwz. P. 453 382** vom 12/5. 1966, ausg. 14/6. 1968. D. Prior. 1/6. 1965. — C. **1968**, 23-3078 [D. A. S. 1 242 236].)

2041 **Halcon International, Inc.**, New York (Erfinder: **Robert S. Barker**, Port Washington), N.Y., USA, *Herstellung von Cyclohexylamin.* (**Schwz. P. 444 852** vom 13/2. 1964, ausg. 29/2. 1968. U. S. Prior. 14/2. 1963. — C. **1968**, 46-2345 [Brit. P. 1 038 264].)

2042 **Dow Corning Corp.** (Erfinder: **Earl H. Huyser** und **George E. Hartzell**), *Bibenzylverbindungen.* (**Aust. P. 275 721** vom 20/3. 1964, ausg. 29/6. 1967. U. S. Prior. 28/3. 1963. — C. **1967**, 39-2345 [D. A. S. 1 229 531].)

2043 **Union Carbide Corp.** (Erfinder: **Anson R. Grover** und **Robert E. Richardson**), *2.2-Bis-[4-hydroxyphenyl]-propan.* (**Aust. P. 275 200** vom 17/7. 1962, ausg. 8/6. 1967. U. S. Prior. 1/8. 1961. — C. **1968**, 14-2576 [U. S. P. 3 221 061].)

2044 **Studiengesellschaft Kohle m.b.H.**, Mülheim/Ruhr (Erfinder: **Klaus Hafner** und **Heinrich Pelster**, Marburg/Lahn), *Herstellung von in 1- und/oder 3-Stellung substituierten Azulenen.* (**D. A. S. 1 211 181** Kl. 12 o vom 25/3. 1960, ausg. 24/2. 1966. — C. **1966**, 28-2497 [F. P. 1 286 137].)

2045 **British Celanese Ltd.**, London (Erfinder: **Stanley Beesley** und **John Bernard Powner**, Derby), Großbritannien, *Epoxidierung von Sojabohnenöl.* (**D. A. S. 1 274 103** Kl. 12 o vom 13/12. 1963, ausg. 1/8. 1968. Brit. Prior. 20/12. 1962. — C. **1968**, 21-2822 [F. P. 1 377 854].)

2046 **Shell Internationale Research Mij. N. V.**, Den Haag, Niederlande (Erfinder: **John William Goodenbour**, Concord, und **George Joseph Carlson**, Berkeley, Calif., USA), *Herstellung von Sulfolan oder dessen Homologen.* (**D. A. S. 1 203 279** Kl. 12 q vom 21/12. 1961, ausg. 21/10. 1965. U. S. Prior. 23/12. 1960. — C. **1966**, 38-2497 [Brit. P. 969 544].)

2047 **Farbenfabriken Bayer Akt.-Ges.**, Leverkusen (Erfinder: **Arhur Lüttringhaus, Rudolf Cruse**, Freiburg, und **Wilhelm Mengel**, Wuppertal), *Herstellung optisch aktiver Hydantoinderivate.* (**Schwz. P. 439 305** vom 3/2. 1965, ausg. 15/12. 1967. D. Prior. 5/2. 1964. — C. **1967**, 4-2560 [D. A. S. 1 216 879].)

2048 **International Flavors and Fragrances I.F.F. Nederland N. V.**, Zaandam (Erfinder: **Lambertur Gerke Heeringa** und **Muus Gerrit Jan Beets**, Hilversum), Niederlande, *Herstellung und Verwendung tricyclischer Isochromane mit Moschusgeruch.* (**Schwz. P. 446 580** vom 15/7. 1963, ausg. 15/3. 1968. Brit. Prior. 23/7. 1962 u. 1/2. 1963. — C. **1967**, 38-2735 [Brit. P. 991 146].)

2049 **Československá akademie ved** (Erfinder: **Zdenek Arnold**), Prag, ČSSR, *Herstellung von Pyridinaldehyden.* (**Schwz. P. 411 876** vom 29/4. 1960, ausg. 15/11. 1966. **Brit. P. 948 004** vom 21/4. 1960, ausg. 29/1. 1964. Beide Tschech. Prior. 29/5. 1959. — C. **1966**, 30-2462 [D. A. S. 1 191 378].)

2050 **Imperial Chemical Industries Ltd.**, London (Erfinder: **Roy Duffy**, Widnes, Lancs.), Großbritannien, *Bipyridyle.* (**Schwz. P. 443 296** vom 19/3. 1963, ausg. 15/2. 1968. Brit. Prior. 20/3., 19/10. 1962 u. 6/3. 1963. — C. **1966**, 31-2531 [D. A. S. 1 206 435].)

2051 **Imperial Chemical Industries Ltd.**, London, übert. von: **Frank Raymond Bradbury** und **Alastair Campbell**, Widnes, Großbritannien, *Herstellung von 4.4'-Bipyridylen.* (**U. S. P. 3 210 360** vom 9/5. 1962, ausg. 5/10. 1965. **Ind. P. 82 138** vom 8/5. 1962. Beide Brit. Prior. 18/5. 1961. — **Brit. P. 956 854** vom 18/5. 1961, ausg. 29/4. 1964. — C. **1967**, 1-2748 [D. P. [DDR] 42 836].)

2052 **Imperial Chemical Industries Ltd.**, London, übert. von: **Albert Baines** und **Alastair Campbell**), Widnes, Großbritannien, *Herstellung von Bipyridylen.* (**U. S. P. 3 227 723** vom 14/5. 1962, ausg. 4/1. 1966. Brit. Prior. 26/5. 1961. — C. **1967**, 3-3160 [Brit. P. 963 441].)

2053 **F. Hoffmann-La Roche & Co. Akt.-Ges.**, Basel, Schweiz (Erfinder: **John Mervyn Osbond**, Welwyn Garden City, Herts, Großbritannien), *2-Methyl-3-hydroxypyridin-4.5-dicarbonsäure und reaktionsfähige funktionelle Derivate.* (**Schwz. P. 448 084** vom 13/12. 1962, ausg. 29/3. 1968. Brit. Prior. 3/1. u. 10/10. 1962. — C. **1968**, 4-2170 [F. P. 1 343 270].)

2054 **International Business Machines Corp.**, New York, N.Y., USA (Erfinder: **Ulo Vahtra**), *Diazoniumsalze.* (**Brit. P. 979 252** vom 12/12. 1961, ausg. 1/1. 1965. U. S. Prior. 30/12. 1960. — C. **1966**, 15-2573 [U. S. P. 3 118 885].)

2055 **F. Hoffmann-La Roche & Co. Akt.-Ges.**, Basel, Schweiz, *Herstellung von Benzthiaz-[1.4]-epinderivaten.* (**Brit. P. 1 091 182** vom 21/1. 1965, ausg. 15/11. 1967. U. S. Prior. 24/1. u. 14/12. 1964. — C. **1967**, 8-2714 [Port. P. 43 502].)

2056 **Imperial Chemical Industries Ltd.** (Erfinder: **Gerard V. Buckley, Dennis Aubry Lewis, Percy A. Small** und **Erno Laszlo Zichy**), *Lactame.* (**Aust. P. 274 861** vom 5/6. 1962, ausg. 25/5. 1967. Brit. Prior. 7/6. 1961. — C. **1965**, 22-2825 [Brit. P. 940 371].)

2057 **Stamicarbon N. V.**, Heerlen (Erfinder: **Johan Albert Bigot**, Beek, und **Pieter Laurens Kerkhoffs**, Geleen), Niederlande, *Herstellung von ω-Lactamen.* (**Schwz. P. 404 670** vom 20/12. 1961, ausg. 15/7. 1966. **Aust. P. 257 296** vom 21/12. 1961, ausg. 11/3. 1965. Beide Niederl. Prior. 23/12. 1960. — C. **1966**, 25-2585 [Oe. P. 232 982].)

2058 **DRAGOCO Spezialfabrik konzentrierter Riech- und Aromastoffe, Gerberding & Co. G. m. b. H.** (Erfinder: **Erich Klein**), Holzminden, *Herstellung von Terpinen-(1)-ol-(4).* (**Schwz. P. 453 344** vom 23/11. 1965, ausg. 14/6. 1968. D. Prior. 13/11. 1965. — C. **1967**, 45-2340 [D. A. S. 1 235 306].)

2059 **Imperial Smelting Corp. (N.S.C.) Ltd.**, London (Erfinder: **William Kenneth Rodgerson Musgrave**, Durham City), Großbritannien, *Pentafluorphenylmagnesiumchlorid.* (**Schwz. P. 448 082** vom 28/2. 1964, ausg. 29/3. 1968. Brit. Prior. 1/3. 1963 u. 11/2. 1964. — C. **1967**, 11-2834 [D. A. S. 1 223 383].)

2060 **Albright & Wilson (Australia) Pty. Ltd.** (Erfinder: **Harold Coates** und **Peter A. T. Hoye**), *Organozinnphosphate.* (**Aust. P. 274 726** vom 8/8. 1963, ausg. 18/5. 1967. Brit. Prior. 15/8. 1962. — C. **1967**, 39-2421 [D. A. S. 1 227 904].)

2061 **Albright & Wilson (Australia) Pty. Ltd.** (Erfinder: **Harold Coates** und **Peter A. T. Hoye**), *Gewinnung von Jod aus organischen Zinnjodiden.* (**Aust. P. 274 731** vom 14/10. 1963, ausg. 18/5. 1967. Brit. Prior. 15/10. 1962. — C. **1967**, 4-2576 [D. A. S. 1 214 231].)

2062 **Ethyl Corp.** (Erfinder: **Shirl Eldon Cook**), *Äthylmethylblei.* (**Aust. P. 275 675** vom 5/2. 1964, ausg. 29/6. 1967. U. S. Prior. 18/2. 1963. — C. **1966**, 45-2674 [U. S. P. 3 147 294].)

H–8. Farbstoffe

2063 Farbwerke Hoechst Akt.-Ges. vormals Meister Lucius & Brüning (Erfinder: Oskar Braun und Josef Weissert), Frankfurt/M., **Herstellung von Azofarbstoffen.** Eine Beschleunigung des Kupplungsablaufes bei der Kupplung von Azofarbstoffen, eine Erhöhung der Farbstoffausb., Verbesserung der Lsgm.- u. Reibechtheit der erhaltenen Farbstoffe u. Red. der Menge der Kupplungskomponente erfolgt dann, wenn man dem Kupplungsgemisch ein grenzflächenakt., einen langkettigen aliphat. Rest enthaltendes Aminoxid oder Phosphinoxid, z. B. Trialkylamin- oder Trialkylphosphinoxide mit 8-22 C-Atomen im Alkyl u. 2 jeweils 1—5 C-Atome enthaltenden Alkylreste, bes. in Mengen von 0,5—30 (Gew.-Teilen), bezogen auf 100 Azofarbstoffe, zusetzt. — Man verrührt in 2000 W. 582 Acetoacetyl-1-amino-4-chlor-2.5-dimethoxybenzol, löst durch Zugabe von 300 33%ig. NaOH, gibt die geklärte Kupplungslsg. in 30 Min. zu einer auf 0° gekühlten Lsg., die aus 3000 W., 160 Essigsäure, 10 eines Anlagerungsprod. aus Stearylalkohol u. 20 Mol Äthylenoxid besteht, gibt zu der ausgefällten Kupplungskomponente 26,4 Cocosfettdimethylaminoxid (I) in 10%ig wss. Lsg. u. in $2^1/_2$ Std. eine geklärte Tetrazolsg. aus 253 3.3′-Dichlor-4.4′-diamidodiphenyl, hält das Kupplungsgemisch mit 6%ig. NaOH bei pH 4,3—5,5, rührt 1 Std., erwärmt auf 50°, versetzt mit 92 abietinsaurem Na in 5%ig. wss. Lsg., erhitzt auf 85° u. wäscht neutral; es werden 957 eines gelben Disazofarbstoffs erhalten. — An Stelle von I kann auch die gleiche Menge Cocosfettdimethylphosphinoxid, Cocosfettdiäthylaminoxid, Talgfettdimethylphosphinoxid oder Oleyldimethylaminoxid verwendet werden. — Weitere Beispiele. (**Schwz. P. 448 825** vom 8/10. 1965, ausg. 29/3. 1968. **Belg. A. S. 670 759** vom 11/10. 1965, bekanntgemacht 12/4. 1966. Beide D. Prior. 10/10. 1964.) — 5 S. — 21 S. O. Roick 6842

2064 Allied Chemical Corp., New York, übert. von: Paul L. Stright, Hamburg, N.Y., USA, **2-[6-Alkoxy-2-benzthiazolylazo]-4-alkoxy-1-naphthol-Farbstoffe** erhält man durch Kuppeln von diazotiertem 6-Alkoxy-2-aminobenzthiazol mit einem 4-Alkoxy-1-naphthol, wobei beide Rk.-Teilnehmer keine wasserlösl. machenden Substituenten enthalten und Alkoxy niedrigmol. Alkyl ist. Die Farbstoffe eignen sich zum Färben von metallmodifizierten Polyolefinen. — Folgende Verb. wurden erhalten (Farbton auf Ni-modifiziertem Polypropylen): *2-(6-Äthoxy-2-benzthiazolylazo)-4-methoxy-1-naphthol* (I), schwarzes Pulver, F. 152—160° (blau). — *2-(6-Methoxy-2-benzthiazolylazo)-4-methoxy-1-naphthol* (brillant blau). — *5.8-Dichlor-I* (rotstichiges Blau). (**U. S. P. 3 245 981** vom 28/2. 1963, ausg. 12/4. 1966. **Brit. P. 1 023 718** vom 27/2. 1964, ausg. 23/3. 1966. **Schwz. P. 436 528** vom 24/2. 1964, ausg. 15/11. 1967. Beide U. S. Prior. 28/2. 1963.) — 3 S. — 3 S. — 2 S. A. Jahn 6842

2065 Imperial Chemical Industries Ltd., London, übert. von: Herbert Francis Andrew, Manchester, Großbritannien, **Herstellung von wasserlöslichen Azometallkomplexfarbstoffen** erfolgt durch Rk. von Cyanurchlorid, 5-Cyan-2.4.6-trichlorpyrimidin oder 2.4.5.6-Tetrachlorpyrimidin mit einer Metallkomplexazoverb. aus Cu, Cr oder Co u. einer Aminoazoverb. der allg. Formel $(HO)_{n-1}(CO)-A-N=N-M-N(R)-T^1-N(R^1)-B-NHR^2$ (n = 1, 2; A = o-Phenylen, o-Naphthylen; R, R^1 u. R^2 = H, Alkyl mit ≦ 4 C-Atomen, T^1 = Triazin oder Pyrimidinkern; B = −D−N=N−E−, D = ggf. in o-Stellung zur Azogruppe durch Cl, NO_2, SO_3H, COOH substituierter Benzolkern; E = Rest eines in p-Stellung kuppelnden aromat. prim. oder sek. Amins der Benzol- oder Naphthalinreihe oder 5-Pyrazolonrest, der in 4-Stellung an die Azogruppe gebunden ist u. in 1-Stellung einen monocycl. oder dicycl. Rest der Benzolreihe trägt, an welchen das N-Atom gebunden ist). — 1 : 2-Cr-Komplexverb. des folgenden Rk.-Prod.: 2-Chlor-4-{[1′-hydroxy-2-(2″-carboxyphenylazo)-3′-sulfonaphthyl-(6)]-amino}-6-[3-sulfo-4-aminoanilino]-1.3.5-triazin → m-Toluidin + Cyanurchlorid (Molverhältnis 1 : 1), färbt Leder braun. (**U. S. P. 3 349 074** vom 16/12. 1963, ausg. 24/10. 1967. Brit. Prior. 19/12. 1962 u. 18/1. 1963. **Brit. P. 1 068 501** vom 19/12. 1962, ausg. 30/3. 1967.) — 11 S. — 36 S. A. Jahn 6842

2066 Imperial Chemical Industries Ltd., London (Erfinder: Herbert Francis Andrew, Manchester, Lancs.), Großbritannien, **Herstellung von Metallkomplexverbindungen von Azofarbstoffen.** Zu D.A.S. 1 156 915 u. Brit. P. 927 771; C. **1966**, 18-2595 ist nachzutragen: 4-Acetylamino-2-sulfoanilin → 2-Methoxy-5-methylanilin → 1-N-Phenylamino-8-naphthol-3.6-disulfonsäure–Cu-Komplexverb.; Tri-Na-Salz (I) + Cyanurchlorid (II) + 1-Aminobenzol-3-sulfonsäure, färbt Cellulose (C) dunkelgrün. — I + II + 1-Aminobenzol-3.5-disulfonsäure-Di-Na-Salz, färbt C dunkelgrün. (**Schwz. P. 437 584** vom 14/4. 1960, ausg. 30/11. 1967. Brit. Prior. 15/4. 1959 u. 15/2. 1960.) — 3 S. A. Jahn 6842

2067 VEB Farbenfabrik Wolfen, Wolfen (Erfinder: Günther Essbach, Wolfen, Hans-Walter Modrow, Jessnitz, Erhard Schick, Bitterfeld, und Hans Baumann, Dessau), **Herstellung von braunen Lederfarbstoffen** erfolgt durch Kupplung eines Monoazofarbstoffs aus Pikraminsäure u. Resorcin mit diazotierter Anilinsulfonsäure, die noch durch Cl oder Methoxy substituiert ist, zum Disazofarbstoff **I** (X = SO_3H, Y = OCH_3, Cl)

I

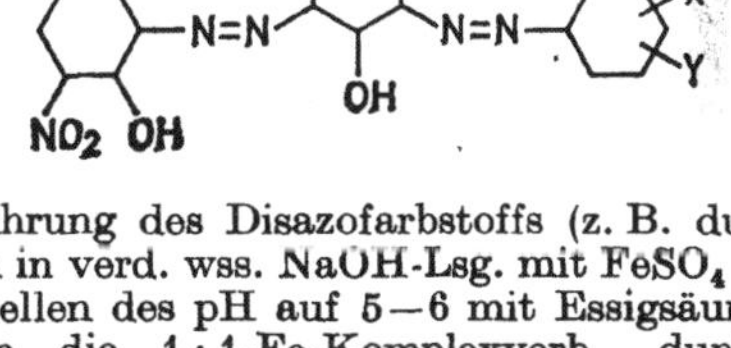

u. Überführung des Disazofarbstoffs (z. B. durch 1std. Verrühren in verd. wss. NaOH-Lsg. mit $FeSO_4$ bei 80 bis 90°, Einstellen des pH auf 5—6 mit Essigsäure u. Aussalzen) in die 1 : 1-Fe-Komplexverb., dunkelbraune Pulver, die Leder gelbstichigbraun färben. Vgl. auch Schwz. P. 392 730. C. **1966**, 34-2660. (**Schwz. P. 435 508** vom 24/2. 1964, ausg. 31/10. 1967. D. Prior. 9/12. 1963.) — 1 S. O. Roick 6842

2068 Farbenfabriken Bayer Akt.-Ges. (Erfinder: Walter Wolf und Rudolf Schroter), **Herstellung von Azoporphinfarbstoffen** durch Kondens. von Farbstoffen der allg. Formel $[HO_3S]_p-Ap-[SO_2-NX-R(SO_3H)_n-B-NHY]_m$ (Ap = Rest eines metallhaltigen Azoporphinfarbstoffs, R = aromat. carbocycl. Rest, B = Alkylen, X u. Y = H oder ggf. substituierte Alkyl-, Aralkyl- oder Cycloalkylreste, n = 0, 1 oder 2, m = 1—4, p = 1—8, p + m < 9) mit einem halogenierten Chinoxalin-6-carbon- oder -sulfonsäurechlorid. — Aus Cu-Phthalocyanintrisulfonsäuremonosulfonsäure-[3′-sulfo-4′-methylaminomethylanilid] u. 2.3-Dichlorchinoxalin-6-carbonsäurechlorid → *Cu-Phthalocyanin* $[SO_3H]_3-SO_2NH-C_6H_5[SO_3H]-CH_2-N[CH_3]-OC-B$ (B = 2.3-Dichlorchinolinrest). (**Aust. P. 272 049** vom 1/4. 1964, ausg. 12/1. 1967. D. Prior. 11/4. 1963.) — 28 S.
C. Lüttgen 6842

2069 Farbenfabriken Bayer Akt.-Ges., Leverkusen (Erfinder: Karl-Heinz Freytag und Carl Taube), **Herstellung von Diazofarbstoffen** der allg. Formel I

I 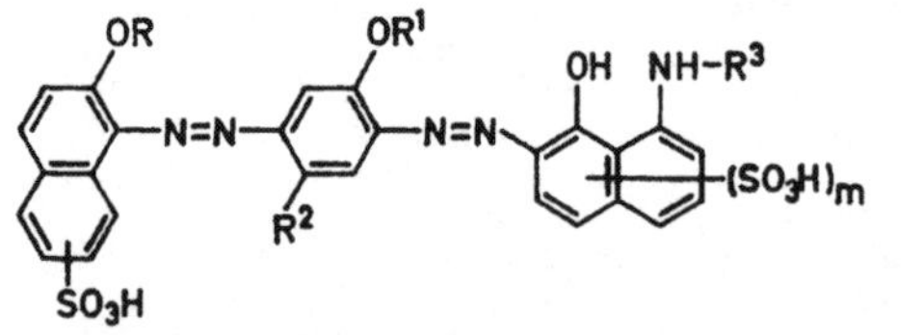

(R u. R^1 = niedrigmol. Alkyl; R^2 = H, niedrigmol. Alkyl, Alkoxy; R^3 = Acyl der aliphat. oder carbocycl. Reihe; m = 1, 2). — Die Farbstoffe sind zum Färben u. Bedrucken von synthet. Fasern, z. B. aus Polyamiden, -urethanen, -acrylnitril oder -propylen, von cellulosehaltigen Fasern u. zum Färben von Papier in der Masse geeignet. Die Farbstoffe können auch beim photograph. Silberfarbbleichverf. verwendbar sein. — Der Aminoazofarbstoff 1-Amino-2-äthoxynaphthalin-6-sulfonsäure → 1-Amino-2.5-dimethoxybenzol (**II**) wird bei pH 8,5 gelöst u. indirekt diazotiert; die Diazoazoverb. trägt man dann in eine Lsg. von 1-[4'-Glutarylaminobenzoyl]-amino-8-hydroxynaphthalin-3.6-disulfonsäure in mit Na_2CO_3 alkal. gemachtem Formamid ein, verd. mit W. u. salzt den in W. blaugrün lösl. Farbstoff aus. — Der Disazofarbstoff *1-Amino-2-äthoxynaphthalin-7-sulfonsäure* → **II** → *1-[3'-Glutarylaminobenzoyl]-amino-8-hydroxynaphthalin-3.6-disulfonsäure* löst sich in W. grünstichig blau. — Weitere durch Formelbilder erläuterte Tabellenbeispiele mit blauen, grünstichig blauen u. blaugrünen Farbstoffen. (**Brit. P. 1 085 423** vom 21/2. 1966, ausg. 4/10. 1967. D. Prior. 19/2. 1965.) — 8 S. O. Roick 6842

2070 Allied Chemical Corp., New York, übert. von: Chi K. Dien, Williamsville, N.Y., USA, **Chinacridone (I)** werden durch Erhitzen von 2.5-Diarylaminoterephthalsäure (bzw. deren Dialkylestern) mit der 4—12fachen Gew.-Menge Polyphosphorsäure (**II**, Gew.-Verhältnis $P_2O_5 : H_2O$ = 3 : 1 — 8 : 1) auf 100—250, bes. 140—200°, hergestellt. — Man erhitzt 50 (Teile) 2.5-Dianilinoterephthalsäure mit 555 **II** ($P_2O_5 : H_2O$ = 4,56) 30 Min. auf 140—170° u. erhält 41 **I**. — Analog: *3.10-Dimethyl*-**I**; Ausb. 96%. — *2.4.9.11-Tetramethyl*-**I**. — Rote *Pigmentfarbstoffe*. (**U. S. P. 3 342 823** vom 24/10. 1960, ausg. 19/9. 1967.) — 5 S. O. Schön 6856

2071 Farbwerke Hoechst Akt.-Ges. vormals Meister Lucius & Brüning, Frankfurt/M., **Herstellung wasserunlöslicher Farbstoffe der Anthrachinonreihe** der allg. Formel **I**, X = OH, ggf. durch Aryl substituierte Aminogruppe; Y = H, Halogen; Z = —NH—, —SO_2—, —O—, —S—; der Ring T kann durch Alkyl, OH, Halogen u. der Bzl.-Ring V durch OH substituiert sein, erfolgt durch Rk. der 2-Chlor- oder 2-Bromanthrachinone mit der der Formel **I** entsprechenden aromat. Hydroxyverb. in Ggw. alkal. Mittel u. geeigneter Lsgm. in der überschüssigen Hydroxyseverbindung. — Die Farbstoffe färben synthet. Fasermaterialien, bes. aus Polyestern (**P**)

I 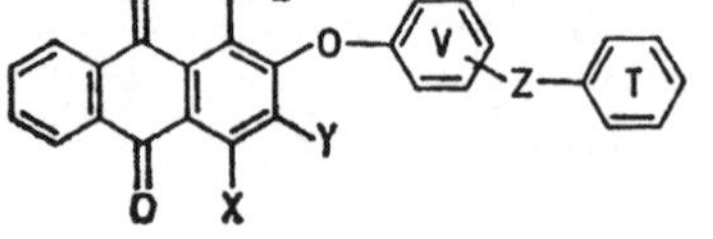

thermofixierecht rot, violett oder blau. — 50 (Gew.-Teile) Dimethylformamid, 11,1 4-Hydroxydiphenylamin (**II**) u. 3,5 K_2CO_3 erhitzt man unter gleichzeitiger Entfernung des entstandenen W. auf 80—90°, versetzt mit (anthrachinon = **III**) 16 1-Amino-2-brom-4-hydroxy-**III** (**IV**), erhitzt 1 Std. auf 120° u. trägt nach dem Abkühlen in 200 W. ein. Der in 95%ig. Ausb. erhaltene Farbstoff färbt **P** licht-, wasch-, bügel- u. thermofixierecht rot aus wss. Dispersion. — Ähnlich Farbstoffe, die **P** in den angegebenen Tönen färben, aus: 1.4-Diamino-2.3-dichlor-**III** (**V**) u. 3-Hydroxydiphenylamin, violett; 1-Amino-2-brom-4-toluylamino-**III** u. **II**, blau; **V** u. 4-Hydroxy-4'-methyldiphenylamin, violett; **IV** u. 2.5-Dihydroxydiphenylsulfon blaustichigrot; **IV** u. 4-Hydroxydiphenylsulfid, blaustichigrot; **IV** u. 4-Hydroxydiphenyläther (**VI**), rot, Ausb. 93% (dieser Farbstoff ist auch in 96%ig. Ausb. erhältlich, wenn man 13,7 1-Amino-2-chlor-4-hydroxy-**III**, 80 **VI** u. 7,5 KOH 10 Std. auf 130—140° erhitzt, nach dem Abkühlen mit 500 W. verd., mit HCl neutralisiert, auf 90 bis 95° erhitzt, bei 90—95° filtriert, das nach dem Abkühlen auskrist. überschüssige **VI** aus dem Filtrat wiedergewinnt u. den Filterkuchen wäscht u. trocknet). — Weitere durch Formelbilder erläuterte Farbstoffe, die **P** rot, blau u. violett färben. — Färbevorschrift für **P**. (**Brit. P. 1 090 259** vom 21/6. 1965, ausg. 8/11. 1967. **F. P. 1 477 434** vom 19/6. 1965, veröff. 13/3. 1967. Beide D. Prior. 19/6. 1964.) — 8 S. — 6 S. O. Roick 6864

2072 Imperial Chemical Industries Ltd., London (Erfinder: Robert Norman Heslop, Manchester, Lancs.), Großbritannien, **Herstellung von Anthrachinonfarbstoffen.** Zu D.A.S. 1 230 945, F. P. 1 352 275 u. Brit. P. 1 023 372; C. **1968**, 18-2692 ist nachzutragen (*1-Aminoanthrachinon-2-sulfonsäure* = **I**): 4-(3'Sulfamylanilino)-I + 2.4-Dichlor-6-methoxy-symm.-triazin. — 4-(3'-Sulfamylanilino)-I + 2.4.5.6-Tetrachlorpyrimidin. — 4-(3'-Sulfamylanilino)-I + 5-Cyan-2.4.6-trichlorpyrimidin. — 4.(4'-Chlor-3'-sulfamylanilino)-I + Cyanurchlorid (**II**). — 4-(4'-Methoxy-2'-sulfamylanilino)-I + **II**. — 4-(5'-Sulfamyl-2'-methylanilino)-I + 2.4-Dichlor-6-methoxy-s-triazin. — 4-(3'.5'-Bis-sulfamylanilino)-I + **II**. — (**Schwz. P. 433 546** vom 10/1. 1963, ausg. 30/9. 1967. Brit. Prior. 11/1. u. 14/12. 1962.) — 6 S. A. Jahn 6864

Redaktionsschluß: 2. Januar 1969

Herausgeber: Prof. Dr. Heinrich Bertsch, Berlin, und Prof. Dr. Dr. h. c. Wilhelm Klemm, Münster
Stellvertretende Herausgeber: Prof. Dr.-Ing. Dr. rer. nat. h. c. Eberhard Leibnitz, 104 Berlin, Schiffbauerdamm 19, Fernsprecher: 42 55 71 und Prof. Dr. Bertold Reuter, 1 Berlin 30, Geisbergstraße 39, Fernsprecher: 2 11 90 91
Chefredakteure und verantwortlich für den Inhalt: Dr. Helga Völz, 104 Berlin, Schiffbauerdamm 19 Fernsprecher: 42 55 71 und Dr.-Ing. Christian Weiske, 1 Berlin 30, Geisbergstraße 39, Fernsprecher: 2 11 90 91
Stellvertretender Chefredakteur: Dr.-Ing. Günter Pötzscher, 1 Berlin 30, Geisbergstraße 39, Fernsprecher: 2 11 90 91

Akademie-Verlag GmbH, 108 Berlin, Leipziger Str. 3—4 (Fernsprecher: 22 04 41, Telex-Nr. 011 2020) und Verlag Chemie, GmbH, 6940 Weinheim/Bergstr., Pappelallee 3 (Fernsprecher: (0 62 01) 36 35; Fernschreiber: 46 5516 vchwh d), Bestellnummer: 1007/140.
Das Chemische Zentralblatt erscheint wöchentlich. Preis des Jahrganges einschl. Schnellreferatedienst, Autoren-, Patent-, Sach- u. Formelregister 3200,—; einseitig bedruckte Ausgabe: 3700,—. Abgabe der Zeitschrift nur mit sämtlichen Registern. Abbestellung nur bis spätestens 6 Wochen vor Ablauf des Kalenderjahres

Satz u. Druck: VEB „Maxim Gorki“, Altenburg, und VEB Leipziger Druckhaus, Leipzig
Veröffentlicht unter der Lizenznummer 1273 des Presseamtes beim Vorsitzenden des Ministerrates
Printed in Germany

FSC
www.fsc.org
MIX
Papier | Fördert
gute Waldnutzung
FSC® C083411

Kolibri 360 GmbH
Ferdinand-Jühlke-Straße 7
99095 Erfurt, Deutschland
produktsicherheit@kolibri360.de